コンピュータ代数ハンドブック

Modern Computer Algebra second edition

J. フォン ツァ ガテン
J. ゲルハルト ［著］

山本　慎
三好　重明
原　正雄
谷　聖一
衛藤　和文 ［訳］

朝倉書店

Modern Computer Algebra
Second Edition

JOACHIM VON ZUR GATHEN
Universität Paderborn

JÜRGEN GERHARD
Maplesoft, Waterloo

This book is in copyright. Subject to statutory exception
and to the provisions of relevant collective licensing
agreements, no reproduction of any part may take place
without the written permission of Cambridge University Press.

First published 1999. Second Edition 2003.

© in the English Language by Cambridge University Press 1999, 2003

This Japanese edition is published by arrangements with
Joachim von zur Gathen and Jürgen Gerhard.

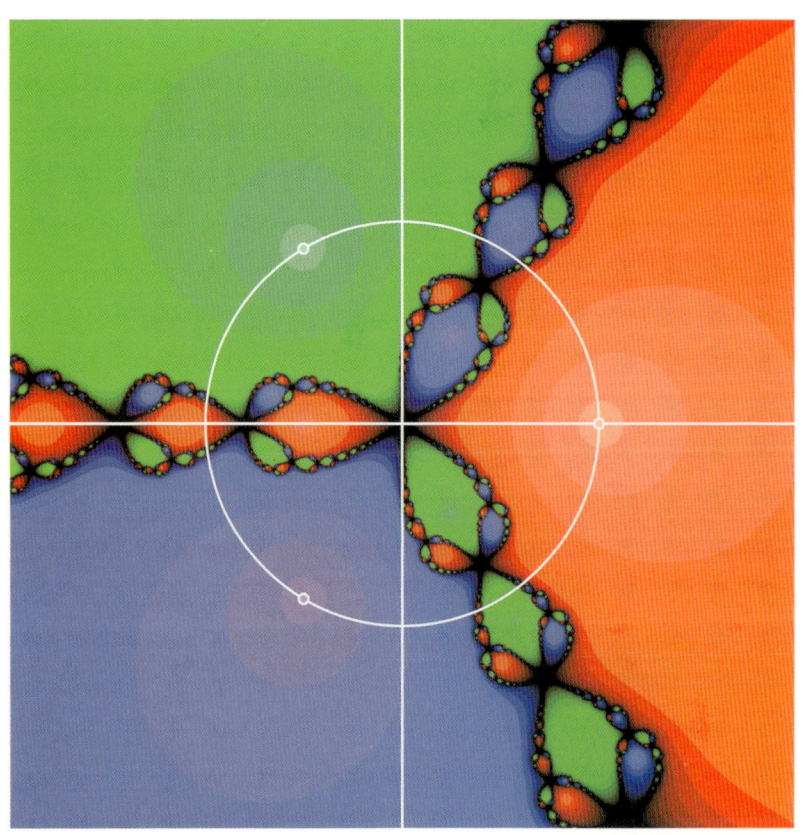

口絵 1 ℂ 上で $y^3 - 1$ を解くための Newton 反復法の収束 (361 ページ参照)

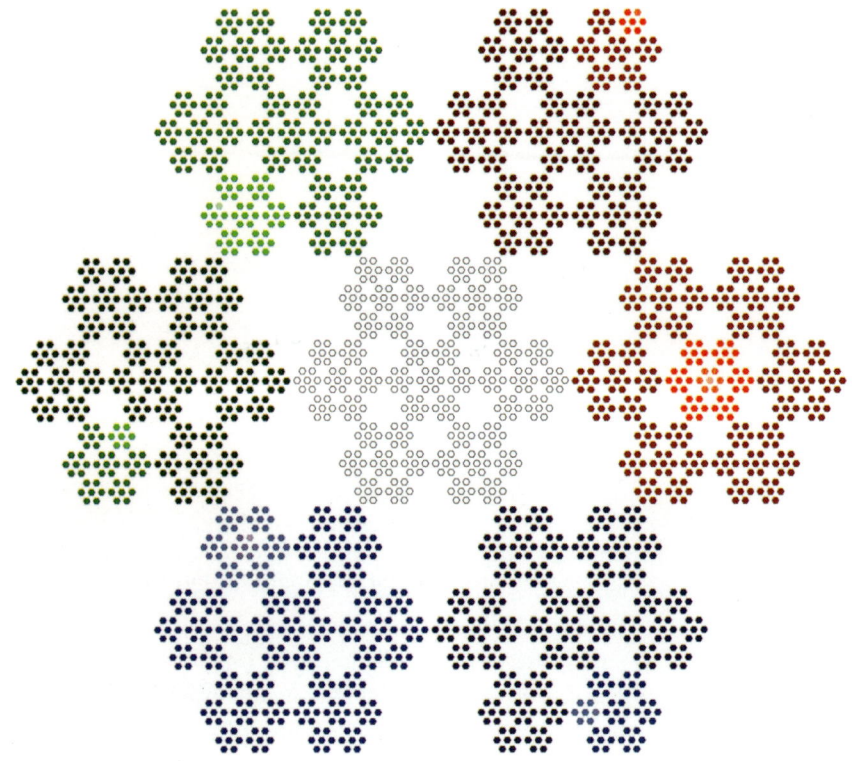

口絵 2　7 進整数上で $y^3 - 1$ を解くための Newton 反復法の収束 (363 ページ参照)

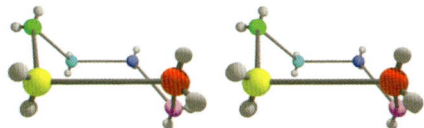

口絵 3 シクロヘキサンの「いす形」配座の立体視画像．3次元の像を見るためには，この2つの絵を目の前にまっすぐにおく．そして，目をリラックスさせ，その絵に焦点をあわせず，2つの絵が薄れて (1つの目で1つの絵を見るように) 2つの像に分かれるようにする．さらに目をリラックスさせて左目で見ている右の像を右目で見ている左の像と一致させるようにする．左右の外側の像はそれぞれ左右の目で，中央の像は両目で，あわせて3つの像を見ることになる．慎重に中央の像に焦点をあわせると同時に像がはっきりなるまでこの本を顔から離すようにゆっくり動かす．(これはめがねをかけずに行った方がよい.) (14 ページ参照)

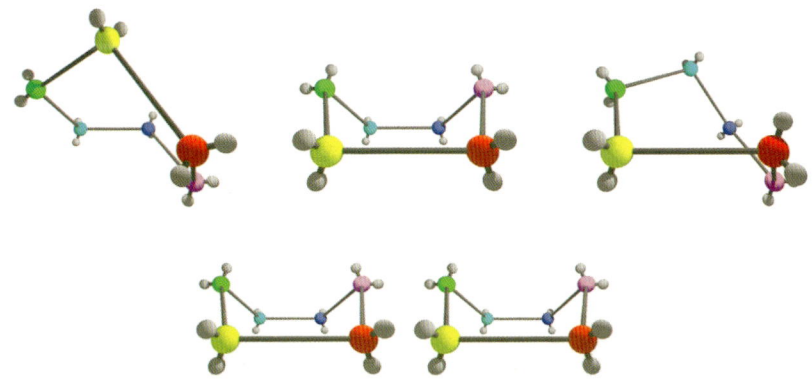

口絵 4 3つのシクロヘキサンの「船形」配座と中央の配座の立体視画像 (口絵 3 の見方を参照のこと) (15 ページ参照)

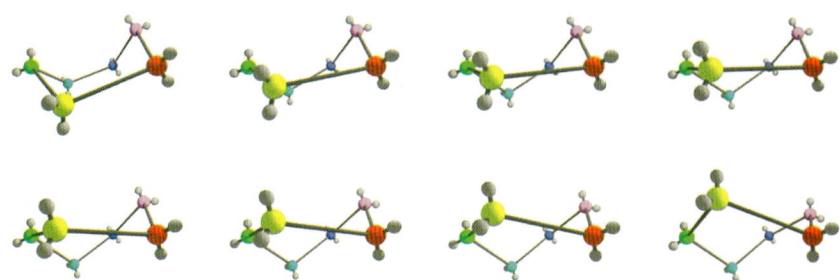

口絵 5 図 1.5 の 8 つの印のついた点に対応するシクロヘキサンの柔軟な配座．最初と8番目が「船形」．観点は，赤，緑，青の炭素原子は，8 個の図のすべてで不変なものである．(18 ページ参照)

口絵 6　シクロヘキサンのだいたい直角であるひざ形配管モデル (16 ページ参照)

訳者まえがき

　教室で先生に出された計算問題を先生に見えないように電卓で計算して答える小学生，その答えに子供たちから見えないように電卓で計算して「正解です」と答える先生．そんな漫画を思い出し，それが現実にありそうな気がします．面倒な計算を繰り返し，あるときちょっとした工夫でずっと簡単に計算できることがあることに気がつく．こういうことは楽しいことです．この本には，もちろんレベルはずっと高いものですが，そのような工夫が随所にあります．Euclid 以来二千数百年の数学の歴史とともにお楽しみください．

2006 年 3 月

山　本　　　慎

序　文

　コンピュータ代数システムは，理学と工学のあらゆる分野で重要性をさらに増している．この本はコンピュータ代数システムにおける数学エンジンのアルゴリズムの基礎の綿密な概説を与える．

　この本は，コンピュータサイエンスや数学を専攻する学部高学年または大学院の1セメスターまたは2セメスターのコースで使えるようにデザインされている．この本には多くのことが含まれていてそれらを巧みに扱っていることから，この分野の専門家の基本的な参考書にもなる．

　特徴は次のようなものである．時間解析を含むアルゴリズムの詳細な研究，いろいろなテーマに関する実装レポート，基礎にある数学に関することの完全な証明，(化学，符号理論，暗号理論，情報論理学，暦や楽譜のデザインなどさまざまな分野における) 広範な応用．最後に，歴史に関する情報とイラストがこの本を華やかなものにしている．

　Joachim von zur Gathen は Universität Zürich で PhD を取得し，1981 年から 1994 年まで University of Toronto で教え，いまは Universität Paderborn にいる．

　Jürgen Garhard は Universität Paderborn で PhD を取得し，いまは Maplesoft で働いている．

To Dorothea, Rafaela, Désirée
For endless patience

To Mercedes Cappuccino

目　次

はじめに ··· 1

1. シクロヘキサン，暗号，コード，計算機代数 ···················· 13
   1.1 シクロヘキサンの立体配座 ···································· 13
   1.2 RSA 暗号系 ·· 19
   1.3 分散データ構造 ··· 21
   1.4 計算機代数システム ·· 23

第 I 部　Euclid　　　　　　　　　　　　　　　　　　　　27

2. 基本的なアルゴリズム ··· 33
   2.1 整数の表現と足し算 ·· 33
   2.2 多項式の表現と足し算 ·· 38
   2.3 掛け算 ··· 40
   2.4 余りを伴う割り算 ··· 44
   注解 ··· 48
   練習問題 ·· 49

3. Euclid のアルゴリズム ··· 53
   3.1 Euclid 整域 ··· 53
   3.2 拡張 Euclid アルゴリズム ····································· 56
   3.3 $\mathbb{Z}$ と $F[x]$ に対する計算量の解析 ································ 61
   3.4 gcd の (非) 一意性 ··· 68

注解 ··· 74
練習問題 ··· 76

4. Euclid のアルゴリズムの応用 ······························· 85
4.1 モジュラ算 ··· 85
4.2 Euclid アルゴリズムによるモジュラ逆元 ················· 90
4.3 繰り返し平方 ·· 93
4.4 Fermat の小定理によるモジュラ逆元 ····················· 95
4.5 線形 Diophantine 方程式 ·································· 96
4.6 連分数と Diophantine 近似 ······························· 99
4.7 暦 ·· 104
4.8 音階 ·· 105
注解 ··· 109
練習問題 ··· 114

5. モジュラアルゴリズムと補間 ································· 121
5.1 表現の変換 ·· 124
5.2 値を計算することと補間 ···································· 126
5.3 応用：秘密の共有 ·· 128
5.4 中国剰余アルゴリズム ······································· 129
5.5 行列式のモジュラ計算 ······································· 136
5.6 Hermite 補間 ··· 142
5.7 有理関数の復元 ··· 144
5.8 Cauchy 補間 ·· 148
5.9 Padé 近似 ··· 152
5.10 有理数の復元 ·· 156
5.11 部分分数分解 ·· 161
注解 ··· 165
練習問題 ··· 167

6. 終結式と最大公約数の計算 ... 179
- 6.1 Euclid のアルゴリズムの係数の増大化 ... 179
- 6.2 Gauß の補題 ... 187
- 6.3 終結式 ... 195
- 6.4 モジュラ gcd アルゴリズム ... 202
- 6.5 $F[x,y]$ におけるモジュラ gcd アルゴリズム ... 206
- 6.6 $\mathbb{Z}[x]$ における Mignotte の因子の上界とモジュラ gcd アルゴリズム ... 210
- 6.7 小さい素数のモジュラ gcd アルゴリズム ... 216
- 6.8 応用：平面曲線の交わり ... 221
- 6.9 0 でないことの保存といくつかの多項式の gcd ... 227
- 6.10 部分終結式 ... 230
- 6.11 モジュラ拡張 Euclid アルゴリズム ... 237
- 6.12 擬除算と原始的 Euclid アルゴリズム ... 247
- 6.13 実装 ... 251
- 注解 ... 255
- 練習問題 ... 259

7. 応用：BCH 符号での符号化 ... 273
- 注解 ... 280
- 練習問題 ... 281

第 II 部　Newton　283

8. 高速乗算 ... 289
- 8.1 Karatsuba の乗算アルゴリズム ... 291
- 8.2 離散 Fourier 変換と高速 Fourier 変換 ... 297
- 8.3 Schönhage と Strassen の乗算アルゴリズム ... 309
- 8.4 $\mathbb{Z}[x]$ および $R[x,y]$ における乗算 ... 319
- 注解 ... 322

練習問題 ………………………………………………… 323

9. Newton 反復法 ……………………………………… 335
9.1 Newton 反復法による余りを伴う除算 ……………………… 335
9.2 一般 Taylor 展開と基数の転換 ……………………………… 344
9.3 形式的微分と Taylor 展開 …………………………………… 347
9.4 Newton 反復法による代数方程式の解法 …………………… 349
9.5 整数べき根の計算 …………………………………………… 355
9.6 Newton 反復法，Julia 集合およびフラクタル ……………… 357
9.7 高速算術の実装 ……………………………………………… 363
注解 ………………………………………………………………… 373
練習問題 …………………………………………………………… 374

10. 高速多項式評価と補間法 ……………………………… 385
10.1 高速多数点評価 …………………………………………… 385
10.2 高速補間法 ………………………………………………… 391
10.3 高速中国剰余 ……………………………………………… 394
注解 ………………………………………………………………… 400
練習問題 …………………………………………………………… 400

11. 高速 Euclid アルゴリズム ……………………………… 409
11.1 多項式についての高速 Euclid アルゴリズム ……………… 409
11.2 Euclid アルゴリズムによる部分終結式 …………………… 424
注解 ………………………………………………………………… 430
練習問題 …………………………………………………………… 430

12. 高速線形代数 …………………………………………… 435
12.1 Strassen の行列乗算 ……………………………………… 435
12.2 応用：多項式の高速モジュラ合成 ………………………… 439
12.3 線形再帰点列 ……………………………………………… 441

	12.4 Wiedemann のアルゴリズムとブラックボックス線形代数 ····· 449
	注解 ·· 458
	練習問題 ·· 460

13. Fourier 変換と画像圧縮 ·· 467
   13.1　連続的および離散的 Fourier 変換 ································· 467
   13.2　音声と映像の圧縮 ·· 472
   注解 ·· 477
   練習問題 ·· 478

第 III 部　Gauß   481

14. 有限体上の多項式の因数分解 ·· 487
   14.1　多項式の因数分解 ·· 487
   14.2　異なる次数の因数分解 ·· 490
   14.3　等しい次数の因数分解：Cantor と Zassenhaus のアルゴリズム 494
   14.4　完全な因数分解のアルゴリズム ·· 502
   14.5　応用：根の探索 ··· 506
   14.6　平方自由因数分解 ·· 508
   14.7　反復 Frobenius アルゴリズム ·· 514
   14.8　線形代数をもとにしたアルゴリズム ···································· 519
   14.9　既約性判定と既約多項式の構成 ·· 525
   14.10　円分多項式と BCH 符号の構成 ·· 532
   注解 ·· 539
   練習問題 ·· 545

15. Hensel 持ち上げと多項式の因数分解 ································ 559
   15.1　$\mathbb{Z}[x]$ 上と $\mathbb{Q}[x]$ 上の因数分解：基本的アイデア ··············· 559
   15.2　ある因数分解アルゴリズム ·· 561
   15.3　Frobenius と Chebotarev の密度定理 ································ 569

15.4	Hensel 持ち上げ ……………………………………… 573
15.5	多因子の Hensel 持ち上げ ………………………………… 581
15.6	Hensel 持ち上げを用いた因数分解：Zassenhaus のアルゴリズム ……………………………………………………………… 585
15.7	実装 …………………………………………………… 595
	注解 ……………………………………………………… 600
	練習問題 ………………………………………………… 602

16. 格子上の短いベクトル ……………………………………… 611
16.1	格子 …………………………………………………… 611
16.2	Lenstra, Lenstra & Lovász の基底簡約アルゴリズム ……… 613
16.3	基底の簡約のコストの評価 ……………………………… 619
16.4	短いベクトルから因数分解へ …………………………… 629
16.5	$\mathbb{Z}[x]$ 上の多項式時間因数分解アルゴリズム ……………… 631
16.6	多変数多項式の因数分解 ………………………………… 637
	注解 ……………………………………………………… 641
	練習問題 ………………………………………………… 643

17. 基底の簡約の応用 ……………………………………………… 651
17.1	ナップザック型暗号系の破れ …………………………… 651
17.2	擬似乱数 ………………………………………………… 653
17.3	連立 Diophantine 近似 …………………………………… 654
17.4	Mertens の反証 …………………………………………… 657
	注解 ……………………………………………………… 658
	練習問題 ………………………………………………… 659

第 IV 部　Fermat　　　　　　　　　　　　　　　661

18. 素数判定 ………………………………………………………… 667
18.1	整数の乗法位数 …………………………………………… 668

18.2	Fermat テスト	670
18.3	強擬素数性判定テスト	672
18.4	素数発見	676
18.5	Solovay と Strassen のテスト	684
18.6	素数判定の計算量	685
注解		688
練習問題		692

19. 整数の因数分解 ... 703

19.1	因数分解の挑戦	704
19.2	素朴な方法	706
19.3	Pollard と Strassen の方法	707
19.4	Pollard の ρ 法	709
19.5	Dixon のランダム平方法	714
19.6	Pollard の $p-1$ 法	724
19.7	Lenstra の楕円曲線法	725
注解		738
練習問題		740

20. 応用：公開鍵暗号系 ... 747

20.1	暗号系	747
20.2	RSA 暗号	752
20.3	Diffie–Hellman の鍵交換プロトコル	754
20.4	ElGamal 暗号系	755
20.5	Rabin の暗号系	756
20.6	楕円曲線暗号	756
注解		757
練習問題		757

第 V 部　Hilbert　761

21. Gröbner 基底 ·· 767
21.1　多項式イデアル ·· 768
21.2　単項式順序と多変数多項式の余りを伴う割り算 ················ 773
21.3　単項式イデアルと Hilbert の基底定理 ························ 780
21.4　Gröbner 基底と S 多項式 ····································· 785
21.5　Buchberger のアルゴリズム ··································· 791
21.6　幾何への応用 ··· 794
21.7　Gröbner 基底の計算量 ··· 799
注解 ··· 801
練習問題 ··· 804

22. 記号的積分 ·· 809
22.1　微分代数 ·· 809
22.2　Hermite の方法 ·· 812
22.3　Lazard, Rioboo, Rothstein, Trager の方法 ················· 814
22.4　超指数積分：Almkvist と Zeilberger のアルゴリズム ········ 821
注解 ··· 831
練習問題 ··· 834

23. 記号的和 ··· 839
23.1　多項式の和 ·· 839
23.2　調和数 ··· 846
23.3　最大階乗分解 ··· 849
23.4　超幾何和：Gosper のアルゴリズム ··························· 856
注解 ··· 870
練習問題 ··· 872

24.	応用	881
	24.1　Gröbner 証明システム	881
	24.2　Petri 網	884
	24.3　等式証明とアルゴリズムの分析	886
	24.4　シクロヘキサン再考	891
	注解	906
	練習問題	908

付　　録　　911

25.	基本的事項	913
	25.1　群	913
	25.2　環	916
	25.3　多項式と体	921
	25.4　有限体	926
	25.5　線形代数	929
	25.6　有限確率空間	935
	25.7　「大きい O」記号	939
	25.8　計算量理論	941
	注解	945

図版の出典	947
引用句の出典	947
参考文献	953
索　引	987

アルゴリズム一覧

2.1	多倍精度整数の和	35
2.2	多項式の足し算	39
2.3	多項式の掛け算	41
2.4	多倍精度整数の掛け算	43
2.5	多項式の余りを伴う割り算	45
3.5	伝統的 Euclid アルゴリズム	56
3.6	拡張伝統的 Euclid アルゴリズム	57
3.14	拡張 Euclid アルゴリズム (EEA)	69
3.17	2 進 Euclid のアルゴリズム	81
4.8	繰り返し平方	93
5.4	中国剰余アルゴリズム (CRA)	132
5.10	小さな素数のモジュラ行列式計算	140
6.11	原始的多項式の gcd	194
6.28	モジュラ 2 変数 gcd : 大きい素数版	208
6.34	$\mathbb{Z}[x]$ におけるモジュラ gcd : 大きい素数版	214
6.36	モジュラ 2 変数 gcd : 小さい素数版	216
6.38	$\mathbb{Z}[x]$ におけるモジュラ gcd : 小さい素数版	219
6.45	多くの多項式の gcd	228
6.57	$\mathbb{Q}[x]$ におけるモジュラ EEA : 小さい素数版	243
6.59	モジュラ 2 変数 EEA : 小さい素数版	246
6.61	原始的 Euclid アルゴリズム	248
8.1	Karatsuba の多項式乗算アルゴリズム	292
8.14	高速 Fourier 変換 (FFT)	305

8.16	高速たたみ込み積	306
8.20	高速負包みたたみ込み積	312
8.25	3つの素数によるFFT整数乗算	317
8.29	高速たたみ込み積	329
8.30	Schönhageのアルゴリズム	331
9.3	Newton反復法による逆元計算	338
9.5	余りを伴う高速除算	340
9.10	Newton反復法によるp進逆元計算	342
9.14	一般Taylor展開	345
9.22	p進Newton反復法	350
9.35	Montgomery乗算	376
10.3	部分積樹の組み立て上げ	387
10.5	部分積樹降下	389
10.7	高速多数点評価	390
10.9	1次モジュライの線形結合	392
10.11	高速補間法	393
10.14	事前計算を伴う高速同時約分	395
10.16	高速同時モジュラ約分	396
10.18	同時逆元計算	397
10.20	線形結合	398
10.22	高速中国剰余アルゴリズム	398
10.26	モビールの構成	401
10.27	Huffman樹の構成	402
11.4	高速拡張Euclidアルゴリズム	415
12.1	行列乗算	436
12.3	高速モジュラ合成	439
12.9	F^Nの最小多項式	447
12.12	正則連立1次方程式の解法	450
12.13	Krylov部分空間に対する最小多項式	450
12.20	xのべきを法とする合成	460

14.3	異なる次数の因数分解	492
14.8	等しい次数の分離	497
14.10	等しい次数の因数分解	500
14.13	有限体上の多項式の因数分解	502
14.15	有限体上の根の探索	506
14.17	$\mathbb{Z}$ 上の根の探索 (大きな素数版)	507
14.19	標数 0 における平方自由部分	509
14.21	標数 0 のときの Yun の平方自由因数分解	510
14.26	反復 Frobenius アルゴリズム	515
14.31	Berlekamp のアルゴリズム	520
14.33	Kaltofen と Lobo のアルゴリズム	522
14.36	有限体上の既約性判定	526
14.40	Ben–Or の既約多項式生成	530
14.48	円分多項式の計算	534
14.52	BCH 符号の構成	537
14.54	等しい次数の分離	549
14.55	ノルムの計算	553
15.2	$\mathbb{Z}[x]$ 上の因数分解 (大きな素数版)	563
15.5	$\mathbb{Q}[x]$ 上の多項式の因数分解	568
15.10	Hensel ステップ	575
15.17	多因子の Hensel 持ち上げ	581
15.19	$\mathbb{Z}[x]$ における因数分解 (素数のべき版)	585
15.22	2 変数多項式の因数分解 (素数のべき版)	591
15.24	2 変数多項式の因数分解	593
16.10	基底の簡約	618
16.22	$\mathbb{Z}[x]$ 上の多項式時間因数分解	631
16.26	Hermite 標準形	644
16.27	多項式の基底の簡約	646
18.2	Fermat テスト	670
18.5	強擬素数性判定テスト	673

18.15	Lehmann の素数性判定テスト	698
19.1	素朴な方法	706
19.2	Pollard と Strassen の因数分解アルゴリズム	707
19.6	Floyd の周期発見技法	711
19.8	Pollard の ρ 法	712
19.12	Dixon のランダム平方法	717
19.16	Pollard の $p-1$ 法	725
19.22	Lenstra の楕円曲線因数分解法	732
20.4	多項式の関数分解	759
21.11	多変数多項式の余りを伴う割り算	778
21.33	Gröbner 基底の計算	792
22.10	有理関数の記号的積分	819
22.14	積分分母の倍元	824
22.19	超指数積分	828
22.22	Almkvist と Zeilberger の積分分母の倍元	836
23.13	gff の計算	855
23.18	和の分母の倍元	859
23.20	和の分母の Gosper 倍元	860
23.25	超幾何和に対する Gosper のアルゴリズム	865

図表の一覧

図 1	手引き	7
図 1.1	シクロヘキサン (C_6H_{12}) の分子構造式	13
図 1.2	シクロヘキサンの「いす形」配座の立体視画像	14
図 1.3	3つのシクロヘキサンの「船形」配座	15
図 1.4	シクロヘキサンのだいたい直角であるひざ形配管モデル	16
図 1.5	曲線 E	18
図 1.6	シクロヘキサンの8つの柔軟な配座	18
図 1.7	公開鍵暗号系	19
図 2.1	多項式の掛け算の算術回路	43
図 2.2	多項式の割り算の演算回路	46
表 3.1	ランダムな2つの正の整数が互いに素である確率	66
図 3.2	$1 \leq x, y \leq 200$ なる x, y の最大公約数	67
表 4.1	実数の連分数表現の例	101
表 4.2	π の有理数近似	102
表 4.3	π の計算の10進桁数	103
表 4.4	1年の長さの連分数近似	105
表 4.5	いくつかの音程の周波数比	106
表 4.6	ダイアトニック音階の基音 C に対する周波数比	107
図 4.7	ピアノの鍵盤の一部	108
図 4.8	Diophantine 近似	109
図 5.1	モジュラアルゴリズムの概略図	121
図 5.2	小さな素数のモジュラアルゴリズムの概略図	122
図 5.3	素数べきのモジュラアルゴリズムの概略図	122

図 5.4	Lagrange 基本多項式	127
表 5.5	さまざまな補間問題	148
表 5.6	正接関数の位数 9 の Padé 近似	155
図 5.7	$\tan x$ とその原点のまわりでの位数 9 の Padé 近似との差	155
図 6.1	f と g の Silvester 行列	204
図 6.2	円周 X と直線 Y の交わり	223
図 6.3	3 つの曲線	224
図 6.4	$\mathbb{Z}[x]$ におけるいろいろな gcd アルゴリズム	252
表 6.5	$\mathbb{Z}[x]$ および $F[x,y]$ におけるさまざまな Euclid のアルゴリズムの比較	253
図 6.6	NTL の $\mathbb{Z}$ における小さい素数を法とする gcd アルゴリズム	254
表 7.1	$\mathbb{F}_2$ 上の長さ 15 の BCH 符号	277
図 8.1	Karatsuba のアルゴリズムを表した算術回路	293
図 8.2	再帰的深度が増大していった場合の Karatsuba のアルゴリズムの計算量	296
図 8.3	$\mathbb{C}$ における 1 の 8 乗根	298
図 8.4	FFT を計算する算術回路	307
図 8.5	再帰呼び出しの深さが増えていったときの FFT の計算量	308
表 8.6	種々の多項式乗算アルゴリズムとその実行時間	319
図 9.1	実数上の Newton 反復法	338
図 9.2	$\mathbb{C}$ 上で $y^3 - 1$ を解くための Newton 反復法の収束	361
図 9.3	図 9.4 での $\mathbb{Z}_7$ の表現	362
図 9.4	7 進整数上で $y^3 - 1$ を解くための Newton 反復法の収束	363
図 9.5	BIPOLAR による $\mathbb{F}_2[x]$ の多項式乗算	368
表 9.6	混成アルゴリズムを用いた BIPOLAR による $\mathbb{F}_2[x]$ の多項式の乗算	368
図 9.7	BIPOLAR による $\mathbb{F}_2[x]$ の多項式による除算	369
図 9.8	NTL による整数の乗算	371
図 9.9	NTL による n ビット整数係数の次数 $n-1$ の多項式の乗算	371
図 9.10	NTL による 64 ビット整数係数の多項式の乗算	372

図 9.11	NTL による整数係数の次数 63 の多項式の乗算	372
図 10.1	多数点評価アルゴリズムの部分積樹	387
図 12.1	モジュラ合成アルゴリズム 12.3 における行列の積	440
表 12.2	いくつかの行列のクラスについての評価計算量	442
図 12.3	線形フィードバックシフトレジスタの初期状態	444
図 13.1	アナログ信号と対応する離散的信号	468
図 13.2	2π 周期的信号とその倍音	471
図 13.3	$0 \leq k < 8$ に対する離散余弦信号 γ_k	473
図 13.4	グレイスケール画像とその行ごとの離散余弦変換	475
図 13.5	図 13.4 の画像を量子化し,行ごとの離散余弦変換を適用した画像	475
表 13.6	行ごとの離散余弦変換を行ったときの圧縮率	476
表 13.7	8×8 の正方形の離散余弦変換を行ったときの圧縮率	477
図 13.8	図 13.4 の画像を量子化し,8×8 の正方形の離散余弦変換を適用した画像	477
図 14.1	いろいろな整域上の多項式の因数分解	489
図 14.2	有限体上の 1 変数多項式の因数分解の過程	489
図 14.3	異なる次数の因数分解の例	494
図 14.4	$\mathbb{F}_{13}^\times$ と $\mathbb{F}_{17}^\times$ における 2 乗	495
図 14.5	$x^4 + x^3 + x - 1 \in \mathbb{F}_3[x]$ の因数分解におけるラッキーな選択とアンラッキーな選択	499
図 14.6	等しい次数の因数分解アルゴリズム 14.10 の動作	502
図 14.7	多項式の因数分解の例	506
図 14.8	Berlekamp 部分代数	520
図 14.9	各種の因数分解アルゴリズムの漸近的実行時間	524
図 14.10	有限体上の多項式の因数分解のアルゴリズムで使われる計算機代数	525
表 14.11	$2 \leq n \leq 10$ で $q \leq 9$ のときの既約多項式の個数 $I(n,q)$	529
表 14.12	最初の 20 次の円分多項式	533
図 15.1	$\mathbb{Z}[x]$ 上の因数分解の構造	561

図 15.2	$\mathbb{Z}_x$ や $\mathbb{F}_p[x]$ の因数分解の型	562
表 15.3	Galois 群の巡回型とその相対頻度	571
表 15.4	判別式を割り切らない素数を法とした因数分解の型	572
表 15.5	モジュラアルゴリズム	595
図 15.6	BiPolAr による $\mathbb{F}_2[x]$ 上の多項式の因数分解	596
図 15.7	NTL による $n-1$ 次多項式の k ビット素数を法とした因数分解	597
図 15.8	NTL による $\mathbb{Z}[x]$ 上の因数分解	598
図 15.9	NTL による擬似ランダム多項式 2 つの積の因数分解	599
図 15.10	NTL による整数係数の多項式の因数分解	599
図 16.1	点 $(12,2)$ と $(13,4)$ の生成する $\mathbb{R}^2$ の格子	613
図 16.2	点 $(12,2)$ と $(13,4)$ の Gram–Schmidt の正規直交基底	615
図 16.3	例 16.3 の束からアルゴリズム 16.10 で基底の簡約をして得られたベクトル	617
表 16.4	アルゴリズム 16.10 で基底を簡約した場合のトレース	619
図 16.5	1 回のおきかえが及ぼす影響	621
表 16.6	格子 $\mathbb{Z}(1,1,1)+\mathbb{Z}(-1,0,2)+\mathbb{Z}(3,5,6)$ をアルゴリズム 16.10 で基底を簡約する場合のトレース	625
図 16.7	$x^3+y^3-z^3$ の計算回路	639
表 17.1	$n \leq 15$ のときの $\mu(n)$ と $M(n)$ の値	658
表 18.1	さまざまなモジュラアルゴリズムのコストと要求	679
表 19.1	素数の因数分解アルゴリズム	703
表 19.2	Fermat 数の因数分解	705
図 19.3	整数の素数への因数分解	707
図 19.4	Pollard の ρ 法	711
図 19.5	実数上の楕円曲線	727
図 19.6	楕円曲線 $y^2=x^3-x$ 上に 2 点をとる	728
表 19.7	$\mathbb{F}_7$ 上のすべての楕円曲線 E の位数の頻度	731
図 19.8	例 19.21 の楕円曲線群 E と E^* の構造	732
図 20.1	公開鍵暗号系	750

図 21.1	2つのジョイントからなるロボット	768
図 21.2	三角形 ABC の中線 AP, BQ, CR は重心 S で交わる	769
図 21.3	$\mathbb{R}^2$ の円と線	771
図 21.4	単項式イデアル	783
図 21.5	$\mathbb{R}^3$ の曲線	790
図 21.6	3次曲線	797
表 23.1	H_n と $\ln n$ の差	847
図 23.2	テーブルでの本の積み上げ	848
図 23.3	$x(x-1)^3(x-2)^2(x-4)^2(x-5)$ のシフトの構造	851
図 23.4	例 23.9 の f のシフトの構造	851
図 24.1	マーク付けされた Petri 網	885
図 24.2	図 24.1 からそれぞれ 1, 2, 3 回点火した後の Petri 網	885
図 24.3	シクロヘキサンの「いす形」配置	891
図 24.4	$V(F)$ と $V(F) \cap A$ の xy 平面への射影	898
図 25.1	環の階層	925
図 25.2	$\mathbb{F}_{q^{12}}$ の部分体の束	927
図 25.3	さまざまな計算量クラスの包含関係	944

A Beggar's Book Out-worths a Noble's Blood.
William Shakespeare (1613)

Some books are to be tasted, others to be swallowed,
and some few to be chewed and digested.
Francis Bacon (1597)

Les plus grands analystes eux-mêmes ont bien rarement dédaigné de se tenir à la portée de la classe *moyenne* des lecteurs; elle est en effet la plus nombreuse, et celle qui a le plus à profiter dans leurs écrits.
Anonymous referee (1825)

It is true, we have already a great many Books of *Algebra*,
and one might even furnish a moderate Library
purely with Authors on that Subject.
Isaac Newton (1728)

حررت هذا الكتاب وجمعت فيه جميع ما يحتاج اليه الحاسب
محترزا عن اشباع ممل و اختصار مخل

Ghiyāth al-Dīn Jamshīd bin Masʿūd bin Maḥmūd al-Kāshī (1427)

はじめに

　理学と工学において，うまく問題を解こうとすると，普通，方程式を解かなければならないことになる．そのような方程式は多くのタイプがある．たとえば，微分方程式，1次または多項式の方程式や不等式，漸化式，群の方程式，テンソル方程式，などなどである．原理的に，そのような方程式の解き方は2つある．すなわち，近似的に解く方法と厳密に解く方法である．「数値解析」は，非常にうまくいく数学的方法と「近似」解を計算する計算機ソフトウェアを提供する非常に進んだ分野である．

　「計算機代数」は，計算機科学の分野では最近のものであり，そこでは，方程式の厳密解を求めるために，数学的な道具や計算機ソフトウェアが開発されている．

　かりそめにも厳密解があるのに，なぜ近似解を使うのだろうか．その答えは，多くの場合厳密解を求めることが可能でないということである．これにはさまざまの理由がある．たとえば，ある (単純な) 常微分方程式に対して，(ある指定された型の) 閉じた式の解を求めることができないことを証明できる．もっと重大なことは，効率の問題である．たとえば有理係数の連立 1 次方程式は，どのようなものでも厳密に解くことができるが，気象学，原子物理学，地質学や他の科学の分野で現れる巨大な連立 1 次方程式は，効率的には，近似的にしか解くことができない．スーパーコンピュータで厳密解を求めると，数日や数週間では答えを得られないだろう (これでは，天気予報には実際に使うことはできない)．

　しかしながら，厳密解法の範囲内で，計算機代数は，しばしば古典的な数値解法より興味深い答えを与えている．媒介変数 t を持つ，微分方程式または連立 1 次方程式が与えられたとき，科学者は t による閉じた式の解の方が，いく

つかの t の値を指定した解よりも，多くの情報を得る．

今日の学生の多くは，1960 年代まで計算尺はエンジニアや科学者にとって欠くことのできない道具であったことを知らないかもしれない．電卓があっという間に計算尺を時代遅れのものにしてしまった．次の時代には，同じように，計算機代数システムが，多くの目的に対して電卓に取って代わることだろう．相変わらず大きくて高いけれど (ハンドヘルド計算機代数電卓は依然珍しい)，これらのシステムは，数，行列，多項式などの厳密 (または，任意の精度の) 計算を簡単に実行できる．これらは，科学者やエンジニアにとって，学校から職場まで，欠くことのできない道具になるだろう．これらのシステムは，いまや，数値計算パッケージ，CAD/CAM そしてグラフィックスのようなほかのソフトウェアと統合されてきている．

この本の目標は，計算機代数の基本的な方法やテクニックの概論を与えることである．我々は 3 つのことに焦点をあわせることにする．すなわち，

○ 数学的土台を完全に提示すること，

○ アルゴリズムの漸近解析，ときには，記法 O を使わずに，

○ 漸近的に高速な方法の開発

である．

たとえば，FFT に対しては $O(n \log n)$，というように，アルゴリズムの実行時間の上界を (もし何か与えるならば)「大きい O」記法 (25.7 節で説明している) で与えることが習慣になっている．我々は，しばしば，たとえば $\frac{3}{2} n \log n$ のように，最高次の項の係数の値を明らかにするという意味で，O を使わない上限を証明することがある．そして，それに $O(\text{最高次より小さい次数の項})$ を付け加える．しかし，このような係数を最小にするというようなゲームをしているわけではない．読者は自分自身でより小さい定数を見つけるようにしてほしい．

これらの高速な方法の多くは，最近の 25 年間で知られるようになったものであるが，一部分は実際的な (非) 適合性に関する「不幸な作り話」(Bailey, Lee & Simon 1990) によるのだが，計算機代数システムへの衝撃は少ないものであった．しかし，それらの有用性は，最近数年間で力強く明示されるようになった．すなわち，我々は，——たとえば，多項式の因数分解のような——数年前なら

立ち向かうこともできなかったようなサイズの問題も，いまや解くことができる．我々は，この成功が計算機代数の他の分野へ拡がっていくことを期待していて，実際に，この本がこの発展に寄与できることを望んでいる．これらの高速な方法を扱うことが満ちあふれていることが，タイトルの「現代」(modern)の動機である．(我々のタイトルも少しきわどい．というのは，我々の分野のように，急激に発展している分野での「現代」のテキストは，あっという間に古臭いものになってしまうだろうから．)

計算機代数の基本的な対象は数と多項式である．この本全体で，これら2つの領域の構造あるいはアルゴリズムの類似性と，また，どこでその類似性が崩れるのかを強調する．我々は多項式，特に，体上の1変数多項式に努力を集中し，有限体には特別に注意を払う．

いくつかの基本的な領域で算術的なアルゴリズムを考察することになる．我々が解析しようとすることには，式の形，足し算，引き算，掛け算，割り算，余りを伴う割り算，最大公約数，因数分解などが含まれる．計算機代数で基本的に重要な領域は，自然数，有理数，有限体，多項式環である．

上に述べた我々の3つの目標は，ずっと維持するには欲張りすぎる．いくつかの章では，方法の概略とさらに進んだ結果の概観に甘んじなければならない．紙数の制限により，「証明は読者に委ねる」という悲しむべき表現に頼ることもある．しかし心配することはない．幸いにも，それに対応する練習問題の解答はこの本のウェッブサイトで手に入れることができる．

原稿のほとんどを書いた後に，この本を，それぞれ対応する部分の現代的方法の(もちろんすべてではないが)いくらかに先駆的役割を果たした数学者の名にちなんだ5つの部の構成にすることができることがわかった．各部において，アルゴリズムの方法の選り抜きの応用もいくつか示している．

第I部 EUCLID では，gcd を計算するための Euclid のアルゴリズムを検証し，多項式に対する部分終結式の理論を説明している．応用は非常にたくさんある．たとえば，モジュラアルゴリズム，連分数，Diophantine 近似，中国剰余アルゴリズム，秘密の共有，そして，BCH 符号の復号である．

第II部 NEWTON では，高速算術の基礎を説明する．すなわち，FFT に基礎をおいた掛け算，余りを伴う割り算，Newton 反復により多項式方程式を解

くこと，さらに，Euclid のアルゴリズムと連立 1 次方程式に対する高速法である．FFT は，信号処理にその起源を持ち，我々はそれの 1 つの応用である画像圧縮を議論する．

　第 III 部 GAUSS ではもっぱら多項式の問題を扱う．有限体上の 1 変数の因数分解から始め，巨大な問題への攻撃を可能にする現代的な方法を含んでいる．それから，有理係数の多項式について論じる．2 つの基礎的なアルゴリズム的要素は，Hensel 持ち上げと格子上の短いベクトルである．後者には，ある暗号の解読から Diophantine 近似まで，たくさんの応用が見出されている．

　第 IV 部 FERMAT は，アルゴリズム的整数論の基礎にある 2 つの整数の問題，素数判定と素因数分解に専念する．これらの古典的な話題の最も有名な現代的応用は，公開鍵暗号である．

　第 V 部 HILBERT では，この本のほかの部分よりやや進んだ異なる 3 つの話題を扱う．ただそこでは，豊富な理論のうち基本的な部分しか説明できない．最初の分野は Gröbner 基底である．それは，多変数多項式を扱うのに，特にいくつかの多項式の共通解に関する問題についてうまくいく方法である．その次の話題は，有理関数や超指数関数の記号積分法である．最後の話題は，記号和である．多項式の和，超幾何和を議論する．

　この本を通して使われる言葉のいくつかの基礎的な題材，つまり，群，環，体の基礎，線形代数，確率論，漸近的 O 記法，計算の複雑さの理論，を説明する付録でこの本は締めくくられる．

　第 I, II, III 部には，それぞれ，この本で説明されるアルゴリズムの実装報告がある．事例研究として，Victor Shoup による NTL とこの本の著者による BIPOLAR という，整数と多項式の算術のための 2 つの特別なパッケージを使用する．

　ほとんどの章は，参考文献と歴史に関する注解あるいは補足の注意，さらに，いろいろな練習問題で終わっている．練習問題は難度にしたがってマークがつけられている．＊はやや進んだ問題，＊＊はさらに難しいかこの本ではカバーされていない事柄が必要になる問題である．骨の折れる（必ずしも難しいということではない）練習問題には長い矢印 ⟶ がついている．この本のウェブページ http://www-math.upd.de/mca/ にはいくつかの解答がある．

はじめに

　この本では，どんな計算機代数システムでもその背後にある数学的エンジンの基礎を説明し，Euclid のアルゴリズム，高速アルゴリズム，多項式の因数分解を扱っている最初の3つの部分の題材に対して——いつもとはいえないが，しばしば，最先端の技術水準において——実質的な適用範囲を与えている．しかし，避けることのできない欠点を指摘することはさっさと通り過ぎてしまう．第一に，我々が議論している分野のことでさえも完璧にカバーできないし，我々の扱うものは，計算線形代数，疎な多変数多項式，組み合わせ論，計算理論的整数論，限定記号消去法と多項式方程式を解くこと，微分方程式あるいは差分方程式という分野の主要な興味深い発展を省略するからである．第二には，いくつかの重要な疑問は全く触れないでおく．ただ，計算群論，並列計算，超越関数の計算，多項式の孤立実または複素解，記号的あるいは数値的方法の組み合わせをあげておくだけにする．最後に，うまくいく計算機代数システムは単なる数学的エンジン以上のものを含んでいる．効率のよいデータ構造，高速なカーネルと大規模なコンパイルされているかまたは機械語に翻訳されているライブラリ，ユーザインターフェイス，グラフィック表示，ソフトウェアパッケージの相互運用性，巧妙なマーケティングなどである．これらの問題は，大いに技術に依存し，それゆえ，それらに対する1つのよい解があるわけではない．

　この本は，1セメスターあるいは2セメスターの計算機代数の教科書として使うことができる．基礎的な算術アルゴリズムは第2章，第3章，4.1節〜4.4節，5.1節〜5.5節，8.1節〜8.2節，9.1節〜9.4節，14.1節〜14.6節，15.1節〜15.2節で説明されている．さらに，1学期間の学部の授業は，計算数論 (9.1節，18.1節〜18.4節，第20章の部分)，幾何学 (21.1節〜21.6節)，積分 (4.5節，5.11節，6.2節〜6.4節，第22章) に向かってもよいし，4.6節〜4.8節，5.6節〜5.9節，6.8節，9.6節，第13章，第1章，第24章からのおもしろい応用によって補足されてもよい．2学期間の授業では，「基礎」と 6.1節〜6.7節，10.1節〜10.2節，15.4節〜15.6節，16.1節〜16.5節，18.1節〜18.3節，19.1節〜19.2節，19.4節，19.5節，19.6節〜19.7節，さらに，第21章から第23章の1つか2つの節，それに，第17章，第20章，第24章からのいくつかの応用もできるかもしれない．大学院の授業では，もっと取捨選択ができる．第14章〜第16章と第19章を使って，「因数分解」の授業を行ったことがある．もう

1つの可能性は，第II部に基礎をおいた「高速アルゴリズム」の大学院の授業である．これらの提案のどれに対しても，講師がどの分野をスキップするかの多くの選択の余地を十分に含んでいる内容である．論理的な依存関係は図1にある．

上のような授業の前提となる知識は，線形代数学，ある程度数学に成熟していること，特に有用なのは代数学とアルゴリズムの解析について基礎的に精通していることである．しかしながら，学生のバックグラウンドの多様性を許すために，必要な道具を説明する付録を含んでいる．その題材に対して，苦労しながらも進んでいくことと過剰に要求することの境界線は，各人にそれをきちんとするととても異なったものになる．これらの概念や道具に慣れていないなら，付録の要約した内容を拡大しなければならないかもしれない．そうでなければ，ほとんどの説明は自己完結しているし，例外は明確にそう書いている．本来，応用のいくつかは関連分野のバックグラウンドを仮定している．

各部の初めにはその名にちなんだ科学者の伝記的な概略を示し，この本を通して，題材の原典を示している．スペースと力量の不足から，これは系統的な方法では行われておらず，完璧の目標はそのままにしておき，しばしば何世紀も昔の初期の原典を指摘し，最初の業績を引用している．そのような歴史的問題への興味は，もちろん，好みの問題である．どれだけのアルゴリズムが由緒ある方法に基礎をおいているかをみることは，やりがいのあることである．我々の本質的に「現代的」な側面は，漸近的な計算量と実行時間，できるだけ高速なアルゴリズム，そしてそれらの計算機への実装である．

謝辞 この題材は，第一の著者が，Tronto, Zürich, Santiago de Chile, Canberra, Paderborn において 10 年以上にわたって教えてきた学部と大学院の授業から成長してきた．第一の著者は，2 人の先生に対してすべてのことのお礼を述べたい．1 人は Volker Strassen であり，数学を教えてくれた人である．そしてもう 1 人は Allan Borodin であり，コンピュータサイエンスを教えてくれた人である．友人 Erich Kaltofen には，計算機代数についてのたくさんの啓発的な議論に対して感謝の意を表したい．

第二の著者は，計算機代数に関する刺激的な講義をたくさんしてくれた 2 人

はじめに

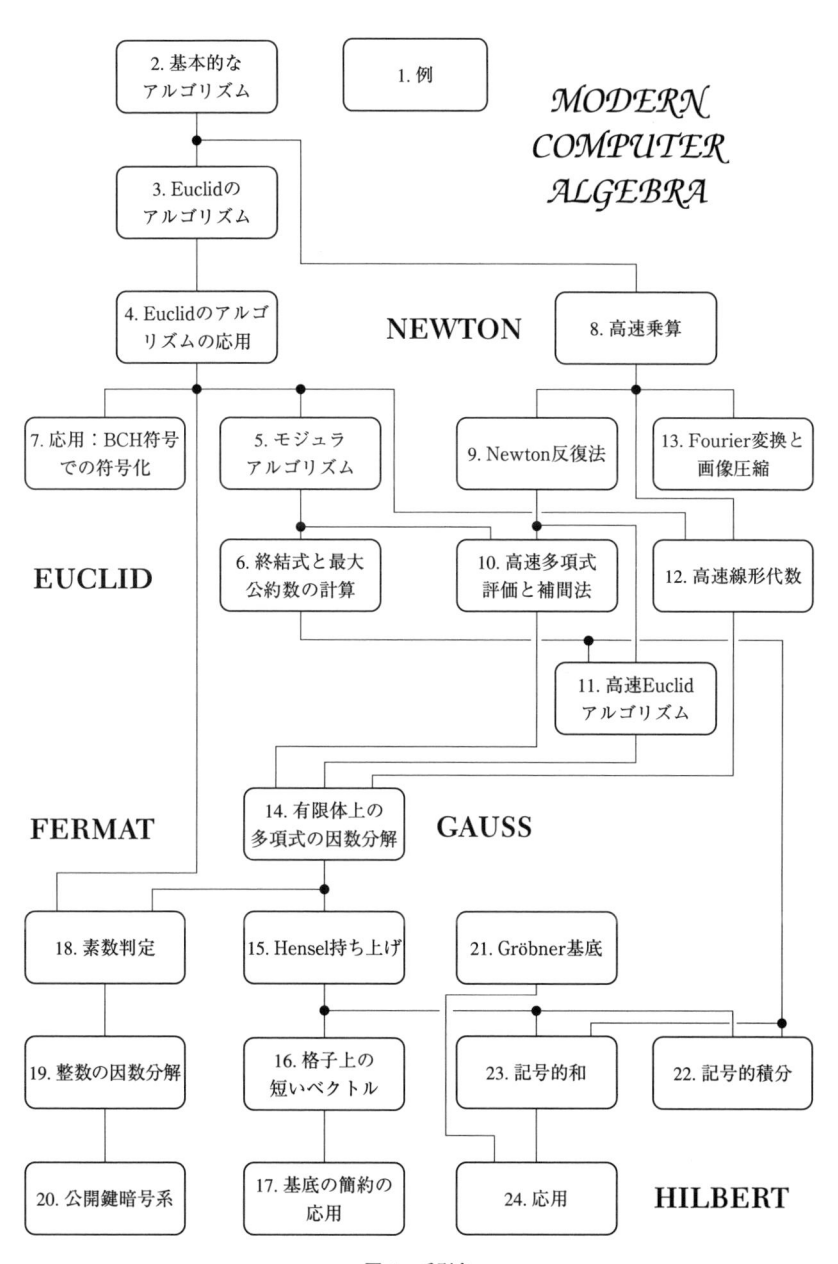

```
                      ┌──────────────┐
  ┌──────────────┐    │   1. 例      │        MODERN
  │2. 基本的な    │    └──────────────┘        COMPUTER
  │  アルゴリズム │                            ALGEBRA
  └──────┬───────┘
         │
  ┌──────┴───────┐
  │3. Euclidの   │
  │  アルゴリズム │
  └──────┬───────┘
         │
  ┌──────┴────────┐                    ┌──────────────┐
  │4. Euclidのアルゴ│    NEWTON        │8. 高速乗算    │
  │  リズムの応用  │                    └──────┬───────┘
  └──┬────────┬───┘                           │
     │        │                    ┌──────────┴──────────┐
┌────┴────┐┌──┴──────┐      ┌──────┴──────┐      ┌───────┴──────┐
│7. 応用：│ │5. モジュラ│    │9. Newton反復法│    │13. Fourier変換と│
│BCH符号  │ │  アルゴリズム│  └──────┬──────┘      │  画像圧縮    │
│での符号化│└────┬────┘                           └──────┬───────┘
└─────────┘     │                                       │
   EUCLID   ┌───┴──────┐    ┌──────────────┐    ┌──────┴──────┐
            │6. 終結式と│    │10. 高速多項式 │    │12. 高速線形代数│
            │最大公約数 │    │  評価と補間法 │    └─────────────┘
            │の計算    │    └──────┬───────┘
            └──────────┘           │
                          ┌────────┴────────┐
                          │11. 高速Euclid   │
                          │  アルゴリズム   │
                          └─────────────────┘

            ┌──────────────────┐
  FERMAT    │14. 有限体上の      │    GAUSS
            │  多項式の因数分解  │
            └──────────┬───────┘

┌──────────┐  ┌─────────────┐  ┌──────────────┐
│18. 素数判定│ │15. Hensel持ち上げ│ │21. Gröbner基底│
└────┬─────┘  └──────┬──────┘  └──────┬───────┘
     │               │                │
┌────┴─────┐  ┌──────┴──────┐  ┌──────┴──────┐  ┌──────────────┐
│19. 整数の │  │16. 格子上の  │  │23. 記号的和 │  │22. 記号的積分│
│ 因数分解  │  │  短いベクトル│  └──────┬──────┘  └──────────────┘
└────┬─────┘  └──────┬──────┘         │
     │               │                │
┌────┴─────┐  ┌──────┴──────┐  ┌──────┴──────┐
│20. 公開鍵│  │17. 基底の簡約の│ │24. 応用     │   HILBERT
│  暗号系  │  │  応用        │  └─────────────┘
└──────────┘  └─────────────┘
```

図 1 手引き

の指導教員，Helmut Meyn と Volker Strehl に感謝の意を表したい．

2つのグループの人たちの援助と熱意が，授業で教えることを楽しいものにしてくれた．1つは，その何人かは実際に講義を分担した仲間で，Leopoldo Bertossi, Allan Borodin, Steve Cook, Faith Fich, Shuhong Gao, John Lipson, Mike Luby, Charlie Rackoff, Victor Shoup である．もう一方は，この授業を履修した活発な学生のグループである．練習問題を解き，他の人にそれを教え，何人かはこの本の中心部分となっている講義ノートの筆記者である．特に，Paul Beame, Isabel de Correa, Wayne Eberly, Mark Giesbrecht, Rod Glover, Silke Hartlieb, Jim Hoover, Keju Ma, Jim McInnes, Pierre McKenzie, Sun Meng, Rob Morenz, Michael Nöcker, Daniel Panario, Michel Pilote, François Pitt に感謝の意を表したい．

さまざまのことで次の方たちにお礼をいいたい．Eric Bach, Peter Blau, Wieb Bosma, Louis Bucciarelli, Désirée von zur Gathen, Keith Geddes, Dima Grigoryev, Johan Håstad, Dieter Herzog, Marek Karpinski, Wilfrid Keller, Les Klinger, Werner Krandick, Ton Levelt, János Makowsky, Ernst Mayr, François Morain, Gerry Myerson, Michael Nüsken, David Pengelly, Bill Pickering, Tomás Recio, Jeff Shallit, Igor Shparlinski, Irina Shparlinski, Paul Zimmermann.

プログラミングと索引作りという重大な仕事をしてくれた，Sandra Feisel, Carsten Keller, Thomas Lücking, Dirk Müller, Olaf Müller に，そして，タイプをたゆまず手伝ってくれた Marianne Wehry にお礼をいいたい．

原稿を注意深く読んでくれた，Sandra Feisel, Adalbert Kerber, Preda Mihăilescu, Michael Nöcker, Daniel Panario, Peter Paule, Daniel Reischert, Victor Shoup, Volker Strehl に感謝したい．

Paderborn, 1999 年 1 月

2003 年版　偉大なフランス人数学者 Pierre Fermat は，彼の生涯で何 1 つ出版することはなかった．その理由の 1 つは，当時は，本やその他の出版物は，大きくても小さくても，誤りが見つかると，しばしば個人的な悪口を伴った悪意の攻撃を受けることがよくあったからである．

はじめに

我々の読者は好意的である.1999年版の中で,約160の誤りや改善点を指摘してくれたが,ほとんどの場合,思いやりのあるおほめの言葉でやわらげられていた.楽しくよりよい本がいまできたことに対する皆さんのご協力,ありがとう.次の方たちの助力に感謝したい.Sergeĭ Abramov, Michael Barnett, Andreas Beschorner, Peter Bürgisser, Michael Clausen, Rob Corless, Abhijit Das, Ruchira Datta, Wolfram Decker, Emrullah Durucan, Friedrich Eisenbrand, Ioannis Emiris, Torsten Fahle, Benno Fuchssteiner, Rod Glover, David Goldberg, Mitch Harris, Dieter Herzog, Andreas Hirn, Mark van Hoeij, Dirk Jung, Kyriakos Kalorkoti, Erich Kaltofen, Karl–Heinz Kiyek, Andrew Klapper, Don Knuth, Ilias Kotsireas, Werner Krandick, Daniel Lauer, Daniel Bruce Lloyd, Martin Lotz, Thomas Lücking, Heinz Lüneburg, Mantsika Matooane, Helmut Meyn, Eva Mierendorff, Daniel Müller, Olaf Müller, Seyed Hesameddin Najafi, Michael Nöcker, Michael Nüsken, Andreas Oesterhelt, Daniel Panario, Thilo Pruschke, Arnold Schönhage, Jeff Shallit, Hans Stetter, David Theiwes, Thomas Viehmann, Volker Weispfenning, Eugene Zima, Paul Zimmermann.

Christopher Creutzig, Katja Daubed, Torsten Metzner, Eva Müller, Peter Serocka, Marianne Wehry にも感謝する.

気がついていた誤りや(無意識に)起きてしまった誤りを訂正する一方で,いろいろな項目を読みやすく最新のものにし,第3章15節,22節を大幅に書きかえた.この本の両方の版の訂正のページは,http://www-math.upb.de/mca/ に残してある.

読者の皆さん,誤りを探すことは終わっていません.誤りがあれば,{gathen, jngerhar}@upb.de へお送りください.そして,誤り探しをしながら,この本を読むことを楽しんでください.

Paderborn, 2003年2月

Note この本をつくるために次のソフトウェアの助けが非常に大きいものであった.Leslie Lamoort の LaTeX, Don Knuth による TeX, Klaus Lagally

の ArabTeX, Oren Patashnik の BibTeX, Pehong Chen の MakeIndex, MAPLE, MuPAD, Vitor Shoup の NTL, Thomas Williams と Collin Kelley の gnuplot, Persistence of Vision Ray Tracer POV-Ray, xfig である.

Clarke's Third Law:
Any sufficiently advanced technology is indistinguishable from magic.
Arthur C. Clarke (c. 1969)

L'avancement et la perfection des mathématiques
sont intimement liés à la prospérité de l'État.
Napoléon I. (1812)

It must be easy [...] to bring out a *double* set of *results*, viz. —1st,
the *numerical magnitudes* which are the results of operations
performed on *numerical data*. [...] 2ndly, the *symbolical results*
to be attached to those numerical results, which symbolical results
are not less the necessary and logical consequences
of operations performed upon *symbolical data*,
than are numerical results when the data are numerical.
Augusta Ada Lovelace (1843)

There are too goddamned many machines that spew out data too fast.
Robert Ludlum (1995)

After all, the whole purpose of science is not technology—
God knows we have gadgets enough already.
Eric Temple Bell (1937)

1

シクロヘキサン，暗号，コード，計算機代数

　この章では，3つの例により，計算機代数のアイデアと方法がどのように適用されるかを説明する．その3つの例とは，シクロヘキサン分子の立体配置 (立体配座) という興味深い幾何学的な解を持つ化学の問題，メッセージを安全に伝達するための暗号プロトコル，秘密の共有や欠陥のあるネットワーク上でのパケット送信の分散コード，である．この本のいたるところで，カレンダーのデザインや音階ということから，画像の圧縮や代数曲線の交差に至ることまでの非常に広い分野で，このような応用例を目にすることになるだろう．この章の最後の節では，いくつかの計算機代数システムを手短に概観することにする．

1.1　シクロヘキサンの立体配座

　化学の例から始めよう．この例は，数学を応用するときの3つの典型的な段階，すなわち，問題の数学モデルをつくること，そのモデルを「解く」こと，そ

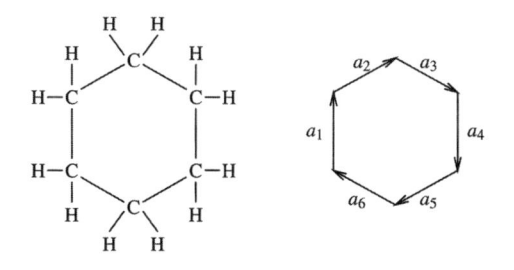

図 1.1　シクロヘキサン (C_6H_{12}) の分子構造式と，結合 $a_1, \ldots, a_6$ に与える向き

の解をもとの問題の解として解釈すること，を説明する．多くの場合，これらの段階はまっすぐ進めるわけではなく，戻ってみたり，道を変えてみたりしなければならない．

有機化学の1分子である，シクロヘキサン C_6H_{12} (図1.1) は，円周をなすように結合された6個の炭素原子 (C) と，1個の炭素原子に2個ずつ結合されている12個の水素原子 (H) とからなる炭化水素である．1個の炭素原子からは，(隣り合う2つの炭素原子と結合されている2つの結合と2個の水素原子と結合されている2つの結合，あわせて) 4つの結合が，炭素原子が中心にある4面体で，それぞれの結合がその4つの角を指すように配置されている．2つの結合のなす角 α は約109度 (正確には $\cos\alpha = -\frac{1}{3}$ となる α) である．2つの隣り合う炭素原子はそれらの間の結合のまわりを自由に回転できる．

化学者は，シクロヘキサンは (回転や対称移動で一方から他方へ移りあえない) 2つの合同でない立体配座があることを観察している．1つは「いす形」(図1.2) で，もう1つは「船形」(図1.3) と呼ばれ，いす形の方が船形よりも非常に多く存在することが実験で確かめられている．立体配座の起こりうる頻度は自由エネルギーに依存する——一般の法則として，分子は自由エネルギーを最小にしようとする——から，空間での構造に依存することになる．

プラスチックの管 (図1.4) で炭素原子とそれらの間の結合の模型を，結合のまわりで回転できるようにつくってみると (簡単のために水素原子は考えない

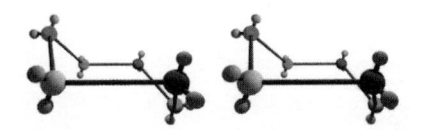

図 1.2 シクロヘキサンの「いす形」配座の立体視画像．3次元の像を見るためには，この2つの絵を目の前にまっすぐにおく．そして，目をリラックスさせ，その絵に焦点をあわせず，2つの絵が薄れて (1つの目で1つの絵を見るように) 2つの像に分かれるようにする．さらに目をリラックスさせて左目で見ている右の像を右目で見ている左の像と一致させるようにする．左右の外側の像はそれぞれ左右の目で，中央の像は両目で，あわせて3つの像を見ることになる．慎重に中央の像に焦点をあわせると同時に像がはっきりなるまでこの本を顔から離すようにゆっくり動かす．(これはめがねをかけずに行った方がよい．) (口絵3参照)

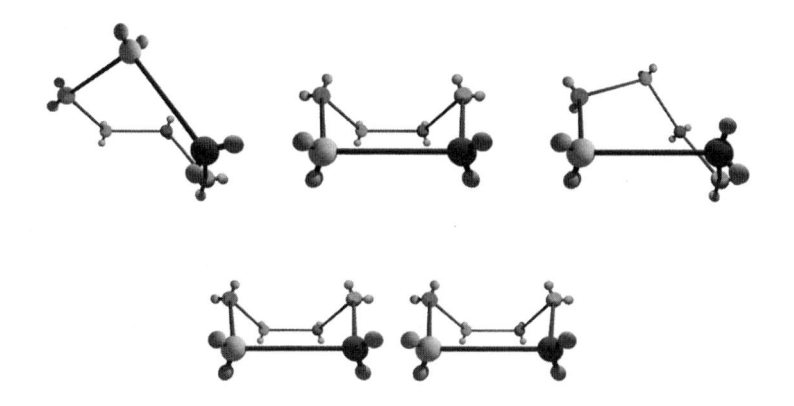

図 1.3 3つのシクロヘキサンの「船形」配座と中央の配座の立体視画像 (図 1.2 の見方を参照のこと) (口絵 4 参照)

ことにして),「船形」配座では, 結合のまわりで原子を回転させるある程度の自由度がある (これを**柔軟な**配座と呼ぶ) が,「いす形」配座は**剛的**であることが観察でき,「船形」から「いす形」へ変形できないことがわかる. これを数学的にモデル化することができるだろうか, また, できたとして, この状況を明確に説明できるだろうか.

$a_1, \ldots, a_6 \in \mathbb{R}^3$ を 3 次元空間内の 6 つの結合の方向ベクトルで, 円周上で同じ向きに向き付けられ, 隣り合った炭素原子間の距離を 1 として正規化されたものとする (図 1.1). $u * v = u_1 v_1 + u_2 v_2 + u_3 v_3$ で $\mathbb{R}^3$ の 2 つのベクトル $u = (u_1, u_2, u_3)$ と $v = (v_1, v_2, v_3)$ の普通の内積を表す. 余弦定理により, $uv = \|u\|_2 \cdot \|v\|_2 \cdot \cos\beta$ である. ただし, $\|u\|_2 = (u * u)^{\frac{1}{2}}$ は Euclid ノルムであり, $\beta \in [0, \pi]$ は, 原点を始点とするベクトルとして u と v とのなす角である. 上の条件は次の方程式系を導く.

$$\begin{aligned} a_1 * a_1 = a_2 * a_2 = \cdots = a_6 * a_6 &= 1 \\ a_1 * a_2 = a_2 * a_3 = \cdots = a_6 * a_1 &= \frac{1}{3} \\ a_1 + a_2 + \cdots + a_6 &= 0 \end{aligned} \qquad (1)$$

第 1 式は, 各結合の長さが 1 であることをいっている. 第 2 式は, 同じ炭素原

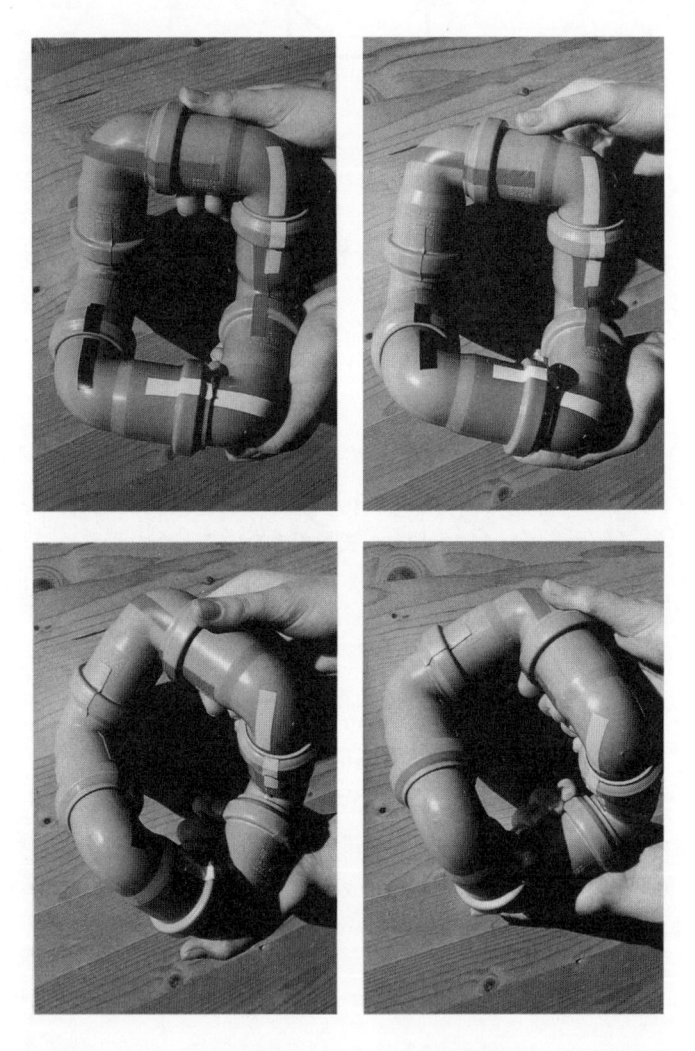

図 1.4 シクロヘキサンのだいたい直角であるひざ形配管モデル（口絵 6 参照）

子につながっている2つの結合のなす角が α (余弦が $-\frac{1}{3}$ ではなく $\frac{1}{3}$ となるのは, 炭素原子から見ると2つの結合が異なる方向を持っているからである)であることを表している. 最後の式は, 炭素原子が円周上にあるという構造を表している.

式 (1) は, 点 $a_1, \ldots, a_6$ の 18 個の座標に関する $6 + 6 + 3 = 15$ の方程式からなる. 第一の方程式は 2 次で, 第三の方程式は 1 次である. 3 次元空間で自由に動かせたり回転させることができるという構造から由来するこれら以外の方程式もある. これにふさわしい方法の1つは, a_1 と a_2 がそれぞれ x 軸, xy 平面に平行であるという事実を表す3つの方程式を導入することである. これらの方程式は計算機代数システムにより解くことができるが, 得られる解の表現は非常に複雑で直感的ではない.

うまい解法を求めて, 未知数として, $a_1, \ldots, a_6$ の座標のかわりに, $1 \le i, j \le 6$ に対して内積 $S_{ij} = a_i * a_j$ をとるという, より対称性のある上とは異なる方法を考える. この詳細は 24.4 節で述べる. 条件 (1) のもとで, S_{ij} は a_i と a_j のなす角の余弦である. したがって, S_{ij} はどれも S_{13}, S_{35}, S_{51} に 1 次従属であり, 柔軟な配座を定める量である $(S_{13}, S_{35}, S_{51}) \in \mathbb{R}^3$ は図 1.5 の空間曲線 E により与えられることがわかる. 解は**終結式** (第 6 章), **多項式の因数分解** (第 III 部), **Gröbner 基底** (第 21 章) といったいくつもの計算代数の道具をたっぷりと使って得られる. 印のついている 3 点 $(-\frac{1}{3}, -\frac{1}{3}, -\frac{7}{9}), (-\frac{1}{3}, -\frac{7}{9}, -\frac{1}{3}), (-\frac{7}{9}, -\frac{1}{3}, -\frac{1}{3})$ は, 図 1.3 の 3 つの「船形」配座に対応する (それらはみな $a_1, \ldots, a_6$ の巡回置換により同値である). 実際には a_i を S_{ij} に変換するときにいくつかの情報が失われ, 曲線 E 上の各点は, 互いに鏡像の位置にある 2 つの空間的配座に対応する. 剛的な配座は $S_{13} = S_{35} = S_{51} = -\frac{1}{3}$ というこの曲線上にない孤立解に対応する.

我々は次のようにしてシクロヘキサンに似た図 1.4 のような模型をつくった. まず, だいたい直角になっているプラスチック製のひざ形配管を 6 個購入した (ドイツでひざ形配管は深い流体力学的理由により, 実際には 93 度である). 炭素原子のなす四面体の 109 度という角度とこれとの差はずいぶんあるが, これにかかる費用はわずか 7 ユーロほどでしかない. 6 個を互いに差し込んで, ばらばらにならないように伸縮性のある紐をつける. こうして, 図 1.5 の曲線に

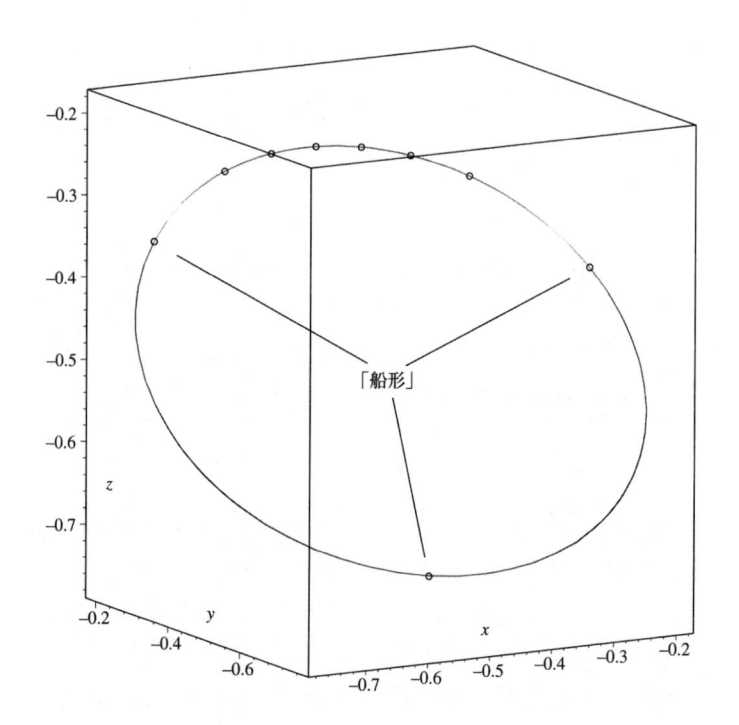

図 1.5 曲線 E

図 1.6 図 1.5 の 8 つの印のついた点に対応するシクロヘキサンの柔軟な配座．最初と 8 番目が「船形」．観点は，赤，緑，青の炭素原子は，8 個の図のすべてで不変なものである．（口絵 5 参照）

対応して，実際にその曲線を「感じながら」，柔軟性のある配座を滑らかに動かすことができる．全体を力まかせに引っ張ると，「いす形」を得る．小刻みにまたはやさしく回転させたのではこの構造を動かすことはできず，非常に剛的である．

1.2 RSA 暗号系

暗号法の筋書は次のようである．Bob は Alice にメッセージを，伝達経路で盗聴している人 (Eve) にそのメッセージを理解されないように，送りたい．これは，Alice だけが持っている正しい**鍵**でそれを復号できるように，メッセージを暗号化して送ることで実現できる．Eve はその鍵を持っていないので復号することができない．

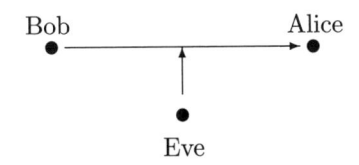

```
    Bob              Alice
     ●────────────────●
              ↑
              │
              ●
             Eve
```

古典的な**対称**暗号系は，Alice と Bob が暗号化にも復号にも同じ鍵を使用する．**RSA 暗号系**は，20.2 節で詳細を述べるが，**非対称**または**公開鍵暗号**系である．Alice は，名簿に記載されている**公開鍵** K と彼女だけの秘密にしてある**秘密鍵** S を持っている．Bob は，メッセージを暗号化するために Alice の公開鍵を使用し，Alice だけが彼女の秘密鍵を使って暗号文を復号できる (図 1.7).

RSA 暗号系は，次のように動作する．まず，Alice は (たとえば 150 桁の) 2 つの大きな素数 $p \neq q$ をランダムに選び，$N = pq$ を計算する．確率的な**素数**

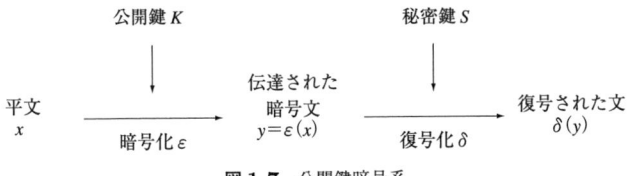

```
              公開鍵 K            秘密鍵 S
                 │                  │
                 ↓                  ↓
   平文                 伝達された              復号された文
    x     ──────→       暗号文      ──────→      δ(y)
         暗号化 ε       y = ε(x)      復号化 δ
```

図 1.7 公開鍵暗号系

判定テスト (第18章) により，そのような素数は簡単に求まり，N もすぐ計算できるが，N だけが与えられているとき，p,q を求めること (すなわち，N を素因数分解すること) はとても難しいとされている (第19章)．次に，Alice は，$\varphi(N)$ と互いに素な整数 $e \in \{2,\ldots,\varphi(N)-2\}$ をランダムに求める．ここで，$\varphi(N)$ は **Euler の関数** (4.2節) である．ここで求めた N に対しては，**中国剰余定理** 5.3 により，$\varphi(N) = (p-1)(q-1)$ であることがわかる．Alice は，$K = (N,e)$ を名簿に載せる．Alice は彼女の秘密鍵を得るために，**拡張 Euclid アルゴリズム** 3.14 を使って，$ed \equiv 1 \bmod \varphi(N)$ となる $d \in \{2,\ldots,\varphi(N)-2\}$ を計算すると，$S = (N,d)$ が秘密鍵となる．$(ed-1)/\varphi(N)$ は整数である．

2人がメッセージの交換をする前に，(テキストの一部分である) メッセージを $0,\ldots,N-1$ の範囲の整数としてコード化することを同意しておく (これは，暗号系の一部ではない)．たとえば，メッセージは A から Z までの26文字からなるとすると，A を 0，B を 1, $\ldots$, Z を 25 と同一視し，暗号化のために 26 進表示を使う．メッセージ "CAESAR" は

$$2 \cdot 26^0 + 0 \cdot 26^1 + 4 \cdot 26^2 + 18 \cdot 26^3 + 0 \cdot 6^4 + 17 \cdot 26^5 = 202\,302\,466$$

とコード化される．

長いメッセージはいくつかの部分に分ける．Bob はメッセージ $x \in \{0,\ldots,N-1\}$ を Alice に，Alice だけが読めるように送りたい．Bob は Alice の鍵 (N,e) を探し，x の暗号文 $y = \varepsilon(x) \in \{0,\ldots,N-1\}$ を $y \equiv x^e \bmod N$ として求め，y を送出する．y の計算には，**繰り返し平方** (アルゴリズム 4.8) を使うのが効率的である．y を復号するには，Alice は彼女の秘密鍵 (N,d) を使って，y の復号 $x^* = \delta(y) \in \{0,\ldots,N-1\}$ を $x^* \equiv y^d \bmod N$ で計算する．**Euler の定理** (18.1節) により，$x^{\varphi(N)} \equiv 1 \bmod N$ である．したがって，

$$x^* \equiv y^d \equiv x^{ed} = x \cdot (x^{\varphi(N)})^{\frac{ed-1}{\varphi(N)}} \equiv x \bmod N$$

であり，x も x^* も $\{0,\ldots,N-1\}$ の中にあるので，$x^* = x$ である．実際，x と N が自明でない公約数を持つときは，$x^* = x$ が成り立つ．

しかし，現在では，d を知ることなしに N,e,y から x を計算することは，実行可能でないと思われている．これをするために知られている方法は N を

素因数分解し，Alice がしたように，拡張 Euclid アルゴリズムで d を計算することであるが，**整数の素因数分解** (第 19 章) は非常に時間がかかる．つまり，300 桁の整数の素因数分解は現在知られているアルゴリズムでは，スーパーコンピュータやワークステーションのネットワークでも処理能力を超えてしまう．

PGP ("Pretty Good Privacy"; Zimmermann (1996) と http://www.pgp.com を見よ) のようなソフトウェアパッケージは e–mail やデータファイルの暗号化と本物であることの認証，ローカルエリアネットワークやインターネットの安全性のために RSA 暗号系を使っている．

1.3 分散データ構造

暗号系のもう 1 つの問題，**秘密の共有**から始めよう．ある正の整数 n に対して，n 人の構成員が 1 つの秘密の事柄を分け合って持っていて，n 人全員がそろえば秘密を再構成できるが，$n-1$ 人以下の人では再構成できないとしよう．暗号系の鍵，共有する銀行口座や遺産を守るためのコード，ある人数の責任者の署名が必要な一国の財政措置の許可，を想像すればよい．これは，補間 (5.2 節) を使って次のように解くことができる．

ある体 F の $2n-1$ 個の値 $f_1, \ldots, f_{n-1}, u_0, \ldots, u_{n-1}$ を，u_i はすべて異なるように選び，f を多項式 $f_{n-1}x^{n-1} + \cdots + f_1 x + f_0$ とする (F を，たとえば，$\mathbb{Q}$ または**有限体**とする)．ただし，f_0 は秘密を適当な方法で F の要素にコード化したものである．構成員 i に $v_i = f_{n-1}u_i^{n-1} + \cdots + f_1 u_i + f_0$ を与える．n 個の異なる点 $u_0, \ldots, u_{n-1}$ における値 $v_0, \ldots, v_{n-1}$ から多項式 f を決めることは**補間**と呼ばれ，たとえば，**Lagrange の補間公式** (5.2 節) により求めることができる．n 個の点における次数が n より小さい補間多項式は一意に決まるので，n 人の構成員は一緒になれば f を決めることができ，f_0 を得ることができるが，構成員のうちの 1 人でも欠ければ秘密に関しては何も知ることができないことを示すことができる．もう少し正確にいうと，F の任意の要素は — f_0 になりうる値として — n 人より少ない構成員の知識では，どれになっても全く同じように矛盾しない．秘密の共有については 5.3 節で扱う．

本質的には同じ方法が異なる問題，すなわち，信頼できる伝送経路の問題に

も使える．ときによりパケットが失われてしまうネットワーク (たとえばインターネット) 上でいくつかのパケットからなる1つのメッセージを送信したいとする．長さ n のメッセージを，任意の l 未満のパケット喪失があってももと通りにできるように，n を超えない個数のパケットにコード化したい．そのような方法を**消失誤りコード**という．(パケットを喪失するのではなく乱すネットワークに対して考案された**誤り訂正符号**に関して第7章で簡単に議論する．) 自明な解はメッセージを $l+1$ 回送信することであろうが，これはメッセージの長さを増加させ $l+1$ という要素により伝達の速度を減少させることになり，たとえ l が小さい値でも受け入れられるものではない．

ここでも，各パケットはある体 F の要素としてコード化されているとし，全体のメッセージはパケットの列 $f_0, \ldots, f_{n-1}$ であるとする．異なる $k = n+l$ 個の点 $u_0, \ldots, u_{k-1}$ を選び，ネット上で k 個のパケット $f(u_0), \ldots, f(u_{k-1})$ を送る．添え字の i はパケットのヘッダに含まれているとし，また，受信者は，$u_0, \ldots, u_{k-1}$ を知っているとすれば，生き残ったパケットのうちの任意の n 個から (残りは捨ててしまって)，補間により，もとのメッセージ ― 多項式 f (の係数) ― を再構成できる．

上の方法は，$k = n+l$ 台のコンピュータに，これらのうちの l 未満のものが故障してしまっても，なお，情報を再生できるように，n 個のデータブロック (たとえばデータベースの記録) に分散することにも使うことができる．秘密の共有とこれとの違いは，前者においては実際に価値のある情報は f の係数の1つであるのに対して，後者は多項式全体であるという点である．

上の方法は**分散データ構造**の問題としてとらえることができる．並列計算と分散計算はコンピュータサイエンスにおけるさかんな分野の1つである．並列計算のアルゴリズムやデータ構造を進歩させることはとるに足りないようなものでは決してなく，逐次計算よりもずっと興味をそそることがよくある．ある特定の問題において並列的に処理できる部分の総体を検出することは，往々にして難しい．計算機代数においては，モジュラアルゴリズム (第4, 5章) が代数の問題のあるクラスの並列性を自然に与える．いくつかの素数を法としてより小さい問題に分割し，その分割された問題を独立に，並列に解き，**中国剰余アルゴリズム** 5.4 により解を1つのものにする．重要な特別なケースは「素数」が

$x - u_i$ の1次式のときである.モジュラ簡約は u_i における値に対応し,中国剰余アルゴリズムは,上の例のように,すべての点 u_i における補間である.

もし,補間の点が1のべき乗根ならば (8.2 節),それらの点で値を与えるのと補間するのに,**高速 Fourier 変換**という方法がある (第 8 章, 13 章).それは,第 II 部において,多項式 (および整数) の算術の出発点である.

1.4 計算機代数システム

本書執筆時点で手に入る計算機代数システムを概観しよう.ここではそれらの詳細を述べるのでもなく,完璧な説明をしようというのでもない.

本書で扱う題材の大部分は基本的な性質であり技術に依存しないものである.しかし,本節や実装を議論するところでは,年代を書くことにする.すなわち,この分野の急激な進歩が期待通り続けば,短い時間でこの題材のいくつかは時代遅れのものになってしまうであろう.

計算機代数システムは歴史的に見て数段階の発展を遂げた.先駆者は Williams (1961) の PMS であり,これは浮動点多項式の最大公約数を計算できた.1960 年代の終わり頃から始まる第 1 世代は,MIT の Joel Moses の MATHLAB グループによる MACSYMA, IBM の Richard Jenks による SCRATCHPAD, Tony Hearn の REDUCE, George Collins の SAC–I (いまは SACLIB) からなる.David Stoutemyer による MUMATH は小規模なマイクロプロセッサで動作した.その後継である DERIVE はハンドヘルド TI–92 で利用できる.これらの研究者や彼らのチームは,微分,積分,因数分解といった,実際の (または形式的な,またはシンボリックな) 見事な計算をする能力のある代数エンジンを持ったシステムを発展させた.第 2 世代は,1985 年の Waterloo 大学の Keith Geddes と Gaston Gonnet による MAPLE と Stephen Wolfram による MATHEMATICA に始まる.彼らは最新のインターフェイスとグラフィックの能力を提供し,MATHEMATICA の売出しを取り巻く誇大ともいえる広告がこれらのシステムを非常に広く知らしめることになった.第 3 世代は現在の市場にある.すなわち,NAG による SCRATCHPAD の後継である AXIOM, Sydney 大学の John Cannon による MAGMA, Paderborn 大学の Benno Fuchssteiner による MUPAD である.こ

れらのシステムはカテゴリカルアプローチと演算子計算を合体させた．MU-PADはマルチプロセッサでも動くようにつくられている．

今日の計算機代数システムの研究と開発は，ときに矛盾する3つの目標，すなわち，機能性(広い範囲の異なる問題を解く能力)，使いやすさ(ユーザインターフェイスとグラフィカルな表示)，そして，速さ(どれくらいの大きさの問題が，ルーチン計算で，たとえば1台のワークステーションで1日かけて解くことができるか)，によって動いている．この本は，最後の目標に専念する．主に，多項式を扱ういくつかの問題に対して，今日利用できる最速のアルゴリズムの基礎を調べる．いくつかのグループがこれらの基礎的な作業のためのソフトウェアを開発している．BordeauzのHenri CohenによるPARI，DarmstadtのJohannes Buchmannによる LIDIA，BellcoreのArjen LenstraとMark Manasseによるソフトウェア，Victor ShoupによるNTL，Erich Kaltofenによるパッケージソフト，Paderbornで開発中のBIPOLARである．

中心課題は多項式の因数分解である．最近数年間で，特に有限体において，非常に大きな前進が成し遂げられている．1991年にルーチン計算でできる最大の問題はおよそ2KBの大きさのものであったが，1995年にShoupのソフトウェアでおよそ500KBの問題を解決できた．ここでの前進のほとんど全部は新しいアルゴリズムの創意工夫によるものであり，この問題が，この本の誘導灯の役目をする．

計算機代数システムは，手でやると退屈で長ったらしく，正しい結果を得るには難しい計算を要求される分野の応用に広範な多様性がある．物理においては，計算機代数システムは，高エネルギー物理，量子電気力学，量子色力学，衛星の軌道やロケットの軌道計算，天体力学などにおいて使われる．たとえば，Delaunayは，太陽と傾いた黄道を持つ球面でない地球の影響下での月の軌道の計算を行った．この仕事は完成するのに20年かかり，1867年に出版された．1970年には小さなコンピュータで20時間で9桁まで正しいことが示された．Lambe & Radford (1997)は量子群への現代的な応用を提案している．

多目的な計算機代数システムに対する重要な実装の問題点は，ユーザインターフェイス(概観にはKajler & Soiffer 1998を見よ)，メモリ管理やガベージコレクション，さまざまな代数的対象にどのような表現や簡約化が許されるのか

というようなことに関することである.

可視化と自明でない例を解く能力は,教育における使用にますます魅力を与えている.微積分や線形代数における多くの題材がこの技術により美しく説明される. *Journal of Symbolic Computation* の特別号 (Lambe 1997) の 11 編の報告に,何を行えるかというアイデアが与えられている.計算機代数の課程における (自己参照的な) 使用ははっきりしている.実際,このテキストは,第 1 番目の筆者が 1986 年から MAPLE (とそれ以後のほかのシステム) を使って,いくつかの大学で教えている課程から生じた.

科学の最も活発な分野におけると同じように,計算機代数の社会学は,主要な会議,ジャーナル,またそれらを運営している研究者により,方向づけられている.主要な研究会議は the annual International Symposium on Symbolic and Algebraic Computation (IISAC) とそれと融合されたいくつかの事前のミーティングである.それは,運営協議会により運営され,アメリカ合衆国の ACM の Special Interest Group on Symbolic and Algebraic Manipulation (SIGSAM), the Fachguppe Computeralgebra of the German GI など国家の協会が携わっている.1990 年からの開催地は,東京 (1990), Bonn (1991), Berkeley (1992), Kiev (1993), Oxford (1994), Montréal (1995), Zürich (1996), Maui (1997), Rostock (1998), Vancouver (1999), St. Andrews (2000), London, Ontario (2001), Lille (2002) である.さらに,MEGA (多変数多項式), DISCO (分散システム), PASCO (並列計算) などの専門的なミーティングがある.ときに,関連した重要な結果が,STOC, FOCS, AAECC などの関連の会議で発表されることがある.いくつかの計算機代数システムの業者がワークショップやユーザグループの会議を企画したりしている.

1985 年に Bruno Buchberger により創設され,非常に成功した, *Journal of Symbolic Computation* は研究発表の出版物の紛れもないリーダーである. *Journal of the ACM, Mathematics Computation, SIAM Journal on Computing* などのような,たとえば計算の複雑さのような異なるものに焦点をあてた質の高いジャーナルにこの分野の論文が含まれていることはときどきある. *AAECC* や *Theoretical Computer Science* などのほかのジャーナルが計算機代数と重複している部分を持つこともある.

第Ⅰ部

Euclid

Euclid (Εὐκλείδης c. 320 - c. 275 BC) という人については，ほとんど何も知られていない．Proclus (410 - 485 AD) は，Euclid の著名な業績，『原論』(στοιχεῖα) を編集し，注釈をつけ，Euclid について知られていることを，不十分ながら次のようにまとめた．Euclid は，Eudoxus の定理をたくさん集め，Theaitetus の定理の多くを完全なものにし，それ以前の人たちがややおおざっぱに証明したことに対して，文句のつけようのない証明を与えることにより，『原論』をつくり上げた．Euclid は，Ptolemy (プトレマイオス) I 世の時代に生きた．というのは，(Ptolemy) I 世の直後に現れた Archimedes は，Euclid に言及しており，さらに，Ptolemy が一度 Euclid に，幾何学には『原論』を学ぶより近道はないかと尋ねたとき，彼は，幾何学に王道なしと答えたといわれている．したがって，Euclid は Plato の弟子たちよりは若く，Eratosthenes や Archimedes よりは年上である．後の 2 人は，Eratosthenes がどこかで述べているように，同時代の人である (Heath 1925 の訳による[*1])．

Plato (427 - 347 BC) の弟子たち，Archimedes (287 - 212 BC)，そして，Eratosthenes (c. 275 - 195 BC) の間を補間することにより，Euclid は，紀元前 300 年頃に生きていたと想像することができる．Ptolemy は 306 - 283 に在位した．Euclid は，アテネで，Plato の弟子たちから数学を学んだということもありそうである．後に，彼は，アレクサンドリアに学校を創立し，そここそ，『原論』の大部分を書いた場所のように思われる．ある逸話は次のように述べている．ある人が Euclid と一緒に幾何学を学び始めたが，最初の定理を習ったときに，これらを習うことで，私は何が得られるのだろうと Euclid に質問した．Euclid は，召使を呼び，いった．彼に 3 ペンスあげなさい．彼は，学んだことから利益を生み出さないとならないようだから．

この本の後半の部分で，2 人の数学の巨人—Newton と Gauß と，2 人の偉大な数学者—Fermat と Hilbert を紹介する．Archimedes は，主観的な見積りでは，第三の巨人である．我々の小さな名声の殿堂へ入るための Euclid の資格証明書は，独創的な考え方の財産ではなく—gcd のアルゴリズムは別として—，彼が『原論』の 30 の本 (章) の中で，彼の時代の数学的な考え方の系統的な収集と整頓された提示をしているように，すべてのことがいくつかの公理から証明さ

[*1] Dover Publishing Inc., Mineola NY. の親切な許可を得ての復刻．

れなければならないという彼の主張である．おそらく紀元前300年頃書かれたものの中に，彼は，多少修正されたが，何千年も生き続けてきた，公理－定義－補題－定理－証明というスタイルの要素を述べている．Euclidの方法は，Aristotle (384 - 322 BC) のペリパトス学派とEleatics派にさかのぼる．

聖書の次に，『原論』が明らかに最も多く印刷された本，今日のベストセラーより，(忘却の前) きわめて長い半生を持つ永遠のベストセラーである．それは，2000年以上にわたって数学の教科書であった．(現代の教科書は，それらの著者が最大限の努力をしているにもかかわらず，4296年よりもずっと前に取って代わられるだろう．) 1908年でさえ，『原論』の翻訳者は，今日のすべての教科書が取って代わられ，忘れ去られた後にも，Euclidの仕事は生き続けると勝ち誇っていた．それは，最も高尚な古代の記念碑の1つである．数学者という名に値するだれも，Euclidを知らずにいることはできない．19世紀に，非Euclid幾何が考え出されたことと，KleinとHilbertの新しい考え方により，『原論』を，もはやすっかりまともに受け取ることはない．

暗黒時代には，ヨーロッパの知識人たちは，針の先の上で踊ることのできる天使の最大数の方に興味があり，『原論』は，もっぱらアラビアの文明で生き残った．ギリシャ語からの最初の翻訳は，Harun al-Rashidカリフ (766 - 809) のために，Al-Hajjaj bin Yusuf bin Matar (c. 786 - 835) によりなされた．これらは，後にラテン語に翻訳され，Erhard Ratdoltがヴェニスで1482年に，『原論』の最初の印刷版をつくった．実際に，これは印刷された最初の数学の本であった．27ページに，Basel大学の図書館にあるコピーからその最初のページを復元した．下線は，16世紀の所有者であり，Erasmusの友人であった法律家Bonifatius Amerbachによるものかもしれない．

『原論』のほとんどの部分は幾何学を扱っているが，Books 7, 8, 9は算術を扱っている．Book 7の命題2は，「互いに素でない2つの数が与えられたとき，それらの最大公約数を見つけよ」と問い，そのアルゴリズムの核は，次のように働く．「AB, CDを互いに素でない2つの数とする [...] CDでABを計ることができないならば，AB, CDの小さい方を大きい方から引き続けると，その前の数を計る数が残る」(Heath 1925からの翻訳)．

ここで，数は線分で表されていて，(その前の数を割り切る) 残った数が公約

数で，最大のものであることの証明は，2回の割り算過程（アルゴリズム 3.6 で $\ell = 2$) の場合に対して行われている．これが，「今日まで生き続けている，自明でない最古のアルゴリズム」(Knuth 1998, §4.5.2) といわれる Euclid のアルゴリズムであり，この本の最初の部分はそれを理解することに専心する．現代版とは異なって，Euclid は，余りを伴う割り算ではなく，繰り返しの引き算を行っている．商は大きくなりうるので，これは，多項式時間のアルゴリズムを与えていないが，いつでもできることであるが，2の累乗を取り除く単純なアイディアがこれをできるようにする．

幾何の Book 10 で Euclid は，商が有理数である実数である「同一数で割り切れる数」に対して，命題3を再び論じていて，命題2でこの過程が終わらなければ，その2つの数は同一の数で割り切れない，と述べている．

もう1つの最重要点は Book 9 の命題 20 である．すなわち，「任意に与えられたいくつかの素数以上に素数がある」．Hardy (1940) はその証明を「それが発見されたときと同様に新鮮で重要——二千年の時はその上によい考えを書き込んでいない」といっている．(表記法がなかったため，Euclid は，与えられた3つの素数から4つ目をどのように見つけるかの証明のアイデアだけを与えている．)

そのような意味深い発見の後にくる命題 21 の平凡さには，どれだけ楽しまされるか．それは，「我々が望むだけの個数の偶数をすべて足すと，その全体は偶数である」というものである．『原論』は，このような驚き，不必要な場合分け，事実上の繰り返しに満ちている．これは，ある程度は，よい表記法の欠如による．添え字は，19 世紀の初めになって使われるようになった．17 世紀の Leibniz により提案された方法は一般的にならなかった．

Euclid はいくつかのほかの本も書いているが，それらはベストセラーのリストには載らなかったし，いくつかは永遠に失われている．

Die ganzen Zahlen hat der liebe Gott gemacht,
alles andere ist Menschenwerk.
Leopold Kronecker (1886)

"I only took the regular course." "What was that?" enquired Alice. "Reeling and Writhing, of course, to begin with," the Mock Turtle replied: "and then the different branches of Arithmetic—Ambition, Distraction, Uglification, and Derision."
Lewis Carroll (1865)

Computation is either perform'd by *Numbers*, as in Vulgar Arithmetick, or by *Species* [variables] , as usual among Algebraists. They are both built on the same Foundations, and aim at the same End, viz. *Arithmetick* Definitely and Particularly, *Algebra* Indefinitely and Universally; so that almost all Expressions that are found out by this Computation, and particularly Conclusions, may be called *Theorems*. [...] Yet Arithmetick in all its Operations is so subservient to Algebra, as that they seem both but to make one perfect *Science of Computing*.
Isaac Newton (1728)

It is preferable to regard the computer as a handy device
for manipulating and displaying symbols.
Stanisław Marcin Ulam (1964)

In summo apud illos honore geometria fuit, itaque nihil
mathematicis inlustrius; at nos metiendi ratiocinandique
utilitate huius artis terminauimus modum.
Marcus Tullius Cicero (45 BC)

But the rest, having no such grounds [religious devotion] of hope,
fell to another pastime, that of computation.
Robert Louis Stevenson (1889)

Check your math and the amounts entered
to make sure they are correct.
State of California (1996)

2

基本的なアルゴリズム

整数と多項式の計算機表現と基本的な計算のアルゴリズムを論ずることから始める．ここでの説明はかなり簡略なものであり，実際の計算機の計算の込み入ったこと—それ自身1つの論題である—はすべて避けている．現代のプロセッサは数や演算をここに説明した通りに表現してはいないことを注意しておく．プロセッサがどのようなうまい方法で処理しているかを説明することは，我々の目標，すなわち，原理的に，基本的な演算をどのようにすれば実行できるかの簡潔な説明からそれてしまうだろう．

たとえば倍精度の整数というような小さな対象での算術における，ここでの直接的なやり方は，実際にはさらに手が加えられるにしても，少なくとも最初の時点では，大きな対象に対して非常にうまく適用できる．この本の多くの部分で，多項式を扱うが，この章のいくつかの概念が全体を通して使われる．主要な目標は大きな対象に対するアルゴリズムの改良の仕方を見つけることである．

この章のアルゴリズムを読者の皆さんはよく知っているかもしれないが，ここでの簡単な例を用いたアルゴリズムの解析はあなたのメモリをリフレッシュすることができるだろう．

2.1 整数の表現と足し算

代数は数で始まり，計算機はデータを扱うので，計算機代数のまず最初の問題はどのようにして数をデータとして計算機に与えるかということである．データは**語**と呼ばれる要素に蓄えられる．最近の計算機は 32 ビットまたは 64 ビッ

トの語を使用している．はっきりさせるために，本書では，64 ビットプロセッサであると仮定する．したがって，1 機械語は 0 と $2^{64}-1$ の間にある**単精度整数**に相当する．

$\{0,\ldots,2^{64}-1\}$ の範囲外にある整数はどのように表せるのだろうか．そのような**多倍精度整数**は 64 ビット語の配列として表される．その最初の語はその整数の符号と配列の長さを表すようにコード化される．0 でない整数の 2^{64} 進 (基数 2^{64} の) 表現

$$a = (-1)^s \sum_{0 \leq i \leq n} a_i \cdot 2^{64i} \tag{1}$$

を考える．ただし，$s \in \{0,1\}$，$0 \leq n+1 < 2^{63}$ であり，すべての i に対して $a_i \in \{0,\ldots,2^{64}-1\}$ は (底が 2^{64} における) a の各位の数である．これを 64 ビット語の配列に

$$s \cdot 2^{63} + n + 1, a_0, \ldots, a_n$$

とコード化する．$a \neq 0$ のとき**最上位** a_n が 0 でないとすれば (そして，1 つの要素からなる配列 0 を $a=0$ を表すのに使えば)，この表現は一意的である．これを a の**標準表現**ということにする．たとえば -1 の標準表現は $2^{63}+1, 1$ である．しかし，メモリの管理を容易にするために，最上位が 0 である非標準表現を許す方が便利なこともあるが，ここではそれに深入りしたくない．64 ビットプロセッサにおいて標準表現で表すことのできる整数の範囲は $-2^{64 \cdot 2^{63}}+1$ 以上 $2^{64 \cdot 2^{63}}-1$ 以下である．2 つの境界の値に対しては，それぞれ，$2^{63}+1$ 語必要である．この範囲の制限は実際の目的の上で十分である．なぜなら，表現できる最小と最大の整数はそれぞれ 70 GB のハードディスク 10 億個をいっぱいにするほどだからである．0 でない整数 $a \in \mathbb{Z}$ に対して，a の**長さ** $\lambda(a)$ を

$$\lambda(a) = \lfloor \log_{2^{64}} |a| \rfloor + 1 = \left\lfloor \frac{\log_2 |a|}{64} \right\rfloor + 1$$

とする．ここで，$\lfloor \cdot \rfloor$ は小さい方の最も近い整数に丸めることを表す ($\lfloor 2.7 \rfloor = 2$, $\lfloor -2.7 \rfloor = -3$ のように)．したがって，$\lambda(a)+1 = n+2$ は標準表現 (1) の語の個数である (練習問題 2.1 を見よ)．これは非常にごたごたした表現であり，普

通はおよそ $\frac{1}{64}\log_2|a|$ 語が必要であること，または，もっと簡潔に $O(\log_2|a|)$ としても十分である．ここで，**大きい O 記法** "O" は定数を表に出さない (25.7 節)．

我々が前提にしているプロセッサは，2 つの単精度の整数 a と b の和を求めるコマンドは自由に使えると仮定しよう．和のコマンドの出力は 1 つの 64 ビット語と，結果が 2^{64} を超えたかどうかを表すプロセッサの状態を表す 1 語である繰り上がりの印 $\gamma \in \{0, 1\}$ である．多倍精度整数の和を実行するのをもっとやさしくするために，繰り上がりの印も和のコマンドの入力とする．正確にいうと，γ を和を求める前の繰り上がりの印，γ^* を和を求めた後の繰り上がりの印として，

$$a + b + \gamma = \gamma^* \cdot 2^{64} + c$$

である．繰り上がりの印を空にしたり値を入れたりするプロセッサ命令があるのが普通である．

2 つの多倍精度整数を $a = \sum_{0 \leq i \leq n} a_i 2^{64i}$ と $b = \sum_{0 \leq i \leq m} b_i 2^{64i}$ とすると，これらの和は

$$c = \sum_{0 \leq i \leq k} (a_i + b_i) 2^{64i}$$

である．ただし，$k = \max\{n, m\}$ であり，たとえば $m \leq n$ ならば $b_{m+1}, \ldots, b_n$ にはすべて 0 を代入する．($m = n$ と仮定しているといいかえることもできる．) 一般に，$a_i + b_i$ は 2^{64} より大きくてもよく，そのときは，再び 2^{64} 進数を得るために繰り上がりを次の位へ足さなければならない．このプロセスは下位から上位へ伝播し，最悪のときは，たとえば $a = 2^{64(n+1)} - 1$ と $b = 1$ のときのように，a_0 と b_0 の和による繰り上がりが a_n と b_n の和に影響することもある．同符号の多倍精度整数の和のアルゴリズムを示す．差のアルゴリズムは練習問題 2.3 を見よ．

アルゴリズム 2.1　多倍精度整数の和

入力：多倍精度整数 $a = (-1)^s \sum_{0 \leq i \leq n} a_i 2^{64i}$, $b = (-1)^s \sum_{0 \leq i \leq n} b_i 2^{64i}$．標

準表現である必要はない.$s \in \{0,1\}$ である.
出力:$c = a+b$ となる多倍精度整数 $c = (-1)^s \sum_{0 \le i \le n+1} c_i 2^{64i}$.
1. $\gamma_0 \longleftarrow 0$
2. **for** $i = 0,\ldots,n$ **do**
   $c_i \longleftarrow a_i + b_i + \gamma_i, \quad \gamma_{i+1} \longleftarrow 0$
   if $c_i \ge 2^{64}$ **then** $c_i \longleftarrow c_i - 2^{64}, \quad \gamma_{i+1} \longleftarrow 1$
3. $c_{n+1} \longleftarrow \gamma_{n+1}$
   return $c = (-1)^s \sum_{0 \le i \le n+1} c_i 2^{64i}$

アルゴリズムの中で,記号 $\longleftarrow$ は代入を表すために用い,字下げはループの本体を区別するためのものである.

$a = 9438 = 9 \cdot 10^3 + 4 \cdot 10^2 + 3 \cdot 10 + 8$ と $b = 945 = 9 \cdot 10^2 + 4 \cdot 10 + 5$ の和を,(2^{64} 進数のかわりに) 10 進数として,このアルゴリズムで実際に求めてみると次のようになる.

i	4	4	2	1	0
a_i		9	4	3	8
b_i		0	9	4	5
γ_i	1	1	0	1	0
c_i	1	0	3	8	3

このアルゴリズムはどのくらいの時間を必要とするだろうか.基本的なサブルーチンである 2 つの単精度整数の和は何回かのマシンサイクルを要する.それを k としよう.この数は使っているプロセッサに依存するし,実際の CPU 時間はプロセッサの速さに依存する.したがって,長さが高々 n の多倍精度整数の和には,単精度の和にかかる kn マシンサイクルと制御構造,符号ビットの処理,指数部の計算,メモリアクセスなどのための何回かのマシンサイクルがかかる.とはいえ,(正確にいえば) 後者のためのマシンサイクルは我々が数えている単精度の算術演算にかかるコストと同じオーダであると仮定すること

にする．

　今後この本では，上で議論したようにマシンに依存したものを抽象化することが非常に重要になる．そこで，2つの n 語の整数の和は $O(n)$ 時間で計算できるとか，コストは $O(n)$ であるとか，$O(n)$ 回の**語演算**でできる，という．大きい O により隠された定数部分はマシンの詳細に依存する．これにより，より短くてより直感的な記法と特定のマシンに依存しないという2つの利点を得る．このように抽象化することは，アルゴリズムの実際の性能がコンパイラの最適化，巧妙なキャッシュの使用，パイプライン効果や，非常に技術的で，かなりの高水準プログラミング言語でも表現することが非常に技巧的であったり，ほとんど不可能であるようなさまざまな事柄に依存するということに，根拠がある．そうはいっても，「大きい O」の表現は，経験からいうと，逐次処理のプロセッサであればどんな場合も，驚くほどうまく表される．たとえば，2つの多倍精度整数の和は，入力のサイズが2倍になると，実行時間も2倍になるという意味で，線形な演算である．

　このことを，より正確に，より形式的に納得のいくものにすることができる．整数を扱うアルゴリズムで広く用いられているコストの計量は，そのアルゴリズムを実行するときの，Turing 機械またはレジスタ機械 (random access machine; RAM) のステップの数，または Boole 回路のゲートの数として厳密に定義できる**ビット演算**の数である．しかし，そのような計算モデルの詳細はやや技巧的であるので，我々は上で述べたような，形式的でない議論やコストの計量で満足することにする．

　現在利用できるプロセッサや数学的なソフトウェアにおけるデータ型には単精度または多倍精度の**浮動小数点数**もある．多倍精度の整数の算術演算が厳密に行われるのとは対照的に，実数の近似表現や和や積といった算術演算は**丸め誤差**に左右される．浮動小数点数に基づいたアルゴリズムは「数値解析」の中心的な話題であり，数値解析の主題といってもよい．数値解析についても，組織的に厳密な計算と数値計算を結合させる最近の試みについても，この本で触れることはない．

2.2 多項式の表現と足し算

我々のアルゴリズムが動作する2つの主なデータ型は上のような**数**と $a = 5x^3 - 4x + 3 \in \mathbb{Z}[x]$ のような**多項式**である．一般に，$\mathbb{Z}$ のような，和，差，積の演算が普通の法則にしたがって行われる可換**環** R を扱う．詳細は25.2節を見よ．(この本で扱うすべての環は乗法単位元1を持つとする．) もし，有理数 $\mathbb{Q}$ のように，零でない元での割り算もできるならば，R は**体**である．

R 上の x の多項式 $a \in R[x]$ は，ある $n \in \mathbb{N}$ に対する有限列 $(a_0, \ldots, a_n)$ であり (a の係数)，これを

$$a = a_n x^n + a_{n-1} x^{n-1} + \cdots + a_1 x + a_0 = \sum_{0 \leq i \leq n} a_i x^i \tag{2}$$

と表す．$a_n \neq 0$ ならば，$n = \deg a$ を a の**次数**といい，$a_n = \mathrm{lc}(a)$ はその**主係数**という．$\mathrm{lc}(a) = 1$ のとき，a は**モニック**であるという．零多項式の次数は $-\infty$ としておくと便利である．a を i 番目の要素が a_i である配列で表すことができる (整数のときと同じように，次数の保管場所も必要になるが，これは省略することにする)．R の要素の係数を表現する方法はすでにあると仮定している．この表現の長さ (環の要素の個数) は $n+1$ である．

整数 $r \in \mathbb{N}_{>1}$ に対して (特に，前節では $r = 2^{64}$ に対して)，多項式の表現 (2) と各桁が $a_0, \ldots, a_n \in \{0, \ldots, r-1\}$ である整数 a の r 進表現

$$a = a_n r^n + a_{n-1} r^{n-1} + \cdots + a_1 r + a_0 = \sum_{0 \leq i \leq n} a_i r^i$$

とは非常によく似ている．これは r を法とする加法と乗法を持つ r を法とする整数の環 $R = \mathbb{Z}_r = \{0, \ldots, r-1\}$ 上の多項式を考えると特にはっきりする (4.1節, 25.2節)．この類似性は計算機代数において重要な点である．つまり，乗算，余りを伴う割り算，gcd や中国剰余の計算など，この本で扱う多くのアルゴリズムが (少しの変更で) 整数と多項式の両方に適用できる．適用できない点を指摘しておくことも適切である．つまり，部分終結式の理論 (第6章) と，最も重要であるが，因数分解の問題 (第III部と第IV部) である．繰り上がりの

法則がこの相違の中心にある．整数の足し算において，この繰り上がりが，上位の桁に下位の桁が何らかの影響を与え，$R[x]$ における 2 つの多項式

$$a = \sum_{0 \leq i \leq n} a_i x^i, \quad b = \sum_{0 \leq i \leq m} b_i x^i \tag{3}$$

の和においてはきれいに分離している法則が，きたなくなる．その法則は，

$$c = a + b = \sum_{0 \leq i \leq n} (a_i + b_i) x^i = \sum_{0 \leq i \leq n} c_i x^i$$

ととても簡単なものである．ここで，足し算 $c_i = a_i + b_i$ は R において実行され，整数のように $m = n$ と仮定してよい．

たとえば，$\mathbb{Z}[x]$ の多項式 $a = 9x^3 + 4x^2 + 3x + 8$ と $b = 9x^2 + 4x + 5$ の和は次のようになる．

i	3	2	1	0
a_i	9	4	3	8
b_i	0	9	4	5
c_i	9	13	7	13

ここで，我々の形式で (やや自明な) アルゴリズムをあげておこう．

アルゴリズム 2.2　多項式の足し算
入力：R を環とし，$R[x]$ の要素 $a = \sum_{0 \leq i \leq n} a_i x^i$, $b = \sum_{0 \leq i \leq m} b_i x^i$.
出力：$c = a + b \in R[x]$ の係数．
  1. **for** $i = 0, \ldots, n$ **do** $c_i \longleftarrow a_i + b_i$
  2. **return** $c = \sum_{0 \leq i \leq n} c_i x^i$

これは，繰り上がりを伴う整数の足し算よりいくらか単純である．この単純性は，掛け算や余りを伴う割り算などのようなより複雑なアルゴリズムにも完全に伝わる．整数は (それについては人生のかなり早い時期に学習するほどに)

より直感的であるにもかかわらず，それらのアルゴリズムはより複雑であり，単純なために本質的なことに集中できる多項式の場合を主に説明し，整数の場合の詳細は練習問題に委ねるという方針をこの本ではとることにする．

最初の例として，次数が n 以下の2つの多項式の和には，高々 $n+1$ 回または $O(n)$ 回の R における算術演算を要することをすでに説明した．ここでは，マシンの詳細はかかわっていない．これは，整数の語演算の回数よりかなり粗いコストの見積もりである．もし，たとえば $R=\mathbb{Z}$ で，係数の絶対値が B より小さいとすると，語演算に関するコストは $O(n \log B)$ であり，これは，入力のサイズと同じオーダである．さらに，R における加算 $+,-$ は，乗算 $\cdot,/$ と同じコストで考えられているが，ほとんどの応用で，後者の方が前者よりかなりコストがかかる．

概して，1つのアルゴリズムで使われる**算術演算** (足し算，掛け算，R が体であれば割り算も) の回数を解析する．我々の解析において，**足し算**という語は**足し算または引き算**を意味し，引き算を別に数えたりはしない．インデックス計算やメモリアクセスのような他の演算は，同じオーダになる．これらは普通1語のマシン命令で実行され，それらのコストは，たとえば，多倍精度整数のように，算術の量が大きいときは無視される．入力サイズは，入力が使用する環の要素の個数である．もし，係数が整数か多項式そのものならば，含まれる係数のサイズと係数の算術のコストは別々に考えた方がよいかもしれない．

コストの測り方が係数環の算術演算の個数であるときは，多項式のアルゴリズムの我々の解析においては，支配的な項に対するはっきりした (最小である必要はない) 定数を与えるようにするが，整数や整数係数の多項式にアルゴリズムを実行するときの語演算の個数を数えるときは，O 評価を行う．

2.3 掛 け 算

我々の方針に沿って，まず，式 (3) のような $R[x]$ の2つの多項式 a と b の積 $c = a \cdot b = \sum_{0 \leq k \leq n+m} c_k x^k$ を考えよう．c の係数は，$0 \leq k \leq n+m$ に対して，

$$c_k = \sum_{\substack{0 \le i \le n \\ 0 \le j \le m \\ i+j=k}} a_i b_j \qquad (4)$$

である．適切なループの変数と範囲を考えて，この公式を使って，簡単にサブルーチンにすることができる．

 for $k = 0, \ldots, n+m$ **do**
  $c_k \longleftarrow 0$
  for $i = \max\{0, k-m\}, \ldots, \max\{n, k\}$ **do**
   $c_k \longleftarrow c_k + a_i \cdot b_{k-i}$

ループを構成する方法はほかにもある．学校では次のようなアルゴリズムを習った．

アルゴリズム 2.3　多項式の掛け算

入力：R を (可換) 環として，$R[x]$ の 2 つの多項式 $a = \sum_{0 \le i \le n} a_i x^i$ と $b = \sum_{0 \le i \le m} b_i x^i$ の係数．
出力：$c = a \cdot b \in R[x]$ の係数．
 1. **for** $i = 0, \ldots, n$ **do** $d_i \longleftarrow a_i x^i \cdot b$
 2. **return** $c = \sum_{0 \le i \le n} d_i$

積 $a_i x^i \cdot b$ は，各 b_j を a_i 倍して，i の分だけシフトすることで実現される．変数 x は多項式を記述するための便利な方法の 1 つと考えられ，x またはその累乗を「掛ける」ということに何の算術も行われない．簡単な例をあげよう．

$$\begin{array}{r}
5x^2 + 2x + 1 \cdot 2x^3 + x^2 + 3x + 5 \\
\hline
2x^3 + x^2 + 3x + 5 \\
+4x^4 + 2x^3 + 6x^2 + 10x \\
+10x^5 + 5x^4 + 15x^3 + 25x^2 \\
\hline
10x^5 + 9x^4 + 19x^3 + 32x^2 + 13x + 5
\end{array}$$

これにはどのくらいの時間を要するだろうか．環 R における演算の回数はどのくらいだろうか．a の $n+1$ 個の係数のそれぞれが，b の $m+1$ 個の係数のそれぞれと掛けられるから，全部で $(n+1)(m+1)$ 回の掛け算が行われる．さらにこれらが $n+m+1$ 個の項の和になる．ここで，s 個のものを足し合わせるには $s-1$ 回の足し算を要する．したがって，足し算の総回数は

$$(n+1)(m+1) - (n+m+1) = nm$$

であり，2つの多項式の掛け算における総コストは $2nm+n+m+1 \leq 2(n+1)(m+1)$ 回の R における演算となる．(もし a がモニックならば，上界は $2nm+n \leq 2n(m+1)$ に減る．) よって，次数が高々 n の2つの多項式の掛け算は，$2n^2+2n+1$ 回の演算で，または $2n^2+O(n)$ 回の演算で，または $O(n^2)$ 回の演算で，または**2次の時間**で，できるということができる．この3つの表現は，実行時間に関して，順に簡単で詳細さを欠くようになっている．この本では，この3つの表現法を (もっとたくさんの表現法も) 適宜に使用する．

計算機への実装に関して，アルゴリズム2.3は，それぞれが $m+1$ 個の係数を持つ $n+1$ 個の多項式を蓄えておく必要があるという欠点がある．これを避けるために，$a_i x^i b$ の計算に最後の足し算を差し込むという方法がある．このようにしても時間は同じで，$O(n+m)$ 個の保管場所ですむ．図2.1に $n=3, m=4$ の場合が示されている．水平の各レベルが，ステップ1のループ本体に対応している．

式 (4) をそのまま実行する掛け算のアルゴリズムのように，関数を定義通りにとり，正直に文字通りに実行するアルゴリズムを**古典的**と呼ぶことにしよう．掛け算はこれ以外の計算方法はないと考えるかもしれない．ところが幸いにも，2次ではなく，ほとんど1次の時間でできるずっと高速な掛け算の方法がある．この高速なアルゴリズムについては第II部で学習する．これとは対照的に，足し算の問題では，これ以上の改善は不可能であり，また，その必要もない．アルゴリズムは線形時間しかかからないのだから．

我々の方針に沿って，次に，整数の場合を確かめよう．0 以上 $2^{64}-1$ 以下の2つの単精度整数 a, b の積は「倍精度」を必要とする．つまり，$\{0, \ldots, 2^{128}-2^{65}+1\}$ の中にある．我々のプロセッサは，$a \cdot b = d \cdot 2^{64} + c$ となる2つの64

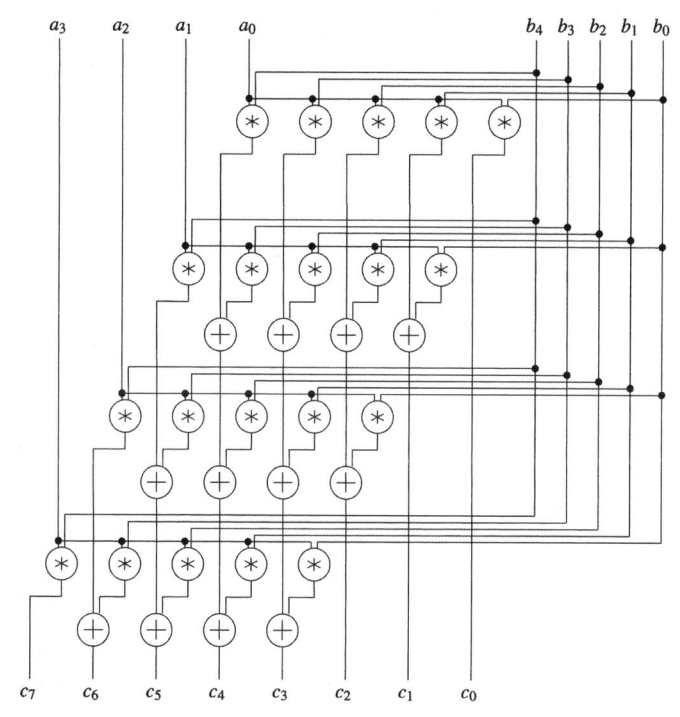

図 2.1 多項式の掛け算の算術回路．制御は下向きに流れる．「電気的」に見れば，辺は線と思い，丸い要素が「流れ」で，つながっているところは黒丸 ● で表され，それ以外の交差ではつながっていない．この回路の大きさ，すなわち，算術ゲートの数は 32 である．

ビット語 c,d を積として返すような単精度の掛け算の命令を持っているとする．次のアルゴリズムは，アルゴリズム 2.3 を整数に使えるようにしたものである．

アルゴリズム 2.4　多倍精度整数の掛け算

入力：多倍精度整数 $a = (-1)^s \sum_{0 \leq i \leq n} a_i 2^{64i}$, $b = (-1)^t \sum_{0 \leq i \leq m} b_i 2^{64i}$．標準表現である必要はない．$s, t \in \{0, 1\}$ である．

出力：多倍精度整数 ab.

1. **for** $i = 0, \ldots, n$ **do** $d_i \longleftarrow a_i 2^{64i} \cdot |b|$
2. **return** $c = (-1)^{s+t} \sum_{0 \leq i \leq n} d_i$

2^{64i} を掛けることは，2^{64} 進表現において桁をシフトすることに対応するが，これに加えて，多倍精度整数 b に単精度整数 a_i を掛ける掛け算を実行しなければならない．これにかかる時間は $O(m)$ であり（練習問題 2.5），総時間数は 2 次で，すなわち，$O(nm)$ である．我々の方針に沿って，この計算の詳細は省略することにする．

10 進表現された $a = 521 = 5 \cdot 10^2 + 2 \cdot 10 + 1$ と $b = 2135 = 2 \cdot 10^3 + 10^2 + 3 \cdot 10 + 5$ の掛け算をアルゴリズム 2.4 にしたがって行う例でこの節を締めくくることにする．

$$
\begin{array}{r}
521 \cdot\ 2135 \\
\hline
2135 \\
+42700 \\
+1067500 \\
\hline
1112335
\end{array}
$$

2.4 余りを伴う割り算

多くの応用において，「ある整数を法 (modulo) として」の計算は重要な役割を果たす．たとえば，プログラムのチェック，データベースの整合性，符号理論や暗号の例がこの本で論じられる．整数の問題だけに興味がある場合でも，「モジュラ」による方法は計算でうまくいくことが多い．これに関しては，最大公約数や整数係数の多項式の因数分解でやってみることになる．

モジュラ計算の基本的な道具は，**余りを伴う割り算**である．すなわち，整数 a と 0 でない整数 b が与えられたとき，

$$a = qb + r, \quad |r| < |b|$$

となる 2 つの整数，商 q と余り r，を見つけたい．我々の方針に沿って，最初に多項式について，この問題の計算の様子を論ずることにする．$a \in R[x]$ と 0 でない $b \in R[x]$ が与えられているとし，

$$a = qb + r, \quad \deg r < \deg b \tag{5}$$

となる $q, r \in R[x]$ を求めたい．最初の問題はこのような q と r がいつでも存

在するとは限らないことである．たとえば，x^2 を，余りが $\mathbb{Z}[x]$ に入るように，$2x+1$ で割ることは不可能である！（練習問題 2.8 を見よ．）これを回避する 1 つの方法は，6.12 節で説明する**擬除算**である．しかし，しばらくの間は，b の主係数 $\mathrm{lc}(b)$ は R の単元，つまり，$\mathrm{lc}(b)v=1$ となる $v \in R$ が存在すると仮定して，問題を簡単にする．$R=\mathbb{Z}$ のときは，主係数として 1 または -1 が許されるが，R が体であれば 0 でない任意の多項式による余りを伴う割り算が可能である．

$\mathbb{Z}[x]$ における簡単な例で，高校で習う「組み立て除法」を思い出しておこう．

$$\begin{array}{r}3x^4+2x^3+x+5 : x^2+2x+3 = 3x^2-4x-1\\ \underline{-3x^4-6x^3-9x^2}\\ -4x^3-9x^2+x+5\\ \underline{+4x^3+8x^2+12x}\\ -x^2+13x+5\\ \underline{+x^2+2x+3}\\ 15x+8\end{array}$$

商 $q = 3x^2-4x-1$ の係数は，最高次から，1 つずつ，最初を $a=3x^4+2x^3+x+5$ として，そのときの余りの対応する係数と等しくなるように（一般には $\mathrm{lc}(b)$ で割らなければならないが）決めていく．次の余りは，$b=x^2+2x+3$ を適当に何倍かしたものを引くことで得られる．最後の余りは $r=15x+8$ である．q の次数は，$q \neq 0$ ならば $\deg a - \deg b$ に等しい．次のアルゴリズムは，主係数が 1 の多項式による余りを伴う割り算の**古典的な方法**を形式化したものである．

アルゴリズム 2.5　多項式の余りを伴う割り算

入力：R は (1 を持つ可換) 環とし，$a_i, b_i \in R$ であり，b_m は単元，$n \geq m \geq 0$ であるとして，$a = \sum_{0 \leq i \leq n} a_i x^i, b = \sum_{0 \leq i \leq m} b_i x^i \in R[x]$．
出力：$a=qb+r, \quad \deg r < m$ なる $q, r \in R[x]$．

  1. $r \longleftarrow a, \quad u \longleftarrow b_m^{-1}$
  2.   **for** $i = n-m, n-m-1, \ldots, 0$ **do**
  3.   **if** $\deg r = m+i$ **then** $q_i \longleftarrow \mathrm{lc}(r)u, \quad r \longleftarrow r - q_i x^i b$

        else $q_i \longleftarrow 0$
4.   **return** $q = \sum_{0 \le i \le n-m} q_i x^i$ と r

図 2.2 はこのアルゴリズムの $n = 7$, $m = 4$, $b_m = 1$ としたときのものである．水平の各レベルはステップ 3 を 1 回行うことを表す．

多項式の掛け算のアルゴリズムのように，ステップ 3 の掛け算 $q_i x^i b$ は，各 b_j を q_i 倍して，i だけシフトする．r の $m+i$ 番目の係数はステップ 3 で 0 になるので，計算する必要はない．したがって，ステップ 3 を実行するコストは，$\deg r = m+i$ ならば，R における $m+1$ 回の掛け算，m 回の足し算である．これらをあわせて，高々，

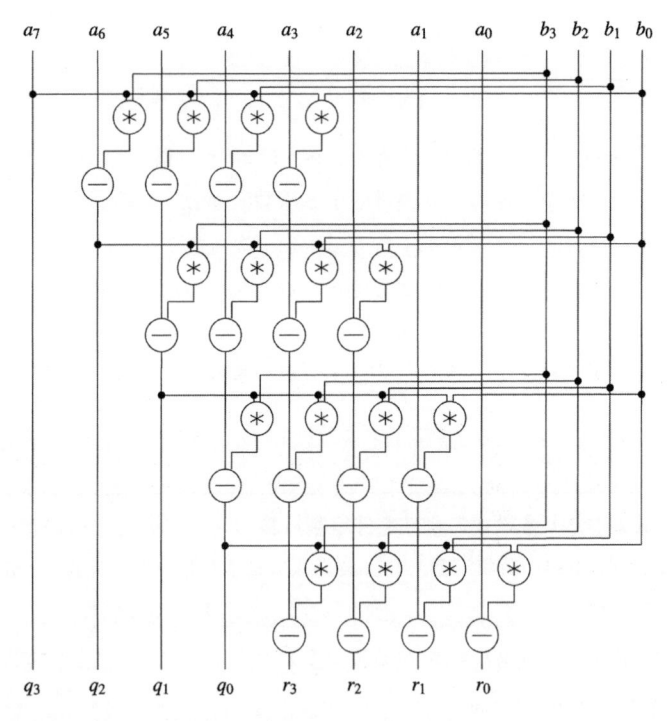

図 2.2 多項式の割り算の演算回路．引き算の節点は左からの入力と右からの入力の差を計算する．

$$(2m+1)(n-m+1) = (2\deg b+1)(\deg q+1) \in O(n^2)$$

回の R における足し算と掛け算,それに,b_m の逆数を求めるための 1 回の割り算を行う.もし,b がモニックならば,高々 $2\deg b(\deg q+1)$ 回の足し算と掛け算である.応用においては,$n < 2m$ であることが多く,そのとき,コストは高々 $2m^2 + O(m)$ 回の環の演算 (と 1 回の割り算) になり,次数が高々 m の 2 つの多項式の掛け算のときと本質的に同じになる.

($\mathrm{lc}(b)$ が単元のとき,) 商と余りが一意に決まることは簡単にわかる.すなわち,$q^*, r^* \in R[x]$ に対して,$a = q^*b + r^*$ かつ $\deg r^* < \deg b$ とすると,

$$(q^* - q)b = r - r^*$$

を得る.右辺の次数は b の次数より小さいが,$q^* - q$ が 0 でないなら,左辺の次数は少なくとも $\deg b$ である.したがって,$q^* - q = 0$ であり,$q = q^*$ かつ $r = r^*$ を得る.商 q を "a quo b",余り q を "a rem b" と書くことにする.

整数の場合はどうなるだろうか.少なくとも 10 進数のときは,アルゴリズム 2.5 と類似のアルゴリズムは,高校のときからよく知られている.つまり,

$$\begin{array}{r} 32015 : 123 = 26 \\ -24600 \\ \hline 7415 \\ -7380 \\ \hline 35 \end{array}$$

商はこのときも,最上位から 1 つ 1 つ決められる.各ステップで,b の最上位の数が,そのときの余りの最上位の 1 桁または 2 桁を何回割るかを調べなければならない.これは,「倍精度を単精度で」割る命令を必要とする.しかしながら,この試しの割り算は大きすぎることがよくある.たとえば,上の例で 3 を 1 で割ると商は 3 であるが,求める商 $\lfloor 32\,015/123 \rfloor$ の最上位の数は 2 である.

アルゴリズム的には,各ステップで,試しの商の 1 桁とシフトされた割る数 $2^{64i}b$ の積を同じ長さのある整数から引く.もし,その結果が負であれば,試しの商の 1 桁は大きすぎることになり,それを減らし,得た余りに $2^{64i}b$ 足すことを,(必要ならば繰り返し) 余りが正になるまで,続けなければならない.これが適切に行われれば,$O(\lambda(b))$ 回の語演算でこのステップを行うことができる.

商の長さ—繰り返しの回数—は高々 $\lambda(a) - \lambda(b) + 1$ であり (練習問題 2.7), 全体のコストは, a, b がそれぞれ n, m の長さを持つとすると, $O(\lambda(b)\lambda(q))$ または $O(m(n-m))$ 回の語演算と見積もれる. 繰り上がりがあることにより, 詳細は多項式の場合よりやや複雑である. 興味のある読者は Knuth (1998) の §4.3.1 による幅広い議論を参照されるとよい.

多項式の場合とは異なり, 余り r は $|r|<|b|$ という条件では一意に決まらない. $13 = 2 \cdot 5 + 3 = 3 \cdot 5 + (-2)$ のようにである. 慣習にしたがって, 余りは負ではないとし, それを a rem b で表す. したがって, $b > 0$ ならば, そのときの商は $\lfloor a/b \rfloor$ である.

注解

アルゴリズムとその解析に関するよい参考書は Brassard & Bratley (1996) と Cormen, Leiserson & Rivest (1990) である.

10 進表現における足し算と掛け算のアルゴリズムは Stevin (1585) に明確に記述されている. 高速 (繰り上がり先見と繰り上がり保存) 足し算のような, 計算機の算術に関するいくつかのアルゴリズムが Cormen, Leiserson & Rivest (1990) にある. 記号–数値計算のさかんに研究されている分野に関する情報は *The Journal of Symbolic Computation* の特別号 (Watt & Stetter 1998), および Corless, Watt & Kaltofen (2002) を見よ.

2.4 多項式の余りを伴う割り算に対する最初のアルゴリズムは, Nuñez (1567) に現れている. もちろん, 彼の場合は, 具体的に次数が 3 と 1 で整数係数の場合というように, 彼の時代の考えにより制約されている. f°31r° に, 彼は次のように書いている. *Si el partidor fuere compuesto, partiremos las mayores dignidades de lo que se ha de partir por la mayor dignidad del partidor, dexandole en que pueda caber la otra dignidad del partidor, y lo q̃ viniere multiplicaremos por el partidor, y lo produzido por essa multiplicacion sacaremos de toda la sũma que se parte, y lo mismo obraremos en lo q̃ restare, por el modo q̃ temamos quando partimos numero por numero. Y llegando a numero o dignidad en esta obra que sea de menor denominacion, que el partidor, quantidad en quebrado, [...]*[*1)]. そして,

---

[*1)] もし割る数が 1 つより多くのものの和からなっているとしたら, 割る数の他の項を無視して, 割る数の主係数で割られる数の主係数を割る. その結果を割る数に掛け, その結果を割られる数全体から引き, ある数を他の数で割るときそれを使うのと同じように, この過程を残りのものにあてはめる. そして, これを繰り返して, 数字が割る数の次数より小さい項になったら, それが商である [...]

彼は，$12x^3 + 18x^2 + 27x + 17$ を $4x+3$ で割ると，商は $3x^2 + 2\frac{3}{4}x + 5\frac{3}{16}$ で，余りが $1\frac{13}{16}$ であることを説明し，掛け算をすることで結果を確かめている．

筆者不明の本 (anonymous 1835) に，「10 の補数」表示に基づいた 10 進の手計算の割り算のアルゴリズムが載せられている．

練習問題

2.1 整数 $r \in \mathbb{N}_{>1}$ に対して，整数 a が，$a_0, \ldots, a_{l-1} \in \{0, \ldots, r-1\}$ で $a = \sum_{0 \leq i < l} a_i r^i$ となるとき，a の可変長基数表現 $(a_0, \ldots, a_{l-1})$ を考える．その長さ l は $\lfloor \log_r a \rfloor + 1$ であることを証明せよ．

2.2 64 ビットマシンで，サイズが無制限の整数の表現法を与えよ．

2.3 (i) この本で説明した足し算の実行法を真似て，2 つの単精度整数の引き算のそれを作成せよ．結果が負かそうでないかを示す繰り上がりのフラグを用いよ．

(ii) 同符号で，$|a|>|b|$ なる多倍精度整数 a と b の引き算のアルゴリズムを，アルゴリズム 2.1 と同じようにして作成せよ．

(iii) $|a|>|b|$ が成り立つかどうかをどのように決定するかを述べよ．

2.4 仮想プロセッサ上の，負でない多倍精度整数 (すなわち $s=0$ のときの) に対するアルゴリズム 2.1 を実装するコードの一部がある．/* と */ とで囲まれた文は注釈である．このプロセッサは，A から Z までの 26 個の自由に使えるレジスタを持っている．初期状態として，レジスタ A と B は a と b の表現の (長さの入っている) 先頭の語を指していて，C は c の表現が蓄えられることになるメモリのある場所を指している．

```
 1:   LOAD N, [A]      /* A が指している語をレジスタ N に読み込む */
 2:   ADD K, N, 1      /* (繰り上がりのフラグの影響なしに) レジスタ N に
                          1 を加え，その結果を K に格納する */
 3:   STORE [C], K     /* K を C が指している語に格納する */
 4:   ADD A, A, 1      /* レジスタ A を 1 増やす */
 5:   ADD B, B, 1
 6:   ADD C, C, 1
 7:   LOAD I, 1        /* 1 をレジスタ I に格納する */
 8:   CLEARC           /* 繰り上がりのフラグを空にする */
 9:   COMP I, N        /* レジスタ I と N の内容を比較し … */
10:   BGT 20           /* … I の方が大きければ 20 行へジャンプする*/
11:   LOAD S, [A]
```

```
12:   LOAD T, [B]
13:   ADDC S, S, T    繰り上がりのフラグを使って，レジスタ T の内容をレ
                      ジスタ S に加える */
14:   STORE [C], S
15:   ADD A, A, 1
16:   ADD B, B, 1
17:   ADD C, C, 1
18:   ADD I, I, 1
19:   JMP 9           無条件に 9 行へジャンプする
20:   ADDC S, 0, 0    繰り上がりのフラグを S に格納する */
21:   STORE [C], S
22:   RETURN
```

このプロセッサは $200\,\mathrm{MHz}$ で動作し，1 つの命令の実行には 1 マシンサイクル $= 5$ ナノ秒 $= 5 \cdot 10^{-9}$ 秒要するとする．上のコードを走らせてかかる時間を n を用いて詳しく求め，それが実際に $O(n)$ であることを確かめよ．

2.5 2.3 節で説明した単精度の掛け算の実行法を使って，多倍精度整数 b に単精度整数 a を掛けるアルゴリズムを与えよ．そのアルゴリズムが $\lambda(b)$ 回の単精度の掛け算と，同じ回数の単精度の足し算を使うことを示せ．そのアルゴリズムを練習問題 2.4 のようなマシンプログラムに直せ．

2.6 すべての $a, b \in \mathbb{N}_{>0}$ に対して，$\max\{\lambda(a), \lambda(b)\} \le \lambda(a+b) \le \max\{\lambda(a), \lambda(b)\} + 1$ かつ，$\lambda(a) + \lambda(b) - 1 \le \lambda(ab) \le \lambda(a) + \lambda(b)$ が成り立つことを証明せよ．

2.7 $a > b \in \mathbb{N}_{>0}$, $m = \lambda(a)$, $n = \lambda(b)$, $q = \lfloor a/b \rfloor$ とする．m と n を使って，$\lambda(q)$ の厳密な上界と下界を与えよ．

2.8 式 (5) のように，$\mathbb{Z}$ において，x^2 は $2x+1$ で余りを伴う割り算をできないことを証明せよ．

2.9* R を商体 K を持つ整域とし，$a, b \in R[x]$ で，次数がそれぞれ $n \ge m \ge 0$ とする．このとき，$a = qb + r, \deg r < \deg b$ なる $q, r \in R[x]$ を計算するのに，多項式の割り算のアルゴリズム 2.5 を応用できる．

(i) $a = qb + r, \deg r < \deg b$ なる $q, r \in R[x]$ が存在するための必要十分条件は，アルゴリズム 2.5 のステップ 3 までのいつでも $\mathrm{lc}(b) \mid \mathrm{lc}(r)$ かつ，そのときはそれらが一意に決まることであることを証明せよ．

(ii) アルゴリズム 2.5 を，入力 a, b に対して，(i) のように $q, r \in R[x]$ が存在するかを判断し，それらを計算するように改変せよ．1 回の演算を，R における 1 回の足

し算か掛け算, 要素 $c \in R$ が要素 $d \in R$ を割り切るかどうかを判断し, そのとき, 商 $d/c \in R$ を求める 1 回のテストとして, このアルゴリズムが, 本文の中で与えたのと同じ回数の R における演算の回数と同じだけかかることを示せ.

2.10 R を (可換で, 1 を持つ) 環とし, $a = \sum_{0 \leq i \leq n} a_i x^i \in R[x]$ で, 次数は n, すべての a_i は $a_i \in R$ とする. a の**重み** $w(a)$ とは, 主係数以外の a の係数で零でないものの個数とする. すなわち,

$$w(a) = \sharp\{0 \leq i < n : a_i \neq 0\}$$

である. このとき, $w(a) \leq \deg a$ であり, 等号が成り立つのは a のすべての係数が零でないときであり, そのときに限る. a が小さい重みを持つときは特に便利な表現であるが, a の**疎**表現 (sparse representation) とは, $a_i \in R$ で $a = \sum_{i \in I} a_i x^i$ となるリスト $(i, a_i)_{i \in I}$ のことである. したがって, $\sharp I = w(a) + 1$ と選ぶことができる.

(i) 重みが $n = w(a), m = w(b)$ である 2 つの多項式 $a, b \in R[x]$ は, 疎表現で, 高々 $2nm + n + m + 1$ 回の R における算術演算で掛けることができることを示せ.

(ii) 次数が 9 より小さい多項式 $a \in R[x]$ を $b = x^6 - 3x^4 + 2$ で余りを伴う割り算を行う算術回路 (arithmetic circuit) を描け. サイズをできるだけ小さくするようにすること.

(iii) $n \geq m$ とする. 次数が n より小さい多項式 $a \in R[x]$ を, $\mathrm{lc}(b)$ が単元である, 次数が m の多項式 $b \in R[x]$ で割るときの商と余りは, R における $n - m$ 回の割り算と, それぞれ $w(b) \cdot (n - m)$ 回の R における掛け算と引き算を用いて計算できることを示せ.

2.11 R を環, $k, m, n \in \mathbb{N}$ とする. 2 つの行列 $A \in R^{k \times m}$ と $B \in R^{m \times n}$ の「古典的な」掛け算では, $(2m - 1)kn$ 回の R における算術演算かかることを示せ.

'Immortality' may be a silly word, but probably a mathematician
has the best chance of whatever it may mean.
Godfrey Harold Hardy (1940)

The ignoraunte multitude doeth, but as it was euer wonte, enuie that
knoweledge, whiche thei can not attaine, and wishe all men ignoraunt,
like unto themself. [...] Yea, the *pointe* in *Geometrie*,
and the unitie in *Arithmetike*, though bothe be undiuisible,
doe make greater woorkes, & increase greater multitudes,
then the brutishe bande of ignoraunce is hable to withstande.
Robert Recorde (1557)

If mathematics is considered to be a science
[that is, devoted to the description of nature and its laws],
it is more fundamental than any other.
Murray Gell-Mann (1994)

I have often wished, that I had employed about the speculative part of
geometry, and the cultivation of the specious Algebra [multivariate
polynomials] I had been taught very young, a good part of that time
and industry, that I had spent about surveying and fortification (of
which I remember I once wrote an entire treatise) and other practick
parts of mathematicks. And indeed the operations of symbolical
arithmetick (or the modern Algebra) seem to me to afford men one of
the clearest exercises of reason that I ever yet met with.
Robert Boyle (1671)

The length of this article will not be blamed by any one
who considers that, the sacred writers excepted, no Greek
has been so much read and so variously translated as Euclid.
Augustus De Morgan (c. 1844)

3

Euclid のアルゴリズム

整数と，体に係数を持つ多項式は，多くの場合類似の振る舞いをする．しばしば — いつもではないが — この 2 つのタイプを対象とするアルゴリズムは非常によく似ていて，両者に共通な抽象化ができるものもあり，一挙に両方の問題を解くための一般化したアルゴリズムを 1 つつくれば十分なときがある．この章では，整数と多項式の最大公約数の計算の間の構造の類似性を Euclid 整域としてひとまとめにする．概して，そのような場合に，多項式の方がより簡単であり，また，第 6 章では，整数との類似性のない多項式の部分終結式と出会うことになる．

3.1 Euclid 整域

2 つの整数 126 と 35 に対する Euclid のアルゴリズムは，次のように実行される．

$$
\begin{aligned}
126 &= 3 \cdot 35 + 21 \\
35 &= 1 \cdot 21 + 14 \\
21 &= 1 \cdot 14 + 7 \\
14 &= 2 \cdot 7
\end{aligned} \tag{1}
$$

これにより，126 と 35 の最大公約数 7 を得る．最も重要な応用の 1 つは，35/126 を 5/18 へと数が小さくなるように表すというような，有理数の実際の計算に関するものである．

このアルゴリズムは多項式についても成り立つように改造することもできる．

両方の立場を 1 つの傘に入れることのできる次のような一般的なシナリオを使うのが便利である．読者は R をいつも整数全体または多項式全体と考えてよい．代数的な用語は第 25 章で説明する．

定義 3.1 関数 $d\colon R \to \mathbb{N} \cup \{-\infty\}$ を伴う整域 R が **Euclid 整域**であるとは，すべての $a,b \in R$, $b \neq 0$ に対して，

$$a = qb + r \text{ かつ } d(r) < d(b) \text{ となる } q,r \in R \text{ が存在する} \tag{2}$$

というように，b による a の余りを伴う割り算ができることである．$q = a \text{ quo } b$, $r = a \text{ rem } b$ とすると q,r は一意に定まらないが，それぞれ**商**，**余り**という．このような d を R 上の **Euclid 関数**という．

例 3.2 (i) $R = \mathbb{Z}$, $d(a) = |a| \in \mathbb{N}$. このとき，$r \geq 0$ という条件を付け加えれば，商と余りは一意に決まる．

(ii) F を体とし，$R = F[x]$, $d(a) = \deg a$. 零多項式の次数は $-\infty$ とする．このときの商と余りの一意性は容易に示すことができる (2.4 節を見よ)．

(iii) Gauß 整数環 $R = \mathbb{Z}[i] = \{a + ib \mid a,b \in \mathbb{Z}\}$. ただし，$i = \sqrt{-1}$, $d(a+ib) = a^2 + b^2$ とする (練習問題 3.19)．

(iv) R が体，$a \neq 0$ のとき $d(a) = 1$, $d(0) = 0$. $\diamondsuit$

$d(b)$ の値は，$b = 0$ の場合を除いて，$-\infty$ になることは決してない．

定義 3.3 R を環とし，$a,b,c \in R$ とする．c が a と b の**最大公約元** (または gcd) であるとは，

(i) $c \mid a$ かつ $c \mid b$,

(ii) $d \mid a$ かつ $d \mid b$ なるすべての $d \in R$ に対して $d \mid c$,

が成り立つこととする．同じように，c が a と b の**最小公倍元** (または lcm) であるとは，

(i) $a \mid c$ かつ $b \mid c$,

(ii) $a \mid d$ かつ $b \mid d$ なるすべての $d \in R$ に対して $c \mid d$,

が成り立つこととする．$u \in R$ が**単元**であるとは，乗法逆元，つまり，$uv = 1$ となる $v \in R$ が存在する元のことである．a と b が**同伴**であるとは，ある単元 $u \in R$ で $a = ub$ となるものが存在することとし，$a \sim b$ と書く．

たとえば，$\mathbb{Z}$ において，3 は 12 と 15 の gcd, 60 は 12 と 15 の lcm である．一般には，gcd も lcm も一意とは限らないが，a と b の gcd はすべて，それらの 1 つと同伴な元であり，同様のことが lcm についてもいえる．$\mathbb{Z}$ の単元は 1 と -1 だけであり，3 と -3 が $\mathbb{Z}$ における 12 と 15 の gcd のすべてである．$R = \mathbb{Z}$ に対して，$\gcd(a,b)$ を a,b の負でない最大公約数，$\mathrm{lcm}(a,b)$ を a,b の負でない最小公倍数と定義しよう．どちらも一意的に定まる．したがって，たとえば，負の $a \in \mathbb{Z}$ に対して $\gcd(a,a) = \gcd(a,0) = -a$ である．2 つの整数 a,b の gcd が単元であるとき，a と b は**互いに素**であるという．

任意の環において，最大公約元，最小公倍元が存在するとは限らない．たとえば 25.2 節を見よ．一方，次の節で，Euclid 整域においては gcd はいつも存在し，したがって lcm も存在することを示す．

補題 3.4 $\mathbb{Z}$ における gcd は，任意の $a,b,c \in \mathbb{Z}$ に対して次の性質を持つ．

(i) $\gcd(a,b) = |a| \iff a \mid b$,
(ii) $\gcd(a,a) = \gcd(a,0) = |a|$, $\gcd(a,1) = 1$,
(iii) $\gcd(a,b) = \gcd(b,a)$ (可換性),
(iv) $\gcd(a, \gcd(b,c)) = \gcd(\gcd(a,b), c)$ (結合性),
(v) $\gcd(c \cdot a, c \cdot b) = |c| \cdot \gcd(a,b)$ (分配性),
(vi) $|a| = |b| \implies \gcd(a,c) = \gcd(b,c)$.

証明は練習問題 3.3 を見よ．分配性により，

$$\gcd(a_1, \ldots, a_n) = \gcd(a_1, \gcd(a_2, \ldots, \gcd(a_{n-1}, a_n) \ldots))$$

と書いてよい．

次のアルゴリズムは，任意の Euclid 整域で最大公約元を計算する．商と余りが一意的でないということはちょっとややこしい．いまのところ，「$\gcd(a,b)$」

は a と b の gcd となるどんな要素でも表すこととし, $b \neq 0$ なる任意の a, b に, $a = qr + b$ かつ $d(r) < d(b)$ なる一意の要素 $q = a \operatorname{quo} b, r = a \operatorname{rem} b$ を対応させるある関数 quo と rem を仮定する. 3.4 節では, gcd がただ 1 つの値になるように記法を定める.

アルゴリズム 3.5　伝統的 Euclid アルゴリズム

入力 : $f, g \in R$. ただし, R は, Euclid 関数 d を持つ Euclid 整域.
出力 : f, g の最大公約元 $h \in R$.

1. $r_0 \longleftarrow f, \quad r_1 \longleftarrow g$
2. $i \longleftarrow 1$
   while $r_i \neq 0$ do $r_{i+1} \longleftarrow r_{i-1} \operatorname{rem} r_i, \quad i \longleftarrow i+1$
3. return r_{i-1}

$f = 126, g = 35$ のとき, このアルゴリズムがどのように働くかは, この節の最初に詳しく書いた.

3.2　拡張 Euclid アルゴリズム

次のアルゴリズム 3.5 の拡張版は, gcd を計算するだけでなく, それを入力の 1 次結合で与える式も計算する. これは, (1) の式を下から上へ読んで得られる

$$7 = 21 - 1 \cdot 14 = 21 - (35 - 1 \cdot 21) = 2 \cdot (126 - 3 \cdot 35) - 35 = 2 \cdot 126 - 7 \cdot 35$$

という式を一般化するものである. この重要な方法を**拡張 Euclid アルゴリズム** (Extended Euclidean Algorithm; EEA) といい, これは任意の Euclid 整域でうまく動作する. このアルゴリズムは, この本全体を通して, いろいろな姿で中心的な役割を演じる.

アルゴリズム 3.6　拡張伝統的 Euclid アルゴリズム

入力：$f, g \in R$. ただし，R は Euclid 整域.
出力：次のように計算される $\ell \in \mathbb{N}$, $0 \leq i \leq \ell+1$ に対して $r_i, s_i, t_i \in R$ と，$1 \leq i \leq \ell$ に対して $q_i \in R$.

1. $r_0 \longleftarrow f, \quad s_0 \longleftarrow 1, \quad t_0 \longleftarrow 0$
   $r_1 \longleftarrow g, \quad s_1 \longleftarrow 0, \quad t_1 \longleftarrow 1$
2. $i \longleftarrow 1$
   while $r_i \neq 0$ **do**
   　$q_i \longleftarrow r_{i-1} \text{ quo } r_i$
   　$r_{i+1} \longleftarrow r_{i-1} - q_i r_i$
   　$s_{i+1} \longleftarrow s_{i-1} - q_i s_i$
   　$t_{i+1} \longleftarrow t_{i-1} - q_i t_i$
   　$i \longleftarrow i+1$
3. $\ell \longleftarrow i-1$
   return ℓ, $0 \leq i \leq \ell+1$ に対して r_i, s_i, t_i と，$1 \leq i \leq \ell$ に対して q_i

d を R の Euclid 関数とするとき，$0 \leq i \leq \ell+1$ に対して，$d(r_i)$ は狭義に減少する負でない整数だから，このアルゴリズムは必ず終了する．$0 \leq i \leq \ell+1$ に対して，要素 r_i は (拡張) 伝統的 Euclid アルゴリズムの**余り**と呼ばれ，$1 \leq i \leq \ell$ に対して，q_i はその**商**と呼ばれる．$0 \leq i \leq \ell+1$ に対して，要素 r_i, s_i, t_i をまとめて拡張伝統的 Euclid アルゴリズムの**第 i 行**という．重要な性質は，すべての i に対して $s_i f + t_i g = r_i$ が成り立つことである．特に，$s_\ell f + t_\ell g = r_\ell$ は f と g の gcd である (次の補題 3.8 を見よ)．このアルゴリズムの中間結果のどれもが，計算機代数のさまざまな仕事にとって役に立つことを後で認識することになるだろう．

例 3.7　(i) 式 (1) のように，$R = \mathbb{Z}$, $f = 126$, $g = 35$ とする．次の表は上のアルゴリズムによる計算の様子を表している．

i	q_i	r_i	s_i	t_i
0		126	1	0
1	3	35	0	1
2	1	21	1	-3
3	1	14	-1	4
4	2	7	2	-7
5		0	-5	18

上の表の第 4 行から, $\gcd(126, 35) = 7 = 2 \cdot 126 + (-7) \cdot 35$ であることを読み取ることができる.

(ii) $R = \mathbb{Q}[x]$, $f = 18x^3 - 42x^2 + 30x - 6$, $g = -12x^2 + 10x - 2$ とする. 拡張伝統的 Euclid のアルゴリズムの計算は次のように行われる. 第 $i+1$ 行は, その前の 2 行から, まず商 $q_i = r_{i-1}$ quo r_i を計算し, 次に, 残りの 3 つの列については, それぞれの列の第 $i-1$ 行の要素から, その商に第 i 行の要素を掛けたものを引く.

i	q_i	r_i	s_i	t_i
0		$18x^3 - 42x^2 + 30x - 6$	1	0
1	$-\dfrac{3}{2}x + \dfrac{9}{4}$	$-12x^2 + 10x - 2$	0	1
2	$-\dfrac{8}{3}x + \dfrac{4}{3}$	$\dfrac{9}{2}x - \dfrac{3}{2}$	1	$\dfrac{3}{2}x - \dfrac{9}{4}$
3		0	$\dfrac{8}{3}x - \dfrac{4}{3}$	$4x^2 - 8x + 4$

$\ell = 2$ であり, 第 2 行から, f と g の gcd は,

$$\frac{9}{2}x - \frac{3}{2} = 1 \cdot (18x^3 - 42x^2 + 30x - 6) + \left(\frac{3}{2}x - \frac{9}{4}\right)(-12x^2 + 10x - 2)$$

である. ◇

アルゴリズムの全体をとらえるために, 次の行列を定義すると便利である. $R^{2 \times 2}$ において,

3.2 拡張 Euclid アルゴリズム

$1 \leq i \leq \ell$ に対して, $R_0 = \begin{pmatrix} s_0 & t_0 \\ s_1 & t_1 \end{pmatrix}$, $Q_i = \begin{pmatrix} 0 & 1 \\ 1 & -q_i \end{pmatrix}$

とし, $0 \leq i \leq \ell$ に対して $R_i = Q_i \cdots Q_1 R_0$ とする. 次の補題は拡張伝統的 Euclid アルゴリズムの不変量をまとめたものである.

補題 3.8 $0 \leq i \leq \ell$ に対して, 次が成り立つ.

(i) $R_i \cdot \begin{pmatrix} f \\ g \end{pmatrix} = \begin{pmatrix} r_i \\ r_{i+1} \end{pmatrix}$,

(ii) $R_i = \begin{pmatrix} s_i & t_i \\ s_{i+1} & t_{i+1} \end{pmatrix}$,

(iii) $\gcd(f, g) \sim \gcd(r_i, r_{i+1}) \sim r_\ell$,

(iv) $s_i f + t_i g = r_i$ (これは $i = \ell + 1$ に対しても成り立つ),

(v) $s_i t_{i+1} - t_i s_{i+1} = (-1)^i$,

(vi) $\gcd(r_i, t_i) \sim \gcd(f, t_i)$,

(vii) $f = (-1)^i (t_{i+1} r_i - t_i r_{i+1})$, $g = (-1)^{i+1}(s_{i+1} r_i - s_i r_{i+1})$,

ただし, 便宜上, $r_{\ell+1} = 0$ とする.

証明 (i) と (ii) については i に関する帰納法による. $i = 0$ のときは, このアルゴリズムのステップ 1 から明らかであるので, $i \geq 1$ と仮定する. このとき,

$$Q_i \begin{pmatrix} r_{i-1} \\ r_i \end{pmatrix} = \begin{pmatrix} 0 & 1 \\ 1 & -q_i \end{pmatrix} \begin{pmatrix} r_{i-1} \\ r_i \end{pmatrix} = \begin{pmatrix} r_i \\ r_{i-1} - q_i r_i \end{pmatrix} = \begin{pmatrix} r_i \\ r_{i+1} \end{pmatrix}$$

であり, $R_i = Q_i R_{i-1}$ と帰納法の仮定から (i) が成り立つ. 同様に,

$$Q_i \begin{pmatrix} s_{i-1} & t_{i-1} \\ s_i & t_i \end{pmatrix} = \begin{pmatrix} s_i & t_i \\ s_{i+1} & t_{i+1} \end{pmatrix}$$

と帰納法の仮定から (ii) が成り立つ.

(iii) を示すために, $i \in \{0, \ldots, \ell\}$ とする. (i) から,

$$\begin{pmatrix} r_\ell \\ 0 \end{pmatrix} = Q_\ell \cdots Q_{i+1} R_i \begin{pmatrix} f \\ g \end{pmatrix} = Q_\ell \cdots Q_{i+1} \begin{pmatrix} r_i \\ r_{i+1} \end{pmatrix}$$

である．両端の第1要素を比較すると r_ℓ は r_i と r_{i+1} との1次結合であることがわかり，したがって，任意の r_i と r_{i+1} の公約数は r_ℓ を割り切る．一方，$\det Q_i = -1$ であり，行列 Q_i は R で可逆で，逆行列は

$$Q_i^{-1} = \begin{pmatrix} q_i & 1 \\ 1 & 0 \end{pmatrix}$$

だから，

$$\begin{pmatrix} r_i \\ r_{i+1} \end{pmatrix} = Q_{i+1}^{-1} \cdots Q_\ell^{-1} \begin{pmatrix} r_\ell \\ 0 \end{pmatrix}$$

が成り立つ．よって，r_i と r_{i+1} は r_ℓ で割り切れ，$r_\ell \sim \gcd(r_i, r_{i+1})$ である．特に，これは $i=0$ に対しても成り立つので，$\gcd(f,g) \sim \gcd(r_0, r_1) \sim r_\ell$ である．

(iv) は (i) と (ii) からすぐにわかり，(v) は行列式を計算すると (ii) から

$$s_i t_{i+1} - t_i s_{i+1} = \det \begin{pmatrix} s_i & t_i \\ s_{i+1} & t_{i+1} \end{pmatrix} = \det R_i$$
$$= \det Q_i \cdots \det Q_1 \cdot \det \begin{pmatrix} s_0 & t_0 \\ s_1 & t_1 \end{pmatrix} = (-1)^i$$

である．特に，これは，$\gcd(s_i, t_i) \sim 1$ で R_i が可逆であることもわかる．$p \in R$ を t_i の約数とする．$p \mid f$ ならば，明らかに $p \mid s_i f + t_i g = r_i$ である．一方，$p \mid r_i$ ならば p は $s_i f = r_i - t_i g$ を割り切り，したがって，s_i と t_i は互いに素なので，p は f を割り切る．これで (vi) が示された．(vii) については，(i) の両辺に R_i^{-1} を掛けると，(ii) と (v) を用いて，

$$\begin{pmatrix} r_0 \\ r_1 \end{pmatrix} = R_i^{-1} \begin{pmatrix} r_i \\ r_{i+1} \end{pmatrix} = (-1)^i \begin{pmatrix} t_{i+1} & -t_i \\ -s_{i+1} & s_i \end{pmatrix} \begin{pmatrix} r_i \\ r_{i+1} \end{pmatrix}$$

を得るので，これを連立1次方程式に表せばよい．□

系 3.9 Euclid 整域 R の任意の 2 つの要素 f, g は gcd $h \in R$ を持ち，それは $s, t \in R$ とし，f, g の 1 次結合 $h = sf + tg$ で表される．

3.3 $\mathbb{Z}$ と $F[x]$ に対する計算量の解析

$n = d(f) \geq d(g) = m \geq 0$ なる $f, g \in R$ に対して，拡張伝統的 Euclid アルゴリズム 3.6 の計算量を解析したい．割り算のステップの数 ℓ は，$\ell \leq d(g) + 1$ と上から抑えられることは明らかである．2 つの重要な場合，すなわち $R = F[x]$ と $R = \mathbb{Z}$ の場合，を別々に扱う．まず，$R = F[x]$ の場合から始めるが，いままでと同じように F は体であり，$d(a) = \deg(a)$ である．

$r_{\ell+1} = 0$ とし，$0 \leq i \leq \ell+1$ に対して $n_i = \deg r_i$ とする．すると，$n_0 = n \geq n_1 = m \geq n_2 > \cdots > n_\ell$ であり，$1 \leq i \leq \ell$ に対して $\deg q_i = n_{i-1} - n_i$ である．2.4 節から，高々 $(2n_i + 1)(n_{i-1} - n_i + 1)$ 回の F における足し算と掛け算と 1 回の逆元をとる演算で，次数 n_{i-1} の多項式 r_{r-1} を次数 $n_i \leq n_{i-1}$ の多項式 r_i で余りを伴う割り算をすることができる．(引き算は足し算として数えていることに注意しよう．) したがって，伝統的 Euclid アルゴリズムの全体の計算量，すなわち，f, g の最大公約元も含んでいる r_i, q_i だけを計算するコストは，

$$\sum_{1 \leq i \leq \ell} (2n_i + 1)(n_{i-1} - n_i + 1) \tag{3}$$

回の F における足し算と掛け算と，$\ell \leq m+1$ 回の逆数をとる演算の和である．まず，各ステップでちょうど 1 だけ次数が落ち，そのため，$2 \leq i \leq \ell$ に対して，$n_i = m - i + 1$ である，**正規化**されている場合にこの表現を計算し，後で，これが最悪の場合であることを示す．$i \geq 2$ に対して $n_{i-1} - n_i + 1 = 2$ であり，$n_1 = m$ だから，式 (3) は，

$$\begin{aligned}
&(2m+1)(n-m+1) + 2 \sum_{2 \leq i \leq m+1} (2(m-i+1)+1) \\
&= (2m+1)(n-m+1) + 2(m^2 - m) + 2m = 2nm + n + m + 1
\end{aligned} \tag{4}$$

と簡単になる．式 (3) の和を，整数 $n_0 \geq n_1 > n_2 > \cdots > n_\ell \geq 0$ の関数 $\sigma(n_0, n_1, \ldots, n_\ell)$ と考え，ある $j \in \{2, \ldots, \ell\}$ に対して $n_{j-1} > k > n_j$ なる整数 k を挿入するか，$n_\ell > k \geq 0$ なる整数 k を付け加えると，その関数の値が増加することを示そう．すなわち，

$$\sigma(n_0, \ldots, n_{j-1}, k, n_j, \cdots, n_\ell) - \sigma(n_0, \ldots, n_\ell)$$
$$= (2k+1)(n_{j-1} - k + 1) + (2n_j + 1)(k - n_j + 1)$$
$$\quad - (2n_j + 1)(n_{j-1} - n_j + 1)$$
$$= 2(n_{j-1} - k)(k - n_j) + 2k + 1 > 0$$

である．$n_\ell > k \geq 0$ のときも同様に示せる．帰納法により，$\sigma(n_0, n_1, \ldots, n_\ell) < \sigma(n_0, n_1, n_1 - 1, \ldots, 1, 0)$ であることがわかるので，式 (4) は任意の場合に成り立つことが示されたことになる．

s_i, t_i を計算するコストを決定することが残っている．

補題 3.10

$2 \leq i \leq \ell + 1$ に対して，$\deg s_i = \sum_{2 \leq j < i} \deg q_j = n_1 - n_{i-1}$ (5)

$1 \leq i \leq \ell + 1$ に対して，$\deg t_i = \sum_{1 \leq j < i} \deg q_j = n_0 - n_{i-1}$ (6)

証明 最初の等式だけを示そう．第二の等式は同じようにできる (練習問題 3.21(i))．式 (5) と

$2 \leq i \leq \ell + 1$ に対して，$\deg s_{i-1} < \deg s_i$ (7)

を i に関する帰納法でいっぺんに示す．$i = 2$ のとき，$s_2 = s_0 - q_1 s_1 = 1 - q_1 \cdot 0 = 1$ であり，$\deg s_1 = -\infty < 0 = \deg s_2$ である．$i \geq 2$ とし，主張は $2 \leq j \leq i$ なる j に対しては成り立つと仮定する．帰納法の仮定 (7) から，

$$\deg s_{i-1} < \deg s_i < n_{i-1} - n_i + \deg s_i = \deg(q_i s_i)$$

を得るが，これにより，

$$\deg s_{i+1} = \deg(s_{i-1} - q_i s_i) = \deg q_i + \deg s_i > \deg s_i$$

であり，さらに，帰納法の仮定 (5) を使えば，

$$\deg s_{i+1} = \deg q_i + \deg s_i = \sum_{2\leq j<i} \deg q_j + \deg q_i = \sum_{2\leq j<i+1} \deg q_j$$

である．□

定理 3.11 $\deg f = n \geq \deg g = m$ なる多項式 $f, g \in R$ に対して，拡張伝統的 Euclid アルゴリズム 3.6 は，

○ もし，商 q_i，余り r_i だけを計算するのであれば，高々 F における $m+1$ 回の逆元をとる操作と $2nm + O(n)$ 回の足し算と掛け算で，

○ すべてのものを計算するのであれば，高々 F における $m+2$ 回の逆元をとる操作と $6nm + O(n)$ 回の足し算と掛け算で，

計算することができる．

証明 最初の主張はすでに示されていて，s_i と t_i を計算するコストの解析だけが残っている．各ステップで，$t_{i+1} = t_{i-1} - q_i t_i$ の計算に，積に，高々 $2\deg q_i \deg t_i + \deg q_i + \deg t_i + 1$ 回の体の演算 (2.3 節を見よ) と，引き算に，高々 $\deg t_{i+1} + 1$ 回の演算が必要である．補題 3.10 を使って，

$$\sum_{2\leq i\leq \ell} (2(n_{i-1} - n_i)(n_0 - n_{i-1}) + 2(n_0 - n_i + 1))$$

回の F における足し算と掛け算に，$i=1$ に対する $n-m+1$ 回を加えただけかかる．正規化されている場合，これは，

$$n - m + 1 + \sum_{2\leq i\leq m+1} (2(n-(m-i+2)) + 2(n-(m-i+1)+1))$$
$$= n - m + 1 + 4\sum_{2\leq i\leq m+1} (n - m + i - 1)$$

$$= n - m + 1 + 4m(n-m) + 2(m^2 + m) \in 4nm - 2m^2 + O(n)$$

となる．

同様の議論から，正規化された場合が最悪であることを示すことができ，この上からの評価は一般の場合にも成り立つ．最後に，練習問題 3.22(i) により，s_i の計算のコストは高々 $2(m^2+m)$ であることが示され，主張が成り立つことがわかる．□

第 11 章で，gcd を求めるもっとずっと速いアルゴリズムを示す．

$R = \mathbb{Z}$, $d(a) = |a|$ の場合のコストの解析をざっとすることにしよう．$f = r_0 \geq g = r_1 > r_2 > \cdots > r_\ell \geq 0$ であり，したがって，すべての i に対して，$q_i \geq 1$ であるとしてよい．また，すべての数は 2^{64} 進標準表現で表されているとする (2.1 節)．よって，正の整数 a の長さ $\lambda(a)$ は，$\lambda(a) = \lfloor (\log a)/64 \rfloor + 1$ である．ここで，log は底が 2 の対数である．多項式のときに用いた上界，すなわち，対 $(f,g) \in \mathbb{N}^2$ に対する拡張伝統的 Euclid アルゴリズムの割り算のステップでの $\ell \leq d(g) + 1 = g + 1 = (2^{64})^{(\log g)/64} + 1 \leq 2^{64\lambda(g)}$ に対応する上界は，入力のサイズ ($\lambda(f)$ が $\lambda(g)$ より非常に大きいわけではないとしたら) $\lambda(f) + \lambda(g)$ の指数関数であり，あまりよくない．実際，ℓ の多項式上界を次のように示すことができる．$1 \leq i \leq \ell$ に対して，

$$r_{i-1} = q_i r_i + r_{i+1} \geq r_i + r_{i+1} > 2 r_{i+1}$$

である．したがって，もし，$\ell \geq 2$ ならば，

$$\prod_{2 \leq i < \ell} r_{i-1} > 2^{\ell-2} \prod_{2 \leq i < \ell} r_{i+1}$$

であり，$r_{\ell-1} \geq 2$ から，

$$2^{\ell-2} < \frac{r_1 r_2}{r_{\ell-1} r_\ell} < \frac{r_1^2}{2}$$

$$\ell < \lfloor 2 \log r_1 \rfloor + 1 = \left\lfloor 128 \frac{\log g}{64} \right\rfloor + 1 \leq 128 \left(\left\lfloor \frac{\log g}{64} \right\rfloor + 1 \right) = 128 \lambda(g)$$

となる.

この上界はもっとよくすることができる. $N \geq f > g > 0$ なる $N \in \mathbb{N}$ と $f, g \in \mathbb{Z}$ に対して,(f, g) に対する割り算のステップ数が最大になる可能性があるのは,すべての商が 1 になる場合で,f, g が N 以下の最大の連続する Fibonacci 数のときである.例として,$(f, g) = (13, 8)$ に対する Euclid のアルゴリズムを実行すると,

$$13 = 1 \cdot 8 + 5$$
$$8 = 1 \cdot 5 + 3$$
$$5 = 1 \cdot 3 + 2$$
$$3 = 1 \cdot 2 + 1$$
$$2 = 2 \cdot 1$$

となる.n 番目の **Fibonacci 数** F_n ($F_0 = 1$, $F_1 = 1$ であり,$n \geq 2$ に対して $F_n = F_{n-1} + F_{n-2}$) は,$\phi = (1 + \sqrt{5})/2 \approx 1.618$ **黄金分割比**として,およそ $\phi^n / \sqrt{5}$ である (練習問題 3.28).したがって,$(f, g) = (F_{n+1}, F_n)$ に対する割り算のステップ数 ℓ は,

$$\ell = n \approx \log_\phi \sqrt{5}\, g - 1 \in 1.441 \log g + O(1) \tag{8}$$

となる.g を固定し,f を変化させるとき,(f, g) に対する割り算のステップ数の平均は,

$$\ell \approx \frac{12(\ln 2)^2}{\pi^2} \log g \approx 0.584 \log g$$

である.

これで,Euclid のアルゴリズムにおけるステップ数のよい上界が得られたので,各ステップのコストを調べよう.最初に,1 回の割り算のステップのコストを考えよう.$a > b > 0$ を整数とし,$a = qb + r$, $q, r \in \mathbb{N}$, $0 \leq r < b$ とする. $\lambda(a)$, $\lambda(b)$ をそれぞれ a, b の標準表現の長さとすると,2.4 節により,q と r を計算するのに,$O((\lambda(a) - \lambda(b)) \cdot \lambda(b))$ 回の語演算を要する.

したがって,$n = \lambda(f)$, $m = \lambda(g)$ として—式 (4) と同じようにして—(s_i と t_i を計算しない) 伝統的 Euclid アルゴリズムを実行するコストは $O(nm)$ 回の

語演算であることがわかる.

補題 3.10 の整数の場合の類似である次の補題は練習問題 3.23 で証明する.

補題 3.12 $1 \leq i \leq \ell+1$ に対して, $|s_i| \leq \dfrac{g}{r_{i-1}}$, $|t_i| \leq \dfrac{f}{r_{i-1}}$ である.

補題 3.12 により, 多項式のときに類似な s_i と t_i の上界が得られ, 次の定理を得る. 証明は練習問題 3.24 として残しておく.

定理 3.13 $\lambda(f) = n \geq \lambda(g) = m$ なる正の整数 f, g に対する拡張 Euclid アルゴリズム 3.6 は, $O(nm)$ 回の語演算で結果を得ることができる.

次の問題でこの章を締めくくることにする. ランダムに与えられた 2 つの整数が互いに素な確率はどのくらいか. もう少し正確にいうと, N を大きくとり, $c_N = \sharp\{1 \leq x, y \leq N : \gcd(x,y) = 1\}$ とするとき, c_N/N^2 は実際にどのくらいになるのかに興味がある. 表 3.1 は, いくつかの N の値について c_N/N^2 を求めたものである. これによると, 3/5 より少し大きい数に収束するように見える. 実際, その値は,

$$\frac{c_N}{N^2} \in \frac{6}{\pi^2} + O\left(\frac{\log N}{N}\right) \approx 0.6079271016 + O\left(\frac{\log N}{N}\right)$$

である. 興味深いことに, ランダムに選んだ整数が**平方自由**である確率, すなわち, p^2 という約数を持たない確率に対しても, 同じような近似式が成り立つ. すなわち,

表 **3.1** N 以下のランダムな 2 つの正の整数が互いに素である確率

N	c_N/N^2
10	0.63
100	0.6087
1000	0.608383
10 000	0.60794971
100 000	0.6079301507

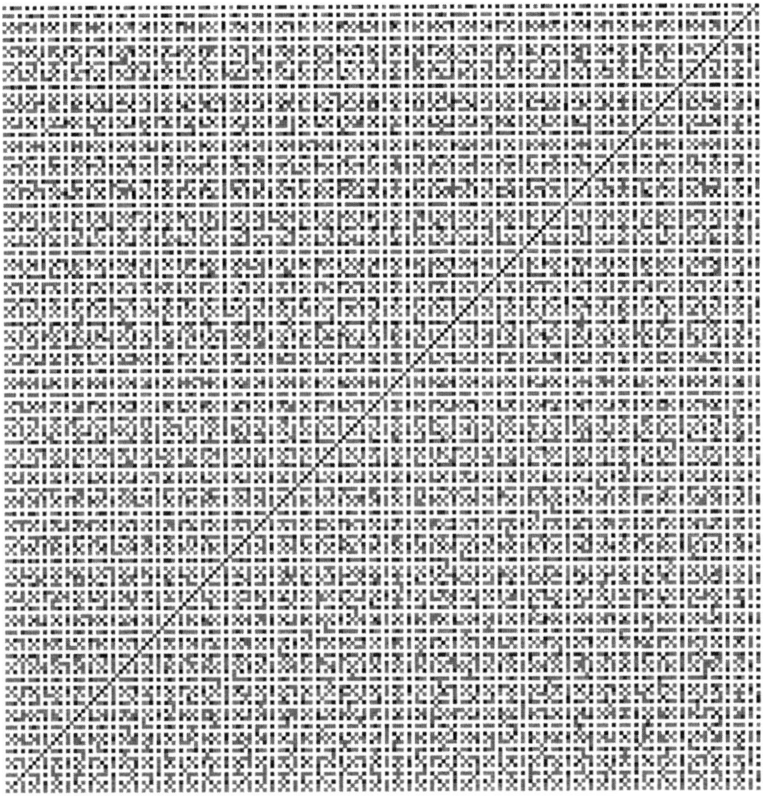

3.3 $\mathbb{Z}$ と $F[x]$ に対する計算量の解析

図 3.2 $1 \leq x, y \leq 200$ なる x, y の最大公約数

$$\frac{\sharp\{1 \leq x \leq N : x \text{ は平方自由}\}}{N} \in \frac{6}{\pi^2} + O\left(\frac{1}{\sqrt{N}}\right)$$

である．演習問題 4.18 と 14.32 は有限体上の多項式に対応する疑問に答えるものである．

図 3.2 では，$x, y \leq 200$ なる点 $(x, y) \in \mathbb{N}^2$ が，$\gcd(x, y) = 1$ ならば白く，そうでなければ灰色で表されている．1 つの画素の濃さは gcd の素因数の個数に比例している．200 以下のランダムに選んだ 2 つの正の整数が互いに素である確率は，200×200 の画素のうち白いものの面積の割合に等しい．全画素の

うち，およそ 3/5 が白く，2/5 が灰色である．

目の前にまっすぐにそのページを持つと，x, y の値が素であるのに対応して，白い水平線，垂直線が見え，小さい正の整数 a, b に対して $ax = by$ に対応する原点を通る暗い線が見え，特に直線 $x = y$ が一番はっきり見える．

3.4 gcd の (非) 一意性

gcd が一意でないことは数学の見地からは害はないがやっかいなものである．しかし，ソフトウェアにおいては，一意の出力を持つ「関数」gcd を実装しなければならない．この節では，このことを達成する方法を論ずる．

$\mathbb{Q}$ は体だから，0 でない有理数は $\mathbb{Q}$ の単元であり，$R = \mathbb{Q}[x]$ において，0 でない任意の $u \in \mathbb{Q}$ と任意の $a \in R$ に対して，$ua \sim a$ である．もし，$\gcd(f, g) \in \mathbb{Q}[x]$ を 1 つの要素として定義したいとしたら，どれを選んだらよいだろうか．いいかえると，a のすべての倍数からどのようにして代表元を選んだらよいだろうか．合理的な選び方は，モニックな多項式，つまり，主係数が 1 の多項式を選べばよい．したがって，$\mathrm{lc}(a) \in \mathbb{Q}[x] \setminus \{0\}$ が $a \in \mathbb{Q}[x]$ の主係数ならば，a の**正規形**として，$\mathrm{normal}(a) = a/\mathrm{lc}(a)$ をとることになる．(これは，61 ページの「正規 EEA」ではすることはない．)

これが任意の Euclid 整域 R でうまくいくようにするために，任意の $a \in R$ に対して，ある正規形 $\mathrm{normal}(a)$ が，$a \sim \mathrm{normal}(a)$ であるように選ばれていると仮定する．$a = u \cdot \mathrm{normal}(a)$ となる単元 $u \in R$ を a の**主単元** $\mathrm{lu}(a)$ と呼ぶことにする．また，$\mathrm{lu}(0) = 1, \mathrm{normal}(0) = 0$ とおく．次の 2 つの性質が成り立つ必要がある．

- R の 2 つの要素が同じ正規形を持つための必要十分条件はそれらが同伴であることである．
- 2 つの要素の積の正規形は 2 つの要素それぞれの正規形の積に等しい．

特に，これらの性質から，任意の単元の正規形は 1 であることがわかる．a が $\mathrm{lu}(a) = 1$ と正規形で表されているとき，**正規化されている**という．

我々の議論の中心となる，整数とある体上の 1 変数多項式において，自然な正

規形がある．$R=\mathbb{Z}$ の場合は，$a \neq 0$ ならば $\mathrm{lu}(a)=\mathrm{sign}(a)$ とし，$\mathrm{normal}(a)=|a|$ と正規形を定義する．これにより，整数が正規化されている必要十分条件はその整数が負でないことになる．F を体とし $R=F[x]$ のとき，$\mathrm{lu}(a)=\mathrm{lc}(a)$（便宜上，$\mathrm{lc}(0)=1$ とする）とし，$\mathrm{normal}(a)=a/\mathrm{lc}(a)$ で正規形を定義する．このとき，0 でない多項式が正規化されている必要十分条件はその多項式がモニックであることになる．

そのように正規形が与えられると，$\gcd(a,b)$ を a と b のすべての最大公約数の中で，ただ 1 つに定まる正規化された同伴な要素と定義し，同様に，$\mathrm{lcm}(a,b)$ を a と b のすべての最小公倍数の正規化された同伴な要素と定義する．このようにすると，a と b の少なくとも一方が 0 でなければ，$R=\mathbb{Z}$ に対して $\gcd(a,b)>0$ であり，$R=F[x]$ に対して $\gcd(a,b)$ はモニックであり，どちらの場合も $\gcd(0,0)=0$ である．したがって，補題 3.4 は $|\cdot|$ を $\mathrm{normal}(\cdot)$ でおきかえても同様に成り立つ．

多項式の場合は，gcd に正規形をとるのが便利なだけでなく，伝統的 Euclid アルゴリズムをすべての余り r_i を正規化するように改良するために便利であることがわかる．第 6 章で，$R=\mathbb{Q}[x]$ に対して，入力は普通のサイズでも，伝統的 Euclid アルゴリズムで，余りの係数が非常に大きな分子と分母になり，その余りに同伴なモニックな要素の係数はかなり小さくなることを経験する (182 ページと 235 ページを見よ)．この本では，このようなモニックで同伴な要素についてうまく働く拡張伝統的 Euclid アルゴリズム 3.6 を変形した次のアルゴリズムをよく使う．

アルゴリズム 3.14 拡張 Euclid アルゴリズム (EEA)

入力：$f, g \in R$．ここで，R は正規形を持つ Euclid 整域とする．
出力：$\ell \in \mathbb{N}$, $0 \leq i \leq \ell+1$ に対して $\rho_i, r_i, s_i, t_i \in R$ と，$1 \leq i \leq \ell$ に対して $q_i \in R$.

1. $\rho_0 \longleftarrow \mathrm{lc}(f)$, $\quad r_0 \longleftarrow \mathrm{normal}(f)$, $\quad s_0 \longleftarrow \rho_0^{-1}$, $\quad t_0 \longleftarrow 0$
   $\rho_1 \longleftarrow \mathrm{lc}(g)$, $\quad r_1 \longleftarrow \mathrm{normal}(g)$, $\quad s_1 \longleftarrow 0$, $\quad t_0 \longleftarrow \rho_0^{-1}$
2. $i \longleftarrow 1$

  while $r_i \neq 0$ **do**
   $q_i \longleftarrow r_{i-1}$ quo r_i
   $\rho_{i+1} \longleftarrow \mathrm{lu}(r_{i-1} - q_i r_i)$
   $r_{i+1} \longleftarrow (r_{i-1} - q_i r_i)/\rho_{i+1}$
   $s_{i+1} \longleftarrow (s_{i-1} - q_i s_i)/\rho_{i+1}$
   $t_{i+1} \longleftarrow (t_{i-1} - q_i t_i)/\rho_{i+1}$
   $i \longleftarrow i + 1$
3. $\ell \longleftarrow i - 1$
  return $0 \leq i \leq \ell+1$ に対して $\ell, \rho_i, r_i, s_i, t_i$ と，
  $1 \leq i \leq \ell$ に対して q_i

$0 \leq i \leq \ell+1$ に対して，要素 r_i は拡張 Euclid アルゴリズムにおける**余り**と呼ばれ，$1 \leq i \leq \ell$ に対して，q_i は拡張 Euclid アルゴリズムにおける**商**と呼ばれる．$0 \leq i \leq \ell+1$ に対して，要素 r_i, s_i, t_i をまとめて拡張 Euclid アルゴリズムの**第 i 行**という．$s_\ell f + t_\ell g = \gcd(f, g)$ を満たす要素 s_ℓ と t_ℓ を f と g の **Bézout 係数**という．

例 3.7 (続き) (ii) モニックな余りを持つ，次のような値が計算される．

i	q_i	ρ_i	r_i	s_i	t_i
0		18	$x^3 - \dfrac{7}{3}x^2 + \dfrac{5}{3}x - \dfrac{1}{3}$	$\dfrac{1}{18}$	0
1	$x - \dfrac{3}{2}$	-12	$x^2 - \dfrac{5}{6}x + \dfrac{1}{6}$	0	$-\dfrac{1}{12}$
2	$x - \dfrac{1}{2}$	$\dfrac{1}{4}$	$x - \dfrac{1}{3}$	$\dfrac{2}{9}$	$\dfrac{1}{3}x - \dfrac{1}{2}$
3		1	0	$-\dfrac{2}{9}x + \dfrac{1}{9}$	$-\dfrac{1}{3}x^2 + \dfrac{2}{3} - \dfrac{1}{3}$

第 2 行から，

$$\gcd(f, g) = x - \dfrac{1}{3}$$

$$= \frac{2}{9} \cdot (18x^3 - 42x^2 + 30x - 6) + \left(\frac{1}{3}x - \frac{1}{2}\right)(-12x^2 + 10x - 2)$$

を得る. ◇

行列 Q_i は,

$$1 \le i \le \ell \text{ に対して,} \quad Q_i = \begin{pmatrix} 0 & 1 \\ \rho_{i+1}^{-1} & -q_i \rho_{i+1}^{-1} \end{pmatrix}$$

となる.

補題 3.15 (a) アルゴリズム 3.14 の結果に対する補題 3.8 の主張は, 次のように修正すると, すべて成り立つ.

(iii) $\gcd(f, g) = \gcd(r_i, r_{i+1}) = r_\ell$,
(v) $s_i t_{i+1} - t_i s_{i+1} = (-1)^i (\rho_0 \cdots \rho_{i+1})^{-1}$,
(vi) $\gcd(r_i, t_i) = \gcd(f, t_i)$,
(vii) $f = (-1)^i \rho_0 \cdots \rho_{i+1} (t_{i+1} r_i - t_i r_{i+1})$,
$g = (-1)^{i+1} \rho_0 \cdots \rho_{i+1} (s_{i+1} r_i - s_i r_{i+1})$.

(b) 体 F に対して $R = F[x]$, $\gcd f \ge \gcd g$, すべての i に対して $n_i = \deg r_i$ ならば, 補題 3.10 の次数の公式はアルゴリズム 3.14 の結果についても同様に成り立つ.

証明 次のように変えれば, 補題 3.8 の証明がそのままできる.

$$Q_i \begin{pmatrix} r_{i-1} \\ r_i \end{pmatrix} = \begin{pmatrix} 0 & 1 \\ \rho_{i+1}^{-1} & -q_i \rho_{i+1}^{-1} \end{pmatrix} \begin{pmatrix} r_{i-1} \\ r_i \end{pmatrix}$$
$$= \begin{pmatrix} r_i \\ (r_{i-1} - q_i r_i) \rho_{i+1}^{-1} \end{pmatrix} = \begin{pmatrix} r \\ r_{i+1} \end{pmatrix}$$
$$Q_i^{-1} = \begin{pmatrix} q_i & \rho_{i+1} \\ 1 & 0 \end{pmatrix}$$

$$\det Q_i \cdots \det Q_1 \det \begin{pmatrix} s_0 & t_0 \\ s_1 & t_1 \end{pmatrix} = (-1)^i (\rho_0 \cdots \rho_{i+1})^{-1}$$

$$\begin{pmatrix} r_0 \\ r_1 \end{pmatrix} = R_i^{-1} \begin{pmatrix} r_i \\ r_{i+1} \end{pmatrix} = (-1)^i (\rho_0 \cdots \rho_{i+1}) \begin{pmatrix} t_{i+1} & -t_i \\ -s_{i+1} & s_i \end{pmatrix} \begin{pmatrix} r_i \\ r_{i+1} \end{pmatrix}$$

主張 (iii) と (vi) は，含まれている要素がすべて正規化されていることから，成り立つ．(b) の証明は練習問題 3.21(ii) として残しておく．□

この節を，多項式に対する EEA のコスト解析で締めくくることにする．伝統的 EEA よりコストがかかるわけではないことがわかる．

定理 3.16 $F[x]$ 上のモニックな正規形 $\mathrm{normal}(h) = h/\mathrm{lc}(h)$ に対して, $\deg f = n \geq \deg g = m$ なる多項式 $f, g \in F[x]$ に対する拡張 Euclid アルゴリズム 3.14 は，

- もし，商 q_i，余り r_i，係数 ρ_i だけを計算するのであれば，高々 $m+2$ 回の逆元をとる操作と，F における $2nm + O(n)$ 回の足し算と掛け算で，
- すべてのものを計算するのであれば，高々 $m+2$ 回の逆元をとる操作と，F における $6nm + O(n)$ 回の足し算と掛け算で，

計算することができる．

証明 3.3 節と同じように $r_{\ell+1} = 0$ とし，$0 \leq i \leq \ell+1$ に対して $n_i = \deg r_i$ とすると，$0 \leq i \leq \ell$ に対して $\deg q_i = n_{i-1} - n_i$ である．モニックな多項式 a のモニックな多項式 b による余りを伴う割り算は，普通の割り算より，やや安上がりである．すなわち，F における $2\deg b \cdot (\deg a - \deg b) + \deg b$ 回の足し算と掛け算ですむ．したがって，r_{i-1} の r_i による割り算の商 q_i と余りを計算するコストは $2n_i(n_{i-1} - n_i) + n_i$ である．もし $i < \ell$ ならば，1 回の逆元をとる操作と n_{i+1} 回の掛け算で ρ_{i+1}^{-1} を計算し，それを余りに掛けて r_{i+1} を得る．よって，$1 \leq i \leq \ell$ に対して，すべての q_i と r_i を計算するコストは，$\ell - 1 \leq m$ 回の逆元をとる操作と

$$\sum_{1 \leq i \leq \ell}(2n_i(n_{i-1}-n_i)+n_i) + \sum_{1 \leq i \leq \ell} n_{i+1}$$

回の足し算と割り算である．$1 \leq i \leq \ell = m+1$ に対して $n_i = m-i+1$ であり，正規化された次数の列に対して，これは，

$$2m(n-m)+m+\sum_{2 \leq i \leq m+1} 4(m-i+1) = 2m(n-m)+m+2(m^2-m)$$
$$= 2nm-m$$

となる．3.3 節のように，f と g を正規化するのに 2 回の逆元をとる操作と $n+m$ 回の掛け算がかかり，正規形の場合が最悪の場合であり，(i) が成り立つ．

余りを伴う割り算については，モニックな多項式 a に多項式 b を掛けることは，一般の掛け算よりほんの少し安上がりである．すなわち，$2\deg a \cdot \deg b + \deg a$ 回の F における足し算と掛け算だけを要する (2.3 節)．したがって，$q_i t_i$ を計算するには，補題 3.15 (b) により，$2(n_{i-1}-n_i)(n-n_{i-1})+n_{i-1}-n_i$ 回の演算を要する．この積を t_{i-1} から引き，その結果に ρ_{i+1}^{-1} を掛け，t_{i+1} を得るのに，ほかに $2(n-n_i+1)$ 回の足し算と掛け算を行う．ゆえに，すべての t_i を計算するコストは，

$$\sum_{1 \leq i \leq m+1}(2(n_{i-1}-n_i)(n-n_{i-1})+n_{i-1}-n_i+2(n-n_i+1))$$

回の F における足し算と掛け算である．正規形の場合は，これは，

$$\sum_{1 \leq i \leq m+1}(2(n-(m-i+2))+1+2(n-(m-i+1)+1))$$
$$= m+1+\sum_{1 \leq i \leq m+1} 4(n-m+i-1)$$
$$= m+1+4(m+1)(n-m)+2(m^2+m) = 4nm-2m^2+4n-m+1$$

と簡単にすることができる．練習問題 3.22(ii) で，すべての s_i を計算するコストが，正規形の場合は高々 $2m^2+3m+1$ であることを示す．再度，正規形の場合が最悪な場合で，(ii) が証明できる．□

6.11 節の定理 6.53 (i) において，多項式の場合，伝統的 EEA の結果とアル

ゴリズム 3.14 の結果は，互いに定数倍になっていることを示す．

$\mathbb{Z}$ または $F[x]$ で，それぞれ正の，または，モニックな gcd をとることは，一意でない問題に対する1つの妥当な解である．しかし，計算機代数のソフトウェアに実装するときは，ほかの多くの環が関連し，正規化がしばしば整域を超えて両立しないことがある．たとえば，定義 3.3 で $\gcd(-10x, 5x^2)$ は，整域 R を決めないと実際には定義できない．R を添え字に使えば，—— 正規化のもとで —— $\gcd_{\mathbb{Q}[x]}(-10x, 5x^2) = x$ であり，$\pm 5x$ は $\gcd_{\mathbb{Z}[x]}(-10x, 5x^2)$ の候補である．計算機代数システムは，ユーザが整域を指定することを許すことがなければ，ここで仮定をしなければならない．我々の例では，普通 $\mathbb{Z}[x]$ が仮定されている．

もし，R が正規形 normal_R を持つ整域ならば，

$$\mathrm{normal}_{R[x]}(f) = \frac{\mathrm{normal}_R(\mathrm{lc}(f))}{\mathrm{lc}(f)} \cdot f$$

とおくことにより，多項式環 $R[x]$ の正規形を得る（練習問題 3.8 (iii)）．ここで，$\mathrm{lc}(f)$ は f の主係数である．帰納的に，これは $\mathbb{Z}$ 上の，または，任意の体上の多変数多項式の正規形を定義し，それゆえ，一意の gcd を定義する．

注解

3.1 Euclid の『原論』で説明されているアルゴリズムは，余りを伴う割り算を使っていないで．大きい方の数から小さい方の数 g を，結果が g より小さくなるまで何回か引いて，そうなったら2つの数を入れかえるというようにしている．

Euclid 関数 d の値として，$-\infty$ を許すことはやややっかいであり，整数と体上の1変数多項式という2つの中心となる例が異なって見える．$\mathbb{Z}$ と $F[x]$ の本当の類似性は次のようである．$\mathbb{Z}$ 上で $d(a) = |a|$ とし，$F[x]$ 上で $d(a) = 2^{\deg a}$ とできる．どちらの場合も $d(0) = 0$ である．したがって，$d(ab) = d(a)d(b)$ である．または，$\mathbb{Z}$ 上で $d(a) = \lfloor \log_2 |a| \rfloor$ とし，$F[x]$ 上で $d(a) = \deg a$ ともできる．どちらの場合も $d(0) = -\infty$ である．したがって，$d(ab)$ は $d(a) + d(b)$ （または，$\mathbb{Z}$ においては $d(a) + d(b) + 1$）である．

3.2 紀元5世紀末にサンスクリット語で Āryabhata によって書かれた天文学の本 Āryabhatīya には，2つの互いに素な $f, g \in \mathbb{N}$ に対して，$sf + tg = 1$ となる整数 s, t を計算するアルゴリズムが含まれている．この問題は Bachet (1612) によっても解かれている．

練習問題 3.25 では,Stein (1967) による,2進 Euclid アルゴリズムを論じる.Knuth (1998) は,第2版ではすでに,Michael Penk (§4.5.2 の演習問題の答えのアルゴリズム Y) による2進 EEA を扱っている.Weilert (2000) は Gauß 整数に2進 Euclid アルゴリズムを適用している.

(拡張) Euclid アルゴリズムの多項式版はいくらか単純であるが,2000年の歴史を持つ整数の場合のアルゴリズムよりずっと若い (Stevin 1585; Newton 1707, 38ページ).これの1つの理由は,我々が,多項式よりも整数をより直感的に理解しているからである.

3.3 割り算のステップの回数が Fibonacci 数の計算に関して最大になることは,Lamé (1844) の定理である.Bach & Shallit の学問的な著作 (1996) はこれに関することやこの本のほかの多くの話題について,より完全な歴史的情報を含んでいる.Shallit (1994) の興味深い論文は Euclid のアルゴリズムにおける割り算の回数の解析の3つの初期の研究,Reynaud (1824), Finck (1841), Binet (1241) をあげている.最後のものは,練習問題 3.13 のように,負の余りも許している.Finek が,*un problème qui [...] a pour objet de déterminer le nombre des opérations de la recherche du p.g.c.d. de deux nombres entiers*[1],といっていることは.Euclid のアルゴリズムの解析に対する注目に値する現代的な響きを持つ要求である.彼は,我々の使った不等式 $r_{i-1} > 2r_{i+1}$ を与えている.Dupré (1846) は普通の Euclid のアルゴリズムに対して,およそ $(\log f)/\log((1+\sqrt{5})/2)$ という上界を,Binet の Euclid のアルゴリズムに対して $(\log f)/\log(1+\sqrt{2})$ という上界を与えている (練習問題 3.30).もっと早い時期に,Schwenter (1636), 86. Auffgab は,770020512197390 と 124591930070091 に対する32回の割り算をする Euclid のアルゴリズムを,Simon Jacob von Coburg にしたがって算術迷路と呼び,Euclid のアルゴリズムで多くの割り算を必要とするものとして Fibonacci 数をあげている.(2つの大きな数は Fibonacci 数ではなく,Schwenter は彼らの Euclid のアルゴリズムは54回の割り算を必要とするといっている.どこかに,計算か書き写しのミスがある.) $\gcd(F_n, F_m) = F_{\gcd(n,m)}$ を得る.練習問題 3.31 を見よ.

整数に対する Euclid のアルゴリズムの割り算のステップの平均回数は,Heilbronn (1968) と Dixon (1970) で調べられていて,2進アルゴリズム (練習問題 3.25) においては,Brent (1976) によって調べられている.概説として,Knuth (1998) の §4.5.2 と Shallit (1994) を見よ.これらの結果は,すべて合理的ではあるが,証明されていない仮定に基づいている.この問題は,Vallée (2002) により最終的に解決された.すな

---

[1] [...] という問題は2つの整数の gcd の計算における演算の回数を決めることをゴールに持っている.

わち,彼女は,n ビットの数上の Euclid のアルゴリズムに対して,平均,約 $\frac{\pi^2}{6}n$ 回の割り算というように,平均の場合の多変量解析を与えている.Ma & von zur Gathen (1990) は,有限体上の多項式に対する Euclid のアルゴリズムの最悪の場合と平均の場合の多変量解析を与えている.

ランダムに与えられた 2 つの整数が確率 $6/\pi^2$ で互いに素であるという事実は Dirichlet (1849) の定理である.Dirichlet は,固定した a に対して,割り算の余り $r = a \operatorname{rem} b$, $0 \leq r < b$ は $b/2$ より小さいということが,大きいということより起こりやすいという,一見したところでは驚くべき事実も証明している.$1 \leq b < a$ は一様にランダムに選ばれるとき,p_a を前者の確率とすると,p_a は漸近的に $2 - \ln 4 \approx 61.37\%$ である.Dirichlet の定理や平方自由である確率に対応する主張 (Gergenbauer 1884 による) については,Hardy & Wright (1985) を見よ.発見的な議論は次のようである.素数 p は確率 $1/p$ でランダムな整数 x を割り切り,$1 - 1/p^2$ の確率で x も y も割り切らない.よって,$\gcd(x,y) = 1$ ということは,確率 $\zeta(2)^{-1} = \prod_{p \text{ は素数}} (1 - 1/p^2) = \frac{6}{\pi^2}$ で起こる.Riemann のゼータ関数の議論は注解 18.4 を見よ.$\zeta(2)$ の値は,Euler (1734/35b, 1743) が決定した.この値の計算の簡単な方法は Apostol (1983) を見よ.

3.4 (1 変数の) モニックな余りを伴う Euclid のアルゴリズム 3.14 は Knuth (1998) の 1969 年版と Brown (1971) にある.

EEA による Bézout 係数の一般の計算は Euler (1748a) §70 の中にある.注解 6.3 も見よ.Gauß (1863b), 334 項と 335 項では,p を素数とし,$\mathbb{F}_p[x]$ の多項式に対してこれを行っている.

練習問題

3.1 差が 32 である 2 つの奇数は互いに素であることを証明せよ.

3.2 R を環とする.

$$a \sim b \Longleftrightarrow (a \mid b \text{ かつ } b \mid a) \Longleftrightarrow \langle a \rangle = \langle b \rangle$$

を証明せよ.ここで,$\langle a \rangle$ は a で生成されるイデアル $\langle a \rangle = Ra = \{ra; r \in R\}$ である.

3.3 補題 3.4 を証明せよ.ヒント:(v) と (vi) については,左辺の約数は右辺を割り切り,またその逆も成り立つことを示せ.lcm に対する主張はどのようになるか.それは正しいか.

3.4* $\gcd(ab) = 1$ かつ $\gcd(a,c) = 1$ ならば $\gcd(a,bc) = 1$ であることを証明せよ.

3.5** 整域 R 上の Euclid 関数の次のような性質を考える.

$$a, b \in R \setminus \{0\} \text{ に対して } d(ab) \geq d(b) \tag{9}$$

体 F に対する $F[x]$ の次数とか $\mathbb{Z}$ 上の絶対値といったよく知られた例はどちらもこの性質を満たす．この練習問題で，任意の Euclid 整域はこのような Euclid 関数を持つことを示す．

  (i) $\delta(3) = 2$ で，$a \neq 3$ ならば $\delta(a) = |a|$ なる $\delta : \mathbb{Z} \to \mathbb{N}$ は，式 (9) を満たさない $\mathbb{Z}$ 上の Euclid 関数であることを示せ．

  (ii) R は Euclid 整域，$D = \{\delta : \delta \text{ は } R \text{ 上の Euclid 関数}\}$ と仮定する．このようにすると，D は空ではなく，$d : R \longrightarrow \mathbb{N} \cup \{\infty\}$ を $d(a) = \min\{\delta(a) : \delta \in D\}$ で定義できる．d は R 上の Euclid 関数であることを示せ（これを**最小 Euclid 関数**という）．

  (iii) δ を，ある $a, b \in R \setminus \{0\}$ に対して $\delta(ab) < \delta(b)$ なる R 上の Euclid 関数とする．δ より小さい Euclid 関数 δ^* を見つけよ．最小 Euclid 関数 d は式 (9) を満たすことを示せ．

  (iv) すべての $a, b \in R \setminus \{0\}$ と式 (9) を満たす Euclid 関数 d に対して，$d(0) < d(a)$ かつ $d(ab) = d(b)$ である必要十分条件は，a が単元であることを示せ．

  (v) d を (ii) のような最小 Euclid 関数とする．$d(0) = -\infty$ であり R の単元の群は $R^\times = \{a \in R \setminus \{0\} : d(a) = 0\}$ であることを示せ．

  (vi) $d(a) = \deg a$ は，体 F に対する $F[x]$ 上の最小 Euclid 関数であること，$d(a) = \lfloor \log_2 |a| \rfloor$ は $\mathbb{Z}$ 上の最小 Euclid 関数であること，どちらの場合も，$d(0) = -\infty$ であることを証明せよ．

  3.6* (i) UFD R の任意の 2 つの要素 a, b は，lcm のみならず gcd も持つことを示せ．R 上の正規形が与えられていると仮定してよい（練習問題 3.9 により，これは制限ではない）．ヒント：まず，特別な場合 $R = \mathbb{Z}$ を考え，normal(a) と normal(b) の正規形の素数への素因数分解を用いよ．

  (ii) $\gcd(a, b) \cdot \operatorname{lcm}(a, b) = \operatorname{normal}(a \cdot b)$ であることを証明せよ．

  (iii) どの 2 つずつも互いに素な n 個の要素 $a_1, \ldots, a_n \in R$ に対して，$\operatorname{lcm}(a_1, \cdots, a_n) = \operatorname{normal}(a_1 \cdots a_n)$ が成り立つことを示せ（練習問題 3.4 が必要かもしれない）．

  (iv) 任意の $n \in \mathbb{N}$ に対して，$\gcd(a_1, \cdots, a_n) \operatorname{lcm}(a_1, \cdots, a_n) = \operatorname{normal}(a_1 \cdots a_n)$ は成り立つか．

  3.7* R を，Euclid 関数 $d : R \longrightarrow \mathbb{N} \setminus \{-\infty\}$ を持つ Euclid 整域とし，d はさらに，すべての $a, b \in R$ に対して，
  ○ $d(ab) = d(a) + d(b)$
  ○ $d(a + b) \leq \max\{d(a), d(b)\}$, with equality if $d(a) \neq d(b)$
  ○ d は全射

という条件を満たすとする．R は d を次数関数として持つ多項式環であることを証明せよ．次の順に行うこと．

(i) $d(a) = -\infty$ である必要十分条件は $a = 0$ であることを証明せよ．

(ii) $F = \{a \in R : d(a) \leq 0\}$ は R の部分環であることを示せ．

(iii) $x \in R$ を $d(x) = 1$ とし，任意の零でない $a \in R$ は，

$$a = a_n x^n + a_{n-1} x^{n-1} + \cdots + a_1 x + a_0$$

と一意に表現されることを証明せよ．ただし，$n = d(a)$, $a_0, \ldots, a_n \in F$, $a_n \neq 0$ とする．

ヒント：練習問題 3.5(iv) が役に立つかもしれない．

3.8 (i) $\mathbb{Z}[x]$ と体 F に対する正規形を見つけよ．

(ii) R を正規形を持つ整域とする．すべての単元 $u \in R$ とすべての $a \in R$ に対して，$\text{lu}(ua) = u \cdot \text{lu}(a)$ を証明せよ．a が正規化されている必要十分条件は $\text{normal}(a) = a$ であることを示せ．

(iii) $f_n \neq 0$ なる多項式 $f = \sum_{0 \leq i \leq n} f_i x^i \in R[x]$ に対して，$\text{lu}_{R[x]}(f) = \text{lu}_R(f_n)$ は，R 上に与えられた正規形を拡張する $R[x]$ 上の正規形を定義することを証明せよ．R が体のとき，この正規形を示せ．

(iv) a, b は正規化されていて，$a = bc \in R$ であるとする．$b \neq 0$ ならば，c は正規化されていることを証明し，$a \mid b$ かつ $b \neq 0$ なるすべての $a, b \in R$ に対して，$\text{normal}(a/b) = \text{normal}(a)/\text{normal}(b)$ が成り立つことを示せ．

(v) $\mathbb{Z}$ 上の普通の正規形 $\text{normal}_{\mathbb{Z}}(a) = |a|$ から始めて，この練習問題の (iii) を，$R = \mathbb{Z}[x, y]$ 上の正規形を得るために 2 通りに使うことができる．すなわち，R を $\mathbb{Z}[x][y]$ とみなすか，$\mathbb{Z}[y][x]$ とみなすかである．$x - y \in R$ の両方の正規形を求めよ．

3.9* この練習問題の目標は，任意の UFD は正規形を持つことを示すことである．

(i) 素数 $p \in \mathbb{N}$ に対して，$p \neq 2$ なら $\text{lu}(p) = 1$, $p = 2$ なら $\text{lu}(2) = -1$ と定義する．"lu" は $\mathbb{Z}$ 上の正規形に一意に拡張できることを示せ．

(ii) R を任意の UFD とし，$P \subseteq R$ を，任意の R の素元はただ 1 つの $p \in P$ に同伴となるような，R の単元でないすべての素元の完備集合とする．(そのような集合が存在することは，一般の選択公理により保証される．) このとき，任意の $r \in R$ は，ある有限部分集合 $S \subseteq R$ とある単元 $u \in R$ に対して，$r = u \prod_{p \in S} p$ と一意的に書くことができる．$\text{lu}(r) = u$ は R 上の正規形を定義することを示せ．

3.10 $24s + 14t = 1$ を満たす $s, t \in \mathbb{Z}$ は存在するか．

3.11 次の整数の対それぞれの最大公約数を，Euclid のアルゴリズムを用いて，求めよ．

(i) 34, 21;　(ii) 136, 51;　(iii) 481, 325;　(iv) 8771, 3206

3.12　すべての $f, g \in \mathbb{Z}$ に対して，$\{sf+tg : s, t \in \mathbb{Z}\} = \{k \cdot \gcd(f, g) : kt \in \mathbb{Z}\}$ が成り立つことを示せ（いいかえると，2つのイデアル $\langle f, g \rangle$ と $\langle \gcd(f, g) \rangle$ は同じものであることである）．

3.13　整数に対する Euclid のアルゴリズムは，$r_{r-1} = r_i q_i + r_{i+1}$ で $-\lvert r_i/2 \rvert < r_{i+1} \leq \lvert r_i/2 \rvert$ という負の余りを伴う割り算を実行することを許すならば，若干スピードアップされる．この方法で練習問題 3.11 の4つの例を行え．

3.14　拡張された Euclid のアルゴリズムを用いて，次の例のそれぞれについて，$f, g \in \mathbb{Z}_p[x]$ に対する $\gcd(f, g)$ を求めよ（$\mathbb{Z} = \{0, \cdots, p-1\}$ における算術は p を法として行われる）．それぞれの場合で，$\gcd(f, g) = sf + tg$ となる多項式 s, t を求めよ．

(i) $p = 2$ と $p = 3$ に対する $f = x^3 + x + 1, g = x^2 + x + 1$.
(ii) $p = 2$ と $p = 3$ に対する $f = x^4 + x^3 + x + 1, g = x^3 + x^2 + x + 1$.
(iii) $p = 5$ に対する $f = x^5 + x^4 + x^3 + x + 1, g = x^4 + x^3 + x^2 + x + 1$.
(iv) $p = 3$ と $p = 5$ に対する $f = x^5 + x^4 + x^3 - x^2 - x + 1, g = x^3 + x^2 + x + 1$.

3.15　入力が $f > g > 0$ なる $f, g \in \mathbb{Z}$ に対する拡張伝統的 Euclid アルゴリズムの s_i と t_i は，考えられるすべての $i \geq 1$ に対して，s_{2i} と t_{2i-1} は正で，s_{2i+1} と t_{2i} は負というように，符号が交互になることを示せ．$0 = s_1 < 1 = s_2 \leq \lvert s_3 \rvert < \lvert s_4 \rvert < \cdots < \lvert s_{\ell+1} \rvert$ かつ $0 = t_0 < 1 = t_1 \leq \lvert t_2 \rvert < \lvert t_3 \rvert < \cdots < \lvert s_{\ell+1} \rvert$ を示せ．

3.16　R を Euclid 整域，$a, b, c \in R$, $\gcd(a, b) = 1$ とする．次を証明せよ．

(i) $a \mid bc \Longrightarrow a \mid c$.
(ii) $a \mid c$ かつ $b \mid c \Longrightarrow ab \mid c$.

ヒント：拡張 Euclid アルゴリズムは $sa + tb = 1$ となる $s, t \in R$ を計算するという事実を使いたいと考えてよい．

3.17　$\mathbb{Z}[x]$ は Euclid 整域でないことを証明せよ．ヒント：もし，Euclid 整域だとすると，拡張 Euclid アルゴリズムを使って，$s \cdot 2 + t \cdot x = \gcd(2, x)$ なる $s, t \in \mathbb{Z}[x]$ を計算できることになる．

3.18*　体 F に対して $R = F[x]$ とし，

$$S = \bigcup_{\ell \geq 1} \left((F \setminus \{0\})^{\ell+1} \times (R \setminus \{0\})^2 \times \{q \in R : \deg q > 0, q \text{ はモニック}\}^{\ell-1} \right)$$

とする．$\deg f \geq \deg g$ なる対 $(f, g) \in (R \setminus \{0\})^2$ の **Euclid 表現**を，Euclid のアルゴリズムの結果からなるリスト $(\rho_0, \ldots, \rho_\ell, r_\ell, q_1, \ldots, q_\ell) \in S$ として定義する．多項式の対 (f, g) にその Euclid 表現を対応させる写像

$$\{(f,g) \in R^2 : \deg f \geq \deg g \text{ かつ } g \neq 0\} \longrightarrow S$$

は全射であることを示せ.

3.19* (i) Gauß 整数 $\mathbb{Z}[i]$ の環上の, $N(\alpha) = \alpha\overline{\alpha}$ で定義される**ノルム** $N : \mathbb{Z}[i] \longrightarrow \mathbb{N}$ は Euclid 関数であることを示せ. ヒント: 2 つの Gauß 整数 $\alpha, \beta \in \mathbb{Z}[i]$ の $\mathbb{C}$ における実際の割り算を考えよ.

(ii) $\mathbb{Z}[i]$ の単元はちょうどノルムが 1 の要素だけであることを示し, それらを列挙せよ.

(iii) $\mathbb{Z}$ 上の普通の正規形 $\mathrm{normal}(a) = |a|$ を拡張する $\mathbb{Z}[i]$ 上の乗法ノルムは存在しないことを示せ. ヒント: $\mathrm{normal}((1+i)^2)$ を考えなさい. $a, b \in \mathbb{Z}$ に対して, $\mathrm{normal}(a+bi) = |a| + i|b|$ はなぜ正規形ではないのか.

(iv) $\mathbb{Z}[i]$ において, 6 と $3+i$ の最大公約数をすべて計算し, それらの 6 と $3+i$ の線形結合としての表現を求めよ.

(v) $12\,277$ と $399+20i$ の gcd を計算せよ.

3.20* $x_1, x_2, \ldots$ を $\mathbb{Z}$ の可算個の不定元とし, $R = \mathbb{Z}[x_1, x_2, \ldots]$, $i \geq 1$ に対して,

$$Q_i = \begin{pmatrix} 0 & 1 \\ 1 & x_i \end{pmatrix} \in R^{2 \times 2}$$

$R_i = Q_1 \cdots Q_i$ とする. 第 i **接続多項式**を, 再帰的に, $c_0 = 0$, $c_1 = 1$, $i \geq 1$ に対して $c_{i+1} = c_{i-1} + xc_i$ と定義する. こうすると, $i \geq 1$ に対して, $c_i \in \mathbb{Z}[x_1, \ldots, x_{i-1}]$ である.

(i) 最初の 10 個の接続多項式を書き上げよ.

(ii) T を $i \geq 1$ に対して, $Tx_i = x_{i+1}$ という「シフト準同型」とする. $i \geq 0$ に対して, $c_{i+1}(0, x_2, x_3, \ldots, x_i) = Tc_i$ を示せ.

(iii) $i \geq 1$ に対して, $R_i = \begin{pmatrix} Tc_{i-1} & c_i \\ Tc_i & c_{i+1} \end{pmatrix}$ を示せ.

(iv) $i \geq 0$ に対して, $\det R_i = (-1)^i$ を示し, $\gcd(c_i, c_{i+1}) = 1$ を示せ.

(v) D を Euclid 整域とし, $0 \leq i \leq \ell$ に対して $r_i, q_i, s_i, t_i \in D$ を, r_0, r_1 に対する拡張伝統的 Euclid アルゴリズムの結果とする. $0 \leq i \leq \ell$ に対して,

$$s_i = c_i(0, -q_2, \ldots, -q_{i-1}) = (-1)^i c_i(0, q_2, \ldots, q_{i-1})$$
$$t_i = c_i(-q_1, \ldots, -q_{i-1}) = (-1)^i c_i(q_1, \ldots, q_{i-1})$$

を示せ.

(vi) 拡張伝統的 Euclid アルゴリズムを実装する MAPLE のプログラムを書き, さらに, $q_1, \ldots, q_\ell$ を拡張伝統的 Euclid アルゴリズムの商とし, $r_0 = x^{20}$ と $r_1 = x^{19} +$

$2x^{18}+x \in \mathbb{Q}[x]$ に対するすべての continuants $c_i(q_{\ell-i+2},\ldots,q_\ell)$ を計算せよ.

3.21 (i) 伝統的 EEA 3.6 に対して, 補題 3.10 式 (6) を証明せよ. ヒント: q_1 は定数かもしれないので, 帰納法を $i=3$ から始め, $i=1$ の場合と $i=2$ の場合を別々に示すのが賢い.

(ii) 拡張 Euclid アルゴリズム 3.14 に対して, 補題 3.10 を証明せよ.

3.22 (i) F を体とし, 次数が $n \geq m$ なる多項式 $f, g \in F[x]$ に対して, 拡張された伝統的 Euclid のアルゴリズムですべての s_i を計算するのに, 高々 $2m^2+2m$ 回の F における足し算と掛け算を要することを示せ. ヒント: 正規化の場合の上限を示し, それが最悪の場合であることを証明せよ.

(ii) 拡張 Euclid アルゴリズム 3.14 に対して対応する評価は $2m^2+3m+1$ であることを証明せよ.

3.23 補題 3.12 を証明せよ. ヒント: 補題 3.8 と練習問題 3.15 を用いよ.

3.24* 定理 3.13 を証明せよ.

3.25* 2 つの整数の gcd を計算する次の再帰的なアルゴリズムを考える.

アルゴリズム 3.17 2 進 Euclid のアルゴリズム

入力: $a, b \in \mathbb{N}_{>0}$.

出力: $\gcd(a,b) \in \mathbb{N}$.

1. **if** $a=b$ **return** a
2. **if** a と b がともに偶数, **return** $\gcd(a/2, b/2)$
3. **if** 2 つの数の 1 つだけ, たとえば a だけが偶数, **return** $\gcd(a/2, b)$
4. **if** a と b がともに奇数で, かつ, たとえば $a > b$, **return** $\gcd((a-b)/2, b)$

(i) このアルゴリズムを練習問題 3.11 の例で実行せよ.

(ii) このアルゴリズムが正しく動作することを証明せよ.

(iii) このアルゴリズムの再帰の深さに関する「よい」上界を求めよ. また, このアルゴリズムは, 長さが高々 n の入力のとき, $O(n^2)$ 回の語演算を要することを示せ.

(iv) $sa+tb = \gcd(a,b)$ なる $s, t \in \mathbb{N}$ を計算するように, このアルゴリズムを修正せよ.

3.26* 練習問題 3.25 のアルゴリズムを体上の多項式に適用せよ. ヒント: $\mathbb{F}_2[x]$ から始めよ.

3.27 F_n と F_{n+1} を Fibonacci 数列の連続する 2 項とする. $\gcd(F_{n+1}, F_n) = 1$ を示せ.

3.28 (i) Fibonacci 数に対する公式

$$n \in \mathbb{N} \text{ に対して} \quad F_n = \frac{1}{\sqrt{5}}(\phi_+^n - \phi_-^n) \tag{10}$$

を証明せよ．ただし，$\phi_+ = (1+\sqrt{5})/2 \approx 1.618$ は黄金比であり，$\phi_-^n = -1/\phi_+^n = (1-\sqrt{5})/2 \approx -0.618$ である．任意の n に対して，F_n は $\phi_+^n/\sqrt{5}$ に最も近い整数であることを示せ．

(ii) $n \in \mathbb{N}_{>0}$ に対して $k_n = [1, \ldots, 1]$ をすべての成分が 1 である長さ n の連分数とする (4.6 節)．$k_n = F_{n+1}/F_n$ を証明し，$\lim_{n \to \infty} k_n = \phi_+$ を示せ．

3.29* これは，練習問題 3.28 の続きである．

(i) $h = \sum_{n \geq 0} F_n x^n \in \mathbb{Q}[[x]]$ を，係数が Fibonacci 数である形式べき級数とする．Fibonacci 数の再帰公式から h に対する 1 次方程式を導き，それを h について解け．(これにより，h は x の有理関数であることがわかる)

(ii) h の部分分数分解 (5.11 節) を計算し，それを使って，幾何級数の公式 $\sum_{n \geq 0} x^n = 1/(1-x)$ を使い，係数を比較して，式 (10) をもう一度証明せよ．

3.30* 絶対値最小の余りをとる，整数に対する Euclid のアルゴリズムの変形版 (練習問題 3.13) において，すべての商 q_i (q_1 が例外になることもありえるが) は，絶対値が少なくとも 2 である．したがって，この変形版で，割り算のステップ数を最大とする負でない整数は，再帰的に，

$$G_0 = 0, G_1 = 1, n \geq 1 \text{ に対して } G_{n+1} = 2G_n + G_{n-1}$$

と定義される．

(i) G_n に対する，式 (10) のような等式を求めよ．ヒント：練習問題 3.29 のように進めなさい．

(ii) $f > g$ なる 2 つの整数 f, g に対する絶対値最小の余りをとる Euclid のアルゴリズムの変形版の長さ ℓ の，$\log g$ を用いたより厳密な上界を導き，それを式 (8) と比較せよ．

3.31* $n \in \mathbb{N}$ に対して F_n を，$F_0 = 0, F_1 = 1$ としたときの i 番目の Fibonacci 数とする．すべての $n, k \in \mathbb{N}$ に対する次の性質を証明するか，それに対する反例をあげよ．

(i) $F_{n+k+1} = F_n F_k + F_{n+1} F_{k+1}$,

(ii) F_k は F_{nk} を割り切る，

(iii) $k \geq 1$ ならば $\gcd(F_{nk+1}, F_k) = 1$ (ヒント：練習問題 3.27),

(iv) $k \geq 1$ ならば $F_n \text{ rem } F_k = F_{n \text{ rem } k}$,

(v) $k \geq 1$ ならば $\gcd(F_n, F_k) = \gcd(F_k, F_{n \text{ rem } k})$ (ヒント：練習問題 3.16),

(vi) $\gcd(F_n, F_k) = F_{\gcd(n,k)}$,

(vii) (i) から F_n は, $\mathbb{Z}$ における $O(\log n)$ 回の算術演算で計算できることを示せ.

(viii) $L_0 = 0, L_1 = 1, n \in \mathbb{N}$ に対して $L_{n+2} = aL_{n+1} + L_n$ という形の **Lucas 数列** $(L_n)_{n \geq 0}$ に対する答えを拡張せよ. ただし, $a \in \mathbb{Z}$ は固定した定数とする.

3.32* モニックな多項式の列 $f_0, f_1, f_2, \ldots \in \mathbb{Q}$ を
- $n \geq 1$ に対して, $\gcd(f_n, f_{n-1}) = 1$,
- 任意の $n \geq 1$ に対して, (f_n, f_{n-1}) に対する Euclid のアルゴリズムの割り算のステップの数は n であり, すべての商は x に等しい.

と定義する.

(i) (f_n, f_{n-1}) に対する Euclid のアルゴリズムの余りは何か. ρ_i は何か. f_n の再帰性を見つけよ. f_n の次数は何か.

(ii) f_n と Fibonacci 数との関連は何か.

(iii) (f_n, f_{n-1}) に対する Euclid のアルゴリズムの割り算のステップ数が極大となることを述べる定理を書き上げ, それを証明せよ. 極大が何を意味するかを明確にせよ.

3.33 R を環とし, $f, g, q, r \in R[x]$ を, $g \neq 0, f = qg + r, \deg r < \deg g$ なるものとする. q と r が一意である必要十分条件は $\mathrm{lc}(g)$ が零因子でないことを証明せよ.

Die Musik hat viel Aehnlichkeit mit der Algeber.
Novalis (1799)

Ein Mathematiker, der nicht etwas Poet ist,
wird nimmer ein vollkommener Mathematiker sein.
Karl Theodor Wilhelm Weierstraß (1883)

There remain, therefore, algebra and arithmetic
as the only sciences, in which we can carry on
a chain of reasoning to any degree of intricacy,
and yet preserve a perfect exactness and certainty.
David Hume (1739)

The science of algebra, independently of any of its uses, has all the advantages which belong to mathematics in general as an object of study, and which it is not necessary to enumerate. Viewed either as a science of quantity, or as a language of symbols, it may be made of the greatest service to those who are sufficiently acquainted with arithmetic, and who have sufficient power of comprehension to enter fairly upon its difficulties.
Augustus De Morgan (1837)

وهو تقريب لا تحقيق
ولا يقف احد علي حقيقة ذلك ولا يعلم دورها الا الله
لان الخط ليس بمستقيم فيوقف علي حقيقته
وانما قيل ذلك تقريب كما قيل في جذر الاصم
انه تقريب لا تحقيق لان جذره لا يعلمه الا الله

Abū Jaʿfar Muḥammad bin Mūsā al-<u>Kh</u>wārizmī (c. 830)

4
Euclid のアルゴリズムの応用

この章では，拡張 Euclid アルゴリズムのいくつかの応用を説明する．モジュラ算術，特にモジュラ逆元，線形 Diophantine 方程式，連分数についてである．連分数はたとえば天文カレンダー，音階のシステムの考案などでも役に立つ．

4.1 モジュラ算

いくつかの応用から始めよう．最初の応用は，プログラムの正しさをチェックすることである．この本の第 II 部で，大きな整数の掛け算のきわめて高速なアルゴリズムに出会うことになる．これらの方法は，古典的な掛け算に比べてかなり複雑であり，実装は非常にエラーを起こしがちである．そこで，多くの入力に対して正しさをテストしたくなる．入力 a,b を，たとえば，それぞれ 10 000 語からなる正の整数，出力 c は 20 000 語からなるものを考える．我々自身のソフトウェアを使わずに，$a \cdot b = c$ の正しさをチェックできるだろうか．

その解はモジュラテストである．単精度の素数 p をとり，$a \cdot b \equiv c \bmod p$ (「$a \cdot b$ と c は p を**法として合同**」と読む) かどうかを調べる．ここで，$a \cdot b \equiv c \bmod p$ は $a \cdot b - c$ が p で割り切れること，または，同値なことであるが，$a \cdot b$ と c は p で割ったときの余りが等しいということである．後に出てくる式 (1) により，いまやろうとしていることのためには，$a \cdot b \equiv a^* \cdot b^* \bmod p$ だから，余り $a^* = a \operatorname{rem} p, b^* = b \operatorname{rem} p, c^* = c \operatorname{rem} p$ を計算し，$a^* \cdot b^* \equiv c^* \bmod p$ をチェックすればよい．もし，これが成り立たないならば，どこかにエラーがある．このテストの信頼性はどうだろうか．

もちろん，$ab \neq c$ で $a^* \cdot b^* \equiv c^* \bmod p$ であることもある．これは，$ab -$

$c \neq 0$ が p で割り切れるとき，そのときに限り起こる．もし，各素数が小さくとも 2^{63} ならば，それらの k 個の積は，小さくとも $2^{63 \cdot k}$ である．$|ab-c|$ は 20 000 語を超えない数であり，したがって，高々 $\log_{2^{63}} 2^{64 \cdot 20\,000} \leq 20\,318$ 個の異なる素数で割り切れる．もし，我々が，40 636 個の単精度の素数からなるデータベースを持っていて，その中からランダムに p を選んだら，このテストは，(テスト自身は正しく実装されていると仮定して) ソフトウェアエラーを見つけることに，高々 1/2 の確率で失敗する．素数は大量に供給することができる．すなわち，素数定理 18.7 (練習問題 18.18 も見よ) により，$2 \cdot 10^{17}$ 個以上の 64 ビットの素数，または，9000 万個以上の 32 ビット素数を供給できる．テストを何回も走らせるとか，もっと大きいデータベースを選ぶという標準的なやり方により，この確率は任意に小さくできる．

この方法は，多項式 f, g, h に対して，ランダムな値を代入して $f \cdot g = h$ が成り立つかのテストや，行列 A, B, C に対して，ランダムなベクトルで値を求めて $A \cdot B = C$ が成り立つかのテストなどにも用いることができる．

この**フィンガープリント法**は，組み合わせ的な問題を「算術におきかえる」ことにより，代数の領域外の問題にも応用できる．北アメリカにある大きなデータベースとヨーロッパにあるミラーイメージを，両方をすべて更新することで保守をするとする．毎晩，それらのデータベースが本当に一致するかどうかをチェックしたい．データベース全体を転送するには時間がかかりすぎる．そこで，データベースを何ギガバイトもある語の列と考え，その 2^{64} 進表現がその語の列を表す (大きな) 数 a を考える．次に，ある素数 p を選んで $a \operatorname{rem} p$ を計算し，これをミラーサイトへ送る．ミラーサイトでも同様の計算をそこのデータベースについて行い，2 つの結果を比較する．もし，それらが一致しなければ，2 つのデータベースは異なる．もし，それらが一致すれば，p が適切に選ばれたとして，2 つのデータベースは確率的に一致する．これは，転送されるメッセージのサイズがデータベースのサイズの対数程度になるようにつくることができる．練習問題 4.3 はこの方法が，より一般の文字列照合にも応用できることを問う．

大きな数を小さな数で，余りを伴う割り算をすることはやさしい (練習問題 4.1)．次のような簡単な例はよく知っているだろう．すなわち，ある数の 9 (ま

たは 3) を法とした余りは，その数の 10 進表示の各位の数字の和の 9 (または 3) を法とした余りに等しい，ということである．特にその数が 9 (または 3) で割り切れるための必要十分条件は各位の数字の和がそうなっていることである．どうしてこうなるのだろうか．$a \in \mathbb{N}$ の 10 進表現を $a = \sum_{0 \leq i < l} a_i \cdot 10^i$ とする．$10 \equiv 1 \bmod 9$ ($10 \equiv 1 \bmod 3$ でもある) だから，$a \equiv \sum_{0 \leq i < l} a_i \cdot 1^i = \sum_{0 \leq i < l} a_i \bmod 9$ (mod 3 でも成り立つ) を得る (11 を法とするときの余りについては練習問題 4.4 を見よ)．

算術式の，ある 0 でない整数を法とした余りを計算することを**モジュラ算術**という．整数と算術演算 $+, -$ からなる算術式 e が与えられているとき，e のある整数 m を法とした余りは，上の例でも行ったように，まず最初に，e のすべての整数を m を法として簡約し，$\mathbb{Z}$ の算術演算を 1 回するたびに m を法として簡単にすることを繰り返すと，非常に能率的に計算できる．もう 1 つ例をあげよう．

$$e = 20 \cdot (-89) + 32 \equiv 6 \cdot 2 + 4 \equiv 12 + 4 \equiv 5 + 4 \equiv 9 \equiv 2 \bmod 7$$

この方法では，途中の結果は m^2 を超えることはない．基本的な合同を伴う計算の規則は，$a, b, c \in \mathbb{Z}$，$*$ を $+, -$ のどれか 1 つとするとき，

$$a \equiv b \bmod m \Longrightarrow a * c \equiv b * c \bmod m \tag{1}$$

である．この規則を帰納的に用いて，足し算，引き算，掛け算を含む算術式で表されている数を，m を法としての結果を変えることなく，合同な数におきかえることができる．いいかえれば，等式を普通に変形するように，合同変形をしてよいということになる．ただし，次の重要な例外がある．すなわち，約分と割り算には注意をしなければならないということである．たとえば，$0 \cdot 2 \equiv 2 \cdot 2 \equiv 0 \bmod 4$ であるが，$0 \not\equiv 2 \bmod 4$ である．

モジュラ算術を環 R 上の多項式に行うこともできる．自明でない最も簡単なモジュラスは 1 次多項式 $x - u, u \in R$，である．任意の多項式 $f \in R[x]$ に対して，$f(x) - f(u)$ は u で 0 になり，したがって，$x - u$ で割り切れる．$q = (f(x) - f(u))/(x - u)$ とおくと，$f = q \cdot (x - u) + f(u)$ であり，$f(u)$ は定数多項式なので，その次数は $1 = \deg(x - u)$ より小さい．余りの一意性から，$f(u)$

は f の $x-u$ による割り算のただ 1 つの余り,すなわち $(f\,\mathrm{rem}\,(x-u)) = f(u)$ であり,$f \equiv f(u) \bmod (x-u)$ である.よって,$x-u$ を法としての計算は,u における値を計算することと同じことである.

これは,次のようにして多項式表現が等しいことのチェックに使える.2 つの多項式 $f = (x-1)(x-2)(x-3)(x-4)(x-5)+1$ と $g = x^5 - 15x^4 + 85x^3 - 223x^2 + 274x - 119$ が等しいかどうか知りたいとしよう.これをチェックするために,それらのある数 u における値を求めてみる.$u = 0$ でやってみよう.$g\,\mathrm{rem}\,x = g(0) = -119$ は定数項(これは 10 進表示された整数 a に対して,$a\,\mathrm{rem}\,10$ を計算することと類似している)だから,g については簡単であり,$f\,\mathrm{rem}\,x = f(0) = (-1)(-2)(-3)(-4)(-5)+1 = -120+1 = -119$ であるから,これは f が g に等しいことの妨げにはならない.$u = 1$ とすると,最初の項は 1 次因子 $x-1$ を含んでいるから,$f\,\mathrm{rem}\,(x-1) = f(1) = 1$ はすぐ求まる.$g\,\mathrm{rem}\,(x-1) = g(1) = 1 - 15 + 85 - 223 + 274 - 199 = 3$ (これは整数 a の 10 進表示の各桁の数の和を計算するのに似ている.ここで,$x \equiv 1 \bmod (x-1)$ であり,したがって,$i \in \mathbb{N}$ に対して,$x^i \equiv 1^i = 1 \bmod (x-1)$ である)であり,$f \neq g$ と結論できる.実際,多項式 $x-1$ を法として計算しても,整数 5 を法として計算しても,$g(1) \equiv 1 - 0 + 0 - 3 + 4 - 4 \equiv 3 \not\equiv 1 = f(1) \bmod 5$ であるから,$f \neq g$ であることはわかる.

多項式モジュラスが 1 次ではないとしたら,やや複雑になる.たとえば,$m = x^2 - x - 1$ ならば,f の m による割り算の余りは,次数が高々 1 のただ 1 つの多項式である.$f = x^3$ に対して,$x^3 \equiv 2x + 1 \bmod m$, $x^2 + 2x \equiv 3x + 1 \bmod m$ であり,したがって,$6x^2 + 8x + 2 \equiv 14x + 8 \bmod m$ であるから,

$$(x^3+1)(x^2+2x) - x^3 = ((2x+1)+1)(3x+1) - (2x+1)$$
$$= (6x^2+8x+2) - (2x+1) \equiv (14x+8) - (2x+1)$$
$$= 12x + 7 \bmod x^2 - x - 1$$

となる.

モジュラ算術の背後にある数学の概念は,**剰余環**である.R が環(たとえば $R = \mathbb{Z}$ とか $R = F[x]$)で,$m \in R$ ならば,m の倍数全体の集合 $\langle m \rangle = mR = \{rm : r \in R\}$ は,m で生成される**イデアル**であり,剰余環 $R/mr = R/\langle m \rangle =$

$\{f \bmod m : f \in R\}$ は $f \in R$ に対して，すべての**剰余類** $f \bmod m = \{f + mr : r \in R\}$ である．(剰余類 $f \bmod m$ という表し方は，$f \equiv g \bmod m$ のような合同との混乱を導くのでやや不適切であるが，それにもかかわらず広く使われている．) たとえば，$R = \mathbb{Z}$ とし $m = 5$ とすると，$3 \bmod 5 = \{\ldots, -12, -7, -2, 3, 8, 13, \ldots\}$ は，剰余環 $\mathbb{Z}/5\mathbb{Z} = \{0 \bmod 5, 1 \bmod 1, 2 \bmod 5, 3 \bmod 5, 4 \bmod 5\}$ の 1 つの剰余類である．要素 $3 \bmod 5$ は，5 で割ったら 3 余る整数と特徴づけられ，それらの任意の 2 つは 5 を法として合同である．$\mathbb{Z}/m\mathbb{Z}$ を $\mathbb{Z}_m$ とも書く．$R = \mathbb{Q}[x]$ で $m = x^2 - x - 1$ ならば，$12x + 7 \bmod m$ は $x^2 - x - 1$ で割ると余りが $12x + 7$ となる多項式全体からなり，それらのどの 2 つも $x^2 - x - 1$ を法として合同である．

計算という点では，**代表元系** (25.2 節) を扱うこととし，そのため，$R = \mathbb{Z}$ の場合には，剰余類 $f \bmod m$ は，その最小の非負の要素で表現されていて，$R = F[x]$ の場合は，ただ 1 つに決まる最小の次数を持つ多項式で表されている．どちらの場合も，代表元は $f \operatorname{rem} m$ に等しい．整数の場合は，ややややっかいな，剰余類と代表元の違いを無視することが多い．たとえば，$\mathbb{Z}/5\mathbb{Z}$ と $\mathbb{Z}_5 = \{0, 1, 2, 3, 4\}$ を同一視し，5 を法として後者の要素を計算する．(たとえば，$\mathbb{Z}/5\mathbb{Z}$ に対して $\{-2, -1, 0, 1, 2\}$ というように，絶対値最小の対称な代表元系もまた便利である．) しかし，多項式の場合はこの違いを無視できない．

自然な環準同型 $a \mapsto a \bmod m$ を適用することにより，R における合同 (たとえば，$\mathbb{Z}$ における $4 \cdot 2 \equiv 3 \bmod 5$ または $\mathbb{Q}[x]$ における $x^2 \cdot x \equiv 4 \bmod (x^3 - 4)$) は R/mR の等式 ($4 \cdot 2 \equiv 3 \in \mathbb{Z}_5$ または，たとえば，$\alpha^2 \cdot \alpha \equiv 4 \in \mathbb{Q}[x]/\langle x^3 - 4 \rangle$. ただし，$\alpha = x \bmod x^3 - 4$ とする.) になり，計算の規則 (1) は，同じ剰余類で行う限り，これらの等式において代表元を自由に扱えることを保証する．

上で指摘したように，多項式を法とし，かつ，整数を法とする計算，すなわち，ある多項式 $f \in \mathbb{Z}_m[x]$ に対して，$\mathbb{Z}_m[x]/\langle f \rangle$ という形の「2 重」剰余類の，計算をすることがよくある．したがって，計算に 2 つのレベルがある．すなわち，係数の演算，これは m を法として行われる，と多項式の演算，これは f を法として行われ，係数の演算により定義される，の 2 つである．たとえば，

$\mathbb{Z}[x]$ において $\quad (4x+1)(3x^3+2x) = 12x^3 + 11x^2 + 2x$

であり，これから，

$\mathbb{Z}_5[x]$ において $\quad (4x+1)(3x^3+2x) = 2x^3 + x^2 + 2x$

を得る．余りを伴う割り算では，

$\mathbb{Z}[x]$ において $\quad 2x^3 + x^2 + 2x = 2 \cdot (x^3+4x) + x^2 - 6x$

$\mathbb{Z}_5[x]$ において $\quad 2x^3 + x^2 + 2x = 2 \cdot (x^3+4x) + x^2 + 4x$

である．したがって，

$\mathbb{Z}_5[x]$ において $\quad (4x+1)(3x^3+2x) \equiv x^2 + 4x \mod (x^4+4x)$

または，同値であるが，$(x \mod (x^3+4x)) \in \mathbb{Z}_5[x]/\langle x^3+4x \rangle$ として，

$\mathbb{Z}_5[x]/\langle x^3+4x \rangle$ において $\quad (4\alpha+1)(3\alpha^3+2\alpha) \equiv \alpha^2 + 4\alpha$

を得る．この例では，原理を説明するために詳しく計算を行ったが，今後は詳しい計算は省略する．

4.2 Euclid アルゴリズムによるモジュラ逆元

前節で，モジュラの足し算，掛け算がどのように行われかを説明した．逆数をとる演算や割り算についてはどうなるだろうか．$a^{-1} \mod m$ とか $a/b \mod m$ という表現は意味を持つのだろうか，またもし持つとすると，それらの値をどのように計算できるのだろうか．次の定理は，考えている領域 R が Euclid 整域のときの 1 つの答えである．

定理 4.1 R を Euclid 整域とし，$a, m \in R$，$S = R/mR$ とする．$a \mod m \in S$ が単元である必要十分条件は $\gcd(a,b) = 1$ であることである．このとき，$a \mod m$ のモジュラ逆元は，拡張 Euclid アルゴリズムにより，計算することができる．

証明 次のようにして証明できる.

$$a \text{ が } m \text{ を法として逆元を持つ} \iff \exists s \in R \quad sa \equiv 1 \mod m$$
$$\iff \exists s, t \in R \quad sa + tm = 1 \iff \gcd(a, m) = 1$$

一方, $\gcd(a, m) = 1$ ならば, 拡張 Euclid アルゴリズムにより, そのような s, t を求めることができる. □

例 4.2 $R = \mathbb{Z}$, $m = 29$, $a = 12$ とする. $\gcd(a, m) = 1$ であり, 拡張 Euclid アルゴリズムにより, $5 \cdot 29 + (-12) \cdot 12 = 1$ である. よって, $(-12) \cdot 12 \equiv 17 \cdot 12 \equiv 1 \mod 29$ であり, したがって, 17 は 12 の 29 を法とする逆元である. ◇

例 4.3 $R = \mathbb{Q}[x]$, $m = x^3 - x + 2$, $a = x^2$ とする. m と a に対する拡張 Euclid アルゴリズムの最後の行で,

$$\left(\frac{1}{4}x + \frac{1}{2}\right)(x^3 - x + 2) + \left(-\frac{1}{4}x^2 - \frac{1}{2}x + \frac{1}{4}\right) = 1$$

となるので, $(-x^2 - 2x + 1)/4$ は $x^3 - x + 1$ を法とした x^2 の逆元である. ◇

定理 4.1 の 1 つの結果は, 素数 $p \in \mathbb{N}$ に対して $S = \mathbb{Z}_p$, または, 体 F と**既約な多項式** $f \in F[x]$, つまり定数でなく, $\deg f$ より小さい次数の因数を持たない f に対して, $S = F[x]/\langle f \rangle$ とすると, 任意の $S \setminus \{0\}$ の要素は単元であるということであり, したがって, S は体であるということである. この本では今後, p 個の要素を持つ有限体 $\mathbb{Z}_p$ を $\mathbb{F}_p$ で表すことにする. より一般に, $f \in \mathbb{Z}_p[x] = \mathbb{F}_p$ が次数 n の既約多項式ならば, $\mathbb{F}_p/\langle f \rangle$ は $q = p^n$ 個の要素を持つ**有限体** $\mathbb{F}_q$ である. 25.4 節で有限体のいくつかの基本的な性質を与える. 実際, この構成はすべての素数のべき q についてできる. すなわち, $\mathbb{F}_q[x]$ に, 任意の次数の既約多項式が存在し, 同じ次数の任意の既約多項式は同型な体を導く.

例 4.4 $R = \mathbb{F}_5[x]$, $f = x^3 - x + 2$, $a = x^2$ とする. このとき, f は $\mathbb{F}_5$ で零点を持たず, 次数は 3 なので既約である (練習問題 4.33). したがって, $\mathbb{F}_{125} =$

$\mathbb{F}_5/\langle f \rangle$ は体である．$\mathbb{F}_5$ における f と a に対する拡張 Euclid アルゴリズムの最後の行は，

$$(-x-2)(x^3-x+2)+(x^2+2x-1)x^2 = 1$$

である．よって，x^2+2x-1 は f を法として x^2 の逆元である．もし，簡単に $\alpha = x \bmod f$ と書くと，$\mathbb{F}_{125}$ において $\alpha^2+2\alpha-1 = (\alpha^2)^{-1}$ である．◇

次の補題は，既約多項式 f を法としての計算は「f の根を添加すること」と同じであることをいっている．

補題 4.5 F を体，$f \in F[x]$ をモニックな定数でない既約多項式，$K = F[x]/\langle x \rangle$ とすると，K は f の拡大体であり，$\alpha = (x \bmod f) \in K$ に対して，$f(\alpha) = 0$ である．

証明 定理 4.1 により，K は体であり，

$$f(\alpha) = f(x \bmod f) = (f(x) \bmod f) = 0$$

である．□

次の 2 つの系は第 2 章の解析の結果と定理 3.13, 3.16, 4.1 から得られる．

系 4.6 F を体，$f \in F[x]$ で f の次数は $n \in \mathbb{N}$ とする．$F[x]/\langle f \rangle$ における，足し算とか掛け算とか可逆な要素による割り算などの 1 回の演算は，$O(n^2)$ 回の F における算術演算で行うことができる．さらに正確に，f を法とする掛け算は高々 $4n^2 + O(n)$ 回の演算で，f を法とする逆元の計算は高々 $6n^2 + O(n)$ 回の演算でできる．

系 4.7 $m \in \mathbb{N}_{>0}$ とし，$n = \lambda(m) = \lfloor (\log_2 m)/64 \rfloor + 1$ を m の標準表現の長

さとするとき，$\mathbb{Z}_m$ の1回の代数演算は，$O(n^2)$ 回の語の演算でできる．

---

m が正の整数ならば，$\mathbb{Z}_m$ の乗法逆元を持つ要素全体の集合 $\mathbb{Z}_m^\times$ は乗法群であり，環 $\mathbb{Z}_m$ の**単元のなす群**である (25.1 節，25.2 節)．定理 4.1 により，$\mathbb{Z}_m^\times = \{a \bmod m : \gcd(a,m) = 1\}$ である．**Euler の関数** $\varphi: \mathbb{N}_{>0} \longleftarrow \mathbb{N}_{>0}$ は $\mathbb{Z}_m^\times$ の要素の個数を数える．すなわち，

$$\varphi(m) = \sharp \mathbb{Z}_m^\times = \sharp \{0 \leq a < m : \gcd(a,m) = 1\}$$

である．慣例にしたがって $\varphi(1) = 1$ とおく．$m = p$ が素数ならば，$\mathbb{Z}_p = \mathbb{F}_p$ の 0 でないすべての要素は可逆であり，したがって $\varphi(p) = p - 1$ である．より一般的に，$m = p^e$ が素数の $e \geq 1$ なるべき乗ならば，定理 4.1 により，$a \bmod p^e$ が可逆である必要十分条件は p が a を割り切らないことであることがわかる．したがって，$\mathbb{Z}_{p^e}$ にはちょうど p^{e-1} 個の単元でない要素がある．すなわち，それらは $0 \leq b < p^{e-1}$ なる $bp \bmod p^e$ であり，

$$\varphi(p^e) = p^e - p^{e-1} = (p-1)p^{e-1} \tag{2}$$

を得る．5.4 節において，中国剰余定理から，m が任意のときの $\varphi(m)$ の公式を導く．練習問題 4.19 で，有限体上の多項式に対する Euler 関数の類似な関数について論じる．

4.3 繰り返し平方

モジュラべき乗に対する重要な道具の1つは**繰り返し平方** (または平方と掛け算) である．実際には，この方法は，結合法則の成り立つ掛け算の定義された任意の集合で使えるが，この本では主に剰余環で使うことになる．

アルゴリズム 4.8　繰り返し平方
入力：R は 1 を持つ環として，$a \in R$ と $n \in \mathbb{N}_{>0}$．
出力：$a^n \in R$．

1. {n の 2 進表現 }
   すべて $n_i \in \{0,1\}$ とし, $n = 2^k + n_{k-1} \cdot s^{k-1} + \cdots + n_1 \cdot 2 + n_0$ とせよ.
   $b_k \longleftarrow a$
2. **for** $i = k-1, k-2, \ldots, 0$ **do**
   if $n_i = 1$ **then** $b_i \longleftarrow b_{i+1}^2 a$ **else** $b_i \longleftarrow b_{i+1}^2$
3. **return** b_0

これが正しいことは,等式 $b_i = a^{\lfloor n/2^i \rfloor}$ から簡単に示せる.この手順では,R における $\lfloor \log n \rfloor$ 回の2乗の計算と $w(n) - 1 \le \lfloor \log n \rfloor$ 回の掛け算を使う.ただし,log は底を2とする対数,$w(n)$ は n の2進表現の **Hamming 重み**,すなわち,その中の1の個数である(第7章).したがって,全体のコストは高々 $2\log n$ 回の掛け算である.たとえば,13の2進表現は $1 \cdot 2^3 + 1 \cdot 2^2 + 0 \cdot 2 + 1$ であり,Hamming 重み3を持つ.よって,a^{13} は3回の平方と2回の掛け算で,$((a^2 \cdot a)^2)^2 \cdot a$ のように計算できる.もし,$R = \mathbb{Z}_{17} = \mathbb{Z}/\langle 17 \rangle, a = 8 \bmod 17$ ならば,$8^{13} \bmod 17$ は,

$$8^{13} \equiv ((8^2 \cdot 8)^2)^2 \cdot 8 \equiv ((-4 \cdot 8)^2)^2 \cdot 8$$
$$\equiv (2^2)^2 \cdot 8 = 4^2 \cdot 8 = -1 \cdot 8 = -8 \bmod 17$$

と計算できるが,これは,最初に $8^{13} = 549\,755\,813\,888$ を計算し,それに余りを伴う割り算を行うより非常に速い.この方法は,すでに Euler によって使われていた (1758/59). Euler は $7^{160} \bmod 641$ を求めるのに,$7^2, 7^4, 7^8, 7^{16}$, $7^{32}, 7^{64}, 7^{128}, 7^{160} = 7^{128} \cdot 7^{32}$ を計算し,各ステップの後に,641 を法として簡単にしていって計算した.(彼は,必要のない 7^3 も求めている.) もう1つの例は,$((2^8)^2)^2 = 2^{2^5} \equiv -1 \bmod 641$ を計算するためには,$2^{2^3} = 2^8 = 256$ から始めれば,$5 \cdot 2^7 + 1 = 641$ を法とした2乗を2回行うだけでよい.これは,Euler が最初に見つけたことであるが (1732/33), 641 が5番目の Fermat 数 $F_5 = 2^{2^5} + 1$ を割り切ることを示している.18.2節,19.1節を見よ. $2^{2^5} + 1$ の 10 進表現 $4\,294\,967\,297$ が与えられたとしても,それを 641 で余りを伴う

割り算を行う方が，モジュラ繰り返し平方より手間がかかるだろう．

コストを $(1+o(1))\log n$ に減らす賢い方法がある (練習問題 4.21)．ここで，$o(1)$ は n が大きくなると 0 に近づく．一方，不定元 x から始め，d 回の掛け算，足し算を使うとすると，次数が高々 2^d の多項式しか計算できない．x^n を得るためには，実際，$\lceil \log n \rceil$ 回の掛け算を必要とする．しかし，x が不定元ではなくて，何かよい構造を持つ整域の要素であれば，より速い累乗のアルゴリズムのためにその構造を利用することができることがよくある．14.7 節で反復 Frobenius アルゴリズムの例を学ぶことになる．暗号理論へのきわめて重要な応用は，有限体における正規基底と Gauß 周期に基づいた方法である．

4.4 Fermat の小定理によるモジュラ逆元

$p \in \mathbb{N}$ を素数，$a, b \in \mathbb{Z}$ とする．2 項定理により，

$$(a+b)^p = \sum_{0 \leq i \leq p} \binom{p}{i} a^{p-i} b^i = a^p + pa^{p-1}b + \frac{p(p-1)}{2} a^{p-2} b^2 + \cdots + b^p$$

が成り立つ．$0 < i < p$ ならば，2 項係数

$$\binom{p}{i} = \frac{p!}{i!(p-i)!}$$

は，分子は p で割り切れ，分母は p で割り切れないので，p で割り切れる．したがって，$(a+b)^p \equiv a^p + b^p \bmod p$，または同値なこととして，$\alpha = a \bmod p$ かつ $\beta = b \bmod p$ として，$\mathbb{Z}_p$ において $(\alpha + \beta)^p = \alpha^p + \beta^p$ という驚くべき結果を得る (「初心者の夢」)．より一般に，i に関する帰納法により，

$$\text{すべての } i \in \mathbb{N} \text{ に対して } (a+b)^{p^i} \equiv a^{p^i} + b^{p^i} \bmod p \tag{3}$$

を得る．この性質を使うと，整数論の理論的な定理として有名な次の定理のきれいで基本的な証明を得る．これは — より一般の形で — 多項式の因数分解や素数判定テストへの多くの応用がある (第 14 章，第 18 章)

定理 4.9　Fermat の小定理　$p \in \mathbb{N}$ が素数で，$a \in \mathbb{Z}$ ならば，$a^p \equiv a \bmod p$ であり，$p \nmid a$ ならば，$a^{p-1} \equiv 1 \bmod p$ である．

証明　$a \in \{0, \ldots, p-1\}$ に対して証明すれば十分であり，これを a に関する帰納法で示す．$a = 0$ のときは自明であるので，$a > 1$ とすると，式 (3) と帰納法の仮定により，

$$a^p = ((a-1)+1)^p \equiv (a-1)^p + 1^p \equiv (a-1) + 1 = a \bmod p$$

を得る．$a \neq 0$ ならば，定理 4.1 により，a は p を法として可逆であるから，$a^{-1} \bmod p$ を掛けることにより主張を得る．□

　Fermat の定理と繰り返し平方により，$\mathbb{Z}_p$ の逆元の計算の別の方法を得る．すなわち，$p \nmid a$ なる $a \in \mathbb{Z}$ に対して，$a^{p-2} a = a^{p-1} \equiv 1 \bmod p$ だから，$a^{-1} \equiv a^{p-2} \bmod p$ である．これは，繰り返し平方のアルゴリズム 4.8 を使うと，系 4.7 により，$O(\log p)$ 回の p を法とした掛け算と 2 乗の計算，全体で $O(\log^3 p)$ 回の語演算で計算できる．Euclid のアルゴリズムを使うモジュラ逆元の計算は入力サイズの 2 乗でできるのに対し，これは入力サイズの 3 乗であるが，手で計算するときは有効な方法である．

4.5　線形 Diophantine 方程式

　拡張 Euclid アルゴリズムのもう 1 つの応用は，**線形 Diophantine 方程式**の解である．$a, f, g \in \mathbb{Z}$ が与えられているとし，方程式

$$sf + tg = a \tag{4}$$

のすべての整数解 $s, t \in \mathbb{Z}$ を求めたいとする．式 (4) のすべての実数解は $\mathbb{R}^2$ 平面の 1 本の直線，すなわち，式 (4) の 1 つの特殊解を $v \in \mathbb{R}^2$，同次方程式

$$sf + tg = 0 \tag{5}$$

のすべての解の集合を U とするとき，和 $v+U$ と書くことのできる 1 次元の図形となる．次の補題は，このことが整数解の集合に対しても正しいと主張している．さらに，方程式 (4) が $\mathbb{Z}$ 上可解であるかどうかも決定でき，もし可解であれば，拡張 Euclid アルゴリズムにより，すべての解を計算できる．証明は同じことになるので，任意の Euclid 整域の結果として述べることにする．

定理 4.10 R を Euclid 整域，$a, f, g \in R$ とし，$h = \gcd(f, g)$ とする．
  (i) 式 (4) が解 $(s, t) \in R^2$ を持つ必要十分条件は，h が a を割り切ることである．
  (ii) $h \neq 0$, $(s^*, t^*) \in R^2$ が式 (4) の解ならば，すべての解の集合は $(s^*, t^*) + U$ である．ここで，
$$U = R \cdot \left(\frac{g}{h}, -\frac{f}{h} \right) \subseteq R^2$$
  は同次方程式 (5) のすべての解の集合である．
  (iii) もしある体 F に対して $R = F[x]$ であり，$h \neq 0$ かつ式 (4) が可解で，$\deg f + \deg g - \deg h > \deg a$ ならば，$\deg s < \deg g - \deg h$ かつ $\deg t < \deg f - \deg h$ なる式 (4) の解 $(s, t) \in R^2$ がただ 1 つ存在する．

証明 (i) $s, t \in R$ が式 (4) を満たすとすると，$\gcd(f, g)$ は $sf + tg$ を割り切るので，a も割り切る．逆に，$h = \gcd(f, g)$ が a を割り切るとする．$h = 0$ ならば自明に成り立ち，そうでなければ，拡張 Euclid アルゴリズムを用いて，$s^* f + t^* g = h$ となる $s^*, t^* \in R$ を計算することができ，$(s, t) = (s^* a/h, t^* b/h)$ が式 (4) の解になる．
  (ii) $(s, t) \in R^2$ に対して，$h \neq 0$ のとき，f/h と g/h は互いに素なので，
$$(5) \iff \frac{f}{h} s = -\frac{g}{h} t \iff \exists k \in R \quad s = k \frac{g}{h},\ t = k \frac{-f}{h} \iff (s, t) \in U$$
を得る．
  また，

$$(4) \iff f \cdot (s - s^*) + g \cdot (t - t^*) \iff (s - s^*, t - t^*) \in U$$

である.

(iii) $(s^*, t^*) \in R^2$ を方程式 (4) の 1 つの解とする. t^* を f/h で余りを伴う割り算を行うと, $t^* = qf/h + t$ かつ $\deg t < \deg f - \deg h$ となる $q, t \in R$ を得る. $s = s^* + qg/h$ とすると, (ii) は, $(s, t) = (s^*, t^*) + q(g/h, -f/h)$ が方程式 (4) の解であることを含んでいる. $\deg(tg)$ も $\deg a$ も $\deg f + \deg g - \deg h$ より小さいので, $\deg s + \deg f = \deg(sf) = \deg(a - tg)$ もそうである. これで存在性は証明できた.

一意性は, すべての $k \in R \setminus \{0\}$ に対して, $\deg(s + kg/h) = \deg(kg/h) \geq \deg(g) - \deg(h)$ であるから, (s, t) と異なる方程式 (4) の解の第 1 成分は次数が少なくとも $\deg g - \deg h$ であることからわかる. $\square$

これは, より高い次元へも一般化できる. 次の定理の証明は練習問題 4.24 としよう.

定理 4.11 R を Euclid 整域, $a, f_1, \ldots, f_n \in R$, f_i はどれも 0 でないとし, U を同次方程式 $f_1 s_1 + \cdots + f_n s_n = 0$ のすべての解の集合とする.

(i) 線形 Diophantine 方程式

$$f_1 s_1 + \cdots + f_n s_n = a \tag{6}$$

が $s = (s_1, \ldots, s_n) \in R^n$ に対して可解である必要十分条件は, $\gcd(f_1, \ldots, f_n)$ が a を割り切ることである.

(ii) $s \in R$ が方程式 (6) の解ならば, すべての解の集合は $s + U$ である.

(iii) $U = Ru_2 + \cdots + Ru_n$ である. ここで $s_{ij} \in R$ を適当に選んで, $2 \leq i \leq n$ に対して,

$$u_i = \left(\frac{f_i}{h_i} s_{i1}, \frac{f_i}{h_i} s_{i2}, \ldots, \frac{f_i}{h_i} s_{i,i-1}, -\frac{h_{i-1}}{h_i}, \ldots, 0, \ldots, 0 \right),$$
$$h_{i-1} = \gcd(f_1, \ldots, f_n) = s_{i1} f_1 + \cdots + s_{i,i-1} f_{i-1}$$

であり, $h_n = \gcd(f_1, \ldots, f_n)$ である.

4.6 連分数と Diophantine 近似

R を Euclid 整域, $r_0, r_1 \in R$, $1 \leq i \leq \ell$ に対して, q_i, r_i を r_0, r_1 に対する伝統的 Euclid アルゴリズム 3.5 における商と余りとする. 順々に余りを消去していって,

$$\frac{r_0}{r_1} = \frac{q_1 r_1 + r_2}{r_1} = q_1 + \frac{r_2}{r_1} = q_1 + \frac{1}{\frac{r_1}{r_2}} = q_1 + \frac{1}{q_2 + \frac{r_3}{r_2}} = q_1 + \frac{1}{q_2 + \frac{1}{\frac{r_3}{r_2}}}$$

$$= q_1 + \cfrac{1}{q_2 + \cfrac{1}{q_3 + \cfrac{r_4}{r_3}}} = q_1 + \cfrac{1}{q_2 + \cfrac{1}{q_3 + \cfrac{1}{\ddots + \cfrac{1}{q_\ell}}}}$$

を得る. これを $r_0/r_1 \in K$ の**連分数展開**という. ただし, K は R の商体である (25.3 節). 一般に, R の任意の要素が連分数の「分子」の 1 のかわりに現れてよいのだが, 上のように, それらのすべてが 1 になるようにすれば, 連分数による r_0/r_1 の表現は, 伝統的 Euclid アルゴリズムにより計算される. 連分数 $q_1 + 1/(q_2 + 1/(\cdots + 1/q_\ell)\cdots)$ を, 省略して, $[q_1, \ldots, q_\ell]$ と書く.

例 4.12 53 ページの $r_0 = 126, r_1 = 35$ に対する Euclid のアルゴリズムを次のように書き直すことができる.

$$q_1 = \left\lfloor \frac{r_0}{r_1} \right\rfloor = \left\lfloor \frac{126}{35} \right\rfloor = 3, \quad \frac{r_2}{r_1} = \frac{r_0}{r_1} - q_1 = \frac{21}{35}$$

$$q_2 = \left\lfloor \frac{r_1}{r_2} \right\rfloor = \left\lfloor \frac{35}{21} \right\rfloor = 1, \quad \frac{r_3}{r_2} = \frac{r_1}{r_2} - q_2 = \frac{14}{21}$$

$$q_3 = \left\lfloor \frac{r_2}{r_3} \right\rfloor = \left\lfloor \frac{21}{14} \right\rfloor = 1, \quad \frac{r_4}{r_3} = \frac{r_2}{r_3} - q_3 = \frac{7}{14}$$

$$q_4 = \left\lfloor \frac{r_3}{r_4} \right\rfloor = \left\lfloor \frac{14}{7} \right\rfloor = 2, \quad \frac{r_5}{r_4} = \frac{r_3}{r_4} - q_4 = 0$$

したがって，$126/35 \in \mathbb{Q}$ の連分数展開は，

$$\frac{126}{35} = \frac{8}{5} = [3,1,1,2] = 3 + \cfrac{1}{1+\cfrac{1}{1+\cfrac{1}{2}}}$$

である．◇

$R = \mathbb{Z}$ ならば，$\mathbb{R}$ の要素 α であっても，その最初からの有限部分が，絶対値に関して，α に収束するという意味で，(無限) 連分数で表すことができる．どのようにしてこのような連分数を計算するのだろうか．$(r_0, r_1) \in \mathbb{Z}^2$ に対する商 $q_1, q_2, \ldots$ を計算するための拡張された伝統的 Euclid アルゴリズム 3.6 の規則は，次のようにいい直すことができる．すなわち，$\alpha_1 = r_0/r_1$, $q_1 = \lfloor \alpha_1 \rfloor$, $\beta_2 = \alpha_1 - q_1$, $\alpha_2 = 1/\beta_2$ とし，一般には $q_i = \lfloor \alpha_i \rfloor$, $\beta_{i+1} = \alpha_i - q_i$, $\alpha_{i+1} = 1/\beta_{i+1}$ とする．任意の実数 α_1 から始めて，表 4.1 のように，この手順が α_1 の連分数展開を定義する．$0 \leq \beta_i < 1$ であることに注意する．ここで，$\beta_i = 0$ となったら展開は終了するが，そうなるための必要十分条件は α_1 が有理数であることである．

たとえば，$\alpha = \sqrt{3}$ のとき，

$$q_1 = \lfloor \alpha_1 \rfloor = 1, \quad \beta_2 = \alpha_1 - q_1 = -1 + \sqrt{3}$$
$$\alpha_2 = \frac{1}{\beta_2} = \frac{-1-\sqrt{3}}{(-1+\sqrt{3})(-1-\sqrt{3})} = \frac{-1-\sqrt{3}}{-2} = \frac{1}{2} + \frac{1}{2}\sqrt{3} \approx 1.366$$
$$q_2 = \lfloor \alpha_2 \rfloor = 1, \quad \beta_3 = \alpha_2 - q_2 = -\frac{1}{2} + \frac{1}{2}\sqrt{3}$$
$$\alpha_3 = \frac{1}{\beta_3} = \frac{2}{-1+\sqrt{3}} = 1 + \sqrt{3} \approx 2.732$$
$$q_3 = \lfloor \alpha_3 \rfloor = 2, \quad \beta_4 = \alpha_3 - q_3 = -1 + \sqrt{3} = \beta_2$$

を得，したがって，手順はこれを繰り返し，$\sqrt{3} = [1, \overline{1, 2}, \ldots]$ となる．ここで，上に線がついた部分はこの周期列の周期を表す．

表 4.1 は実数の連分数表現の例である．無理数 $\alpha \in \mathbb{R}$ の連分数展開は「小さい」分母を持つ有理数で α を近似するすぐれた道具である．Diophantine 近似の実質的な理論はこのような問題を扱う．

4.6 連分数と Diophantine 近似

表 4.1 実数の連分数表現の例

$r \in \mathbb{R}$	r の連分数表現
$\frac{8}{29}$	$[0,3,1,1,1,2]$
$\sqrt{\frac{8}{29}}$	$[0,1,1,9,2,2,3,2,2,9,1,2,\overline{1,9,2,2,3,2,2,9,1,2},\ldots]$
$\sqrt{3}$	$[1,1,2,\overline{1,2},\cdots]$
$\sqrt[3]{2}$	$[1,3,1,5,1,1,4,1,1,8,1,14,1,10,2,1,4,12,2,3,2,1,3,4,1,1,2,14,3,12,\ldots]$
π	$[3,7,15,1,292,1,1,1,2,1,3,1,14,2,1,1,2,2,2,2,1,84,2,1,1,15,3,13,1,4,\ldots]$
$e = \exp(1)$	$[2,1,2,1,1,4,1,1,6,1,1,8,1,1,10,1,1,12,1,1,14,1,16,1,1,18,1,1,20,\ldots]$
$\phi = \frac{1+\sqrt{5}}{2}$	$[1,1,\overline{1},\ldots]$
$\log_2 \frac{6}{5}$	$[0,3,1,4,22,4,1,1,13,137,1,1,16,6,176,3,1,1,1,3,1,2,1,31,1,1,5,\ldots]$

近似の精度は,

$$\left|\alpha - \frac{p}{q}\right| \leq \frac{1}{cq^2} \tag{7}$$

という形で最もうまく表される.これは $c=1$ として,各連分数に対して成り立つ.3つの連続する連分数近似の中で,少なくとも1つは,$c=\sqrt{5}$ として式 (7) を満たし,任意の $c > \sqrt{5}$ に対して式 (7) を満たす有限個の有理数近似しか持たない実数 α が存在する.注解 4.6 を見よ.これは,q を 10 の累乗に制限すると,10 進小数の約 2 倍よい近似であり,近似誤差を $1/2q$ とすることができる.

式 (7) の多項式に関する類似のことが練習問題 4.29 と 4.30 で議論される.後者は,r,t を無限個の n に対して $\deg r, \deg t \leq n$ となる多項式として,f のべき級数が

$$f \equiv r/t \mod x^{2n+1}$$

という近似を持つことを示す.これらはまさしくある Padé 近似 (5.9 節) である.

表 4.2 は,$i=1,\ldots,5$ に対して,i 番目より後を切り捨てた連分数展開による π の有理数近似と (10 進の小数点以下の) 正しい桁数を示している.人々は建築学,測量学,天文学などにおいて,「円を正方形にする」という実用的な問題

4. Euclid のアルゴリズムの応用

表 4.2　π の有理数近似

i	$[q_1,\ldots,q_i]$	decimal expansion	$\pi - [q_1,\ldots,q_i]$	accuracy
1	3	3.00000000000000000000	0.14159265358979323846	0 digits
2	$\dfrac{22}{7}$	3.14285714285714285714	-0.99126448926734961868	2 digits
3	$\dfrac{333}{106}$	3.14150943396226415094	-0.00008321962752908752	4 digits
4	$\dfrac{355}{113}$	3.14159292035398230088	-0.00000026676418906242	6 digits
5	$\dfrac{103993}{33102}$	3.14159265301190260407	-0.00000000057789063439	9 digits

と取り組んできた歴史がある．紀元前 1650 年頃のエジプト人，Rhind Papyrus は $(16/9)^2 \approx 3.1604$ という値を与えている．Archimedes (278 – 212 BC) は，円に内接する多角形と外接する多角形を用いた，原理的には任意にできる，π の近似法を与えた．彼は，$3\frac{10}{71} < 25344/8069 < \pi < 29376/9347 < 3\frac{1}{7}$ ということを証明した．中国人の天文学者 Tsu Ch'ung–chih (430 – 501) は π の 6 桁までを決定し，355/113 という近似を与えた．これは，Adrian Antoniszoon (1527 – 1607) によっても発見されている．Lambert (1761) は π が無理数であることを証明し，Lindemann (1822) は超越数であることを証明した．π の各桁の数字は，何らかの意味で，一様に分布しているのか，または，ランダムなのかという問題は興味深い．たとえば 1 が無限回現れるということの証明さえ知られていない．

表 4.3 は π が何桁求められるようになったかの発展の過程を示している．20 世紀の 37 個の記録のうち，10 進の桁数 (一番右の列) が 1 つずつ増えた 9 つだけをあげた．最近の世界記録は，2060 億桁とものすごいが，長すぎる．

William Shanks は彼の 607 桁の計算結果を本として出版したが，528 桁目で間違えていた．現代の計算機代数システムを使えば，最初の 1000 桁を求めるにも，数回キーを打ち込んで (たとえば，MuPAD では，DIGITS := 1000; float(PI))，後はポンと enter key を押すだけで目の前の画面に現れる．Maple などのいくつかのシステムは，π の最初の 10 000 桁くらいを蓄えている．

π の桁数を多く計算することは奥の深い数学に基礎をおいていて，高速 Fourier 変換 (第 8 章) や高速割り算 (第 9 章) に基づいた，多倍長整数，浮動小数点演

4.6 連分数と Diophantine 近似

表 4.3 π の計算の 10 進桁数

Archimedes	c. 250BC	2
Tsu Ch'ung–chih	5th c.	7
Al–Kāshī	1424	14
van Ceulen	1615	35
Machin	1706	100
William Shanks	1853	527
Reitwiesner	11949	2035
Genuys	1958	10 000
Daniel Shanks & Wrench	1962	100 625
Guilloud & Bouyer	1973	1 001 265
Kanada, Yoshino & Tamura	1982	16 777 206
Kanada, Tamura et al.	1987	133 554 400
Kanada & Tamura	1989	1 073 740 000
Kanada & Takahashi	1997	51 539 600 000
Kanada & Takahashi	1999	206 158 430 000

算に対する高速なアルゴリズムの助けを借りて初めて可能になる．それは，コンピュータのハードウェアのテストにもってこいであり，出荷前に，スーパーコンピュータで定型的に実行させる．Borwein, Borwein & Bailey (1989) は，経験から，次のようにいっている．

> π の大規模計算は全く許すべからざることである．マシンのすべての部分をこれに没頭させ，1 ビットの誤りが...

これと異なる大規模な数論的な計算が，有名な Pentium 除算バグを発見した．Nicely (1996) は，双子素数 (記録については 692 ページを見よ) の称賛に値する注意深い計算を次のように報告している．最初の実行 [...] は群において，Pentium だけで行った [...]．まったく同じ実行が，妻の 486DX–33 で 1994 年 10 月 4 日に終了した．それらの超多倍精度逆和が異なることはすぐにわかった [...]．数日は，コンパイルエラー，メモリエラー，システムバスなどなど，その原因となるものを探すことに費やされた．[... 私の] 文とその結果がインターネットを通じて世界中に何日もせず広まり，最後には Intel がそのようなエラーは，そのとき製造された百万を超える Pentium CPU のほとんどすべての製造上の欠陥によることを認めた．[...] Intel は最終的にそのようなチップを，会社の負担で正常なものと交換することに同意した．1995 年 1 月

に，Intel は (PC Week, 1995 に)，このできごとの経費が 4 億 7500 万ドルと報告した．学生によくいうのと同じように —— 答えをチェックしなさい．

4.7 暦

我々のカレンダーが使っている**太陽年**は，春に天空上の赤道を太陽が横切るときの正確な点である春分の日の連続する 2 回の間の期間のことである．太陽年の長さはおよそ 365 日 5 時間 48 分 45.2 秒，あるいは，365.242190 日である．(実際は，正確な値が最近各世紀でおよそ 0.53 秒少なくされたが，これはここで我々を困らせるようなことはない．)

文明のきざし以来，人々は月の地球のまわりの回転と季節の規則正しさを表現するための暦を使ってきた．**太陰暦**は 1 年を月に分割し，各月はもともと新月から始まる．太陰暦の 1 か月の長さは 29 日と 30 日の間なので，季節の 1 年とは一致しない．**太陽暦**はしかしながら，月の満ち欠けは無視し，できる限り季節の 1 年に近づくようにする．

初期のローマ時代のカレンダーは太陰暦と太陽暦を混ぜた太陰太陽暦タイプであった．最初は 10 か月，後に 12 か月からなり，ときおり季節の進行とあわせるために，余分な 1 月を付け加えた．Julius Caesar にちなんで名づけられ (エジプト人 Sosigener によって発明され) た**ユリウス暦**は紀元前 45 年 1 月 1 日に始まった．Caesar 以前のローマ人は暦の管理をひどく怠っていたために，紀元前 46 年は，**乱年**といわれるが，1 年が 445 日あった．Caesar は 1 年を 365.25 日という近似を用いて，4 年ごとに余分な 366 日目である閏日を導入した．この近似は太陽年の本当の長さに非常に近いが，ユリウス暦は 400 年ごとに約 3 日進んでしまう．

16 世紀末頃は，春分の日は 3 月 21 日という「正しい」日ではなく，3 月 10 日であった．これを矯正するために，教皇 Gregory XIII 世は次のような暦の作り直しを導入した．まず，誤った暦の進み過ぎを，1582 年 10 月 4 日から 15 日の間の中の 10 日間を取り去ることで正しくした．次に，閏年の規則は，100 で割り切れるが 400 で割り切れない年は閏年ではなく普通の年とするように修正された．これにより，400 年で 3 日分の閏日がなくなった．たとえば，紀元

1700年, 1800年, 1900年は閏年ではなかったが, 2000年は閏年でないとすると1000年間のバグになってしまう. この, 本質的には今日でも使われている**グレゴリオ暦** (Gregorian calendar) は, 太陽暦の1年の近似

$$365 + \frac{1}{4} - \frac{3}{400} = 365\frac{97}{400} = 365.53425$$

に対応していることになる. これは1年で約26.8秒長すぎる.

表 4.4 1年の長さの連分数近似

近似	太陽暦との差
$365\frac{1}{4} = 365.25000$	11'14.8"
$365\frac{7}{29} = 365.24137\ldots$	$-1'10.0"$
$365\frac{8}{33} = 365.24242\ldots$	20.2"
$365\frac{31}{128} = 365.24218\ldots$	$-0.2"$

太陽年の連分数展開 $365.242190 = [365, 4, 7, 1, 3, 24, 6, 2, 2]$ から太陽年の正確な長さの他の有理数近似が得られる. いくつかの対応する近似が表4.4に与えられている. 1番目はJulius Caesarが使った近似である. 3番目でもすでにグレゴリオ暦よりよい近似になっているし, かなり分母も小さい. 最後の行の**2進暦**は計算機科学者や2進システムに親しんでいる人にうけるように見える. この実装の簡単な規則は閏日は $4\mid n$ かつ $128\nmid n$ なる n 年にあるということである.

4.8 音階

連分数のもう1つの応用は音楽の理論にある. **音程**は2つの (G–Cのように, 通常異なる) 音からなり, 音程という語は何かの楽器でその2つの音を順に出すか同時に出すことも表す. 各音程に, それに含まれる2つの音の周波数比が一意に対応する. 表4.5にいくつかの音程とその周波数比をあげてある.

音程の「計算」は次のように機能する. すなわち, 2つの音程の組み合わせは, それらの周波数比の積に対応する. たとえば, オクターブ c–C は, 五度 c–F

4. Euclid のアルゴリズムの応用

表 4.5 いくつかの音程の周波数比

周波数比	名前	例
$r_1 = 2:1$	オクターブ	c–C
$r_2 = 3:2$	五度	G–C
$r_3 = 4:3$	四度	F–C
$r_4 = 5:4$	長三度	E–C
$r_5 = 6:5$	短三度	E^b–C
$r_6 = 9:8$	全音	D–C

と四度 F–C の組み合わせとみなせ，実際に対応する周波数比は $2/1 = (3/2) \cdot (4/3)$ を満たす．

音階の理論の原点は初期ピタゴラス学派にさかのぼる．彼らは，1弦器，すなわち，固定長の1弦の楽器であって，その弦を1つの移動可能なコマによって2つのいろいろな長さに分割できるようなものによって実験していた．彼らは，たとえば，弦の長さが半分，2分の3あるいは4分の3でできる音と，全体の長さでできる基本の音とが，人の耳に受け入れられる音を与えることを発見した．さらに，一般に，音程の長さの比 (あるいは，周波数比) が小さい正の整数の商であるときであると主張した．

ピタゴラス音律は，五度の周波数比 3/2 と 1 オクターブの周波数比 2/1 から他のすべての周波数比を導く．Didymos により発明されたダイアトニック音律は，長三度の周波数比 5/4 をさらに固定する．両方の音律の体系に対して，表 4.6 に，ハ長調に対するダイアトニック音階 C–D–E–F–G–A–B–c の音階の基音 C に関する比をリストしている．ピタゴラス音律には，5つの全音階ステップ D–C, E–D, G–F, A–G および周波数比 9/8 の B–A と，周波数比 254/243 を持つ2つの半音階 F–E と c–B を加えたものがある．現れる整数は2または3の累乗である．ダイアトニック音律では，周波数比 9/8 を持つ3つの大きな全音階ステップ D–C, G–F, B–A，周波数比 10/9 を持つ2つの小さな全音階ステップ E–D, A–G，周波数比 16/15 を持つ2つの半音階ステップ F–E, c–B がある．

ピタゴラス音律とダイアトニック音律両方の欠点は，たとえばハ長調のような，ある1つの調で書かれた曲を，たとえばニ長調などの他の調に転調すること (これは，すべての周波数に音階 D–C の比を掛けることに対応し，したがって，

4.8 音階

表 4.6 ダイアトニック音階の基音 C に対する周波数比

音階	C	D	E	F	G	A	B	c
ピタゴラス音律	1:1	9:8	81:64	4:3	3:2	27:16	243:128	2:1
ダイアトニック音律	1:1	9:8	5:4	4:3	3:2	5:3	15:8	2:1

すべての周波数比は変化しない) がハ長調に調律されたピアノでは，人間の声でやるのと同じようには簡単にできないことである．たとえば，ダイアトニック音律で，ハ長調における全音階 E–D は周波数比 $(5/4)/(9/8) = 10/9$ を持ち，ニ長調でなるべき 9/8 にはならない．これが**平均律**の発明を導いた．そしてそれは，その提案をした Bartolomé Ramos (1482) と，数学的な基礎を敷いた Marin Mersenne (1636) にさかのぼる．平均律の卓越した主張者はオルガニストであり音楽学者でもある Andreas Werckmeister (1691) と作曲家 Johann Sebastian Bach である．Bach による *Das Wohltemperierte Klavier*[*1)] は，48 の前奏曲とフーガによって，すべての調性を不協和音なしで，平均律で調律された楽器 (オルガン，ハープシコード，ピアノ) で演奏できるアイデアを奨励した．今日，少なくとも西側の世界では，平均律が楽器の構造と音楽の演奏を支配している．

この音階はオクターブ c–C を，ピアノの 12 の隣り合うキーに対応する半音で 12 等分する (図 4.7)．C と c の間の 13 の白鍵と黒鍵が，12 の半音階ステップからなる**半音音階**を形成する．8 個の白鍵が，5 つの全音階ステップ D–C, E–D, G–F, A–G, G–A を持つ (ハ長調に対応する) ダイアトニック音階を表す．なぜ 12 としたのだろう．

オクターブを n 等分すると 1 つの半音は周波数比で $2^{1/n}$ を持つが，その分割をきれいな音程は整数値の半音幅で得られるようにしたいとする．これは，$i = 1, \ldots, 6$ に対して，表 4.5 から周波数比 r_i はある整数 d_i に対して，$2^{d_i/n}$ に近くになるべきということである．それに，等しくなることがベストであるが，たとえば $r_2 = 3/2 = 2^{d/n}$ となる整数 d, n は存在しない．2 を底とする対数をとると，

[*1)] 平均率クラヴィア曲集．

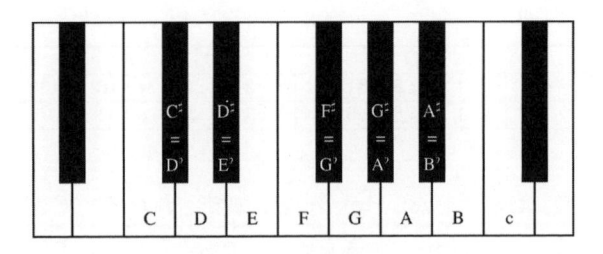

図 4.7 ピアノの鍵盤の一部

$$\left|\log r_i - \frac{d_i}{n}\right| \tag{8}$$

をできるだけ小さくする d_i を見つければよいことがわかる．これは Diophantine 近似問題であり，$\log r_i$ の連分数展開により，最も適切に解くことができる．$\log r_5 = \log(6/5) = 0.2630344058\ldots$ に対して，表 4.1 の連分数展開から，近似

$$\frac{1}{3} = 0.3333333333\ldots$$
$$\frac{1}{4} = 0.2500000000\ldots$$
$$\frac{5}{19} = 0.2631578947\ldots$$
$$\frac{111}{422} = 0.2630331753\ldots$$

であることがわかる．

平均律の問題は，いろいろな分子 d_i に対して，式 (8) をできるだけ小さくする 1 つの分母 n を見つけることである．この**連立 Diophantine 近似**の問題は 17.3 節の例 17.1 で簡単に触れる．ここでは，グラフを用いてこれを解こう．109 ページの図 4.8 で，6 つの「きれいな音程」に対して，$\log r_i$ を通る水平な線が描いてあり，$n = 6, 7, \ldots, 36$ を通る垂直線上の点は，一番の上の水平な線から，それぞれ $0, 1/n, 2/n, \ldots, (n-1)/n$ の距離を持つ点である．$n = 12$ でうまくあっていることがわかる．下のグラフは，近似の質を図示したもので，それはすべての i について，$\log r_i$ とそれに最も近い点との距離の 2 乗の和として定義される．$n = 12$ に対して，全音は 2 つの半音，短三度は 3 つなど，で

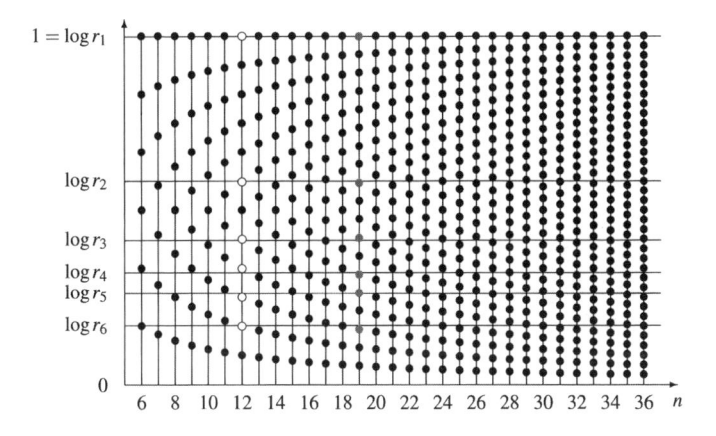

図 4.8 分母を n とする $\log r_1, \ldots, \log r_6$ の Diophantine 近似

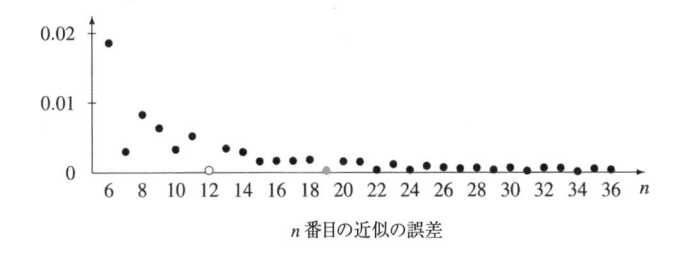

n 番目の近似の誤差

ある.

もう1つうまくあっているのは $n = 19$ のところである. 全音は3つの「1/3音」, 短三度は5つの 1/3 音, などとなる. たとえば, $E^\flat$ と $D^\sharp$ は, 楽譜の上では区別されるが, ピアノでは同じ小さいキーに対応する (たとえば, ヴァイオリンでは異なって演奏される). しかしながら, 19音平均律では, 増二度 $D^\sharp$–C が4つの 1/3 音であるが, 短三度 $E^\flat$–C は5つの 1/3 音である.

注解

4.1 フィンガープリント法は Freivalds (1997) により発明された. ずっと昔に, ペルシャの哲学者で科学者の Avicenna (980–1037) により使われた. 彼は, 見たところ, al–<u>Kh</u>wārizmī と al–Kā<u>sh</u>ī がしたように, 彼の計算を9を法として確かめた.

Demillo & Lipton (1978) は，これを 2 つの算術回路の同値性のチェックに適用した．汎用ハッシュ法から確率的検査可能証明までの，コンピュータサイエンスにおける多くの応用が Motwani & Raghavan (1995) に説明されている．確率的アルゴリズムの一般的な話題は 6.5 節にあり，18.4 節では，素数を見つけるテクニックが与えられている．

4.2 Moore (1896) は，説明したように，任意の有限体はある素数べき q に対して $\mathbb{F}_q$ であることを証明し，「Galois 体」という語をつくりだした．$GF(q)$ という記法は非常に一般的である．

4.3, 4.4 「繰り返し平方」という語は，Pocklington (1917) が (彼のモジュラ問題に対して，各掛け算の後でモジュラスによる余りを伴う割り算をする，ということを除いては) さらに説明することなく用いて以来，20 世紀の初めの頃から一般的になったように思われる．Bürgisser, Clausen & Shokrollahi (1997) は，a^n を計算する繰り返し平方は，ちょうど指数 n の 2 進表現に対する Horner の方法であることを指摘している．Knuth (1998), §4.6.3 では，ある指数に対して，掛け算の回数を最小にしようとするところで，足し算連鎖の話題を詳細に説明している．有限体における指数に対しては，Mullin, Onyszchuk, Vanstone & Wilson (1989), von zur Gathen & Nöcker (1997, 1999), Gao, von zur Gathen & Panario (1998), Gao, von zur Gathen, Panario & Shoup (2000) を参考した．

Euler (1732/33) は，F_n を割り切る任意の素数 p は $p \equiv 1 \mod 2^{n+2}$ を満たすことを証明した (練習問題 18.26)．彼は，彼の条件によるわずか 2 番目の可能性として，F_5 の素因数 641 を見つけた．同じ 5 ページほどの論文の中で，彼は Fermat の小定理も述べているが，彼は，私は証明をしていないし，*eo autem difficiliorem puto eius demonstatione esse, quia non est verum, nisi n+1 sit nuemrus primus*[*2)] といっている．我々の証明は彼のこれより後の論文 Euler (1736b) からのものである．

Fermat は彼の「小定理」の証明を決して伝えることはなかった．1680 年 11 月 12 日からの Leibniz の出版されていない原稿 (と Leibniz 1697 も) に，Fermat の小定理の最初の証明がある．Mahnke (1912/13) 38 ページ，Vacca (1894), Tropfke (1902) 62 ページ，Dickson (1919) 第 III 章 59 ページから 60 ページを見よ．Mahnke は，Leibniz はこの定理は Leibniz 自身で発見していただろうが，1679 年に出版された Fermat の Varia Opera をすでに読んでいたということもありえないとはいえない，と述べている．

4.5 我々の単独線形 Diophantine 方程式の一般化として，連立線形 Diophantine

[*2)] $n+1$ が素数であるということがなければ真ではないので，その証明はかなり難しいと考えている．

方程式,すなわち,R を Euclid 整域とし,行列 $F \in R^{m \times n}$ とベクトル $a \in R^m$ に対して $Fs = a$ となる $s \in R^n$ を探す,ということを考えてもよい.行または列の基本ユニモジュラ変形,すなわち,置換,R の単元倍,ある行または列の何倍かを他に足すことを許す,Gauß の消去法の変形版がある.これらは最初の連立方程式を,たとえば **Smith 標準形**や **Hermite 標準形**などの同値な連立方程式に変換し,そのような形では,連立方程式の可解性や解集合は簡単に決定できる.たとえば,正則行列 $F \in \mathbf{Z}^{n \times n}$ の Hermite 標準形は,下三角行列 $H = UF$ である.ここで $U \in \mathbf{Z}^{n \times n}$ はユニモジュラとし,$\det U = \pm 1$ であり,H の対角要素のすべては正,対角要素より下の要素はどれも非負で同じ列の対角要素より小さい (練習問題 16.7).

そのようなユニモジュラ変換は,Euclid のアルゴリズムの割り算のステップに対応する.単独の方程式の場合は,たとえば,1 行の行列 $F = (f_1, \ldots, f_n) \in R^{1 \times n}$ の Hermite 標準形は,$h = \gcd(f_1, \ldots, f_n)$ として $(h, 0, \ldots, 0)$ であり,したがって,この場合に Hermite 標準形を計算することは gcd を計算することと同じである.第 16 章の基底簡約において,$R = \mathbb{Z}$ に対するユニモジュラ「Gauß の消去法」の異なるタイプに遭遇するだろう.

最後に,方程式が線形であるという条件をはずし,係数を R に持つ多変数の多項式の連立方程式は解を持つかどうかを考え,もし持てば,解の全体の集合の明確な記述を探す.「Hilbert の第十問題」(763 ページを見よ) は,$R = \mathbb{Z}$ に対する Diophantine 方程式の可解性を決定せよと問うている.Hilbert の直感に反して,Turing の意味で,この問題は決定不能であることがわかっている.(背景については,たとえば,Sipser (1997) を見よ.) これは,Matiyasevich (1970) により証明されたが,彼は,帰納的加算集合 $D \subseteq \mathbb{N}$ は,ある $n \in \mathbb{N}$ とある多項式 $f \in \mathbb{Z}[x_1, \ldots, x_n]$ に対して,

$$D = \{s_1 \in \mathbb{N} : \exists s_2, \ldots, s_n \in \mathbb{N} \, f(s_1, \ldots, s_n) = 0\}$$

と表すことができることを示した.よって,$D \neq \emptyset$ である必要十分条件は,$f(s) = 0$ なるある $s \in \mathbb{N}^n$ が存在することである.Lagrange の有名な定理により,任意の非負の整数は,4 つの 2 乗数の和として書け,したがって,$D \neq \emptyset$ である必要十分条件は,$g(t) = 0$ が正数解 $t \in \mathbb{Z}^{4n}$ を持つことである.ここで,

$$g = f(y_1^2 + y_2^2 + y_3^2 + y_4^2, \ldots, y_{4n-3}^2 + y_{4n-2}^2 + y_{4n-1}^2 + y_{4n}^2) \in \mathbb{Z}[y_1, \ldots, y_{4n}]$$

である.任意の帰納的加算集合が空でないことは決定不能であるから,Diophantine 方程式が可解であるかどうかも決定不能である.Matiyasevich (1993) はその証明と歴史のすばらしい紹介を与えている.

4.6 Cataldi (1513) は整数の平方根の有理数近似をたくさん与えている.彼は,

正方形編成の兵士の行進からこの法則を導いた.「役に立つ応用」に対する研究補助金機関の圧力は最近だけの現象ではない. Leibniz (1701) は, 黄金比の連分数とその近似分母を与えている. そしてそれらは Fibonacci 数である. Hugenius (1703) は, 歯車の自動装置に関連して, 分数による実数の近似を扱っている. Euler (1737) は *fractiones continuae* という言葉をつくりだし, π の最初の 13 の桁を与え, 整数係数の既約 2 次多項式の解に対して, その連分数は周期的であることを示した. また, Lagrange はその逆を示した. 連分数をある微分方程式と関連づけることにより, Euler は e の展開を導いた. 連分数に関する論文の 1 つの中で, Euler (1737) は, 我々の扱った数 s_i, t_i に対する明確な式を導入し, 補題 3.8 (iv) と (v) を証明している. Hurwitz (1891) は有理数近似の精度 $1/\sqrt{5}\,q^2$ と, 式 (7) における $c = \sqrt{5}$ の最適性を示した. Lagrange (1798) は「最もよい」有理数近似はどれも, 連分数から得られることを証明していた. Perron (1929) の名著は, 連分数の内容が豊かで興味深い理論を詳細に説明している. さらなる読み物や参考文献については, Knuth (1998) §4.5.3 を見るのもよいし, Bombieri & van der Poorten (1995) はおもしろい概論を与えている.

Al–Khwārizmī は, 825 年頃書かれた彼の "*Algebra*" の中で, π の 3 つの値を与えている. すなわち, $3\frac{1}{7} \approx 3.1428, \sqrt{10} \approx 3.16, 62\,832/20\,000 = 3.1416$ である. インドの数学者 Āryabhata (c. 530) は, すでに, 最後の近似を得ていた. この章の最初の引用文は, al–Khwārizmī が 3 つの近似の不正確な精度に十分気がついていたことを示している. *algorithm* という言葉は, 彼の家の起源が Khwarezm, 現在の Uzbekistan の Khiva にあることを示す al–Khwārizmī の名前に由来する (昔風の "algorism" は *logarithm* のつづりかえよりよい音訳である). *algorithm* は彼の代数学の本 الكتاب المختصر في حساب الجبر والمقابلة (al–kitāb al–mukhtasar fī hisāb al–jab wa–l–muqābala = 項の移項や消去による計算の簡潔な本) に由来する, جبر (jabara) は, 「解く」を意味し, ある方程式の違う辺に移項しすべての項を正にする方法を表している. 彼は負の項を許さなかった. (Cervantes (1615), 第 XV 章では, ドンキホーテの仲間が algebraista によって直してもらっているように, スペイン語では, *algerista* は, 代数学をする人と, 骨折を治す人の両方の意味がある. مقابلة (muqābara) はたぶん, 方程式の両辺から同じものを引く「簡約」を表していて, これらは, 1 次方程式または 2 次方程式を解く彼の 2 つのテクニックで, 彼の本の最初の部分の題目である. アラブの, そして, 後には中世のヨーロッパの数学へ al–Khwārizmī の影響は奥深い.

Al–Kāshī は, Samarkand の Ulugh Beg 宮廷の主任天文学者であった. 1424 年頃書かれた (Luckey (1953) を見よ)『円の周についての考え』は注目に値する業績である. 彼は, エラー制御に大いに関連した π の計算, 要求された精度を持つ平方根に対

する Newton 反復，6進数の結果の10進数への変換を述べている．

Euler (1736a) は記号 π (§638) や e (§171) を導入した．それらは，彼の『無限解析入門』で一般的になったが，Gauß (1866) は違う記法を用いている．π は，Jones (1706) や 1742 年に Christian Goldbach によって使われていた．Ludolph van Ceulen (1540–1610) は，1596 年に π の 20 桁までを発表し，オランダの Leiden の Pieterskerk の彼の墓石には 35 桁まで刻まれていた．それは 19 世紀に失われ，2000 年 7 月 5 日にそれを復刻したものが仰々しく据え付けられた．だが，まだ，墓石は公表媒体としては受け入れられていない．Shanks は 1853 年 2 月に π を 527 桁まで計算し，それは全部正しかった．1853 年 3 月と 4 月には，彼は 607 桁まで拡張したが，それは正しくなかった．Kanda & Takahashi の 1999 年の記録には，128 個のプロセッサを有し，浮動小数演算の理論的ピーク値が 1 秒間に 3 兆回という性能の Hitachi SR 8000 超並列プロセッサで，約 37 時間を要した．この見事な業績は，Borwein 兄弟，Richard Brent，そして彼らの協力者による巧妙なアルゴリズムに負うところが大きい．Hilbert (1893) の格調の高い論文では，4 ページで，e と π が超越数であることを証明している．Berggren, Borwein & Borwein (1997) には，π について書いているものの壮大な収集がある．それは π グルメ必読のものであり，我々は彼らの素材をふんだんに使った．

連分数と類似なことが，多項式の場合にもある．もし F が体ならば，それぞれ x^{-1} と x の形式 Laurent 級数の体 $F((x^{-1}))$ または $F((x))$ の要素 α は，その最初の部分が，それぞれ，次数付値および x 進付値とみなして，α に収束する，無限連分数により表される (9.6 節)．これは，練習問題 4.29 と 4.30 で議論される．

4.7 Euler (1737) は，ユリウス暦やグレゴリオ暦を含めいくつかのカレンダーを計算するのに，我々の値より 22.8 秒長い $365^d 5h49'8''$ を，また $365\frac{8}{33}$ を 1 年に使っている．Lagrange は 1 年の長さの有理数近似をいくつか見つけていて，そのうちの 4 つは，我々が仮定しているものより 3.8 秒長い，$365^d 5h48'49''$ の連分数によるものである．彼は，天文学者へ，彼らに次のような宿題をやるようにという忠告で計算を終えている．すなわち，comme les Astronomes sont encore partagés sur la véritable longueur de l'année, nous nous abstiendrons de prononcer sur ce sujet[*3]．我々は Lagrange の謙遜な態度を見習う．

4.8 Drobisch (1855) が，オクターブを等分するために，$\log(3/2)$ を有理数で近似するために，連分数を初めて使った．3 重連分数は，Jacobi (1868) で研究されているが，2 つの無理数を同時に近似することができ，Barbour (1948) はそれらを $\log(3/2)$

[*3] 天文学者たちは 1 年の真の長さについて意見が一致していないので，この問題を薦めることを差し控えよう．

と $\log(5/4)$ を近似することによって，調律の問題に応用した．

実際には，完全平均律の楽器はきわめてまれである．ピアノで，低い鍵のための太い弦は非調和振動倍音（「ハーモニクス」）を生成する．オクターブは，普通，2:1よりわずかに高い比を持ち，ヴァイオリンでは，あるオクターブの四度は，他のオクターブの四度の比とは異なる比を持ってよい．

練習問題

4.1 64 ビットプロセッサで，$2^{63} < p < 2^{64}$ なる単精度の数 p と，たとえば n 語からなる多倍精度整数 a を構成する語の列が与えられたとする．$O(n)$ 回の語演算で，$a \operatorname{rem} p$ を計算するアルゴリズムを与えよ．このプロセッサは，$a_1 < p$ なる 3 つの入力 a_0, a_1, p を持ち，$a_1 \cdot 2^{64} + a_0 = qp + r$ かつ $r < p$ なる整数 q, r を返す，倍精度整数を単精度整数で割る命令を持っているとしてよい．ヒント：a の先頭のビットに気をつけなければならない．

4.2 4.1 節のように，比較するべき 2 つのデータベースは，10 GB 未満の長さで，実際に異なり，$2^{63} < p < 2^{64}$ なる単精度の素数 p を用いると仮定する．そのような素数は少なくとも 10^7 個ある（練習問題 18.18）．

(i) いくつの素数を法として，それらは一致するか．

(ii) p をランダムに選ぶとすると，我々のテストが間違えて ok とする確率は何か．

4.3* フィンガープリントのテクニックを**文字列照合**にあてはめることができる．すべての i に対して，たとえば，記号 $x_i, y_i \in \{0, 1\}$ からなる，長さがそれぞれ $m < n$ の 2 つの文字列 $x = x_0 x_1 \cdots x_{m-2} x_{m-1}$ と $y = y_0 y_1 \cdots y_{n-2} y_{n-1}$ が与えられている．x が y の部分文字列として現れるかを決定したい．$z_i = y_i y_{i+1} \cdots y_{i+m-1}$ を，$0 \leq i \leq n - m$ に対して，i の位置から始まる，長さ m の y の部分文字列とする．したがって，するべきことは，ある i に対して $x = z_i$ かどうかを決定することである．

(i) $O(mn)$ 回の記号の比較を使う単純なアルゴリズムを説明せよ．

(ii) $a = \sum_{0 \leq j < m} x_i 2^i$ と $b_i = \sum_{0 \leq j < m} y_{i+j} 2^i$ を，（最上位ビットが右側にある）2 進表現が，それぞれ，x と z_i である整数とし，$2^{63} < p < 2^{64}$ を単精度の素数とする．すべての $b_i \operatorname{rem} p$ を計算するアルゴリズムを与え，それらを，$O(n)$ 回の語演算で，$a \operatorname{rem} p$ と比較せよ．

(iii) 何らかの一致をあなたのアルゴリズムが見つける．もし，$m \leq 63k, i < n - m$ で，p は少なくとも 10^{17} 個の単精度の素数（練習問題 18.18）からランダムに選ばれたならば，$x \neq y_i$ かつ $a \equiv b_i \bmod p$ である確率は（k を用いて）どうなるか．何らかの間違いの一致を返す確率は，k と n を用いてどのようになるか．どんな k と n に対して，確率が 0.1% 未満になるか．

4.4 整数 $a = \sum_{0 \le i \le l} a_i \cdot 10^i \in \mathbb{N}$ が 11 で割り切れるための必要十分条件は，その 10 進の桁の交代和 $a_0 - a_1 + a_2 - a_3 \pm \cdots \pm (-1)^l a_l$ が 11 で割り切れることであることを証明せよ．

4.5 任意の整数 m に対して，m を法とする合同は同値関係であることを示し，式 (1) を証明せよ．

4.6 $m \in \mathbb{N}_{>1}$ とし，$f \in \mathbb{Z}_m[x]$ は次数が n でモニックであるとする．剰余類環 $\mathbb{Z}_m[x]/\langle f \rangle$ は m^n 個の要素を持つことを示せ．

4.7 $6b \equiv 1 \bmod 81$ となる $b \in \mathbb{Z}$ は存在するか．

4.8 (i) $a \in \mathbb{N}$ を $0 \le a < 1000$ とし，$17a$ の 10 進表示の最下位 3 ビットは 001 であるとする．a は何か．

(ii) 上と同じで，最下位 3 ビットが 209 であるとすると a は何か．

4.9 $f = x^4 + x^3 + 2x^2 + x + 1$, $g_1 = x$, $g_2 = x^3 + x \in \mathbb{Q}[x]$ とする．$i = 1, 2$ に対して，$t_i g_i \equiv 1 \bmod f$ となる $t_1, t_2 \in \mathbb{Q}[x]$ を，もしあれば，求めよ．$\mathbb{Q}[x]/\langle f \rangle$ は体か．

4.10 多項式 $f = x^3 + x + 1 \in \mathbb{F}_2[x]$ は既約であることを示し，拡張 Euclid アルゴリズムを使って，$\mathbb{F}_8 = \mathbb{F}_2[x]/\langle f \rangle$ の零でないすべての要素の逆元を計算せよ．

4.11 $g = x^5 + x + 1 \in \mathbb{F}_2[x]$ とする．$\mathbb{F}_2[x]$ の 2 つの多項式

(i) $f = x^3 + x + 1$, (ii) $f = x^3 + 1$.

のそれぞれに対して，次のことをせよ．もし，$f \bmod g$ が $\mathbb{F}_2[x]/\langle g \rangle$ において単元ならば，その逆元 $h \bmod g$ を計算せよ．もし，$f \bmod g$ が零因子ならば，$fh \equiv 0 \bmod g$ である次数が 5 より小さい多項式 $h \in \mathbb{F}_2[x]$ を求めよ．

4.12 $\mathbb{R}[x]/\langle x^2 + 1 \rangle$ と $\mathbb{C}$ とは同型な体であることを，入念に証明せよ．

4.13 (i) 合同式 $(x^2 - 1) \cdot f \equiv x^3 + 2x + 5 \bmod x^4 + 2x^2 + 1 \in \mathbb{F}_7[x]$ の解となる，次数が 4 より小さい多項式 $f \in \mathbb{F}_7[x]$ を求めよ．

(ii) 剰余類環 $\mathbb{F}_{343} = \mathbb{F}_7/\langle x^3 + x + 1 \rangle$ は体であることを示し，$\mathbb{F}_{343}$ における $x^2 \bmod x^3 + x + 1$ の逆元を計算せよ．

4.14 (i) R を Euclid 整域とし，$m, f \in R$ とする．$f \bmod m$ は $R\langle m \rangle$ の零因子 (297 ページを見よ) であることを示せ．

(ii) 単元でも零因子でもない零でない要素を持つ環の例を与えよ．

4.15 R を Euclid 整域とし，$a, b, c \in R$ とする．

(i) 合同式 $ax \equiv b \bmod c$ が，解 $x \in R$ を持つ必要十分条件は，$g = \gcd(a, c)$ が b を割り切ることであることを示せ．後者の場合，合同式は，$(a/g)x \equiv (b/g)x \bmod (c/g)$ に同値であることを証明せよ．

(ii) $R = \mathbb{Z}$, $a = 5, 6, 7$ に対して，合同式 $ax \equiv 9 \bmod 15$ が解を持つかどうかを決

定し, 持つならば, すべての解 $x \in \{0,\ldots,14\}$ を求めよ.

4.16* 体 F 上の零でない多項式の対 $(f,g) \in (F[x] \setminus \{0\})^2$ の**次数列**とは, $(\deg r_0, \deg r_1, \ldots, \deg r_\ell) \in \mathbb{N}^{\ell+1}$ のことである. ただし, $r_0, r_1, \cdots, r_\ell$ は, f と g に対する Euclid のアルゴリズムの余りである. q 個の要素を持つ有限体 $\mathbb{F}_q$ 上の多項式の対 $(f,g) \in (\mathbb{F}_q[x] \setminus \{0\})^2$ で, 次数列 $(4,3,1,0)$ を持つものはいくつあるか. その答えを, $\ell \geq 1$ に対して, $n_0 \geq n_1 > \cdots > n_\ell \geq 0$ なる次数列 $(n_0, n_1, \cdots, n_\ell) \in \mathbb{N}^{\ell+1}$ に一般化せよ. ヒント:練習問題 3.18 を用いよ. $n_0 = 3, n_1 = 2$ なる可能な次数列すべてについて, $(\mathbb{F}_2[x] \setminus \{0\})^2$ の対応する多項式の対を列挙せよ.

4.17* これは練習問題 4.16 の続きである. $\mathbb{F}_q$ を q 個の要素を持つ有限体とし, $n, m \in \mathbb{Z}$ を $n \geq m \geq 0$ であるとする.

(i) 2 つの互いに素な部分集合 $S, T \subset \{0, \ldots, m-1\}$ に対して, p_{ST} を, $\mathbb{F}_q[x]$ の, 次数がそれぞれ n, m のランダムな 2 つの多項式に対する Euclid のアルゴリズムの次数列として, S のどの次数も現れず, かつ, T のすべての次数が現れる確率とする. $p_{ST} = q^{-\#S}(1 - q^{-1})^{\#T}$ であることを証明せよ.

(ii) $0 \leq i < m$ に対して, X_i を, $\mathbb{F}_q[x]$ の, 次数がそれぞれ n, m のランダムな 2 つの多項式に対する Euclid のアルゴリズムの余りの列として現れるならば $X_i = 1$, そうでなければ $X_i = 0$ である確率変数とする. $X_0, \ldots, X_{m-1}$ は独立であることと, すべての i に対して, $\mathrm{prob}(X_i = 0) = 1/q$ であることを示せ.

4.18* q を素数のべきとし, $n, m \in \mathbb{Z}$ を $n \geq m > 0$ であるとする. 練習問題 4.17 を用いて, 次のことを証明せよ.

(i) $\mathbb{F}_q[x]$ の, 次数がそれぞれ n, m である 2 つのランダムな多項式 $\mathbb{F}_q[x]$ が互いに素である確率は, $1 - 1/q$ であること.

(ii) $n_2 = n_1 - 1$ である確率は, $1 - 1/q$ であること.

(iii) 次数列が**正規**である, すなわち, $1 \leq i < \ell$ に対して, $\ell = m+1$ かつ $n_{i+1} = n_i - 1$ である確率は, $(1-1/q)^m \geq 1 - m/q$ であること.

4.19 $\mathbb{F}_q$ を q 個の要素を持つ有限体とし, $f \in \mathbb{F}_q[x]$ は次数が $n > 0$, $R \in \mathbb{F}_q[x]\langle f \rangle$ を f を法とする剰余類環とする. すると, R の要素で逆元を持つもの全体の集合 $R^\times$ は乗法群であり, 定理 4.1 から, $R^\times = \{g \bmod f : \gcd(f,g) = 1\}$ である. その基数を $\Phi(f) = \#R^\times = \#\{g \in \mathbb{F}_q[x] : \deg(f,g) = 1 \text{ かつ } \gcd(f,g) = 1\}$ で表す.

(i) f が既約ならば, $\Phi(f) = (q^n - 1)$ であることを証明せよ.

(ii) f が次数 d の既約な多項式のべきであるならば, $\Phi(f) = (q^d - 1)q^{n-d}$ であることを示せ.

4.20 繰り返し平方のアルゴリズム 4.8 の再帰版を作成せよ. また, n の 2 進表現の低い桁から高い桁の順に繰り返すものを作成せよ. これら 3 つのアルゴリズムで a^{45}

を計算するとき，その過程をたどれ．

4.21* $2\lfloor \log_4 n \rfloor$ 回の平方と $w_4(n)+1$ 回の普通の掛け算を使う「繰り返し 4 乗のアルゴリズム」を与えよ．ただし，$w_4(n)$ は n の 4 進表現の 0 でない桁の個数とする．a^{45} の計算をそのアルゴリズムで行い，たどれ．そのアルゴリズムを，$k \in \mathbb{N}_{>0}$ に対する「繰り返し 2^k 乗」のアルゴリズムに一般化せよ．

4.22 $15^{-1} \bmod 19$ を，Euclid を用いて，また，Fermat を用いて求めよ．

4.23 Fermat の小定理から，すべての $a, b \in \mathbb{Z}$ と素数 p に対して，$(a+b)^p \equiv a^p + b^p \bmod p$ を導け．

4.24* (i) R を Euclid 整域，$f_1, \ldots, f_n \in R$, $h = \gcd(f_1, \ldots, f_n)$ とする．$s_1 f_1 + \ldots + s_n f_n = h$ となる $s_1, \ldots, s_n \in R$ が存在することを証明せよ．

(ii) 定理 4.11 を証明せよ．

(iii) $l = \mathrm{lcm}(f_1, \ldots, f_n)$ とする．ある体 F に対して，$R = F[x]$, $h \neq 0$, $\deg a < \deg l$ ならば，$\deg s_i < \deg l - \deg f_i$ である，式 (6) の解 $s_1, \ldots, s_n \in R$ が存在することを示せ．

4.25 線形 Diophantine 方程式 $24s + 33t = 9$ および $6s_1 + 10s_2 + 15s_3 = 7$ の整数解を計算せよ．

4.26 (i) 有理数 $14/3$ と $3/14$ を有限連分数に展開せよ．

(ii) $[2, 1, 4]$ と $[0, 1, 1, 100]$ を有理数に変換せよ．

4.27 次の数を無限連分数に展開せよ．$\sqrt{2}$, $\sqrt{2}-1$, $\sqrt{2}/2$, $\sqrt{5}$, $\sqrt{7}$.

4.28 R を Euclid 整域，$q_1, \ldots, q_\ell \in R \setminus \{0\}$ とする．$1 \leq i \leq \ell$ に対して，

$$[q_1, \ldots, q_\ell] = \frac{c_{i+1}(q_1, \ldots, q_1)}{c_{i+1}(0, q_2 \ldots, q_i)}$$

を示せ．ただし，c_i は第 i 接続多項式である (練習問題 3.20)．

4.29** この練習問題は，付値と形式 Laurent 級数とに精通していることを仮定する．F を体とする．x^{-1} の形式 Laurent 級数の体 $F((x^{-1}))$ は，ある $m \in \mathbb{Z}$ に対して，

$$g = \sum_{-\infty < j \leq m} g_j x^j, \quad g_m, g_{m-1}, \ldots \in F$$

という形の式からなるものとする．$\deg g = \max \{j \leq m : g_j \neq 0\}$ とし，便宜上，$\deg 0 = -\infty$ とする．この次数の関数は，多項式の次数のような，普通の性質を有する．実際，有理関数の体 $F(x)$ は $F((x^{-1}))$ の部分体であり，$a, b \in F[x]$ に対して $\deg(a/b) = \deg a - \deg b$ が成り立つ．

Laurent 級数 g に対して，g の連分数 $[q_1, q_2, \ldots]$ を次のようにして得る．$\alpha_1 = g$

とし,$i\in\mathbb{N}_{>0}$ に対して,再帰的に $q_i=\lfloor\alpha_i\rfloor\in F[x]$, $\alpha_{i+1}=1/(\alpha_i-q_i)$ と定義する.ここで,$\lfloor\cdot\rfloor$ は多項式部分であり,したがって,$\deg(\alpha_i-g_i)<0$ である.

(i) すべての $i\in\mathbb{N}_{>0}$ に対して $\deg q_i=\deg\alpha_i$ であり,$i\geq 2$ ならば $\deg\alpha_i>0$ であることを示せ.

(ii) $r_0,r_1\in F[x]$ を零でないとき,有理関数 $r_0/r_1\in F((x^{-1}))$ の連分数は有限であることと,q_i は r_0,r_1 に対する伝統的 Euclid アルゴリズムの商であることを証明せよ.

(iii) 伝統的拡張 Euclid アルゴリズムにおけると同じように,$s_0=t_1=1,s_1=t_0=0$ とし,$i\geq 1$ に対して $s_{i+1}=s_{i-1}-q_i s_i,t_{i+1}=t_{i-1}-q_i t_i$ とする.g の第 i convergent $c_i=[q_1,\ldots,q_{i-1}]$ は,$i\geq 2$ に対して $c_i=-t_i/s_i$ であることを証明せよ.

(iv) $g=-(t_{i-1}-\alpha_i t_i)/(s_{i-1}-\alpha_i s_i)$ を示し,すべての $i\geq 2$ に対して $\deg(g-c_i)<-2\deg s_i$ を示せ.よって,$|h|=2^{\deg h}$ が Laurent 級数 h の次数付値ならば,式 (7) と類似な $|g+t_i/s_i|<|s_i|^{-2}$ を得る.

(v) $i\in\mathbb{N}_{\geq 2}$, $k\geq n=\deg s_i$, $r_0=\lfloor x^{n+k}g\rfloor$, $r_1=x^{n+k}$, $r_i=s_i r_0+t_i r_1$ とする.(iv) から,$\deg r_i<k$ を示し,もし,$x\nmid s_i$ ならば,$r_i/s_i\equiv r_0 \bmod x^{n+k}$ であることを示せ.(実際,補題 11.3 により,$q_1,\ldots,q_{i-1}$ は,r_0,r_1 に対する伝統的 Euclid アルゴリズムの最初の $i-1$ 個の商であり,r_i は i 番目の余りである.)

4.30** この練習問題は,練習問題 4.29 と類似であり,x^{-1} ではなく,x の Laurent 級数に対するものである.F を体とする.x の Laurent 級数の体 $F((x))$ は,ある $m\in\mathbb{Z}$ に対して,

$$g=\sum_{m\leq j<\infty}g_j x^j,\quad g_m,g_{m+1},\ldots\in F$$

という形の式からなる.$v(g)=\min\{j\geq m:g_j\neq 0\}$ とし,便宜上,$v(0)=\infty$ とする.

Laurent 級数 g に対して,g の連分数 $[q_1,q_2,\ldots]$ を次のようにして得る.$\alpha_1=g$ とおき,$i\in\mathbb{N}_{>0}$ に対して,再帰的に $q_i=\lfloor\alpha_i\rfloor\in F[1/x]$, $\alpha_{i+1}=1/(\alpha_i-q_i)$ と定義する.ここで $\lfloor\cdot\rfloor$ は $1/x$ の多項式の部分を抜き出していて,したがって,$v(\alpha_i-q_i)>0$,または同値なことであるが,$x\mid(\alpha_i-q_i)$ である.

(i) $g\neq 0$ ならば,$v(fg)=v(f)+v(g)$, $v(1/g)=-v(g)$ が成り立つこと,また,$v(f+g)\geq\max\{v(f),v(g)\}$ であり,$v(f)\neq v(g)$ ならば,等号はすべての $f,g\in F((x))$ に対して成り立つことを証明せよ.

(ii) 拡張伝統的 Euclid アルゴリズムにおけると同じように,$s_0=t_1=1,s_1=t_0=0$ とし,$i\geq 1$ に対して $s_{i+1}=s_{i-1}-q_i s_i$, $t_{i+1}=t_{i-1}-q_i t_i$ とする.g の第 i convergent $c_i=[q_1,\ldots,q_{i-1}]$ は,$i\geq 2$ に対して,$c_i=-t_i/s_i$ であることを証明せ

よ．

(iii) $g = (t_{i-1} - \alpha_i t_i)/(s_{i-1} - \alpha_i s_i)$ を示し，すべての $i \geq 2$ に対して $v(g - c_i) > -2v(s_i)$ を示せ．よって，$|h| = 2^{-v(h)}$ が Laurent 級数 h の x 進付値ならば，式 (7) と類似な $|g + t_i/s_i| < |s_i|^{-2}$ を得る．

(iv) $g \in F[[x]]$ をべき級数とし，$i \in \mathbb{N}_{\geq 2}, n = -v(s_i) \in \mathbb{N}$ とする．$x^n s_i$ と $x^n t_i$ は，次数が高々 n の多項式であることを証明し，$x \nmid s$ かつ $t/s \equiv g \mod x^{2n+1}$ である次数が n より大きくない多項式 $s, t \in F[x]$ が存在することを示せ．

4.31 $3/2 = 2^{d/n}$ となる整数 d, n は存在しないことを証明せよ．

4.32** (Sturm 1835) $f \in \mathbb{R}[x]$ は重解を持たない，したがって，$\gcd(f, f') = 1$，とし，伝統的 Euclid アルゴリズムのように，しかし，$1 \leq i \leq \ell$ に対して

$$q_i = f_{i-1} \text{ quo } f_i, \quad f_{i+1} = -(f_{i-1} \text{ rem } f_i)$$

という少し変更した規則にしたがって，$f_0 = f, f_1 = f', f_2, \ldots, f_\ell, q_1, \ldots, q_\ell$ を決定せよ．ただし，便宜上 $f_{\ell+1} = 0$ とする．伝統的 Euclid アルゴリズムとの違いは f_{i+1} の符号である．すなわちこれは拡張 Euclid アルゴリズム 3.14 において，$\rho_0 = \rho_1 = 1, 2 \leq i \leq \ell$ に対して $\rho_0 = -1$ ととることに対応する．多項式 $f_0, f_1, \ldots, f_\ell$ は f の Sturm チェインを構成する．各 $b \in \mathbb{R}$ に対して，$w(b)$ を数列 $f_0(b), \ldots, f_\ell(b)$ において符号がかわる回数とする．符号がかわるというのは，$f_i(b) < 0, f_{i+1}(b) > 0$ または $f_i(b) > 0, f_{i+1}(b) < 0$ となることである．Sturm の定理，すなわち，$f(b) \neq 0 \neq f(c), b < c$ なるすべての $b, c \in \mathbb{R}$ に対して，区間 (b, c) に含まれる f の実解の個数は $w(b) - w(c)$ である，ことを証明せよ．ヒント：すべての f_i の高々 1 つの零となる点を含む区間について定理を証明すれば十分である．ある f_i の零となる点で，$i > 0$ のとき，w は変化しないが，$f_0 = f$ の零となる点で 1 だけ少なくなることを示せ．

4.33 F を体とする，

(i) 次数が高々 13 の定数でない多項式 $f \in F[x]$ が既約である必要十分条件は f が F で解を持たないことであることを示せ．

(ii) 2 つの体 $F = \mathbb{Q}$ と $F = \mathbb{F}_2$ それぞれに対して，次数が 4 で F に解を持たない多項式を見つけよ．

All is fair in war, love, and mathematics.
Eric Temple Bell (1937)

"Divide *et impera*" is as true in algebra as in statecraft;
but no less true and even more fertile is the maxim "auge *et impera*."
The more to do or to prove, the easier the doing or the proof.
James Joseph Sylvester (1878)

Quando orientur controversiae, non magis disputatione opus erit inter duos philosophos, quam inter duos Computistas. Sufficiet enim, calamos in manus sumere, sedereque ad abacos, et sibi mutuo (accito si placet amico) dicere: *calculemus*.
Gottfried Wilhelm Leibniz (1684)

These [results] must not be taken on trust by the student, but must be worked by his own pen, which must never be out of his hand while engaged in any algebraical process.
Augustus De Morgan (1831)

5
モジュラアルゴリズムと補間

　計算機代数の重要な一般的な考えは，扱う対象に対するさまざまな表現を使う創意工夫である．例として，多項式はその係数のリストとしても表現されるし，十分たくさんの点におけるその値としても表現される．実際，これこそが計算問題に対して有効なデータ構造を探すいたるところにある問題の計算機代数特有の言語である．

　一般概念の1つの成功した具体例は，**モジュラアルゴリズム**である．そこでは，整数の問題を（もっと一般に Euclid 整域 R 上の計算問題を）直接解くかわりに，1つかまたはいくつかの整数 m を法としてその問題を解くのである．一般的な原理が図 5.1 に描かれている．そこには3つの方法がある．すなわち，**大きな素数**（図 5.1 で，素数 p に対して $m = p$ としたもの），**小さな素数**（図

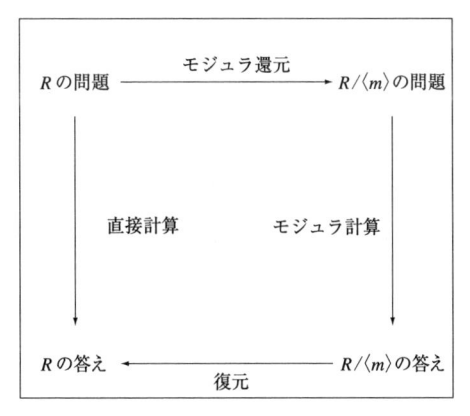

```
$R$ の問題  ──モジュラ還元──→  $R/\langle m \rangle$ の問題
   │                                    │
 直接計算                            モジュラ計算
   │                                    │
   ↓                                    ↓
$R$ の答え  ←─────復元─────  $R/\langle m \rangle$ の答え
```

図 5.1 モジュラアルゴリズムの概略図

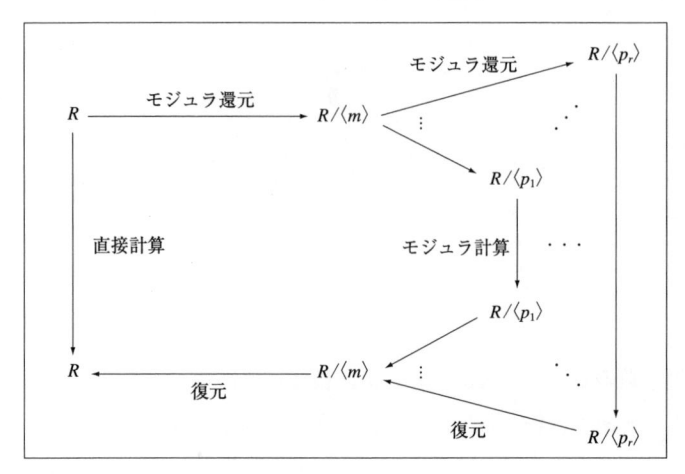

図 5.2 小さな素数のモジュラアルゴリズムの概略図

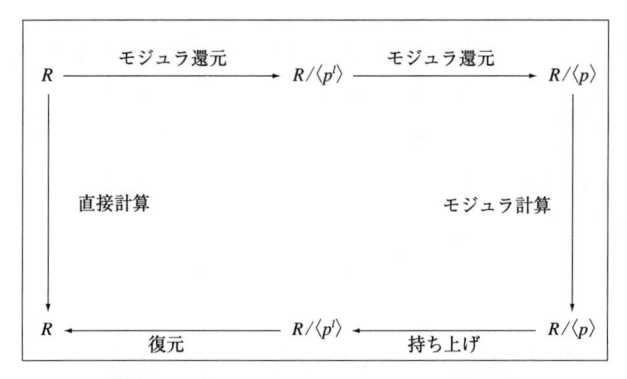

図 5.3 素数べきのモジュラアルゴリズムの概略図

5.2 で, 互いに異なる素数 $p_1, \ldots, p_r$ に対して $m = p_1 \cdots p_r$ としたもの), **素数べき**モジュラアルゴリズム (図 5.3 で, 素数 p に対して $m = p^l$ としたもの) である. 最初のものが, 概念としては最も簡単で, 3 つの中では基本的な事柄が最もよく見えるものである. しかしながら, それ以外の 2 つの方が計算に関しては優れている.

どの場合でも, 2 つの技術的な問題は生じる. つまり,
- R における解の範囲

5. モジュラアルゴリズムと補間

○ 要求されるモジュライをどのように探すか

である．最初のことは，ときとしてやさしい．特に $R = F[x]$ のときは特にそうである．2番目のことは，$R = \mathbb{Z}$ のとき**素数定理**を必要とする．$R = F[x]$ に対しては，小さな素数ではやさしいが，大きな素数ではやや複雑である．

小さな素数のモジュラ法は，直接計算するより，次のような利点を有する．最初の2つは，大きな素数，素数べきのモジュラアルゴリズムにも適用できる．

○ 整数係数の2つの多項式の最大公約数をを計算するというような，何らかの応用において，**中間表現の増大**という現象に遭遇する．すなわち，計算途中の中間結果の係数が，我々が興味のある最終結果の係数より著しく大きくなりうるということである．第6章で，次数が高々 n の $\mathbb{Z}[x]$ における2つの多項式の gcd は入力の多項式よりそれほど大きくない係数を持つが，Euclid のアルゴリズムにおいて，途中の係数は n の因数により入力より長くなり，伝統的 Euclid アルゴリズムにおいては n^2 の因数により大きくなることを見る．モジュラ流で計算すると，それらの積が最終結果よりほんのちょっとだけ大きくなるようなモジュライ m_i を選ぶことができ，可能なところで，m_i で還元することにより，モジュラ計算の途中結果を最終結果と同じくらい「小さい」ままにすることができる．

○ モジュラアルゴリズムの設計者は，モジュライ積が結果を再構成するのに適当な大きさである限り，モジュライを自由に選ぶことができる．したがって，設計者はモジュライが，極端に高速な多項式演算を支える **Fourier 素数**になるように選ぶことができる．これらについては第8章で議論する．

○ 計算機代数のほとんどすべての仕事において，入力のサイズが n の問題を解くコストは，n について少なくとも1次である．たとえば，第2章や第3章で説明した整数や多項式の算術のアルゴリズムを使うと，長さ n の整数または次数 n の多項式に対する1回の算術演算に $O(n^2)$ 回の演算を行う．そのようなとき，大きな問題を1回解くよりも，サイズがおよそ n/r の入力を持つ「小さい」問題を r 回解く方が安上がりである．$n = r$ という極端な場合，モジュラ計算のコストはちょうど $O(n)$ になるが，これは，表現の変換のコストとのバランスをとらなければならない．

○ 小さな素数の方法で，モジュライ m_i が対象のプロセッサの1機械語に

あっていたら，1つの m_i を法とする算術演算は全部で数回のマシンサイクルですむ．
○ 異なる小さな素数を法とする r 個の作業は互いに独立で，r 個のプロセッサまたは機械を使って分散的な方法で，並行して実行することができる．

直接計算が足し算と掛け算だけを使い割り算を使わない限り，任意のモジュラス——または「小さな素数」の方法においてどの2つも互いに素なモジュライ——をモジュラアルゴリズムの中で選ぶことができる．

大きな素数の方法は別にして，この章では，小さな素数のモジュラアルゴリズムの理論的な土台，すなわち，**中国剰余アルゴリズム**と，秘密の共有と行列式の計算への応用について議論する．3番目の方法で使われる道具，すなわち，Newton 反復と Hensel 持ち上げについては第9章まで待たなければならない．素数べきの方法は，第15章の多項式因数分解アルゴリズムにおいて主要な役割を演ずることになる．595 ページの表 15.5 に，それらにより我々が学ぶことになるモジュラアルゴリズムの 11 の問題をあげてある．

さまざまな種類の補間問題や部分分数分解への拡張 Euclid アルゴリズムや中国剰余アルゴリズムの応用についても述べる．

5.1 表現の変換

我々の対象に対して基本的に2つの異なる表現のタイプがある．最初のものでは，**基底**を選んで，その基底のべきに関する展開でデータを表す．このタイプの例には，多項式の係数 (このときの基底は x である)，もっと一般に，u のまわりでの Taylor 展開 (このときの基底は $x-u$ である．5.6 節を見よ) や整数の 10 進表現，2 進表現 (このときの基底はそれぞれ 10, 2 である) が含まれる．実数の通常の浮動小数点表現も，基底を 10^{-1} としてこのカテゴリーのものと考えることもできる．このタイプの表現は「自然」なものであり，コンピュータユーザは，このフォーマットの入力や出力を好む．

第二のタイプの典型は，異なる点 $u_0, \ldots, u_n$ における値による多項式の表現，または，異なる素数 $p_0, \ldots, p_n$ を法とした整数の表現である．(第 10 章とあわせるために，1 から n ではなく 0 から $n-1$ の番号をふっている．) ここで

の「基底」は，それぞれ $x - u_0, \ldots, x - u_{n-1}$ と $p_0, \ldots, p_{n-1}$ である．実際には，多項式の表現で，次数が n 以下の多項式に対する基底を $m = (x - u_0)(x - u_1) \cdots (x - u_n)$ として，

$$\frac{m}{x - u_0}, \frac{m}{x - u_1}, \ldots, \frac{m}{x - u_{n-1}}$$

ととるよりよい方法がある．次の Lagrange の補間公式 (3) を見よ．掛け算のようないくつかの問題に対してこの種の基底をとると非常にやさしいが，余りを伴う割り算などのようなものに対しては，最初のタイプの表現を使う方がよいように思える．

それぞれの計算問題で，この多目的の道具が使えるかどうか確かめるべきである．このとき次の 2 つの疑問が生じる．

○ どちらの表現を用いた方が，問題をやさしく解けるだろうか．
○ どのようにして，表現を変換するのか．

この本では，これらの疑問に対するいくつかの基本的な道具について議論する．すなわち，中国剰余アルゴリズム，拡張 Euclid アルゴリズム，(Hensel 持ち上げを含めて) Newton 反復である．

ある点 u での多項式の値を求めることと，素数 p を法とした整数の余りをとることの類似性をはっきり理解することは重要なことである．前者は $x - u$ を法とした余りをとることと同じであり，したがって，後者は「整数 p」における値と考えることができる．いくつかの点における値から多項式の係数を求めるという逆の操作が**補間**である．整数に対してこれは中国剰余アルゴリズムにより与えられ，そのことを，「いくつかの素数における値からある整数を補間すること」として理解することは役に立つ．

同じような表現は有理関数や有理数にも存在する．後で，変換のアルゴリズムについて論じる．すなわち，有理関数に対する Cauchy 補間，Padé 近似 (5.8 節，5.9 節)，有理数の再構成 (5.10 節) についてである．

多変数多項式を扱うとき，表現を適切に選ぶことは非常に重要なことである．4 つの重要な可能性—稠密，散在，計算回路による，「ブラックボックス」による—は 16.6 節で簡単に論じる．

表現の変換の一般的なアイデアの重要な応用は (FFT に基礎をおいた) 第 8

章の高速な掛け算のアルゴリズムである．第 V 部における主要な 3 つの問題，すなわち，Gröbner 基底，積分，和において，基本的な作業は，手にしている問題がかなり簡単に解けるような表現に入力を変換することと解釈することができる．

5.2 値を計算することと補間

まず，単純であるが最も重要な表現の変換，すなわち，値を計算することと補間から始める．F を体とし，$u_0,\dots,u_{n-1} \in F$ は互いに異なるとする．多項式 $f = \sum_{0 \leq i \leq n} f_i x^i \in F[x]$ は，**Horner 法**

$$f(u) = (\cdots(f_{n-1}u + f_{n-2})u + \cdots + f_1)u + f_0 \tag{1}$$

を使って，$n-1$ 回の掛け算と $n-1$ 回の足し算で，ある 1 つの点 $u \in F$ における値を計算することができる．したがって，$2n^2 - 2n$ 回の演算を用いることで，すべての点 u_i で F の値を計算することができる．補間についてはどうだろうか．

Lagrange 基本多項式

$$l_i = \prod_{\substack{0 \leq j < n \\ j \neq i}} \frac{x - u_j}{u_i - u_j} \in F[x] \tag{2}$$

は，$i \neq j$ ならば $l_i(u_j)$ が 0，$i = j$ のとき 1 という性質を持つ．図 5.4 を見よ．任意の $v_0,\dots,v_{n-1} \in F$ に対して，

$$f = \sum_{0 \leq i < n} v_i l_i = \sum_{0 \leq i < n} v_i \prod_{\substack{0 \leq j < n \\ j \neq i}} \frac{x - u_j}{u_i - u_j} \tag{3}$$

は，すべての i に対して $f(u_i) = v_i$ となる，次数が n より小さい多項式である．次数が n より小さいという制約条件を持つ多項式はただ 1 つに定まる．なぜなら，そのような 2 つの多項式の差は次数が n より小で，n 個の解を持つから，零多項式でなければならないことになるからである．

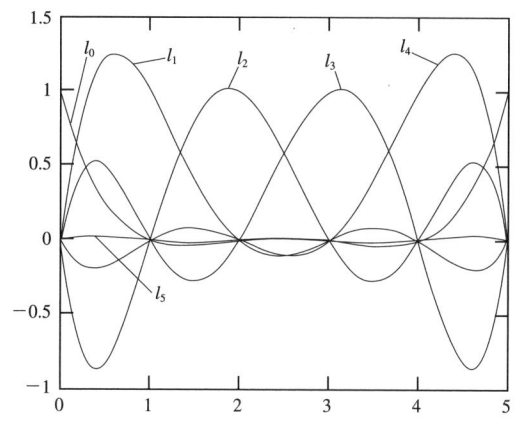

図 5.4 $i = 0, \ldots, 5$ に対して，$u_i = j$ としたときの Lagrange 基本多項式 $l_0, \ldots, l_5$

定理 5.1 次数が n より小さい多項式 $f \in F[x]$ の，n 個の異なる点 $u_0, \ldots, u_{n-1}$ における値を計算することは，または，これらの点での補間多項式を計算することは，F における $O(n^2)$ 回の演算で実行できる．さらに詳しくいうと，値を計算するには $2n^2 - 2n$ 回の演算，Lagrange 補間には $7n^2 - 8n + 1$ 回の演算を要する．

証明 まだ証明していないのは，補間多項式についての演算回数についてである．すべての i に対して，$m_i = x - u_i$ とする．まず最初に，$m_0 m_1, m_0 m_1 m_2, \ldots, m = m_0 \cdots m_{n-1}$ を計算する．これは，$1 \leq i < n$ に対して，モニックな 1 次式に次数 i の多項式を掛けることの総和であり，

$$\sum_{1 \leq i < n} (2i - 1) = n^2 - 2n + 1$$

回だけの演算を行う．次に，各 i について m を m_i で割るのに，$2n - 2$ 回の演算を行い (練習問題 5.3)，u_i での m/m_i の値を計算するのに $2n - 4$ 回の演算を行い，その値で m/m_i を割ると l_i を得る．これを全部の i に対して行うと，総計 $4n^2 - 5n$ 回の演算になる．最後に，式 (3) の 1 次結合を計算するのに $2n^2 - n$ 回の演算を要するので，これらを足し合わせれば定理の評価を得

る. □

練習問題 5.11 で, **Newton 補間**について論じ, 高々 $\frac{5}{2}n^2$ 回の体の演算を要することを示す. 第 10 章で, 値を計算することも補間ももっと速く, $O(n \log^2 n \log \log n)$ 回の演算でできることを示す.

値を計算することと補間を大域的に見ると次のようになる. n 個の点 $u_0, \ldots, u_{n-1} \in F$ が与えられたとき, 値を計算する写像 $\chi: F^n \longrightarrow F^n$ を

$$\chi(f_0, \ldots, f_{n-1}) = \left(\sum_{0 \leq j < n} f_j u_0^j, \ldots, \sum_{0 \leq j < n} f_j u_{n-1}^j \right) \quad (4)$$

で定義する. これは, ちょうど, $u_0, \ldots, u_{n-1}$ における, 次数が n より小さい多項式 $f = \sum f_i x^i$ の値を計算することに対応している. χ を f_i の係数の関数と考える. 値を計算する点 u_i が異なれば, 異なる関数を与える. χ は, 明らかに F 線形であり, **Vandermonde の行列**

$$V = \mathrm{VDM}(u_0, \ldots, u_{n-1}) \begin{pmatrix} 1 & u_0 & u_0^2 & \cdots & u_0^{n-1} \\ 1 & u_1 & u_1^2 & \cdots & u_1^{n-1} \\ 1 & u_2 & u_2^2 & \cdots & u_2^{n-1} \\ \vdots & \vdots & \vdots & & \vdots \\ 1 & u_{n-1} & u_{n-1}^2 & \cdots & u_{n-1}^{n-1} \end{pmatrix} \in F^{n \times n}$$

により表される. もしある $i \neq j$ に対して, $u_i = u_j$ ならば V の i 行と j 行が等しくなり, V は正則でない. もし, すべての u_i が異なるなら, 次数が n より小さい補間多項式がただ 1 つ存在することにより, χ (したがって V) が可逆であることがわかり, したがって V^{-1} は補間写像の行列である. 値を計算することと補間はともに, 係数と値のベクトルの間の線形写像であるが, もちろん, $u_0, \ldots, u_{n-1}$ に関しては線形ではない.

5.3 応用:秘密の共有

補間の巧みな応用の 1 つは 1.3 節であげた秘密の共有である. このことはこ

の本でこの後で使うことはない. n 人の構成員に, 全員がそろえばその秘密が何かがわかるが, 1人でも欠けるとそれがわからないように, 1つの秘密を共有させたいとしよう. このために, その秘密を適当な p に対する有限体 $\mathbb{F}_p = \mathbb{Z}/\langle p \rangle$ の適当な要素と同一視する. 銀行の ATM 用のカードは秘密の PIN コードとして4桁の10進数を使ってアクセスする. このような秘密に対しては, 素数 p を 10 000 より大きく, たとえば, $p = 10007$ と選ぶ. 次に, $2n-1$ 個の要素 $f_1, \ldots, f_{n-1}, u_0, \ldots, u_{n-1} \in \mathbb{F}_p$ を一様にランダムに独立に, u_i はすべて0でないように選ぶ. 秘密を f_0 として, $f = f_{n-1}x^{n-1} + \cdots + f_1 x + f_0 \in \mathbb{F}_p$ とおく. 番号 i の競技者には値 $f(u_i) \in \mathbb{F}_p$ を与える. (もし, $i \neq j$ に対して $u_i = u_j$ となるなら, ランダムな選択をやり直さなければならないが, $n \ll \sqrt{p}$ ならばほとんどこのようなことは起こらない.) これにより, 全員がそろえば, 次数が n より小さい (ただ1つに決まる) 補間多項式 f を決定することができ, したがって, f_0 が求まる. しかし, 一部の人だけ, たとえば $n-1$ 人では, その人たちの持っている値から決まる補間多項式の定数項は $\mathbb{F}_p$ の各要素が同じようになりうる. つまり, f_0 に関する何らの情報も得られない (練習問題 5.14).

これを, $k \leq n$ とし, n 人のうちどの k 人を選んでも秘密が何であるかがわかり, k 人より少なければわからない, という場合に拡張することができる. 次のようにすればよい. $n+k-1$ 個の要素 $u_0, \ldots, u_{n-1}, f_1, \ldots, f_{k-1} \in \mathbb{F}_p$ をランダムに独立にとり, i 番の人に $f(u_i)$ を与える. ここで, $f = f_{k-1}x^{k-1} + \cdots + f_1 x + f_0 \in \mathbb{F}_p[x]$ であり, $f_0 \in \mathbb{F}_p$ が秘密である. ここでも, $i \neq j$ ならば $u_i \neq u_j$ でなければならない. f は k 個の点の値で一意に決まるから, n 人のうち k 人をどのように選んでも f を計算でき, したがって, 秘密 f_0 を計算できるが, k 人より少なければ f_0 に関する何の情報も得られない.

5.4 中国剰余アルゴリズム

$f \in \mathbb{N}$ は, 10進2桁で, 11で割った余りが2, 13で割った余りが7であると仮定する. これで, f は一意に定義されるだろうか, もしそうだとしたら, そうであることを知るのに, 0から99までの数をすべて調べるよりよい方法があ

るだろうか.この節で,この両方の疑問が肯定的であることを学習する.

この節では,R を Euclid 整域とし,

$$m_0, \ldots, m_{r-1} \in R \text{ は互いに素,}$$
$$\text{つまり,} 0 \leq i < j < r \text{ に対して,} \gcd(m_i, m_j) = 1 \text{ とし,} \qquad (5)$$
$$m = m_0 \cdots m_{r-1}$$

とする.よって,$m = \mathrm{lcm}(m_0, \ldots, m_{r-1})$ である.$0 \leq i < r$ に対して,自然な環の準同型写像

$$\pi_i : R \to R/\langle m_i \rangle$$
$$f \mapsto f \bmod m_i$$

が存在する.すべての i について一緒にして,環の準同型写像

$$\chi = \pi_0 \times \ldots \times \pi_{r-1} : R \to R/\langle m_0 \rangle \times \ldots \times R/\langle m_i \rangle,$$
$$f \mapsto (f \bmod m_0, \ldots, f \bmod m_i)$$

を得る.上の例では,$R = \mathbb{Z}$, $r = 2$, $m_0 = 11$, $m_1 = 13$, $m = 143$ であり,

$$\chi(f) = (f \bmod 11, f \bmod 13) = (2 \bmod 11, 7 \bmod 13) \in \mathbb{Z}_{11} \times \mathbb{Z}_{13}$$

である.次の定理は,やや抽象的であるが,我々の多くのアルゴリズムの理論的基礎となるものである.

定理 5.2 χ は全射で,核が $\langle m \rangle$ である.

証明 $f \in R$ とする.すると,

$$f \in \ker \chi \iff \chi(f) = (f \bmod m_0, \ldots, f \bmod m_{r-1}) = (0, \ldots, 0)$$
$$\iff 0 \leq i < r \text{ に対して } m_i \mid f$$
$$\iff \mathrm{lcm}(m_0, \ldots, m_{r-1}) \mid f$$
$$\iff m \mid f$$

であるから, $\ker \chi = \langle m \rangle$ である. 全射を示すには, $0 \leq i < r$ に対して, $\chi(l_i) = e_i$ となる「Lagrange 基本多項式」$l_i \in R$ が存在することを示せば十分である. ここで, $e_i = (0, \ldots, 0, 1, 0, \ldots, 0) \in R/\langle m_0 \rangle \times \ldots \times R/\langle m_i \rangle$ は i 番目の単位ベクトルを表すとする. なぜなら,

$$v = (v_0 \bmod m_0, \ldots, v_{r-1} \bmod m_{r-1}) \in R/\langle m_0 \rangle \times \ldots \times R/\langle m_{r-1} \rangle$$

を, $v_0, \ldots, v_{r-1} \in R$ として, 任意にとると,

$$\begin{aligned}\chi\left(\sum_{0 \leq i < r} v_i l_i\right) &= \sum_{0 \leq i < r} \chi(v_i)\chi(l_i) \\ &= \sum_{0 \leq i < r} (v_i \bmod m_0, \ldots, v_i \bmod m_{r-1}) \cdot e_i \\ &= \sum_{0 \leq i < r} (0, \ldots, 0, v_i \bmod m_{r-1}, 0, \ldots, 0) = v\end{aligned}$$

だからである. 簡単のために $i = 1$ とする. 拡張 Euclid アルゴリズムを, $m_1 \cdots m_{r-1} = m/m_0$ と m_0 に適用して, $sm/m_0 + tm_0 = 1 = \gcd(m/m_0, m_0)$ を満たす $s, t \in R$ を求める. $l_0 = sm/m_0$ とすると, 明らかに, $1 \leq j < r$ に対して, $l \equiv 0 \bmod m_j$ であり,

$$l_0 = s\frac{m}{m_0} \equiv s\frac{m}{m_0} + tm_0 = 1 \bmod m_0$$

であるから, $\chi(l_0) = e_0$ を得て主張が成り立つ. $\square$

系 5.3 中国剰余定理 (Chinese Remainder Theorem; CRT)
環の同型

$$R/\langle m \rangle \cong R/\langle m_0 \rangle \times \cdots \times R/\langle m_{r-1} \rangle \tag{6}$$

と, 乗法群としての群の同型

$$(R/\langle m \rangle)^{\times} \cong (R/\langle m_0 \rangle)^{\times} \times \cdots \times (R/\langle m_{r-1} \rangle)^{\times}$$

が存在する.

証明 定理 5.2 と環の準同型定理 (25.2 節) から式 (6) を得る．$f \in R$ に対して，

$$f \text{ が } m \text{ を法として可逆} \iff \gcd(f, m) = 1$$
$$\iff 0 \leq i < r \text{ に対して} \gcd(f, m_i) = 1$$
$$\iff 0 \leq i < r \text{ に対して } f \text{ が } m_i \text{ を法として可逆}$$

であることから，2 つめの主張が成り立つ． □

定理 5.2 の証明は構成的であり，次のアルゴリズムを与える．

アルゴリズム 5.4 中国剰余アルゴリズム (CRA)

入力：R を Euclid 整域とし，互いに素な $m_0, \ldots, m_{r-1} \in R$ と $v_0 \ldots, v_{r-1} \in R$．
出力：$0 \leq i < r$ に対して，$f \equiv v_i \mod m_i$ となる $f \in R$．

1. $m \longleftarrow m_0 \ldots m_{r-1}$
2. **for** $0 \leq i < r$ **do**
    m/m_i を計算する
    call 拡張 Euclid アルゴリズム 3.6,
    $s_i \frac{m}{m_i} + t_i m_i = 1$ となる $s_i, t_i \in R$ を計算し，
    $c_i \longleftarrow v_i s_i \text{ rem } m_i$
3. **return** $\sum_{0 \leq i < r} c_i \frac{m}{m_i}$

---

c_i は R において $v_i s_i$ を m_i で割った余りであることを思い出そう (2.4 節)．このアルゴリズムが正しく動作することを見るために，$j \neq i$ に対して $c_i m/m_i \equiv 0 \mod m_j$ かつ $c_i m/m_i \equiv v_i s_i m/m_i \equiv v_i \mod m_i$ であることを確かめれば，主張の通り，$0 \leq i < r$ に対して $f \equiv c_i m/m_i \equiv v_i \mod m_i$ であることがわかる．

例 5.5 (i) $R = \mathbb{Z}$ とし，$0 \leq i < r$ に対して $m_i = p_i^{e_i}$ とする．ただし，$0 \leq$

$i < r$ に対して,$p_i \in \mathbb{N}$ は互いに異なる素数,$e_i \in \mathbb{N}_{>0}$ である.このとき,

$$m = \prod_{0 \le i < r} p_i^{e_i}$$

は,$m \in \mathbb{Z}$ の素因数分解である.CRT により,

$$\mathbb{Z}/\langle m \rangle \cong \mathbb{Z}/\langle p_0^{e_0} \rangle \times \cdots \times \mathbb{Z}/\langle p_{r-1}^{e_{r-1}} \rangle$$

が成り立つ.CRA により,連立合同式

$$0 \le i < r \text{ に対して } f \equiv v_i \mod p_i^{e_i}$$

の解 $f \in \mathbb{Z}$ を計算することができる.

たとえば,$r=2, m_0=11, m_1=13, m=11\cdot 13=143$ とし,$v_0=2$ と $v_1=7$ に対して,$0 \le f < m$ なる $f \in \mathbb{Z}$ を求めると,

$$f \equiv 2 \mod 11, \quad f \equiv 7 \mod 13$$

を得る.アルゴリズム 5.4 のステップ 1 では特にすることはない.拡張 Euclid アルゴリズムを 11 と 13 に適用して,$6 \cdot 13 + (-7) \cdot 11 = 1$,すなわち,$s_0 = 6, s_1 = -7$ を得る.このアルゴリズムでは出てこないが,Lagrange 基本多項式 l_0 と l_1 は,定理 5.2 により $l_0 = 6 \cdot 13 = 78, l_1 = (-7) \cdot 11 = -77$ であり,実際,$l_0 \equiv 1 \mod 11, l_0 \equiv 0 \mod 13, l_1 \equiv 0 \mod 11, l_1 \equiv 1 \mod 13$ であることがわかる.次に,

$$c_0 = v_0 s_0 \text{ rem } m_0 = 2 \cdot 6 \text{ rem } 11 = 1$$
$$c_1 = v_1 s_1 \text{ rem } m_1 = 7 \cdot (-7) \text{ rem } 13 = 3$$

となる.最後にステップ 3 で,

$$f = c_0 \frac{m}{m_0} + c_1 \frac{m}{m_1} = 1 \cdot 13 + 3 \cdot 11 = 46$$

と計算し,実際 $46 = 4 \cdot 11 + 2 = 3 \cdot 13 + 7$ である.

 (ii) F を体とし,$R = F[x], 0 \le i < r$ に対して $m_i = x - u_i$ とする.ただし,$u_0, \ldots, u_{r-1}$ は R の要素で,互いに異なるとする.すると,4.1 節により,$0 \le i < r$ と任意の $f \in F[x]$ に対して $f \equiv f(u_i) \mod (x - u_i)$ であり,

よって定理 5.2 から，環の準同型写像

$$\chi : F[x] \to F[x]/\langle x-u_0 \rangle \times \cdots \times F[x]/\langle x-u_{r-1} \rangle \cong F^r$$
$$f \mapsto (f(u_0), \ldots, f(u_{r-1}))$$

は，$u_0, \ldots, u_{r-1}$ における値を計算する準同型 (4) である．(環 F^r は F の要素の r 組であり，環の演算は座標ごとに行うものである．) さらに l_i は，定理 5.2 の証明から，

$$l_i \equiv l_i(u_i) = 1 \mod (x-u_i)$$
$$l_i \equiv l_i(u_j) = 0 \mod (x-u_j) \quad (j \neq i \text{ のとき})$$

を満たし，$\deg l_i < r$ は Lagrange 基本多項式

$$l_i = \prod_{0 \leq j < r, j \neq i} \frac{x-u_j}{u_i-u_j}$$

である．もし，$v_0, \ldots, v_{r-1} \in F$ がスカラーならば，アルゴリズム 5.4 のステップ 2 で $c_i = v_i s_i$ であり，

$$f = \sum_{0 \leq r} c_i \frac{m}{m_i} = \sum_{0 \leq r} v_i l_i$$

は

$$f(u_i) = v_i \quad (0 \leq i < r) \tag{7}$$

を満たす Lagrange 補間多項式にほかならない．したがって，r 個の異なるモニック多項式に対する中国剰余は，r 個の点における補間と同じであり，CRT は，補間多項式は $m = \prod_{0 \leq i < r}(x-u_i)$ を法として一意に決まり，よって，補間問題 (7) の解となる次数が r より本当に小さい多項式 $f \in F[x]$ はただ 1 つ存在する，というすでに知っていることを再び述べていることになる．実際に，CRT を補間の一般化と見ることは役に立つ．◇

$R = \mathbb{Z}$ とし m_i を上の例の (i) のようにとると，4.2 節の式 (2) と中国剰余定理から，Euler 関数に対する次の公式を得る．練習問題 5.28 で，有限体上の

多項式に対する同様の公式を与える．

系 5.6 互いに異なる素数 $p_0, \ldots, p_{r-1} \in \mathbb{N}$ と $e_0, \ldots, e_{r-1} \in \mathbb{N}_{>0}$ に対して，$m = p_0^{e_0} \cdots p_{r-1}^{e_{r-1}}$ とすると，

$$\varphi(m) = (p_0-1)p_0^{e_0-1} \cdots (p_{r-1}-1)p_{r-1}^{e_{r-1}-1} = m \cdot \prod_{\substack{p|m \\ p \text{ は素数}}} \left(1 - \frac{1}{p}\right)$$

が成り立つ．

定理 5.7 体 F に対して $R = F[x]$ とし，$m_0, \ldots, m_{r-1}, m \in R$ を式 (5) のようにとり，$0 \leq i < r$ に対して，$d_i = \deg m_i \geq 1$, $n = \deg m = \sum_{0 \leq i < r} d_i$ とし，$v_i \in R$ を $v_i < d_i$ とする．すると，多項式に対する中国剰余問題

$$f \equiv v_i \bmod m_i \quad (0 \leq i < r)$$

の $\deg f < n$ なるただ 1 つの解 $f \in F[x]$ は，F の $O(n^2)$ 回の演算で計算できる．

証明 アルゴリズム 5.4 のステップ 1 で，まず，順々に $m_0, m_0 m_1, \ldots, m_0 \cdots m_{r-1}$ を計算するが，これには高々，

$$2 \sum_{1 \leq i < r} (d_0 + \cdots + d_{i-1} + 1)(d_i + 1) = 2 \sum_{0 \leq j < i < r} d_j(d_i+1) + 2 \sum_{1 \leq i < r} (d_i+1)$$

$$< 2 \sum_{0 \leq i,j < r} d_j(d_i+1) = 2 \left(\sum_{0 \leq j < r} d_j\right) \left(\sum_{0 \leq i < r} (d_i+1)\right) = 2n(n+r) \in O(n^2)$$

回の F における演算が実行される (2.3 節)

次に，ステップ 2 で，$0 \leq i < r$ に対して m/m_i を計算する．2.4 節で示したように，各割り算で，高々 $(2d_i+1)(n-d_i+1)$ 回の演算を行うので，あわせて，

$$\sum_{0\le i<r}(2d_i+1)(n--d_i+1) < 2n\sum_{0\le i<r}(d_i+1) = 2n(n+r) \in O(n^2)$$

回の演算を行う.

ステップ 2 で $i \in \{0,\ldots,r-1\}$ を固定する. 入力が m/m_i と m_i のとき, 拡張 Euclid アルゴリズムは, $O(d_i(n-d_i))$ 回の演算が必要になる (定理 3.16). s_i の次数の公式 (補題 3.15(b)) により, $\deg s_i < \deg m_i = d_i$ であるから, v_i と s_i の積, および, それに続く m_i で割った余りの計算に $O(d_i^2)$ 回の演算を行う. したがって, 各 i について $O(d_i n)$ 回の演算を行い, ステップ 2 では $O(n^2)$ 回の演算を行う.

最後に, ステップ 3 で, $0 \le i < r$ に対する c_i と m/m_i の積に $O(d_i(n-d_i))$ 回の演算が, (次数は n より本当に小さい) それらの積すべての和に $O(rn)$ 回の演算が必要である. つまり, ステップ 3 では $O(n^2)$ のコストがかかり, 全体でも $O(n^2)$ のコストがかかる. □

次の定理は定理 5.7 の整数版である. 練習問題 5.29 を見よ.

定理 5.8 $R = \mathbb{Z}$, $m_0, \ldots, m_{r-1}$, $m \in \mathbb{N}$ を式 (5) のようにとり, $n = \lfloor \log_2 m/64 \rfloor + 1$ を m の語の長さとし, $0 \le i < r$ に対して $v_i \in \mathbb{Z}$ を $0 \le v_i < m_i$ とする. すると, 整数に対する中国剰余問題

$$f \equiv v_i \bmod m_i \quad (0 \le i < r)$$

の $0 \le f < m$ なるただ 1 つの解 $f \in \mathbb{Z}$ は, $O(n^2)$ 回の語演算で計算できる.

5.5 行列式のモジュラ計算

5.4 節の道具を, 退屈な問題, すなわち $n \times n$ 行列 $A = (a_{ij})_{1 \le i,j \le n} \in \mathbb{Z}^{n \times n}$ の行列式 $\det A \in \mathbb{Z}$ の計算に使おう.

線形代数学 (25.5 節) により, この問題は $\mathbb{Q}$ 上の Gauß の消去法により, 高々

$2n^3$ 回の $\mathbb{Q}$ 上の演算で解けることがわかる．これは，多項式時間といえるのだろうか．もちろん，$2n^3$ は入力サイズに関する多項式であるが，このアルゴリズムで使われる語演算の回数は，途中の結果の分子と分母にも依存する．これらはどのくらい大きくなるだろうか．消去法の k 番目の段階を考え，簡単のため，A は正則で，行の交換も列の交換も必要ないと仮定しよう．

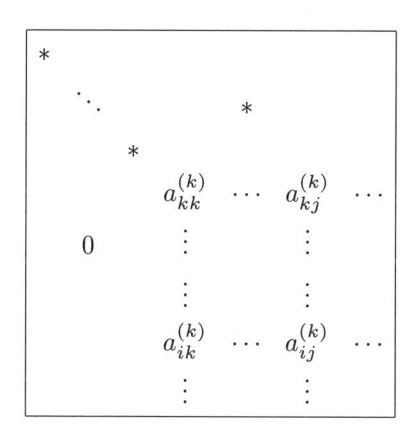

$$\begin{pmatrix} * & & & & & & \\ & \ddots & & & * & & \\ & & * & & & & \\ & & & a_{kk}^{(k)} & \cdots & a_{kj}^{(k)} & \cdots \\ 0 & & & \vdots & & \vdots & \\ & & & \vdots & & \vdots & \\ & & & a_{ik}^{(k)} & \cdots & a_{ij}^{(k)} & \cdots \\ & & & \vdots & & \vdots & \end{pmatrix}$$

上の表は，$k-1$ ピボット段階の後の行列を表していて，"$*$" は有理数を表し，上方の対角成分は 0 ではない．対角成分 $a_{kk}^{(k)} \neq 0$ が新しいピボットであり，k 番目の段階では，第 k 行に適当な数を掛けたものを引くことで，そのピボットより下にある成分が 0 になる．$k < i \leq n, k \leq j \leq n$ に対して，行列の成分は，

$$a_{ij}^{(k+1)} = a_{ij}^{(k)} - \frac{a_{ik}^{(k)}}{a_{kk}^{(k)}} a_{kj}^{(k)} \tag{8}$$

にかわる．

成分 $a_{ij}^{(1)} = a_{ij}$ は，もとの行列 A の成分である．b_k が，$0 \leq i,j \leq n$ に対するすべての $a_{ij}^{(k)}$ の分子と分母の上界であり，特に，$0 \leq i,j \leq n$ に対して $|a_{ij}| \leq b_1$ であるとすると，式 (8) から，

$$b_k \leq 2b_{k-1}^4 \leq 2^{1+4}b_{k-2}^{4^2} \leq \cdots \leq 2^{1+4+\cdots+4^{k-2}}b_1^{4^{k-1}} = 2^{(4^{k-1}-1)/3}b_1^{4^{k-1}}$$

であり，これは入力の大きさ $n^2\lambda(b_1) \approx n^2 \log_{2^{64}} b_1$ の指数的に大きい上界である（長さ λ に関しては 2.1 節と 6.1 節を見よ）．こうなると，語の演算を数

えるとき，Gauß の消去法はほんとに多項式時間でできるのだろうかと心配になる．実際には，$\mathbb{Q}$ 上の Gauß の消去法に対しては，途中の結果の長さと語演算の回数は入力の大きさに関する多項式になるのだが，証明はやさしくない．$\det A$ を計算する多項式時間のアルゴリズムという同じゴールにたどりつくほかの方法を用いることにする．これは，簡単な場合のモジュラ計算を説明し，より一般の興味ある道具をいくつか紹介する．

行列 $A \in \mathbb{Z}^{n \times n}$ の行列式 $d = \det A$ を多項式時間で計算する最も簡単な方法は，$2|d|$ より大きいことが保証されている素数 p を選び，$A \bmod p \in \mathbb{Z}_p^{n \times n}$ に Gauß の消去法を実行して $d \bmod p$ を計算し，代表元の「対称」系の代表元

$$-\frac{p-1}{2}, \cdots, \frac{p-1}{2} \tag{9}$$

でこの値を表現する (p が奇数ならば，4.1 節を見よ)．$r \in \mathbb{Z}$ をそれを表現する元とすると，

$$r \equiv d \bmod p, \quad -\frac{p}{2} < r < \frac{p}{2}$$

である．行列式のような任意の多項式表現は，自然な準同型 $\mathbb{Z} \to \mathbb{Z}_p$ により計算されることから，この合同式が成り立つ (25.3 節)．したがって，A の行列式を p を法として還元したものは，A の要素の p を法として還元した行列 ($A \bmod p$) $\in \mathbb{Z}_p^{n \times n}$ の $\mathbb{Z}_p$ における行列式に等しい．したがって，p は $d-r$ を割り切り，

$$|d-r| \leq |d| + |r| < \frac{p}{2} + \frac{p}{2} = p$$

であり，よって，$d = r$ である．

我々が用いた次のことは，自明であるが，驚くほど役に立つ．すなわち，

$$a, b \in \mathbb{Z} \text{ に対して，} a \mid b \text{ かつ } |b| < |a| \text{ ならば } b = 0 \text{ である．} \tag{10}$$

$\det (A \bmod p)$ の計算は，ピボット成分 a で割るとき，拡張 (伝統的) Euclid アルゴリズム 3.6 を使って，その p を法とした逆数を計算しなければならないことを除いて，本質的には，$\mathbb{Q}$ 上の Gauß の消去法と同じである．ここまでで，

何が得られただろうか．大きなものは，途中の値が大きくなることを心配する必要がなくなったことである．すなわち，それらはいつでも代表元系 (9) の中で表現でき，それゆえ，いつも「小さい」．$|\det A|$ の直感的なよい上界を決定することが残っている．すなわち，n と A の係数のサイズの多項式の大きさで，$\det A$ を実際に計算しないでも，簡単に見つけられるものである．そのような上界は，B を A の成分の絶対値の最大値 $B = \max_{1 \leq i,j \leq n} |a_{ij}| \in \mathbb{N}$ とすると，$|\det A| \leq n^{n/2} B^n$ が成り立つという **Hadamard の不等式** (定理 16.6) によって与えられる．

例 5.9 $A = \begin{pmatrix} 4 & 5 \\ 6 & -7 \end{pmatrix}$ とする．Gauß の消去法を行うと，この行列は，

$$\begin{pmatrix} 4 & 5 \\ 0 & -29/2 \end{pmatrix}$$

となるから，$\det A = -58$ である．

Hadmard の上界から，$|\det A| \leq 2^1 7^2 = 98$ であり，これは，$|\det A| = 58$ にそれなりに近い値である．モジュラ計算に関しては，素数 p を $2 \cdot 98$ より大きく，たとえば $p = 199$ ととり，p を法として Gauß の消去法を行う．ピボット成分 4 の逆元は 50 であり，

$$\det (A \bmod 199) = \det \begin{pmatrix} 4 & 5 \\ 0 & 85 \end{pmatrix} = 141 = -58 \text{ in } \mathbb{Z}_{199}$$

となる．◇

$|\det A|$ の上界 $C = n^{n/2} B^n$ の語の長さ $\lambda(C)$ は，だいたい，$\frac{1}{64} \log_2 C = \frac{1}{64} n(\frac{1}{2} \log_2 n + \log_2 B)$ であり，よって，入力サイズ $n^2 \lambda(B)$ の多項式であり，18.4 節で見るように，たとえば，$2C$ と $4C$ の間にある素数 p は，確率的多項式時間アルゴリズムで簡単に見つけることができる．したがって，p を法とする計算は，多項式時間で，実際 $O(\log^2 C)$ の語演算で実行できる．A の成分の絶対値はすべて p より小さく，p を法としてそれらを還元しても，計算として

は何も行われない.よって,このアルゴリズムのコストは,$O(n^3)$ 回の p を法とする演算であり,これにより,整数の行列の行列式は,

$$O(n^3 \cdot n^2 (\log n + \log B)^2) \quad \text{or} \quad O\tilde{\ }(n^5 \log^2 B) \tag{11}$$

回の語演算で計算できることになる.ここで $O\tilde{\ }$ は,対数の因子を無視することを表す (25.7 節).これは多項式時間であるが,(n の) 3 乗ではない! 第 II 部の高速整数算術を使うと,ランニングタイムを $O\tilde{\ }(n^4 \log B)$ に減らすことができ,これは入力サイズのおおよそ 4 乗である.だが,Gauß の消去法のランニングタイムは,2 乗なのか,それとも 3 乗なのか,あるいは 4 乗なのか,はたまた 5 乗なのか.

上のアルゴリズムは,$\mathbb{Q}$ 上の Gauß の消去法に,多項式時間で動くという簡単に証明できることを除いては,大きな向上をもたらしたわけではない.しかし,本当に大きなアイデアは,1 つのモジュラスで計算するのではなく,いくつかのモジュライで同時に計算すること,すなわち,**小さな素数のモジュラ計算**である.これらの素数は,対数の長さほどに非常に小さくとられ,その結果,アルゴリズムの主要なコストは多くの小さな Gauß の消去法であり,これらは並行にあるいはばらばらに実行される.この方法は,非常に効果的である.

アルゴリズム 5.10 小さな素数のモジュラ行列式計算

入力:$A = (a_{ij})_{1 \leq i,j \leq n} \in \mathbb{Z}^{n \times n}$,ただし,すべての i,j に対して,$|a_{ij}| \leq B$.
出力:$\det A \in \mathbb{Z}$.

1. $C \longleftarrow n^{n/2} B^n, \quad r \longleftarrow \lceil \log_2 (2C+1) \rceil$
   r 個の異なる素数 $\{m_0, \ldots, m_{r-1}\} \in \mathbb{N}$ を選ぶ
2. **for** $0, \ldots, r-1$ \quad $A \bmod m_i$ を計算する
3. **for** $0, \ldots, r-1$ **do**
   $\mathbb{Z}_{m_i}$ 上の Gauß の消去法により,$d_i \equiv \det A \bmod m_i$ なる
   $d_i \in \{0, \ldots, m_i - 1\}$ を計算する
4. **call** 中国剰余アルゴリズム 5.4,$0 \leq i < r$ に対して,$d \equiv d_i \bmod m_i$
   となる絶対値最小な $d \in \mathbb{Z}$ を決定する

5. **return** d

$\det A$ は A の成分の多項式表現だから，中国剰余定理により，$0 \leq i < r$ に対して $\det A \equiv d_i \bmod m_i$ を，したがって，$\det A \equiv d \bmod m$ を得る．ここで，$m = m_0 \cdots m_{r-1}$ である．$m \geq 2^r > 2n^{n/2}B^n \geq 2|d|$ だから，前と同じように，本当に $d = \det A$ を得る．

例 5.11 モジュライとして最初の 4 つの素数をとり，

$$\det A \equiv 0 \bmod 2, \qquad \det A \equiv 2 \bmod 3$$
$$\det A \equiv 2 \bmod 5, \qquad \det A \equiv -2 \bmod 7$$

を得る．$m = 2 \cdot 3 \cdot 5 \cdot 7 = 210$ だから，中国剰余問題，$1 \leq i \leq 4$ に対して $d \equiv d_i \bmod m_i$ の解は，$d \in -58 + 210\mathbb{Z} = \{\cdots, -268, -58, 152, 362, \cdots\}$ であり，本当の解 -58 は絶対値最小のものである．もし，最初の 3 つの素数だけをとったのでは，$d = 2$ となり，正しい解は得られない．◇

コストを解析するために，定理 18.10 から，最初の r 個の素数は $O(r \log^2 r \log \log r)$ 回の語演算で計算できることと，すべての i に対して，$\log m_i \in O(\log r)$ であることがわかる．(実際には，r 個よりいくらか少ない素数で十分である．練習問題 18.21 を見よ．) したがって，$\log m = \sum_{0 \leq i < r} \log m_i \in O(r \log r)$ である．1 回の m_i を法とした算術演算は $O(\log^2 m_i)$ または $O(\log^2 r)$ 回の語演算で実行でき，よって，ステップ 3 におけるすべての Gauß の消去法の全コストは，$O(n^3 r \log^2 r)$ 回の語演算である．1 つのモジュラス m_i での A の成分の還元には，2.4 節から，$O(\lambda(B)\lambda(m_i))$ または $O(\log B \cdot \log r)$ 回の語演算を要する．ゆえに，ステップ 2 で，$m_0, \ldots, m_{r-1}$ を法として A のすべての要素を還元するには，$O(n^2 \log B \cdot r \log r)$ 回の語演算かかる．ステップ 4 のコストは，定理 5.8 により $O(r^2 \log^2 r)$ 回の語演算であり，ステップ 1 のコストを支配する．$r \in O(n \log (nB))$ という事実は，小さな素数の方法は，大きな素数の方法より，次数にして約 1 だけ速いという次の定理を導く．

定理 5.12 すべての成分の絶対値が B より小さい行列 $A \in \mathbb{Z}^{n \times n}$ の行列式は

$$O((n^4 \log^2(nB) + n^3 \log^2(nB))(\log^2 n + (\log \log B)^2))$$
$$\text{または} \quad O^\sim(n^4 \log B + n^3 \log^2 B)$$

回の語演算で決定的に計算できる．

実際には，最初の r 個の素数ではなく，プロセッサの語のサイズに近い (たとえば，語のサイズが 64 ならば，2^{63} と $2^{64}-1$ の間の) r 個の単精度の素数を事前に計算し，蓄えておくとよい．練習問題 18.18 で，そのような単精度の素数は，すべての実際的な目的に対しては十分な個数存在することを示す．したがって，1 つの m_i を法とする演算は一定時間ででき，全コストは $O(n^3 r)$ に，最初のモジュラ還元と CRA の $O(n^2 \log B \cdot r + r^2)$ または $O(nr-2)$ を足したものである．ここで，r はおよそ $\lambda(2C)$ あるいは $O(n \log(nB))$ である．これに比べて，大きな素数の場合のコストは，およそ $O(n^3 r^2)$ 回の語の演算である．

整数の場合と同様に，F を体とし，成分が $F[x]$ の要素である行列の行列式の計算のモジュラアルゴリズムをつくることができる．その体が十分大きければ，これは整数の場合よりやさしくさえある (練習問題 5.32)．

5.6 Hermite 補間

5.6 節から 5.11 節は，この本の残りの部分に本質的ではないので，最初に読むときはとばしてもかまわない．この節では，中国剰余アルゴリズムの **Hermite 補間**への応用について論じる．これは，多項式補間の各点での関数の値だけでなく，1 階の導関数のいくつかの値に対する，同じことであるが，Taylor 展開の最初の部分に対する，一般化である．

R は任意の (可換) 環，$f \in R[x]$ は高々 n の次数を持ち，$u \in R$ とすると，f の u のまわりでの Taylor 展開は，

5.6 Hermite 補間

$$f = f_n \cdot (x-u)^n + \cdots + f_1 \cdot (x-u) + f_0 \qquad (12)$$

のことである．ただし，$f_n, \ldots, f_0 \in R$ は **Taylor 係数**である．$u=0$ ならば，これは普通の多項式を書く書き方である．Taylor 係数は一意に定まり，$f_n x^n + \cdots + f_1 x + f_0 = f(x+u)$ を得，これは，多項式 f の x に $x+u$ を代入したものである．(形式的には，u が R 上の不定元と考えるとき，これは $f_n, \ldots, f_0 \in R[u]$ を定義し，式 (12) がこの不定元について，また，それに R の任意の要素を代入したものに対しても成り立つ．) $F = \mathbb{Z}, \mathbb{Q}, \mathbb{R}, \mathbb{C}$ に対して，f の Taylor 展開の i 番目の項の係数は，f の x に関する i 階導関数を $f^{(i)}$ とすると $f^{(i)}(u)/i!$ であり，式 (12) は，

$$f = \frac{f^{(n)}(u)}{n!} \cdot (x-u)^n + \cdots + \frac{f''(u)}{2!} \cdot (x-u)^2 + f'(u)(x-u) + f(u)$$

という見慣れた形になる．したがって，$f \in \mathbb{Z}[x]$ と $u \in \mathbb{Z}$ に対して，$f^{(i)}(u)/i!$ は常に整数である．$e \leq n$ に対して式 (12) から，

$$f \equiv f_{e-1} \cdot (x-u)^{e-1} + \cdots + f_1 \cdot (x-u) + f_0 \mod (x-u)^e \qquad (13)$$

である．式 (13) の右辺を f の **u のまわりでの位数 e の Taylor 展開**という．

F を体，$u_0, \ldots, u_{r-1} \in F$ を互いに異なるとし，$e_0, \ldots, e_{r-1} \in \mathbb{N}$, $v_0, \ldots, v_{r-1} \in F[x]$ を，すべての i に対して $\deg v_i < e_i$ なるものとする．**Hermite 補間問題**とは，任意の i に対して，v_i が f の u_i のまわりでの位数 e_i の Taylor 展開である，次数が $n = e_0 + \cdots + e_{r-1}$ 以下の多項式 $f \in F[x]$ を計算すること，同値ないいかえをすれば，f が

$$0 \leq i < r \text{ に対して,} \quad f \equiv v_i \mod (x - u_i)^{e_i} \qquad (14)$$

なる中国剰余問題を解くこと，である．

例 5.13

$$f(0) = 0, \quad f'(0) = 1, \quad f(1) = 1, \quad f'(1) = 0 \qquad (15)$$

である，次数が 4 より小さい多項式 $f \in \mathbb{Q}[x]$ を求めよう．f の $x = 0$ と $x =$

1 のまわりでの Taylor 展開の最初の部分は, それぞれ $v_0 = f(0) + f'(0)x = x$ と $v_1 = f(1) + f'(1)(x-1) = 1$ であり, 条件 (15) は合同式,

$$f \equiv x \bmod x^2, \quad f \equiv 1 \bmod (x-1)^2$$

と同値である. ここで, モジュライは $m_0 = x^2$ と $m_1 = (x-1)^2$ であり, 拡張 Euclid アルゴリズムにより, $(-2x+3)x^2 + (2x+1)(x-1)^2 = 1$ を得る. よって, 中国剰余アルゴリズム 5.4 のステップ 2 で, $s_0 = 2x+1$, $s_1 = -2x+3$ であり,

$$c_0 = v_0 s_0 \operatorname{rem} m_0 = x \cdot (2x+1) \operatorname{rem} x^2 = x$$
$$c_1 = v_1 s_1 \operatorname{rem} m_1 = 1 \cdot (-2x+3) \operatorname{rem} (x-1)^2 = -2x+3$$

であり, 結局,

$$f = c_0 \frac{m}{m_0} + c_1 \frac{m}{m_1} = x(x-1)^2 + (-2x+3)x^2 = -x^3 + x^2 + x$$

である. このとき, $f' = -3x^2 + 2x + 1$ であり, 式 (15) を満たすことは簡単に確かめられる. ◇

中国剰余定理 5.7 は次を含んでいる.

系 5.14 Hermite 補間問題 (14) は F における $O(n^2)$ 回の算術演算で解くことができる.

5.7 有理関数の復元

この節では, 多項式を法としてある多項式に, 合同な小さい「次数」を持つ有理関数を見つける問題を解くことである. その結果として, さまざまな補間問題の解を得, 最も一般的な形の「有理」中国剰余アルゴリズムを得る.

F を体, $m \in F[x]$ は次数 $n > 0$ とし, $g \in F[x]$ は次数が n より小さいとする. $k \in \{0, \ldots, n\}$ が与えられたとき,

5.7 有理関数の復元

$$\gcd(t,m) = 1, \quad rt^{-1} \equiv g \bmod m, \quad \deg r < k, \quad \deg t \leq n-k \quad (16)$$

を満たす $r,t \in F[x]$ で $r/f \in F(x)$ なる有理関数を求めたい.ここで, r^{-1} は m を法とする r の逆元である (4.2 節).もし $k=n$ ならば,明らかに $r=g$, $t=1$ が解であるが, k がそれ以外の値のとき,そもそも解が存在するかどうかも明らかではない.式 (16) における次数の制約条件は,固定された m に対して,入力 g は n 個の係数を持ち,その制約条件は, r と t の係数がちょうど n の「次数の自由度」を持つという意味で,自然である.

t は m を法として単元なので, (16) の合同式に t を掛けても同値な式を得る. gcd に関する要請を考えなければ,

$$r \equiv tg \bmod m, \quad \deg r < k, \quad \deg t \leq n-k \quad (17)$$

を得る.これは,真に弱い条件であり,いつも満たされるが,式 (16) が解を持たない (例外的な) 場合があることを見ることになる.

次の補題は,拡張 Euclid アルゴリズムにおける s_i, t_i が小さい次数を持つと主張していて,ある意味で,補題 3.15 (b) の逆である.それは, $f,g,r,s,t \in F[x]$ で r,s,t の次数が「小さい」としたら, f,g の任意の 1 次結合 $r = sf + tg$ は EEA におけるある行 $r_j = s_j f + t_j g$ の倍数であるといっている.

補題 5.15 (EEA に現れる成分の一意性) F を体とし, $f,g,r,s,t \in F[x]$ を $\deg f = n, r = sf + tg, t \neq 0$ であるとし,

$$\deg r + \deg t < n = \deg f$$

と仮定する.さらに, $0 \leq i \leq \ell+1$ に対して, r_i, s_i, t_i を (f,g) に対する拡張 Euclid アルゴリズム 3.14 の行とする. $j \in \{1, \ldots, \ell+1\}$ を

$$\deg r_j \leq \deg r \leq \deg r_{j-1} \quad (18)$$

で定義すると,

$$r = \alpha r_j, \quad s = \alpha s_j, \quad t = \alpha t_j$$

となる 0 でない $\alpha \in F[x]$ が存在する.

証明 まず，$s_j t = s t_j$ を示す．そうでないとして，方程式

$$\begin{pmatrix} s_j & t_j \\ s & t \end{pmatrix} \begin{pmatrix} f \\ g \end{pmatrix} = \begin{pmatrix} r_j \\ r \end{pmatrix}$$

を考える．係数行列は正則なので，Cramer の公式 (定理 25.6) を用いて

$$f = \frac{\det \begin{pmatrix} r_j & t_j \\ r & t \end{pmatrix}}{\det \begin{pmatrix} s_j & t_j \\ s & t \end{pmatrix}} \tag{19}$$

と $F(x)$ の要素 f を解くことができる．式 (19) の左辺の次数は n であり，一方，補題 3.15 (b) と式 (18) により，

$$\deg r_j t - r t_j \le \max\{\deg r_j + \deg t, \deg r + \deg t_j\}$$
$$\le \max\{\deg r + \deg t, \deg r + n - \deg t_{j-1}\}$$
$$< \max\{n, \deg r_{j-1} + n - \deg t_{j-1}\} = n$$

であり，式 (19) の右辺の次数は本当に n より小さい．これは矛盾であり，主張が証明された．

補題 3.15 (v) から s_j と t_j は互いに素であり，上の主張から $t_j \mid s_j t$ だから $t_j \mid t$ である．$\alpha \in F[x]$ とし，$t = \alpha t_j$ と書くと，$t \ne 0$ だから $\alpha \ne 0$ である．したがって，$s t_j = s_j t = \alpha s_j t_j$ であり，t_j で割れば $s = \alpha s_j$ を得る．結局，

$$r = sf + tg = \alpha(s_j f + t_j g) = \alpha r_j$$

となる．□

さあ，式 (17) が拡張 Euclid アルゴリズムによって解けることを示そう．$r, t \in F[x]$ とし，t がモニックで $\gcd(r, t) = 1$ であるとき，有理関数 $r/t \in F(x)$ は**標準形**であるという．任意の有理関数はただ 1 つの標準形を持つ．

定理 5.16 $m \in F[x]$ は次数 $n > 0$ とし，$g \in F(x)$ は次数が n より小さいと

5.7 有理関数の復元

する．さらに，$r_j, s_j, t_j \in F[x]$ を m, g に対する拡張 Euclid アルゴリズムの第 j 行とする．ただし，j は $\deg r_j < k$ なる最小のものとする．このとき，次が成り立つ．

(i) 式 (17) を満たす多項式 $r, t \in F[x]$ が存在する．すなわち，$r = r_j, t = t_j$ である．さらに，$\gcd(r_j, t_j) = 1$ ならば，r, t は式 (16) の解である．

(ii) $r/t \in F(x)$ が式 (16) の標準形の解であるならば，$r = \tau^{-1} r_j, t = \tau^{-1} t_j$ である．ここで $\tau = \mathrm{lc}(t_j) \in F \setminus \{0\}$ である．特に，式 (16) が解を持つの必要十分条件は $\gcd(r_j, t_j) = 1$ である．

証明 (i) 補題 3.15 (b) と j の最小性から，$r_j = s_j m + t_j f \equiv t_j f \mod m$,

$$\deg t_j = \deg r_0 - \deg r_{j-1} = n - \deg r_{j-1} \leq n - k$$

を得，したがって，$(r, t) = (r_j, t_j)$ は式 (17) を満たす．ここで，r_{j-1} は EEA において r_j の 1 つ手前の余りである．結局，補題 3.15 (vii) により $\gcd(m, t_j) = \gcd(r_j, t_j) = 1$ であり，主張が成り立つ．

(ii) $s \in F[x]$ を $r = sm + tf$ であるとする．式 (16) における次数の制約条件により，$\deg r + \deg t < n = \deg m$ である．補題 5.15 により，ある零でない $\alpha \in F[x]$ に対して $(r, t) = (\alpha r_j, \alpha t_j)$ となる．r と t は互いに素で t はモニックだから，$\alpha = \tau^{-1} \in F$ は定数で $\gcd(r_j, t_j) = 1$ である．□

定理 3.16 から次を得る．

系 5.17 式 (16) が解けるかどうかを決定し，解けるなら，$O(n^2)$ 回の F の演算でただ 1 つの解を計算するアルゴリズムが存在する．

この後の 2 つの節のいくつかの例で定理 5.16 を説明する．表 5.5 にあるように，多項式に対する中国剰余アルゴリズムと有理関数の復元を結合してさまざまな補間問題を解く．そのような問題は以下に詳しく説明する．入力が n 個の

表 5.5 さまざまな補間問題

入力	モジュライ	多項式出力	有理関数出力
several values	$m_i = x - u_j,\ u_j$ は異なる	多項式補間 §5.2	Cauchy 補間 §5.8
0 のまわりの Taylor 展開	$m = x^n$		Padé 近似 §5.9
u_i のまわりの Taylor 展開	$m_i = (x - u_i)^{e_i}$	Hermite 補間 §5.6	有理 Hermite 補間, 練習問題 5.42, 5.43
mod m の余り	任意の m		有理関数の復元 §5.7
いくつかの m_i を法とした余り	任意の互いに素な m_i	CRA §5.4	有理 CRA, 練習問題 5.42

ものからなるとき, n 個の選択をそのままにする出力の次数の制約がある. 多項式の問題ではいつでも解が存在し, 有理関数ではだいたいはできるがいつもというわけではない. 第 2 行目, 第 4 行目の多項式の出力は単に入力と同じである表 5.5 の最後から 2 番目の列は最後の列の特別な場合と考えることができる. 第 3 行は最初の 2 つの行の「最小の共通の一般化」であり, 最後の行の特別な場合である. これらの問題の解は次の 2 つのステップから得られる.

- 最初に, 中国剰余アルゴリズムにより, 多項式解が計算される. これは前の節で行った.
- 次に, その多項式解と問題に特有のモジュラスに対する拡張 Euclid アルゴリズムにより, 有理解が計算される.

多項式補間のように, Cauchy 補間, Hermite 補間, Padé 近似は数値解析ではよく研究されている. いろいろな名称が我々の一般的な方法の力を説明している. すなわち, 人々はこれらの問題の 1 つ 1 つが興味深いということがわかり研究してきた. そして, 後になってやっと, 1 つの一般的な作業「有理 CRA」の特別な場合として分類できることがわかった.

5.8 Cauchy 補間

多項式補間問題は, 未知の関数 $f: F \longrightarrow F$ の, F の異なる n 個の点 $u_1, \ldots, u_{n-1}$ における値 $v_i = g(u_i) \in F$, $0 \le i < n$, が与えられたとき, 次数が n より小さく, すべての i に対して, $g(u_i) = v_i$ となる, f を補間する多項式 $g \in F[x]$ を計算することである. 5.2 節で, そのような多項式は常にただ 1 つ存在し, Lagrange 補間公式を使ってどのように計算するかを学んだ.

5.8 Cauchy 補間

より一般的な問題の1つは **Cauchy 補間**または有理補間である．このときは，さらに $k \in \{0, \ldots, n\}$ が与えられ，$r, t \in F[x]$ なる有理関数 $r/t \in F(x)$ で，

$$0 \le i < n \text{ に対して}, t(u_i) \ne 0, \frac{r(u_i)}{t(u_i)} = v_i, \quad \deg r < k, \quad \deg t \le n - k \quad (20)$$

を満たすものを探す．

多項式補間と同じように，Cauchy 補間は実数値関数を，与えられた有限個の点の集合における値だけから近似するのに使うことができる．経験的に，有理関数に対する近似誤差の方が多項式に対する近似誤差より小さいことがよくあり，特に，近似する関数が特異点を持つときがそうである．そのような例を後であげる．

明らかに，g が上のような補間多項式のとき，$t = 1, r = g$ は式 (20) の $k = n$ に対する解であるが，k のほかの値に対する解が存在するかどうかは明らかではない．式 (20) に $t(u_i)$ を掛けてそれが 0 でないという条件を除くと，

$$0 \le i < n \text{ に対して}, r(u_i) = t(u_i)v_i, \quad \deg r < k, \quad \deg t \le n - k \quad (21)$$

というより弱い条件を得る．任意の i に対して，$r(u_i) = t(u_i)v_i = t(u_i)g(u_i)$ である必要十分条件は $r \equiv tg \mod (x - u_i)$ であり，中国剰余定理 5.3 により，式 (21) は $m = (x - u_0) \cdots (x - u_{n-1})$ とした式 (17) と同値になる．定理 5.6 の有理関数の復元における次の結果は，式 (20) の存在と一意性に関する完璧な解答を与える．

系 5.18 F を体，$u_0, \ldots, u_{n-1} \in F$ を互いに異なるとし，$v_0, \ldots, v_{n-1} \in F$, $g \in F[x]$ は，任意の i に対して，$g(u_i) = v_i$ で次数が n より小さいとし，$k \in \{0, \ldots, n\}$ であるとする．さらに，$r_j, s_j, t_j \in F[x]$ を多項式 $m = (x - u_0) \cdots (x - u_{n-1})$ と g に対する拡張 Euclid アルゴリズムの第 j 行とする．ただし，j は $\deg r_j < k$ なる最小のものとする．

(i) 式 (21) を満たす多項式 $r, f \in F[x]$ が存在する．すなわち，$r = r_j, t = t_j$ である．さらに，$\gcd(r_j, t_j) = 1$ ならば r と t は式 (20) の解でもあ

(ii) もし, $r/t \in F(x)$ が式 (20) の標準形の解とすると $r = \tau^{-1} r_j, t = \tau^{-1} t_j$ である．ただし，$\tau = \mathrm{lc}(t_j) \in F \setminus \{0\}$ である．特に，式 (20) が解ける必要十分条件は $\gcd(r_j, t_j) = 1$ である．

したがって，式 (20) のような有理補間関数を見つけるために，上の系の書き方で，m, g に対する拡張 Euclid アルゴリズムの第 j 行の r_j, t_j を計算する．もし, $\gcd(r_j, t_j) = 1$ ならば，r_j/t_j は有理補間問題 (20) のただ 1 つの標準形の解である．しかし，もし gcd が自明でないならば，補題 3.15 により $\gcd(m, t_j) \neq 1$ である．よって，ある $i \in \{0, \ldots, n-1\}$ に対して $t_j(u_i) = 0$ であり，(20) は解を持たない．(数値解析では，そのような u_i を到達不能点と呼ぶ．) 後者の自明な例は $k = 0$ で v_i のすべてが 0 というわけではないときで，$r = 0, t = m$ は式 (21) を満たすが式 (20) は満たさない．よりおもしろい例は次の例である．

例 5.19 (i) $F = \mathbb{F}_5$ とし，$i = 0, 1, 2$ に対して $\rho(i) = 2^i$ である．$r, t \in \mathbb{F}_5[x]$ である有理関数 $\rho = r/t \in \mathbb{F}_5(x)$ を計算したいとする．練習問題 5.4 では，次数が 3 より小さい補間多項式 $g = 3x^2 + 3x + 1$ を計算する．$m = x(x-1)(x-2) = x^3 + 2x^2 + 2x$ と g に対する拡張 Euclid アルゴリズムにより，

j	q_j	ρ_j	r_j	s_j	t_j
0		1	$x^3 + 2x^2 + 2x$	1	0
1	$x+1$	3	$x^2 + x + 2$	0	2
2	$x+4$	4	$x+2$	4	$2x+1$
3	$x+2$	4	1	$4x+1$	$2x^2+1$
4		1	0	x^2+x+2	$3x^3+x^2+x$

を得，$j = 2$ の行から，求める有理関数
$$\rho = \frac{r_2}{t_2} = \frac{x+2}{2x+2} = \frac{3x+1}{x+1} \in \mathbb{F}_5(x)$$
を得る．$j = 3$ の行からもう 1 つの補間関数

$$\rho = \frac{r_3}{t_3} = \frac{1}{2x^2+1} = \frac{3}{x^2+3}$$

を得る. $j=4$ の行からは $\rho = r_4/t_4 = 0$ を得るが, これは, 明らかに補間関数ではない. $\gcd(r_4, t_4) = \gcd(m, t_4) = m$ である.

(ii) $F = \mathbb{Q}, n = 3, u_0 = 0, u_1 = 1, u_2 = -1, v_0 = 1, v_1 = 2, v_2 = 2$ とし, $k = 2$ に対して, 式 (20) を満たす有理関数 $\rho = r/t \in \mathbb{Q}(x)$ を見つけるとする. $r = a_1 x + a_0, t = b_1 x = b_0$ とおき, u_0, u_1, u_2 を代入すると, 式 (21) と同値な連立 1 次方程式

$$a_0 = b_0, \quad a_1 + a_0 = 2(b_0 + b_1), \quad -a_1 + a_0 = 2(-b_1 + b_0)$$

を得る. これから,

$$a_0 = b_0, \quad 2a_0 = 4b_0, \quad 2a_1 = 4b_1$$

となるから, $r = 2x, t = x$ は定数倍を除いてただ 1 つの式 (21) の解となる. しかし,

$$\rho = \frac{r}{t} = 2xx = 2$$

は, 明らかに $\rho(u_0) = \rho(0) \neq 1 = v_0$ だから, 式 (20) の解ではなく, 式 (20) は解を持たない.

$m = x(x-1)(x+1) = x^3 - x$ と補間多項式 $x^2 + 1$ に対する拡張 Euclid アルゴリズムにより,

j	q_j	ρ_j	r_j	s_j	t_j
0		1	$x^3 - x$	1	0
1	x	1	$x^2 + 1$	0	1
2	x	-2	x	$-\dfrac{1}{2}$	$\dfrac{1}{2}x$
3	x	1	1	$\dfrac{1}{2}x$	$-\dfrac{1}{2}x^2 + 1$
4		1	0	$-\dfrac{1}{2}x^2 - \dfrac{1}{2}$	$\dfrac{1}{2}x^3 - \dfrac{1}{2}x$

を得る. $j = 2$ の行から, $r = x, t = -x/2$ は式 (21) の解となるが, $\rho = 2$ は

式 (20) の解ではないので，共通の因数 x を約分することはできない．◇

連立 1 次方程式により式 (21) を解く方法は，上で行ったように一般にうまくいくが，EEA よりは効果的ではない．

系 5.20 F の $O(n^2)$ 回の算術演算で，式 (20) の標準形の解を求めるか，式 (20) が解けないことを証明するアルゴリズムが存在する．

5.9 Padé 近似

F を体，$g_i \in F$ として，$g = \sum_{i \geq 0} g_i x^i \in F[[x]]$ を形式べき級数 (25.3 節) とする．g の **Padé近似** とは，$r, t \in F[x]$, $x \nmid t$ である有理関数 $\rho = r/t \in F(x)$ で，x の十分大きな累乗で g を「近似」するものである．もう少し正確にいうと，r/t が g の $(\boldsymbol{k, n-k})$-**Padé 近似** であるとは，

$$x \nmid t, \quad \frac{r}{t} \equiv g \mod x^n, \quad \deg r < k, \quad \deg t \leq n - k \tag{22}$$

であることである．この合同式は $r \equiv tg \mod x^n$ と同値である．明らかに，各 $n \in \mathbb{N}$ に対して，g の 0 のまわりでの位数 n の Taylor 展開 $r = \sum_{0 \leq i < n} g_i x^i$ は $(n, 0)$-Padé 近似であるが，$k < n$ に対する近似が存在するかどうかは明らかではない．より一般的な問題は，任意の $u \in F$ に対して，$x - u$ の形式べき級数の u のまわりでの Padé 近似を探すことである．これは，変数を $x \mapsto x + u$ と移すことで，式 (22) を還元すればよいだろう．

数値解析では，任意の (十分滑らかな) 実数値関数を，多項式や有理関数といった「単純な」関数で近似することに興味がある．Taylor 展開や Padé 近似は原点の (変数変換をすればほかの任意の点の) 近くでのそのような近似を与える．補間の場合のように，特に近似される関数が特異点を持つとき，有理関数の方がより小さい近似誤差を生じることが経験的に観察されている．たとえば，後の練習問題 5.23 を見よ．

Cauchy 補間との類似性は明らかである．すなわち，ρ の n 個の異なる点

$u_0, \ldots, u_{n-1}$ における値を示すかわりに, $u_0 = \ldots = u_{n-1} = 0$ とし, ρ の u_0 における Taylor 展開の最初の部分が示される. 実際に前節に述べたことは, $m = (x - u_0) \ldots (x - u_{n-1})$ を $m = x^n$ でおきかえれば, そのまま成り立つ. 次は, 定理 5.16 から得られる.

系 5.21 $g \in F[x]$ を次数が $n \in \mathbb{N}$ より小さいとし, $k \in \{0, \ldots, n\}$, $r_j, s_j, t_j \in F[x]$ を $m = x^n$ と g に対する拡張 Euclid アルゴリズムの第 j 行とする. ただし, j は $\deg r_j < k$ なる最小の j とする.

(i) 多項式 $r, t \in F[x]$ で

$$x \equiv tg \bmod x^n, \quad \deg r < k, \quad \deg t \le n - k \tag{23}$$

を満たすもの, すなわち, $r = r_j, t = t_j$ となるものが存在する. もし, さらに, $\gcd(r_j, t_j) = 1$ ならば r と t は式 (22) の解でもある.

(ii) $r/t \in F(x)$ が式 (22) の標準形の解とすると, $r = \tau^{-1} r_j, t = \tau^{-1} t_j$ である. ここで, $\tau = \mathrm{lc}(t_j) \in F \setminus \{0\}$ である. 特に, 式 (22) が解けるための必要十分条件は $\gcd(r_j, t_j) = 1$ である.

例 5.22 (i) $g = \sum_{i \ge 0} (i+1) x^i = 1 + 2x + 3x^2 + 4x^3 + \cdots \in F_5[[x]]$ とし, g の $(2, 2)$-Padé 近似を計算したいとしよう. $m = x^4$ と $4x^3 + 3x^2 + 2x + 1 \in F_5[x]$ に対する拡張 Euclid アルゴリズム 3.14 から次を得る.

j	q_j	ρ_j	r_j	s_j	t_j
0		1	x^4	1	0
1	$x + 3$	4	$x^3 + 2x^2 + 3x + 1$	0	4
2	x	1	$x^2 + 2x + 3$	1	$x + 3$
3	$x^2 + 2x + 3$	4	1	x	$x^2 + 3x + 1$
4		1	0	$4x^3 + 3x^2 + 2x + 1$	$4x^4$

$j = 3$ の行から

$$\frac{r_3}{t_3} = \frac{1}{x^2+3x+1} = \frac{1}{(x-1)^2}$$

が求められている解である．実際，g は幾何級数 $1/(1-x) = \sum_{i \geq 0} x^i$ の形式微分であるから，これはすべての $k \geq 1$ の値に対して g の $(k, n-k)$–Padé 近似であり，よって，$g = 1/(x-1)^2$ は $(x-1)^2$ の逆数の形式べき級数である．

上の表は g のほかの Padé 近似を含んでいる．すなわち，$j=1$ の行は自明な $(4,0)$–Padé 近似 $r_1/t_1 = 4x^3 + 3x^2 + 2x + 1$ であり，$j=2$ の行は $(3,1)$–Padé 近似 $r_2/t_2 = \frac{x^2+2x+3}{x+3}$ である．$j=4$ の行は，x が t_4 を割り切るので Padé 近似ではなく，実際 $r_4/t_4 = 0$ は g を近似しない．

(ii) $g = x^2 + 1 \in \mathbb{Q}[[x]]$, $n = 3$ とする．g の $(2,1)$–Padé 近似は存在しない．これを確かめるために，$x \nmid t, r \equiv tf \mod x^3$, 次数が高々 1 の多項式 $r, t \in \mathbb{Q}[x]$ が存在すると仮定する．$a, b \in F, b \neq 0$ で $t = ax + b$ とする．すると，

$$r \equiv (ax+b)(x^2+1) \equiv bx^2 + ax + b \mod x^3$$

であるが，$\deg r \leq 1$ なので，これは不可能である．

$m = x^3$ と $x^2 + 1$ に対する拡張 Euclid アルゴリズムにより，

j	q_j	ρ_j	r_j	s_j	t_j
0		1	x^3	1	0
1	x	1	x^2+1	0	1
2	x	-1	x	-1	x
3	x	1	1	x	$-x^2+1$
4		1	0	$-x^2-1$	x^3

を得，$j=2$ の行から，$r = t = x$ が方程式 (23) の解であることがわかるが，$r/t = 1 \not\equiv x^2 + 1 \mod x^3$ なので，r と t の共通の因子 x で割ることは許されない．$\diamondsuit$

例 5.23 (i) $x \in \mathbb{R}$ が 0 に近づくとき，近似誤差 $O(x^9)$ で，原点の近くで正接関数を近似したい．$\tan x$ の原点のまわりでの Taylor 展開は，

5.9 Padé 近似

表 5.6 正接関数の位数 9 の Padé 近似

$k = 9$ or 8	$k = 7$ or 6	$k = 5$ or 4	$k = 3$ or 2
g	$\dfrac{x^5 + 45x^3 + 630x}{255x^2 - 630}$	$\dfrac{-10x^3 + 105x}{x^4 - 45x^2 + 105}$	$\dfrac{-945x}{2x^6 + 21x^4 + 315x^2 - 945}$

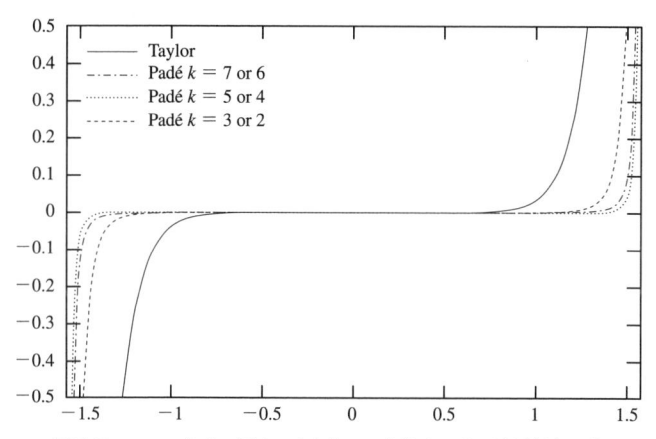

図 5.7 $\tan x$ とその原点のまわりでの位数 9 の Padé 近似との差

$$\tan x = 1 + \frac{1}{3}x^3 + \frac{2}{15}x^5 + \frac{17}{317}x^7 + \cdots$$

であり,$|x| < \pi/2$ なるすべての $x \in \mathbb{C}$ について収束する.$x = \pm\pi/2 \approx \pm 1.57$ において正接関数は 1 位の極を持つ.位数 9 の Taylor 多項式は

$$g = \frac{17}{317}x^7 + \frac{2}{15}x^5 + \frac{1}{3}x^3 + x \in \mathbb{Q}[x]$$

であり,有理関数の復元を用いて,表 5.6 のように,位数 $n = 9$ の Padé 近似を得る.(分母をモニックにはしていない).近似は,図に描くと正接と区別をするのが難しいほどによいものである.それどころか,155 ページの図 5.7 は,区間 $(-\pi/2, \pi/2)$ における正接関数と表 5.6 の 4 つの Padé 近似のそれぞれとの違いを表している.$k = 5$ or 4 に対する Padé 近似が最もよいように見てとれる.たとえば,$\tan(1.5) \approx 14.1$ の近似誤差は約 0.059 である.一方,Taylor 多項式のその点での近似誤差は 9.54 である.♢

系 5.21 は Padé 近似の決定手順を与えている．すなわち，拡張 Euclid アルゴリズムの適切な r_j, t_j を計算する．もしそれらの gcd が 1 ならば式 (22) のように r_j/t_j がただ 1 つの $(k, n-k)$–Padé 近似であり，そうでなければそのような近似は存在しない．

系 5.24 F の $O(n^2)$ 回の算術演算を用いて，式 (22) の標準形の解を計算するか，式 (22) が解けないことを証明するアルゴリズムが存在する．

このアルゴリズムは第 7 章で使われることになる．第 11 章の高速拡張 Euclid アルゴリズムを使うと，実行時間を F の $O(n \log^2 n \log \log n)$ 回の算術演算まで減らすことができる．

5.10 有理数の復元

有理関数の復元の整数についての類似の方法は，整数 $m > g \geq 0$ と $k \in \{1, \ldots, m\}$ が与えられたとき，有理数 $r/t \in \mathbb{Q}, r, t \in \mathbb{Z}$, で，

$$\gcd(t, m) = 1, \quad rt^{-1} \equiv g \bmod m, \quad |r| < k, \quad 0 \leq t \leq \frac{m}{k} \qquad (24)$$

なるものを計算することである．ここで，t^{-1} は t の m を法とした逆数である．多項式のときと同じように，式 (24) は解があるとは限らないが，

$$r \equiv tg \bmod m, \quad |r| < k, \quad 0 \leq t \leq \frac{m}{k} \qquad (25)$$

はいつも解くことができる．しかしながら，一意性は多項式の場合よりやや弱い形になる．次の補題は一意性の補題 5.15 の整数の類似物である．

補題 5.25 $f, g \in \mathbb{N}$ とし，$r, s, t \in \mathbb{Z}$ を $r = sf + tg$ であるとし，

$$ある k \in \{1, \ldots, f\} に対して，|r| < k, \; 0 < t \leq \frac{f}{k}$$

であると仮定する．$0 \leq i \leq \ell + 1$ に対して，$r_i, s_i, t_i \in \mathbb{Q}$ を f, g に対する伝統

5.10 有理数の復元

的拡張 Euclid アルゴリズムの結果で,すべての i に対して $r_i \geq 0$ であるとする.さらに $j \in \{1, \ldots, \ell+1\}$ を

$$r_j < k \leq r_{j-1} \tag{26}$$

で定義し, $j \leq \ell$ ならば,

$$r_{j-1} - qr_j < k \leq r_{j-1} - (q-1)r_j$$

なる $q \in \mathbb{N}_{\geq 1}$ を選び, $j = \ell+1$ ならば $q = 0$ とする.このとき,0でない $\alpha \in \mathbb{Z}$ で,

$$(r, s, t) = (\alpha r_j, \alpha s_j, \alpha t_j) \quad \text{または} \quad (r, s, t) = (\alpha r_j^*, \alpha s_j^*, \alpha t_j^*)$$

となるものが存在する.ただし,$r_j^* = r_{j-1} - qr_j, s_j^* = s_{j-1} - qs_j, t_j^* = t_{j-1} - qt_j$ である.

証明 $r_j = s_j f + t_j g$ の t 倍から $r = sf + tg$ の t_j 倍を引くと

$$r_j t - rt_j = s_j tf - st_j f \equiv 0 \bmod f \tag{27}$$

を得る.式 (26) から $0 \leq r_j t < kt \leq f$ であり,補題 3.12 を使うと $|rt_j| < kf/r_{j-1} \leq f$ を得る.よって,$r_j t = rt_j$ かまたは $r_j t = rt_j + f$ である.最初の場合,式 (27) から $s_j t = st_j$ であり,補題 3.8 (v) により $\gcd(s_j, t_j) = 1$ だから,ある $\alpha \in \mathbb{Z}$ に対して $t = \alpha t_j$ である.さらに,t は 0 でないので,α も 0 ではない.結局,$\rho t_j = s_j t = s_j \alpha t_j, rt_j = r_j t = r_j \alpha t_j$ であり,よって,$t_j \neq 0$ なので,$s = \alpha s_j, r = \alpha r_j$ である.2番目の場合を扱う前に,補題 3.8 により

$$r_j t_j^* - r_j^* t_j = r_j(t_{j-1} - qt_j) - (r_{j-1} qr_j)t_j = r_j t_{j-1} - r_{j-1} t_j = (-1)^j f \tag{28}$$

$$s_j t_j^* - s_j^* t_j = s_j(t_{j-1} - qt_j) - (s_{j-1} qs_j)t_j = s_j t_{j-1} - s_{j-1} t_j = (-1)^j f \tag{29}$$

であることに注意する.そこで,

$$r_j t = rt_j + f \tag{30}$$

と仮定する. $0 \le r_j t < kt \le f$ から, $rt_j < 0$ であり, $r_\ell = \gcd(f, g)$ は r を割り切るから, $|r| \ge r_\ell, j \ne \ell+1, r_j \ne 0$ を得る. $r_j^* t = rt_j^*$ を示そう. 式 (27) と同じように,

$$r_j^* t - rt_j^* = s_j^* tf - st_j^* \equiv 0 \mod f$$

を得る. t_{j-1} と t_j の符号は交互にかわる (練習問題 3.15) から, t_j と t_j^* も同様であり, よって, $rt_j^* > 0$ で,

$$r_j^* t - rt_j^* < kt^r t_j^* \le f - rt_j^* < f$$

である. 一方, 式 (30) と式 (28) を使うと, q のとり方から, $r_j^* + r_j = r_{j-1} - (q-1)r_j \gg |r| \ge (-1)^j r$ だから,

$$r_j(r_j^* t - rt_j^*) = r_j^*(f - rt_j) - r((-1)^j f - r_j^* t_j) = (r_j^* - (-1)^j r)f > -r_j f$$

正の整数 r_j で割れば $r_j^* t - rt_j^* > -f$ を得るので, 主張が示された.

最初の場合と同じように, $s_j^* t = st_j^*$ である. したがって, 式 (29) から, $\gcd(s_j^*, t_j^*) = 1$ であり, ある 0 でない $\alpha \in \mathbb{Z}$ に対して $t = \alpha t_j$ であり, 結局上と同じように $s = \alpha s_j^*, r = \alpha r_j^*$ である. □

次の定理は定理 5.16 の整数版である. 有理数 $r/t \in \mathbb{Q}, r, t \in \mathbb{Z}$, が $t > 0$ で $\gcd(r, t) = 1$ のとき, **標準形**であるという.

定理 5.26 $g, m \in \mathbb{N}$ で $g < m$, $k \in \{1, \ldots, m\}$ とし, $r_j, t_j, s_j \in \mathbb{Z}$ を m と g に対する拡張 Euclid アルゴリズムの第 j 行とする. ただし, j は $r_j < k$ となる最小の j とする.

(i) 式 (25) を満たす $r, t \in \mathbb{Z}$ が存在する. すなわち, $t_j > 0$ ならば $(r, t) = (r_j, t_j)$, そうでなければ $(r, t) = (-r_j, -t_j)$ である. さらに, $\gcd(r, t) = \gcd(r_j, t_j) = 1$ ならば, r と t は方程式 (24) の解でもある.

(ii) もし, $r/t \in \mathbb{Q}$ が方程式 (24) の標準形の解であるならば, $(r, t) = (\tau r_j, \tau t_j)$ であるか $(r, t) = (\tau r_j^*, \tau t_j^*)$ である. ただし, r_j^*, t_j^* は補題 5.25 の

5.10 有理数の復元　　　*159*

それであり，$\tau = \text{sign}(t_j)$ または $\tau = \text{sign}(t_j^*)$ である．

(iii) 方程式 (24) が解けるための必要十分条件は，$\gcd(r_j^*, t_j^*) = 1$ かつ $|t_j^*| \leq m/k$ であるか，または $\gcd(r_j, t_j) = 1$ である．

(iv) $|r| < k/2$ を満たす方程式 (24) の標準形の解が高々 1 つ存在する．

証明　(i) $r_j = s_j m + t_j g \equiv t_j g \bmod m$ であるから，補題 3.12 と j の最小性から

$$|t_j| \leq \frac{m}{r_{j-1}} \leq \frac{m}{k}$$

を得る．これは，$(r, t) = (\pm r_j, \pm t_j)$ が式 (25) の解であることを示している．残りの主張は，定理 5.16 と同様である．

(ii) $s = (r - tg)/m$ とおくと，補題 5.25 は，ある 0 でない $\alpha \in \mathbb{Z}$ に対して，$(r, t) = (\alpha r_j, \alpha t_j)$ であるか，または $(r, t) = (\alpha r_j^*, \alpha t_j^*)$ であることを含んでいる．さらに，$\gcd(r, t) = 1$ であることから $\alpha = \pm 1$ であり，主張が成り立つ．

(iii) (i) により，$(\pm r_j, \pm t_j)$ が式 (24) の標準形の解であるための必要十分条件は r_j と t_j が互いに素であることである．$r_j^* < k$ だから，対 $(\pm r_j^*, \pm t_j^*)$ が標準形の解であるための必要十分条件は $|t_j^*| < m/k$ かつ $\gcd(r_j^*, t_j^*) = 1$ である．(ii) により，これらだけが可能な解である．

(iv) r/t と r^*/t^* をともに，$|r| < k/2$ かつ $|r^*| < k/2$ となる式 (24) の標準形の解であるとする．m は $r - tg$ と $r^* - t^* g$ を割り切るので，$t^*(r - tg) - t(r^* - t^* g) = rt^* - r^* t$ を割り切る．しかし，$|r|t^* < m/2, |r^*|t < m/2$ であり，よって $rt^* = r^* t$ である．$\gcd(r, t) = \gcd(r^*, t^*) = 1$ であることから，主張が成り立つことがわかる．□

$t_j t_j^* < 0$ (練習問題 3.15) であることと $r_j, r_j^* \geq 0$ であること，したがって，方程式 (24) の 2 つの可能な解 $r_j/t_j, r_j^*/t_j^*$ は (有理数として) 符号が反対であることに注意しよう．

例 5.27　(i) $m = 29, g = 12$ に対する拡張 Euclid アルゴリズムは次のように

なる.

j	q_j	r_j	s_j	t_j
0		29	1	0
1	2	12	0	1
2	2	5	1	-2
3	2	2	-2	5
4	2	1	5	-12
5		0	-12	29

$k=10$ に対して, $r_j<k$ となる最小の j は 2 であり, 実際 $r_2/t_2 = -5/2 \equiv 12 \bmod 29$ である. $q=1$ に対して $r_1-(q-1)r_2 \geq k > r_1 - qr_2$ となるので, $r_2^* = r_1 - r_2 = 7, t_2^* = t_1 - t_2 = 3$ である. しかし, $|t_2^*| = 3 > 29/10 = m/k$ であり, $-5/2$ が方程式 (25) そして方程式 (24) の唯一の解である. $k=9$ に対して, j と q は前のようであるが, $|t_2^*| = 3 \leq 29/9 = m/k$ で, 方程式 (25) または方程式 (24) の第二の解 $r_2^*/t_2^* = 7/3 \equiv 12 \bmod 29$ を得る.

(ii) $m=22, g=9$ に対する拡張 Euclid アルゴリズムは次のようになる.

j	q_j	r_j	s_j	t_j
0		22	1	0
1	2	9	0	1
2	2	4	1	-2
3	2	1	-2	5
4		0	9	-22

$k=10$ に対して, $j=1$ であり, $r_1/t_1 = 9/1$ は明らかに方程式 (24) の解である. $q=1, (r_1^*, t_1^*) = (r_1, t_1) = (4, -1)$, $|t_1^*| = 2 \leq 22/10 = m/k$ であり, よって, (r_1^*, t_1^*) は式 (25) の第二の解である. しかし, $\gcd(r_1^*, t_1^*) = 2$ で $r_1^*/t_1^* = -2$ は方程式 (24) の解ではない. よって, 方程式 (25) の 2 つの解を得るが, それらの 1 つだけが方程式 (24) の解である.

$k=9$ に対して, $j=2$ であり, $(r_2, t_2) = (4, -2)$ は方程式 (25) の解であるが方程式 (24) の解ではない. ここで, $q=1$ で $(r_2^*, t_2^*) = (r_1 - r_2, t_1 - t_2) =$

$(5,3)$ であるが, $|t_2^*| = 3 > 22/9 = m/k$ で, よって (r_2^*, t_2^*) は式 (25) の解ではない. したがって, 式 (25) はただ1つの解を持ち, 式 (24) は解けない.

$k = 7$ ならば, j, q は前の通りだが, $|t_2^*| = 3 \leq 22/7 = m/k$ で, $r_1^*/t_1^* = 5/3$ は式 (24) のただ1つの解である.

(iii) $m = 36, g = 13$ とする. この m, g に対する拡張 Euclid アルゴリズムは次のようになる.

j	q_j	r_j	s_j	t_j
0		36	1	0
1	2	13	0	1
2	1	10	1	-2
3	3	3	-1	3
4	3	1	4	-11
5		0	-13	36

$k = 11$ に対して, $j = 2$ で, $(r_2, t_2) = (10. - 2)$ は式 (25) の解であるが式 (24) の解ではなく, $q = 1, (r_2^*, t_1^*) = (r_1 - r_2, t_1 - t_2) = (3, 3)$ も式 (25) の解であるが式 (24) の解ではない. したがって, 式 (25) は2つの解を持つが式 (24) は解を持たない. ◇

整数に対する中国剰余アルゴリズムを使えば, 定理 5.26 から有理数に対する中国剰余アルゴリズムが導かれる (練習問題 5.44).

5.11 部分分数分解

多項式に対する中国剰余定理の数ある応用の中からもう1つ論じよう. これは第22章で使われることになる.

F を体, $f_1, \ldots, f_r \in F[x]$ を定数でない互いに素なモニックな多項式, $e_1, \ldots, e_r \in \mathbb{N}$ を正の整数, $f = f_1^{e_1} \cdots f_r^{e_r}$ とする. (第 III 部で, 有限体あるいは $\mathbb{Q}$ 上の多項式を既約な因数に因数分解する仕方を扱うが, ここでは, f_i の既約性は仮定しない.) もう1つの次数が $n = \deg f$ より小さい多項式 $g \in F[x]$ に対

して，有理関数 $g/f \in F(x)$ の分母 f の与えられた因数分解に関する**部分分数分解**とは，すべての i,j に対して f_i の次数より小さい次数の $g_{ij} \in F[x]$ を用いた，

$$\frac{g}{f} = \frac{g_{1,1}}{f_1} + \cdots + \frac{g_{1,e_1}}{f_1^{e_1}} + \cdots + \frac{g_{r,1}}{f_r} + \cdots + \frac{g_{r,e_r}}{f_r^{e_r}} \quad (31)$$

のことである．もし，すべての f_i が1次多項式ならば g_{ij} は定数である．

例 5.28 $F = \mathbb{Q}, f = x^4 - x^2, g = x^3 + 4x^2 - x - 2$ とする．f の1次の多項式への因数分解 $f = x^2(x-1)(x+1)$ に関する g/f の部分分数分解は，

$$\frac{x^3 + 4x^2 - x - 2}{x^4 - x^2} = \frac{1}{x} + \frac{2}{x^2} + \frac{1}{x-1} + \frac{-1}{x+1} \quad (32)$$

である．◇

次のような問題が考えられる．すなわち，式 (31) のような分解はいつもただ1通りに存在するのか，また，どのようにして求めるのか．次の補題はこの問題の解答への第一歩である．

補題 5.29 すべての i に対して $\deg c_i < e_i \deg f_i$ であり，

$$\frac{g}{f} = \frac{c_1}{f_1^{e_1}} + \cdots + \frac{c_r}{f_r^{e_r}} \quad (33)$$

となる多項式 $c_i \in F[x]$ がただ1通り存在する．

証明 式 (33) の両辺を f 倍すると，「未知数」が $c_1, \ldots, c_r$ の1次方程式

$$g = c_1 \prod_{j \neq 1} f_j^{e_j} + \cdots + c_r \prod_{j \neq r} f_j^{e_j} \quad (34)$$

を得る．(このような方程式の多項式解をどのように見つけるかは，4.5節ですでに与えた.) 任意の $i \leq r$ に対して，右辺の各項は i 番目の例外の項を除いて，$f_i^{e_i}$ で割り切れるから，$g \equiv c_i \prod_{j \neq i} f_j^{e_j} \mod f_i^{e_i}$ である．各 f_j は f_i と互いに素だから，$f_i^{e_i}$ を法として可逆であり，よって，

5.11 部分分数分解

$$c_i \equiv g \prod_{j \neq i} f_j^{-e_j} \mod f_i^{e_i} \tag{35}$$

を得る．$\deg c_i < \deg f_j^{e_j}$ を考慮すると，c_i はただ 1 通りに決まる．

一方，すべての i に対して，式 (35) によって，次数が $e_i \deg f_i$ より小さい $c_i \in F[x]$ を定義し，g^* を式 (34) の右辺とすると，g^* は次数が n より小さい多項式で，すべての i に対して $g^* \equiv g \mod f_i^{e_i}$ である．中国剰余定理により，$g^* \equiv g \mod f$ であり，多項式は両方とも次数が n より小さいので，それらは等しい．□

分解 (31) から式 (33) をどのように得るかが残っている．これには，次の Taylor 展開の一般化を使う．R を (可換で，1 を持つ) 環とし，$a, p \in R[x]$ で，ある $k, m \in \mathbb{N}$ に対して，p は次数 $m > 0$ でモニック，a は次数が km より小さいとする．a の **p 進展開**とは，$a_0, \ldots, a_{k-1} \in R[x]$ で次数は m より小さいとし，

$$a = a_{k-1} p^{k-1} + \cdots + a_1 p + a_0 \tag{36}$$

のことである．もし p が 1 次多項式 $x - u$ ならば，a_j は定数で，式 (36) はちょうど a の u のまわりでの Taylor 展開になる．a, p が正の整数で，すべての i に対して $0 \leq a_i < p$ ならば，式 (36) はなじみの a の p 進表現である．

補題 5.30 p 進展開は一意に存在し，高々 R の $(km)^2 - km^2$ 回の演算で計算できる．

証明 a を p で余りのある割り算を行うと，$\deg r < m$ なる $q, r \in R[x]$ で，$a = qp + r$ となる．$a_0 = r$ とし，q の p 進展開 $q = a_{k-1} p^{k-2} + \cdots + a_1$ を再帰的に計算すると，a の p 進展開を得る．これで存在性は証明できた．一意性を示すために，$a = a_{k-1}^* p^{k-1} + \cdots + a_1^* p + a_0^*$ を a のもう 1 つの p 進展開とする．a_0^* は a を p で割った余りで，$a_{k-1}^* p^{k-2} + \cdots + a_1^*$ が商である．帰納法により，商の p 進展開は一意であり，よって，a の p 進展開も一意に決まる．

最初の余りのある割り算のコストは $2 \deg p (1 + \deg a - \deg p) \leq 2m^2(k-1)$

で,よって R の演算の総和は,高々

$$2m^2 \sum_{1 \leq i \leq k-1} i = m^2(k^2 - k)$$

である. □

すべてをまとめると,次の定理を得る.

定理 5.31 部分分数分解 (31) は一意に存在し, $O(n^2)$ 回の F の演算で計算できる.

証明 すべての i, j に対して, $g_{ij} \in F[x]$ は次数が $\deg f_i$ より小さいとし, f_i 進展開 $c_i = g_{i,e_i} f_i^{e_i-1} + \cdots + g_{i,2} f_i + g_{i,j}$ をとると前の 2 つの補題により,存在性が示される.任意の i, j に対して,$g_{ij}^* \in F[x]$ の次数は $\deg f_i$ より小さいとし,

$$\frac{g}{f} = \frac{g_{1,1}^*}{f_1} + \cdots \frac{g_{1,e_1}^*}{f_1^{e_1}} + \cdots + \frac{g_{r,1}^*}{f_r} + \cdots + \frac{g_{r,e_r}^*}{f_r^{e_r}}$$

を g/f のもう 1 つの部分分数分解とすると,補題 5.29 から,任意の i に対して $c_i = g_{i,e_i}^* f_i^{e_i-1} + \cdots + g_{i,2}^* f_i + g_{i,1}^*$ であり,f_i 進展開の一意性から,任意の i, j に対して $g_{ij} = g_{ij}^*$ である.

実行時間の上界を証明するために,$d_i = e_i \deg f_i$ とし, $m_i = f_i^{e_i}$ と $v_i = g \operatorname{rem} f_i^{e_i}$ を F の $O(nd_i)$ 回の演算で,$1 \leq i \leq r$ のすべてをあわせて $O(n^2)$ 回の演算で計算する.それから,入力 $m_1, \ldots, m_r$ と $v_1, \ldots, v_r$ の中国剰余アルゴリズム 5.4 のステップ 1 と 2 を実行し,定理 5.7 により,$O(n^2)$ 回の演算で,$c_i \equiv v_i(f/m_i)^{-1} \equiv g(f/f_i^{e_i})^{-1} \bmod m_i$ をすべての i について計算する.最後に,補題 5.30 により,$O(d^2)$ 回の演算で,各 i について c_i の f_i 進展開を計算する.これは,最初のステップのコストが支配することから,主張が成り立つことがわかる. □

例 5.28 (続き) f と g を例 5.28 のようにして, $m_1 = x^2, m_2 = x - 1, m_3 = x + 1, f = m_1 m_2 m_3$ を得る. $v_1 = g$ rem $x^2 = -x - 2, v_2 = g$ rem $x - 1 = 2, v_3 = g$ rem $x + 1 = 2$ である. よって, 中国剰余アルゴリズム 5.4 で,

$$c_1 \equiv v_1 \left(\frac{m}{m_1}\right)^{-1} = (-x-2)(x^2-1)^{-1} \equiv (-x-2)(-1)^{-1} = x+2 \mod x^2$$

$$c_2 \equiv v_2 \left(\frac{m}{m_2}\right)^{-1} = 2(x^3+x^2)^{-1} \equiv 2 \cdot 2^{-1} = 1 \mod x-1$$

$$c_3 \equiv v_1 \left(\frac{m}{m_3}\right)^{-1} = 3(x^3-x^2)^{-1} \equiv 2 \cdot (-2)^{-1} = -1 \mod x+1$$

と計算できるから,

$$\frac{x^3 + 4x^2 - x - 2}{x^4 + x} = \frac{x+2}{x^2} + \frac{1}{x-1} + \frac{-1}{x+1}$$

となる. $x+2$ の x 進展開 $1 \cdot x + 2$ を使うと, 簡単に式 (32) を導ける. ◇

部分分数分解 (31) を計算する異なる方法は, 未定係数を持つ g_{ij} を考え, 分母をはらって, 両辺の係数を比較することで得られる連立 1 次方程式を解くものである. その連立 1 次方程式の係数行列は $n \times n$ 行列であり, Gauß の消去法を用いて, $O(n^3)$ 回の F の演算で解くことができる (25.5 節). しかし上の定理で示した方法では次数にして 1 だけ速い. 余りを伴う割り算 (9.2 節) と中国剰余 (10.3 節) に対する漸近的高速アルゴリズムを用いれば, 時間を $O(n \log^2 n \log \log n)$ にまで減らすことができる.

注解
 5.1 これらの多項式と有理関数に対する表現と変換の一般論は von zur Gathen (1986) にある.
 5.2 Lagrange 基本多項式は Waring (1779) と Lagrange (1795), 286 ページにより考案された.
 5.3 秘密の共有のスキームは Shamir (1979) による. Asmuth & Blakley (1982) は誤り許容通信に対して, CRA を使うことを提案し, Rabin (1989) は補間を使っている.
 5.4 中国剰余定理の名前は, 1 世紀に書かれた Sun–Tsŭ の *Suan–ching* (算術 (arithmetic)) に由来する. 彼は, 韻律で書かれているがある特別な問題 (練習問題

5.15) を, 定理 5.2 の証明のように, 「Lagrange の基本多項式」 l_i の整数版を使って解いた. Shen (1988) や Ku & Sun (1992) を見よ. その問題の変形版が, 後に中国, インド, ヨーロッパの数学に現れる. たとえば, Schwenter (1636), モジュライ 3, 5, 7, 8 とする 3. Auffgab である. 一般的な解は, Euler (1734/35a, 1747/48), Lagrange (1770b), §25, Gauß (1801), article 32, Cauchy (1841) による.

Euler (1760/61) は Euler 関数に関する系 5.6 を証明し, また, $m = p_0^{e_0} \cdots p_{r-1}^{e_{r-1}}$ を m の素因数分解とし, $\gcd(a,m) = 1$ かつ $k = \mathrm{lcm}(\varphi(p_0^{e_0}), \ldots, \varphi(p_{r-1}^{e_{r-1}}))$ のとき, $a^k \equiv 1 \bmod m$ であることも証明した (練習問題 18.13). これは, Gauß(1801), article 92 にもある. Gauß(1801), article 32 以来, φ という記法が使われている.

中国剰余定理のより一般のものでは, モジュライ m_i が互いに素であるということは要求されず, すべての i, j に対して, $v_i \equiv v_j \bmod \gcd(m_i, m_j)$ だけが要求される. この条件のもとで, 解は常に存在し, すべての m_i の最小公倍数を法として, 一意である (練習問題 5.23).

5.5 Gauß は天文学の計算のために消去法を導入した (Gauß 1809, ariticle 182; Gauß 1810). Lagrange (1759) は, 2×2 と 3×3 の行列に対して, 類似のやり方を与えた. Edmonds (1967) と Bareiss (1968) は, $\mathbb{Q}$ 上の Gauß の消去法の中間結果が, 多項式で抑えられることを示した.

補間法と呼ばれる, 多項式行列のモジュラ行列式計算は, すでに Mikeladze (1948) にある. Faddeev & Faddeeva (1963), 第 49 章も見よ. モジュラコンピュータ算術に関する初期の提案は Svoboda & Valach (1955), Svoboda (1957), Garner (1959) にある. これについての議論には, Szabó & Tanaka (1967) を見よ.

5.8 Cauchy (1821) は, 有理補間問題を, その可解性に注意を払うことなく, 論じている. Kronecker (1881a), 544 ページは, the *bisher wohl noch nicht bemerkte Einschränkung der Lösbarkeit der Cauchy'schen Aufgabe*[*1)], すなわち, 式 (20) は解を持たないことがありうること (練習問題 5.36) を最初に指摘した.

5.9 Padé 近似の問題は, Padé の学位論文 (1892) の, Padé の名前に由来する. しかしこれは, Kronecker (1881a) がすでにこの問題を述べ, 解いているし, 可解であるための必要十分条件も与えている (系 5.21) ので, やや誤称といえる. しかしながら, Kronecker の方法は, (我々のものと同じように) 純粋に代数的であるが, Padé は, $\exp(x)$ のような関数も考え, これらの近似が数値解析学者の注意を引くようにした. Jacobi (1846) が式 (23) の明確な解をすでに与えていた. Frobenius (1881) は, 1 つのべき級数のさまざまな Padé 近似の間の関係を与えている.

Baker & Graves–Morris (1996) は, Padé 近似の理論, それと連分数との関係, 解と

[*1)] 明らかにいままで注意されていない, Cauchy の問題の制限.

特異点を見つけることや，収束の加速や，数値解析，理論物理におけるさまざまな問題への応用を説明している．彼らは，Padé 近似を計算する異なる方法の数値的安定性も論じている．

5.10 定理 5.26 は本質的に，Kaltofen & Rolletchek (1989) にある．$k = \lfloor\sqrt{m}\rfloor + 1$ という特別な場合の式 (25) の解の存在性は Thue (1902) により示されている．

5.11 部分分数分解は Euler (1748a), §39 ff と Cauchy (1821)，第 XI 章に説明されている．

練習問題

5.1 $m_0, \ldots, m_r \in \mathbb{N}_{\geq 2}$ とする．

(i) 任意の負でない整数 $a < m_0 \cdots m_r$ は，すべての i に対して，$0 \leq a_i < m_i$ を満たす一意の整数で

$$a = a_0 + a_1 m_0 + a_2 m_0 m_1 + \cdots + a_r m_0 \cdots m_{r-1}$$

という形の，**混合基数表現**を持つことを証明せよ．これを整数 $p > 1$ に対する，整数 a の通常の p 進表現と関係づけよ．

(ii) $m_0 = 2, m_1 = 3, m_2 = 2, m_3 = 5$ に対する，$a = 42$ の上の表現を計算せよ．

(iii) 多項式に対する類似の混合基数表現とはどのようなものか．

5.2* $s, t \in \mathbb{N}$ を互いに素で $0 < s < t$ とし，$a = s/t \in \mathbb{Q}$ とする．任意の基数 $p \in \mathbb{N}_{\geq 2}$ に関して，a は $a_i \in \{0, \ldots, p-1\}$ として，一意の周期 p 進表現

$$a = \sum_{i \geq 1} a_i p^{-i}$$

を持つ．すべての $i \geq 1$ に対して，$a_{i+l} = a_i$ となる正の数 $l \in \mathbb{N}$ が存在するとき，この展開は純粋に周期的であるといい，そのような l の最小のものを周期の長さという．さらに $k \in \mathbb{N}$ を，$a_{k+1}, a_{k+2}, \ldots$ が純粋に周期的であるような最小の整数とし，それを部分周期の長さという．たとえば，$1/6$ の 10 進表現は $0.1\overline{6} = 1 \cdot 10^{-1} + \sum_{i \geq 2} 6 \cdot 10^{-i}$ であり，$k = l = 1$ である．

(i) $t = ut^*$ で，$\gcd(p, t^*) = 1$ であり，u の任意の素数約数が p を割り切るような，$t^*, u \in \mathbb{N}$ が一意に存在することを示せ．

(ii) a の p 進展開が，(有限個の a_i だけが零でないように) 終了する必要十分条件は，$t^* = 1$ であることを証明せよ．

(iii) a の p 進展開が純粋に周期的である必要十分条件は，p と t とが互いに素であることと，$l = \mathrm{ord}_{t^*}(p)$ であることを示せ．ここで，$\mathrm{ord}_t(p)$ は乗法群 $\mathbb{Z}_t^*$ における p の位数である．

(iv) 一般の場合に，$l = \mathrm{ord}_{t^*}(p)$，かつ，$k = \min\{n \in \mathbb{N} : u \mid p^n\}$ であることを証明せよ．

(v) $l \leq \varphi(t^*) < t, k \leq \log_2 t$ を導け．

5.3 R を (1 を持つ, 可換な) 環とし，$u \in R$ とする．Horner の方法は，次数 $n-1$ の多項式 $f \in R[x]$ の $x - u$ による割り算の余り $f(u)$ を計算するばかりでなく，商 $(f - f(u))/(x - u)$ の係数も計算することを証明せよ．

5.4 $\mathbb{F}_5 = \mathbb{Z}_5$ を 5 個の要素からなる有限体とする．

(i) 次数が高々 2 で，

$$f(0) = 1, \quad f(1) = 2, \quad f(2) = 4 \tag{37}$$

を満たす多項式 $f \in \mathbb{F}_5[x]$ を計算せよ．

(ii) 式 (37) を満たす，次数が高々 3 の多項式 $f \in \mathbb{F}_5[x]$ をすべてあげよ．次数が高々 4 とするといくつあるか．次数が高々 $n \in \mathbb{N}$ の解に一般化せよ．

5.5 $\mathbb{F}_7 = \mathbb{Z}_7$ を 7 個の要素からなる有限体とし，$m = x(x+1)(x+6) = x^3 + 6x \in \mathbb{F}_7[x]$ とする．

(i) $J \subseteq \mathbb{F}_7[x]$ を補間問題

$$h(0) = 1, \quad h(1) = 5, \quad h(6) = 2$$

の解となるすべての多項式 $h \in \mathbb{F}_7[x]$ の集合とする．次数が最小のただ 1 つ定まる $f \in \mathbb{F}_7[x]$ を計算せよ．

(ii) $\ker \chi = \langle m \rangle = \{rm : r \in \mathbb{F}_7[x]\}$ なる，全射環準同型写像 $\chi : \in \mathbb{F}_7[x] \longrightarrow \mathbb{F}_7^3$ を求め，$\chi(f)$ と $\chi(x^2 + 3x + 2)$ を計算せよ．

(iii) $J = f + \ker \chi = \{f + rm : r \in \mathbb{F}_7[x]\}$ を示せ．

5.6 $r = x^3 + x^2 \in \mathbb{F}_5[x]$ とする．

(i) 次数が高々 5 で，

$$\text{すべての } a \in \mathbb{F}_5 \text{ に対して} \quad f(a) = r(a) \tag{38}$$

を満たす多項式 $f \in \mathbb{F}_5[x]$ をすべてあげよ．

(ii) 式 (38) の解となる次数が高々 6 の多項式 $f \in \mathbb{F}_5[x]$ はいくつあるか．

5.7 (i) l_i を式 (2) の Lagrange 基本多項式とするとき，$\sum_{0 \leq i < n} l_i = 1$ を示せ．

(ii) $u_n \in F$ を $u_0, \ldots, u_{n-1}$ とは異なる点とする．$u_0, \ldots, u_n$ に対応する Lagrange 基本多項式 $l_0^*, \ldots, l_{n-1}^*, l_n^*$ を $l_0, \ldots, l_{n-1}$ からどのように得られるかを示せ．

5.8 R を整域, $u_0, \ldots, u_{n-1} \in R, V = \mathrm{VDM}(u_0, \ldots, u_{n-1}) \in R^{n \times n}$ とする.

$$\det V = \sum_{1 \leq j < i \leq n} (u_i - u_j)$$

を証明せよ. ヒント: u_{n-1} を不定元でおきかえ, n に関する帰納法を用いよ.

5.9 F を体, $u_0, \ldots, u_{n-1} \in F$ は互いに異なるとし, $m = (x - u_0) \cdots (x - u_{n-1}) \in F[x], f \in F[x]$ とする. m' を m の形式微分 (9.3節) とするとき, $fm' \equiv \sum_{0 \leq i < n} f(u_i) m/(x - u_i) \bmod m$ を証明せよ. ヒント: 練習問題 9.22.

5.10 F を体, $g \neq 0$ はモニックで, $\gcd(f, g) = 1$ なる $f, g \in F[x]$ に対して, $f/g \in F(x)$ を有理関数とする. $g(u) \neq 0$ ならば, $u \in F$ で f/g は**定義される**といい, u におけるこの有理関数の値は $f(u)/g(u)$ である. f^*/g^* を, $g^* \neq 0$ はモニックで, $\gcd(f^*, g^*) = 1$ なるもう1つの有理関数で, $n = \max\{\deg f + \deg g^*, \deg f^* + \deg g\} + 1$ 個の異なる点 $u_0, \ldots, u_{n-1} \in F$ で定義され, 値が一致するとする. $f = f^*, g = g^*$ であることを証明せよ.

5.11* 最小次数の補間多項式を計算するもう1つの有効な方法は, Newton 補間である. 体 F の要素 $u_0, \ldots, u_{n-1}, v_0, \ldots, v_{n-1}$ が与えられていて, $u_0, \ldots, u_{n-1}$ は異なるとし, $f \in F[x]$ を, すべての i に対して $f(u_i) = v_i$ なる, 次数が n より小さい補間多項式とする. f を $x - u_0$ で, 余りを伴う割り算を行うと, 次数が $\deg f - 1$ のある $g \in F[x]$ に対して, $f = (x - u_0)g + f(u_0) = (x - u_0)g + v_0$ を得る. $i \geq 1$ に対して, u_i における g の値は $g(u_i) = (v_i - v_0)/(u_i - u_0)$ であり, 同じやり方で再帰的に, g を決めることができる.

(i) Newton 補間のアルゴリズムをつくり, 正しく動作することを証明し, そのコストを解析せよ. 高々 $\frac{5}{2}n^2$ 回の F における演算で解くことができる.

(ii) 練習問題 5.4 と 5.5 の例で, そのアルゴリズムをたどってみよ.

(iii) $0 \leq i < n$ に対して $m_i = x - u_i$ としたとき, 練習問題 5.1 で述べた f の混合基数表現との関係は何か.

5.12* F を体, $u_0, \ldots, u_{n-1} \in F \setminus \{0\}$ を $0 \leq i < j < n$ に対して, $u_i \neq \pm u_j$ とし, $v_0, \ldots, v_{n-1} \in F$ とする.

(i) $f \in F[x]$ を, 次数が $2n$ より小さく, $0 \leq i < n$ に対して $f(u_i) = f(-u_i)$ であるとする. $f(x) = f(-x)$ であり, f は**偶関数** (even) であることを証明せよ.

(ii) Lagrange 補間公式と (i) を使って, 次数が $2n$ より小さい, $0 \leq i < n$ に対して $f(u_i) = f(-v_i)$ である偶関数の補間多項式が一意的に存在することを示せ.

(iii) $g \in F[x]$ を, $0 \leq i < n$ に対して $g(u_i^2) = v_i$ となる, 次数が $2n$ より小さいただ1つの多項式とする. (ii) の多項式 f と g とはどのような関係があるか.

(iv) すべての i に対して, $u_i \neq 0$ として, 奇関数の補間多項式に対して上の (i) か

ら (iii) はどのようになるか.

(v) $u_0 = \pi/6, u_1 = \pi/3, u_2 = \pi/2$ において余弦関数を補間する，次数が高々 4 の偶関数 $f_0 \in \mathbb{R}[x]$ を計算せよ．また，それらの点において正弦関数を補間する，次数が高々 5 の奇関数 $f_1 \in \mathbb{R}[x]$ を計算せよ．
(Euler (1783) は奇および偶関数の補間公式を述べている)

5.13* この練習問題では，2 変数の補間多項式について考える．

(i) F を体とし，f の y に関する次数は n より小さく，異なる $u_i \in F$ と任意の $v_i \in F$ に対して，

$$i = 0, 1, \ldots, n-1 \text{ に対して,} \quad f(x, u_i) = v_i$$

なる $f \in F[x, y]$ を計算するアルゴリズムをつくれ．f は一意に定まることを示せ．

(ii) 各 v_i の次数は m_i より小さいと仮定すると，上でつくったアルゴリズムの計算時間は (m と n を使って) どのようになるか．

(iii) $f \in \mathbb{F}_{11}[x, y]$ で，

$$f(x, 0) = x^2 + 7, \quad f(x, 1) = x^3 + 2x + 3, \quad f(x, 2) = x^3 + 5$$

となるものを計算せよ．

5.14 F を体，$f \in F[x]$ を次数が n より小さいとし，$u_0, \ldots, u_{n-1} \in F \setminus \{0\}$ は異なるとする．$0 \le i \le n-2$ に対して，$g(u_i) = f(u_i)$ なる，次数が n より小さい補間多項式 $g \in F[x]$ すべての集合を決定せよ．(5.3 節の状況で，これは，すべての構成員から構成員 $n-1$ を除いた知識を表している．) $c \in F$ とする．定数項 c を持つ，このような g はいくつあるか．(答えには，秘密共有の計画は安全であることを含んでいるべきである．)

5.15 $f \equiv 2 \bmod 3, f \equiv 3 \bmod 5, f \equiv 2 \bmod 7$ なる最小の非負整数 f は何か．

5.16 次の合同式を満たす $0 \le f < 10^6$ なる共通解 $f \in \mathbb{Z}$ はいくつあるか．

$$f \equiv 2 \bmod 11, \quad f \equiv -1 \bmod 13, \quad f \equiv 10 \bmod 17$$

5.17 Carl Friedrich と Joachim と Jürgen は，1998 年 12 月 31 日木曜日に，Sylvester パーティーで出会った．彼らは，スカート (ドイツのトランプゲーム) を，彼ら全員ができる時間があったらできるだけ早くやることで，意見が一致した．しかし，よくある困ったことに直面した．つまり，Carl Friedrich は金曜日以外が忙しく，Joachim は，1 月 7 日とそれ以後の 9 日ごとは時間がとれ，Jürgen は，1 月 6 日とそれ以後の 11 日ごとは暇であった．いつが，彼らのゲームのできる日であったか．

5.18 Ernie, Bert, Cookie Monster は，Sesame 通りの長さを計りたいと思う．3 人はそれぞれの方法でそれを行う．Ernie は，「道の始点にチョークでマークをつけて，

その後，7フィートごとにマークをつけたよ，そうしたら，最後のマークと道の最後とは2フィートあったよ」といっている．Bert は，「道には，11フィートおきに街灯の柱が立っているんだ．最初のは，道の始点から5フィートのところにあって，最後の柱はちょうど道の最後のところにあるよ」とあなたにいう．最後に，Cookie Monster は，「Sesame 通りの始点からクッキーを置き始めて，13フィートごとに置いていったんだ．最後から22フィートのところでクッキーを使い果たしちゃった」といっている．3人とも，道の長さは1000フィートを超えないことがわかっている．Sesame 通りの長さはいくらか．

5.19　(i) $\mathbb{F}_5[x]$ の，次数が4の多項式で，既約であるが，$\mathbb{F}_5$ において解を持たないものを見つけよ．もっと次数の低いそのような例はあるか．

(ii) 次の $\mathbb{F}_5[x]$ の多項式のうち，既約なものはどれか．また，可約なものはどれか．

$$m_0 = x^2 + 2, \quad m_1 = x^2 + 3x + 4, \quad m_2 = x^3 + 2, \quad m_3 = x^3 + x + 1$$

(iii) 連立方程式

$$f \equiv 1 \mod m_0, \quad f \equiv 3 \mod m_1$$

は，解 $f \in \mathbb{F}_5[x]$ を持つことを示し，最小次数の，ただ1つに定まる解を計算せよ．

5.20　連立合同方程式

$$f \equiv 1 \mod x+1, \quad x \cdot f \equiv x+1 \mod x^2+1, \quad (x+1)f \equiv x+1 \mod x^3+1$$

の解で，$\deg f < 5$ となるものを計算せよ．ヒント：まず，練習問題 4.15 を用いて，各合同式を，ある $v, m \in \mathbb{F}_5[x]$ に対して，$f \equiv v \mod m$ の形にせよ．次数の制限がなければ，すべての解の集合は何か．

5.21⟶　$\mathbb{F}_3[x]$ において $m_0 = x^2+1, m_1 = x^2-1, m_2 = x^3+x-1, v_0 = -x, v_1 = x+1, v_2 = x^5 - x$ とする．

(i) $i = 0, 1, 2$ に対して，$f \equiv v_i \mod m_i$ かつ $\deg f \le 8$ なる $f \in \mathbb{F}_3[x]$ はいくつあるか．(ii) を解くことをしないで答えよ．

(ii) (i) であるすべての f をあげよ．

5.22* $p_0, p_1 \in \mathbb{N}$ を異なる素数，$m = p_0 p_1, n \in \mathbb{N}, u_0, \ldots, u_{n-1}, v_0, \ldots, v_{n-1} \in \mathbb{Z}$ とする．

(i)

f の係数は $\{0, \ldots, m-1\}$ の要素であり，$\deg f < n$, $0 \le i < n$ に対して，
$$f(u_i) = v_i \tag{39}$$

なる補間多項式 $f \in \mathbb{Z}[x]$ が存在するための必要十分条件は，$0 \le i < j < n$, $K = 0, 1$

に対して,

$$u_i \equiv u_j \bmod p_k \Longrightarrow v_i \equiv v_j \bmod p_k$$

であることを示せ.

(ii) 式 (39) が一意の解を持つ必要十分条件は, $0 \leq i < j < n, k = 0, 1$ に対して, $u_i \not\equiv u_j \bmod p_k$ であることを示せ.

(iii) 係数は $\{0, \ldots, 14\}$ の要素であり, $\deg f < 3$ で,

$$f(1) \equiv 2 \bmod 15, \quad f(2) \equiv 5 \bmod 15, \quad f(4) \equiv -1 \bmod 15$$

である補間多項式 $f \in \mathbb{Z}[x]$ をすべて計算しなさい.

5.23* (i) R を Euclid 整域とし, $m_0, m_1 \in R \setminus \{0\}, v_0, v_1 \in R$ とする.

$$f \equiv v_0 \bmod m_0, \quad f \equiv v_1 \bmod m_1$$

が, 解 $f \in R$ を持つための必要十分条件は, $v_0 \equiv v_1 \bmod \gcd(m_0, m_1)$ であることを示せ. ヒント:定理4.10.

(ii) $R = \mathbb{Z}, m_0 = 36, m_1 = 42, v_0 = 2, v_0 = 2, v_1 = 8$ に対する1つの特殊解を求め, すべての解の集合を述べよ.

5.24* 「Newton 補間」(練習問題 5.11) による中国剰余定理を述べ, 解析せよ. 練習問題 5.16 と 5.20 の問題でそのアルゴリズムを実行せよ.

5.25 2つの環 $\mathbb{Z}_5 \times \mathbb{Z}_{12}$ と $\mathbb{Z}_3 \times \mathbb{Z}_{20}$ は同型か.

5.26 $\mathbb{Z}_m^\times$ を列挙し, $m = 11, 16, 33, 42$ に対して, $\varphi(m)$ を決定せよ.

5.27 $\varphi(m) \leq 10$ となるすべての整数 m を表すリストを作成し, そのリストが完全であることを証明せよ.

5.28 $\mathbb{F}_q$ を q 個の要素からなる有限体とし, $f_0 \ldots f_{r-1} \in \mathbb{F}_q[x]$ を既約で互いに素, $e_0, \ldots, e_{r-1} \in \mathbb{N}_{>0}$ として, $f = f_0^{e_0} \ldots f_{r-1}^{e_{r-1}}$ とする. $n = \deg f$, すべての i に対して $n_i = \deg f_i$ とする (練習問題 4.19 の) Euler 関数の類似物 Φ を考える.

$$\Phi(f) = (q^{n_0} - 1)q^{n_0(e_0-1)} \cdots (q^{n_r} - 1)q^{n_0(e_r-1)} = q^n \prod_{0 \leq i < r} \left(1 - \frac{1}{q^{n_i}}\right)$$

を証明せよ. ヒント:CRT.

5.29* 定理 5.8 を証明せよ.

5.30 $A_n = (i^j)_{1 \leq i,j \leq n} \in \mathbb{Z}^{n \times m}$ とする.

(i) Hadamard の不等式 16.6 を用いて, $|\det A|$ の, n によるよい上界を計算せよ.

(ii) 小さい素数のモジュラアルゴリズムにより, $\det A_3$ を計算せよ.

5.31 S_n を $\{1, \ldots, n\}$ の $n!$ 個のすべての順列からなる対称群とし, 正方行列 $A \in$

$\mathbb{Z}^{n\times n}$ の行列式のよく知られた公式 $\det A = \sum_{\sigma \in S_n} \text{sign}(\sigma) \cdot a_{1\sigma(1)} \cdots a_{n\sigma(n)}$ (25.1 節) を用いて，$|\det A|$ の，n と $B = \max_{1\leq i,j\leq n} |a_{ij}|$ による上界を導き出せ．これと Hadamard の上界を比較し，$1\leq n\leq 10$ に対する，両方の上界とそれらの比を表にせよ．

5.32 F を体，$n \in \mathbb{N}_{>0}$ とし，$A \in (a_{ij})_{1\leq i,j\leq n} \in F[x]^{n\times n}$ を多項式を成分とする 2 次行列とする．さらに，すべての i に対して $m = \max\{\deg a_{ij} : 1\leq i,j\leq n\}$ とする．

(i) $\deg(\det A)$ の m と n による厳密な上界 $r \in \mathbb{N}$ を見つけよ．

(ii) F が r 個より多くの要素を持つとき，小さい素数のモジュラ法を用いて，$\det A$ を計算するアルゴリズムを説明せよ．ヒント：1 次のモジュライを選べ．そのアルゴリズムは (n と m を用いて表すと) F における何回の演算を用いるか．

(iii) 行列
$$A = \begin{pmatrix} -x+1 & 0 & 2 \\ x & x+1 & 2x \\ 2x & 3x+1 & x \end{pmatrix} \in \mathbb{F}_7[x]^{3\times 3}$$
の行列式を，上のアルゴリズムを用いて計算せよ．

(iv) $1\leq i\leq n$ 対して，A の第 i 行における最大次数 m_i による $\deg(\det A)$ の厳密な上界を見つけよ．(この上界，または，列の最大次数から得られる対応する上界は，(i) の上界よりよいことがよくある)

(v) (iv) から得られる上界を用いて，
$$A = \begin{pmatrix} x-1 & x-2 & x-3 \\ 2x+1 & 2x+3 & 2x-2 \\ x^2-1 & x^2+x+1 & (x-1)^2 \end{pmatrix} \in \mathbb{F}_7[x]^{3\times 3}$$
の行列式を計算せよ．

5.33* この練習問題の目標は，$\mathbb{Q}$ 上の正則な連立 1 次方程式は，モジュラ法を用いて，多項式時間で解けることを示すことである．そのために，ある $n \in \mathbb{N}$ に対して，$A \in \mathbb{Z}^{n\times n}, b \in \mathbb{Z}^n$ とし，$\det A \neq 0$ と仮定する．すると，連立 1 次方程式 $Ax = b$ は，一意の解 $x \in \mathbb{Q}^n$，すなわち $x = A^{-1}b$ を持つ．

(i) A と b の成分の絶対値の上界 $B \in \mathbb{N}$ が与えられているとき，x の係数の分子と分母の絶対値は，$n^{n/2}B$ より小さいことを示せ．ヒント：Cramer の公式 25.6 と Hadamard の不等式 16.6 を用いよ．

(ii) 次のモジュラアルゴリズムを考える．$2n^n b^{2n}$ より大きい素数 $p \in \mathbb{N}$ を選び，$A \bmod p, b \bmod p$ に Gauß の消去法を行う．$p \nmid \det A$ を確認せよ．$y \bmod p$ が，

モジュラ連立1次方程式 $(A \bmod p)(y \bmod p) = b \bmod p$ の一意の解となる $y \in \mathbb{Z}^n$ を得る.$x \equiv y \bmod p$ であり,有理数の再構成 (5.10 節) を用いて,それぞれの係数に対して,y から x を再構成する.このアルゴリズムが正しく働くことを証明せよ.

(iii) このアルゴリズムの実行時間が $O(n^3 \log^2 p)$ 回の語演算であること,また,p が $2n^n B^{2n}$ に近いとき,$O(n^5 \log^2 B)$ であることを示せ.

(iv) 例 5.30 の A_3 とベクトル $b = (1, 1, 1)^T$ に対して,このアルゴリズムを実行せよ.

5.34* 正の整数 $n \in \mathbb{N}$,$\mathbb{Z}[x]$ の 2 つの多項式 $a = \sum_{0 \leq i < n} a_i x^i, b = \sum_{0 \leq i < n} b_i x^i$,$0 \leq i < n$,に対して,$|a_i|, |b_i| \leq b$ なる上界 $B \in \mathbb{N}$ が与えられているとする.さらに,$ab = c = \sum_{0 \leq i < 2n} c_i x^i \in \mathbb{Z}[x]$ とする.

(i) $|c_i|$ の共通の厳密な上界を n と B とで表せ.

(ii) 小さな素数のモジュラ法を用いて,c を計算するアルゴリズムを述べよ.

(iii) このアルゴリズムを実行して,

$$a = 987x^3 + 654x^2 + 321x, \quad b = -753x^3 - 333x^2 - 202x + 815$$

の積を計算せよ.

5.35⟶ $\mathbb{R}$ の $n+1$ 個の点 $u_0 < u_1 < \cdots < u_n$ が与えられているとし,$v_0, v_1, \ldots, v_n \in \mathbb{R}$ は任意とする.u_i においては v_i の値をとり,$f'(u_0) = f''(u_0) = 0$ となる 2 回連続微分可能な関数 $f : [u_0, u_1] \longrightarrow \mathbb{R}$ を次のようにして見つけることができる.$f_0 = v_0$, $1 \leq i \leq n$ に対して,

$$f_i(u_{i-1}) = f_{i-1}(u_{i-1}), f'_i(u_{i-1}) = f'_{i-1}(u_{i-1}),$$
$$f''_i(u_{i-1}) = f''_{i-1}(u_{i-1}), f_i(u_i) = v_i$$

である,次数が高々 3 の多項式の列 $f_0, \ldots, f_n \in \mathbb{R}[x]$ を構成せよ.これは,各区間 $[u_{i-1}, u_i]$ に対して,f_i と左側の境界におけるそれの最初の 2 回の微分に対する 3 つの条件と,右側の境界における f_i に対する 1 つの条件で,Hermite 補間問題を解くことと同じである.そして,f はすべての i に対して,各区間 $[u_{i-1}, u_i]$ で f_i と等しいとして定義する.このような f を **3 次のスプライン関数**という.

(i) $f_0, \ldots, f_n$ は存在して,一意であることを証明せよ.

(ii) $0 \leq i \leq 3$ に対して,$u_i = i$, $v_0 = v_1 = 1$ [訳注:v_3 を v_1 に直した],$v_2 = 0, v_3 = -1$ に対する 3 次のスプライン関数を計算せよ.

(iii) (ii) で v_2 に,たとえば,$-5, -3, -2, -1, 1, 2, 3, 5, 7$ などいろいろな値を与えて計算せよ.

5.36 (Kronecker 1881a, 546 ページ) $F = \mathbb{Q}, n = 4, i = 0, \ldots, 3$ に対して,$v_0 =$

$6, v_1 = 3, v_2 = 2, v_3 = 3$ とする．$k = 2$ に対して，方程式 (20) は解けないが，方程式 (21) は t がモニックである一意の解 $r, t \in \mathbb{Q}[x]$ を持つことを示せ．

5.37 $1 \leq k \leq 5$ に対して，$\deg r < k, \deg t \leq 5 - k$ なる多項式 $r, t \in \mathbb{F}_5[x]$ に対する Cauchy の補間問題

$$0 \leq i \leq 4 \text{ に対して } t(i) \neq 0, \text{ かつ，} \frac{r}{t}(i) = v_i, \quad \gcd(r, t) = 1 \quad (40)$$

を解くことを試みよ．k がどのような値のとき解がないか．

i	0	1	2	3	4
v_i	1	2	3	2	1

5.38 F を体，$u_0, \ldots, u_{n-1} \in F$ は異なるとし，$v_0, \ldots, v_{n-1} \in F$, $S = \{0 \leq i < n : v_i = 0\}$ とする．$k \leq \sharp S < n$ のとき，Cauchy の補間問題 (20) は解を持たないことを示せ．

5.39 $0 \leq k \leq n \leq 5$ に対して，$g = x^4 + x^3 + 3x^2 + 1 \in \mathbb{F}_5[x]$ に対するすべての $(k, n-k)$–Padé 近似を表にせよ．

5.40⁻ 指数関数 $\exp(x) = 1 + x + x^2/2 + x^3/6 + x^4/24 + \cdots$ の $\mathbb{Q}(x)$ における，x^5 を法とする Padé 近似をすべて与えよ．

5.41 F を体，$n \in \mathbb{N}$, $g \in F[x]$ を次数が n より小，$\ell \in \mathbb{N}_{>0}$ を対 (x^n, g) に対する Euclid のアルゴリズムの割り算ステップの回数とする．

(i) $t \neq 0$ はモニックで，

$$r \equiv tg \mod x^n \quad \text{かつ} \quad \deg r + \deg t < n$$

である ℓ 個の，異なり，互いに素な対 $(r, t) \in F[x]$ が存在することを示せ．したがって，g の，高々 ℓ 個の異なる，x^n を法とする Padé 近似が存在する．

(ii) ある $j \in \{1, \ldots, \ell\}$ に対して，拡張 Euclid アルゴリズムの第 j 行 $r_j = s_j x^n + t_j g$ と (x^n, g) の次数列 $n_0 = n, n_1, \ldots, n_\ell$ が与えられているとき，どのような $\ell \in \{1, \ldots, n\}$ に対して，(r_j, t_j) が式 (23) の解であるか［訳注：j は k のまちがいか？］．

5.42* この練習問題では，Cauchy 補間と Padé 近似の両方について，より一般的な見地から論じる．$m_0, \ldots, m_{l-1} \in F[x]$ を，定数でなく，モニックで互いに素とし，$m = m_0 \cdots m_{l-1}$ は次数 n とし，$v_0, \ldots, v_{l-1} \in F[x]$ は，すべての i と $0 \leq k \leq n$ に対して $\deg v_i < \deg m_i$ とする．(5.4 節とは対照的に，モジュライの数は l で表す．) **有理中国剰余問題**とは，t^{-1} を t の m_i を法とするモジュラ逆元 (4.2 節) とし，

$$0 \leq i < l \text{ に対して，} \gcd(t, m_i) = 1, rt^{-1} \equiv v_i \mod m_i, \deg t \leq n - k \quad (41)$$

を満たす多項式 $r, t \in F[x]$ を計算することである．$g \in F[x]$ を，すべての i に対して

$g \equiv v_i \bmod m_i$ なる連立合同方程式の多項式解とする．さらに，$r_j, s_j, t_j \in F[x]$ を m と g に対する拡張 Euclid アルゴリズムの第 j 行とする．ただし，j は $\deg r_j < k$ なる最小のものとする．次を証明せよ．

(i) 多項式 $r, t \in F[x]$ で

$$0 \leq i < l \text{ に対して，} \quad r \equiv tv_i \bmod m_i, \quad \deg r < k, \quad \deg t \leq n - k \qquad (42)$$

を満たすものが存在する．すなわち，$r = r_j, t = t_j$ である．さらに，$\gcd(r_j, t_j)$ を付け加えると，r, t は方程式 (41) の解でもある．

(ii) $r/t \in F(x)$ が方程式 (41) の標準形の解とすると，$r = \tau^{-1} r_j, t = \tau^{-1} t_j$ である．ただし，$\tau = \mathrm{lc}(t_j) \in F \setminus \{0\}$ とする．特に，方程式 (41) が可解である必要十分条件は $\gcd(r_j, t_j) = 1$ である．

5.43 有理関数 $\rho = r/t \in \mathbb{Q}(x)$ で
(i) $\deg r < 3, \deg t \leq 1$ で $\rho(-1) = 1, \rho(0) = 2, \rho(1) = 1, \rho'(1) = -1$
(ii) $\deg r < 1, \deg t \leq 3$ で $\rho(-1) = 2, \rho'(-1) = 1, \rho(1) = -1, \rho'(1) = 2$
を満たすものが——もし可能ならば——計算せよ．

5.44* 定理 5.26 を用いて，練習問題 5.42 と同様のことを整数に対して定式化し，証明せよ．

5.45 次の $\mathbb{Q}$ 上の有理関数の部分分数展開を計算せよ．

(i) $\dfrac{x+2}{(x+1)^3(x-1)^2}$, (ii) $\dfrac{x^4 + 2x - 1}{x^3(x^2 + 1)}$

5.46 3次 **Bézier 曲線** とは，

$$A \cdot (i+1-u)^3 + B \cdot 3(i+1-u)^2(u-i) + C \cdot 3(i+1-u)(u-i)^2 + D \cdot (u-i)^3$$

という形の媒介変数表示される $\mathbb{R}^2$ の曲線である．ただし，A, B, C, D は $\mathbb{R}^2$ の点，$i \in \mathbb{N}$ で，媒介変数 u は実数の区間 $[i, i+1]$ を動くものとする．（これらの曲線と類似の曲面は，Renault 自動車会社の Bézier と，Citroën の de Casteljau により，1960 年代の終わり頃導入された．Bézier (1970), de Casteljau (1985) を見よ．）3次 **Bézier スプライン** は，$u \in [i, i+1]$ と $0 \leq i < n$ に対して，

$$A_i \cdot (i+1-u)^3 + B_i \cdot 3(i+1-u)^2(u-i) + C_i \cdot 3(i+1-u)(u-i)^2 + A_{i+1} \cdot (u-i)^3$$

で定義される，実数の区間 $[0, \ldots, n]$ 上の媒介変数表示される曲線である．すなわち，各区間 $[i, i+1]$ 上の Bézier 曲線である．点 $A_0, B_0, C_0, A_1, \ldots, A_{n-1}, B_{n-1}, C_{n-1}, A_n \in \mathbb{R}^2$ [R を直した] は，Bézier スプラインの**制御点**である．

(i) Bézier スプラインは連続で，点 $A_0, \ldots, A_n$ を通ることを示せ．

(ii) Bézier スプラインが媒介変数 u に関して連続微分可能であるための必要十分条件は，$1 \leq i < n$ に対して $B_i - A_i = A_i - C_{i-1}$ であることを証明せよ．このとき，$0 \leq i < n$ に対して $B_i - A_i$ は点 A_i におけるこの曲線の接ベクトルであることを示せ．点 A_n における接ベクトルは何か．

(iii) $n = 4$ に対して，次の制御点を考える．

i	0	1	2	3	4
A_i	$(-1.8, 0)$	$(-3.8, 8.5)$	$(0, 12.8)$	$(3.8, 8.5)$	$(1.8, 0)$
B_i	$(-1.8, 2)$	$(-3.8, 11.17)$	$(2, 12.8)$	$(3.8, 5.83)$	
C_i	$(-3.8, 5.83)$	$(-2, 12.8)$	$(3.8, 11.17)$	$(1.8, 2)$	

対応する Bézier スプラインはギリシャ文字の大文字 Ω の内側の境界を型どる．この Bézier スプラインをプロットせよ．それは連続微分可能か．それは 2 回連続微分可能か．

(iv) 任意の点 $A_0, \ldots, A_n \in \mathbb{R}^2$ に対して，これらの点を通り，媒介変数 u に関して 2 回連続微分可能な Bézier スプラインが存在することを証明せよ．B_0 と C_0 をうまく選ぶと，そのようなスプラインは一意に決まることを示せ．ヒント：練習問題 5.35.

> The mathematician's pattern, like a painter's or the poet's, must be *beautiful.* [...] Beauty is the first test; there is no permanent place in the world for ugly mathematics.
>
> *Godfrey Harold Hardy (1940)*

> Zudem ist es ein Irrtum zu glauben, daß die Strenge in der Beweisführung die Feindin der Einfachheit sei. An zahlreichen Beispielen finden wir im Gegenteil bestätigt, daß die strenge Methode auch zugleich die einfachere und leichter faßliche ist. Das Streben nach Strenge zwingt uns eben zur Auffindung einfacherer Schlußweisen.
>
> *David Hilbert (1900)*

> Der Mathematiker ist nur in sofern vollkommen, als er ein vollkommener Mensch ist, als er das Schöne des Wahren in sich empfindet; dann erst wird er gründlich, durchsichtig, umsichtig, rein, klar, anmutig, ja elegant wirken.
>
> *Johann Wolfgang von Goethe (1829)*

> The algebraical element looked to me a pure science, subject to mathematical law, inhuman.
>
> *Thomas Edward Lawrence (1926)*

6
終結式と最大公約数の計算

　$\mathbb{Q}$ 上の多項式に対する Euclid のアルゴリズムにおける係数の増大化を説明する典型的な例から，この章を始めることにする．この章の残りの部分のほとんどは，この増大化を操作することに費やされる．応用として，$\mathbb{Q}[x]$ の，あるいは F を体として $F[x,y]$ の，gcd に対するモジュラアルゴリズムが得られる．これらは，直接計算よりも非常に効率的である．

　6.2 節の **Gauß の補題** は $\mathbb{Z}[x]$ と $\mathbb{Q}[x]$ の整数係数多項式の最小公倍数の間の自明でない関係を明らかにしている．次に，**終結式**を導入する．終結式は，$sf+tg=\gcd(f,g)$ という表現における **Bézout 係数** s と t を制御する．これらは，2 変数多項式に対する，そして **Mignotte の因子上界**を用いて，整数係数多項式に対しても，モジュラ gcd 計算をもたらす．6.10 節で，より一般的な**部分終結式**について論ずる．これは，拡張 Euclid アルゴリズム全体の係数の増大化を制御し，EEA のモジュラ法を提供する．

　合間に，2 つの応用に脱線する．それは，2 つの代数曲線の交点の計算と，多くの多項式の gcd の思いがけないほど効率的な計算方法である．

6.1　Euclid のアルゴリズムの係数の増大化

　F を体とし，$\deg f = n \geq \deg g = m \geq 0$ なる $f, g \in F[x]$ を考える．f と g に対する拡張 Euclid アルゴリズムの結果についての 3.4 節の記号法を使うことにする．すなわち，すべての i に対して $\deg r_{i+1} < \deg r_i$ で，

$$\rho_0 r_0 = f, \qquad \rho_0 s_0 = 1, \qquad \rho_0 t_0 = 0$$

$$\rho_1 r_1 = g, \qquad \rho_1 s_1 = 0, \qquad \rho_1 t_1 = 1$$
$$\rho_2 r_2 = r_0 - q_1 r_1, \quad \rho_2 s_2 = s_0 - q_1 s_1, \quad \rho_2 t_2 = t_0 - q_1 t_1$$
$$\vdots \qquad\qquad \vdots \qquad\qquad \vdots \qquad (1)$$
$$\rho_{i+1} r_{i+1} = r_{i-1} - q_i r_i, \ \rho_{i+1} s_{i+1} = s_{i-1} - q_i s_i, \ \rho_{i+1} t_{i+1} = t_{i-1} - q_i t_i$$
$$\vdots \qquad\qquad \vdots \qquad\qquad \vdots$$
$$0 = r_{\ell-1} - q_\ell r_\ell, \quad s_{\ell+1} = s_{\ell-1} - q_\ell i s_\ell, \quad t_{\ell+1} = t_{\ell-1} - q_\ell i t_\ell.$$

したがって, $r_{i-1} = q_i r_i + \rho_{i+1} r_{i+1}$ は r_{i-1} の r_i による余り $\rho_{i+1} r_{i+1}$ を伴う割り算である. 主係数 ρ_{i+1} は正規化された余り r_{i+1} を扱うのに役立つ. 基本的な不変量は $r_i = s_i f + t_i g$ である. **次数列** $(n_0, n_1, \ldots, n_\ell)$ を, すべての i に対して $n_i = \deg r_i$ として定義する. よって,

$$n = n_0 \geq n_1 > n_2 > \cdots > n_\ell \geq 0$$

である. $\rho_{\ell+1} = 1, r_{\ell+1} = 0, n_{\ell+1} = -\infty$ とおくと便利である. f と g に対する (拡張) Euclid アルゴリズムによって実行される F の算術演算は $O(nm)$ 回である (定理 3.16).

$F = \mathbb{Q}$ 上の Euclid のアルゴリズムの語演算の回数の上界を得るために, 計算に含まれる数の長さの上界を得る必要がある. 2.1 節の整数の**長さ**の定義を有理数と有理係数の多項式に拡張する. 多項式 $a \in \mathbb{Q}[x]$ の係数を共通の分母を持つように通分すると, $\lambda(a)$ はその分母または a の分子の係数を符号化するために必要な語の最大数となる. もう少し正確にいうと,

- $a \in \mathbb{Z} \setminus \{0\}$ のとき $\lambda(a) = \lfloor (\log_2 |a|)64 \rfloor + 1, \ \lambda(0) = 0$,
- $a = b/c \in \mathbb{Q} \setminus \{0\}, \ b, c \in \mathbb{Z}, \ \gcd(b,c) = 1$ のとき $\lambda(a) = \max\{\lambda(b), \lambda(c)\}$,
- $\gcd(a_0, \ldots, a_n, b) = 1$ である $a_i \in \mathbb{Z}, \ b \in \mathbb{N}_{\geq 1}$ で, $a = \sum_{0 \leq i \leq n} a_i x^i / b \in \mathbb{Q}[x]$ であるとき, $\lambda(a) = \max\{\lambda(a_1), \ldots, \lambda(a_n), \lambda(b)\}$.

とする. よって, a はおよそ $\lambda(a)(2 + \deg a)$ 語で表される. したがって, $a, b \in \mathbb{Z}[x], \ c, d \in \mathbb{Q}$ に対して,

$$\lambda(a+b) \leq \max\{\lambda(a), \lambda(b)\} + 1$$
$$\lambda(ab) \leq \lambda(a) + \lambda(b) + \lambda(\min\{\deg(a), \deg(b)\} + 1)$$

$$\lambda(cd), \lambda(c/d) \leq \lambda(c) + \lambda(d)$$
$$\lambda(c+d) \leq \lambda(c) + \lambda(d) + 1$$

が成り立つ．次に，$a_i, b_i \in \mathbb{Z}, c, d \in \mathbb{N}_{\geq 1}$であり，多項式$a = x^n + \sum_{0 \leq i < n} a_i x^i / c$，$b = x^m + \sum_{0 \leq i < m} b_i x^i / d \in \mathbb{Q}[x]$，$r \in \mathbb{Q}[x]$はモニックであるとし，余りを伴う割り算$a = qb + \rho r$を，$m = n-1$という特別な場合に考える．すると，

$$q = x + \frac{a_{n-1}d - b_{m-1}c}{cd}, \quad \lambda(q) \leq \lambda(a) + \lambda(b) + 1$$
$$\rho r = a - qb = \frac{acd^2 - xbcd^2 - (a_{n-1}d - b_{m-1}c)bd}{cd^2}$$
$$\lambda(\rho r) \leq \lambda(a) + 2\lambda(b) + 3$$

であり，ρrの分母のcd^2と$1/\rho$の分子が約分されるので，最後の評価は$\lambda(r)$に対しても成り立つ．$\lambda(a) \leq \lambda(b)$を仮定すると，1回の割り算で係数のサイズは高々3増えることがわかる．次数が$n = 10$で係数が10桁，100桁，1000桁の擬似ランダムな多項式による実験で，これが非常に正確であることがわかる．すなわち，それぞれ10回ずつの実験で，余りの係数と入力の係数の長さの比は，2.92, 2.998, 2.9999であった．

Euclidのアルゴリズムの典型的な実行において，すべての商の多項式の次数が1ということがある．上の最悪の場合の評価から，$\lambda(r_\ell) \in O(3^\ell \cdot \max\{\lambda(f), \lambda(g)\})$であることがわかる．これは悪いニュースのように見える．というのは，gcdの大きさとEuclidのアルゴリズムの語演算の回数が指数となる上界なのだから．

実際にはしかし，すべてのステップでそのようにサイズが増大するのではなく，Euclidのアルゴリズムの中の係数のサイズの上界は入力のサイズの多項式で抑えられることが証明できる．この明白とはいえない結果を証明するために，(部分)終結式の理論により与えられるEuclidのアルゴリズムの「大域的見地」が必要になる．この理論は，Euclidのアルゴリズムにおける多項式に現れる係数の明確な公式を与える．ボーナスとして，この理論により，モジュラ法を使ってより実際的なアルゴリズムを生み出すことにより，$\mathbb{Q}[x]$におけるgcdが計算できるようになる．

次の例は，$\mathbb{Q}[x]$のEuclidのアルゴリズムにおいて実際に起こりうる巨大な

係数が現れる例である．ある意味で，係数の桁数が次数と同じくらいの多項式の対のほとんどに対して，途中の計算結果に現れる典型的なものである．

例 6.1 次の，タイプライタ体の部分は，MAPLE のコマンドによりほとんどのプラットホームで生成される結果である．MAPLE のほとんどのバージョンは，ρ_0, r_0 などを rho[0], r[0] のように出力する.

```
f := randpoly(x, coeffs = rand(-999 .. 999), degree = 5);
```

$$f := 824x^5 - 65x^4 - 814x^3 - 741x^2 - 979x - 764$$

```
g := randpoly(x, coeffs = rand(-999 .. 999), degree = 4);
```

$$g := 216x^4 + 663x^3 + 880x^2 + 916x + 617$$

```
rho[0] := lcoeff(f, x); r[0] := f/rho[0];
```

$$\rho_0 := 824$$

$$r_0 := x^5 - \frac{65}{824}x^4 - \frac{407}{412}x^3 - \frac{741}{824}x^2 - \frac{979}{824}x - \frac{191}{206}$$

```
rho[1] := lcoeff(g, x); r[1] := g/rho[1];
```

$$\rho_1 := 216$$

$$r_1 := x^4 - \frac{221}{72}x^3 - \frac{110}{27}x^2 - \frac{229}{54}x - \frac{617}{216}$$

```
printlevel := 2:
for i from 1 to 5 do
   q[i] := quo(r[i-1], r[i], x, 'a[i + 1]');
   a[i + 1] := sort(a[i + 1]);
   if (a[i + 1] <> 0) then
     rho[i + 1] := lcoeff(a[i + 1], x);
     r[i + 1] := a[i + 1] / rho[i + 1];
   fi;
od;
```

6.1 Euclid のアルゴリズムの係数の増大化

$$q_1 := x - \frac{5837}{1854}$$

$$a_2 := \frac{614269}{133488}x^3 + \frac{1539085}{200232}x^2 + \frac{931745}{100116}x + \frac{3230125}{400464}$$

$$\rho_2 := \frac{614269}{133488}$$

$$r_2 := x^3 + \frac{3078170}{1842807}x^2 + \frac{3726980}{1842807}x + \frac{3230125}{1842807}$$

$$q_2 := x + \frac{61877369}{44227368}$$

$$a_3 := -\frac{1292018949205}{4527916852332}x^2 - \frac{386731352527}{1131979213083}x + \frac{9114965415267}{2263958426166}$$

$$\rho_3 := \frac{-1291018949205}{4527916852332}$$

$$r_3 := x^2 + \frac{1546925410108}{129201894205}x - \frac{1829930830534}{1292018949205}$$

$$q_3 := x + \frac{1126368994649461694}{2380941563727618435}$$

$$a_4 := \frac{4794883885762430016087234}{1669312065104792370132025}x + \frac{4044518439139721895099903}{1699312965104792370132025}$$

$$\rho_4 := \frac{4794883885762430016087234}{1669312965104792370132025}$$

$$r_4 := x + \frac{731586548698031843}{867315257966502554}$$

$$q_4 := x + \frac{3964483272214141148283898881017}{1120587748227344134908028769570}$$

$$a_5 := \frac{-1289900328081598608308367775585297495}{7522357567015008719614599428885522916}$$

$$\rho_5 := \frac{-1289900328081598608308367775585297495}{7522357567015008719614599428885522916}$$

$$r_5 := 1$$

$$q_5 := x + \frac{7315865486980031843}{8673152579665025554}$$

$$a_6 := 0$$

このように，比較的小さい入力サイズに対してもすでに，Euclid のアルゴリズムの途中結果の分子と分母が驚くほど大きくなる．全く同じ例で，各ステップで余りが正規化されない伝統的 Euclid アルゴリズムが 6.11 節で実行される．その途中結果は，ここよりもかなり大きい．この例は，**中間表現増大化**の現象も描いている．たとえば，a_4 の 25 桁の係数が，正規化された r_4 では 18 桁に減っている．次のステップで，a_5 と r_5 の関係はもっとすさまじい．正規の場合，そこではすべての商が次数 1 を持つが，これは重大な問題ではない．すなわち，6.11 節の議論から，$\lambda(a_i)$ は高々約 $3\lambda(r_i)$ であることがわかる．もっと重要なことは，gcd が定数でないときでさえ，gcd の係数のサイズの上界がほかの余りの対応する上界よりもおよそ次数にして 1 だけ小さいことである．これは，6.6 節と 6.11 節の評価からわかる．◇

ここでの基礎的な問題は，このアルゴリズムは本当に多項式時間で動作するのか，ということである．いいかえれば，出てくる係数は多項式で抑えられる長さか，ということである．単純に導かれる指数の上界や上の例はこれがやや疑わしいように思わせる．しかし，心配することはない．みんなうまくいく．我々の多項式で抑えられることの証明は 2 つの段階からなる．最初は，6.5 節と 6.6 節の gcd の計算に対するものであり，最後は，6.11 節の EEA のすべての結果に対するものである．

最終的によい上界を得れば，中間表現の増大化を抑制する基本的アイデアは，モジュラ法を使うことである．入力の多項式 f, g が $\mathbb{Z}[x]$ に入っているときは，適当な素数 $p \in \mathbb{N}$ を選び，$\mathbb{F}_p[x]$ で $\gcd(f \bmod p, g \bmod p)$ を計算し，p を法として還元されたものから gcd を復元すればよい．

例 6.1（続き）　f, g を例 6.1 のようにし，$p = 7$ とする．そうすると，$\mathbb{F}_7[x]$ に

6.1 Euclid のアルゴリズムの係数の増大化

おいて Euclid のアルゴリズムは次のように動作する.

$$f := 824x^5 - 65x^4 - 814x^3 - 741x^2 - 979x - 764$$
$$g := 216x^4 + 663x^3 + 880x^2 + 916x + 617$$

```
rho[0] := lcoeff(f, x) mod 7; r[0] := f/rho[0] mod 7;
```

$$\rho_0 := 5$$

$$r_0 := x^5 + x^4 + x^3 + 3x^2 + 3x + 4$$

```
rho[1] := lcoeff(g, x) mod 7; r[1] := g/rho[1] mod 7;
```

$$\rho_1 := 6$$
$$r_1 := x^4 + 2x^3 + 2x^2 + x + 6$$

```
printlevel := 2:
for i from 1 to 5 do
   q[i] := quo(r[i-1], r[i], x, 'a[i + 1]') mod 7;
   a[i + 1] := sort(a[i + 1]);
   if (a[i + 1] <> 0) then
      rho[i + 1] := lcoeff(a[i + 1], x);
      r[i + 1] := a[i + 1] / rho[i + 1] mod 7;
   fi;
od;
```

$$q_1 := x + 6 \qquad\qquad a_4 := x + 2$$
$$a_2 := x^3 + 4x^2 + 5x + 3 \qquad\qquad \rho_4 := 1$$
$$\rho_2 := 1 \qquad\qquad r_4 := x + 2$$
$$r_2 := x^3 + 4x^2 + 5x + 3 \qquad\qquad q_4 := x + 1$$
$$q_2 := x + 5 \qquad\qquad a_5 := 6$$
$$a_3 := 5x^2 + x + 5 \qquad\qquad \rho_5 := 6$$
$$\rho_3 := 5 \qquad\qquad r_5 := 1$$

$$r_3 := x^2 + 3x + 1 \qquad q_5 := x + 2$$
$$q_3 := x + 1 \qquad a_6 := 0$$

したがって，$\gcd(f \bmod 7, g \bmod 7) = 1$ である．h が $\mathbb{Z}[x]$ における f と g の公約数ならば，$h \bmod 7$ は $f \bmod 7$ と $g \bmod 7$ を割り切り，よって，$h \bmod 7$ は定数である．$\mathrm{lc}(h)$ は $\mathrm{lc}(f)$ を割り切り，$\mathrm{lc}(f)$ は 7 を法として 0 にはならないから，$\deg h = \deg(h \bmod 7)$ を得る．このことから，h は定数である．$\diamondsuit$

上の例で，モジュラ法は f と g が $\mathbb{Z}[x]$ において定数でない公約数を持たないことを明らかにしたが，これは，$\mathbb{Q}[x]$ においても定数でない公約数を持たないことを含んでいるのだろうか．答えはイエスであるが，これには重要な道具，6.2 節で論ずる **Gauß の補題** が必要になる

さらに，上の例から得られるアイデアをアルゴリズムにするためには，次の問題に取り組まなければならない．

- p を法として還元したものから gcd を復元できるために，モジュラス p をどのくらい大きくとらなければならないだろうか．これには，gcd の係数のサイズの上界が必要になるが，それは，6.6 節の **Mignotte の上界** 6.33 により与えられる．体 F に対して，$F[y]$ に係数を持つ多項式に対するこの問題は自明である．すなわち，gcd の y の次数は高々入力の多項式の次数である．

- モニックな gcd の分母をどのように見つけたらよいのだろうか．例 6.1 のように，gcd が定数ならば，これは問題にならないが，一般にはモニックな定数でない gcd は整数でない有理数の係数を持つだろう．1 つの解は，5.10 節で扱った有理数の再構成である．もう 1 つの可能性は，法としての gcd にすべての分母のある倍数を掛けることである．6.2 節の結果からそのような倍数が何かわかる．

- この方法はどんな素数に対してもうまくいくだろうか，また，法としてのモジュラ gcd の次数が大きくなりすぎる素数はないのだろうか．残念ながらそのような「アンラッキーな」素数があるが，幸運にもそのようなもの

はそうたくさんはない．これは**終結式**を使って示せるが，6.3 節で論ずる．

6.2 Gauß の補題

この章で，$\mathbb{Z}[x]$ のような環における gcd の計算をするための基礎を築く．第 3 章の (拡張) Euclid のアルゴリズムは R が体のときに限って，$R[x]$ の多項式に対してうまく働く．実際 $\mathbb{Z}[x]$ は Euclid 整域ではなく (練習問題 3.17)，まず，gcd がちゃんと定義できることを確かめなければならない．もちろん，$\mathbb{Z}$ のような整域 R の商体 K 上に Euclid のアルゴリズムを適用できるが，$R[x]$ における gcd を与えるのだろうか．答えはノーである．たとえば，$f = 2x^2 + 2$, $g = 6x + 2$ に対して，$\mathbb{Q}[x]$ では $\gcd(f, g) = 1$ を得るが，$\mathbb{Z}[x]$ では $\gcd(f, g) = 2$ を得る．この節では，これらの gcd の違いをはっきりさせ，それは $R[x]$ での gcd のアルゴリズムで締めくくる．我々の 2 つの標準的な例は，$R = \mathbb{Z}, K = \mathbb{Q}$ と体 F ともう 1 つの不定元 y に対する $R = F[y], K = F(y)$ である．

素元分解環 (UFD) R の 2 つの要素 a, b が**同伴**であるとは，ある単元 $u \in R$ に対して，$a = ub$ となることであった．任意の $a \in R$ に対して，$\mathrm{lu}(a)$ は単元であり，$a = \mathrm{lu}(a) \cdot \mathrm{normal}(a)$ であり，3.4 節で要求された性質を持つ，R 上の乗法的関数 "normal" と "lu" があると仮定しよう．$\mathrm{lu}(a) = 1$ のとき a は**正規化されている**といい，a と同伴な任意の要素 $b \in R$ は $\mathrm{normal}(b) = \mathrm{normal}(a)$ となると仮定する．特に，$\mathrm{normal}(a) = 1$ かつ $\mathrm{lu}(a) = a$ である必要十分条件は a が単元であることである．したがって，任意の $a, b \in R$ に対して，$\gcd(a, b)$ は a と b のすべての最大公約数の中で一意に決まる正規化された同伴な元である．我々の 2 つの標準的な例において，$R = \mathbb{Z}$ に対しては，$\mathrm{lu}(a) = \mathrm{sign}(a), \mathrm{normal}(a) = |a|$ をとり，$R = F[x]$ に対しては，$\mathrm{lu}(a) = \mathrm{lc}(a), \mathrm{normal}(a) = a/\mathrm{lc}(a)$ をとる．どちらの場合も，$\mathrm{lu}(0) = 1, \mathrm{normal}(0) = 0$ である．

定義 6.2 R を UFD, $f_0, \ldots, f_n \in R$ とするとき，$f = f_n x^n + \cdots + f_1 x + f_0 \in R[x]$ の**係因数** $\mathrm{cont}(f)$ を $\mathrm{cont}(f) = \gcd(f_0, \ldots, f_n) \in R$ として定義する．慣習により，$n = 0$ のとき $\mathrm{cont}(f) = \gcd(f_0) = \mathrm{normal}(f_0)$ とする．

$\text{cont}(f) = 1$ のとき，多項式 f は**原始的**という．f の**原始的部分** (primitive part) $\text{pp}(f)$ を $f = \text{cont}(f) \cdot \text{pp}(f)$ で定義する．gcd は一意に決まるので，f の係因数と原始的部分は一意に決まる．

次の例はこれらの概念をはっきりさせる．

例 6.3 $R = \mathbb{Z}, K = \mathbb{Q}$,
$$f = 18x^3 - 42x^2 + 30x - 6, \quad g = -12x^2 + 10x - 2 \in \mathbb{Z}[x]$$
とする．このとき，
$$\text{cont}(f) = \gcd(18, -42, 30, -6) = 6, \quad \text{cont}(g) = \gcd(-12, 10, -2) = 2$$
$$\text{pp}(f) = 3x^3 - 7x^2 + 5x - 1, \quad \text{pp}(g) = -6x^2 + 5x - 1$$
である． ◇

例 6.4
$$f = (y^3 + 3y^2 + 2y)x^3 + (y^2 + 3y + 2)x^2 + (y^3 + 3y^2 + 2y)x + (y^2 + 3y + 2)$$
$$g = (2y^3 + 3y^2 + y)x^2 + (3y^2 + 4y + 1)x + (y + 1)$$

を $\mathbb{F}_5[x,y]$ の多項式とする．$R = \mathbb{F}_5[x,y]$ で Euclid のアルゴリズムを使って計算すると，

$$\text{cont}(f) = \gcd(y^3 + 3y^2 + 2y, y^2 + 3y + 2) = y^2 + 3y + 2$$
$$\text{cont}(g) = \gcd(2y^3 + 3y^2 + y, 3y^2 + 4y + 1, y + 1) = y + 1$$
$$\text{pp}(f) = yx^3 + x^2 + yx + 1$$
$$\text{pp}(g) = (2y^2 + y)x^2 + (3y + 1)x + 1$$

となる． ◇

補題 6.5 $f \in R[x]$ と $c \in R$ に対して，$\text{cont}(cf) = \text{cont}(c) \cdot \text{cont}(f), \text{pp}(cf) = \text{pp}(c) \cdot \text{pp}(f)$ が成り立つ．◇

証明 練習問題 6.4 とする. □

次の Gauß による結果は UFD 上の多項式の一意分解の礎である.

定理 6.6　Gauß の補題　素元分解環 R に対して, $R[x]$ の 2 つの原始的多項式の積は原始的である.

証明　$f, g \in R[x]$ を原始的, $p \in R$ を素元とする. $D = R/\langle p \rangle$ は整域であり, 0 でない 2 つの多項式の主係数の積は 0 でないので, $D[x]$ も整域である. 仮定により, $f \bmod p$ と $g \bmod p$ はともに $D[x]$ において 0 ではなく, よって, $fg \bmod p$ も同様に 0 ではない. これは, $p \nmid \mathrm{cont}(fg)$ と同値である. ゆえに, $\mathrm{cont}(fg) = 1$ である. □

系 6.7　$f, g \in R[x]$ に対して, $\mathrm{cont}(fg) = \mathrm{cont}(f)\mathrm{cont}(g)$, $\mathrm{pp}(fg) = \mathrm{pp}(f)\mathrm{pp}(g)$ が成り立つ.

証明　$h = \mathrm{pp}(fg)$ とする. Gauß の補題により, $h^* = \mathrm{pp}(f)\mathrm{pp}(g)$ は原始的である. したがって, 補題 6.5 と $\mathrm{cont}(f)\mathrm{cont}(g)$ は正規化されているので,

$$fg = (\mathrm{cont}(f) \cdot \mathrm{pp}(f))(\mathrm{cont}(g) \cdot \mathrm{pp}(g)) = \mathrm{cont}(f)\mathrm{cont}(g) \cdot h^*$$
$$\mathrm{cont}(fg) = \mathrm{cont}(\mathrm{cont}(f)\mathrm{cont}(g)) \cdot \mathrm{cont}(h^*) = \mathrm{cont}(f)\mathrm{cont}(g)$$

であり, 主張が成り立つ. □

補題 6.5 は系 6.7 の $g = c$ が定数のときという特別な場合である.

　係因数と**原始的部分**の定義を $K[x]$ の多項式に拡張しておくと便利である. $b \in R \setminus \{0\}$ を共通の分母, $a_i \in R$ として, $f = \sum_{0 \leq i \leq n} (a_i/b)x^i \in K[x]$ であるとき, $\mathrm{cont}(f) = \gcd(a_0, \ldots, a_n)/\mathrm{cont}(b) \in K, \mathrm{pp}(f) = f/\mathrm{cont}(f)$ とする. たとえば $\mathrm{cont}(-3x - 9/2) = 3/2 \in \mathbb{Q}$ であり, $\mathrm{pp}(-3x - 9/2) = -2x -$

$3 \in \mathbb{Z}[x]$ である．したがって，$\mathrm{pp}(f)$ は $R[x]$ において原始的多項式であり，練習問題 6.4 で示すように，補題 6.5 と系 6.7 は $c \in K, f, g \in K[x]$ に対しても成り立つ．

次のことを思い出しておこう．環 R の 0 でなく単元でない元 p が**素**であるとは，$p \mid ab$ ならば $p \mid a$ または $p \mid b$ となっていることであり，p が**既約**とは $p = ab$ ならば a, b のどちらかは単元になっているということである．単元をかけても，素である（あるいは，でない）または既約である（あるいは，でない）という性質は変わらない．素元は既約であり，R が UFD ならば，これらの 2 つの概念は一致する (25.2 節)．さあ，Gauß の次の有名な定理を証明しよう．

定理 6.8　Gauß R が UFD ならば，$R[x]$ も UFD である．

証明　R は整域なので，任意の零でない多項式 $f, g \in R[x]$ に対して，$\deg(fg) = \deg f + \deg g$ が成り立つ．これは，$R[x]$ の単元全体がちょうど R の単元全体であることと，R の素元 p は $R[x]$ で既約であることを示している．

$f \in R[x]$ を零でなく，単元でもないとする．R は UFD なので，上で注意したことから，$\mathrm{cont}(f)$ は $R[x]$ の既約な元の積で表せる．K を R の商体とする．$K[x]$ は Euclid 整域で，したがって UFD であり，$(K$ 上$)$ 既約で定数でない多項式 $f_1, \ldots, f_r$ により，$\mathrm{pp}(f) = f_1 f_2 \cdots f_r \in K[x]$ となる．係因数を展開すると，系 6.7 により，$R[x]$ の原始的多項式で，

$$\mathrm{pp}(f) = \mathrm{pp}(f_1) \cdots \mathrm{pp}(f_r) \tag{2}$$

と因数分解できる．それぞれの $\mathrm{pp}(f_i)$ は $R[x]$ で原始的で $K[x]$ で既約だから，$R[x]$ で既約である．これで，$R[x]$ での既約な元への因数分解の存在が証明された．

次数の加法性により，定数 $f \in R$ の既約因数はどれも R に属し，$R[x]$ における f の因数分解の一意性は R のそれから成り立つ．$f \in R[x]$ は定数ではないと仮定し，

6.2 Gauß の補題

$$p_1 \cdots p_k \cdot f_1 \cdots f_r = f = q_1 \cdots q_l \cdot g_1 \cdots g_s$$

を, R の正規化された $p_1, \ldots, p_k, q_1, \ldots q_l$, 定数でない原始的多項式 $f_1, \ldots, f_r$, $g_1, \ldots g_l \in R[x]$ とする, 既約な元への2つの因数分解とする. すると, 系 6.7 から $p_1 \cdots p_k = \text{cont}(f) = q_1, \ldots q_s$ である. したがって, R は UFD なので, $k = l$ であり, 適当に並べかえれば $p_1 = q_1, \ldots, p_k = q_k$ が成り立つ. さらに $R[x]$ において,

$$f_1 \cdots f_r = \text{pp}(f) = g_1 \cdots g_s \tag{3}$$

である. 定数でない原始的多項式の $K[x]$ におけるどのような因数分解も $R[x]$ における自明でない因数分解を導くから, 式 (2) と同様にして, これらの多項式の $K[x]$ における既約性はそのままである. よって式 (3) は, $\text{pp}(f)$ の $K[x]$ における2つの既約多項式への分解を含んでいるので, $r = s$ かつ—適当な番号の付け直しをすれば— $f_i = bg_i$ である. ここで, $1 \leq i \leq r$ に対して $b_i \in K$ である. f_i と g_i は原始的であるから, $1 \leq i \leq r$ に対して

$$f_i = \text{pp}(f) = \text{pp}(b_i g_i) = \text{pp}(b)\text{pp}(g_i) = \text{pp}(b_i)g_i$$

であり, $\text{pp}(b_i)$ は R の単元だから, 証明できたことになる. □

特に, $R[x]$ は UFD だから, $R[x]$ の任意の2つの要素は1つの gcd を持つ. $R[x]$ 上の関数 gcd を定義できるように, "lu" を $\text{lu}(f) = \text{lu}(\text{lc}(f))$ として (練習問題 3.8 (iii)) $R[x]$ へ拡張し, $R[x]$ 上の正規形を定義する. そうすると, $R[x]$ の多項式が**正規化されている**というのは, ちょうどそれの主係数が正規化されているときであり, $\gcd(f, g)$ は $R[x]$ において, f, g の最大公約数全体の中の一意に決まる正規化された同伴な元となる.

5 と $5x + 1$ は $\mathbb{Z}[x]$ において素であるが, 5 は $\mathbb{Q}[x]$ で単元であり, $5x + 1$ も $\mathbb{Q}[x]$ で素元である. より一般に, 定数でない多項式は単元ではなく, $R^\times = (R[x])^\times, \{1, -1\} = \mathbb{Z}^\times = (\mathbb{Z}[x])^\times \subset \mathbb{Q} \setminus \{0\} = (\mathbb{Q}[x]^\times)$ である. ここで, $R^\times$ は環 R の単元のなす群である.

系 6.9 R を $\mathbb{Z}$ または体とし,$n \geq 0$ とすると,$R[x_1, \ldots, x_n]$ は素元分解環である.

系 6.10 R を商体 K を持つ UFD,$f, g \in K[x]$,h を f と g の $R[x]$ における正規化された gcd とする.
  (i) $R[x]$ の素元全体は R の素元全体に,$K[x]$ では既約な $R[x]$ の原始的多項式全体を加えたものである.
  (ii) R において,$\mathrm{cont}(h) = \gcd(\mathrm{cont}(f), \mathrm{cont}(g))$ であり,$R[x]$ において,$\mathrm{pp}(h) = \gcd(\mathrm{pp}(f), \mathrm{pp}(g))$ である.特に,$h = \gcd(\mathrm{cont}(f), \mathrm{cont}(g)) \cdot \gcd(\mathrm{pp}(f), \mathrm{pp}(g))$ であり,h が原始的なのは,f または g のどちらかが原始的のときである.
  (iii) $h/\mathrm{lc}(h) \in K[x]$ は $K[x]$ における f と g のモニックな gcd である.

証明 (i) $p \in R[x]$ とする.まず,p は素と仮定する.p が定数ならば p は R で素である.p が定数でないとき,式 (2) と同様にして,$K[x]$ における因数分解は $R[x]$ における因数分解を導くから,$K[x]$ で p は原始的多項式で,既約である.

一方,p が素でないならば,$u, v \notin R^\times$ による因数分解 $p = uv$ が p が R で素でないことを示し,p が原始的でかつ定数でないとき,p は $K[x]$ で可約であることを示している.

(ii) 多項式 h は f を割り切るから,$\mathrm{cont}(h)$ は $\mathrm{cont}(f)$ を割り切り,対称性により $\mathrm{cont}(g)$ も割り切り,よって $\gcd(\mathrm{cont}(f), \mathrm{cont}(g))$ を割り切る.一方,この gcd は R の元で f と g の共通の因数であるから h を割り切り,よって $\mathrm{cont}(h)$ も割り切る.これで最初の式は証明された.2 番目の式も,$\mathrm{pp}(h)$ が $\mathrm{pp}(f)$ を割り切るという事実と系 6.7 と h が正規化されているので $\mathrm{pp}(h)$ も正規化されているということ (練習問題 3.8(iv)) を用いると,同様に示すことができる.

(iii) $h/\mathrm{lc}(h)$ は $K[x]$ における f と g の約元だから,それらのモニックな

gcd h^* の約元でもある．一方，ある $f^* \in K[x]$ に対して $f = f^*h^*$ と表され，容量をとると系 6.7 から $R[x]$ で $\mathrm{pp}(h^*) \mid \mathrm{pp}(\mathrm{h}^*)(f) \mid f$ であり，同様に $\mathrm{pp}(h^*) \mid g$ である．よって，$\mathrm{pp}(h^*)$ は $R[x]$ で $h = \gcd(f,g)$ を割り切り，これは，$K[x]$ で h^* と $h/\mathrm{lc}(h)$ は互いに割り切ることを示している．そして，それらは両方ともモニックなので等しい．□

h が正規化されていないときは (ii) は正しくない．たとえば，$R = \mathbb{Z}, f = g = x, h = -x$ ならば，$\mathrm{pp}(h) = -x \neq x = \gcd(\mathrm{pp}(f), \mathrm{pp}(g))$ である．次の例は $R[x]$ と $K[x]$ の gcd の違いを説明する．

例 6.3 (続き) $\mathbb{Q}[x]$ における Euclid のアルゴリズムにより，$\mathbb{Q}[x]$ において $\gcd(f,g) = \gcd(\mathrm{pp}(f), \mathrm{pp}(g)) = x - 1/3$ である．70 ページの例 3.7 の続きを見よ．よって，

$\mathbb{Z}[x]$ において，$\quad \mathrm{pp}(\gcd(f,g)) = \gcd(\mathrm{pp}(f), \mathrm{pp}(g)) = 3x - 1$
$\quad\quad\quad\quad\quad\quad\quad \mathrm{cont}(\gcd(f,g)) = \gcd(\mathrm{cont}(f), \mathrm{cont}(g)) = \gcd(6,2) = 2$
$\mathbb{Z}[x]$ において，$\quad\quad \gcd(f,g) = \mathrm{cont}(\gcd(f,g)) \cdot \mathrm{pp}(\gcd(f,g)) = 6x - 2$

多項式 f と $\mathrm{pp}(f)$ は，それらの主係数は正の数なので，$\mathbb{Z}[x]$ で正規化されているが，g と $\mathrm{pp}(g)$ はそうではない．$\gcd(f,g)$ と $\gcd(\mathrm{pp}(f), \mathrm{pp}(g))$ は両方とも正規化されている．◇

例 6.4 (続き) $R = \mathbb{F}_5[y]$ は Euclid 整域で，f, g は $R[x]$ の多項式とみなすことができるから，f と g の最大公約数を計算するために上の結果をあてはめることができる．

$$\gcd(\mathrm{cont}(f), \mathrm{cont}(g)) = y + 1$$
$$\gcd(\mathrm{pp}(f), \mathrm{pp}(g)) = yx + 1 \ \mathbb{F}_5[y][x] = \mathbb{F}_5[x,y]$$
$$\gcd(f,g) = \gcd(\mathrm{pp}(f), \mathrm{pp}(g)) = x + \frac{1}{y} \ \mathbb{F}_5(y)[x]$$
$$\gcd(f,g) = \gcd(\mathrm{cont}(f), \mathrm{cont}(g)) \cdot \gcd(\mathrm{pp}(f), \mathrm{pp}(g))$$
$$= (y^2 + y)x + (y+1) \mathbb{F}_5[y][x]$$

よって，f と $\mathrm{pp}(f)$ は $R[x]$ で正規化されているが，g と $\mathrm{pp}(g)$ は正規化されていない．$\gcd(f,g)$ と $\gcd(\mathrm{pp}(f),\mathrm{pp}(g))$ は両方とも正規化されている．◇

$\mathbb{Z}[x]$ と $F[x,y]$ において gcd を計算する次のアルゴリズムを得る．系 6.10 (ii) により，入力の多項式は原始的と仮定してよい．

アルゴリズム 6.11　原始的多項式の gcd

入力：原始的多項式 $f,g \in R[x]$．ただし，R は UFD とする．
出力：$R[x]$ における $h = \gcd(f,g)$．
1. **call** Euclid のアルゴリズム 3.14，
   f と g の $K[x]$ におけるモニックな gcd v を決定する．ただし，K は R の商体である
2. $b \longleftarrow \gcd(\mathrm{lc}(f),\mathrm{lc}(g))$
3. **return** $\mathrm{pp}(bv) \in R[x]$

定理 6.12　上のアルゴリズムは，仕様通り正しく動作する．

証明　h を f と g の $R[x]$ における正規化された gcd とする．系 6.10 によりステップ 1 で計算される v は $h/\mathrm{lc}(h)$ に等しい．h は $R[x]$ において f と g を割り切るので，$\mathrm{lc}(h)$ は R で $\mathrm{lc}(f)$ と $\mathrm{lc}(g)$ を割り切り，したがって，$\gcd(\mathrm{lc}(f),\mathrm{lc}(g))$ を，そして $bv \in R[x]$ を割り切る．さらに，$\mathrm{pp}(bv) \in R[x]$ は定義により原始的で，b が正規化されている（練習問題 3.8 (iv)）ので，正規化されている．よって $\mathrm{pp}(bv) = h$ である．□

任意の多項式の gcd を計算するためには，もちろん，それらの R における係因数の gcd を計算し，それらの原始的部分に上のアルゴリズムを適用する．しかしながら，例 6.1 が示すように，アルゴリズム 6.11 はこのための最良の方法ではなく，6.4 節から 6.7 節のモジュラアルゴリズムがより効率的であること

がわかる.

6.3 終　結　式

　この章全体の中心となる目標は, $\mathbb{Z}[x], \mathbb{Q}[x], \mathbb{F}[x,y]$ というような整域に対するモジュラ gcd アルゴリズムを見つけることである. 6.13 節で, これらのアルゴリズムが「伝統的な」アルゴリズムよりどれほどすぐれているかを示す実装を説明する. その問題は例 6.1 において顕著に見られる. そのような方法の最も簡単なものである, **大きい素数のモジュラアルゴリズム**は, 大きい素数 p を選び, p を法とする gcd を計算し, その還元したものから本当の gcd を復元するというものである. これは, モジュラ gcd が実際に本当の gcd の還元したものであれば, 非常にやさしい. これは, 実際には例外的な場合にそうではないことがある.

　この節で, gcd のモジュラ還元したものを制御するための一般的な道具, **終結式**, を与える. これは我々の多項式の問題に線形代数を持ち込む. 曲線の交わり, 代数的要素の最小多項式など, ほかの応用についても議論する. 6.10 節で, EEA のすべての結果にわたって制御を与える一般化である, **部分終結式**を導入する. しかし, 読者は, gcd 計算における終結式は純粋に (欠くことのできない) 形式的な道具であり, アルゴリズムを登場させるものではなく, 単にそれらを解析するだけであることを, しっかりと認識するべきである.

　F を体, $f, g \in F[x]$ とする. 次の補題は, 0 となる 1 次結合 $(-g)\cdot f + f \cdot g = 0$ が係数が可能な限り小さい次数になっているための必要十分条件は, $\gcd(f,g) = 1$ であるということをいっている.

補題 6.13 $f, g \in F[x]$ は 0 でないとする. $\gcd(f,g) \neq 1$ であるための必要十分条件は, $sf + tg = 0, \deg s < \deg g, \deg t < \deg f$ なる $s, t \in F[x] \setminus \{0\}$ が存在することである.

証明 $h = \gcd(f,g)$ とする. もし, $h \neq 1$ ならば, $\deg h \geq 1$ で, $s = -g/h, t = f/h$ とすれば十分である. 逆に, 条件を満たす s, t が存在するとする. もし,

f, g が互いに素ならば,$sf = -tg$ であることから $f \mid t$ が成り立つことになるが,これは,$t \neq 0, \deg f > \deg g$ であるから,不可能である.この矛盾により,$h \neq 1$ である.□

次に,補題 6.13 を少し違ったことばで形式化し直してみる.次数がそれぞれ n, m の 0 でない $f, g \in F[x]$ が与えられているとき,

$$\begin{aligned} \varphi = \varphi_{f,g} : F[x] \times F[x] &\longrightarrow F[x] \\ (s, t) &\longmapsto sf + tg \end{aligned} \tag{4}$$

を「1 次結合写像」とする.$d \in \mathbb{N}$ に対して,$P_d = \{a \in F[x] : \deg a < d\}$ とする.便宜上 $P_0 = \{0\}$ とする.よって,φ は F 上の無限時限ベクトル空間の線形写像である.(自然に,$F[x]$ モジュールの $F[x]$ 線形写像でもある.)φ の制限写像 $\varphi_0 : P_m \times P_n \longrightarrow P_{n+m}$ は同じ大きさの有限次元のベクトル空間の間の F 線形写像であり,補題 6.13 は次のように述べることができる.

定理 6.14 $f, g \in F[x]$ は 0 でなく,次数がそれぞれ n, m であるとする.
(i) $\gcd(f, g) = 1 \iff \varphi_0$ が同型.
(ii) $\gcd(f, g) = 1, n + m \geq 1$ ならば EEA によって計算される Bézout 係数 s_ℓ, t_ℓ は $\varphi_0(s_\ell, t_\ell) = 1$ の $P_m \times P_n$ における一意の解である.

証明 補題 6.13 は

$\deg \gcd(f, g) \geq 1 \iff \varphi_0(s, t) = 0$ なる 0 でない $(s, t) \in P_m \times P_n$ が存在する
$\iff \varphi_0$ は単射でない

といっている.同じ大きさの (有限) 次元ベクトル空間の間の写像 φ_0 に対して,次の 3 つの性質は同値である.
○ φ_0 は同型
○ φ_0 は単射 (1 対 1 写像)
○ φ_0 は全射 (上への写像)

したがって，(i) は証明できた．(ii) を示すために，補題 3.15 (b) で $(s_\ell, t_\ell) \in P_m \times P_n$ であることを思い出そう．φ_0 は同型なので，解 $\varphi_0(s_\ell, t_\ell) = 1$ は一意である．□

線形写像 φ_0 で計算をするために，それを行列で表す．$f_j, g_j \in F$ で $f = \sum_{0 \leq j \leq n} f_j x^j$, $g = \sum_{0 \leq j \leq m} g_j x^j$ と表す．$P_m \times P_n$ の自然な基底は $i < m$ に対して $(x^i, 0)$ と $j < n$ に対して $(0, x^j)$ で与えられ，P_{n+m} には $0 \leq k < n+m$ として，x^k のすべてをとる．これらの基底で，φ_0 は次のように定義される F の要素からなる $(n+m) \times (n+m)$ 行列 S で表される．

$$S = \left(\begin{array}{cccccccc} f_n & & & & g_m & & & \\ f_{n-1} & f_n & & & g_{m-1} & g_m & & \\ \vdots & \vdots & \ddots & & \vdots & \vdots & \ddots & \\ \vdots & \vdots & & f_n & g_0 & \vdots & & \ddots \\ \vdots & \vdots & & f_{n-1} & g_1 & \vdots & & \\ \vdots & \vdots & \vdots & & & g_0 & & g_m \\ f_0 & \vdots & \vdots & & & & \ddots & \vdots \\ & f_0 & \vdots & & & & & \vdots \\ & & \ddots & \vdots & & & & \\ & & & f_0 & & & & g_0 \end{array} \right)$$

$$\underbrace{}_{m} \underbrace{}_{n}$$

(5)

ここで，f_j は m 列，g_j は n 列あって，2 つの「平行四辺形」の外側の成分はすべて 0 である．これは，$y_j, z_j, u_j \in F$ として，

$$s = \sum_{0 \leq j < m} y_j x^j, \quad t = \sum_{0 \leq j < n} z_j x^j, \quad sf + tg = \sum_{0 \leq j < n+m} u_j x^j$$

と書くと，

$$\begin{pmatrix} u_{n+m-1} \\ \vdots \\ \vdots \\ \vdots \\ u_0 \end{pmatrix} = S \cdot \begin{pmatrix} y_{m-1} \\ \vdots \\ y_0 \\ z_{n-1} \\ \vdots \\ z_0 \end{pmatrix}$$

となることを意味する.これは,中心のステップである.したがって,読者には徹底的に理解するようにしてほしい.定理 6.14 は次のようにいいかえることができる.

系 6.15 f, g, n, m を定理 6.14 のようにする.
(i) $\gcd(f, g) = 1 \iff \det S \neq 0$.
(ii) $\gcd(f, g) = 1$, $n + m \geq 1$ で,$y_0, \ldots, y_{m-1}, z_0, \ldots, z_{n-1} \in F$ が

$$S \cdot \begin{pmatrix} y_{m-1} \\ \vdots \\ y_0 \\ z_{n-1} \\ \vdots \\ z_0 \end{pmatrix} = \begin{pmatrix} 0 \\ \vdots \\ \vdots \\ 0 \\ 1 \end{pmatrix}$$

を満たすならば,$s_\ell = \sum_{0 \leq i < m} y_i x^i$, $t_\ell = \sum_{0 \leq i < n} z_i x^i$ は,$s_\ell f + t_\ell g = 1$ なる EEA によって計算される Bézout 係数である.

R が (可換) 環で,$f, g \in R[x]$ であるならば,$\mathrm{Syl}(f, g) = S$ はそれらの **Sylvester 行列** (S の転置行列をこう呼ぶことがよくある) であり,$\mathrm{res}(f, g) = \det S$ がそれらの**終結式**である.$n = m = 0$ ならば,S は「空の」0×0 行列で,行列式 $\mathrm{res}(f, g) = 1$ を持ち,もし f が 0 であるかまたは定数でないならば $\mathrm{res}(f, 0) = \mathrm{res}(0, f) = 0$, もし f が 0 でない定数ならば $\mathrm{res}(f, 0) = \mathrm{res}(0, f) =$

1 と零多項式に対する終結式を定義すると便利である.よって,終結式はすべての多項式の対に対して定義でき,系 6.15 (i) はすべての場合に成り立つ.

例 6.16 $\mathbb{Q}[x]$ において,$f = r_0 = x^4 - 3x^3 + 2x, g = r_1 = x^3 - 1$ とする.Euclid のアルゴリズムの商と余りは,

$$r_0 = q_1 r_1 + \rho r_2 = (x-3)r_1 + 3(x-1)$$
$$r_1 = q_2 r_2 = (x^2 + x + 1)r_2$$

である.ゆえに,($\mathbb{Z}[x]$ においても $\mathbb{Q}[x]$ においても)$\gcd(f,g) = r_2 = x-1$ であり,終結式は,

$$\operatorname{res}(f,g) = \det \begin{pmatrix} 1 & 0 & 0 & 1 & 0 & 0 & 0 \\ -3 & 1 & 0 & 0 & 1 & 0 & 0 \\ 0 & -3 & 1 & 0 & 0 & 1 & 0 \\ 2 & 0 & -3 & -1 & 0 & 0 & 1 \\ 0 & 2 & 0 & 0 & -1 & 0 & 0 \\ 0 & 0 & 2 & 0 & 0 & -1 & 0 \\ 0 & 0 & 0 & 0 & 0 & 0 & -1 \end{pmatrix} = 0$$

である.最大公約数で割ると,$r_0 = f/(x-1) = x^3 - 2x^2 - 2x, r_1 = g/(x-1) = x^2 + x + 1$ となるが,

$$r_0 = q_1 r_1 + r_2 = (x-3)r_1 + 3 \cdot 1$$
$$r_1 = q_2 r_2 = (x^2 + x + 1)r_2$$

を得る.いま r_0, r_1 は互いに素で,

$$\operatorname{res}(r_0, r_1) = \det \begin{pmatrix} 1 & 0 & 1 & 0 & 0 \\ -2 & 1 & 1 & 1 & 0 \\ -2 & -2 & 1 & 1 & 1 \\ 0 & -2 & 0 & 1 & 1 \\ 0 & 0 & 0 & 0 & 1 \end{pmatrix} = 9$$

となる.◇

系 6.17 F を体とし，$f, g \in F[x]$ は 0 ではないとする．このとき，次は同値である．

(i) $\gcd(f, g) = 1$，
(ii) $\mathrm{res}(f, g) = \det S \neq 0$，
(iii) $s, t \in F[x] \setminus \{0\}$ で，

$$sf + tg = 0, \quad \deg s < \deg g, \quad \deg t < \deg f$$

となるものは存在しない．

例 6.18 $\mathrm{char}\, F \neq 2$, $a \neq 0$ として，2 次多項式 $f = ax^2 + bx + c \in F[x]$ が平方自由である（すなわち，重根を持たない）必要十分条件は，判別式 $4ac - b^2$ が 0 にならないことである．それは，$f' = 2ax + b$ を f の導関数として，$\gcd(f, f') = 1$ となることと同値である（9.3 節）．これは，

$$\mathrm{res}(f, f') = \det \begin{pmatrix} a & 2a & 0 \\ b & b & 2a \\ c & 0 & b \end{pmatrix} = a(4ac - b^2)$$

のように計算できる．◇

例 6.19 もし，$F \subset K$ が体で，$f, g \in F[x]$ で，$h \in K[x]$ は定数ではなく，f と g を割り切るとすると，定数でない多項式 $k \in F[x]$ で，f と g を割り切るものが存在する．なぜなら，終結式 $\mathrm{res}(f, g)$ は，F 上で考えても K 上で考えても同じだからである．仮定により，それは K で零であり，したがって，F でも零である．さらに，f と g の（モニックな）gcd も，F 上でも K 上も同じである．このことは，$x^2 - 2$ は $\mathbb{Q}[x]$ では既約で，$\mathbb{R}[x]$ では $x^2 - 2 = (x - \sqrt{2})(x + \sqrt{2})$ というように因数分解できるように，多項式 f は，K 上では次数が 1 と $\deg f - 1$ の間の自明でない因数を持ち，F 上ではそれがないということが非常によくあることであることと対照的である．◇

6.3 終結式

Gauß の補題 6.6 と系 6.17 を一緒にして,次を得る.

系 6.20 R を UFD とし,$f, g \in R[x]$ は両方とも 0 ではないとする.このとき,$\gcd(f, g)$ が $R[x]$ で定数でない必要十分条件は R で $\mathrm{res}(f, g) = 0$ となることである.

系 6.21 R を整域とし,$f, g \in R[x]$ は,$\deg f + \deg g \geq 1$ で,零でないとする.このとき,$sf + tg = \mathrm{res}(f, g), \deg s < \deg g, \deg t < \deg f$ となる,零でない $s, t \in R[x]$ が存在する.

証明 F を R の商体とする.$r = \mathrm{res}(f, g) = 0$ ならば,系 6.17 からそのような $s, t \in F[x]$ が存在するから,共通の分母を掛ければ主張が成り立つ.終結式が零でないならば,補題 3.15 (b) により,f と g は $F[x]$ で互いに素であり,0 でない $s^*, t^* \in F[x]$ で,次数の条件を満たし,$s^*f + t^*g = 1$ となるものが存在する.さて,定理 6.14 は,係数 s^*, t^* は係数行列が $S = \mathrm{Syl}(f, g)$ である連立 1 次方程式の唯一の解であることを述べていて,Cramer の公式 25.6 から,それらはそれぞれ,S の部分行列の行列式を $r = \det S$ で割った商である.ゆえに,$s = rs^*, t = rt^*$ は $R[x]$ の要素である. □

$f, g \in F[x, y]$ のとき,x に関する $F[y]$ における終結式を $\mathrm{res}_x(f, g)$ と書くことにする.同様に,多項式 $\mathrm{res}_y(f, g) \in F[x]$ が存在する.$\deg_y$ を変数 y に関する次数を表すことにすると,次のような $\deg_y \mathrm{res}_x(f, g)$ の上界が得られる (25.3 節).

定理 6.22 $f, g \in F[x, y]$ を $n = \deg_x f, m = \deg_x g, \deg_y f, \deg_y g \leq d$ とする.すると,

$$\deg_y \mathrm{res}_x(f, g) \leq (n + m)d$$

が成り立つ.

証明 行列式 $\mathrm{res}_x(f,g)$ を，普通の $(n+m)!$ 個の項の和で表すとき，0 でない各項は f の係数である m 個の因数と，g の係数である n 個の因数を持つ．よって，各項の次数は高々 $md+nd$ である．□

6.8 節で Bézout の定理について議論する．その定理は，上界 $\deg_f \mathrm{res}_x(f,g) \leq \deg f \cdot \deg g$ に対応するものである (練習問題 6.11 を見よ)．ここで，deg は全次数である．

次の系は終結式のサイズの上界の類似のものであるが，ここでは，整数係数多項式 f,g に対するものである．これは，Hadamard の不等式 16.6 からすぐ導ける結果である．f の「サイズ」の 2 つの表現が 1 つの役割を演ずる．多項式 $f = \sum_{0 \leq i \leq n} f_i x^i \in \mathbb{Z}[x]$ の **2 ノルム** (または Euclid ノルム) $\|f\|_2$ とは $\|f\|_2 = \left(\sum_{0 \leq i \leq n} f_i^2\right)^{1/2}$ である．**最大ノルム**は $\|f\|_\infty = \{|f_i|; 0 \leq i \leq n\}$ であり，$\|f\|_\infty \leq \|f\|_2 \leq (n+1)^{1/2} \|f\|_\infty$ という関係がこの 2 つのノルムがほんの少しの違いしかないことを示している (25.5 節).

定理 6.23 $f, g \in \mathbb{Z}[x]$, $n = \deg f, m = \deg g$ とする．すると，

$$|\mathrm{res}(f,g)| \leq \|g\|_2^m \|f\|_2^n \leq (n+1)^{m/2}(m+1)^{n/2} \|f\|_\infty^m \|g\|_\infty^n$$

が成り立つ．

6.4 モジュラ gcd アルゴリズム

この節とその先の節の目標は，$\mathbb{Z}[x]$ と $F[x,y]$ に対するモジュラ gcd アルゴリズムを与えることである．gcd のモジュラ還元したものとモジュラ還元した gcd の関係を考察することから始める．これにより，それらは，普通は (本質的に) 等しいが，終結式を割り切る「アンラッキーな素数」に対してはそうで

ない，ということがわかる．

Euclid 整域 R に対して $f, g \in R[x]$ とし，$p \in R$ を素元とする．p を法とする還元を上に線を引いて表すことにする．系 6.20 から，$\gcd(f, g)$ が定数であるための必要十分条件は $\mathrm{res}(f, g) \neq 0$ である．終結式 $\mathrm{res}(f, g) \in R$ は f と g の係数による多項式で表されるから，たとえば，$\overline{\mathrm{res}(f, g)} = \mathrm{res}(\overline{f}, \overline{g})$ だから $\overline{f}$ と $\overline{g}$ が $R/\langle p \rangle[x]$ で互いに素である必要十分条件は $p \nmid \mathrm{res}(f, g)$ である，という気にさせられそうである．

例 6.24 これ以上の仮定をおくことなしには，うまくいかないという経験を得るために，$R = \mathbb{Z}, p = 2$ とする．$f = x + 2, g = x$ のときは，期待通り，$\mathrm{res}(f, g) = -2 \neq 0$ で，$\mathrm{res}(\overline{f}, \overline{g}) = 0$ である．しかし，$f = 4x^3 - x, g = 2x + 1$ のときは，$\mathrm{res}(f, g) = 0$ で，$\mathrm{res}(\overline{f}, \overline{g}) = \mathrm{res}(x, 1) = 1 \neq 0$ であり，特に，$\overline{\mathrm{res}(f, g)} \neq \mathrm{res}(\overline{f}, \overline{g})$ である．◇

この後者の例のように思いがけない振る舞いの理由は，密接な関係にある 2 つの Sylvester 行列がやや異なった方法で構成されることにある．幸運なことに，この迷惑なことは p が主係数の少なくとも一方を割り切らないときには起こらない．

補題 6.25 R を (可換で 1 を持つ) 環とし，$f, g \in R[x]$ は 0 ではないとし，$r = \mathrm{res}(f, g) \in R, I \subseteq R$ をイデアル，I を法とする還元を上に線を描いて表し，$\overline{\mathrm{lc}(f)} \neq 0$ とする．
(i) $\overline{r} = 0 \iff \mathrm{res}(\overline{f}, \overline{g}) = 0$.
(ii) R/I が UFD ならば，$\overline{r} = 0$ である必要十分条件は $\gcd(\overline{f}, \overline{g})$ が定数でないことである．

証明 $f_j, g_j \in R$ で，f_n, g_m は 0 でないとして，$f = \sum_{0 \leq j \leq n} f_j^j$, $g = \sum_{0 \leq j \leq m} g_j^j$ とする．$\deg f = 0$ ならば，Sylvester 行列 $\mathrm{Syl}(f, g)$ と $\mathrm{Syl}(\overline{f}, \overline{g})$ は，両方ともは対角要素が，それぞれ，$f, \overline{f}$ である対角行列であり，$\overline{r}$ と $\mathrm{res}(\overline{f}, \overline{g})$ はともに 0 でない．次に，$\deg f \geq 1$ としよう．$\overline{g} = 0$ ならば，$\mathrm{res}(\overline{f}, \overline{g}) = 0$ で，

Sylvester 行列 $\mathrm{Syl}(f,g)$ の g_j の各列は I を法として 0 であり，よって，$\overline{r} = 0$ である．

さて，$\overline{g} \neq 0$ と仮定し，i を $\overline{g}_{m-i} \neq 0$ である添え字の最小数とする．このとき，$\mathrm{Syl}(f,g)$ を図 6.1 のように分割することができる．右下の部分行列は，I を法としてとると，$\mathrm{Syl}(\overline{f},\overline{g})$ と等しい．最初の i 行の g_i はすべて I を法として 0 であり，$r = \det \mathrm{Syl}(f,g)$ を第 1 行での Laplace 展開 (25.5 節) を繰り返して求めると，I を法として，$\overline{r} = \overline{f_n^i} \mathrm{res}(\overline{f},\overline{g})$ となる．これにより，系 6.20 から (i), (ii) が証明できる．□

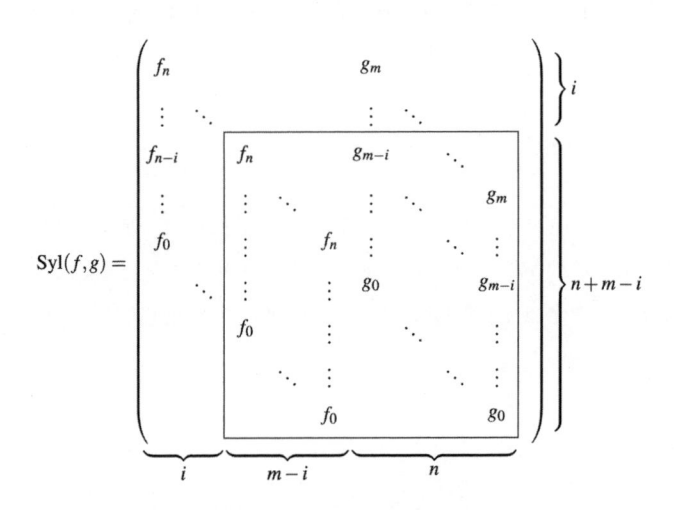

$$\mathrm{Syl}(f,g) = \begin{pmatrix} f_n & & & g_m & & \\ \vdots & \ddots & & \vdots & \ddots & \\ f_{n-i} & & f_n & & g_{m-i} & \ddots \\ \vdots & \ddots & \vdots & \ddots & \vdots & \ddots & g_m \\ f_0 & & \vdots & f_n & \vdots & \ddots & \vdots \\ & \ddots & \vdots & & g_0 & & g_{m-i} \\ & & f_0 & \vdots & & \ddots & \vdots \\ & & & \ddots & \vdots & & \ddots & \vdots \\ & & & & f_0 & & & g_0 \end{pmatrix} \begin{matrix} \} i \\ \\ \\ \\ \} n+m-i \\ \\ \\ \\ \end{matrix}$$

$$\underbrace{}_{i} \underbrace{}_{m-i} \underbrace{}_{n}$$

図 6.1 f と g の Silvester 行列

結論は，例 6.24 の 2 番目の場合のように，主係数の両方ともが I を法として 0 になるときは成り立たないかもしれない．

定理 6.26 R を Euclid 整域，$p \in R$ を素元，$f, g \in R[x]$ は 0 でないとする．さらに，$h = \gcd(f,g) \in R[x]$，$e = \deg h$，$\alpha = \mathrm{lc}(h)$ とし，p は $b = \gcd(\mathrm{lc}(f), \mathrm{lc}(g)) \in R$ を割り切らないと仮定する．上に線をつけたものは p を法とした還元で，$e^* = \deg \gcd(\overline{f}, \overline{g})$ とする．すると，

(i) α は b を割り切る,
(ii) $e^* \geq e$,
(iii) $e = e^* \iff \overline{\alpha} \cdot \gcd(\overline{f}, \overline{g}) = \overline{h} \iff R$ で $p \nmid \operatorname{res}(f/h, g/h)$.

証明 h は $R[x]$ で f と g を割り切るから,R で $\operatorname{lc}(h)$ は $\operatorname{lc}(f)$ と $\operatorname{lc}(g)$ を割り切り,(i) が成り立つ.$u = f/h, v = g/h \in R[x]$ とする.すると,$p \nmid b$ と (i) から,$\deg \overline{h} = e$ で,

$$\overline{u}\overline{h} = \overline{f}, \quad \overline{v}\overline{h} = \overline{g} \tag{6}$$

から,$\overline{h}$ は $\gcd(\overline{f}, \overline{g})$ を割り切り,これは,(ii) と (iii) の最初の同値性を証明している.$(R/\langle p \rangle$ のような体上では,多項式 gcd はいつでもモニックにとれることを思い出そう.)

さて,$p \nmid b$ から p は $\operatorname{lc}(u)$ と $\operatorname{lc}(v)$ の高々一方を割り切ることになるので,$p \nmid \operatorname{lc}(u)$ としよう.したがって,補題 6.25 (ii) により,p が $\operatorname{res}(u, v)$ を割り切るための必要十分条件は $R/\langle p \rangle$ で $\gcd(\overline{u}, \overline{v}) \neq 1$ となることである.式 (6) から,$\gcd(\overline{f}, \overline{g}) = \gcd(\overline{u}, \overline{v}) \cdot \overline{h}/\overline{\alpha}$ であることがわかり,これは (iii) の 2 番目の同値性を示していることになる.□

例 6.3 (続き) $R = \mathbb{Z}$ とし,例 6.3 のように,

$$f = 18x^3 - 42x^2 + 30x - 6, \quad g = -12x^2 + 10x - 2 \in \mathbb{Z}[x]$$

とし,$p = 17$ とする.すると,$h = \gcd(f, g) = 6x - 2$ であり,よって,$e = 1$ で $p \nmid \operatorname{lc}(h)$ である.$f/h = 3x^2 - 6x + 3, g/h = -2x + 1$ で,

$$\operatorname{res}\left(\frac{f}{h}, \frac{g}{h}\right) = \det \begin{pmatrix} 3 & -2 & 0 \\ -6 & 1 & -2 \\ 3 & 0 & 1 \end{pmatrix} = 3 \not\equiv 0 \bmod 17$$

となるから,$\deg \gcd(\overline{f}, \overline{g}) = 1$ と結論できる.実際,$\gcd(\overline{f}, \overline{g}) = x + 11 \in \mathbb{F}_{17}[x]$ で,$\overline{\gcd(f, g)} = 6 \cdot \gcd(\overline{f}, \overline{g})$ である.◇

例 6.16（続き）　$R = \mathbb{Z}, f = x^4 - 3x^3 + 2x, g = x^3 - 1 \in \mathbb{Z}[x]$ とする．例 6.16 で，$h = \gcd(f,g) = x - 1$ であり，よって $e = 1$ であること，$\mathrm{res}(f/h, g/h) = 9$ であることはすでに見た．よって，$p = 3$ に対して $\deg \gcd(\overline{f}, \overline{g}) > 1$ である．よく調べてみると，$\mathbb{F}_3[x]$ において，$\gcd(\overline{f}, \overline{g}) = \overline{g}$ であり，3 が「アンラッキーな素数」であることがわかる．実際，定理 6.26 により，それが唯一のものである．◇

例 6.27　$R = \mathbb{F}_5[y]$

$$f = yx^3 + x^2 + yx + 1, \quad g = (2y^2 + y)x^2 + (3y + 1)x + 1 \in R[x]$$

とする．例 6.4 で，$R[x]$ で $h = \gcd(f,g) = yx + 1$ であり，よって $e = 1$ であることはすでに見た．さらに，$f/h = x^2 + 1, g/h = (2y+1)x + 1$ で，

$$\mathrm{res}_x\left(\frac{f}{h}, \frac{g}{h}\right) = \det \begin{pmatrix} 1 & 2y+1 & 0 \\ 0 & 1 & 2y+1 \\ 1 & 0 & 1 \end{pmatrix} = 4y^2 + 4y + 2 = 4(y-1)(y-3)$$

となる．x を主変数と考えるとき，res_x と書く．したがって，$\mathrm{res}_y(f,g) = x^2 + 1 \in \mathbb{F}_5[x]$ もある．$a \in R$ に対して $\overline{a} = a(-1)$ とすると，$p = y+1$ を対応させると，$b = \gcd(\mathrm{lc}_x(f), \mathrm{lc}_x(g)) = y$ は p を法として 0 にはならず，$\overline{\mathrm{res}(f/h, g/h)} = \mathrm{res}(f/h, g/h)(-1) \neq 0$ であり，よって，$\deg \gcd(\overline{f}, \overline{g}) = 1$ である．実際に，

$$\overline{\mathrm{lc}(h)} \cdot \gcd(\overline{f}, \overline{g}) = -\gcd(-x^3 + x^2 - x + 1, x^2 - 2x + 1)$$
$$= -x + 1 = h(-1) = \overline{h}$$

である．一方，$a \in R$ に対して $\overline{a} = a(1)$ ならば，$\overline{b} \neq 0$, $\overline{\mathrm{res}(f/h, g/h)} = 0$, $\deg \gcd(\overline{f}, \overline{g}) > 1$ である．実際 $\gcd(\overline{f}, \overline{g}) = x^2 + 3x + 2 = \overline{g}/3$ である．◇

6.5　$F[x,y]$ におけるモジュラ gcd アルゴリズム

6.11 節において，gcd や Bézout 係数を含め，拡張 Euclid アルゴリズムのすべての結果を計算するモジュラアルゴリズムを紹介する．しかし，もし gcd だ

6.5 $F[x, y]$ におけるモジュラ gcd アルゴリズム

けが要求されているときは,いまここで扱うもう少しよい方法がある.

たとえば大きい素数 p を使うモジュラアルゴリズムにおいて,2 つの条件が満たされる必要である.すなわち,p は gcd の係数がそれらの p を法として還元したものから復元されるように十分大きくなければならないことと,p は終結式と gcd の主係数を割り切ってはいけない,そのため,その次数が p を法として変わらない,ことである.入力の多項式がともに,次数がおよそ n で,長さ n の係数を持つとき,最初の条件の上界は $O(n)$ であるが,2 番目の条件の上界はおよそ n^2 である.ここでのコツは,係数が還元されることがいつでも保証されるように,しかし,割り切らないという条件は高い確率でしか成り立たない,p をランダムに選ぶということである.

これは,**確率的アルゴリズム**という重要な方法を導く.そのようなアルゴリズムは,入力をとり,(たとえば,0 または 1 を各回等確率で何回か選ぶというように) ランダムな選択を行い,計算をし,出力する.正しい出力を返す確率が $1/2$ より大きい値,たとえば $2/3$ であることを証明できれば,このアルゴリズムを繰り返し実行し,多数決により 1 に非常に近い確率で正しい答えを得る.これは**モンテカルロアルゴリズム**と呼ばれる.この章にあるようないくつかの応用においては,出力の正しさのテストは簡単にできる.したがって,エラーの確率は 0 になり,実行時間だけが確率変数になる.これは,**ラスベガスアルゴリズム**と呼ばれる.これに関する議論ついては,注解 6.5 と 25.8 節を見よ.

これら確率的アルゴリズムは実際に,Berlekamp の多項式の因数分解 (14.8 節) と Solovay と Strassen (18.6 節) の素数テストという計算機代数において始まった.それらの能力と簡便さがそれらをコンピュータサイエンスの多くの分野のいたるところにある道具とした.我々は 4.1 節ですでに確率的モジュラテストの例を見ている.これらの方法は固有の不確かさを持っているが,それは任意に小さくでき,非常に魅力的なくじのように振る舞う.すなわち,賞金は賭け金のわずかな部分にすぎない (たとえば,多項式時間対指数時間) がほとんどいつも勝つことが保障されている.

確率的アルゴリズムにおいて,入力が何でも誤り確率の上界は抑えられなければならない.これは,アルゴリズムの平均の場合の解析と混同してはならない.平均のコストは,入力のある合理的な確率分布に対して決定されるもので

ある．これは貴重な洞察を与えることがあるが，そのアキレス腱は，実際の環境の入力が仮定した分布に本当に従うかどうかということにある．

さあ，最初の確率的アルゴリズムである．このアルゴリズムは，任意の次数の既約な 1 変数多項式が十分に多く見つけられるような体上で動作する．$\mathrm{lc}_x(f)$ で，2 変数多項式 $f \in F[x,y]$ の変数 x の主係数を表す．

アルゴリズム 6.28 モジュラ 2 変数 gcd：大きい素数版

入力：原始的多項式 $f, g \in F[x,y]$．ただし，F は体で，$R = F[y]$，$\deg_x f = n \geq \deg_x g \geq 1, \deg_y f, \deg_y g \leq d$ とする．
出力：$h = \gcd(f,g) \in R[x]$．

1. $b \longleftarrow \gcd(\mathrm{lc}_x(f), \mathrm{lc}_x(g))$
2. **repeat**
3. $\deg p = d+1+\deg b$ であるモニックで既約な多項式 $p \in R$ をランダムに選ぶ
4. $\overline{f} \longleftarrow f \bmod p, \quad \overline{g} \longleftarrow g \bmod p$
   call $R/\langle p \rangle$ 上の Euclid のアルゴリズム 3.14,
       $\deg_y v < \deg_y p, \quad v \bmod p = \gcd(\overline{f}, \overline{g}) \in (R/\langle p \rangle)[x]$ なるモニックな $v \in R[x]$ を計算する
5. y に関する次数が $\deg_y p$ より小さく，
$$w \equiv bv \bmod p, \quad f^* w \equiv bf \bmod p, \quad g^* w \equiv bg \bmod p \qquad (7)$$
   である $w, f^*, g^* \in R[x]$ を計算する
6. **until** $\deg_y (f^* w) = \deg_y (bf)$ かつ $\deg_y (g^* w) = \deg_y (bg)$
7. **return** $\mathrm{pp}_x(w)$

もし，共通因子 f/h と g/h も必要ならば，$\mathrm{pp}_x(f^*)$ と $\mathrm{pp}_x(g^*)$ と同様にして，簡単に求まる．ステップ 5 で，f^*, g^* を計算する前に，w の定数係数が bf と bg の定数係数を割り切るかどうかテストし，それが失敗したらステップ 3 へ戻る．f^* と g^* を $f^* \equiv f/v \bmod p, g^* \equiv g/v \bmod p$ として計算すれば

よい.

原始的でない多項式の gcd を計算するには,まず,それらの係因数の gcd を計算し,それから上のアルゴリズムをそれらの原始的部分に適用して,最後に,その結果に係因数の gcd を掛ける.もし,f と g の定数係数の gcd が b より小さいならば,主係数と定数係数の役割を入れかえて p の次数を要求通り減らす.

上の注意は,後で扱うモジュラ gcd アルゴリズム 6.34, 6.36, 6.38 にもあてはまる.

定理 6.29 f, g を入力,h を $R[x]$ における $\gcd(f,g)$, $r = \mathrm{res}_x(f/h, g/h) \in R = F[y]$ とする.すると,r は次数が高々 $2nd$ の 0 でない多項式で,ステップ 6 の終了条件が満たされる必要十分条件は,p が r を割り切らないことであり,そのとき,ステップ 7 で正しい出力が返される.ステップ 4 からステップ 6 までの繰り返し 1 回に対するコストは,F における $48n^2d^2 + O(nd(n+d))$ あるいは $O(n^2d^2)$ 回の演算回数を超えることはない.もし $b = 1$ ならば,そのコストは高々 $12n^2d^2 + O(nd(n+d))$ である.ステップ 1 と 7 では $O(nd^2)$ 回の F における演算がかかる.

証明 $\gcd(f/h, g/h) = 1$ である.h と f/h は f を割り切るから,それらの y に関する次数は高々 $\deg_y f \leq d$ であり,同様のことが g/h に対しても成り立ち,系 6.20 と定理 6.22 により,最初の主張が証明される.さらに $\deg_y b \leq \deg_y p$ であり,よって $p \nmid b$ である.まず $p \nmid r$ と仮定し,$\alpha = \mathrm{lc}(h) \in R$ とする.すると,定理 6.26 により $\alpha v \equiv h \bmod p$ である.さらに $\alpha \mid b$ で,よって $w \equiv bv \equiv (b/\alpha)h \bmod p$ である.w も $(b/\alpha)h$ もともに y に関する次数は $\deg_y p$ より小さく,したがって,それらは等しい.同様にして,$f^* = bf/w, g^* = bg/w$ であることがわかり,(7) の合同式は実際にはどれも等式なので,ステップ 6 の次数の条件が満たされる.系 6.10 により,h は原始的であり,したがって,h, α, b はみな正規化されているので,アルゴリズムはステップ 7 で正しい結果 $\mathrm{pp}_x(w) = \mathrm{pp}_x((b/\alpha)h)$ を返す.

一方，もし $p\,|\,r$ ならば，定理 6.26 から $\deg_x w = \deg_x v > \deg_x h$ である．もし，ステップ 6 の次数の条件が正しいとすると，(7) の合同式は等式になり，$\mathrm{pp}(w)$ は $\deg_x h$ よりも大きな x に関する次数を持つ f と g の共通の約数になる．この矛盾により，正しいものを返すことの証明が終わる．

計算的には，ステップ 4 における f と g の p を法とする還元では何も起こらない．Euclid のアルゴリズムのコストは，定理 3.16 により，高々 $2n^2 + O(n)$ 回の $R/\langle p \rangle$ における加算と乗算に，高々 $n+2$ 回のモジュラ逆元をとる操作を加えたものである．この剰余環における加算または乗算の 1 回のコストは，系 4.6 により高々 $4(\deg p)^2 + O(\deg p)$ 回の F における演算である．$\deg p = d + 1 + \deg b \le 2d + 1$ だから，ステップ 4 の全コストは，高々 $32n^2d^2 + O(nd(n+d))$ 回の F における演算であり（モジュラ逆元をとる操作のコストは "O" の中に入っている），$b = 1$ ならば高々 $8n^2d^2 + O(nd(n+d))$ だけである．

2.4 節により，ステップ 5 における，3 回の主係数を掛けることと 2 回のモジュラ割り算のコストは高々 $4\deg_x w \cdot (n - \deg_x w) + O(n)$ 回の p を法とする加算と乗算である．すべての $m \in \mathbb{R}$ に対して $m(n-m) \le n^2/4$ だから，これは全部で，高々 $n^2 + O(n)$ 回のモジュラ演算，あるいは $16n^2d^2 + O(nd(n+d))$ 回の F における演算であり，$b = 1$ ならば $4n^2d^2 + O(nd(n+d))$ にすぎない．ステップ 1 と 7 は，高々 $n+1$ 個の gcd と次数が高々 $2d$ の $F[y]$ の多項式の割り算，または $O(nd^2)$ 回の F における演算を使う．□

我々は，ステップ 3 における p を見つけるためのコストは無視した．有限体 $F = \mathbb{F}_q$ に対しては，14.9 節で議論するつもりである．系 14.44 で，これは，$\mathbb{F}_q$ における $\tilde{O}(d^2 \log q)$ 回の演算の期待値を持って行われることと，もし $d \ge 4 + 2\log_2 n$ ならば，そのアルゴリズムの繰り返しの期待値が高々 2 であることがわかる．ここで，$\tilde{O}$ は対数の因子を無視した記号である (25.7 節)．

6.6 $\mathbb{Z}[x]$ における Mignotte の因子の上界とモジュラ gcd アルゴリズム

アルゴリズム 6.28 を $\mathbb{Z}[x]$ に適用するために，h の係数のサイズに関する直感的な上界が必要である．$F[y]$ 上で，上界

6.6 $\mathbb{Z}[x]$ における Mignotte の因子の上界とモジュラ gcd アルゴリズム

$$\deg_y h \leq \deg_y f \tag{8}$$

は自明でまたかなり十分である．$\mathbb{Z}$ 上で，後で述べる定理 6.52 の部分終結式上界を使うことができるであろうが，いまは，かなりもっとよい上界を導く．それは実際，gcd の 1 つの変数，f としよう，にのみ依存し，f のすべての因数に対して成り立つ．我々はこれを第 15 章の f の因数分解で，再び使うことになる．

我々は，**2 ノルム**を複素多項式 $f = \sum_{0 \leq i \leq n} f_i x^i \in \mathbb{C}[x]$ に，$\|f\|_2 = (\sum_{0 \leq i \leq n} |f_i|^2)^{1/2} \in \mathbb{R}$ として，拡張する．ここで，$|a| = (a \cdot \bar{a})^{1/2} \in \mathbb{R}$ は $a \in \mathbb{C}$ のノルムであり，$\bar{a}$ は a の複素共役である．f の因数のノルムの $\|f\|_2$ による上界，すなわち，f の任意の因数 $h \in \mathbb{Z}[x]$ が $\|h\|_2 \leq B$ を満たすような $B \in \mathbb{R}$ を導く．$B = \|f\|_2$ ととれると思うかもしれないが，これは本当ではない．たとえば，$f = x^n - 1$ とし，$h = \Phi_n \in \mathbb{Z}[x]$ を第 n 円周等分多項式（14.10 節）とする．Φ_n は $x^n - 1$ を割り切り，式 (8) と同様の評価により，Φ_n の各係数は絶対値が高々 1 であるといえることになってしまうが，たとえば，Φ_{105} は次数 48 を持ち，$-2x^7$ という項を持つ．実際，Φ_n の係数の絶対値は $n \leftarrow \infty$ のとき有界ではなく，よって，これは $\|h\|_2$ に対しても正しい．さらに悪いことに，無限に多くの n に対して，Φ_n は非常に大きな，すなわち，$\exp(\exp \ln 2 \cdot \ln n / \ln \ln n)$ より大きい係数を持つ．ここで，$\ln$ は e を底とする対数である．そのような係数は n よりやや少ない語の長さを持つ．どのように因数の係数をコントロールするのかは明らかではなく，よい上界を得るためにほんの少しのことをしなければならないことに驚くことはない．

補題 6.30 $f \in \mathbb{C}[x]$ と $z \in \mathbb{Z}$ に対して，$\|(x-z)f\|_2 = \|(\bar{z}x - 1)f\|_2$ が成り立つ．

証明 $f = \sum_{0 \leq i \leq n} f_i x^i, f_{-1} = f_{n+1} = 0$ とすると，

$$\|(x-z)f\|_2^2 = \sum_{0 \leq i \leq n+1} |f_{i-1} - z f_i|^2 = \sum_{0 \leq i \leq n+1} (f_{i-1} - z f_i)(\overline{f_{i-1}} - \bar{z}\overline{f_i})$$

$$= \|f\|_2^2 (1+|z|^2) - \sum_{0 \leq i \leq n+1} (z\overline{f_{i-1}}f_i + \overline{z}f_{i-1}\overline{f_i})$$

$$= \sum_{0 \leq i \leq n+1} (\overline{z}f_{i-1} - f_i)(z\overline{f_{i-1}} - \overline{f_i}) = \sum_{0 \leq i \leq n+1} |\overline{z}f_{i-1} - f_i|^2$$

$$= \|(\overline{z}x - 1)f\|_2^2$$

である．□

$f_0, \ldots, f_n, z_1, \ldots, z_n \in \mathbb{C}$ とし，

$$f = \sum_{0 \leq i \leq n} f_i x^i = f_n \prod_{0 \leq i \leq n} (x - z_i)$$

とする．$M(f)$ を $M(f) = |f_n| \prod_{0 \leq i \leq n} \max\{1, |z_i|\}$ で定義する．このとき，$M(f) \geq |\mathrm{lc}(f)|$ であり，$g, h \in \mathbb{C}[x]$ に対して $f = gh$ ならば，$M(f) = M(g)M(h)$ であることに注意する．次の Landau (1905) の定理は $M(f)$ と $\|f\|_2$ とを関係づける．

定理 6.31　Landau の不等式　任意の $f \in \mathbb{C}[x]$ に対して，$M(f) \leq \|f\|_2$ である．

証明　解をある $k \in \{0, \ldots, n\}$ に対して，$|z_1|, \ldots, |z_k| > 1$ で，$|z_{k+1}|, \ldots, |z_n| \leq 1$ であるように並べかえる．$M(f) = |f_n \cdot z_1 \cdots z_k|$ である．

$$g = f_n \prod_{0 \leq i \leq k} (\overline{z_i}x - 1) \prod_{k < i \leq n} (x - z_i) = g_n x^n + \cdots + g_0 \in \mathbb{C}[x]$$

とする．すると，前の補題を繰り返し用いて，

$$M(f)^2 = |f_n \overline{z_1} \cdots \overline{z_k}|^2 = |g_n|^2 = \|g_n\|_2^2 = \left\| \frac{g}{\overline{z_1}x - 1}(x - z_1) \right\|_2^2 = \cdots$$

$$= \left\| \frac{g}{(\overline{z_1}x - 1) \cdots (\overline{z_k}x - 1)}(x - z_1) \cdots (x - z_k) \right\|_2^2 = \|f\|_2^2$$

となり，証明された．□

1ノルム $\|f\|_1 = \sum_{0 \le i \le n} |f_i|$ も使うと便利である．$\|f\|_\infty \le \|f\|_2 \le \|f\|_1 \le (n+1)\|f\|_\infty$ である．

定理 6.32 次数 m の $h = \sum_{0 \le i \le m} h_i x^i \in \mathbb{C}[x]$ が次数 $n \ge m$ の $f = \sum_{0 \le i \le n} f_i x^i \in \mathbb{C}[x]$ を割り切るならば，

$$\|h\|_2 \le \|h\|_1 \le 2^m M(h) \le \left|\frac{h_m}{f_n}\right| 2^m \|f\|_2$$

が成り立つ．

証明 $1 \le i \le m$ に対して $u_i \in \mathbb{C}$ として，$h = h_m \prod_{1 \le i \le m}(x - u_i)$ とおき，各 u_i は f の解 z_j のどれかに等しいことに注意する．Viète の公式により，h の係数をその解により，

$$h_i = (-1)^{m-i} h_m \sum_{\substack{S \subseteq \{1,\ldots,m\} \\ \sharp S = m-i}} \prod_{j \in S} u_j$$

と表せる．ここで，和は $u_1, \ldots, u_m$ の $m-i$ 番目の基本対称式である．よって，$0 \le i \le m$ に対して，

$$|h_i| = |h_m| \sum_S \prod_{j \in S} |u_j| \le \binom{m}{i} M(h)$$

である．したがって，2項係数の和の公式と Landau の不等式により，

$$\|h\|_2 \le \|h\|_1 = \sum_{0 \le i \le m} |h_i| \le 2^m M(h) \le \left|\frac{h_m}{f_n}\right| 2^m M(f) \le \left|\frac{h_m}{f_n}\right| 2^m \|f\|_2$$

が成り立つ．□

系 6.33 Mignotte の上界 $f, g, h \in \mathbb{Z}[x]$ が次数 $\deg f = n \ge 1$, $\deg g = m$, $\deg h = k$ であるとし，gh が f を ($\mathbb{Z}[x]$ において) 割り切るとする．このとき，

(i) $\|g\|_\infty \|h\|_\infty \le \|g\|_2 \|h\|_2 \le \|g\|_1 \|h\|_1 \le 2^{m+k} \|f\|_2 \le (n+1)^{1/2} 2^{m+k} \|f\|_\infty$

(ii) $\|h\|_\infty \le \|h\|_2 \le 2^k \|f\|_2 \le 2^k \|f\|_1$ かつ
$$\|h\|_\infty \le \|h\|_2 \|h\|_2 \le (n+1)^{1/2} 2^k \|f\|_\infty$$
が成り立つ．

証明 定理 6.32 と Landau の不等式により，
$$\|g\|_1 \|h\|_1 \le 2^{m+k} M(g) M(h) \le 2^{m+k} M(f) \le 2^{m+k} \|f\|_2$$
これで (i) が証明され，$g=1$ ととれば (ii) が証明される．□

多項式 $f, g \in \mathbb{Z}[x]$ が次数 $n = \deg f \ge \deg g$ を持ち，最大ノルム $\|f\|_\infty$, $\|g\|_\infty$ は高々 A であるとする．すると，系 6.33 により，$\gcd(f,g) \in \mathbb{Z}[x]$ の最大ノルムは高々 $(n+1)^{1/2} 2^n A$ である．$\mathbb{Z}[x]$ における gcd を計算するための，アルゴリズム 6.28 と全く同様の，次のアルゴリズムを得る．

アルゴリズム 6.34 $\mathbb{Z}[x]$ におけるモジュラ gcd：大きい素数版
入力：原始的多項式 $f, g \in \mathbb{Z}[x]$. ただし，$\deg f = n \ge \deg g \ge 1$, 最大ノルムについて，$\|f\|_\infty, \|g\|_\infty \le A$ とする．
出力：$h = \gcd(f,g) \in \mathbb{Z}[x]$.
1. $b \longleftarrow \gcd(\mathrm{lc}(f), \mathrm{lc}(g))$, $B \longleftarrow (n+1)^{1/2} 2^n A b$
2. **repeat**
3. $\quad 2B < p \le 4B$ なる素数 $p \in \mathbb{N}$ をランダムに選ぶ
4. $\quad \overline{f} \longleftarrow f \bmod p,\ \overline{g} \longleftarrow g \bmod p$
   call $\mathbb{Z}_p$ 上の Euclid のアルゴリズム 3.14,
   $\quad\quad \|v\|_\infty < p/2$ で $v \bmod p = \gcd(\overline{f}, \overline{g}) \in \mathbb{Z}_p[x]$ なる
   $\quad\quad \mathbb{Z}[x]$ におけるモニックな v を計算する
5. 最大ノルムが $p/2$ より小さく，
$$w \equiv bv \bmod p, \quad f^* w \equiv bf \bmod p, \quad g^* w \equiv bg \bmod p \quad (9)$$
   である $w, f^*, g^* \in R[x]$ を計算する

6. **until** $\|f^*\|_1 \|w\|_1 \leq B$ かつ $\|g^*\|_1 \|w\|_1 \leq B$
7. **return** $\mathrm{pp}_x(w)$

ステップ 3 で，ある条件を満たす素数が必要になる．我々はいまだこの仕事をする道具を持っていないが，これに関する議論は 18.4 節までとっておこう．次は定理 6.29 と類似なものである．

定理 6.35 h を f と g の $\mathbb{Z}[x]$ における正規化された gcd とする．$\mathrm{lc}(h) > 0$ である．すると，$r = \mathrm{res}(f/h, g/h)$ は $|r| \leq (n+1)^n A^{2n}$ である 0 でない整数であり，ステップ 6 における停止条件が真である必要十分条件は，p が r を割り切らないことであり，よって，ステップ 7 における出力は正しい．ステップ 4, 5 を 1 回実行するコストは $O(n^2(n^2 + \log^2 A))$ 回の語演算であり，ステップ 1 と 7 では $O(n(n^2 + \log^2 A))$ 回の語演算がかかる．

証明 正しさを示すためには，ステップ 6 における条件が成り立つための必要十分条件が $\mathrm{pp}(w) = h$ であることを示せば十分である．もし，その条件が満たされるならば，$\|f^*w\|_\infty \leq \|f^*w\|_1 \leq \|f^*\|_1 \|w\|_1 \leq B < p/2$ であり，また，$\|bf\|_\infty < p/2$ と $f^* \equiv bf \bmod p$ だから，$f^*w = bf$ が成り立つ．同様にして，$g^*w = bg$ が成り立つ．したがって，$w \mid \gcd(bf, bg)$ であり，定理 6.26 (ii) から $\deg w = \deg \gcd(bf, bg)$ であり，よって，どちらの多項式も正規化されていることから，$\mathrm{pp}(w) = \gcd(f, g)$ である．

一方，もし，ステップ 5 で計算された w に対して $\mathrm{pp}(w) = \gcd(f, g)$ であるとすると，w は bf を割り切り，Mignotte の上界 6.33 により，$\|bf/w\|_\infty \leq B < p/2$ であり，よって，合同式 $f^* \equiv bf/w \bmod p$ は等式になる．同様にして，$g^* = bg/w$ であることがわかり，系 6.33 のもう 1 つの応用により，ステップ 6 の条件が満たされる．練習問題 6.25 で，$p \nmid r$ である必要十分条件は $\mathrm{pp}(w) = h$ であることを示す．

$k = \deg h$ として，再び系 6.33 により，$\|f/h\|_2, \|g/h\|_2 \leq (n+1)^{1/2} 2^{n-k} A$

であり,定理 6.23 から $|r| \leq 4^n(n+a)^n A^{2n}$ となる.練習問題 6.24 では定理で述べられている上界よりよい上界を導く.ステップ 4 では $O(n^2)$ 回の $\mathbb{Z}_p$ における算術演算かかり,これらそれぞれのコストは $O(\log^2 p)$ 回の語演算である.$\log p \leq \log(4B) \in O(n + \log A)$ だから,ステップ 4 では $O(n^2(n^2 + \log^2 A))$ 回の語演算を行い,同じ上界はステップ 5 の割り算でも成り立つ.ステップ 1 と 7 では,長さ $O(n + \log A)$ の整数上の $O(n)$ 回の gcd と割り算,あるいは $O(n(n^2 + \log^2 A))$ 回の語演算必要である.□

18.4 節で,$O\tilde{~}(\log^3 B)$ あるいは $O\tilde{~}(n^3 + \log^3 A)$ 回の語演算を使う確率的アルゴリズムにより,$2B$ と $4B$ の間のランダムな数 p で,p は素数かつ $p \nmid r$ であるものを,少なくとも 1/2 の確率で見つけることができることを示す(系 18.11).そのアルゴリズムの繰り返しの期待数は高々 2 である.

6.7 小さい素数のモジュラ gcd アルゴリズム

5.5 節で,行列式を計算するための小さい素数のモジュラ法は,計算的には,大きい素数の方法よりもすぐれていることを見た.前の節で,大きい素数のモジュラ gcd アルゴリズムについて論じたのは,いまから述べる小さい素数のものよりそれらの方がやさしく,主要なアイデアが,明らかによりはっきり見えるからである.実際には後者を使うことを強く薦める.それが,$\mathbb{Z}[x]$ に対するアルゴリズムより,より単純に表現でき,より単純に解析できるので,$F[x,y]$ のアルゴリズムから始める.

アルゴリズム 6.36 モジュラ 2 変数 gcd:小さい素数版
入力:$\deg_x f = n \geq \deg_x g \geq 1, \deg_y f, \deg_y g \leq d$ である原始的多項式 $f, g \in F[x,y] = R[x]$.ただし,F は少なくとも $(4n+2)d$ 個の要素を持つ体で,$R = F[y]$ とする.
出力:$h = \gcd(f, g) \in R[x]$.
1. $b \longleftarrow \gcd(\mathrm{lc}_x(f), \mathrm{lc}_x(g)), \quad l \longleftarrow d + 1 + \deg_y b$

2. **repeat**
3. $2l$ 個の点からなる集合 $S \subseteq F$ を選ぶ
4. $S \longleftarrow \{u \in S; b(u) \neq 0\}$
    for 各 $u \in S$ **call** F 上の Euclid のアルゴリズム 3.14,
$$\text{モニックな } v_u = \gcd(f(x,u), g(x,u)) \in F[x] \text{ を計算する}$$
5. $e \longleftarrow \min\{\deg v_u; u \in S\}, \quad S \longleftarrow \{u \in S; \deg v_u = e\}$
    if $\sharp S \geq l$ **then** $\sharp S - l$ 個の要素を S から削除
    else ステップ 3 へ行く
6.   すべての $u \in S$ に対して,
$$w(x,u) = b(u)v_u,$$
$$f^*(x,u)w(x,u) = b(u)f(x,u), \quad g^*(x,u)w(x,u) = b(u)g(x,u)$$
    となる, y に関する次数が l より小さい多項式 $w, f^*, g^* \in R[x]$ の $F[y]$ でのそれぞれの係数を, 補間により, 計算する
7. **until** $\deg_y(f^*w) = \deg_y(bf)$ かつ $\deg_y(g^*w) = \deg_y(bg)$
8. **return** $\text{pp}_x(x)$

実際には, F から, およそ l 個, またはそれより少ない S の元から始めて, 適当と思われる点を選び, ステップ 4, 5 または 7 で検出された「アンラッキーな」点を S から取り除き, もしステップ 7 の条件が破られれば何かランダムな新しい点を S に加える. もし gcd が定数であれば, 唯一の「ラッキーな」点がこれを検出するのに十分である. 上のアルゴリズムの解析はやや簡単である. これらの注意は後のアルゴリズム 6.38 にもあてはまる.

定理 6.37 アルゴリズム 6.36 は f と g の gcd を正しく計算する. 1 回の繰り返しでは, 高々 $10n^2d + 36nd^2 + O((n+d)d)$ 回の F の代数演算を使い, もし $b = 1$ ならば, $5n^2d + 13nd^2 + O((n+d)d)$ 回だけである. $d \geq 1$ で, ステップ 3 の S として, 濃度 $\sharp U \geq (4n+2)d$ の固定された有限集合 $U \subseteq F$ の

$2l$ 個の元からなる一様ランダムな部分集合としてとれば, 繰り返しの期待値は高々 2 である. ステップ 1 から 8 のコストは, 高々 $10nd^2 + O(nd)$ 回の F の演算であり, $b = 1$ ならば $\frac{5}{2}nd^2 + O((n+d)d)$ 回だけである.

証明 $\deg_y b \leq d, l \leq 2d+1$ であり $\sharp U \geq 6d \geq 2l$ であることから, ステップ 3 で十分な点が選べることがわかる. したがって, 正しく計算することは定理 6.29 の証明と同じように証明できる. ステップ 4 で, u ごとのコストは, b のその点での評価に $O(d)$ 回の F の演算と, $y = u$ における f と g (のすべての係数) の評価に高々 $4nd + O(n+d)$ 回の F の演算と, gcd のための, 高々 $2n^2 + O(n)$ 回の演算を加えたものであり, 定理 3.16 により, 全体ですべての $u \in S$ に対して $4n^2 l + 8ndl + O((n+d)d)$ 回の演算となる. ステップ 6 で, 最初にすべての $u \in S$ に対してモジュラ余因子 $f(x, u)/v_u, g(x, u)/v_u$ を計算する. 定理 6.29 の証明のように, これには 1 つの u に対して $n^2 + O(n)$ 回の F の演算が行われ, 全部で $n^2 l + O(nl)$ にすぎない. したがって, w, f^*, g^* の高々 $2n + 2$ 個の係数のそれぞれに対して, l 個の点での補間問題を解く. これには, 練習問題 5.11 により, 全部で $5nl^2 + O((n+d)d)$ 回の F の演算を行う. ゆえに, 繰り返し 2 での 1 回の繰り返しでは $5n^2 l + 8ndl + 5nl^2 + O((n+d)d)$ 回の F の演算が行われる. ステップ 1 と 8 のコストは, 次数が高々 l の多項式の高々 $n + 1$ 回の gcd 計算に同じ回数の割り算を加えたもので, 全部で, $\frac{5}{2}nl^2 + O((n+d)d)$ 回の演算にすぎない.

反復の期待値を決めることが残されている. アルゴリズムの中の素数は $y - u$ の 1 次の多項式である. $r = \operatorname{res}_x(f/h, g/h) \in F[y]$ とする. 大きい素数の方法と同じように, ステップ 7 の終了条件が満たされる必要十分条件は, $y - u$ が多項式 r を割り切らないことであり, これは, 任意の $u \in S$ に対して $r(u) \neq 0$ と同値である. よって, ステップ 3 での S の選択が成功する必要十分条件は, 多項式 br が S の少なくとも l 個の点に対して 0 にならないことである. $b(u)r(u) = 0$ のとき, $u \in U$ を**アンラッキー**と呼ぶことにしよう. br の y の次数は, 定理 6.29 により, 高々 $(2n+1)d$ である. U は少なくとも $(4n+2)d$ 個の元を持つから, U の高々半分の点が「アンラッキーな」点である. ゆえに,

6.7 小さい素数のモジュラ gcd アルゴリズム

ステップ3の S の点の高々半分が「アンラッキーな」点である確率は，少なくとも 1/2 である (練習問題 6.31)．よって，このアルゴリズムの反復の期待値は高々 2 であり，証明できた．□

U のサイズを増加させることにより，1 回の実行での失敗確率を減らし，このアルゴリズムの反復の回数の期待値を 1 に任意に近くすることができる．このアルゴリズムの変形は 24.3 節で解析する．

小さい素数のモジュラ gcd アルゴリズムの実行時間は，大きい素数のものより，$n \approx d$ のとき，次数にしておよそ 1 だけよい．もし，第 II 部で説明する高速多項式算術が使えれば，コストを $O\tilde{\ }(nd)$ まで減らすことができる (系 11.9)．

F が十分多くの要素を持たないとき，たとえば $F = \mathbb{F}_2$ とすると，ステップ 3 で 1 つの問題を持つことになる．これには，適切な体の拡大をすること，これはそのたびに $O(\log^2 (nd))$ の因数倍だけ増加させる (練習問題 6.32) ことになるか，または，非線形なモジュライを選ぶことで避けることができる．次は $\mathbb{Z}[x]$ に対する類似のアルゴリズムである．(底が e の) 自然対数を ln で表す．

アルゴリズム 6.38 $\mathbb{Z}[x]$ におけるモジュラ gcd：小さい素数版

入力：$\deg f = n \geq \deg g \geq 1$ で，最大ノルムに関して，$\|f\|_\infty, \|g\|_\infty \leq A$ を満たす原始的多項式 $f, g \in \mathbb{Z}[x]$．

出力：$h = \gcd(f, g) \in \mathbb{Z}[x]$．

1. $b \longleftarrow \gcd(\mathrm{lc}(f), \mathrm{lc}(g)), \quad k \lceil 2 \log_2 ((n+1)^n b A^{2n}) \rceil$
   $B \longleftarrow (n+1)^{1/2} 2^n Ab, \quad l \lceil \log_2 (2B+1) \rceil$
2. **repeat**
3.   それぞれが $2k \ln k$ より小さい $2l$ 個の素数からなる S を選ぶ
4. $S \longleftarrow \{p \in S; p \nmid b\}$
       for $p \in S$ **call** $\mathbb{Z}_p$ 上の Euclid のアルゴリズム 3.14，
           係数が，$\{0, \ldots, p-1\}$ の元で，$v_p \bmod p =$
           $\gcd(\overline{f}, \overline{g}) \in \mathbb{Z}_p[x]$ である，モニックな $v_p \in \mathbb{Z}[x]$ を
           計算する

5. $e \longleftarrow \min\{\deg v_p : p \in S\}$, $\quad S \longleftarrow \min\{p \in S : \deg v_p = e\}$
    if $\sharp S \geq l$ **then** $\sharp S - l$ を S から削除 **else goto** 3
6. **call** 中国剰余アルゴリズム 5.4,
    最大ノルムが $\prod_{p \in S} p/2$ より小さく, 任意の $p \in S$ に対して,
    $$w \equiv bv_p \bmod p, \quad f^*w \equiv bf \bmod p, \quad g^*w \equiv bg \bmod p$$
    であるただ 1 通りに決まる多項式 $w, f^*, g^* \in \mathbb{Z}[x]$ の係数をそれぞれ計算する
7. **until** $\|f^*\|_1 \|w\|_1 \leq B$ かつ $\|g^*\|_1 \|w\|_1 \leq B$
8. **return** $\mathrm{pp}(w)$

ステップ 3 で, ある条件を満たす素数が必要になる. これについては 18.4 節で述べる. 実際, $2k \ln k$ はプロセッサの語のサイズより小さく, (事前に計算しておくことのできる) 1 語の素数 (計算機の語のサイズに依存して, 2^{32} または 2^{64} より小さい) をとることができる.

定理 6.39 アルゴリズム 6.38 は正しく動作する. ステップ 4 から 7 を 1 回実行するのに, $O(n(n^2 + \log^2 A)(\log n + \log \log A)^2)$ 回の語演算ででき, ステップ 1 から 8 に対しても同じ評価が成り立つ.

証明 正しく動作することは定理 6.35 の証明と同様に証明できる. 実行時間を評価するために, まず, 各素数 $p \in S$ に対して $\log p \in O(\log k)$ であることに注意する. ステップ 4 で, 素数 p ごとのコストは, b と f, g のすべての係数を $\bmod\, p$ で還元するための $O(n \log A \cdot \log k)$ 回の語演算と, gcd のための $O(n^2)$ 回の $\mathbb{Z}_p$ の演算, または, $O(n^2 \log^2 k)$ 回の語演算であり, 全体で $O(n(n \log k + \log A) l \log k)$ 回の語演算である. ステップ 6 で $O(n^2 \log^2 k)$ 回の語演算を行って, 各 $p \in S$ に対して, 2 回の p を法とする余りを伴う割り算 $f/v_p, g/v_p$ を実行し, それから, w, f^*, g^* の高々 $2n+2$ 個の係数のそれぞ

れに中国剰余アルゴリズムを適用する．$\log \prod_{p \in S} p = \sum_{p \in S} \log p \in O(l \log k)$ であることから，定理5.8により，各係数に対するコストは $O(l^2 \log^2 k)$ 回の語演算であり，すべての係数に対しては，$O(nl^2 \log^2 k)$ であることがわかる．ステップ1から8のコストは定理6.35と同様である．$l \in O(n + \log A)$ と $\log k \in O(\log n + \log \log A)$ であることから主張が証明できる．□

多項式の場合のように，小さい素数のアルゴリズムは，大きい素数のものより次数にしておよそ1だけコストが少ない．もし単精度の素数を用いると，コストはおよそ $O(nl(n+l))$ 回の語演算である．11.1節で，第II部の多項式と整数の算術の速い方法を使えば，コストがおよそ $O^\sim(n^2 + n \log A)$ まで落とせることを示す．18.4節で，最初の k 個の素数 $p_1 = 2, \ldots, p_k$ は，Eratosthenes の篩により $O(k \log^2 k \log \log k)$ 回，または $O^\sim(n(n + \log A))$ 回の語演算をかけて決定的に計算できること，そのそれぞれが高々 $2k \ln k$ であることを示す．値 k は，定理6.35により $2 \log_2 |b \operatorname{res}(f/h, g/h)|$ の上界であり，このことが，この k 個の素数の少なくとも $k/2$ 個は $b \operatorname{res}(f/h, g/h)$ を割り切らないことを保証する．定理6.26により，$p_1, \ldots, p_k$ の少なくとも半分は「ラッキー」である．$2l \leq k$ であることを得，ステップ3で，集合 S を $p_1, \ldots, p_k$ の $2l$ 個の要素からなる一様ランダムな部分集合としてとると，練習問題6.31で示すように，S の素数の中の少なくとも l 個が，$1/2$ より少なくない確率で，ラッキーであることが示される．2変数のときと同様に，ステップ7の条件が満たされるための必要十分条件は，少なくとも l 個の素数が幸運であることであり，アルゴリズムの反復の期待値は高々2である．

実際には，特に，h の係数の Mignotte の上界が往々にして大きすぎるので，2変数の場合に説明した受け入れられる方法を使うことになるだろう．そのような実装の実行時間は6.13節で示す．

6.8 応用：平面曲線の交わり

この節と次の節では，後で使われることはないが，終結式の応用を2つ説明する．

終結式の歴史的な目的は，変数を消去して幾何学的な問題を解くことであった．一例として，2変数の2つの多項式の共通の解を決定したいとする．これは2つの平面曲線の共通部分を求めることと同値である．F を体とし，$f, g \in F[x, y]$ が与えられたとし，2つの平面曲線

$$X = \left\{(a, b) \in F^2 : f(a, b) = 0\right\}, \quad Y = \left\{(a, b) \in F^2 : g(a, b) = 0\right\}$$

を交わるようにしたいとする．y に関する終結式 $r = \mathrm{res}_y(f, g) \in F[x]$ を考えることにより，変数 y を消去する．F は**代数的に閉じている**と仮定し，したがって，F 上の定数でない任意の1変数多項式は解を持つことになる．これは，いま考えている曲線 X, Y のような幾何学的対象について一般的に，真になるように，よく要求されることである．読者は $F = \mathbb{C}$ と思っていればよい．いま，Z を $X \cap Y$ の x 軸への射影とする．もし $a \in F$ で $\mathrm{lc}_y(f), \mathrm{lc}_y(g)$ がともに，$x = a$ で 0 にならないとすると，補題 6.25 により，

$$\begin{aligned}a \in Z &\iff \exists b \in F \ (a, b) \in X \cap Y \iff \exists b \in F \quad f(a, b) = g(a, b) = 0 \\ &\iff \gcd\left(f(a, y), g(a, y)\right) \neq 1 \\ &\iff r(a) = \mathrm{res}_y(f, g)(a) = 0\end{aligned}$$

である．よって，$X \cap Y$ を決定するには，まず，$r \in F[x]$ を与えるために，$F[x]$ 上の $(d + e) \times (d + e)$ 行列式を計算する．ここで，d と e は，それぞれ f と g の y に関する次数である．次に，r のすべての解を見つけ，その各解 a に対して，$\gcd(f(a, y), g(a, y)) \in F[y]$ のすべての解 $b \in F$ を見つける．$r(a) = 0$ という事実が，もし y に関する主係数が，$x = a$ で，ともに 0 になるということがなければ，そのような b が存在することを保証する．いいかえれば，Z は r の解の集合に含まれる．

これは，2つの平面曲線の共通部分は，かなり簡単な作業で，1変数多項式の解を見つけることに還元することができることを意味している．($F = \mathbb{Q}$ または有限体に対しては，これを解くことは第 III 部で行う．) deg を全次数として，$n = \deg f, m = \deg g$ で，$F[x, y]$ において $\gcd(f, g) = 1$ ならば，$X \cap Y$ は「一般に」nm 個の点を持つ．これは，フランスの幾何学者 Étienne Bézout にちなんで，**Bézout の定理**と呼ばれる．これは，「無限遠」点と「多重点や多

重成分」を適切に数えて,すべての交わりの成分は「適当な」次元を持つとして,任意の代数多様体に対して成り立つ.

もし,ある定数でない $h \in F[x,y]$ に対して $\gcd(f,g) = h$ ならば,r は零多項式であり,曲線 $\{h = 0\}$ のすべての点は $X \cap Y$ に入り,その共通部分は無限である.自明な例は $f = h = g$ のときである.

例 6.40 図 6.2 に描かれている簡単な例から始める.$\mathbb{C}[x]$ で $f = x^2 + y^2 - 1$, $g = 3x + 4y$ とする.$X = \{(a,b) \in \mathbb{C}^2 : f(a,b) = 0\}$ は,中心が原点で,半径が 1 の円周 (破線) であり,$Y = \{(a,b) \in \mathbb{C}^2 : g(a,b) = 0\}$ は原点を通る傾き $-3/4$ の直線 (太線) である.Bézout の定理により,$\deg f \cdot \deg g = 2$ 個の交点を持つ.それらは図 6.2 に (黒点で) 示されている.それらを $g = 0$ を y について解いて,それを $f = 0$ に代入することで解けるが,終結式の方法を説明することを体系的に進めよう.

$$\operatorname{res}_y(f,g) = \det \begin{pmatrix} 1 & 4 & 0 \\ 0 & 3x & 4 \\ x^2 - 1 & 0 & 3x \end{pmatrix} = 25x^2 - 16$$

であり,x 軸への $X \cap Y$ の射影 Z は,$\operatorname{res}_y(f,g)$ の 2 つの零点 $Z = \{4/5, -4/5\}$ である (白点).gcd をとることにより,対応する y の値が次のようにして得られる.

$$\gcd\left(f\left(\frac{4}{5}, y\right), g\left(\frac{4}{5}, y\right)\right) = \gcd\left(y^2 - \frac{9}{25}, 4y + \frac{12}{5}\right) = y + \frac{3}{5}$$

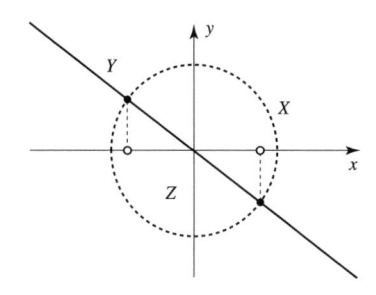

図 6.2 円周 X と直線 Y の交わり

$$\gcd\left(f\left(-\frac{4}{5}, y\right), g\left(-\frac{4}{5}, y\right)\right) = \gcd\left(y^2 - \frac{9}{25}, 4y - \frac{12}{5}\right) = y - \frac{3}{5}$$

よって, 2つの交点は,

$$X \cap Y = \left\{\left(\frac{4}{5}, -\frac{3}{5}\right), \left(-\frac{4}{5}, \frac{3}{5}\right)\right\}$$

である. ◇

例 6.41 次の2つの多項式で与えられる平面曲線 $X, Y \subseteq \mathbb{C}^2$ を考える.

$$f = (y^2+6)(x-1) - y(x^2+1), \quad g = (x^2+6)(y-1) - x(y^2+1) \in \mathbb{Z}[x, y]$$

x と y を入れかえると, 対応して f と g が入れかわるので, この入れかえに関して全体的には対象である.

計算を始める前に, 図 6.3 を見てみよう. これは MAPLE の `implicitplot` コマンドで簡単につくることができる. $X \cap Y$ の x 軸への射影 Z は簡単に計算できる. すなわち, 終結式が

$$\begin{aligned}\mathrm{res}_y(f, g) &= 2x^6 - 22x^5 + 102x^4 - 274x^3 + 488x^2 - 552x + 288 \\ &= 2(x-2)^2(x-3)^2(x^2-x+4)\end{aligned}$$

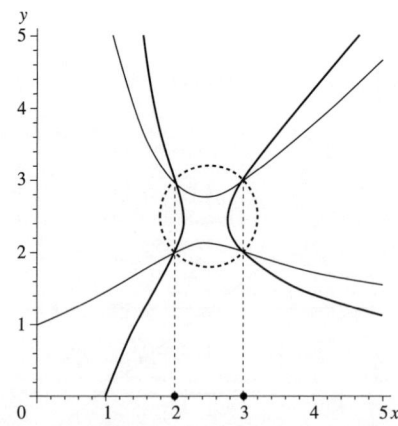

図 6.3 3つの曲線 $f = 0$(太線), $g = 0$(細線), $f + g = 0$(破線) とそれらの交点の x 軸への射影 (黒点)

であり，異なる 4 つの解を持ち，$Z = \{2, 3, (1 \pm \sqrt{15}i/2)\}$ である．ここで，$i = \sqrt{-1}$ である．これらの x の値それぞれに対応する y の値を求めると，

$$\gcd(f(2,y), g(2,y)) = \gcd(y^2 - 5y + 6, -2y^2 + 10y - 12)$$
$$= y^2 - 5y + 6 = (y-1)(y-3)$$
$$\gcd(f(3,y), g(3,y)) = \gcd(2y^2 - 10y + 12, -3y^2 + 15y - 18)$$
$$= y^2 - 5y + 6 = (y-1)(y-3)$$

$$\gcd\left(f\left(\frac{1 \pm \sqrt{15}i}{2}, y\right), g\left(\frac{1 \pm \sqrt{15}i}{2}, y\right)\right) = y - \frac{1 \mp \sqrt{15}i}{2}$$

である．よって，$X \cap Y$ は

$$\left\{(2,3), (2,3), (3,2), (3,3), \left(\frac{1+\sqrt{15}i}{2}, \frac{1-\sqrt{15}i}{2}\right), \left(\frac{1-\sqrt{15}i}{2}, \frac{1+\sqrt{15}i}{2}\right)\right\}$$

の 6 点からなる．

このうち実数の 4 点が図 6.3 で見ることができる．方程式の 1 つの部分から始めると，$f + g$ では 3 次の項がなくなることに注意し，実際 $f + g = 0$ は図 6.3 の破線の曲線，円周の方程式である．

Bézout の定理から，$X \cap Y$ は $3 \cdot 3 = 9$ 点からなる．そのうち 6 点だけを見つけた．ほかの点はどこにあるのだろうか．それらは無限遠点にあるので，この本はそれらを含むには狭すぎる．$\diamondsuit$

例 6.42 簡単な例として，2 つの曲線を直線 $X : \{(a, b) : ua + vb + w = 0\}$，$Y : \{(a, b) : pa + qb + r = 0\}$ としよう．ここで，$u, v, w, p, q, r \in F$ は与えられているとする．対応する終結式は，

$$\operatorname{res}_y(ua + vb + w, pa + qb + r) = \det\begin{pmatrix} v & q \\ ux + w & px + r \end{pmatrix}$$
$$= (vp - uq)x + (vr - wq) \in F[x]$$

である．この 1 次多項式が解を持つ必要十分条件は，主係数 $vp - uq$ が 0 でないことである（したがって $X \cap Y$ は 1 点からなる）か，または，$vp - uq$ と

$vr - wq$ がともに 0 であること (したがって $X = Y$) である. ◇

　線形代数の一般論が，2 変数の 2 つの 1 次方程式が同時に解を持つためのよく知られた基準を一般化する．同じようにして，幾何学的消去理論が，我々の曲線の共通部分の方法をより高次元へと一般化しようとする．これは非常に難しい問題であり，最近のアルゴリズム的方法では，かなり少ない数の変数に対してのみ実行できるにすぎない．第 21 章で 1 つの成功した方法，すなわち Gröbner 基底を紹介する．

　さらに，終結式の応用を，代数体の拡大の理論から与えよう．体 F の代数的拡大 E の，最小多項式がそれぞれ $f, g \in F[x]$ である 2 つの要素 α, β があると仮定しよう (25.3 節)．どのようにして，$\alpha + \beta$ の最小多項式 h を見つければよいだろうか．$(\alpha + \beta, \beta) \in E^2$ は $g(y)$ と $f(x - y)$ の共通の零点だから，終結式 $r = \text{res}_y(f(x - y), g(y)) \in F[x]$ は定数ではなく，$\alpha + \beta$ を解として持つ．よって，h は r の因数である．

例 6.43　$F = \mathbb{Q}$, $\alpha = i = \sqrt{-1}$, $\beta = \sqrt{3}$ とする．すると，$f = x^2 + 1$, $g = x^2 - 3$, $f(x - y) = y^2 - 2xy + x^2 + 1$ で，

$$r = \text{res}_y(f(x - y), g(y)) = \det \begin{pmatrix} 1 & 0 & 1 & 0 \\ -2x & 1 & 0 & 1 \\ x^2 + 1 & -2x & -3 & 0 \\ 0 & x^2 + 1 & 0 & -3 \end{pmatrix}$$
$$= x^4 - 4x^2 + 16$$

である．この多項式は，$\mathbb{Q}[x]$ において，モニックで 1 次また 2 次の因数を持たないことを確かめることによりわかるように，$\mathbb{Q}[x]$ 上既約であり，よって，それは $\alpha + \beta = i + \sqrt{3}$ の最小多項式である．その 4 つの複素数解は $\pm i \pm \sqrt{3}$ である．◇

6.9　0でないことの保存といくつかの多項式の gcd

この節では次の問題を扱う．すなわち，体 F 上で 0 でない多項式 $f_1, \ldots, f_n \in F[x]$ が与えられたとき，$h = \gcd(f_1, \ldots, f_n)$ を計算せよ，という問題である．$d \in \mathbb{N}$ を，すべての i に対して，$\deg f_i \leq d$ なる自然数とする．我々は特に d が n に近い値のときに興味がある．1つの簡単な方法は，$h_1 = f_1$ とし，$i = 2, \ldots, n$ に対して $h_i = \gcd(h_{i-1}, f_i)$ を計算するものである．$\deg h$ がかなり大きい，たとえば $d/10$，とすると，これには，次数が少なくとも $d/10$ の多項式の $n-1$ 回の gcd 計算がかかる．

gcd 計算を 1 回しか使わないもっと効率的なアルゴリズムを与えよう．この確率的アルゴリズムのための基礎的な道具は，次の役に立つ補題である．それは，0でない多項式は，ランダムな点で 0 でない値であることが多いと主張する．いいかえれば，ランダムに値を計算することは確率的に 0 でないことを保存するということである．

補題 6.44　R を整域，$n \in \mathbb{N}$, $S \subseteq R$ を $s = \sharp S$ 個の要素からなる有限部分集合，$r \in R[x_1, \ldots, x_n]$ を全次数が高々 $d \in \mathbb{N}$ である多項式であるとすると次が成り立つ．
 (i)　r が 0 でない多項式ならば，r は S^n に高々 ds^{n-1} 個の零点を持つ．
 (ii)　$s > d$ かつ r が S^n 上で 0 ならば，$r = 0$ である．

証明　(i) n に関する帰納法で示す．$n = 1$ のときは，整域上の次数が d 以下の 0 でない 1 変数多項式は，高々 d 個の零点を持つ (補題 25.4) から，明らかである．帰納法を実行する上で，r を $x_1, \ldots, x_{n-1}$ で表される係数を持つ x_n の多項式と考える．すなわち，$0 \leq i \leq k$ に対して，$r_i \in R[x_1, \ldots, x_{n-1}]$, $r_k \neq 0$ として，$r = \sum_{0 \leq i \leq k} r_i x_n^i$ と書く．したがって，$\deg r_k \leq d - k$ で，帰納法の仮定により，r_k は S^{n-1} に高々 $(d-k)s^{n-2}$ 個の零点を持つから，S^n には高々 $(d-k)s^{n-1}$ 個の r と r_k の共通の零点がある．さらに，$r_k(a) \neq 0$ なる $a \in S^{n-1}$ に対して，次数 k の 1 変数多項式 $r_a = \sum_{0 \leq i \leq k} r_i(a) x_n^i \in R[x_n]$

は高々 k 個の零点を持つので, S^n での r の零点の総数は,

$$(d-k)s^{n-1} + ks^{n-1} = ds^{n-1}$$

で抑えられる.

(ii) は (i) からすぐ導ける. □

上の例で, $a_1, \ldots, a_d \in S$ を互いに異なるとして, $r = \prod_{1 \leq i \leq d}(x_n - a_i)$ とすると, (i) の上界は $\sharp S = \geq d$ のとき達せられる. (i) の代表的な応用は, それを

$$\mathrm{prob}\{r(a) = 0 : a \in S^n\} \leq \frac{d}{\sharp S} \tag{10}$$

と書きかえて, 確率的アルゴリズムの解析においてである. ここで, a は S^n から一様ランダムに選ばれたものである. その応用で扱いにくいのは, r が 0 でないことを示すことである. この確率の上界が変数の個数に依存しないのは驚くべき事実である.

次の確率的アルゴリズムに対して, 有限集合 $S \subseteq F$ と「S のランダム要素の生成元」があると仮定する. それが S の一様ランダムな元を生成する. 多くの gcd の計算をしないで, それはちょうど 1 回だけ使う.

アルゴリズム 6.45 多くの多項式の gcd
入力: $f_1, \ldots, f_n$. ただし, F は体.
出力: $h = \gcd(f_1, \ldots, f_n)$ が確率的に真である, モニックな $h \in F[x]$.
  1. ランダムに, 独立に $a_3, \ldots, a_n$ を選ぶ
  2. $g \longleftarrow f_2 + \sum_{3 \leq i \leq n} a_i f_i$
  3. **return** $\gcd(f_1, g)$

補題 6.44 から次の定理を得る.

定理 6.46 各 i に対して $\deg f_i \leq d$ であり，$h^* = \gcd(f_1, \ldots, f_n)$ と仮定する．このとき，上のアルゴリズムは，高々 $2(n-2)(d+1) + 2d^2 + O(d)$ 回の F の演算を使い，h^* は h を割り切り，$\text{prob}\{h \neq h^*\} \leq d/\sharp S$ である．

証明 コストの評価は，定理 3.16 からすぐわかる．h^* は $f_1, \ldots, f_n$ を割り切るから，それは g と $\gcd(f_1, g) = h$ を割り切る．残るのは，誤り確率の評価である．

必要なら，各 f_i を h^* で割り，$\gcd(f_1, \ldots, f_n) = 1$ と仮定してよく，また $f_1 \neq 0$ と仮定してもよい．$A_3, \ldots, A_n$ を $F(x)$ 上の新しい不定元，$R = F[A_3, \ldots, A_n], K = F(A_3, \ldots, A_n)$ を R の商体，$G = f_2 + \sum_{3 \leq i \leq n} A_i f_i \in R[x], r = \text{res}_x(f_1, G) \in R$ とする．すると，r は次数が高々 d の $A_3, \ldots, A_n$ の多項式で，補題 6.25 を $R/I \cong F$ となるイデアル $I = \langle A_3 - a_3, \ldots, A_n - a_n \rangle$ に適用すると，

$$r(a_3, \ldots, a_n) \neq 0 \iff \text{res}_x(f_1, g) \neq 0 \iff \gcd(f_1, g) = 1$$

が示される．

補題 6.44 を適用するために，r が零多項式でないことを示さなければならない．u を f_1 と G の $R[x]$ における公約数とする．u は f_1 を割り切るから，その係数は f_1 の F 上の分解体 E の中にある．しかし，$E[x] \cap K[x] = F[x]$ であるから，$u \in F[x]$ である．G を，係数を $F[x]$ に持つ $A_3, \ldots, A_n$ の 1 次多項式と考えると，$u \mid G$ は，u がそう考えたときの G の係数を割り切ることを意味するから，u は $f_1, \ldots, f_n$ を割り切る．よって，$\gcd(f_1, \ldots, f_n) = 1$ だから，$u \in F$ である．ゆえに，f_1 と G の $R[x]$ における gcd は定数である．系 6.20 により，r は R の零元ではなく，よって，補題 6.44 からこの誤り確率の上界が得られる．□

時間の上界の中の $2d^2 + O(d)$ は，第 11 章の高速 Euclid アルゴリズムを用いたときは，$O(d \log^2 d \cdot \log \log d)$ でおきかえることができる．アルゴリズム 6.45 の支配的なコスト，約 dn は，それが入力サイズなので，避けることがで

きない.

実際に, f_1 として $f_1, \ldots, f_n$ の中で最小次数を持つものを選んだとしよう. 誤り確率を0に減らすために, さらに, 余り $f_1 \operatorname{rem} h, \ldots, f_n \operatorname{rem} h$ を計算することができる. これは, n 個の gcd よりはコストがかからず, $h = h^*$ であるための必要十分条件は, 余りがすべて0であることである. それらがそうならないというまれな結果になったら, h とそれらの余りでアルゴリズムに戻ることができる. これは, 商 $f_1/h^*, \ldots, f_n/h^*$ はいずれにせよ必要なので, 2 変数の多項式の1つの変数に関する原始的部分を計算するときには特に有効である.

ステップ3で拡張 Euclid アルゴリズムを使うことにより, h の $f_1, \ldots, f_n$ の1次結合の表現が得られる (練習問題 6.38). アルゴリズム 6.45 を用いることにより, いくつかの多項式の最小公倍数を計算することもできる (練習問題 6.39).

6.10 部 分 終 結 式

この節では, 終結式の理論——それは gcd を決定するものである——を拡張 Euclid アルゴリズムのすべての結果をカバーする部分終結式に拡大する. 前と同じように, これは効率的なモジュラ法を導くが, いまはアルゴリズム全体に対してである. 効率的な gcd アルゴリズムにだけ興味のある読者はこれをとばして, 6.13 節の実装へ直接進んでよい.

F を任意の体, $f, g \in F[x]$ を次数がそれぞれ $n \geq m$ である 0 でない多項式とする. 180 ページの式 (1) のように, 拡張 Euclid アルゴリズムの結果の記法を用いる. $0 \leq i \leq \ell + 1$ に対して, $n_i = \deg r_i$ であり, $r_{\ell+1} = 0$, $\deg r_{\ell+1} = -\infty$ である.

定理 6.47 $0 \leq k \leq m \leq n$ とする. すると, k が次数列に現れないための必要十分条件は,

$$t \neq 0, \quad \deg s < m - k, \quad \deg t < n - k, \quad \deg(sf + tg) < k \qquad (11)$$

を満たす $s, t \in F[x]$ が存在することである.

証明 "$\Longrightarrow$": k が次数列に現れないとする. このとき, $2 \leq i \leq \ell+1$ なる i で, $n_i < k < n_{i-1}$ なるものが存在する. $s = s_i, t = t_i$ とすればうまくいくことを示す. $sf + tg = r_i$ であり, $\deg r_i = n_i < k$ である. さらに, 補題 3.15 (b) から,

$$\deg s = m - n_{i-1} < m - k$$
$$0 \leq \deg t = n - n_{i-1} < n - k$$

を得る. $i = \ell+1$ のとき, $s = g/r_\ell, t = -f/r_\ell$ である. ここで, $k < n_\ell, r_{\ell+1} = 0$ である.

"$\Longleftarrow$": (11) を満たす $s, t \in F[x]$ が存在すると仮定する. 一意性の補題 5.15 により, $t = \alpha t_i$, $r = sf + tg = \alpha r_i$ となる $i \in \{1, \ldots, \ell+1\}$ と $\alpha \in F[x] \setminus \{0\}$ が存在する. したがって, 補題 3.15 (b) から,

$$n - n_{i-1} \leq \deg \alpha + n - n_{i-1} = \deg(\alpha t_i) = \deg t < n - k$$
$$n_i \leq \deg \alpha + n_i = \deg(\alpha r_i) = \deg r < k$$

であることがわかる. これらをまとめると, $n_i < k < n_{i-1}$ であり, k は 2 つの連続する余りの次数の間にあることになり, 次数列に現れないことがわかる. $\square$

終結式に行ったのと同じように, 定理 6.47 を, 線形代数のことばを使って, 書き直すことができる. 読者は, 6.3 節の終結式に関する素材とこの進化させたもの, もとのものが $k = 0$ という特別な場合になっているのだが, とをいつも比較してほしい. $P_d \subseteq F[x]$ で, 次数が $d \in \mathbb{N}$ より小さいすべての多項式からなるベクトル空間を表していた. $0 \leq k \leq m$ に対して, 式 (4) の写像 φ の $P_{m-k} \times P_{n-k}$ への制限を考える. これらの多項式は P_{n+m-k} へ写像される. しかしいま, $k > 0$ ならば,

$$\dim(P_{m-k} \times P_{n-k}) = n + m - 2k < n + m - k = \dim P_{n+m-k}$$

である.同型写像を見つけるために,適切な次元の像の空間が必要である.$a \in P_{n+m-k}$ の次数の低い方の k 個の係数を無視して,a の x^k による商 $a \operatorname{quo} x^k$ と対応する線形写像 $P_{n+m-k} \longrightarrow P_{n+m-2k}$ を考えることが適切であることがわかる.よって,

$$\varphi_k : P_{m-k} \times P_{n-k} \longrightarrow P_{n+m-2k}$$
$$(s,t) \mapsto (sf+tg) \operatorname{quo} x^k$$

をとる.これは同じ次元の空間の間の線形写像である.定理 6.47 は次のようになる.

系 6.48 $0 \leq k \leq m \leq n, 1 \leq i \leq \ell+1$ とする.
 (i) k が次数列に現れる $\iff \varphi_k$ が同型写像である.
 (ii) $k = n_i < n$ ならば,EEA で計算される 1 次の係数 s_i, t_i は,$\varphi_k(s_i, t_i) = 1$ の一意の解である.

証明 定理 6.47 から,

k が次数列に現れない
 $\iff \varphi_k(s,t) = 0$ となる $(s,t) \in P_{m-k} \times P_{n-k}$ が存在する
 $\iff \varphi_k$ が単射

ここで,$s \neq 0$ であり,$\varphi_k(s,t) = 0$ ということから $t \neq 0$ となることを使った.これで (i) が証明できた.(ii) について,$k = n_i < n$ ならば $s_i \in P_{m-k}, t_i \in P_{n-k}$ は $\varphi_k(s_i, t_i) = 1$ を満たすことに注意する.φ_k は同型なので,このことから,主張が成り立つ.□

終結式に関してと同じように,φ_k の行列を具体的にするのは簡単である.すなわち,$f_j, g_j \in F$ により,$f = \sum_{0 \leq j \leq n} f_j x^j, g = \sum_{0 \leq j \leq m} g_j x^j$ とする.このとき,F の元を成分とする,f_j からなる $m-k$ 列と g_j からなる $n-k$ 列を持つ,$(n+m-2k) \times (n+m-2k)$ 行列 S_k

$$S_k = \begin{pmatrix} f_n & & & & g_m & & & \\ f_{n-1} & f_n & & & g_{m-1} & g_m & & \\ \vdots & \vdots & \ddots & & \vdots & & \ddots & \\ f_{n-m+k+1} & \cdots & \cdots & f_n & g_{k+1} & \cdots & \cdots & g_m \\ \vdots & & & \vdots & \vdots & & & \ddots \\ f_{k+1} & \cdots & \cdots & f_m & g_{m-n+k+1} & \cdots & \cdots & \cdots & g_m \\ \vdots & & & \vdots & \vdots & & & & \vdots \\ \vdots & & & \vdots & \vdots & & & & \vdots \\ f_{2k-m+1} & \cdots & \cdots & f_k & g_{2k-n+1} & \cdots & \cdots & \cdots & g_k \end{pmatrix}$$
$$\underbrace{\phantom{f_{2k-m+1} \cdots f_k}}_{m-k} \underbrace{\phantom{g_{2k-n+1} \cdots \cdots g_k}}_{n-k}$$

は, $i < m-k$ に対して $(x^i, 0)$, $j < m-k$ に対して $(0, x^j)$ という $P_{m-k} \times P_{n-k}$ の標準的な基底と, $p < n+m-2k$ に対して, x^p という P_{n+m-2k} の標準的な基底に関する φ_k の行列である. $j < 0$ のとき f_j または g_j は 0 である. いいかえれば, もし,

$$s = \sum_{0 \leq j < m-k} y_j x^j, \ t = \sum_{0 \leq j < n-k} z_j x^j, \ sf + tg = \sum_{0 \leq j < n+m-k} u_j x^j \in F[x]$$

ならば

$$S_k \cdot (y_{m-k-1}, \ldots, y_0, z_{n-k-1}, \ldots, z_0)^T = (u_{n+m-k-1}, \ldots, u_k)^T$$

である. ここで, T は転置を表す. 再度, 読者はこの関係を注意深く理解してほしい. 系 6.48 からすぐわかる次の結果を得る.

系 6.49 $0 \leq k \leq m \leq n$, $0 \leq i \leq \ell + 1$ とする.
(i) k が次数列に現れる $\iff \det S_k \neq 0$.
(ii) $k = n_i < n$ で, $y_0, \ldots, y_{m-k-1}, z_0, \ldots, z_{n-k-1} \in F$ が

$$S_k \cdot (y_{m-k-1}, \ldots, y_0, z_{n-k-1}, \ldots, z_0)^T = (0, \ldots, 0, 1)^T \qquad (12)$$

の一意の解になるならば,

$$s_i = \sum_{0 \leq j < m-k} y_j x^j, \quad t_j = \sum_{0 \leq j < n-k} z_j x^j$$

R が (可換) 環で, $f, g \in R[x]$ ならば, 6.3 節で, $S_0 = \mathrm{Syl}(f, g)$ をそれらの **Sylvester 行列** と呼び, $\mathrm{res}(f, g) = \det S_0$ をそれらの **終結式** と呼んだ. $0 \leq k \leq \deg g$ に対して, ここで新しく定義された $\sigma_k = \det S_k \in R$ を **部分終結式** という. (いろいろな書物や計算機代数システムで, 我々のものとは少し異なる定義を見つけることができるだろう.) 実際, $k > i$ ならば, S_k は S_i の部分行列である. もし, $k = \deg f = \deg g$ ならば, S_k は行列式が $\sigma_k = 1$ である空行列である.

次のような場合にも, 部分終結式を定義すると便利である. もし, $0 \leq k \leq n < m$ ならば, 前と同じように $\sigma_k = \det S_k$ とする. もし, $\min\{n, m\} < k < \max\{n, m\}$ ならば, $\sigma_k = 0$ とする. このとき, 実際に, 系 6.49 (i) は, $\det S_k$ を σ_k でおきかえると, $k < \max\{n, m\}$ なる任意の $n, m, k \in \mathbb{N}$ に対して成り立ち, (ii) は, $k \geq \min\{n, m\}$ かつ $k < \max\{n, m\}$ ならば, 成り立つ.

例 6.16 (続き) $\mathbb{Z}[x]$ で $f = r_0 = x^4 - 3x^3 + 2x$, $g = r_1 = x^3 - 1$ とする. 例 6.16 で, 次数列は $4, 3, 1$ で, 0 と 2 は現れないことを見た. さらに, $\mathrm{res}(f, g) = \sigma_0 = \det S_0 = 0$ を計算した. 部分終結式は,

$$\sigma_1 = \det S_1 = \det \begin{pmatrix} 1 & 0 & 1 & 0 & 0 \\ -3 & 1 & 0 & 1 & 0 \\ 0 & -3 & 0 & 0 & 1 \\ 2 & 0 & -1 & 0 & 0 \\ 0 & 2 & 0 & -1 & 0 \end{pmatrix} = 9$$

$$\sigma_2 = \det S_2 = \det \begin{pmatrix} 1 & 1 & 0 \\ -3 & 0 & 1 \\ 0 & 0 & 0 \end{pmatrix} = 0$$

$$\sigma_3 = \det S_3 = \det(1) = 1$$

6.10 部分終結式

である．◇

例 6.1 (続き)　次の MAPLE のコードは，例 6.1 の 2 つの多項式

$$f = 824x^5 - 65x^4 - 814x^3 - 741x^2 - 979x - 764$$
$$g = 216x^4 + 663x^3 + 880x^2 + 916x + 617$$

の部分終結式を計算するものである．

```
with(linalg):
S[0] := transpose(sylvester(f, g, x));
```

$$S_0 := \begin{bmatrix} 824 & 0 & 0 & 0 & 216 & 0 & 0 & 0 & 0 \\ -65 & 824 & 0 & 0 & 663 & 216 & 0 & 0 & 0 \\ -814 & -65 & 824 & 0 & 880 & 663 & 216 & 0 & 0 \\ -741 & -814 & 65 & 824 & 916 & 880 & 663 & 216 & 0 \\ -979 & -741 & -814 & -65 & 617 & 916 & 880 & 663 & 216 \\ -764 & -979 & -741 & -814 & 0 & 617 & 916 & 880 & 663 \\ 0 & -764 & -979 & -741 & 0 & 0 & 617 & 916 & 880 \\ 0 & 0 & -764 & -979 & 0 & 0 & 0 & 617 & 916 \\ 0 & 0 & 0 & -764 & 0 & 0 & 0 & 0 & 617 \end{bmatrix}$$

```
S[1] := submatrix(S[0], 1 .. 7, [1, 2, 3, 5, 6, 7, 8]);
```

$$S_1 := \begin{bmatrix} 824 & 0 & 0 & 216 & 0 & 0 & 0 \\ -65 & 824 & 0 & 663 & 216 & 0 & 0 \\ -814 & -65 & 824 & 880 & 663 & 216 & 0 \\ -741 & -814 & -65 & 916 & 880 & 663 & 216 \\ -979 & -741 & -814 & 617 & 916 & 880 & 663 \\ -764 & -979 & -741 & 0 & 617 & 916 & 880 \\ 0 & -764 & -979 & 0 & 0 & 617 & 916 \end{bmatrix}$$

```
S[2] := submatrix(S[1], 1 .. 5, [1, 2, 4, 5, 6]);
```

$$S_2 := \begin{bmatrix} 824 & 0 & 216 & 0 & 0 \\ -65 & 824 & 663 & 216 & 0 \\ -814 & -65 & 880 & 663 & 216 \\ -741 & -814 & 916 & 880 & 663 \\ -979 & -741 & 617 & 916 & 880 \end{bmatrix}$$

```
S[3] := submatrix(S[2], 1 .. 3, [1, 3, 4]);
```

$$S_3 := \begin{bmatrix} 824 & 216 & 0 \\ -65 & 663 & 216 \\ -814 & 880 & 663 \end{bmatrix}$$

```
S[4] := submatrix(S[3], 1 .. 1, [2]);
```

$$S_4 := \begin{bmatrix} 216824 \end{bmatrix}$$

```
for k from 0 to 4 do
    sigma[k] := det(S[k]);
od;
```

$$\sigma_0 := 31947527181400427273207648$$
$$\sigma_1 := 27754088254928081728$$
$$\sigma_2 := -41344606374560$$
$$\sigma_3 := 176909427$$
$$\sigma_4 := 216 \quad \diamondsuit$$

定理 6.23 の終結式の上界に対応して,Hadamard の不等式 16.6 から,次の部分終結式の評価が与えられる.

定理 6.50 $f, g \in \mathbb{Z}[x]$, $n = \deg f$, $m = \deg g$, $0 \leq k \leq \min\{n, m\}$ とする.すると,

$$|\sigma_k| = |\det S_k| \leq \|f\|_2^{m-k} \|g\|_2^{n-k} \leq (n+1)^{n-k} \|f\|_\infty^{m-k} \|g\|_\infty^{n-k}$$

が成り立つ.

2変数の多項式の同様な結果は次のようになる.

定理 6.51 $f, g \in F[x,y]$, $n = \deg_x f$, $m = \deg_x g, \deg_y f, \deg_y g \leq d$, $0 \leq k \leq \min\{n, m\}$ とする. すると, $\deg_y \sigma_k \leq (n + m^2 k)d$ である.

6.11 モジュラ拡張 Euclid アルゴリズム

この節では, 6.10 節の部分終結式を使って, $\mathbb{Q}[x]$ や $F(y)[x]$ 上の拡張 Euclid アルゴリズム 3.14 の係数の上界を証明し, EEA の結果に対するモジュラを使う類似なアルゴリズムを導く.

定理 6.52 $f, g \in \mathbb{Z}[x]$ は, 次数が $n \geq m$ で, 最大ノルム $\|f\|_\infty, \|g\|_\infty$ が高々 A であるとし, $\delta = \max\{n_{i-1} - n_i : 1 \leq i \leq \ell\}$ を, 引き続く余りの次数の差の最大値とする. $\mathbb{Q}[x]$ における f と g に対する拡張 Euclid アルゴリズム 3.14 の結果 r_i, s_i, t_i は, 絶対値が (最低次数の項で) $B = (n+1)^n A^{n+m}$ で上から抑えられる分子と分母を持つ. q_i と ρ_i の対応する上界は $C = (2B)^{\delta+2}$ である. アルゴリズムは $O(n^3 m \delta^2 \log^2(nA))$ 回の語演算で実行される.

証明 $2 \leq i \leq \ell$, $n_i = \deg r_i$ とする. EEA において, s_i と t_i は連立 1 次方程式 (12) の一意解になるから, $\sigma_{n_i} s_i, \sigma_{n_i} t_i, \sigma_{n_i} r_i = \sigma_{n_i} s_i f + \sigma_{n_i} t_i g$ は $\mathbb{Z}[x]$ に入っていて, Cramer の公式系 25.6 と Hadamard の不等式 16.6 により,

$$|\sigma_{n_i}| \leq \|f\|_2^{m-n_i} \|g\|_2^{n-n_i} \leq (n+1)^{n-n_i} A^{n+m-2n_i} \leq B$$
$$\|\sigma_{n_i} s_i\|_\infty \leq \|f\|_2^{m-n_i-1} \|g\|_2^{n-n_i} \leq (n+1)^{n-n_i-1/2} A^{n+m-2n_i-1} \leq B$$
$$\|\sigma_{n_i} t_i\|_\infty \leq \|f\|_2^{m-n_i} \|g\|_2^{n-n_i-1} \leq (n+1)^{n-n_i-1/2} A^{n+m-2n_i-1} \leq B$$
$$\|\sigma_{n_i} r_i\|_\infty = \|(\sigma_{n_i} s_i) f + (\sigma_{n_i} t_i) g\|_\infty$$

$$\leq (n_i+1)(\|\sigma_{n_i}s_i\|_\infty \cdot \|f\|_\infty + \|\sigma_{n_i}t_i\|_\infty \cdot \|g\|_\infty)$$
$$\leq (n_i+1)\cdot 2(n+1)^{n-n_i-1/2}A^{n+m-2n_i} \leq 2(n+1)^{1/2}B$$

を得る.練習問題 6.45 は,もう少しよい上界 $\|\sigma_{n_i}r_i\|_\infty \leq B$ を与える.

最後に,余りを伴う割り算 $r_{i-1} = q_i r_i + \rho_{i+1} r_{i+1}$ を考える. $k = \deg q = n_{i-1} - n_i$ とする.掛け合わせることにより,擬除算 (6.12 節)

$$\sigma_{n_i}^{k+1}(\sigma_{n_{i-1}}r_{i-1}) = (\sigma_{n_i}^k \sigma_{n_{i-1}}q_{i-1})\cdot \sigma_{n_i}r_i + (\sigma_{n_i}^{k+1}\sigma_{n_{i-1}}\rho_{i+1}r_{i+1}) \quad (13)$$

を得る.ここで,括弧でくくられた 4 つの項は $\mathbb{Z}[x]$ に入っている.練習問題 6.44 により,

$$\|\sigma_{n_i}^k \sigma_{n_{i-1}}q_i\|_\infty \leq \|\sigma_{n_i}r_{i-1}\|_\infty \cdot (\|\sigma_{n_i}r_i\|_\infty + |\sigma_{n_i}|)^k \leq (2B)^{k+1}$$
$$\|\sigma_{n_i}^{k+1}\sigma_{n_{i-1}}\rho_{i+1}r_{i+1}\|_\infty \leq \|\sigma_{n_i}r_{i-1}\|_\infty \cdot (\|\sigma_{n_i}r_i\|_\infty + |\sigma_{n_i}|)^{k+1} \leq (2B)^{k+2}$$

を得る. $|\sigma_{n_i}^k \sigma_{n_{i-1}}| \leq B^{k+1}$, $|\sigma_{n_i}^{k+1}\sigma_{n_{i-1}}| \leq B^{k+2}$ だから,q_i と ρ_{i+1} の分子も分母もともに,絶対値が $(2B)^{k+2} \leq C$ で上から抑えられる.

このアルゴリズムは,分母と分子の絶対値が C で上から抑えられる有理数上の $O(nm)$ 回の算術演算を使う (定理 3.16).そのような演算 1 回は $O(\log^2 C)$ または $O(bn^2\delta^2 \log^2(nA))$ 回の語演算ででき,主張の上界が出てくる. □

(たとえば,固定された次数または係数の長さの) ランダムな入力に対して,もし,2 つの入力の次数 n と m が互いに近い値ならば,δ の期待値は非常に小さい (練習問題 6.46). q_i と ρ_i の評価における δ は人工的であり,実際には,もう少し注意深く解析すれば 1 でおきかえられると考えられる.Lickteig & Roy (1996, 2001) は,これが本当にそうなるときの EEA の変形を論じている.

比較のために,伝統的 EEA 3.6 に対する類似の上界について述べておく.ここで,余りは,主係数を割ることなく,すべての i に対して $r_{i+1}^* = r_{i-1}^* \operatorname{rem} r_i^*$ で与えられる.

定理 6.53 伝統的拡張 Euclid アルゴリズムの結果を $q_i^*, r_i^*, s_i^*, t_i^* \in \mathbb{Q}[x]$ で表

し，

$$\alpha_i = \begin{cases} \rho_i \rho_{i-2} \cdots \rho_2 \rho_0 & i \geq 0 \text{ が偶数のとき} \\ \rho_i \rho_{i-2} \cdots \rho_3 \rho_1 & i \geq 1 \text{ が奇数のとき} \end{cases}$$

とする．

(i) アルゴリズムの長さはモニックな EEA の長さに等しく，すべての i について，

$$q_i^* = \frac{\alpha_{i-1}}{\alpha_i} q_i, \quad r_i^* = \alpha_i r_i, \quad s_i^* = \alpha_i s_i, \quad t_i^* = \alpha_i t_i$$

(ii) n, m, δ, A, C を定理 6.52 のようにする．$\mathbb{Q}[x]$ における伝統的アルゴリズムのすべての結果の係数の分子と分母は，絶対値が C^{m+2} で上から抑えられ，計算時間は $O(n^3 m^3 \delta^2 \log^2(nA))$ である．

練習問題 6.47 はこの証明をせよというもので，練習問題 6.49 で本質的には δ を 1 でおきかえることにより，伝統的 EEA の $q_i^*, r_i^*, s_i^*, t_i^*$ に対するもう少しよい上界を与えている．

たとえば，A が n 桁の数で $\delta = 1$ のとき，定理 6.52 と 6.53 の上界と Mignotte の上界を比較してみる．すると，「伝統的」上界はおよそ n^3 桁の数，「モニック」の上界がおよそ n^2 桁の数，そして，Mignotte の上界は n 桁の数である！もちろん，Mignotte の上界は gcd にだけ適用していて，EEA の結果すべてと同じような質の上界を望むことはできない．

定理 6.52 は，例 6.1 のように，係数の増大化に対して明快な説明を与えている．EEA の結果は部分終結式により規定され，長さの 2 乗の割合で増大する．しかし，伝統的 Euclid アルゴリズムにおける主係数 α_i は，$\frac{i}{2}$ 個のそのような項の積であり，よって，3 乗の割合で増大する．これは文字通り定理 6.53 から従うのではない．それは，上界を与えるだけである．しかし，α_i を定義する積では，一般に，ほとんど約分がないように見える．たとえば，次の例では，$r_5 = \alpha_5 = \rho_1 \cdot \rho_3 \cdot \rho_5$ の分母と分子の積は，それぞれ 50 桁，48 桁で，たった 2 桁の因子 24 だけが約分される．したがって，実際に推奨されるのは，できる限りモニックなアルゴリズムを使用することである．

例 6.1 (続き) 例 6.1 の多項式に対する伝統的 Euclid アルゴリズムは,次の商と余りを生成する.ほとんどどんな (ランダムな) 入力に対しても,同じような振る舞いをする.

$$r_0 := 824x^5 - 65x^4 - 814x^3 - 741x^2 - 979x - 764$$
$$r_1 := 216x^4 + 663x^3 + 880x^2 + 916x + 617$$

```
for i from 1 to 5 do
  q[i] := quo (r[i - 1], r[i], x, 'r[i + 1]');
  r[i + 1] := sort(r[i + 1]); od;
```

$$q_1 := \frac{103}{27}x - \frac{5837}{486}$$

$$r_2 := \frac{614269}{162}x^3 + \frac{1539085}{243}x^2 + \frac{1863490}{243}x + \frac{3230125}{486}$$

$$q_2 := \frac{34992}{614269}x + \frac{30072401334}{377326404361}$$

$$r_3 := \frac{23256341085690}{377326404361}x^2 - \frac{27844657381944}{377326404361}x + \frac{32938754949612}{377326404361}$$

$$q_3 := -\frac{231779913080427109}{3767527255881780}x - \frac{2125043813673914300612023767}{7301574909368361826957477350}$$

$$r_4 := \frac{16363047386796678464177161 8997}{150238166859431313311 88225}x + \frac{27604692189910198127667206 7323}{3004763337188626266237 6450}$$

$$q_4 := -\frac{3493990052571742206643642195542440 00250}{617420983484864787066581224410756512 45917}x$$
$$-\frac{5360550294260991515627652406487915602931161676083282 3425}{2677493197825536079181079039028534398046960224603053128 6009}$$

$$r_5 := \frac{149991809982045460866285094441835939100349686732 75}{141919206653976666794661960809129382074315418338}$$

$q_5 := 2322230703575610679693717783220005461472383779859614416232408\backslash$
$\quad 1189217602966986/22534494575630661208071063858852539249064234\backslash$
$\quad 56098674898184604868575521868875x + 195881800775964055791566282289 1\backslash$
$\quad 80528610819036806826755474109561947740223845 87/22534494575630\backslash$
$\quad 6612080710638588525392490642345609867489818460486857552186875$

$$r_6 := 0$$

182 ページのモニックな拡張 Euclid アルゴリズムより,分子と分母がかなり大きいことが,明らかに見てとれるだろう. ◇

次の定理は定理 6.52 と 6.53 を 2 変数多項式にしたもので,証明は練習問題 6.48 である.

定理 6.54 F を体とし,$f,g \in F[x,y]$ を $n = \deg_x f \geq m = \deg_y g$, $\deg_y f$, $\deg_y g \leq d$ なるものとする.また,$\delta = \max\{n_{i-1} - n_i : 1 \leq i \leq \ell\}$ を,$F(y)[x]$ における f と g に対する Euclid のアルゴリズムにおける,引き続く 2 つの余りの次数の差の最大値とする.

(i) $F(y)[x]$ における f と g に対する拡張 Euclid アルゴリズム 3.14 の結果 r_i, s_i, t_i は,(次数が最小の項で) 高々 $(n+m-2n_i)d \leq (n+m)d$ の y に関する次数の分子と分母を持つ.q_i と ρ_i に対応する上界は $(\delta+2)(n+m)d$ である.拡張 Euclid アルゴリズム 3.14 は,$O(n^2m\delta^2d^2)$ 回の F の演算で実行できる.

(ii) 伝統的 EEA に対しては,次数の上界は $(m+2)(\delta+2)(n+m)d$ であり,F の演算の回数は $O(n^3m^3\delta^2d^2)$ である.

次の定理 6.26 の一般化は EEA のモジュラを使う類似なアルゴリズムを導くことになる.

定理 6.55 R を商体 K を持つ Euclid 整域とし,$p \in R$ は素,$f,g \in R[x]$ は,

$\deg f \geq \deg g$ であり，0 ではなく，p は $b = \gcd(\mathrm{lc}(f), \mathrm{lc}(g))$ を割り切らないとする．さらに，$1 \leq i \leq \ell$ とし，$r_i, s_i, t_i \in K[x]$ をモニックな EEA の結果の第 i 行，$n_i = \deg r_i < \deg f$，$\sigma = \sigma_{n_i} \in R$ を f, g の n_i 番目の部分終結式とする．上に線を引いたものは，p を法とした還元を表すとする．

(i) 多項式 $\sigma r_i, \sigma s_i, \sigma t_i$ は $R[x]$ に入っている．

(ii) $R/\langle p \rangle$ 上の $\overline{f}, \overline{g}$ に対する EEA で，次数 n_i の余りが生じる必要十分条件は $p \nmid \sigma$ である．

(iii) もし，$p \nmid \sigma$ ならば，p は r_i, s_i, t_i の分子を割り切らず，$\overline{r_i}, \overline{s_i}, \overline{t_i}$ は，$\deg \overline{r_i} = n_i$ なる $R/\langle p \rangle$ 上の $\overline{f}, \overline{g}$ に対する EEA の 1 つの行を構成する．

証明 (i) は定理 6.52 の証明と同じように Cramer の公式からわかる．まず，$n_i \leq \min\{\deg \overline{f}, \deg \overline{g}\}$ と仮定する．すると，補題 6.25 の証明のように，$\overline{\sigma}$ は，p を法とする単元を除いて，$\overline{f}$ と $\overline{g}$ の第 n_i 番目の部分終結式に等しく，系 6.49 により (ii) が成り立つ．$\overline{s_i}, \overline{t_i}$ の係数は，$f = \overline{f}, g = \overline{g}$ に対する連立方程式 (12) の $R/\langle p \rangle$ 上の解であり，(iii) は，その解が一意であることから，系 6.49 (ii) により証明される．

$\deg \overline{f} < n_i$ または $\deg \overline{g} < n_i$ という，退化した場合が残っている．このとき，$p \nmid b$ であるから，それぞれ $\deg \overline{g} = \deg g$ または，$\deg \overline{f} = \deg f$ である．もし，$i \geq 2$ かつ $\deg \overline{f} < n_i < n_1 = \deg \overline{g}$ ならば，n_i は $\overline{f}, \overline{g}$ に対する EEA の次数列に現れず，p は，行列式 σ を持つ行列 S_{n_i} の第 $n_1 - n_i$ 列の各成分を割り切るから，$p \mid \sigma$ である．同様の議論は，$\deg \overline{g} < n_i < n_1 = \deg f = \deg \overline{f}$ のときも成り立つ．結局，もし $i = 1$ で $\deg \overline{f} < n_i = \deg \overline{g}$ ならば，$p \nmid \mathrm{lc}(g)^{\deg f - \deg g}$ であり，$\overline{r_i} = \overline{g}/\mathrm{lc}(\overline{g}), \overline{s_i} = 0, \overline{s_i} = 1$ は，$\overline{f}, \overline{g}$ に対する EEA の 1 つの行を構成する．□

$n_i < \deg f$ という制限は，やや直感的ではない．これは，$i = 1$ で $\deg f = \deg g$ の場合には，全くありえない．したがって，$\sigma = 1$ であり，上の定理の主張 (i) と (iii) は，もし $p \mid \mathrm{lc}(g)$ ならば成り立たないであろう．これは，モニッ

クな余りを持つ Euclid のアルゴリズムを考えているという事実による．この場合，伝統的 Euclid アルゴリズムに対しては，どちらの主張も当然成り立つ．

p が最初の方のいくつかの部分終結式を割り切り，そのため，p を法としていくつかの行が「欠ける」かもしれないが，p が特別な部分終結式も f と g の主係数も割り切らないなら，いつでも p を法としての正しい結果が出てくる，ということに注意するのは興味深いことである．

例 6.56 $\mathbb{Z}[x]$ で $f = r_0 = x^4 + x^3 + x^2 + x - 4$, $g = r_1 = x^3 - 2x^2 + x + 3$ とする．すると，$\mathbb{Q}[x]$ における EEA は，

$$r_0 = q_1 r_1 + \rho_2 r_2 = (x+3) r_1 + 6\left(x^2 - \frac{5}{6}x - \frac{13}{6}\right)$$

$$r_1 = q_2 r_2 + \rho_3 r_3 = \left(x - \frac{7}{6}\right) r_2 + \frac{79}{36}\left(x + \frac{17}{79}\right)$$

$$r_2 = q_3 r_3 + \rho_4 r_4 = \left(x - \frac{497}{474}\right) r_3 - \frac{12114}{6241} \cdot 1$$

$$r_3 = q_4 r_4 = r_3 r_4$$

と計算する．$p = 3$ を法とすると，計算は

$$r_0^* = q_1^* r_1^* + \rho_2^* r_2^* = x \cdot r_1^* + 1 \cdot (x+2)$$

$$r_1^* = q_2^* r_2^* = (x^2 + 2x) r_2^*$$

となる．3 を法とする次数列では，次数 2 と 0 が欠けているが，それにもかかわらず，次数 1 の 2 つの余り r_3 と r_2^* は 3 を法として等しい．◇

次の $\mathbb{Q}[x]$ における EEA の結果に対するモジュラアルゴリズムを得る．

アルゴリズム 6.57 $\mathbb{Q}[x]$ におけるモジュラ EEA：小さい素数版

入力：$f, g \in \mathbb{Z}[x]$．ただし，$\deg f = n \geq \deg g = m \geq 1$ かつ $\|f\|_\infty, \|g\|_\infty \leq A$．

出力：f, g に対する EEA の $\mathbb{Q}[x]$ における結果 r_i, s_i, t_i．

1. $B \longleftarrow (n+1)^n A^{n+m}$, $r \longleftarrow \lceil \log_2(2A^2 B^3 + 1) \rceil$

r 個の素数からなる集合 $S \subseteq \mathbb{N}$ を選ぶ

2. $S \longleftarrow \{p \in S : p \nmid \mathrm{lc}(f)$ かつ $p \nmid \mathrm{lc}(g)\}$

   for 各 $p \in S$ **call** Euclid のアルゴリズム 3.14,
   $f \bmod p$ と $g \bmod q$ に対する EEA の $\mathbb{Z}_p[x]$ におけるすべての結果を計算する

3. $n_0 = n \geq n_1 = m > n_2 > \ldots > n_\ell \geq 0$ をステップ 2 で計算したすべての余りの次数とする.

   for $i = 2, \ldots, \ell$ **do**

   $S_i \longleftarrow \{p \in S : f \bmod p, g \bmod p$ の次数列に n_i が現れる $\}$

   有理数の再構成 (5.10 節) により, S_i の素数を法として還元したものから, 次数 n_i のモニックな余り $r_i \in \mathbb{Q}[x]$ と $s_i, t_i \in \mathbb{Q}[x]$ の係数を計算する

4. **return** $2 \leq i \leq \ell$ に対して r_i, s_i, t_i

定理 6.58 上のアルゴリズムは正しい結果を返す. ステップ 1 の S が最初の r 個の素数からなるならば, 上のアルゴリズムは $O(n^3 m \log^2(nA))(\log^2 n + (\log \log A)^2)$ 回の語演算を使う.

証明 部分終結式を $\sigma_{m-1}, \sigma_{m-2}, \ldots, \sigma_0 \in \mathbb{Z}$ で, (f, g) の次数列を $m_0 = n, m_1 = m, m_2, \ldots, m_\ell$ で表す.

$0 \leq k < m$ とする. すると, 任意の素数 $p \in S$ に対して, $f \bmod p, g \bmod p$ に対する余りの次数として, k が, たとえば $k = n_i$ が生じるための必要十分条件は $|\sigma_k| \not\equiv 0 \bmod p$ である. r の選び方から, $\prod_{p \in S} p > 2B^3 A^2$ である. ステップ 2 で, S から $\mathrm{lc}(f), \mathrm{lc}(g)$ の約数を取り除いても, $\prod_{p \in S} p > 2B^3$ である. 定理 6.50 により $|\sigma_k| \leq B$ だから, $\sigma_k \neq 0$ ならば $\prod_{p \in S_i} p > 2B^2$ である. (もし, $\sigma_k = 0$ ならば, 次数 k を持つモジュラの余りは出てこない.) したがって, $\sigma_k \neq 0$ なる k がモジュラの余りの次数として生じ, $0 \leq i \leq \ell$ に対して $\ell^* = \ell, n_i = m_i$ である. 定理 6.55 により, S_i の素数 p に対してステッ

プ 2 で, $r_i \bmod p, s_i \bmod p, t_i \bmod p$ が計算されていることがわかる. 定理 6.52 により, モニックな r_i の係数の分子と分母は絶対値が B で上から抑えられ, それらは実際に, それらの $p \in S_i$ を法として還元したものから一意的に復元される. s_i, t_i に対しても同様である.

コストの解析に対して, 定理 18.10 は, ステップ 1 で, 最初の r 個の素数は $O(r \log^2 r \log \log r)$ 時間以内で計算できることと, すべての $p \in S$ に対して $\log p \in O(\log r)$ であることをいっている. したがって, ステップ 2 の素数 p ごとのコストは, f と g の係数を p を法として還元するために, $O(n \log A \log r)$ 回の語演算であり, 全部で $O(n \log A \cdot r \log r)$ 回の語演算である. p を法とする EEA は $O(nm \log^2 r)$ 回の語演算かかり (定理 3.16, 系 4.7), すべての $p \in S$ に対しては, $O(nmr \log^2 r)$ である. $\log \prod_{p \in S} p = \sum_{p \in S} \log p \in O(r \log r)$ だから, ステップ 3 で, $\mathbb{Z}$ 上の中国剰余アルゴリズム 5.4 と $\mathbb{Z}$ 上の拡張 (伝統的) Euclid アルゴリズム 3.6 により, S の素数を法として還元したものから 1 つの有理係数を再構成するのに $O(r^2 \log^2 r)$ 回の語演算を得る. r_i, s_i, t_i のすべてをあわせて $O(nm)$ 個の係数を持つから, ステップ 3 の全コストは $O(nmr^2 \log^2 r)$ 回の語演算である. これが他のステップのコストを支配し, 主張は, $r \in O(n \log (nA))$ であることからわかる. □

もし, ある商 q_i と, 対応する ρ_{i+1} も要求されるならば, 1 回の余りを伴う割り算 $r_{i-1} = q_i r_i + \rho_{i+1} r_{i+1}$ により, それらを計算することができる.

小さい素数のモジュラ行列式計算に関していえば, 実際に r に対してやや小さい値で十分である. これについては練習問題 18.21 を見よ.

我々の時間評価は―対数の因数を除いて―直接計算に対するものと同じであり (定理 6.52), 大きい素数版と同じである (練習問題 6.51). しかしながら, 多くの応用において, 我々は EEA の特別な行 r_i, s_i, t_i にのみ興味がある. そのとき, ステップ 3 の有理数の再構成は, わずか $O(nr^2 \log^2 r)$ 回の語演算がかかり, 全体のコストを $O\tilde{\ }(n^3 \log^2 A)$ に落とし, 直接計算や大きい素数版よりおよそ m の 1 つの因数だけ速い.

実際には, 最初の r 個の素数をとることはなく, そのかわりに, 十分多くの (事前に計算しておくことも可能であろう) 語の大きさより小さい単精度の素数

をとり，そのとき，コストは $O(nmr^2)$ 回の語演算である．第 II 部で論じられる整数演算に対する高速アルゴリズムを使うときは，このアルゴリズムのコストは $O\tilde{\ }(n^3 \log A)$ 回の語演算に落ちる．定理 6.52 から，出力のサイズは高々約 $n^2 \log_{2^{64}} B \in O\tilde{\ }(n^3 \log A)$ 語であることがわかり，よって，上の時間評価は—対数の因子を除いて—出力のサイズが上界に近いとき，最適になる．さらに，ステップ 2 で第 11 章の高速 Euclid アルゴリズムを使うとき，EEA の 1 つの行 r_i, s_i, t_i を，$O\tilde{\ }(n^2 \log A)$ 回の操作だけのコストで計算できる（系 11.11）．

次のような，$F[x, y]$ に対する類似のアルゴリズムがある．

アルゴリズム 6.59　モジュラ 2 変数 EEA：小さい素数版

入力：$f, g \in F[x, y] = R[x]$．ただし，x に関する次数は $n \geq m \geq 1$ で，y に関する次数は高々 d，F は少なくとも $3(n+m+1)d$ 個の要素を持つ体で，$R = F[y]$ とする．

出力：f, g に対する EEA の $F(y)[x]$ における結果 r_i, s_i, t_i．

1. $\sharp S = 3(n+m+1)d$ である $S \subseteq F$ とする
2. $S \longleftarrow \{u \in S : \mathrm{lc}_x(f), \mathrm{lc}_x(g) は y = u で 0 でない \}$
   for 各 $u \in S$ **call** Euclid アルゴリズム 3.14，
   　　　$f(x, u), g(x, u)$ に対する EEA の $F[x]$ におけるすべての結果を計算する
3. $n_0 = n \geq n_1 = m > n_2 > \cdots > n_\ell \geq 0$ をステップ 2 で計算されたすべての余りの次数とする
   for $i = 2, \ldots, \ell$ **do**
   　　$S_i \longleftarrow \{u \in S : n_i が f(x, u), g(x, u) の次数列に現れる \}$
   　　Cauchy 補間 (5.8 節) により，S_i のすべての点におけるそれらの値から，モニックな余り $r_i \in F(y)[x]$ の係数と $s_i, t_i \in F(y)[x]$ の係数を計算せよ
4. **return** $2 \leq i \leq \ell$ に対して r_i, s_i, t_i

定理 6.60　上のアルゴリズムは正しい結果を返す．それは，$O(n^3md^2)$ 回の F の演算を使う．

証明は練習問題 6.50 を見よ．モジュラ gcd アルゴリズムに関して，F が十分多くの要素を持たないときは，適当な体の拡大を行う．

小さい素数のモジュラ EEA に対する時間の評価は，大きい素数版と直接計算，両方に対するものと同じであり，EEA の 1 つの行 r_i, s_i, t_i だけを計算したいのなら，整数の場合と同じように，m の因子だけよくなる．高速算術 (第 II 部) を使うときは，$O^\sim(n^3d)$ に落とすことができ，EEA の 1 つの行だけが要求されているなら，$O^\sim(n^2d)$ に落とせる (系 11.9)．すべての結果に対して，出力のサイズは約 n^3d なので，そして，1 つの行に対しては約 n^2d なので，少なくとも一般の意味で，どちらの上界も対数の因子を除いて最適である．

我々の部分終結式の研究の目的は，Euclid のアルゴリズムの概念の理解と，その中に現れる係数の上界を得ることであった．部分終結式を Gauß の消去法を用いて計算することで，Euclid のアルゴリズムを実行しようと思う人がいるかもしれない．これは，非常に能率の悪いものである．11.2 節で，Euclid のアルゴリズムの ρ_i から，いかに効率的に部分終結式を計算するかを示す．したがって，それらは，すべてのモジュラ還元したものに対応する部分終結式を掛けた後，モジュラ EEA アルゴリズムのステップ 3 で，有理数の再構成と Cauchy 補間を，それぞれ (計算的にやさしい) 多項式中国剰余アルゴリズムと補間アルゴリズムでおきかえることに用いられるであろう．

同じモジュラによる方法は，$\mathbb{Q}$ 上，または，有限体上の多変数多項式の gcd にも適用される．有理数の場合は，小さい素数を法とする計算で，有限体へ還元され，有限体上の多変数多項式の gcd の計算は，異なる点における変数の評価と再帰を実行することにより，1 変数の gcd 計算に還元される．

6.12　擬除算と原始的 Euclid アルゴリズム

Gauß の補題 6.6 は，2 つの原始的多項式 $f, g \in \mathbb{Z}[x]$ の gcd の計算の，別の

方法を提案している．つまり，余り r_i の原始版，すなわち，原始的となる整数倍 $\alpha_i r_i \in \mathbb{Z}[x]$ を使う方法である．これは，本質的に $\mathbb{Q}[x]$ における正規形と同様，多項式の原始的部分をとることに，対応する．練習問題 6.5 を見よ．普通の余りを伴う割り算のかわりに，$a, b \in \mathbb{Z}[x]$ から ($b \neq 0$ を仮定して)，

$$\mathrm{lc}(b)^{1+\deg a - \deg b} a = qb + r, \quad \deg r < \deg q$$

となる，$q, r \in \mathbb{Z}[x]$ を計算する**擬除算**を使うと便利である．a に掛かっている整数因子が，この割り算が $\mathbb{Z}[x]$ の中で実行されることを保証している（練習問題 2.9 も見よ）．これは，$\mathbb{Z}$ のかわりに，どんな整域 R を用いてもうまくいくし，R が整域上の多変数多項式の環であるとき役に立つ．6.2 節と同じように，R 上にある正規形 normal があることを仮定し，それは，$\mathrm{normal}(\mathrm{lc}(f))f/\mathrm{lc}(f)$ により $R[x]$ へ拡張される．

アルゴリズム 6.61　原始的 Euclid アルゴリズム

入力：原始的多項式 $f, g \in F[x, y] = R[x]$. ただし，R は UFD とし，次数は $n \geq m$ とする．
出力：$h = \gcd(f, g) \in R[x]$.
　1.　$r_0 \longleftarrow f, \quad r_1 \longleftarrow g, \quad n_0 \longleftarrow n, \quad n_1 \longleftarrow m$
　2.　$i \longleftarrow 1$
　　while $r_i \neq 0$ **do**
　　　{ 擬除算 }
　　　$a_{i-1} \longleftarrow \mathrm{lc}(r_i)^{1+n_{i-1}-n_i} r_{i-1}, \quad q_i \longleftarrow a_{i-1} \mathrm{\ quo\ } r_i$
　　　$r_{i+1} \longleftarrow \mathrm{pp}(a_{i-1} \mathrm{\ rem\ } r_i), \quad n_{n+1} \longleftarrow \deg r_{i+1}$
　　　$i \longleftarrow i+1$
　3.　$\ell \longleftarrow i - 1$
　　return $\mathrm{normal}(r_\ell)$

定理 6.62　上のアルゴリズムは，gcd を正しく計算する．$\delta = \max\{n_{i-1} - n_i :$

$1 \leq i \leq \ell\}$ を商の最大次数とする.

(i) もし, $R = \mathbb{Z}$ で, $\|f\|_\infty, \|g\|_\infty \leq A$ ならば, 中間結果の最大ノルムは高々 $(2(n+1)^n A^{n+m})^{\delta+2}$ であり, このアルゴリズムは $O(n^3 m \delta^2 \log^2(nA))$ 回の語演算を使う.

(ii) もし, F が体, $R = F[y]$ で, $\deg_y f, \deg_y g \leq d$ ならば, すべての中間結果の y に関する次数は高々 $(\delta+2)(n+m)d$ であり, 時間は $O(n^3 m \delta^2 d^2)$ 回の F における演算である.

証明 すべての i に対して, $\alpha_i = \mathrm{lc}(r_i) \in R$ とし, K を R の商体とする. 練習問題 6.47 のように, $r_i/\alpha_i \in K[x]$ は, f, g に対する Euclid のアルゴリズムの i 番目の余りであることがわかる. 特に, r_ℓ はモニックな gcd の原始倍であり, よって, $\mathrm{normal}(r_\ell) = h$ である.

$R = \mathbb{Z}$ に対する主張 (i) だけを証明する. そして, 2 変数の場合は練習問題 6.53 に残し, そこでは, 原始的拡張 Euclid アルゴリズムについても述べる. $1 \leq i \leq \ell$ に対して, 多項式 r_i は, 対応するモニックな余りの原始倍であり, よって, 定理 6.55 (i) により, α_i は f と g の部分終結式 σ_{n_i} を割り切る. $B = (n+1)^n A^{n+m}$ とする. こうすると, 定理 6.52 から $|\alpha_i|, \|r_{i-1}\|_\infty \leq B$ である. ゆえに,

$$\|\alpha_{i-1}\|_\infty = |\alpha_i|^{n_{i-1}-n_i+1} \|r_{i-1}\|_\infty \leq B^{\delta+2}$$

であり, 練習問題 6.44 により,

$$\|q_i\|_\infty, \|\alpha_{i-1} \operatorname{rem} r_i\|_\infty \leq \|r_{i-1}\|_\infty (\|r_i\|_\infty + |\alpha_i|)^{n_{i-1}+n_i+1} \leq B^{\delta+2}$$

となる. 後者の数は, このアルゴリズムのすべての整数の上界である. $\mathbb{Z}$ における演算の数は $O(nm)$ であり, 評価は $\log B \in O(n \log(nA))$ であることからわかる. □

原始的 Euclid アルゴリズムのこの時間評価は, モニック版と同じである. 練習問題 6.53 で, もう少しよい上界を与える. モニックアルゴリズムに優る主要な利点は, 有理数や分数を全く使わない点である. 6.13 節の $R = \mathbb{Z}$ とした実

験で，原始的アルゴリズムは明らかにモニックアルゴリズムを実際に打ち負かすことを示すが，モジュラアルゴリズムよりは依然として遅い．

$R = F[y]$ のとき，ステップ 2 で，$a_{i-1} \operatorname{rem} r_i$ の係因数と原始的部分を計算するために，アルゴリズム 6.45 を有益に使うことができる．この係因数は，普通非常に大きい．練習問題 6.54 で，その次数は，およそ $(n_{i-1} - n_i + 1)(n + m - 2n_i)d - 2(n_{i-1} - n_{i+1}d \geq 2(n + m - 2n_i - 2)d$ であることを示す．

例 6.1 (続き)　例 6.1 の多項式で，原始的 Euclid アルゴリズムを MAPLE で実行してみる．

$$r_0 := 824x^5 - 65x^4 - 814x^3 - 741x^2 - 979x - 764$$
$$r_1 := 216x^4 + 663x^3 + 880x^2 + 916x + 617$$

```
for i from 1 to 5 do
   a[i - 1] := r[i - 1] *lcoeff(r[i], x)
      ^ (degree(r[i - 1], x) - degree(r[i], x) + 1);
   q[i] :=quo(a[i - i], r[i], x, 'r[i + 1]');
   r[i + 1] := sort(primpart(r[i + 1], x));
od;
```

$$a_0 := 38444544x^5 - 3032640x^4 - 37977984x^3 - 34572096x^2 - 45676224x - 35645184$$

$$q_1 := 177984x - 560352$$

$$r_2 := 1842807x^3 + 3078170x^2 + 3726980x + 3230125$$

$$a_1 := 733522530077784x^4 + 2251506654822087x^3 + 2988425122539120x^2 + 3110678877552084x + 2095293523416633$$

$$q_2 := 398046312x + 556896321$$

$$r_3 := -1292018949205x2 - 1546925410108x + 1829930830534$$

$$a_2 := 30762216172858671132258865941 75x^3$$
$$+ 51384290897966187299692953942 50x^2$$
$$+ 62214960346862590676346545345 00x$$
$$+ 53920895414091174545727072531 25$$
$$q_3 := -2380941563727618435x - 1126368994649461694$$
$$r_4 := 8673152579665025 54x + 7315865486980 31843$$
$$a_3 := -9719028519279011934380367226685286903848824817 80x^2$$
$$- 11636526064333709456981010205232425699596560349 28x$$
$$+ 13765394030181494469527595869291669466523715171 44$$
$$q_4 := -11205877482273441349080287695 70x$$
$$- 396448327221414114828389881017$$
$$r_5 := 1$$
$$a_4 := 8673152579665025 54x + 7315865486980 31843$$
$$q_5 := 8673152579665025 54x + 7315865486980 31843$$
$$r_6 := 0$$

この例の中で,余りの主係数は—符号を除いて—モニック Euclid アルゴリズムの対応する係数の分母に一致している. ◇

6.13 実　　　装

表 6.5 は,この章で議論した,$\mathbb{Z}[x]$ や $F[x,y]$ における gcd の計算に対する,Euclid のアルゴリズムの異なる版の概観を与えている.

我々は,この章で議論した,整数係数の 2 つの多項式の gcd を計算するアルゴリズムを,整数と多項式の演算には,Victor Shoup の "Number Theory Library" NTL 1.5 (http://www.shoup.net/ntl/ を見よ) を使って,C++ で実装した.その一部について,9.7 節で議論する.さまざまな次数,係数の大きさに対する実行時間を図 6.4 と 6.6 に与えてある.NTL の整数演算は,漸近的に古典的な乗算より速い,Karatsuba の乗算アルゴリズムを使い (8.1 節),たとえば,大きい素数の gcd アルゴリズムの実行時間は,約 $n^{3.18}$ にすぎない.

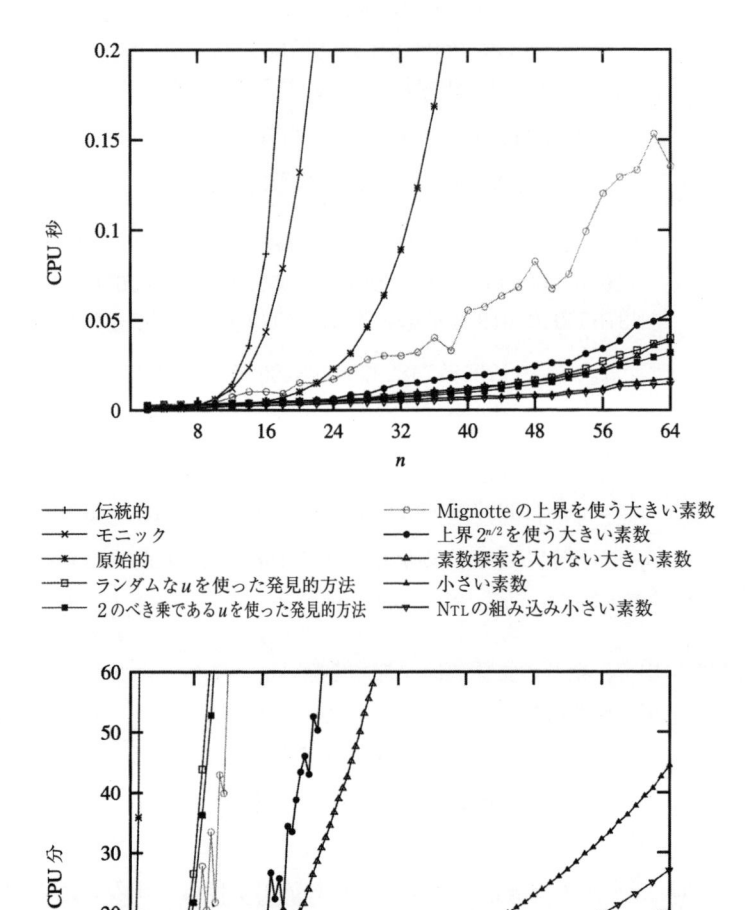

252   6. 終結式と最大公約数の計算

凡例:
- 伝統的
- モニック
- 原始的
- ランダムな u を使った発見的方法
- 2 のべき乗である u を使った発見的方法
- Mignotte の上界を使う大きい素数
- 上界 $2^{n/2}$ を使う大きい素数
- 素数探索を入れない大きい素数
- 小さい素数
- NTL の組み込み小さい素数

図 6.4 $2 \leq n \leq 64$ および $64 \leq n \leq 8192$ に対する, $n2^{n-1}$ より小さい係数を持ち, 次数が $n-1$ より小さい, 擬似ランダムな多項式に値する, $\mathbb{Z}[x]$ におけるいろいろな gcd アルゴリズム

表 6.5 $\mathbb{Z}[x]$ および $F[x, y]$ におけるさまざまな，Euclid のアルゴリズムの比較．(それぞれ，語演算，体の演算の) 時間は，x の次数が高々 n で，長さ，または，次数が高々 n の係数を持ち，標準的な時数列を持つ多項式に対するもので，対数の因子は無視している．

アルゴリズム	for $\mathbb{Z}[x]$	for $F[x, y]$	時間
伝統的	アルゴリズム 3.6		n^8
モニック	アルゴリズム 3.14		n^6
原始的	アルゴリズム 6.61		n^6
大きい素数のモジュラ EEA	練習問題 6.51		n^6
小さい素数のモジュラ EEA	アルゴリズム 6.57	アルゴリズム 6.59	n^6
小さい素数のモジュラ EEA, single row	アルゴリズム 6.57	アルゴリズム 6.59	n^5
"発見的 gcd"	練習問題 6.27	練習問題 6.28	n^4
大きい素数のモジュラ gcd	アルゴリズム 6.34	アルゴリズム 6.28	n^4
小さい素数のモジュラ gcd	アルゴリズム 6.38	アルゴリズム 6.36	n^3

すべての時間は，10 個の擬似ランダムな入力の平均である．ソフトウェアは，1998 年に，Sun Sparc Ultra，クロック数 167 MHz 上で実行された．

実験は次のようであった．n と k の選択のそれぞれに対して，次数が $\frac{n}{2}$ より小さく，係数が $2^{k/2}$ より小さい非負の数である，3 つの多項式 $a, b, c \in \mathbb{Z}[x]$ を，擬似ランダムに，かつ，独立に選び，そして，ac と bc の $\mathbb{Z}[x]$ における gcd を計算した．したがって，gcd の次数は少なくとも，$\frac{n}{2} - 1$ であった．実際，$n \geq 6$ のとき，すべての場合で，それは $\frac{n}{2} - 1$ に等しかった．

gcd が本質的に c であるこれらの場合においては，その gcd の係数の長さに対する Mignotte の上界は，約 2^n の因子により，大きすぎ，我々の大きい素数の実装に対して顕在化する．この理由により，我々は，c の係数の知られている上界 $2^{n/2}$ を使う大きい素数の方法の 1 つの変形も実行し，それは，どの場合も正しい gcd を計算し，時間的に，もとの大きい素数のアルゴリズムよりは早かったが，小さい素数のアルゴリズムよりは，依然として遅かった．大きい素数のアルゴリズムの実験の標準偏差は，他のアルゴリズムよりかなり高い．理由は，第 18 章の確率的素数判定テストのアルゴリズムを実装した NTL による大きい素数を見つけるために費やされる時間に大きな差があったためである．図 6.4 には，$2^{n/2}$ の上界で，素数を探すコストを「入れない」，大きい素数のアルゴリズムの時間も示してある．それに対応する曲線が，非常に滑らかなのが見てとれる．

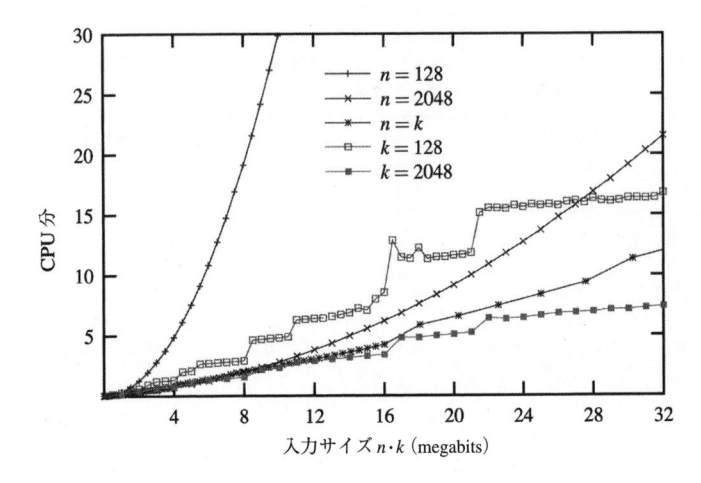

図 6.6 次数が $n-1$ より小さく，約 k ビットの係数を持つ，いろいろな擬似ランダムな多項式に対する，$\text{N{\tiny TL}}$ の $\mathbb{Z}$ における，小さい素数を法とする gcd アルゴリズム

我々は，「発見的な」gcd アルゴリズムの 2 つの変形を実装した (練習問題 6.27)．最初の変形では，2 つの入力多項式は，ランダムな点で値を計算され，2 つめの変形では，値を計算する点は 2 のべきである．どちらの変形においても，最も時間を費やす部分は，約 n^2 ビットの 2 つの整数の gcd 計算である．

小さい素数のアルゴリズムの 2 つの変形の時間を与える．すなわち，我々の実装と，$\text{N{\tiny TL}}$ の組み込みルーチンとである．両方のルーチンは，それらが適応性のある型で動くという点でアルゴリズム 6.38 と異なっている．それらは，Mignotte の上界を計算しないで，gcd の係数を復元するのに必要な数の単精度の素数だけを計算する．これは，各回で，定数係数に対する整除性のテストから始めて，次数が大きすぎるモジュラ gcd を導く「アンラッキーな」ものは捨てて，新しい「ラッキーな」素数の整除性のテストを実行し，決定的に 1 つの新しい素数を付け加えることで達成される．

我々は，我々のルーチンを最適化することはなく，テキストにある通りに，$\text{N{\tiny TL}}$ の低いレベルのルーチンを使って，単に実装しただけである．1 つの例外は，適応性を要した小さい素数のアルゴリズムである．必然的に，そのような

比較は，さまざまなサブルーチンで費やされた努力に依存し，よって，不公平な要素も含んでいる．特に，NTL の整数と多項式の演算の異なる型は，あるアルゴリズムではうまく働くが，ほかのではうまく働かない．

それにもかかわらず，時間は，表 6.5 が示す理論的な上界のランキング，特に小さい素数のモジュラアルゴリズム，を裏づける．さらに，それらはたぶん，後者では有理数の演算がないことに起因するモニックと原始的 Euclid アルゴリズムの間の明らかな違いと，ある意味では，適応性に依存し，またある意味では，総サイズは同じである「小さい」問題をたくさん解く方が，「大きい」問題を 1 つ解くより安上がりであるという直感を反映する，大きい素数と小さい素数のモジュラアルゴリズムの間の明らかな違いを示す．まとめると，適応性のある小さい素数のモジュラアルゴリズムが，実装には，最も都合がよいように見える．

注解

6.1 最初の (多くの場合自分たち自身でつくり上げた) 計算機代数システムにより，研究者が実験を始めた 1960 年代終わり頃，彼らは不愉快な現象を観察した．すなわち，伝統的 Euclid アルゴリズムにおける，たとえば，240 ページの例 6.1 (および，ほとんど任意のランダムな例) におけるように，$\mathbb{Q}[x]$ での急激な係数の増大である．共通因子を削除することなく，各ステップで，擬除算を使うと，余りの係数は実際に指数関数的に増大する．有理数を最小の項へ約分する限り，定理 6.52 は，(モニックな) 拡張 Euclid アルゴリズム 3.14 のすべての係数の長さは，多項式で抑えられることを保証する．これは，Collins (1966, 1967) により発見され，伝統的 Euclid アルゴリズムのいくつかの新しい変形を導いた．すなわち，第 3 章で議論した，モニック版を使うことや，余りの原始的版 (6.12 節) である．Collins (1971), Brown (1971), Brown & Traub (1971), von zur Gathen & Lücking (2000) も見よ．計算的には，それらは Brown (1971) と Collins (1971) により導入されたモジュラ法に劣る．注解 6.7, 6.10 も見よ．

6.2 Gauß (1801) は，article 42 において，彼の重要な「補題」を証明した．彼は，Gauß (1836b) の article 340 で，素数 p に対して $\mathbb{F}_p[x]$ が UFD であることを示した．

6.3 Leibniz (1683) は，結局出されることのなかった，Tschirnhaus への手紙の下書きを書いた．その中で，彼は，次数 5 の 2 つの多項式の終結式を，Euclid アルゴ

リズムでどのように計算するかを説明し,それが0になることがそれら2つの多項式が非自明な gcd を持つことを意味するのだと述べている.Newton と Maclaurin の先駆的な研究の後,Euler (1748c) と Bézout (1764) が終結式を導入した.その名前はおそらく,Bézout のéquation resultante de l'élimination に由来すると思われる.Bézout は,たった $\min\{n,m\}$ 個の行と列を持つ,今日では Bézout の行列と呼ばれるある行列の行列式として,終結式を得ている (練習問題6.14).彼は,$k \times k$ の行列式を,なじみ深い $k!$ 個の項の和として計算する方法を説明し,暗黙のうちに gcd が自明であると仮定して,Bézout 係数 s, t を,$sf + tg = $ 定数 で表す1次方程式を与えている.

後に,代数幾何学者は終結式を2つ以上の変数と多項式に一般化した.それは,Euler (1964), Sylvester (1840, 1853), Cayley (1848), Macaulay (1902, 1916, 1922) などの多くの人たちである.ここで扱った1変数の部分終結式の基礎は,Jacobi (1836, 1846), Cayley (1848), Kronecker (1873, 1878, 1881b), Frobenius (1881) によって築かれた.Jacobi (1836) は,その第4節で,終結式は (2つの多項式の未定係数の多項式として) 既約であることを示し,第15節で,我々の一意性の補題5.15を証明している.(彼は正規形の場合だけを考えている.) 彼は,擬除算で Euclid のアルゴリズムを実行し,余りの,$s_i f + t_i g = r_i$ という表現を得ている.Cauchy (1840) は,さまざまな消去法,それらの中で Euler の方法や Bézout の方法を述べ,終結式の既約性を証明し,次数がそれぞれ2と3の2つの多項式に対する,5×5 Sylvester の行列をはっきりと書き下している.Cauchy は,添え字を使い始めている.彼は "$f = a_0 f^n + \cdots + a_n$" と書いている.そのような記法のないことが,それより前の研究を扱いづらいものにしている.Kronecker (1881b) は,定理6.47を含めて,この節の(計算的でない) 結果の多くを含んでいる.これらの線に沿った,「現代的な」表現はvon zur Gathen (1948b) にあり,そこでは,目標は拡張 Euclid アルゴリズムの結果に対する並列アルゴリズムである―この本の話題ではない.体の一般概念は,19世紀終わり頃,やっと現れた.それ以前は,さまざまな場合に対して別々に証明された.たとえば Sylvester (1881) は,系6.17は素数を法とする整数係数の多項式に対しても成り立つことを主張する注解を書いている.

Sylvester (1940) には,彼の行列とその部分行列の行列式としての,終結式や部分終結式の明確な描写および,それらから Euclid のアルゴリズム―彼は derivation と呼んでいる―における余りをどのように計算するかが述べられている.明らかに,Gauß の消去法を知らずに,彼は,$n \times n$ 行列式を $n!$ 個の項の和として計算し,次の希望に満ちた注釈で結んでいる.「あるすぐれた友人の,有名な器用さと親切の援助の申し出により,ここで詳細に説明した方法にならって,Sturm の定理や,derivation のすべ

ての問題を解くのに役立つマシンを得る確信がある」彼の "Euclidean engine" がつくられることはなかったように思われる.

6.5 Ulam は, トランプのソリティアの成功の確率を評価するために, 確率的モンテカルロアルゴリズムを考案した. それは, 1940 年代に, Loa Alamos で, 高エネルギー物理の多重積分を近似するために, しばしば使われた. Metropolis & Ulam (1949) を見よ. また, 概説は Halton (1970) を見よ. Berlekamp (1970) のアルゴリズム (14.8節) は, 最初, コンピュータサイエンスで使われ, そして, Pollard (1974, 1975) は, 彼の整数因子分解法の 2 つに使った (19.3 節, 19.4 節) が, Solovay & Strassen (1977) の素数判定テスト (18.6 節) の結果として, 躍進することになった. Babai (1979) がラスベガスアルゴリズムという言葉をつくり出した. Gill (1977) は対応する計算量クラスをつくり上げ (25.8 節), そして, それらから, コンピュータサイエンスの多くの分野への応用を発見した. すなわち, 判定 (4.1 節を見よ), ソート, (汎用) ハッシュ法, ネットワーク上の経路, 三角形分割や凸包性のような幾何学的アルゴリズム, 数え上げ問題, オンラインアルゴリズム, などなどである. Motwani & Taghavan (1995) は, 応用の多くの分野のすばらしい概説を与えている.

初期の確率的アルゴリズムは, Legendre (1785) (注解 14.2, 14.3 を見よ), Galois (1830) (注解 14.9 を見よ), Pocklington (1917) にある. Packlington は, 試みに, 素数を法として平方でない数を見つけているが, これを, その方法の欠点と呼んでいる. Buffon は 1777 年に, 距離が $d > l$ の等距離の平行線の列上に, 長さ l の針をランダムに落として π を近似する, 確率的方法を与えた. 1つの線に出会う確率は, $2l/\pi d$ である.

6.6 ある円周等分多項式の係数の下界は, Vaughan (1974) による. 定理 6.32 と系 6.33 は Mignotte (1974) による. 因子の上界は, Mignotte (1982, 1988), Mignotte (1989), §IV.3, および, Mignotte & Glesser (1994) を見よ. $|g_m| \leq |f_n|$ であるから, Mignotte の上界は, $\alpha = 2^m$ として $\|g\|_2 \leq \alpha \|f\|_2$ である. Granville (1990) は, $\alpha = \phi^n$ を使うことができることを示した. ここで, $\phi = (1+\sqrt{5})/2 \approx 1.61803$ は黄金分割比である. Mignotte (1989) の Proposition 4.9 は, すべての $m \in \mathbb{N}$ に対して, $\deg g = m, \deg f = \lfloor (m^2 \ln m)/c \rfloor, g \mid f$ なる $f, g \in \mathbb{Z}[x]$ で, ある定数 $c \in \mathbb{R}_{>0}$ に対して, $\|f\|_1 \geq c 2^m (m^2 \ln m)^{-1/2} \|g\|_2$ となるものが存在することを証明している.

6.7 UFD 上の (多変数) 多項式に対するモジュラ gcd アルゴリズムは, Collins (1971) と Brown (1971) により発見された. Moses & Yun (1973) は, Hensel 持ち上げ (第 15 章) を基礎とする, 多変数多項式に対する素数べきモジュラアルゴリズムを述べている. Lauer (2000) も見よ. それは, 特に, 少ない多変数多項式に有効で

ある.

6.8 Bézout は, 1779 の彼の定理で次のように述べている. 円錐曲線論に対して, これはすでに, ギリシャの数学者 Apollonius による本の中にあり, 1720 年に Maclaurin によっても与えられているし, Cramer (1750), §46 の中にも与えられている, と. Euler (1748b, §4, 1748c, §3, 1764) は, Bézout の定理を正しく述べている. すなわち, 共通の成分を持たない次数が n, m の 2 つの平面曲線は, 高々 nm 個の点で交わる. 彼の証明は, 終結式の彼の積の表現を用いている (練習問題 6.12). 同様の趣旨で, 終結式の次数は高々 nm であることの証明は, 練習問題 6.11 を見よ. 高次元へ変形したものに対する Bézout の定理の一般形は, 1920 年代に van der Waerden により, また, 1946 年に Weil により, 現代的な意味で初めて証明された.

6.9 補題 6.44 は, DeMillo & Lipton (1978), Zippel (1979), Schwartz (1980) により, 独立に発見された. Von zur Gathen, Karpinski & Shparlinski (1996) と, Díaz & Kaltofen (1995) の定理 6.2 と「校正後の註釈」は, アルゴリズム 6.45 を, 後者は多変数多項式に対しても, 解析している. Rowland & Cowles (1986), Chen & Kao (1997, 2000), Lewin & Vadhan (1998), Moeller (1999) は, 多項式の零の判定テストのためのランダム性の総和を還元するために, 代数的拡大体を用いている. アルゴリズム 6.45 と同様の方法が, 多くの整数の gcd の計算をすることでもうまくいく. それは, $\mathbb{Z}[x]$ の多項式の係因数の計算に特に有効であるが, その解析はやや複雑である (Cooperman, Feisel, von zur Gathen & Havas 1999).

6.10 部分終結式は, Collins (1966, 1967, 1973) により計算機代数に導入された. Brown (1971, 1978), Brown & Traub (1971) も見よ. 実際には, それらは, 「部分終結式」とは少し異なった概念で動作する. 我々の表現では, 定義も定理もどちらも, やや簡単な形をとっている. 彼らの「部分終結式」は, 定数というよりは, Euclid のアルゴリズムの余りの定数倍である. Mulders (1997) は, ある積分アルゴリズムのソフトウェア実装における, 部分終結式についてのあいまいさに依存する誤差を説明している. 22.3 節を見よ.

部分終結式は, Sylvester (1840) により導入され, Trudi (1862) と Gordan (1885) の教科書 §132 ff で取り扱われている. Habicht (1948) は, 入力の多項式の係数が不定元である一般的な場合に, 部分終結式を体系的に研究している. 彼は, 部分終結式を *Nebenresultanten*[*1)] と呼び, Sylvester の行列の部分行列の行列式によって, EEA における s_i, t_i に対する公式も明確に与えている. Von zur Gathen (1984b) は, モニック Euclid アルゴリズムと伝統的 Euclid アルゴリズムの関係について論じている. 6.12 節で説明した「原始的多項式の余りの列」は, Collins (1967) により導入された.

[*1)] minor resultant, 小終結式.

いわゆる,「既約多項式の余りの列」と「部分終結式多項式の余りの列」に基礎をおいた,さらに2つのアルゴリズムが, Collins (1967) と Brown & Traub (1971) により考案された. どちらも, 擬除算を用いることにより有理数の演算を避けているが, 原始的 Euclid アルゴリズムとは対照的に, 彼らは完全係因数を割るのではなく, gcd 計算なしで計算できるその約数を割っている.「既約」アルゴリズムは, 最悪の場合, 指数時間を要するように見える (Brown 1971, 485 ページ). これは,「部分終結式」アルゴリズムとは異なる. Brown (1978) は, 本質的には練習問題 6.53 の原始的 Euclid アルゴリズムの上界と同じである,「既約」アルゴリズムの実行時間を評価している. Lickteig & Roy (1996, 2001), Ducos (2000), Lombardi, Roy & Safey El Din (2000) は, 練習問題 6.53 の時間の評価から, 因子 δ を消去する,「部分終結式」アルゴリズムの賢い変形を与えている. Von zur Gathen & Lücking (2000) は, 部分終結式と多項式の余りの列の歴史的概観と体系的な議論を与えている.

練習問題

6.1 $a, b \in \mathbb{Q}[x]$ のとき, $\lambda(ab)$ のよい評価を与えよ.

6.2 $a = qb + r$ を余りを伴う割り算とする. ただし, $a, b, q, r \in \mathbb{Q}[x]$ とし, $-1 + \deg a = \deg b > \deg r$, $\lambda(a), \lambda(b) \leq l \in \mathbb{N}$ とする. l による $\lambda(a), \lambda(b)$ の評価を与えよ. (a, b はモニックである必要はない.)

6.3 R を一意分解環とし, $f \in R[x]$ とする. $f = \mathrm{pp}(f)$ であるための必要十分条件は, f が原始的であることを示せ.

6.4 補題 6.5 と系 6.7 は, K を R の商体として, $c \in K$, $f, g \in K[x]$ のとき, 成り立つことを証明せよ,

6.5 R を, その上に, 3.4 節の意味での正規形 lu_R が与えられている UFD とし, K を R の商体とする. cont と pp を, 6.2 節にあるように, $K[x]$ へ拡張する. $\mathrm{lu}_{K[x]} = \mathrm{lu}_R(\mathrm{lc}(\mathrm{pp}(f)))$ ととるとき, $\mathrm{cont}(f)$ は $K[x]$ に対する正規形を定義することを証明せよ. ヒント:練習問題 3.8. なぜ, $\mathrm{lu}_{k[x]} = \mathrm{cont}(f)$ は正規形でないのか.

6.6 $f \in \mathbb{Z}[x]$ をモニックとし, $\alpha \in \mathbb{Q}$ を f の解とする. $\alpha \in \mathbb{Z}$ であることを示せ.

6.7 p を素数とし, $\varphi: \mathbb{Z}[x] \leftarrow \mathbb{Z}_p[x]$ を, 係数を p を法としてとったものとして定義する. $f \in \mathbb{Z}[x], p \nmid \mathrm{lc}(f), \varphi(f)$ は $\mathbb{Z}_p[x]$ で既約とするとき, f は $\mathbb{Q}[x]$ で既約であることを示せ.

6.8 次数が高々 n で, 最大ノルムが高々 A の, $\mathbb{Z}[x]$ のランダムな2つの多項式が, $\mathbb{Q}[x]$ で互いに素である確率は, 少なくとも $1 - 1/(2A+1)$ であることを示せ. ヒント:練習問題 4.18.

6.9 2進有理数の環 $R = \mathbb{Z}[1/2] = \{a/2^n : a \in \mathbb{Z}, n \in \mathbb{N}\}$ を考える.

(i) R は，$\mathbb{Z}$ と $1/2$ を含む，$\mathbb{Q}$ の最小の部分環であることを証明せよ．

(ii) R の単元は何か．

(iii) R は UFD であり，R の任意の 2 つの要素は，同伴を除いて一意の gcd を持つ，ということを使ってよいとする．R 上の正規形を見つけよ．また，これを使って，R の gcd 関数を定義せよ．

(iv) 多項式 $f = 2x^2 + 6x - 4$ の 3 つの環，$\mathbb{Z}, R, \mathbb{Q}$ における，係因数と原始的部分を決定せよ．f は R に関して原始的か．

6.10 $f, g \in \mathbb{Z}[x]$, $r = \operatorname{res}(f, g) \in \mathbb{Z}$, $u \in \mathbb{Z}$ とする．$\gcd(f(u), g(u))$ が r を割り切ることを証明せよ．ヒント：系 6.21.

6.11 F を体とし，$f = \sum_{0 \le i \le n} f_i x^i$, $g = \sum_{0 \le i \le m} g_i x^i$ は，$F[x, y]$ の要素で，それぞれ全次数が n, m であるとする．各 $f_i, g_i \in F[y]$ は，$\deg_y f_i \le n - i$, $\deg_y g_i \le m - i$ である．$r = \operatorname{res}_x(f, g) \in F[y]$ とする．r における $(n+m)!$ 個の和の項は，次数が高々 nm であり，したがって，$\deg_y r \le nm$ であることを示せ．

6.12* R を商体 F を持つ UFD とし，$f, g \in R[x]$ は，それぞれ，次数 n, m を持ち，零でないとし，$\alpha_1, \ldots, \alpha_n, \beta_1, \ldots, \beta_m$ を重複も許して，それぞれ f, g の F の拡大体における解とする．

(i) 次を証明せよ．

$$\operatorname{res}(f, g) = \operatorname{lc}(f)^m \prod_{1 \le i \le n} g(\alpha_i) = (-1)^{nm} \operatorname{lc}(g)^n \prod_{1 \le j \le m} f(\beta_j)$$
$$= \operatorname{lc}(f)^m \operatorname{lc}(g)^n \prod_{\substack{1 \le i \le n \\ 1 \le j \le m}} (\alpha_i - \beta_j)$$

ヒント：最初に，解を不定元と考えた場合を証明せよ．次に，それらを実際の解に写像する環準同型にあてはめよ．

(ii) すべての $f, g, h \in R[x]$ に対して，$\operatorname{res}(f, gh) = \operatorname{res}(f, g) \operatorname{res}(f, h)$ であることを示せ．

6.13 この練習問題では，系 6.20 と 6.21 の別証明を与える．R を UFD とし，$f, g \in R[x]$ はそれぞれ次数 n, m を持ち，零でないとする．ただし，$n + m \ge 1$ とする．

(i) $R[x]^{n+m}$ において，

$$(x^{n+m-1}, \ldots, x, 1) \cdot \operatorname{Syl}(f, g) = (x^{m-1} f, \ldots, f, x^{n-1} g, \ldots, g)$$

であることを証明し，$sf + tg = \operatorname{res}(f, g)$ となる，$\deg s < m, \deg t < t$ なる，零でない $s, t \in R[x]$ が存在することを示せ．ヒント：Cramer の方法．

(ii) $\operatorname{res}(f, g) = 0$ である必要十分条件は，$\gcd(f, g)$ が定数でないことであることを示せ．

6.14* F を体, $f_0 \neq 0$ とし, $f = \sum_{0 \leq i \leq n} f_i x^i$, $g = \sum_{0 \leq i \leq n} g_i x^i \in F[x]$ とする. $0 \leq k < n$ に対して, それぞれの多項式に, もう一方の多項式の最初の $k+1$ 項を掛けて, 差をとる. すなわち,

$$b_k = f \cdot \sum_{0 \leq j \leq k} g_{n-k+j} x^j - g \cdot \sum_{0 \leq j \leq k} f_{n-k+j} x^j = \sum_{0 \leq l} b_{kl} x^l$$

(i) すべての k に対して, $\deg b_k < n$ であることを示せ.

(ii) これらの係数からなる, $B = (b_{kl})_{0 \leq k,l < n} \in F^{n \times n}$ を **Bézout 行列**とする. $\gcd(f,g) \neq 1$ ならば, $\det B = 0$ であることを証明せよ. ヒント: もし $\gcd(f,g) \neq 1$ ならば, F のある拡大体において, f と g の共通解が存在する.

6.15* この練習問題の目標は系 6.17 と 6.21 は, 本質的に, 任意の (可換) 係数環 R 上でも正しいことを示すことである. $f, g \in R[x]$ を, $n + m \geq 1$ かつ $r = \mathrm{res}(f, g) \in R$ は零でないとなる, 次数がそれぞれ n, m で零でないものとする.

(i) 多項式 $s, t \in R[x]$ で, $sf + tg = \mathrm{res}(f, g)$ となるものが存在することを示せ. ヒント: f と g の係数が不定元である一般の場合に系 6.21 を適用し, それから, それらを R の実際の係数に写像せよ.

(ii) いま, f, g はモニックとする. $sf + tg = 1$ を満たす, $\deg t < \deg f$ なる多項式 $s, t \in R[x]$ が存在するための必要十分条件は, $\mathrm{res}(f, g)$ が R の単元であることを証明せよ.

6.16* この練習問題で, 補題 6.13 を一般化する. F を体, $f, g \in F[x]$ を次数が, それぞれ n, m で, 零でないとし, $h = \gcd(f, g) \in F[x]$ で, 次数が d であるとする.

(i) $\varphi_0(s, t) = 0$ となる, 零でない対 $(s, t) \in P_{m-i} \times P_{n-i}$ が存在するための必要十分条件は, $i < d$ であることを証明せよ.

(ii) すべての i に対して, $\varphi_0(s_i, t_i) = 0$ かつ s_i はモニックとなる, d 個の対 $(s_1, g_1), \ldots, (s_d, t_d)$ を与えよ.

(iii) $(s, t) \in P_m \times P_n$ は, (ii) のすべての対とは線形独立で, $\varphi_0(s, t) = 0$ であるとする. $(s^*, t^*) \in P_{m-d-1} \times P_{n-d-1}$ で, $\varphi_0(s_*, t_*) = 0$ となるものがあることを示せ. これは (i) に矛盾する.

(iv) $\dim \ker \mathrm{Syl}(f, g) = \deg \gcd(f, g)$ であることを示せ.

6.17 $\gcd(x^2 + 1, x + 1) \bmod 2$ と MAPLE の $\gcd(x^2 + 1, x + 1) \bmod 2$ の結果が異なるのはなぜか.

6.18 $f = x^4 - 13x^3 - 62x^2 - 78x - 408, g = x^3 + 6x^2 - x - 30$ を整数係数の多項式とする.

(i) f と g の Sylvester 行列を求め, $\mathrm{res}(f, g)$ を計算せよ.

(ii) $p_1 = 5, p_2 = 7, p_3 = 11, p_4 = 13$ とする. $\mathbb{Q}[x]$ において, $h = \gcd(f, g)$ を計

算せよ．どのような素数に対して，h のモジュラ還元がその素数を法とする gcd に等しいか，また，それはなぜか．モジュラ gcd を実際に計算せずに後半の問題に答え，あなたの答えをチェックせよ．

6.19 $\alpha \in \mathbb{R}$ をパラメータとし，$f, g_\alpha \in \mathbb{R}$ を $\mathrm{res}(f, g_\alpha) = \alpha^3 + \alpha^2 + \alpha + 1$ なるモニックな多項式とする．$\gcd(f, g_\alpha) \neq 1$ となる α の値をすべて求めよ．

6.20 F を体とし，$f, g \in F[x]$ は $\deg_x f, \deg_x g \leq n$, $\deg_y f, \deg_y g \leq d$, $\mathrm{lc}_x(x)$, $\mathrm{lc}_x(g) = 1$ で，零でないとする．少なくとも $2nd + 1$ 個の値 $u \in F$ に対して，$\gcd(f(x, u), g(x, u)) \neq 1$ と仮定する．$\deg_x \gcd(f, g) > 0$ を示せ．

6.21 $\mathbb{F}_q$ を q 個の要素からなる有限体とする．次の議論の誤りは何か．練習問題 4.18 は，$\mathbb{F}_q[x]$ の，ランダムな，定数でない，2 つの多項式が互いに素である確率は $1 - 1/q \geq 1/2$ であることを示している．したがって，入力とは独立に，いつも 1 を出力し，誤りを犯す確率が高々 $1/2$ である，$\mathbb{F}_q[x]$ における gcd を計算する確率的アルゴリズムが存在する．

6.22 $f = x^n - 1$ とし，$g = \Phi_n \in \mathbb{Z}[x]$ を n 階円周等分多項式で，次数が $\varphi(n) \leq n-1$ とする．$\|\Phi_n\|_\infty$ の (すべてではないが，ある n の値について正しい) Vaughan の下界と Migontte の上界 6.33 を比較せよ．

6.23* (i) $f = \sum_{0 \leq i \leq n} f_i x^i \in \mathbb{C}[x]$ で，次数 $n > 0$ とし，$\alpha \in \mathbb{C}$ は f の 1 つの解とする．$b = \max_{0 \leq i < n} |f_i/f_n|^{1/(n-i)}$ とするとき，$|\alpha| \leq 2b$ であることを証明せよ．ヒント：$f_n = 1$ の場合から始め，$|\alpha| > b$ と仮定せよ．

(ii) $f \in \mathbb{Z}[x]$ ならば $|\alpha| \leq 2\|f\|_\infty$ であることを示し，これと，定理 6.32 から得られる $|\alpha|$ の Mignotte の上界とを比較せよ．

(iii) 実際，$f \in \mathbb{Z}[x], \alpha \in \mathbb{Z}$ ならば，$|\alpha| \leq \|f\|_\infty$ を示せ．

6.24* (i) R を UFD とし，$f, g, h \in R[x]$ を，次数がそれぞれ n, m, k で，零ではなく，h は f と g を割り切るとし，$f^* = f/h, g^* = g/h$ とする．さらに，$S = \mathrm{Syl}(f^*, g^*) \in R^{(n+m-2k) \times (n+m-2k)}$, $r = \det S = \mathrm{res}(f^*, g^*) \in R$,

$$H = \begin{pmatrix} h_k & 0 & 0 & \cdots & 0 \\ h_{k-1} & h_k & 0 & \cdots & 0 \\ h_{k-2} & h_{k-1} & h_k & \cdots & 0 \\ \vdots & \vdots & \vdots & \ddots & \vdots \\ \vdots & \vdots & \vdots & \cdots & h_k \end{pmatrix} \in R^{(n+m-2k) \times (n+m-2k)}$$

を，行が h の係数列 $h_0, \ldots, h_k \in R$ のシフトである，Toeplitz 行列とする．$T = HS$ は，最初の $m-k$ 列が，f の係数列のシフトで，最後の $n-k$ 列は，g の係数列のシフトであることを証明し，$\det T = \mathrm{lc}(h)^{n+m-2k} r$ であることを示せ．(実際，$\det T$

は f と g の第 k 番目の部分終結式である.)

(ii) $R = \mathbb{Z}, m \leq n, \|f\|_\infty, \|g\|_\infty < A$ とする. $|r| \leq (n+1)^n A^{2(n-k)}$ を示せ.

6.25 定理 6.35 の証明を, $p \nmid r$ が成り立つための必要十分条件は $\mathrm{pp}(w) = h$ であることを示すことにより, 完成させよ.

6.26 F を体とする. この練習問題では, ある多項式 $g \in F[x, y]$ がもう1つの多項式 $f \in F[x, y]$ を割り切るかどうかを決定するための, そして, もしそうなら, モジュラ法を使って, $f/g \in F[x, y]$ を計算するための仕事について論じる. $\deg_x g \leq \deg_x f = n$, $\deg_y g \leq \deg_y f = d$ と仮定し, $p \in F[y]$ を定数ではなく, $\mathrm{lc}_x(g)$ と互いに素であるとする.

(i) g が $F[x, y]$ で f を割り切るならば, $g \bmod p$ は, $(F[y]/\langle p \rangle)[x]$ で, $f \bmod p$ を割り切ることを確かめよ.

(ii) $g \bmod p$ は $f \bmod p$ を割り切ると仮定する. g が f を割り切るというためには, $\deg_y p > d$ であると仮定したくなるかもしれない. $n \geq 2, d \geq 1$ に対して, $f = x^n + (y^d + y^{d-1})x^{n-2}$, $g = x - y^d$, $p = y^{d+1} + y + 1$ という例を考えることにより, これは間違いであることを証明せよ.

(iii) $g \bmod p$ は $f \bmod p$ を割り, $\deg_y p > d$ と仮定し, $\deg_x f \geq \deg_x g + \deg_x h$, $\deg_y h < \deg_y p$, $f \equiv gh \bmod p$ とし, $h \in F[x, y]$ をモジュラ商とする. $\deg_y f \geq \deg_y g + \deg_y h$ ならば $f = gh$ であることを証明せよ. p が与えられたとき, この方法の実行時間は何か. (ii) の例の h を計算せよ.

(iv) $f, g \in \mathbb{Z}[x], p \in \mathbb{Z}$ に対する (ii) と (iii) の同様のことを見出し, 証明せよ. ヒント:Mignotte の上界 6.33 を使い, 定理 6.35 の証明を見よ.

6.27* この練習問題では, Char, Geddes & Gonnet (1989) (彼らは, 実際には, 多変数多項式に対するアルゴリズムを与え, それを「発見的 gcd」と呼んでいる) と Schönhage (1985, 1988) による, $\mathbb{Z}[x]$ に対するモジュラ gcd アルゴリズムについて論ずる. モジュラスは素数ではなく, 1 次多項式 $x - u$ である. $f, g \in \mathbb{Z}[x]$ を, 零でない, 次数が高々 n で, 最大ノルムが高々 A である原始的多項式とし, $h = \gcd(f, g) \in \mathbb{Z}[x], u \in \mathbb{N}$ は $u > 4A$ とする.

(i) $\mathbb{Z}$ で, $h(u) \mid c = \gcd(f(u), g(u))$ であり, $h \neq 0$ であることを証明せよ.

(ii) $v \in \mathbb{Z}[x]$ を, 係数 v_i が $-u/2 < v_i < u/2$ を満たすとし, $v(u) = c$ とする. c から v を計算するアルゴリズムを与えよ.

(iii) $\mathrm{pp}(v) \mid f, \mathrm{pp}(v) \mid g$ と仮定する. 原始的多項式 $w \in \mathbb{Z}[x]$ で, $h = \mathrm{pp}(v)w$ と書くとき, $w(u) \mid \mathrm{cont}(v)$ を証明せよ. 練習問題 6.23 を用いて, w が定数でなければ, $u/2 \geq |w(u)| \geq \mathrm{lc}(w) \cdot (u - 2A)^{\deg w} > (u/2)^{\deg w}$ であることを示し, $h = \pm \mathrm{pp}(v)$ であることを示せ.

(iv) 上の方法で，$\gcd(3x^4+6x^3+5x^2-2x-2, x^3+4x^2+6x+4)$ を計算せよ．上の方法が動作する最小の値を計算する点を見つけ，それと，あなたの選んだ u とを比較せよ．

Schönhage (1988) は，$u > 4(n+1)^n A^{2n}$ に対して，(iii) において仮定した割り切れる条件はいつも成り立つことを証明し，したがって，この方法はいつも終了することを証明している．彼は，u が「小さい」区間からランダムに選ばれ，u の長さが，動的に（たとえば 2 倍）増加し失敗する場合の確率的なものも議論していて，成功する u の長さの期待値が決定的なアルゴリズムでは $O^{\sim}(n \log A)$ であるのに対して，$O^{\sim}(n)$ であることを証明している．

6.28* 2 変数多項式に対する，練習問題 6.27 と同様なものを見つけよ．

6.29⟶ 小さい素数のモジュラアルゴリズムで，多項式 $36x^4+72x^3+68x^2+104x+60$ と $36x^5+24x^4+116x^3+126x^2+150x+150$ の，$\mathbb{Z}[x]$ 上の gcd を（説明をつけて）計算せよ．

6.30⟶ (Newton 1707, 46 ページ) 小さい素数のモジュラアルゴリズムを用いて，$\mathbb{Q}[x,a]$ において，$x^4-3ax^3-8a^2x^2+18a^3x-8a^4$ と $x^3-ax^2-8a^2x+6a^3$ の gcd を計算せよ．

6.31* $1,\ldots,w$ のラベルのついた w 個の白いボールと，$0 < b \leq w$ 個の黒ボールが容器に入っている．$0 < l \leq 2b$ とし，l 個のボールを，戻すことなく，取り出すことを考え，少なくとも $\lceil l/2 \rceil$ 個のボールが白である確率が少なくとも $1/2$ であることを示せ．ヒント：$w=b$ から始まる w に関する帰納法を使い，w から $w+1$ への帰納法のステップで，番号 $w+1$ の白いボールが選ばれている場合と選ばれていない場合に分けて行え．

6.32* $\mathbb{F}_q$ を q 個の要素からなる有限体とし，$f, g \in \mathbb{F}_q[x,y]$ を x に関する次数が高々 n，y に関する次数が高々 d であるとする．

(i) $\mathbb{F}_{q^t}$ が，少なくとも $(4n+2)d$ 個の要素を持つような最小の $t \in \mathbb{N}$ を決定し，$F=\mathbb{F}_{q^t}$ とした，モジュラ gcd アルゴリズム 6.36 は，$\mathbb{F}_{q^t}$ 上の gcd を正しく計算することを示し（ヒント：例 6.19），$O(nd(n+d)\log^2(nd))$ 回の $\mathbb{F}_{q^t}$ における演算だけかかることを示せ．

(ii) $\mathbb{F}_2[x,y]$ において，$f=x^2+y^2+xy+x+y, g=x^2y+xy^2+xy$ とする．$t=5$ であることと，1 次のモジュライ $x, x+1, y, y+1$ に対して，$\gcd(f \bmod p, g \bmod p) \neq 1$ であることを確かめよ．$\mathbb{F}_4 = \mathbb{F}_2[z]/\langle z^2+z+1 \rangle, \alpha = z \bmod z^2+z+1 \in \mathbb{F}_4$ とし，$\mathbb{F}_4[x]$ における $\gcd(f(x,a), g(x,a))$ を計算し，$\gcd(x,y)=1$ であることを示せ．

体の拡大 $\mathbb{F}_{q^t}$ の，すなわち，$\mathbb{F}_q$ 上の次数 t の既約多項式の構成については，14.9 節

で議論される．

6.33→ $\mathbb{R}^2$ における平面曲線

$$X = \{(a,b) \in \mathbb{R}^2 : b - a^3 + 7a - 5 = 0\}$$
$$Y = \{(a,b) \in \mathbb{R}^2 : 20a^2 - 5ab - 4b^2 + 35a + 35b - 21 = 0\}$$

を考える．X と Y の共通部分を次の 2 通りの方法で決定せよ．すなわち，1 番目の座標に射影する方法と，2 番目の座標に射影する方法である．その違いを述べよ．2 つの曲線を描き，共通部分に印をつけよ．

6.34 $\mathbb{Q}$ 上の $\sqrt{2} + \sqrt{3}$ の最小多項式 $f \in \mathbb{Q}[x]$ を計算せよ．$\mathbb{F}_{19^2} = \mathbb{F}_{19}[z]/\langle z^2 - 2 \rangle$, $\alpha = z \bmod 2$ の平方根 $x^2 - 2 \in \mathbb{F}_{19^2}$ とする．7α は 3 の平方根であることを確かめ，$\mathbb{F}_{19}$ 上で，$\alpha + 7\alpha$ の最小多項式を計算せよ．f はそれとどのように関係しているのか．

6.35* α, β を，次数がそれぞれ n, m である (モニックな) 最小多項式 $f, g \in \mathbb{Q}[x]$ を持つ，零でない代数的数とする．

　(i) f の反転 $\mathrm{rev}(f) = x^n f(x^{-1})$ は，α^{-1} の最小多項式であることを証明せよ．

　(ii) $r = \mathrm{res}_y(\mathrm{rev}(f)(y), g(xy)) \in \mathbb{Q}[x]$ とする．$\deg_x r = nm, r(\alpha\beta) = 0$ を示し (ヒント：練習問題 6.12), r は，もし既約ならば，$\alpha\beta$ の最小多項式であることを示せ．

　(iii) $a, b \in \mathbb{Q} \setminus \{0\}$ とし，$a\alpha + b\beta$ と α/β の最小多項式の，次数 nm の倍数を見つけよ．

　(iv) $\sqrt{2} - 2\sqrt{3}$ の $\mathbb{Q}$ 上の最小多項式と，$\sqrt{2}\sqrt[3]{3}$ の $\mathbb{Q}$ 上および $\mathbb{F}_{13}$ 上の最小多項式を計算せよ．

6.36* α を代数的数，$f, g \in \mathbb{Q}[x]$ を，次数が $n, m \in \mathbb{N}_{\geq 1}$ で，f が α の最小多項式であるとする．$g(\alpha)$ の最小多項式を計算したいので，$n > m$ と仮定してよい．

　(i) $r = \mathrm{res}_y(f(y), x - g(y)) \in \mathbb{Q}[x]$ とする．$\deg_x r = n$ であることと，$g(\alpha)$ の最小多項式は r を割り切ることを示せ (ヒント：練習問題 6.12). (実際，r は $g(\alpha)$ の最小多項式の累乗であり，$r/\gcd(r, r')$ に等しい.)

　(ii) $\sqrt{3} + 1$ と $2^{2/3} + 2^{1/3} + 1$ の $\mathbb{Q}$ 上の最小多項式を計算せよ．
異なるアルゴリズムが練習問題 12.10 で与えられる．

6.37 この練習問題では，Zippel (1993) にしたがって，補題 6.44 の変形を議論する．R を整域，$n \in \mathbb{N}$, $S \subseteq R$ を $s = \sharp S$ 個の要素を持つ有限部分集合，$r \in R[x_1, \ldots, x_n]$ を，変数 x_i に関する次数が高々 $d_i \leq s$ の多項式とする．

　(i) r は，それが零多項式でないならば，S^n において，高々 $s^n - (s - d_1) \cdots (s - d_n) \leq (d_1 + \cdots + d_n) s^{n-1}$ 個の零を持つことを示せ．ヒント：帰納法により，r の零でない S の要素の個数は，少なくとも $(s - d_1) \cdots (s - d_n)$ であることを証明せよ．

(ii) $u_1, \ldots, u_s$ を S の要素とする. 多項式
$$r = \prod_{1 \le i \le n} \prod_{1 \le j \le d_i} (x_i - u_j)$$
は, (i) の最初の上界をちょうど達成することを証明せよ.

6.38 アルゴリズム 6.45 を, 高々 $3(n-2)(d+1) + O(d^2)$ 回の F の演算を行って, $s_1 f_1 + \cdots + s_n f_n = h$ を満たす, 次数が d より小さい $s_1, \ldots, s_n \in F[x]$ もつくり出すように, 変形せよ.

6.39 R を素元分解環, $f_1, \ldots, f_n \in R$, $m = f_1 \ldots f_n$, $1 \le i \le n$ に対して, $g_i = m/f_i$ とする. 体 F に対して, $R = F[x]$ のとき, $\text{lcm}(f_1, \ldots, f_n)$ を計算する確率的アルゴリズムをつくり, そのコストと成功の確率を解析せよ.

6.40 各 $n \in \mathbb{N}$ に対して, $\gcd(f_1, \ldots, f_n) = 1$ であり, かつ, これの任意の真部分集合は定数でない gcd を持つような, $f_1, \ldots, f_n \in \mathbb{Q}[x]$ を見つけよ.

6.41 R を UFD, $f, g \in R[x]$ を $\deg g \le \deg f$ で, 零でないとする. $0 \le k < \deg g$ に対して, $\gcd(\text{lc}(f), \text{lc}(g))$ が, f と g の第 k 番目の部分終結式を割り切ることを証明せよ.

6.42 $f = x^8 + x^6 - 3x^4 - 3x^3 + 8x^2 + 2x - 5, g = 3x^6 + 5x^4 - 4x^2 - 9x + 21$ を $\mathbb{Z}[x]$ の多項式, $0 \le k \le 6$ に対して $S_k \in \mathbb{Z}^{(14-2k) \times (14-2k)}$ を, 6.10 節のように, その行列式が第 k 番目の部分終結式 σ_k である, f と g の Sylvester 行列の部分行列とする.

(i) $\mathbb{Q}$ 上で, f, g に対する拡張 Euclid アルゴリズムをたどり, $2 \le i \le \ell$ に対して $s_i f + t_i g$ であることを確かめよ. 次数列 $n_0 = 8, n_1 = 6, n_2, \ldots, n_\ell$ を計算せよ.

(ii) $0 \le k \le 6$ に対して行列 S_k を求め, σ_k を計算せよ. どの S_k が非正則で, EEA において, どのような余りを持つかを説明せよ.

(iii) $2 \le i \le \ell$ とし, $u_{n_i} \in \mathbb{Q}^{14-2n_i}$ を最後の成分が 1 で, そのほかの係数がすべて零であるとする. なぜ, 線形方程式 $S_{n_i} v = u_{n_i}$ が一意解 $v \in \mathbb{Q}^{14-2n_i}$ を持つかを説明し, 「計算せずに」, その解の係数を求めよ. そして, 実際に $S_{n_i} v$ を計算して, あなたの答えをチェックせよ.

(iv) $\sigma_k = 0$ とし $k \in \{0, \ldots, 5\}$ に対して, $S_k v = 0$ である零でないベクトル $v \in \mathbb{Q}^{14-2k}$ を, 計算することなしに見つけよ. そして, 実際に $S_k v$ を計算し, 確かめよ.

6.43 F を体, $m, n \in \mathbb{N}$ を $m < n$ とし, $f = \sum_{0 \le i \le m} f_i x^i \in F[x]$ は次数 m とする. $0 \le h \le m$ に対して, 正方行列 A_h, B_h を, $A_h = (f_{h-i+j})_{0 \le i, j \le n-h} \in F^{(n-h) \times (n-h)}, B_h = (f_{h-i+j})_{0 \le i, j \le n-h-1} \in F^{(n-h-1) \times (n-h-1)}$ とする. したがって, B_h は A_h の次数 $(n-h-1)$ 次の主部分行列である.

(i) $0 \le h \le m$ に対して, x^n と f の第 h 番目の部分終結式は, $\sigma_h = \det A_h$ であ

ることを証明せよ.

(ii) $0 \leq h \leq m$ を $\sigma_h \neq 0$ なるものとし, $r,s,t \in F[x]$ を, (x^n, f) に対する EEA の $\deg r = h$ を持つ行とする. t の定数項は $\det B_h / \det A_h$ であることを証明せよ. ヒント:定理 6.48 および Cramer の公式.

(iii) $0 \leq h < k \leq m$ を, h は $\sigma_h \neq 0$ となる最大のものとする. f の $(k, n-k)$-Padé 近似が存在する必要十分条件は, $B_h \neq 0$ であることを (ii) から示せ. ヒント:系 5.21.

6.44* あなたは,擬除算の,商と余りの係数のサイズとそのコストを評価することになっている. $a, b \in \mathbb{Z}[x]$ を $n = \deg a \geq m = \deg b > 0$ なるものとし, $k = n - m, c = \mathrm{lc}(b) \in \mathbb{Z}$ とする. さらに, $k \geq r \geq 0$ に対して $q = \sum_{0 \leq i \leq k} q_I x^i$ と $r \in \mathbb{Z}[x]$ を, $a^* = c^{k+1} a = qb + r, \deg r < m$ を満たすとし, $r_i \in \mathbb{Z}[x]$ を,多項式の割り算のアルゴリズム 2.5 を $r_{k+1} = a^*$ と b にあてはめたものの, i 回目の繰り返しにおける余りとする.

(i) $\|a\|_\infty \leq A, \|b\|_\infty \leq B, |c| \leq C$ とする. $k \geq i \geq 0$ に対して $|q_i| \leq A(B+C)^{k-i}C^i$ であり, $\|r_i\|_\infty \leq A(B+C)^{k+1-i}C^i$ であり, $\|r\|_\infty \leq A(B+C)^{k+1}$ であることを証明せよ.

(ii) $A \leq B$ ならば, a, b から q, r を計算するコストは, $O(mk^2 \log^2 b)$ 回の語演算であることを示せ.

(iii) $A, B, C \in \mathbb{N}_{>0}$ とし, a は A より小さくない正の係数を持ち, $\deg b^* < m$ で, B 以上の正の係数を持つ $b^* \in \mathbb{Z}[x]$ に対して $b = Cx^m - b^*$ と仮定する. $k \geq i \geq 0$ に対して $q_i \geq A(B+C)^{k-i}C^i$ であることと, $\|r\|_\infty \leq A(B+C)^{k+1}$ であることを示せ. (したがって, (i) の上界は本質的に最良である.)

(iv) 2 変数多項式の擬除算に対する (i) と (ii) と同様の主張を与えよ.

6.45 F を体, $f, g \in F[x]$ を次数が $n \geq m$ で零でないとし, $r_i, s_i, t_i \in F[x]$ を f, g に対する EEA における第 i 行, ある $i \geq 1$ に対して, $n_i = \deg r_i$, S を f と g の Sylvester 行列の第 n_i 番目の部分行列, $\sigma = \det S$ を第 n_i 番目の部分終結式とする.

(i) 定理 6.52 で, σs_i と σt_i の係数は, S の次数 $n + m - 2n_i - 1$ の部分行列の行列式であることを示した. U, V を, S の最後の行をそれぞれ $(x^{m-n_i-1}, \ldots, x, 1, 0, \ldots, 0)$ と $(0, \ldots, 0, x^{n-n_i-1}, \ldots, x, 1)$ でおきかえて得られる行列とする. $\sigma s_i = \det U$, $\sigma t_i = \det V$ であることを証明せよ.

(ii) W を S の最後の行を $(x^{m-n_i-1}f, \ldots, xf, f, x^{n-n_i-1}g, \ldots, xg, g)$ でおきかえて得られる行列とする. (i) から, $\sigma r_i = \det W$ であることを示せ.

(iii) f, g が,最大ノルムが高々 A の $\mathbb{Z}[x]$ の要素であるとき, σr_i の各係数は,絶対

値が高々 $(n+1)^{n-n_i}A^{n+m-2n_i}$ であることを証明せよ．ヒント：σr_i における x^j の係数は，W の最後の行の，x^j を含む項だけをとることにより得られる．

6.46* $\mathbb{F}$ を q 個の要素からなる有限体とし，$n,m \in \mathbb{Z}$ は $n \geq m \geq 0$ であるとする．

(i) $X_0,\ldots,X_{m-1}$ を，すべての i に対して，$\mathrm{prob}(X_i=0)=q^{-1}$ なる独立でランダムな変数とし，ρ を $X_0,\ldots,X_{m-1}$ における零の最長の連，すなわち，
$$\rho = \max 0 \leq i \leq m : \exists j \leq m-i\ X_j = X_{j+1} = \cdots = X_{j+i+1} = 0$$
とする．$1 \leq d \leq m$ に対して，$\mathrm{prob}(p \geq d) \leq (m-d+1)q^{-d}$ を証明し，ρ の期待値
$$\mathcal{E}(\rho) = \sum_{0 \leq d \leq m} d\,\mathrm{prob}(\rho = d) = \sum_{0 \leq d \leq m} \mathrm{prob}(\rho \geq d)$$
は，高々 $1+m/(q-1)$ であることを示せ．(実際，もっとよい上界 $\mathcal{E}(\rho) \in O(\log m)$ が成り立つ．証明と参考文献については，Guibas & Odlysko (1980) を見よ．)

(ii) 次数がそれぞれ n,m の，一様ランダムな 2 つの多項式を $f,g \in \mathbb{F}_q[x]$ とし，$g \mid f$ ならば，f,g の Euclid のアルゴリズムにおいて $\delta(f,g)=0$ なる連続する 2 つの余りの次数の差の最大値を δ で表す (最初の $\deg f - \deg g$ は考えに入れない)．練習問題 4.17 を用いて，$\mathcal{E}(\delta) \in O(\log m)$ であることを示せ．

(iii) $A \geq 1$ とする．次数がそれぞれ n,m で，$\|f\|_\infty, \|g\|_\infty \leq A$ である，ランダムな $f,g \in \mathbb{Z}[x]$ に対する δ の期待値の同様な上界を導け．

6.47* 定理 6.53 を証明せよ．

6.48* 定理 6.54 を証明せよ．

6.49* この練習問題の目標は，Shoup (1991) にしたがって，$\mathbb{Z}[x]$ または F を体として $F[x,y]$ の，零でない 2 つの要素 f,g に対する伝統的 EEA の結果 r_i^*, s_i^*, t_i^* の係数の，δ とは独立の，上界を定理 6.53 と 6.54 から証明することである．そのために，いつものように，$\alpha_i = \mathrm{lc}(r_i^*),\ 0 \leq i \leq \ell$ に対して $n_i = \deg r_i^*$ とし，$0 \leq k \leq n_1$ に対して，σ_k を第 k 番目の部分終結式，S_k をその行列式が σ_k である Sylvester 行列 $\mathrm{Syl}(f,g)$ の部分行列とする．

(i) $2 \leq i \leq \ell$ に対して，κ_i, λ_i をそれぞれ，$s_i = \alpha_i s_i^*, t_i = \alpha_i t_i^*$ の定数項とする．定理 6.48 と Cramer の公式から，
$$2 \leq i \leq \ell \text{ に対して}, \quad \kappa_i = \frac{\det Y_i}{\sigma_{n_i}},\ \lambda_i = \frac{\det Z_i}{\sigma_{n_i}}$$
を得る．ここで，Y_i, Z_i は，S_{n_i} から，その 1 つの列を単位ベクトルでおきかえて得られる行列である．

$\gamma_2 = \det Y_2$, $3 \leq i \leq \ell$ に対して $\gamma_i = \det Y_{i-1} \cdot \det Z_i - \det Z_{i-1} \cdot \det Y_i$

とし,

$$\alpha_2 = \frac{\sigma_{n_2}}{\gamma_2}, \ 3 \leq i \leq \ell \text{ に対して } \alpha_i = \frac{(-1)^{i-1}\sigma_{n_i}\sigma_{n_i-1}}{\gamma_i \alpha_{i-1}}$$

を証明せよ. ヒント：補題 3.15 と定理 6.53.

$$2 \leq i \leq \ell \text{ に対して} \quad \alpha_i = (-1)^{(i+1)(i+2)/2}\sigma_{n_i}\prod_{2\leq j\leq i}\gamma_i^{(-1)^{i+j-1}}$$

を示せ.

(ii) 定理 6.52 のように, $2 \leq i \leq \ell$ に対して, $f,g \in \mathbb{Z}[x]$ を最大ノルムが高々 A であるとし, $n = n_0 \geq m = n_1$, $B = (n+1)^n A^{n+m}$ とする. α_i の分子も分母もともに, 絶対値が高々 $(2B)^i$ であることを証明せよ. モニックな EEA の結果 $r_i = \alpha^{-1}r_i^*, s_i, t_i$ の係数に関する定理 6.52 の上界を用いて, r_i^*, s_i^*, t_i^* の分子と分母の絶対値は, $(2B)^{i+1}$ で抑えられることを示せ. それらの長さは, $O(nm \log(nA))$ であることを示せ.

(iii) $f, g \in F[x,y]$ は, y に関する次数が高々 d であるとし, $n = n_0 \geq m = n_1$, $2 \leq i \leq \ell$ とする. α_i の分子と分母は, y に関する次数が高々 $i(n+m)d$ であることを証明せよ. モニックな EEA の結果 r_i, s_i, t_i の係数に関する定理 6.54 の上界を用いて, r_i^*, s_i^*, t_i^* の分子と分母は, 次数が高々 $(i+1)(n+m)d$ であることを示せ.

6.50* 定理 6.60 を証明し, $1 \leq i < \ell = m+1$ に対して, $\deg r_{i+1} = \deg r_i - 1$ であるとして, 実行時間が, 標準的な場合, 高々 $cn^3md^2 + O(n^3d(n+d))$ 回の F における算術演算であるような, 「小さい」定数 $c \in \mathbb{Q}$ を見つけてみよ.

6.51* $\mathbb{Z}[x]$ または, F を体として $F[x,y]$ における, モニックな EEA に対する, 大きな素数のモジュラアルゴリズムをつくれ. そのアルゴリズムが正しいことと, x に関する次数が $n \geq m$ の入力 f, g で, もし $\|f\|_\infty, \|g\|_\infty \leq A$ ならば, $O(n^3m \log^2(nA))$ 回の語演算かかり, もし $\deg_y f, \deg_y g \leq d$ ならば, $O(n^3md^2)$ 回の体の演算かかることを, それぞれ証明せよ. 大きな素数と既約多項式を見つけるコストは無視してよい.

6.52 f, g を $R[x]$ の原始的多項式とし, $\mathrm{prem}(f,g)$ を, f の g による擬除算における余りとする. ここで, R は UFD である. $\gcd(f,g) = \gcd(g, \mathrm{prem}(f,g))$ を示せ.

6.53* (i) 2 変数多項式の原始的 Euclid アルゴリズム 6.61 に対する, 定理 6.62 の実行時間の評価を証明せよ.

(ii) 原始的 Euclid アルゴリズム 6.61 を, $0 \leq i \leq \ell$ に対して, $r_i = s_i f + t_i g$ なる

$s_i, t_i \in R[x]$ も計算するように修正し,その修正したアルゴリズムに対しても,定理 6.62 の実行時間の評価が成り立つことを証明せよ.

(iii) 練習問題 6.44 を使って,$R = \mathbb{Z}$ に対しては,$O(n^3 m\delta \log^2(nA))$ 回の語演算だけで,体 F に対しては,$R = F[y]$ のとき,$O(n^3 m\delta d^2)$ 回の F における演算だけで,アルゴリズム 6.61 が実行できることを示せ.

6.54* F を体とし,$f, g \in F[x, y]$ を $\deg_x f = n \geq \deg_x g = m$, $\deg_y f, \deg_y g \leq d$ であるとする.f, g に対する原始的 Euclid アルゴリズム 6.61 の余りの係数すべてが,モニックな Euclid のアルゴリズムにおける対応する係数の分子に関する,定理 6.54 の次数の上界にちょうど等しくなると仮定し,練習問題 6.44 に対応する r_{i-1} の r_i による擬除算に対する次数の上界が,実際に等号が成り立っていると仮定するとき,$\deg_y \text{cont}_x(a_{i-1} \text{rem} r_i) = (n_{i-1} - n_i + 1)(n + m - 2n_i)d - 2(n_{i-1} - n_{i+1})d$ を証明せよ.

6.55→ あなたは,お気に入りの計算機代数システムで,$\mathbb{Z}[x]$ の gcd を 5 つの方法で計算する.最初の方法は,単にそのシステムのルーチンを使う.どのようなアルゴリズムが使われているか見出しなさい.他の方法は原始的 Euclid アルゴリズム 6.61, 大きな素数モジュラアルゴリズム 6.34, 小さい素数モジュラアルゴリズム 6.38, 練習問題 6.27 の「発見的」アルゴリズムである.それらを実装し,いくつかの例で実行せよ.計算量を増加させる例を選べ.得られる gcd がいくつかの異なる次数を持ち gcd が 1 となる場合を含む例を構成せよ.実行時間を計り,そのアルゴリズムに対応する単位について何か結論が得られるか考えよ.

6.56 F を体とし,$n \in \mathbb{N}_{\geq 2}$ とする.

(i) $b \in F^*$ とし,2 項多項式 $f = x^n + b$ の判別式 $\text{disc}(f) = \text{res}(f, f')$ を決定せよ.

(ii) (Swan 1962) $1 \leq k < n$, $a, b \in F^*$ とし,3 項多項式 $f = x^n + ax^k + b$ の判別式を決定せよ.

6.57 補題 3.8, 3.10, 定理 6.53 (i) から,F を体とするとき,$R = F[x]$ に対する補題 3.15 を導け.

I would have my son mind and understand Business,
read a little History, study the Mathematics and Cosmography:
—these are good, with subordination to the things of God.
[...] These fit for Public services, for which man is born.
Oliver Cromwell (1649)

They that are ignorant of Algebra cannot imagine
the wonders in this kind are to be done by it: and what
further improvements and helps advantageous to other parts
of knowledge the sagacious mind of man may yet find out,
it is not easy to determine.
John Locke (1690)

What kind of world do we live in where 11 and 7 equal 2?
John Cougar Mellencamp (1989)

Scientists pretended that history didn't matter,
because the errors of the past were now corrected
by modern discoveries. But of course their forebears
had believed exactly the same thing in the past, too.
Michael Crichton (1995)

Bei dem Kinde aber muss man im Unterrichte allmälig
das Wissen und Können zu verbinden suchen. Unter allen
Wissenschaften scheint die Mathematik die einzige der Art zu seyn,
die diesen Endzweck am besten befriedigt.
Immanuel Kant (1803)

7

応用：BCH符号での符号化

　符号理論は，伝送誤差の検出と修正を扱う．ある通信経路を通して，メッセージ m が送られ，経路上の雑音により，受け取ったメッセージの記号のいくつかが，m のものと異なるということは起こりうる話である．どのようにして，それらを修正することができるであろうか．

$$\bullet \longrightarrow \bullet$$
$$m \quad \text{channel} \quad r$$

　単純な戦略は，m を3回か5回送り，各記号について，多数決をとるということである．もし，誤りが非常に頻繁に起こるならば，これはあまり助けにならないが，普通の仮定は，誤りはかなり小さな確率でしか起こらないとし，したがって，この戦略は r をそのまま受け入れるより，非常に小さな確率でしか誤った結果を与えないだろう．

　しかしながら，伝送コスト (= 長さ) は，3回または5回の率で増加する．符号理論の基本的な仕事は，妥当なコストで，小さな誤差の確率を達成できるかどうかを調べることである．この理論の基礎的な構想は Shannon (1948) の先駆的な研究により確立された．誤り訂正符号は，コンピュータネットワークから衛星 TV まで，ディジタル電話，CD をひっかき傷から非常に強くすることなど，多くの場所で使用される．これらを，秘密のメッセージを意図された受信者だけが読むことができるように送る技術である暗号と混同してはならない (第 20 章を見よ)．

　代数の道具が有用な符号を供給することがわかる．そのような符号の特別なクラスを説明する．$\mathbb{F}_q$ を q 個の要素からなる有限体とし，$n, k \in \mathbb{N}, C \subseteq \mathbb{F}_q^n$

を k 次元部分線形空間とする．C は $\mathbb{F}_q$ 上の**線形符号**と呼ばれる．C の任意の基底は同型 $\mathbb{F}_q^k \longrightarrow C$ を与え，$\varepsilon : \mathbb{F}_q^k \longrightarrow C \subseteq \mathbb{F}_q^n$ は**符号化写像**である．数 n は C の**長さ**，k はその**次元**，比 $k/n \leq 1$ は C の**符号化率**である．

メッセージ m を伝送するために，まず最初に，それを，$\mathbb{F}_q^k$ の要素と同一視する．たとえば，もし $q=2, k=64$ で，ASCII のメッセージを伝送したいならば，各 ASCII 文字は 8 ビット列と同一視され，8 文字のブロックが $\mathbb{F}_2^{64}$ の 1 「語」と同一視される．各「語」を 3 回送る単純符号は，長さ 192，次元 64，符号化率 1/3 を持つ．

$\mathbb{F}_q^n$ の要素 $a = (a_1, \ldots, a_n)$ に対して，その **Hamming 重み**を，

$$w(a) = \sharp \{i : 1 \leq i \leq n, a_i \neq 0\}$$

で表し，C の**最小距離**を，

$$d(C) = \min \{w(a) : a \in C \setminus \{0\}\}$$

で表す．C は線形部分空間なので，すべての異なる $a, b \in C$ に対して，$w(a-b) \geq d(C)$ である．我々の 3 回繰り返し符号は，$C = \{(a,a,a) \in \mathbb{F}_2^{192} ; a \in \mathbb{F}_2^{64}\}$ であり，最小距離 $d(C) = 3$ を持つ．

1 つの語 $r \in \mathbb{F}_q^n$ を受け取ると，それは，$d(r-c)$ [訳注：$w(a-b)$ の誤りであろう] を最小とする，$c \in C$ として復号されている．より少ない誤りがより起こりやすいから，これは，**最尤復号**という．その語の伝送において，$d(C)/2$ より少ない誤りが起こるならば，これは正しく働くであろう．$\mathbb{F}_q$ の 1 つの文字が，確率 $\varepsilon \ll 1$ で誤って受け取られ，誤りは独立に起こるならば，この復号過程は，

$$\sum_{d(C)/2 \leq j \leq n} \binom{n}{j} \varepsilon^j (1-\varepsilon)^{n-j}$$

にすぎない確率で誤りを犯す．符号理論の 1 つの目的は，符号化率をあまりにも減少させることなしに，この確率を小さくすることである．

たとえば，$\varepsilon \approx 10^{-4}$ は，銅線を通しての伝送に対しては道理にかなった大きさに思える．後の表 7.1 に，次元 8，長さ 15，最短距離 5 の，$\mathbb{F}_2$ 上の符号

C がある．したがって，この誤り確率は $\approx 5 \cdot 10^{-8}$ になる．これは，上で述べた，約 10^{-5} の誤り確率と伝送レート $1/3$ を持つ，3回繰り返し符号よりかなりよい．

さて，符号のポピュラーなクラス，BCH符号を，復号過程の実装の効率的な方法とともに説明しよう．

$\mathbb{F}_q$ を有限体，$f \in \mathbb{F}_q[x]$ を，$\deg f = m$ で，既約かつモニックとする．このとき，$\mathbb{F}_{q^m} = \mathbb{F}_q[x]/\langle f \rangle$ であり，$\alpha = x \bmod f \in \mathbb{F}_{q^m}$ は f の解である（補題 4.5）．各 $f \in \mathbb{F}_q[x]$ に対して $f(x^q) = f(x)^q$ だから，要素 $\alpha^q, \alpha^{q^2}, \ldots, \alpha^{q^{m-1}} \in \mathbb{F}_{q^m}$ も f の解である．さらに，$0 \leq i < m$ に対して α^{q^i} はすべて異なる（このことは，14.10節で，α が1の原始根であるときに証明する）．よって，それらはすべて f の解であり，$f = (x-\alpha)(x-\alpha^{q^2})\cdots(x-\alpha^{q^{m-1}})$ である．要素 $\beta \in \mathbb{F}_{q^m}$ の最小多項式は，$f(\beta) = 0$ を満たす最小次数のモニックな（零でない）多項式 $f \in \mathbb{F}_q[x]$ である．それは，存在して一意であり，すべての $g \in \mathbb{F}_q[x]$ に対して，$g(\beta) = 0$ である必要十分条件は $f \mid g$ である．有限群についてのこれら基礎的な事実は，25.4節で説明される．

例 7.1 (i) もし $m = 1$ ならば，β の最小多項式は $f = x - \beta$ である．

(ii) $\mathbb{F}_q$ 上の $\beta = x \bmod f \in \mathbb{F}_{q^m} = \mathbb{F}_q[x]/\langle f \rangle$ の最小多項式は，f である．

(iii) 多項式 $f = x^4 + x + 1 \in \mathbb{F}_2[x]$ は既約であり，$\mathbb{F}_{16} = \mathbb{F}_2/\langle f \rangle$ は 16 個の要素からなる体である．(ii) により，$\beta = x \bmod f \in \mathbb{F}_{16}$ は $x^4 + x + 1$ である．◇

定義 7.2 要素 $\beta \in \mathbb{F}_{q^m}$ は，$\gcd(n,q) = 1$ であり，

(i) $\beta^n = 1$,

(ii) $0 < k < n$ に対して，$\beta^k \neq 1$,

であるとき，**1 の原始 n 乗根**という．

ゆえに，1 の原始 n 乗根はちょうど，乗法群 $\mathbb{F}_{q^m}^\times = \mathbb{F}_{q^m} \setminus \{0\}$ の位数 n の要素である（25.1節）．そのような1のべき根は，8.2節の高速Fourier変換で主要な役割を演ずる．さあ，BCH符号とは何かを述べよう．

定義 7.3 ある素数 p に対して $q = p^r$, $n, \delta \geq 1$ とし，β は，$\mathbb{F}_q$ のある拡大 $\mathbb{F}_{q^m}$ における 1 の原始 n 乗根，$g \in \mathbb{F}_q[x]$ は，最小多項式 $\beta, \beta^2, \cdots, \beta^{\delta-1}$ の最小多項式のモニックな lcm とする．このとき，ベクトル空間

$$C = \sum_{0 \leq i < n - \deg g} x^i \overline{g} \cdot \mathbb{F}_q \subseteq \mathbb{F}_q[x]/\langle x^n - 1 \rangle = R \cong \mathbb{F}_q^n$$

を，**BCH 符号**といい，$\mathrm{BCH}(q, n, \delta)$ で表す．ここで，$\overline{g} = (g \bmod x^n - 1) \in R$ であり，C は，R における $\overline{g}$ で生成されるイデアルである．符号 C は，長さ n，次元 $n - \deg g$ を持ち，g はそれの**生成多項式**である．

記法 $\mathrm{BCH}(q, n, \delta)$ は，その符号が 1 の原始 n 乗根 β の選び方に依存するという事実を反映していないが，その符号の性質（特に，最小距離）は，本質的に β に依存しない．14.10 節で，一般に，どのように BCH 符号を構成するかを議論するが，ここでは，1 つの例だけをあげよう．

例 7.4 $\mathbb{F}_2$ 上の長さ 15 の BCH 符号をすべて構成しよう．$\mathbb{F}_2$ 上の $x^{15} - 1$ の既約因数への分解は，

$$x^{15} + 1 = \underbrace{(x+1)}_{f_1} \underbrace{(x^2+x+1)}_{f_2} \underbrace{(x^4+x^3+x^2+x+1)}_{f_3} \underbrace{(x^4+x^3+1)}_{f_4} \underbrace{(x^4+x+1)}_{f_5}$$

である．$\mathbb{Z}[x]$ における**円周等分多項式** Φ_k の因数分解（14.10 節）から，$x^{15} - 1 = \Phi_1 \Phi_3 \Phi_5 \Phi_{15}$ である．ただし，$\Phi_1 \equiv f_1$, $\Phi_3 \equiv f_2$, $\Phi_5 \equiv f_3$, $\Phi_{15} = f_4 f_5$ mod 2 である．例 7.1 (iii) のように，$\mathbb{F}_{16} = \mathbb{F}_2/\langle f_5 \rangle$ ととる．$\beta = x \bmod f_5 \in \mathbb{F}_{16}$ に対して，$\beta^3, \beta^2, \beta, 1$ は，$\mathbb{F}_2$ 上 $\mathbb{F}_{16}$ の基底をなし，

$$\mathbb{F}_{16} = \{ a_3 \beta^3 + a_2 \beta^2 + a_1 + a_0 : a_3, a_2, a_1, a_0 \in \mathbb{F}_2 \}$$

である．$\beta^3 \neq 1, \beta^5 = \beta^2 + \beta \neq 1, \beta^{15} = 1$ であることがわかる．これは，β が 1 の原始 15 乗根であることを意味する．Lagrange の定理により，β の位数は，$\mathbb{F}_{16}$ の乗法群 $\mathbb{F}_{16}^{\times}$ の位数 15 の約数であるから，15 の約数だけを確かめる必要がある．

表 7.1 に，$\mathbb{F}_2$ 上の長さ 15 のすべての BCH 符号を与えてある．◇

7. 応用：BCH 符号での符号化

表 7.1 $\mathbb{F}_2$ 上の長さ 15 の BCH 符号

δ	生成多項式 g	$g(\beta^i) = 0$ なる指数 i	$\dim C$	$d(C)$
1	1	0	15	1
2,3	f_5	1,2,4, 8	11	3
4,5	$f_3 f_5$	1,2,3,4,6,8,9,12	8	5
6,7	$f_2 f_3 f_5$	1,2,3,4,5,6,8,9,10,12	5	7
8,...,15	$f_2 f_3 f_4 f_5$	1,...,14	1	15

媒介変数 δ は，BCH 符号の**設計距離**と呼ばれる．次の定理は，最小距離は，少なくとも as great であることを示す．

定理 7.5 符号 $C = \mathrm{BCH}(q, n, \delta)$ の最小距離 $d(C)$ は，少なくとも δ である．

証明 $\mathbb{F}_q^n$ と $R = \mathbb{F}_q[x]/\langle x^n - 1 \rangle$ を，

$$(a_{n-1}, \ldots, a_0) \longleftrightarrow a_{n-1} x^{n-1} + \cdots + a_1 x + a_0 \bmod x^n - 1$$

により同一視する．さらに，ある $m \geq 1$ に対して，1 の原始 n 乗根 $\beta \in \mathbb{F}_{q^m}$ を得，$a \in R$ に対して，

$a \in C \Longleftrightarrow 1 \leq i < \delta$ に対して $a(\beta^i) = 0$

$$\Longleftrightarrow \begin{pmatrix} \beta^{n-1} & \cdots & \beta^2 & \beta & 1 \\ \beta^{2(n-1)} & \cdots & \beta^4 & \beta^2 & 1 \\ \vdots & & \vdots & \vdots & \vdots \\ \beta^{(\delta-1)(n-1)} & \cdots & \beta^{2(\delta-1)} & \beta^\delta & 1 \end{pmatrix} \begin{pmatrix} a_{n-1} \\ \vdots \\ a_1 \\ a_0 \end{pmatrix} = 0$$

上の $(\delta-1) \times n$ 行列を B で表し，各 $(\delta-1) \times (\delta-1)$ 部分行列が正則であることを示す．そうすると，$a \neq 0$ なる $a \in C$ と $w(a) \leq \delta - 1$ に対して，$Ba \neq 0$ を得るから，これにより主張が従う．

$0 \leq i < n$ に対して，B の第 $(n-i-1)$ 列は，

$$\begin{pmatrix} \beta^i \\ \beta^{2i} \\ \vdots \\ \beta^{(\delta-1)i} \end{pmatrix}$$

である.それを,もし β^i で割ると,

$$\begin{pmatrix} 1 \\ \beta^i \\ \vdots \\ \beta^{(\delta-2)i} \end{pmatrix}$$

を得,これは,Vandermonde の行列の1つの列である (5.2 節).よって,B の $(\delta-1) \times (\delta-1)$ 部分行列は,列が β の何乗か倍された Vandermonde の行列である.$0 \leq i < n$ に対して,β^i は互いに異なり,β の累乗も零ではないから,そのようなすべての部分行列は正則である.□

表 7.1 は,BCH 符号の最小距離は,設計距離よりも狭義に大きいことを示している.

さて,BCH の復号がどのように働くかを見ることにしよう.β により,$C = \mathrm{BCH}(q, n, \delta)$ が与えられているとし,δ は奇数とする.$c \in C$ が伝送されるもので,r が受け取られる語であるとする.$t = (\delta-1)/2$ 以内の誤りで訂正したい.

$$e = r - c = e_{n-1}x^{n-1} + \cdots + e_1 x + e_0 \mod x^n - 1 \longleftrightarrow (e_{n-1}, \ldots, e_1, e_0)$$

を誤りベクトルとする.我々の仮定は $w(e) \leq t$ である.次のように定義する.

$$M = \{i : e \neq 0\}, \quad \text{誤りの起こる位置}$$
$$u = \prod_{i \in M} (1 - \beta^i y) \in \mathbb{F}_q[y], \quad \text{誤り位置多項式}$$
$$v = \sum_{i \in M} e_i \beta^i y \prod_{j \in M \setminus \{i\}} (1 - \beta^j y) \in \mathbb{F}_q[y]$$

7. 応用：BCH 符号での符号化

したがって, $\sharp M \leq t, \deg u \leq t, \deg v \leq t$ である. u と v がわかったら, 次のようにして修正する. u を $1, \beta^{-1}, \beta^{-2}, \ldots, \beta^{-n+1}$ で, 値を計算することにより, M を得る. もし, $i \in M$ ならば, 次の観察を用いて e_i を計算する (これはもちろん, $q > 2$ のときにだけ必要である). u の y による形式微分 u' は,

$$u' = \sum_{i \in M} -\beta^i \prod_{j \in M \setminus \{i\}} (1 - \beta^j y)$$

(9.3 節). よって,

$$v(\beta^{-i}) = e_i \prod_{j \in M \setminus \{i\}} (1 - \beta^{j-i}) = -e_i \beta^{-i} u'(\beta^{-i})$$

であり, ゆえに,

$$e_i = \frac{-v(\beta^{-i})\beta^i}{u'(\beta^{-i})}$$

である.

u, v を計算するために,

$$w = \frac{v}{u} = \sum_{i \in M} \frac{e_i \beta^i y}{1 - \beta^i y} = \sum_{i \in M} \sum_{k \geq 1} e_i (\beta^i y)^k = \sum_{k \geq 1} y^k \sum_{i \in M} e_i \beta^{ki} = \sum_{k \geq 1} y^k e(\beta^k)$$

と定義する. $1 \leq k \leq \delta - 1$ に対して, $c(\beta^k) = 0$ であるから, $1 \leq k \leq \delta - 1$ に対して, $e(\beta^k) = r(\beta^k)$ を得る. r は受け取られる語であるから, これらの値を計算することができ, したがって, $w \text{ rem } y^\delta$ を計算することができる. よって, 次の問題を解かなければならない. $w \text{ rem } y^\delta$ が与えられたとき, u と v を計算せよ.

この問題を連立 1 次方程式で表すことができる. 一方, v/u は, ちょうど w の $(t+1, t)$–Padé 近似である. それは, 5.9 節で説明したように, 一意で, 拡張 Euclid アルゴリズムで計算できる. 計算は, $O(\delta^2)$ 回の $\mathbb{F}_{q^m}$ における演算を使って, また, 第 II 部の速いアルゴリズムを用いて, $O\tilde{\,}(\delta)$ 回の演算で計算できる.

例 7.4 (続き) 例 7.4 の $g = f_5 = x^4 + x + 1 \in \mathbb{F}_2[x]$ を, $\beta = (x \bmod x^4 +$

$x+1) \in \mathbb{F}_{16} = \mathbb{F}_2[x]/\langle x^4+x+1 \rangle$ ととるとき，符号 $C = \mathrm{BCH}(2,15,3)$ の生成多項式とする．表 7.1 は，$d(C) = 3$ であることを示していて，よって，1 つの誤りを修正することができる．

$$r = x^5 + x^4 + 1 \bmod x^{15} - 1 \in \mathbb{F}_2[x]/\langle x^{15} - 1 \rangle$$

を受け取っていると仮定する．$\beta^4 = \beta + 1$ を用いて，

$$r(\beta) = \beta^5 + \beta^4 + 1 = \beta^2, \quad r(\beta^2) = \beta^{10} + \beta^8 + 1 = \beta + 1$$

を得，ゆえに，

$$w = \sum_{k \geq 1} e(\beta^k) y^k = \sum_{k \geq 1} r(\beta^k) y^k \equiv (\beta+1) y^2 + \beta^2 y \bmod y^3 \tag{1}$$

である．練習問題 7.2 は，w の $(2,1)$–Padé 近似は，

$$\frac{u}{v} = \frac{(\beta^3 + \beta^2 + \beta) y}{(\beta^3 + \beta^2 + \beta) y + \beta^3 + \beta} = \frac{\beta^2 y}{\beta^2 y + 1}$$

であることを示していて，したがって，$\mathbb{F}_{16}[y]$ において $v = \beta^2 y, u = \beta^2 y + 1$ である．u の零になるのは $y = \beta^{-2}$ のときだけで，高々 1 つの誤りが起こっていると仮定すると，これは $i=2$ の位置で起こり，もとの符号語は

$$c = x^5 + x^4 + x^2 + 1 \bmod x^{15} - 1$$

であった．実際，$c = (x+1)g \bmod x^{15} - 1 \in C$ を得る．すべてをビット列によって表すと，もとのメッセージは $m = 00000000011$ で，長さは 11, C の基底 $x^{10}g, x^9 g, \ldots, g$ によって与えられる同型 $\mathbb{F}_2^{11} \longrightarrow C$ により，長さ 15 の，$c^* = 000000000110101$ として復号される．受け取られた語は，000000000110001 であり，復号の過程で，最後から 3 番目の位置に誤りが発見され，修正され，正しい語 x^* が受信者に渡され，それは，もとのメッセージ m に変換されるものである．◇

注解

符号理論は Shannon (1948) によって創設された．多くのよい本があるが，Berlekamp (1984), MacWilliams & Sloane (1977), van Lint (1982) をあげておく．CD に対

する符号技術は，Hoffman, Leonard, Lindner, Phelps, Rodger & Wall (1991) に詳しく書かれている．

任意の符号に対して，それらをどのようにして効率的に復号するかは明らかではないし，実際，この問題の十分に一般的なものは NP 完全である (Berlekamp, McEliece & van Tiborg 1978). BCH 符号は，Bose & Ray–Chaudhuri (1960) と，また独立に，Hocquenghem (1959) によって発見された．1968 年版にすでにあるが，Berlekamp (1984) と Massey (1965) は，BCH 符号に対する復号過程を異なる形式で発見していて，Dornstetter (1987) は，Euclid のアルゴリズムとの関係を指摘している．

Rabin (1989), Albanese, Blömer, Edmonds, Luby & Sudan (1994) と，Alon, Edmonds & Luby (1995) は，パケットの損失 (または遅延) がときおり起こる (変わってしまうことはない) 欠陥のあるネットワーク上の通信に使われる符号のクラスに関連した，消失誤りを論じている．

練習問題

7.1　F を体とし，$k<n$ は正の整数，$u_1,\cdots,u_n \in F$ は互いに異なるとする．$f \in F[x]$ に対して，$\chi(f)=(f(u_1),\ldots,f(u_n))\in F^n$，すなわち，$\chi$ は，$u_1,\ldots,u_n$ における評価関数であるとする．線形符号 $C \subseteq F^n$ を $C=\{\chi(f):f\in F[x], \deg f \leq k\}$ で定義する．C は最小距離 $n-k$ を持つことを示せ．

7.2　式 (1) から，w の $(2,1)$–Padé 近似を計算せよ．

7.3　$q=2, n=7$ に対するすべての BCH 符号の生成多項式と最小距離を決定せよ．ヒント：多項式 $x^7-1 \in \mathbb{F}_2[x]$ は 3 つの既約な多項式で，

$$x^7-1 = (x+1)(x^3+x+1)(x^3+x^2+1)$$

と因数分解され，$\beta = x \bmod x^3+x+1 \in \mathbb{F}_8 = \mathbb{F}_2[x]/\langle x^3+x+1\rangle$ は，1 の原始 7 乗根である．

7.4　$C=\mathrm{BCH}(2,7,3)$ を $g=x^3+x+1\in\mathbb{F}_2[x]$ で生成されるとし，練習問題 7.3 のように，$\beta = x \bmod g$ とする．高々 1 個の誤りが起こると仮定し，受け取った語

$$r_1 = x^6+x^5+x^3+1 \bmod x^7-1, \quad r_2 = x^6+x+1 \bmod x^7-1$$

を復号せよ．$d(r_2-c)=2$ なる符号語 $c\in C$ を見つけよ．

7.5　$q=11, n=10$ とする．
(i) $\beta = 2 \in \mathbb{F}_q$ は，1 の原始 n 乗根であることを証明せよ．
(ii) 多項式 $x^{10}-1$ は，$\mathbb{F}_q$ 上で 1 次因子に分解することを示せ．
(iii) q, n, β の上の値に対するすべての BCH 符号の生成多項式と最小距離を表にせ

よ．

(iv) $C = \mathrm{BCH}(11, 10, 5)$ とする．C に対する生成多項式は，$g = x^4 + 3x^3 + 5x^2 + 8x + 1$ であることを確かめよ．高々 2 個の誤りが起こると仮定し，受け取った語

$$r = x^6 + 7x + 4 \mod x^{10} - 1 \in \mathbb{F}_{11}[x]/\langle x^{10} - 1\rangle$$

を復号せよ．

第 II 部

Newton

Isaac Newton (1642–1727) はどちらかといえば辛い幼年期を過ごした．父親は Isaac が母親のお腹の中にいるうちに亡くなり，母親は Isaac が 3 歳のときに再婚した．そして小さな Isaac は祖母のもとで育てられた．

　1661 年に，Newton はケンブリッジのトリニティカレッジに入学し，特に人目を引くことのない学生生活を経て，1664 年に学士を取得して卒業した．しかし，その年ペストの大流行のために大学は 2 年間休校となり，Newton は生まれ故郷の Woolsthorpe へ戻った．Newton はこの 1664～1666 年の「驚異の諸年」(*anni mirabiles*) の期間に，そこで後の仕事の多くの基礎を築いた．Newton は解析学 (彼の「流率」の方法) と重力の法則を創始し，実験により光の分光的構造 (光が単色光の合成であること) を示した．これらすべてを Newton は 25 歳になる以前になしとげた．(「解析学の創始」とは広範な問題に適用可能なある理論を構築したことを意味する．その理論の起源は Archimedes や Fermat ら多くの人々の仕事にさかのぼれるものである．)

　ケンブリッジに戻ると，Newton は 26 歳にして数学のルーカス教授職に就いた．Newton の先の師である Isac Barrow が，より偉大な科学者に道を譲るために，そして Charles II 世の侍僧という彼にとってよりよい地位への転職の準備をするために，その職を辞したのだった．この頃，Newton は自分の身なりのような些細なことはかまわない，「物忘れ教授」の原型であった．Newton の甥の Humphrey Newton はこう記している．彼は公用日 (大学の儀式や行事のある特別な日) 以外はめったに大学の大食堂へは行かなかった．そして大食堂へ行くときにも，かかとの磨り減った靴を履き，靴下止めもせずに長靴下をだらりと下げたまま短い白衣を着て，髪もとかさずボウボウのままであっても，本人は全く気にすることなく，おかまいなしだった．

　Newton は自分の初期の業績を出版しなかったのだが，このことは後に先陣争いの論争において Newton に不利に働くことになった．出版しなかったのは，1 つには，数学の研究論文の出版などといった投資をするのをいやがった出版社の所為でもあった．1672 年の光学に関する論文は横柄な査読者 (Newton の新しく正しい理論はその査読者の信念とぶつかっていたのだが) に手酷くけなされたので，Newton はしまいには投稿を取り下げてしまった．

　1687 年についに Newton の力学と天文学に関する発見を含んだ傑作『自然哲

学の数学的原理 (*Philosophiae Naturalis Principia Mathematica*)』が出版された.

1669 年の夏には Newton は『無限級数の方程式による解析 (*De Analysi per Æquationes Numero Terminorum Infinitas*)』を書き上げた．この論文はイングランドや外国 (スコットランドやフランス) の数学者の間には回覧されたが，出版されたのはやっと 1711 年になってからだった．その論文中，数ある結果の中に今日「Newton 法」(あるいは Newton の逐次近似法) と呼ばれる，代数方程式の実根を近似していって求める方法について記述している．例として $\varphi = y^3 - 2y - 5 \in \mathbb{Q}[y]$ をとり，以下のように述べている．

> 方程式 $y^3 - 2y - 5 = 0$ を解を求めることを考えよう．そして求める根とその十分の一未満しか違わない数として 2 をとろう．このとき，$2 + p = y$ とおいて方程式に代入し，得られる方程式 $p^3 + 6p^2 + 10p - 1 = 0$ の根を求め，それを商 (the Quotient) に付け加える．すなわち (十分小さいがゆえに $p^3 + 6p^2$ を無視することにより) $10p - 1 = 0$ または $p = 0.1$ はより真の値に近い．したがって，0.1 を商の中に書き，そして $0.1 + q = p$ として前と同様に代入すると $q^3 + 6.3q^2 + 11.23q + 0.061 = 0$ を得る．そして $11.23q + 0.061 = 0$ はより真の値に近くなったから，あるいは q はほとんど -0.0054 に等しいから (すなわち，この値の最初の数字たちと主商 (the principal Quotient) との間の桁数と同じ個数の数字が現れるまで割ることを繰り返して) -0.0054 をそれが負であるがゆえに商の下部に書く．

$\varphi(2) = -1 < 0 < 16 = \varphi(3)$ だから 2 と 3 の間に φ の根が存在する．したがって開始点 2 の選択は妥当なものである．この後，この例は根を見つける方法をテストする標準となった．Joseph Raphson (1690) は Newton をこのやり方の創始者と認めて，さらにこれを研究しており，この方法は Newton–Raphson 法と呼ばれることがある．Newton 自身はこの方法を「Viète により説かれ，Oughtred により簡潔にされた手続きの改良版」と呼んだ．我々は Newton の反復法を第 9 章と第 15 章で用いる．

宗教的な問題 (特に聖書の年代学) についての長年の研究の後，Newton は

1690年に解散するまで(無力な)国会で議員として公的な仕事をつとめた．1699年にNewtonは適度に名声のある造幣局長官の職を与えられる．Bell (1937)はこの昇進について以下のように痛烈に書いている．「アングロサクソン民族の阿呆さ加減をもっともよく示すのは，知識人の最高の名誉は公職や行政的地位だけだという盲信である．」——これは1つの「民族」に限られることだろうか？

ハノーヴァーの「普遍的天才」Leibnizは，ほぼ1670年代の中頃に微積分学を独立につくり上げ，Newtonが自身のアイデアを出版するほとんど20年前の1684年に出版した．最初は2人ともお互いの功績に対して互いに敬意を払っていたようである．しかし，この関係は当時のナショナリズム(そのほかに何か新たなものがあるだろうか？)に煽られて科学の歴史において最も苦渋に満ち，巻き込まれた人々を皆当惑させた先陣争いの論争へと壊れていった．

1705年にアン女王にナイトの称号を授けられたIsaac Newton卿は，85歳で死ぬまで王立協会の会長の地位にあった．

Classical in this context came to mean something like make-believe.
Richard Phillips Feynman (1984)

We shall not build a new world
until we have got rid of the mentalities of the old.
John le Carré (1989)

Rule 8: The development of fast algorithms is slow!
Arnold Schönhage (1994)

Jede mathematische Aufgabe könnte durch direktes Zählen gelöst werden. Es gibt aber Zähloperationen, die gegenwärtig in wenigen Minuten vollführt werden, welche aber ohne Methode vorzunehmen die Lebensdauer eines Menschen bei weitem nicht reichen würde.
Ernst Mach (1896)

8

高 速 乗 算

　この章で，整数や多項式の高速な乗算の方法を導入する．まず，次数 n の多項式について計算量を古典的な $O(n^2)$ から $O(n^{1.59})$ に減ずる Karatsuba による簡潔な方法から始める．離散 Fourier 変換とその効率的な実装である高速 Fourier 変換 (the Fast Fourier Transform) がより高速なアルゴリズムの屋台骨である．これらの方法は 1 のべき根がすでに得られている場合に限って適切なものだが，Schönhage & Strassen (1971) が，それによる乗算の計算量が $O(n \log n \log \log n)$ にしかならないような「仮想」根の構成法を示した．第 9 章で，Newton の反復法によりこの方法から余りと商を求める高速除算に拡張する．

　計算機代数システムの一般的な目的はおおむね古典的な方法や，ときには Karatsuba の方法を実際に実行することである．これは十分小さい数や多項式を扱っている限りでは全く十分なものであるが，多くの高性能を要するタスクのためには高速算術は欠くことができない．例としては次数の高い多項式の因数分解 (15.7 節) や，素数や双子素数の発見 (第 18 章の注解)，円周率 π の何十億桁の計算 (4.6 節) や Riemann ゼータ関数の何十億の零点の計算 (注解 18.4) などがあげられる．

　漸近的な高速計算法はコンピュータサイエンスのさまざまな分野における標準的な道具である．たとえば，クイックソートやマージソートのような $O(n \log n)$ ソーティングアルゴリズムは広く用いられ，実験によって n の値が 100 未満でもすでに「古典的」な $O(n^2)$ ソーティングアルゴリズムであるバブルソートや挿入ソートよりすぐれていることが示されている．それに比べて，多項式や整数の算術，特に掛け算についての漸近的高速アルゴリズムは，その開発が 1970

年頃であるためか,計算機代数の世界では比較的関心が薄かった.(執筆時においては,MAGMA V2.4 が FFT (高速 Fourier 変換) 乗算を実装した筆者たちの知る唯一の汎用計算機代数システムである.) その理由としては,高速アルゴリズムは古典的なものよりかなり複雑であることが多く,また,より最適化することなく教科書の通り逐語的に実装しようとすると古典的アルゴリズムを上回る点はがっかりするほど高いことがあるかもしれない.他方,9.7 節に述べるように十分最適化したソフトウェアによる実験により,Karatsuba のアルゴリズムが古典的アルゴリズムを上回る点はかなり小さいこと,またより高速な乗算アルゴリズムでさえすでにそれほど大きくないサイズの入力に対して用いられるようになっていることが示されている.計算機代数システムの設計者は注意深く古典的アルゴリズムを上回る点を見きわめ,そのシステムが解こうとしている問題の入力サイズに依存してどちらのアルゴリズムを提供するかを決定しなければならない.

最後にもう 1 つ重要なこととして,漸近解析の知的美というものが存在する.実行時間 (あるいはその他のいくつかの尺度,たとえば実行に要するメモリや並行実行時間) の漸近的振る舞いによってアルゴリズムを比較するためのきちんとした枠組みが計算量の理論により用意されている.我々の問題に対しては,「Boole 計算量の理論と算術的計算量の理論」ともに役割がある.Bürgisser, Clausen & Shokurollahi (1996) は後者についての印象的な結果のあらましを述べている.それは「下界」の存在を示すための道具を提供するもので,考えうる限りのアルゴリズムは少なくともある程度以上たくさんの演算を用いなければならないことを主張する.そして幸運な場合は「最適」アルゴリズムの存在もいえる.さらにこの結晶のような枠組みのおかげで「この新しい方法は進歩である」という主張を正確に述べることができ,またもし誤りであるならそれを論駁できる.この本で報告されている実験のような実際的な結果もまた重要であるが,しばしばさまざまな泥沼の論争,たとえば比較困難な計算機環境や「重要な場合と単なる例」に関する意見の相違や再試の困難さなどについての論争など,物議をかもすことになる.後者について,その膨大な実装を行うのは骨の折れる,ほとんど不可能な仕事である.例として,Schönhage & Strassen (1971) の $O(n \log n \log \log n)$ 乗算アルゴリズムの改良は四半世紀にわたる,整

備された挑戦課題であった．この事態を実験的問題の場合について想像するのは困難である．いくつかの分野では，ひとまとまりの具体的なベンチマークテストが受け入れられている．たとえば (整数の) 因数分解に関する「最も求められる」Cunningham 数 (第 19 章を見よ) がそれである．しかしその場合でも漸近解析の進歩こそ聖杯である．

見返しの下段の表に多項式代数に関する問題のリストがあるが，以下の各章においてそれらをほとんど線形時間アルゴリズムとして解決していく．それらのアルゴリズムは任意の環または体上で実行可能であり，その中で高速多項式乗算は決定的に重要である．これらのすべてのアルゴリズムについて入力サイズはだいたい n であって，第 I 部の古典的アルゴリズムは 2 次式時間要する．すべてのアルゴリズムには整数の類似があり，そこでは——いつものことだが——桁上がりのためにより複雑になっている．そして，n 語からなる入力に対する語演算に要するのとほぼ同じ実行時間を要する．

8.1 Karatsuba の乗算アルゴリズム

環 R 上の次数 n 未満の 2 つの多項式 $f, g \in R[x]$ の掛け算から始める．通常通り，「環」とは単位元 1 を持つ可換環を意味する．f, g および $h = fg$ の係数をそれぞれ f_i, g_j, h_k とするとき，古典的乗算アルゴリズムは f_i と g_j から h_k を計算するのに $O(n^2)$ 回の演算を用いる．n^2 回の掛け算 $f_i g_j$ プラス $(n-1)^2$ 回の足し算によりすべての $h_k = \sum_{i+j=k} f_i g_j$ を得る (2.3 節)．たとえば，掛け算 $(ax+b)(cx+d) = acx^2 + (ad+bc)x + bd$ は 4 回の掛け算 ac, ad, bc, bd および 1 回の足し算 $ad+bc$ を用いている．

驚くべきことに，よりよく計算するやさしい方法がある，$ac, bd, u = (a+b)(c+d)$ を計算し，$ad+bc = u-ac-bd$ と計算すると 3 回の掛け算と 4 回の足し算，引き算を用いている．総数は演算が 7 回に増えているが，再帰的適用により総計算量は劇的に減少する (図 8.2 を見よ)．一般の場合について説明するためにある $k \in \mathbb{N}$ に対し $n = 2^k$ であると仮定し，$m = n/2$ とおく．そして $F_0, F_1 \in R[x]$ を次数 m 未満として $f = F_1 x^m + F_0$，同様に $g = G_1 x^m + G_0$ の形に f と g を書き直す ($\deg f < n-1$ ならば最高次の係数のいくつかは 0

である). すると $fg = F_1G_1x^n + (F_0G_1 + F_1G_0)x^m + F_0G_0$ である. この形で, f と g の掛け算は次数 m 未満の多項式の掛け算 4 回に減っている. x のべきを掛けることは単に係数のシフトに対応しており, したがって掛け算として数えない.

いままでのところは, まだ何も達成していない. しかし上で $n=1$ の場合について説明した, Karatsuba & Ofman (1962) における Karatsuba による方法は, fg の表し方を再配置して足し算の回数は増やすかわりに低い次数の多項式の掛け算の回数をいかにして減らすかを示している. 掛け算は足し算よりも遅いので, n が十分大きいときに節約できる. 積を $fg = F_1G_1x^n + ((F_0+F_1)(G_0+G_1) - F_0G_0 - F_1G_1)x^m + F_0G_0$ と書き直す. この表現により f と g の掛け算は次数 $4m$ 未満の多項式の掛け算 3 回と何回かの足し算のみ必要であることが示される. さらに同じ方法をより低い次数の多項式の掛け算に再帰的に適用する. 次数 n 未満の 2 つの多項式の掛け算に要する時間を $T(n)$ で表すとき, ある定数 c に対し, $T(2n) \leq 3T(n) + cn$ である. 1 次の項は次数 d 未満の 2 つの多項式の足し算は R において d 回の演算で行えるという観察により付け加えられる.

次が対応するアルゴリズムである.

アルゴリズム 8.1 Karatsuba の多項式乗算アルゴリズム

入力:次数 n 未満の多項式 $f,g \in R[x]$, ただし, R は環 (可換で単位元 1 を持つ) とし, n は 2 のべきとする.

出力:$fg \in R[x]$.

1. **if** $n=1$ **then return** $f \cdot g \in R$
2. 次数 $n/2$ 未満の多項式 $F_0, F_1, G_0, G_1 \in R[x]$ によって $f = F_1x^{n/2} + F_0$ および $g = G_1x^{n/2} + G_0$ とする
3. 再帰呼び出しによって F_0G_0, F_1G_1, および $(F_0+F_1)(G_0+G_1)$ を計算する
4. **return** $F_1G_1x^n + ((F_0+F_1)(G_0+G_1) - F_0G_0 - F_1G_1)x^{n/2} + F_0G_0$

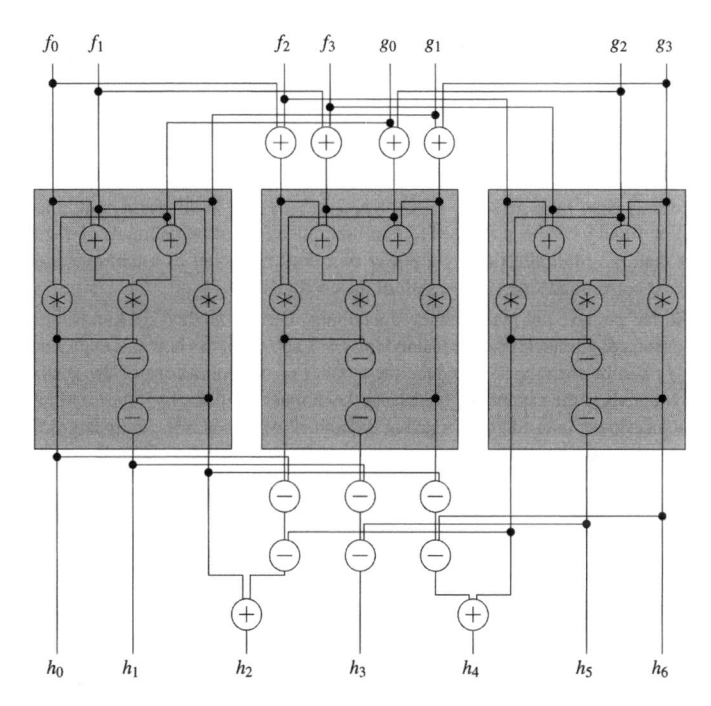

図 8.1 $n=4$ について Karatsuba のアルゴリズムを表した算術回路.網かけ部分は $n=2$ についての Karatsuba 回路.減算節では左側の入力から右側の入力を引いた差を計算する.制御は上から下へ流れる.

図 8.1 は $n=4$ について,このアルゴリズムを算術回路の形で示したものである.

まず,後にいくつかの再帰的アルゴリズムの解析の助けともなる補題が必要である.サイズ $n/2$ の入力を持つ b 個の再帰的呼び出しからなるアルゴリズムの,サイズ n の入力についての計算量にある計算量 $S(n)$ を加えた計算量を $T(n)$ とする.2 を底とする対数を log で表す.

補題 8.2 $b, d \in \mathbb{N}, b > 0$ とし,$S, T : \mathbb{N} \to \mathbb{N}$ を関数であって任意の $n \in \mathbb{N}$ に対し,$S(2n) \geq 2S(n)$ かつ $S(n) \geq n$ および

$T(1) = d$,

$n = 2^i, i \in \mathbb{N}_{\geq 1}$ に対し $T(n) \leq bT(n/2) + S(n)$

を満たすとする．このとき，$i \in \mathbb{N}, n = 2^i$ に対し，

$$T(n) \leq \begin{cases} (2 - 2/n)S(n) + d \in O(S(n)) & (b = 1 \text{ のとき}) \\ S(n)\log n + dn \in O(S(n)\log n) & (b = 2 \text{ のとき}) \\ \dfrac{2}{b-2}(n^{\log b - 1} - 1)S(n) + dn^{\log b} \in O(S(n)n^{\log b - 1}) & \\ & (b \geq 3 \text{ のとき}) \end{cases}$$

が成り立つ．

証明 再帰性を解きほぐすことにより，帰納的に

$$T(2^i) \leq bT(2^{i-1}) + S(2^i) \leq b(bT(2^{i-2}) + S(2^{i-1})) + S(2^i)$$
$$= b^2 T(2^{i-2}) + bS(2^{i-1}) + S(2^i) \leq \cdots$$
$$\leq b^i T(1) + \sum_{0 \leq j < i} b^j S(2^{i-j}) \leq d2^{i \log b} + S(2^i) \sum_{0 \leq j < i} \left(\frac{b}{2}\right)^j$$

が得られる．ここで，最後の不等式において $S(2^{i-j}) \leq 2^{-j} S(2^i)$ を用いた．$b = 2$ ならば最後の和は $S(2^i) \cdot i$ と簡単になる．$b \neq 2$ ならば等比級数の和により，

$$\sum_{0 \leq j < i} \left(\frac{b}{2}\right)^j = \frac{\left(\frac{b}{2}\right)^i - 1}{\frac{b}{2} - 1} = \frac{2}{b-2}(2^{i(\log b - 1)} - 1)$$

となり，主張が得られた．□

定理 8.3 ある環上の，次数が 2 のべき n 未満の多項式の乗算についての Karatsuba のアルゴリズム 8.1 は，高々 $9n^{\log 3}$ または $O(n^{1.59})$ 回の環演算で実行できる．

証明 ステップ 3 において，$F_0 + F_1$ と $G_0 + G_1$ を計算するために n 回の加算が行われる．ステップ 4 における $F_1 G_1 x^n + F_0 G_0$ は単なる係数の連結である．$((F_0 + F_1)(G_0 + G_1) - F_0 G_0 - F_1 G_1) x^{n/2}$ の計算には $2n$ 回の減算が行

われ，その結果を $F_1 G_1 x^n + F_0 G_0$ に加えるのにさらに n 回の加算が行われる．よって，補題 8.3 において，$b = 3, d = 1, S(n) = 4n$ とすれば，全計算量が $9 \cdot n^{\log 3} - 8n$ 回の演算であることがわかる．$\log 3 < 1.59$ であることにより主張を得る．□

$\log 3 < 2$ であるから，この結果は古典的方法の本質的改善である．図 8.2 は，この計算量の節約を視覚化したものである．

n が 2 のべきでない場合は，2 つのやり方がある．第一の方法は，n より大きい 2 のべきで最小のもの，すなわち $2^{\lceil \log n \rceil}$ に対して上のアルゴリズムを適用するものである．この方法は解析するのはやさしいが，実行時間が 3 倍されることになる．n が 2 のべきよりほんの少ししか大きくない場合にはじれったいことである．2 番目のやり方としては，各再帰的処理の際に多項式を次数がほぼ半分のかたまりに分けるやり方である．このやり方は第一のやり方よりすぐれたものであるが，より多くのものを解析しなければならない．練習問題 8.5 を見よ．

たとえば $r = 2^{64}$ として r 列表現 (2.1 節を見よ) した 2 つの (正) 整数 a と b を掛け合わせるのにも同じ方法が適用できる．それらの数の長さが高々 n であるとき，古典的な整数乗算アルゴリズムは $O(n^2)$ 語演算を要する (2.1 節)．整数版 Karatsuba のアルゴリズムは，まず $a = A_1 2^{64m} + A_0$ および $b = B_1 2^{64m} + B_0$ と書く．ここで，$A_0, A_1, B_0, B_1 < 2^{64m}$ であって，$n = 2m$ は 2 のべきであると仮定する．すると，$ab = A_1 B_1 2^{64m} + ((A_0 + A_1)(B_0 + B_1) - A_0 B_0 - A_1 B_1) 2^{64m} + A_0 B_0$ となる．多項式の場合と同様に，2 つの整数の掛け算は高々半分の大きさの 3 つの整数の掛け算と $O(n)$ 語演算に還元される（もし $A_0 + A_1$ かまたは $B_0 + B_1$ が 2^{64m} を超えたときは，さらに先頭のビットに注意を払わなければならず，それをしないならば，$A_0 B_1 + A_1 B_0 = A_0 B_0 + A_1 B_1 - (A_0 - A_1)(B_0 - B_1)$ を計算しなければならない）．以上より次の定理が得られる．

定理 8.4 長さが高々 n 語である 2 つの整数の掛け算は Karatsuba のアルゴリズムによって $O(n^{\log 3})$ または $O(n^{1.59})$ 語演算によって行える．

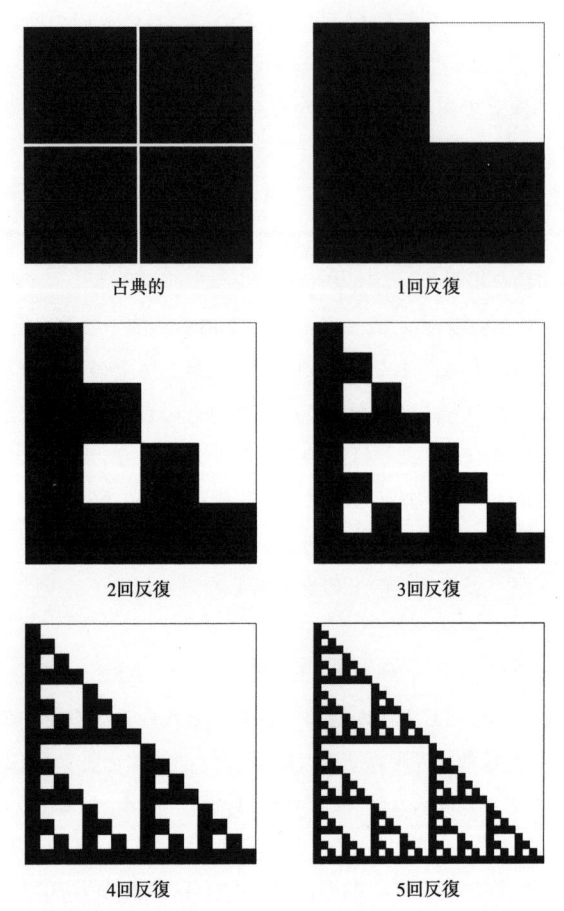

図 8.2 再帰的深度が増大していった場合の Karatsuba のアルゴリズムの計算量 (= 黒い領域). この領域は次元 $\log 3 \approx 1.59$ のフラクタルに近づいていく.

　Karatsuba のアルゴリズムは Maple のような計算機代数システムで用いられている. 低い次数の多項式や小さい語長の整数に対しては古典的な方法の方が速い. 練習問題 8.4 および 8.6 を見よ.

8.2 離散 Fourier 変換と高速 Fourier 変換

この節では，ほとんど線形時間で実行される多項式乗算のアルゴリズムについて議論する．ここでは係数環が単位元のあるべき根を含んでいることが必要である．環 R の元 a が**零因子**であるとは，零でない $b \in R$ が存在して $ab = 0$ となることであるのを思い出そう．特に，0 は (R が自明な環 $\{0\}$ でない限りは) 零因子である．多くの代数の教科書では，0 を零因子とみなしていないことに注意．

定義 8.5 R を環とし，$n \in \mathbb{N}_{\geq 1}, \omega \in R$ とする．
 (i) $\omega^n = 1$ のとき ω は **1 の n 乗根** であるという．
 (ii) ω が **1 の原始 n 乗根** (または 1 の位数 n の根) であるとは，ω が 1 の n 乗根であって，$n \in R$ が R の単元であり，任意の n の素因子 t に対して $\omega^{n/t} - 1$ が零因子ではないことをいう．

ここで，n は 2 通りの意味がある．"ω^n" は ω の n 乗を表し，"$n \in R$" は 1_R を n 個足し合わせた環の要素 $n \cdot 1_R \in R$ を表す (25.3 節)．

例 8.6 (i) $\omega = e^{2\pi i/8} \in R = \mathbb{C}$ は 1 の原始 8 乗根である．ただし，$i = \sqrt{-1}$ である．図 8.3 を見よ．
 (ii) $\mathbb{Z}_8$ には 1 の原始平方根は存在しない．$3^2 \equiv 1$ であるのだが，2 は単元でないからである．
 (iii) 「Fermat 素数」$2^4 + 1$ に対して，3 は $\mathbb{Z}_{17}$ における 1 の原始 16 乗根であり，2 はそうではない．◇

次の補題は定義 8.5(ii) の $\omega^{\ell-1}$ についての性質を $\ell = n/t$ から n で割り切れないすべての ℓ へと拡張するものである．

補題 8.7 R を環とし，$\ell, n \in \mathbb{N}_{\geq 1}$ が $1 < \ell < n$ を満たすとする．また，$\omega \in R$

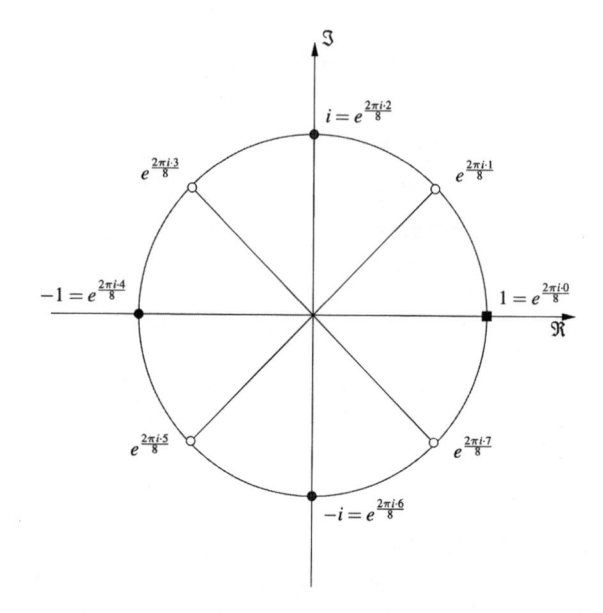

$i = e^{\frac{2\pi i \cdot 2}{8}}$
$e^{\frac{2\pi i \cdot 3}{8}}$ $e^{\frac{2\pi i \cdot 1}{8}}$
$-1 = e^{\frac{2\pi i \cdot 4}{8}}$ $1 = e^{\frac{2\pi i \cdot 0}{8}}$
$e^{\frac{2\pi i \cdot 5}{8}}$ $e^{\frac{2\pi i \cdot 7}{8}}$
$-i = e^{\frac{2\pi i \cdot 6}{8}}$

図 8.3 $\mathbb{C}$ における 1 の 8 乗根．黒四角は位数 1, 黒丸は位数 2, 2 つの灰色丸は位数 4, そして，4 つの白丸は 1 の原始 8 乗根である．

を 1 の原始 n 乗根とする．このとき，

(i) $\omega^\ell - 1$ は R において零因子ではない，

(ii) $\sum_{0 \le j < n} \omega^{\ell j} = 0$.

証明 次の公式を繰り返し用いて証明する．

$$(c-1) \sum_{0 \le j < m} c^j = c^m - 1 \tag{1}$$

この公式はすべての $m \in \mathbb{N}$ および $c \in R$ に対して成り立つ (実際，c を不定元としても成り立つ)．

(i) $g = \gcd(\ell, n)$ とし，$u, v \in \mathbb{Z}$ を $u\ell + vn = g$ なるものとする．$1 \le g < n$ であるから，n の素因数 t を選んで，n/t が g で割り切れるようにできる．公式 (1) において，$c = \omega^g$ および $m = n/tg$ とおけば，ある $a \in R$ に対して，$a \cdot (\omega^g - 1) = \omega^{n/t} - 1$ となる．もしも $b \in R$ が $b \cdot (\omega^g - 1) = 0$ を満たすならば

$b \cdot (\omega^{n/t} - 1) = 0$ となるが，$\omega^{n/t} - 1$ が零因子でないことより $b = 0$ を得る．よって $\omega^g - 1$ も零因子ではない．

さらに (1) で $c = \omega^\ell, m = u$ とすることにより，$\omega^\ell - 1$ が $\omega^u - 1 = \omega^{u\ell}\omega^{vn} - 1 = \omega^g - 1$ を割り切ることがわかる．上と同じ議論により $\omega^\ell - 1$ は零因子でない．

(ii) 公式 (1) で $c = \omega^\ell$, $m = n$ とおけば，
$$(\omega^\ell - 1) \sum_{0 \leq j < n} (\omega^\ell)^j = \omega^{\ell n} - 1 = 0$$
を得る．(i) より $\omega^\ell - 1$ は零因子でないから $\sum_{0 \leq j < n}(\omega^\ell)^j = 0$ である．□

環 R が整域 (たとえば，体) である場合には，(i) の主張は単に $\omega^\ell \neq 1$ となる．そして，これを確かめるのには t が n の素因数を動くときに $\ell = n/t$ についてだけ確かめれば十分であり，それは 1 の原始 n 乗根の定義の最後の性質より保証される．

次の補題は，演習問題 8.18 で証明されるが，(91 ページで定義した) q 個の要素からなる有限体 $\mathbb{F}_q$ においては 1 の原始べき根が存在することを主張するものである．

補題 8.8 素べき q と $n \in \mathbb{N}$ に対して，有限体 $\mathbb{F}_q$ が 1 の原始 n 乗根を含むための必要十分条件は，n が $q - 1$ を割り切ることである．

R を環とする．$n \in \mathbb{N}_{\geq 1}$ とし，$\omega \in R$ を 1 の原始 n 乗根とする．以下では，次数 n 未満の多項式 $f = \sum_{0 \leq i < n} f_i x^i \in R[x]$ とその係数ベクトル $(f_0, \ldots, f_{n-1}) \in R^n$ とを同一視する．

定義 8.9 (i) 多項式にその ω のべきでの値を対応させる R 線形写像
$$\mathrm{DFT}_\omega : \begin{cases} R^n & \to & R^n \\ f & \mapsto & (f(1), f(\omega), f(\omega^2), \ldots, f(\omega^{n-1})) \end{cases}$$
を **離散 Fourier 変換** (Discrete Fourier Transform; DFT) と呼ぶ．

(ii) 2つの多項式 $f = \sum_{0 \leq j < n} f_j x^j$ と $g = \sum_{0 \leq k < n} g_k x^k$ の $R[x]$ における**たたみ込み積**

$$h = f *_n g = \sum_{0 \leq \ell < n} h_\ell x^\ell \in R[x]$$

とは，$0 \leq \ell < n$ に対し，n を法とする計算により添え字を定めて

$$h_\ell = \sum_{j+k \equiv \ell \bmod n} f_j g_k = \sum_{0 \leq j < n} f_j g_{\ell - j}$$

によって定まる多項式のことである．文脈より n が明らかな場合は，$*_n$ のかわりに単に $*$ と書く．係数たちを R^n のベクトルと思ったときには h をベクトル f と g の**巡回たたみ込み積**と呼ぶ．

たたみ込み積の概念は，$R[x]/\langle x^n - 1 \rangle$ における多項式の乗算と同等である．多項式の積 $f \cdot g$ の ℓ 次の項の係数は $\sum_{j+k \equiv \ell \bmod n} f_j g_k$ であり，よって $f *_n g \equiv fg \bmod x^n - 1$ である．このたたみ込み積と乗算の関係を多項式乗算の高速アルゴリズムを得るために利用していく．

例 8.10 $R = \mathbb{Q}, n = 4, u \in \mathbb{Q}$ とし，$\mathbb{Q}[x]$ において $x^4 - u$ を法として $f = x^3 + 1$ と $g = 2x^3 + 3x^2 + x + 1$ との積を求めたいとしよう．すると

$$\begin{aligned} fg &= 2x^6 + 3x^5 + x^4 + 3x^3 + 3x^2 + x + 1 \\ &= (2x^2 + 3x + 1)(x^4 - u) + 3x^3 + 3x^2 + x + 1 + (2x^3 + 3x + 1)u \\ &= (2x^2 + 3x + 1)(x^4 - u) + 3x^3 + (3 + 2u)x^2 + (1 + 3u)x + (1 + u) \end{aligned}$$

となる．$x^4 - u$ のような 2 項のみからなる多項式による商と余りを求める割り算は特に容易である．商は fg の高次の部分であり，余りは fg の低次の部分に u 倍の高次部分を加えたものである．特に $u = 1$ とすれば，$fg \equiv 3x^3 + 5x^2 + 4x + 2 \bmod x^4 - 1$，あるいは同じことだが，$f *_4 g = 3x^3 + 5x^2 + 4x + 2$ が得られる．同様な現象が以下の FFT アルゴリズムにおいて助けとなる．◇

補題 8.11 次数 n 未満の多項式 $f, g \in R[x]$ に対して

$$\mathrm{DFT}_\omega(f*g) = \mathrm{DFT}_\omega(f) \cdot \mathrm{DFT}_\omega(g)$$

を得る．ただし，$\cdot$ はベクトルの成分ごとの掛け算を意味する．

証明 ある $q \in R[x]$ に対し，$f*g = fg + q \cdot (x^n - 1)$ であるから，$0 \leq j < n$ に対し，

$$(f*g)(\omega^j) = f(\omega^j)g(\omega^j) + q(\omega^j)(\omega^{jn} - 1) = f(\omega^j)g(\omega^j)$$

を得る．□

多項式 f に $\omega^0, \ldots, \omega^{n-1}$ での値を対応させる写像 $R[x] \to R^n$ として考えることもできる．この写像の核は $\langle x^n - 1 \rangle$ であり，上の補題により $\mathrm{DFT}_\omega : R[x]/\langle x^n - 1 \rangle \to R^n$ は R 代数の準同型写像である．ここに，R^n の積はベクトルの成分ごとの掛け算とする．以下の可換図式がこの状況をよく表している．

$$\begin{array}{ccc} (R[x]/\langle x^n - 1 \rangle)^2 & \xrightarrow{\mathrm{DFT}_\omega \times \mathrm{DFT}_\omega} & R^n \times R^n \\ {\scriptstyle 巡回たたみ込み積} \downarrow & & \downarrow {\scriptstyle 成分ごとの積} \\ R[x]/\langle x^n - 1 \rangle & \xrightarrow{\mathrm{DFT}_\omega} & R^n \end{array} \qquad (2)$$

実際，この DFT_ω は同型写像である．R が体ならば $0 \leq j < n$ に対し $m_j = x - \omega^j$ としたときの中国剰余定理 (定理 5.3) の特別な場合である．5.1 節で，**代表元の取り替え**についての一般的な原理を述べたが，これからこの特別な例 (2) からいかにして高速乗算アルゴリズムが導き出されるかを見ていく．

以下で，整域 R 上の次数 n 未満の多項式を——通常の係数ベクトルたちによる**稠密**表現のほかに——n 個の相異なる点 $u_0, \ldots, u_{n-1} \in R$，すなわち 1 の原始 n 乗根 $\omega \in R$ の $0 \leq j < n$ についてのべき $u_j = \omega^j$，での値によって表現する．値による表現を考える理由は，その表現において積が簡単になるからである．$\deg(fg) < n$ となる 2 つの多項式 f と g の n 個の点での値が $f(u_0), \ldots, f(u_{n-1})$ と $g(u_0), \ldots, g(u_{m-1})$ であったとする．このとき積多項式 fg のそれらの点での値は，$f(u_0) \cdot g(u_0), \ldots, f(u_{n-1}) \cdot g(u_{n-1})$ である．よって，この値による表現による多項式の掛け算の計算量は次数に関して線形であるにも

かかわらず，稠密表現によっていかにして線形時間で多項式を掛け合わせるかは知られていない．こうして，複数の点の値を求めたり補間する高速な方法によって高速な多項式乗算のアルゴリズムが得られる．2つの多項式の入力の値を評価し，その結果を成分ごとに掛け合わせ，最後に補間して積多項式を得る．

離散 Fourier 変換は，1 の原始 n 乗根 ω のべき $1, \omega, \ldots, \omega^{n-1}$ という特別の複数点での値の評価というもので，以下で DFT とその逆である ω のべきたちにおける補間法は，ともに R の $O(n \log n)$ 回の演算によって計算されうること，よって $O(n \log n)$ 多項式乗算アルゴリズムが得られることを示していく．第 10 章において，任意の点での値の評価と補間法の高速アルゴリズムについて考察する．

まず，ω のべきたちでの補間は本質的には再び離散 Fourier 変換となることを示す．Vandermonde 行列

$$V_\omega = \mathrm{VDM}(1, \omega, \ldots, \omega^{n-1}) = \begin{pmatrix} 1 & 1 & 1 & \cdots & 1 \\ 1 & \omega & \omega^2 & \cdots & \omega^{n-1} \\ 1 & \omega^2 & \omega^4 & \cdots & \omega^{2(n-1)} \\ \vdots & \vdots & \vdots & \ddots & \vdots \\ 1 & \omega^{n-1} & \omega^{2(n-1)} & \cdots & \omega^{(n-1)^2} \end{pmatrix}$$

$$= (\omega^{jk})_{0 \le j, k < n} \in R^{n \times n}$$

は複数点での値の評価写像 DFT_ω の行列である (5.2 節)．

例 8.12 1 の原始 4 乗根 $\omega = i = \sqrt{-1} \in \mathbb{C}$ に対しては

$$V_\omega = \mathrm{VDM}(1, i, -1, -i) = \begin{pmatrix} 1 & 1 & 1 & 1 \\ 1 & i & -1 & -i \\ 1 & -1 & 1 & -1 \\ 1 & -i & -1 & i \end{pmatrix}$$

となる．◇

$1, \omega, \ldots, \omega^{n-1}$ はすべて相異なるので，R が体であれば V_ω は可逆であり (5.2

節), その逆行列はそれらの n 点における補間写像の行列である. 次の定理によりこのことは任意の環について正しい.

定理 8.13 R を (単位元 1 を持つ可換な) 環とし, $n \in \mathbb{N}_{\geq 1}$ かつ $\omega \in R$ を 1 の原始 n 乗根とする. このとき, ω^{-1} は 1 の原始 n 乗根であり, $V_\omega \cdot V_{\omega^{-1}} = nI$ となる. ここで I は $n \times n$ 単位行列である.

証明 練習問題 8.13 により ω^{-1} は 1 の原始 n 乗根である. $0 \leq j, \ell < n$ について

$$u = (V_\omega \cdot V_{\omega^{-1}})_{j\ell} = \sum_{0 \leq k < n} (V_\omega)_{jk}(V_{\omega^{-1}})_{k\ell} = \sum_{0 \leq k < n} \omega^{jk} \omega^{-k\ell} = \sum_{0 \leq k < n} (\omega^{j-\ell})^k$$

である. $j = \ell$ なら $u = \sum_{0 \leq k < n} 1 = n$ であり, $j \neq \ell$ なら補題 8.7 により $u = \sum_{0 \leq k < n} \omega^{(j-\ell)k} = 0$ である. □

特に, 定理より $(V_\omega)^{-1} = n^{-1} V_{\omega^{-1}}$ となり, 逆行列の計算は非常に容易となる.

例 8.12 (続き)

$$V_i^{-1} = \frac{1}{4} \begin{pmatrix} 1 & 1 & 1 & 1 \\ 1 & -i & -1 & i \\ 1 & -1 & 1 & -1 \\ 1 & i & -1 & -i \end{pmatrix} \diamond$$

次に重要なアルゴリズム—**高速 Fourier 変換** (Fast Fourier Transform; FFT と略す) について考察する. このアルゴリズムは DFT を高速に計算するものである. これは 1965 年に Cooley と Tukey によって (再) 発見されたもので, 実用化されているものの中でおそらく 2 番目に重要なものであろう (1 番手は高速ソーティングである). 定理 8.13 により, DFT の逆も高速に計算される.

$n \in \mathbb{N}_{\geq 1}$ を偶数,$\omega \in R$ を 1 の原始 n 乗根とし,$f \in R[x]$ を次数 n 未満とする.f のべき $1, \omega, \omega^2, \ldots, \omega^{n-1}$ での値を求めるために,f を $x^{n/2} - 1$ と $x^{n/2} + 1$ で割って商と余りを求める.

$$f = q_0(x^{n/2} - 1) + r_0 = q_1(x^{n/2} + 1) + r_1 \tag{3}$$

ここで,$q_0, r_0, q_1, r_1 \in R[x]$ は次数 $n/2$ 未満である.割る多項式が特別な形をしているおかげで,余り r_0 と r_1 の計算 (実は商は必要でない) は,例 8.10 のように,それぞれ f の高次の $n/2$ 個の係数を低次の $n/2$ 個の係数に加えることおよび高次の $n/2$ 個の係数を低次の $n/2$ 個の係数から引くことによって得られ,全計算量は R の n 演算である.いいかえると,$f = F_1 x^{n/2} + F_0$,ただし $\deg F_0, \deg F_1 < n/2$ であるとすると,$x^{n/2} - 1$ は $f - F_0 - F_1$ を割り切り,よって $r_0 = F_0 + F_1$ となる.同様にして $r_1 = F_0 - F_1$ である.式 (3) の x に ω のべきを代入すると,すべての $0 \leq i < n$ に対して

$$f(\omega^{2\ell}) = q_0(\omega^{2\ell})(\omega^{n\ell} - 1) + r_0(\omega^{2\ell}) = r_0(\omega^{2\ell})$$
$$f(\omega^{2\ell+1}) = q_1(\omega^{2\ell+1})(\omega^{n\ell}\omega^{n/2} + 1) + r_1(\omega^{2\ell+1}) = r_1(\omega^{2\ell+1})$$

となる.ここで,$\omega^{n\ell} = 1$ と $\omega^{n/2} = -1$ を用いた.後者は

$$0 = \omega^n - 1 = (\omega^{n/2} - 1)(\omega^{n/2} + 1)$$

であって,$\omega^{n/2} - 1$ は零因子ではないからである.あとは r_0 の ω の偶数べきでの値と r_1 の奇数べきでの値を求めればよい.いま,ω^2 は 1 の原始 $n/2$ 乗根であり (練習問題 8.13),したがってまずやらねばならないのは階数 $n/2$ の DFT である.しかし,$r_1^* = r_1(\omega x)$ に対し $r_1(\omega^{2\ell+1}) = r_1^*(\omega^{2\ell})$ であることに注意すれば r_1 の値の評価も階数 $n/2$ の DFT に還元される.r_1^* の係数を求めるのに ω のべきの $n/2$ 回の乗算を用いる.n が 2 のべきであるならば,ω^2 のべき $1, \omega^2, \ldots, \omega^{2n-2}$ での r_0 と r_1^* の値を再帰的に求めていける.よって次のアルゴリズムを得る.

アルゴリズム 8.14　高速 Fourier 変換 (FFT)

入力：$n = 2^k \in \mathbb{N}$，ただし $k \in \mathbb{N}$，$f = \sum_{0 \leq j < n} f_j x^j \in R[x]$，および 1 の原始 n 乗根 $\omega \in R$ のべき $\omega, \omega^2, \ldots, \omega^{n-1}$．
出力：$\mathrm{DFT}_\omega(f) = (f(1), f(\omega), \ldots, f(\omega^{n-1})) \in R^n$．

1. **if** $n = 1$ **then return** (f_0)
2. $r_0 \longleftarrow \sum_{0 \leq j < n/2} (f_j + f_{j+n/2}) x^j$, $\quad r_1^* \longleftarrow \sum_{0 \leq j < n/2} (f_j - f_{j+n/2}) \omega^j x^j$
3. **call** ω^2 のべきにおける r_0 と r_1^* の値を求めるアルゴリズムの再帰呼び出し
4. **return** $(r_0(1), r_1^*(1), r_0(\omega^2), r_1^*(\omega^2), \ldots, r_0(\omega^{2n-2}), r_1^*(\omega^{2n-2}))$

定理 8.15　n を 2 のべきとし，$\omega \in R$ を 1 の原始 n 乗根とする．このとき，アルゴリズム 8.14 は，R における $n \log n$ 回の加算および $(n/2) \log n$ 回の ω のべきによる乗算の総計 $\frac{3}{2} n \log n$ 回の環の演算により，正しく DFT_ω を計算する．

証明　アルゴリズムの正しさを k に関する帰納法によって証明する．$k = 0$ ならば $f = f_0$ は定数であり，アルゴリズムは正しい答えを返す．$k > 1$ ならばすべての $0 \leq \ell < n/2$ に対して $f(\omega^{2\ell}) = r_0(\omega^{2\ell})$ および $f(\omega^{2\ell+1}) = r_1^*(\omega^{2\ell})$ を示せば，帰納法の仮定より主張が示される．上の計算を再びたどることにより

$$r_0(\omega^{2\ell}) = \sum_{0 \leq j < n/2} (f_j + f_{j+n/2}) \omega^{2\ell j}$$
$$= \sum_{0 \leq j < n/2} f_j \omega^{2\ell j} + \sum_{0 \leq j < n/2} f_{j+n/2} \omega^{2\ell j} \omega^{\ell n}$$
$$= \sum_{0 \leq j < n} f_j \omega^{2\ell j} = f(\omega^{2\ell})$$
$$r_1^*(\omega^{2\ell}) = \sum_{0 \leq j < n/2} (f_j - f_{j+n/2}) \omega^j \omega^{2\ell j}$$

$$= \sum_{0 \leq j < n/2} f_j \omega^{(2\ell+1)j} + \sum_{0 \leq j < n/2} f_{j+n/2} \omega^{(2\ell+1)j} \omega^{\ell n} \omega^{n/2}$$
$$= \sum_{0 \leq j < n} f_j \omega^{(2\ell+1)j} = f(\omega^{2\ell+1})$$

サイズが n の入力に対して，このアルゴリズムが用いる R における足し算の回数と掛け算の回数をそれぞれ $S(n)$ および $T(n)$ と表す．個々のステップについての計算量はステップ 1 と 4 では 0，ステップ 2 では n 回の足し算と $n/2$ 回の掛け算，そしてステップ 3 では $2S(n/2)$ 回の足し算と $2T(n/2)$ 回の掛け算である．これより $S(1) = T(1) = 0$ および $S(n) = 2S(n/2)+n$, $T(n) = 2T(n/2)+n/2$ が得られ，再帰部分を解きほぐして $S(n) = n \log n$ および $T(n) = \frac{1}{2} n \log n$ を得る．□

FFT は算術回路のかたちにきれいに表すことができる．この回路は上のアルゴリズムのステップ 2 を 1 つの特別な値 j について実行する基本的なブロックからなる．その基本的ブロックを**蝶演算**と呼ぶ．この構成ブロックの 1 つと $n = 8$ についての回路全体を図 8.4 に示す．

図 8.5 はアルゴリズム 8.14 の計算量を表したものである．ただし，再帰呼び出しが深さ $0, 1, \ldots, 5$ で止まり，残った部分問題は Horner 法によって計算されたとした場合である．対角線は各再帰ステップの線形時間 (計算量) を視覚化したものであり，Karatsuba の方法とは対照的にこれは全計算量に寄与する．次に多項式のたたみ込み積と積を高速に計算するために FFT を用いる．

アルゴリズム 8.16 高速たたみ込み積
入力：次数 $n = 2^k$ $(k \in \mathbb{N})$ 以下の多項式 $f, g \in R[x]$ および 1 の原始 n 乗根 $\omega \in R$．
出力：$f * g \in R[x]$.
 1. $\omega^2, \ldots, \omega^{n-1}$ を計算する
 2. $\alpha \longleftarrow \mathrm{DFT}_\omega$, $\beta \longleftarrow \mathrm{DFT}_\omega$
 3. $\gamma \longleftarrow \alpha \cdot \beta$ { 成分ごとの掛け算 }
 4. **return** $\mathrm{DFT}_\omega^{-1}(\gamma) = \dfrac{1}{n} \mathrm{DFT}_{\omega^{-1}}(\gamma)$

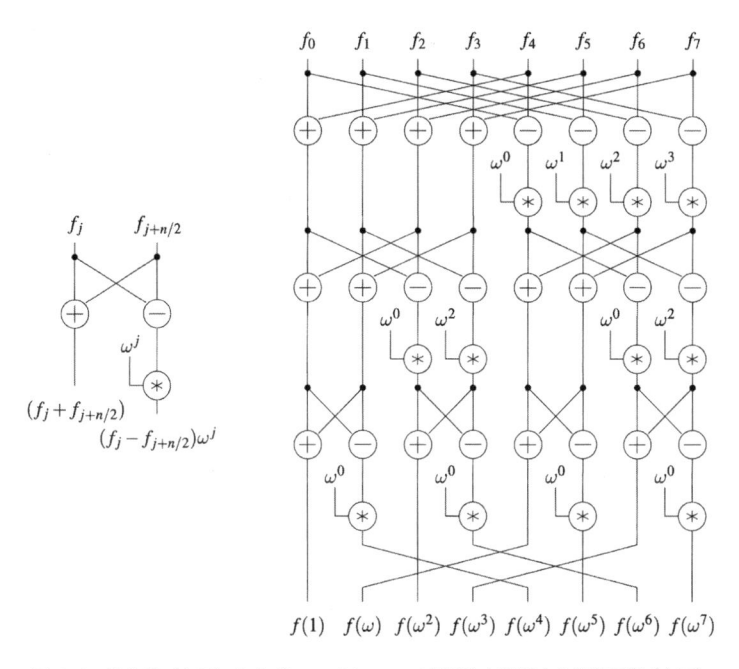

図 8.4 蝶演算 (左図) および $n=8$ について FFT を計算する算術回路 (右図). 減算節で左側の入力から右側の入力を引く.

定義 8.17 (可換) 環 R が **FFT を提供する** とは R が任意の $k \in \mathbb{N}$ に対して 1 の原始 2^k 乗根を持つことである.

FFT を提供する環の例として $R = \mathbb{C}$ があげられる.

定理 8.18 R を FFT を提供する環とし, ある $k \in \mathbb{N}$ に対して $n = 2^k$ とする. このとき, $R[x]/\langle x^n - 1 \rangle$ におけるたたみ込み積と $\deg(fg) < n$ なる多項式 $f, g \in R[x]$ の積は, R の $3n \log n$ 加算, ω のべきによる $\frac{3}{2} n \log n + n - 2$ 乗算, R の n 乗算, および n による n 除算の総計 $\frac{9}{2} n \log n + O(n)$ の算術演算によって計算できる.

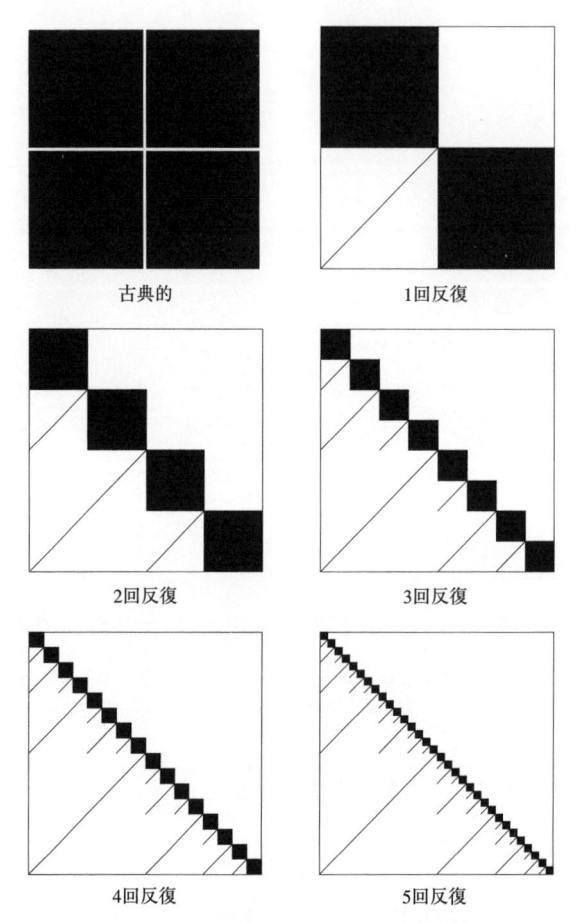

図 8.5 再帰呼び出しの深さが増えていったときの FFT の計算量．黒領域は全仕事量に比例している．

証明 $f, g \in R[x]$ を次数 n 未満とし，$h = f * g$ とおく．すると h は相異なる n 個の点の値によって一意的に定まる．たたみ込み積は，補題 8.11 より

$$\mathrm{DFT}_\omega(h) = \mathrm{DFT}_\omega(f) \cdot \mathrm{DFT}_\omega(g)$$

を満たす．ただし，右辺の積は成分ごとの掛け算である．したがって，アルゴリズム 8.16 は f と g のたたみ込み積を正しく計算するといえる．特に，出力

は 1 の原始 n 乗根の選び方によらない．さらに，もし $\deg(fg) < n$ ならば，$f * g \equiv fg \mod (x^n - 1)$ より $fg = f * g$ を得る．

各ステップの計算量は
1. ω による $n - 2$ 乗算，
2. $2n \log n$ 加算と ω のべきによる $n \log n$ 乗算，
3. n 乗算，
4. $n \log n$ 加算，ω のべきによる $\frac{1}{2} n \log n$ 乗算および n による除算，

となり，主張が得られた．□

次数 $n \in \mathbb{N}$ 未満の任意の 2 つの多項式を掛け合わせるには $2^{k-1} < n < 2^k$ なる k に対して 1 の原始 2^k 乗根がありさえすればよい．こうして，計算量を古典的アルゴリズムの約 $2n^2$ から $O(n \log n)$ へ減らすことができた．

系 8.19 環 R が FFT を提供すれば，$R[x]$ の次数 n 未満の多項式は R の $18n \log n + O(n)$ 演算によって掛け合わすことができる．

8.3 Schönhage と Strassen の乗算アルゴリズム

前節における議論は，ある 1 の原始根を含んでいる環の上での，漸近的に高速な FFT に基づいた多項式乗算アルゴリズムについてのものであった．係数環 R が任意である場合は，FFT に基づいた方法は直接的にはうまくいかないだろう．この節では 1 の「仮想」根を付け加えることによって，いかにしてこの方法をうまくいくようにするかを示していく．

R を環とし，2 は R の単元であるとする．ある $k \in R$ に対して $n = 2^k$ であるとし，$D = R[x]/\langle x^n + 1 \rangle$ とおく．D は R が体である場合でさえ一般には体ではない．たとえば，$R = \mathbb{C}$ で $n = 2$ の場合は体ではない．相似式

$$x^n \equiv -1 \mod (x^n + 1), \quad x^{2n} = (x^n)^2 \equiv 1 \mod (x^n + 1)$$

により，$\omega = x \mod (x^n + 1) \in D$ は 1 の $2n$ 乗根である．さらに，2 が R の単

元であることより $\omega^n - 1 = (-1) - 1 = -2$ も R の単元であり，したがって ω は 1 の原始 $2n$ 乗根である．

$\deg(fg) < n = 2^k$ なる 2 つの多項式 $f, g \in R[x]$ を掛け合わせるためには，$x^n + 1$ を法として fg を計算すれば十分であることは明らかである．これを **f と g の負の包みたたみ込み積**と呼ぶ．$m = 2^{\lfloor k/2 \rfloor}$, $t = n/m = 2^{\lceil k/2 \rceil}$ とし，f と g の係数をサイズ m の t 個のブロックに分割する．すなわち，$0 \leq i < t$ について次数 m 未満の $f_i, g_i \in R[x]$ によって

$$f = \sum_{0 \leq j < t} f_j x^{mj}, \quad g = \sum_{0 \leq j < t} g_j x^{mj}$$

と書く．$f' = \sum_{0 \leq j < t} f_j y^j$, $g' = \sum_{0 \leq j < t} g_j y^j$ とすれば $f = f'(x, x^m)$ および $g = g'(x, x^m)$ となる．$y^t + 1$ を法として $f'g'$ を計算すれば十分である．なぜならば，ある $h', q' \in R[x, y]$ に対して

$$f'g' = h' + q'(y^t + 1) \equiv h' \bmod (y^t + 1) \tag{4}$$

であるならば

$$fg = h'(x, x^m) + q'(x, x^m)(x^{tm} + 1) \equiv h'(x, x^m) \bmod (x^n + 1)$$

となるからである．

次に 1 の原始 $4m$ 乗根

$$\xi = x \bmod (x^{2m} + 1) \in D = R[x]/\langle x^{2m} + 1 \rangle$$

をとる．$\deg_y h' < t$ で式 (4) を満たす $h' \in R[x, y]$ を計算したい（このような h' は一意的に定まる．2.4 節を見よ）．$i \geq t$ について y^i の係数を比較することによって $\deg_x q' \leq \deg_x(f'g') < 2m$ が得られ，よって

$$\deg_x h' \leq \max\{\deg_x(f'g'), \deg_x q'\} < 2m \tag{5}$$

を得る．$D[y]$ において $f^* = f' \bmod (x^{2m} + 1)$, $g^* = g' \bmod (x^{2m} + 1)$ および $h^* = h' \bmod (x^{2m} + 1)$ とすれば $D[y]$ において

$$f^* g^* \equiv h^* \bmod (y^t + 1) \tag{6}$$

となる．これら3つの多項式の次数は，式 (5) により $2m$ 未満であるから，$x^{2m}+1$ を法として換算していくということは単に同じ係数たちの列を異なった代数的な意味を持ったものとしてとらえるということにほかならない．特に $h' \in R[x][y]$ の係数は $h^* \in D[y]$ の係数から読み取れる．

以下の図式は h, h', および h^* の間の関係を表している．矢印は環準同型である．

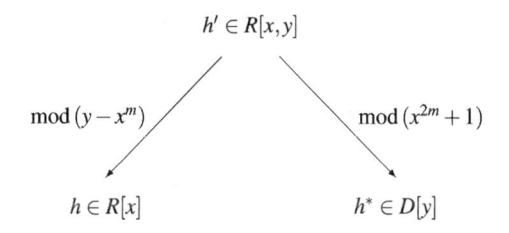

$$
\begin{array}{ccc}
 & h' \in R[x,y] & \\
\mod(y-x^m) \swarrow & & \searrow \mod(x^{2m}+1) \\
h \in R[x] & & h^* \in D[y]
\end{array}
$$

たとえば，$h = 4x^3 + 3x^2 + 2x + 1 \in \mathbb{Q}[x], m = 2$ および $\xi = x \bmod (x^4+1) \in D = \mathbb{Q}[x]/\langle x^4+1\rangle$ とすると，$h' = (4x+3)y + (2x+1) \in \mathbb{Q}[x,y]$ および $h^* = (4\xi+3)y + (2\xi+1) \in D[y]$ となる．

計算上は h' を h^* へ写像しても「何も変わらない」が，ここで式 (6) を計算するために以下のように FFT を適用する状況が整った．t は m または $2m$ に等しいから，D は1の原始 $2t$ 乗根 η, すなわち，$t=2m$ なら $\eta=\xi$, $t=m$ なら $\eta=\xi^2$ を含む．すると $\eta^t = -1$ であるから式 (6) は

$$f^*(\eta y) g^*(\eta y) \equiv h^*(\eta y) \bmod ((\eta y)^t + 1)$$

または

$$f^*(\eta y) g^*(\eta y) \equiv h^*(\eta y) \bmod (y^t - 1) \tag{7}$$

と同値である．$D[y]$ に属する $f^*(\eta y)$ および $g^*(\eta y)$ が与えられると，アルゴリズム 8.16 は D の $O(t \log t)$ 回の演算によって $h^*(\eta y)$ を計算する．このとき本質的に3回の t 点 FFT を用いる．D の2つの要素の積は再び R 上の負の包みたたみ込み積となり，再帰的に扱うことができる．以上をまとめて，次のアルゴリズムを得る．

アルゴリズム 8.20　高速負包みたたみ込み積

入力：次数 $n = 2^k$ ($k \in \mathbb{N}$) 未満の 2 つの多項式 $f, g \in R[x]$. ただし, R は 2 を単元として持つ (可換) 環.

出力：$fg \equiv h \mod (x^n + 1)$ かつ $\deg h < n$ なる $h \in R[x]$.

1. **if** $k \leq 2$ **then**

    call 古典的アルゴリズム 2.3 (または Karatsuba のアルゴリズム 8.1) を呼び出して $f \cdot g$ を計算する

    return fg rem $x^n + 1$

2. $m \longleftarrow 2^{\lfloor k/2 \rfloor}$, $\quad t \longleftarrow n/m$

    $f', g' \in R[x, y]$ を $\deg_x f', \deg_x g' < m$ であって $f = f'(x, x^m)$ かつ $g = g'(x, x^m)$ なるものとする

3. $D = R[x]/\langle x^{2m} + 1 \rangle$

    if $t = 2m$ **then** $\eta \longleftarrow x \mod (x^{2m} + 1)$ **else** $\eta \longleftarrow x^2 \mod (x^{2m} + 1)$

    { η は 1 の原始 $2t$ 乗根 }

    $f^* \longleftarrow f' \mod (x^{2m} + 1)$, $\quad g^* \longleftarrow g' \mod (x^{2m} + 1)$

    call $\omega = \eta^2$ として高速たたみ込み積アルゴリズム 8.16 を呼び出して $h^* \in D[y]$ であって次数 t 未満で

    $$f^*(\eta y) g^*(\eta y) \equiv h^*(\eta y) \mod (y^t - 1)$$

    なるものを計算する．ここで，D での積はアルゴリズム 8.20 を再帰的に用いる

4. $h' \in R[x, y]$ を $\deg_x h' < 2m$ であって $h^* = h' \mod (x^{2m} + 1)$ なるものとする

    $h \longleftarrow h'(x, x^m)$ rem $(x^n + 1)$

    return h

例 8.21　$R = \mathbb{F}_5$ とし, $f = x^4 + 2x + 3, g = 2x^3 + x^2 + 4x + 2$ を $\mathbb{F}_5[x]$ の要素とする．このとき, $k = 3$ としてアルゴリズム 8.20 を用いることにより, 以下のようにして $fg \in \mathbb{F}_5[x]$ を計算できる．ステップ 2 で $m = 2, t = 4, f' = y^2 +$

$2x+3$ および $g' = (2x+1)y + 4x + 2$ となる．ステップ 3 で $\eta = \mod (x^4 + 1)$ となり，

$$f^* = y^2 + 2\eta + 3, \qquad g^* = (2\eta + 1)y + 4\eta + 2$$
$$f^*(\eta y) = \eta^2 y^2 + 2\eta + 3, \qquad g^*(\eta y) = (2\eta^2 + \eta)y + 4\eta + 2$$

を得る．次にアルゴリズム 8.16 によって（または，いまの場合 $f^*(\eta y)g^*(\eta y)$ を直接計算して）

$$h^*(\eta y) = (2\eta^4 + \eta^3)y^3 + (4\eta^3 + 2\eta^2)y^2 + (4\eta^3 + 3\eta^2 + 3\eta)y + 3\eta^2 + \eta + 1$$
$$h^* = h^*(\eta(\eta^{-1}y))$$
$$= (2\eta + 1)y^3 + (4\eta + 2)y^2 + (4\eta^2 + 3\eta + 3)y + 3\eta^2 + \eta + 1$$

を得る．最後にステップ 4 で

$$h' = (2x+1)y^3 + (4x+2)y^2 + (4x^2 + 3x + 3)y + (3x^2 + x + 1)$$
$$h'(x, x^2) = 2x^7 + x^6 + 4x^5 + x^4 + 3x^3 + x^2 + x + 1 \equiv fg \mod (x^8 + 1)$$

が得られ，第 2 行で両辺の次数がともに 8 未満であることより等号が成立する．
◇

定理 8.22 アルゴリズム 8.20 は正しく計算し，R の $\frac{9}{2}n \log n \log \log n + O(n \log n)$ 回の演算を用いる．

証明 正当性はアルゴリズムの直前の議論で示されている．$T(n)$ でサイズ $n = 2^k$ の入力に対してアルゴリズムが用いる R の算術演算の個数を表す．ステップ 1 の計算量は $O(1)$ である．ステップ 2 では R のいかなる算術演算も用いられない．定理 8.18 により，アルゴリズム 8.16 は FFT ステップにおいて D における $3t \log t$ 回の加算と $\omega = \eta^2$ のべきによる $\frac{3}{2}t \log t$ 回の乗算を用い，さらに $t \in R$ による t 回の除算と D の任意の 2 つの要素の「本質的」乗算を用いている（アルゴリズム 8.16 のステップ 1 における ω のべきの計算は勘定に入れる必要はない）．D における 1 回の加算には R において $2m$ 回の加算を要し，t による 1 回の除

算は R の $2m$ 回の除算を要する．そして，$a = \sum_{0 \le j < 2m} a_j x^j \bmod (x^{2m}+1)$ の η のべきによる乗算は座標 a_i の巡回シフトと高々 $2m$ 回の R の演算を用いた，「くるまれた」座標の符号の反転に対応している．D での本質的乗算のそれぞれは，R での $T(\lfloor k/2 \rfloor + 1)$ 回の演算を用いて再帰的に行われる．f^*, g^* からの $f^*(\eta y), g^*(\eta y)$ の計算と $h^*(\eta y)$ からの $h^* = h^*(\eta(\eta^{-1}y))$ の計算は η のべきの $3t$ 回の積にほかならない．よって，ステップ 3 の総計算量は高々 $9mt \log t + 8mt + t \cdot T(\lfloor k/2 \rfloor + 1)$ である．ステップ 4 では h' から h への計算の計算量は高々 $n = mt$ 回の加算にすぎない．総計すると $k > 2$ のとき

$$T(K) \le 2^{\lceil k/2 \rceil} T\left(\left\lfloor \frac{k}{2} \right\rfloor + 1\right) + 9 \cdot 2^k \left(\left\lceil \frac{k}{2} \right\rceil + 1\right)$$

を得る．よって，$k > 1$ のとき

$$2^{-k}T(k+1) + 45 \le 2^{\lceil (k+1)/2 \rceil - k} T\left(\left\lfloor \frac{k+1}{2} \right\rfloor + 1\right) + 90$$
$$+ 18\left(\left\lceil \frac{k+1}{2} \right\rceil + 1\right) - 45$$
$$= 2\left(2^{-\lceil k/2 \rceil} T\left(\left\lceil \frac{k}{2} \right\rceil + 1\right) + 45\right) + 18\left(\left\lfloor \frac{k}{2} \right\rfloor - \frac{1}{2}\right)$$

となる．ここで，$\lfloor (k+1)/2 \rfloor = \lceil k/2 \rceil$ および $\lceil (k+1)/2 \rceil = \lfloor k/2 \rfloor + 1$ を用いた．$S(k) = (2^{-k}T(k+1) + 45)/(k-1)$ と表せば，$k > 1$ について帰納法により

$$S(k) \le \frac{2(\lceil k/2 \rceil - 1)}{k-1} S\left(\left\lceil \frac{k}{2} \right\rceil\right) + 9\frac{2(\lfloor k/2 \rfloor - 1/2)}{k-1}$$
$$\le S\left(\left\lceil \frac{k}{2} \right\rceil\right) + 9 \le \cdots \le S(2) + 9(\lceil \log k \rceil - 1)$$

を得る．したがって．

$$T(k) = 2^{k-1}((k-2)S(k-1) - 45)$$
$$\le \frac{9}{2} 2^k (k-2)(\lceil \log(k-1) \rceil - 1) + \frac{S(2)}{2} 2^k (k-2) - \frac{45}{2} 2^k$$
$$\in \frac{9}{2} 2^k k \log k + O(2^k k) = \frac{9}{2} n \log n \log \log n + O(n \log n)$$

を得る．□

8.3 Schönhage と Strassen の乗算アルゴリズム

実装にあたっては，ステップ 1 において，その k 以下では他のアルゴリズムを用いる k の「逆転」閾値の決定を注意深く行わなければならない．

ステップ 2 の m の値，そして n の値は 2 のべきである必要はないことに注意する．t が 2 のべきであってかつ $2m$ が t で割り切れれば十分である．すると n を $n = 3 \cdot 2^k$ または $n = 5 \cdot 3^k$ のように選ぶことができる．こうすることにより，$\deg(fg)$ が上の形の数よりほんの少しだけ小さな場合に，詰め物として付け加える零をより少なくできるという利点がある．たとえば，もしある $l \in \mathbb{N}$ に対して $\deg(fg) = 3 \cdot 2^{l-1} - 1$ であるならば，アルゴリズムそのままのやり方だと $n = 2^{2l+1}$ を用いてステップ 2 で $m = 2^l, t = 2^{l+1}$ となるが，$n = 3 \cdot 2^{2l-1}$ と選んでステップ 2 で $m = 3 \cdot 2^{l-1}$ および $t = 2^l$ とする方がよりよいだろう．

練習問題 8.20 で 3 が R の単元であるときのアルゴリズム 8.20 の類似物について議論する．この場合は 3 進 FFT を用いる．特に R が標数 2 の体である場合はこれに含まれる．任意の環 R の場合についてはどうだろうか？ アルゴリズム 8.16 のすべての除算は 2 のべきによるものである．最後の行を

4. **return** $n \cdot \mathrm{DFT}_\omega^{-1}(\gamma) = \mathrm{DFT}_{\omega^{-1}}(\gamma)$

におきかえると加算と乗算のみを用いて，R における除算は用いない．そして $a * b$ のかわりに $n \cdot (a * b)$ を返す．もしアルゴリズム 8.20 のステップ 3 にこの改変したアルゴリズムを用いれば，練習問題 8.31 で示されるようにこの改変アルゴリズムは任意の (可換な) 環の上で機能し，ある $\kappa \in \mathbb{N}$ に対し，$2^\kappa \cdot h$ を返す．練習問題 8.30 の 3 進 FFT アルゴリズムを同様に改変することによってある $\lambda \in \mathbb{N}$ に対して $3^\lambda \cdot h$ を計算するアルゴリズムが得られる．

いま，もし次数 n 未満の多項式 $f, g \in R[x]$ の積を計算したいとすると，自然数 $k, l \in \mathbb{N}$ で $2^{k-2} < n \leq 2^{k-1}$ かつ $3^{l-1} < n \leq 3^l$ となるものを選んでともに改変版の 2 進アルゴリズムと 3 進アルゴリズムを呼び出して $2^\kappa fg$ と $3^\lambda fg$ を計算する．Euclid の互除法の拡張版を用いて $s2^\kappa + t3^\lambda = 1$ なる $s, t \in \mathbb{Z}$ を求め，そして $s2^\kappa fg + t3^\lambda fg = fg$ を得る．以上より次の結果が得られた．

定理 8.23 任意の可換環 R 上で，次数 n 未満の多項式どうしは高々 (18 +

$72\log_3 2)n\log n\log\log n + O(n\log n)$ 回または $63.43n\log n\log\log n + O(n\log n)$ 回の R の算術演算によって掛け合わすことができる.

証明 $k,l \in \mathbb{N}$ を上の通りとする. 定理 8.22 により, $2^k < 4n$ だから $x^{2^k}+1$ を法とする $2^\kappa fg$ の計算には $\frac{9}{2}2^k k\log k + O(k\log k)$ 回または $18n\log n\log\log n + O(n\log n)$ 回の演算を要する. 同様に, 練習問題 8.30 と $3^k < 3n$ であることより $x^{2\cdot 3^k}+x^{3^k}+1$ を法として $2^\lambda fg$ は $24\cdot 3^k k\log k + O(k\log k)$ 回または $72n\log_3 n\log\log n + O(n\log n)$ 回の演算によって計算できる. $s2^\kappa fg + t3^\lambda fg$ には高々 $6n$ 回の演算を要し, よって $\log_3 n = \log_3 2\log 2\log n$ かつ $72\log_3 2 < 45.43$ であることに注意すれば主張を得る. □

定数 63.43 はおそらく最良ではない. 読者自身, より小さい定数を求めることをお勧めする.

この方法は整数の乗算に拡張できるだろうか? 以下の結果は代数的計算量の理論および高性能計算に FFT を導入するものである.

定理 8.24 Schönhage & Strassen(1971)
長さ n の整数どうしの積は $O(n\log n\log\log n)$ 回の語演算によって計算しうる.

このアルゴリズムの詳細はここでは述べない (部分的には練習問題 8.36 で記述される). むしろ高速整数乗法の別のアプローチについて述べる. これは, ある上限を超えない長さの整数についてのみ有効なものであるが, 大抵の実用的な目的 (百万ギガバイト単位までの入力) のためには十分であろう. $a = \sum_{0\leq j<n} a_j 2^{64j}$, $b = \sum_{0\leq k<n} b_k 2^{64k}$ を 2^{64} 進表現とし, $A = \sum_{0\leq j<n} a_j x^j$, $B = \sum_{0\leq k<n} b_k x^k \in \mathbb{Z}[x]$ とする. すると $a = A(2^{64})$ かつ $b = B(2^{64})$ である. $C = AB = \sum_{0\leq l<2n-1} c_l x^l$ とすると $ab = C(2^{64})$ を得る. いま, すべての l に対し, $0 \leq c_l = \sum_{j+k=l} a_j b_k < \sum_{j+k=l} 2^{128} \leq n\cdot 2^{128}$ である. $nn <$

8.3 Schönhage と Strassen の乗算アルゴリズム

2^{61} と仮定し，3つの単精度の素数 p_1, p_2, p_3 を 2^{63} と 2^{64} の間にとって，各 p_j を法として A と B を掛け合わせる．すると，中国剰余定理によりこれら3つの素数を法とした AB の値から積 AB を再構成できる．

この3つの素数を法とした乗算についてアルゴリズム 8.16 FFT 乗算を用いたい．そしてこのために，各 $p_j - 1$ は十分大きな2のべきで割り切れることが必要である．このような素数を **Fourier 素数**と呼ぶ．正確には，$t = \lceil \log(2l - 1) \rceil$ として $j = 1, 2, 3$ に対して 2^t が $p_j - 1$ を割り切るとすると，補題 8.8 により $\mathbb{F}_{p_j}$ は1の原始 2^t 乗根を含む．そしてアルゴリズム 8.16 を $R = \mathbb{F}_{p_j}$ に対して使えて $AB \bmod p_j$ を計算できる．n が大きすぎないならば，そのような3つの素数は第14章のアルゴリズムを用いて次々と $2^l + 1, 2 \cdot 2^l + 1, 3 \cdot 2^l + 1, \ldots$ が素であるかどうかを試していくことによって見つけることができる．（練習問題 18.16 はこのような素数を法とする1の原始 2^l 乗根の見つけ方を示している．）たとえば，次の6つの対のそれぞれに対して

k	29	71	75	95	108	123
ω	21	287	149	55	64	493

$p = k \cdot 2^{57} + 1$ は素数であり，ω は p を法とする最小の正の原始 2^{57} 乗根である．実際，これらは 2^{64} 以下の素数 p で 2^{57} が $p-1$ を割り切るもののすべてであり，最初のものを除きすべて 2^{63} より大きい．（$p = 108 \cdot 2^{57} + 1$ に対して，$p - 1$ は 2^{59} でも割り切れる．これは 2^{64} より小さい素数でこの性質を持つ唯一のものであり，また 2^{64} より小さい素数 p で $p-1$ がより大きな2のべきで割り切れるものは存在しない．）このような3つの対は事前に1回だけ計算しておけばよい．次は対応するアルゴリズムである．

アルゴリズム 8.25　3つの素数による FFT 整数乗算

入力：2^{64} 進表現された2つの整数 $a, b \in \mathbb{N}$ で $a, b < 2^{64 \cdot 2^{s-1}}$ なるもの．ただし，$s \leq 62$．
出力：$ab \in \mathbb{N}$.

　｛事前に計算された単精度整数の3つの対 $(p_1, \omega_1), (p_2, \omega_2), (p_3, \omega_3)$ が与

えられているとする．ここに，$p_j \in \{2^{63}, \ldots, 2^{64} - 1\}$ は素数であり $\omega_j \in \{1, \ldots, p_j - 1\}$ は $\mathbb{F}_{p_j}$ における 1 の原始 2^s 乗根である．}

1. $A, B \in \mathbb{Z}[x]$ をすべての係数が非負で 2^{64} 未満であって $a = A(2^{64})$ かつ $b = B(2^{64})$ なるものとする．
 $t \longleftarrow \lceil \log_2(1 + \deg(AB)) \rceil$
2. **for** $j = 1, 2, 3$ **call** $R = \mathbb{F}_{p_j}$ 上で $\omega \equiv \omega_j^{2^{s-1}} \mod p_j$ として高速たたみ込み積アルゴリズム 8.16 を呼び，$C_j = AB \text{ rem } p_j$ を計算する
3. **call** 中国剰余定理アルゴリズム 5.4 を呼んで，$j = 1, 2, 3$ に対して $C \equiv C_j \mod p_j$ なる $C \in \mathbb{Z}[x]$ で係数は非負で $p_1 p_2 p_3$ 未満なるものを計算する
4. **return** $C(2^{64})$

アルゴリズムの中の数 s は実装に依存する定数である．これが掛け合わすことのできる数のサイズの限界を定める．アルゴリズムの前の議論により 2^{64} までの素数について可能な最大値は $s = 57$ であり，そのときの掛け合わすことのできる最大の整数は $64 \cdot 2^{56}$ ビットまたは $536\,870\,912$ ギガバイトである．32 ビットプロセッサに対する同様なアルゴリズムは 256 メガバイトどうしを掛け合わすことができる (練習問題 18.16)．

数 $t \leq s$ は入力のサイズに対応している．2^{64} 進表現された a と b の長さの和は 2^t に近い．アルゴリズム 8.25 の計算量は本質的に単精度係数の多項式の 2^t FFT の 9 倍に相当し，総計 $O(t2^t)$ 回の語の演算となる．

この本を通して，計算機代数の多くの問題についての多項式と整数の高速乗算に基礎をおいたアルゴリズムについて議論していく．計算量の解析について，基盤となる乗算のアルゴリズムから抽象して次の定義を導入する．

定義 8.26 R を環とする (可換で 1 を持つとする)．関数 $\mathsf{M} : \mathbb{N}_{>0} \to \mathbb{R}_{>0}$ が $R[x]$ に対する**乗算時間**であるとは，$R[x]$ の次数 n 未満の多項式を掛け合わすには高々 $\mathsf{M}(n)$ 回の R の演算で可能であることをいう．同様に，上の関数 M が $\mathbb{Z}$ に対する**乗算時間**であるとは長さ n の 2 つの整数を掛け合わすには高々

$\mathsf{M}(n)$ 回の語演算で可能であることをいう.

原理的に任意の乗算アルゴリズムは乗算時間を定める. 表 8.6 にいままで議論したアルゴリズムの乗算時間をまとめる. 見返しにも早見のために同様の表を載せてある. この本の以下では乗算時間は, すべての $n, m \in \mathbb{N}_{>0}$ に対して

$$n \geq m \text{ なら } \mathsf{M}(n)/n \geq \mathsf{M}(m)/m, \quad \mathsf{M}(mn) \leq m^2 \mathsf{M}(n) \tag{8}$$

を仮定する. 最初の不等式からすべての $n, m \in \mathbb{N}_{>0}$ に対して次の優線形性が得られる (練習問題 8.33).

$$\mathsf{M}(mn) \geq m \cdot \mathsf{M}(n), \quad \mathsf{M}(n+m) \geq \mathsf{M}(n) + \mathsf{M}(m), \text{ かつ } \mathsf{M}(n) \geq n \tag{9}$$

式 (8) の最後の性質は M は「高々 2 次」であることを示し, すべての正定数 c に対して $\mathsf{M}(cn) \in O(\mathsf{M}(n))$ であることを意味する. 定理 8.23 は任意の可換環 R に対し

$$\mathsf{M}(n) \in 63.43 n \log n \log \log n + O(n \log n)$$

であることを意味し, 以下この結果を主に用いる.

表 8.6 種々の多項式乗算アルゴリズムとその実行時間

アルゴリズム	M
古典的	$2n^2$
Karatsuba (Karatsuba & Ofman 1962)	$O(n^{1.59})$
FFT 乗算 (R が FFT を提供と仮定)	$O(n \log n)$
Schönhage & Strassen (1971), Schönhage (1977) Cantor & Kaltofen (1991); FFT による	$O(n \log n \log \log n)$

8.4 $\mathbb{Z}[x]$ および $R[x, y]$ における乗算

$f, g \in \mathbb{Z}[x]$ を次数 n とする. 定理 8.23 により f と g は $O(n \log n \log \log n)$ 回の $\mathbb{Z}$ における加算と乗算によって掛け合わすことができる. その乗算についての語演算の数を決定したいとき, 計算途中の係数の上界が必要である. アル

ゴリズム 8.20 のより詳しい解析を行えばそのような評価が得られるが, ここでは他のアプローチ, Kronecker 代入法を行う.

$f = \sum_{0 \leq i < n} f_i x^i$ および $g = \sum_{0 \leq j < n} g_j x^j$ をすべての $f_i, g_j \in \mathbb{Z}[x]$ が 2^{64} 進表現で長さが高々 l であるものとし, $h = fg = \sum_{0 \leq k \leq 2n-2} h_k x^k$, ここに $h_k = \sum_{i+j=k} f_i g_j$ とする. 議論を簡単にするために, すべての f_i, g_j は負でないとする (これは, たとえば, 必要なら f と g を係数が正の部分と負の部分に分ければそのようにすることができる). すると $0 \leq k \leq 2n-2$ に対して

$$0 \leq h_k < \sum_{i+j=k} 2^{128l} \leq n 2^{128l}$$

となる. $t \in \mathbb{N}$ を $n 2^{128l} < 2^{64t}$ なるように選ぶと, h の係数を数 $h(2^{64t}) = f(2^{64t})g(2^{64t})$ の 2^{64} 進表現から読み取れる. これは $x - 2^{64t}$ を法として計算することに対応している. よって $t = 2l + \lfloor (\log n)/64 \rfloor + 1 \in O(l + \log n)$ が十分であって, $f(2^{64t})$ と $g(2^{64t})$ は長さ $O(n(l + \log n))$ を持つ. 定理 8.24 より次が得られる.

系 8.27 次数 n 未満で係数の長さが高々 l であるような $\mathbb{Z}[x]$ の多項式は $O(\mathbf{M}(n(l + \log n)))$ または $O^{\sim}(nl)$ 回の語演算によって掛け合わすことができる

$O^{\sim}$ 記法は対数の因数を無視するものである. 25.7 節を見よ.

上の結果は有効に実装するのはやさしくない. 実用的には他の剰余系によるアプローチが有用であることが示されている. Fermat 数を用いた方法は練習問題 8.36 で議論される. そしてここでは, 3 つの素数による FFT アルゴリズムの類似である他のアプローチを示す. 相異なる単精度の素数 $p_1, \ldots, p_r \in \mathbb{N}$ でそれらの積が $n 2^{128l+1}$ を超えるものを選ぶ. $fg \bmod p_1 \in \mathbb{F}_{p_1}[x], \ldots, fg \bmod p_r \in \mathbb{F}_{p_r}[x]$ を計算し, 最後にそれらの各係数に中国剰余アルゴリズム 5.4 を適用して fg を再構成する (練習問題 5.34). さらにある $k \in \mathbb{N}$ に対して $2n \leq 2^k$ とし, p_i をすべての i に対して $2^k | (p_i - 1)$ なる Fermat 素数とするとき, 各 $\mathbb{F}_{p_i}$

は 1 の原始 2^k 乗根を含み (補題 8.8), 1 の「仮想」原始根を構成することなしにアルゴリズム 8.16 を直接用いることにより $fg \bmod p_i$ を計算できる. 各 p_i は用いるプロセッサの 1 つの語にちょうど対応し, そして $\mathbb{F}_{p_i}$ における係数の算術計算は単にその機械のいくつかの命令に対応する. 多くの同じサイズの多項式の乗算を行わなければならないときには, 素数 p_i および $\mathbb{F}_{p_i}$ の適切な 1 の原始根 (練習問題 18.16), さらに p_i たちにのみ依存する中国剰余アルゴリズムの「Lagrange 補間」も事前に計算し, 保持しておけばよい.

もちろん, このアプローチも扱える多項式の次数と係数のサイズの限界があるが, 実用には全く十分であると思われる. Shoup による実装 (1995) および Fermat 数によるアプローチの実装は 9.7 節で述べる. 実行時間が示すように前者は小さい係数により適し, 後者は係数が大きいときに適している.

Kronecker 代入法は環 R 上の 2 変数多項式の乗算にも適用できる. $f = \sum_{0 \leq i < n} f_i x^i, g = \sum_{0 \leq i < n} g_i x^i \in R[y][x]$ を 2 変数多項式で, すべての i に対し $f_i, g_i \in R[y]$ は次数 d 未満とする. すると $h = fg = \sum_{0 \leq i < 2n-2} h_i x^i$ として, すべての i に対して $h_i \in R[y]$ は次数が高々 $2d - 2$ である. x に y^{2d-1} を代入して (すなわち, $x - y^{2d-1}$ を法として計算して)

$$f \cdot g \equiv f(y^{2d-1}, y) \cdot g(y^{2d-1}, y) = h(y^{2d-1}, y)$$
$$= \sum_{0 \leq i \leq 2n-2} h_i y^{(2d-1)i} \equiv h \bmod x - y^{2d-1}$$

を得る. そして h の係数は $x - y^{2d-1}$ を法とした fg の値から読み取ることができ, 今度はそれを $R[y]$ での 1 変数多項式の高速乗算を用いて計算できる. $f(y^{2d-1}, y)$ と $g(y^{2d-1}, y)$ の次数は高々 $(n-1)(2d-1) + d - 1 = 2nd - n - d$ であるから, 以下の結果を得る.

系 8.28 R を (可換で 1 を持つ) 環とする. $R[x, y]$ の多項式で x に関する次数が n 未満, y に関する次数が d 未満のものは, $O(\mathbf{M}(nd))$ または $O^{\sim}(nd)$ 回の環の演算によって掛け合わせることができる.

注解

8.1 Karatsuba と Ofman は Kolmogorov のセミナーに出席した．Kolmogorov は積の2次の計算量は最良であろうと予想していて，実際 (おそらく Ofman との共著で) 論文を書き投稿していた．Karatsuba (1995) は彼を有名にした自身の仕事についてこういっている．私が初めてその論文について勉強したのは，その別刷をもらったときだった．

8.2 Cooley & Tukey (1965) がコンピュータサイエンスについての FFT を発見し，ディジタル信号処理の方法に革命を起こした．その起源となる発明は1世紀半さかのぼる．Gauß はそれを1805年頃に発見したが，死後やっと出版された (Gauß 1866)．Gauß はまた通常の Fourier 変換を Fourier が1807年にそれを発見する (出版は Fourier 1822) 以前に発見した．このアルゴリズムは何年かの間にわたって数回再発見された．FFT の魅惑的な歴史については Cooley (1987, 1990) および Heideman, Johnson & Burrus (1984) に描かれている．

8.3 アルゴリズム 8.20 は Schönhage & Strassen (1971) の整数乗算アルゴリズムを多項式乗算に改変したもので，2 が x の役割を果たす．Schönhage (1977) は標数2の場合のさらに複雑な状況を3進 FFT を用いて (練習問題 8.30) 解いた．これらの2つの論文と Cantor & Kaltofen (1991) により定理 8.23 が示された．Schönhage & Strassen の大発見以前 Toom (1963)，Cook (1966) および Schönhage (1966)，Strassen (1968，未出版) らは長さ n の整数に対する $n^{1+o(1)}$ 乗算アルゴリズムを発見した．しかし，Schönhage & Strassen は世界記録を達成し，それは四半世紀にわたって破られなかった．Gentleman & Sande (1966) はより以前から多項式乗算のために FFT を用いることを提案していた．これらの方法のいくつかについての記述は Knuth (1998)，§4.3.3 を見よ．そこでも簡単に議論されているが，もう1つの方法は，十分正確に1の複素根を近似して FFT を複素数の上で用いるものである．これは π を記録的正確さで計算するのに用いられる．そこまで正確な計算のために，FFT 乗算は CPU 時間の 90% を使用する (Kanada (1988); 4.6 節を見よ)．Bernstein (2001) は高速乗算ルーチンについての徹底的な議論を行っている．Schönhage は (m ビットアドレスにアクセスするための計算量を m として) ランダムアクセス計算機上で n ビット整数を $O(n \log n)$ 回の語演算で掛け合わせられることを示した (Knuth (1998)，§4.3.3 C を見よ)．

Pollard (1971) は有限体上および $\mathbb{Z}$ 上の多項式，さらに整数の FFT に基礎づけられた乗算アルゴリズムを提示した．それは実装に関する報告も含むものであったが，漸近的解析や必要な1の原始根の一般構成は含まれていなかった．彼はまた3素数 FFT アルゴリズム 8.25 を与えた．Lipson (1981)，§IX.2.2 も見よ．Moenck (1976)

は初期の実装報告を示している.

我々の用いた乗算時間のいくつかについては,要請された性質 (8) は $n \leq 2$ に対して成り立たない.この点は以下において無視する.

8.4 Kronecker (1882), §4 は多変数多項式に対する彼の代入法を発案した.その効果は代入の後,異なる係数を「離れた」ままに保っておくことである.$\mathbb{Z}[x]$ においていくつかの小さい素数を法とする乗算のアルゴリズムは Pollard (1971) で発表された.

練習問題

8.1 $i = \sqrt{-1}$ とする.与えられた 2 つの零でない複素数 $z_1 = a_0 + a_1 i$, $z_2 = b_0 + b_1 i$ の実部と虚部 $a_0, a_1, b_0, b_1 \in \mathbb{R}$ に対し,$\mathbb{R}$ における高々 7 回の乗算と除算でいかにして商 $z_1/z_2 \in \mathbb{C}$ の実部と虚部を計算できるか示せ.そのアルゴリズムを表す算術回路を描け.高々 6 回の実数の乗算と除算を使うアルゴリズムを見つけることができるか?

8.2 R を (可換で 1 を持つ) 環とし,$f, g \in R[x, y]$ をそれぞれ y に関する次数が m 未満で x に関する次数が n 未満であるとする.$h = f \cdot g$ とする.

(i) $R[x, y]$ を $R[y][x]$ とみなし,古典的な 1 変数多項式の乗算を用いて,h を計算するため R における算術演算の回数を上から評価せよ.

(ii) Karatsuba のアルゴリズムを用いて h を計算するための R の演算の回数を上から評価せよ.

(iii) (i), (ii) を任意の多変数多項式に一般化せよ.

8.3 補題 8.2 の記号のもとに,さらに S と T が単調増加であって,すべての $n \in \mathbb{N}_{>0}$ に対して $S(2n) \leq 4S(n)$ が成り立つと仮定する.2 のべきのみだけでなくすべての $n \in \mathbb{N}_{>0}$ に対して成り立つ最良上界を求めよ.ヒント:n はある区間 $[2^{k-1} + 1, 2^k]$ に入る.

8.4 2.3 節で次数 n 未満の多項式の古典的乗算は $2n^2 - 2n + 1$ 回の環演算を要することを見た.Karatsuba のアルゴリズムについての $9 \cdot 3^k - 8 \cdot 2^k$ よりこの値が大きくなる $n = 2^k$ の値はいくつか?

8.5* R を (可換で 1 を持つ) 環とし,$f, g \in R[x]$ を次数 n 未満とする.n が 2 のべきでないときに Karatsuba のアルゴリズム 8.1 の 2 つの変種について以下のように解析せよ.

(i) 最初は n のかわりに $2^{\lceil \log 2 \rceil}$ としてアルゴリズム 8.1 を呼ぶというものである.これは高々 $9 \cdot 3^{\lceil \log n \rceil} \leq 27 n^{\log 3}$ 回の R の演算を要することを示せ.

(ii) $m = \lceil n/2 \rceil$ とし,アルゴリズム 8.1 を改変して f と g を次数 m 未満の塊に分け

るようにする．$T(n)$ でこのアルゴリズムを表すとするとき，$T(1) = 1$ および $T(n) \leq 3T(\lceil n/2 \rceil) + 4n$ を示せ．

(iii) すべての $k \in \mathbb{N}_{>0}$ に対して $T(2^k) \leq 9 \cdot 3^k - 8 \cdot 2^k$ および $T(2^{k-1} + 1) \leq 6 \cdot 3^k - 4 \cdot 2^k - 2$ が成り立つことを示せ．さらに $n = 2^k$ および $n = 2^{k-1} + 1$ に対して，これと (i) とを比較せよ．$n \leq 50$ に対して (i) と (ii) の実行時間の上界のなす曲線をプロットせよ．

(iv) $R = \mathbb{Z}$ に対して両方のアルゴリズムを実装せよ．n のいろいろな値，たとえば $2 \leq n \leq 50$ と $n = 100, 200, \ldots, 1000$ に対して実験してみよ．係数が1桁であるランダムな多項式を用いてみよ．さらにまた係数が n 桁のものも用いてみよ．

8.6* Karatsuba のアルゴリズムは小さな入力に対しては古典的な乗算より遅い．ある限界値 $2^d \in \mathbb{N}$ より小さくなるまで Karatsuba のアルゴリズムを再帰的に実行し，その後古典的乗算に切り替えるという混成アルゴリズムを調べよ．すなわち，Karatsuba のアルゴリズム 8.1 の第1行を

1. if $n \leq 2^d$ then call アルゴリズム 2.3 を呼んで $fg \in R[x]$ を計算する．

におきかえる．するとアルゴリズム 8.1 は $d = 0$ の場合に対応する．ある $k \in \mathbb{N}$ に対し $n = 2^k$ のとき，このアルゴリズムの計算量を $T(n)$ で表す．このとき，$n \geq 2^d$ に対して $T(n) \leq \gamma(d) n^{\log 3} - 8n$ が成立することを証明せよ．ただし，$\gamma(d)$ は d のみに依存する．$\gamma(d)$ を最小にする $d \in \mathbb{N}$ の値を求め，定理 8.3 の実行時間上界の結果と比較せよ．

8.7 多項式乗算の Karatsuba の方法は以下の通り一般化される．F を体とし，$m, n \in \mathbb{N}_{>0}$, $f = \sum_{0 \leq i < n} f_i x^i$, $g = \sum_{0 \leq j < n} g_j x^j \in F[x]$ の元とする．f と g を掛け合わせるために，それぞれをサイズ $k = \lceil n/m \rceil$ の $m \geq 2$ 個のブロックに分ける．

$$f = \sum_{0 \leq i < m} F_i x^{ki}, \quad g = \sum_{0 \leq i < m} G_i x^{ki}$$

ここですべての $F_i, G_i \in F[x]$ は次数 k 未満とする．このとき，$fg = \sum_{0 \leq i < 2m-1} H_i x^{ki}$，ただし $0 \leq i < 2m-1$ に対し $H_i = \sum_{0 \leq j \leq i} F_j G_{i-j}$ であり，$j \geq m$ に対して $F_j, G_j = 0$ と仮定する．

(i) $m = 3$ のとき，次数が k 未満の多項式の乗算を高々6回使うことによって $H_0, \ldots, H_4$ を計算するやり方を求めよ．その方法を用いて再帰的 Karatsuba アルゴリズムを構成し，N が3のべきであるときのその計算量を解析せよ．

(ii) 次数 k 以下の多項式 d 回の乗算によって $H_0, \ldots, H_{2m-2}$ を計算する仕組みが得られたとし，さらにその仕組みを (i) のように再帰的アルゴリズムに組み立てられたとする．そのアルゴリズムが Karatsuba のアルゴリズムより漸近的に速いような

d は高々どれくらいの大きさか？ (i) の結果と比較せよ．

8.8** 問題 8.7 の続き．

(i) F の濃度が少なくとも $2m-1$ ならば $d=2m-1$ ととれることを示せ．$K = F(\alpha_0, \ldots, \alpha_{m-1}, \beta_0, \ldots, \beta_{m-1})$ を $2m$ 個の不定元からなる有理関数体とし，$\alpha = \sum_{0 \leq i < n} \alpha_i x^i$ と $\beta = \sum_{0 \leq i < n} \beta_i x^i$ を $F[x]$ の元，$u_0, \ldots, u_{2m-2} \in F$ を相異なる元とし，$0 \leq j \leq 2m-2$ に対して $v_j = \alpha(u_j)\beta(u_j)$ とおく．もし

$$l_j = \prod_{\substack{0 \leq k \leq 2m-2 \\ k \neq j}} \frac{x - u_j}{u_k - u_j} \in F[x]$$

が $0 \leq j \leq 2m-2$ に対する $u_0, \ldots, u_{2m-2}$ における Lagrange 補間とすると $\deg(\alpha\beta) < 2m-1$ であって補間多項式は一意的であるから

$$\alpha\beta = \sum_{0 \leq j \leq 2m-2} v_j l_j = \sum_{0 \leq i \leq 2m-2} \gamma_i x^i \in K[x]$$

であり，各 $\gamma_i \in K$ は $v_0, \ldots, v_{2m-2}$ の F 線形結合として

$$\gamma_i = \sum_{0 \leq j \leq 2m-2} c_{ij} v_j$$

と書ける．ここに，$0 \leq i, j \leq 2m-2$ に対して $c_{ij} \in F$ である．(実際，行列 $(c_{ij})_{0 \leq i, j \leq 2m-2}$ は Vandermonde 行列 $(u_i^j)_{0 \leq i, j \leq 2m-2}$ の $F^{(2m-1) \times (2m-1)}$ における逆行列である．) このことより $H_0, \ldots, H_{2m-2}$ を計算するための仕組みが以下のように得られる．$0 \leq i, j \leq 2m-2$ に対して u_i^j と c_{ij} の値は事前に計算され，保持されていると仮定する．

1. $0 \leq i \leq 2m-2$ に対して $P_i = \sum_{0 \leq j < m} F_j u_i^j$ および $Q_i = \sum_{0 \leq j < m} G_j u_i^j$ とおく．
2. $0 \leq i \leq 2m-2$ に対して $R_i = P_i Q_i$ を計算する．
3. $0 \leq i \leq 2m-2$ に対して $H_i = \sum_{0 \leq j \leq 2m-2} c_{ij} R_j$ とおく．

この仕組みが正しく働くことを示し (ヒント：まず $k=1$ の場合を考えよ)，ステップ 1 とステップ 3 が要する F における加算と乗算の正確な回数を求めよ．

(ii) $F = \mathbb{F}_5$, $m = 3$ および $0 \leq i \leq 4$ に対して $u_i = i \bmod 5$ として u_i^j および c_{ij} の値を計算せよ．

(iii) 問 (i) の仕組みを用いて多項式乗算の再帰的アルゴリズムを構成し，n が m のべきであるときの漸近的計算量を決定せよ．もし F が無限ならば，任意の正数 $\varepsilon \in \mathbb{R}$ に対して $F[x]$ において次数 n 未満の多項式を掛け合わせるアルゴリズムで F において $O(n^{1+\varepsilon})$ 回の演算を要するものが存在することを示せ．

8.9 $F = \mathbb{F}_{29}$ とする.

(i) 1 の原始 4 乗根 $\omega \in F$ を求め，その逆元 $\omega^{-1} \in F$ を計算せよ．

(ii) DFT_ω と $\mathrm{DFT}_{\omega^{-1}}$ の行列を求め，それらの積が $4I$ であることを確かめよ．

8.10→ $F = \mathbb{F}_{17}$ とし，$f = 5x^3 + 3x^2 - 4x + 3$, $g = 2x^3 - 5x^2 + 7x - 2$ を $F[x]$ の元とする．

(i) $\omega = 2$ は F における 1 の 8 乗根であることを示し，ω の F における逆元 $2^{-1} \bmod 17$ を計算せよ．

(ii) $h = f \cdot g \in F[x]$ を計算せよ．

(iii) $0 \le j < 8$ に対して $\alpha_j = f(\omega^j)$, $\beta_j = g(\omega^j)$ および $\gamma_j = \alpha_j \cdot \beta_j$ を計算せよ．

(iv) 2 つの等式 $V_1 = V_\omega$ と $V_2 = 8^{-1} V_{\omega^{-1}}$ を示し，それらの積を計算せよ．ベクトル $\alpha = (\alpha_j)_{0 \le j < 8}, \beta = (\beta_j)_{0 \le j < 8}$ および上の計算により $\gamma = (\gamma_j)_{0 \le j < 8}$ と行列の積 $V_1 \alpha$, $V_1 \beta$ および $V_2 \gamma$ を計算せよ．コメントせよ．

(v) ω を上の通りとして，FFT 乗算アルゴリズム 8.16 をたどり f と g を掛け合わせよ．

8.11→ $F = \mathbb{F}_{41}$ とする.

(i) $\omega = 14 \in F$ は 1 の原始 8 乗根であることを示せ．ω のすべてのべきを計算し，それらのうち原始 8 乗根であるものに印をつけよ．

(ii) $\eta = \omega^2$, $f = x^7 + 2x^6 + 3x^4 + 2x + 6 \in F[x]$ とする．FFT を用いて，$\alpha = \mathrm{DFT}_\omega(f)$ の明示的な計算を与えよ．単に 1 回の再帰的ステップを行えばよく，後は直接 η のべきでの値を直接計算すればよい．

(iii) $g = x^7 + 12x^5 + 35x^3 + 1 \in F[x]$ とする．$\beta = \mathrm{DFT}_\omega(g)$ を計算し，座標ごとの積として $\gamma = \alpha \cdot \beta$ さらに $h = \mathrm{DFT}_\omega(\gamma)$ を計算せよ．

(iv) $F[x]$ において $f \cdot g$ を計算せよ．また $f *_8 g$ を計算せよ．さらに (iii) の結果と比較せよ．

8.12→ $i = \sqrt{-1}$ とする．複素数 $\omega = \exp(2\pi i/8) \in \mathbb{C}$ は 1 の原始 8 乗根である．$f = 5x^3 + 3x^2 - 4x + 3$ と $g = 2x^3 - 5x^2 + 7x - 2$ を $\mathbb{C}[x]$ の元とし，この例に対して高速たたみ込み積アルゴリズム 8.16 を実行して積 $f \cdot g$ の係数を計算せよ．(もちろん，このような小さな例に対してはこの「高速」アルゴリズムは学校でやった方法よりも長ったらしい方法である．しかし，ことによったらある日 $1\,000\,000$ 次の多項式を掛け合わせなければならないかもしれない...) 1 次多項式を「古典的」方法で掛け合わせよ．ω を単に $\omega^4 = -1$ なる記号として扱え．

8.13 R を環とし，$n \in \mathbb{N}_{\ge 1}$ とする．さらに $\omega \in R$ を 1 の原始 n 乗根とする．

(i) ω^{-1} も 1 の原始 n 乗根であることを示せ．

(ii) n が偶数ならば ω^2 は 1 の原始 $(n/2)$ 乗根であることを示せ．n が奇数ならば

ω^2 は 1 の原始 n 乗根であることを示せ.

(iii) $k \in \mathbb{Z}$ とし, $d = n/\gcd(n,k)$ とする. ω^k は 1 の原始 d 乗根であることを示せ. これは (i) と (ii) 双方の一般化である.

8.14 R を環とし, $n \in \mathbb{N}_{\geq 2}$ とする. さらに $\omega \in R$ を 1 の原始 n 乗根とし, $\eta \in R$ を $\eta^2 = \omega$ なるものとする. どんな条件のもとで η は 1 の原始 $2n$ 乗根となるか?

8.15* $n \in \mathbb{N}_{>0}$ とし, R を標数が n と互いに素な整域とする.

(i) 1 の n 乗根全体のなす集合 R_n は乗法群 $R^\times$ の部分群であることを示せ.

(ii) 1 の n 乗根 $\omega \in R$ に対して以下の条件は同値であることを証明せよ.

  (a) ω は 1 の原始 n 乗根である.

  (b) すべての $0 < \ell < n$ に対して $\omega^\ell \neq 1$ (すなわち, ω は R において位数 n である).

  (c) すべての $0 < \ell < n$ で $\ell \mid n$ なるものに対して $\omega^\ell \neq 1$ である.

  (d) n のすべての素因数 p に対して $\omega^{n/p} \neq 1$ である.

ここで R は 1 の原始 n 乗根を含むと仮定する.

(iii) $R = \mathbb{C}$ について 1 の 12 乗根をすべて描き, 原始根に印をつけよ.

(iv) R_n は巡回群であって n を法とする整数剰余のなす加法群と同型であること (したがって特に $\sharp R_n = n$ であること) を示せ.

(v) 1 の原始 n 乗根はちょうど $\varphi(n)$ 個存在することを示せ. ここに $\varphi(n)$ は Euler の関数を表す.

8.16* q を素数のべきとし, $\mathbb{F}_q$ を q 個の要素からなる有限体, $n \in \mathbb{N}$ を $q-1$ の因数で $n = p_1^{e_1} \cdots p_r^{e_r}$ をその素因数分解とする. $a \in \mathbb{F}_q^\times$ に対して, 乗法群 $\mathbb{F}_q^\times$ における a の位数を $\mathrm{ord}(a)$ と表し, ある $a \in \mathbb{F}_q^\times$ に対して $\mathrm{ord}(a) = q-1$ となることを示したい. 以下を証明せよ.

(i) $\mathrm{ord}(a) = n$ であるための必要十分条件は $a^n = 1$ かつ $1 \leq j \leq r$ に対して $a^{n/p_j} \neq 1$ が成り立つことである.

(ii) $1 \leq j \leq r$ に対して $\mathbb{F}_q^\times$ は位数 $p_j^{e_j}$ の元 b_j を含む. ヒント: 多項式 $x^{(q-1)/p_j} - 1$ の根でない $\mathbb{F}_q^\times$ の元を考えよ.

(iii) $a, b \in \mathbb{F}_q^\times$ を位数が互いに素である元とすると $\mathrm{ord}(ab) = \mathrm{ord}(a)\mathrm{ord}(b)$ である. ヒント: $a^{\mathrm{ord}(ab)} \in U = \langle a \rangle \cap \langle b \rangle$ を証明し, さらに $U = \{1\}$ を示せ.

(iv) $\mathbb{F}_q^\times$ は位数 n の元を含む.

(v) $\mathbb{F}_q^\times$ は巡回群である.

8.17 (i) すべての $a \in \mathbb{F}_{19}^\times$ について $k \mid 18$ なる k に対するべき a^k を決定せよ. さらにこれらのデータのみから $\mathrm{ord}(a)$ を求めよ.

(ii) $n \in \mathbb{N}_{>0}$ で $\mathbb{F}_{19}$ が 1 の原始 n 乗根を含むようなものをすべて決定せよ. そのよ

うな各 n に対してすべての原始 n 乗根をあげよ．

8.18 補題 8.8 を証明せよ．ヒント：練習問題 8.15 および 8.16．

8.19* $p, q \in \mathbb{N}$ を相異なる奇素数とし，$n = pq, k, l \in \mathbb{N}$ とする．

(i) $\mathbb{Z}_p^\times$ における 1 の原始 k 乗根と $\mathbb{Z}_q^\times$ における 1 の原始 l 乗根が与えられたとき，どのようにして $\mathbb{Z}_n^\times$ における 1 の原始 m 乗根を構成できるか？ただし，$m = \mathrm{lcm}(k, l)$ とする．

(ii) $\mathbb{Z}_n^\times$ が 1 の原始 k 乗根を含むための必要十分条件は $k | \mathrm{lcm}(p-1, q-1)$ であることを示せ．

(iii) $\mathbb{Z}_{17}^\times$ と $\mathbb{Z}_{97}^\times$ における原始 16 乗根を求めよ．また，$\mathbb{Z}_{1649}^\times$ における 1 の原始 16 乗根を構成せよ．

8.20* (i) $x, m, n \in \mathbb{N}_{>0}$ とし，$x \geq 2, r = n \text{ rem } m$ および $g = \gcd(n, m)$ とする．$x^n - 1 \text{ rem } x^m - 1 = x^r - 1$ であることを証明し，$\gcd(x^n - 1, x^m - 1) = x^g - 1$ であることを示せ．x が不定元である場合の同じ問いに答えよ．

(ii) $n \in \mathbb{N}_{\geq 2}$ とする．$M_n = 2^n - 1$ は n 番目の **Mersenne 数**である．問 (i) と練習問題 4.14 を用いて，$\mathbb{Z}/\langle M_n \rangle$ において 2 が 1 の原始 n 乗根であるための必要十分条件条件は n が素数であることを証明せよ．ヒント：Fermat の小定理 4.9 を用いよ．

8.21 F を FFT を提供する体とし，$a, b, q, r \in F[x]$ を $a = qb + r$ かつある 2 のべき n に対して $\deg r < \deg b \leq \deg a < n$ なるものとする．b は $x^n - 1$ と素であると仮定する．入力 a, b に対して $r = 0$ かどうかを決定し，もしそうなら本質的に 3 回の n FFT を用いて商 q を計算するアルゴリズムを与えよ．

8.22 R を FFT を提供する (可換) 環とし，$f_1, \ldots, f_r, g_1, \ldots, g_r \in R[x]$ を多項式，$h = \sum_{1 \leq j \leq r} f_j g_j \in R[x]$ を次数が 2 のべき $n \in \mathbb{N}$ 未満とする．h は階数 n の FFT を $2r + 1$ 回と R の演算を $O(rn)$ 回行うことで計算できることを示せ．"O" の中に隠れている定数を決定せよ．この結果を，各 f_j と g_j を高速たたみ込み積アルゴリズム 8.16 を用いて掛け合わせ，それらの積を足し合わせる時間と比較せよ．

8.23⟶ $p = 66537 = 2^{2^4} + 1$ を 4 番目の Fermat 素数とし，$\omega = 3$ とする．

(i) $\omega \in \mathbb{F}_p^\times$ は 1 の原始 2^{16} 乗根であることを確かめよ．

(ii) 計算機代数システムを選び，$\mathbb{F}_p[x]$ における古典的多項式乗算と Karatsuba のアルゴリズムと FFT 乗算アルゴリズム 8.16 をプログラムせよ．そのプログラムの入出力は，それぞれ次数 2^{15} 未満の 2 つの多項式とそれらの積の係数の列とする．

(iii) 適切な多項式のテスト列をつくれ．次数は 32767 まで増加していくものとし，3 つのアルゴリズムの実装の間の優劣逆転値を決定せよ．それらのプログラムの実行時間を選んだ計算機代数システムに組み込まれた乗算プログラムのものと比較せよ．実行時間をプロットせよ．それらの結果についてコメントせよ．

8.24* アルゴリズム 8.14 と 8.16 を以下のように綴じ合わせることができる．f と g の ω のすべてのべきでの値を求めるかわりに，f と g の $x^n - 1$ を法とした積を $x^{n/2} - 1$ を法とした積に簡約する．次にそのアルゴリズムを述べる．

アルゴリズム 8.29　高速たたみ込み積

入力：$k \in \mathbb{N}$ について次数 $n = 2^k$ 未満の多項式 $f, g \in R[x]$ および 1 の原始 n 乗根 $\omega \in R$ のべき $\omega, \omega^2, \ldots, \omega^{n/2-1}$．
出力：$f * g \in R[x]$．
1. **if** $k = 0$ **then return** $f \cdot g \in R$
2. $f_0 \longleftarrow f$ rem $x^{n/2} - 1$,　　$f_1 \longleftarrow f$ rem $x^{n/2} + 1$
   $g_0 \longleftarrow g$ rem $x^{n/2} - 1$,　　$g_1 \longleftarrow g$ rem $x^{n/2} + 1$
3. **call** 次数 $n/2$ 未満の $h_0, h_1 \in R[x]$ で
   $$h_0(x) \equiv f_0(x) \cdot g_0(x) \bmod x^{n/2} - 1,\ h_1(\omega x) \equiv f_1(\omega x) \cdot g_1(\omega x) \bmod x^{n/2} - 1$$
   なるものを計算するアルゴリズムの再帰呼び出し
4. **return** $\dfrac{1}{2}((h_0 - h_1)x^{n/2} + h_0 + h_1)$

(i) このアルゴリズムは正しく計算し，$\dfrac{11}{2}n \log n$ 回の R の演算を要することを証明せよ．

(ii) 小さい入力に対しては古典的乗算 (または Karatsuba のアルゴリズム) を使って $x^n - 1$ を法として簡約することで計算する方が速い．そこで，上のアルゴリズムの第 1 行を

1. **if** $k \leq d$ **then call** アルゴリズム 2.3 を呼んで $fg \in R[x]$ を計算し，**return** fg rem $x^n - 1$ を返す

におきかえる．すると上のアルゴリズムは $d = 0$ の場合に対応する．ある $k \in \mathbb{N}$ に対し $n = 2^k$ のとき，この混成アルゴリズムの計算量を $T(n)$ で表す．このとき，$n \geq 2^d$ に対して $T(n) = \dfrac{11}{2}n \log n + \gamma(d)n$ が成立することを証明せよ．ただし，$\gamma(d)$ は d のみに依存する．$\gamma(d)$ を最小にする $d \in \mathbb{N}$ の値を求め，その結果を (i) と比較せよ．

8.25* アルゴリズム 8.14 は (可換) 環 R 上で，n 未満の入力多項式 $f \in R[x]$ を $x^{n/2} - 1$ と $x^{n/2} + 1$ で割って商と余りを求めることにより DFT_ω を計算する．他の方法として，f を奇数次部分と偶数次部分とに分ける方法がある．すなわち，次数 $n/2$ 未満のある $f_0, f_1 \in R[x]$ によって $f = f_0(x^2) + x f_1(x^2)$ と書いて，$\mathrm{DFT}_{\omega^2}(f_0)$ と

$\mathrm{DFT}_{\omega^2}(f_1)$ を再帰的に計算する．この方法の細部を詰めて記述し，n が 2 のべきであるときある正定数 $c \in \mathbb{Q}$ があって，そのアルゴリズムは $cn \log n$ 回の R の演算を要することを証明せよ．必要なら，定理 8.15 のように $c = 3/2$ となるようにそのアルゴリズムを改変せよ．ヒント：$\omega^{n/2} = -1$ を用いよ．$n = 8$ のときのアルゴリズムを表す算術回路を描き，図 8.4 の回路と比較せよ．

8.26* R を (可換で 1 を持つ) 環で，任意の $k \in \mathbb{N}$ に対して 1 の原始 3^k 乗根を含むとする．

(i) 3 進 FFT アルゴリズムで，入力として $k \in \mathbb{N}$，次数 $n = 3^k$ 以下の多項式 $f \in R[x]$，そして 1 の原始 n 乗根 $\omega \in R$ のべきのリスト $1, \omega, \omega^2, \ldots, \omega^{n-1}$ をとり，$f(1)$, $f(\omega), f(\omega^2), \ldots, f(\omega^{n-1})$ を返すものを設計せよ．そのアルゴリズムの正当性を証明せよ．ヒント：f を $x^{n/3} - 1$ と $x^{n/3} - \omega^{n/3}$, $x^{n/3} - \omega^{2n/3}$ で割って商と余りを求めることを考えよ．

(ii) $n = 9$ に対するそのアルゴリズムの算術回路を描け．

(iii) $T(n)$ で，ある $k \in \mathbb{N}$ に対し $n = 3^k$ となるときの，そのアルゴリズムの R の演算数に関する計算量を表すとする．$T(n)$ についての漸化式 (初期条件も忘れずに) を求め，それを解け．

(iv) R がすべての $n \in \mathbb{N}$ に対して 1 の原始 n 乗根を含むと仮定して，任意の $m \in \mathbb{N}_{\geq 2}$ に対して上を一般化して m 進 FFT アルゴリズムを求めよ．

(v) 練習問題 8.25 と同様にして別の m 進 FFT アルゴリズムを定式化せよ．

8.27 F をすべての $k \in \mathbb{N}$ に対して 1 の原始 2^k 乗根を含む体とする．アルゴリズム 8.16 は $F[x]$ におけるたたみ込み積 $*_n$ はもし n が 2 のべきであるならば $O(n \log n)$ 回の F の演算で計算できることを示している．この問のゴールはこれを任意の $n \in \mathbb{N}$ に一般化することである．そこで，$f, g \in F[x]$ とし，$m \in \mathbb{N}$ を $m/2 < n \leq m$ なるものとして，$a = f \cdot (x^{m-n} + 1), b = g$ とおく．いかにして $a *_m b$ の係数から $f *_n g$ の係数が得られるかを示し，そして求める主張を導け．

8.28 F を体とし，その標数が n を割り切らないとするとき，$\omega = x \bmod (x^n - 1) \in R = F/\langle x^n - 1 \rangle$ は 1 の原始 n 乗根でないことを示せ．

8.29* R を (可換で 1 を持つ) 環とする．

(i) $p \in \mathbb{N}_{\geq 2}$ に対し，$R[x]$ で $f_p = x^{p-1} + x^{p-2} + \cdots + x + 1$ を $x - 1$ で割って商と余りを求めよ．p が R の単元であるならば $x - 1$ は f_p を法として可逆であること，および p が R の零因子であるならば $x - 1$ は f_p を法として零因子であることを示せ．

(ii) 3 を R の単元であると仮定し，ある $k \in \mathbb{N}$ に対し $n = 3^k$ とする．また $D = R[x]/\langle x^{2n} + x^n + 1 \rangle$ および $\omega = x \bmod x^{2n} + x^n + 1 \in D$ とする．$\omega^3 = 1$ かつ $\omega^n - 1$ は単元であることを示せ．ヒント：$(\omega^n + 2)(\omega^n - 1)$ を計算せよ．ω が 1 の原始 $3n$

乗根であることをいえ.

(iii) $p \in \mathbb{N}$ を素数で R の単元とし,ある $k \in \mathbb{N}$ に対し $n = p^k$ とおく. $\Phi_{pn} = f_p(x^n)$
$= x^{(p-1)n} + x^{(p-2)n} + \cdots + x^n + 1 \in R[x]$ を pn 番目の円周等分多項式とし,$D = R[x]/\langle \Phi_{pn} \rangle$ および $\omega = x \bmod \phi_{pn} \in D$ とおく.$\omega^{pn} = 1$ および $\omega^n - 1$ は単元であることを示せ.ヒント:$(\omega^{(p-2)n} + 2\omega^{(p-3)n} + \cdots + (p-2)\omega^n + (p-1)) \cdot (\omega^n - 1)$ を計算せよ.ω が 1 の原始 pn 乗根であることをいえ.

8.30** この問題では Schönhage (1977) のアルゴリズム 8.20 の 3 進版を記述する.このアルゴリズムは 3 を単元として持つ任意の (可換) 環 R の上で正しく動作する.したがって特に標数 2 の体上でも正しく動く.

アルゴリズム 8.30 Schönhage のアルゴリズム

入力:次数 $2n$ 未満の 2 つの多項式 $f, g \in R[x]$,ただし,ある $k \in \mathbb{N}$ に対し $n = 3^k$ で R は 3 を単元として持つ (可換) 環.
出力:$fg \equiv h \bmod (x^{2n} + x^n + 1)$ および $\deg h < 2n$ なる $h \in R[x]$.

1. **if** $k \leq 2$ **then**
   call 古典的アルゴリズム 2.3 (または Karatsuba のアルゴリズム 8.1) を呼んで $f \cdot g$ を計算する
   return fg rem $x^{2n} + x^n + 1$
2. $m \longleftarrow 3^{\lceil k/2 \rceil}$, $t \longleftarrow n/m$
   $f', g' \in R[x, y]$ を $\deg_x f', \deg_x g' < m$ であって $f = f'(x, x^m)$ かつ $g = g'(x, x^m)$ なるものとする
3. $D = R[x]/\langle x^{2m} + x^m + 1 \rangle$
   if $m = 1$ **then** $\eta \longleftarrow x \bmod (x^{2m} + x^m + 1)$ **else** $\eta \longleftarrow x^3 \bmod (x^{2m} + x^m + 1)$
   { η は 1 の原始 $3t$ 乗根である }
   $f^* \longleftarrow f' \bmod (x^{2m} + x^m + 1)$, $g^* \longleftarrow g' \bmod (x^{2m} + x^m + 1)$
4. **for** $j = 1, 2$ **do**
   $f_j \longleftarrow f^*$ rem $y^t - \eta^{jt}$, $g_j \longleftarrow g^*$ rem $y^t - \eta^{jt}$
   call $\omega = \eta^3$ として高速たたみ込み積アルゴリズム 8.16 を呼び,次数 t 未満の $h_j \in D[y]$ で
   $$f_j(\eta^j y) g_j(\eta^j y) \equiv h_j(\eta^j y) \bmod y^t - 1$$
   { 練習問題 8.26 から DFT は 3 進 FFT アルゴリズムによって計算される.そしてアルゴリズム 8.30 は再帰的に用いられて D における乗算を計算する }

5. $h^* \longleftarrow \dfrac{1}{3}(y^t(h_2 - h_1) + \eta^{2t}h_1 - \eta^t h_2)(2\eta^t + 1)$
   $h' \in R[x,y]$ は $\deg_y h' < 2m$ で $h^* = h' \bmod (x^{2m} + x^m + 1)$
   $h \longleftarrow h'(x, x^m) \text{ rem } (x^{2n} + x^n + 1)$
   return h

(i) 練習問題 8.29 を用いてこのアルゴリズムが正しく動くことを証明せよ.

(ii) $n = 3^k$ に対するアルゴリズムの計算量を $T(k)$ とする. $k > 2$ およびある定数 $c \in \mathbb{N}$ に対して $T(k) \leq 2 \cdot 3^{\lfloor k/2 \rfloor} T(\lceil k/2 \rceil) + (c + 48(\lfloor k/2 \rfloor + 1/2))3^k$ であることを証明し, $T(k)$ は高々 $24 \cdot 3^k \cdot k \cdot \log k + O(3^k \cdot k) = 24n \log_3 m \log_2 \log_3 n + O(n \log n)$ であることを示せ. ヒント: 関数 $S(k) = (3^{-k}T(k) + c)/(k-1)$ を考え, $k > 2$ ならば $S(k) \leq S(\lceil k/2 \rceil) + 24$ となることを示せ.

8.31* (i) R を (可換) 環とし, $n \in \mathbb{N}_{\geq 2}$ を 2 のべき, $\omega = (x \bmod x^{n/2} + 1) \in R[x]/\langle x^{n/2} + 1 \rangle$ とする. n が R の単元でない場合でも定理 8.13 の結論 $V_\omega \cdot V_{\omega^{-1}} = nI$ が成立することを示せ. ヒント: まず, すべての奇数 $j \in \mathbb{N}$ に対して $\omega^{nj/2} + 1 = 0$ となることを示し, $R[x]$ での因数分解

$$\sum_{0 \leq j < n} x^j = (x+1)(x^2+1)(x^4+1)\cdots(x^{n/2}+1)$$

を用いよ. これを n が任意の素数のべきである場合に一般化せよ.

(ii) アルゴリズム 8.20 の変種アルゴリズムで本文中で述べた除算なしのものを考える. このアルゴリズムは $k \geq 2$ に対する $n = 2^k$ なる入力に対して $2^{e(k)}h$ を返す. この $e(k)$ について, $k \geq 2$ に対し $e(k+1) = e(\lceil k/2 \rceil + 1) + \lfloor k/2 \rfloor + 1$ であることを証明し, $e(k) = k - 2 + \lceil \log(k-1) \rceil$ を示せ.

8.32* $n \in \mathbb{N}_{\geq 1}$ に対して, $\omega = 2$ が $2^n + 1$ を法とする 1 の原始 $2n$ 乗根であるための必要十分条件は n が 2 のべきであることを示せ.

8.33 式 (9) を証明せよ.

8.34 M を多項式についての乗算時間とする. すべての n に対して $\mathsf{M}(n+1) \leq \mathsf{M}(n) + 4n$ となることを証明せよ.

8.35 $k, n \in \mathbb{N}$ とする.

(i) 次数 n 未満の多項式と次数 kn 未満の多項式を時間 $k\mathsf{M}(n) + O(kn)$ で掛け合わすことができることを示せ. "O" の中の定数の「小さい」値を決定せよ.

(ii) ここで n と k を 2 のべきとする. (i) による方法がそのままの $\mathsf{M}(kn)$ より速くなるのはどんな k の値か? 古典的な $\mathsf{M}(n) = 2n^2$, Karatsuba の $\mathsf{M}(n) = 9n^{\log 3}$, そして定理 8.18 の $\mathsf{M}(n) = \dfrac{9}{2}n \log n$ の場合はそれぞれどうか?

8.36* $k, l \in \mathbb{N}$ とし, $f, g \in \mathbb{Z}[x]$ を $\deg(fg) < n = 2^k$ かつ最大値ノルムが $\|f\|_\infty$, $\|g\|_\infty \leq 2^l$ なるものとする. さらに $2l+1 \leq n-k$ と仮定する.

(i) $\|fg\|_\infty < 2^{n-1}$ を示せ.

(ii) 練習問題 8.32 と $R = \mathbb{Z}/\langle 2^n+1 \rangle$ 上の高速たたみ込み積アルゴリズム 8.16 を用いて $fg \in \mathbb{Z}[x]$ を計算し, それが $O(n^2 \log n \log \log n)$ 回の語演算を要することを示せ. (これが Schönhage & Strassen (1971) の高速整数乗算アルゴリズムの本質的部分である：それはアルゴリズムを再帰的に呼んで係数の乗算を行うものである.)

8.37* 練習問題 8.36 を 2 変数多項式の場合に適合させよ.

8.38 Kronecker の代入法を一般化して r 変数多項式の乗算を 1 変数多項式の乗算に還元し，その計算量，r への依存度を解析せよ.

What we know is a drop, what we don't know, an ocean.
Isaac Newton

Mit Ausnahme der paar von Hand gefertigten Möbel, Kleider, Schuhe und der Kinder erhalten wir alles unter Einschaltung mathematischer Berechnungen. Dieses ganze Dasein, das um uns läuft, rennt, steht, ist nicht nur für seine Einsehbarkeit von der Mathematik abhängig, sondern ist effektiv durch sie entstanden.
Robert Musil (1913)

Hat man diesen Gegenstand [*die imaginären Grössen*] bisher aus einem falschen Gesichtspunkt betrachtet und eine geheimnissvolle Dunkelheit dabei gefunden, so ist diess grossentheils den wenig schicklichen Benennungen zuzuschreiben. Hätte man $+1, -1, \sqrt{-1}$ nicht positive, negative, imaginäre (oder gar unmögliche) Einheit, sondern etwa directe, inverse, laterale Einheit genannt, so hätte von einer solchen Dunkelheit kaum die Rede sein können.
Carl Friedrich Gauß (1831)

Before the introduction of the Arabic notation, multiplication was difficult, and the division even of integers called into play the highest mathematical faculties. Probably nothing in the modern world could have more astonished a Greek mathematician than to learn that [...] a large proportion of the population of Western Europe could perform the operation of division for the largest numbers.
Alfred North Whitehead (1911)

Dixit Alchoarizmi: [...] Hec sunt igitur universa, que necessaria sunt hominibus ex divisione et multiplicatione in integro numero et in ceteris, que secuntur. His peractis incipiemus narrare multiplicationem fractionum et divisionem earum sive radices, si deus voluerit.
Abū Jaʿfar Muḥammad bin Mūsā al-Khwārizmī (c. 830)

9

Newton 反復法

多項式の根を近似していく Newton の方法については 285 ページですでに触れた．これは数値計算の主役となり，長年にわたって多くの一般化や改良がなされた．しかしながら，明らかに連続的，近似的方法によって，ある実根のより近くの値を次々と計算していくこの方法が，計算機代数で一般的に行われる離散的，厳密な計算に何の関係があるのだろうか？ 整数 (とそして多項式)の**近さ**という何か直感に反する概念があり，それは 1 つの素数のべきの，次数を高くしていったときの可除性に対応している．Newton 反復法は，この純粋に代数的な設定の上で実に美しく働く．

それを用いて，乗算と同程度の速さの除算アルゴリズムを見出すことから始め，そして多項式の根を見つけるための利用法を記述する．最後に共通の枠組み—付値—を記述する．実数上の解析的方法と我々の記号版の双方がそこで調和する．第 15 章において，多項式の因数分解に Newton 法を適用する．これは Hensel 持ち上げと呼ばれる．

9.1 Newton 反復法による余りを伴う除算

整数全体とある体上の多項式全体は，それぞれ絶対値と多項式の次数を Euclid 関数とする Euclid 整域となる．これはすべての a, b，ただし $b \neq 0$ に対して q, r が一意的に存在して $a = qb + r$ となる．ここで，整数の場合は $0 \leq r < |b|$，多項式の場合は $\deg r < \deg b$ である．このとき，除算問題とは，与えられた a, b に対して q, r を見つけることである．「古典的」(または「統合的」) 除算アルゴリズム 2.5 はサイズ n の入力について $O(n^2)$ (語または体) 演算を要する．

これをどのようにして $O(\mathsf{M}(n))$ へ改良できるかを見ていく．ここに，M は乗算時間である．多項式の場合の方がいくらか簡単であるので多項式の場合のみを議論し，そして整数の場合のアイデアを簡潔に述べる．D を (可換で 1 を持つ) 環とし，$a, b \in D[x]$ をそれぞれ次数 n, m なる 2 つの多項式とする．$m \leq n$ であって b はモニックであると仮定する．我々は $D[x]$ の多項式 q と r で $a = qb + r$ かつ $\deg r < \deg b$ を満たすものを見つけたい (ここで，通常のように零多項式の次数は $-\infty$ であるとする)．b がモニックであるので，D が体でない場合でも，このような q, r は一意的に存在する (2.4 節).

変数 x に $1/x$ を代入しで x^n を掛けることにより

$$x^n a\left(\frac{1}{x}\right) = \left(x^{n-m} q\left(\frac{1}{x}\right)\right) \cdot \left(x^m b\left(\frac{1}{x}\right)\right) + x^{n-m+1}\left(x^{m-1} r\left(\frac{1}{x}\right)\right) \tag{1}$$

を得る．a の**反転**を $\mathrm{rev}_k(a) = x^k a(1/x)$ と定義する．$k = n$ のとき a の反転は a の係数を逆順にした多項式，すなわち，$a = a_n x^n + a_{n-1} x^{n-1} + \cdots + a_1 x + a_0$ ならば

$$\mathrm{rev}_n(a) = a_0 x^n + a_1 x^{n-1} + \cdots + a_{n-1} + a_n$$

である．式 (1) は

$$\mathrm{rev}_n(a) = \mathrm{rev}_{n-m}(q) \cdot \mathrm{rev}_m(b) + x^{n-m+1} \mathrm{rev}_{m-1}(r)$$

であり，したがって

$$\mathrm{rev}_n(a) \equiv \mathrm{rev}_{n-m}(q) \cdot \mathrm{rev}_m(b) \bmod x^{n-m+1}$$

となる．$\mathrm{rev}_m(b)$ の定数項は 1 であり，したがって定理 4.1 により，x^{n-m+1} を法として可逆であることに注意する．よって

$$\mathrm{rev}_{n-m}(q) \equiv \mathrm{rev}_n(a) \cdot \mathrm{rev}_m(b)^{-1} \bmod x^{n-m+1} \tag{2}$$

となり，$q = \mathrm{rev}_{n-m}(\mathrm{rev}_{n-m}(q))$ および $r = a - q \cdot b$ が得られる．

例 9.1 $a = 5x^5 + 4x^4 + 3x^3 + 2x^2 + x$ と $b = x^2 + 2x + 3$ を $\mathbb{F}_7[x]$ の多項式

とする．すると
$$\mathrm{rev}_5(a) = x^4 + 2x^3 + 3x^2 + 4x + 5, \quad \mathrm{rev}_2(b) = 3x^2 + 2x + 1$$
となる．ここで $\mathbb{F}_7[x]$ において $\mathrm{rev}_2(b)^{-1} = 4x^3 + x^2 + 5x + 1 \bmod x^4$ である．実際
$$(3x^2 + 2x + 1)(4x^3 + x^2 + 5x + 1) = 5x^5 + 4x^4 + 1 \equiv 1 \bmod x^4$$
となる．よって
$$\mathrm{rev}_3(a) = (x^4 + 2x^3 + 3x^2 + 4x + 5)(4x^3 + x^2 + 5x + 1) \equiv 6x^3 + x + 5 \bmod x^4$$
が得られ，$q = 5x^3 + x^2 + 6$ かつ
$$r = a - qb = 5x^5 + 4x^4 + 3x^3 + 2x^2 + x - (5x^3 + x^2 + 6)(x^2 + 2x + 3) = 3x + 3$$
を得る．◇

そこで，与えられた $f \in D[x]$ で $f(0) = 1$ なるものと $l \in \mathbb{N}$ に対して $fg \equiv 1 \bmod x^l$ を満たす $g \in D[x]$ を見つけるという問題を解かなければならない．

数値解析では，Newton 反復法は $\varphi(g) = 0$ の解への逐次近似を計算していくために必要であることを思い出そう．適切な初期近似 g_0 から，引き続く近似は φ' を φ の導関数として
$$g_{i+1} = g_i - \frac{\varphi(g_i)}{\varphi'(g_i)} \tag{3}$$
によって計算される．これは図 9.1 に示すように，その点での接線と軸の交点に対応している．いいかえると φ をその点での「線形化」に取り替えることに対応している．我々の問題のために $1/g - f = 0$ の根を求めたい（または近似したい）．Newton 反復法のステップは
$$g_{i+1} = g_i - \frac{1/g_i - f}{1/g_i^2} = 2g_i - fg_i^2$$
である．次の定理はよい初期近似を示し，この方法は我々の代数的設定においても解へ「すばやく」収束することを示している．

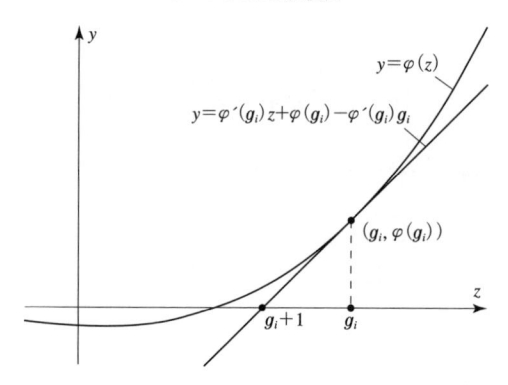

図 9.1 実数上の Newton 反復法

定理 9.2 D を (可換で 1 を持つ) 環とし，$f, g_0, g_1, \ldots \in D[x]$ を $f(0) = 1$, $g_0 = 1$ かつ，すべての i に対して $g_{i+1} = 2g_i - fg_i^2 \bmod x^{2^{i+1}}$ なるものとする．このとき，すべての $i \geq 0$ に対して $fg_i \equiv 1 \bmod x^{2^i}$ が成り立つ．

証明 証明は i に関する帰納法による．$i = 0$ に対しては

$$fg_0 \equiv f(0)g_0 \equiv 1 \cdot 1 \equiv 1 \bmod x^{2^0}$$

となる．帰納的ステップについては

$$1 - fg_{i+1} \equiv 1 - f(2g_i - fg_i^2) \equiv 1 - 2fg_i + f^2g_i^2 \equiv (1 - fg_i)^2 \equiv 0 \bmod x^{2^{i+1}}$$

を得る．□

x^l を法として f の逆を計算する，次のアルゴリズムを得る．$\log$ で 2 を底とする対数を表す．

アルゴリズム 9.3 Newton 反復法による逆元計算
入力：$f(0) = 1$ なる $f \in D[x]$ および $l \in \mathbb{N}$.
出力：$fg \equiv 1 \bmod x^l$ を満たす $g \in D[x]$.

1. $g_0 \longleftarrow 1, \quad r \longleftarrow \lceil \log l \rceil$
2. **for** $i = 1, \ldots, r$ **do** $g_i \longleftarrow (2g_{i-1} - fg_{i-1}^2) \text{ rem } x^{2^i}$
3. **return** g_r

多項式 $f \in D[x]$ で $f(0)$ が 1 とは異なる単元であるとき, f の逆元を計算するにはステップ 1 で $g_0 = f(0)^{-1}$ とおけばよい. もし $f(0)$ が単元でないならば x^l を法とした f の逆元は存在しない. なぜなら, $fg \equiv 1 \mod x^l$ ならば $f(0) \cdot g(0) = 1$ であるからである.

例 9.1 (続き)　$f = 3x^2 + 2x + 1 \in \mathbb{F}_7[x]$ とし, $l = 4$ とおく. するとアルゴリズム 9.3 によって $g_0 = 1, r = 2$ さらに

$$g_1 \equiv 2g_0 - fg_0^2 = 2 - (3x^2 + 2x + 1) \equiv 5x + 1 \mod x^2$$
$$g \equiv 2g_1 - fg_1^2 = 2(5x+1) - (3x^2 + 2x + 1)(5x + 1)^2$$
$$= 2x^4 + 4x^3 + x^2 + 5x + 1 \equiv 4x^3 + x^2 + 5x + 1 \mod x^4$$

が計算される. 例 9.1 において実際に $fg \equiv 1 \mod x^4$ となることはすでに確かめてある. ◇

定理 9.4　アルゴリズム 9.3 は x^l を法とする f の逆元を正しく計算する. もし $l = 2^r$ のように 2 のべきであるならば, それは高々 $3\mathsf{M}(l) + l \in O(\mathsf{M}(l))$ 回の D の算術演算を要する.

証明　アルゴリズムの正当性は定理 9.2 と x^l が x^{2^r} を割り切ることより得られる. ステップ 2 において, 2^i 次以上の x のべきは捨ててよい. そして $g_i \equiv g_{i-1} \cdot (2 - fg_{i-1}) \equiv g_{i-1} \mod x^{2^{i-1}}$ であるから 2^{i-1} 次未満の x のべきも新たに計算しなくてよい. ステップ 2 の 1 サイクルの計算量は, g_{i-1}^2 の計算に $\mathsf{M}(2^{i-1})$, 積 $fg_{i-1}^2 \mod x^{2^i}$ に $\mathsf{M}(2^i)$, そして $-fg_{i-1}^2 \mod x^{2^i}$ の次数が高い方の半分は g_i の高次側の半分で, 2^{i-1} 回の演算を要する. よって, ステッ

プ2では $\mathsf{M}(2^i)+\mathsf{M}(2^{i-1})+2^{i-1} \leq \frac{3}{2}\mathsf{M}(2^i)+2^{i-1}$ となり，総実行時間は

$$\sum_{1\leq i\leq r}\left(\frac{3}{2}\mathsf{M}(2^i)+2^{i-1}\right) \leq \left(\frac{3}{2}\mathsf{M}(2^r)+2^{r-1}\right)\sum_{1\leq i\leq r}2^{i-r}$$
$$< 3\mathsf{M}(2^r)+2^r = 3\mathsf{M}(l)+l$$

となる．ここで，すべての $n\in\mathbb{N}$ に対して $2\mathsf{M}(n)\leq\mathsf{M}(2n)$ が成り立つことを用いた．□

l が2のべきでない場合，上のアルゴリズムの計算する係数は多すぎる．練習問題 9.6 はこの一般的な場合のよりよいアルゴリズムで，本質的に同じ実行時間の上界を持つものを与える．

アルゴリズム 9.5　余りを伴う高速除算

入力：$a,b\in D[x]$ ただし，D は (可換で1を持つ) 環で，$b\neq 0$ はモニックであるとする．

出力：$a=qb+r$ かつ $\deg r < \deg b$ なる $q,r\in D[x]$．

1. **if** $\deg a < \deg b$ **then return** $q=0$ かつ $r=a$
2. $m \longleftarrow \deg a - \deg b$
   call アルゴリズム 9.3 を呼んで，$\mathrm{rev}_{\deg b}(b)\in D[x]$ の x^{m+1} を法とする逆元を計算する
3. $q^* \longleftarrow \mathrm{rev}_{\deg a}(a) \cdot \mathrm{rev}_{\deg b}(b)^{-1}$ rem x^{m+1}
4. **return** $q=\mathrm{rev}_m(q^*)$ かつ $r=a-bq$

定理 9.6　D を (可換で1を持つ) 環とする．次数 $n+m$ の多項式 $a\in D[x]$ の次数 n のモニック多項式 $b\in D[x]$ による余りを伴う除算は $4\mathsf{M}(m)+\mathsf{M}(n)+O(n)$ 回の環演算によって計算される．ただし，$n\leq m\in\mathbb{N}$ とする．

証明　$\deg r < n$ なる $q,r\in D[x]$ によって $a=qb+r$ とする．すると $\deg q =$

$\deg a - \deg b = m$ である．アルゴリズム 9.5 の正当性はこの節の初めの議論より得られる．練習問題 8.34 と 9.6 を用いて，アルゴリズム 9.5 のステップ 2 は高々 $3\mathsf{M}(m)+O(m)$ 回，ステップ 3 は $\mathsf{M}(m)+O(m)$ 回，そして最後に $\mathsf{M}(n)+O(n)$ 回の演算を要する．$\deg r < \deg b$ であるから $a - qb$ の低次の部分のみ計算しさえすればよい．□

除算を実行するのに rem 演算を用いるアルゴリズムを用いるのは循環しているように思えるかもしれない．しかしながら，我々は単に多項式を切り取るためにのみ rem 演算を用いている．それは 10 を基数として表された大きな数を 10 000 で割って商と余りを求めるのと同様である．この特別な場合の除算は全く演算を要しない．

$\mathbb{Z}[x]$ において余りを伴う除算に要する語演算の数はどれくらいだろうか？もし，b がモニックで，a, b の最大値ノルムが $\|a\|_\infty, \|b\|_\infty < 2^l$ を満たすなら練習問題 6.44 より $\|q\|_\infty, \|r\|_\infty < 2^{nl}$ を得る．練習問題 9.15 によりアルゴリズム 9.3 のすべての中間結果は長さ $O(nl)$ の係数を持ち，よって Newton 逆元計算は $O(\mathsf{M}(n)\mathsf{M}(nl))$ または $O^\sim(n^2 l)$ 回の語演算を要する．出力サイズは $O(n^2 l)$ であり，練習問題 6.44 によりこの値をとりうることが示されているので実行時間は対数倍を除き，漸近的に最適化されている．体 F について $F[y][x]$ における余りを伴う除算についても同様の主張が成立する．

練習問題 8.21 と 9.14 は**整除**，すなわち，前もって余りが 0 であることがわかっている場合についてのより速いアルゴリズムについて議論している．

系 9.7 D を（可換で 1 を持つ）環とし，$f \in D[x]$ を次数 n のモニック多項式とする．このとき，剰余環 $D[x]/\langle f \rangle$ における乗算は $6\mathsf{M}(n)+O(n)$ または $O(\mathsf{M}(n))$ 回の D における算術演算によって計算できる．

同じ f による何回かの除算やそれを法とする乗算を行わなければならない場合は，事前に $f^* = \mathrm{rev}_n(f)^{-1}$ を計算してそれを保持しておけば，1 回の除算や 1 回のモジュラ乗算の実行時間はそれぞれ高々 $2\mathsf{M}(n)+O(n)$ と $3\mathsf{M}(n)+O(n)$

に減らせる．FFT 乗算を用いる場合は ω を適当な 1 のべき根として，$\mathrm{DFT}_\omega(f)$ と $\mathrm{DFT}_\omega(f^*)$ も事前に計算して保持しておけば，モジュラ乗算ごとに 2 回の FFT を節約できる．

ここで整数 a を 0 でない整数 b で余りを伴う除算を行う．2 進表現に関する反転を用いても，この場合は桁上がりがあるためうまくいかない．そのかわりに数値 Newton 反復法を用いて $1/b \in \mathbb{Q}$ の十分正確な近似を計算し，q を ag を丸めた最も近い整数として求め，最後に $r = a - qb$ とする．もし $r \geq b$ または $r < 0$ ならば商を $\pm$ と調整する必要がある．分数を避けるために適当な 2 のべきを掛けることにより調整する．

定理 9.8 長さ n の整数の余りを伴う除算は $O(\mathsf{M}(n))$ 回の語演算によって計算される．

系 9.9 長さ n の整数 $m \in \mathbb{N}$ に対し，剰余環 $\mathbb{Z}_m$ における乗算は $O(\mathsf{M}(n))$ 回の語演算によって計算できる．

任意の環 R の元 p に対し，アルゴリズム 9.3 を一般化して p^l を法とする逆元を計算することができる．小さな違いは p を法とする逆元が最初に必要なことだが，$p = x$ で $R = D[x]$ ならばその計算は自明であり，また R が Euclid 整域ならば R における拡張 Euclid アルゴリズムによって計算できる．

アルゴリズム 9.10 Newton 反復法による p 進逆元計算
入力：$fg_0 \equiv 1 \bmod p$ なる $f, g_0 \in R$ と $l \in \mathbb{N}$，ただし，R は（可換で 1 を持つ）環で $p \in R$ は任意とする．
出力：$fg \equiv 1 \bmod p^l$ なる $g \in R$．
1. $r \longleftarrow \lceil \log l \rceil$
2. **for** $i = 1, \ldots, r$ に対し $g_i \equiv (2g_{i-1} - fg_{i-1}^2) \bmod p^{2^i}$ なる $g_i \in R$ を計

算
3. **return** g_r

例 9.11 $R = \mathbb{Z}$ とし, 81 を法とする 5 の逆数を計算する. $-1 \cdot 5 \equiv 1 \bmod 3$ だから $g_0 = -1$ から始める. すると

$$g_1 \equiv 2g_0 - 5g_0^2 \equiv 2 \bmod 9, \quad g_2 \equiv 2g_1 - 5g_1^2 \equiv -16 \bmod 81$$

となって, 実際, $-16 \cdot 5 = -80 \equiv 1 \bmod 81$ である. ◇

定理 9.12 アルゴリズム 9.10 は p^l を法とする f の逆元を正しく計算する. $R = \mathbb{Z}, p > 1$ かつ $|f| < p^l$ のときは $O(\mathsf{M}(l \log p))$ 回の語演算, D が (可換) 環で $R = D[x]$ であり, p はモニックかつ $\deg p < l \deg p$ のときは $O(\mathsf{M}(l \deg p))$ 回の D の演算を要する.

証明は練習問題 9.8 を見よ.

ステップ 2 において一般には合同式を満たす g_i たちはたくさんある. しかし我々の応用する整数や多項式といった場合には, そのような「最小」の g_i が一意的に存在する. すなわち, $R/\langle p^l \rangle$ の標準的な代表系に関して「最小」という意味である (25.2 節を見よ).

すでに 4.2 節で見たように, モジュラ逆元は拡張 Euclid アルゴリズムを用いて計算することができる. もし小さすぎない $l \in \mathbb{N}$ についての完全べき p^l が法であり, $\mathsf{M}(n) \in O(n \log n \log \log n)$ を用いるならば, 上の定理は, 我々の 2 つの主な応用 $R = \mathbb{Z}$ および F を体とするときの $R = F[x]$ の場合には p を法とする逆元を拡張 Euclid アルゴリズムで計算してからアルゴリズム 9.10 を適用する方が, p^l を法とする逆元を拡張 Euclid アルゴリズムで計算するよりも漸近的に速いことを示している. このことは, 第 11 章で議論することになるような漸近的高速 Euclid アルゴリズムを用いた場合にも正しい.

R を Euclid 整域とし, $p, f \in R, l \in \mathbb{N}_{>0}$ とする. 定理 4.1 は

$$f \text{ は } p^l \text{ を法として可逆である} \iff \gcd(p^l, f) = 1 \iff \gcd(p, f) = 1$$
$$\iff f \text{ は } p \text{ を法として可逆である}$$

を意味する．(体 F に対する $R = F[x]$ かつ $p = x$ の場合には，すでに見たように，これは $f(0) \neq 0$ と同値である．) 次の系はこれが任意の環についても正しいことを主張している．

系 9.13 R を (可換で 1 を持つ) 環とし，$p \in R$ かつ $l \in \mathbb{N}_{>0}$ とする．元 $f \in R$ が p^l を法として可逆であるための必要十分条件はそれが p を法として可逆であることである．

証明 もし f が p を法とする逆元を持つならばアルゴリズム 9.10 により p^l を法とする f の逆元が計算される．逆に，もし $g \in R$ を $fg \equiv 1 \bmod p^l$ なるものとすれば $l \geq 1$ より $fg \equiv 1 \bmod p$ となる．□

9.2 一般 Taylor 展開と基数の転換

ここで，多項式 a の **p 進展開** (または一般 Taylor 展開) をすばやく計算するために余りを伴う高速除算を用いる．次数がそれぞれ n, m の与えられた $a, p \in R[x]$ (ただし R は環で p はモニック) に対し

$$a = \sum_{0 \leq i < k} a_i p^i, \quad 0 \leq i < k \text{ に対して } \deg a_i < m \tag{4}$$

となる $a_0, \ldots, a_{k-1} \in R[x]$ を求めたい．ただし，$k = \lfloor n/m \rfloor + 1$ とする (5.11 節を見よ)．これは第 22 章の積分アルゴリズムで用いられる．最初に読む際にはこの節はとばしてもよい．

特別な場合としては $p = x$ の場合の通常の係数列，または，より一般に，$p = x - u$ に対して u のまわりの Taylor 展開があげられる (5.6 節). 5.11 節で，p 進展開は R の $O(n^2)$ 回の演算で計算できることを見た．ここでは，これをどうやって柔軟線形時間で行うかを見ていく．

9.2 一般 Taylor 展開と基数の転換   345

アルゴリズム 9.14　一般 Taylor 展開

入力：$\deg p = m$, $\deg a < km$ なる $a, p \in R[x]$, ただし R は (可換で 1 を持つ) 環で p はモニックかつ $k \in \mathbb{N}_{\geq 1}$ は 2 のべきとする．
出力：条件 (4) を満たす $a_0, \ldots, a_{k-1} \in R[x]$．

1. **if** $k = 1$ **then return** $a_0 = a$ を返す
2. $t \longleftarrow k/2$
   call 繰り返し平方アルゴリズム 4.8 を呼んで，$p^t \in R[x]$ を計算する
3. $q \longleftarrow a$ quo p^t,　$r \longleftarrow a$ rem p^t
4. **call** このアルゴリズムを再帰的に呼んで，一般 Taylor 展開 $r = \sum_{0 \leq i < t} a_i p^i$ および $q = \sum_{0 \leq i < t} a_{t+i} p^i$ を計算する
5. **return** $a_0, \ldots, a_{k-1}$ を返す

定理 9.15　アルゴリズム 9.14 は a の p 進展開を高々 $(3\mathsf{M}(km) + O(km)) \log k$ あるいは $O(\mathsf{M}(km) \log k)$ 回の R の演算を用いて，正しく計算する．

証明　$k = 1$ のとき，正当性は明らかである．$k > 1$ ならば

$$a = qp^t + r = \sum_{0 \leq i \leq t} a_{i+t} p^i p^t + \sum_{0 \leq i < t} a_i p^i = \sum_{0 \leq i \leq k} a_i o^i$$

となる．

$T(k)$ をこのアルゴリズムの計算量とする．ステップ 1 は無償であり，よって $T(1) = 0$ である．多項式の乗算で最高次の係数を別々に扱うことにより，$n \geq 1$ のとき $\mathsf{M}(n+1) \leq \mathsf{M}(n) + 5n$ が成り立つ (練習問題 8.34)．するとステップ 2 の計算量は

$$\mathsf{M}(m+1) + \mathsf{M}(2m+1) + \cdots + \mathsf{M}\left(\frac{km}{4} + 1\right)$$
$$\leq \mathsf{M}\left(m + 2m + \cdots + \frac{km}{4}\right) + 5\left(m + 2m + \cdots + \frac{km}{4}\right)$$

$$\leq \mathsf{M}\left(\frac{km}{2}\right) + \frac{5}{2}km \in \frac{1}{2}\mathsf{M}(km) + O(km)$$

となる．ステップ 3 は定理 9.6 により，高々 $5\mathsf{M}(km/2) + O(km)$ あるいは $\frac{5}{2}\mathsf{M}(km) + O(km)$ であり，ステップ 4 は $2T(k/2)$ である．よって，ある定数 $c \in \mathbb{R}$ に対して，再帰的な不等式 $T(k) \leq 2T(k/2) + 3\mathsf{M}(km) + ckm$ を得，補題 8.2 により $T(k)$ は高々 $(3\mathsf{M}(km) + O(km))\log k$ である．□

k を 2 のべきにとる必要はなく，$k = \lfloor (\deg f)/m \rfloor + 1$ ととり，ステップ 2 で $t = \lfloor k/2 \rfloor$ とすることもできる．その効果はステップ 3 と 4 で，より「バランスのとれた」2 進分割が行え，少し速いアルゴリズムが得られる可能性があることであるが，その解析はより複雑になる．しかしながら，k が 2 のべきであるならば事前に $p^2, p^4, \ldots, p^{k/4}, p^{k/2}$ を計算しておき，アルゴリズムが，再帰的過程でステップ 2 を通るたびに繰り返し平方を計算するかわりに，1 回だけ行えばよい．

練習問題 9.20 により a の p 進展開 (4) から a の係数を計算するという「逆向き」の計算も $O(\mathsf{M}(mk)\log k)$ 時間で行える．

系 9.16 $n \in \mathbb{N}$ を 2 のべきとする．次数 n の多項式 $a \in R[x]$ の $u \in R$ のまわりの Taylor 展開は高々 $(3\mathsf{M}(n) + O(n))\log n$ あるいは $O(\mathsf{M}(n)\log n)$ 回の R の演算によって計算できる．

アルゴリズム 9.14 の整数についての類似は 2^{64} 配列表現から任意の基数 $p \in \mathbb{N}_{>1}$ に関する展開に，柔軟線形時間で変換可能である．以下の定理は，この**基数の変換**に関するもので，練習問題 9.21 で証明される．

定理 9.17 $a, p \in \mathbb{N}$ を，ある $k, m \in \mathbb{N}$ に対して p の長さが m，a の長さが高々 km なるものとする．このとき a の p 進展開は $O(\mathsf{M}(km)\log k)$ 回の語演算によって計算できる．

9.3 形式的微分と Taylor 展開

次の節において，$\varphi \in R[y]$ および $p \in R$ に対し $\varphi(g) \equiv 0 \bmod p^l$ の R における根を見つける問題を解く．p^l を法とする逆元の場合と同様に，p を法とする解を最初から保持していると仮定すれば，Newton 反復法により高速アルゴリズムが得られる．しかし，まず，解析学のよく知られた道具を我々の純粋に代数的な設定に適合させることが必要である．

定義 9.18 R を (可換で 1 を持つ) 任意の環とする．$\varphi = \sum_{0 \leq i \leq n} \varphi_i y^i \in R[y]$ に対して φ の **形式的微分** を

$$\varphi' = \sum_{0 \leq i \leq n} i \varphi_i y^{i-1}$$

によって定義する．

$R = \mathbb{R}$ の場合は，これはよく知られた通常の極限による定義と一致する．しかし，一般に，たとえば有限体の上では「極限」といった概念は存在しない．ここで i は 2 つの異なった意味を持っていることに注意する．まず和をとるための添え字として，それは単に係数のベクトル $(\varphi_0, \ldots, \varphi_n) \in R^{n+1}$ の実に便利な記法であり，もう 1 つは環の元 $i = 1 + \cdots + 1 \in R$ としてである．

形式的微分はなじみのあるいくつかの性質を持っている．

補題 9.19 (i) $'$ は R 線形である．
(ii) $'$ は Leibniz (あるいは積の法則)$(\varphi \psi)' = \varphi' \psi + \psi' \varphi$ を満たす．
(iii) $'$ は鎖法則 (合成関数の微分)$(\varphi(\psi))' = \varphi'(\psi) \psi'$ を満たす．

証明 (i) $\varphi, \psi \in R[y]$, $\varphi = \sum_{0 \leq i \leq n} \varphi_i y^i$, $\psi = \sum_{0 \leq i \leq n} \psi_i y^i$ および $a, b \in R$ とする．すると

$$(a\varphi + b\psi)' = \left(\sum_{0 \le i \le n}(a\varphi_i + b\psi_i)y^i\right)' = \sum_{0 \le i \le n} i(a\varphi_i + b\psi_i)y^{i-1}$$
$$= a\sum_{0 \le i \le n} i\varphi_i y^{i-1} + b\sum_{0 \le i \le n} i\psi_i y^{i-1} = a\varphi' + b\psi'$$

を得る.

(ii) 線形性により y のべきについて主張を示せば十分である．そこで $n, m \in \mathbb{N}$ とすると

$$(y^n y^m)' = (y^{n+m})' = (n+m)y^{n+m-1} = ny^{n-1}y^m + my^{m-1}y^n$$
$$= (y^n)' y^m + (y^m)' y^n$$

を得る.

(iii) これもまた φ が y のべきであるとき，すなわちある $n \in \mathbb{N}$ に対して $\varphi = y^n$ のときに主張を示せば十分である．しかしこのとき主張は $(\psi^n)' = n\psi^{n-1}\psi'$ となり，これは Leibniz 法則と n に関する帰納法によって容易に示せる． □

たとえば $\mathbb{R}$ 上で，通常の微分と相違することを 1 つ注意する．$\mathbb{F}_p$ 上（あるいはもっと一般に標数 $p > 0$ の任意の体上）では，任意の p 階微分はゼロである．たとえばすべての $\varphi \in \mathbb{F}_2[y]$ に対して $\varphi'' = 0$ である．

補題 9.20 $\varphi = \sum_{0 \le i \le n} \varphi_i y^i \in R[y]$ および $g \in R$ とするとき，ある $\psi \in R[y]$ に対して

$$\varphi = \varphi(g) + \varphi'(g)(y-g) + \psi \cdot (y-g)^2$$

となる.

証明 5.6 節で示したように φ は g のまわりで

$$\varphi = \sum_{0 \le i \le n} \varphi_i \cdot (y-g)^i = \varphi_0 + \varphi_1 \cdot (y-g) + \psi \cdot (y-g)^2$$

と展開できる．ここで $\varphi_i \in R$ は一意的であり，$\psi = \sum_{2 \le i \le n} \varphi_i y^{i-2} \in R[y]$

朝倉書店〈統計・情報関連書〉ご案内

統計科学辞典

B.S.エヴェリット著　清水良一訳
A5判　536頁　定価14700円（本体14000円）（12149-0）

統計を使うすべてのユーザーに向けた「役に立つ」用語辞典。医学統計から社会調査まで、理論・応用の全領域にわたる約3000項目を、わかりやすく簡潔に解説する。100人を越える統計学者の簡潔な評伝も収載。理解を助ける種々のグラフも充実。
〔項目例〕赤池の情報量規準／鞍点法／EBM／イェイツ／一様分布／移動平均／因子分析／ウィルコクソンの符号付き順位検定／後ろ向き研究／他

多変量解析実例ハンドブック

柳井晴夫・岡太彬訓・繁桝算男・高木廣文・岩崎　学編
A5判　916頁　定価33600円（本体32000円）（12147-4）

多変量解析は、現象を分析するツールとして広く用いられている。本書はできるだけ多くの具体的事例を紹介・解説し、多変量解析のユーザーのために「様々な手法をいろいろな分野でどのように使ったらよいか」について具体的な指針を示す。
〔内容〕【分野】心理／教育／家政／環境／経済・経営／政治／情報／生物／医学／工学／農学／他
【手法】相関・回帰・判別・因子・主成分分析／他

社会調査ハンドブック

林知己夫編
A5判　776頁　定価27300円（本体26000円）（12150-4）

マーケティング，選挙，世論，インターネット。社会調査のニーズはますます高まっている。本書は理論・方法から各種の具体例まで、社会調査のすべてを集大成。調査の「現場」に豊富な経験をもつ執筆者陣が，ユーザーに向けて実用的に解説。
〔内容〕社会調査の目的／対象の決定／データ獲得法／各種の調査法／調査のデザイン／質問・質問票の作り方／調査の実施／データの質の検討／他

統計分布ハンドブック

蓑谷千凰彦著
A5判　740頁　定価23100円（本体22000円）（12154-7）

統計に現れる様々な分布の特性・数学的意味・展開等を，グラフを豊富に織り込んで詳細に解説。3つの代表的な分布システムであるピアソン，バー，ジョンソン分布システムについても説明する。
〔内容〕数学の基礎（関数／テイラー展開／微積分他）／統計学の基礎（確率関数，確率密度関数／分布関数／積率他）／極限定理と展開（確率収束／大数の法則／中心極限定理他）／他

臨床試験ハンドブック

丹後俊郎・上坂浩之編集
A5判　772頁　定価27300円（本体26000円）（32214-3）

ヒトを対象とした臨床研究としての臨床試験のあり方，生命倫理を十分考慮し，かつ，科学的に妥当なデザインと統計解析の方法論について，現在までに蓄積されてきた研究成果を事例とともに解説。〔内容〕種類／試験実施計画書／無作為割付の方法と数理／目標症例数の設計／登録と割付／被験者の登録／統計解析計画書／無作為化比較試験／典型的な治療・予防領域／臨床薬理試験／グループ逐次デザイン／非劣性・同等性試験／薬効評価／不完全データ解析／メタアナリシス／他

講座〈情報をよむ統計学〉
情報を正しく読み取るための統計学の基礎を解説

1. 統計学の基礎
上田尚一著
A5判 224頁 定価3570円(本体3400円) (12771-5)

情報が錯綜する中で正しい情報をよみとるためには「情報のよみかき能力」が必要。すべての場で必要な基本概念を解説。〔内容〕統計的な見方／情報の統計的表現／新しい表現法／データの対比／有意性の検定／混同要因への対応／分布形の比較／他

2. 統計学の論理
上田尚一著
A5判 232頁 定価3570円(本体3400円) (12772-3)

統計学の種々の手法を広く取上げ解説。〔内容〕データ解析の進め方／傾向線の求め方／2変数の関係の表し方／主成分／傾向性と個別性／集計データの利用／時間的変化をみるための指標／ストックとフロー／時間的推移の見方－レベルレート図

3. 統計学の数理
上田尚一著
A5判 232頁 定価3570円(本体3400円) (12773-1)

統計学でよく使われる手法を詳しく解説。〔内容〕回帰分析／回帰分析の基本／分析の進め方（説明変数の取上げ方）／回帰分析の応用／集計データの利用／系列データの見方／時間的推移の分析／アウトライヤーへの対処／2変数の関係要約／他

4. 統計グラフ
上田尚一著
A5判 228頁 定価3570円(本体3400円) (12774-X)

データの特性や情報を理解するのに極めて有効な表現法である統計グラフの書き方・使い方を伝授。〔内容〕グラフの効用／情報の統計的表現／グラフ表現の原理・要素／多成分／良いグラフのためのチェックポイント／グラフをかくプログラム／他

5. 統計の誤用・活用
上田尚一著
A5判 224頁 定価3990円(本体3800円) (12775-8)

なぜ、どのように間違えるのか？統計の誤用例・活用法を、データと手法の両面から具体的に解説。〔内容〕どこのデータか？／いつのデータか？／比較できる平均、できない平均／比較の仕方を考える／傾向性と個別性／使いようのないデータ／他

6. 質的データの解析 －調査情報のよみ方－
上田尚一著
A5判 216頁 定価3570円(本体3400円) (12776-6)

直接、数値で表せない「質的データ」の取扱い方。世論調査や意識調査等の結果のよみ方に役立つ。〔内容〕構成比の比較／特化係数／観察された差の説明／情報量／データ分解／多次元データ解析の考え方／精度と偏り／分析計画とデータの求め方

7. クラスター分析
上田尚一著
A5判 216頁 定価3570円(本体3400円) (12777-4)

データをその特徴でグループに分けて扱う技法。有効な使い方のための注意と数学的基礎を解説。〔内容〕区分けの論理／データの区分けと分散分析／クラスター／構成比／階層的手法／基礎データの結合／時間的変化／地域データ／複数の観点／他

8. 主成分分析
上田尚一著
A5判 264頁 定価3990円(本体3800円) (12778-2)

データから得られた様々な統計情報を組み直して最も有効な総合指標＝主成分を求める方法を解説。〔内容〕情報の縮約／主成分とその誘導／主成分分析の数理／適用の考え方と補助手段／主成分の解釈と軸の回転／質的データ／尺度値／分析計画／他

9. 統計ソフトUEDAの使い方 [CD-ROM付]
上田尚一著
A5判 192頁 定価3570円(本体3400円) (12779-0)

統計計算や分析が簡単に行え、統計手法の「意味」がわかるソフトとその使い方。シリーズ全巻共通。〔内容〕インストール／プログラム構成／内容と使い方：データの表現・分散分析・検定・回帰・時系列・多次元・グラフ他／データ形式と管理／他

統計ライブラリー

実践医学統計学
宮原英夫・折笠秀樹監訳
A5判 256頁 定価4830円（本体4600円）（12668-9）

実際に役立つ欧米での標準的テキスト。〔内容〕有意性の検定／フィッシャーの2×2分割表の検定／カプラン・マイヤー法／生存率曲線／正規分布／医学データの線形回帰モデル／比例ハザード回帰分析／臨床試験のデザイン／疫学的応用／他

統計的データ解析のための 数値計算法入門
岩崎 学著
A5判 216頁 定価3885円（本体3700円）（12667-0）

統計的データ解析に多用される各種数値計算手法と乱数を用いたモンテカルロ法を詳述。〔内容〕関数の展開と技法／非線形方程式の解法／最適化法／数値積分／乱数と疑似乱数／乱数の生成法／モンテカルロ積分／マルコフチェーンモンテカルロ

サンプルサイズの決め方
永田 靖著
A5判 244頁 定価4725円（本体4500円）（12665-4）

統計的検定の精度を高めるためには，検出力とサンプルサイズ（標本数）の有効な設計が必要である。本書はそれらの理論的背景もていねいに説明し，また読者が具体的理解を得るために多くの例題と演習問題（詳解つき）も掲載した

共分散構造分析[入門編] ―構造方程式モデリング―
豊田秀樹著
A5判 336頁 定価5775円（本体5500円）（12658-1）

現在，最も注目を集めている統計手法を，豊富な具体例を用い詳細に解説。〔内容〕単変量・多変量データ／回帰分析／潜在変数／観測変数／構造方程式モデル／母数の推定／モデルの評価・解釈／順序／付録：数学的準備・問題解答・ソフト／他

共分散構造分析[応用編] ―構造方程式モデリング―
豊田秀樹著
A5判 312頁 定価5250円（本体5000円）（12661-1）

応用編では，様々な数理モデルが，共分散構造モデルによってどのように表現されるかを具体的に詳述。〔内容〕方程式モデルの表現／因子分析／実験データの解析／時系列分析／行動遺伝学／テスト理論／パス解析／非線形／潜在曲線／付録／他

共分散構造分析[技術編] ―構造方程式モデリング―
豊田秀樹著
A5判 248頁 定価4095円（本体3900円）（12664-6）

共分散構造分析を具体的な場面に適用するために役立つさまざまなテクニック・決め技を伝授する。〔内容〕因子分析／一対比較法／コンジョイント分析／遺伝的アルゴリズム／ブートストラップ法／双方向モデル／行動遺伝／回帰／プログラム／他

共分散構造分析[疑問編] ―構造方程式モデリング―
豊田秀樹著
A5判 256頁 定価4410円（本体4200円）（12666-2）

共分散構造分析を使うユーザーが様々な場面で出会う疑問やトラブルに，具体的かつ丁寧に回答。〔内容〕モデル構成／母数の制約／つまづきと対処／推定とその周辺／分析の良さの評価／解釈の技術／モデル紹介／縦断データの解析／文献案内／他

項目反応理論[入門編] ―テストと測定の科学―
豊田秀樹著
A5判 192頁 定価3570円（本体3400円）（12662-X）

テストの「グローバル・スタンダード」である実用的な理論を，生のデータを使ってていねいに解説。〔内容〕テストと項目／項目の特性／尺度値／項目母数／テスト情報関数／テストの構成／項目プールと等化／段階反応／問題解答／プログラム／他

項目反応理論[事例編] ―新しい心理テストの構成法―
豊田秀樹著
A5判 192頁 定価3570円（本体3400円）（12663-8）

テスト・調査を簡便かつ有効に行うための方法を心理測定をテーマに，具体的な手順を示して解説。〔内容〕心理学と項目反応理論／劣等感尺度の構成と運用（劣等感とは／項目／母数／水平・垂直テスト，他）／抑うつ尺度／向性尺度／不安尺度／他

項目反応理論[理論編] ―テストの数理―
豊田秀樹編著
A5判 232頁 定価4410円（本体4200円）（12669-7）

医師国家試験など日本でも急速に利用が進んでいるテスト運用法の数理をわかりやすく詳細に解説〔内容〕ロジスティックモデル（最尤推定他）／多値反応モデル（名義反応他）／仮定をゆるめたモデル（マルチグループ他）／拡張モデル／ソフトウェア

シリーズ〈科学のことばとしての数学〉 統計学のための数学入門30講
永田 靖著
A5判 224頁 定価3045円（本体2900円）（11633-0）

統計のための「使える」数学のテキスト。必要なエッセンスをまとめ，実際の場面での使い方を解説。〔内容〕微積分（基礎事項アラカルト／極値／広義積分他）／線形代数（ランク／固有値他）／多変数の微積分／問題解答／「統計学ではこう使う」／他

TSPによる計量経済分析入門（第2版）
縄田和満著
A5判 184頁 定価3150円（本体3000円）（12164-4）

統計ソフトTSPによる基礎的な経済データ分析手法を解説する入門書の改訂版。演習中心に初学者でも理解できるよう構成。〔内容〕TSP入門／回帰分析／重回帰分析／系列相関・不均一分散・多重共線性／同時方程式／時系列データ他

Excelによる統計入門（第2版）
縄田和満著
A5判 208頁 定価2940円（本体2800円）（12142-3）

Excelを使って統計の基礎を解説。例題を追いながら実際の操作と解析法が身につく。Excel 2000対応。〔内容〕Excel入門／表計算／グラフ／データの入力・並べかえ／度数分布／代表値／マクロとユーザ定義関数／確率分布と乱数／回帰分析／他

Excel統計解析ボックスによるデータ解析
縄田和満著 ［CD-ROM付］
A5判 212頁 定価3990円（本体3800円）（12146-6）

CD-ROMのプログラムをExcelにアド・インすることで，専用ソフト並の高度な統計解析が可能。〔内容〕回帰分析の基礎／重回帰分析／誤差項／ベクトルと行列／分散分析／主成分分析／判別分析／ウィルコクスンの検定／質的データの分析／他

Excelによる確率入門
縄田和満著
A5判 192頁 定価3360円（本体3200円）（12155-5）

「不確実性」や統計を扱うための確率・確率分布の基礎を解説。Excelを使い問題を解きながら学ぶ。〔内容〕確率の基礎／確率変数／多次元の確率分布／乱数によるシミュレーション／確率空間／大数法則と中心極限定理／推定・検定，χ_2, t, F分布／他

確率と統計 —基礎と応用—
木村俊一・古澄英男・鈴川晶夫著
A5判 228頁 定価3675円（本体3500円）（11102-9）

従来の教科書は「データの整理」から始まっていたが，本書は「確率論」を応用分野の基礎と位置づけて展開する。微分・積分学と線形代数学を履修していれば十分理解できるよう構成した。また具体的例題を豊富に挿入し，詳細な解答も掲載

シリーズ 工学のための数学5 確率
松葉育雄著
A5判 192頁 定価3150円（本体3000円）（11545-8）

工学系の学生が「確率」を使いこなせるよう，例題，演習問題，詳しい解答など様々な工夫を凝らして説明。大学初年級のテキストとして最適。〔内容〕確率とは／確率変数／確率変数の関数／母関数とその応用／エントロピーとその応用／解答集

工学のための 確率・統計
北村隆一・尾崎博明・東野 達・中北英一・堀 智晴著
B5判 208頁 定価3780円（本体3600円）（11113-4）

工学系の学生向けに例題を多彩に織り込んで基本的な考え方と応用面への解説を配慮。〔内容〕不確定現象の確率的把握／工学分野でよく用いられる分布／統計解析（標本分布・推定・仮説検定・線形回帰モデル）／演習問題

Accessによる統計データベース入門
常盤洋一著
A5判 144頁 定価2625円（本体2500円）（12158-X）

Excelでは処理がむずかしい複雑な統計データを，Accessを使って簡単に管理し，Excelとデータと受け渡しをする方法を解説。〔内容〕Accessと統計データベース／データ辞書システム／VBAの基礎／分類属性テーブル／統計表の生成／他

統計科学選書6 母集団薬物データの解析
矢船明史・石黒真木夫著
A5判 160頁 定価3045円（本体2900円）（12586-0）

ヒトの体内で薬物濃度がどのように変化するか？対象者全体での薬物のふるまいを統計的に解析。〔内容〕母集団薬物動態解析とは／薬物動態解析／統計理論／情報量規準／母集団の解析／血液中薬物濃度推移のベイズ推定／他の解析例／EIC／他

医学統計学シリーズ
データ統計解析の実務家向けの「信頼でき,真に役に立つ」シリーズ

1. 統計学のセンス
― デザインする視点・データを見る目 ―
丹後俊郎著
A5判 152頁 定価3045円（本体2900円）（12751-0）

データを見る目を磨き,センスある研究を遂行するために必要不可欠な統計学の素養とは何かを説く。〔内容〕統計学的推測の意味／研究デザイン／統計解析以前のデータを見る目／平均値の比較／頻度の比較／イベント発生までの時間の比較

2. 統計モデル入門
丹後俊郎著
A5判 256頁 定価4200円（本体4000円）（12752-9）

統計モデルの基礎につき,具体的事例を通して解説。〔内容〕トピックスI～IV／Bootstrap／モデルの比較／測定誤差のある線形モデル／一般化線形モデル／ノンパラメトリック回帰モデル／ベイズ推測／Marcov Chain Monte Carlo法／他

3. Cox比例ハザードモデル
中村 剛著
A5判 144頁 定価3150円（本体3000円）（12753-7）

生存予測に適用する本手法を実際の例を用いながら丁寧に解説する。〔内容〕生存時間データ解析とは／KM曲線とログランク検定／Cox比例ハザードモデルの目的／比例ハザード性の検証と拡張／モデル不適合の影響と対策／部分尤度と全尤度

4. メタ・アナリシス入門
― エビデンスの統合をめざす統計手法 ―
丹後俊郎著
A5判 232頁 定価4200円（本体4000円）（12754-5）

独立して行われた研究を要約・統合する統計解析手法を平易に紹介する初の書。〔内容〕歴史と関連分野／基礎／代表的な方法／Heterogeneityの検討／Publication biasへの挑戦／診断検査とROC曲線／外国臨床試験成績の日本への外挿／統計理論

5. 無作為化比較試験
― デザインと統計解析 ―
丹後俊郎著
A5判 216頁 定価3990円（本体3800円）（12755-3）

〔内容〕RCTの原理／無作為割り付けの方法／目標症例数／経時的繰り返し測定の評価／臨床的同等性・非劣性の評価／グループ逐次デザイン／複数のエンドポイントの評価／ブリッジング試験／群内・群間変動に係わるRCTのデザイン

シリーズ〈予測と発見の科学〉
北川源四郎・有川節夫・小西貞則・宮野 悟 編集

1. 統計的因果推論
― 回帰分析の新しい枠組み ―
宮川雅巳著
A5判 192頁 定価3570円（本体3400円）（12781-2）

「因果」とは何か？データ間の相関関係から,因果関係とその効果を取り出し表現する方法を解説。〔内容〕古典的問題意識／因果推論の基礎／パス解析／有向グラフ／介入効果と識別条件／回帰モデル／条件付き介入と同時介入／グラフの復元／

2. 情報量規準
小西貞則・北川源四郎著
A5判 208頁 定価3570円（本体3400円）（12782-0）

「いかにしてよいモデルを求めるか」データから最良の情報を抽出するための数理的判断基準を示す。〔内容〕統計的モデリングの考え方／統計的モデル／情報量規準／一般化情報量規準／ブートストラップ／ベイズ型／さまざまなモデル評価基準／他

3. マーケティングの科学
― POSデータの解析 ―
阿部 誠・近藤文代著
A5判 216頁 定価3885円（本体3700円）（12783-9）

膨大な量のPOSデータから何が得られるのか？マーケティングのための様々な統計手法を解説。〔内容〕POSデータと市場予測／POSデータの分析（クロスセクショナル／時系列）／スキャンパネルデータの分析（購買モデル／ブランド選択）／他

シリーズ〈データの科学〉
林 知己夫 編集

1. データの科学
林 知己夫著
A5判 144頁 定価2730円（本体2600円）（12724-3）

21世紀の新しい科学「データの科学」の思想とこころと方法を第一人者が明快に語る。〔内容〕科学方法論としてのデータの科学／データをとること—計画と実施／データを分析すること—質の検討・簡単な統計量分析からデータの構造発見へ

2. 調査の実際 —不完全なデータから何を読みとるか—
林 文・山岡和枝著
A5判 232頁 定価3675円（本体3500円）（12725-1）

良いデータをどう集めるか？不完全なデータから何がわかるか？データの本質を捉える方法を解説。〔内容〕〈データの獲得〉どう調査するか／質問票／精度．〈データから情報を読みとる〉データの特性に基づいた解析／データ構造からの情報把握／他

3. 複雑現象を量る —紙リサイクル社会の調査—
羽生和紀・岸野洋久著
A5判 176頁 定価2940円（本体2800円）（12727-8）

複雑なシステムに対し，複数のアプローチを用いて生のデータを収集・分析・解釈する方法を解説。〔内容〕紙リサイクル社会／背景／文献調査／世界のリサイクル／業界紙に見る／関係者：資源回収と消費／消費者と製紙産業／静脈を担う主体／他

4. 心を測る —個と集団の意識の科学—
吉野諒三著
A5判 168頁 定価2940円（本体2800円）（12728-6）

個と集団とは？意識とは？複雑な現象の様々な構造をデータ分析によって明らかにする方法を解説。〔内容〕国際比較調査／標本抽出／調査の実施／調査票の翻訳・再翻訳／分析の実際（方法，社会調査の危機，「計量的文明論」他）／調査票の洗練／他

5. 文化を計る —文化計量学序説—
村上征勝著
A5判 144頁 定価2940円（本体2800円）（12729-4）

人々の心の在り様＝文化をデータを用いて数量的に分析・解明する。〔内容〕文化を計る／現象解析のためのデータ／現象理解のためのデータ分析法／文を計る／美を計る（美術と文化，形態美を計る—浮世絵の分析／色彩美を計る）／古代を計る／他

情報数学の世界1 パターンの発見 —離散数学—
有澤 誠著
A5判 132頁 定価2835円（本体2700円）（12761-8）

種々の現象の中からパターンを発見する過程を重視し，数式にモデル化したものの操作よりも，パターンの発見に数学の面白さを見いだす。抽象的な記号や数式の使用は最小限にとどめ，興味深い話題を満載して数学アレルギーの解消を目指す

情報数学の世界2 パラドックスの不思議 —論理と集合—
有澤 誠著
A5判 128頁 定価2625円（本体2500円）（12762-5）

身近な興味深い例を多数取り上げて集合と論理をわかりやすく解説し，さまざまなパラドックスの世界へ読者を導く。〔内容〕集合／無限集合／推論と証明／論理と推論／世論調査および選挙のパラドックス／集合と確率のパラドックス／他

情報数学の世界3 コンピュータの思考法 —計算モデル—
有澤 誠著
A5判 160頁 定価2730円（本体2600円）（12763-4）

コンピュータの「計算モデル」に関する興味深いテーマを，パズル的な発想を重視して選び，数式の使用は最小限にとどめわかりやすく解説。〔内容〕チューリング機械／セルオートマトンとライフゲイム／生成文法／再帰関数の話題／NP完全／他

理工系のJava
小国 力・三井栄慶著
B5判 256頁 定価5040円（本体4800円）（12159-8）

学生，技術者向けに，基本から高度な応用への基礎事項をプログラムを明示しながら，平易に解説。〔内容〕Javaの初歩／Javaの基礎知識／Java言語次なる段階／入出力処理と動的領域／作画／画像と動画・スレッド／GUI使用例／演習解答

コンピュータ活用技術
小池慎一・原田義久・中村欽明・伊藤 雅・山住富也著
A5判 192頁 定価3150円（本体3000円）（12153-9）

コンピュータの基本を理解し自身の力で使いこなせるよう，やさしく，わかりやすく解説した入門書。〔内容〕アプリケーションソフトの基本的活用法／インターネット活用法／コマンドレベルでのコンピュータ操作／自宅内でのネットワーク／他

C言語によるコンピュータ入門
豊田 正編著 中山 功・原 啓明・安江正樹著
A5判 248頁 定価3360円（本体3200円）（12152-0）

豊富な例題でプログラミングを修得し，ハードも理解することでコンピュータの仕組みがわかる。〔内容〕コンピュータの誕生と発展／ハードウェアの基礎／C言語を操る／数値データ・文字データの表示／キーボードからの入力／データベース／他

インターネット時代の フリーUNIX入門
—Linux, FreeBSDを用いた情報リテラシー—
九州工業大学情報科学センター編
B5判 288頁 定価3045円（本体2900円）（12148-2）

"情報，ネットワーク，マルチメディア"をキーワードにした情報処理基礎教育のテキスト。〔内容〕UNIXの基礎／エディタの使い方／電子メール・Webページの利用法／pLaTeX／作図ツール／UNIXコマンド／各種プログラム言語

Open GL 3Dグラフィックス入門（第2版）
三浦憲二郎著
B5判 196頁 定価3990円（本体3800円）（12145-8）

3次元グラフィックスソフトのOpenGLの機能の基本を"使いこなす"立場から明確に解説。第2版ではauxライブラリでなくglutライブラリとしWindows98や2000標準で稼働。さらにVisual C^{++}への対応もはかった。豊富なカラー口絵も挿入

LaTeX 2ε 入 門
生田誠三著
B5判 148頁 定価3465円（本体3300円）（12157-1）

LaTeX 2εを習得したいがマニュアルをみると混乱するという人のための「これが本当の入門書」。大好評の「LaTeX 2ε文典」との対応もできており，必要にして最小不可欠の知識を具体的演習形式で伝授。悩んだときも充実した索引で解消［多色刷］

LaTeX 2ε 文 典
生田誠三著
B5判 372頁 定価6090円（本体5800円）（12140-7）

LaTeXを使い始めた人が必ず経験する"このあとどうすればいいのだろう"という疑問の答を，入力と出力結果を示しながら徹底的に伝授。2ε対応。〔内容〕クラス／プリアンブル／ヘッダ／マクロ命令／数式のレイアウト／行列／色指定／図形／他

インターネット・Webテクノロジ通論
奥川峻史著
A5判 184頁 定価3045円（本体2900円）（12156-3）

よく理解したい，本当に使いこなしたい，読者のための入門・実践書。〔内容〕最新LANテクノロジ／TCP/IPプロトコルスイート／インターネットワーキング／高速インターネット／メール／Web／セキュリティ対策／モバイルインターネット

医療系の情報演習
池田憲昭編著
A5判 200頁 定価3360円（本体3200円）（12151-2）

医療系の学生に必要な知識を，演習を通しながら平易に解説した入門書。〔内容〕コンピュータ入門／インターネット入門／文書処理の基礎／表計算ソフトウェア／統計解析入門／HTML／プレゼンテーション／Visual Basic／病院情報システム

情報科学こんせぷつ

野崎昭弘・黒川利明・疋田輝男・竹内郁雄・岩野和生 編集

1. コンピュータの仕組み
尾内理紀夫著
A5判 200頁 定価3570円(本体3400円)(12701-4)

計算機の中身・仕組の基本を「本当に大切なところ」をおさえながら重点主義的に懇切丁寧に解説。〔内容〕概論/数の表現/オペランドとアドレス/基本的演算と操作/MIPSアセンブリ言語と機械語/パイプライン処理/記憶階層/入出力/他

2. プログラミング言語の仕組み
黒川利明著
A5判 180頁 定価3465円(本体3300円)(12702-2)

特定の言語を用いることなく、プログラミング言語全般の基本的な仕組を丁寧に解説。〔内容〕概論/言語の役割/言語の歴史/プログラムの成立ち/プログラムの構成/プログラミング言語の成立ち/プログラミング言語のツール/言語の種類

3. プログラミングの基礎
梅村恭司・白倉悟子著
A5判 208頁 定価2940円(本体2800円)(12703-0)

C, C++, Unixの環境下、小規模の事例を対象に、プログラミングの基本を注意事項と共に実践的に解説。〔内容〕準備訓練/学習の手順/プログラムの正しさ/プログラムの読みやすさ/プログラムの効率/使用者への配慮/成長するプログラム

7. ソフトウェア工学（第2版）
中所武司著
A5判 196頁 定価3675円(本体3500円)(12712-X)

好評の初版より、プロジェクト管理や品質評価技法の説明を加え、IEEE標準および品質モデルに関するISO標準に言及し、UMLによる図式表現を採用。なぜ、何を、どのように、作るのかの命題を明確にしながら、より教科書色を強調

8. コンパイラの仕組み
渡邊坦著
A5判 196頁 定価3990円(本体3800円)(12708-1)

ある言語のコンパイラを実現する流れに沿い、問題解決に必要な技術を具体的に解説した入門書。〔内容〕概要/字句解析/演算子順位/再帰的下向き構文解析/記号表と中間語/誤り処理/実行環境とレジスタ割付/コード生成/Tiny C/他

9. パターン情報処理の基礎
鳥脇純一郎著
A5判 168頁 定価3150円(本体3000円)(12709-X)

パターン認識と画像処理の基礎を今日的なテーマも含めて簡潔に解説。〔内容〕序論/パターン認識の基礎/画像情報処理（機能、画像認識、手法、エキスパートシステム、画像変換、イメージング、CG、バーチャルリアリティ）

10. GUIライブラリの仕組み ―ソフトウェア設計のケーススタディ―
千葉滋著
A5判 200頁 定価3780円(本体3600円)(12710-3)

GUIソフトウェアの実際を、プログラム例を多用し、具体的かつ平易に解説。〔内容〕ウィンドウのインタフェース/マルチタスクへの対応/GUIツールキット/GUIクラスライブラリ/ビジュアル開発環境/GUIクラスライブラリソース

11. グラフィクスの仕組み
宇野栄著
A5判 160頁 定価3045円(本体2900円)(12711-1)

「どのように作られたのか、作るのか」に応えるべく、基本的事項から実際の技術を平易に解説。〔内容〕モデリングの仕組みと高度な技法/レンダリングの仕組みと高度な技法/ドローイングの仕組みと高度な技法/ライブラリ/次元出力/他

ISBN は 4-254- を省略 （表示価格は2006年4月現在）

朝倉書店
〒162-8707 東京都新宿区新小川町6-29
電話 直通(03) 3260-7631 FAX (03) 3260-0180
http://www.asakura.co.jp eigyo@asakura.co.jp

朝倉書店〈数学関連書〉ご案内

はじめからのすうがく事典
一松 信訳
B5判 512頁 定価9240円（本体8800円）(11098-7)

数学の基礎的な用語を収録した五十音順の辞典。図や例題を豊富に用いて初学者にもわかりやすく工夫した解説がされている。また、ふだん何気なく使用している用語の意味をあらためて確認・学習するのに好適の書である。大学生・研究者から中学・高校の教師、数学愛好者まであらゆるニーズに応える。巻末に索引を付して読者の便宜を図った。〔項目例〕1次方程式、因数分解、エラトステネスの篩、円周率、オイラーの公式、折れ線グラフ、括弧の展開、偶関数

現代物理数学ハンドブック
新井朝雄著
A5判 736頁 定価18900円（本体18000円）(13093-7)

辞書的に引いて役立つだけでなく、読み通しても面白いハンドブック。全21章が有機的連関を保ち、数理物理学の具体例を豊富に取り上げたモダンな書物。〔内容〕集合と代数的構造／行列論／複素解析／ベクトル空間／テンソル代数／計量ベクトル空間／ベクトル解析／距離空間／測度と積分／群と環／ヒルベルト空間／バナッハ空間／線形作用素の理論／位相空間／多様体／群の表現／リー群とリー代数／ファイバー束／超関数／確率論と汎関数積分／物理理論の数学的枠組みと基礎原理

集合・位相・測度
志賀浩二著
A5判 256頁 定価5250円（本体5000円）(11110-X)

集合・位相・測度は、数学を学ぶ上でどうしても越えなければならない3つの大きな峠ともいえる。カントルの独創で生まれた集合論から無限概念を取り入れたルベーグ積分論までを、演習問題とその全解答も含めて解説した珠玉の名著

開かれた数学1 リーマンのゼータ関数
松本耕二著
A5判 228頁 定価3990円（本体3800円）(11731-0)

ゼータ関数、L関数の「原型」に肉迫。〔内容〕オイラーとリーマン／関数等式と整数点での値／素数定理／非零領域／明示公式と零点の個数／値分布／オーダー評価／近似関数等式／平均値定理／二乗平均値と約数問題／零点密度／臨界線上の零点

実験数学 —地震波, オーロラ, 脳波, 音声の時系列解析—
岡部靖憲著
A5判 320頁 定価6510円（本体6200円）(11109-6)

地球物理学と生命科学分野の時系列データから発見された「分離性」を時系列解析で究明。〔内容〕実験数学／KM$_2$O-ランジュヴァン方程式論／時系列解析／実証分析（地震波、電磁波、脳波、音声）／分離性（時系列および確率過程の分離性）

数学のあゆみ（上）
J.スティルウェル著　上野健爾・浪川幸彦監訳
A5判 280頁 定価5775円（本体5500円）(11105-3)

中国・インドまで視野に入れて高校生から読める数学の歩み。〔内容〕ピタゴラスの定理／ギリシャ幾何学／ギリシャ時代における数論および無限／アジアにおける数論／多項式／解析幾何学／射影幾何学／微分積分学／無限級数／蘇った数論

線形代数学20講
数学・基礎教育研究会編著
A5判 168頁 定価2625円（本体2500円）(11096-0)

高校数学とのつながりにも配慮しながら、わかりやすく解説した大学理工系初年級学生のための教科書。1節1回の講義で1年間で終了できるよう構成し、各節、各章ごとに演習問題を掲載。〔内容〕行列／行列式／ベクトル空間／行列の対角化

微分積分学20講
数学・基礎教育研究会編著
A5判 160頁 定価2625円（本体2500円）(11095-2)

高校数学とのつながりにも配慮しながら、やさしく、わかりやすく解説した大学理工系初年級学生のための教科書。1節1回の講義で1年間で終了できるように構成し、各節、各章ごとに演習問題を掲載した。〔内容〕微分／積分／偏微分／重積分

シリーズ〈数学の世界〉
野口　廣監修／数学の面白さと魅力をやさしく解説

1. ゼロからわかる数学 —数論とその応用—
戸川美郎著
A5判 144頁 定価2625円（本体2500円）（11561-X）

0, 1, 2, 3, …と四則演算だけを予備知識として数学における感性を会得させる数学入門書。集合・写像などは丁寧に説明して使える道具としてしまう。最終目的地はインターネット向きの暗号方式として最もエレガントなRSA公開鍵暗号

2. 情報の数理
山本　慎著
A5判 168頁 定価2940円（本体2800円）（11562-8）

コンピュータ内部での数の扱い方から始めて、最大公約数や素数の見つけ方、方程式の解き方、さらに名前のデータの並べ替えや文字列の探索まで、コンピュータで問題を解く手順「アルゴリズム」を中心に情報処理の仕組みを解き明かす

3. 社会科学の数学 —線形代数と微積分—
沢田　賢・渡邊展也・安原　晃著
A5判 152頁 定価2625円（本体2500円）（11563-6）

社会科学系の学部では数学を履修する時間が不十分であり、学生も高校であまり数学を学習していない。このことを十分考慮して、数学における文字の使い方などから始めて、線形代数と微積分の基礎概念が納得できるように工夫をこらした

4. 社会科学の数学演習 —線形代数と微積分—
沢田　賢・渡邊展也・安原　晃著
A5判 168頁 定価2625円（本体2500円）（11564-4）

社会科学系の学生を対象に、線形代数と微積分の基礎が確実に身に付くように工夫された演習書。各章の冒頭で要点を解説し、定義、定理、例、例題と解答により理解を深め、その上で演習問題を与えて実力を養う。問題の解答を巻末に付す

5. 経済と金融の数理 —やさしい微分方程式入門—
青木憲二著
A5判 160頁 定価2835円（本体2700円）（11565-2）

微分方程式は経済や金融の分野でも広く使われるようになった。本書では微分積分の知識をいっさい前提とせずに、日常的な感覚から自然に微分方程式が理解できるように工夫されている。新しい概念や記号はていねいに繰り返し説明する

6. 幾何の世界
鈴木晋一著
A5判 152頁 定価2940円（本体2800円）（11566-0）

ユークリッドの平面幾何を中心にして、図形を数学的に扱う楽しさを読者に伝える。多数の図と例題、練習問題を添え、談話室で興味深い話題を提供する。〔内容〕幾何学の歴史／基礎的な事項／3角形／円周と円盤／比例と相似／多辺形と円周

7. 数学オリンピック教室
野口　廣著
A5判 140頁 定価2835円（本体2700円）（11567-9）

数学オリンピックに挑戦しようと思う読者は、第一歩として何をどう学んだらよいのか。挑戦者に必要な数学を丁寧に解説しながら、問題を解くアイデアと道筋を具体的に示す。〔内容〕集合と写像／代数／数論／組み合せ論とグラフ／幾何

情報数学の世界1　パターンの発見 —離散数学—
有澤　誠著
A5判 132頁 定価2835円（本体2700円）（12761-8）

種々の現象の中からパターンを発見する過程を重視し、数式にモデル化したものの操作よりも、パターンの発見に数学の面白さを見いだす。抽象的な記号や数式の使用は最小限にとどめ、興味深い話題を満載して数学アレルギーの解消を目指す

情報数学の世界2　パラドックスの不思議 —論理と集合—
有澤　誠著
A5判 128頁 定価2625円（本体2500円）（12762-6）

身近な興味深い例を多数取り上げて集合と論理をわかりやすく解説し、さまざまなパラドックスの世界へ読者を導く。〔内容〕集合／無限集合／推論と証明／論理と推論／世論調査および選挙のパラドックス／集合と確率のパラドックス／他

情報数学の世界3　コンピュータの思考法 —計算モデル—
有澤　誠著
A5判 160頁 定価2730円（本体2600円）（12763-4）

コンピュータの「計算モデル」に関する興味深いテーマを、パズル的な発想を重視して選び、数式の使用は最小限にとどめわかりやすく解説。〔内容〕テューリング機械／セルオートマトンとライフゲイム／生成文法／再帰関数の話題／NP完全／他

数学30講シリーズ〈全10巻〉
著者自らの言葉と表現で語りかける大好評シリーズ

1. 微分・積分30講
志賀浩二著
A5判 208頁 定価3570円（本体3400円）(11476-1)

〔内容〕数直線／関数とグラフ／有理関数と簡単な無理関数の微分／三角関数／指数関数／対数関数／合成関数の微分と逆関数の微分／不定積分／定積分／円の面積と球の体積／極限について／平均値の定理／テイラー展開／ウォリスの公式／他

2. 線形代数30講
志賀浩二著
A5判 216頁 定価3570円（本体3400円）(11477-X)

〔内容〕ツル・カメ算と連立方程式／方程式，関数，写像／2次元の数ベクトル空間／線形写像と行列／ベクトル空間／基底と次元／正則行列と基底変換／正則行列と基本行列／行列式の性質／基底変換から固有値問題へ／固有値と固有ベクトル／他

3. 集合への30講
志賀浩二著
A5判 196頁 定価3570円（本体3400円）(11478-8)

〔内容〕身近なところにある集合／集合に関する基本概念／可算集合／実数の集合／写像／濃度／連続体の濃度をもつ集合／順序集合／整列集合／順序数／比較可能定理，整列可能定理／選択公理のヴァリエーション／連続体仮説／カントル／他

4. 位相への30講
志賀浩二著
A5判 228頁 定価3570円（本体3400円）(11479-6)

〔内容〕遠さ，近さと数直線／集積点／連続性／距離空間／点列の収束，開集合，閉集合／近傍と閉包／連続写像／同相写像／連結空間／ベールの性質／完備化／位相空間／コンパクト空間／分離公理／ウリゾーン定理／位相空間から距離空間／他

5. 解析入門30講
志賀浩二著
A5判 260頁 定価3570円（本体3400円）(11480-X)

〔内容〕数直線の生い立ち／実数の連続性／関数の極限値／微分と導関数／テイラー展開／ベキ級数／不定積分から微分方程式へ／線形微分方程式／面積／定積分／指数関数再考／2変数関数の微分可能性／逆写像定理／2変数関数の積分／他

6. 複素数30講
志賀浩二著
A5判 232頁 定価3570円（本体3400円）(11481-8)

〔内容〕負数と虚数の誕生まで／向きを変えることと回転／複素数の定義／複素数と図形／リーマン球面／複素関数の微分／正則関数と等角性／ベキ級数と正則関数／複素積分と正則性／コーシーの積分定理／一致の定理／孤立特異点／留数／他

7. ベクトル解析30講
志賀浩二著
A5判 244頁 定価3570円（本体3400円）(11482-6)

〔内容〕ベクトルとは／ベクトル空間／双対ベクトル空間／双線形関数／テンソル代数／外積代数の構造／計量をもつベクトル空間／基底の変換／グリーンの公式と微分形式／外微分の不変性／ガウスの定理／ストークスの定理／リーマン計量／他

8. 群論への30講
志賀浩二著
A5判 244頁 定価3570円（本体3400円）(11483-4)

〔内容〕シンメトリーと群／群の定義／群に関する基本的な概念／対称群と交代群／正多面体群／部分群による類別／巡回群／整数と群／群と変換／軌道／正規部分群／アーベル群／自由群／有限的に表示される群／位相群／不変測度／群環／他

9. ルベーグ積分30講
志賀浩二著
A5判 256頁 定価3570円（本体3400円）(11484-2)

〔内容〕広がっていく極限／数直線上の長さ／ふつうの面積概念／ルベーグ測度／可測集合／カラテオドリの構想／測度空間／リーマン積分／ルベーグ積分へ向けて／可測関数の積分／可積分関数の作る空間／ヴィタリの被覆定理／フビニ定理／他

10. 固有値問題30講
志賀浩二著
A5判 260頁 定価3570円（本体3400円）(11485-0)

〔内容〕平面上の線形写像／隠されているベクトルを求めて／線形写像と行列／固有空間／正規直交基底／エルミート作用素／積分方程式／フレードホルムの理論／ヒルベルト空間／閉部分空間／完全連続な作用素／スペクトル／非有界作用素／他

基礎数学シリーズ〈全22巻〉(復刊)

1. 抽象代数への入門
永田雅宜著
B5判 200頁 定価3360円(本体3200円) (11701-9)
群・環・体を中心に少数の素材を用いて、ていねいに「抽象化」の考え方・理論の組み立て方を解説

2. 群論の基礎
永尾 汎著
B5判 164頁 定価3045円(本体2900円) (11702-7)
「群」の考え方について可能な限りていねいに説明し、併せて現代数学に不可欠な群論の基礎を解説

3. ベクトル空間入門
小松醇郎・菅原正博著
B5判 204頁 定価3360円(本体3200円) (11703-5)
ベクトルとは何か？ベクトルの意味を理解し、さらにベクトル空間の概念にまで発展するよう解説

4. 幾何学入門
瀧澤精二著
B5判 264頁 定価3675円(本体3500円) (11704-3)
古典幾何から非ユークリッド幾何・射影幾何へ。基礎から丁寧に解説して新しい数学へとつなげる

5. 集合論入門
松村英之著
B5判 204頁 定価3360円(本体3200円) (11705-1)
現代数学の基礎としての集合論を形式ばらずに解説。基本的考え方に重点を置き、しかも内容豊富

6. 位相への入門
菅原正博著
B5判 208頁 定価3360円(本体3200円) (11706-X)
"近い"とは何だろうか？「距離」「位相」という考え方を基礎から説明し位相空間の理論へとつなげる

7. 線形代数学入門
奥川光太郎著
B5判 214頁 定価3360円(本体3200円) (11707-8)
直線・曲線・曲面など平面・空間でのテーマや応用例を豊富に取りあげ、線形代数の考え方を解説

8. 複素解析学入門
小堀 憲著
B5判 240頁 定価3360円(本体3200円) (11708-6)
微積分の知識だけを前提に複素数の函数を詳解。特に重要な基礎概念は、くどいほどくわしく説明

9. 解析学入門
亀谷俊司著
B5判 372頁 定価3675円(本体3500円) (11709-4)
"近似"という考え方を原点に、微積分：極限のさまざまな姿と性質を、注意深い教育的配慮で解説

10. 無限級数入門
楠 幸男著
B5判 204頁 定価3360円(本体3200円) (11710-8)
解析の基礎となる"級数"のさまざまな姿を取り上げ、その全貌を基礎からヒルベルト空間まで解説

11. 非線型現象の数学
山口昌哉著
B5判 180頁 定価3045円(本体2900円) (11711-6)
"自然は非線形である"。数理生態学・化学反応等に現れる微分方程式を中心に、非線形の数学を解説

12. 変分学入門
福原満洲雄・山中 健著
B5判 188頁 定価3045円(本体2900円) (11712-4)
変分の基礎と代表問題を解説し解法をていねいに求める。測地線や力学の変分原理など応用も解説

13. 微分方程式入門
吉沢太郎著
B5判 196頁 定価3045円(本体2900円) (11713-2)
微分方程式論の基礎を極めてわかりやすく解説し最重要問題である非線形振動と安定問題まで展開

14. 積分方程式入門
溝畑 茂著
B5判 232頁 定価3360円(本体3200円) (11714-0)
積分方程式を詳しく解説した数少ない名著。境界値問題からスタートし、その広く深い世界を紹介

15. 函数方程式概論
桑垣 煥著

B5判 232頁 定価3360円（本体3200円）(11715-9)
函数方程式の全般にわたって系統的に解説する．
微分方程式の初歩のみを前提とし応用にも触れる

16. 整数論入門
久保田富雄著

B5判 216頁 定価3360円（本体3200円）(11716-7)
身近な数から発展し数学の多分野と関連している．
本書は代数体の理論を自然な形で詳しく解説する

17. 微分解析幾何学入門
森本明彦著

B5判 244頁 定価3360円（本体3200円）(11717-5)
微分幾何学の方法を使って解析的多様体・解析空間を探索．特に複素空間の幾何学に焦点を当てる

18. 位相数学入門
中岡 稔著

B5判 228頁 定価3360円（本体3200円）(11718-3)
現代数学の最大の特徴の一つ「位相」とその方法を
微積分・解析学での用いられ方を中心に解説する

19. 関数解析入門
高村多賀子著

B5判 228頁 定価3360円（本体3200円）(11719-1)
関数解析の基本事項を中心に，古典解析とのつながり，偏微分方程式へのわかりやすい応用を解説

20. 連続群論の基礎
村上信吾著

B5判 232頁 定価3360円（本体3200円）(11720-5)
代数・幾何・解析が美しく交錯し巧みに調和した
連続群の世界の魅力を豊富な例でていねいに解説

21. 境界値問題入門
草野 尚著

B5判 262頁 定価3675円（本体3500円）(11721-3)
微分方程式の主要な問題である「境界値」の基礎を
2階線型にスポットを当て解説したユニークな書

22. 力学系入門
齋藤利弥著

B5判 172頁 定価3045円（本体2900円）(11722-1)
物理学から発展し幅広く応用されている「力学系」
の理論を，最小限の予備知識でわかりやすく解説

数学全書〈全6巻〉（復刊）

1. 微分方程式（上）
福原満洲雄著

A5判 212頁 定価3780円（本体3600円）(11691-8)
歴史的名著を復刊．常微分の求積法と一階線型偏
微分の具体的解法を中心に応用を幅広く解説する

2. 微分方程式（下）
福原満洲雄著

A5判 216頁 定価3780円（本体3600円）(11692-6)
下巻では古典的解法に加え，応用上重要な特殊関
数を扱う．豊富な演習問題でより深い理解が可能

3. 函数論（上）
辻 正次著

A5判 248頁 定価4410円（本体4200円）(11693-4)
函数論の大家・辻正次先生の名著，待望の復刊．
上巻では集合の定義から楕円函数まで基礎を解説

4. 函数論（下）
辻 正次著

A5判 236頁 定価4410円（本体4200円）(11694-2)
下巻ではやや高等な事項を述べ，古典函数論全体
を幅広く概説．あわせて現代函数論にも触れる

5. 初等解析幾何学
稲葉栄次・伊関兼四郎著

A5判 232頁 定価4410円（本体4200円）(11695-0)
解析幾何の初歩を具体例を中心にやさしく解説．
理解を深めるための例題・問題（答）を豊富に収載

6. 射影幾何学
彌永昌吉・平野鉄太郎著

A5判 256頁 定価4410円（本体4200円）(11696-9)
全体像を基礎からわかりやすく解説．歴史から説
き起こしアフィン幾何・双曲幾何などにも触れる

講座 数学の考え方
飯高　茂・川又雄二郎・森田茂之・谷島賢二 編集

2. 微分積分
桑田孝泰著
A5判 208頁 定価3570円（本体3400円）（11582-2）

3. 線形代数　基礎と応用
飯高　茂著
A5判 256頁 定価3570円（本体3400円）（11583-0）

5. ベクトル解析と幾何学
坪井　俊著
A5判 240頁 定価4095円（本体3900円）（11585-7）

7. 常微分方程式論
柳田英二・栄伸一郎著
A5判 224頁 定価3780円（本体3600円）（11587-3）

8. 集合と位相空間
森田茂之著
A5判 232頁 定価3990円（本体3800円）（11588-1）

9. 複素関数論
加藤昌英著
A5判 232頁 定価3990円（本体3800円）（11589-X）

11. 射影空間の幾何学
川又雄二郎著
A5判 224頁 定価3780円（本体3600円）（11591-1）

12. 環と体
渡辺敬一著
A5判 192頁 定価3780円（本体3600円）（11592-X）

13. ルベーグ積分と関数解析
谷島賢二著
A5判 276頁 定価4725円（本体4500円）（11593-8）

14. 曲面と多様体
川﨑徹郎著
A5判 256頁 定価4410円（本体4200円）（11594-6）

15. 代数的トポロジー
枡田幹也著
A5判 256頁 定価4410円（本体4200円）（11595-4）

16. 初等整数論
木田祐司著
A5判 232頁 定価3780円（本体3600円）（11596-2）

17. フーリエ解析学
新井仁之著
A5判 276頁 定価4830円（本体4600円）（11597-0）

18. 代数曲線論
小木曽啓示著
A5判 256頁 定価4410円（本体4200円）（11598-9）

20. 確率論
舟木直久著
A5判 276頁 定価4725円（本体4500円）（11600-4）

22. 3次元の幾何学
小島定吉著
A5判 200頁 定価3780円（本体3600円）（11602-0）

23. 数学と論理
難波完爾著
A5判 280頁 定価5040円（本体4800円）（11603-9）

24. 数学の歴史 —和算と西欧数学の発展—
小川　束・平野葉一著
A5判 288頁 定価5040円（本体4800円）（11604-7）

シリーズ〈理工系の数学教室〉〈全5巻〉
理工学で必要な数学基礎を応用を交えながらやさしくていねいに解説

1. 常微分方程式
河村哲也著
A5判 180頁 定価2940円（本体2800円）(11621-7)

物理現象や工学現象を記述する微分方程式の解法を身につけるための入門書。例題、問題を豊富に用いながら、解き方を実践的に学べるよう構成。〔内容〕微分方程式／2階微分方程式／高階微分方程式／連立微分方程式／記号法／級数解法／付録

2. 複素関数とその応用
河村哲也著
A5判 176頁 定価2940円（本体2800円）(11622-5)

流体力学，電磁気学など幅広い応用をもつ複素関数論について、例題を駆使しながら使いこなすことを第一の目的とした入門書。〔内容〕複素数／正則関数／初等関数／複素積分／テイラー展開とローラン展開／留数／リーマン面と解析接続／応用

3. フーリエ解析と偏微分方程式
河村哲也著
A5判 176頁 定価2940円（本体2800円）(11623-3)

実用上必要となる初期条件や境界条件を満たす解を求める方法を明示。〔内容〕ラプラス変換／フーリエ級数／フーリエの積分定理／直交関数とフーリエ展開／偏微分方程式／変数分離法による解法／円形領域におけるラプラス方程式／種々の解

4. 微積分とベクトル解析
河村哲也著
A5判 176頁 定価2940円（本体2800円）(11624-1)

例題・演習問題を豊富に用い実践的に詳解した初心者向けテキスト。〔内容〕関数と極限／1変数の微分法／1変数の積分法／無限級数と関数の展開／多変数の微分法／多変数の積分法／ベクトルの微積分／スカラー場とベクトル場／直交曲線座標

5. 線形代数と数値解析
河村哲也著
A5判 212頁 定価3150円（本体3000円）(11625-X)

実用上重要な数値解析の基礎から応用までを丁寧に解説。〔内容〕スカラーとベクトル／連立1次方程式と行列／行列式／線形変換と行列／固有値と固有ベクトル／連立1次方程式／非線形方程式の求根／補間法と最小二乗法／数値積分／微分方程式

シリーズ〈科学のことばとしての数学〉
「ユーザーの立場」から書いた数学のテキスト

経営工学の数理 I
宮川雅巳・水野眞治・矢島安敏著
A5判 224頁 定価3360円（本体3200円）(11631-4)

経営工学に必要な数理を、高校数学のみを前提とし一からたたき込む工学の立場からのテキスト。〔内容〕命題と論理／集合／写像／選択公理／同値と順序／濃度／距離と位相／点列と連続関数／代数の基礎／凸集合と凸関数／多変数解析／積分他

経営工学の数理 II
宮川雅巳・水野眞治・矢島安敏著
A5判 192頁 定価3150円（本体3000円）(11632-2)

経営工学のための数学のテキスト。II巻では線形代数を中心に微分方程式・フーリエ級数まで扱う。〔内容〕ベクトルと行列／行列の基本変形／線形方程式／行列式／内積と直交性／部分空間／固有値と固有ベクトル／微分方程式／ラプラス変換／他

統計学のための数学入門30講
永田 靖著
A5判 224頁 定価3045円（本体2900円）(11633-0)

統計のための「使える」数学のテキスト。必要なエッセンスをまとめ、実際の場面での使い方を解説〔内容〕微積分（基礎事項アラカルト／極値／広義積分他）／線形代数（ランク／固有値他）／多変数の微積分／問題解答／「統計学ではこう使う」／他

すうがくの風景
奥深いテーマを第一線の研究者が平易に開示

1. 群上の調和解析
河添 健著
A5判 200頁 定価3465円（本体3300円）（11551-2）

群の表現論とそれを用いたフーリエ変換とウェーブレット変換の、平易で愉快な入門書。元気な高校生なら十分チャレンジできる！〔内容〕調和解析の歩み／位相群の表現論／群上の調和解析／具体的な例／2乗可積分表現とウェーブレット変換

2. トーリック多様体入門
石田正典著
A5判 164頁 定価3360円（本体3200円）（11552-0）

本書は、この分野の第一人者が、代数幾何学の予備知識を仮定せずにトーリック多様体の基礎的内容を、何のあいまいさも含めず、丁寧に解説した貴重な書。〔内容〕錐体と双対錐体／扇の代数幾何／2次元の扇／代数的トーラス／扇の多様化

3. 結び目と量子群
村上 順著
A5判 200頁 定価3465円（本体3300円）（11553-9）

結び目の量子不変量とその背後にある量子群についての入門書。量子不変量がどのように結び目を分類するか、そして量子群のもつ豊かな構造を平明に説く。〔内容〕結び目とその不変量／組紐群と結び目／リー群とリー環／量子群（量子展開環）

4. パンルヴェ方程式
野海正俊著
A5判 216頁 定価3570円（本体3400円）（11554-7）

1970年代に復活し、大きく進展しているパンルヴェ方程式の具体的・魅惑的紹介。〔内容〕ベックルント変換とは／対称形式／τ函数／格子上のτ函数／ヤコビ-トゥルーディ公式／行列式に強くなろう／ガウス分解と双有理変換／ラックス形式

5. D加群と計算数学
大阿久俊則著
A5判 208頁 定価3150円（本体3000円）（11555-5）

線形常微分方程式の発展としてのD加群理論の初歩を計算数学の立場から平易に解説。微分方程式を線形代数で考える／環と加群の言葉では？／微分作用素環とグレブナー基底／多項式の巾とb関数／D加群の制限と積分／数式処理システム

6. 特異点とルート系
松澤淳一著
A5判 224頁 定価3885円（本体3700円）（11556-3）

クライン特異点の解説から、正多面体の幾何、正多面体群の群構造、特異点解消及び特異点の変形とルート系、リー群・リー環の魅力的な世界を。〔内容〕正多面体／クライン特異点／ルート系／単純リー環とクライン特異点／マッカイ対応

7. 超幾何関数
原岡喜重著
A5判 208頁 定価3465円（本体3300円）（11557-1）

本書前半ではテイラー展開から大域挙動をつかまえる話をし、後半では三つの顔を手がかりにして最終、微分方程式からの統一理論に進む物語。〔内容〕雛形／超幾何関数の三つの顔／超幾何関数の仲間を求めて／積分表示／級数展開／微分方程式

8. グレブナー基底
日比孝之著
A5判 200頁 定価3465円（本体3300円）（11558-X）

組合せ論あるいは可換代数におけるグレブナー基底の理論的な有効性を簡潔に紹介。〔内容〕準備（可換環他）／多項式環／グレブナー基底／トーリック環／正規配置と単模被覆／正則三角形分割／単模性と圧搾性／コスツル代数とグレブナー基底

〔続刊〕 9. 組合せ論と表現論　　10. 多面体の調和関数

ISBN は 4-254- を省略　　　　　　　　　　　　　　（表示価格は2006年2月現在）

朝倉書店
〒162-8707　東京都新宿区新小川町6-29
電話　直通(03)3260-7631　FAX(03)3260-0180
http://www.asakura.co.jp　eigyo@asakura.co.jp

である．$y = g$ を代入すると $\varphi_0 = \varphi(g)$ である．ここで微分すれば

$$\varphi' = \varphi_1 + \psi' \cdot (y-g)^2 + \psi \cdot 2(y-g)$$

となり，再び $y = g$ を代入すれば $\varphi_1 = \varphi'(g)$ を得，主張が得られる．□

9.4　Newton 反復法による代数方程式の解法

Newton 反復法アルゴリズムの主結果を述べる準備ができた．R を任意の環とし，$p \in R$ とする．下記の式 (5) に対応するアルゴリズムは，Newton 反復法 (3) が実数上で行うのと同様に，多項式の根のよりよい近似，すなわち，p のより高次のべき m を法とする根を次々と計算する．

補題 9.21　Newton 反復法の 2 次収束　$m \in R$ とし，$\varphi \in R[y]$，$g, h \in R$ を $\varphi(g) \equiv 0 \bmod m$ なるものとする．また $\varphi'(g)$ は m を法として可逆であるとする．そして Newton の公式が「近似的に」成り立つとする．

$$h \equiv g - \varphi(g)\varphi'(g)^{-1} \bmod m^2 \tag{5}$$

このとき，$\varphi(h) \equiv 0 \bmod m^2$，$h \equiv g \bmod m$ であり，$\varphi'(h)$ は m^2 を法として可逆である．

直感的には，もし g が φ の零点の「よい」近似ならば，h は，「よりよい」近似であり，少なくとも「2 倍は正確」である．

証明　系 9.13 により $\varphi'(g)$ は m^2 を法として可逆であり，よって式 (5) の右辺は矛盾なく定義されている．アルゴリズム 9.10 は与えられた $\varphi'(g)^{-1} \bmod m$ に対して $\varphi'(g)^{-1} \bmod m^2$ を計算する．$m | m^2$ であるから合同式 (5) は m を法としても成立し，$\varphi(g)$ は m を法として消えることから

$$h \equiv g - \varphi(g)\varphi'(g)^{-1} \equiv g \bmod m$$

である．これで 2 番目の主張が証明された．1 つめの主張については補題 9.20

による φ の g のまわりの Taylor 展開を用いて，y に h を代入すれば

$$\varphi(h) \equiv \varphi(g) + \varphi'(g)(h-g) + \psi(h-g) \cdot (h-g)^2$$
$$\equiv \varphi(g) + \varphi'(g)(h-g) \equiv \varphi(g) + \varphi'(g) \cdot (-\varphi(g)\varphi'(g)^{-1}) \equiv 0 \bmod m^2$$

となる．ここで，2番目の主張より $m^2|(h-g)^2$ であることを用いており，もちろん，$\psi(h-g)$ は ψ の y に $h-g$ を代入したものである．

$h \equiv g \bmod m$ であるから $\psi(h) \equiv \psi(g) \bmod m$ が任意の $\psi \in R[y]$，特に $\psi = \varphi'$ に対して成り立つ．これは一般的原理の特別な場合にすぎない．m を法とする還元写像は環準同型であるから，それは環演算 $+$ および $\cdot$ と可換であり，したがって R 上の多項式 (関数) と可換である．よって，系 9.13 により最後の主張が示された．□

Euclid 整域 R の素元 m に対しては，$\varphi'(g)$ が m を法として可逆であることは $\varphi'(g) \not\equiv 0 \bmod m$ と同値である．

以下の p 進 Newton 反復法と Newton 反復法による逆元計算 (アルゴリズム 9.10) との類似に注意しよう．

アルゴリズム 9.22　p 進 Newton 反復法

入力：$\varphi \in R[y]$，ただし R は (可換で 1 を持つ) 環，および $p \in R, l \in \mathbb{N}_{>0}$ と $\varphi(g_0) \equiv 0 \bmod p$ かつ p を法として $\varphi'(g_0)$ が可逆となる初期値 $g_0 \in R$ および p を法とする $\varphi'(g_0)$ の逆元 s_0．

出力：$\varphi(g) \equiv 0 \bmod p^l$ かつ $g \equiv g_0 \bmod p$ なる $g \in R$．

1. $r \longleftarrow \lceil \log l \rceil$
2. **for** $i = 1, \ldots, r-1$ に対し

   $$g_i \equiv g_{i-1} - \varphi(g_{i-1})s_{i-1} \bmod p^{2^i}, \; s_i \equiv 2s_{i-1} - \varphi'(g_i)s_{i-1}^2 \bmod p^{2^i}$$

   なる $g_i, s_i \in R$ を計算する

   {2番目の計算は $\varphi'(g_i)$ の逆元計算についての Newton 反復法アルゴリズム 9.10 のステップ 2 の i 番目の実行である}

3. $g \equiv g_{r-1} - \varphi(g_{r-1})s_{r-1} \bmod p^l$ なる $g \in R$ を計算する
   return g

定理 9.23 アルゴリズム 9.22 は正しく計算する.

証明 $g_r \equiv g_{r-1} - \varphi(g_{r-1})s_{r-1} \bmod p^{2^r}$ とすると, $g \equiv g_r \bmod p^l$ であり, i に関する帰納法により $0 \leq i < r$ に対し合同式

$i < r$ ならば $g_i \equiv g_0 \bmod p$, $\varphi(g_i) \equiv 0 \bmod p^{2^i}$, $s_i \equiv \varphi'(g_i)^{-1} \bmod p^{2^i}$

を示せば十分である. $i = 0$ のときは明らかであり, $i > 0$ と仮定する. すると帰納法の仮定より $p^{2^{i-1}}$ が $\varphi(g_{i-1})$ と $s_{i-1} - \varphi'(g_{i-1})^{-1}$ の双方とも割り切るから, p^{2^i} はそれらの積を割り切る. よって

$$g_i \equiv g_{i-1} - \varphi(g_{i-1})s_{i-1} \equiv g_{i-1} - \varphi(g_{i-1})\varphi'(g_{i-1})^{-1} \bmod p^{2^i}$$

となり, 最初の 2 つの合同式は補題 9.21 で $g = g_{i-1}, h = g_i$ および $m = p^{2^{i-1}}$ とおくことにより得られる. $i < r$ ならば $g_i \equiv g_{i-1} \bmod p^{2^{i-1}}$ より

$$\varphi'(g_i)^{-1} \equiv \varphi'(g_{i-1})^{-1} \equiv s_{i-1} \bmod p^{2^{i-1}}$$

を得る. s_i はアルゴリズム 9.3 のように逆元計算についての 1 回の Newton ステップによって得られ, 3 番目の合同式が得られる. □

$R = \mathbb{Z}$ であるか体 F に対し $R = F[x]$ であって, $p \in R$ がそれぞれの場合に素数であるかまたは既約であるときには, 初期値を見つけることは, 体 $K = R/\langle p \rangle$ において多項式の根を計算することを意味する. この問題は K が有限であるか $K = \mathbb{Q}$ である場合について, この本の第 III 部において議論する.

例 9.24 (i) $R = \mathbb{Z}$ かつ $p = 5$ とし, 方程式 $g^4 \equiv 1 \bmod 625$ の非自明な解 (± 1 とは異なる解) を決定する. すなわち $\varphi = y^4 - 1$ である. $\varphi(2) \equiv 0 \bmod 5$ (たとえば Fermat の小定理による) かつ $\varphi'(2) = 4 \cdot 2^3 \equiv 2 \not\equiv 0 \bmod 5$ であること

より，初期値として $g_0 = 2$ が使える．よって $s_0 \equiv 2^{-1} \equiv 3 \bmod 5$ であり

$$g_1 \equiv g_0 - \varphi(g_0)s_0 = 2 - 15 \cdot 3 \equiv 7 \bmod 25$$
$$s_1 \equiv 2s_0 - \varphi'(g_1)s_0^2 = 2 \cdot 3 - 1372 \cdot 3^2 \equiv 8 \bmod 25$$
$$g \equiv g_1 - \varphi(g_1)s_1 \equiv 7 - 2400 \cdot 8 \equiv 182 \bmod 625$$

となる．実際，$182^4 = 1 + 1755519 \cdot 625$ である．

(ii) $R = \mathbb{F}_3[x]$ および $p = x$ とし，x^4 を法とする多項式 $f = x+1$ の平方根 g で $g(0) = -1$ を満たすものを決定する．このとき $\varphi = y^2 - f \in \mathbb{F}_3[x][y]$ であり，$g_0 = -1$ とすれば $g_0(0) = -1$, $\varphi(g_0) = -x \equiv 0 \bmod x$ および $\varphi'(g_0) = 2g_0 = 1 \not\equiv 0 \bmod x$ より g_0 を初期値として用いる．すると $s_0 = 1$ であって

$$g_1 \equiv g_0 - \varphi(g_0)s_0 = -1 - (-x) \cdot 1 = x - 1 \bmod x^2$$
$$s_1 \equiv 2s_0 - \varphi'(g_1)s_0^2 = 2 \cdot 1 - 2(x-1) \cdot 1^2 = x + 1$$
$$g \equiv g_1 - \varphi(g_1)s_1 = x - 1 - x^2(x+1) = -x^3 - x^2 + x - 1 \bmod x^4$$

となり，実際，計算により $(-x^3 - x^2 + x - 1)^2 = (x+1) + x^4(x^2 - x - 1)$ となる．◇

定理 9.25 (可換で 1 を持つ) 環 D に対しての $R = D[x]$, $p = x$, $g_0 \in D$ であって $l \in \mathbb{N}$ が 2 のべきであり，$\varphi \in R[y]$ を $\deg_y \varphi = n$ で $\deg_x \varphi < l$ とするとき，アルゴリズム 9.22 は D の $(3n+3/2)\mathsf{M}(l) + O(nl)$ 回の演算を要する．

証明 可能なら x^{2^i} を法として考えることにより，すべての i に対して s_i および g_i の次数は 2^i より小さいと仮定できる．まず，D における $nl = n2^r$ 回の演算により φ' を計算する．ステップ 2 において Horner 法により x^{2^i} を法とする総計算量 $2n-1$ 回ずつの乗算と加算，または $(2n-1)(\mathsf{M}(2^i) + 2^i)$ 回の D における演算によって，x^{2^i} を法として $\varphi(g_{i-1})$ および $\varphi'(g_i)$ を計算する．g_{i-1}, s_{i-1} および $\varphi(g_{i-1})$ から g_i を計算するには高々 $\mathsf{M}(2^{i-1}) + 2^{i-1} \leq \frac{1}{2}\mathsf{M}(2^i) + 2^{i-1}$ 回の D の演算を要する．$\varphi(g_{i-1})$ の低次部分はゼロであるから，その高次部分と s_{i-1} とを掛け合わせるだけでよく，その積の低次部分の

9.4 Newton 反復法による代数方程式の解法

(-1) 倍を g_i の高次部分としてとりさえすればよい．同様に，s_{i-1} と $\varphi'(g_i)$ から s_i を計算するには，定理 9.4 の証明のごとく $\mathsf{M}(2^i) + \mathsf{M}(2^{i-1}) + 2^{i-1} \leq \frac{1}{2}\mathsf{M}(2^i) + 2^{i-1}$ 回の演算を要する．よってステップ 2 の i 回目の反復についての計算量は高々 $(2n+1)\mathsf{M}(2^i) + 2n \cdot 2^i$ 回の D の演算であり，同様にステップ 3 においては $(n+1/2)(\mathsf{M}(2^r) + 2^r)$ 回の演算を要する．このとき

$$\sum_{1 \leq i < r} ((2n+1)\mathsf{M}(2^i) + 2n \cdot 2^i) \leq ((2n+1)\mathsf{M}(2^r) + 2n \cdot 2^r) \sum_{1 \leq i < r} 2^{i-r}$$
$$\leq (2n+1)\mathsf{M}(2^r) + 2n \cdot 2^r$$

であり，総計算量は高々

$$\left(3n + \frac{3}{2}\right)\mathsf{M}(2^r) + \left(4n + \frac{1}{2}\right)2^r = \left(3n + \frac{3}{2}\right)\mathsf{M}(l) + \left(4n + \frac{1}{2}\right)l$$

である．□

もっと一般の p が任意の多項式である場合については練習問題 9.31 で議論する．また，練習問題 9.32 は次の整数の場合の類似についての証明を問題とする．

定理 9.26 $R = \mathbb{Z}$, $0 \leq g_0 < p$ とし，φ の次数は n でその係数の絶対値は p^l 未満とする．このとき，アルゴリズム 9.22 は $O(n\mathsf{M}(l \log p))$ 回の語演算を要する．

手計算の場合はアルゴリズム 9.22 において要するすべての計算を p 進表現で計算するのもよい．その場合は p のべきを法とする還元が無償となるからである．

Newton 反復法による逆元計算を持ち出さなかった 1 つの問題点は解の一意性である．$p-l$ を法とする逆元計算は一意的であるが，p^l を法とする任意の代数方程式 $\varphi(y) = 0$ の解は一般には一意的ではない．p を法とする解もすでに複数ありうるからである．次の定理は任意の $l \in \mathbb{N}_{>0}$ に対して，すべての初期値

から p^l を法とする唯一の解が得られ，(φ' が零でないなら) p を法とする解の個数と同じだけ p^l を法とする解が存在する．

定理 9.27　Newton 反復法の解の一意性　$\varphi \in R[y]$ とし，$g \in R$ を $\varphi(g) \equiv 0 \bmod p$ を満たし，$\varphi'(g)$ が p を法として可逆なる初期値であるとし，$l \in \mathbb{N}_{>0}$ とする．このとき，$h, h^* \in R$ が p^l を法とする解であって $h \equiv g \equiv h^* \bmod p$ かつ $\varphi(h) \equiv 0 \equiv \varphi(h^*) \bmod p^l$ ならば，$h \equiv h^* \bmod p^l$ である．

証明　再び φ の Taylor 展開を用いて，ある $c \in R$ に対して

$$\varphi(h^*) = \varphi(h) + \varphi'(h)(h^* - h) + c \cdot (h^* - h)^2$$

または同値であるが

$$\varphi(h^*) - \varphi(h) = (h^* - h)(\varphi'(h) + c \cdot (h^* - h)) \tag{6}$$

を得る．

すると

$$\varphi'(h) + c \cdot (h^* - h) \equiv \varphi'(h) \bmod p \quad (\text{なぜなら } h^* - h \equiv 0 \bmod p)$$
$$\equiv \varphi'(g) \bmod p \quad (\text{なぜなら } h \equiv g \bmod p)$$

である．系 9.13 より $s \cdot (\varphi'(h) + c \cdot (h^* - h)) = 1 + tp^l$ となる $s, t \in R$ が存在するから，式 (6) とより

$$s \cdot (\varphi(h^*) - \varphi(h)) - tp^l(h^* - h) = (h^* - h)$$

を得る．この左辺は p^l を法として 0 であるから主張が得られる．□

g が初期値としての 2 番目の条件を満たさないとき，すなわち $\varphi'(g)$ が p を法として可逆でないときは定理 9.27 の結論はもはや一般には成立しない．たとえば，方程式 $y^4 = 0$ は 5 を法とした唯一解 $g \equiv 0$ を持つが，25 を法とした 5 つの解 $h \equiv 0, 5, 10, 15, 20$ を持ち，それらはすべて 5 を法として 0 に合同で

ある．ここで，$\varphi = y^4$ かつ $\varphi'(0) \equiv 0 \bmod 5$ であり，0 は適切な初期値ではない．

第 15 章で再び Newton 反復法に出会うことになる．多項式の (近似的) 因数分解のために必要なもので，Hensel 持ち上げと呼ばれるものである．

9.5　整数べき根の計算

この節では，たとえば正整数の平方根を計算するなどの整数の問題を解くための，素数べきを法とする方法を説明する．すでに第 5 章においてそのための概念を導入しているが，これまではその細部を埋めるための方法，すなわち Newton 反復法を手にしていなかった．

正数 $a, n \in \mathbb{N}$ が与えられたとし，a がある整数の n べきであるかどうか決定したいとする．そしてもしそうなら，$\sqrt[n]{a} \in \mathbb{N}$ を計算したいとする．そのために数値的な Newton 反復法を方程式 $y^n - a = 0$ に適用できて，精度が十分よくなったらそこで止まり，最も近い整数に丸めればよい．もう 1 つの方法は p 進 Newton 反復法を用いることで，その場合は精度の取り扱いがいくらか容易になる．

簡単のため，n は奇数であるとし (平方根については練習問題 9.43 を見よ)，a を割り切る最大の 2 のべきを取り出してその n 乗根を別々に計算することにより，a も奇数であると仮定してよい．もし取り出した 2 のべきの n 乗根がなければ a の n 乗根もないからである．すると，$1^n - a \equiv 0 \bmod 2$ であり，アルゴリズム 9.22 のように $\varphi(y) = y^n - a$ を解くための 2 進 Newton 反復法の初期値として，$\varphi'(1) = n \cdot 1^{n-1} \equiv 1 \not\equiv 0 \bmod 2$ であることより $g_0 = 1$ は適正である．$2^{nk} > a$ なる最小の $k \in \mathbb{N}$ を選び，$r = \lceil \log k \rceil$ ステップの後にアルゴリズム 9.22 は $\varphi(g) = g^n - a \equiv 0 \bmod 2^k$ なる $g \in \mathbb{N}$ を計算する．いまもし $\mathbb{Z}$ において $g^n = a$ であるならば $g = \sqrt[n]{a}$ となる．そうでないならば a は $\mathbb{Z}$ において n べきでないことがいえる．それを見るために，$b^n = a$ なる $b \in \mathbb{N}$ があるとする．すると b は奇数であり，$b \equiv g_0 \equiv g \bmod 2$，$0 \leq b < 2^k$ および

$$\varphi(b) = b^n - a = 0 = g^n - a = \varphi(g) \bmod 2^k$$

である.すると Newton 反復法の一意性 (定理 9.27) により $b \equiv g \mod 2^k$ が得られ,両辺は非負であって 2^k より小さいことより相等しい.

計算時間を節約するために,ステップ 1 で $t_0 = 1$ とおきステップ 2 でさらに $t_i = g_i^{n-1} \text{ rem } 2^{2^{i+1}}$ を計算する.アルゴリズム 9.22 のステップ 2 の i 番目の繰り返しにおいて 2^{2^i} を法とする 2 回の乗算と 2 回の加算により

$$g_i \equiv g_{i-1} - \varphi(g_{i-1})s_{i-1} \equiv g_{i-1} - (g_{i-1}t_{i-1} - a)s_{i-1} \mod 2^{2^i}$$

と計算される.すると 2^{2^i} を法とする 3 回の乗算と 2 回の加算により

$$s_i \equiv 2s_{i-1} - \varphi'(g_i)s_{i-1}^2 \equiv 2s_{i-1} - nt_i s_{i-1}^2 \mod 2^{2^i}$$

と計算される.t_i を計算するために,計算量が $2^{2^{i+1}}$ を法とした高々 $2 \log n$ 回の乗算である平方の繰り返し (4.3 節) を用いている.よってステップ 2 の i 回目の繰り返しの総計算量は $O(\mathsf{M}(2^i) \log n)$ 回の語演算である.2^{64} 配列表現においては 2^{2^i} に関する還元は本質的にコストがかからない.

定理 9.28 $a, n \in \mathbb{N}$ を奇数で,$a < 2^l$ かつ $3 \leq n < l$ とする.このとき,上のアルゴリズムは $O(\mathsf{M}(l))$ 語演算により唯一の正整数 $\sqrt[n]{a} \in \mathbb{N}$ を計算するか,または $\mathbb{Z}$ において a は n べきではないことを証明する.

証明 正当性は上の議論により明らかである.$c \in \mathbb{R}_{>0}$ を Newton 反復法アルゴリズム 9.22 の i 回目の繰り返しの計算量が高々 $c\mathsf{M}(2^i) \log n$ 回の語演算であってステップ 3 の計算量が高々 $c\mathsf{M}(k) \log n$ であるものとする.上の通り $r = \lceil \log k \rceil$ として,総計算量は

$$c \log n \left(\mathsf{M}(k) + \sum_{1 \leq i < r} \mathsf{M}(2^i) \right) \leq c \log n \left(\mathsf{M}(k) + \mathsf{M}\left(\sum_{1 \leq j < r} 2^j \right) \right)$$

$$\leq c \log n (\mathsf{M}(k) + 2\mathsf{M}(2^{r-1})) \leq 3c\mathsf{M}(k) \log n$$

となるとすると k の最小性により $2^{n(k-1)} \leq a < 2^l$ となり,よって $k - 1 < l/n$

かつ $\mathsf{M}(k) \in O(\mathsf{M}(\lfloor l/n \rfloor))$ となる．最後に平方を繰り返すことにより $g^n = a$ であるかどうかを計算量 $O(\mathsf{M}(l))$ (練習問題 9.39) で確かめる．この計算量は他のステップの計算量より大きい．□

例 9.29 $\sqrt[3]{2197}$ を計算しよう．$2^{3\cdot 4} = 2^{12} = 4096 > 2197$ であるから，$k = 4$ ととれる．いま，$g_0 = s_0 = t_0 = 1$ であって

$$g_1 \equiv g_0 - (t_0 g_0 - 2197)s_0 \equiv 1 - (1-1) \equiv 1 \bmod 4$$
$$t_1 \equiv g_1^2 = 1 \bmod 16, \quad s_1 \equiv 2s_0 - 3t_1 s_0^2 = 2 - 3 \equiv 3 \bmod 4$$
$$g \equiv g_1 - (t_1 g_1 - 2197)s_1 = 1 - (1-5)\cdot 3 \equiv 13 \bmod 16$$

となり，実際 $2197 = 13^3$ である．◇

練習問題 9.44 において，これを $a \in \mathbb{N}$ が**完全べき**であるかどうか，すなわち，ある整数 $c, n > 1$ に対して $a = c^n$ となるかどうかを試すために用いる．14.4 節および 15.6 節において任意の多項式の整数根を計算するためのアルゴリズムについて議論する．

9.6　Newton 反復法，Julia 集合およびフラクタル

この節では Newton 反復法の一般的な枠組みを述べ，実数についての方法とのいくつかの類似点と差異を示す．これらの結果は後では用いない．実数 (または複素数) の反復法では基本的に収束の概念を用いている．これは整数や多項式についても持ち込むことができる．すなわち，2 つの要素はそれらの差があらかじめ選んだ素数 p の大きなべきによって割り切れるとき互いに近いと定めるのである．

定義 9.30 整域 R の**付値**とは乗法的，準加法的かつ正定値な写像 $v: R \to \mathbb{R}$ すなわち，すべての $a, b \in \mathbb{R}$ に対して

(i) $v(ab) = v(a)v(b)$,
(ii) $v(a+b) \leq v(a) + v(b)$,

(iii) $v(a) \geq 0$ かつ $v(a) = 0$ なる必要十分条件は $a = 0$ である.

が成立するものをいう.

次の例は整数および多項式について一般的によく用いられる付値である. 環には, もちろん, 複数の付値が存在する.

例 9.31 (i) $R = \mathbb{Z}$ とし, $v(a) = |a|$ を**絶対値**とすると R 上の付値である.

(ii) $R = \mathbb{Z}$, 素数 p に対して

$$v_p(a) = \begin{cases} 0, & a = 0 \text{ のとき} \\ p^{-n}, & p^n | a \text{ かつ } p^{n+1} \nmid a \text{ のとき} \end{cases}$$

とおく. これを **p 進付値**と呼ぶ.

(iii) F を体, $R = F[x]$ として

$$v(a) = \begin{cases} 0, & a = 0 \text{ のとき} \\ 2^{-n}, & x^n | a \text{ かつ } x^{n+1} \nmid a \text{ のとき} \end{cases} \tag{7}$$

とおく. これを **x 進付値**と呼ぶ. 同様に, $p \in F[x]$ を既約とするとき, 式 (7) において x を p でおきかえれば p 進付値が得られる.

(iv) F を体, $R = F[x]$ として

$$v(a) = \begin{cases} 0, & a = 0 \text{ のとき} \\ 2^{\deg(a)}, & a \neq 0 \text{ のとき} \end{cases}$$

とおく. これを**次数付値**と呼ぶ. ◇

同様の p 進付値は UFD の任意の素元 p に対して定義できる.

「互いに近い」という概念は付値を用いて表すことができる. 付値 (iii) の多項式の場合, 直観を用いて, 多項式 a が小さいとはある大きな n に対して $x^n | a$ となることとする. 2つの多項式 a, b が近いとはそれらの距離 $d(a, b) = v(a - b)$ が小さいこととする.

9.6 Newton 反復法，Julia 集合およびフラクタル

例 9.32 $v_3(54) = 3^{-3} = \dfrac{1}{27}$, $v_3(55) = 1$, $v_3(54\,000\,000) = \dfrac{1}{27}$ ◇

定義 9.33 **非 Archimedes 的付値**とは付値であって，満たすべき準加法性をより強い次の条件におきかえたもののことである．すべての $a, b \in R$ に対して

$$v(a+b) \le \max\{v(a), v(b)\}$$

を満たす．この条件を**超計量不等式**という．

整数の p 進付値は非 Archimedes 的であるが，整数の絶対値は Archimedes 的である．代数方程式を近似的に解くアルゴリズム 9.22 の Newton 反復法は任意の非 Archimedes 的付値の上で実行できる．この一般化のために補題 9.21 は以下のようになる．

補題 9.34 v を R 上の非 Archimedes 的付値で，すべての $a \in R$ に対して $v(a) \le 1$ なるものとし，$\varphi \in R[y]$, $0 < \varepsilon < 1$ および $g, h \in R$ を $v(\varphi(g)) \le \varepsilon$ かつ $v(\varphi'(g)) = 1$ なるものとする．いま

$$v(h - (g - \varphi(g)/\varphi'(g))) \le \varepsilon^2$$

と仮定すると $v(\varphi(h)) \le \varepsilon^2$, $v(h-g) \le \varepsilon$ かつ $v(\varphi'(h)) = 1$ が成立する．

証明 最初の 2 つの評価のみ示す．g のまわりの φ の Taylor 展開 (補題 9.20) を用いる．

$$\begin{aligned}
&v(h-g)\\
&= v\left(h - g + \frac{\varphi(g)}{\varphi'(g)} - \frac{\varphi(g)}{\varphi'(g)}\right) \le \max\left\{v\left(h - g + \frac{\varphi(g)}{\varphi'(g)}\right), v\left(\frac{\varphi(g)}{\varphi'(g)}\right)\right\}\\
&= \max\{\varepsilon^2, \varepsilon\} = \varepsilon\\
&v(\varphi(h))\\
&= v(\varphi(g) + \varphi'(g)(h-g) + \psi(h-g) \cdot (h-g)^2)\\
&= v\left(\varphi(g) - \varphi'(g)\frac{\varphi(g)}{\varphi'(g)} + \varphi'(g)\left(h - g + \frac{\varphi(g)}{\varphi'(g)}\right) + \psi(h-g) \cdot (h-g)^2\right)
\end{aligned}$$

$$\leq \max\left\{v(\varphi'(g))\cdot v\left(h-g+\frac{\varphi(g)}{\varphi'(g)}\right), v(\psi(h-g))\cdot v(h-g)^2\right\}$$
$$\leq \max\{1\cdot\varepsilon^2, 1\cdot\varepsilon^2\} = \varepsilon^2. \quad \square$$

上の計算式中の $\varphi'(g)$ による除算は，原理的に，R の外部へ飛び出してしまう．この問題点を扱う 3 つの方法がある．アルゴリズム 9.10 で計算したように，R において $\varphi'(g)^{-1}$ をその十分よい近似でおきかえることができるし，または v を $b\neq 0$ のとき $v(a/b)=v(a)/v(b)$ とおいて R の商体へ拡張することもできるし，または必要なところで $\varphi'(g)$ を掛けて $v(\varphi'(g))=1$ より付値が変わらないことを結論することもできる．

$y^2-2=0$ を解くために $R=\mathbb{Q}$ において初期値 $g_0=2$ から Newton 反復法を行えば次々と根のよりよい有理数近似が得られる．しかし $\sqrt{2}$ 自身は有理数ではないから，正確な根をつかまえるためには考える領域を，たとえば，$\mathbb{R}$ に拡げなければならない．

同様の現象が $\mathbb{Z}$ または $F[x]$ 上の p 進付値の場合にも起こる．その場合は環をそれらの**完備化**に拡げることができる．すなわち p 進整数 $\mathbb{Z}_{(p)}$ または (x 進付値に対して) 形式的べき級数環 $F[[x]]$ へ拡げておけば Newton 反復法は正確な根へと収束していく．これらの量は有限回の操作では表現できないし，またこれらの環は主に計算機代数の理論的興味の対象であるから，ここでは細部には立ち入らない．有限回の操作によってそれらの最初の部分，たとえば $a\in\mathbb{Z}_{(p)}$ に対する $a \bmod p^l$ を表現することはできるが，それは本質的に p^l を法としたある整数と同じものである．

Newton 反復法による逆元計算によって，これらの環の中で単元はどんなものかがわかる．ある要素 $a=a_0+a_1p+a_2p^2+\cdots\in\mathbb{Z}_{(p)}$ ただし，$a_0,a_1,a_2,\ldots\in\{0,\ldots,p-1\}$ が単元であるための必要十分条件は $a_0 \bmod p$ が $\mathbb{Z}_p$ の単元であること，すなわち，$a_0\neq 0$ であることである．べき級数 $a=a_0+a_1x+a_2x^2+\cdots\in F[[x]]$ ただし，$a_0,a_1,a_2,\ldots\in F$ が $F[[x]]$ の単元であるための必要十分条件は $a_0\neq 0$ である．たとえば，$1-x\in F[[x]]$ は単元であり，その逆元は $1+x+x^2+\cdots$ である．

$\varphi=y^3-1$ の 3 つの根 $1, e^{2\pi i/3}, e^{4\pi i/3}\in\mathbb{C}$ を見つけるという簡単な場合で

9.6 Newton 反復法, Julia 集合およびフラクタル

もわかるように, 実数または複素数の場合, Newton 反復法はきわめて錯綜とした振る舞いを見せる.

図 9.2 では 3 つの根を白丸で表し, 赤と緑と青の色分けした部分が Newton 反復法によってそれぞれに収束していく点を表している (口絵 1 参照). 明るさが「収束速度」に対応していて, より明るい色の点は, そこを初期値として Newton 反復法を行うとより速く最終極限へ近づいていくことを示している. 点がどこへ移っていくかを判定する簡単な規則を見つけるのが難しいことを錯綜とした絵が表している. 極限点が明白な大きな明るい領域があるが, 初期値の微小な変更によって行き先が変わってしまうような領域もある. 実軸の点は 1 以外には行かない. しかし, $16x^9 + 51x^6 + 21x^3 + 2$ の -1.43 に近い実根はまず 0 に突っ込んで, そして爆発する...

この問題はより大きな問題の一部分である. すなわち, 与えられた繰り返し

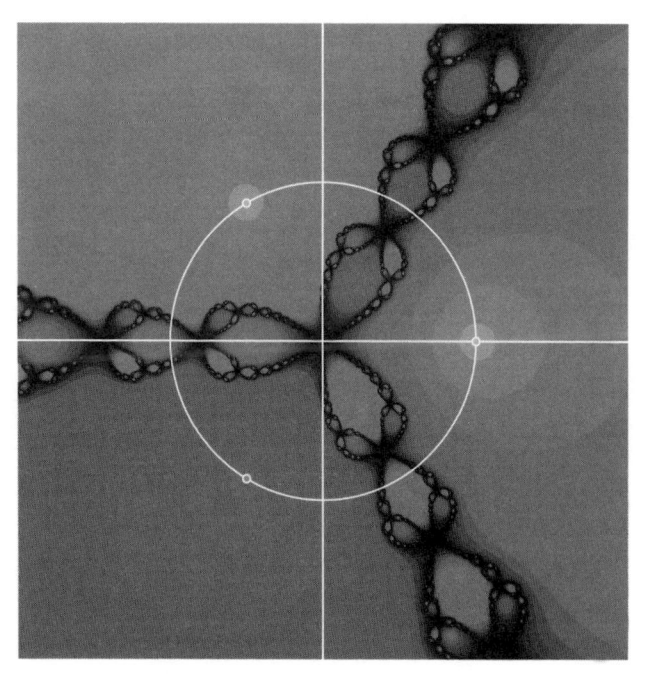

図 9.2 $\mathbb{C}$ 上で $y^3 - 1$ を解くための Newton 反復法の収束 (口絵 1 参照)

代入関数 $g_{i+1} = \psi(g_i)$ に対して，任意の初期値 g_0 についての振る舞いを決定せよ．たとえば，どのような g_0 に対してこれは収束するのだろうか？ 収束していくようなすべての g_0 のなす集合を，それを最初に研究したフランスの数学者 Gaston Julia にちなんで ψ の **Julia集合** と呼ぶ．これらの集合はきわめて複雑で非常に美しい絵をつくり出す．それらの研究は主に「力学系理論」の一部である．カオスとフラクタルの美しい数学的理論が Mandelbrot (1977) および Peitgen, Jürgens & Saupe (1992) に記述され，豊かに解説されている．

図 9.4 には 7 進整数のなす環 $\mathbb{Z}_{(7)}$ 上の図 9.2 の類似が示されている（口絵 2 参照）．$\mathbb{Z}_7$ の 7 つの要素は図 9.3 のように並んでいて，$\mathbb{Z}_{(7)}$ はこの中心付き六辺形の無限回の帰納的繰り返しのつくるフラクタルによって表すことができる．境界は **Koch の雪片** である．$\varphi = y^3 - 1$ の微分 $\varphi' = 3y^2$ は真ん中の白い点において 7 を法として消え，Newton 反復法は機能しない．その他のすべての点は f のそれぞれの色の根に収束し，より明るい点はより速く収束する．$\mathbb{Z}_{(7)}$ における φ の 3 つの根で，それらの和が 0 になるのは $1, 2 + 4 \cdot 7 + 6 \cdot 7^2 + 3 \cdot 7^3 + \cdots$，および $4 + 2 \cdot 7 + 0 \cdot 7^2 + 3 \cdot 7^3 + \cdots$ である．$\mathbb{Z}_7^\times$ においては，高々 1 回の反復により 7 を法とした根に至り，7 のより高次のべきを法として収束する．しかしながら，大きな p に対しては，反復を開始する点が有限個しかないことを除けば，$\mathbb{Z}_p^\times$ のどの要素が p を法とした根へ至るかを決定するのは複素数の場合と同様に扱いにくいことと思われる．ひとたび根に至れば収束は速い．

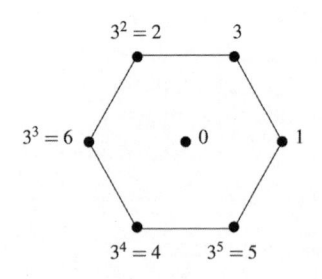

図 9.3 図 9.4 での $\mathbb{Z}_7$ の表現

図 9.4 7進整数上で $y^3 - 1$ を解くための Newton 反復法の収束 (口絵 2 参照)

9.7 高速算術の実装

　この本では計算機代数における基本的なアルゴリズムのいくつかを学ぶことができる．特に大きな問題を解くために必要な現代的高速計算に重点をおいている．意欲的な読者はこう独白するかもしれない．「よし，それじゃやろう．計算機代数システムをつくり上げよう．」しかしそれは法外な要求である．何十年 (または何百年) もの膨大な努力が必要であるだけでなく，この本では触れることさえできないたくさんの道具も必要となる．それらのいくつかは自分自身のマシン上のお気に入りのシステムの開発を開始しようとすればただちに明らかになるであろう．

　それにもかかわらず，この節で実装に関するいくつかの注解を述べる．すなわち，Victor Shoup によって設計されたものともう 1 つ筆者たちによるものの

2つのソフトウェアパッケージの事例研究である.これらのパッケージは対象範囲がやや限定されたものである.Shoup のものは基本的に有限体と整数上の多項式と行列の高速算術を提供するものであり,筆者たちのものは単に $\mathbb{F}_2$ 上でのみ有効なものである.後者の慎ましい目的でさえおよそ 10 000 行のコードが必要であるという事実から,これらの基本的なアルゴリズムを注意深く実装するために必要な労力の量が推し量れる.

我々のアルゴリズムの (算術的) 計算量を決定するための枠組みは「漸近解析」であり,その典型的な述べ方は,乗算のための "$O(n \log n \log \log n)$" 回の演算,といった形である.これはアルゴリズムを比較するための強力で,信頼性の高い,かつ普遍的な道具である.どのような新しいアルゴリズムに対しても,それが以前から知られていた漸近的評価の改善であれば,それを用いるのは十分に妥当性があるといえる.しかしながら,そのような改良は,よく研究されてきた問題についてはなかなか得られない.この節では,どんな実際的な実装についての漸近解析を補完すべきいくつかの付加的な努力について述べる.

この節はその本来の性格からこの本の他の部分とはいくらか趣を異にする (15.7 節でも実装についてのこの報告を続けるため同様の趣を持つ).我々のアルゴリズムの多くは (望むらくは) 長い間も重要性を失うことはないが,ここで報告する計算機の計算時間に関してはこの本が印刷される前にすでに時代遅れになっていることであろう.

整数または多項式の高速算術についてのソフトウェアパッケージを実装する際の第1課として,多様なアルゴリズムをコーディングして試験し,**交差点**を決定しなければならない.交差点とは,1つのアルゴリズムが初めてもう1つのアルゴリズムを打ち負かす入力サイズのことである.典型的な実験として,たとえば乗算について,古典的な方法は小さいサイズの入力には最良のものであるが,Karatsuba のアルゴリズムが中間サイズの入力に対して取って代わり,大きなサイズの問題に対しては高速な,たとえば,FFT による方法がまさっている.

第2課は,アルゴリズムを「本から」ソフトウェアの中に放り込むだけではうまくいかないということである.アルゴリズムのアイデアを深いところまで理解しなければならないし,たくさんのトリックや特別な関係を使って物事を

稲妻のように速く走らせなければならない．ここではこれらの方法のうちのほんの少ししか説明できない．幸運にも (プロジェクトをある妥当な時間の枠内で完成させなければならないことを除けば) プログラマーの工夫の才には限界がない．

いくつかの要因によって，(整数または多項式の) 算術のソフトウェアパッケージが実用的に高速であるか否かが決定される．アルゴリズムを選び，いろいろな方法の間の交差点を決定するだけでなく，適切なデータ型を設計し，可能ならば高速算術ハードウェアを開発し，問題のサイズと型を適切にあつらえなければならない．

現在までのところ，汎用の計算機代数システムの実装のほかに，任意の正確さでの整数の算術計算や有限体，$\mathbb{Z}$, $\mathbb{Q}$, 代数体，$\mathbb{R}$, $\mathbb{C}$ 上の 1 変数多項式の算術計算に使えるいくつかのライブラリ (たとえば GNU MP, PARI, LIDIA) が存在するが，第 8 章から第 11 章で述べる高速アルゴリズムを実装しているものはほとんどない．そのような例として，Arjen Lenstra と Paul Leyland による LIP, Schönhage, Grotefeld と Vetter (1994) のパッケージ (Reischert 1995 も見よ)，Shoup による NTL (初期版は Shoup 1995 で説明されている)，そして von zur Gathen & Gerhard (1996) による BIPOLAR (Binary Polynomial Arithmetic, 2 進多項式算術) がある．このうち最後の 2 つを以下で説明する．

C++ ライブラリの BIPOLAR は $\mathbb{F}_2$ 上の 1 変数多項式の因数分解に最適化され設計された．これは焦点の合わせ方が非常に狭いが，これを用いていくつかの一般的な原理を説明する．パッケージを書くときの第一の問題は「データ型」の選択である．存在するパッケージの上でプログラミングするときは選択することはあまり多くはない．経験の示すところによると，高性能なコードのためには代数的データはできる限りコンパクトに表すべきである．なぜなら加算や複製のようなすべての線形演算はその表現の長さ (すなわち，メモリ内で使われる機械語の数) に比例する時間を要するからである．よって，語のサイズが 32 ビットであるマシン上では $\mathbb{F}_2$ 上の多項式を 32 ビットの語の配列として表現する．各語は 32 個の引き続いた係数を含んでいる．この表現ではすべての線形時間の演算を実装するのは簡単である．そして次になすべきことは自明でない演算に取り組むことである．乗算から始めていく．

我々が自由に使える5つの方法がある．
- 表検索
- 古典的乗算
- Karatsuba のアルゴリズム
- Cantor (1989) によるアルゴリズム
- FFT によるアルゴリズム

最後の方法による実験は行っていない．上で説明したように，それぞれの方法に典型的な入力サイズの範囲を持っていて，その範囲ではその他の方法を凌駕する．これらの方法の多くの変種を実装し，入力サイズの小さい方から始めて各範囲について試験をして最良のものを決定しなければならない．このようにして通常得られるものは**混成** (hybrid) アルゴリズムであり，たとえば，まず Karatsuba のアルゴリズムを数ステップ実行してから小さい項に古典的乗算を実行するというようなものである．例として，次数32未満多項式の単精度乗算については，次が最良であることがわかっている．2段階の Karatsuba のアルゴリズムに次数8未満の乗算の結果について表検索を組み合わせる．表のサイズは $2^8 \cdot 2^8 \cdot 16$ ビットまたは128キロバイトである．(残念ながら，汎用マイクロプロセッサ上で $\mathbb{F}_2[x]$ の乗算をサポートするハードウェアはない——「桁上がり」を切り分けることができない——したがって，ソフトウェアで単精度乗算を実装しなければならない．) その上には古典的アルゴリズム 2.3 と Karatsuba のアルゴリズム 8.1 がともに機械語のレベル，すなわち，基底が x ではなくて x^{32} として実装される．ブロックのサイズは32の倍数で Karatsuba のアルゴリズムの帰納的ループは多項式の次数が32より小さくなると止まるようにする．

もう1つ Cantor (1989) による $\mathbb{F}_2[x]$ の乗算アルゴリズムも実装された．それはある $m \in \mathbb{N}$ に対し $\mathbb{F}_{2^m}$ の部分線形空間での評価や補間法を用いるもので，第8章の FFT による方法と類似したものである．その実行時間は $\mathbb{F}_2$ における $O(n(\log n)^{1.59})$ 回の算術演算である．実用のためには $m = 32$ ととって $\mathbb{F}_{2^m}$ の1つの要素がちょうど1機械語にあうようにする．ここで，単精度の演算とは $\mathbb{F}_{16}$ と $\mathbb{F}_{32}$ における乗算である．これらを実装するのに再び1回多項式の乗算を上で述べたようにして行い，引き続いて余りを伴う除算を行うという

9.7 高速算術の実装

ことを実行することも可能であるが，異なる方法を採用した．それは Pollard (1971) と Montgomery (1991) による，有限体の乗法構造に関する表を用いた方法である．乗法群 $\mathbb{F}_{2^{16}}^{\times}$ の 1 つの生成元をとり，指数写像 $\{0,\ldots,2^{16}-2\} \to \mathbb{F}_{2^{16}}^{\times}$, $a \mapsto g^a$ とその逆写像の対応表を計算する．2 つの零でない元 $c,d \in \mathbb{F}_{2^{16}}$ は $c=g^a$, $d=g^b$ となる $a,b \in \{0,\ldots,2^{16}-2\}$ を定めて $cd=g^{a+b}$ を計算することにより掛け合わされる．これは本質的に $2^{16}-1$ を法とした 1 回の加算と 3 回の表検索を要する．このときの各表のサイズは $2^{16} \cdot 16$ ビットまたは 128 KB である．$\mathbb{F}_{32}$ における乗算は Karatsuba により 3 回の $\mathbb{F}_{16}$ の乗算に還元できる．このためには基底の変換が必要である．

単精度の算術計算のための最善の (すなわち，最速の) ルーチンを決定した後，上で述べた 3 つの乗算アルゴリズムを複精度の多項式計算のために実装した．ここで重要なことは記憶領域の考慮である．動的なメモリ管理による負荷のため，可能な限り動的配置は制限するよう努めるべきである．それぞれ高々 2^k 機械語の長さの 2 つの多項式から始めるとき，Karatsuba のアルゴリズムを高々 2^{k+2} 機械語の作業スペースのみを使うように実装できる．我々の実装では，事前にこれだけの領域を確保して計算が終われば再びその領域を解放する．Cantor のアルゴリズムにおける複数点での評価や補間はともに**同じ場所**で行える．すなわち，出力は入力のおいてある場所に返ってきて，(定まった数のレジスタのほかには) 余計な作業スペースは必要ない．(同じことが FFT についてもいえる．図 8.5 を見よ)．図 9.5 は 3 つの乗算アルゴリズムの実行時間を示している．この節の実験は 1998 年に Sparc Ultra 1, 167MHz 上で行われた．示されている時間は 10 回の擬乱数入力の平均であり，相対標準偏差は 10 % 未満であった (いくつかの場合はそれを超えたが，その際の実行時間は 0.01 秒未満であった).

帰納的アルゴリズムは特に次数が 2 のべきよりほんの少し小さいときに効率よく計算する．そして素直な実装ではこれらのべきのところで大きな飛躍がある図が得られる．図 9.5 ではいくつかのトリックのおかげで Karatsuba のアルゴリズムが非常に滑らかになっているのが見てとれ，Cantor のアルゴリズムが $2^{15}-1$ から 2^{15} のところで大きな飛躍があり，$2^{16}-1$ のところまで 5 つの少し小さい階段状になっているのがわかる．

これらのアルゴリズムの交差点は，次数 500 あたりが Karatsuba のアルゴリズムのもの，次数 33 000 あたりが Cantor のアルゴリズムのものである (図 9.5 を見よ)．これらの交差点を決定してから，入力多項式の次数を 2 つの交差点次数と比較し，3 つのアルゴリズムのうちのどれを用いるかを決定するという混成乗算アルゴリズムをつくった．その性能を表 9.6 に示す．

強調しておくべきなのは，ここで (そして我々のすべての実装に関する議論

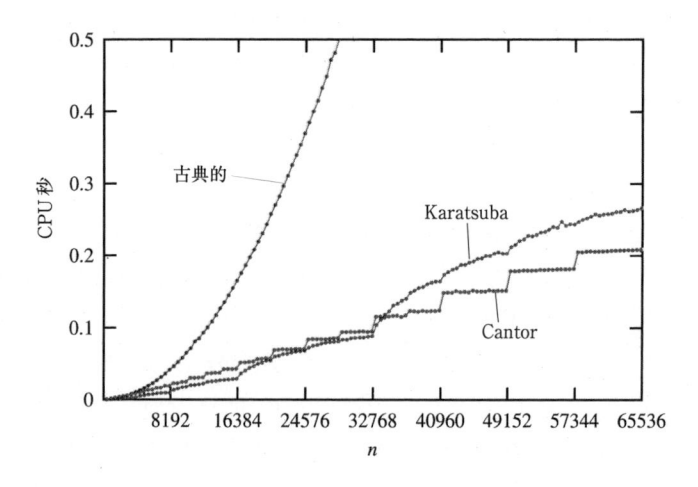

図 9.5 BiPolAr による $\mathbb{F}_2[x]$ の次数 $n-1$ の多項式乗算

表 9.6 混成アルゴリズムを用いた BiPolAr による $\mathbb{F}_2[x]$ の次数 $n-1$ の多項式の乗算

n	CPU 秒
512	0.0004
1024	0.0006
2048	0.0014
4096	0.0038
8192	0.0110
16 384	0.0329
32 768	0.0971
65 536	0.2135
131 072	0.4666
262 144	1.0218
524 288	2.2330
1 048 576	4.9560

において) 実行時間や交差点は「我々」の努力や「我々」の計算機環境に依存するということである．我々は他の同様なプロセッサ上でも我々のソフトウェアは非常によい性能を発揮することを期待しているが，たとえば真正 64 ビットマシンの力を用いるには初めからすべて——少なくとも単精度算術の部分はやり直すべきであろう．1 つの普遍的な事実は，よくできた実装は非常に労働集約的でそれをつくり上げるにはアルゴリズムに精通していることが必要である．$\mathbb{F}_2[x]$ における余りを伴う除算については，まず古典的アルゴリズムと Newton 逆元計算をともに単精度のルーチンとしてビットレベルで書く．それらの上に機械語のレベル (アルゴリズム 2.5 を x のかわりに x^{32} を基底として，アルゴリズム 9.3 とそれに引き続く本質的に 2 つの多項式の乗算) で複精度版の実装をする．漸近的高速除算アルゴリズムはサブルーチンとして混成乗算アルゴリズムを用いる．図 9.7 はある実験を示している．2 つのアルゴリズム (上の 2 つ) の交差点は次数 10 000 近辺である．いくつかの応用，特にモジュラ算術や多項式の因数分解において，ある指定された $f \in \mathbb{F}_2[x]$ を因子とするたくさんの剰余計算を行う必要があることがある．そのときに，アルゴリズム 9.3 を用いて $\mathrm{rev}(f)^{-1} \bmod x^{\deg f}$ を事前に計算して格納しておけば，1 回の剰余計算

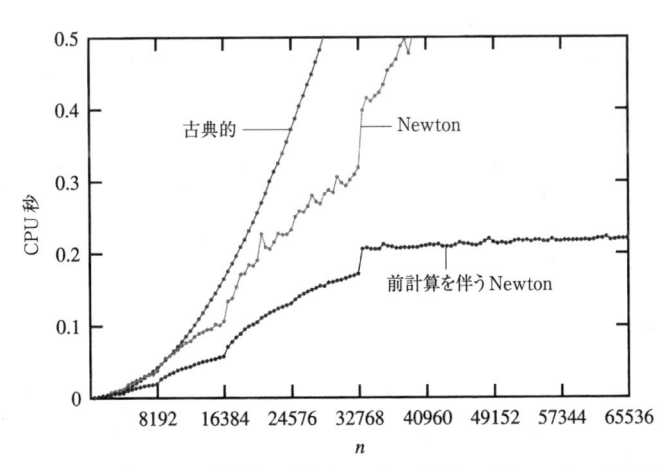

図 9.7 BiPolAr による $\mathbb{F}_2[x]$ の次数 $2n-2$ の多項式の次数 $n-1$ の多項式による余りを伴う除算

は本質的にほぼ次数 $\deg f$ の 2 つの多項式の乗算に値する. 後者のみを数える ならば, 交差点は約 4000 に下がる (図 9.7). $\deg f$ が交差点次数より大きい 場合の Cantor 乗算についてもさらに最適化することが可能である. それは f を法とする 1 回の剰余計算の時間を本質的に同じ次数の多項式乗算の時間に還 元するものである. f と h がともに指定されたときの f を法とする多くの乗算 gh rem f が行われる場合についても同様の最適化が可能である.

BIPOLAR も $\mathbb{F}_2[x]$ における拡張 Euclid アルゴリズムと多項式の因数分解 ルーチンを実装している. 後者については 15.7 節で議論する.

Shoup の NTL の整数算術は非常に最適化されている. 語長 32 ビットのプ ロセッサ上では任意精度の整数はいくつかの機械語の配列によって表現される. ここで—ハードウェアにも依存するが— 2 進表現の 26 から 30 の連続したビッ トがまとめられて 1 つの機械語となる. そのような単精度の整数の乗算や除算 は器用にハードウェアの浮動小数点算術を用いて行われるが, 現在利用できる マイクロプロセッサはハードウェアの浮動小数点算術よりかなり速い.

NTL は, ほぼ 500 ビットまでの整数は古典的整数乗算を用い, それより大き い整数については Karatsuba のアルゴリズムを用いる. 余りを伴う除算や拡張 Euclid アルゴリズムなどの他の算術演算はすべて古典的なものを用いている.

我々は, 古典的アルゴリズム 2.4, Karatsuba のアルゴリズム 8.1, 3 つの 素数による FFT アルゴリズム 8.25, および整数乗算として NTL 1.5 版の低 次ルーチンを用いた Schönhage & Strassen (1971) のアルゴリズムを実装し た. 図 9.8 は我々の実装と NTL の組み込みルーチンの実行時間を示している. 我々のルーチンを最適化する努力はあまりなされていない. 我々の Karatsuba のアルゴリズムの実装の実行時間は NTL のルーチンの 2 倍程度である. FFT を基礎としないアルゴリズムのグラフはきわめて滑らかであるが, 3 つの素数 による FFT と Schönhage と Strassen のアルゴリズムでは 2 のべきの近くで 大きな飛躍がある. これらの飛躍はさらに努力すれば滑らかにすることもでき るが, それは行っていない.

$\mathbb{Z}$ 上および $m \in \mathbb{Z}$ についての $\mathbb{Z}_m$ 上の多項式を掛け合わせるのに, NTL は, 小さい次数と係数に対しては古典的アルゴリズム, 中ぐらいの次数の多項式に 対しては Karatsuba のアルゴリズム, そしてより大きな多項式に対しては 8.4

9.7 高速算術の実装　　　　　　　　　　　　　　　　　　　　　371

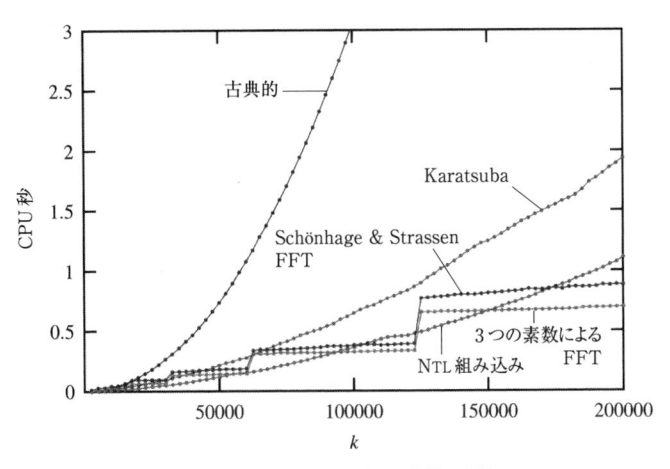

図 9.8 NTL による k ビット整数の乗算

節で述べた FFT に基づいた剰余系によるやり方と Fermat 数を法とする FFT を用いたアルゴリズム 8.20 の変種 (練習問題 8.36) をそれぞれ実装している．図 9.9 から図 9.11 はいろいろな大きさの次数と係数に対する NTL による実行時間を示している．余りを伴う除算については，NTL は小さな次数の多項式に対しては古典的アルゴリズム，大きな次数の多項式に対しては Newton 逆元

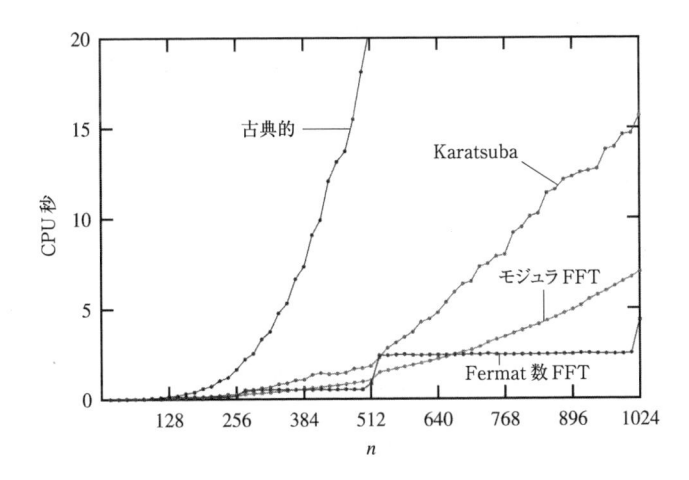

図 9.9 NTL による n ビット整数係数の次数 $n-1$ の多項式の乗算

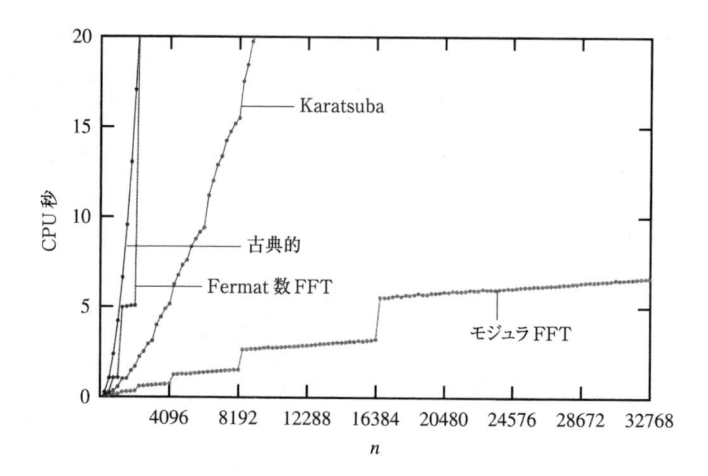

図 9.10 NTL による 64 ビット整数係数の次数 $n-1$ の多項式の乗算

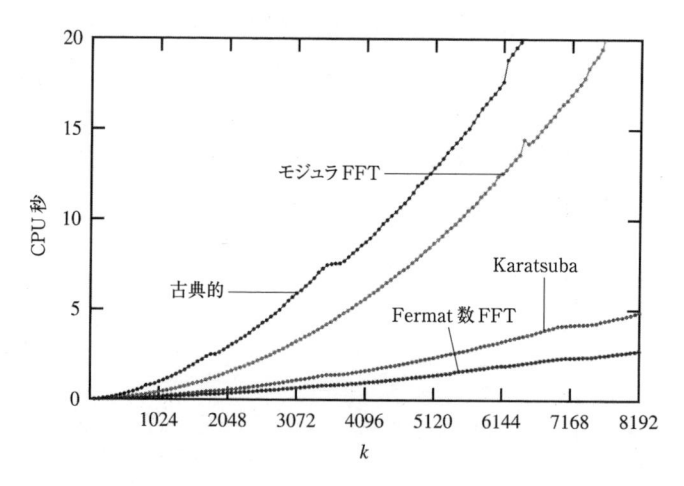

図 9.11 NTL による k ビット整数係数の次数 63 の多項式の乗算

計算 (アルゴリズム 9.3) を用いている.

複精度の整数や浮動小数点数, 有限体, そしてそれらの上の 1 変数多項式や行列に関する基礎的な算術だけではなく, 最近の NTL 3.1 版では, 素数判定 (第 18 章), 中国剰余法 (第 5 および第 10 章), 最大公約数の計算 (第 3

および第 6 章), 1 変数多項式の因数分解 (第 III 部), $\mathbb{Z}$ 上の格子の既約基底の計算 (第 16 章), その他多くを実装している. 多項式の因数分解は 15.7 節で議論する. NTL は C++ のライブラリで Victor Shoup のホームページ http://www.shoup.net/ からダウンロードできる. 車輪を再発明したいような人以外, どんな方にも, このパッケージをお勧めする.

注解

9.1 Cook (1966) は整数の除算アルゴリズムで, 定数倍を除いて乗算と同じ回数の語演算の計算量のものを考案した. Sievekking (1972), Strassen (1973a), Kung (1974), および Borodin & Moenck (1974) は多項式について同様のアルゴリズムを与えた. 整数についての除算方法の詳細は, Knuth (1998) のアルゴリズム 4.3.3R, および Aho, Hopcroft & Ulmann (1974), §8.2 を見よ. 非スカラーモデルにおいて, Schönhage は高々 $2n$ 次の多項式を次数 n の多項式で $5.875n$ 回の乗算と除算によって割る方法を示した. (Kalorkoti 1993 と Burgisser, Clausen & Shokrollahi 1996, 系 2.26 および注解 2.8 を見よ). Karp & Markstein (1997) はアルゴリズム 9.5 の変形で $\frac{7}{2}\mathsf{M}(m) + \mathsf{M}(n) + O(n)$ 回の環演算しか要しないものを述べている. Burnikel & Ziegler (1998) は余りを伴う除算についての分割統治アルゴリズムで Karatsuba 乗算を用いたとき $2\mathsf{M}(n)$ 時間を要するものを与えている. Jebelean (1997) も参照せよ.

9.2 アルゴリズム 9.14 は von zur Gathen (1990a) よりとった. 実際, Taylor 展開は $\mathsf{M}(n) + O(n)$ 回または $O(\mathsf{M}(n))$ 回の環演算によって計算される (Aho, Steiglitz & Ullman 1975, Schönhage, Grotefeld & Vetter 1994, 284 ページ, および練習問題 9.49 も見よ.)

9.3 Taylor 展開は Taylor (1715) および Maclaurin (1742) にさかのぼる. そしてすでに Newton (1710) に $\varphi = y^n$ の場合がある.

9.4 および 9.5 平方根と立方根についての Newton 反復法の公式はバビロン人に知られており, 6 世紀のインドの教科書 Āryabhatīya に出ている. Muhammad al-Khwārizmīは 830 年頃, 平方根についての Newton 反復法を記述している (Folkerts 1997 を見よ). 15 世紀初めにサマルカンド (Samarkand) に住んでいた Jamshid Al-Kāshīは根を見出すための 1 回の Newton ステップを用いた. 1 次元および 2 次元の Newton 反復法が Waring (1770) に明示的に記述されている. Newton 法の歴史は Goldstine (1977), §2.4 でたどられている. Cauchy (1847) は, m を法とする整係数多項式の根から $m^2, m^3, \ldots$ を法とする根を求めるための算術的 Newton 反復法を記

述している．Bach & Sorenson (1993) および Bernstein (1998b) は整数が完全べきであるかどうかを効果的にテストする方法を示している．

9.6 Von Koch (1904) はいたるところ微分不可能な連続曲線を構成した．そのコピー 3 つを組み合わせたもの— Koch の雪片または Koch の島と呼ばれる— は図 9.4 のフラクタルの境界をなす．真ん中の「部分雪片」のまわりの 6 つの白い領域それぞれの境界はまた Koch の雪片であり，その部分に Koch の雪片が現れ，と無限に (あるいは少なくとも解像度の許すまで) は続く．

辺の全長は指数的に増大する．反復のたびに六辺形の (辺長の) 大きさは 1/3 に縮む．図 9.3 のように一番小さな六辺形のまわりの六辺形のみの辺を描くとすると，たとえば一辺の長さを l とするとき総辺長 $6 \cdot l$ は $7 \cdot 6 \cdot l/3 = 14l$ におきかわる．図 9.4 のように辺長 6 cm から始めると，3 回の反復後は辺長 (図中の小さい六辺形によっておおよそ表されている) が $(14/6)^3 \cdot 6$ cm ≈ 76 cm となる．83 回の反復後，総辺長は (現在推測されている) 宇宙の直径以上となる．

この $\mathbb{Z}_{(7)}$ の図と von Koch の雪片との関係について指摘してくれた Rob Corless に感謝する．

9.7 Von zur Gathen & Gerhard (1996) は Cantor (1989) のアルゴリズムの拡張を記述している．Montgomery (1992) は楕円曲線の方法による因数分解について，高速整数算術のアルゴリズムと実装結果を記述している．

練習問題

9.1 Newton 反復法を用いて $f = x^2 - 2x + 1 \in \mathbb{Q}[x]$ について $f^{-1} \bmod x^8$ を計算せよ．

9.2 Newton 反復法を用いて，$94^{-1} \bmod 6561$ を計算せよ．

9.3 $a = x^7 + 2x^4 - 1$ および $b = x^3 + 2x^2 - 3x - 1$ を $\mathbb{Q}[x]$ の要素とする．a を b で割ったときの商と余りを計算せよ．この例についての余りを伴う除算の「高速」アルゴリズムを手計算で実行せよ．

9.4 $a = 30x^7 + 31x^6 + 32x^5 + 33x^4 + 34x^3 + 35x^2 + 36x + 37$ および $b = 17x^3 + 18x^2 + 19x + 20$ を $\mathbb{F}_{101}[x]$ の要素とし，$f \in \mathbb{F}_{101}[x]$ を b の反転とする．

(i) $f^{-1} \bmod x^4$ を計算せよ．

(ii) (i) を用いて $a = qb + r$ かつ $\deg < 3$ となる $q, r \in \mathbb{F}_{101}[x]$ を求めよ．

(iii) 拡張 Euclid アルゴリズムを用いて $a^{-1} \bmod b$ を求めよ．すなわち，次数 3 未満の多項式で $ac \equiv 1 \bmod b$ となるものを求めよ．

(iv) Newton 反復法を用いて $a^{-1} \bmod b^4$ を求めよ．

9.5 D を (可換で 1 を持つ) 環とし，$f, g \in D[x]$ を次数 $n > 0$ のモニックとする．

(i) $\mathrm{rev}(fg)^{-1}$ rem x^{2n} は $\mathrm{rev}(f)^{-1}$ rem x^n, $\mathrm{rev}(g)^{-1}$ rem x^n および fg から $2\mathsf{M}(n)+\mathsf{M}(2n)+O(n)$ 回の D の算術演算によって計算可能であることを証明せよ.

(ii) $\mathrm{rev}(f)^{-1}$ rem x^n は $\mathrm{rev}(fg)^{-1}$ rem x^{2n} から $\mathsf{M}(n)+O(n)$ 回の D の演算を用いて計算可能であることを証明せよ.

9.6* 以下の Newton 逆元計算アルゴリズム 9.3 の変種を考える. $i=1,2,\ldots,$ について $f^{-1} \bmod x^{2^i}$ を計算するかわりに $x^{\lceil l/2^r \rceil}, x^{\lceil l/2^{r-1} \rceil},\ldots,x^{\lceil l/2 \rceil}, x^l$ を法とする逆元を計算せよ. このアルゴリズムの計算量は高々 $l+\sum_{1 \leq j \leq r}(\mathsf{M}(\lceil l2^{-j}\rceil)+\mathsf{M}(\lceil l2^{-j-1}\rceil))$ であることを示せ. すべての j に対して $\lceil l2^{-j}\rceil \leq \lfloor l2^{-j} \rfloor+1$ であることと練習問題 8.34 を用いて総計算量は高々 $3\mathsf{M}(l)+O(l)$ であることを示せ.

9.7 D を (可換で 1 を持つ) 環, $R=D[x]$ とし, $p \in R$ を定数でないモニック, $r \in \mathbb{N}$ とする. さらに, $f \in R$ を次数 $n=2^r \deg p$ 未満なるものとする.

(i) $p^2, p^4, \ldots, p^{2^r}$ は D における $\mathsf{M}(n)+O(n)$ 回の環演算によって計算できることを示せ.

(ii) (i) の多項式について $\mathrm{rev}(p)^{-1}$ rem $x^{\deg p}$, $\mathrm{rev}(p^2)^{-1}$ rem $x^{2\deg p},\ldots,$ $\mathrm{rev}(p^{2^r})^{-1}$ rem x^n は D における高々 $4\mathsf{M}(n)+O(n)$ 回の演算によって計算できることを証明せよ. ヒント: 練習問題 9.5.

(iii) (i) と (ii) のデータから f rem $p^{2^{r-1}}$, f rem $p^{2^{r-2}},\ldots,f$ rem p^2, f rem p は D における $2\mathsf{M}(n)+O(n)$ 回の演算で計算できることを示せ.

(iv) $R=\mathbb{Z}$ で $f,g \in \mathbb{N}$ が $f<2^r p$ なるものとするとき, $p^2, p^4, \ldots, p^{2^r}$ および f rem $p^{2^{r-1}}, f$ rem $p^{2^{r-2}},\ldots,f$ rem p^2, f rem p は $O(\mathsf{M}(2^r \log p))$ 回の語演算によって計算できることを示せ.

9.8 (i) Newton 逆元計算アルゴリズム 9.3 は仕様通り正しく計算することを示せ.

(ii) 練習問題 9.7 を用いて, このアルゴリズムは (可換) 環 D に対し $R=D[x]$, p がモニックで l が 2 のべきであって $\deg f < l \deg p$ であるならば, $14\mathsf{M}(l \deg p)+O(l \deg p)$ 回の環演算を要し, $R=\mathbb{Z}$ で $|f|<p^l$ であるならば $O(\mathsf{M}(l \log p))$ 回の語演算を要することを示せ.

9.9 Newton 逆元計算アルゴリズム 9.3 の線形の変種を考える. ただし, 逆元は次々と $x^2, x^3, x^4, \ldots, x^l$ を法として計算する. g_i が x^i を法とする逆元であるとするとき, g_{i+1} における x^i の係数 g_i の係数と f の最初の $i+1$ 個の係数とから計算する公式を与えよ. このアルゴリズムは $O(l^2)$ 回の環演算を要することを示せ.

9.10 標数 $\mathrm{char} D=2$ のとき, Newton 逆元計算アルゴリズム 9.3 の計算量は高々 $2\mathsf{M}(l)$ 回の算術演算に下げられることを示せ.

9.11* D を (可換) 環, $k \in \mathbb{N}_{>0}$, そして $f,g \in D[x]$ を $f(0)=1$ かつ $fg \equiv 1 \bmod x^k$ なるものとする.

(i) $d \in \mathbb{N}$, $e = 1 - fg$, $h = g \cdot (e^{d-1} + e^{d-2} + \cdots + e + 1)$ とする. $fh \equiv 1 \bmod x^{dk}$ を証明せよ.

(ii) $d = 2$ とおけばアルゴリズム 9.3 が得られる. x^l を法とする Newton 逆元計算で 3 次の収束 (すなわち $d = 3$) のものを正確に述べよ. そして l が 3 のべきであるときの計算量を解析せよ.

9.12* この練習問題では剰余類環における計算のための高速除算アルゴリズム 9.5 のかわりとなるものについて議論する. これは Montgomery (1985) の整数用のアルゴリズムを多項式に改変したものである. F を体とし, $f, r \in F[x]$ を f は定数でなく, $\deg r < \deg f = n$ であって f と r は互いに素なるものとする. $a \in F[x]$ に対して剰余類 $a \bmod f \in R = F[x]/\langle f \rangle$ を多項式 $a^* = ra$ rem $f \in F[x]$ によって代表する. これは R での長い計算, たとえばモジュラ指数計算を行う際に特に有用である.

(i) すべての $a, b \in F[x]$ に対して $(a + b)^* = a^* + b^*$ および $(ab)^* \equiv r^{-1} a^* b^* \bmod f$ が成り立つことを示せ.

(ii) 次数 n 未満の $s \in F[x]$ が f を法とする r の逆元, すなわち $sr \equiv 1 \bmod f$ であるとする. a^* と b^* から $(ab)^*$ を計算する次のアルゴリズムを考える.

アルゴリズム 9.35 Montgomery 乗算
入力: 次数 n 未満の $a^*, b^* \in F[x]$.
出力: $(ab)^* \in F[x]$.
1. $u \longleftarrow a^* b^*$, $v \longleftarrow u$ rem r
2. $w \longleftarrow vs$ rem r, $c^* \longleftarrow (u - wf)/r$
3. **return** c^*

ステップ 2 で $u - wf$ は r で割り切れることを証明せよ. このアルゴリズムは正しく計算して, $\deg r = n - 1$ なら $\deg c^* < n$ かつ $c^* \equiv r^{-1} a^* b^* \bmod f$ であることを示せ.

(iii) $r = x^{n-1}$ として, このアルゴリズムは F の $3\mathsf{M}(n) + n$ 回の演算で実行できることを示せ. ここで s を計算するための計算量を無視できる. これを, 事前計算して Newton 反復法を用いる方法と比較せよ.

(iv) $a \in F[x]$ を次数 n 未満とし, r を (iii) のようにとる. 上のアルゴリズムを用いて a は a^* から F の $2\mathsf{M}(n) + n$ 回の演算によって計算できることを示せ. また逆に r^* が事前に計算してあるとして a^* は a から $3\mathsf{M}(n) + n$ 回の演算によって計算できることを示せ.

9.13 F を標数が 2 と異なる体とする．$\mathsf{M}(n), \mathsf{I}(n), \mathsf{D}(n), \mathsf{S}(n)$ をそれぞれ次数 n 未満の 2 つの多項式を掛け合わせる計算時間，多項式の x^n を法とする逆元の計算時間，次数 $2n$ 未満の多項式を次数 n の多項式で割る計算時間および次数 n 未満の多項式を自乗する計算時間とする．定理 9.4 と定理 9.6 により $\mathsf{I} \in O(\mathsf{M})$ かつ $\mathsf{D} \in O(\mathsf{M})$ である．この練習問題の目的はこれら 4 つの関数がすべて同じ増大度であることを示すことである．

(i) 等式 $y^2 = (y^{-1} - (y+1)^{-1})^{-1} - y$ を証明し，$\mathsf{S} \in O(\mathsf{M})$ を示せ．

(ii) 等式 $fg = ((f+g)^2 - f^2 - g^2)/2$ を用いて $\mathsf{M} \in O(\mathsf{S})$ を示せ．

(iii) 次数 n の多項式 $b \in F[x]$ に対して $\mathrm{rev}_n(b)^{-1} \bmod x^n$ と x^{2n-1} を b で割ったときの商とを関係づけ，$\mathsf{I} \in O(\mathsf{D})$ を示せ．さらに $O(\mathsf{M}) = O(\mathsf{I}) = O(\mathsf{D}) = O(\mathsf{S})$ を示せ．

9.14* $a, b, q \in \mathbb{Z}[x]$ を $a = qb$, $\deg a = n$, $\|a\|_\infty \leq A$ なるものとする．Mignotte の上界 6.33 と大きい素元を法とする方法を用いて q は a と b から $O\left(n(n + \log A)\right)$ 回の語演算によって計算できることを示せ．大きな素元を見出すための計算量は無視できる．モジュラ算術については系 11.10 を用いよ．練習問題 6.26 と 10.21 も参照せよ．後者は小さい素元による変種についての議論である．

9.15* $a, b \in \mathbb{Z}[x]$ を $n = \deg a = m + \deg b$, $n, m \in \mathbb{N}$, b はモニックで $\|a\|_\infty$, $\|b\|_\infty < 2^l$ なるものとする．

(i) $f = \mathrm{rev}_{\deg b}(b) \in \mathbb{Z}[x]$ とする．Newton 逆元計算アルゴリズム 9.3 において $1 \leq i \leq r$ に対し $\|g_i\|_\infty < 2^{2(i-1)+l} \|g_{i-1}\|_\infty^2$ が成り立つことを示せ．

(ii) すべての $i \in \mathbb{N}$ に対して $\sum_{0 \leq j < i} j 2^{-j} \leq 2$ が成り立つことを示せ．ヒント：多項式の形式的微分 $\sum_{0 \leq j < i} x^j = (1 - x^i)/(1 - x) \in \mathbb{Z}[x]$ を考えよ．

(iii) $0 \leq i \leq r$ に対して $S(i) = \log \|g_i\|_\infty$ とする．(i) と (ii) よりすべての i に対して $S(i) \leq (2 + l) 2^i \in O(nl)$ が成り立つことを示せ．

(iv) $a, b \in R[y][x]$ が (可換) 環 R 上の 2 変数多項式で，b が x に関してモニックであるときに同様の解析を行え．

9.16 この練習問題は余りを伴う除算で，割る多項式と商の多項式の次数が著しく異なる場合を扱う．$k, m \in \mathbb{N}$ を正数とする．任意の環 (ただし，いつも通り可換で 1 を持つとする) 上の 1 変数多項式を考える．

(i) 次数 km 未満の多項式の次数 m のモニック多項式による余りを伴う除算は $(2k+1)\mathsf{M}(m) + O(km)$ 時間で行えることを証明せよ．ヒント：割られる多項式 a をサイズ m のブロックに分割して，$\mathrm{rev}_m(b)^{-1} \bmod x^m$ をただ 1 回だけ計算せよ．

(ii) 次数 $n < km$ の多項式を次数 $n - m$ のモニック多項式で割るには高々 $(k+3)\mathsf{M}(m) + O(km)$ 回の環演算を要することを示せ．ヒント：練習問題 8.35.

両方の場合とも，"O" の中の小さい定数の値を決定せよ．

9.17 一般 Taylor 展開アルゴリズム 9.14 を実行して $\mathbb{Q}[x]$ において x^{15} の (x^2+1) 進展開を計算せよ．

9.18 アルゴリズム 9.14 の整数版変種を用いて 10 進数 64 180 を 16 進数に変換せよ．

9.19 この練習問題は Taylor 展開を計算する Horner 法の分割統治型変種について考える．R を (可換で 1 を持つ) 環，$u \in R$ とし，$n = 2^k \in \mathbb{N}$ を 2 のべき，$a \in R[x]$ を次数 n 未満とする．次数が $n/2$ 未満の $a_0, a_1 \in R[x]$ によって $a = a_1 x^{n/2} + a_0$ と書いて，$a(x+u)$ と $(x+u)^n$ を計算する再帰的なアルゴリズムである定数 c について高々 $(c\mathsf{M}(n) + O(n)) \log n$ 回の環演算を要するものを考案せよ．(5.6 節により，$a(x+u)$ の係数は a の u のまわりの Taylor 展開に現れる係数である．) c の小さい値を決定し，その結果と系 9.16 と比較せよ．

9.20 R を (可換で 1 を持つ) 環とし，$a, p \in R[x]$ をある $k, m \in \mathbb{N}$ に対して $\deg p = m$ かつ $\deg a < km$ なるものとする．k が 2 のべきであるとき，a の係数はその p 進展開 (4) から高々 $(\frac{1}{2}\mathsf{M}(km) + O(km))(1 + \log k)$ 回の環演算を用いて計算できることを証明せよ．

9.21 定理 9.17 を証明せよ．

9.22 R を (可換で 1 を持つ) 環，$f \in R[x]$ とし，$u \in R$ を f の根とする．また，$g = f/(x-u)$ とおく．$f'(u) = g(u)$ であることを証明せよ．

9.23 R を (可換で 1 を持つ) 環，$f \in R[x]$ とし，$m \in R$ とする．$(f \bmod m)' = f' \bmod m$ であることを証明せよ．

9.24 R を (可換で 1 を持つ) 環，$f, g \in R[x]$ とし，$n \in \mathbb{N}$ とする．$f \equiv g \bmod x^{n+1}$ ならば $f' \equiv g' \bmod x^n$ であることを証明せよ．また，$f' \equiv g' \bmod x^{n+1}$ が成立しない例を与えよ．

9.25 $n \in \mathbb{N}$ とし，R を環で R において $n!$ が単元であるとする．また，$f \in R[x]$ を次数 n なるものとし，$f = \sum_{0 \le i \le n} f_i \cdot (x-u)^i$ をある $u \in R$ のまわりでのその Taylor 展開とする．すべての i に対して $f_i = f^{(i)}(u)/i!$ であることを証明せよ．ただし，$f^{(i)}$ は f の i 階微分とする．

9.26 R を (いつも通り可換で 1 を持つ) 環とする．$k \in \mathbb{N}$ に対して多項式 $\sum_{0 \le i \le n} f_i x^i \in R[x]$ の **Hasse–Teichmüller 微分** $f^{[k]}$ を

$$f^{[k]} = \sum_{k \le i \le n} f_i \binom{i}{k} x^{i-k} \in R[x]$$

によって定義する．y をもう 1 つの不定元とする．f は y のまわりで $f(x) =$

$\sum_{0 \le i \le n} f^{[i]}(y) \cdot (x-y)^i$ と Taylor 展開されることを示せ.

9.27 R を (可換で 1 を持つ) 環とし, $f_1, \ldots, f_r \in R[x]$ および $e_1, \ldots, e_r, n \in \mathbb{N}_{\ge 1}$ とする. 次の Leibniz 法則の 3 種類の一般化を示せ.

(i) $(f_1 f_2)^{(n)} = \sum_{0 \le i \le n} \binom{n}{i} f_1^{(i)} f_2^{(n-i)}$. ただし, $^{(i)}$ は i 階微分を表す.

(ii) $(f_1 \cdots f_r)' = \sum_{1 \le i \le r} f_i' \prod_{j \ne i} f_j$.

(iii) $(f_1^{e_1} \cdots f_r^{e_r})' = \sum_{1 \le i \le r} e_i f_i' f_i^{e_i - 1} \prod_{j \ne i} f_j^{e_j}$.

(iv) (ii) より $f = f_1 \cdots f_r$ に対して

$$\frac{f'}{f} = \frac{f_1'}{f_1} + \cdots + \frac{f_r'}{f_r}$$

は f'/F の部分分数分解であることを示せ.

9.28 $y^3 - 2y - 5$ の実根を Newton 反復法で初期値を $y_0 = 2$ として最初の 16 桁まで計算せよ. その結果を Newton の結果 (285 ページ) と比較せよ. 他の 2 つの根は何か？

9.29 どのような条件のもとで Newton 反復法アルゴリズム 9.22 は有理関数 $\varphi \in R(y)$ に対してうまく働くか？ $\varphi = 1/y - f \in R(y)$ に対する Newton 公式は定理 9.2 より逆元を求める計算そのものである. なぜ多項式 $\varphi = fy - 1 \in R[y]$ ではうまくいかないのか？

9.30 $\varphi = x^4 + 25x^3 + 129x^2 + 60x + 108 \in \mathbb{Z}[x]$ および $p = 5$ とする.

(i) $\mathbb{F}_p$ において $\varphi \bmod p$ の根をすべて決定せよ.

(ii) φ のすべての根 $a \in \mathbb{Z}$ に対し $|a| \le B$ となるアプリオリ評価 B を求めよ.

(iii) $2B < p^l$ となる $l \in \mathbb{N}$ を選び, (i) の p を法とする φ の根すべてに p 進 Newton 反復法を適用せよ.

(iv) (iii) の結果を用いて $\mathbb{Z}$ における φ のすべての根を求めよ.

9.31* (可換) 環 D に対して $R = D[x]$ とし, φ, p, l, g_0 を p 進 Newton 反復法 9.22 の入力で, p はモニック, $\deg g_0 < \deg p, \deg_x \varphi < l \deg p$ および $\deg_y \varphi = n$ なるものとする. アルゴリズム 9.22 は $O(n\mathsf{M}(l \deg p))$ 回の D の演算を要することを示せ. ヒント：練習問題 9.7.

9.32* 定理 9.26 を証明せよ. ヒント：練習問題 9.7.

9.33* この練習問題で **1 次収束 Newton 反復法**を考える. R を (可換で 1 を持つ) 環, $p \in R, \varphi \in R[y]$ とし, $s, g \in R$ をある $k \in \mathbb{N}$ に対して $\varphi(g) \equiv 0 \bmod p^k$ かつ $s\varphi'(g) \equiv 1 \bmod p$ なるものとする. $h \in R$ を Newton 公式により

$$h \equiv g - s \cdot \varphi(g) \bmod p^{k+1}$$

と定義する．$\varphi(h) \equiv 0 \bmod p^{k+1}$, $h \equiv g \bmod p^k$ および $s\varphi'(h) \equiv 1 \bmod p$ が成り立つことを証明せよ．これからアルゴリズム 9.22 の 1 次収束版を求め，環 D, $R = D[x]$ および $p = x$ のとき，それは D の $O(nl^2)$ 回の演算を要することを示せ．これは 2 次収束版のアルゴリズムより遅いが微係数の逆数を更新する必要がないという利点がある．

9.34 $i \geq 0$ に対して公式

$$g_{i+1} = \frac{1}{2}\left(g_i + \frac{a}{g_i}\right)$$

を求めよ．これはバビロン人にすでに知られていたもので，a の平方根を近似する Newton 反復法である．この公式を用いて，3^8 を法とする 2 の平方根を計算せよ．a の n 乗根を計算するための対応する公式は何か？

9.35 $1/\sqrt{a}$ を近似する Newton 公式を求めよ．$\sqrt{a}$ の Newton 公式と著しく異なる点は何か？

9.36 Newton 反復法を用いて，$f = 1 + 4x \in \mathbb{Q}[x]$ の x^8 を法とする平方根 $g \in \mathbb{Q}[x]$ で $g(0) = 1$ なるものを計算せよ．

9.37 2 の 625 を法とする 3 乗根，すなわち $g \in \{0, \ldots, 624\}$ であって $g^3 \equiv 2 \bmod 625$ なるものを計算せよ．このような g はいくつあるか？

9.38 3 つの素数 $p = 5, 7$ および 17 を考える．$\sqrt{2}$ の p 進近似を考えたい．

(i) 2 が p の任意のべきを法とする平方根を持つのは 3 つの p のうちどの p か？

(ii) そのような p に対して p^6 を法とする 2 の平方根をすべて計算せよ．

9.39 $a \in \mathbb{N}_{>0}$ を語長 l で $a < 2^{64l}$ なるものとする．$n \in \mathbb{N}$ に対して，繰り返し平方することによって a^n を計算するための語演算の回数を $T(n)$ と表す．$n > 1$ ならば $T(n) \leq T(\lfloor n/2 \rfloor) + O(\mathsf{M}(nl))$ であることを証明し，$T(n) \in O(\mathsf{M}(nl))$ を示せ．a が (可換) 環 R 上の 1 変数多項式であるときに対応する結果は何か？

9.40→ $n \in \mathbb{N}_{\geq 2}$ および $a \in \mathbb{Z}$ に対して，$S_n(a)$ で 2 次合同式 $g^2 \equiv a \bmod n$ の解 $g \in \{0, \ldots, n-1\}$ の個数を表す．

(i) p が素数であるとき $S_p(a)$ のとりうる値は何か？$p = 2$, $p|a$ および $2 \neq p \nmid a$ の 3 つの場合を区別せよ．

(ii) $p \neq 2$ を素数とし，$e \in \mathbb{N}_{>0}$ とする．$p \nmid a$ ならば $s_{p^e}(a) = S_p(a)$ であることを示し，$p|a$ のときの反例を与えよ．

(iii) ここで n を奇整数とし，$n = p_1^{e_1} \cdots p_r^{e_r}$ を相異なる素数 $p_1, \ldots, p_r \in \mathbb{N}$ および正整数 $e_1, \ldots, e_r$ による素因数分解とする．a と n が互いに素である場合，$S_n(a)$

を $S_{p_1}(a), \ldots, S_{p_r}(a)$ によって表す公式を見出せ. ヒント：中国剰余定理. $S_n(1) = 2^r$ を示せ.

(iv) $10\,001, 42\,814, 31\,027, 17\,329$ のうちどの数が $50\,625$ を法として平方根を持つか？

(v) 2025 を法とした 91 の平方根すべてと $50\,625$ を法とした 1 の平方根すべてを計算せよ.

9.41* $n \in \mathbb{N}_{\geq 2}$ および $a \in \mathbb{Z}$ に対し, $C_n(a)$ で 3 次合同方程式 $g^3 \equiv a \bmod n$ の解 $g \in \{0, \ldots, n-1\}$ の個数を表す.

(i) 奇素数 p に対して以下が成立することを示せ.
- $C_p(a) \leq 3$,
- $p|a$ であるかまたは $p = 3$ ならば $C_p(a) = 1$,
- $C_p(a) \neq 2$, さらに任意の値 $C \in \{0, 1, 3\}$ に対して奇素数 p および整数 a が存在して $3 \neq p \nmid a$ かつ $C_p(a) = C$ となる.

(ii) $p > 3$ を素数とし, $e \in \mathbb{N}_{>0}$ とする. $p \nmid a$ ならば $C_{p^e}(a) = C_p(a)$ であることを示し, $p|a$ のときの反例を与えよ.

(iii) ここで $n \in \mathbb{N}$ を $\gcd(n, 6) = 1$ なるものとし, $n = p_1^{e_1} \cdots p_r^{e_r}$ を相異なる素数 $p_1, \ldots, p_r \in \mathbb{N}$ と正整数 $e_1, \ldots, e_r$ による素因数分解とする. a と n が互いに素である場合, $C_n(a)$ を $C_{p_1}(a), \ldots, C_{p_r}(a)$ によって表す公式を見出せ.

(iv) $225\,625$ を法とした 11 のすべての 3 乗根を計算せよ.

9.42 $n \in \mathbb{N}_{>0}$ とする. $f = -x^3 + x^2 - x + 1 \in \mathbb{F}_7$ は次数 n 未満の x^n を法とした 3 乗根 $g \in \mathbb{F}_7[x]$ をいくつ持つか？ また, いかにしてそれを計算できるか？ $n = 4$ のとき 1 つ計算せよ.

9.43* $\mathbb{Z}$ における n 乗根を計算するアルゴリズムを, 3 進 Newton 反復法を用いて n が 2 のべきであるとき機能するように改変せよ. そのアルゴリズムが正しいことを証明し, 長さ l の入力に対し $O(\mathsf{M}(l))$ 回の語演算を用いることを示せ. そのアルゴリズムを適用して $\sqrt[4]{2313441}$ を計算せよ.

9.44* $a \in \mathbb{N}$ が完全べきであるかどうかのテストを設計せよ. テストの出力は $b, d, e, r \in \mathbb{N}$ であって $a = 2^d 3^e b^r$, $\gcd(b, 6) = 1$ で r は最大であるものとし, $O(\log a \cdot \mathsf{M}(\log a))$ 回の語演算を用いるものとする.

9.45 R を (可換で 1 を持つ) 環で, 付値 v ですべての $a \in R$ に対して $v(a) \leq 1$ となるものを持つとする. $a \in R$ が単元ならば $v(a) = 1$ であることを示せ.

9.46 R を付値 v を持つ整域とし, K を R の分数体とする. $w(a/b) = v(a)/v(b)$ とおくことにより K 上の付値 w が定義されることを示せ.

9.47 補題 9.34 の証明を完成させよ.

9.48* F を体とし，$v: F[[x]] \to \mathbb{R}$ を形式的べき級数環 $F[[x]]$ 上の x 進付値とする．

(i) $n \in \mathbb{N}$ に対し，$f_n = 1 + x + \cdots + x^{2n} - x^{2n+1} \in F[[x]]$ とする．$f_0, f_1, \cdots$ は Cauchy 列であること，すなわち

$$\forall \varepsilon > 0 \text{ に対し，} \exists N \in \mathbb{N} \text{ であって } \forall n, m > N \text{ に対して } v(f_n - f_m) \leq \varepsilon$$

が成り立つことを示せ．

(ii) 上の点列は $F[[x]]$ 内に極限を持つこと，すなわち $f \in F[[x]]$ が存在して

$$\forall \varepsilon > 0 \text{ に対し，} \exists N \in \mathbb{N} \text{ であって } \forall n > \mathbb{N} \text{ に対して } v(f - f_n) \leq \varepsilon$$

が成り立つことを示せ．

(iii) $F[[x]]$ のすべての Cauchy 列は $F[[x]]$ 内に極限を持つこと，すなわち $F[[x]]$ は**完備**であることを証明せよ．x 進付値を持った $F[x]$ はこの性質を持たないことを示せ．(実際，絶対値に関して $\mathbb{Q}$ から $\mathbb{R}$ を得るのと同じ「完備化」という方法によって $F[[x]]$ は $F[x]$ から得られる．)

(iv) $f = a_0 + a_1 + \cdots \in F[[x]]$ を $a_0 = 0$ なるものとする．f は $F[[x]]$ 内に逆元を持たないことを証明せよ．

(v) $f = a_0 + a_1 + \cdots \in F[[x]]$ を $a_0 \neq 0$ なるものとする．Newton 反復法を用いて f は $F[[x]]$ 内に逆元を持つことを証明せよ．

9.49 (Aho, Steiglitz & Ullman 1975; Schönhage, Grotefeld & Vetter 1994, 284 ページも参照せよ) この練習問題では，系 9.16 の計算量評価を因子 $\log n$ だけ改善するものである．$n \in \mathbb{N}$ とし，R を $(n-1)!$ が単元であるような環，$u \in R$ および $a = \sum_{0 \leq i < n} a_i x^i \in R[x]$ とする．さらに $f = \sum_{0 \leq i < n} i! a_i x^{n-1-i}$ および $g = \sum_{0 \leq j < n} u^j x^j / j!$ とする．$0 \leq k < n$ に対して，多項式 $a(x+u)$ の x^k の係数は積多項式 fg の x^{n-1-k} の係数の $1/k!$ 倍に等しいことを示せ．$a(x+u)$ の係数は，あるいは 5.6 節により同じことであるが，a の u のまわりでの Taylor 展開の係数は R の $\mathsf{M}(n) + 5n$ 回の算術演算によって計算することができることを示せ．

The second concept is the asymptotic behavior of the number of operations. This was not significant for small N so the importance of early forms of the FFT algorithms was not noticed even where they would have been very useful.

James William Cooley (1987)

Il y a une imagination étonnante dans les mathématiques. [...]
Il y avait beaucoup plus d'imagination dans la tête d'Archimède que dans celle d'Homère.

Voltaire (1771)

Leibnitz [sic!] crut voir l'image de la création, dans son arithmétique binaire où il n'employait que les deux caractères zéro et l'unité.
Il imagina que l'unité pouvait représenter Dieu, et zéro le néant; et que l'Être suprême avait tiré du néant tous les êtres, comme l'unité avec le zéro exprime tous les nombres dans ce système d'arithmétique.

Pierre Simon Laplace (1812)

Guided by an instinctive sense of the beautiful and fitting, in a happy moment I have succeeded in grasping this much wished for representation, with which I propose now and for ever to take my farewell of this long and deeply excogitated theorem.

James Joseph Sylvester (1853)

10
高速多項式評価と補間法

前章で，乗算と余りを伴う除算のきわめて高速なアルゴリズムを見てきた．この章ではその次の問題群に取り組む．多数の点における多項式の評価，その逆問題である補間法，そして重要な一般化である中国剰余アルゴリズムである．

10.1 高速多数点評価

以下の状況を考える．R を (いつも通り，可換で 1 を持つ) 環とし，$n \in \mathbb{N}$, $u_0, \ldots, u_{n-1} \in R, m_i = x - u_i \in R[x], m = \prod_{0 \leq i < n}(x - u_i)$ とする．このとき，評価写像

$$\chi: \begin{array}{ccc} R[x]/\langle m \rangle & \longrightarrow & R^n \\ f & \longmapsto & (f(u_0), \ldots, f(u_{n-1})) \end{array}$$

は環準同型である．R が体ならば $R[x]$ と R^n は R 上のベクトル空間となり，よって R 代数となる．また，$u_0, \ldots, u_{n-1}$ が異なるならば χ は R 代数の同型写像となる．これは中国剰余定理 5.3 の特別な場合である．

この節と次の節において以下の 2 つの問題を解きたい．記述を簡略にするために，点の数 n は 2 のべきであると仮定する．一般の n に対しては 2 つの方法による．1 つはいくつかの「幻」の点を付け加えることであり，もう 1 つは再帰呼び出しの際におおよそ半分に分割することである．これは定理 8.3 および 9.15 の後に議論する．

問題 10.1 (多数点評価) 与えられた $n = 2^k$, ただし $k \in \mathbb{N}$, 次数 n 未満の $f \in$

$R[x]$ および $u_0, \ldots, u_{n-1} \in R$ に対して

$$\chi(f) = (f(u_0), \ldots, f(u_{n-1}))$$

を計算せよ.

問題 10.2 (補間法)　与えられた $n = 2^k$, ただし $k \in \mathbb{N}$, と $u_0, \ldots, u_{n-1} \in R$ で $i \neq j$ に対して $u_i - u_j$ が単元なるもの, および $v_0, \ldots, v_{n-1} \in R$ に対して, 次数 n 未満の $f \in R[x]$ で

$$\chi(f) = (f(u_0), \ldots, f(u_{n-1})) = (v_0, \ldots, v_{n-1})$$

なるものを計算せよ.

　R が体であるときは, すでに第 5 章においてこれらの問題を議論し, $O(n^2)$ 時間のアルゴリズムを提示した. この章の方法は, 第 8 章のように, 準 2 次的乗算の手順に関連した点にのみ関心がある. 第 8 章では R が FFT を提供しており, 原始 n 乗根 ω に対して $u_i = \omega^i$ であるならば, 評価と補間の問題は R の $O(n \log n)$ 回の演算によって解けることを見てきた. ここでの我々のゴールは一般の場合について同様の上界を求めることである.

　任意の点 $u_0, \ldots, u_{n-1}$ に対して, Horner の方法を n 回用いることにより多数点評価は $O(n^2)$ 回の演算によって行える. 実際, 1 点での評価には少なくとも n 回の乗算が必要であることが示せる. よって n 点評価には少なくとも n^2 回の乗算が必要であると考えたくなるところだが, これは誤りである. この節のゴールは, 評価を多数の点で行うのにはより少ない回数で可能であることを示すことである. 次節では補間法についての上界も同じであることを示す.

　評価アルゴリズムのアイデアは, 点集合 $\{u_0, \ldots, u_{n-1}\}$ を同基数の 2 つの集合に分けて, それぞれを再帰的に処理していくというものである. この処理により深さ $\log n$ で, 根が $\{u_0, \ldots, u_{n-1}\}$, 葉が $0 \leq i < n$ に対して $\{u_i\}$ であるような 2 進樹が得られる (図 10.1 を見よ). ただし, log の底は 2 である. 上の通りに $m_i = x - u_i$ とし, $0 \leq i \leq k = \log n$ および $0 \leq j < 2^{k-i}$ に対して

10.1 高速多数点評価

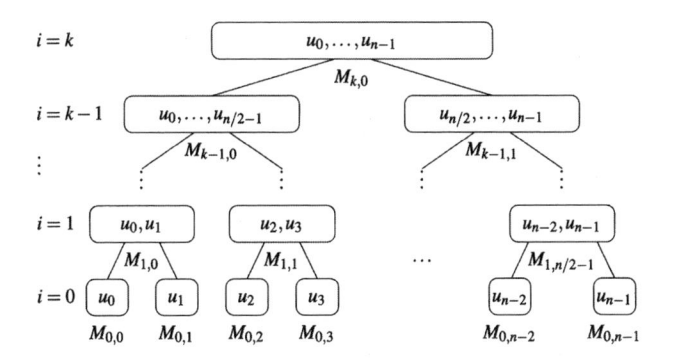

```
i = k                    u_0,...,u_{n-1}
                              M_{k,0}
i = k-1   u_0,...,u_{n/2-1}         u_{n/2},...,u_{n-1}
              M_{k-1,0}                  M_{k-1,1}
  ⋮
i = 1    u_0,u_1   u_2,u_3  ⋯   u_{n-2},u_{n-1}
          M_{1,0}  M_{1,1}        M_{1,n/2-1}
i = 0   u_0  u_1  u_2  u_3     u_{n-2}  u_{n-1}
       M_{0,0} M_{0,1} M_{0,2} M_{0,3}  M_{0,n-2} M_{0,n-1}
```

図 10.1 多数点評価アルゴリズムの部分積樹

$$M_{i,j} = m_{j \cdot 2^i} \cdot m_{j \cdot 2^i + 1} \cdots m_{j \cdot 2^i + (2^i - 1)} = \prod_{0 \le l < 2^i} m_{j \cdot 2^i + l} \qquad (1)$$

つまり各 $M_{i,j}$ は $m = \prod_{0 \le l < n} m_l = M_{k,0}$ の 2^i 個の因子からなる部分積であり,各 i,j に対して漸化式

$$M_{0,j} = m_j, \qquad M_{i+1,j} = M_{i,2j} \cdot M_{i,2j+1} \qquad (2)$$

を満たす.もし R が整域であって $u_0,\ldots,u_{n-1}$ が相異なれば,$M_{i,j}$ はモニックで因子に平方を持たない多項式であり,その零点集合は図 10.1 の樹において i 番目のレベルの,左から j 番目の節の集合である.

以下のアルゴリズムは任意の基本単位 $m_0,\ldots,m_{n-1}$ に対する部分積 $M_{i,j}$ を計算するという,より一般的な問題を解くものである.このアルゴリズムは図 10.1 の部分積樹の葉から根へと処理していくものである.

アルゴリズム 10.3 部分積樹の組み立て上げ

入力:$m_0,\ldots,m_{r-1}$, ただし,ある $k \in \mathbb{N}$ に対して $r = 2^k$.
出力:$0 \le i \le k$ および $0 \le j < 2^{k-i}$ に対して,式 (1) の多項式 $M_{i,j}$.
  1. **for** $j = 0,\ldots,r-1$ **do** $M_{0,j} \longleftarrow m_j$
  2. **for** $i = 1,\ldots,k$ **do**

3.　　　　**for** $j = 0, \ldots, 2^{k-i} - 1$ **do** $M_{i,j} \longleftarrow M_{i-1,2j} \cdot M_{i-1,2j+1}$

ここで乗算時間 **M** を思い起こそう (見返しを見よ).

補題 10.4 アルゴリズム 10.3 はすべての部分積 $M_{i,j} \in R[x]$ を正しく計算し, 高々 $\mathsf{M}(n) \log r$ 回の R の演算を要する. ここで, $n = \sum_{0 \leq i < r} \deg m_i$ である.

証明 正当性は式 (2) より明らかである. すべての i と j に対して $d_{i,j} = \deg M_{i,j}$ とおく. ステップ 1 は算術演算を用いない. ステップ 3 の i 番目の繰り返しに関する計算量は $\sum_{0 \leq j < 2^{k-i}} d_{i,j} = n$ であるから R における高々

$$\sum_{0 \leq j < 2^{k-i}} \mathsf{M}(d_{i,j}) \leq \mathsf{M}\left(\sum_{0 \leq j < 2^{k-i}} d_{i,j}\right) = \mathsf{M}(n)$$

回の演算である. $k = \log r$ 回の繰り返しがあるから, 計算量の評価が得られる.
□

練習問題 10.8 で整数に対する同様の結果を証明する. もしすべての m_i が同じ次数であるならば, 練習問題 10.3 で示されるように, よりよい計算時間の評価 $(\frac{1}{2}\mathsf{M}(n) + O(n)) \log r$ が得られる. もしも m_i の次数が互いに非常に大きく異なるならば, 図 10.1 の樹は次数に関して非常にバランスの悪いものとなる. 実際, その場合は算術計算量について少しよい上界を示すことができる. $p_0, \ldots, p_{r-1} \in \mathbb{R}$ を合計が 1 であるような正確率とするとき, 情報理論より

$$H(p_0, \ldots, p_{r-1}) = -\sum_{0 \leq i < r} p_i \log p_i$$

は $p_0, \ldots, p_{r-1}$ の**エントロピー**と呼ばれる. 練習問題 10.4 で, $0 < H(p_0, \ldots, p_{r-1}) \leq \log r$ であり, かつ $H(p_0, \ldots, p_{r-1}) = \log r$ となるための必要十分条件は $p_0 = \cdots = p_{r-1} = 1/r$ であることを示す. もし部分積樹を, 各節においてその先の左側の部分樹の総次数と右側の部分樹の総次数とが可能な限り均等になるようにつくり上げれば, $m = m_0 \cdots m_{r-1}$ を計算する実行時間の上界を

高々 $\mathbf{M}(n)(H(\deg m_0/n,\ldots,m_{r-1}/n)+1)$ にまで落とせる (練習問題 10.7). そして補題 10.4 により, すべての $\deg m_i$ が n/r に等しい場合にその上界の値となる. 同様のことが 10.1 節から 10.3 節までの他のアルゴリズムについてもいえる.

すべての部分積 $M_{i,j}$ の計算は, これから述べる高速多数点評価アルゴリズムのための事前計算とみなせる. いくつかの多項式を同じ点 $u_0,\ldots,u_{n-1}$ において評価しなければならない場合, 前もって 1 回だけこの事前計算を実行しておけばよい.

$n \in \mathbb{N}$ に対し, $R[x]$ において次数 $2n$ 未満の多項式を次数 n のモニック多項式によって割るために要する R の演算回数を $\mathbf{D}(n)$ で表す. そしてすべての $n, m \in \mathbb{N}$ に対して $\mathbf{D}(n+m) \geq \mathbf{D}(n) + \mathbf{D}(m)$ および $\mathbf{D}(n) \geq n$ と仮定する. 定理 9.6 により $\mathbf{D}(n)$ は高々 $5\mathbf{M}(n) + O(n)$ である.

ここで, 与えられたすべての部分積 $M_{i,j}$ に対して図 10.1 においてトップダウンで処理していく分割統治アルゴリズムを示す.

アルゴリズム 10.5 部分積樹降下

入力: ある $k \in \mathbb{N}$ に対して次数 $n = 2^k$ 未満の $f \in R[x]$, $u_0,\ldots,u_{n-1} \in R$, および式 (1) の部分積 $M_{i,j}$.
出力: $f(u_0),\ldots,f(u_{n-1}) \in R$.

1. **if** $n = 1$ **then return** f
2. $r_0 \longleftarrow f \text{ rem } M_{k-1,0}, \quad r_1 \longleftarrow f \text{ rem } M_{k-1,1}$
3. **call** 自分自身を再帰的に呼び出して $r_0(u_0),\ldots,r_0(u_{n/2-1})$ を計算
4. **call** 自分自身を再帰的に呼び出して $r_1(u_{n/2}),\ldots,r_1(u_{n-1})$ を計算
5. **return** $r_0(u_0),\ldots,r_0(u_{n/2-1}), r_1(u_{n/2}),\ldots,r_1(u_{n-1})$

定理 10.6 アルゴリズム 10.5 は正しく計算し, 高々 $\mathbf{D}(n) \log n$ 回の R の演算を要する. そしてその演算回数は高々 $(5\mathbf{M}(n) + O(n)) \log n$ または $O(\mathbf{M}(n) \log n)$ である.

証明 k に関する帰納法で正当性を証明する．$k=0$ のとき f は定数であり，アルゴリズムはステップ 1 で正しい値を出力する．$k \geq 1$ ならば，帰納的にステップ 3 とステップ 4 の結果が正しいと仮定する．$q_0 = f \operatorname{quo} M_{k-1,0}$, $q_1 = f \operatorname{quo} M_{k-1,1}$ とすると，

$$f(u_i) = \begin{cases} q_0(u_i)M_{k-1,0}(u_i) + r_0(u_i) = r_0(u_i) & \left(0 \leq i < \dfrac{n}{2} \text{ のとき}\right) \\ q_1(u_i)M_{k-1,1}(u_i) + r_1(u_i) = r_1(u_i) & \left(\dfrac{n}{2} \leq i < n \text{ のとき}\right) \end{cases}$$

である．

帰納的処理部分の計算量を $T(n) = T(2^k)$ と表す．すると $T(1) = 0$ であり，$k \geq 1$ に対して

$$T(2^k) = 2T(2^{k-1}) + 2\mathbf{D}(2^{k-1})$$

であるから補題 8.2 により $T(2^k) \leq 2k \cdot \mathbf{D}(2^{2k-1}) \leq \mathbf{D}(n)\log n$ となり，定理 9.6 より主張が従う．□

以上をまとめて，次の高速多数点評価アルゴリズムが得られる．

アルゴリズム 10.7　高速多数点評価
入力：ある $k \in \mathbb{N}$ に対し次数 $n = 2^k$ 未満の $f \in R[x]$ および $u_0, \ldots, u_{n-1} \in R$.
出力：$f(u_0), \ldots, f(u_{n-1}) \in R$.
1. **call** 式 (1) のように $M_{i,j}$ を計算するために入力を $(x - u_0), \ldots, (x - u_{n-1})$ としてアルゴリズム 10.3 を呼ぶ
2. **call** 入力 f，評価点 u_i および部分積 $M_{i,j}$ としてアルゴリズム 10.5 を呼ぶ
   return その結果を返す

系 10.8　$R[x]$ の次数 n 未満の多項式の R の n 点評価は高々 R の $\left(\dfrac{11}{2}\mathbf{M}(n) + \right.$

$O(n))\log n$ または $O(\mathbf{M}(n)\log n)$ 回の演算によって行える．

計算時間の上界は練習問題 10.3 および定理 10.6 より得られる．練習問題 10.9 で，より小さい上界 $(1+\frac{7}{2}\log n)(\mathbf{M}(n)+O(n))$ が示される．練習問題 10.11 では，もし同じ点集合におけるたくさんの評価を行わなければならない場合は評価点のみに依存するデータを事前計算して蓄えておくことができ，計算量は本質的に $(2\mathbf{M}(n)+O(n))\log n$ に落ちることを示す．

10.2 高速補間法

第 5 章より Lagrange 補間公式を復習する．体 F の与えられた相異なる要素 $u_0,\ldots,u_{n-1}$ および任意の $v_0,\ldots,v_{n-1}\in F$ に対して，次数 n 未満ですべての i に対して点 u_i で値 v_i をとる唯一の多項式 $f\in R[x]$ は $f=\sum_{0\le i<n}v_i s_i m/(x-u_i)$ である．ただし，以前の通り $m=(x-u_0)\cdots(x-u_{n-1})$ であって

$$s_i = \prod_{j\ne i}\frac{1}{u_i-u_j} \tag{3}$$

である．これは環 R 上でも u_i-u_j が $i\ne j$ のとき単元であることを要請すれば正しい．後述する定理 10.13 でこの条件は一般の場合に必要でもあることを示す．

まず s_i を最初に計算するアイデアを説明する．m の形式的微分は $m'=\sum_{0\le j<n}m/(x-u_j)$ であり，$m/(x-u_i)$ は $j\ne i$ なるすべての点 u_j で消えるから

$$m'(u_i) = \left.\frac{m}{x-u_i}\right|_{x=u_i} = \frac{1}{s_i} \tag{4}$$

を得る．m が与えられたとき，すべての s_i の計算は m' の n 点における評価を 1 回行うのと同じで，計算量は $O(\mathbf{M}(n)\log n)$ 回の R の演算プラス n 回の逆元をとる操作である．

次の分割統治アルゴリズムは高速補間法アルゴリズムの核心である．このアルゴリズムは図 10.1 の樹の葉から根へと処理していく．

アルゴリズム 10.9　1次モジュライの線形結合

入力：$u_0, \ldots, u_{n-1}, c_0, \ldots, c_{n-1} \in R$, ただし，ある $k \in \mathbb{N}$ に対し $n = 2^k \in \mathbb{N}$ とする．さらに式 (1) のような多項式 $M_{i,j}$.

出力：$\displaystyle\sum_{0 \le i < n} c_i \frac{m}{x - u_i} \in R[x]$, ただし，$m = (x - u_0) \cdots (x - u_{n-1})$ である．

1. **if** $n = 1$ **then return** c_0
2. **call** 自分自身を帰納的に呼び出して $r_0 = \displaystyle\sum_{0 \le i < n/2} c_i \frac{M_{k-1,0}}{x - u_i}$ を計算
3. **call** 自分自身を帰納的に呼び出して $r_1 = \displaystyle\sum_{n/2 \le i < n} c_i \frac{M_{k-1,1}}{x - u_i}$ を計算
4. **return** $M_{k-1,1} r_0 + M_{k-1,0} r_1$ を返す

定理 10.10　アルゴリズム 10.9 は R における $(\mathsf{M}(n) + O(n)) \log n$ または $O(\mathsf{M}(n) \log n)$ 回の算術演算を要し，正しく結果を計算する．

証明　いつもの通り，k に関する帰納法により正当性を証明する．$k = 0$ ならば $m = x - u_0$ であってステップ 1 の出力は定数である．$k \ge 1$ とすると，帰納法の仮定によりステップ 2 とステップ 3 における再帰呼び出しの結果は正しい．そして，$m = M_{k-1,0} \cdot M_{k-1,1}$ であるからステップ 4 においてアルゴリズムは正しい結果を出力する．

アルゴリズムの計算量を $T(n) = T(2^k)$ と表す．各ステップの計算量は，ステップ 1 については 0，ステップ 2 とステップ 3 についてはそれぞれ $T(n/2)$，そしてステップ 4 については高々 $2\mathsf{M}(n/2 + 1) + n \in \mathsf{M}(n) + O(n)$（練習問題 8.34）である．("+1" は，$\mathsf{M}(n)$ が次数 n 未満の多項式たちを掛け合わせるための計算時間を表すとした，我々の流儀により生ずる．）よって $T(1) = 0$ かつ $n > 1$ およびある定数 $c \in \mathbb{R}$ に対し $T(n) \le 2T(n/2) + \mathsf{M}(n) + cn$ となり，補題 8.2 により主張を得る．□

以上をまとめて，以下の高速補間法アルゴリズムを得る．

アルゴリズム 10.11　高速補間法

入力：$u_0, \ldots, u_{n-1} \in R$ で $i \neq j$ について $u_i - u_j$ が単元なるもの，および $v_0, \ldots, v_{n-1} \in R$，ただし，ある $k \in \mathbb{N}$ に対し $n = 2^k$ とする．
出力：$0 \leq i < n$ に対し $f(u_i) = v_i$ となる次数 n 未満の唯一の多項式 $f \in R[x]$．

1. **call** 入力 $m_0 = x - u_0, \ldots, m_{n-1} = x - u_{n-1}$ についてアルゴリズム 10.3 を呼び，式 (1) の多項式 $M_{i,j}$ を計算する
2. $m \longleftarrow M_{k,0}$
 call 入力 $f = m', u_0, \ldots, u_{n-1}$ および $M_{i,j}$ についてアルゴリズム 10.5 を呼び，$u_0, \ldots, u_{n-1}$ において m' を評価する
 for $i = 0, \ldots, n-1$ **do** $s_i \longleftarrow \dfrac{1}{m'(u_i)}$
3. **call** 入力 $u_0, \ldots, u_{n-1}, v_0 s_0, \ldots, v_{n-1} s_{n-1}$ および $M_{i,j}$ についてアルゴリズム 10.9 を呼ぶ
 return その結果を返す

系 10.12　アルゴリズム 10.11 は (可換) 環 R 上で補間問題 10.2 を，高々 $(\frac{13}{2}\mathbf{M}(n) + O(n)) \log n$ または $O(\mathbf{M}(n) \log n)$ 回の R の演算を用いて解く．

証明　ステップ 1 の計算量は練習問題 10.3 により高々 $(\frac{1}{2}\mathbf{M}(n) + O(n)) \log n$ である．ステップ 2 の計算量は，m' の計算と最後の法とする逆元をとる操作も含めて，定理 10.6 により高々 $(5\mathbf{M}(n) + O(n)) \log n$ 回の演算である．最後に，ステップ 3 の計算量は定理 10.10 により $(\mathbf{M}(n) + O(n)) \log n$ 回以上の演算は要しない．□

練習問題 10.11 において，同じ点集合における多くの補間を行わなければならない場合，補間点のみに依存するすべてのデータは事前に計算して蓄えておくことにより計算量は本質的に $(\mathbf{M}(n) + O(n)) \log n$ に落ちる，ということを示す．

10.3 高速中国剰余

前節までのアイデアとアルゴリズムは $R[x]$ において任意次数のモニックを法とする場合や $\mathbb{Z}$ の場合へと持ち込むことができる.ここでは多項式の場合のみ詳しく議論し,整数の場合の類似については練習問題を参照する.

R を体とする.$m_0, \ldots, m_{r-1} \in R[x]$ を定数でなく2つごとに互いに素であるもの,$m = m_0 \cdots m_{r-1}$ とし,$n = \deg m$ とする.このとき,評価および補間は中国剰余同型写像

$$\begin{aligned}\chi: \quad R[x]/\langle m\rangle &\to R[x]/\langle m_0\rangle \times \ldots \times R[x]/\langle m_{r-1}\rangle \\ f \bmod m &\mapsto (f \bmod m_0, \ldots, f \bmod m_{r-1})\end{aligned} \quad (5)$$

およびその逆に対応している.任意の係数環に対して次の中国剰余定理 5.3 の変種を得る.証明は練習問題 10.13 で問題とされる.

定理 10.13 $r \geq 1$ とし,R を (いつも通り,可換で 1 を持つ) 環とする.$m_0, \ldots, m_{r-1} \in R[x]$ をモニックで定数でないものとし,$m = m_0 \cdots m_{r-1}$ とする.このとき以下は同値である.
 (i) 式 (5) の環準同型 χ は同型である.
 (ii) 多項式 $s_0, \ldots, s_{r-1} \in R[x]$ が存在して $\sum_{0 \leq i < r} s_i m/m_i = 1$ を満たす.
 (iii) $i \neq j$ に対して多項式 $s_{ij}, t_{ij} \in R[x]$ が存在して $s_{ij} m_j + t_{ij} m_i = 1$ を満たす.
 (iv) $i \neq j$ に対し $\mathrm{res}(m_i, m_j) \in R^\times$ となる.

もし各 m_i が $m_i = x - u_i,\ u_i \in R$ と1次ならば

$$\mathrm{res}(m_i, m_j) = \det \begin{pmatrix} 1 & 1 \\ -u_i & -u_j \end{pmatrix} = u_i - u_j$$

であり,条件 (iv) は $i \neq j$ について $u_i - u_j \in R^\times$ なることと同値である.

10.3 高速中国剰余

簡単のため $r = 2^k$ と,ある $k \in \mathbb{N}$ について 2 のべきであると仮定しよう.しばらくは条件 $i \neq j$ に対し $\mathrm{res}(m_i, m_j) \in R^\times$ を要請しない.式 (1) の $M_{i,j} \in F[x]$ についての部分積樹をつくる.次のアルゴリズムはアルゴリズム 10.5 の一般化である.

アルゴリズム 10.14 事前計算を伴う高速同時約分

入力:モニックで定数でない法 $m_0, \ldots, m_{r-1} \in R[x]$,ただし,ある $k \in \mathbb{N}$ に対し $r = 2^k$,次数 $n = \sum_{0 \leq i < r} \deg m_i$ 未満の $f \in R[x]$,式 (1) の多項式 $M_{i,j}$.
出力:$f \ \mathrm{rem}\ m_0, \ldots, f \ \mathrm{rem}\ m_{r-1} \in R[x]$.

1. **if** $r = 1$ **then return** f
2. $f_0 \longleftarrow f \ \mathrm{rem}\ M_{k-1,0}, \quad f_1 \longleftarrow f \ \mathrm{rem}\ M_{k-1,1}$
3. **call** 自分自身を再帰的に呼び出して $f_0 \ \mathrm{rem}\ m_0, \ldots, f_0 \ \mathrm{rem}\ m_{r/2-1}$ を計算
4. **call** 自分自身を再帰的に呼び出して $f_1 \ \mathrm{rem}\ m_{r/2}, \ldots, f_1 \ \mathrm{rem}\ m_{r-1}$ を計算
5. **return** $f_0 \ \mathrm{rem}\ m_0, \ldots, f_0 \ \mathrm{rem}\ m_{r/2-1}, f_1 \ \mathrm{rem}\ m_{r/2}, \ldots, f_1 \ \mathrm{rem}\ m_{r-1}$

定理 10.15 アルゴリズム 10.14 は正しく計算し,$(10\mathbf{M}(n) + O(n))\log r$ または $O(\mathbf{M}(n) \log r)$ 回以上の R の演算は要しない.

証明 正当性の証明は定理 10.6 と同様で練習問題 10.15 として読者にまかせる.計算量の解析について,アルゴリズムは部分積 $M_{i,j}$ による 2 進樹に沿って根から葉へと処理していくことに注意.$i \geq 1$ の頂点 $M_{i,j}$ における計算量は,次数が $\deg M_{i,j}$ より小さい多項式を $M_{i-1,2j}$ と $M_{i-1,2j+1}$ によって余りを伴う除算の計算量であって,高々 $2\mathbf{D}(\deg M_{i,j})$ 回の環演算を用いる.するとレベル i の総計算量は,補題 10.4 と同様に,高々 $2 \sum_{0 \leq j < 2^i} \mathbf{D}(\deg M_{i,j}) \leq 2\mathbf{D}(n)$ であり,定理 9.6 および $\log r$ 個のレベルがあることより主張を得る.□

アルゴリズム 10.16　高速同時モジュラ約分
入力：モニックで定数でない法 $m_0, \ldots, m_{r-1} \in R[x]$，ただし，ある $k \in \mathbb{N}$ に対し $r = 2^k$，および次数 $n = \sum_{0 \le i < r} \deg m_i$ 未満の $f \in R[x]$．
出力：$f \text{ rem } m_0, \ldots, f \text{ rem } m_{r-1} \in R[x]$．
1. **call** 入力 $m_0, \ldots, m_{r-1}$ としてアルゴリズム 10.3 を呼び，式 (1) の部分積 $M_{i,j}$ を計算
2. **call** 入力 $m_0, \ldots, m_{r-1}, f$ としてアルゴリズム 10.14 を呼び，部分積 $M_{i,j}$ を計算
   return その結果を返す

系 10.17　与えられたモニックで定数でない多項式 $m_0, \ldots, m_{r-1} \in R[x]$，ただし $r \in \mathbb{N}$ は 2 のべき，および次数 $n = \sum_{0 \le i < r} \deg m_i$ 未満の $f \in R[x]$ に対し，アルゴリズム 10.16 は高々 $(11\mathsf{M}(n) + O(n)) \log r$ または $O(\mathsf{M}(n) \log r)$ 回の R における演算を用いて，$f \text{ rem } m_0, \ldots, f \text{ rem } m_{r-1}$ を計算する．

練習問題 10.17 で，すべての法が同じ次数であるときにアルゴリズム 10.16 のよりよい解析を行う．

高速中国剰余アルゴリズムのために，第 5 章より Lagrange の公式の一般化を復習する．F を体とし，与えられた互いに相異なり定数でない法 $m_0, \ldots, m_{r-1} \in F[x]$ および多項式 $v_0, \ldots, v_{r-1} \in F[x]$ ですべての i に対し $\deg v_i < \deg m_i$ なるものに対し，次数が $n = \sum_{0 \le i < r} \deg m_i$ 未満の多項式 $f \in F[x]$ ですべての i に対して $f \equiv v_i \bmod m_i$ を満たすものがただ 1 つ存在する．そしてそれは $f = \sum_{0 \le i < r} (v_i s_i \text{ rem } m_i) m/m_i$ で与えられる．ただし $m = m_0 \cdots m_{r-1}$ かつ $s_i \in F[x]$ は m_i を法とする m/m_i の逆元である．これは，$i \ne j$ のとき $\text{res}(m_i, m_j) \in R^\times$ であることを仮定すれば，定理 10.13 により任意の環について正しい．

補間法の場合と同様に，最初に s_i を計算することを扱う．この計算は，同じ法の集合で何回かの計算を行わなければならない場合はただ 1 回行いさえすれ

ばよい．

アルゴリズム 10.18　同時逆元計算

入力：$m_0, \ldots, m_{r-1} \in R[x]$ であって，モニックで定数でなく $i \neq j$ について $\mathrm{res}(m_i, m_j) \in R^\times$ なるもの，および $m = m_0 \cdots m_{r-1}$，ただし，ある $k \in \mathbb{N}$ に対し $r = 2^k$．

出力：$s_0, \ldots, s_{r-1} \in R[x]$ で，すべての i に対し $s_i \dfrac{m}{m_i} \equiv 1 \bmod m_i$ かつ $\deg s_i < \deg m_i$ なるもの．

1. **call** アルゴリズム 10.16 を呼んで，すべての i に対し $m \,\mathrm{rem}\, m_i^2$ を計算する
2. **for** $i = 0, \ldots, r-1$ に対し $\dfrac{m}{m_i} \,\mathrm{rem}\, m_i$ を計算する
3. **for** $i = 0, \ldots, r-1$ に対し，R が体ならば拡張 Euclid アルゴリズムを，体でなければ練習問題 6.15 を用いて，$s_i \in R[x]$ で $s_i \cdot \left(\dfrac{m}{m_i}\mathrm{rem}\, m_i\right) \equiv 1 \bmod m_i$ かつ $\deg s_i < \deg m_i$ なるものを計算する
4. **return** $s_0, \ldots, s_{r-1}$ を返す

補題 10.19　アルゴリズム 10.18 は正しく計算する．そして，R が体ならば，$\deg m$ に対し R において $O(\mathsf{M}(n) \log n)$ 回の環演算を要する．

証明　R を体として，$0 \leq i < r$ に対し $d_i = \deg m_i$ とする．ステップ 1 の計算量は $O(\mathsf{M}(2n) \log r)$ 回の環演算で，すべての m_i^2 の計算の計算量を含んでいる．ステップ 2 の計算量は m_i に対し $\mathsf{D}(d_i) \in O(\mathsf{M}(d_i))$ である．第 11 章において，ステップ 3 は各 i に対し R における $O(\mathsf{M}(d_i) \log d_i)$ 回の演算によって計算できることを示す．ステップ 2 とステップ 3 については

$$\sum_{0 \leq i < r} \mathsf{M}(d_i) \leq \mathsf{M}\left(\sum_{0 \leq i < r} d_i\right) = \mathsf{M}(n)$$

を用いてそれぞれの計算量は $O(\mathsf{M}(n))$ および $O(\mathsf{M}(n) \log n)$ であり，よって主張が得られる．□

次がアルゴリズム 10.9 の一般化に対応したものである.

アルゴリズム 10.20 線形結合

入力：$m_0, \ldots, m_{r-1} \in R[x]$ でモニックかつ定数でないもの，ただしある $k \in \mathbb{N}$ に対し $r = 2^k$, $c_0, \ldots, c_{r-1} \in R[x]$ ですべての i に対し $\deg c_i, \deg m_i$ なるもの，式 (1) の多項式 $M_{i,j}$.

出力：多項式 $f = \sum_{0 \leq i < r} c_i \dfrac{m}{m_i} \in R[x]$, ただし $m = m_0 \cdots m_{r-1}$.

1. **if** $r = 1$ **then return** c_0
2. **call** 自分自身を再帰的に呼び出して $r_0 = \sum_{0 \leq i < r/2} c_i \dfrac{M_{k-1,0}}{m_i}$ を計算する
3. **call** 自分自身を再帰的に呼び出して $r_1 = \sum_{r/2 \leq i < r} c_i \dfrac{M_{k-1,1}}{m_i}$ を計算する
4. **return** $M_{k-1,1} r_0 + M_{k-1,0} r_1$ を返す

定理 10.21 アルゴリズム 10.20 は正しく計算する．もし $\sum_{0 \leq i < r} \deg m_i < n$ ならば，それに要する R の算術演算は $(2\mathsf{M}(n) + O(n)) \log r$ 回または $O(\mathsf{M}(n) \log r)$ 回を超えることはない.

正当性の証明は定理 10.10 の類似であり実行時間の上界は定理 10.15 の証明と同じ 2 進木を考察することにより得られる．詳細は練習問題 10.16 とする.

アルゴリズム 10.22 高速中国剰余アルゴリズム

入力：$m_0, \ldots, m_{r-1} \in R[x]$ で $i \neq j$ について $\mathrm{res}(m_i, m_j) \in R^\times$ なるもの，ただし R は (可換で 1 を持つ) 環である $k \in \mathbb{N}$ について $r = 2^k$, および $v_0, \ldots, v_{r-1} \in R[x]$ ですべての i に対し $\deg v_i < \deg m_i$ なるもの.

出力：次数 $n = \sum_{0 \leq i < r} \deg m_i$ 未満の多項式 $f \in R[x]$ で $0 \leq i < n$ に対し $f \equiv$

$v_i \bmod m_i$ なる唯一のもの.
1. **call** 入力 $m_0, \ldots, m_{r-1}$ についてアルゴリズム 10.3 を呼び, 式 (1) の多項式 $M_{i,j}$ を計算する
2. **call** 入力 $m_0, \ldots, m_{r-1}$ および $m = M_{k,0}$ についてアルゴリズム 10.18 を呼び, 多項式 $s_i \in R[x]$ で $s_i \dfrac{m}{m_i} \equiv 1 \bmod m_i$ であってすべての i に対し $\deg s_i < \deg m_i$ なるものを計算する
3. **call** 入力 $m_0, \ldots, m_{r-1}, v_0 s_0 \operatorname{rem} m_0, \ldots, v_{r-1} s_{r-1} \operatorname{rem} m_{r-1}$ および多項式 $M_{i,j}$ についてアルゴリズム 10.20 を呼ぶ
return その結果を返す

系 10.23 F を体とする. 与えられた $m_0, \ldots, m_{r-1} \in F[x]$ でモニックかつ 2 つごとに互いに素なるもの, および $v_0, \ldots, v_{r-1} \in F[x]$ ですべての i に対し $\deg v_i < \deg m_i$ なるものに対して, 中国剰余問題

$$0 \leq i < r \text{ に対して } f \equiv v_i \bmod m_i$$

の次数 $n = \sum_{0 \leq i < r} \deg m_i$ 未満の唯一の解 $f \in F[x]$ を, F の $O(\mathsf{M}(n) \log n)$ 回の演算によって計算できる.

すべての法が同じ次数である場合のアルゴリズム 10.22 に要する計算量の第 1 項の具体的な定数を練習問題 10.17 で与える.

整数の場合の対応する結果は述べるにとどめる. アルゴリズム 10.14 およびアルゴリズム 10.20 はほとんど逐語的に成り立つ. 詳細は練習問題とする.

定理 10.24 与えられた $m_0, \ldots, m_{r-1} \in \mathbb{N}_{\geq 2}$ および $m = \prod_{0 \leq i < r} m_i$ より小さい $f \in \mathbb{N}$ に対して, $O(\mathsf{M}(\log m) \log r)$ 回の語演算を用いて $f \operatorname{rem} m_0, \ldots, f \operatorname{rem} m_{r-1}$ を計算できる.

定理 10.25　2 つずつ互いに素な整数 $m_0, \ldots, m_{r-1} \in \mathbb{N}_{\geq 2}$ および $v_0, \ldots, v_{r-1} \in \mathbb{N}$ ですべての i に対して $v_i < m_i$ なるものが与えられたとき，$0 \leq i < r$ について $f \equiv v_i \bmod m_i$ という中国剰余問題の $f < m = \prod_{0 \leq i < r} m_i$ なる唯一の解 $f \in \mathbb{N}$ を $O(\mathsf{M}(\log m) \log \log m)$ 回の語演算によって計算できる．

注解

Pan (1966) は Horner 法の最適性を証明した．10.1 節から 10.3 節にかけての結果は Lipson (1971), Fiduccia (1972a), Horowits (1972), Moenck & Borodin (1972), および Borodin & Moenck (1974) によっている．Borodin & Munro (1975) は包括的な扱いを与えた．

練習問題

10.1　$f = 8x^7 + 7x^6 + 6x^5 + 5x^4 + 4x^3 + 3x^2 + 2x + 1 \in \mathbb{Q}[x]$ とする．アルゴリズム 10.7 をたどって f を 8 つの整数 $-3, -2, \cdots, 4$ において評価せよ．再帰的アルゴリズム 10.5 において，最後の再帰的ステップのみ実行すればよく，入力を直接計算すればよい．

10.2　R を (可換で 1 を持つ) 環とし，$n \in \mathbb{N}$ を 2 のべき，$k \in \mathbb{N}$ とする．次数 kn 未満の多項式を R の n 個の点で評価するのに $(2k + 1 + \frac{11}{2} \log n)\mathsf{M}(n) + O((k + \log n)n)$ 回の R における加算と乗算を用いればよいことを示せ．ヒント：練習問題 9.16．

10.3　R を (可換で 1 を持つ) 環とし，$m_0, \ldots, m_{r-1} \in R[x]$ を $d > 0$，および 2 のべき r に対し $n = rd$ とする．練習問題 8.34 を用いて，アルゴリズム 10.3 は $(\mathsf{M}(n/2) + O(n)) \log r$ または $(\frac{1}{2}\mathsf{M}(n) + O(n)) \log r$ 回の環演算のみを要することを示せ．

10.4*　$n \in \mathbb{N}$ とし，$p_1, \ldots, p_n \in \mathbb{R}_{>0}$ を $\sum_{1 \leq i \leq n} p_i = 1$ なるものとする．

(i) $H(p_1, \ldots, p_n) \geq 0$ を証明せよ．等号が成立するのは $n = 1$ のとき，かつそのときに限ることを示せ．

(ii) $H(p_1, \ldots, p_n) \leq \log n$ を証明せよ．等号が成立するのは $p_1 = \cdots = p_n = 1/n$ のとき，かつそのときに限ることを示せ．ヒント：すべての正数 $x \in \mathbb{R}$ に対し $\ln x \leq x - 1$ であり，等号が成立するのは $x = 1$ のとき，かつそのときに限ることを用い，それを $\sum_{1 \leq i \leq n} p_i \ln(1/p_i n)/\ln 2$ に適用せよ．($\log = \log_2$ かつ $\ln = \log_e$ であったことに注意．)

10.5**　**モビール**とは完全 2 進樹で節に加法的重みの付いたものである．すなわち，各節は子を持たない (**葉**という) かまたは 2 人の子を持つ (**内部節**という) かであり，

さらに正数, その**重み**を持っているものをいう. 内部節の重みは, その2人の子の重みの和である. 帰納的に, モビールの任意の節の重みはその節を根とする部分樹のすべての葉の重みの和であり, よって特に根の重みはすべての葉の重みの総和である. **推計的モビール**とは根の重みが1であるようなモビールのことである. これはすべての重みが確率であると思うと有用である. 任意のモビールはそのすべての重みを根の重みで割ることにより推計的モビールにすることができる. モビールにおける節の**深さ**とは根からその節への道の長さのことである. 葉がn枚であるような推計的モビールの**平均深度**とは$\sum_{1 \leq i \leq n} p_i d_i$のことである. ここで, 葉$i$の重みを$p_i$, 深さを$d_i$で表す. 与えられた推計的葉の重みに対して, その平均的深度が可能な限り小さいものが興味深い. 次の図は5つの葉を持ち平均深度が9/4である推計的モビールを表している.

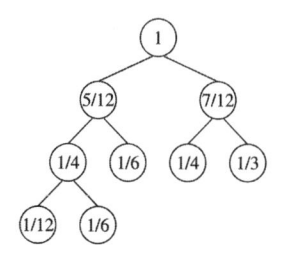

(i) 葉の重みが$p_1, \ldots, p_n$であるような任意の推計的モビールの平均深度は少なくとも$H(p_1, \ldots, p_n)$であることを証明せよ. ヒント:nに関する帰納法.

(ii) 与えられた$p_1, \ldots, p_n \in \mathbb{R}_{>0}$で$\sum_{1 \leq i \leq n} p_i = 1$なるものに対し, $0 \leq i \leq n$について$l_i = \lfloor \log p_i \rfloor > 0, l = \max\{l_i : 1 \leq i \leq n\}$とし, かつ$n_j$を$1 \leq j \leq l$について$l_i = j$となる添え字$i$の個数とする. $\sum_{1 \leq j \leq l} n_j 2^{-j} \leq 1$を証明せよ.

(iii) 以下の, Shannon (1948), Fano (1949, 1961), および Kraft (1949) のアイデアを用いて小さい平均深度の推計的モビールを構成するためのアルゴリズムを考える.

アルゴリズム 10.26 モビールの構成
入力:$p_1, \ldots, p_n \in \mathbb{R}_{>0}$で$\sum_{1 \leq i \leq n} p_i = 1$なるもの.
出力:葉の重みが$p_1, \ldots, p_n$であるような推計的モビール.
 1. $l_1, \ldots, l_n, l, n_1, \ldots, n_l$を (ii) の通りとし, 全2進樹$t$ (すなわち, 深度lに2^l

枚の葉を持つ完全 2 進樹) ですべての節の重みを 0 としたものをつくる
2. **for** $j=1,\ldots,l$ **do**
3. 　　$l_i=j$ なる p_i を，t の深度 j の節の最初の n_j 個の重みとし，そのような正の重みを持った節を根とした部分樹を t から取り去る
4. **for** $j=l,l-1,\ldots,1$ に対し，t の深度 j で重み 0 の葉を取り去る
5. **while** t が完全でない，すなわち子を 1 人持つ節がある間はその節をその子と同一視してその間の辺を取り去ることを繰り返す
6. t の葉から根へ内部節の重みを計算する
　　return t を返す

(ii) を用いて，j 回目にステップ 3 を通るときには t にちょうど $2^j - n_1 2^{j-1} - n_2 2^{j-2} - \cdots - n_{j-1} \cdot 2 \geq n_j$ 個の深度 j の節が残っていることを示し，このアルゴリズムは正しく計算することを示せ．

(iv) ステップ 4 後の t 平均深度は $H(p_1,\ldots,p_n)+1$ 未満であることを示し，またステップ 6 で返される樹においても同じことが成り立つことを示せ．

(v) $p_1 = p_3 = p_7 = p_8 = 1/17, p_2 = 5/17, p_4 = p_5 = 2/17$ および $p_6 = 4/17$ としてアルゴリズムを実行せよ．

10.6* この練習問題ではデータ圧縮の道具である Huffman (1952) 符号について議論する．有限のアルファベット $\Sigma = \{\sigma_1,\ldots,\sigma_n\}$ からなる一連の文章を，できるだけ少ないビット数で 2 進数に符号化したいとする．もしも Σ のサイズ以外のことを何も知らないとするならば，Σ の要素を固定長 $\lceil \log n \rceil$ のビット列に符号化する以外のよりよい方法はないように思われる．次に各要素 σ_i について我々の文章に現れる頻度 p_i を知っているとしよう．Huffman 符号のアイデアは高頻度で現れる文字たちをまれにしか現れない文字たちよりも短いビット列で符号化するという可変長符号化法を用いるものである．Huffman 符号は瞬時復号可能符号，すなわち，どんな符号化された語も他の接頭語にならない．そして 2 進樹で表せる．

次は，葉の重みが $p_1,\ldots,p_n$ であるような推計的モデル (練習問題 10.5) で極小平均深度を持つもの，すなわち **Huffman 樹** を動的につくり上げるアルゴリズムである．

アルゴリズム 10.27 Huffman 樹の構成
入力：$p_1,\ldots,p_n \in \mathbb{R}_{>0}$ で $p_1 + \cdots + p_n = 1$ なるもの．
出力：$p_1,\ldots,p_n$ に対する Huffman 樹．

練　習　問　題

1. n 個の節 $t_1, \ldots, t_n$ で t_i の重みが p_i なるものをつくる
   $T \longleftarrow \{t_1, \ldots, t_n\}$
2. **repeat**
3. 　　2つの樹 $t^*, t^{**} \in T$ でそれぞれの根の重みが p^*, p^{**} であって, $p^* \leq p^{**}$ かつ T の他のすべての樹の根は p^{**} より大きな重みを持つものを選ぶ
4. 　　根の重みが $p^* + p^{**}$ で t^* と t^{**} を子として持つ新しい樹をつくる
5. 　　$T \longleftarrow (T \setminus \{t^*, t^{**}\}) \cup \{t\}$
6. **until** $\sharp T = 1$
7. **return** T に属するただ1つの樹を返す

(i) アルファベット $\Sigma = \{E, I, M, P, R, S, V, \_\}$ 上の文字列 "MISSISSIPPI_RIVER" の Huffman 樹をつくれ. (その根の重みが極小である樹がいくつかある場合はステップ3で不定性がある. したがって Huffman 樹は唯一ではない.)

(ii) 一連の文章を符号化するために, Hufmann 樹のある節から2人の子への2本の辺に0と1のラベルをつける. そして σ_i の符号は根から重み p_i を持つ葉 i への道上の辺のラベルを結合していくことにより得られる. 符号化された語の平均長はその樹の平均深度である. (i) の文字列をその Huffman 樹と練習問題 10.5 の樹の両方によって符号化せよ. そしてその結果のビット列の長さを固定長3ビット符号を用いた場合と比較せよ.

Huffman 樹は極小平均深度を持つことを証明できる (たとえば, Hamming (1986), §4.8, または Knuth (1997), §2.3.4.5 を見よ). そして練習問題 10.5 によりその平均深度は $H(p_1, \ldots, p_n) + 1$ を超えない.

10.7* R を (可換で1を持つ) 環とし, $m_0, \ldots, m_{r-1} \in R[x]$ を定数でないもの, $m = m_0 \cdots m_{r-1}$ の次数が n で, すべての i について $p_i = (\deg m_i)/n$ とする. t を練習問題 10.5 の $p_1, \ldots, p_{r-1}$ についての推計的モビールで平均深度が d であるものとする.

(i) $d + 1 = \sum_v p(v)$ を示せ. ただし, 和は t のすべての節についてのもので $p(v)$ は節 v の重みとする. d は t のすべての内部節の重みの和であることを示せ.

(ii) m_i を重み p_i の葉として, 樹 t に沿って m を計算するのには高々 $d\mathsf{M}(n)$ 回の R の演算を要することを示せ. ある単調関数 $S(n)$ に対して $\mathsf{M}(n) = nS(n)$ と仮定してよい. m は $\mathsf{M}(n)(H(p_1, \ldots, p_{r-1}) + 1)$ 回未満の演算によって計算できることを示せ.

(iii) 次に $\deg m_0 = 1$ かつ $1 \leq i < r$ に対し $\deg m_i = 2^{i-1}$ と仮定する. $H(p_1, \ldots, p_{r-1}) = 2$ であることを示し, $p_1, \ldots, p_{r-1}$ に対する平均深度2の推計的モビールを

求めよ．m を高々 $2\mathbf{M}(n)$ 回の R の演算によって計算できることを示し，それを補題 10.4 の上界と比較せよ．練習問題 8.34 を用いて上界を $\mathbf{M}(n)+O(n)$ へ引き下げよ．

10.8 ある $k\in\mathbb{N}$ に対して $r=2^k$ とし，$m_0,\ldots,m_{r-1}$ を長さ $\lambda(m_i)\le l$ なる正整数 (2.1 節を見よ)，および $0\le i\le k$ かつ $0\le j<2^{k-i}$ に対し式 (1) で定まる $M_{i,j}\in\mathbb{N}$ とする．

(i) $M_{i,j}$ の長さの i および l のみに依存するよい上界を求めよ．

(ii) すべての $M_{i,j}$ を $O(\mathbf{M}(n)\log r)$ 回の語演算によって計算できることを示せ．

10.9 (Montgomery 1992) R を (可換で 1 を持つ) 環とし，$m_0,\ldots,m_{r-1}\in R[x]$ を次数 $d>0$ のモニック，すべての i,j に対し $M_{i,j}$ を式 (1) の部分積，および 2 のべき $r=2^k$ に対し $n=rd$ とする．

(i) 練習問題 9.5 を用いて $i<k$ に対しすべての $\mathrm{rev}(M_{i,j})^{-1}\mathrm{\ rem\ }x^{2^i d}$ は $(k+1)\cdot(\mathbf{M}(n)+O(n))$ 回の環演算によって計算できることを示せ．

(ii) 練習問題 10.3 と (i) を用いて，高速多数点評価アルゴリズム 10.7 は R の $(1+\frac{7}{2}\log n)(\mathbf{M}(n)+O(n))$ 回のみの算術演算を用いればよいように改変できることを示せ．

10.10 アルゴリズム 10.11 をたどって $u=0,1,2,3$ に対し $f(U)=2^u$ となる次数 4 未満の補間多項式 $f\in\mathbb{Q}[x]$ を計算せよ．

10.11 この練習問題では，同じ点集合上でのいくつかの評価および補間の計算量を調べる．単にその点集合にのみ依存する事前計算の計算量を無視すれば，1 回の評価は高々 $(2\mathbf{M}(n)+O(n))\log n$ 回の R の演算で計算でき，1 回の補間は高々 $(\mathbf{M}(n)+O(n))\log n$ 回の演算で計算できることを示せ．ヒント：「下降」の際に因子についての事前条件づけが可能である．9.1 節を見よ．

10.12* $n=2^k$ を 2 のべき，F を体，$u_0,\ldots,u_{n-1}\in F$ を相異なる要素，$v_0,\ldots,v_{n-1}\in F$ とする．ここで実行時間 $O(\mathbf{M}(n)\log^2 n)$ の補間アルゴリズムを設計する．

(i) $m_1,m_2\in F[x]$ を次数 n のモニックで互いに素なものとし，$v_1,v_2\in F[x]$ を次数 n 未満のものとする．定理 11.7 を用いて，合同式 $f\equiv v_1\bmod m_1$ かつ $f\equiv v_2\bmod m_2$ の次数 $2n$ 未満の解 $f\in F[x]$ を計算するアルゴリズムであって，F の $O(\mathbf{M}(n)\log n)$ 回の演算を要するものを与えよ．

(ii) すべての i に対し $f(u_i)=v_i$ となる次数 n 未満の補間多項式を計算する分割統治アルゴリズムを，(i) を用いて設計し，またそれが F の $O(\mathbf{M}(n)\log^2 n)$ 回の演算を要することを示せ．

(iii) 練習問題 10.10 の例についてそのアルゴリズムを実行せよ．

10.13* 定理 10.13 を証明せよ．ヒント：練習問題 6.15．

10.14* 以下の中国剰余定理の一般化を証明せよ．R を (可換で 1 を持つ) 環とし，

$I_0, \ldots, I_{r-1}$ をイデアル,および $I = I_0 \cap \cdots \cap I_{r-1}$ とする.もしも $i \neq j$ に対し $I_i + I_j = R$ ならば,写像

$$\chi : R/I \to R/I_0 \times \ldots \times R/I_{r-1}$$
$$f \bmod I \mapsto (f \bmod I_0, \ldots, f \bmod I_{r-1})$$

は同型写像である.

10.15 アルゴリズム 10.14 は正しく計算することを示せ.

10.16* 定理 10.21 を証明せよ.

10.17* (i) すべての法の次数が等しい場合,高速モジュラ約分アルゴリズム 10.16 は $(11\mathbf{M}(n/2) + O(n))\log r$ 回または $(\frac{11}{2}\mathbf{M}(n) + O(n))\log r$ 回の環演算しか要しないことを示せ.また,このときアルゴリズム 10.20 は $(\mathbf{M}(n) + O(n))\log r$ 回の演算しか要しないことを示せ.

(ii) R が体であってすべての法の次数が等しいならば,アルゴリズム 10.18 は高々 $(11\log r + 24\log(n/r) + 5)\mathbf{M}(n) + O(n\log n)$ 回の算術演算を要することを (i) と定理 11.7 を用いて証明せよ.

(iii) R が体であってすべての法の次数が等しいならば,高速中国剰余アルゴリズム 10.22 は高々 $(24\mathbf{M}(n) + O(n)) \cdot \log n$ 回の算術演算を要することを示せ.
練習問題 10.3 が有用であることがわかる.

10.18 F を体,$f_1, \ldots, f_r \in F[x]$ を2つずつ互いに素とし,$e_1, \ldots, e_r \in \mathbb{N}_{>0}$, $f = f_1^{e_1} \cdots f_r^{e_r}$, および $g \in F[x]$ を次数 $\deg f$ 未満とする.与えられた f の分解に関する g/f の部分分数分解 (5.1 節を見よ) は $O(\mathbf{M}(n)\log n)$ 回の体演算によって計算できることを示せ.

10.19* アルゴリズム 10.14 と 10.20 の整数についての類似の詳細を完成させ,定理 10.24 と 10.25 を証明せよ.

10.20⟶ アルゴリズム 10.14 と 10.20 の整数についての類似を実行する.要点は単に最終結果を計算することだけではなく,いかにアルゴリズムがうまく動くかを見ることである.$m_0 = 23, m_1 = 24, m_2 = 25$, および $m_3 = 29$ とする.

(i) 法が2つずつ互いに素であることを示せ.

(ii) 積の2進樹を計算せよ.

(iii) アルゴリズム 10.14 を用いて,$0 \leq i < 3$ に対し $300\,000 \bmod m_i$ を計算せよ.

(iv) $v_0 = 3, v_1 = 3, v_2 = 1$, および $v_3 = 22$ とする.高速中国剰余アルゴリズムを用いて,$0 \leq i < 4$ に対し $f \equiv v_i \bmod m_i$ なる $f \in \mathbb{Z}$ を計算せよ.

10.21* $a, b \in \mathbb{Z}[x]$ を零でなく $\deg b < \deg a = n$ かつ $\|a\|_\infty \leq A$ とする.ここで $b|a$ であるか否かを決定し,もしそうなら商 $q = a/b \in \mathbb{Z}[x]$ を計算する小さい素元モ

ジュラアルゴリズムを設計する．Mignotte の上界 6.33 により，割り切れる場合は $\|b\|_1\|q\|_1 \leq B = (n+1)^{1/2}2^n A$ を得る．求めるアルゴリズムは $\mathrm{lc}(b)$ の約数でない，相異なる素数の集まり $p_1, \ldots, p_r < 2r\log r$ を選ぶ．このとき，それらの積が $2B$ を超えるように r を適切に選ぶ．すべての i について $(a \bmod p_i)/(b \bmod p_i)$ を計算する（もしこれが不可能なら確かに $b \nmid a$ である）．中国剰余により試験的な商 q を計算し，最後に $\|b\|_1\|q\|_1 \leq B$ であるかどうかをチェックする．細部を完成させ，この手続きが正しく計算することを証明せよ．また，そのアルゴリズムは $O((\mathsf{M}(n) + \log\log\log B)\log B \cdot \mathsf{M}(\log\log B) + n\mathsf{M}(\log B \log\log B)\log\log B)$ または $O(n^2 + n\log A)$ 回の語演算を要することを示せ．小さい素数を見つけるための $O(\log B(\log\log B)^2 \log\log\log B)$ 回の語演算の計算量は無視してよい (定理 18.10)．$\mathbb{F}_{p_i}$ における算術には系 11.10 を用いよ．練習問題 6.26 と 9.14 も見よ．

The mathematically sophisticated will know how to skip formulæ.
This skill is easy to practice for others also.

Leslie G. Valiant (1994)

Thus it appears that whatever may be the number of digits
the Analytical Engine is capable of holding, if it is required to
make all the computations with k times that number of digits,
then it can be executed by the same Engine,
but in an amount of time equal to k^2 times the former.

Charles Babbage (1864)

Τόδε ἤδη ἐπεσκέψω, ὡς οἵ τε φύσει λογιστικοὶ εἰς πάντα τὰ
μαθήματα ὡς ἔπος εἰπεῖν ὀξεῖς φύονται, οἵ τε βραδεῖς, ἄν ἐν τούτῳ
παιδευθῶσι καὶ γυμνάσωνται, κἂν μηδὲν ἄλλο ὠφεληθῶσιν, ὅμως
εἴς γε τὸ ὀξύτεροι αὐτοὶ αὑτῶν γίγνεσθαι πάντες ἐπιδιδόασιν.

Plato (c. 375 BC)

11
高速 Euclid アルゴリズム

　この章の主結果は，体上の 1 変数多項式に対する Euclid アルゴリズムにおける商についての高速アルゴリズムで，入力次数高々 n に対し $O(\mathbf{M}(n)\log n)$ 回の体の演算を用いるものである．1 つの余り r_i を対応する s_i と t_i と一緒に同じ計算量で計算できる．しかし，すべての余りを一緒にこの計算量で計算することは不可能である．最後の節でいかにして柔軟線形時間で部分終結式を計算できるかを示す．

11.1 　多項式についての高速 Euclid アルゴリズム

　F を体とし，$r_0, r_1 \in F[x]\backslash\{0\}$ を $\deg r_0 \geq \deg r_1$ なるモニックとする．$s_0 = t_1 = 1, s_1 = t_0 = 0$ とし，

$$\rho_2 r_2 = r_0 - q_1 r_1, \qquad \rho_2 s_2 = s_0 - q_1 s_1, \qquad \rho_2 t_2 = t_0 - q_1 t_1$$
$$\vdots \qquad\qquad\qquad \vdots \qquad\qquad\qquad \vdots$$
$$\rho_{i+1} r_{i+1} = r_{i-1} - q_i r_i, \quad \rho_{i+1} s_{i+1} = s_{i-1} - q_i s_i, \quad \rho_{i+1} t_{i+1} = t_{i-1} - q_i t_i$$
$$\vdots \qquad\qquad\qquad \vdots \qquad\qquad\qquad \vdots$$
$$0 = r_{\ell-1} - q_\ell r_\ell, \quad \rho_{\ell-1} s_{\ell-1} = s_{\ell-1} - q_\ell s_\ell, \quad \rho_{\ell+1} t_{\ell+1} = t_{\ell+1} - q_\ell t_\ell$$

を 3.4 節で述べた，r_0, r_1 に対する拡張 Euclid アルゴリズムの結果とする．ただし，$1 \leq i < \ell$ に対し $\deg r_{i+1} < \deg r_i$ である．$\rho_{\ell+1} = 1, r_{\ell+1} = 0$ および $\deg r_{\ell+1} = -\infty$ と仮定する．すると補題 3.15 (a) により

$$\begin{pmatrix} r_i \\ r_{i+1} \end{pmatrix} = \begin{pmatrix} 0 & 1 \\ \rho_{i+1}^{-1} & -q_i \rho_{i+1}^{-1} \end{pmatrix} \begin{pmatrix} r_{i-1} \\ r_i \end{pmatrix}$$

$$= Q_i \begin{pmatrix} r_{i-1} \\ r_i \end{pmatrix} = Q_i \cdots Q_1 \begin{pmatrix} r_0 \\ r_1 \end{pmatrix}$$

を得る.ただし

$$Q_i = \begin{pmatrix} 0 & 1 \\ \rho_{i+1}^{-1} & -q_i \rho_{i+1}^{-1} \end{pmatrix} \in F[x]^{2 \times 2} \text{ かつ } R_i = Q_i \cdots Q_1 = \begin{pmatrix} s_i & t_i \\ s_{i+1} & t_{i+1} \end{pmatrix} \tag{1}$$

である.

$0 \leq i \leq \ell$ に対し $n_i = \deg r_i$ かつ $1 \leq i \leq \ell$ に対し $m_i = \deg q_i = n_{i-1} - n_i$ とする.数列 $(n_0, n_1, \ldots, n_\ell)$ は r_0, r_1 に対する拡張 Euclid アルゴリズムの**次数列**である.もし $F = \mathbb{F}_q$ が q 個の要素からなる有限体で,$n_0 > n_1$ かつ $r_0, r_1 \in \mathbb{F}_q[x]$ を $\deg r_0 = n_0$ かつ $\deg r_1 = n_1$ なる一様ランダム多項式とすると

$$\text{prob}(\deg r_2 < n_1 - 1) = \frac{1}{q}$$

となる (練習問題 4.18).これは大きな q に対してはかなり小さい.よって各商の次数は 1 である,または同値なことであるが $1 \leq i < \ell$ に対して $n_{i+1} = n_i - 1$ であると期待できる.これが成り立つ場合,次数列 $(n_0, \ldots, n_\ell)$ は**正規**であるという.

高速 gcd アルゴリズムへとつながる基本的アイデアは最初の商 q_i は r_0 と r_1 の最高次の係数のみによるということである.このアイデアを形式的に表すために以下の記法を導入する.

$f = f_n x^n + f_{n-1} x^{n-1} + \cdots + f_0 \in F[x]$ を最高次の係数が $f_n \neq 0$ なるものとし,$k \in \mathbb{Z}$ とする.このとき切り取り多項式を

$$f \restriction k = f \text{ quo } x^{n-k} = f_n x^k + f_{n-1} x^{k-1} + \cdots + f_{n-k}$$

と定義する.ただし,$i < 0$ に対し $f_i = 0$ とおく.すなわち $k \geq 0$ に対しては $f \restriction k$ は次数 k の多項式でその係数は f の最高次から $k+1$ 個の係数であり,$k <$

11.1 多項式についての高速 Euclid アルゴリズム

0 に対しては $f \upharpoonright k = 0$ である. すべての $i \geq 0$ に対して $(fx^i) \upharpoonright k = f \upharpoonright k$ である.

次に $f, g, f^*, g^* \in F[x] \setminus \{0\}$ で $\deg f \geq \deg g$ かつ $\deg f^* \geq \deg g^*$ なるものとし, $k \in \mathbb{Z}$ とする. このとき, $(\boldsymbol{f}, \boldsymbol{g})$ と $(\boldsymbol{f^*}, \boldsymbol{g^*})$ とは $\boldsymbol{k}$ まで一致するとは

$$f \upharpoonright k = f^* \upharpoonright k,$$
$$g \upharpoonright (k - (\deg f - \deg g)) = g^* \upharpoonright (k - (\deg f^* - \deg g^*))$$

なることである. これは $F[x] \times F[x]$ 上の同値関係を定義する (練習問題 11.1). もし (f, g) と (f^*, g^*) が k まで一致し, $k \geq \deg f - \deg g$ ならば, $\deg f - \deg g = \deg f^* - \deg g^*$ である.

Euclid アルゴリズムの 1 つの除算ステップを考える.

補題 11.1 $k \in \mathbb{Z}$ とし, (f, g) と (f^*, g^*) は $(F[x] \setminus \{0\})^2$ において $2k$ まで一致して, $k \geq \deg f - \deg g \geq 0$ とする. $q, r, q^*, r^* \in F[x]$ を余りを伴う除算

$$f = qg + r, \qquad \deg r < \deg g$$
$$f^* = q^* g^* + r^*, \quad \deg r^* < \deg g^*$$

によって定める. すると $q = q^*$ であり, さらに (g, r) と (g^*, r^*) は $2(k - \deg q)$ まで一致するかまたは $r = 0$ であるかまたは $k - \deg q < \deg g - \deg r$ が成り立つ.

証明 必要なら (f, g) と (f^*, g^*) に適当な x のべきを掛けることにより, $\deg f = \deg f^* > 2k$ が成り立っていると仮定してよい. すると, $\deg g = \deg g^*$, $k \geq \deg q = \deg f - \deg g = \deg f^* - \deg g^* = \deg q^*$ であり

$$\begin{aligned}
\deg(f - f^*) &< \deg f - 2k \leq \deg g - k \\
\deg(g - g^*) &< \deg g - (2k - (\deg f - \deg g)) = \deg f - 2k \\
&\leq \deg g - k \leq \deg g - \deg g \\
\deg(r - r^*) &\leq \max(\deg r, \deg r^*) < \deg g
\end{aligned} \tag{2}$$

かつ

$$f - f^* = q(g - g^*) + (q - q^*)g^* + (r - r^*) \tag{3}$$

となる.式 (2) により多項式 $f - f^*$, $q(g - g^*)$ および $r - r^*$ の次数はすべて $\deg g$ よりも小さいから,$\deg((q - q^*)g^*) < \deg g = \deg g^*$ となり,したがって $q = q^*$ を意味する.

ここで $r \neq 0$ および $k - \deg q \geq \deg g - \deg r$ と仮定する.示さなければならないのは

$$g \upharpoonright (2(k - \deg q)) = g^* \upharpoonright (2(k - \deg q))$$
$$r \upharpoonright (2(k - \deg q) - (\deg g - \deg r)) = r^* \upharpoonright (2(k - \deg q) - (\deg g^* - \deg r^*))$$

である.最初の主張は (f, g) と (f^*, g^*) が $2k$ まで一致することから得られる.さらに式 (3) と (2) から

$$\begin{aligned}
\deg(r - r^*) &\leq \max\{\deg(f - f^*), \deg q + \deg(g - g^*)\} \\
&< \deg q + \deg f - 2k = \deg g - 2(k - \deg q) \tag{4} \\
&= \deg r - (2(k - \deg q) - (\deg g - \deg r))
\end{aligned}$$

であり,また上の仮定により

$$\deg r \geq \deg q + \deg g - k \geq \deg q + \deg f - 2k$$

であるから $\deg r = \deg r^*$ となる.したがって 2 番目の主張は式 (4) の 2 番目の不等式から得られる.□

例 11.2

$$f = x^8 + 5x^7 + 3x^6 + 5x^4 + 5x^3 + 5x^2 + 2x + 2$$
$$g = x^7 + 4x^6 + 4x^5 + 2x^4 + x^3 + 5x^2 + x + 3$$

を $\mathbb{F}_7$ 上の多項式とし,

$$f \upharpoonright 4 = x^4 + 5x^3 + 3x^2 + 5, \quad g \upharpoonright 3 = x^3 + 4x^2 + 4x + 2$$

とする.すると (f, g) と $(f \upharpoonright 4, g \upharpoonright 3)$ は $2 \cdot 2 = 4$ まで一致し,$k = 2$ である.補題 11.1 の証明で,上の 2 番目の対に x^4 を掛けて

11.1 多項式についての高速 Euclid アルゴリズム

$$f^* = x^8 + 5x^7 + 3x^6 + 5x^4, \quad g^* = x^7 + 4x^6 + 4x^5 + 2x^4$$

を得る.すると

$$q = x+1, \quad r = 2x^6 + x^5 + 2x^4 + 6x^3 + 6x^2 + 5x + 6$$
$$q^* = x+1, \quad r^* = 2x^6 + x^5 + 3x^4$$

となる.$q = q^*$ かつ $r \upharpoonright 1 = r^* \upharpoonright 1$ であり,$g \upharpoonright 2 = g^* \upharpoonright 2$ であるから (g, r) と (g^*, r^*) は $2 = 2(k - \deg q)$ まで一致する.ここで $r^*/x^4 = (f \upharpoonright 4)$ rem $(g \upharpoonright 3)$ であって,補題で述べた通りに (g, r) と $(g \upharpoonright 3, (f \upharpoonright 4)$ rem $(g \upharpoonright 3))$ は $2(k - \deg q)$ まで一致する.◇

補題 11.1 は商が相等しくなるための十分条件のみを与えている.多くの場合,より少ない情報が必要なだけである.上の例では,f^* の定数項が変わったとしても商は変わらない.

次に 2 つのモニック多項式の対 r_0, r_1 と r_0^*, r_1^* で $\deg r_0 > \deg r_1$ かつ $\deg r_0^* > \deg r_1^*$ なるものに対する Euclid アルゴリズムを考える.

$$r_0 = q_1 r_1 + \rho_2 r_2, \qquad\qquad r_0^* = q_1^* r_1^* + \rho_2^* r_2^*$$
$$\vdots \qquad\qquad\qquad\qquad \vdots$$
$$r_{i-1} = q_i r_i + \rho_{i+1} r_{i+1}, \qquad r_{i-1}^* = q_i^* r_i^* + \rho_{i+1}^* r_{i+1}^*$$
$$\vdots \qquad\qquad\qquad\qquad \vdots$$
$$\vdots \qquad\qquad\qquad\qquad r_{\ell^*-1}^* = q_{\ell^*}^* r_{\ell^*}^*$$
$$r_{\ell-1} = q_\ell r_\ell$$

なる,それぞれ長さ ℓ と ℓ^* で,$1 \leq i \leq \ell$ に対し $m_i = \deg q_i$ かつ $1 \leq i \leq \ell^*$ に対し $m_i^* = \deg q_i^*$ とする.いつも通り $0 \leq i \leq \ell$ に対して $n_i = \deg r_i = n_0 - m_1 - \cdots - m_i$ とし,$n_{\ell+1} = -\infty$ とする.

任意の $k \in \mathbb{N}$ に対して数 $\eta(k) \in \mathbb{N}$ を

$$\eta(k) = \max\{0 \leq j \leq \ell : \sum_{1 \leq i \leq j} m_i \leq k\}$$

によって定義すると

$$n_0 - n_{\eta(k)} = \sum_{1 \leq i \leq \eta(k)} m_i \leq k < \sum_{1 \leq i \leq \eta(k)+1} m_i = n_0 - n_{\eta(k)+1} \quad (5)$$

となる.ここで,2番目の不等式は $\eta(k) < \ell$ のときのみ成立し,また $\eta(k)$ は式 (5) によって一意的に定まる.いいかえれば,Euclid アルゴリズムにおいて数 $n_0 - k$ は 2 つの連続した剰余次数 $\deg r_{\eta(k)}$ と $\deg r_{\eta(k)+1}$ とに挟まれている.特に,$1 \leq i \leq \ell$ に対し $m_i \geq 1$ であるから $\eta(k) \leq k$ が成り立つ.$\eta^*(k)$ を同様に定義する.次の補題は Euclid アルゴリズムの最初の結果は入力の高次の部分のみによるということを正確な形で述べている.

補題 11.3 $k \in \mathbb{N}$, $h = \eta(k)$, かつ $h^* = \eta^*(k)$ とする.(r_0, r_1) と (r_0^*, r_1^*) が $2k$ まで一致するならば,$h = h^*$ かつ $1 \leq i \leq h$ に対し $q_i = q_i^*$ かつ $\rho_{i+1} = \rho_{i+1}^*$ が成り立つ.

証明 j に関する帰納法により,$0 \leq j \leq h$ に対し以下が成立することを示す.

$j \leq h^*$ かつ $1 \leq i \leq j$ に対し $q_i = q_i^*$ かつ $\rho_{i+1} = \rho_{i+1}^*$ であり,
$j = h$ かまたは (r_j, r_{j+1}) と (r_j^*, r_{j+1}^*) は $2(k - \sum_{1 \leq i \leq j} m_i)$ まで一致する

補題の主張はこのことと $*$ と無印を入れ替えたその対称的な主張とから得られる.

$j = 0$ については何も示すべきことはない.帰納法のステップは補題 11.1 を帰納法の仮定に 1 回適用し,引き続く正規化によって得られる.$j \leq h^*$ という主張は

$$\sum_{1 \leq i \leq j} \deg q_i^* = \sum_{1 \leq i \leq j} \deg q_i \leq \sum_{1 \leq i \leq h} \deg q_i \leq k$$

より正しく,よって $j \leq \eta^*(k) = h^*$ である. □

この補題を拡張 Euclid アルゴリズムの単一行,たとえば最後の行の分割統治アルゴリズムを構成するために用いる.問題をほぼ等しいサイズの 2 つの部分問題に分割するために注意を払わなければならない.魅力的なアイデアとし

11.1 多項式についての高速 Euclid アルゴリズム　　　　　　　　　　　　415

て, ℓ をいつもの通り除算ステップ数として, まず商 q_i の最初の $\ell/2$ 個を計算してそれから残った半分を計算する, というものがあるが, 商の次数は一般に非常に異なっているからこれは最善の方法ではない. 商の列を最初の部分の次数の和が残り部分の和とほぼ同じになるように分割する方がよい. 正規次数列の場合は, これによってももちろん 1 番目のアイデアと同じ結果が得られる.

次のアルゴリズムはこの戦略を用いている. 簡単のため, このアルゴリズムは商を返さないで, そのかわりに対応する Q 行列の積を返す.

アルゴリズム 11.4　高速拡張 Euclid アルゴリズム

入力: モニック多項式 $r_0, r_1 \in F[x]$, $n = n_0 = \deg r_0 > n_1$, および $0 \leq k \leq n$ なる $k \in \mathbb{N}$.

出力: 上で定義した $h = \eta(k) \in \mathbb{N}$ および式 (1) の $R_h \in F[x]^{2 \times 2}$.

1. **if** $r_1 = 0$ or $k < n_0 - n_1$ **then return** 0 and $\begin{pmatrix} 1 & 0 \\ 0 & 1 \end{pmatrix}$

2. $d \longleftarrow \lfloor k/2 \rfloor$

3. **call** 入力 $r_0 \upharpoonright 2d, r_1 \upharpoonright (2d - (n_0 - n_1))$ および d について自分自身を再帰的に呼んで, $j - 1 = \eta(d)$ および $R = Q_{j-1} \cdots Q_1$ を返す

4. $\begin{pmatrix} r_{j-1} \\ r_j \end{pmatrix} \longleftarrow R \begin{pmatrix} r_0 \\ r_1 \end{pmatrix}, \quad \begin{pmatrix} n_{j-1} \\ n_j \end{pmatrix} \longleftarrow \begin{pmatrix} \deg r_{j-1} \\ \deg r_j \end{pmatrix}$

5. **if** $r_j = 0$ or $k < n_0 - n_j$ **then return** $j - 1$ and R

6. $q_j \longleftarrow r_{j-1}$ quo r_j, $\quad \rho_{j+1} \longleftarrow \mathrm{lc}(r_{j-1} \text{ rem } r_j)$,
   $r_{j+1} \longleftarrow (r_{j-1} \text{ rem } r_j) \rho_{j+1}^{-1}, \quad n_{j+1} \longleftarrow \deg r_{j+1}$

7. $d^* \longleftarrow k - (n_0 - n_j)$

8. **call** 入力 $r_j \upharpoonright 2d^*, r_{j+1} \upharpoonright (2d^* - (n_j - n_{j+1}))$ および d^* について自分自身を再帰的に呼んで, $h - j = \eta(d^*)$ および $S = Q_h \cdots Q_{j+1}$ を返す

9. $Q_j \longleftarrow \begin{pmatrix} 0 & 1 \\ \rho_{j+1}^{-1} & -q_j \rho_{j+1}^{-1} \end{pmatrix}$
   return h および $SQ_j R$ を返す

$\deg r_0$ が $\deg r_1$ より真に大きくなければならないという制約は, もし $\deg r_0$, $\deg r_1$ なら r_0 と r_1 を入れかえ, $\deg r_0 = \deg r_1$ なら r_1 と正規化した $r_0 - r_1$ を入力としてアルゴリズムを呼ぶことによって, 取り除くことができる. 減算, 正規化, および対応する R_h の修正の計算量は $O(n)$ 回の体演算であり, よって漸近的実行時間には影響を与えない. 同様に, もし任意にモニックとは限らない 2 つの多項式 $f, g \in F[x]$ が与えられたとき, $r_0 = f/\mathrm{lc}(f)$ および $r_1 = g/\mathrm{lc}(g)$ を計算するアルゴリズムを実行して, 結果 R_h の第 1 列と第 2 列をそれぞれ $\mathrm{lc}(f)$ と $\mathrm{lc}(g)$ で割るという, $O(n)$ 回の演算を付け加えればよいだけである.

上のアルゴリズムの正当性を証明する前に, 上の例についてこのアルゴリズムがどのように動くかを見てみよう.

例 11.2 (続き) f および g を例 11.2 のものとし, $r_0 = f$, $r_1 = g$, $k = 4$ とする. r_0 と r_1 についての Euclid アルゴリズムの商は

$$q_1 = x+1, \quad q_2 = x, \quad q_3 = x+2, \quad q_4 = x^3 + 2$$

であり, 次数は $m_1 = 1, m_2 = 1, m_3 = 1, m_4 = 3$, 長さは $\ell = 4$, そして ρ_i は $\rho_2 = \rho_4 = 2, \rho_3 = 3, \rho_5 = 1$ である. アルゴリズムは以下のように実行される.

2. $d = \lfloor 4/2 \rfloor = 2$.
3. $r_0 \upharpoonright (2 \cdot 2) = x^4 + 5x^3 + 3x^2 + 5$, $r_1 \upharpoonright (2 \cdot 2 - (8-7)) = x^3 + 4x^2 + 4x + 2$ および $d = 2$ として再帰呼び出しを行うと $j = 3$ および

$$R = Q_2 Q_1 = \begin{pmatrix} 0 & 1 \\ 5 & 2x \end{pmatrix} \begin{pmatrix} 0 & 1 \\ 4 & 3x+3 \end{pmatrix}$$
$$= \begin{pmatrix} 4 & 3x+3 \\ x & 6x^2 + 6x + 5 \end{pmatrix} = \begin{pmatrix} s_2 & t_2 \\ s_3 & t_3 \end{pmatrix}$$

を得る.

4. $\begin{pmatrix} r_2 \\ r_3 \end{pmatrix} = R \begin{pmatrix} r_0 \\ r_1 \end{pmatrix} = \begin{pmatrix} x^6 + 4x^5 + x^4 + 3x^3 + 3x^2 + 6x + 3 \\ x^5 + 2x^4 + 4x^3 + 2x^2 + 4x + 1 \end{pmatrix}$.

6. これで q_3, ρ_4 と $r_4 = x^2 + 2x + 4$ は計算された.
7. $d^* = 4 - (8-5) = 1$.

11.1 多項式についての高速 Euclid アルゴリズム   417

8. $r_3 \upharpoonright (2 \cdot 1) = x^2 + 2x + 4$, $r_4 \upharpoonright (2 \cdot 1 - (5-2)) = 0$ および $d^* = 1$ として再帰呼び出しを行うと $h = j$ および $S = \begin{pmatrix} 1 & 0 \\ 0 & 1 \end{pmatrix}$ を得る.

9. 行列

$$SQ_3R = \begin{pmatrix} 1 & 0 \\ 0 & 1 \end{pmatrix} \begin{pmatrix} 0 & 1 \\ 4 & 3x+6 \end{pmatrix} \begin{pmatrix} 4 & 3x+3 \\ x & 6x^2+6x+5 \end{pmatrix}$$

$$= \begin{pmatrix} x & 6x^2+6x+5 \\ 3x^2+6x+2 & 4x^3+5x^2 \end{pmatrix} = \begin{pmatrix} s_3 & t_3 \\ s_4 & t_4 \end{pmatrix}$$

および $h = \eta(4) = 3$ が計算され, これは

$$\sum_{1 \leq i \leq 3} m_i = 3 \leq 4 < 6 = \sum_{1 \leq j \leq 4} m_i$$

であるから正しい. ◇

log で底が 2 の対数を表す.

定理 11.5 アルゴリズム 11.4 は正しく計算し, $n \leq 2k$ なら $(24\mathbf{M}(k) + O(k)) \log k$ 回以上の加算, 乗算と逆元をとる演算の総計 $O(\mathbf{M}(k) \log k)$ 回以上の F における演算は要しない. もし次数列が正規であるなら加算と乗算の回数の上界は $(12\mathbf{M}(k) + O(k)) \log k$ にまで落とせる.

証明 ℓ を (r_0, r_1) についての Euclid アルゴリズムにおける除算ステップ数とし, いつもの通り $0 \leq i \leq \ell$ に対し $n_i = \deg r_i$, $1 \leq i \leq \ell$ に対し $m_i = \deg q_i$ とする. もし $r_i = 0$ または $k < n_0 - n_1$ ならば $\eta(k) = 0$ であり, アルゴリズムはステップ 1 で正しく単位行列を返す (空集合の積は積の中立元を定めることに注意する). それ以外ならば, k に関する帰納法と補題 11.3 によりステップ 3 における再帰呼び出しの結果は正しいことがわかる. 特に, 式 (5) と d の定義により, $n_0 - n_{j-1} \leq d \leq k$ である. 次にもしステップ 5 において $r_j = 0$ または $k < n_0 - n_j$ ならば $\eta(k) = j - 1$ であり, アルゴリズムは正しい結果を

返す．それ以外ならば，また帰納法と補題 11.3 によりステップ 8 の再帰呼び出しの結果は正しく，

$$n_j - n_h = \sum_{j+1 \leq i \leq h} m_i \leq d^* < \sum_{j+1 \leq i \leq h+1} m_i = n_j - n_{h+1} \tag{6}$$

または $h = \ell$ となる．あとは $h = \eta(k)$ を示せばよい．式 (6) により

$$n_0 - n_h = (n_0 - n_j) + (n_j - h_h) \leq (n_0 - n_j) + d^*$$
$$< (n_0 - n_j) + (n_j - n_{h+1}) = n_0 - n_{h+1}$$

または $h = \ell$ となる．しかしこれは式 (5) と d^* の定義により $h = \eta(n_0 - n_j + d^*) = \eta(k)$ を意味し，よってステップ 9 の最終結果は正しい．

うまく配置して F における逆元をとる演算を実行するのはステップ 6 においてのみであり，ρ_{j+1}^{-1} は 1 回だけ計算すればよいようにすることができる．再帰的処理の過程でステップ 6 が実行される回数は高々 k である．

入力数 k に対してアルゴリズムが用いる加算と乗算の回数を $T(k)$ と表す．ステップ 3 とステップ 8 は $T(d) = T(\lfloor k/2 \rfloor)$ を要し，同種の部分問題を解くのに $T(d^*)$ 回の演算，あわせて式 (5) により $d^* = k - (nn_0 - n_j) < k - d = \lceil k/2 \rceil$ であることから高々 $2T(\lfloor k/2 \rfloor)$ を要する．次にステップ 4, 6 および 9 における多項式の乗算，除算と加算についての計算量を解析する．

ステップ 4 において，R の成分は補題 3.15 (ii) により $s_{j-1}, t_{j-1}, s_j, t_j$ であり，それらの次数は同じ補題の (b) により $n_1 - n_{j-2}, n_0 - n_{j-2}, nn_1 - nn_{j-1}, n_0 - n_{j-1}$ である．4 つの次数はすべて $n_0 - n_{j-1} \leq d = \lceil k/2 \rceil$ を超えない．次数が高々 $\lceil k/2 \rceil$ である多項式と次数が高々 $2k$ である多項式の乗算が 4 回と何回かの加算が行われる．大きな多項式を次数が高々 $\lceil k/2 \rceil$ であるブロックに分割することにより (練習問題 8.35)，ステップ 4 の計算量は $16\mathbf{M}(\lceil k/2 \rceil) + O(k)$ または $8\mathbf{M}(k) + O(k)$ である．

ステップ 6 では $k \geq n_0 - n_j > d$ であるから

$$0 \leq n_0 - k \leq n_j < n_{j-1} \leq n_0 \leq 2k$$

および $0 < n_{j-1} - n_j \leq n_0 - (n_0 - k) = k$ である．したがって r_{j-1} の r_j に

11.1 多項式についての高速 Euclid アルゴリズム

よる除算の次数 $n_{j-1} - n_j$ の商を計算するには，定理 9.6 より $4\mathbf{M}(k) + O(k)$ 回の演算を要する．練習問題 8.35 のように，因子 r_j をサイズが高々 k の 2 つの塊に分割することにより，余りは高々 $2\mathbf{M}(k) + O(k)$ 回の演算を要して計算でき，あわせて $6\mathbf{M}(k) + O(k)$ を超えることはない．これには正規化の計算量も含まれている．次数列が正規であるときは $n_{j-1} = n_j + 1$ であり，除算時間は $O(k)$ のみである．

ステップ 9 では，まず $Q_j R$，または同じことだが $s_{j+1} = (s_{j-1} - q_j s_j)\rho_{i+1}^{-1}$ と $t_{j+1} = (t_{j-1} - q_j t_j)\rho_{i+1}^{-1}$ を計算する．これには次数 $n_{j-1} - n_j \leq n_0$ の商 q_j の次数が高々 $n_0 - n_{j-1} \leq \lfloor k/2 \rfloor$ の多項式による 2 回の乗算と何回かの加算と乗算を用い，高々 $8\mathbf{M}(\lfloor k/2 \rfloor) + O(k)$ または $4\mathbf{M}(k) + O(k)$ を要する．正規の場合，上と同様に $O(k)$ のみである．

$Q_j R$ の第 2 行，s_{j+1}, t_{j+1} の次数は高々 $n_0 - n_j \leq k$ である．S の成分の次数は $n_{j+1} - n_{h-1}, n_j - n_{h-1}, n_{j+1} - n_h, n_j - n_h$ で，すべて高々 $n_j - n_h \leq d^* < k - d = \lceil k/2 \rceil$ である．よって $S \cdot Q_j R$ の計算には高々 $4\mathbf{M}(\lfloor k/2 \rfloor) + 4\mathbf{M}(k) + O(k)$ または $6\mathbf{M}(k) + O(k)$ 回の演算を要する．正規の場合は，$nn_0 - n_j = n_0 - n_{j-1} + 1 \leq \lfloor k/2 \rfloor + 1$ であって，練習問題 8.34 を適用することにより，上界は $8\mathbf{M}(\lfloor k/2 \rfloor) + O(k)$ または $4\mathbf{M}(k) + O(k)$ に落とせる．

以上を総合して，計算量は高々 $24\mathbf{M}(k) + O(k)$ となり，T はある定数 $c \in \mathbb{R}$ に対し，漸化式

$$T(0) = 0, \quad k > 0 \text{ のとき } T(k) \leq 2T(\lfloor k/2 \rfloor) + 24\mathbf{M}(k) + ck$$

を満たす．よって $T(k)$ は補題 8.2 により高々 $(24\mathbf{M}(k) + O(k))\log k$ である．正規の場合は上界は $(12\mathbf{M}(k) + O(k))\log k$ に落ちる． □

前定理における計算量の係数 24 は最小のものであるというわけではない．もし $\deg r_0 > 2k$ ならば，補題 11.3 により，入力 $r_0 \upharpoonright 2k$ および $r_1 \upharpoonright (2k - \deg r_0 + \deg r_1)$ としてアルゴリズムを呼べば十分である．

実際，すべての商が小さい次数ではない「非正規」の場合でも，算術的計算量のいくらかよい上界を示すことはできる．Strassen (1983) は非スカラー計算のモデル，すなわち，加算とスカラー倍は勘定に入れず，補間アルゴリズム

は (無限体上で) $\mathbf{M}(n) \in O(n)$ であることが示されているとすると，$k = n$ のときアルゴリズム 11.4 の計算量は $O(n \cdot H(m_1/m, \ldots, m_\ell/m))$ で抑えられることを示した．ここで，$m = \sum_{1 \le i \le \ell} m_i$ かつ H は 10.1 節のエントロピー関数である．これは，定理 11.5 の上界と一致する．そのときは $1 \le k \le \ell = n$ に対し $m_i/m = 1/n$ だからである．

Strassen は，非スカラーモデルにおける Euclid アルゴリズムによる商の計算は，ほとんどすべての多項式の対に対し，商の次数が $m_1, \ldots, m_\ell$ であるとすると，少なくとも約 $n \cdot H(m_1/m, \ldots, m_\ell/m)$ 回の体演算を要することを示した．この下界はアルゴリズム 11.4 は非スカラーモデルにおいては「一様に最適」であることを示している．

アルゴリズム 11.4 のステップ 5 で計算した q_i は Euclid アルゴリズムにおける商にほかならない．よって $\mathbf{M}(n) \in O(n \log n \log \log n)$ ととれば，定理 11.5 は，Euclid アルゴリズムのすべての商 q_i は $O\tilde{\ }(n)$ 時間で計算可能であることを意味している．すべての余り r_i もまた柔軟線形時間で計算可能だろうか？答えは no である．正規な場合，常に $\deg r_i = n - i$ であるが $r_0, \ldots, r_\ell$ の係数の数は

$$\sum_{0 \le i \le \ell}(\deg r_i + 1) = \sum_{0 \le i \le n}(n - i + 1) = (n^2 + 3n + 2)/2$$

である．しかし，これは出力サイズが入力サイズ $2n$ の 2 次式であり，よって $r_0, \ldots, r_\ell$ を計算する任意のアルゴリズムは少なくとも $n^2/2$ 回の体演算を要することを示している．(もし体が十分大きければ) 適当な例で，すべての出力の値がすべて異なるものがあり，するとそれぞれが少なくとも 1 回の演算を要するからである．

アルゴリズム 11.4 は Euclid アルゴリズムにおいて，対応する商の次数の和がほぼ k であるような Q 行列たちの積 $R_{\eta(k)}$ を計算する．$f = \rho_0 r_0$ かつ $g = \rho_1 r_1$ で $\rho_0, \rho_1 \in F$ は零でなく $r_0, r_1 \in F[x]$ はモニックであるものが与えられたとき，$k = n$ としてこの行列から f と g の gcd r_ℓ および Bézout 係数 s_ℓ, t_ℓ を計算するのは容易である．すると $\eta(k) = \ell$ で，s_ℓ, t_ℓ は行列 R_ℓ の第 1 行の成分であって

11.1 多項式についての高速 Euclid アルゴリズム

$$r_\ell = s_\ell r_0 + t_\ell r_1 = (s_\ell \rho_0^{-1})f + (t_\ell \rho_1^{-1})g$$

となる.さらに,(古典的拡張 Euclid アルゴリズムの場合と同様に) 任意の「単一」行 r_h, s_h, t_h を,$h \in \{1, \ldots, \ell\}$ を $\deg r_h$ の下界によって明示して,あるいは同じことだが $\sum_{1 \leq \ell \leq h} \deg q_i$ の上界により数 $k \in \mathbb{N}$ が与えられ $h = \eta(k)$ と定めて,計算することが可能である.これの,単に gcd たちを計算することを超えた,計算機代数や符号理論への応用がある.例として,有理関数の再構成 (5.7 節),Padé 近似 (5.9 節),Cauchy 補間法 (5.8 節),BCH 符号の復号 (第 7 章の Berlekamp–Massey アルゴリズム),疎連立 1 次方程式系の高速解法 (第 12 章) があげられる.

系 11.6 次数が高々 n の多項式 $f, g \in F[x]$ に対して,以下のそれぞれは $O(\mathsf{M}(n) \log n)$ 回の F の加算と乗算に加えて高々 $n+2$ 回の逆元をとる演算,あるいは $O^{\sim}(n)$ 回の F 演算によって計算できる.

- $r_\ell = \gcd(f, g)$,
- $sf + tg = r_\ell$ なる $s, t \in F[x]$,
- f, g に対する拡張 Euclid アルゴリズムにおける任意の行の成分 $r_h, s_h, t_h \in F[x]$,
- f, g についての Euclid アルゴリズムにおける商 $q_1, \ldots, q_\ell$.

この系の最初の 2 つの主張に対する定数を明示する.

定理 11.7 $f, g \in F[x]$ を $\deg g \leq \deg f \leq n$ なるものとする.

(i) $(24\mathsf{M}(n) + O(n)) \log n$ 回の F の加算と乗算に加えて $n+2$ 回の逆元をとる演算によって f と g が互いに素であるか否かを決定でき,そしてもし互いに素なら $sf + tg = 1$ なる Bézout 係数 $s, t \in F[x]$ を計算できる.

(ii) 次数列が正規であるなら $\gcd(f, g)$ と $sf + tg = \gcd(f, g)$ なる Bézout 係数 $s, t \in F[x]$ を高々 $12\mathsf{M}(n) \log n + 2\mathsf{M}(n) + O(n \log n)$ 回の加算と乗

算プラス $n+2$ 回の逆元をとる演算によって計算できる.

証明 アルゴリズム 11.4 の直後の議論により,$\deg g < \deg f$ と仮定でき,入力 $r_0 = f/\mathrm{lc}(f), r_1 = g/\mathrm{lc}(g)$,および $k = \deg f$ としてアルゴリズムを呼ぶ.すると $\eta(k) = \ell$ と

$$R_\ell = \begin{pmatrix} s_\ell & t_\ell \\ s_{\ell+1} & t_{\ell+1} \end{pmatrix}$$

が返される.r_0 と r_1 の計算には 2 回の逆元をとる演算と $O(n)$ 回の乗算を要する.

(i) 補題 3.10 より gcd が定数であるための必要十分条件は $\deg s_{\ell+1} = \deg g$ かつ $\deg t_{\ell+1} = \deg f$ が成り立つことである.もしそうなら $s = s_\ell/\mathrm{lc}(f)$ と $t = t_\ell/\mathrm{lc}(g)$ を返す.付け加わる計算量は $O(n)$ 回の乗算であり,$k \leq n$ と定理 11.5 により主張が得られる.

(ii) 補題 3.10 より s_ℓ と t_ℓ は n より小さい.よって $r_\ell = s_\ell t_0 + t_\ell r_1$ を計算するのに $2\mathsf{M}(n) + O(n)$ 回の算術演算を要する. □

練習問題 11.7 ではアルゴリズム 11.4 を少し改変して,上の定理の (ii) の上界を高々 $(10\mathsf{M}(n) + O(n))\log n$ としている.

系 11.8 $f \in F[x]$ を次数 n とする.剰余類環 $F[x]/\langle f \rangle$ における乗算は $6\mathsf{M}(n) + O(n)$ 回の F の算術演算によって計算でき,逆元をとる操作は $24\mathsf{M}(n) + O(n)\log n$ 回の演算によって計算できる.よって $f[x]/\langle f \rangle$ における 1 回の算術演算は F における $O\~(n)$ 回の算術演算を要する.

系 10.17, 10.12, 11.6 および 11.8 をモジュラ拡張 Euclid アルゴリズム 6.36 と 6.59 の解析に適用することにより,次の結果を得る.

11.1 多項式についての高速 Euclid アルゴリズム

系 11.9 F を少なくとも $(6n+3)d$ 個の元を持つ体とし，$f, g \in F[y][x]$ を x に関する次数が高々 n，y に関する次数が高々 d なるものとする．
  (i) f と g の gcd を計算するための F の算術演算の回数は $O(d\mathsf{M}(n)\log n + n\mathsf{M}(d)\log d)$ 回または $O^\sim(nd)$ 回と期待される．
  (ii) f, g についての EEA の単一行は $O(n\mathsf{M}(nd)\log(nd))$ 回または $O^\sim(n^2d)$ 回の F の演算によって計算できる．

整数についての Euclid アルゴリズム　　整数についても，桁上がりによる少しやっかいな点があるが，この方法はうまく働く．系 11.6 は整数についても正しい．ただし，計算量は体の演算数ではなく語演算数とする．次の結果は証明なしで述べる．

系 11.10　長さ n の整数 $m \in \mathbb{N}$ に対し，剰余類環 $\mathbb{Z}_m$ における 1 回の算術演算は，$O^\sim(n)$ 回の語演算によって実行されうる．より正確に，加算についての計算量は $O(n)$，乗算については $O(\mathsf{M}(n)\log n)$，逆元をとるのと除算はそれぞれ $O(\mathsf{M}(n)\log n)$ である．

次は系 11.9 の整係数多項式に対しての類似である．

系 11.11　$f, g \in \mathbb{Z}[x]$ を次数が高々 n で最大ノルムが高々 A であるものとする．
  (i) f と g の gcd は平均

  $$O(\mathsf{M}(n)\log n \cdot (n + \log A) \cdot \mathsf{M}(\log(n\log(nA))) \cdot \log\log(n\log(nA))$$
  $$+ n\mathsf{M}((n + \log A)\log(n\log(nA))) \cdot (\log n + \log\log A))$$

  回，あるいは $O^\sim(n^2 + n\log A)$ 回の語演算によって計算できる．
  (ii) f, g の EEA の単一行は

$$O(\mathsf{M}(n)\log n \cdot \mathsf{M}(n\log(nA)) \cdot \log(n\log(nA))) \text{ または } O^{\sim}(n^2 \log A)$$

回の語演算によって計算できる．

11.2 Euclid アルゴリズムによる部分終結式

6.10 節において，多項式に対する拡張 Euclid アルゴリズムの結果を部分終結式によっていかにして表すかを示した．ここでは問題を逆向きにする．部分終結式，特に終結式を Euclid アルゴリズムの結果から表すことができるか？ 答えはイエスである．

この節は，最初に読むときには飛ばしてもよい．この節の結果の主要な応用である，いわゆる部分終結式に関する基本定理の変種は，この章の高速 Euclid アルゴリズムを終結式に対しても働くようにするものである．そしてそれは 6.8 節，第 15, 22, 23 章にも現れる．

まず，1 回の除算ステップに対応する 2 つの部分終結式を関連づけることから始める．$\mathrm{Syl}(f,g)$ の k 番目の部分行列を，6.10 節のように $S_k(f,g)$ と書き，$\sigma_k(f,g) = \det S_k(f,g)$ とする．

補題 11.12 $f, g, r \in F[x]$ を次数がそれぞれ n, m, d であるモニック多項式とし，$n \geq m$ とする．零でない $\rho \in F$ によって $\rho r = f \text{ rem } g$ とし，$0 \leq k \leq d$ とする．このとき，

$$\sigma_k(f,g) = (-1)^{(n-k)(m-k)} \rho^{m-k} \sigma_k(g,r)$$

である．

証明 次数 $n-m$ の $q \in F[x]$ が存在して $f = qg + \rho r$ となる．f, g, q, r の係数をそれぞれ f_j, g_j, q_j, r_j と表して，これを

$$\begin{pmatrix} 1 \\ f_{n-1} \\ \vdots \\ \vdots \\ \vdots \\ \vdots \\ f_0 \end{pmatrix} - \underbrace{\begin{pmatrix} 1 & & & & \\ g_{m-1} & 1 & & & \\ \vdots & & \ddots & & \\ \vdots & & & 1 & \\ g_0 & & & \vdots & \\ & \ddots & & \vdots & \\ & & & & g_0 \end{pmatrix}}_{n-m+1} \begin{pmatrix} q_{n-m} \\ \vdots \\ \vdots \\ q_0 \end{pmatrix} = \begin{pmatrix} 0 \\ \vdots \\ \vdots \\ 0 \\ \rho r_d \\ \vdots \\ \rho r_0 \end{pmatrix} \quad (7)$$

の形に書き直す. 232 ページで定義した $S_k(f,g) \in F^{(n+m-2k)\times(n+m-2k)}$ の第 1 列は

$$(1, f_{n-1}, \ldots, f_{2k-m+1})^T \quad (8)$$

である. ここで, ^{T} は転置を表す. 式 (7) の左辺の第 2 項は, 長さ $n+m-2k$ まで, 必要に応じて 0 を付け加えるか切り落とすかすると $S_k(f,g)$ の適切な部分の列の線形結合である. よって列 $(0,\ldots,0,\rho r_d,\ldots,\rho r_{2k-m+1})^T$ は $S_k(f,g)$ の列の線形結合と列 (8) の和であり, $S_k(f,g)$ の列 (8) と行列式の値を変えることなくおきかえることができる. いつもの通り, 範囲を超えた部分の係数は 0 とおく.

同様に, $S_k(f,g)$ の f_j からなる他の各列も対応する ρr_j からなる列でおきかえる. 次に ρr_j からなる列を順序を変えずにその行列の右側へと移動させる. これにより行列式の符号を $(n-k)(m-k)$ 回変わる.

以上より

$\sigma_k(f,g) = \det S_k(f,g)$

$$= (-1)^{(n-k)(m-k)} \det \begin{pmatrix} 1 & & & & & & \\ g_{m-1} & \ddots & & \rho r_d & & & \\ \vdots & & 1 & \vdots & & \ddots & \\ \vdots & & & \vdots & \vdots & & \rho r_d \\ \vdots & & & \vdots & \vdots & & \vdots \\ g_{2k-n+1} & \cdots & g_k & \rho r_{2k-m+1} & \cdots & & \rho r_k \end{pmatrix}$$

$$\underbrace{\phantom{g_{2k-n+1} \cdots g_k}}_{n-k} \quad \underbrace{\phantom{\rho r_{2k-m+1} \cdots \rho r_k}}_{m-k}$$

となる．この行列を小行列に分解して

$$\begin{pmatrix} D & 0 \\ * & S_k(g, \rho r) \end{pmatrix}$$
$$\underbrace{}_{n-d} \underbrace{}_{m+d-2k}$$

と表す．ただし，D は対角成分が 1 の下三角 $(n-d) \times (n-d)$ 行列である．よって

$$\sigma_k(f, g) = (-1)^{(n-k)(m-k)} \sigma_k(g, \rho r) = (-1)^{(n-k)(m-k)} \rho^{m-k} \sigma_k(g, r)$$

を得る．□

次数列 $(n_0, \ldots, n_\ell)$ とはすべての i に対して $n_i = \deg r_i$ なるものであった．次の結果は，古典的 Euclid アルゴリズムによって定式化したとき，「部分終結式についての基本定理」として知られているものである．

定理 11.13 $f = \rho_0 r_0, g = \rho_1 r_1 \in F[x]$ をそれぞれ次数 n, m で $n \geq m$ とし，$\rho_0, \rho_1 \in F$ を零でなく，r_0, r_1 をモニックなるものとする．また，$0 \leq i \leq \ell$ に対し，n_i と ρ_i を Euclid アルゴリズム 3.6 の次数と「先頭の係数」とする．

(i) $0 \leq i \leq m$ に対し，(f, g) の k 部分終結式は

$$\sigma_k = \det S_k = \begin{cases} (-1)^{\tau_i} \rho_0^{m-n_i} \prod_{1 \leq j \leq i} \rho_j^{n_{j-1}-n_i} & \text{ある } i \leq \ell \text{ に対して} \\ & k = n_i \text{ のとき} \\ 0 & \text{それ以外} \end{cases}$$

ただし，$\tau_i = \sum_{1 \leq j \leq i}(n_{j-1} - n_j)(n_j - n_i)$ である．

(ii) 部分終結式は $1 \leq i < \ell$ に対して漸化式

$$\sigma_m = \rho_1^{n-m}$$
$$\sigma_{n_{i+1}} = (-1)^{(n_i - n_{i+1})(n - n_{i+1} + i + 1)} (\rho_0 \cdots \rho_{i+1})^{n_i - n_{i+1}} \sigma_{n_i}$$

を満たす．

証明 (i) 定理 6.48 より 2 番目の場合 σ_k は消える．よってある $i \leq \ell$ に対して $k = n_i$ であると仮定する．このような i は一意的であり，主張の表現は矛盾なく定義されている．

補題 11.12 を用いて $0 \leq h \leq i$ に対し h に関する帰納法により

$$\sigma_k(r_0, r_1) = \sigma_k(r_h, r_{h+1}) \prod_{1 \leq j \leq h} (-1)^{(n_{j-1}-k)(n_j-k)} \rho_{j+1}^{n_j - k}$$

が示される．$k = n_j$ および $h = i - 1$ の場合，$\sigma_{n_i}(r_{i-1}, r_i) = 1$ と $\sigma_k(f, g) = \rho_0^{m-k} \rho_1^{n-k} \sigma_k(r_0, r_1)$ とより主張が得られる．

(ii) は (i) から $\tau_{i+1} - \tau_i$ を 2 を法として計算することにより得られる．□

定理の内容を例によって説明しよう．

例 11.14 $f = x^3 + 2x^2 + 3x + 4$ と $g = 3x^2 + 2x + 1$ を $\mathbb{Q}[x]$ で考える．すると Euclid アルゴリズムにより $f = \rho_0 r_0 = 1 \cdot f$, $g = \rho_1 r_1 = 3(x^2 + \frac{2}{3}x + \frac{1}{3})$ から

$$r_0 = q_1 r_1 + \rho_2 r_2 = \left(x + \frac{4}{3}\right) r_1 + \frac{16}{9}(x + 2)$$
$$r_1 = q_2 r_2 + \rho_3 r_3 = \left(x - \frac{4}{3}\right) r_2 + 3 \cdot 1$$
$$r_2 = q_3 r_3 = (x + 2) r_3$$

と計算される．(f,g) の部分終結式は

$$\sigma_2 = \sigma_{n_1} = \det(3) = 3 = \rho_1$$

$$\sigma_1 = \sigma_{n_2} = \det \begin{pmatrix} 1 & 3 & 0 \\ 2 & 2 & 3 \\ 3 & 1 & 2 \end{pmatrix} = 16 = (-1)^{\tau_2} \rho_0 \rho_1^2 \rho_2$$

$$\sigma_0 = \sigma_{n_3} = \det \begin{pmatrix} 1 & 0 & 3 & 0 & 0 \\ 2 & 1 & 2 & 3 & 0 \\ 3 & 2 & 1 & 2 & 3 \\ 4 & 3 & 0 & 1 & 2 \\ 0 & 4 & 0 & 0 & 1 \end{pmatrix} = 256 = (-1)^{\tau_3} \rho_0^2 \rho_1^3 \rho_2^2 \rho_3$$

となる．◇

定理 11.5 より次が得られる．

系 11.15 $f, g \in F[x]$ を次数 $n = n_0 \geq n_1$ かつ $0 \leq k \leq n_1$ とする．すると (f, g) の $n_1 \geq j \geq (n-k)$ に対するすべての部分終結式 σ_j は高々 $(24\mathbf{M}(k) + O(k)) \log k$ 回の F の演算によって計算できる．

証明 アルゴリズム 11.4 を改変して，余計な計算量を要すことなく ρ_i も返すようにすることは容易である．定理 11.13 の (ii) の漸化式によって $\rho_0, \ldots, \rho_i$ の値とともに σ_{n-k} までの部分終結式を計算できる．これには $O(k)$ 回の新たな乗算を要し，定理 11.5 より主張が得られる．□

その重要性のゆえに，$n = k$ の場合を強調しておく．

系 11.16 $f, g \in F[x]$ を次数がそれぞれ n_0, n_1 で $n = n_0 \geq n_1$ なるものとする．$n_2, \ldots, n_\ell$ を (f, g) に対する Euclid アルゴリズムにおける余りの次数と

11.2 Euclid アルゴリズムによる部分終結式

し，$\rho_0, \ldots, \rho_\ell$ をそれらの「先頭の係数」とする．

もし $\deg \gcd(f, g) \geq 1$ ならば，$\mathrm{res}(f, g) = 0$ である．それ以外は

$$\mathrm{res}(f, g) = (-1)^\tau \rho_0^{n_1} \prod_{1 \leq j \leq \ell} \rho_j^{n_{j-1}}$$

となる．ただし，$\tau = \sum_{1 \leq j < \ell} n_{j-1} n_j$ である．この終結式は $(24\mathbf{M}(n) + O(n)) \log n$ より多くの F の演算を要することなく計算できる．

系 11.15 は，実際はすべての部分終結式が同じ計算時間の上界以内で計算できることを示している．このことにより，以下のように 6.11 節のモジュラ EEA アルゴリズムにおける有理数再構成 (または Cauchy 補間法) をおきかえられる．EEA の第 i 行 r_i, s_i, t_i の，すべての「ラッキーな」素数に対するモジュラ類と部分終結式のモジュラ類を掛け合わせて $\sigma_{n_i} r_i, \sigma_{n_i} s_i, \sigma_{n_i} t_i$ を再構成する．これらは，すべての i に対して高速中国剰余アルゴリズム (または高速補間法) により整数 (または多項式) 係数である．

系 11.17 次数が高々 n で最大ノルムが高々 A であるような 2 つの多項式 $f, g \in \mathbb{Z}[x]$ のすべての部分終結式は $O(\mathbf{M}(n) \log n \cdot \mathbf{M}(n \log(nA)) \log(n \log(nA)))$ または $O^\sim(n^2 \log A)$ 回の語演算によって計算できる．

証明 6.11 節の小素数モジュラ EEA を改変して，各小素数を法としたすべての部分終結式も，高速 Euclid アルゴリズムによる値 ρ_i を用いて計算するようにする．そして中国剰余によりそれらのモジュラ類から部分終結式を得る．系 11.15 により付け加わった計算量は無視でき，系 11.11 より主張を得る．□

次の 2 変数多項式についての結果の証明も同様である．

系 11.18 F を体とし，x に関する次数が高々 n で y に関する次数が高々

d であるような 2 つの多項式 $f, g \in F[y][x]$ のすべての部分終結式は,
$O(n\mathsf{M}(nd)\log(nd))$ または $O^\sim(n^2 d)$ 回の F の算術演算によって計算できる.

部分終結式すべての係数の個数は約 $n^2 d$ 個であり, 少なくとも生成的な意味では上の結果は——対数倍を除いて——最適である. しかしながら, もしある特定の部分終結式, たとえば終結式のみに関心がある場合はもはや最適とはいえない. そして $O^\sim(nd)$ アルゴリズムが存在するかどうかは明らかではない. 整数の場合についても同様の注意が当てはまる.

注解

11.1 高速 gcd のアイデアは Lehmer (1938) による. それより後の仕事としては Knuth (1970), Schönhage (1971), Moenck (1973), Aho, Hopcroft & Ullman (1974), §8.9, Schwartz (1980), Brent, Gustavson & Yun (1980), および Strassen (1983); 最初の 3 つの論文は実際は整数を扱っている. Brent, Gustavson & Yun は彼らのアルゴリズムを, Padé 近似を計算し, Toeplitz (または Hankel) 連立 1 次方程式を解くために適用した. そして 2 つの問題は同値であることを示した. 彼らはまた Aho, Hopcroft & Ullman の "HGCD" アルゴリズムは, すべての商の次数が 1 であるとは限らない非正規の場合には常に正しい結果を返すとは限らないことを示した. 「一致」の概念およびその記法は Strassen の論文からとった. Pan (1997) は Padé 近似と BCH 符号の復号に対する (場合によっては) より速い計算を与えた.

11.2 終結式に対する補題 11.12 は Gordan (1885), §145 と Haskell (1891/92) にある. 古典的 Euclid アルゴリズムおよび Sturm の変種 (練習問題 4.32) にあるように, $|\rho| = 1$ のとき, 隣り合った成分の (部分) 終結式は符号を除いて等しい. 部分終結式についての基本定理は Collins (1967) および Brown & Traub (1971) にある. 我々の扱いのためには, 第 6 章の結果に先を譲る. 練習問題 11.8 は補題 11.12 の特別な場合 $k = 0$ の簡単な証明を与える.

Lickteig & Roy (1996, 2001) および Reischert (1997) は $\mathbb{Z}[x]$ または $F[x]$ の多項式の終結式の計算のためのモジュラでないアルゴリズムを与え, 実行時間の評価をした. それは——対数倍を除いて——系 11.17 および 11.18 の上界の範囲である.

練習問題

11.1 環 R および各 $k \in \mathbb{N}$ に対して,「k まで一致する」は $(R[x]\setminus\{0\})^2$ 上の同値

関係であることを示せ.

11.2 F を FFT を提供する体とする. 本文中で F 上の次数 n 未満の 1 変数多項式についての以下の 6 つの問題に対する高速 $O(n \log n)$ および $O(n \log^2 n)$ アルゴリズムをそれぞれ与えた. 乗算, 余りを伴う除算, x^n を法とする逆元をとる演算, n 点評価, n 点における補間法, および最大公約元. これらの各問題について, 高々 20 語からなる 1 つの文によって, その問題に対するアルゴリズムがどのように FFT および他の問題のアルゴリズムに依存しているかを述べよ. また, その「依存性」についてどのような方法を用いているかを述べよ.

11.3 F を体, $k \in \mathbb{N}$ とし, $f, g, f^*, g^* \in F[x]$ を零でないとする. 以下の補題 11.1 の「逆」を証明するかまたは反例をあげよ. $g \upharpoonright k = g^* \upharpoonright k$ かつ f quo $g = f^*$ quo g^* の次数が k であるならば, $f \upharpoonright 2k = f^* \upharpoonright 2k$ が成り立つ.

11.4 F を体, $f \in F[x]$ を次数 n, および $m_1, \ldots, m_r \in F[x]$ を $\sum_{1 \le i \le r} \deg m_i \le n$ なるものとする. $\gcd(f, m_1), \ldots, \gcd(f, m_r)$ は $O(\mathsf{M}(n) \log n)$ 回の F の演算によって計算できることを示せ. ヒント: 系 10.17.

11.5* $F = \mathbb{Q}$ とする. 高速 Euclid アルゴリズム 11.4 を改変して原始剰余 $r_i^* \in \mathbb{Z}[x]$ (6.12 節を見よ) について働くようにせよ. 入力は原始多項式であると仮定してよい. また, 出力 $Q_h^* \cdots Q_1^*$ は, すべての i に対し $Q_i^* \in F[x]^{2 \times 2}$ が $Q_i^* \begin{pmatrix} r_{i-1}^* \\ r_i^* \end{pmatrix} = \begin{pmatrix} r_i^* \\ r_{i+1}^* \end{pmatrix}$ なるものとせよ. ヒント: 練習問題 6.53.

11.6 この練習問題では, FFT 乗算を用いることによって, いかにして高速 Euclid アルゴリズム 11.4 の速度を上げることができるかを示す. F を FFT を提供する体とする. ステップ 9 の $SQ_j R$ の成分の次数は高々 $n_0 - n_h \le k$ であり, k を超える最小の 2 のべき $\kappa \in \mathbb{N}$ について $x^\kappa - 1$ を法としてすべてを計算すれば十分であることはわかっている. このとき, 行列の積は S, Q_j, R のすべての成分を 1 の原始 κ 乗根において評価し, 各点ごとに行列を掛け合わせ, そして補間して結果を得ることにより計算できる. κ 点 FFT の計算回数を数え, すべての多項式の積を別々に計算する通常のやり方の κ 点 FFT の計算回数と比較せよ.

11.7* 高速 Euclid アルゴリズム 11.4 の変種で, さらに 2 つの余り $\begin{pmatrix} r_h \\ r_{h+1} \end{pmatrix} = R_h \begin{pmatrix} r_0 \\ r_1 \end{pmatrix}$ も出力するものを解析する. $n_0 \le 2k$ かつ次数列は正規と仮定してよい. 改変アルゴリズムの計算量は高々 $(10\mathsf{M}(k) + O(k)) \log k$ 回の体演算であることを示せ. ヒント: ステップ 4 において r_{j-1} と r_j を得るためには, r_0, r_1 の「低次部分」

r_0^*, r_1^{last} について $R\begin{pmatrix} r_0^* \\ r_1^* \end{pmatrix}$ を計算しさえすればよい.また,ステップ9において
も同様の計算により r_h, r_{h+1} が得られる.例 11.2 のデータについてそのアルゴリズ
ムを実行せよ.

11.8 練習問題 6.12 を用いた,$k=0$ に対する補題 11.12 の別証明を与えよ.

11.9 F を体とし,$n, e_1, \ldots, e_d \in \mathbb{N}$ を $e_1 > \cdots > e_d$ かつ $e_1 + \cdots + e_d \leq n$ なる
ものとする.

(i) $f, g \in F[x]$ を次数が高々 n なるものとし,$e_1, \ldots, e_d$ が f, g の EEA の次数列に
現れるとする.このとき,これら次数 $e_1, \ldots, e_d$ の余りは F の $O(\mathbf{M}(n)\log n)$ の算術
演算によって計算できることを示せ.

(ii) $f, g \in \mathbb{F}[y][x]$ を x に関する次数が高々 n で y に関する次数が高々 d であるも
のとする.さらに $\sharp F \geq (6n+3)d$ かつ $e_1, \ldots, e_d$ が $F[y][x]$ における f と g の EEA
の次数列に現れると仮定する.このとき,x に関する次数 $e_1, \ldots, e_d$ の余りは F の
$O(n\mathbf{M}(nd)\log nd)$ の算術演算によって計算できることを示せ.

研究問題

11.10 気に入った高速 Euclid アルゴリズムが $(c\mathbf{M}(k) + O(k))\log k$ 時間で動作す
るような最小定数 $c \leq 24$ を決定せよ.

11.11 x に関する次数が高々 n で y に関する次数が高々 d である 2 つの多項式
$f, g \in F[x, y]$ の終結式を計算するアルゴリズムで体 F の $O^\sim(nd)$ 回の演算を要する
ものを見出しうるか?

11.12 この本で議論した問題についての大きな例に対する高速アルゴリズムを入
念に実装せよ.

Общеизвестно, что задача обращения матриц [...] является одной из центральных и трудных задач теории матриц. [...] К сожалению, несмотря на обширную литературу, посвящённую этому вопросу, проблема во многих её аспектах требует дальнейшего углублённого исследования.
Iosif Semenovich Iohvidov (1974)

For what is the theory of determinants? It is an algebra upon algebra; a calculus which enables us to combine and foretell the results of algebraical operations, in the same way as algebra itself enables us to dispense with the performance of the special operations of arithmetic. All analysis must ultimately clothe itself under this form.
James Joseph Sylvester (1851)

Lorsqu'il n'est pas en notre pouvoir de discerner les plus vraies opinions, nous devons suivre les plus probables.
René Descartes (1637)

12
高速線形代数

 行列の乗算，行列式の計算または連立 1 次方程式の解法といった線形代数における問題の「古典的」アルゴリズムはすべて，サイズが $n \times n$ の入力に対し $O(n^3)$ の算術演算を要する．この章ではこれを改善する 2 つの全く異なる取り組みについて議論する．第一のものは一般的な方法で，最も強力なものは $O(n^{2.376})$ 演算まで落とせるが，その実用性は制限がある．第二のものは線形代数の根本的に異なるモデルを用いる．行列を書き下す (「明示的線形代数」) かわりに行列のあるベクトルでの値を評価する (高速な) 仕掛けを用いる (「ブラックボックス線形代数」)．これは特別なクラスの行列にしか有効に適用できないが，具体的な多くの問題がこのカテゴリーに属している．それらは Sylvester, Vandermonde および Toeplitz 行列，Berlekamp の多項式因数分解アルゴリズム 14.31 の Berlekamp 行列，そして整数の因数分解アルゴリズム (アルゴリズム 19.12) の $\mathbb{F}_2$ 上の大きな疎行列があげられる．

12.1 Strassen の行列乗算

 R を環とし，$A, B \in R^{n \times n}$ を 2 つの正方行列とする．積行列 AB を行と列の n^2 個の積を計算することによって計算する古典的アルゴリズムは，R の n^3 回の乗算と $n^3 - n^2$ 回の加算を用いる．第 8 章で，通常の明らかな方法によるよりも速く計算できることを見てきたことから，何か同様の方法を行列の乗算にも適用できないかが自然に問題となる．

 Karatsuba の多項式と整数の乗算アルゴリズムの数年後に，Strassen (1969) がそのようなアルゴリズムを発見した．入力の行列を 4 つの $n/2 \times n/2$ 行列に

分割し，AB の計算を $n/2 \times n/2$ 行列の 7 回の乗算と 18 回の加算に還元する．古典的アルゴリズムの場合は 8 回の乗算と 4 回の加算である．多項式の場合と同じように，乗算は再帰的に処理され，(計算量の観点から) 1 回の乗算の節約と 14 回の (安価な) 加算という出費の漸近的にはより少ない実行時間 $O(n^{\log_2 7})$ 回の R の演算となる．ここで，指数は $\log_2 7 = 2.807354922\ldots$ である．

ここでは少し異なったバージョンで，7 回の $n/2 \times n/2$ 行列の乗算と 15 回の加算のみを用いるものを述べる．

アルゴリズム 12.1　行列乗算

入力：$A, B \in R^{n \times n}$ ただし，R は環である $k \in \mathbb{N}$ について $n = 2^k$ とする．
出力：積行列 $AB \in R^{n \times n}$．

1. **if** $n = 1$ **then** $A = (a), B = (b)$ $(a, b \in R)$ に対し **return** (ab) を返す
2. $A = \begin{pmatrix} A_{11} & A_{12} \\ A_{21} & A_{22} \end{pmatrix}, B = \begin{pmatrix} B_{11} & B_{12} \\ B_{21} & B_{22} \end{pmatrix}$,
   ただし $A_{ij}, B_{ij} \in R^{(n/2) \times (n/2)}$ と書く
3. $S_1 \longleftarrow A_{21} + A_{22}, \quad T_1 \longleftarrow B_{12} - B_{11}$
   $S_2 \longleftarrow S_1 - A_{11}, \quad T_2 \longleftarrow B_{22} - T_1$
   $S_3 \longleftarrow A_{11} - A_{21}, \quad T_3 \longleftarrow B_{22} - B_{12}$
   $S_4 \longleftarrow A_{12} - S_2, \quad T_4 \longleftarrow T_2 - B_{21}$
4. **call** アルゴリズムを再帰的に呼び出して

$$\begin{aligned} P_1 &= A_{11} B_{11}, & P_5 &= S_1 T_1, \\ P_2 &= A_{12} B_{21}, & P_6 &= S_2 T_2, \\ P_3 &= S_4 B_{22}, & P_7 &= S_3 T_3. \\ P_4 &= A_{22} T_4, \end{aligned}$$

5. $U_1 \longleftarrow P_1 + P_2, \quad U_5 \longleftarrow U_4 + P_3$
   $U_2 \longleftarrow P_1 + P_6, \quad U_6 \longleftarrow U_3 - P_4$
   $U_3 \longleftarrow U_2 + P_7, \quad U_7 \longleftarrow U_3 + P_5$
   $U_4 \longleftarrow U_2 + P_5$

6. return $\begin{pmatrix} U_1 & U_5 \\ U_6 & U_7 \end{pmatrix}$

定理 12.2 アルゴリズム 12.1 は正しく積行列を計算し，R における高々 $6n^{\log_2 7}$ 回の加算と乗算を用いる．任意の $n \in \mathbb{N}$ に対して $n \times n$ 行列の積は $42n^{\log_2 7} \in O(n^{\log_2 7})$ 回の環演算によって計算できる．

証明 正当性は練習問題 12.1 とする．$n = 2^k \in \mathbb{N}$ に対して，アルゴリズムがサイズ $n \times n$ の入力に対し実行する算術演算の数を $T(n)$ と表す．すると $T(1) = 1$ かつ $k \geq 1$ に対し $T(2^k) = 15 \cdot 2^{2k-2} + 7T(2^{k-1})$ であり，補題 8.2 により最初の主張が得られる．任意の n に対しては，入力の行列に零を付け加えてサイズを 2 のべきにするため，次元が高々倍になる． □

Strassen (1969) の発見は高速アルゴリズム発展の出発の合図であった．準 2 次的整数乗算アルゴリズムがしばらくの間いろいろ使われた (8.1 節) のだが，行列の積のための「普通の明らかな」3 次のアルゴリズムがより改善できることが認識されたのは驚きであった．そしてそれはこの発展をトップギアに入れ，直後の 5 年間にこの本の第 II 部で議論しているほとんどすべての高速アルゴリズムについてのアイデアを触発した．

もっと技術的なレベルでは，Strassen の結果は研究の 3 つの流れを産み出した．
- より高速な行列の乗算
- 線形代数からの他の問題
- 双線形計算量

体 F に対して，数 $\omega \in \mathbb{R}$ が **実行可能行列乗算指数** であるとは，F 上の 2 つの $n \times n$ 行列が $O(n^\omega)$ 回の F の演算で掛け合わせられることをいう．古典的アルゴリズムは $\omega = 3$ が実行可能であることを示しているが Strassen のアルゴリズムは $\omega = \log_2 7$ が実行可能であることを示している．(F についての) **行列**

乗算指数 μ とはすべての実行可能なものの下限である．よってすべての実行可能な ω に対して

$$2 \leq \mu \leq \omega$$

である．この μ は標数が同じすべての体に対して同じであり，いままでに発見されたすべての実行可能指数はすべての体についてうまく働く．

知られている最小指数についての魅惑的な歴史は注解 12.1 にある．現在の世界記録は $\omega < 2.376$ である．$\mu = 2$ であると予想するのが自然であると思われるが，現在これが正しいかどうかを証明するための期待の持てる方法は見当たらない．

これらのアルゴリズムはどの程度実用的であろうか？ Bailey, Lee & Simon (1990) は「Strassen のアルゴリズムについての交差点を見きわめる [...] 不幸な神話」について嘆いている．そして，Sun–4 については「16×16 くらい小さい行列に対しても Strassen が速い．Cray システムについては交差点はほぼ 128 である」ことを示している．彼らは「Strassen のアルゴリズムは実用的なサイズの線形代数の計算を加速するために実際に用いることができる」と結論づけている．高速行列乗算の Cray のライブラリの実装 (SGEMMS) のほかにも，もう1つ，IBM 3090 マシンの ESSL ライブラリがある．Higham (1990) は「高速行列乗算についての Strassen の方法，いまやひとたび行列のサイズがだいたい 100 を超えれば実用的に有用な技術であることが認識されている」を用いる FORTRAN 77 ルーチン (レベル 3 BLAS) セットについて報告している．これらすべての実験において，係数は固定精度の浮動小数点である．

Strassen のアルゴリズムを探求するより先の道の1つは，データアクセスを行う再帰的分割についてであり，古典的乗算とは本質的に異なるものである，この方法は，階層的メモリ構造を持つマシンや大きな行列を2次的メモリに格納する場合に，データ転送 (ページング) 時間を短縮できる可能性のために魅力的である．

線形代数の計算に関する次の問題としては逆行列の計算，行列式の計算，特性多項式，または行列の LR 分解，そして $F = \mathbb{C}$ に対し，QR 分解と上三角 Hessenberg 形式へのユニタリ変換などがあげられる．これらのすべての問題

の漸近的計算量は (定数倍を除いて) 行列乗算と同じであることがわかる．どれか1つの高速アルゴリズムからただちに他のすべての高速アルゴリズムが得られるのである．

連立1次方程式を解くための指数 η は，すべての実行可能指数 ω に対して $\eta \leq \omega$ を満たす．$\eta = \mu$ であるかどうかは知られていない．

Strassen の躍進的発見の最も重要な帰結は「双線形計算量理論」であった．それは，ちょうど，2つの行列 (または多項式) の積の成分 (または係数) のように，2つの変数の集合にそれぞれ線形に依存する関数についてのよい，あるいは最適のアルゴリズムに関する理論である．Bürgisser, Clausen & Shokrollahi (1997) はこの理論，それは「代数的計算量理論」の一部であるが，その成果を詳細に論じている．

12.2 応用：多項式の高速モジュラ合成

ここで，高速行列乗算の応用として，多項式の**モジュラ合成**の高速アルゴリズムを論じる．問題は，R を (可換) 環とし，$f, g, h \in R[x]$ を $\deg h < \deg f = n$ であって，$f \neq 0$ はモニックなるものが与えられたとき，$g(h)$ rem f を計算する，すなわち，g と h の合成の f を法とする剰余を計算することである．Horner 法を用いて，これは f を法とする高々 n 回の乗算と加算によって行うことができ，計算量は R の $O(n\mathbf{M}(n))$ 回の演算である．驚くべきことに，高速多項式算術を用いるだけでなく，高速行列算術も用いれば，より速く行える．

アルゴリズム 12.3　高速モジュラ合成

入力：$f, g, h \in R[x]$ で $\deg g, \deg h < \deg f = n$ かつ $f \neq 0$ はモニックなるもの．

出力：$g(h)$ rem $f \in R[x]$．

1. $m \longleftarrow \lceil n^{1/2} \rceil$
   $g = \sum_{0 \leq i < m} g_i x^{mi}$，ただし $g_0, \ldots, g_{m-1} \in R[x]$ を次数 m 未満，と表す

2. **for** $i = 2, \ldots, m$ に対し，h^i rem f を計算する
3. $A \in R^{m \times n}$ を行がそれぞれ $1, h$ rem f, h^2 rem $f, \ldots, h^{m-1}$ rem f の係数である行列，$B \in R^{m \times m}$ を行がそれぞれ $g_0, g_1, \ldots, g_{m-1}$ の係数である行列とし，サイズ $m \times m$ の $\lceil n/m \rceil \leq m$ 回の行列乗算により $BA \in R^{m \times n}$ を計算する
4. **for** $i = 0, \ldots, m$ **do**
   $r_i \in R[x]$ を BA の第 i 行を係数とする多項式，$b = \sum_{0 \leq i < m} r_i \cdot (h^m)^i$ rem f を Horner 法によって計算する
5. **return** b

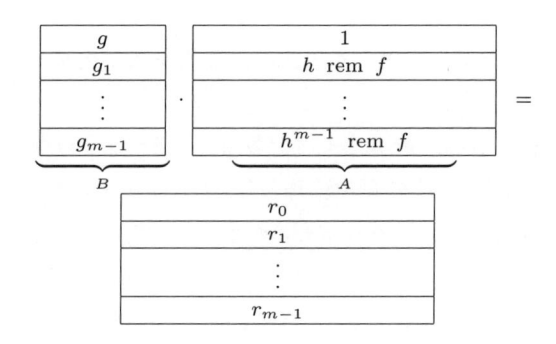

図 **12.1** モジュラ合成アルゴリズム 12.3 における行列の積

定理 12.4 アルゴリズム 12.3 は正しく計算し，高々 $\lceil n^{1/2} \rceil$ 回の行列乗算と $6n^{1/2}(\mathsf{M}(n) + O(n))$ 回以下の R の加算を用いる．

証明 $i < m$ とし，$g_i = \sum_{0 \leq j < m} g_{ij} x^j$ をすべて $g_{ij} \in R$ なるものとする．このとき，$r_i = \sum_{0 \leq j < m} g_{ij} \cdot (h^j$ rem $f) = g_i(h)$ rem f (図 12.1 を見よ) であり，

$$b \equiv \sum_{0 \leq i < m} r_i \cdot (h^m)^i \equiv \sum_{0 \leq i < m} g_i(h) \cdot h^{mi} = g(h) \bmod f$$

である.

ステップ 2 の計算量は f を法とする $m-1$ 回の乗算である. 高速除算アルゴリズムにより計算量 $3\mathsf{M}(n) + O(n)$ で $\mathrm{rev}_n(f)^{-1} \bmod x^n$ を事前計算しておくと, 系 9.7 とそれに続く議論によりステップ 2 は $3n^{1/2}\mathsf{M}(n) + O(n^{3/2})$ 回の環演算を要する. ステップ 3 は $m \times m$ 行列の対の約 m 個の積を計算することにより行われる. 最後にステップ 4 は h を法とする高々 m 回の乗算と加算を用い, ステップ 2 とほぼ同じ計算量を要する. □

$\mathsf{M}(n) \in O(n \log n \log \log n)$ および $\omega < 2.376$ ととれば, 次が得られる.

系 12.5 3 つの多項式 $f, g, h \in R[x]$ で $\deg g, \deg h < \deg f = n$ かつ $f \neq 0$ はモニックなるものに対するモジュラ合成 $g(h) \mathrm{\ rem\ } f$ は R の $O(n^{1.688})$ 回の演算を用いて計算できる.

12.3 線形再帰点列

この節と次の節において, **ブラックボックス線形代数**と呼ばれる, 連立 1 次方程式を解くための新しい方法を導入する. 問題は, 体 F 上の与えられた行列 $A \in F^{n \times m}$ とベクトル $b \in F^n$ に対して, 方程式 $Ay = b$ の 1 つの (またはすべての) 解を見出すことである. 線形代数の基礎より, Gauß の消去法によって $O(\max\{n, m\}^3)$ 回の F の演算で解くことができるのがわかる (25.5 節). 多項式の因数分解 (14.8 節) や整数の因数分解 (19.5 節) などの応用において, 係数行列が特別の形, たとえば, 疎であるような連立 1 次方程式を解かなければならない. Wiedemann (1986) は疎行列に対しては Gauß の消去法よりも漸近的に速いアルゴリズムを提示した. Kaltofen & Saunders (1991) は Wiedemann のアルゴリズムの変種でより一般的なものを与えた. それは特に非常に大きなクラスの行列, すなわち, 任意のベクトルとの乗算の計算量がより少ないアルゴ

リズムである.正方行列 $A \in F^{n \times n}$ は成分の $n \times n$ の配列として与えられるのではなく,A を評価するブラックボックス,すなわち,入力ベクトル $v \in F^n$ に対して $Av \in F^n$ を返す手続きによって与えられる.$c(A)$ で 1 つのベクトルについて A を評価するのに必要な算術計算量を表す.すると,Wiedemann のアルゴリズムの Kaltofen & Saunders 版の計算量は本質的に $O(n \cdot c(A))$ である.もし A が任意で Av を計算するために古典的アルゴリズムを用いれば,$c(A)$ は約 $2n^2$ であり,Wiedemann のアルゴリズムによっても Gauß の消去法より漸近的に得をすることはない.しかし,A が $c(A) \in o(n^2)$ なる特別なものの場合には漸近的に得をする.表 12.2 はいくつかの重要な行列のクラスについての評価計算量を集めてある.

表 12.2 いくつかの行列のクラスについての評価計算量

行列のクラス	$c(A)$
一般	$2n^2 - n$
Sylvester 行列	$O(\mathbf{M}(n))$
DFT$_\omega$, ω は 1 の 2^k 乗根	$O(n \log n)$
Vandermonde 行列	$O(\mathbf{M}(n) \log n)$
$\mathbb{F}_q$ 上の Berlekamp 行列	$O(\mathbf{M}(n) \log n)$
疎,非零成分数 $\leq s$	$\leq 2s$
ランダム平方整数因数分解	$O(n \log^2 n)$

「小さい」評価計算量の行列に対しては「高速」行列乗算が得られ,任意の (具体的に与えられた) $n \times n$ 行列との積が $n \cdot c(A)$ 算術演算によって計算できる.「転置原理」(注解 12.3 を見よ) とは,評価計算量については,ベクトルを右から掛けるか左から掛けるか,または元の行列を考えるかその転置行列を考えるかは関係ないことをいう.

アルゴリズムを示す前に,線形再帰点列に関するいくつかの事実を必要とする.F を体とし,$V \neq \{0\}$ を F 上のベクトル空間とする.すると,$V^\mathbb{N}$ は $a_i \in V$ なる無限点列 $(a_i)_{i \in \mathbb{N}}$ のなす (無限次元) ベクトル空間となる.

定義 12.6 点列 $a = (a_i)_{i \in \mathbb{N}} \in V^\mathbb{N}$ が **(F 上) 線形再帰的**であるとは,$n \in \mathbb{N}$ と $f_0, \ldots, f_n \in F$ で $f_n \neq 0$ なるものが存在して,すべての $i \in \mathbb{N}$ に対して

$$\sum_{0\le j\le n} f_j a_{i+j} = f_n a_{i+n} \cdots + f_1 a_{i+1} + f_0 a_i = 0$$

となることである．次数 n の多項式 $f = \sum_{0\le j\le n} f_j x^j \in F[x]$ を a の**特性多項式** (または零化多項式，または生成多項式) と呼ぶ．

例 12.7 (i) $V = F$, すべての $i \in \mathbb{N}$ に対し $a_i = 0$ とする．この点列は線形再帰的であって，任意の零でない多項式 f は特性多項式である．

(ii) $V = F = \mathbb{Q}$, $a_0 = 0$, $a_1 = 1$, すべての $j \geq 2$ に対し $a_{i+2} = a_{i+1} + a_i$ とする．このとき，$a = (a_i)_{i\geq 0}$ は **Fibonacci 数列**であり，$f = x^2 - x - 1$ が a の特性多項式である．

(iii) $V = F^{n\times n}$ とし，$A \in F^{n\times n}$ を任意とする．すると $a = (A^i)_{i\geq 0}$ は線形再帰的であり，Cayley–Hamilton の定理 (25.2 節) により特性多項式 $\chi_A \in F[x]$ は a の特性多項式である．

(iv) $V = F^n$, $A \in F^{n\times n}$ および $b \in F^n$ を任意とする．すると $a = (A^i b)_{i\in\mathbb{N}}$ は線形再帰的であり，$(A^i)_{i\in\mathbb{N}}$ の任意の特性多項式はまた a も零にする．a の成分で張られる F^n の部分空間を $\boldsymbol{A}$ と $\boldsymbol{b}$ の **Krylov 部分空間**と呼ぶ．

(v) $V = F$, $A \in F^{n\times n}$, $b, u \in F^n$ を任意とする．すると $a = (u^T A^i b)_{i\in\mathbb{N}}$ は線形再帰的であり，$(A^i b)_{i\in\mathbb{N}}$ の任意の特性多項式はまた a も零化する．

(vi) 次は上の 2 つの例を一般化したものである．V と W が F 上のベクトル空間であるとし，$\varphi : V \to W$ を F 線形とする．$a = (a_i)_{i\in\mathbb{N}} \in V^{\mathbb{N}}$ が線形再帰的であって，その特性多項式が $f \in F[x]$ であるとするならば，$\varphi(a) = (\varphi(a_i))_{i\in\mathbb{N}} \in W^{\mathbb{N}}$ も線形再帰的であって，f はその特性多項式となる．$\diamondsuit$

線形再帰的点列 $a = (a_i)_{i\in\mathbb{N}} \in V^{\mathbb{N}}$ で次数 n の特性多項式 $f = \sum_{0\le j\le n} f_j x^j \in F[x]$ を持つものは，最初の n 個の値 $a_0, \ldots, a_{n-1}$ によって完全に定まる．a の第 i 項は，i にはよらず，F の n 個の要素の空間で，**線形フィードバックシフトレジスタ** (図 12.3 を見よ) を用いて線形時間で計算可能である．線形フィードバックシフトレジスタは n 個の引き続いた a の成分 $a_i, \ldots, a_{i+n-1}$ を保持する n 個のシフトレジスタ，f_j を掛けるための n 個のゲート，および $n+1$ 個の加算ゲートからなる．シフトレジスタは外部時計により統制される．i 番目

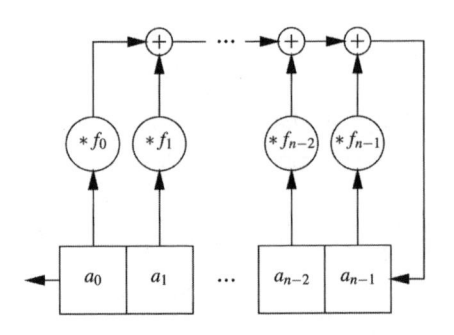

図 12.3 特性多項式 $F = x^n - f_{n-1}x^{n-1} - f_{n-2}x^{n-2} - \cdots - f_1 x - f_0$ を持つ点列 $a = (a_i)_{i \in \mathbb{N}}$ についての線形フィードバックシフトレジスタの初期状態

の時計の刻みにおいて，シフトレジスタ成分は 1 つ左にシフトされ最左成分 a_i は出力される．点列の次の成分 $a_{i+n} = \sum_{0 \leq j < n} f_j a_{i+j}$ が算術ゲートからなる回路の部分によって計算され，シフトレジスタの最右部に入れられる．初期状態では，シフトレジスタには $a_0, \ldots, a_{n-1}$ が格納される．

点列の多項式による乗算を定義しておくと便利である．$f = \sum_{0 \leq j \leq n} f_j x^j \in F[x]$ と $a = (a_i)_{i \in \mathbb{N}} \in V^{\mathbb{N}}$ に対して

$$f \bullet a = \left(\sum_{0 \leq j \leq n} f_j a_{i+j} \right)_{i \in \mathbb{N}} \in V^{\mathbb{N}}$$

とおく．定数 $f \in F$ に対しては通常の積となっており，不定元 x はシフト作用素として働く．

$$x \bullet a = (a_{i+1})_{i \in \mathbb{N}}$$

以上より，$V^{\mathbb{N}}$ は $\bullet$ により $F[x]$ 加群となる．加群とはベクトル空間と似たもので，違いは「スカラー」が体ではなく任意のある (可換) 環の要素であることのみである．特に，$\bullet$ は任意の $f, g \in F[x]$ および $a, b \in V^{\mathbb{N}}$ に対して以下の性質を満たす．

$$f \bullet (a + b) = f \bullet a + f \bullet b \qquad (1)$$

$$f \bullet 0 = 0 \qquad (2)$$

12.3 線形再帰点列

$$(f+g) \bullet a = f \bullet a + g \bullet a \tag{3}$$

$$(fg) \bullet a = f \bullet (g \bullet a) = g \bullet (f \bullet a) \tag{4}$$

$$0 \bullet a = \mathbf{0} \tag{5}$$

$$1 \bullet a = a \tag{6}$$

ここで, $\mathbf{0} = (0)_{i \in \mathbb{N}}$ は零点列である. 証明は練習問題 12.5 とする. たとえば, すべての可換群 G は $a \in G$ と $f \in \mathbb{Z}$ に対して $f \bullet a = a^f$ とおくことにより $\mathbb{Z}$ 加群となる.

特性多項式であるという性質を演算 $\bullet$ の言葉で表すことができる. $f \in F[x] \backslash \{0\}$ が $a \in V^\mathbb{N}$ の特性多項式であるための必要十分条件は $f \bullet a = \mathbf{0}$ である. 点列 $a \in V^\mathbb{N}$ のすべての特性多項式と零多項式のなす集合は $F[x]$ のイデアルとなる. 性質 (2), (3), および (4) により, もし f, g が特性多項式であるかまたは零多項式であるならば $f + g$ も特性多項式 (または零多項式) であり, もし $r \in F[x]$ が任意の多項式ならば rf は零多項式であるかまたは特性多項式である. このイデアルを a の零化イデアルと呼び, $\mathrm{Ann}(a)$ と表す. $F[x]$ の任意のイデアルは 1 つの多項式によって生成される (25.3 節) ので, $\mathrm{Ann}(a) = \{0\}$ であるかまたは $\langle m \rangle = \{rm : r \in F[x]\} = \mathrm{Ann}(a)$ となる最小次数のモニック $m \in \mathrm{Ann}(n)$ がただ 1 つ存在する. この多項式を a の最小多項式と呼ぶ. a の最小多項式は a の他のすべての特性多項式を割り切る. a の最小多項式を m_a と表す. もし a が線形再帰的でないならば $\mathrm{Ann}(n) = \{0\}$ であり, $m_a = 0$ とおく. m_a の次数を a の再帰位数と呼ぶ. 要約すると, 以下のように $f \in F[x]$ と $a \in V^\mathbb{N}$ との同値が得られた.

$$f = 0 \text{ または } f \text{ は } a \text{ の特性多項式} \iff f \bullet a = \mathbf{0}$$
$$\iff f \in \mathrm{Ann}(a) \iff m_a | f$$
$$a \in V^\mathbb{N} \text{ が線形再帰的} \iff \exists f \in F[x] \backslash \{0\} \quad f \bullet a = \mathbf{0}$$
$$\iff \mathrm{Ann}(a) \neq \{0\} \iff m_a \neq 0$$

例 12.7 (続き)

(i) 性質 (2) により任意の多項式は零点列を零化する. よって $\mathrm{Ann}(\mathbf{0}) = F[x]$

かつ $m_0 = 1$ である.

(ii) Fibonacci 数列の最小多項式は $m_a = x^2 - x - 1$ である. これはこの多項式が $\mathbb{Q}$ 上既約 (その根 $(1 \pm \sqrt{5})/2$ が無理数) だからであり, よって m_a の真の因子で a を零化するものはない (1 は明らかに零化しない).

(iii) 行列 A の最小多項式は点列 $(A^i)_{i \in \mathbb{N}}$ の最小多項式でもある.

(iv) m_a は A の最小多項式を割り切る.

(v) m_a は $(A^i b)_{i \in \mathbb{N}}$ の最小多項式を割り切る.

(vi) $\mathrm{Ann}(a) \subseteq \mathrm{Ann}(\varphi(a))$ かつ $m_{\varphi(a)} | m_a$ である.

(vii) V を F の代数拡大体, $\alpha \in V$, および $a = (\alpha^i)_{i \geq 0}$ とする. このとき, a は線形再帰的であり, a の最小多項式は α の F 上の最小多項式である. ◇

ここで, 与えられた点列 $a = (a_i)_{i \in \mathbb{N}} \in F^{\mathbb{N}}$ の最小多項式を, 再帰位数の上界 $n \in \mathbb{N}$ がわかっているとして, どのように計算するかを示す. 9.1 節から多項式の反転を思い出そう. 次数 d の $f = f_d x^d + \cdots + f_0 \in F[x]$ に対して

$$\mathrm{rev}(f) = \mathrm{rev}_d(f) = x^d f(x^{-1}) = f_0 x^d + f_1 x^{d-1} + \cdots + f_d \in F[x]$$

であった.

補題 12.8 $a = (a_i)_{i \in \mathbb{N}} \in F^{\mathbb{N}}$ を線形再帰的点列, $h = \sum_{i \in \mathbb{N}} a_i x^i \in F[[x]]$ を点列 a の成分を係数とする形式的べき級数, $f \in F[x] \setminus \{0\}$ を次数 d なるものとし, $r = \mathrm{rev}(f)$ をその反転とする.

(i) 次は同値である.
   (a) f は a の特性多項式である.
   (b) $r \cdot h$ は次数 d 未満の多項式である.
   (c) ある $g \in F[x]$ で $\deg g < d$ なるものに対し $h = g/r$ となる.

(ii) f が a の最小多項式であるならば, (i) において $d = \max\{1 + \deg g, \deg r\}$ かつ $\gcd(g, r) = 1$ である.

証明 (i) の証明は練習問題 12.7 を見よ. (ii) について, $\deg r \leq d$ で等号が成立するのは $c \nmid f$ のときかつそのときに限ることに注意する. よって, (i) で $d \geq$

$\max\{1+\deg g, \deg r\}$ である.次に $f = m_a$ とし,$d > \max\{1+\deg g, \deg r\}$ と仮定する.このとき x は f を割り切り,$r = \mathrm{rev}(f/x)$ となり,(i) により f/x は a の次数 $d-1$ の特性多項式となる.これは m_a の最小性に矛盾する.よって $d = \max\{1+\deg g, \deg r\}$ である.

$u = \gcd(g, r)$ とする.すると,$f^* = f/\mathrm{rev}(u)$ は次数 $d - \deg u$ の多項式で,$r/u = \mathrm{rev}(f^*)$ かつ $(r/u)h \equiv (g/u)$ は次数 $d - \deg u$ 未満の多項式となる.したがって再び (i) より f^* は a の特性多項式であり,d の最小性より $\deg u = 0$ となる.□

$n \in \mathbb{N}$ が a の再帰的次数の上界なら,次の Padé 近似問題を解くことにより m_a を計算できる.

$$h \equiv \frac{s}{t} \bmod x^{2n}, \quad x \mid t, \quad \deg s < n, \quad \deg t \leq n, \quad \gcd(s, t) = 1 \quad (7)$$

なぜなら,補題 12.8 (ii) により $(s, t) = (g, r)$ は式 (7) の解である (rev の定義により $x \nmid r$ であることに注意) からである.すでに 5.9 節において式 (7) の解は (定数倍を除き) 一意的であることを示し,拡張 Euclid アルゴリズムにより F の $O(n^2)$ 算術演算を用いて計算できることを示した.このことより次のアルゴリズムを得る.

アルゴリズム 12.9 $F^{\mathbb{N}}$ の最小多項式

入力:線形再帰的点列 $a \in F^{\mathbb{N}}$ の再帰位数の上界 $n \in \mathbb{N}$ と最初の $2n$ 項 $a_0, \ldots, a_{2n-1} \in F$.

出力:a の最小多項式 $m_a \in F[x]$.

1. $h \longleftarrow a_{2n-1}x^{2n-1} + \cdots + a_1 x + a_0$
   call 拡張 Euclid アルゴリズムを呼んで $s, t \in F[x]$ で,5.9 節で述べたように,$t(0) = 1$ かつ式 (7) が成り立つようなものを計算する
2. $d \longleftarrow \max\{1 + \deg s, \deg t\}$, **return** $\mathrm{rev}_d(t)$ を返す

定理 12.10 アルゴリズム 12.9 は再帰位数が高々 n の線形再帰的点列 $(a_i)_{i \in \mathbb{N}}$ の最小多項式を F の演算を $O(n^2)$ 回用いて正しく計算する.

証明 $f \in F[x]$ を a の最小多項式とする. アルゴリズムの直前の議論により $(g, r) = (s, t)$, ただし g, r は補題 12.8 (i) のものである. 最後に, ある $k \in \mathbb{N}$ に対し $f = \mathrm{rev}_k(r)$ であり, 補題 12.8 (ii) により $k = d$ である. □

第 11 章の高速 Euclid アルゴリズムを用いれば, 実際には最小多項式は $O(\mathsf{M}(n) \log n)$ 回の体演算によって計算できるが, これはいまの応用についての助けにはならない.

例 12.11 (i) $F = \mathbb{F}_5$ とし, $a = (3, 0, 4, 2, 3, 0, \dots) \in \mathbb{F}_5^{\mathbb{N}}$ を再帰位数が高々 3 であるような線形再帰的点列とする. このとき, アルゴリズム 12.9 のステップ 1 で $h = 3x^4 + 2x^3 + 4x^2 + 3$ であり, x^6 と h に関する拡張 Euclid アルゴリズムの関連する結果は

j	q_{j-1}	a_j	t_j
0		x^6	0
1		$3x^4 + 2x^3 + 4x^2 + 3$	1
2	$2x^2 + 2x + 1$	$4x + 2$	$3x^2 + 3x + 4$
3	$2x^3 + 2x^2$	3	$4x^5 + 3x^4 + x^3 + 2x^2 + 1$
4	$3x + 4$	0	$3x^6$

となる. 第 2 行から
$$h \equiv \frac{4x + 2}{3x^2 + 3x + 4} = \frac{x + 3}{2x^2 + 2x + 1} \mod x^6$$
がわかる. ここで, $s = x + 3$ かつ $t = 2x^2 + 2x + 1$ である. 最後に, ステップ 2 で $d = 2$ かつ $m_a = \mathrm{rev}_2(t) = x^2 + 2x + 2$ を得る. $i = 0, 1, 2, 3$ に対して実際に $\mathbb{F}_5$ において $a_{i+2} + 2a_{i+1} + 2a_i = 0$ であることを確かめられる. よって点列は $(3, 0, 4, 2, 3, 0, 4, 2, 3, 0, \dots)$ と続いていく.

(ii) $a = (0,0,1,0,1,0,\ldots) \in F^{\mathbb{N}}$ を再帰位数が高々 3 とする. すると, $h = x^4 + x^2$ であり, x^6 と h についての拡張 Euclid アルゴリズムにより

j	q_{j-1}	a_j	t_j
0		x^6	0
1		$x^4 + x^2$	1
2	$x^2 - 1$	x^2	$-x^2 + 1$
3	$x^2 + 1$	0	x^4

と計算され $s = x^2$ かつ $t = -x^2 + 1$ となる. そして $d = 3$ かつ $m_a = \text{rev}_3(t) = x^3 - x$ である. よって, すべての $i \geq 0$ に対し $a_{i+3} = a_{i+1}$ となり, i が奇数なら $a_i = 0$ であり, $i > 0$ が偶数なら $a_i = 1$ となる. したがって $(a_1, a_2, a_3, \ldots)$ は周期的で周期 2 を持ち, a は長さ 1 の**前周期**を持つ. ◇

12.4 Wiedemann のアルゴリズムとブラックボックス線形代数

連立 1 次方程式を解くための Wiedemann (1986) のアルゴリズムの主なアイデアは次のようなものである. 簡単のため $A \in F^{n \times n}$ を正則行列と仮定する. すると任意の $b \in F^n$ に対して $y = A^{-1}b \in F^n$ が方程式 $Ay = b$ の唯一の解である. $m = m_a = \sum_{0 \leq j \leq d} m_j x^j \in F[x]$ を線形再帰的点列 $a = (A^i b)_{i \in \mathbb{N}}$ の最小多項式, すなわち, $m \bullet a = $ なる最小次数のモニック多項式であるとする. このとき, $m \bullet a$ の最初の成分は零であり, F において

$$m(A)b = \sum_{0 \leq j \leq d} m_j A^j b = 0 \tag{8}$$

である. 次に m は A の最小多項式の因子であり, その最小多項式は例 12.7 (iii) により A の特性多項式 χ_A を割り切る. A が正則であるから χ_A の定数項 $\det A \neq 0$ であり, よって m の定数項 $m_0 = m(0)$ も零でない. よって

$$A \cdot (-m_0^{-1}) \sum_{1 \leq j \leq d} m_j A^{j-1} b = -m_0^{-1} \sum_{1 \leq j \leq d} m_j A^j b = b$$

となり, $y = -m_0^{-1} \sum_{1 \leq j \leq d} m_j A^{j-1} b \in F^n$ は求める解である. そしてこの

解は Horner 風のやり方 (5.2 節) で, A の 1 つのベクトルによる $d-1<n$ 回の評価とベクトルの加算とスカラー倍のための $O(n^2)$ 回の体演算によって計算できる. y は A と b の Krylov 部分空間に属していることに注意する.

以上より次のアルゴリズムが得られる.

アルゴリズム 12.12　正則連立 1 次方程式の解法

入力：正則行列 $A \in F^{n \times n}$ およびベクトル $b \in F^n$.
出力：$y = A^{-1}b \in F^n$.
1. 線形再帰的点列 $(A^i b)_{i \in \mathbb{N}} \in (F^n)^{\mathbb{N}}$ の最小多項式 $m \in F[x]$ を計算する
2. $h \longleftarrow -\dfrac{m-m(0)}{m(0) \cdot x} \in F[x]$, Horner 風のやり方で $y = h(A)b$ を計算する
3. **return** y を返す

$Ay = b$ を解く問題を $a = (A^i b)_{i \in \mathbb{N}}$ の最小多項式 m_a を計算することに帰着できた. m_a の任意の小さい多項式倍でもよい. 成分が体の要素であるような点列の最小多項式をどのようにして計算するかは前節の最後に見たが, 点列の成分が n 次元ベクトルであるような場合の明白な類似はない. ここでのアイデアは, ランダムにベクトル $u \in f^n$ を選び, アルゴリズム 12.9 を用いて線形再帰的点列 $(u^T A^i b)_{i \in \mathbb{N}} \in F^{\mathbb{N}}$ の最小多項式 $m \in F[x]$ を計算し, それから m が実際に a の最小多項式であるかどうか (より一般に m_a を割り切るかどうか) を $m(A)b \in F^n$ を計算することによって確かめる. ρ を成功確率とすると, アルゴリズムは $O(1/\rho)$ 期待試行 (25.6 節) の後に計算に成功する.

次のアルゴリズムは非正則正方行列に対してもうまく働く.

アルゴリズム 12.13　Krylov 部分空間に対する最小多項式

入力：行列 $A \in F^{n \times n}$ およびベクトル $b \in F^n$.
出力：点列 $(A^i b)_{i \in \mathbb{N}}$ の最小多項式 $m \in F[x]$.
1. **if** $b = 0$ **then return** 1
2. ある有限部分集合 $U \subseteq F$ を選ぶ

3. $u \in U^n$ を一様ランダムに選び $0 \le i < 2n$ に対し $u^T A^i b \in F^n$ を計算する

4. **call** アルゴリズム 12.9 を呼んで線形再帰点列 $(u^T A^i b)_{i \in \mathbb{N}} \in F^{\mathbb{N}}$ の最小多項式 $m \in F[x]$ を，再帰上界 n で計算する

5. **if** F^n において $m(A)b = 0$ ならば **then return** m を返し，**else goto** そうでないなら 3 を実行する

例 12.14 $F = \mathbb{F}_5$ とし，

$$\begin{pmatrix} 1 & 4 & 4 \\ 4 & 0 & 3 \\ 1 & 2 & 4 \end{pmatrix} \text{ および } \begin{pmatrix} 3 \\ 1 \\ 2 \end{pmatrix}$$

とする．$Ay = b$ なる $y \in F^3$ を求めたいとする．

$$Ab = \begin{pmatrix} 0 \\ 3 \\ 2 \end{pmatrix}, \quad A^2 b = A(Ab) = \begin{pmatrix} 4 \\ 4 \\ 3 \end{pmatrix}, \quad A^3 b = A(A^2 b) = \begin{pmatrix} 2 \\ 0 \\ 4 \end{pmatrix}$$

$$A^4 b = A(A^3 b) = \begin{pmatrix} 3 \\ 0 \\ 3 \end{pmatrix}, \quad A^5 b = A(A^4 b) = \begin{pmatrix} 0 \\ 1 \\ 0 \end{pmatrix}$$

となる．アルゴリズム 12.13 のステップ 3 において $u = (1,0,0)^T \in F^3$ と選び，

$$(u^T A^i b)_{i \in \mathbb{N}} = (3, 0, 4, 2, 3, 0, \ldots)$$

を得る．例 12.11 においてすでにこの点列の最小多項式は $m = x^2 + 2x + 2$ であることは示した．アルゴリズム 12.13 のステップ 5 において

$$m(A)b = A^2 b + 2Ab + 2b = \begin{pmatrix} 0 \\ 2 \\ 3 \end{pmatrix}$$

と計算され，m は $(A^i b)_{i \in \mathbb{N}}$ の最小多項式ではないことがわかる．ステップ3に戻り，今度は $u = (1, 2, 0)^T$ と選ぶと，$(u^T A^i b)_{i \in \mathbb{N}} = (0, 1, 2, 2, 3, 2, \ldots)$ となり，アルゴリズム12.9により最小多項式 $m = x^3 + 3x + 1$ が得られる．$(A^i b)_{i \in \mathbb{N}}$ の最小多項式は m の多項式倍で次数が高々3のモニック多項式であるから，それは m に等しい．これを

$$m(A)b = A^3 b + 3Ab + b = \begin{pmatrix} 0 \\ 0 \\ 0 \end{pmatrix}$$

と計算によって確かめられる．最後にアルゴリズム12.12のステップ2において

$$h = \frac{m - m(0)}{m(0)x} = 4x^2 + 2, \quad y = h(A)b = 4A^2 b + 2b = \begin{pmatrix} 2 \\ 3 \\ 1 \end{pmatrix}$$

と計算され，実際 $Ay = b$ である．$\diamondsuit$

定理12.15 アルゴリズム12.13の返す出力は正しい．k 回の繰り返しの後に出力されたとすると，計算量は F の高々 $2nc(A) + O(kn^2)$ 回の演算である．

証明 $a = (A^i b)_{i \in \mathbb{N}}$ とする．$b = 0$ のときは正当性は明らかであるから $b \neq 0$ と仮定する．アルゴリズムのステップ4で計算される多項式 m は，443ページの例12.7 (v) により m_a の因子である．もしアルゴリズムがステップ5で m を返せば $m(A)b = 0$ であり，m は a の特性多項式となって m_a の多項式倍である．m も m_a モニックであるから $m = m_a$ を得る．

ステップ3および5はHorner風のやり方で，$2n$ 個のベクトル $b, Ab, \ldots, A^{2n-1} b \in F^n$ がステップ2後に前もって計算されて保持されている場合は $2n$ 回 A をベクトルに掛け，そうでない場合は繰り返しのたびに $3n$ 回の A の評価によって計算され，さらに繰り返しのたびにベクトルの加算，内積およびスカ

12.4 Wiedemann のアルゴリズムとブラックボックス線形代数   453

ラー倍のために $O(n^2)$ 回の体演算を用いて計算される．ステップ 4 の計算量は各繰り返しごとに $O(n^2)$ である．□

後は，ステップ 5 の条件が妥当な確率で真となり，少ない回数の繰り返しで出力が得られると期待できることを証明しなければならない．よって，ランダムに選んだ $u \in U^n$ に対してアルゴリズム 12.13 のステップ 4 で計算される多項式 m が $(A^i b)_{i \in \mathbb{N}}$ の最小多項式であるための確率の下界を見出さなければならない．

次数 d の零でない $f \in F[x]$ に対して，f を零化するすべての点列 $a \in F^{\mathbb{N}}$ のなす集合 $M_f \subseteq F^{\mathbb{N}}$ を考える．たとえば，M_{x^d-1} は周期 d のすべての周期的点列のなす集合である．a と b が f により零化されるならば，条件 (1), (2) および (4) により $a+b$ もそうであり，またこのとき任意の $g \in F[x]$ について $g \bullet a$ も f によって零化される．よって M_f は $F^{\mathbb{N}}$ の $F[x]$ 部分加群である．M_f の任意の点列はその最初の d 個の値によって完全に決定されるので，M_f は F 上のベクトル空間として d 次元であり，基底は，最初の d 個の値が $0, 0, \ldots, 0, 1$ であり残りは再帰関係 $f \bullet c = \mathbf{0}$ によって定まる f の**衝撃応答点列** $c = (c_i)_{i \in \mathbb{N}}$ の d 個のシフト

$$\begin{aligned} x^0 \bullet c &= (0, 0, \ldots, 0, 0, 1, c_d, c_{d+1}, \ldots) \\ x^1 \bullet c &= (0, 0, \ldots, 0, 1, c_d, c_{d+1}, c_{d+2}, \ldots) \\ &\vdots \\ x^{d-1} \bullet c &= (1, c_d, \ldots, c_{2d-4}, c_{2d-3}, c_{2d-2}, c_{2d-1}, c_{2d}, \ldots) \end{aligned}$$

によって得られる．したがって，M_f は c によって生成される巡回 $F[x]$ 加群 $F[x] \bullet c$ である．任意の $a = \sum_{0 \leq j < d} g_j (x^j \bullet c) \in M_f$ に対し $g = \sum_{0 \leq j < d} g_j x^j \in F[x]$ とすると $a = g \bullet c$ である．

環 R 上の巡回加群 $M = R \bullet c$ は $R/\operatorname{Ann}(c)$ と同型である．これは $\lambda(g) = g \bullet c$ によって定まる $\lambda \colon R \to M$ が R 加群の全射準同型であってその核が $\operatorname{Ann}(c)$ であること，そして R 加群の準同型定理により，$\varphi(g \bmod \operatorname{Ann}(c)) = g \bullet c$ によって定まる写像 $\varphi \colon R/\operatorname{Ann}(c) \to M$ が同型であること (van der Waerden

1931, の最新版の §86 を見よ) による. これは読者には可換群の場合, つまり $R = \mathbb{Z}$ で M は位数 $n \in \mathbb{N}$ の有限巡回群で加群の演算は $g \in \mathbb{Z}$ と $a \in M$ に対し $g \bullet a = a^g$ である場合にはよく知っているかもしれない. この場合は, M の任意の生成元 c に対し $M = \mathbb{Z} \bullet c$, $\mathrm{Ann}(c) = n\mathbb{Z}$ であり, 実際 $\varphi(g \bmod n) = c^g$ によって定まる $\varphi : \mathbb{Z}/n\mathbb{Z} \to M$ が $\mathbb{Z}$ 加群の同型写像である.

我々の状況では, $\mathrm{Ann}(c) = \langle f \rangle$ である. これは, 明らかに f が c を零化し, 一方で次数 $k < d$ で零でない $g \in F[x]$ は $g \bullet c$ の $(d-1-k)$ 番目の係数は g の最高次の係数であるから, $g \bullet c = \mathbf{0}$ を満たすことによる. したがって, M_f と $F[x]/\langle f \rangle$ とは $F[x]$ 加群として同型である. ただし, $F[x]/\langle f \rangle$ 上の加群の演算は $g \bullet (h \bmod f) = (g \bmod f)(h \bmod f) = gh \bmod f$ によって定義され,

$$\varphi : F[x]/\langle f \rangle \to M_f, \quad g \bmod f \mapsto g \bullet c \tag{9}$$

は同型写像となる.

補題 12.16 $A \in F^{n \times n}$, $b \in F^n \setminus \{0\}$ かつ $f \in F[x]$ を点列 $(A^i b)_{i \in \mathbb{N}} \in (F^n)^{\mathbb{N}}$ の最小多項式とする. このとき, 全射 F 線形写像 $\psi : F^n \to F[x]/\langle f \rangle$ が存在して, すべての $u \in F^n$ に対して

$$f \text{ が } (u^T A^i b)_{i \in \mathbb{N}} \in F^{\mathbb{N}} \text{ の最小多項式である} \iff \psi(u) \text{ は単元である} \tag{10}$$

が成立する.

証明 $d = \deg f \leq n$ である. F 線形写像 $\psi^* : F^n \to F^{\mathbb{N}}$ を, $\psi^*(u) = (u^T A^i b)_{i \in \mathbb{N}}$ によって定義する. すると $\psi^*(u)$ はすべての $u \in F^n$ に対して線形再帰的であってその特性多項式は f であり, よって $\psi^*(u) \in M_f$ である. 一方, f の最小性より d 個のベクトル $b, Ab, \ldots, A^{d-1}b \in F^n$ は F 上線形独立である. よって, 任意の点列 $a = (a_i)_{i \in \mathbb{N}} \in M_f$ に対して $u \in F^n$ が存在して $0 \leq i < d$ に対し $u^T A^i b = a_i$ となる. さらにそれぞれの点列の最初の d 個の成分が一致し, f が両方とも零化することより $\psi^*(u) = a$ である. これは ψ^* を F^n から M_f への全射であることを示している. そこで $\psi = \varphi^{-1} \circ \psi^*$ とおく. ここで, $\varphi : F[x]/\langle f \rangle \to M_f$ は巡回 $F[x]$ 加群の同型写像 (9) である. すると ψ

は全射で，すべての $g \in F[x]$ および $u \in F^n$ に対して

$$g \bullet \psi^*(u) = g \bullet (\varphi \circ \psi(u)) = \varphi(g \bullet \psi(u)) = \varphi((g \bmod f) \cdot \psi(u))$$

であり，$d \geq 1$ かつ任意の単元でない元は $F[x]/\langle f \rangle$ において零因子である (練習問題 4.14) ことより

$$\begin{aligned}
f = m_{\psi^*(u)} &\iff \forall g \in F[x] \quad (g \bullet \psi^*(u) = \mathbf{0} \iff f|g) \\
&\iff \forall g \in F[x] \quad ((g \bmod f) \cdot \psi(u) = 0 \iff g \bmod f = 0) \\
&\iff \forall h \in F[x]/\langle f \rangle \quad (h \cdot \psi(u) = 0 \iff h = 0) \\
&\iff \psi(u) \text{ は単元}
\end{aligned}$$

である． □

補題 12.17 $U \subseteq F$ を有限部分集合，$A \in F^{n \times n}$, $b \in F \setminus \{0\}$ とし，f を $(A^i b)_{i \in \mathbb{N}} \in (F^n)^{\mathbb{N}}$ の最小多項式とし，$d = \deg f$ とする．このとき，f が一様ランダムに選んだ $u \in U^n$ に対する点列 $(u^T A^i b)_{i \in \mathbb{N}}$ の最小多項式となる確率 ρ は $\rho \geq 1 - d/\sharp U$ を満たす．

証明 $\psi: F^n \to F[x]/\langle f \rangle$ を補題 12.16 の線形写像とし，$0 \leq j \leq n$ について $e_j \in F^n$ を j 番目の単位ベクトル，$u = (u_1, \ldots, u_n)^T = u_1 e_1 + \cdots + u_n e_n \in F^n$ を任意のベクトルとする．ψ は F 線形であるから

$$\psi(u) = u_1 \psi(e_1) + u_2 \psi(e_2) + \cdots + u_n \psi(e_n) = (u_1 h_1 + \cdots + u_n h_n) \bmod f$$

となる．ただし，$h_1, \ldots, h_n \in F[x]$ は次数 d 未満で，すべての j に対し $\psi(e_j) = h_j \bmod f$ である．$y_1, \ldots, y_n$ を $F[x]$ 上の新しい不定元とし，$r = \mathrm{res}_x(y_1 h_1 + \cdots y_n h_n, f) \in F[y_1, \ldots, y_n]$ とする．すると r の全次数は高々 d であり，補題 6.25 により

$$\psi(u) \text{ は単元} \iff \gcd(u_1 h_1, \ldots, u_n h_n, f) = 1 \iff r(u_1, \ldots, u_n) \neq 0 \quad (11)$$

である．ψ は全射であって $d \geq 1$ であるから，$u \in F^n$ が存在して $\psi(u) = 1$ と単元となる．よって r は零多項式ではない．式 (10) と (11) により，$u_1, \ldots, u_n \in$

U を一様ランダムかつ独立に選んだとき $r(u_1,\ldots,u_n) \neq 0$ となる確率である．したがって補題 6.44 より主張が得られる．□

補題 12.17 は十分基数の大きい，たとえば少なくとも基数が $2n$ の体に対して，アルゴリズム 12.13 の成功確率のよい下界を与えている．

定理 12.18 F が少なくとも $2n$ 個の要素を持てば，アルゴリズム 12.12 および 12.13 の期待計算量は高々 $2nc(A) + O(n^2)$ 回の体演算である．

証明 補題 12.16 と 12.17 より，基数が少なくとも $2n$ であるような任意の部分集合 $U \subseteq F$ を任意にとれば，アルゴリズム 12.13 の繰り返しの期待回数は高々 2 である．アルゴリズム 12.13 のステップ 3 で計算されるベクトル $Ab, A^2b, \ldots, A^{2n-1}b$ は保持されており，よってアルゴリズム 12.12 のステップ 2 の計算量はベクトルの加算とスカラー倍の $O(n^2)$ 回の体演算のみであると仮定できる．すると主張は定理 12.15 より得られる．□

「小さい」有限体 $\mathbb{F}_q$ に対しては適当な体の拡大 (練習問題 12.16) を行う．それにより定理 12.18 の計算時間に $O(\mathsf{M}(\log_q n))$ の係数が付け加わる．Wiedemann (1986) は，一様ランダムかつ独立に選んだいくつかの $u \in F^n$ に対する $(u^T A^i b)_{i \in \mathbb{N}}$ の最小多項式の最小公倍多項式を計算することにより，この係数を 2 におきかえることができることを示した (練習問題 12.18)．

Wiedemann (1986) は非正則かつ正方でない行列の場合についても述べている．非正則の場合の別の変種が Kaltofen & Saunders (1991) にある．彼らは次の定理を証明した．

定理 12.19 F を体，$n \in \mathbb{N}_{>0}$, $A \in F^{n \times n}$ を階数 $r \leq n$ で最初の $r \times r$ 主小行列が正則なるものとし，$b \in F^n$ を連立 1 次方程式 $Ay = b$ が解けるようなものとする．このとき，任意のベクトル $v \in F^n$ に対して一意的に $v^* \in F^n$ が存

在して，$A \cdot (v^* - v) = b$ かつ v^* のうしろの $n-r$ 成分は零である．さらに，v が F^n の一様ランダムベクトルであるならば $v^* - v$ は解空間 $\{y \in F^n : Ay = b\}$ の一様ランダムベクトルである．

したがって，この定理のように与えられた A, b に対してランダムベクトル V を選び Wiedemann のアルゴリズム 12.12 を連立 1 次方程式 $A_r y_r = b_r$ に適用する．ここで，$A_r \in F^{r \times r}$ は A の最初の主小行列，$b_r \in F^r$ は $b + Av$ の最初の r 成分からなるベクトルで，$y_r \in F^r$ は求めるものである．$v^* \in F^n$ を最初の r 成分は y_r で残りはすべて零であるものとすると，定理により $y = v^* - v$ は連立 1 次方程式 $Ay = b$ の一様ランダム解である．(これは特に $b = 0$ の場合にも成り立つ．) A_r をベクトル $v_r \in F^r$ に掛けるには，A を最初の r 成分が v_r と一致し残りの $n - r$ 成分は零であるようなベクトルに掛けて，その結果の最初の r 成分をとることによって実行できるから，上に述べた方法の計算量は F の $O(n(c(A)+n))$ 回の演算である．

Kaltofen & Saunders は任意の行列 $C \in F^{n \times n}$ を定理 12.19 で必要な形に，ブラックボックスの性質を保ったまま変換し，それによってその階数を決定する確率アルゴリズムをも与えた．体が少なくとも $3(n^2 + n)$ 個の要素を持つならば，そのアルゴリズムは $O(n(c(C) + \mathsf{M}(n)))$ 回の体演算を用いて，少なくとも確率 $1/2$ で正しい結果を返す．係数行列が C であるような連立 1 次方程式の解を見つけるためには，上の方法を変換された行列に適用して，もともとの連立 1 次方程式の一様ランダム解が同じ時間の上界内で計算できる．変換された行列をベクトルに 1 回掛けるための計算量は $c(C) + 2\mathsf{M}(n)$ で，総計算量は $O(n(c(C) + \mathsf{M}(n)))$ 演算である．

Wiedemann のアルゴリズムの重要な 1 つの面は，行列 A は単にベクトルを掛けてその結果を評価することにのみ用いられるということである．よって，n^2 個の成分の配列を保持するかわりに，必要なのは A の評価のための「ブラックボックス」，すなわち，入力 $v \in F^n$ に対して $Av \in F^n$ を返すサブルーチンだけである．こうして，線形代数を行う新しいやり方，**ブラックボックス線形代数**(または潜在線形代数)へと導かれる．対比すると，伝統的な明示的線形代数

では A のすべての成分は明示的に保持される．いくらか中間的な概念として**疎線形代数**がある．それは A を疎フォーマット，つまり，$a_{ij} \neq 0$ なる (i, j, a_{ij}) のみを列挙するもので，Wiedemann のもともとの整数の因数分解に適するものである (第 19 章)．

例として，$\omega \in F$ を 1 の原始 n 乗根とし，$A = \mathrm{VDM}(1, \omega, \omega^2, \ldots, \omega^{n-1})$ を離散 Fourier 変換 DFT_ω (8.2 節) の行列とする．すると $Av = b$ を解くことは ω のべきにおいて b によって定まる値で補間することに対応し，A の v における評価は v に対応する多項式の離散 Fourier 変換を計算することに対応しており，$O(n \log n)$ 算術演算によって計算できる．実際は，DTF_ω^{-1} は $O(n \log n)$ 演算によって計算でき，ブラックボックス線形代数のアプローチは $O(n^2 \log n)$ かかるので，これではアルゴリズムの改善にはなっていない．しかし，多項式の因数分解のための Berlekamp 行列に適用するときには改善になる (14.8 節)．

注解

12.1 アルゴリズム 12.1 は Winograd (1971) による．現在の世界記録 $\omega < 2.376$ は Coppersmith & Winograd (1990) からのものである．次の表の各項はよりよい実行可能行列乗算指数の発見のおおよその年を示している．出版はこれらの年よりしばしば遅れている．

Strassen 1968	2.808	Pan 1979	2.522
Pan 1978	2.781	Coppersmith & Winograd 1980	2.498
Bini *et al.* 1979	2.780	Strassen 1986	2.479
Schönhage 1979	2.548	Coppersmith & Winograd 1986	2.376

これらのアルゴリズムの詳細はこの本の範囲を超える．最も包括的な取り扱いは Bürgisser, Clausen & Shokrollahi (1996) にある．Pan の本 (1984) と de Groote の本 (1987) も参照せよ．Strassen (1984, 1990) と von zur Gathen (1988) の総合報告には詳細と参考文献表がある．この節の残りの部分についてもこれらの文献を参照せよ．

この節の最後の問題についての高速アルゴリズム (または還元) は van der Waerden (1938), Strassen (1969, 1973a), Bunch & Hopcroft (1974), Baur & Strassen (1983), および Keller–Gehrig (1985) にある．Chou, Deng, Li & Wang (1995) は Strassen の行列乗算の並列アルゴリズムの実装の成功について報告している．

たとえば Euclid 整域 R 上の線形代数において重要な道具となる，行列のさまざまな標準形がある．**Hermite 標準形** (注解 4.5) は R 上の線形方程式を解く上で特に有用

である．アルゴリズム 16.26 は $\mathbb{Z}$ 上で非特異正方行列の Hermite 標準形を計算するものだが，より速いアルゴリズムは Storjohann (2000) にある．Giesbrecht, Storjohann & Villard (2002) は現在も活発に研究されているこの分野の主要な 3 人の貢献者による概説である．

12.2 アルゴリズム 12.3 は Brent & Kung (1978) のものである．「矩形行列乗算」のためのより高速なアルゴリズムを用いれば少し速くできる．$\omega < 2.376$ を用いて $n \times n$ 行列と $n \times n^2$ 行列を掛ける直接的な方法は $O(n^{3.376})$ 環演算を要する．Huang & Pan (1998) はこの特別な矩形問題についての指数を 3.334 未満に改善し，よって系 12.5 の $n^{1.688}$ は $n^{1.667}$ に改善される．$f = x^n$ の特別な場合，Brent & Kung は $O(\mathsf{M}(n)(n \log n)^{1/2})$ 解を与えた (練習問題 12.4)．Bernstein (1998a) は小さい標数の環に対するより高速なアルゴリズムを示した．

12.3 線形再帰的点列はすでに de Moivre によって研究されており，再帰的関係を見出すことと Padé 近似を計算することの同値性 (補題 12.8) は Kronecker が知っていた．Kronecker (1881a), 566 ページ．この問題はまた Toeplitz (または Hankel) 方程式系を解くことにも密接につながっている．Krylov (1931) は振動問題についての微分方程式を解くために彼の方法を発明した．「転置原理」は，与えられた正方行列 A に対して，入力ベクトル v と w に対し Av または wA を計算する計算量は本質的に等しいということをいうものである (Fiduccia 1972b, 1973, Kaminski, Kirkpatrick & Bshouty 1988)．Kaltofen (1998) はこれらの 2 つの計算量をもっと正確に関係づけることを未解決問題として提示した．これらの 2 つの問題のつながりについてはディジタルフィルター設計においてよく研究されている．Antoniou (1979), §4.7 を見よ．

12.4 「ブロック Wiedemann」法は Coppersmith (1994) によって提案され Kaltofen (1995b) および Villard (1997) によって解析され改良されたものだが，A の評価回数を $2n$ から任意の ε について $(1+\varepsilon)n$ に減らすものである．これは特に $F = \mathbb{F}_2$ の場合に適しており，任意の体上の効率的並列アルゴリズムへつながるものである．

連立 1 次方程式を解くための内積に基づいた，別のブラックボックス法は Lanczos (1952) による．LaMacchia & Odlyzko (1990) はこのアルゴリズムを整数の因数分解に用いることにより，計算機代数に導入した．ブロックの変種は Coppersmith (1993) および Montgomery (1995) によって与えられ，Eberly & Kaltofen (1997) はランダム Lanczos アルゴリズムを解析した．Giesbrecht, Lobo & Saunders (1998) は Wiedemann の方法によって体上または整数上の連立 1 次方程式の矛盾を証明する問題を解いた．

練習問題

12.1 アルゴリズム 12.1 は正しく動くことを証明せよ．

12.2 $\mathbb{F}_5[x]$ において $g = h = x^3 + 2x^2 + 3x + 4$ および $f = x^4 - 1$ とする．アルゴリズム 12.3 を実行して $g(h)$ rem f を計算せよ．

12.3 R を (可換で 1 を持つ) 環とし，$f, g, h \in R[x]$ を $\deg f = n, \deg g < d$, および $\deg h < m$ で f はモニック，d は 2 のべきであるとする．g をサイズ $d/2$ の 2 つのブロックに分けることにより $g(h)$ rem f を計算する分割統治型アルゴリズムを考案せよ．そのアルゴリズムは $dm \leq n$ なら R の演算を $O(\mathsf{M}(n) \log n)$ 回，一般には演算を $O((dm/n)\mathsf{M}(n) \log n)$ 回要することを示せ．

12.4* $n, m \in \mathbb{N}$ とし，R を (可換で 1 を持つ) 環で $n!$ が R の単元であるものとする．また $g, h \in R[x]$ を次数 n 未満とする．$k = \lceil n/m \rceil$ とし，$h_0, h_1 \in R[x]$ で $\deg h_0 < m$ かつ h_1 は x^m で割り切れるものによって $h = h_1 + h_0$ と表す．

(i) 次の Taylor 展開が成立することを示せ．

$$g(h) \equiv g(h_0) + g'(h_0)h_1 + \cdots + \frac{g^{(k)}(h_0)}{k!}h_1^k \mod x^n$$

(ii) 合成関数の微分の公式により，すべての $i \in \mathbb{N}$ に対して $g^{(i+1)}(h_0) \cdot h_0' = (g^{(i)}(h_0))'$ が成り立つ．$h_0'(0)$ が零でないと仮定して，$g^{(i+1)}(h_0)$ rem $x^{n+k-i-1}$ は $0 \leq i < k$ に対して R の $O(\mathsf{M}(n))$ 演算を用いて計算できることを示せ．

(iii) $g(h) \bmod x^n$ を計算する Brent & Kung (1978) を考える．

アルゴリズム 12.20 x のべきを法とする合成

入力：$n \in \mathbb{N}$ および $g, h \in R[x]$ で次数 n 未満で $h'(0) \neq 0$ なるもの．
出力：$g(h)$ rem $x^n \in R[x]$．

1. 上のように $h = h_1 + h_0$ と表す
   for $i = 2, \ldots, k$ に対して $h_1^i/i!$ rem x^d を計算する
2. **call** 練習問題 12.3 のアルゴリズムを呼んで $g(h_0)$ rem x^{n+k} を計算する
3. **for** $i = 1, \ldots, k$ に対して $g^{(i)}(h_0)$ rem x^{n+k-i} を計算する
4. **return** $\sum_{0 \leq i \leq k} g^{(i)}(h_0) \frac{h_1^i}{i!}$ rem x^n を返す

このアルゴリズムの正当性は (i) より得られる．(ii) を用いてこのアルゴリズムは R の $O((k + m \log n)\mathsf{M}(n))$ 演算を要することを示せ．

(iv) 実行時間が最小になる m はいくつか？

(v) 本質的に同じ計算時間の上界で $h'(0)$ が零でないという制限を取り除けるか？

12.5 演算 • が加群の条件 (1) から (6) を満たすことを証明せよ.

12.6 V を体 F 上のベクトル空間とする.

(i) $0 \leq i < n$ に対し $a_i = 1$，それ以外 $a_i = 0$ と定義された点列 $(a_i)_{i \in \mathbb{N}} \in F^{\mathbb{N}}$ の最小多項式を求めよ.

(ii) $a \in V^{\mathbb{N}}$ と $n \in \mathbb{N}$ に対し，m_a と $m_{x^n \bullet a}$ とはどのように関連しているか？

12.7 補題 12.8 (i) を証明せよ.

12.8 $h = \sum_{i \geq 0} a_i x^i \in \mathbb{Q}[[x]]$ が以下のとき，点列 $\{a_i\}_{i \in \mathbb{N}} \in \mathbb{Q}^{\mathbb{N}}$ の漸化式と十分多数の初期項を求めよ.

(i) $h = \dfrac{x^2 + x}{x^3 - x - 1}$, (ii) $h = \dfrac{x^2 - x}{x^4 - x^2 - x}$, (iii) $h = \dfrac{x^4 + x}{x^3 - x - 1}$.

12.9 有理数列 $1, 3, 4, 7, 11, 18, 29, 47, \ldots$ の最小多項式をアルゴリズム 12.9 を用いて計算せよ．再帰位数は高々 4 であると仮定してよい．この点列の次の 12 項を与えよ.

12.10* F を体, $f \in F[x]$ を次数 n の既約多項式とし, $E = F[x]/\langle f \rangle$, $\alpha = x \bmod f \in E$ および次数 n 未満のある零でない多項式 $g \in F[x]$ に対し $\beta = g(\alpha) \in E$ とする.

(i) β の F 上の最小多項式 $m \in F[x]$ は点列 $(\beta^i)_{i \in \mathbb{N}} \subseteq E^{\mathbb{N}}$ の F 上の最小多項式に一致することを示せ.

(ii) $\tau: E \to F$ をすべての $c_0, \ldots, c_{n-1} \in F$ に対し $\tau(\sum_{0 \leq i < n} c_i \alpha^i) = c_0$ なる F 線形写像とする. m は点列 $(\tau(\beta^i))_{i \in \mathbb{N}} \subseteq F^{\mathbb{N}}$ の最小多項式であることを示せ. ヒント：m は既約である.

(iii) m は F の $O(n\mathsf{M}(n))$ 演算を用いて計算できることを示せ.

(iv) $2^{2/3} + 2^{1/3} + 1$ の $\mathbb{Q}$ 上の最小多項式を計算せよ.

(Shoup (1999) はアルゴリズム 12.3 を用いて有限体 F 上で最小多項式を $O(n^{1/2}\mathsf{M}(n) + n^2)$ 回の算術演算によって計算した.)

12.11 F を体, $A \in F^{n \times n}$, $u, b \in F^n$ とし, $a = (A^i)_{i \in \mathbb{N}}$ および $a^* = (A^i b)_{i \in \mathbb{N}}$ と定義する.

(i) $f \in F[x]$ が a の特性多項式であるための必要十分条件は $F^{n \times n}$ において $f(A) = 0$ が成立することであることを証明せよ.

(ii) $f \in F[x]$ が a^* の特性多項式であるための必要十分条件は F^n において $f(A)b = 0$ が成立することであることを証明せよ.

12.12* 問題 12.11 の続き. $a^{**} = (u^T A^i b)_{i \in \mathbb{N}}$ とする. $u^T f(A) b = 0$ であるが f は a^{**} の特性多項式ではない例を見出せ. 問題 12.11 のような同値の成り立つより強

い条件を決定できるか？ ヒント：$u^T f(A)$ が，b で生成される F^n の Krylov 部分空間 $\langle A^i b : i \in \mathbb{N} \rangle$ と直交するという条件を考えよ．

12.13 →
$$A = \begin{pmatrix} 1 & 2 & 3 \\ 4 & 0 & 1 \\ 1 & 3 & 1 \end{pmatrix} \in \mathbb{F}_5^{3 \times 3}, \quad b = \begin{pmatrix} 0 \\ 1 \\ 2 \end{pmatrix} \in \mathbb{F}_5^3$$

とする．Wiedemann のアルゴリズム 12.12 を用いて $A^{-1}b$ を計算せよ．

12.14* F を体とし，$n \in \mathbb{N}$, $A \in F^{n \times n}$ および $1 \leq i \leq n$ に対し，$e_i \in F^n$ を i 番目の標準単位ベクトル，すなわち，i 番目の成分が 1 でそれ以外はすべて 0 である列ベクトルとする．もし $f, f_1, \ldots, f_n \in F[x]$ がそれぞれ $A, (A^i e_1)_{i \in \mathbb{N}}, \ldots, (A^i e_n)_{i \in \mathbb{N}}$ の最小多項式ならば，$f = \mathrm{lcm}\{f_1, \ldots, f_n\}$ であることを証明せよ．また，これを F^n の任意の基底 $e_1, \ldots, e_n$ に一般化せよ．

12.15* F を体とする．

(i) 与えられた行列 $A \in F^{n \times n}$ に対して，ランダムに $u, b \in F^n$ を選び $(u^T A^i b)_{i \in \mathbb{N}}$ の最小多項式を計算し，それが実際 A の最小多項式であるかどうかを確かめるという方法により，A の最小多項式を計算するアルゴリズムを設計せよ．そのアルゴリズムは停止すれば正しいことを証明せよ．

(ii) $f \in F[x]$ を A の最小多項式とする．全射双線形写像 $\psi : F^n \times F^n \to F[x]/\langle f \rangle$（双線形とは ψ が両方の変数についてそれぞれ線形であること）が存在して，すべての $u, b \in F^n$ に対して

$$f \text{ は } (u^T A^i b)_{i \in \mathbb{N}} \in F^n \iff \psi(u, b) \text{ は単元}$$

が成立することを示せ．ヒント：補題 12.16 のようにして示せ．

(iii) ある有限部分集合 $U \subseteq F$ を選んでおいて，そこから一様ランダムかつ独立に u と b を選ぶとき，f が $(u^T A^i b)_{i \in \mathbb{N}}$ の最小多項式である確率は少なくとも $1 - 2 \deg f / \# U$ であることを示せ．ヒント：補題 12.17 の証明のようにして示せ．

12.16 $F \subseteq E$ を体とし，$n \in \mathbb{N}$, $V = F^n$, $b \in V$ および $A \in F^{n \times n}$ とする．

(i) $a = (A^i b)_{i \in \mathbb{N}} \in V^{\mathbb{N}}$ とする．a の再帰位数は $b, Ab, \ldots, A^r b$ が F^n において線形従属であるような最小数 $r \in \mathbb{N}$ に等しいことを証明せよ．

(ii) $r \leq n$ とし，$b_0, \ldots, b_{r-1} \in F^n$ が F^n において線形従属であるのは，それらが E^n において線形従属であるとき，かつそのときに限ることを示せ．ヒント：Gauß の消去法．a の F 上の最小多項式と E 上の最小多項式は等しいことを示せ．

12.17* $n \in \mathbb{N}$, F を基数が少なくとも $4n$ であるような体とし，$A \in F^{n \times n}$ とする．$O(c(A)n + n^2)$ 回の体演算を要する確率的「ブラックボックス」アルゴリズムで

A が正則であるかどうかを判定するものを与えよ．その答えは，A が正則であるならば常に正しく，A が正則でないならば確率 1/2 で正しいものとする．ヒント：練習問題 12.15.

12.18** F を体とし，$n \in \mathbb{N}$，$A \in F^{n \times n}$ および $b \in F^n$ とする．この問題ではアルゴリズム 12.12 の Wiedemann (1986) による改変版で，F が小さい体ならば定理 12.18 の計算時間の上界に付け加わる因子が 2 に抑えられることを示すものについて考える．

(i) V を F 上のベクトル空間とし，$f \in F[x]$ を線形再帰的点列 $a \in V^\mathbb{N}$ の最小多項式，$g \in F[x]$ とする．$g \bullet a$ の最小多項式は $f/\gcd(f,g)$ であることを示せ．

(ii) アルゴリズム 12.13 のステップ 1, 2 および 5 を

1. $U \subseteq F$ は有限とし，$g \longleftarrow 1$
2. **if** $b = 0$ **then return** g
5. $g \longleftarrow gm$, $b \longleftarrow m(A)b$, **goto** 2

でおきかえたアルゴリズムを考える．この改変アルゴリズムが正しく動くことを証明せよ．

(iii) $u_k \in F[x]$ を k 回目の繰り返しの際に選んだ u の値とし，$g_k \in F[x]$ を点列 $a^{(k)} = (u_k^T A^i b^*)_{i \in \mathbb{N}}$ の最小多項式とする．ただし，$b^* \in F^n$ は b の初期値とする．ステップ 3 を k 回通った後不変式 $m = g_k/\gcd(g, g_k)$ が成り立つことを示し，ステップ 2 を k 回目に通る直前に $g = \mathrm{lcm}(g_1, \ldots, g_k)$ が成り立つことを示せ．

(iv) $U = F = \mathbb{F}_q$ を q 個の要素からなる有限体とし，$f \in F[x]$ とする．一様ランダムかつ独立に選んだ次数が $\deg f$ 未満の k 個の多項式 $h_1, \ldots, h_k \in F[x]$ に対して，$\gcd(h_1, \ldots, h_k, f) = 1$ となる確率は $p_k = \prod_{1 \leq j \leq r}(1 - q^{-k \deg f_j})$ である．ただし，$f_1, \ldots, f_r \in F[x]$ は f の相異なる既約因子でモニックなるものとする．

(v) 次に f を $(A^i b^*)_{i \in \mathbb{N}}$ の最小多項式とする．次の補題 12.16（において b を b^* におきかえたもの）の一般化を証明せよ．もし $\psi(u) = h \bmod f$, $h \in F[x]$ ならば，$m_{\psi^*(u)} = f/\gcd(f, h)$ である．(iv) の p_k はこのアルゴリズムが高々 k 回の繰り返しの後に停止する確率であることを示せ．

(vi) すべての i に対し $n_i = \sharp\{1 \leq j \leq r : \deg f_j = i\}$ とする．このとき

$$\prod_{1 \leq j \leq r}(1 - q^{-k \deg f_j}) \geq 1 - \sum_{1 \leq j \leq r} q^{-k \deg f_j} = 1 - \sum_{k \geq 1} n_i q^{-ki}$$

を証明せよ．補題 14.38 により $n_i \leq q^i/i$ であることを用いて $k \geq 2$ なら $p_k \geq 1 - 2q^{1-k}$ であることを示せ．アルゴリズムの予想される繰り返しの数 $\sum_{k \geq 0}(1 - p_k)$ は高々 4 であることを示せ．

研究問題

12.19 次数が高々 n の多項式のモジュラ合成の計算量を，たとえば $O\tilde{~}(n^{1.5})$ あるいはさらによく改善できるか？

Völker, hört die Signale!
Emil Luckhardt (c. 1890)

L'étude approfondie de la nature est la source la plus féconde des
découvertes mathématiques. Non seulement cette étude,
en offrant aux recherches un but déterminé, a l'avantage d'exclure
les questions vagues et les calculs sans issue: elle est encore
un moyen assuré de former l'Analyse elle-même, et d'en découvrir
les éléments qu'il nous importe le plus de connaître,
et que cette science doit toujours conserver.
Jean Baptiste Joseph Fourier (1822)

Unsere Allergrößten, wie Archimedes, Newton, Gauß,
haben stets Theorie und Anwendungen gleichmäßig umfaßt.
Felix Klein (1908)

Die Mathematiker sind eine Art Franzosen, redet man zu ihnen,
so übersetzen sie es in ihre Sprache
und dann ist es alsobald ganz etwas anders.
Johann Wolfgang von Goethe (1829)

He said he would rather decline two drinks
than one German adjective.
Mark Twain (1879)

13

Fourier 変換と画像圧縮

　この章では，電子工学と信号処理における Fourier 変換の背景について議論する．(離散的あるいは連続的な) 信号を，時間領域の記述から周波数領域の同値な特徴づけへ変換するというその基本的性質は，異なる周波数の寄与を記述し解析するために用いられる．さらに，Fourier 変換の画像処理への応用についても紹介する．

13.1　連続的および離散的 Fourier 変換

定義 13.1　**連続的信号** (あるいは**アナログ信号**) とは関数

$$f : D \to \mathbb{R}^n, \quad \text{ただし } D \subseteq \mathbb{R}^m \text{ かつ } m, n \in \mathbb{N}$$

のことである．**離散的 (時間) 信号**とは関数

$$f : D \to \mathbb{R}^n, \quad \text{ただし } D \subseteq \mathbb{Z}^n \text{ かつ } m, n \in \mathbb{N}$$

のことである．ここでさらに $f(D) \subseteq \mathbb{Z}^n$ であるとき，f を**ディジタル信号**と呼ぶ．

　音響は，時間的に変化する音量という値域を持つ連続的信号であり，信号 $f : \mathbb{R} \to \mathbb{R}$ の1つの例である．スクリーン上のグレイスケール画素の場合は，信号は各点に輝度を対応させ，よって $f : D \subseteq \mathbb{Z}^2 \to \mathbb{R}$ である．色が3原色 (RGB) あるいは4原色 (CMYK) の成分で表す場合は，信号はそれぞれ $\mathbb{R}^3$ あるいは

$\mathbb{R}^4$ への写像となる．

離散的信号はしばしば連続的信号を離散的間隔でサンプリングすることによって得られる．これを図 13.1 に示す．連続的信号を等間隔に位置した点で抽出したものである．

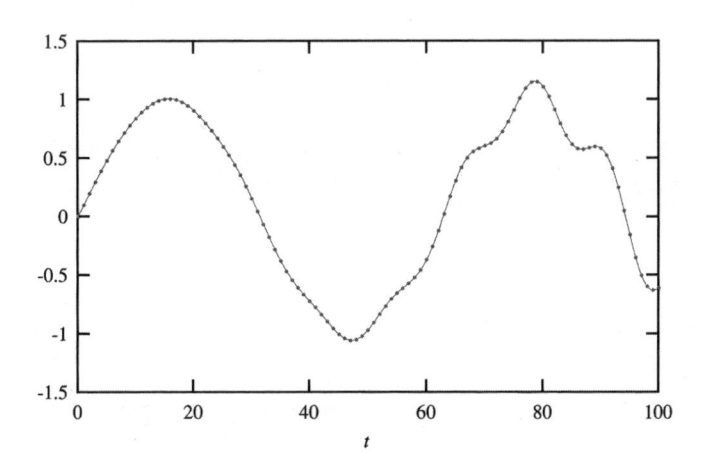

図 13.1 アナログ信号 $f(t) = \sin(t/10) + t^2 \sin(t/2)/40\,000$ （曲線）と対応する離散的信号（点）

離散的信号の応用は，たとえば，生命医療工学，地質学，音響学，ソナーやレーダーの映像，音声コミュニケーション，データコミュニケーション，衛星 TV コミュニケーション，衛星画像など多くの分野にある．音声や電話の信号は定義域が 1 次元のみの信号の例であり，レーダー映像や衛星映像，月の映像などは 2 次元の定義域として処理される．地質学における問題のような複雑な問題をモデル化するときには，定義域は高次元になりうる．

信号から適切な情報を抽出するためにある操作をしたり，信号をより使いやすい形に変換したりするのは重要である．データからいくつかの重要なパラメータ，たとえば心電図や脳波図に現れる危険な兆候を示すパラメータを抽出したいこともある．電話信号に含まれるデータを圧縮したり，音声信号から単語を認識したりしたいこともある．共通の問題は TV 通信や衛星画像などに伴う大量のデータから適切な情報を抽出することである．信号通信における信号処理

13.1 連続的および離散的 Fourier 変換

のもう1つの応用は通信ノイズや減衰, 混信による信号干渉を取り除くことである.

特に重要なものとして正弦信号 $f: \mathbb{R} \to \mathbb{R}$, $f(t) = \sin t$ およびその複素数版 $f: \mathbb{R} \to \mathbb{R}^2 \cong \mathbb{C}$, $f(t) = e^{it} = \cos t + i \sin t$ である. ここに, $i = \sqrt{-1}$ である. もっと一般に, 信号 $f: \mathbb{R} \to \mathbb{C}$, $f(t) = a \cdot e^{ikt}$ がある. ここで, a は**振幅**で信号の強度 (たとえば音響信号の音量や映像信号の輝度) を表し, k は**周波数** (それぞれ音高と色に対応) を表す. これらすべての信号は**周期的**信号の例である. **周期** $T \in \mathbb{R}_{>0}$ が存在して, すべての $t \in \mathbb{R}$ に対し $f(t+T) = f(t)$ が成り立つ. 変換 $t \mapsto 2\pi t/T$ を施せば, $T = 2\pi$ と仮定してよい. シヌソイド信号 $f(t) = a \cdot e^{ikt}$ に対して, そのような周期 T の最小のものは波長であり, 周波数 k とは $T = 2\pi/k$ なる関係がある. 同様に, 離散的信号が周期 $N \in \mathbb{N}_{>0}$ の周期的であるとはすべての $n \in \mathbb{Z}$ に対して $f(n+N) = f(n)$ が成り立つことをいう.

よく現れる 2π 周期的関数の他の例は, 有界区間上定義された関数をとって定義区間を $[0, 2\pi]$ に正規化し, 周期性により拡張して得られる. その例は練習問題 13.4 で与える. 以下では, 断ることなく関数は十分「滑らか」であって, よってたとえば必要な積分や和が矛盾なく定義されることを仮定する.

定義 13.2 2π 周期的信号 $f: \mathbb{R} \to \mathbb{C}$ の **(連続的) Fourier 変換**とは $k \in \mathbb{Z}$ に対し

$$\hat{f}(k) = \int_0^{2\pi} f(t) e^{-ikt} dt$$

によって定まる $\hat{f}: \mathbb{Z} \to \mathbb{C}$ のことである. ここで, 通常のように $i = \sqrt{-1} \in \mathbb{C}$ である.

次の反転公式は, その Fourier 変換によって関数 f を表示するものである.

$$f(t) = \frac{1}{2\pi} \sum_{k \in \mathbb{Z}} \hat{f}(k) e^{ikt} \tag{1}$$

この公式はすべての $t \in \mathbb{R}$ について成立する. 級数は一様に f へ収束する. この級数を f の **Fourier 級数**と呼び, $k \in \mathbb{Z}$ に対し $\beta_k = \frac{1}{2\pi} \hat{f}(k) = \frac{1}{2\pi} \int_0^{2\pi} f(t) e^{-ikt} dt$

を f の **Fourier 係数** と呼ぶ．反転公式は，関数 f はその Fourier 係数 $(\beta_k)_{k\in\mathbb{Z}}$ によって一意的に定まることを意味している．$k \in \mathbb{Z}$ に対し特別な関数 e^{ikt} は，すべての 2π 周期的関数のなす複素ベクトル空間の「基底」である．しかしながら一般には無限個の係数が零でない．

もとの信号 f は時間領域上，各時刻 $t \in [0, 2\pi]$ にその時刻の信号の値 $f(t)$ を対応させることにより記述されるのに対し，Fourier 変換 $\hat{f}$ は周波数領域における f の同値な特徴づけである．$\hat{f}$ は各周波数 $k \in \mathbb{Z}$ にその周波数の f への寄与 $\hat{f}(k)$，すなわち式 (1) で与えられるように信号 $\exp(ikt)/2\pi$ の f への寄与を対応させる．それは「連続的」値 $f(t)$ を可算個の値 $\hat{f}(k)$ へ圧縮するものである．$k \in \mathbb{N}_{>0}$ に対し，信号 $(\hat{f}(k)\exp(ikt) + \hat{f}(-k)\exp(-ikt))/2\pi$ を f の k 次**倍音**と呼ぶ．

例 13.3 $f(t) = \sin(t) + \sin(10t)/10$ によって定まる 2π 周期的信号 $f: \mathbb{R} \to \mathbb{R}$ を考える．これは図 13.2 において細線でプロットしたものである．f を大きな振幅の低周波数部分 $\sin(t)$ と小さな振幅の高周波数部分 $\sin(10t)/10$ を足し合わせた信号であると考えることができる．図 13.2 においてそれぞれ太線と点線の曲線によって示してある．Fourier 変換は f をその倍音に分解する．練習問題 13.3 により

$$\hat{f}(1) = -\pi i = -\hat{f}(-1), \quad \hat{f}(10) = -\frac{1}{10}\pi i = -\hat{f}(-10)$$

であって $k \neq \pm 1, \pm 10$ なら $\hat{f}(k) = 0$ である．よって f の第 1 倍音 (根音) は $(\hat{f}(1)\exp(it) + \hat{f}(-1)\exp(-it))/2\pi = \sin(t)$ であり，10 次倍音は $\sin(10t)/10$ である．そしてそれ以外の倍音はすべて零である．◇

離散 Fourier 変換は連続的 Fourier 変換の離散的周期信号についての類似である．$f: \mathbb{Z} \to \mathbb{C}$ を周期 $n \in \mathbb{N}_{>0}$ を持つ離散的信号とするとき，その離散 Fourier 変換 $\hat{f}: \mathbb{Z} \to \mathbb{C}$ は $k \in \mathbb{Z}$ に対して

$$\hat{f}(k) = \sum_{0 \le j < n} f(j) e^{-2\pi i j k/n} = \sum_{0 \le j < n} f(j) \omega^{kj}$$

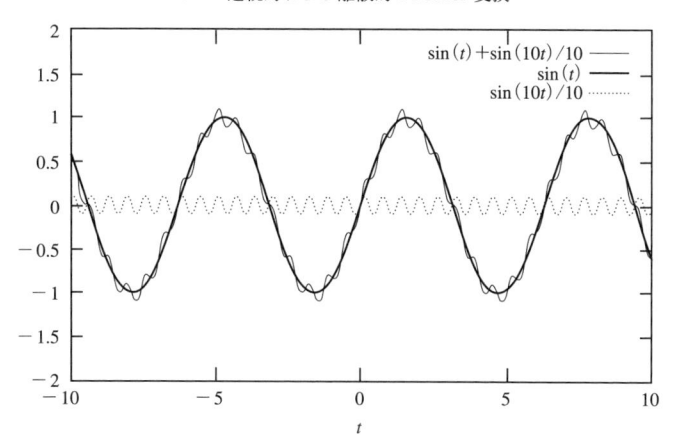

図 13.2 2π 周期的信号とその倍音

によって定義される．ここで，$\omega = e^{-2\pi i/n} \in \mathbb{C}$ は 1 の原始 n 乗根である．連続的 2π 周期的信号から始めて，$0 \leq j < n$ について等間隔の点 $2\pi j/n$ における値を抽出すると，f の離散 Fourier 変換は g の連続的 Fourier 変換を定義する積分の普通の近似の1つにすぎない．連続の場合とは対照的に，$\hat{f}$ は周期 n の周期的関数である．反転公式 (1) の類似は

$$f(j) = \frac{1}{n} \sum_{0 \leq k < n} \hat{f}(k) e^{2\pi i j k/n} = \frac{1}{n} \sum_{0 \leq k < n} \hat{f}(k) \omega^{-kj} \qquad (2)$$

である．

8.2 節との関連は以下の通りである．多項式 $g = \sum_{0 \leq j < n} g_j x^j \in \mathbb{C}[x]$ に対し，すべての j に対して $f(j) = g_j$ とおくことによって周期 n の信号 $f \colon \mathbb{Z} \to \mathbb{C}$ を対応させ，$\omega = \exp(-2\pi i/n)$ をとれば，

$$\mathrm{DFT}_\omega(g) = (\hat{f}(0), \ldots, \hat{f}(n-1))$$

であり，定理 8.13 が反転公式 (2) の類似である．

ディジタル信号処理において，音響や画像のような連続的信号は抽出される．抽出された離散信号のディジタルハードウェアやソフトウェアシステムによる解析や変換 (たとえば雑音除去やコントラストの増幅など) は，通常，大量のデータについての離散 Fourier 変換の計算を伴い，高速 Fourier 変換の使用は

必要不可欠である．

13.2　音声と映像の圧縮

　Fourier 変換とその逆は時間領域と周波数領域の間の表現の交換と考えることができる．f が (連続的または離散的) 信号であって $\hat{f}$ がその Fourier 変換とするとき，$f(t)$ はその信号の時刻 t における値であり，一方 $\hat{f}(k)$ はその信号への周波数 k の寄与である．両方とも信号の同値な特徴づけである．人間に伝えられる音声や画像のデータはしばしば時間領域においては「遅く」変化する傾向にあり，したがって高周波数の寄与は「小さい」．周波数領域においては，このことは大きな k の値に対しては $|\hat{f}(k)|$ が小さいことを意味する．データ圧縮のアイデアは「零に近い」$\hat{f}(k)$ の値を捨ててしまい，残りのみを蓄えるというものである．人間の耳や目の知覚能力は高周波数域よりも低周波数域の方がすぐれているので，視聴者がこの情報の欠如に気づくことは全くない．よって相当の圧縮率が得られる．

　音声や画像のデータは実数値信号であり，しばしば実数値信号を実数値信号へと変換する Fourier 変換の変種が用いられる．$f: \{0, \ldots, n-1\} \to \mathbb{R}$ を有限持続時間 $n \in \mathbb{N}$ の実数値離散信号とする．たとえば，音楽の抽出された断片やディジタル画像の 1 行とする．f をすべての $j \in \mathbb{Z}$ に対し $f(j) = f(j \text{ rem } n)$ とおくことにより $\mathbb{Z}$ 上の周期的信号へと拡張していると考えることができる．ここで

$$\mathrm{DCT}(f)(k) = \frac{1}{\sqrt{n}} c(k) \sum_{0 \le j < n} f(j) \cos \frac{\pi k(2j+1)}{2n} \quad (0 \le k < n \text{ のとき})$$

$$\mathrm{IDCT}(f)(j) = \frac{1}{\sqrt{n}} \sum_{0 \le k < n} c(k) f(k) \cos \frac{\pi k(2j+1)}{2n} \quad (0 \le j < n \text{ のとき})$$

とおく．ただし，$k = 0$ のとき $c(k) = 1$ でそれ以外のとき $c(k) = \sqrt{2}$ とする．すると DCT と IDCT は互いに逆作用素で，有限持続時間 n の実数値信号を同種の信号へと変換する (練習問題 13.6)．$\mathrm{DCT}(f)$ を f の**離散余弦変換** (Discrete Cosine Transform; DCT) という．練習問題 13.6 において，この変換または

13.2 音声と映像の圧縮

その逆変換の計算を離散 Fourier 変換の計算に還元でき，n が 2 のべきであるならば FFT により $\mathbb{R}$ の $O(n \log n)$ 演算を用いて効率的に行えることを示す．

$0 \leq j < n$ に対する反転公式

$$f(j) = (\text{IDCT} \circ \text{DCT})(f)(j) = \frac{1}{\sqrt{n}} \sum_{0 \leq k < n} c(k) \text{DCT}(f)(k) \cos \frac{\pi k(2j+1)}{2n}$$

は，離散余弦変換によってもとの信号 f は周期的信号 γ_k の線形結合の形に表示されることを示している．ここで，$\gamma_k(j) = \cos(\pi k(2j+1)/2n)$ であって，線形結合の係数は $c(k)\text{DCT}(f)(k)/\sqrt{n}$ である．図 13.3 は $n = 8$ の場合について，区間 $0, \ldots, n-1$ 上の信号 γ_k を描いたものである．より大きな k の値が，より急な変動 γ_k に対応している．

見込みのある画像データ圧縮アルゴリズムは以下のように動く．画像の各行 $f: \{0, \ldots, n-1\} \to \mathbb{R}$，ただし，$f(j)$ はその行の j 番目の画素の輝度を表すものに対し，$0 \leq k < n$ について $\text{DCT}(f)(k)$ を計算する（もし，画像がカラー画像の場合は，たとえば，3 原色，赤，緑，青のそれぞれの強度に対して別々にこ

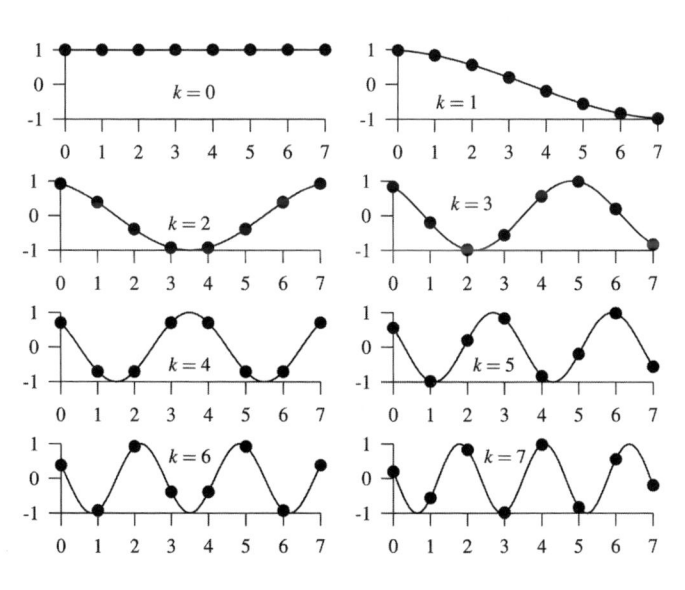

図 **13.3** $0 \leq k < 8$ に対する離散余弦信号 γ_k

れを適用する). 量子化パラメータ $q \in \mathbb{R}_{\geq 1}$ を選んで,すべての $\mathrm{DCT}(f)$ の値を q で割り,最も近い整数へ丸める. 量子化の効果は,絶対値の意味で零に近い $\mathrm{DCT}(f)(k)$ の値(一般に高周波数部分,つまり大きな k にあたる)は完全に消えてしまうことである. よって q が大きな値である場合,圧縮率は高くなるが,画質は悪くなる. 最後に連長符号化法や **Huffman 符号化法** のような損失のないデータ圧縮技法の組み合わせを量子化された値に適用する. **連長符号化法** は引き続いた零の列 (=連) をそれぞれ 2 つの整数に圧縮する. 連の始まる位置を示す 1 つの零の後にその連の長さを表す整数をおく. たとえば数列

$$1, 2, 3, 0, 0, 0, 0, 4, 0, 5, -6, 0, 0, 0, 1, 2$$

は

$$1, 2, 3, 0, 4, 4, 0, 1, 5, -6, 0, 3, 1, 2$$

へと圧縮され,よって長さが 2 つ減る. ここで,長さ 1 の零の「連」のところでは,上の例の 4 と 5 の間の 1 つの零のところのように,実際にはサイズが増えることに注意しておく. 画像を再構成するためには逆向きの処理を行う. 圧縮されたデータを解凍した後に,それらに q を掛け,行ごとに離散余弦変換を適用する.

図 13.4 の左側は,1088 行,728 列で輝度が 0 (=黒) から 255 (=白) なるグレイスケール画像である. よって画像のサイズは稠密符号化では $1088 \cdot 728 = 792064$ バイトである. ここで,各画素の輝度の値は 1 バイトに格納される. 右側はこの画像の行ごとの離散余弦変換の絶対値が示してある. 第 f_i 行の左から k 番目の画素の輝度は $\mathrm{DCT}(f_i)(k)$ の絶対値に対応しており(よりよく見えるように,白が 0 を表し,すべての値は 10 倍されている),DCT 係数が周波数が高くなるにつれて小さくなっていくのが見てとれる. 最後に図 13.5 は $q = 10$ と $q = 100$ について,同じ画像をパラメータ q の量子化と逆量子化を行い(すなわち,DCT 係数を q の倍数に丸めて)行ごとに IDCT を適用したものである. 図 13.4 の右側の画像はこの圧縮技法が成功する理由を示している. 明灰色の部分は 0 に「丸められた」部分であり,より暗い値は同様に単純化されている. q が大きいほど丸め方も大きい.

13.2 音声と映像の圧縮

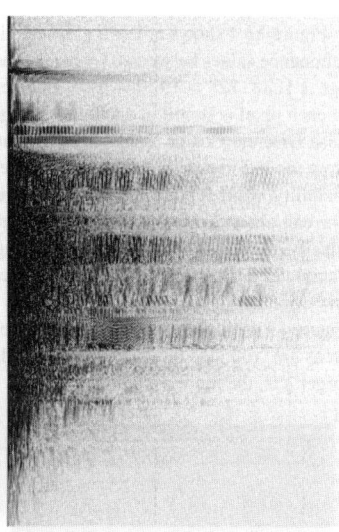

図 13.4 Paderborn の SchloßNeuhaus のグレイスケール画像とその行ごとの離散余弦変換. 白色は零に対応し, 周波数は左から右へと増える.

図 13.5 図 13.4 の画像を $q = 10$ と $q = 100$ で量子化し, 行ごとの離散余弦変換を適用した画像

表 13.6 は図 13.4 の画像をいろいろなパラメータ q の量子化と異なる損失のないデータ圧縮技法による画像の圧縮率——圧縮した画像ともとの画像のサイズの比——の一覧表である．たとえば，$q = 10$ で量子化して連長符号化と Huffman 符号化の両方を用いて得られたファイルのサイズは 107 646 バイトであり，もとのサイズの約 13.59% である．この圧縮率が表 13.6 の最上欄が 10 の列の最下行にある．比較のため，Huffman 符号化を (離散余弦変換したものにではなく) 画像そのものに適用した場合は圧縮率は 75.62% であり，GIF 画像フォーマットは損失のない圧縮によりもとのサイズの 54.08% となる．

上で述べた方法は，図 13.5 の $q = 100$ の場合に明らかなように，量子化によって行全体が摂動されるという欠点がある．よって画像の「局所的」な構造 (たとえば，図 13.4 の空の部分における輝度の緩やかな変化) を十分に取り出せない．この困難は，画像を決まったサイズの小さな部分に分割して，上の圧縮方法を (行全体ではなく) これらの各部分に別々に適用することにより回避できる．

たとえば，静止画像圧縮の標準である JPEG においては，もとの画像を 8×8 画素の正方形に分割し，各正方形に対して 2 次元離散余弦変換 (行ごとと列ごとの 1 次元離散余弦変換の組み合わせ) を計算する．そしてすべての正方形の DCT 係数が量子化され，連長符号化され，最後に Huffman 符号化される．行ごとの 1 次元離散余弦変換は水平方向の依存関係のみを考慮に入れるだけであるのに対して，その 2 次元版は水平方向と垂直方向の依存関係を同時に考慮する．このことと画像の局所構造に対する適応性を改良することによって，上の行ごとのアプローチよりも著しく高い圧縮率が達成される (表 13.7)．

図 13.8 は図 13.4 の画像を 8×8 正方形についての離散余弦変換と量子化因子 $q = 10$ および $q = 100$ によって圧縮・解凍して得られたものである．たとえ

表 13.6 図 13.4 の画像を行ごとの離散余弦変換およびいくつかの異なる符号化を行ったときの圧縮率を % で表したもの

q	1	2	5	10	20	50	100
Huffman	55.89	44.00	29.37	22.60	18.24	14.89	13.62
連長	91.81	75.01	43.26	28.52	18.49	8.99	4.64
連長 + Huffman	52.83	39.89	22.26	13.59	8.21	3.85	1.94

注　解

表 13.7 図 13.4 の画像を 8×8 の正方形の離散余弦変換およびいくつかの異なる符号化を行ったときの圧縮率を % で表したもの

q	1	2	5	10	20	50	100
Huffman	40.95	29.62	20.38	17.13	15.43	14.18	13.52
連長		78.14	54.35	23.39	12.57	8.08	5.34	4.21
連長 + Huffman		35.14	23.98	11.24	6.14	3.68	2.07	1.33

図 13.8 図 13.4 の画像を $q = 10$ と $q = 100$ で量子化し, 8×8 の正方形の離散余弦変換を適用した画像

ば $q = 10$ について, 図 13.5 と 13.8 との間の違いにはほとんど気づかないが, 前者の圧縮率は約 13.59% であるのに, 後者は 6.14% にまで圧縮している.

注解

13.1 （ディジタル）信号処理のよい参考書は Oppenheim & Schafer (1975) と Oppenheim, Willsky & Young (1983) がある.

13.2 Huffman 符号の詳細については, Huffman (1952), Cormen, Leiserson & Rivest (1990), §17.3, および練習問題 10.6 を見よ. 標準 JPEG については Wallace (1991) および Pennebaker & Mitchell (1993) に記述がある.

練習問題

13.1 任意の周期的離散信号 $f: \mathbb{Z} \to \mathbb{C}$ に対して，最小周期 (**基本周期**と呼ぶ) $n \in \mathbb{N}_{>0}$ が存在して f の他の周期は n の整数倍となることを示せ．

13.2 $f, g: \mathbb{R} \to \mathbb{C}$ を 2 つの 2π 周期的信号とする．もし f および g が十分滑らかであるならば，**たたみ込み**

$$(f*g)(t) = \int_0^{2\pi} f(s)g(t-s)ds$$

がすべての $t \in \mathbb{R}$ に対して存在する．$f*g$ はまた 2π 周期的であることを示し，また，たたみ込みの性質 $\widehat{f*g} = \hat{f} \cdot \hat{g}$ すなわち

$$\text{すべての } k \in \mathbb{Z} \text{ に対して } (\widehat{f*g})(k) = \hat{f}(k) \cdot \hat{g}(k)$$

なることを示せ．(このように Fourier 変換はたたみ込みを各点における積に変換する．) ここで，すべての積分は存在すると仮定してよい．

13.3 $f(t) = \sin(t) + \sin(10t)/10$ とする．$k \in \mathbb{Z}$ に対して $\hat{f}(k)$ を計算せよ．

13.4 (i) ある定数 $n \in \mathbb{Z}$ に対して $f(t) = e^{int}$ の Fourier 係数を計算せよ．ただし $i = \sqrt{-1}$ である．

(ii) $-\pi \leq t < 0$ のとき $f(t) = -1$, $0 \leq t < \pi$ のとき $f(t) = 1$ なる 2π 周期的方形波の Fourier 係数を計算せよ．

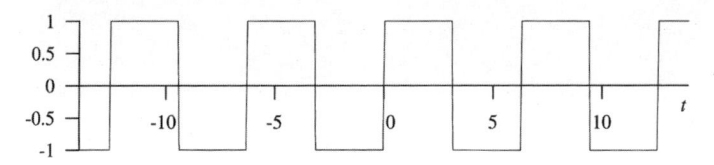

(iii) $-\pi \leq t < \pi$ のとき $f(t) = t/\pi$ なる 2π 周期的三角波の Fourier 係数を計算せよ．

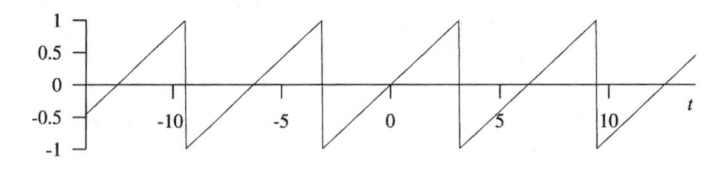

13.5 $f: \mathbb{Z} \to \mathbb{C}$ を周期 $n \in \mathbb{N}_{>0}$ の離散的信号とする．f が奇，すなわちすべての j に対して $f(j) = -f(-j)$ であるならば，すべての k に対して $\Re \hat{f}(k) = 0$ であることを示せ．また，f が偶，すなわちすべての j に対して $f(j) = f(-j)$ であるならば，

すべての k に対して $\Im \hat{f}(k) = 0$ であることを示せ.

13.6* $f : \{0, \ldots, n-1\} \to \mathbb{R}$ を有限持続時間 n の離散的信号とする. f に周期 $4n$ の信号 $g : \mathbb{Z} \to \mathbb{R}$ を

$$\begin{array}{rcl} g(2j+1) & = & g(4n-2j-1) = f(j), \quad 0 \leq j < n \text{ のとき}, \\ g(2j) & = & 0, \quad 0 \leq j < 2n \text{ のとき} \end{array} \quad (3)$$

とおき,周期的に拡張することによってすべての整数について定義された関数として対応させる.これは f と f の鏡映とを貼り合わせて,それを零たちで挟んだものである.明らかに g は偶であり,j が偶数なら $g(j)$ は消える.

(i) 離散 Fourier 変換 $\hat{g}$ は周期 $4n$ の実数値関数であり,対称性

$$k \in \mathbb{Z} \text{ に対し} \hat{g}(k) = \hat{g}(4n-k) = -\hat{g}(2n+k) = -\hat{g}(2n-k)$$

を持つことを証明せよ.

(ii) $0 \leq j < n$ に対して反転公式

$$f(j) = g(2j+1) = \frac{1}{n} \left(\frac{\hat{g}(0)}{2} + \sum_{1 \leq k < n} \hat{g}(k) \cos \frac{\pi k (2j+1)}{2n} \right)$$

が成立することを示せ.

(iii) DCT と IDCT は互いに逆作用素であることを示せ.

第 III 部

Gauß

Carl Friedrich Gauß (1777–1855) は数学界の君主たる数学者である．Archimedes と Newton と Gauß は偉大な数学者で彼らの業績と思想はその後何世紀もの数学の歩みを決定した（この本ではこのうちの2人を突出して取り上げる）．Gauß は3人の中では最も新しい時代の数学者である．

Gauß は 1777 年 4 月 30 日に生まれ，Johann Friedrich Carl Gauß と名づけられた．彼はブラウンシュバイク (Braunschweig) で貧しい煉瓦職人の家庭で育った．彼の父親は正直で頑固で愚かだったが，息子を自分と同じように無学な人物にしておくことには成功しなかった．その主な理由は Gauß の母親 Dorothea とおじ Friederich の努力のおかげだった．

Gauß は，10 歳のとき非凡な才能の最初の閃きが彼の疑うことを知らない Büttner 先生を驚かせた話を好んで語った．等差数列の最初の 100 項の和を計算する課題が出された．（なんと無駄な課題だろう）．Gauß は等差数列の和の公式を計算し (23.1 節参照) 瞬く間に正しい答えを求めて，他の少年たちが丸1時間もかけて間違った答えを出すのを待っていた．（このような愚かなことはドイツの学校からまだなくなってはいない．著者の1人の高校の地理の教師は同じような無駄な課題を学生に課し，自分の真剣な研究——最近のプレイボーイ誌について——の時間を捻出していた.）

Gauß にとって幸運なことに，この先生やその他の人々が彼の才能を認め，ブラウンシュバイクの Ferdinand 公爵が高校教育とゲッチンゲン (Göttingen) の大学で研究するための資金を提供した．この封建的気前よさのために，Gauß の時代はフランス革命，ナポレオン戦争，1830 年と 1848 年の革命と激動の時代だったにもかかわらず，彼は政治的かかわり合いとは無縁だった．

彼の学生時代，1795–1798, は信じられないほど実り豊かだった．定規とコンパスを使って正 17 角形を作図する方法を発見し（証明はつけていないが，同じ方法で作図できる正多角形を決定した)，平方剰余の相互法則の証明をした (Euler や Legendre が証明を試みたができなかった)．最小2乗法を発見し，2次形式を分類した, 確率論 では誤差の分布，正規分布に関する理論を確立した (Gauß 鐘形曲線)，実係数の多項式が1次または2次の因子で因数分解できること (代数学の基本定理，1799 年の学位論文) を初めて厳密に証明した．そのほかにも多くのことをなしている．

1798 年, 21 歳のとき彼は代表作 "*Disquistiones Arthmeticare*" (Gauß 1801) を書き上げた. Gauß のモットーである "pauca sed matural*1)" にしたがって簡潔な文体で書かれているが, 彼の時代の数学者にとっては骨の折れるものだった. しかし, その中の豊富なアイデアは新しい発展の方向を開いた. 出版は公爵の資金提供によるものだったが, 資金は限られており, Gauß は予定した最後の 8 章を省略しなければならなかった, その中には多項式の因数分解の方法 (第 14 章と第 15 章の注解を参照) が含まれていた. この方法は死後に手書きのノート (Gauß 1863b) をもとに出版された.

Gauß は 1805 年に 3 歳年下の Johanna Osthoff と結婚した. 彼らは 3 人の子供をもうけたが, ヨハンナは最後の出産後に亡くなった. それから 1 年も経たないうちに Gauß は彼女の友達で 11 歳年下の Minna Waldeck と結婚し, また 3 人の子供をもうけた.

Gauß の影響はこの本の多くの部分に浸透している. 彼の 1 のべき乗根と Gauß 周期, 関連した Galois 群の部分群による分解は 8.2 節の高速 Fourier 変換の前兆と見ることができる. (これらの周期は有限体上の累乗を計算する現代の高速アルゴリズムの道具にもなっている.) 彼は多項式の因数分解と $\mathbb{Z}$ 上の因数分解と $\mathbb{Q}$ 上の因数分解の関係に関する基本的な事実を証明した (6.2 節). 彼は有限体上の異なる次数による因数分解の方法 (14.2 節) や Hensel 持ち上げ (15.4 節) を発見し (出版はしていない), 素数定理を予想 (証明はしていない; 注解 18.4) し, 超幾何数列 (23.4 節) を研究した. Gauß の消去法 (5.5 節と 14.8 節) は線形代数学の中心テーマである.

おそらく, Gauß の数学の非常に多くの分野に寄与する偉業と同じくらい重要なことは, 彼が数学的に厳格な考え方と堅実な証明を重視したことである. これは 18 世紀の数学ではしばしば欠けていたものであり, 極限や無限和のような数学的対象の正確な理解が不足していた. (後の数学者, たとえば Cauchy, Weierstraß や Hilbert たちが Gauß の取り組みを完成した.)

彼自身によると, Gauß の業績は数学的発見に対する強い内面的衝動にだけ動機づけられたもので, 出版することや他人に見せつける欲望によるものではなかった. これは社会的かかわりが驚くほど少ないことを示していた. 彼は

---

*1) 少なめにしかし慎重に.

彼の信条を広めるために熱心で若い門弟を学校で教えることがなかったが，少数の才能ある学生を持っていた．Riemann は普通の意味での唯一の弟子であり，Eisenstein と Dedekind は広い意味での彼の学生だった．多くの Gauß の発見は彼の生存中は出版されなかった，算術平均と幾何平均に関する洞察，楕円関数とその二重周期性 (後に Abel と Jacobi が苦闘した)，解析関数の基本定理 (Cauchy によって再発見された閉曲線積分の消去)，四元数 (Sir William Rowan Hamilton により 1843 年 10 月 16 日に発見されるまで，Gauß のノートはすでに 30 年間もたんすの中に眠っていた.)，Gauß は非 Euclid 幾何を 1816 年に発見した (1829 年に Nikolas Lobachevsky により出版された，Gauß の友人 Wolfgang Bolyai の息子 Johann Bolyai de Bolya により 1832 年に出版された).

ゲッチンゲン大学で 1807 年の彼の地位は天文学の教授だった．1801 年 1 月 1 日，Guiseppe Piazzi は小惑星ケレスを発見した――ケレスは 2 月に消えた．天文学者たちは見つけることができなかった．Gauß は天文学における軌道計算の新しい方法を考案し，そのおかげでケレスは 12 月に再発見された．この業績がすぐに彼に世界的な名声をもたらした．48 年間の彼の教授在任中に 181 の講義とセミナーを行ったが，そのうち 128 が天文学に関するもので，数論に関するものはたった 1 つだった．

Gauß の業績のとても非凡な点の 1 つは互いに利益を与えつつ理論と実践を神秘的なまでに融合させていることにある．(Archimedes は同様の才能を持っていた，一方 Newton の船体の断面図を改良する理論的決定は実際には失敗だった.) この点が彼の科学的業績に通常よりもずっと多くの支持者を与えた，そし

て，ドイツでは 18 世紀の間，自然科学が (文学，音楽，哲学に対して) 衰退期にあったが，彼は 19 世紀の利口な若者が数学や自然科学に魅了される環境をつくる助けとなった．

　Gauß は長年ハノーバの王国の測地測量を指導した．個人的な目標は彼の発見した非 Euclid 幾何の見地からのもので，地形の三角形の角の和が正確に 180 度になるかを決定することだった——この問題は今日でも天文学者が高い精度の機材を使って調査している．この仕事は彼が微分幾何学の研究をする刺激となり，Gauß 曲率の概念や Gauß–Bonnet の定理が導かれた．彼は Wilhelm Eduard Weber とともに 1833 年に 2 キロの電線を使った電信を建設したが，1845 年に雷で破壊されてしまった．彼はまた Weber とともに地磁気に関する研究をし，磁力の単位は Gauß と呼ばれるようになった．Senate の要請で大学の未亡人基金の改革を行い，現在の生命保険の保険料計算の基礎を築いた．

　Gauß は 1855 年に 77 歳で亡くなり，ゲッチンゲンの聖アルバニ共同墓地に埋葬された．今日では気持ちのよい公園である．

> Polynomial factorization is perhaps one of the
> most striking successes of symbolic computation.
> *Zhuojun Liu and Paul S. Wang (1994)*

> La question de factorisation, que GAUSS considérait
> avec raison comme *fondamentale*, est traitée dans notre ouvrage
> avec une abondance de détails qu'on ne trouve pas
> habituellement dans un livre d'étude, et certaines notions
> y sont développées pour la première fois. [...]
> Il ne nous appartient pas de nous prononcer sur la valeur scientifique
> de notre exposé, mais nous avons la conviction
> de n'avoir épargné, ni notre travail, ni notre temps,
> pour élucider cette question importante.
> *Maurice Kraïtchik (1926)*

> Le plus souvent, cependant, il sera aisé de trouver par le tâtonnement
> une congruence irréductible d'un degré donné ν.
> *Évariste Galois (1830)*

> In den meisten Wissenschaften pflegt eine Generation das
> niederzureißen, was die andere gebaut, und was jene gesetzt,
> hebt diese auf. In der Mathematik allein setzt jede Generation
> ein neues Stockwerk auf den alten Unterbau.
> *Hermann Hankel (1869)*

> Two bombs each. Every bomb had a 95 percent probability of hitting
> [...] Even the paper probability was less than half a percent chance
> of a double miss, but that times ten targets meant a five percent chance
> that one missile would survive.
> *Tom Clancy (1994)*

14
有限体上の多項式の因数分解

 この章では有限体上で1変数の多項式を因数分解するいくつかのアルゴリズムを紹介する．2つの重要な過程がある，異なる次数の因数分解は異なる次数の既約因子を分解する過程で，等しい次数の因数分解は入力される多項式は等しい次数の既約因子だけを持つ過程である．因数分解の確率的多項式時間アルゴリズムの基本的な結果だけで満足な読者は 14.4 節まででよい．残りの節の話題は根の探索 (14.5 節)，平方自由因数分解 (14.6 節)，高速アルゴリズム (14.7 節)，線形代数を基礎とした異なる方法 (14.8 節)，既約多項式の構成と BCH 符号 (14.9 節と 14.10 節) である．15.7 節で簡単に述べた実装はこの分野が計算機代数のとても成功した分野であることを示していて，現在では非常に大きな多項式の因数分解が可能である．

14.1 多項式の因数分解

 整数論の基本定理はすべての整数が (本質的には一意的に) 素数の積に因数分解できることを述べている．同様に，任意の有限体 F に対して $F[x_1,\ldots,x_n]$ の多項式は (本質的には一意的に) 既約多項式の積に因数分解できる．いいかえれば，$\mathbb{Z}$ と $F[x_1,\ldots,x_n]$ は**一意分解整域**である (6.2 節，25.2 節)．
 「本質的には一意的に」とは因数分解は積の順序と単元倍を除いて一意的であることを意味している，単元倍とは $\mathbb{Z}$ では 1 倍または -1 倍，$F[x_1,\ldots,x_n]$ では F の 0 でない元との積のことである．たとえば，$x^2 - 1 = (x-1)(x+1) = (-x-1)(-x+1)$ のような場合である．多項式 $f \in F[x_1,\ldots,x_n]$ に対して $f \notin F$ かつ任意の多項式 $g,h \in F[x_1,\ldots,x_n]$ を用いて $f = gh$ と表すと $g \in F$ ま

たは $f \in F$ でなければならないとき，f は**既約**であるという．f が真の平方因子を持たないとき**平方自由**であるという，すなわち任意の $g \in F[x_1, \ldots, x_n]$ において g^2 が f を割るとき $g \in F$ が成り立つ．

体 F について与えられた $F[x]$ の多項式 f に対して，$f = \mathrm{lc}(f) f_1^{e_1} \cdots f_r^{e_r}$ を満たすように，互いに異なる既約なモニック多項式 $f_1, \ldots, f_r \in F[x]$ と正の整数 $e_1, \ldots, e_r \in \mathbb{N}$ を定める問題を1変数多項式の因数分解問題という．

大きな整数の因数分解は難しい計算であると思われている（第19章）．けれども，代数機計算のシステムは適当に大きい多項式の因数分解を無理なく計算する，整数と多項式の通常の計算の類似性がいつ壊れてしまうかが問題である．次数 n の1変数多項式の既約因子は高々 n 次であり，q 個の元を持つ有限体 $\mathbb{F}_q$（25.4節）上にはこのような多項式は有限個しかない．しかし，全件探索はおおまかに $q^{n/2}$ の探索を費やす，これでは n と有限体を表現するビットサイズ $\log_2 q$ の両方の指数関数になる．

後に有限体 $\mathbb{F}_q$ 上の次数が n の1変数多項式の因数分解を n と $\log q$ の多項式時間で計算する確率的アルゴリズムを詳しく述べる，実際，$\mathbb{F}_q$ 上でおおよそ $n^2 + n \log q$ 回の演算をする．入力のサイズが2つの独立なパラメータ n と $\log q$ を持っているので今日漸近的に最高のアルゴリズムがいくつか存在していることは興味深い．それらは2つのパラメータの関係に依存している（図14.9）．もっと一般的な問題には次の多項式の因数分解の問題が含まれる．

- $\mathbb{Z}[x]$ と $\mathbb{Q}[x]$,
- $\mathbb{Q}(\alpha)[x]$, ただし $\mathbb{Q}(\alpha)$ は代数的数体（$\mathbb{Q}$ の有限代数拡大）である，
- $\mathbb{Z}_m[x]$, ただし $m \in \mathbb{N}$ は正の整数である，
- $\mathbb{R}[x]$ と $\mathbb{C}[x]$,
- 多変数多項式．

これらの依存関係を表したのが図14.1である．有限体上の1変数多項式の因数分解が多くの他の因数分解にも使える基本的な課題であることがわかる．$\mathbb{Q}[x]$ の因数分解は第15章と第16章の話題である．

いくつかの有限体用のアルゴリズムは次の3つの過程に分けられる．

1. 平方自由因数分解,
2. 異なる次数の因数分解,

14.1 多項式の因数分解

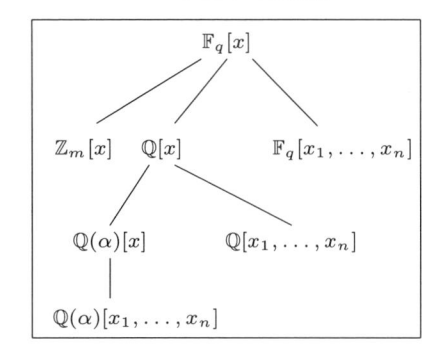

```
          𝔽_q[x]
         /  |   \
   ℤ_m[x] ℚ[x]  𝔽_q[x_1,...,x_n]
         /    \
    ℚ(α)[x]   ℚ[x_1,...,x_n]
      |
  ℚ(α)[x_1,...,x_n]
```

図 14.1 いろいろな整域上の多項式の因数分解

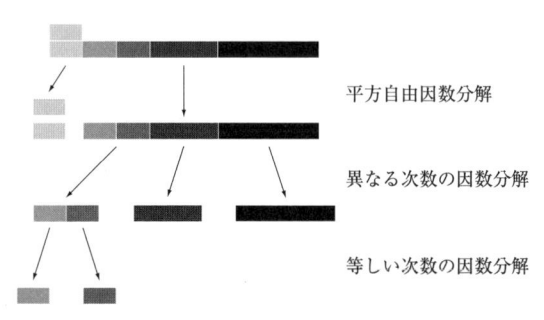

図 14.2 有限体上の 1 変数多項式の因数分解の過程（平方自由因数分解／異なる次数の因数分解／等しい次数の因数分解）

3. 等しい次数の因数分解．

平方自由因数分解は多重因子を取り除き，異なる次数の因数分解は既約因子をその次数にしたがって分解する，等しい次数の因数分解は残った問題を解決する，このときすべての既約因子は異なるがその次数は等しい．図 14.2 に，3 つの過程がどのように機能するかを示している．各箱の幅は対応する多項式の次数を表し，異なる塗り方は異なる既約因子を表す．例では元の多項式は 4 つの次数 2 の因子 (そのうち 2 つは等しい) と 1 つの次数 4 の因子と 1 つの次数 6 の因子からなる．

最初の過程は理論的にも実際的にも本当に簡単である．ランダムに大きな多項式を入力するとき，第三の過程では非常に小さな多項式になっていそうであり，第二の過程が計算時間のほとんど (15.7 節で述べる我々の実験では 99% よ

り多く) を消費する.

次の 3 節では概念的には簡単な因数分解の完全なアルゴリズムを詳しく述べる. 図 14.2 で示した過程は実際には簡略化されて「平方自由」と「異なる次数」の過程を一緒にしている.

アルゴリズムの基本的な道具は次の定理 (証明は 25.4 節) であり, 定理 4.9 の一般化になっている.

定理 14.1　Fermat の小定理　$a \in \mathbb{F}_q$ が 0 でないとき, $a^{q-1} = 1$ であり, すべての $q \in \mathbb{F}_q$ に対して $a^q = a$ であり, $\mathbb{F}_q[x]$ で

$$x^q - x = \prod_{a \in \mathbb{F}_q} (x - a)$$

が成り立つ. □

読者は 25.4 節の有限体に関する事柄にあますところなく精通しなければならない. というのはそれらはよく使われる. 記号 $\mathbb{F}_q$ や $\mathbb{F}_q$ 上の Fermat の小定理は何度も使用される. $f \in \mathbb{F}_q[x]$ が次数 n の既約多項式ならば $\mathbb{F}_{q^n} = \mathbb{F}_q[x]/\langle f \rangle$ は元の個数が q^n の有限体であり (4.2 節), このこともよく使用する. さらに, Fermat の小定理から $\mathbb{F}_q = \{a \in \mathbb{F}_{q^n} : a^q = a\}$ である.

有限体の大きさは素数のべきでなければならない, 今後 q は素数のべきを表す. 読者の中には q は素数で十分と思う人もいるかもしれないが, 多くの命題や証明は素数にしても簡単にはならないので, 十分に一般化して議論をする.

14.2　異なる次数の因数分解

この節では平方自由多項式の異なる次数の因数分解の過程について述べる, それ以外の多項式の扱い方については 14.4 節まであとまわしにする.

Fermat の小定理は次の結果の $d = 1$ の特別な場合になっている.

14.2 異なる次数の因数分解

定理 14.2 任意の $d \geq 1$ に対して, $x^{q^d} - x \in \mathbb{F}_q[x]$ はその次数が d を割り切るようなモニックな $\mathbb{F}_q[x]$ の既約多項式すべての積である.

証明 Fermat の小定理 14.1 を $\mathbb{F}_{q^d}$ に適応すると, $h = x^{q^d} - x$ は $a \in \mathbb{F}_{q^d}$ を満たす $(x-a)$ すべての積になる. もし ($\mathbb{F}_q$ 上で) g^2, ($g \in \mathbb{F}_q[x] \setminus \mathbb{F}_q$) が h を割り切るとすると, ある $(x-a)$ が g を割り $(x-a)^2$ が h を割る. これは不可能なのでこのような g は存在しない. h は平方自由である. 任意のモニックで既約な次数 n の多項式 $f \in \mathbb{F}_q[x]$ について

$$f \text{ が } x^{q^d} - x \text{ を割る} \iff n \text{ が } d \text{ を割る}$$

を示せば十分である. 体の拡大 $\mathbb{F}_q \subseteq \mathbb{F}_{q^d}$ を考える. もし f が $x^{q^d} - x$ を割れば, $\mathbb{F}_{q^d}$ で定理 14.1 を使うことにより, $f = \prod_{a \in A}(x-a)$ となる集合 $A \subseteq \mathbb{F}_{q^d}$ が得られる. $a \in A$ を適当に選ぶと, $\mathbb{F}_q[x]/\langle f \rangle \cong \mathbb{F}_q(a) \subseteq \mathbb{F}_{q^d}$ とできる, ただし, $\mathbb{F}_q(a)$ は a を含む最小の $\mathbb{F}_{q^d}$ の部分体である (25.3 節). これは q^n 個の元を持つ体であり, $\mathbb{F}_{q^d}$ は $\mathbb{F}_q(a)$ の拡大体であり, ある整数 $e \geq 1$ で $q^d = (q^n)^e$ となる. したがって, n は d を割り切る.

一方, n は d を割り切ると仮定し, $\mathbb{F}_{q^n} = \mathbb{F}_q[x]/\langle f \rangle$ とおき, $a = (x \bmod f) \in \mathbb{F}_{q^n}$ を f の根とする. 定理 14.1 より $a^{q^n} = a$ である. $q^n - 1$ は $q^d - 1 = (q^n - 1) \cdot e$ と割り切る, ただし, $e = q^{d-n} + q^{d-2n} + \cdots + 1$ である. 同様に $x^{q^n - 1} - 1$ は

$$x^{q^d - 1} - 1 = (x^{q^n - 1} - 1)(x^{(q^n - 1)(e-1)} + \cdots + 1)$$

と割り切る. 両辺を x 倍して, $x^{q^n} - x$ が $x^{q^d} - x$ を割り切ることがわかる. したがって,

$$(x-a) | (x^{q^n} - x) | (x^{q^d} - x)$$

であり, $x - a$ は $\mathbb{F}_{q^n}[x]$ 上の $\gcd(f, x^{q^d} - x)$ を割り切る. 2 つの多項式の係数が $\mathbb{F}_q$ に含まれているので gcd の係数も $\mathbb{F}_q$ に含まれる (例 6.19). これは定数ではなく f は既約なので, $\gcd(f, x^{q^d} - x) = f$ であり, f が $x^{q^d} - x$ を割り切

ることを意味する．□

定数ではない多項式 $f \in \mathbb{F}_q[x]$ の**異なる次数の分解**とは多項式の列 $(g_1, \ldots, g_s)$ であり，g_i は f を割り切るような次数 i の $\mathbb{F}_q[x]$ のモニックな既約多項式すべての積で，$g_s \neq 1$（しかし $i < s$ のときは g_i は 1 でもよい）である．たとえば $f = x(x+1)(x^2+1)(x^2+x+1) \in \mathbb{F}_3[x]$ の異なる次数の分解は (x^2+x, x^4+x^3+x+2) である．2 つの 2 次の因子は $\mathbb{F}_3$ の元では 0 にならないので既約因子である．

アルゴリズム 14.3 異なる次数の因数分解

入力：次数 $n > 0$ の平方自由でモニックな多項式 $f \in \mathbb{F}_q[x]$．
出力：f の異なる次数の分解 $(g_1, \ldots, g_s)$．

1. $h_0 \longleftarrow x, \quad f_0 \longleftarrow f, \quad i \longleftarrow 0$
   repeat
2. $\quad i \longleftarrow i+1$
   call アルゴリズム 4.8 繰り返し平方，$R = \mathbb{F}_q[x]/\langle f \rangle$ 上で $h_i = h_{i-1}^q \text{ rem } f$ を計算する
3. $\quad g_i \longleftarrow \gcd(h_i - x, f_{i-1}), \quad f_i \longleftarrow \dfrac{f_{i-1}}{g_i}$
4. **until** $f_i = 1$
5. $s \longleftarrow i$
   return $(g_1, \ldots, g_s)$

異なる次数の分解は多項式の列であり，**異なる次数の因数分解**はこの列を計算する過程のことである．

見返しにある積の計算時間 **M** を使って計算量を解析する．

定理 14.4 異なる次数の因数分解のアルゴリズムは正しく動作する．この計算には $O(s\mathbf{M}(n)\log(nq))$ または $O^\sim(n^2 \log q)$ 回の $\mathbb{F}_q$ の演算が必要である，こ

こで s は f の既約因子で最も次数が高い因子の次数である．

証明 f の異なる次数の分解を $(G_1, \ldots, G_t)$, $G_t \neq 1$ とする．動作の正しさを示すためには $i \geq 0$ に対し

$$h_i \equiv x^{q^i}, \quad f_i = G_{i+1} \cdots G_t, \quad i \geq 1 \text{ のとき } g_i = G_i$$

が成り立つことを数学的帰納法で証明すればよい．$i = 0$ のとき，最初の 2 つは自明である．$i \geq 1$ のとき，$h_i \equiv h_{i-1}^q \equiv (x^{q^{i-1}})^q = x^{q^i} \bmod f$ であり，$h_i - x \equiv x^{q^i} - x \bmod f$ と

$$g_i = \gcd(h_i - x, f_{i-1}) = \gcd(x^{q^i} - x, f_{i-1})$$

が成り立つ．定理 14.2 より，g_i は $f_{i-1} = G_i \cdots G_n$ を割り切るような $\mathbb{F}_q[x]$ のすべてのモニックな既約多項式のうち次数が i を割り切るものの積である．したがって $g_i = G_i$ となる．さらに，$f_i = G_i \cdots G_n / g_i = G_{i+1} \cdots G_n$．これで，帰納的に証明された．同時に $s = t$ も示したことになる．

系 11.8 より，計算量はステップ 2 で h_i を計算するのに $O(\log q)$ 回の f を法とした積，$\mathbb{F}_q$ の演算としては $O(\mathsf{M}(n) \log q)$ 回の計算をする．同様に g_i と f_i を計算するのに $O(\mathsf{M}(n) \log n)$ 回の計算をする．□

アルゴリズム 14.3 は $\deg f_i < 2(i+1)$ となったら停止してよい，なぜなら，f_i の既約因子の次数はすべて $i + 1$ 以上であり，この場合 f_i は既約である．この方法を**早期停止**という，この場合，アルゴリズムは $i = \max\{m_1/2, m_2\} \leq n/2$ を実行した後停止することが保証される，ただし，m_1 と m_2 はそれぞれ f の最大の次数の既約因子の次数と 2 番目に次数の高い既約因子の次数である．ステップ 2 において，実際は h_i は f_{i-1} を法として計算するだけでよい．

例 14.5 アルゴリズム 14.3 を $q = 3$ で平方自由多項式 $f = x^8 + x^7 - x^6 - x^3 - x^2 - x \in \mathbb{F}_3[x]$ の場合にトレースしてみよう．すると

$$h_1 = h_0^3 \operatorname{rem} f = x^3 \operatorname{rem} f = x^3$$

$$g_1 = \gcd(h_1 - x, f_0) = \gcd(x^3 - x, f) = x$$
$$f_1 = \frac{f_0}{g_1} = \frac{f}{x} = x^7 + x^6 - x^5 + x^4 - x^2 - x - 1$$
$$h_2 = h_1^3 \operatorname{rem} f = x^9 \operatorname{rem} f = -x^7 + x^6 + x^5 + x^4 - x$$
$$g_2 = \gcd(h_2 - x, f_1) = \gcd(-x^7 + x^6 + x^5 + x^4 + x, f_1) = x^4 + x^3 + x - 1$$
$$f_2 = \frac{f_1}{g_2} = \frac{x^7 + x^6 - x^5 + x^4 - x^2 - x - 1}{x^4 + x^3 + x - 1} = x^3 - x + 1$$

このとき，アルゴリズム 14.3 はもう 1 回繰り返しをするかもしれないが，早期停止の条件 $\deg f_2 < 2(2+1) = 6$ により，f_2 はすでに既約であり，これは不要である．したがって，f は 1 つの 1 次因子，2 つの異なる既約な 2 次因子（これらはまだ未知であるが），そして 1 つの既約な 3 次因子を持つ．このトレースを図示したのが図 14.3 である．◇

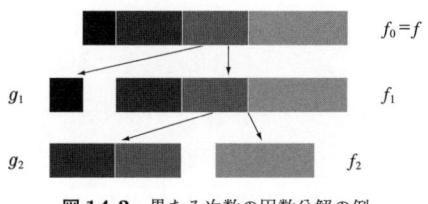

図 14.3 異なる次数の因数分解の例

14.3 等しい次数の因数分解：Cantor と Zassenhaus のアルゴリズム

残った課題は**等しい次数の因数分解**である．これは前節の異なる次数の因数分解で生成された多項式を因数分解することである．ここのアルゴリズムは奇素数のべき q でしか動作しない，標数 2 の場合の方法は練習問題 14.16 で述べる．

まず 2 乗をする写像 $\sigma : \mathbb{F}_q^\times \longrightarrow \mathbb{F}_q^\times, \sigma(a) = a^2$ について事実をまとめる．たとえば，$\mathbb{F}_{13}^\times$ と $\mathbb{F}_{17}^\times$ での σ の作用は図 14.4 で与えられる．数 i から数 j への矢印は $j = \sigma(i)$ を示す．各元には 2 本かまたは 0 本の矢印が入ってくる，前者は**平方数**で，後者は**非平方数**である．それぞれはちょうど半分の元を含んでい

14.3 等しい次数の因数分解：CantorとZassenhausのアルゴリズム 495

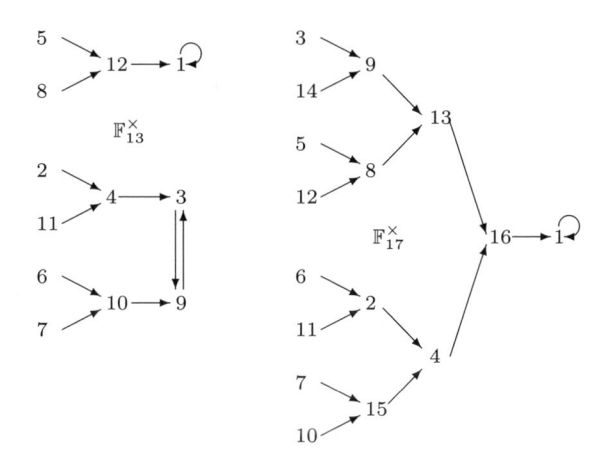

図 14.4 $\mathbb{F}_{13}^\times$ と $\mathbb{F}_{17}^\times$ における 2 乗

る．以下に述べる補題 14.7 において $k=2$ とおくと，このことが常に成り立つことがわかる．

補題 14.6 素数のべき q と $q-1$ の約数 k について，$\mathbb{F}_q^\times$ 上の k 乗数の集合を $S = \{b^k : b \in \mathbb{F}_q^\times\}$ とおく．
(i) S は位数 $(q-1)/k$ の部分群である，
(ii) $S = \{a \in \mathbb{F}_q^\times : a^{(q-1)/k} = 1\}$．

証明 S は k 乗する準同型写像 $\sigma_k : \mathbb{F}_q^\times \longrightarrow \mathbb{F}_q^\times$, $\sigma_k(b) = b^k$ の像であり，よって S は $\mathbb{F}_q^\times$ の部分群である．σ_k の核

$$\ker \sigma_k = \{a \in \mathbb{F}_q^\times : \sigma_k(a) = 1\} = \{a \in \mathbb{F}_q^\times : a^k = 1\} \tag{1}$$

は 1 の k 乗根の集合である．$\mathbb{F}_q$ は体だから，多項式 $x^k - 1 \in \mathbb{F}_q[x]$ は高々 k 個の根を $\mathbb{F}_q[x]$ 内 [訳注：$\mathbb{F}_q$ 内の間違い] に持つ (補題 25.4)，よって $\sharp \ker \sigma_k \leq k$ である．Fermat の小定理 14.1 より，すべての $b \in \mathbb{F}_q^\times$ に対して $(b^k)^{(q-1)/k} = b^{q-1} = 1$ が成り立つので，$S \subseteq \ker \sigma_{(q-1)/k}$ を得る．上と同様にして，$\sharp S \leq$

$(q-1)/k$ が成り立つ．ところで，群の準同型定理より

$$q-1 = \sharp \mathbb{F}_q^\times = \sharp \ker \sigma_k \cdot \sharp \operatorname{im} \sigma_k = \sharp \ker \sigma_k \cdot \sharp S \le k \cdot (q-1)/k = q-1$$

が成り立つので，$\sharp \ker \sigma_k = k$, $\sharp S = (q-1)/k$ と $S = \ker \sigma_{(q-1)/k}$ を得る．□

上の補題を $k=2$, $(q-1)/k$ とおいて適用すると，次を得る．

補題 14.7 q を奇素数のべきとし，S を

$$S = \{a \in \mathbb{F}_q^\times : \exists b \in \mathbb{F}_q^\times \ a = b^2\}$$

とおき，$\mathbb{F}_q^\times$ の平方数の集合とするとき
 (i) $S \subseteq \mathbb{F}_q^\times$ は位数 $(q-1)/2$ の (乗法) 部分群である，
 (ii) $S = \{a \in \mathbb{F}_q^\times : a^{(q-1)/2} = 1\}$,
 (iii) 任意の $a \in \mathbb{F}_q^\times$ に対して $a^{(q-1)/2} \in \{1,-1\}$.

さて，$\deg f = n$ のモニックな多項式 $f \in \mathbb{F}_q[x]$ と n の約数 $d \in \mathbb{N}$ が与えられて，f の各既約因子の次数が d とわかっているときに f を因数分解したい．$r = n/d$ 個の因子があり，異なるモニックな既約多項式 $f_1, \ldots, f_r \in \mathbb{F}_q[x]$ で $f = f_1 \cdots f_r$ と書くことができる．$r \ge 2$ と仮定してよい，さもなければ f は既約である．$i \ne j$ のとき $\gcd(f_i, f_j) = 1$ だから，中国剰余定理 5.3 より環準同型，

$$\chi : R = \mathbb{F}_q[x]/\langle f \rangle \longrightarrow \mathbb{F}_q[x]/\langle f_1 \rangle \times \cdots \times \mathbb{F}_q[x]/\langle f_r \rangle = R_1 \times \cdots \times R_r$$

を得る．各 R_i は q^d 個の元を持つ体であり，$\mathbb{F}_q$ の拡大次数 d の代数拡大である．

$$\mathbb{F}_{q^d} \cong R_i = \mathbb{F}_q[x]/\langle f_i \rangle \supseteq \mathbb{F}_q$$

$a \in \mathbb{F}_q[x]$ に対して，$a \bmod f \in R$ であり $\chi(a \bmod f) = (a \bmod f_1, \ldots, a \bmod f_r) = (\chi_1(a), \ldots, \chi_r(a))$ を得る．ただし，$\chi_i(a) = a \bmod f_i \in R_i$ である．$a \in \mathbb{F}_q[x]$ について，ある $i \le r$ で f_i が a を割り切ることと $\chi_i(a) = 0$ で

14.3 等しい次数の因数分解：CantorとZassenhausのアルゴリズム

あることが同値である．もしある $i \leq r$ で $\chi_i(a)$ が 0 でそれ以外に 0 でないような $a \in \mathbb{F}_q[x]$ が得られれば，$\gcd(a, f)$ は f の非自明な約数である．このような**分離多項式** a を見つける確率的手続きを記述する．

q を奇数と仮定し，$e = (q^d - 1)/2$ とおく．任意の $\beta \in R_i^\times = \mathbb{F}_{q^d}^\times$ で $\beta^e \in \{1, -1\}$ であり，補題 14.7 で q のかわりに q^d とすることにより，どちらも同じ確率で起こることがわかる．$\deg a < n$ で $\gcd(a, f) = 1$ となる $a \in \mathbb{F}_q[x]$ を均等に無作為に選ぶとき，$\chi_1(a), \ldots, \chi_r(a)$ は独立かつ一様に $\mathbb{F}_{q^d}^\times$ 内に分布し，$\varepsilon_i = \chi_i(a^e) \in R_i$ は 1 または -1 で，その確率はともに $1/2$ である．したがって

$$\chi(a^e - 1) = (\varepsilon_1 - 1, \ldots, \varepsilon_r - 1)$$

だから $\varepsilon_1 = \cdots = \varepsilon_r$ でなければ $a^e - 1$ は分離多項式である．後者は確率 $2 \cdot (1/2)^r = 2^{-r+1} \leq 1/2$ で起こる．

アルゴリズム 14.8 等しい次数の分離

入力：次数 $n > 0$ の平方自由なモニック多項式 $f \in \mathbb{F}_q[x]$ と n の約数 d，ただし q は奇素数のべきであり，f のすべての既約因子の次数は d である．
出力：f のモニックな真の因子 $g \in \mathbb{F}_q[x]$，または「偽」．

1. $\deg a < n$ なる $a \in \mathbb{F}_q[x]$ をランダムに選ぶ
   if $a \in \mathbb{F}_q$ **then return** 「偽」
2. $g_1 \longleftarrow \gcd(a, f)$
   if $g_1 \neq 1$ **then return** g_1
3. **call** $R = \mathbb{F}_q[x]/\langle f \rangle$ 上の繰り返し平方アルゴリズム 4.8，$b = a^{(q^d-1)/2} \text{ rem } f$ を計算する
4. $g_2 \longleftarrow \gcd(b - 1, f)$
   if $g_2 \neq 1$ **and** $g_2 \neq f$ **then return** g_2 **else return** 「偽」

定理 14.9 アルゴリズム 14.8 は仕様通りに正しく動作する．「偽」が返される

確率は $2^{1-r} \leq 1/2$ よりも小さい，ただし，$r = n/d \geq 2$ である．アルゴリズムの $\mathbb{F}_q$ の演算の回数は $O((d \log q + \log n)\mathsf{M}(n))$ または $O^\sim(d \log q)$ である．

証明 $\gcd(a, f) = 1$ のとき，上記のように失敗する確率は 2^{1-r} である．一般の a ではステップ2で因子を見つけてしまうかもしれないので，失敗の確率は 2^{1-r} よりも小さくなる．ステップ2と4でgcdにかかる計算量が $O(M(n) \log n)$ であり，ステップ3で b を計算するのにかかる計算は，高々 $2 \log_2(q^d) \in O(d \log q)$ 回の f を法とした積で $O(\mathsf{M}(n) d \log q)$ 回の $\mathbb{F}_q$ の演算である．□

よくやるように k 回アルゴリズムを走らせると失敗する確率は $2^{(1-r)k} \leq 2^{-k}$ よりも低くなる．

例 14.5 (続き) 例14.5で因数分解が終わっていない多項式 $f = x^4 + x^3 + x - 1 \in \mathbb{F}_3[x]$ をアルゴリズム14.8に入力する．f は2つの既約多項式に分解され，その次数は $d = 4/r = 2$ であることはわかっている．もし最初にステップ1で $a = x + 1$ を選んだとすると

$$g_1 = \gcd(a, f) = \gcd(x + 1, x^4 + x^3 + x - 1) = 1$$
$$b = a^4 \operatorname{rem} f = (x+1)^4 \operatorname{rem} x^4 + x^3 + x - 1 = -1$$
$$g_2 = \gcd(b - 1, f) = \gcd(1, f) = 1$$

となり失敗に終わる．次の選択が $a = x$ とすると

$$g_1 = \gcd(a, f) = \gcd(x, x^4 + x^3 + x - 1) = 1$$
$$b = a^4 \operatorname{rem} f = x^4 \operatorname{rem} x^4 + x^3 + x - 1 = -x^3 - x + 1$$
$$g_2 = \gcd(b - 1, f) = \gcd(-x^3 - x, x^4 + x^3 + x - 1) = x^2 + 1$$

後者は f の既約因子の1つであり，もう1つは $f/(x^2 + 1) = x^2 + x - 1$ である．

状況を図示したのが図14.5である．左の図は $R = F[x]/\langle f \rangle$ [訳注：$R = \mathbb{F}_3[x]/\langle f \rangle$ の誤り] を表し，81個の多項式 $a_3 x^3 + a_2 x^2 + a_1 x + a_0 \mod f$ で

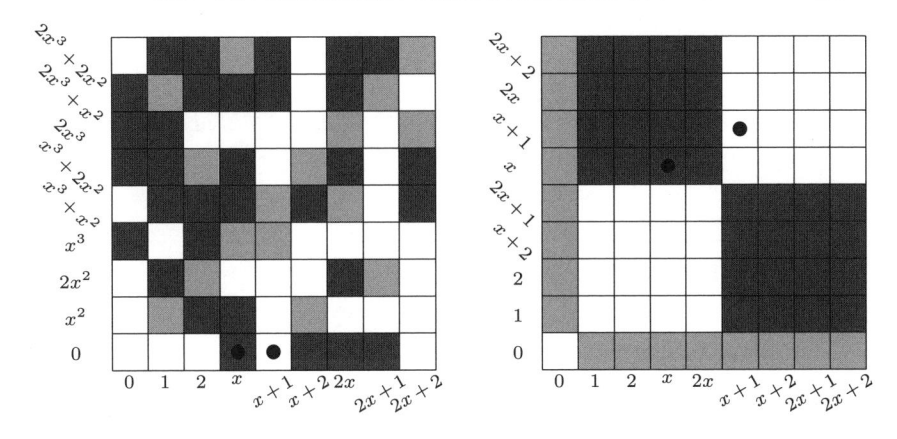

図 14.5 $x^4+x^3+x-1 \in \mathbb{F}_3[x]$ の因数分解におけるラッキーな選択とアンラッキーな選択

構成されている，ただし a_i は $\mathbb{F}_3$ のすべての値を動く．横軸に $a_1 x+a_0$ の可能な値をとり，縦軸に同様に $a_3 x^3 + a_2 x^2$ をとる．選択した多項式に ● で印をつけてある．

右の図は $R \cong \mathbb{F}_3[x]/\langle x^2+1\rangle \times \mathbb{F}_3[x]/\langle x^2+x-1\rangle \cong \mathbb{F}_9 \times \mathbb{F}_9$ を表し，横軸に直積の左の項の9個の元をとり，縦軸に右の項をとる．2つの $\mathbb{F}_9$ を同型写像の対応で並べかえておく．特に，$(x+2)^2+1 \equiv 0 \bmod x^2+x-1$ なので，この同型写像は $x \bmod x^2+1$ を $x+2 \bmod x^2+x-1$ に移す．どちらの軸でも最初に 0，続いて 4 つの 0 以外の平方数，4 つの非平方数の順に並んでいる．ラッキーな a の選択は網がかけてあり，アンラッキーな選択は白である．右では状況が明白である．16 個の薄い網かけの元はちょうど 1 つの座標が 0 であり，ステップ 2 で因子が求まる，そして，32 個の濃い網かけの元は平方/非平方または非平方/平方型の元であり，分離多項式である．他の $1+32=33$ 個はアンラッキーな元である．一般に，R の元は q^{rd} 個あり，そのうち薄い網かけの元は $2q^d-2$ 個しかないので，q^d が大きくなるとアルゴリズムがこの元を引き当てることはほとんどなくなる．

左の図の表現は計算に使われる．魔法の同型写像が無秩序な集団を右の図の統制のとれた図式に移す．このことが理由となり，アルゴリズムの実用性を持ち，その特性を証明できる．アルゴリズムが乱雑な左の実際の世界でも実現できる．◇

アルゴリズム 14.8 は 2 つの因子に分解する．もし既約因子の 1 つが必要なら再帰的に分解した因子の小さい方をアルゴリズムに入力すればよい (練習問題 14.15)．ところが，通常は r 個の因子のすべてを求めたい．これは再帰的に両方の因子をアルゴリズムに入力することにより可能になる．

アルゴリズム 14.10　等しい次数の因数分解

入力：平方自由でモニックで次数が $n > 0$ の多項式 $f \in \mathbb{F}_q[x]$ と n の約数 d，ただし，q は奇素数のべきで，f の既約因子はすべて次数が d であるとする．
出力：$\mathbb{F}_q[x]$ における f のモニックな既約因子．

1. **if** $n = d$ **then return** f
2. **call** 等しい次数の分離アルゴリズム 14.8，ただし，入力は f と d である．アルゴリズムが真の因子 $g \in \mathbb{F}_q[x]$ を返すまで繰り返す
3. **call** 再帰的にこのアルゴリズムを入力 g と入力 f/g でそれぞれ呼び出す
   return 2 つの再帰呼出しの結果を返す

定理 14.11　平方自由な $n = rd$ 次の多項式が r 個の d 次の既約因子を持っているとき，多項式の完全な因数分解は期待値 $O((d \log q + \log n)\mathsf{M}(n) \log r)$ または $O\tilde{}(n^2 \log q)$ 回の $\mathbb{F}_q$ の演算で計算できる．

証明　アルゴリズム 14.10 の動作はラベルつき木を使って説明できる (たとえば図 14.6 を見よ)．各節点のラベルは f の因子であり，根のラベルは f，葉のラベルは f の既約因子である．もしある節点でステップ 2 で呼び出したアルゴリズム 14.8 の返り値が「偽」ならば，その節点はちょうど 1 つの同じラベルの子を持つ．それ以外の場合はラベル g の子とラベル f/g の子を持つ．この木の 1 つのレベルのラベルすべての積は f の約数であり，よって，各レベルのすべての節点のラベルの次数の和は高々 n である．定理 14.9 より次数が m のラベルの節点での $\mathbb{F}_q$ の演算回数は $O((d \log q + \log m)\mathsf{M}(m))$ であり，M の劣加法性 (8.3 節) より，各レベルの全演算回数は $O((d \log q + \log n)\mathsf{M}(n))$ である．

さて,木の深さの期待値が $O(\log r)$ であることを示そう,$r \leq n$ だからこれを示せば証明が完成する.$1 \leq i \leq j \leq r$ を固定する.中国剰余定理より,アルゴリズム 14.8 において,$a \bmod g_i$ と $a \bmod g_j$ の両方がともに平方ではなく,かつともに非平方数でない確率は少なくとも $1/2$ である.よって,木の各レベルにおいてアルゴリズム 14.8 を呼び出したとき,そのレベルで g_i と g_j が分離される (まだ分離されていないと仮定して) 確率は少なくとも $1/2$ である.したがって,深さ k まで g_i と g_j がまだ分離されていない確率は高々 2^{-k} である.これは f の任意の既約因子の組で成り立ち,このような組は $(r^2 - r)/2 \leq r^2$ 個あるので,深さ k でまだすべての既約因子が分離されていない確率 p_k は高々 $r^2 2^{-k}$ である.これは木の深さが k よりも大きくなる確率であり,木の深さがちょうど k になる確率は $p_{k-1} - p_k$ である.$s = \lceil 2 \log_2 r \rceil$ とおく.すると木の深さの期待値は

$$\sum_{k \geq 1} k(p_{k-1} - p_k) = \sum_{k \geq 0} p_k = \sum_{0 \leq k < s} p_k + \sum_{k \geq s} p_k \leq \sum_{0 \leq k < s} 1 + \sum_{k \geq s} r^2 2^{-k}$$
$$= s + r^2 2^{-s} \sum_{k \geq 0} 2^{-k} \leq s + 2 \in O(\log r)$$

となる.□

例 14.12 $f = f_0 \cdots f_9 \in \mathbb{F}_q[x]$ の既約因子 f_i のすべてを求めるとする,ただし,f_i はモニックな既約で互いに異なるが次数はすべて d とする.

典型的なアルゴリズム 14.10 の実行の過程を木で表したのが図 14.6 である.ラベルはその頂点の多項式の既約因子を表している.左の数は木のレベルである.たとえば,レベル 2 の右端は f の約数 $f_1 f_2 f_6$ に対応している.深さ 6 は平均的上限 $\lceil 2 \log_2 r \rceil + 2 = 9$ よりも小さい.◇

q が十分に大きいとき,アルゴリズム 14.8 のステップ 3 のべき乗 $(q^d - 1)/2$ のほとんどすべてをより少ないべき乗 $(q-1)/2$ でおきかえる方法がある.アルゴリズム 14.10 の変形の $\mathbb{F}_q$ の演算回数の期待値は

$$O(d\mathsf{M}(n) \log q + \mathsf{M}(n) \log(qn) \log q)$$

になる (練習問題 14.17).

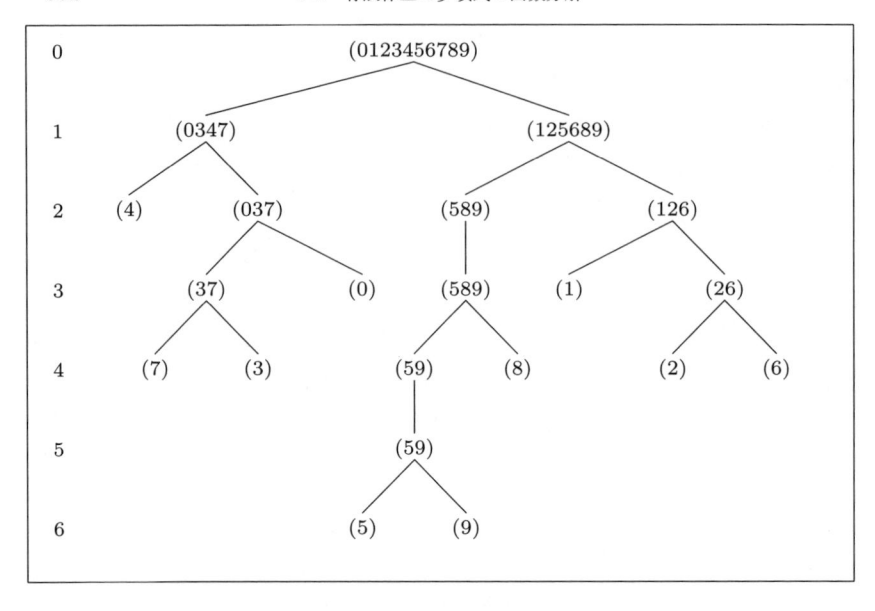

```
0                    (0123456789)

1            (0347)              (125689)

2      (4)        (037)      (589)      (126)

3             (37)      (0)   (589)  (1)    (26)

4         (7)     (3)       (59)  (8)    (2)   (6)

5                           (59)

6                        (5)   (9)
```

図 14.6 例 14.12 の等しい次数の因数分解アルゴリズム 14.10 の動作

14.4 完全な因数分解のアルゴリズム

残っているのは平方自由とは限らない多項式の扱いである．14.6 節で平方自由因数分解の段階を詳しく述べるが，ここでは異なる次数の因数分解の段階を修正するより簡単な方法について議論する．

アルゴリズムは次のように進む．$i = 1, 2, \ldots$ について f の次数 i の既約因子すべての（平方自由な）積 g を計算する，これは異なる次数の因数分解の方法を使う．g を等しい次数の因数分解のアルゴリズムで既約因子に因数分解する．得られた各既約因子 g_j で f 試験割り算を繰り返して，重複度 e を決定し，g_j^e を取り除く．

アルゴリズム 14.13 有限体上の多項式の因数分解

入力：定数でない多項式 $f \in \mathbb{F}_q[x]$，ただし q は奇素数のべき．

出力：f のモニックな既約因子とその重複度.

1. $h_0 \leftarrow x, \quad v_0 \leftarrow \dfrac{f}{\mathrm{lc}(f)}, \quad i \leftarrow 0, \quad U \leftarrow \emptyset$
   repeat
2. $i \leftarrow i+1$
     { 1つの異なる次数の因数分解 }
     call 繰り返し平方アルゴリズム 4.8, $R = \mathbb{F}_q[x]/\langle f \rangle$ 上で $h_i = h_{i-1}^q \,\mathrm{rem}\, f$ を計算
     $g \leftarrow \gcd(h_i - x, v_{i-1})$
3.   **if** $g \neq 1$ **then**
       { 等しい次数の因数分解 }
       call アルゴリズム 14.10, g のモニックな既約因子 $g_1, \ldots, g_s \in \mathbb{F}_q[x]$ を計算
4. $v_i \leftarrow v_{i-1}$
     { 重複度の決定 }
     for $j = 1, \ldots, s$ **do**
       $e \leftarrow 0$
       while $g_j | v_i$ **do** $v_i \leftarrow \dfrac{v_i}{g_j}, \quad e \leftarrow e+1$
       $U \leftarrow U \cup \{(g_j, e)\}$
5. **until** $v_i = 1$
6. **return** U

アルゴリズム 14.3 の異なる次数の因数分解のアルゴリズムと同じように，このアルゴリズムも $\deg v_i < 2(i+1)$ となれば終了できる，またステップ 2 において h_i は v_{i-1} を法として計算すれば十分である．

定理 14.14 アルゴリズム 14.13 は f の既約因数分解を正確に計算する．$\deg f = n$ のとき，$\mathbb{F}_q$ 上の演算回数の期待値は $O(n\mathbf{M}(n)\log(qn))$ あるいは $O^{\sim}(n^2 \log q)$ である．

証明 f の既約因数分解を $f = \mathrm{lc}(f) \prod_{1 \leq i \leq k} f_i^{e_i}$ とする，ここで，$f_1, \ldots, f_k \in \mathbb{F}_q[x]$ はモニックな既約多項式で，$e_1, \ldots, e_k$ は正整数である．アルゴリズムにおいてステップ 2 に入る前の時点では常に

$$h_i \equiv x^{q^i} \bmod f, \quad v_i = \mathrm{lc}(f) \prod_{\deg f_k > i} f_k^{e_k}$$

が成り立つことを示す．最初の等式は定理 14.4 の証明と同じようにすればよい．2 番目の等式は $i = 0$ のとき明らかであり，$i \geq 1$ と仮定する．定理 14.2 より，$x^{q^i} - x$ は $\mathbb{F}_q[x]$ の次数が i を割り切るような異なるモニックな既約多項式すべての積であり，特に平方自由である．したがって，$v_{i-1} | f$ と帰納法の仮定により，多項式

$$g = \gcd(h_i - x, v_{i-1}) = \gcd(x^{q^i} - x, v_{i-1}) = \prod_{\deg f_k = i} f_k$$

は次数 i の既約因子だけからなる平方自由な多項式であり，実際，$g \neq 1$ であれば，ステップ 3 の終了時には，$g_1, \ldots, g_s$ は g の既約因子である．ステップ 4 において，これらの因子を正確な重複度で v_i から取り除き，次にステップ 2 に入る前には 2 番目の等式を満たすようになっている．

ステップ 2 を 1 回実行するときの計算コストは，$\mathbb{F}_q$ 上の演算の回数は $O(\mathbf{M}(n) \log(qn))$ である．外のループの繰り返しは高々 n 回であり，したがって，全体ではステップ 2 の計算コストは $O(n\mathbf{M}(n) \log(qn))$ 回の演算である．ステップ 3 はアルゴリズムの中で唯一の確率的な部分であり，このステップにおいて $m_i = \deg g$ とおくと定理 14.11 より，演算回数の期待値は $O((i \log q + \log m_i)\mathbf{M}(m_i) \log(m_i/i))$ 回である．ここで，

$$i \log(m_i/i) = m_i \frac{\log(m_i/i)}{m_i/i} \leq m_i$$

と $\sum_i m_i \leq n$，log の底が 2 であることに注意すると

$$\sum_i (i \log q + \log m_i) \mathbf{M}(m_i) \log(m_i/i) \leq \sum_i (m_i \log q + \log^2 m_i) \mathbf{M}(n)$$
$$\in O(n\mathbf{M}(n) \log q)$$

が得られる．g_i の f における重複度を e_i とすると，ステップ 4 の **for** ループ

を実行するのに必要な $\mathbb{F}_q$ の演算回数は $O(e_i \mathbf{M}(n))$ であり，ステップ 4 の通算の演算回数は $O(n\mathbf{M}(n))$ である．なぜなら，f のすべての既約因子の重複度の合計は高々 n だからである．演算回数はステップ 4 に支配され，定理が示されたことになる．□

このアルゴリズムの計算時間は平方自由な多項式を入力したときの異なる次数の因数分解のアルゴリズム 14.3 のものと同程度である．

例 14.5 (続き)　$q = 3$ で $f = x^9 + x^8 - x^7 + x^6 - x^4 - x^3 - x^2 \in \mathbb{F}_3[x]$ とする，これは例 14.5 の f に x を掛けたものである．アルゴリズム 14.13 において，ステップ 1 で $v_0 = f$ と計算され，ステップ 2 で $h_1 = h_0^3 \operatorname{rem} f = x^3$, $g = \gcd(h_1 - x, f) = \gcd(x^3 - x, f) = x$ と計算される．後者は明らかに既約であり，ステップ 3 で $s = 1$, $g_1 = g$, さらにステップ 4 で f は x で 2 回割れると計算され，$(x, 2)$ が U に加えられ，ステップ 4 の終わりには $v_1 = x^7 + x^6 - x^5 + x^4 - x^2 - x - 1$ となる．$i = 2$ のときには，ステップ 2 で

$$h_2 = h_1^3 \operatorname{rem} f = x^9 = -x^8 + x^7 - x^6 + x^4 + x^3 + x^2$$
$$g = \gcd(h_2 - x, v_1) = x^4 + x^3 + x - 1$$

と計算される．ステップ 3 で前と同様に g の既約因子は $g_1 = x^2 + 1$ と $g_2 = x^2 + x - 1$ が見つかる．ステップ 4 でそれらの重複度が 1 であることがわかり，$(g_1, 1)$ と $(g_2, 1)$ が U に加えられ，$v_2 = x^3 - x + 1$ が残る．アルゴリズムのもとの条件ではもう 1 回の繰り返しをするが，早期終了条件を利用すると $\deg v_2 < 2(2+1) = 6$ なので v_2 はすでに既約とわかり，終了する．この様子が図 14.7 に示されている．◇

これでこの章の中心的な結果である有限体上の多項式の完全な因数分解を示すことができた．今後の節ではさらに深くこの問題を考察し，異なる (より高速な) アルゴリズムや応用を論じる．

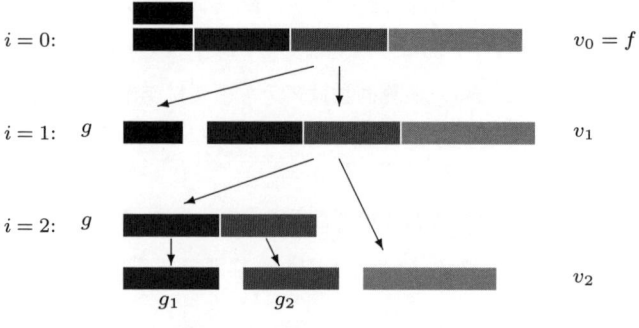

図 14.7 多項式の因数分解の例

14.5 応用：根の探索

$f \in \mathbb{F}_q[x]$ の零点をすべて求めるには，f のすべての1次因子を決定する必要がある．それには $g = \gcd(x^q - x, f)$ を計算し，g に等しい次数の因数分解のアルゴリズムを適応すればよいことは明らかである，つまり，f について異なる次数の因数分解を**すべて**計算する必要はない．

アルゴリズム 14.15　有限体上の根の探索

入力：定数でない多項式 $f \in \mathbb{F}_q[x]$．
出力：f の $\mathbb{F}_q$ 上の異なる根．

1. **call** $R = \mathbb{F}_q/\langle f \rangle$ の繰り返し平方アルゴリズム 4.8，$h = x^q \operatorname{rem} f$ を計算する
2. $g \longleftarrow \gcd(h - x, f), \quad r \longleftarrow \deg g$
   if $r = 0$ **then return** $\emptyset$
3. **call** 等しい次数の因数分解アルゴリズム 14.10，g の既約因子 $x - u_1, \ldots, x - u_r$ を計算する
4. **return** $u_1, \ldots, u_r$

14.5 応用：根の探索

系 14.16 次数が n の多項式 $f \in \mathbb{F}_q[x]$ が与えられたとき，$\mathbb{F}_q$ の演算回数の期待値が $O(\mathsf{M}(n) \log n \log(nq))$ または $O^\sim(n \log q)$ で，$\mathbb{F}_q$ 上の f の解をすべて求めることができる．

次に述べるように，剰余計算を用いることによりアルゴリズム 14.15 は多項式 $f \in \mathbb{Z}[x]$ のすべての整数根を求めるのに使うことができる．

アルゴリズム 14.17　$\mathbb{Z}$ 上の根の探索 (大きな素数版)

入力：定数でない次数 n の多項式 $f \in \mathbb{Z}[x]$ と最大値ノルム $\|f\|_\infty = A$．
出力：f の異なる整数根．

1. $B \longleftarrow 2n(A^2 + A)$
 $p \in \mathbb{N}$ を $B+1$ と $2B$ の間の奇素数とする
2. **call** アルゴリズム 14.15, $u_i \in \mathbb{Z}$ を $\{u_1 \bmod p, \ldots, u_r \bmod p\}$ が $\mathbb{F}_p$ で $f \bmod p$ すべての異なる根となり，任意の i で $|u_i| < p/2$ を満たすように求める
3. **for** $1 \leq i \leq r$, 次数 $n-1$ の多項式 $v_i \in \mathbb{Z}[x]$ を $f \equiv (x - u_i)v_i \bmod p$ を満たし，最大値ノルムが $p/2$ より小さくなるように計算する
4. **return** $\{u_i : 1 \leq i \leq r, |u_i| \leq A, \|v_i\|_\infty \leq nA\}$

定理 14.18 アルゴリズム 14.17 は f のすべての整数根を正しく計算する．ステップ 2 の計算量は

$$O(\mathsf{M}(n) \log n \log(nA) \mathsf{M}(\log(nA)) \log \log(nA))$$

または $O^\sim(n \log^2 A)$ 回の語演算が必要であり，ステップ 3 では u_i ごとに $O(n\mathsf{M}(\log(nA)))$ または $O^\sim(n \log A)$ 回の語演算が必要である．

証明 必要なら x で割れるだけ割っておくことにより，$f(0) \neq 0$ と仮定してよ

い．もしある整数 $u \in \mathbb{Z}$ で $f(u) = 0$ とすると，$(x-u) | f$ で u は f の定数項を割り切るので，$|u| \leq A < p/2$ である．よって，f のすべての異なる根が p を法とした計算で個々にすべて求まっている．各 i について $f(u_i) = 0$ であることと $|u_i| \leq A$ かつ $\|v_i\|_\infty \leq nA$ であることが同値であることを示す．$f(u_i) = 0$ のとき，上で述べたように $|u_i| \leq A$ であり，練習問題 14.21 より，$\|f/(x-u_i)\|_\infty \leq nA < p/2$ が成り立つ．しかし，$f/(x-u_i) \equiv v_i \bmod p$ であり，両辺の係数はともに絶対値が $p/2$ より小さいので，これらは等しい．一方，$|u_i| \leq A$ かつ $\|v_i\|_\infty \leq nA$ ならば，$\|(x-u_i)v_i\|_\infty \leq (1+A)nA < p/2$ であり，合同式 $f \equiv (x-u_i)v_i \bmod p$ から実際に等しいことわかる．

$\log p \in O(\log(nA))$ であることと，系 14.16 と 11.10 からステップ 2 の計算時間を評価できる．ステップ 3 では各 u_i に対して $O(n)$ 回の $\mathbb{F}_p$ の足し算と掛け算をする，あるいは $O(n\mathsf{M}(\log(nA)))$ 回の語演算をする．□

18.4 節で p を見つけるのにかかる時間について論じる．15.6 節で整数解を計算するより高速なアルゴリズムについて論じる．

14.6 平方自由因数分解

しばらくの間，F を任意の体とする．どのようにして任意の多項式の因数分解を平方自由な多項式の因数分解に帰着するかを示そう．多項式の因数分解のソフトウェアは通常この帰着を最初に行う．どのようなときに (少しの) 得られるものよりも帰着するのにかかる (少しの) 犠牲の方が大きくなるかは完全には明らかではない．我々の目標はそのことは気にせずに，アルゴリズム 14.13 を用いて，概念的にできるだけ簡単な因数分解の方法を記述することである．9.3 節で，多項式 $f = \sum_{0 \leq i \leq n} a_i x^i \in F[x]$ の微分 f' を $f' = \partial f/\partial x = \sum_{0 \leq i \leq n} i a_i x^{i-1}$ と定義した．

f が平方自由ではないと仮定すると，$f = g^2 h$ となる $g, h \in F[x]$ が存在し $g \notin F$ である．このとき $f' = g \cdot (2g'h + gh')$ であり，g は $u = \gcd(f, f')$ を割り切る．もし F の標数 (25.3 節) が 0 ならば，$f' \neq 0$ で $\deg f' < \deg f = n$ であり u は f の真の約数である．

14.6 平方自由因数分解

モニックな多項式 $f \in F[x]$ の既約因数分解を $f = \prod_{1 \leq i \leq r} f_i^{e_i}$ とおく，ただし $f_1, \ldots, f_r$ は互いに異なるモニックで既約であり，$e_1, \ldots, e_r \in \mathbb{N}$ は正の数である．$\prod_{1 \leq i \leq r} f_i$ を f の**平方自由部分**という．このとき

$$f' = \sum_{1 \leq i \leq r} e_i \frac{f}{f_i} f_i' \tag{2}$$

(練習問題 14.22) である．平方自由部分を計算するために，$u = \gcd(f, f')$ とおく．可能な約数は $f_1, \ldots, f_r$ のべきである．しかし f' における f_i の重複度はいくつだろう？ 等式 (2) の和の各項において i 番目の項以外は $f_i^{e_i}$ で割れ，i 番目の項は $e_i f_i \cdot f/f_i$ に等しく $f_i^{e_i-1}$ で割れる．よって，f' は $f_i^{e_i-1}$ で割り切れる．$f_i^{e_i}$ で割り切れるだろうか？ これは $e_i f_i' \cdot f/f_i$ が割り切れるときに限って起こる．確かに，f/f_i は $f_i^{e_i-1}$ 以上に割り切れない，しかし，$e_i f_i'$ は割り切れるだろうか？ この多項式は次数が $\deg f_i$ よりも小さく，f_i では割り切れないと思いがちである．しかし実は可能である，つまり $e_i f_i = 0$ のときである (またそのときに限る)．このような状況については後の練習問題 14.27 と 14.30 で扱う．ここでは仮定から，つまり標数が 0 のときは，このようなことは起きない．

アルゴリズム 14.19　標数 0 における平方自由部分

入力：モニックで次数 $n > 0$ の $f \in F[x]$，ただし F は標数 0 の体とする．
出力：f の平方自由部分，f の異なる既約因子すべての積．

1. $u \longleftarrow \gcd(f, f')$
2. **return** $v = \dfrac{f}{u}$

定理 14.20　アルゴリズム 14.19 は正しく動作し，F の演算を $O(\mathbf{M}(n) \log n)$ 回行う．

証明　正確に動作することは，各 $e_i f_i'$ が 0 でないことと，上の議論から

$$u = \prod_{1 \leq i \leq r} f_i^{e_i-1}, \quad v = \prod_{1 \leq i \leq r} f_i$$

とわかる．定理 9.6 と 11.5 より実行時間が示せる．□

平方自由分解は平方自由部分よりも多くの情報を提供する．それは，定数でないモニックな多項式 $f \in F[x]$ に対して，一意的な互いに素でモニックな平方自由な多項式の列 $(g_1, \ldots, g_m)$ で

$$f = g_1 g_2^2 g_3^3 \cdots g_m^m$$

と $g_m \neq 1$ を満たすものである．たとえば，$x^4(x+1)^2(x-1)^2(x^2+1)^2(x^2+x+1) \in \mathbb{Q}[x]$ の平方自由分解は $(x^2+x+1, x^4-1, 1, x)$ である．つまり，g_i は f をちょうど i 回割り切る f のモニックで既約な因子すべての積である．f の平方自由部分は $g_1 \cdots g_m$ である．平方自由分解を計算することを**平方自由因数分解**という．

平方自由分解のアルゴリズムを紹介する．この分解は第 22 章の積分のアルゴリズムで使用される．簡単のため標数は 0 と仮定する．単純なアルゴリズムではアルゴリズム 14.19 を呼び出し，$g_1 = v/\gcd(u,v)$ を計算する．そして f を u におきかえ，再帰的に繰り返す．この方法では $O(m\mathbf{M}(n)\log n)$ 回の体の演算をする．以下の方法はオーダ単位で速い．

アルゴリズム 14.21 　標数 0 のときの Yun の平方自由因数分解

入力：次数 $n \geq 1$ のモニック多項式 $f \in F[x]$，ただし F は標数 0 の体とする．
出力：f の平方自由分解．

1. $u \longleftarrow \gcd(f, f'), \quad v_1 \longleftarrow \dfrac{f}{u}, \quad w_1 \longleftarrow \dfrac{f'}{u}$
2. $i \longleftarrow 1$
   repeat
   $\qquad h_i \longleftarrow \gcd(v_i, w_i - v_i'), \quad v_{i+1} \longleftarrow \dfrac{v_i}{h_i}, \quad w_{i+1} \longleftarrow \dfrac{w_i - v_i'}{h_i}$
   $\qquad i \longleftarrow i+1$
   until $v_i = 1$

$k \longleftarrow i - 1$

3. **return** $(h_1, \ldots, h_k)$

アルゴリズムの正しさは以下の補題による．

補題 14.22 F を標数 0 の体，$g_1, \ldots, g_m \in F[x]$ を互いに素なモニック平方自由多項式とする．$g = g_1 \cdots g_m$, $h = \sum_{1 \leq i \leq m} c_i g_i' g/g_i$ とおく，ただし，$c_i \in F$ の定数である．このとき，任意の $c \in F$ に対して $\gcd(g, h - cg') = \prod_{c_j = c} g_j$ である．

証明 練習問題 9.27 より $g' = \sum_{1 \leq i \leq m} g_i' g/g_i$ であり，

$$h - cg' = \sum_{1 \leq i \leq m} (c_i - c) g_i' \frac{g}{g_i}$$

が成り立つ．ここで，$i \neq j$ のとき上の和の各項は g_j で割り切れ，F の標数 0 で g_j と g は平方自由だから，$\gcd(g_j, g_j') = \gcd(g_j, g/g_j) = 1$ である．よって，

$$\gcd(g_j, h - cg') = \gcd\left(g_j, (c_j - c) g_j' \frac{g}{g_j}\right) = \gcd(g_j, c_j - c)$$

から，補題が得られる．□

定理 14.23 上のアルゴリズムは F の演算を $O(\mathsf{M}(n) \log n)$ 回行い，f の平方自由分解を正しく計算する．

証明 f の平方自由分解を $(g_1, \ldots, g_m)$ とおく．$u = g_2 g_3^2 \cdots g_m^{m-1}$ である．i に関する数学的帰納法で

$$i \geq 1 \text{ ならば } h_i = g_i, \quad v_{i+1} = \prod_{i < j \leq m} g_j, \quad w_{i+1} = \sum_{i < j \leq m} (j - i) g_j' \frac{v_{i+1}}{g_j}$$

が $0 \leq i \leq m$ のとき成り立つことを示す．これは v_1 に関しては自明であり，w_1

に関しては

$$f' = \sum_{1 \leq j \leq m} \frac{f}{g_j} \cdot j g'_j = u \sum_{1 \leq j \leq m} j \frac{v_1}{g_j} g'_j$$

より示せる. $i \geq 1$ のとき, 補題 14.22 より $h_i = g_i$ である. したがって $v_{i+1} = \prod_{i < j \leq m} g_j$ は明らかであり, さらに

$$\begin{aligned} w_{i+1} &= \left(\sum_{i \leq j \leq m} (j-(i-1)) g'_j \frac{v_i}{g_j} - \sum_{i \leq j \leq m} g'_j \frac{v_i}{g_j} \right) \bigg/ g_i \\ &= \sum_{i < j \leq m} (j-i) g'_j \frac{v_i}{g_j g_i} = \sum_{i \leq j \leq m} (j-i) g'_j \frac{v_{i+1}}{g_j} \end{aligned}$$

を得る.

演算回数の評価に関して, $1 \leq j \leq m$ に対して $d_j = \deg g_j$ とする. ステップ1では $O(\mathsf{M}(n) \log n)$ 回の算術計算をする. さらに, $\deg v_i = \sum_{i \leq j \leq m} d_j$, $\deg w_i = (\deg v_i) - 1$ だから, ループの i 番目の gcd の計算では $O(\mathsf{M}(\deg v_i) \log n)$ 回の演算をする. 2度の割り算では $O(\mathsf{M}(\deg v_i))$ 回の F の演算をする. M の劣加法性 (8.3節) を用いて

$$\begin{aligned} \sum_{1 \leq i \leq m} \mathsf{M}(\deg v_i) &\leq \mathsf{M}\left(\sum_{1 \leq i \leq m} \deg v_i \right) = \mathsf{M}\left(\sum_{1 \leq i \leq j \leq m} d_j \right) \\ &= \mathsf{M}\left(\sum_{1 \leq i \leq m} i d_i \right) = \mathsf{M}(n) \end{aligned}$$

がわかる. □

例 14.24 $f = abc^2 d^4$ と仮定する, ただし $a, b, c, d \in F[x]$ をモニック既約多項式とする. すると, アルゴリズム 14.21 は $u = \gcd(f, f') = cd^3$ を計算し,

$$v_1 = f/u = abcd, \quad w_1 = f'/u = a'bcd + ab'cd + 2abc'd + 4abcd'$$
$$h_1 = \gcd(abcd, abc'd + 3abcd') = ab$$
$$v_2 = abcd/ab = cd, \quad w_2 = (abc'd + 3abcd')/ab = c'd + 3cd'$$
$$h_2 = \gcd(cd, 2cd') = c, \quad v_3 = cd/c = d, \quad w_3 = 2cd'/c = 2d'$$

$$h_3 = \gcd(d, d') = 1, \quad v_4 = d/1 = d, \quad w_4 = d'/1 = d'$$
$$h_4 = \gcd(d, 0) = d, \quad v_5 = d/d = 1, \quad w_5 = 0/d = 0$$

と正しく平方自由分解 $(ab, c, 1, d)$ を返す. ◇

素数 p に対して $\operatorname{char} F = p$ のとき，興味深いことが起こることがある，それは $\operatorname{char} F = 0$ では起きない．$f = \sum_{0 \le i \le n} a_i x^i \notin F$ でしかも $f' = 0$ となりうる．これは，$a_i \ne 0$ を満たすすべての i が p で割り切れる場合に起きて，かつ，そのときに限って起こる．この場合微分の各項 $ia_i x^{i-1}$ は $F[x]$ で 0 である．もし，$F = \mathbb{F}_p$ なら，

$$f = \sum_{0 \le i \le n/p} a_{ip} x^{ip} = \left(\sum_{0 \le i \le n/p} a_{ip} x^i \right)^p \tag{3}$$

と書ける，なぜなら任意の $g, h \in \mathbb{F}_p[x]$ に対して $(g+h)^p = g^p + h^p$，任意の $a_{ip} \in \mathbb{F}_p$ に対して $a_{ip}^p = a_{ip}$ (25.4 節を参照) だからである．たとえば，$\mathbb{F}_2[x]$ では $(x^4 + x^2 + 1)' = 0$ かつ，$x^4 + x^2 + 1 = (x^2 + x + 1)^2$ である．

同様に，素数のべき $q = p^s, (s \ge 1)$ に対して $F = \mathbb{F}_q$ ならば Fermat の小定理 14.1 から任意の $a \in \mathbb{F}_q$ について $a^q = a$ であり，$a^{p^{s-1}} = a^{q/p}$ は a の p 乗根である．式 (3) と同じように $g = \sum_{0 \le i \le n/p} a_{ip}^{q/p} x^i$ とすると $f = g^p$ が成り立つ．一方，$f = g^p$ ならば $f' = pg^{p-1}g' = 0$ であり，

$$\forall f \in \mathbb{F}_q[x] \quad f' = 0 \iff f \text{ は } \mathbb{F}_q[x] \text{ において多項式の } p \text{ 乗である} \tag{4}$$

が成り立つ．

$f = f_1^{e_1} \cdots f_r^{e_r}$ を f の既約因数分解とする．$1 \le i \le r$ となる i について $f_i' = 0$ のとき f_i は多項式の p 乗となり，f_i の既約性に反する．体論の言葉では任意の既約多項式で微分が 0 でない，**分離的**という，したがって，有限体や標数が 0 の体は**完全体**である．y の有理関数の体 $F = \mathbb{F}_p(y)$ は完全体ではない，というのはたとえば $f = x^p - y \in F[x]$ は既約で $f' = 0$ である (練習問題 14.33). この理由は「定数」$y \in F$ は F で p 乗根を持たないことである．有限体においては $f_i \ne 0$ で，$\deg f_i' < \deg f_i$ より $\gcd(f_i', f_i)$ は f_i ではなく f_i の既約性か

ら 1 である．しかしまだ $e_i f_i' = 0$ となりうる，つまり 0 でない整数 e_i が p で割り切れるときである．この場合は，式 (2) から $f_i^{e_i}$ は f' を割り切る．

系 14.25 F を有限体または標数 0 の体，$f \in F[x]$ は定数でないとする．f が平方自由であることと $\gcd(f, f') = 1$ は同値である．

練習問題 14.27 と 14.30 で有限体上の平方自由因数分解を取り扱う．

14.7 反復 Frobenius アルゴリズム

ここでは多項式の因数分解の問題のより速いアルゴリズムの概略を述べる．中心的な役割を果たすのは Frobenius 自己同型

$$\sigma : \begin{cases} \mathbb{F}_{q^n} & \longrightarrow & \mathbb{F}_{q^n} \\ \alpha & \longmapsto & \alpha^q \end{cases}$$

である．Galois 理論の言葉では，拡大体 $\mathbb{F}_{q^n}/\mathbb{F}_q$ は正規拡大であり，σ は Galois 群 $\{\mathrm{id}, \sigma, \ldots, \sigma^{n-1}\}$ の生成元であり，Fermat の小定理 14.1 より $\sigma^n = \mathrm{id}$ である．

平方自由なモニック n 次多項式 $f \in \mathbb{F}_q[x]$ に対して，剰余環 $R = \mathbb{F}_q[x]/\langle f \rangle$ と写像

$$\sigma : \begin{cases} R & \longrightarrow & R \\ \alpha & \longmapsto & \alpha^q \end{cases}$$

を考えよう．この写像は R の **Frobenius 自己同型**と呼ばれる (自己同型であることは f が平方自由であることによる)．この考えを一般化して，$R = \mathbb{F}_{q^n}$ で f が既約のとき，任意の $a, b \in R$ について

$$\sigma(\alpha + \beta) = \sigma(\alpha) + \sigma(\beta), \quad \sigma(\alpha\beta) = \sigma(\alpha)\sigma(\beta), \quad \sigma(\alpha) = \alpha \iff \alpha \in \mathbb{F}_q$$

を満たす．最後は Fermat の小定理である．ただし，定数の f を法とした剰余類からなる R の部分体と $\mathbb{F}_q$ を同一視する．これらより特に任意の $\alpha \in R$ と

14.7 反復 Frobenius アルゴリズム

$g \in \mathbb{F}_q[x]$ に対して $g(\alpha^q) = g(\alpha)^q$ が成り立つ.

$\xi = (x \bmod f) \in R$ とおくと, ξ のべき $1, \xi, \ldots, \xi^{n-1}$ は R の $\mathbb{F}_q$ 基底を成し, 任意の元 $\alpha \in R$ は $a_{n-1}, \ldots, a_0 \in \mathbb{F}_q$ を用いて

$$\alpha = a_{n-1}\xi^{n-1} + \cdots + a_i\xi + a_0 = a(\xi) = (a \bmod f)$$

と一意的に表される. ただし, $a = a_{n-1}x^{n-1} + \cdots + a_1x + a_0 \in \mathbb{F}_q[x]$ [訳注: $a_{n-1}x^{n-1} + a_1x + a_0$ を $a_{n-1}x^{n-1} + \cdots + a_1x + a_0$ に訂正] は $\mathbb{F}_q[x]$ の次数が n より小さい α の剰余類の標準的代表元である. a を $\check{\alpha}$ と書こう. すると

$$\check{\alpha}(\xi) = \check{\alpha} \bmod f = \alpha \tag{5}$$

である.

ソフトウェアでは α と $\check{\alpha}$ や同じように $(a \bmod f)$ と a を区別する必要はない. 両方とも係数の配列 $[a_0, \ldots, a_{n-1}]$ で表せる. しかし概念としては区別すべきものである. たとえば, 「α の ξ^p における値を評価する」ことは意味がないが, $\check{\alpha}$ の ξ^p における値を評価することはできる (する).

任意の $\alpha \in R$ と上の $a = \check{\alpha} \in \mathbb{F}_q[x]$ について, Frobenius 写像による α の像を

$$\alpha^q = a(\xi)^q = a(\xi^q) = \check{\alpha}(\xi^q) \tag{6}$$

と計算できる. これを Frobenius 写像の**多項式表現**と呼ぶ. そして以下のアルゴリズムの基礎となっている.

アルゴリズム 14.26 反復 Frobenius アルゴリズム

入力: $f \in \mathbb{F}_q[x]$, 次数が n で平方自由. $d \leq n$ である $d \in \mathbb{N}$, $\xi^q \in R = \mathbb{F}_q[x]/\langle f \rangle$, ただし $\xi = x \bmod f \in R$ で $\alpha \in R$.

出力: $\alpha, \alpha^q, \ldots, \alpha^{q^d} \in R$.

1. $\gamma_0 \longleftarrow \xi$, $\gamma_1 \longleftarrow \xi^q$, $l \longleftarrow \lceil \log_2 d \rceil$
2. **for** $1 \leq i \leq l$ **do**
   call R 上の高速多重点評価アルゴリズム 10.7, $1 \leq j \leq 2^{i-1}$ に対して $\gamma_{2^{i-1}+j} = \check{\gamma}_{2^{i-1}}(\gamma_j)$ を計算する

3. **call** R 上の高速多重点評価アルゴリズム 10.7, $0 \leq k \leq d$ に対して $\delta_k = \breve{\alpha}(\gamma_k)$ を計算する
4. **return** $\delta_0, \ldots, \delta_d$

入力の中の ξ^q はアルゴリズムの正当性を示すには必要ないが，実効時間の上界を示すのに必要である．

定理 14.27 アルゴリズム 14.26 は結果を正しく計算し，$\mathbb{F}_q$ の演算を $O(\mathsf{M}(n)^2 \log n \log d)$ または $O^{\sim}(n^2)$ 回行う．

証明 正当性を示すために，i に関する数学的帰納法で
$$\gamma_k = \xi^{q^k} \text{ ただし } 0 \leq k \leq 2^i$$
を示す．$i=0$ のときステップ 1 から明らかである．それ以外の場合，$k > 2^{i-1}$ のときを示せば十分である．$1 \leq j \leq 2^{i-1}$ のとき，ステップ 2 と式 (5), (6) と帰納法の仮定から
$$\gamma_{2^{i-1}+j} = \breve{\gamma}_{2^{i-1}}(\gamma_j) = \breve{\gamma}_{2^{i-1}}(\xi^{q^j}) = (\breve{\gamma}_{2^{i-1}}(\xi))^{q^j}$$
$$= \gamma_{2^{i-1}}^{q^j} = (\xi^{q^{2^{i-1}}})^{q^j} = \xi^{q^{2^{i-1}+j}}$$
が得られる．最後に，ステップ 3 において
$$\delta_k = \breve{\alpha}(\gamma_k) = \breve{\alpha}(\xi^{q^k}) = \breve{\alpha}(\xi)^{q^k} = \alpha^{q^k}$$
が $0 \leq k \leq d$ について計算される．

系 10.8 から，次数が n より小さい $R[x]$ の多項式 $\breve{\gamma}_{2^{i-1}}$ と $\breve{\alpha}$ の n 個を超えない環の元における評価には高々 $(\frac{11}{2}\mathsf{M}(n) + O(n)) \log_2 n$ 回の R の掛け算と足し算をする．アルゴリズム 14.26 のステップ 2 とステップ 3 ではこの問題を $l+1 \in O(\log d)$ 回解く，全体では R の演算を $O(\mathsf{M}(n) \log n \log d)$ 回または $\mathbb{F}_q$ の演算を $O(\mathsf{M}(n)^2 \log n \log d)$ 回する．□

練習問題 14.35 ではよりすぐれた O 自由実行時間の評価を問題にする．実際，

$$O((n/d)\mathbf{M}(nd)\log d) \tag{7}$$

回の $\mathbb{F}_q$ の演算で十分であることが証明できるが，$d = n$ のとき $\log n$ しか節約されていないので省略する．

反復 Frobenius アルゴリズムは以下のように進んでいく．

$$\underbrace{\xi^{q^1}}_{i=1}\underbrace{\xi^{q^2}\xi^{q^3}\xi^{q^4}}_{i=2}\underbrace{\xi^{q^5}\xi^{q^6}\xi^{q^7}\xi^{q^8}}_{i=3}\underbrace{\xi^{q^9}\xi^{q^{10}}\xi^{q^{11}}\xi^{q^{12}}\xi^{q^{13}}\xi^{q^{14}}\xi^{q^{15}}\xi^{q^{16}}}_{i=4}\cdots$$

i 番目の中括弧には i 番目の反復のステップ 2 で新たに計算される ξ のべきが含まれている．単純に連続的に ξ を計算するよりも反復 Frobenius アルゴリズムの方がすぐれていることは，a^n を計算するのに繰り返し掛け算をするよりも繰り返し平方を計算する方がすぐれていることと比較できるかもしれない．

アルゴリズム 14.26 は等しい次数の因数分解だけでなく異なる次数の因数分解にも使うことができる．アルゴリズム 14.3 では $1 \leq i \leq n$ に対して

$$x^{q^i} - x \bmod f = \xi^{q^i} - \xi = \gamma_i - \xi$$

を計算しなければならなかったことを思い出そう．これは繰り返し平方と $d = n$ とおいて反復 Frobenius アルゴリズムのステップ 1 と 2 を適用することによって計算できる．異なる次数の因数分解の他のステップの実行時間は反復 Frobenius の実行時間によって抑えられるので，以下の系が得られる．

系 14.28 平方自由な n 次多項式 $f \in \mathbb{F}_q[x]$ の異なる次数の因数分解は $\mathbb{F}_q$ 上の演算を $O(\mathbf{M}(n^2)\log n + \mathbf{M}(n)\log q)$ または $O^\sim(n^2 + n\log q)$ 回使用することにより計算できる．

等しい次数の因数分解のアルゴリズム 14.8 では，ランダムに選んだ $\alpha \in R = \mathbb{F}_q[x]/\langle f \rangle$ に対して $\alpha^{(q^d-1)/2}$ を計算する．指数は

$$\frac{q^d-1}{2} = (q^{d-1} + q^{d-2} + \cdots + q + 1)\frac{q-1}{2}$$

と書くことができるので

$$\alpha^{(q^d-1)/2} = (\alpha^{q^{d-1}} \cdots \alpha^q \alpha)^{(q-1)/2} = (\delta_{d-1} \cdots \delta_1 \delta_0)^{(q-1)/2}$$

となり，これは反復 Frobenius アルゴリズムと最初の ξ^q と最後の $(q-1)/2$ 乗を繰り返し平方で計算することでできる．

系 14.29 平方自由な多項式 $f \in \mathbb{F}_q[x]$ が r 個の次数 d の既約因子を持つ $n = rd$ 次多項式のとき f の完全な因数分解には $\mathbb{F}_q$ 上で期待値 $O((\mathsf{M}(nd)r\log d + \mathsf{M}(n)\log q)\log r)$ または $O^\sim(n^2 + n\log q)$ 回の演算をする．

同様に等しい次数の因数分解のアルゴリズム 14.10 に関しても，若干よい評価 $\mathbb{F}_q$ 上 $O(\mathsf{M}(nd)r\log d + \mathsf{M}(n)\log r\log q)$ 回の算術演算（練習問題 14.17）が見つかる．また 1 つの既約因子を探すには $O(\mathsf{M}(nd)r + \mathsf{M}(n)\log q)$ 回という評価もある．アルゴリズム 14.13 のステップ 2 と 3 を上の異なる次数と等しい次数のアルゴリズムに取り替えることにより，以下の結果を得る．

系 14.30 n 次多項式 $f \in \mathbb{F}_q[x]$ は期待値 $O(\mathsf{M}(n^2)\log n + \mathsf{M}(n)\log n\log q)$ または $O^\sim(n^2 + n\log q)$ 回の $\mathbb{F}_q$ の演算をすることにより完全に因数分解できる．

$\mathbb{F}_q$ の 1 回の演算は $O(\mathsf{M}(\log q)\log\log q)$ または $O^\sim(\log q)$ 回の語演算でできる．因数分解には $O^\sim(n^2\log q + n\log^2 q)$ 回の語演算が必要である，これは入力サイズ，約 $n\log_{2^{64}} q$ 語，のおおよそ 2 乗である．注解 14.8 で Kaltofen と Shoup による小さい標数の場合の劣 2 次のアルゴリズムに触れる．

14.8 線形代数をもとにしたアルゴリズム

実行時間が多項式の最も速い有限体上の因数分解のアルゴリズムは Berlekamp (1967, 1970) によるものである．異なる次数の因数分解を実行するかわりに以下に述べる線形代数による手法を採用する．$f \in \mathbb{F}_q[x]$ を平方自由なモニック多項式で次数が $n > 0$, $R = \mathbb{F}_q[x]/\langle f \rangle$ とする．このとき，R は $\mathbb{F}_q$ 上の n 次元ベクトル空間である (実際には，$\mathbb{F}_q$ 代数でもある), 写像 $\beta = \sigma - \mathrm{id} : R \longrightarrow R$ は $\beta(a) = a^q - a$ であり $\mathbb{F}_q$ 線形である．その核を決定しよう．もし f が異なる既約多項式 $f_1, \ldots, f_r \in \mathbb{F}_q[x]$ で $f = f_1 \cdots f_r$ と因数分解されるならば，中国剰余分解

$$R \cong \mathbb{F}_q[x]/\langle f_1 \rangle \times \cdots \times \mathbb{F}_q[x]/\langle f_r \rangle \tag{8}$$

が成り立つ．14.3 節のように，各 $\mathbb{F}_q[x]/\langle f_i \rangle$ は元の数が $q^{\deg f_i}$ 個の有限体であり，$\mathbb{F}_q$ を (f_i を法として定数と合同な多項式からなる) 部分体として含んでいる．いま $a \in \mathbb{F}_q[x]$ に対して，Fermat の小定理 14.1 により

$$a \bmod f \in \ker \beta \iff a^q \equiv a \bmod f \iff 1 \le i \le r \text{ のとき } a^q \equiv a \bmod f_i$$
$$\iff 1 \le i \le r \text{ のとき } a \bmod f_i \in \mathbb{F}_q$$

を得る．したがって $\mathcal{B} = \ker \beta$ は図 14.8 のように式 (8) の部分空間 $\mathbb{F}_q \times \cdots \times \mathbb{F}_q = \mathbb{F}_q^r$ に対応する．実は，$\mathcal{B}$ は R の $\mathbb{F}_q$ 部分代数であり，**Berlekamp 部分代数**と呼ばれる．χ が式 (8) の同型を与える同型写像ならば，$a \bmod f \in \mathcal{B}$ であることとある定数 $a_1, \ldots, a_r \in \mathbb{F}_q$ が存在して $\chi(a \bmod f) = (a_1 \bmod f_1, \ldots, a_r \bmod f_r)$ となることが同値である．

Frobenius 写像 σ の R の多項式の基底 $x^{n-1} \bmod f, \ldots, x \bmod f, 1 \bmod f$ に関する行列表現 $Q \in \mathbb{F}_q^{n \times n}$ は Petr (1973) において初めて異なる次数の因数分解に利用された，そして Berlekamp の結果によって計算機代数では重要な概念になった．この行列を f の **Petr–Berlekamp 行列**という．さて，Berlekamp のアルゴリズムではまず $Q - I$ に Gauß の消去法を使って $\mathcal{B}$ の基底 $b_1 \bmod f, \ldots, b_r \bmod f$ を決定する．

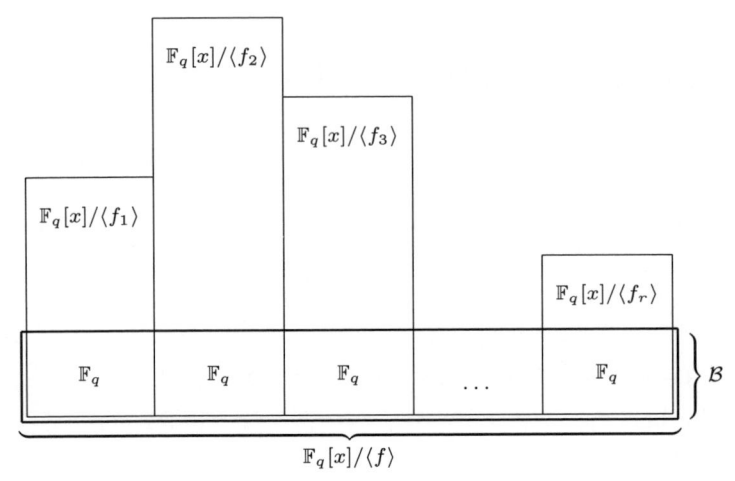

図 14.8　$R = \mathbb{F}_q[x]/\langle f \rangle$ の Berlekamp 部分代数 $\mathcal{B}$

$$f \text{ が既約である} \iff r = 1 \iff \mathrm{rank}(Q - I) = n - 1 \tag{9}$$

である．さて簡単のため q を奇数と仮定しよう（標数 2 については練習問題 14.16 を参照），$c_1, \ldots, c_r \in \mathbb{F}_q$ を独立に選ぶことにより，基底の 1 次結合 $b = c_1 b_1 + \cdots + c_r b_r$ をランダムに選ぶ．すると $b \bmod f$ を $\mathcal{B}$ からランダムに抽出できる．等しい次数の因数分解と同じように $(q-1)/2$ 乗の手品を使う．$1 \leq i \leq r$ に対して $b \bmod f_i$ は $\mathbb{F}_q$ の中の元として一様にそして独立にある．したがって，もし b を割り切る f_i が存在しなければ，補題 14.7 より $b^{(q-1)/2} \equiv \pm 1 \bmod f_i$ であり，どちらも起こる確率は $1/2$ で，すべての i について独立である．このことは次のラスベガスアルゴリズムをもたらす．

アルゴリズム 14.31　Berlekamp のアルゴリズム

入力：モニックで平方自由な多項式 $f \in \mathbb{F}_q[x]$ で次数 $n > 0$，ただし q は奇素数のべきとする．

出力：f の既約因子 g かまたは「偽」．

1. **call** 繰り返し平方アルゴリズム 4.8，$\mathbb{F}_q[x]/\langle f \rangle$ において $x^q \operatorname{rem} f$ を計算する

2. **for** $i = 0, \ldots, n-1$, x^{qi} rem $f = \sum_{0 \le j < n} q_{ij} x^j$ を計算する
   $Q \longleftarrow (q_{ij})_{0 \le i,j < n}$
3. $Q - I \in \mathbb{F}_q^{n \times n}$ に Gauß の消去法を使い，Berlekamp 代数 $\mathcal{B}$ の次元 $r \in \mathbb{N}$ と基底 b_1 mod $f, \ldots, b_r$ mod f を計算する．ただし I は $n \times n$ の単位行列，$b_1, \ldots, b_r \in \mathbb{F}_q[x]$ を次数が n より小さい多項式とする
   if $r = 1$ **then return** f
4. 独立にかつランダムに元 $c_1, \ldots, c_r \in \mathbb{F}_q$ を選ぶ
   $a \longleftarrow c_1 b_1 + \cdots + c_r b_r$
5. $g_1 \longleftarrow \gcd(a, f)$
   if $g_1 \ne 1$ **then return** g_1
6. **call** 繰り返し平方アルゴリズム 4.8，$R = \mathbb{F}_q[x]/\langle f \rangle$ において $b = a^{(q-1)/2}$ rem f を計算する
7. $g_2 \longleftarrow \gcd(b - 1, f)$
   if $g_2 \ne 1$ かつ $g_2 \ne f$ **then return** g_2 **else then** 「偽」

ステップ 3 において Gauß の消去法では $\mathbb{F}_q$ の演算を $O(n^3)$ 回行う．12.1 節ではより速い方法を学んでいる，実行可能な行列の積の指数 ω を使うと，$n \times n$ 行列の積は $O(n^\omega)$ 回の演算でできる．読者は古典的な $\omega = 3$ と思っていてもかまわない．

定理 14.32 アルゴリズム 14.31 は正しく動作し，失敗する確率は $1/2$ よりも小さい．アルゴリズムの $\mathbb{F}_q$ 上の演算回数は $O(n^\omega + \mathbf{M}(n) \log q)$ 回である，ただし $\omega > 2$ とする．

証明 プログラムの正しさはアルゴリズムの過程の説明から明らかである．もしステップ 5 において $g_1 = 1$ ならば，ステップ 7 において g_2 が自明 (つまり，1 または f) になるのは，すべての i について $b^{(q-1)/2} \equiv -1 \bmod f_i$ が成り立つか，またはすべての i について $b^{(q-1)/2} \equiv 1 \bmod f_i$ が成り立つときであり，

そのときに限る．それぞれが起こる確率は 2^{-r} である．したがって成功する確率は $r \geq 2$ であることとあわせて少なくとも $1 - 2 \cdot 2^{-r} \geq 1/2$ である．

ステップ1では $O(\mathsf{M}(n) \log n)$ 回の体の演算をする．ステップ2は $n-2$ 回の f を法とした掛け算または $O(n\mathsf{M}(n))$ 回の $\mathbb{F}_q$ の演算を使う．12.1節より，ステップ3では $O(n^\omega)$ 回である．これはステップ2の演算回数を支配する，ステップ4では $O(nr)$ 回の体の演算，ステップ5と7の gcd の計算では $O(\mathsf{M}(n) \log n)$ 回である．最後に，ステップ6ではまた $O(\mathsf{M}(n) \log q)$ の体の演算を使う．□

f の完全な因数分解をするときには，$\mathcal{B}$ の基底を一度だけ計算し，等しい次数の因数分解のアルゴリズム 14.10 と同じように，ステップ4からステップ7までの分離過程を g と f/g に再帰的に適用すればよい．定理 14.11 の解析と同様の解析をすることにより f のすべての既約因子を期待値 $O(n^\omega + \mathsf{M}(n) \log r \log q)$ 回の計算で求めることができる．

$\log q$ が n に比べて小さいとき，アルゴリズム 14.31 の計算時間はステップ2の零空間の計算時間に支配される．$a \in R$ に対して $\beta(a) = a^q - a$ を計算して行列 $Q - I$ の対応するベクトル評価は $O(\mathsf{M}(n) \log q)$ 回の体の演算だが，12.4節のブラックボックス線形代数の方法は有望のように思える．Kaltofen と Sounders のアルゴリズム (1991) (定理 12.19 とそれに続く議論を参照) と Berlekamp のアルゴリズムを直接的に組み合わせると，$O^\sim(n^2 \log q)$ の因数分解のアルゴリズムを得る．Frobenius 自己同型の特殊な性質を利用して，Kaltofen & Lobo (1994) は次のより洗練された手法を採用した，これは $O^\sim(n^2 + n \log q)$ アルゴリズムとなる．

アルゴリズム 14.33 Kaltofen と Lobo のアルゴリズム

入力：次数が $n > 0$ のモニック平方自由多項式 $f \in \mathbb{F}_q[x]$．
出力：f が可約なら f の真の因子，そうでなければ f 自身，または「偽」．
    $\{f$ の Petr–Berlekamp 行列を $Q \in \mathbb{F}_q^{n \times n}$ と記す．$\}$
  1. ランダムに2つの行ベクトル $u, v \in \mathbb{F}_q^n$ を選ぶ

14.8 線形代数をもとにしたアルゴリズム

call 反復 Frobenius アルゴリズム 14.26, $0 \leq i < 2n$ に対して $Q^i v$ を計算

call アルゴリズム 12.9, $0 \leq i < 2n$ として $u^T Q^i v$ を入力し，数列 $(u^T Q^i v)_{i \geq 0} \in \mathbb{F}_q^{\mathbb{N}}$ の最小多項式 $m \in \mathbb{F}_q[x]$ を計算
{「高い」確率で m は Q の最小多項式である，練習問題 12.15 を参照}

2. if $m = x^n - 1$ return f else if $m(1) \neq 0$ return 「偽」
3. $h \longleftarrow \dfrac{m(x+1)}{x}$

   もう 1 つランダムにベクトル $w \in \mathbb{F}_q^n$ を選ぶ

   call 反復 Frobenius アルゴリズム 14.26, $0 \leq i \leq \deg h$ に対して $Q^i w$ を計算

   係数ベクトルが $h(Q) \cdot w$ の多項式 $a \in \mathbb{F}_q[x]$ を計算

4. $g_1 \longleftarrow \gcd(a, f)$

   if $g_1 \neq 1$ かつ $g_1 \neq f$ then return g_1

5. call 繰り返し平方アルゴリズム 4.8, $R = \mathbb{F}_q[x]/\langle f \rangle$ で $b = a^{(q-1)/2}$ rem f を計算

6. $g_2 \longleftarrow \gcd(b-1, f)$

   if $g_2 \neq 1$ かつ $g_2 \neq f$ then return g_2 else return 「偽」

Kaltofen & Lobo (1994) と Kaltofen & Shoup (1998) の解析によると，次の定理が得られる．

定理 14.34 アルゴリズム 14.33 はすでに示したように正しく動作し, $q \geq 4n$ のとき「偽」を返す確率は高々 $1/2$ である．そして, $\mathbb{F}_q$ の演算を $O(\mathsf{M}(n^2) \log n + \mathsf{M}(n) \log q)$ 回行う．もしアルゴリズムを再帰的に使い f を完全に因数分解すると，再帰の深さの期待値は $O(\log_p n \cdot \log r)$ である，ただし，$p = \operatorname{char} \mathbb{F}_q$ で r は f の既約因子の個数である．

図 14.9 は 4 つの因数分解アルゴリズムの漸近的実行時間がどのように 2 つの

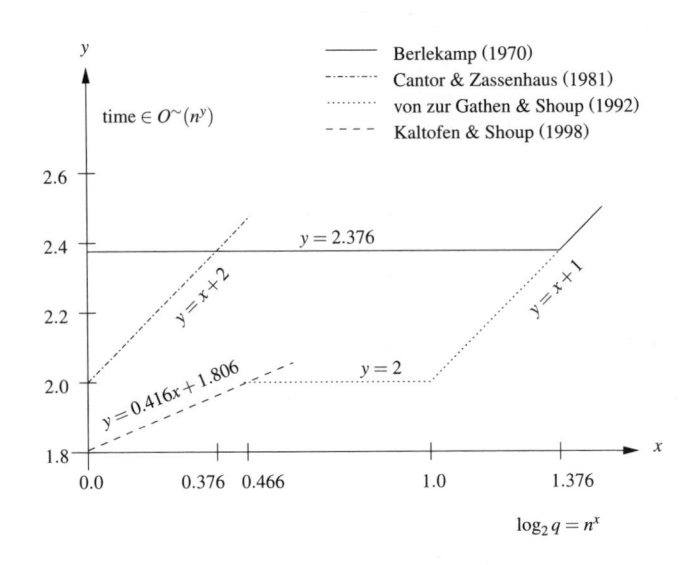

図 14.9　各種の因数分解アルゴリズムの漸近的実行時間

独立したパラメータ n と $\log_2 q$ に依存しているかを表している．ただし，n は入力多項式の次数である．図は Kaltofen & Shoup (1998) の同様の図をもとにしているが，n と $\log_2 q$ の関数の 3 次元の像を抜き出して，対数座標 x と y の 2 次元の図にしている．ただし，$\log_2 q$ と時間はそれぞれおおよそ n^x と n^y である．図には Berlekamp の古典的アルゴリズム 14.31，Cantor と Zassenhaus の方法（アルゴリズム 14.3 と 14.10），von zur Gathen と Shoup の反復 Frobenius アルゴリズム（系 14.30），そして Huang と Pan の高速長方形行列乗法を組み込んだ Kaltofen と Shoup の劣 2 次アルゴリズムが描かれている．Huang & Pan (1998) は図にはないアルゴリズムを示した，その実行時間は $x + 1.80535$ に対応し，$x \leq 0.0017c$ のとき他のアルゴリズムより勝っている．図のグラフではその値が小さすぎて区別することができない．これら 5 つのアルゴリズムは，ある n と q の組み合わせでそれ以前に知られていた方法よりも漸近的に高速である．

　計算法的には，(高速の) 有限体上の多項式の因数分解は，たとえば乗法や最大公約数の計算と比べてさえも非常に高度な問題である．特定のアルゴリズム

14.9 既約性判定と既約多項式の構成

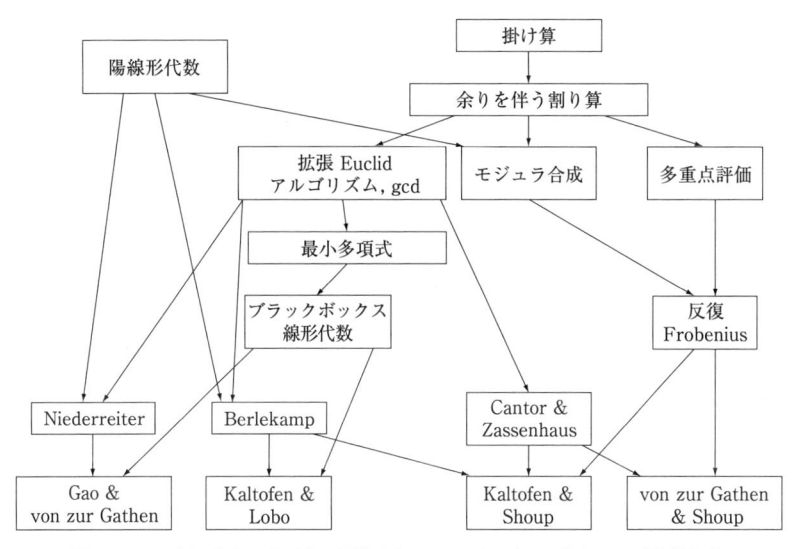

図 14.10 有限体上の多項式の因数分解のアルゴリズムで使われる計算機代数

を実装する前に，その他の基本的な多項式の計算のルーチンを注意深く実装しておかねばならない．多項式の因数分解のパッケージを設計するには通常複数年人は必要である．図 14.10 には種々の有限体上の多項式の因数分解のアルゴリズムとその基礎となる多項式の計算が概観されている．矢印は依存関係を表す．

14.9 既約性判定と既約多項式の構成

すべての因数分解のアルゴリズムは既約性判定に利用することができる．たとえば，異なる次数の因数分解アルゴリズム 14.3 において真の因子が見つかるか，または因子が見つからないまま次数が $n/2$ を超えるまで実行すれば判定できる．次の系は別の方法を与える．

系 14.35 多項式 $f \in \mathbb{F}_q[x]$ が次数 $n \geq 1$ のとき，f が既約であることの必要十分条件は

(i) f は $x^{q^n} - x$ を割り切りかつ,
(ii) すべての n の素因子 t に対して, $\gcd(x^{q/t} - x, f) = 1$.

である.

証明 f が既約のとき 2 つの条件を満たすことは定理 14.2 よりすぐにわかる. 逆に, もし条件 (i) を満たせば, 定理 14.2 より f の任意の既約因子の次数は n を割り切る. 既約因子を g, $d = \deg g < n$ と仮定すると, ある n の素因子 t について d は n/t を割り切り, したがって, $g | x^{q^{n/t}} - x$ である. これは条件 (ii) に矛盾する. したがって, $d = n$ で, f は既約となる. □

アルゴリズム 14.36 有限体上の既約性判定
入力: n 次多項式 $f \in \mathbb{F}_q[x]$.
出力: 「既約」または「可約」.
1. **call** 繰り返し平方アルゴリズム 4.8, $x^q \operatorname{rem} f$ を計算
   モジュラ合成アルゴリズム 12.3 を使って $a = x^{q^n} \operatorname{rem} f$ を計算
   if $a \neq x$ **then return** 「可約」
2. **for** n のすべての素因子 t **do**
3.   モジュラ合成アルゴリズム 12.3 を使って $b = x^{q^{n/t}} \operatorname{rem} f$ を計算
       if $\gcd(b - x, f) \neq 1$ **then return** 「可約」
4. **return** 「既約」

任意の自然数 $n \geq 1$ に対して, $\delta(n)$ を n を割り切る素数の個数とする. 2 は最小の素数だから, 自明な上界 $\delta(n) \leq \log_2 n$ を得る. 実際, $\delta(n) \leq \ln n / \ln \ln n$ であり, $\delta(n)$ の平均は $O(\log \log n)$ である.

定理 14.37 アルゴリズム 14.36 は正確に入力した多項式が既約かどうかを判定する. これは $\mathbb{F}_q$ 上の演算を $O(\mathsf{M}(n) \log q + (n^{(\omega+1)/2} + n^{1/2} \mathsf{M}(n)) \delta(n) \log n)$ 回または $O^{\sim}(n^{(\omega+1)/2} + n \log q)$ 回することにより実行できる.

証明 正確さは系 14.35 によりわかる．ステップ 1 で $x^q \operatorname{rem} f$ を計算するときの演算回数は体上の演算で $O(\mathsf{M}(n) \log q)$ 回である．$m \in \mathbb{N}$ に対して $s_m = x^{q^m}$ を計算するために，Frobenius 写像の多項式表現 (6) を使う．任意の i, j に対して

$$x^{q^{i+j}} \bmod f = \left(\xi^{q^i}\right)^{q^j} = s_i(\xi)^{q^j} = s_i(s_j(\xi)) = s_i(s_j) \bmod f$$

であることに注意する．よって，$x^{q^m} \operatorname{rem} f$ は $x^q \operatorname{rem} f$ から m の 2 進数表現にしたがって「繰り返し平方」をすることにより計算でき，$s_i(s_j) \operatorname{rem} f$ 型のモジュラ合成を $O(\log m)$ 回行う．定理 12.4 より，この計算の総計算回数は $\mathbb{F}_q$ 上の演算で $O((n^{(\omega+1)/2} + n^{1/2}\mathsf{M}(n)) \log m)$ 回であり，ステップ 3 の gcd の計算回数を支配する．s_m を計算する合計の回数は $1 + \delta(n)$ 回であり，すべての場合で $m \leq n$ だから結論が得られる．□

現在の世界記録 $\omega < 2.376$ (12.1 節) を使うと，$(\omega+1)/2 < 1.688$ を得る．異なる次数の因数分解のための反復 Frobenius アルゴリズムを既約性判定に使うことができる．それには $\mathbb{F}_q$ 上の演算で $O^\sim(n^2 + n \log q)$ 回かかる (系 14.28)．3 番目の (平方自由多項式の) 既約性判定は式 (9) から与えられる．$Q - I$ の階数を計算するだけで十分であり，体の演算が $O(n^\omega + \mathsf{M}(n) \log q)$ 回かかる．

3 つの判定を比較するのに古典的な行列計算，$\omega = 3$，を使うと，最初の 2 つはどちらも Soft–O 評価で $n^2 + n \log q$ であるが，O 有界では判定 14.36 の方が速い．同じ q に対して $n^2 \delta(n) \log n$ 対 $\mathsf{M}(n^2) \log n$ である．n^3 の評価では 3 番目の方法の実力がでない．$\omega < 3$，たとえば $\omega = 2.376$ (12.1 節) とすると，アルゴリズム 14.36 の評価は $O^\sim(n^{1.688} + n \log q)$ に縮まるだけである．

いまや我々は多項式の既約性の判定の方法を学んだ．次の自然な疑問は既約多項式の探し方である．これには有限体の有限拡大の構成とモジュラアルゴリズムを利用する．次の結果が任意の多項式のうちの既約多項式の頻度を教えてくれる．

補題 14.38 q を素数のべき，$n \in \mathbb{N}_{\geq 1}$ とする．$\mathbb{F}_q[x]$ のモニックで既約な n 次多項式の個数 $I(n, q)$ は

$$\frac{q^n - 2q^{n/2}}{n} \leq I(n,q) \leq \frac{q^n}{n}$$

を満たす．特に，$q^n \geq 16$ ならば，ランダムに選んだモニックな n 次多項式が既約である確率 p_n は

$$\frac{1}{2n} \leq \frac{1}{n}\left(1 - \frac{2}{q^{n/2}}\right) \leq p_n \leq \frac{1}{n}$$

を満たす．

証明 f_n を $\mathbb{F}_q[x]$ でモニックな既約 n 次多項式すべての積とする．$\deg f_n = n \cdot I(n,q)$ である．定理 14.2 を変形して

$$x^{q^n} - x = \prod_{d|n} f_d = f_n \cdot \prod_{d|n, d<n} f_d$$

両辺の次数をとると

$$q^n = \deg f_n + \sum_{d|n, d<n} \deg f_d$$

を得る．よって，

$$q^n \geq \deg f_n = n \cdot I(n,q) \tag{10}$$

となる．これは上界の証明である．さて，式 (10) より n のかわりに d を用い，$q \geq 2$ だから

$$\sum_{d|n, d<n} \deg f_d \leq \sum_{1 \leq d \leq n/2} \deg f_d \leq \sum_{1 \leq d \leq n/2} q^d < \frac{q^{n/2+1} - 1}{q - 1} \leq 2q^{n/2}$$

したがって

$$n \cdot I(n,q) = \deg f_n = q^n - \sum_{d|n, d<n} \deg f_d \geq q^n - 2q^{n/2}$$

これは下界を示している．

$\mathbb{F}_q[x]$ には q^n 個のモニック n 次多項式があり，$q^n \geq 16$ ならば

14.9 既約性判定と既約多項式の構成

$$\frac{1}{n} \geq \frac{I(n,q)}{q^n} \geq \frac{1}{n}(1 - 2q^{-n/2}) \geq \frac{1}{2n}$$

であり，最後の主張を証明できる．□

実際，q^n が小さすぎないとき，確率は $1/n$ にとても近い．**Möbius の反転公式** (練習問題 14.46) と呼ばれるよく知られた整数論の手段を用いると正確な公式

$$n \cdot I(n,q) = \sum_{d \mid n} \mu\left(\frac{n}{d}\right) q^d$$

が示される．ここで，μ は **Möbius 関数**で正の自然数 n に対して

$$\mu(n) = \begin{cases} 1 & n = 1 \text{ のとき} \\ (-1)^k & n \text{ が } k \text{ 個の異なる素数の積であるとき} \\ 0 & n \text{ が平方自由ではないとき} \end{cases} \quad (11)$$

と定義される．μ の最初の方の値は 17.4 節に載せられている．表 14.11 は n と q が小さいときの $I(n,q)$ の値を表にまとめたものである．

表 14.11 $2 \leq n \leq 10$ で $q \leq 9$ のときの既約多項式の個数 $I(n,q)$

n	$q=2$	$q=3$	$q=4$	$q=5$	$q=7$	$q=8$	$q=9$
2	1	3	6	10	21	28	36
3	2	8	20	40	112	168	240
4	3	18	60	150	588	1008	1620
5	6	48	204	624	3360	6552	11 808
6	9	116	670	2580	19 544	43 596	88 440
7	18	312	2340	11 160	117 648	299 592	683 280
8	30	810	8160	48 750	720 300	2 096 640	5 380 020
9	56	2184	29 120	217 000	4 483 696	14 913 024	43 046 640
10	99	5880	104 754	976 248	28 245 840	107 370 900	348 672 528

与えられた次数 n のランダムな既約多項式の探索の単純なアイデアは，次数 n の多項式を独立にランダムに選び，それらの既約性を判定することである．アルゴリズム 14.36 を使うと，以下の結果が導かれる．

系 14.39 素数のべき q と $n \in \mathbb{N}_{>0}$ に対して，次数が n の $\mathbb{F}_q[x]$ の既約多項式をランダムに探すことができ，それには期待値

$$O(n\mathsf{M}(n)\log q + (n^{(\omega+3)/2} + n^{3/2}\mathsf{M}(n))\delta(n)\log n)$$
$$\text{または } O\tilde{\ }(n^{(\omega+3)/2} + n^2 \log q)$$

回の $\mathbb{F}_q$ 上の演算回数を使用する．

指数の $(\omega+3)/2$ は現在知られている最小の ω では 2.688 よりも小さい．次の別の方法は多少速い．

アルゴリズム 14.40 Ben–Or の既約多項式生成

入力：素数のべき q と $n \in \mathbb{N}_{>0}$．
出力：$\mathbb{F}_q[x]$ のランダムな次数 n のモニック既約多項式．
 1. ランダムに次数 n のモニック多項式 $f \in \mathbb{F}_q[x]$ を選ぶ
 2. **for** i=$i_1,\ldots,i_{\lfloor n/2 \rfloor}$ **do**

$$g_i \longleftarrow \gcd(x^{q^i} - x, f), \quad \text{if } g_i \neq 1 \text{ then goto } 1$$

 3. **return** f

定理 14.4 より，ステップ 1 は $O\tilde{\ }(n^2 \log q)$ 回の体の演算で実行される．補題 14.38 から合計の演算回数は $O\tilde{\ }(n^3 \log q)$ とわかるが，次の解析によって，現実の演算回数はさらにもう 1 段少なくなることがわかる．次の命題は証明なしで述べる．

補題 14.41 q を素数のべき，$n \in \mathbb{N}_{>0}$ とする．$\mathbb{F}_q$ 上のランダムに選んだ n 次多項式の次数が最小の既約因子の次数の期待値は $O(\log n)$ である．

定理 14.42 Ben–Or のアルゴリズム 14.40 は条件通りに正しく動作し，$\mathbb{F}_q$ 上の演算回数の期待値で $O(n\mathsf{M}(n)\log n \log(nq))$ または $O^\sim(n^2 \log q)$ 回かかる．

証明 可約多項式は高々次数 $n/2$ の既約因子を持ち，定理 14.2 よりその既約因子はある g_i を割り切る．

1つの i についての判定には $\mathbb{F}_q$ の演算で $O(\mathsf{M}(n)\log(nq))$ 回かかり，補題 14.41 より，ステップ 2 において 1 つの f に対する $\mathbb{F}_q$ 上の演算回数の期待値は $O(\mathsf{M}(n)\log n \log(nq))$ である．補題 14.38 より，試行回数の期待値は $O(n)$ である．□

特に，次のような混成アルゴリズムを使うと改良になるかもしれない，それはアルゴリズム 14.40 のステップ 2 の異なる次数の因数分解の部分である境界，たとえば $\log_2 n$，以下の次数の既約因子がないと保証されるとすぐに，アルゴリズムをアルゴリズム 14.36 のものに取り替えたものを使うものである．次数 n で次数 $m \in O(\log n)$ までに因子を持たないランダム多項式は確率約 cm/n で既約である，ただし，c は適当な定数である．15.7 節で $q = 2$ の場合を実験する，異なる次数の因数分解アルゴリズムとアルゴリズム 14.36 を並列計算で比較する．これは古典的行列の積 $\omega = 3$ を使ったとしても実用性があることを示唆している．

系 14.43 素数のべき q と $n \in \mathbb{N}$ に対して，$\mathbb{F}_q$ の拡大体 $\mathbb{F}_{q^n}$ を期待値 $O(n\mathsf{M}(n)\log n \log(nq))$ または $O^\sim(n^2 \log q)$ 回の $\mathbb{F}_q$ の演算で構成できる．

大きな素数のモジュラ gcd アルゴリズム 6.28 において，次数の上界 $\deg r \leq m$ だけが事前にわかっていてそれ自身はわかっていない終結式 $r \in \mathbb{F}_q[y]$ を割り切らない既約多項式を見つけなければならない．

系 14.44 $n \in \mathbb{N}$, q を素数のべき, $r \in \mathbb{F}_q[y]$ を 0 ではない高々次数 m の多項式とする. 次数が n のランダム既約多項式 $f \in \mathbb{F}_q[y]$ を $O(n\mathsf{M}(n)\log n \log(nq))$ または $O^\sim(n^2 \log q)$ 回の $\mathbb{F}_q$ の演算で計算し, $q^n \geq 2m$ のとき, 少なくとも $1/2$ の確率で f が r を割り切らないようにできる.

証明 定理 14.42 の計算回数の評価を使う. 次数 n の既約多項式の個数は $I(n,q)$ あり, そのうち高々 $\lfloor m/n \rfloor$ 個が r を割り切る. したがって f が r を割り切れない確率は

$$\frac{I(n,q) - \left\lfloor \dfrac{m}{n} \right\rfloor}{I(n,q)} \geq 1 - \frac{m}{n} \cdot \frac{n}{q^n} = 1 - \frac{m}{q^n}$$

であり, 主張が成り立つ. □

実際, 上の確率は q^n が小さすぎないとき 1 に近い.

14.10 円分多項式と BCH 符号の構成

8.2 節のことを思い出そう, 体 F の元 ω が $\omega^n = 1$ のとき **1 の n 乗根**といい, さらに char $F \nmid n$ かつ $1 \leq k < n$ に対して $\omega^k \neq 1$ のとき **1 の原始 n 乗根**という, ω が $\mathbb{F}_q^\times$ で位数が n であることと同値である.

定義 14.45 多項式

$$\Phi_n = \prod_{\substack{\omega \in \mathbb{C} \\ 1 \text{ の原始 } n \text{ 乗根}}} (x - \omega) = \prod_{\substack{1 \leq k < n \\ \gcd(k,n)=1}} (x - e^{2\pi i k/n}) \in \mathbb{C}[x]$$

は **n 次円分多項式**と呼ばれる.

後の補題 14.47 から Φ_n の係数は $\mathbb{Z}$ に含まれることが示せる. 表 14.12 に最初の 20 次の円分多項式をあげておく. $\deg \Phi_n = \varphi(n)$ である, ただし φ は

14.10 円分多項式と BCH 符号の構成

表 14.12 最初の 20 次の円分多項式

n	Φ_n	n	Φ_n
1	$x-1$	11	$x^{10}+x^9+\cdots+x+1$
2	$x+1$	12	x^4-x^2+1
3	x^2+x+1	13	$x^{12}+x^{11}+\cdots+x+1$
4	x^2+1	14	$x^6-x^5+x^4-x^3+x^2-x+1$
5	$x^4+x^3+x^2+x+1$	15	$x^8-x^7+x^5-x^4+x^3-x+1$
6	x^2-x+1	16	x^8+1
7	$x^6+x^5+x^4+x^3+x^2+x+1$	17	$x^{16}+x^{15}+\cdots+x+1$
8	x^4+1	18	x^6-x^3+1
9	x^6+x^3+1	19	$x^{18}+x^{17}+\cdots+x+1$
10	$x^4-x^3+x^2-x+1$	20	$x^8-x^6+x^4-x^2+1$

Euler の関数 (4.2 節) である.

補題 14.46 正の整数 n に対して, 因数分解

$$x^n - 1 = \prod_{d|n} \Phi_d \tag{12}$$

が成り立つ.

証明 $\omega \in \mathbb{C}$ を $x^n - 1$ の零点とする, つまり 1 の n 乗根とする. Lagrange の定理 (25.1 節) より, ある n の約数 d が存在して $\mathrm{ord}(\omega) = d$ である. しかし, これは ω が 1 の原始 d 乗根であることを意味し, したがって, $\Phi_d(\omega) = 0$. 逆に, $\omega \in \mathbb{C}$ が 1 の原始 d 乗根で d が n の約数ならば, $\omega^d = 1$ で, $\omega^n = 1$ でもある. これらのことは式 (12) の両辺が $\mathbb{C}$ 上で同じ根を持っていることを示している.

さて $(x^n - 1)' = nx^{n-1}$ は $x^n - 1$ と互いに素であり, $x^n - 1$ は平方自由であることがわかる. 定義より任意の d について Φ_d は平方自由であり, $d = e$ でなければ Φ_d と Φ_e は共通の根を持たない. これにより右辺も平方自由であることが示され, どちらの多項式もモニックだから, 等しい. □

たとえば

$$x^6 - 1 = (x^2 - x + 1)(x^2 + x + 1)(x + 1)(x - 1) = \Phi_6 \Phi_3 \Phi_2 \Phi_1$$

$$x^8 - 1 = (x^4+1)(x^2+1)(x+1)(x-1) = \Phi_8 \Phi_4 \Phi_2 \Phi_1$$

Möbius の反転公式を使うと,補題 14.46 から円分多項式の公式

$$\Phi_n = \prod_{d|n} (x^d - 1)^{\mu(n/d)}$$

を得る.たとえば

$$\Phi_6 = \frac{(x^6-1)(x-1)}{(x^3-1)(x^2-1)}$$

となる.次の補題は Φ_n のもう1つの計算方法を与える,証明は練習問題 14.45 で行う.

補題 14.47 $n, k \in \mathbb{N}_{>0}$ とすると
 (i) n が素数のとき,$\Phi_n = x^{n-1} + x^{n-2} + \cdots + x + 1$,
 (ii) $n \geq 3$ が奇数のとき,$\Phi_{2n} = \Phi_n(-x)$,
 (iii) k が n を割り切らない素数のとき,$\Phi_{kn}\Phi_n = \Phi_n(x^k)$,
 (iv) k のすべての素数の約数が n を割り切るとき,$\Phi_{kn} = \Phi_n(x^k)$.

アルゴリズム 14.48 円分多項式の計算

入力:$n \in \mathbb{N}_{>0}$ と n の異なる素数の約数 $p_1, \ldots, p_r$.
出力:$\Phi_n \in \mathbb{Z}[x]$.
 1. $f_0 \longleftarrow x - 1$
 2. **for** $i = 1, \ldots, r$ **do** $f_i \longleftarrow \dfrac{f_{i-1}(x^{p_i})}{f_{i-1}}$
 3. **return** $f_r(x^{n/(p_1 \cdots p_r)})$

定理 14.49 アルゴリズム 14.48 は $\mathbb{Z}$ の算術演算を $O(\mathsf{M}(n) \log n)$ 回利用し,n 次円分多項式を正しく計算する.

14.10 円分多項式とBCH符号の構成   535

証明 $0 \leq i \leq r$ に対して $f_i = \Phi_{p_1 \cdots p_i}$ を示す. $i = 0$ のとき明らかである, 補題 14.47(iii) から帰納的に示せる. さて, $m = p_1 \cdots p_r$ を n の平方自由部分とする. n/m のすべての素数の約数は m を割り切るから, 補題 14.47(iv) より

$$f_r(x^{n/m})/f_r = \Phi_m(x^{n/m})/\Phi_m = \Phi_n$$

である.

算術演算はステップ 2 でのみ起こり, i 番目の演算は多項式の割り算で, $(p_1-1)\cdots(p_{i-1}-1)p_i$ 次多項式割る $(p_1-1)\cdots(p_{i-1}-1)$ 次多項式である. これには (除数はモニックなので) おおよそ $O(\mathsf{M}(n))$ 回の $\mathbb{Z}$ の和と積がかかり, $r \leq \log_2 n$ だから定理が成り立つ. □

さて, F を任意の体, $n \in \mathbb{N}$ とする. 係数を F の標数 p を法として考えることにより Φ_n を $F[x]$ の多項式とみなせる. 式 (12), 補題 14.47 とアルゴリズム 14.48 はこの場合も成り立つ. Galois 理論によると, p が n を割り切らないとき, F の 1 の原始 n 乗根を含む任意の拡大体 E において

$$\Phi_n = \prod_{\substack{\omega \in E \\ 1 \text{ の原始 } n \text{ 乗根}}} (x - \omega)$$

が成り立つ. Φ_n は $\mathbb{Q}$ 上で既約である (したがって式 (12) は $\mathbb{Q}$ 上の $x^n - 1$ の既約因数分解である). 次の補題は後者は有限体上では成り立たないことを告げている.

補題 14.50 $n \in \mathbb{N}_{>0}$, $\mathbb{F}_q$ を有限体で, その標数 p が n を割り切らないものとする. $d = \mathrm{ord}_n(q)$ を q の $\mathbb{Z}_n^\times$ における積に関する位数とおく. Φ_n は $\mathbb{F}_q[x]$ 上で d 次の既約多項式 $\varphi(n)/d$ 個の積に因数分解される. 特に, 任意の 1 の原始 n 乗根の $\mathbb{F}_q$ 上の最小多項式の次数は d である.

証明 Lagrange の定理より, $d | \varphi(n) = \sharp \mathbb{Z}_n^\times$ である. いま n は $q^d - 1 = \sharp \mathbb{F}_{q^d}^\times$ を割り切り, したがって, $\mathbb{F}_{q^d}$ はある 1 の原始 n 乗根 ω を含む (補題 8.8). このような根の 1 つを ω とし, $f \in \mathbb{F}_q[x]$ を Φ_n の既約因子で ω を根に持つもの

とする. $f(x^q) = f(x)^q$ だから, すべての $i \in \mathbb{N}$ について元 ω^{q^i} は f の根である. 今, $1, q, q^2, \ldots, q^{d-1}$ は n を法として異なり, ω の $\mathbb{F}_{q^d}^\times$ での位数は d であり, $\{\omega, \omega^q, \omega^{q^2}, \ldots, \omega^{q^{d-1}}\}$ は d 個の異なる f の根である. よって $\deg f \geq d$ である. 一方, $\mathbb{F}_q[x]/\langle f \rangle \cong \mathbb{F}_q(\omega) \subseteq \mathbb{F}_{q^d}$ であり (25.3 節), これから $\deg f \leq d$ を得る. よって, $\deg f = d$ で, ω の選び方は任意だから, Φ_n の既約因子についてこのことが成り立つ. □

たとえば, 8 を法として 3 の位数は 2 であり, Φ_8 は $\mathbb{F}_3$ 上で 2 つの次数 2 の既約因子に分解される. $x^4 + 1 = (x^2 + x - 1)(x^2 - x - 1)$.

例 14.51 $q = 2$, $n = 15$ とする. ここで $d = \mathrm{ord}_{15}(2) = 4$. 多項式 $x^{15} - 1$ は $\mathbb{F}_2[x]$ 上で

$$\begin{aligned}
x^{15} - 1 &= \Phi_{15}\Phi_5\Phi_3\Phi_1 \\
&= (x^8 - x^7 + x^5 - x^4 + x^3 - x + 1)(x^4 + x^3 + x^2 + x + 1)(x^2 + x + 1)(x - 1) \\
&= (x^4 + x + 1)(x^4 + x^3 + 1)(x^4 + x^3 + x^2 + x + 1)(x^2 + x + 1)(x + 1)
\end{aligned}$$

と因数分解される. 補題 14.50 から予想されるように, Φ_{15} は 2 つの次数 4 の既約因子に分解され, Φ_5, Φ_3 と Φ_1 は既約のままである. $\beta \in \mathbb{F}_{16}$ を $x^4 + x + 1$ の根とする. β は 1 の原始 15 乗根である. β の最小多項式の根は $\beta, \beta^2, \beta^4, \beta^8$ である.

$i \in \mathbb{Z}$ に対して, β^i は 1 の原始 l 乗根である, ただし $l = \mathrm{ord}(\beta^i) = n/\gcd(n, i)$ (練習問題 8.13) である. $\mathrm{ord}(\beta^3) = 15/\gcd(15, 3) = 5$ なので β^3 は 1 の原始 5 乗根である. さて $\mathrm{ord}_5(2) = 4$ なので β^3 の最小多項式は正確に 4 つの根 $\beta^3, \beta^6, \beta^{12}, \beta^{24} = \beta^9$ を持つ. 同様に $\mathrm{ord}(\beta^5) = 3$, $\mathrm{ord}_3(2) = 2$ で, これから β^5 は 1 の原始 3 乗根で, その最小多項式は 2 つの根 β^5, β^{10} を持つ. ◇

$\mathbb{Z}_n$ の同値関係 $\sim$ を

$$i \sim j \iff \exists l \in \mathbb{Z} \; iq^l = j \tag{13}$$

と定義する. もし $i \in \mathbb{Z}_n^\times$ ならば, i の同値類は $\mathbb{Z}_n^\times$ の巡回部分群 $\langle q \rangle$ の剰余類

14.10 円分多項式と BCH 符号の構成

$i \cdot \langle q \rangle$ と完全に一致する. もし $d = \mathrm{ord}_n(q)$ で $\beta \in \mathbb{F}_{q^d}$ が 1 の原始 n 乗根ならば, 上の例と同じように, べき β^i と β^j が同じ最小多項式を持つための必要十分条件は $i \sim j$ である.

補題 14.50 を使うと, 円分多項式は有限体上で等しい次数の因数分解を使って直接因数分解することができる. 平方自由因数分解や, 異なる次数の因数分解をする必要はない. $p \nmid n$ のとき, $O\tilde{\ }(n^2 + n \log q)$ 回の $\mathbb{F}_q$ 上の演算または $O\tilde{\ }(n^2 \log q + n \log^2 q)$ 回の語演算をすればよい. 練習問題 14.47 によると $x^n - 1$ の因数分解にはもっと高速なアルゴリズムがあり, $O\tilde{\ }(n \log^2 q)$ 回の語演算をするだけでよい. このアルゴリズムは Φ_n の因数分解をするように修正できる. p が n を割り切るとき, $\mathbb{F}_q$ で $\Phi_n = \Phi_{n/p}^p$ である.

第 7 章では現在の符号理論において重要な巡回符号のクラス, **BCH 符号**について論じた. 有限体 $\mathbb{F}_q$ と, $\mathbb{F}_q$ のある拡大体 $\mathbb{F}_{q^d}$ に含まれる 1 の原始 n 乗根 β と正整数 δ に対して, $\mathrm{BCH}(q, n, \delta)$ は $\mathbb{F}_q[x]/\langle x^n - 1 \rangle$ の巡回符号 (つまり, イデアル) で $g \bmod x^n - 1$ により生成される, ただし $g \in \mathbb{F}_q[x]$ は $\beta, \beta^2, \ldots, \beta^{\delta-1}$ の $\mathbb{F}_q$ 上の最小多項式の最小公倍数である. ここでは生成多項式 g の計算の仕方を示す.

アルゴリズム 14.52 BCH 符号の構成

入力: 素数のべき q と $\gcd(n, q) = 1$ を満たす正整数 $n \geq \delta$.
出力: $\mathrm{BCH}(q, n, \delta)$ 符号の生成多項式 $g \in \mathbb{F}_q[x]$.

1. $p_1, \ldots, p_r \in \mathbb{N}$ を n の異なる素数の約数とする
   call アルゴリズム 14.48, $\mathbb{F}_q$ 上で Φ_n を計算する
2. 等しい次数の因数分解を使って Φ_n の既約因子 $f \in \mathbb{F}_q[x]$ を見つける
   $\beta \longleftarrow x \bmod f$
3. 同値関係 $\sim$ における $1, \ldots, \delta-1$ の異なる同値類 $S_1, \ldots, S_t \subseteq \mathbb{Z}_n$ を決定する
4. $\beta^2, \beta^3, \ldots, \beta^{\delta-1}$ を計算
5. **for** $k = 1, \ldots, t$ **do**
   $i \longleftarrow \min S_k, \quad m \longleftarrow \sharp S_k$
   $\beta^{2i}, \ldots, \beta^{(2m-1)i}$ を計算

練習問題 12.10 を使って，β^i の最小多項式 $g_k \in \mathbb{F}_q[x]$ を計算
6. **return** $g_1 \cdots g_t$

アルゴリズムの解析をする前に例をあげる．$1 \leq i < \delta$，$l = \mathrm{ord}(\beta^i)$ とおく．補題 14.50 より，$\mathbb{F}_q$ 上の β^i の最小多項式の次数は $m = \mathrm{ord}_l(q)$ であり，その根は精密に $\beta^i, \beta^{iq}, \ldots, \beta^{iq^{m-1}}$ であり，そして $\{i, iq, \ldots, iq^{m-1}\}$ はステップ 3 の i の $\sim$ 同値類である．

例 14.51 (続き)　$\delta = 7$ とおく，表 7.1 の 4 行目に対応する．$1, \ldots, 6$ の異なる $\sim$ 同値類は

$$S_1 = \{1, 2, 4, 8\}, \quad S_2 = \{3, 6, 9, 12\}, \quad S_3 = \{5, 10\}$$

である．ステップ 2 で $f = x^4 + x + 1$ となったと仮定する．するとステップ 5 において $g_1 = f$，$g_2 = \Phi_5$ ($\beta^3, \beta^6, \beta^9, \beta^{12}$ は 1 の原始 5 乗根である) で，$g_3 = \Phi_3$ (β^5, β^{10} は 1 の原始 3 乗根である) である．よって

$$g = g_1 g_2 g_3 = x^{10} + x^8 + x^5 + x^4 + x^2 + x + 1 \in \mathbb{F}_2[x]$$

が BCH$(2, 15, 6)$ 符号を生成する．その最小距離は 7 である．　◇

定理 14.53　アルゴリズム 14.52 は仕様通りに正しく動作し，$\mathbb{F}_q$ の演算回数で $O(\mathsf{M}(nd)(n/d) \log n + \mathsf{M}(n) \log q)$ または $O^\sim(n^2 + n \log q)$ 回かかる．ただし，$d = \mathrm{ord}_n(q)$ とする．

証明　β は Φ_n の根だから，1 の原始 n 乗根である．$1 \leq j < \delta$ に対して，β^j の最小多項式は g_k のちょうど 1 つに等しい，このとき $k \in \{1, \ldots, t\}$ は $j \in S_k$ を満たす，したがって，β^j ($1 \leq j < \delta$) の最小多項式の最小公倍数は $g_1 \cdots g_t$ である．これはアルゴリズムの正しさを示している．

　定理 14.49 より，ステップ 1 では $\mathbb{F}_q$ の演算回数で $O(\mathsf{M}(n) \log n)$ 回かかる．

系14.29に続く議論から,ステップ2は$O(\mathsf{M}(nd)(n/d)\log n+\mathsf{M}(n)\log q)$回の演算で実行できる.$t\leq\delta-1$だから,ステップ4と5において必要なすべての$\beta$のべきは高々$\min\{\delta-2+t(2d-2),n-2\}$回の$\mathbb{F}_q$の積または$O(\min\{\delta d,n\}\mathsf{M}(d))$回の$\mathbb{F}_q$の演算で計算される.練習問題12.10より,ステップ5の1つの最小多項式の計算の$\mathbb{F}_q$の演算回数は$O(\mathsf{M}(m)\log m)$回である.ステップ5において$m\leq d$だから,ステップ4と5の演算回数の合計は$O(\min\{\delta d,n\}\mathsf{M}(d)+\delta\mathsf{M}(d)\log d)$回である.最後に,補題10.4より$O(\mathsf{M}(n)\log t)$回の演算で$g_k$を掛け合わせることができる.$d\leq\varphi(n)<n$かつ$\delta\leq n$なので,演算回数の総計はステップ4の演算回数で決まる.□

注解

計算機代数のこの分野における先駆的な研究はBerlekamp (1967, 1970)とZassenhaus (1969)とCantor & Zassenhaus (1981)である.

14.2と14.3 14.2節の異なる次数の因数分解はZassenhaus (1969), Kempfert (1969), Knuth (1998)の1969年の版, Berlekamp (1970), Cantor & Zassenhaus (1981)で取り扱われている.最近のものには14.3節の等しい次数の因数分解も書かれている.

実は基本的アルゴリズムは2世紀ほどさかのぼり,Gaußの 'Disquistiones Arithmeticae' の8章は 'Disquisitiones Generales de Congruentiis' になるはずだったが,この章は出版されなかった (483ページを参照).1797年と1798年に書かれたものは巨匠のいつもの光沢に比べると精彩を欠くものだった.彼の手書きのノートは彼の Nachlass[*1)]として出版された (Gauß 1863a, 1863b).論文370でGaußは次のように書いている:*Sit itaque X functio, quae nullo amplius divisores aequales involvit. Supra vidimus, $x^p - x$ esse productum ex omnibus functionibus primis unius dimensionis. Sit ξ divisor communis maximae dimensionis functionum X et $x^p - x$, erit ξ productum ex omnibus divisoribus ipsius X unius dimensionis et $\frac{x}{\xi}$ huiusmodi divisores non amplius hahebit. Quodsi autem inveniatur, functiones X et $x^p - x$ esse inter se primas, X nullum divisorem unius dimensionis habebit adeoque congruentia $X \equiv 0$ radices reales non habebit. Porro quoniam $x^{pp} - x$ est productum ex omnibus functionibus primis duarum dimensionum uniusque, divisor communis maxime dimensionis functionum $x^{pp} - x$ et $\frac{x}{\xi}, \xi'$ involvet omnes divisores ipsius X, qui sunt duarum dimensionum. Hinc ulterius progrediendo*

[*1)] 遺稿.

perspicitur, X hoc modo in factores ξ, ξ', ξ'' *etc. resolvi, qui continent respective omnes divisores unius, duarum, trium etc. dimensionum.*[*2)]

このアルゴリズムは Galois によって独立に発見され，初めて出版 (1830) された (彼は次のステップに移る前に gcd を取り除くことと，f' が 0 になる可能性について言及することを怠った)．Serret (1866) の本には正しく修正された Galois のアルゴリズムが収められている．Arwin の論文 (1918) にはこのアルゴリズムも含めて因数分解に関する現代的なアイデアの多くが収められている．Cantor & Zassenhaus(1981) 以前はこれが現代計算機代数学の主要論文だった．

定理 14.2 の q が素数の場合が Gauß(1863b),論文 353 に載っている．Galois (1830) はこれも発見し，初めて出版した．Gauß は彼の論文 372 の中で等しい次数の因数分解の最も簡単な場合，すなわちすべての因子が 1 次のときから始めた．彼は整数の因数分解との類似性を指摘したが，あまり役に立たない指摘で終わっている．*Sed huic rei inhaerere nolumus, nam calculator exercitatus principia probe assecutus, quando opus est, facile artificia particularia reperiet.* [*3)]

Legendre (1785) はすでにアルゴリズム 14.10 の確率的根の探索の方法を基本的には認識していた．彼は，A が素数のとき，$\gcd(f, x^{(A-1)/2} \pm 1)$ を用いて f を分解すること，そして必要なら x を取り替えることを提案した (§25–28)．*On cherchera [...] la valeur de* $x^{\frac{A-1}{2}}$ *exprimée en puissances de x inférieures à x^n, & on égalera cette valeur à* $+1 \& -1$ *successivement. [...] Toutes les fois que l'équation proposée aura des racines de deux espèces, les unes au nombre de p, donnant* $x^{\frac{A-1}{2}} = 1$, *les autres au nombre de q, donnant* $x^{\frac{A-1}{2}} = -1$; *la séparation en sera faite par la méthode précédente. [...] On peut faire $x = y \pm k$, k étant à volonté, & résoudre l'équation en y par les mêmes principes.*[*4)] Euler (1758/59) は補題 14.6(ii) を示

[*2)] X をこれ以上多重約数を持たない多項式とする．すでに述べたように $x^p - x$ は次数 1 のすべての既約多項式の積である．ξ を X と $x^p - x$ の最大公約数とすると ξ は X の 1 次の約数すべての積であり，X/ξ はこのような因子をもう持たない．しかし，X と $x^p - x$ が互いに素のときには，X は次数 1 の約数を持たず，したがって合同式 $X \equiv 0$ は実数 [整数] 根を持たない．さらに，$x^{p^2} - x$ は次数 2 と 1 の既約多項式すべての積なので，X と X/ξ の最大公約数 ξ' は X の 2 次の約数をすべて含んでいる．これを続けて X を ξ, ξ', ξ'' などに因数分解していく，これらはそれぞれ次数 $1, 2, 3$ などの [既約] 約数をすべて含む．

[*3)] この問題を膨らませるつもりはない，というのは熟練した計算者，この法則に熟練した者には必要な特別な秘訣は簡単に見つかるからだ．

[*4)] $x^{\frac{A-1}{2}}$ を x^n よりも次数の小さい x のべきに展開し，この値を 1 と -1 に等しいとおく．$[\ldots]$ もとの方程式が両方の型 [平方，非平方の両方] の根を持つとき，たとえば p が $x^{\frac{A-1}{2}} = 1$ を満たす最初の型で，q が $x^{\frac{A-1}{2}} = -1$ を満たす他方の型とする．このような場合はいつでも前述の方法で分解が成し遂げられる．$[\ldots]$ k を任意にとり $x = y + k$ とおき，同様の仕組みで y の方程式を解くことができる．

し，Euler (1754/55) は補題 14.6(i) を示した，ただし，どちらも q が素数の場合である．彼は剰余と非剰余という用語を導入した，ときおり現在の文献でさえ非平方を非剰余と不適切に記述したものがある．Legendre (1978) も補題 14.6(ii) を証明した (Theorèm 134, 196 ページ)．

因数分解のアルゴリズムの歴史にはほかにも多くの人が関与している，Kaltofen (1982, 1990, 1992) のサーベイや von zur Gathen & Panario (1999) のサーベイと Shparlinski (1992, 1999) の著作の参考文献を参照せよ．その他の初期のアルゴリズムは Prange (1959), Lloyd (1964), Lloyd & Remmers(1966) そして Willett (1966) によって考案された．Slisenko (1981) によるサーベイには Skopin と Faddeev の出版されていないアルゴリズムについて述べている，実際はそれらは 1960 年代の後半のものである．

アルゴリズム 14.3 において各 $\deg g_i$ が 0 か i ならば，異なる次数の因数分解をすればすでに f の完全な因数分解になっている．これはどのくらいの頻度で起こるだろう？ $\mathbb{F}_q[x]$ 上で n 次のモニックな多項式をランダムにとる．n を固定して，$q \longrightarrow \infty$ とすると，その確率は大きな n に対して $e^{-\gamma} \approx 56\%$ に近づく，また q を固定して，$n \longrightarrow \infty$ とすると，確率は極限 c_q に向かう $q \geq 3$ に対して $66.56\% \approx c_2 > c_q > e^{-\gamma}$ である．これは Flajolet, Gourdon & Panario (2001) (定理 4.1) によって示された，彼らはランダム多項式の因子の分布に関するより進んだ結果を与え，因数分解のアルゴリズムを平均的な場合の解析を行った．同様のあるいは関係した結果には次のようなものがある，Knopfmacher & Knopfmacher (1993), Knopfmacher (1995), Knopfmacher & Warlimont (1995), Gourdon (1996), Gao & Panario (1997), Panario (1997), Panario, Gourdon & Flajolet (1998), Panario & Richmond (1998), Panario & Viola (1998).

Gourdon (1996), Panario (1997), Panario, Gourdon & Flajolet (1998) は $\mathbb{F}_q[x]$ 上のランダム多項式の最大次数と 2 番目に次数の高い既約因子の次数の分布に関する結果を与えた．

一般に $f, g \in \mathbb{F}_p[x]$ が n 次の既約多項式で $q = p^n$ のとき，有限体 $\mathbb{F}_q \equiv \mathbb{F}_p[x]/\langle f \rangle$ と $\mathbb{F}_q \equiv \mathbb{F}_p[x]/\langle g \rangle$ の間の同型写像は $x \bmod f$ を $\mathbb{F}_q \equiv \mathbb{F}_p[x]/\langle g \rangle$ での f の根に移すことで得られる．Lenstra (1991) はこのような同型写像は決定的多項式時間で構成できることを示した．

ノルム $N(\alpha) = \alpha^{q^{d-1} + q^{d-2} + \cdots + 1}$ のかわりにトレース $T(\alpha) = \alpha^{q^{d-1}} + \alpha^{q^{d-2}} + \cdots + \alpha$ を等しい次数の因数分解に使うことができる，McEliece (1969), Berlekamp (1970), Camion (1981, 1982, 1983) と von zur Gathen & Shoup (1992) を参照せよ．どちらの関数も任意の $\alpha \in \mathbb{F}_{q^d}$ に対して $N(\alpha), T(\alpha) \in \mathbb{F}_q$ という重要な性質を

持っている．トレースは標数が 2 (練習問題 14.16) のときも同じように使えるが，ノルムを使った因数分解よりも巧妙なものである．

14.6 Gauß (1863b) は，論文 368，平方自由部分アルゴリズム 14.19 の基本的な部分を記述している，標数がすべての指数を割り切る場合は難しいので扱わなかった (編集者の Dedekind も間違いを繰り返した)．Lagrange (1769)，§15 は，($\mathbb{C}$ 上では) $f/\gcd(f, f')$ は f と同じ根を持ち，その重複度は 1 であることを指摘している．

アルゴリズム 14.21 は Yun (1976) からのものである．$\mathbb{F}_q[x]$ の n 次ランダム多項式に対して，その平方自由部分の次数の期待値は漸近的にはおおよそ $n - 1/q$ である (Flajolet, Gourdon & Panario 1996)．

すでに述べたように式 (4) が成り立つ，つまり標数が $p > 0$ の有限体上で微分が消えている多項式は p 乗である．しかし任意の標数 p の体で成り立つわけではない．実は奇怪な (しかし計算可能な) 体が存在し，その体上では— Turing の意味で — 多項式が平方自由かどうかが決定不可能である (von zur Gathen (1984a) が van der Waerden (1930a) と Fröhlich & Shepherdson (1955–56) をもとに示した)．van der Waerden の結果は特に興味深い，というのは彼は明白に決定不能な問題 — "ignorabimus" — の存在 (これは後に Turing によって 1937 年に示された) を仮定しなければならなかった，そして "*Mathematische Annalen*" の同じ巻の Hilbert の論文 (1930) は彼の信条，*In der Mathematik gibt es kein ignorabimus* [*5]，で結ばれている．

14.7 反復 Frobenius アルゴリズムは von zur Gathen & Shoup (1992) が最初であり，評価 (7) は彼らの定理 3.2 で証明されている．既約性判定 14.36 と同じように高速モジュラ合成を利用すると，等しい次数の因数分解は実際に $O(n^{(\omega+1)/2} + \mathsf{M}(n) \log r \log q)$ 回の $\mathbb{F}_q$ の演算で実行できる．Huang & Pan (1998) の高速長方形行列乗法の方法は和の項数を $n^{1.688}$ から $n^{1.667}$ に短縮した，注解 12.2 を参照せよ．

14.8 最初の画期的ランダム多項式時間アルゴリズムは，線形代数を基礎にしたもので，Berlekamp (1967, 1970) による．行列 Q は Petr (1937) によってすでに使われていた，彼は $Q - I$ の特性多項式を決定した，Frobenius 自己同型の表現行列 Q を使って異なる次数の因数分解の方法を与えた．Schwarz (1939, 1940, 1956, 1960, 1961) と Butler (1954) は Q をさまざまなアルゴリズム，たとえば与えられた次数の因子の個数を数えること，に使った．Camion (1980) は β の核に Berlekamp 代数という用語を使った．

Berlekamp (1970) は $(q-1)/2$ の手品を現代の多項式因数分解の世界に紹介したが，1785 年にすでに Legendre が主張していた．

線形代数を基本とした $\mathbb{F}_q[x]$ 上の多項式因数分解のための異なる方法が Niederreiter

---

[*5] 数学には決定不能な問題は存在しない．

(1993a, 1993b, 1994a), Göttfert (1994), Niederreiter & Göttfert (1993, 1995) によって開発された, Niederreiter (1994b) を参照すると概観できる. これらの方法は Berlekamp のアルゴリズムと密接な関係がある. Gao & von zur Gathen (1994) はこれと Wiedemann の方法を組み合わせる方法を示した. 特別な場合, q が素数のとき, は練習問題 14.42 で議論する. Gao (2001) は Niederreiter の方法を有限体上の 2 変数多項式の場合に拡張した.

Kaltofen & Shoup (1998) はこの章の因数分解の方法について巧妙な発展を発見した. そのアルゴリズムは多項式の次数に依存し, 2 次より小さい時間で因数分解する, つまり $\mathbb{F}_q$ の演算で $O(n^{1.815}(\log q)^{0.407})$ 回である. 実用的には, 彼らは自分たちの手法で $O^{\sim}(n^{2.5} + n \log q)$ のバージョンを推奨している.

Kaltofen と Shoup が "Note added in proof" の中で述べているように, Huang & Pan (1998) の高速長方形行列乗法のアルゴリズムと組み合わせると, わずかに向上した評価が得られる. これには新しいアルゴリズムのアイデアは全く必要ない. 論文には書かれていないが, 両方の論文に精通していれば, この証明は容易である. Huang & Pan の定理 10.2 では $\omega(1,1,r)$ の上界を与えている, この記号の定義は $n \times n$ 行列と $n \times n^r$ 行列の積が $O(n^{\omega(1,1,r)})$ 回の算術演算で計算できることである. この上界には l と b の 2 つのパラメータが含まれている. この上界で $l = 7$, $b = -0.00191r + 0.03551$ とおくと, $\omega(1,1,r) \leq \varphi(r)$ を満たす関数 $\varphi(r)$ が得られる. $1.36437 \leq r \leq 1.67555$ のとき, $\varphi(r) \leq 0.95732r + 1.42261$ を確認できる. Kaltofen & Shoup (1998) の補題 3 では, 演算回数は $t \times t$ 行列と $t \times t^r$ 行列の積 (正確にはその転置の積) によって決まる, ただし, パラメータ β に対して $t = n^{1/r}$ かつ $r = 1/(1-\beta/2)$ とする. 彼らのアルゴリズムの演算回数は図 14.9 のように $O^{\sim}(n^{\omega(1,1,r)/r} + n^{1+\beta+x})$ 回である, ただし, $x = \log_n \log_2 q$ とする. 高速正方形行列乗法と Coppersmith & Winograd のべき乗を利用すると, $\omega(1,1,r) \leq r - 1 + \omega(1,1,1) \leq r + 1.375477$ を得る. n の 2 つの指数を等しくすると演算回数を最小にする β の値が求まり, Kaltofen & Shoup (1998) の与えた上界 $0.407x + 1.815$ が出てくる. 上の議論から高速長方形行列乗法のかわりによりすぐれた $\omega(1,1,r)$ の 1 次の上界に取り替え, 指数を等しくすると図 14.9 の $0.41565x + 1.80636$ という上界が得られる. 必要な r の値はすべて上で与えられた区間の中に入っている.

この評価は Kaltofen & Shoup と Huang & Pan の方法から得られる最良の評価ではない, しかし 2 つの方法の最適な組み合わせから得られる結果の実行時間の簡潔で明確な記述がどうすれば得られるかがわからない. 上の計算は実用上多くの価値を持っているがここでは述べない.

たとえば $\mathbb{F}_{2^k}$ のような小さな標数の大きな体に対して, Kaltofen & Shoup (1997)

はかなり高速な解を提示している，これは素体上の反復 Frobenius アルゴリズム 14.26 の変形を利用している．このアルゴリズムでは自然な実行時間は語演算の回数で計られている，たとえば，$k = \lceil n^{1.5} \rceil$ のとき彼らは $O(n(\log q)^{1.688})$ 回の語演算に達している．

14.9 $\delta(n)$ の最悪の場合と平均の場合の上界は Hardy & Wright (1985) の §22.10 にある．$I(n,q)$ に関する公式と近似式 q^n/n は Gauß (1863b)，論文 344–347 にある，$n \geq 2$ に対して少しよい評価

$$\frac{q^n}{n} - \frac{q(q^{n/2} - 1)}{(q-1)n} \leq I(n,q) \leq \frac{q^n - q}{n}$$

が Lidl & Niederreiter (1997)，定理 3.25，練習問題 3.26 と 3.27 にある．アルゴリズム 14.36 は Rabin(1980b) による，アルゴリズム 14.40 は Ben–Or (1981) による．補題 14.41 は Ben–Or (1981) で述べられていて，その証明は Bach & Shallit (1996) の練習問題 7.32 の解にある．Panario Richmond (1998) は含まれる定数に関する精密な解析を与えている．最小次数の期待値は大きな分散を持っている，つまり，ある定数 $c \approx 0.5568$ についておおよそ cn である．Shepp & Lloyd (1966) は置換について同様の結果を示した，つまりランダムの n 文字の置換の最小の長さの巡回の長さの期待値は $O(\log n)$ である．Panario & Viola (1998) は Rabin のアルゴリズムを解析している．有限体上で小さな因子を持たない無作為多項式が既約である確率を評価しているのが Gao & Panario (1997) である．

Galois (1830) は有限体上の既約多項式の探索の確率的アルゴリズムを提案している，この章の最初の引用を参照せよ．既約多項式の計算の漸近的に最も高速な手法は Shoup (1994) のもので，$O^\sim(n^2 + n \log q)$ 回の $\mathbb{F}_q$ の演算をする．

より進んだ注解

有限体上の多項式の因数分解の理論の中心的な未解決問題．決定的に多項式時間でできるか？ 異なる次数のアルゴリズム 14.3 は決定的であった，しかし等しい次数のアルゴリズム 14.10 は確率的であった．したがって $f \in \mathbb{F}_q[x]$ を等しい次数の因子だけとしてよい．Berlekamp (1970) はこの問題を著しく簡略化した．q を素数と仮定し，f は 1 次の因子しか持たない (練習問題 14.40 を参照) としたとき．問題は次の通りである．

> 次数が $n \leq p$ の $f \in \mathbb{F}_q[x]$ が与えられ，$\mathbb{F}_q$ 上で n 個の異なる根を持つことがわかっていて，p を素数とする．n と $\log p$ の多項式回の演算回数でこれらの根を求められるか？

いくつかの特別な場合はすでに解かれている．$p-1$ が小さな素因子しか持たないとき（このとき $p-1$ は**滑らか**である，19.5 節を参照）(Moenck 1977a, von zur Gathen 1987, Mignotte & Schnorr 1988)，ある円分多項式 $\Phi_k \in \mathbb{Z}[x]$ が存在して $\Phi_k(p)$ が滑らかなとき (Bach, von zur Gathen & Lenstra 1998)，f を $\mathbb{Q}[x]$ で考えると円分多項式になるとき，またはより一般的に Galois 群が可換のとき (Huang 1985, Rónyai1989)，または n が小さいとき (Rónyai 1988)．最も一般的な結果は Evdokimov のアルゴリズム (1994) でほとんどの多項式を $(n^{\log n} \log p)^{O(1)}$ 回の語演算で計算する．これら結果はすべて拡張 Riemann 仮説 (ERH；注解 18.4 を参照) を仮定している．既約多項式は ERH を仮定すると決定的多項式時間で計算できる (Adleman & Lenstra 1986)．

この興味深い問題の解が実用化される因数分解には影響を与えるとは思えないことを強調しておこう，というのは確率的アルゴリズムは十分にすぐれている．

練習問題

14.1 (i) $\mathbb{F}_q$ を元の個数が q の有限体とする．Wilson の定理 $\prod_{a \in \mathbb{F}_q^\times} a = -1$ を示せ．ヒント：± 1 ではないすべての $a \in \mathbb{F}_q^\times$ は $a^{-1} \neq a$ である．

(ii) Wilson の定理の逆を示せ．もし自然数 n が $(n-1)! \equiv -1 \bmod n$ ならば n は素数である．

14.2 $p \geq 5$ を素数で，$f \in \mathbb{F}_p[x]$ を次数 4 とし，$\gcd(x^p - x, f) = \gcd(x^{p^2} - x, f) = 1$ と仮定する．f の $\mathbb{F}_p[x]$ 上の因数分解について何がいえるか．

14.3 アルゴリズム 14.3 をトレースし，平方自由多項式

$$f = x^{17} + 2x^{15} + 4x^{13} + x^{12} + 2x^{11} + 2x^{10} + 3x^9 + 4x^8 + 4x^4 + 3x^3 + 2x^2 + 4x \in \mathbb{F}_5[x]$$

の異なる次数の分解を計算せよ．出力だけからすべての i について f の次数 i の既約因子の個数をいえ．

14.4 $q \in \mathbb{N}$ を素数のべきとする．

(i) もし r が素数ならば $\mathbb{F}_q[x]$ には $(q^r - q)/r$ 個の異なる次数が r のモニックな既約多項式が存在することを定理 14.2 を使って示せ．(Fermat の小定理 4.9 より $(q^r - q)/r$ は自然数であることに注意せよ)

(ii) r を素数のべきとする．$\mathbb{F}_q$ 上の次数 r のモニックな既約多項式の個数の簡単な公式を見つけよ．

14.5 $p \in \mathbb{N}$ を素数，$f \in \mathbb{F}_q[x]$ をモニックな n 次多項式とする．合同式 $f(a) \equiv 0 \bmod p$ が n 個の解 $a \in \mathbb{Z}_p$ を持つための必要十分条件は $f \bmod p$ は $x^p - x$ の因子であることを示せ，いいかえれば必要十分条件は $x^p - x = fq + pr$ である，ただし q

と r は整数係数で，r は次数が n より小さい多項式である．

14.6* q を素数のべき，$f \in \mathbb{F}_q[x]$ を次数が n の平方自由多項式とする．

(i) $1 \leq a \leq b \leq n$ に対して

$$\gcd\left(\prod_{a \leq d < b}(x^{q^d} - x), f\right)$$

は f のモニックな既約因子で，次数が区間 $\{a, a+1, \ldots, b-1\}$ に含まれるある数の約数であるものすべての積であることを示せ．

(ii) $\gcd\left(\prod_{a \leq d < b}(x^{q^d} - x^{q^{b-d}}), f\right)$ を決定せよ．

(iii) 次の異なる次数の因数分解の**分割戦略**を考えよ．f の既約因子の可能な次数の集合 $\{1, \ldots, n\}$ を k 個の区間に分割する．$I_1 = \{c_0 = 1, 2, \ldots, c_1 - 1\}$, $I_2 = \{c_1, c_1 + 1, \ldots, c_2 - 1\}, \ldots, I_k = \{c_{k-1}, c_{k-1} + 1, \ldots, c_k - 1 = n\}$ ただし，自然数 $1 = c_0 < c_1 < c_2 < \cdots < c_k = n + 1$ [訳注: $I_k = \{c_{k-1}, c_{k-1} + 2, \ldots$ を $I_k = \{c_{k-1}, c_{k-1} + 1, \ldots$ に訂正]．f を入力し $g_1, \ldots, g_k$ を出力するアルゴリズムを記述せよ，ここで g_j は $1 \leq j \leq k$ に対して，f の既約因子で次数が区間 I_j に含まれるものすべての積である．

14.7 奇素数のべき q について -1 が $\mathbb{F}_q^\times$ で平方であるための必要十分条件は $q \equiv 1 \bmod 4$ であることを示せ．

14.8 $\mathbb{F}_q$ を q 個の元を持つ有限体，$a, b \in \mathbb{F}_q^\times$ を 2 つの非平方数とする．ab は平方数であることを示せ．ヒント：補題 14.7．

14.9 G を群，$a, b \in G$ とする，$b^2 = a$ のとき b を a の平方根という．

(i) G が巡回群のとき，G の各元は高々 2 つの平方根を持つ．

(ii) G が巡回群ではないとき (i) の反例を探せ．

14.10 $\mathbb{F}_{41}$ を考える．

(i) $\mathbb{F}_{41}^\times$ の「平方グラフ」を描け，頂点が $1, \ldots, 40$ で $1 \leq i, j \leq 40$ に対して $i^2 \equiv j \bmod p$ のとき辺 (i, j) を持つ有向グラフを，グラフの構造がわかりやすいように見やすく描け．

(ii) 「立方グラフ」($i^3 \equiv j \bmod p$) を描け．

(iii) 「5 乗グラフ」($i^5 \equiv j \bmod p$) を描け．

(iv) 上の 3 つのグラフの質的な差を見つけよ．それを説明できるか？

(v) q を $1\,000\,000$ より大きい素数とする．$\mathbb{F}_{41}^\times$ の「q 乗グラフ」について何かいえるか？

(vi) $\mathbb{F}_{41}^\times$ の平方元はいくつあるか？ 非平方元はいくつか？ 同じ問題を立方，5 乗

14.11 この問題は補題 14.6 の一般化である．$\mathbb{F}_q$ を q 個の元を持つ有限体，$k \in \mathbb{N}$ とする．

(i) $q = 13$, $q = 17$ について，$\mathbb{F}_q$ 上の立方写像 $a \mapsto a^3$ のグラフを描け，すなわちそのグラフは $\mathbb{F}_q$ の元を頂点とし，$a^3 = b$ のとき辺 $a \longrightarrow b$ を持つ．

(ii) 任意の $a \in \mathbb{F}_q^\times$ について $\mathrm{ord}(a^k) = \mathrm{ord}\, a / \gcd(k, \mathrm{ord}\, a)$ を示せ．

(iii) k 乗群準同型 $\sigma_k : \mathbb{F}_q^\times \longrightarrow \mathbb{F}_q^\times$ が同型であるための必要十分条件は $\gcd(k, q-1) = 1$ である．ヒント：$\mathbb{F}_q^\times$ は巡回群である（練習問題 8.16）．

(iv) $\ker \sigma_k = \ker \sigma_g$ と $\mathrm{im}\, \sigma_k = \mathrm{im}\, \sigma_g$ を証明せよ，ただし $g = \gcd(k, q-1)$ とする．

14.12 平方自由多項式
$$f = x^{18} - 7x^{17} + 4x^{16} + 2x^{15} - x^{13} - 7x^{12} + 4x^{11} + 7x^{10} + 4x^9$$
$$- 3x^8 - 3x^7 + 7x^6 - 7x^5 + 7x^4 + 7x^3 - 3x^2 + 5x + 5 \in \mathbb{F}_{17}[x]$$

は 3 つの 6 次既約因子に分解される．

(i) f を因数分解しないで上の事実を確認するにはどうしたらよいか，高々 3 つの gcd の計算で確認せよ？（実際に gcd を計算する必要はない．）

(ii) 等しい次数の因数分解のアルゴリズム 14.10 をトレースし，これらの因子を計算せよ．

14.13 与えられた素数 p と $a \in \mathbb{Z}_p^\times$ に対して $a \bmod p$ の平方根— 存在するものとして — を計算する効率的な確率的アルゴリズムを書け．そのアルゴリズムを $p = 2591$, $a = 1005$ に適応せよ．

14.15* 等しい次数の分離アルゴリズム 14.8 で小さい方の因子を，またアルゴリズムに送る再帰的方法で既約因子を見つけるアルゴリズムの演算回数の期待値は $O((d \log q + \log n)\mathsf{M}(n))$ 回の $\mathbb{F}_q$ の演算をすることを示せ．

14.16* この問題では標数 2 の有限体用のアルゴリズム 14.8 と 14.31 の変形を議論する．$m \in \mathbb{N}$ に対して，$\mathbb{F}_2$ 上の m 次**トレース多項式**を $T_m = x^{2^{m-1}} + x^{2^{m-2}} + \cdots + x^4 + x^2 + x \in \mathbb{F}_2[x]$ と定義する．ある $k \in \mathbb{N}_{>0}$ に対して $q = 2^k$ とおき，$f \in \mathbb{F}_q[x]$ が次数 n の平方自由多項式で既約因子 $f_1, \ldots, f_r \in \mathbb{F}_q[x]$, $r \geq 2$ を持つとする．$R = \mathbb{F}_q[x]/\langle f \rangle$, 各 i について $R_i = \mathbb{F}_q[x]/\langle f_i \rangle$, $\chi_i : R \longrightarrow R_i$ を $\chi_i(a \bmod f) = a \bmod f_i$ とおく．

(i) $x^{2^m} + x = T_m \cdot (T_m + 1)$ を示せ．任意の $\alpha \in \mathbb{F}_{2^m}$ に対して $T_m(\alpha) \in \mathbb{F}_2$ であり，α をランダムに選んだとき，$T_m(\alpha) = 0$ と $T_m(\alpha) = 1$ はどちらも確率 $1/2$ で起こることを証明せよ．ヒント：T_m は $\mathbb{F}_2$ 線形写像を誘導する．

(ii) f の既約因子がすべて次数 d と仮定する. 任意の $\alpha \in R$ に対して $\chi_i(T_{kd}(\alpha)) \in \mathbb{F}_2$ を示せ. ランダムに選んだ $\alpha \in R$ に対して, $T_{kd}(\alpha) \in \mathbb{F}_2$ である確率は $2^{1-r} \leq 1/2$ であることを証明せよ.

(iii) $q = 2^k$ のとき動作するように等しい次数の分離のアルゴリズム 14.8 を修正せよ, ステップ 3 で $b = T_{kd}(a) \operatorname{rem} f$ を計算すればよい. 修正したアルゴリズムが失敗する確率は高々 $1/2$ であり, その実行時間はもとのアルゴリズムと同じであることを示せ.

(iv) ここで再び f_i の次数を任意とし, $\mathcal{B} \subset \mathcal{R}$ を R の Berlekamp 部分代数とする. 任意の $\alpha \in \mathcal{B}$ に対して $\chi_i(T_k(\alpha)) \in \mathbb{F}_2$ を示せ. $\alpha \in \mathcal{B}$ をランダムに選んだとき, $T_k(\alpha) \in \mathbb{F}_2$ である確率は $2^{1-r} \leq 1/2$ であることを証明せよ.

(v) $q = 2^k$ のとき動作するように Berlekamp のアルゴリズム 14.31 を修正せよ, ステップ 6 において $b = T_k(\alpha) \operatorname{rem} f$ を計算すればよい. 修正したアルゴリズムは高々 $1/2$ の確率で失敗し, もとのアルゴリズムと同じ実行時間で動作することを示せ.

14.17** この問題の目的は等しい次数の因数分解の計算を定理 14.9 とこれから議論することによって体の演算で $O((d \log q + \log n)\mathsf{M}(n))$ 回から $O(d \log q \cdot \mathsf{M}(n) + \log(qn)\mathsf{M}(n) \log r)$ 回に縮小することである.

q を素数のべきとし, $f \in \mathbb{F}_q[x]$ は平方自由 n 次多項式で次数が $d = n/r$ の r 個の既約因子 $f_1, \ldots, f_r$ を持つとする. $R, R_1, \ldots, R_r$ と中国剰余同型写像 $\chi = \chi_1 \times \cdots \times \chi_r : R \longrightarrow R_1 \times \cdots \times R_r$ を 14.3 節と同じようにおく. $R_i \cong \mathbb{F}_{q^d}$ 上のノルムを $N(\alpha) = \alpha \alpha^q \alpha^{q^2} \cdots \alpha^{q^{d-1}} = \alpha^{(q^d-1)/(q-1)}$ と定義する, 同じ式で R 上のノルムも定義する.

(i) $\alpha \in R^\times$ をランダムに選び, $\beta = N(\alpha), 1 \leq i \leq r$ とおく. $\chi_i(\beta)$ は $x^{q-1} - 1$ の根であることを示し, $\chi_i(\beta)$ は $\mathbb{F}_q^\times$ 内にランダムかつ一様に分布することを証明せよ. ヒント: N は乗法群の準同型である.

(ii) $q > r$ という条件で, $1 \leq i \leq r$ について $\chi_i(\beta)$ が異なる確率を求めよ? もし, $q - 1 \geq r^2$ ならば, この確率は少なくとも $1/2$ であることを示せ.

(iii) $u \in \mathbb{F}_q$ に対して, $\pi(u) = u^{(q-1)/2}$ とおくと, $\pi(u) \in \{-1, 0, 1\}$ であり, $\pi(u) = 0$ と $u = 0$ は同値であり, $\pi(u) = -1$ と u が非平方であることも同値である. さらに, $u, v \in \mathbb{F}_q$ が異なるとする. ランダムに選んだ $t \in \mathbb{F}_q$ に対して, $\pi(u+t) \neq \pi(v+t)$ である確率は少なくとも $1/2$ であることを示せ. ヒント: 写像 $t \longmapsto (u+t)/(v+t)$ $t \neq -v$ のとき, $-v \longmapsto 1$ は $\mathbb{F}_q$ 上の全単射である.

(iv) アルゴリズム 14.8 を変形した次のアルゴリズムについて考察せよ. これは Rabin (1980b) による.

アルゴリズム 14.54　等しい次数の分離

入力：平方自由モニック n 次可約多項式 $f \in \mathbb{F}_q[x]$, ただし q は素数のべきである. n の約数 $d < n$, この d は f のすべての既約因子の次数である. そして次数が n よりも小さい多項式 $a \in \mathbb{F}_q[x]$, a はすべての i について $\chi_i(a \bmod f) \in \mathbb{F}_q$ を満たす.
出力：f の真のモニック因子 $g \in \mathbb{F}_q[x]$ または「偽」.

1. $g_1 \longleftarrow \gcd(a, f)$
   if $g_1 \neq 1$ かつ $g_1 \neq f$ **then return** g_1
2. $t \in \mathbb{F}_q$ をランダムに選ぶ
3. **call** $R = \mathbb{F}_q[x]/\langle f \rangle$ 上の繰り返し平方アルゴリズム 4.8,
   $b = (a+t)^{(q-1)/2} \operatorname{rem} f$ を計算する
4. $g_2 \longleftarrow \gcd(b - 1, f)$
   if $g_2 \neq 1$ かつ $g_2 \neq f$ **then return** g_2 **else return**「偽」

$a \notin \mathbb{F}_q$ のとき，アルゴリズムが失敗する確率は高々 $1/2$ であることを (iii) を使って示せ.

(v) (iv) のアルゴリズムをサブルーチンとして使って，等しい次数の因数分解を求める再帰的アルゴリズムをつくる．入力は上の仕様と同じで，出力は f のすべての既約因子である．ある $i \neq j$ で $\chi_i(a \bmod f) = \chi_j(a \bmod f)$ のときアルゴリズムは決して終了しない，かつそうでないとき，すべての $\chi_i(a \bmod f)$ が異なる $\mathbb{F}_q$ の元のとき，再帰の深さが $k = 1 + \lceil 2 \log_2 \rceil$ を超える確率は高々 $1/2$ であることを示せ．後者の場合 $\mathbb{F}_q$ 上の演算の回数は $O(\mathsf{M}(n) \log(qn) \log r)$ 回であることを証明せよ．

(vi) さて，まず次数が n より小さい多項式 $c \in \mathbb{F}_q[x]$ をランダムに選び，$a = c^{(q^d - 1)/(q-1)} \operatorname{rem} f$ を計算する．その後アルゴリズムを呼び出す，(v) からこの a について深さ k までの再帰呼出しで終了する．$q - 1 \geq r^2$ と仮定する．この方法は少なくとも $1/4$ の確率で f の r 個の既約因子を計算時間 $O(d\mathsf{M}(n) \log q + \mathsf{M}(n) \log(qn) \log r)$ で計算することを示せ．

14.18⟶　アルゴリズム 14.13 を使って多項式 $x^6 + x^3 + x^2 + x + 1 \in \mathbb{F}_2[x]$ を既約因子に因数分解せよ．すべてのステップを明示せよ．

14.19　F を体，$f \in F[x]$ を $f(0) \neq 0$ を満たす多項式とする．$\operatorname{rev}(f) = f^* = x^{\deg f} f(1/x)$ を**反転**（または相反多項式）という (9.1 節). $f = f^*$ のとき f は**自己相反**であるという.

(i) $*$ が乗法的である，つまり任意の $g \in F[x]$, $g(0) \neq 0$ に対して $(fg)^* = f^* g^*$ であることを示せ．

(ii) 任意の $\alpha \in F$ に対して $f(\alpha^{-1}) = 0 \iff f^*(\alpha) = 0$ を示せ. f が自己相反のとき, f の零点集合は逆数操作について閉じていることを証明せよ.

(iii) すべての奇数次数の自己相反多項式 f は $f(-1) = 0$ を満たすことを示せ.

(iv) $f \in F[x]$, $f(0) \neq 0$ が自己相反で $g \in F[x]$ が f の既約因子のとき, g^* も f の既約因子である.

(v) 平方自由多項式 $f = (x^{21} + x)/(x+1) \in \mathbb{F}_2[x]$ は — ほかにもあるが — 次の既約因子を持つ, $x^2 + x + 1$, $x^3 + x + 1$ と $x^6 + x^4 + x^2 + x + 1$. ほかの既約因子は何か?

14.20* n 次多項式 $f \in \mathbb{F}_q[x]$ が与えられているとする. $a \in \mathbb{F}_q$ について $B_a = \{b \in \mathbb{F}_q : f(b) = a\}$ を f の誘導する写像 $b \longmapsto f(b)$ に関する a の逆像という.

(i) a が与えられたとき, $\mathbb{F}_q$ 上の演算 $O(\mathsf{M}(n) \log n \log(qn))$ 回で $\prod_{b \in B_a}(y-b) \in \mathbb{F}_q[y]$ を計算せよ.

(ii) a が与えられたとき, $\mathbb{F}_q$ 上の演算 $O(\mathsf{M}(n) \log n \log(qn))$ 回で確率的に B_a を計算せよ.

(iii) f に対応する写像が全単射のとき (つまり任意の $a \in \mathbb{F}_q$ に対して $\sharp B_a = 1$), f は**置換多項式**と呼ばれる. 練習問題 14.11 を使って, $f = x^n$ が置換多項式になるときの基準を推理せよ.

(iv) f が置換多項式ではないとき, 実は

$$\sharp\{a : B_a \neq \emptyset\} = \sharp \operatorname{im} f \leq q\left(1 - \frac{1}{n}\right)$$

である. (Wan 1993: より弱い結果は von zur Gathen 1991b にある). この事実を使って置換多項式かどうかを判定する (モンテカルロ) 確率的判定法を導け, 演算時間は $\mathbb{F}_q$ の演算で $O(n\mathsf{M}(n) \log(qn))$ 回かかる.

14.21 n 次多項式 $f \in \mathbb{Z}[x]$ とし, 最大値ノルム $\|f\|_\infty = A$, $f = (ux+v)g$ とする, ただし $u, v \in \mathbb{Z}$ は 0 でなく, $g = \sum_{0 \leq i < n} g_i x^i \in \mathbb{Z}[x]$ とする.

(i) もし $|u| = |v|$ ならば, $0 \leq i \leq n-1$ に対して $|g_i| \leq (i+1)A/|v|$ であることを示せ. さらに $\|g\|_\infty \leq nA$ を証明せよ.

(ii) $\alpha = |u/v| < 1$ と仮定する. $0 \leq i \leq n-1$ に対して $|g_i| \leq A(1-\alpha^{i+1})/(1-\alpha)|v|$ を示し, $\|g\|_\infty \leq A$ を証明せよ. $|u/v| > 1$ のときも後者を示せ.

14.22 (i) Leibniz の法則を使って式 (2) を示せ.

(ii) $f/\gcd(f, f') = \prod_{e_i f'_i \neq 0} f_i$ を証明せよ.

14.23 証明するかまたは反証をあげよ.

(i) 多項式 $x^{1000} + 2 \in \mathbb{F}_5[x]$ は平方自由である.

(ii) F を体, $f, g \in F[x]$ とする. fg の平方自由部分は f と g の平方自由部分の積

である．

14.24 (Yun 1977b) 標数 0 の体上で，アルゴリズム 14.19 は平方自由部分を計算する問題を多項式の gcd を計算する問題に帰着させている．

(i) 逆に 2 つの平方自由多項式 $f, g \in F[x]$ の gcd の計算をある多項式の平方自由部分を求める問題に帰着可能であることを示せ．

(ii) $f, g \in F[x]$ をモニックで定数でない多項式で，その平方自由分解を $f = \prod_{1 \le i \le m} f_i^i$ と $g = \prod_{1 \le i \le k} g_i^i$ とする．$\gcd(f,g) = \prod_{1 \le i \le \min\{m,k\}} \gcd(f_i \cdots f_m, g_i \cdots g_k)$ を示し，(i) から，gcd の計算は平方自由分解の計算に帰着可能であることを証明せよ．

14.25 次の多項式が $\mathbb{Q}[x]$ 上で多重因子を持つかどうかを判定せよ．
(i) $x^3 - 3x^2 + 4$,
(ii) $x^3 - 2x^2 - x + 2$.

14.26 F を標数 0 の体，$f \in F[x]$ をモニックな定数でない多項式，$f = g_1 g_2^2 \cdots g_m^m$ を平方自由分解とする．$v = g_1 g_2 \cdots g_m, u = f/v, w = f'/u$ とおく．

(i) $\gcd(f, f') = u$ と $w = \displaystyle\sum_{1 \le i \le m} i g_i' \frac{v}{g_i}$ を示せ．ヒント：練習問題 14.22.

(ii) $1 \le i \le m$ において $g_i = \gcd(v, w - iv')$ を証明せよ．

(iii) (ii) を利用した平方自由因数分解のアルゴリズムを記述せよ．実行時間は体の演算で $O(n\mathsf{M}(n) \log n)$ であることを示し，この上界に本質的に達する例を与えよ．

14.27* $\mathbb{F}_q$ を標数 p の体，$f = f_1^{e_1} \cdots f_r^{e_r} \in \mathbb{F}_q[x]$ を n 次多項式で，$f_1, \ldots, f_r \in \mathbb{F}_q[x]$ はモニックな既約多項式で互いに素，$e_1, \ldots, e_r \in \mathbb{N}$ とする．

(i) アルゴリズム 14.19 は $v = \prod_{p \nmid e_i} f_i$ を返すことを示せ．

(ii) $u/\gcd(u, v^n) = \prod_{p | e_i} f_i^{e_i}$ を証明し，これを $\mathbb{F}_q$ 上 $O(\mathsf{M}(n) \log n)$ 回の演算で計算する方法を示せ．

(iii) $u/\gcd(u, v^n)$ の p 乗根を計算し，これまでの過程を再帰的に実行することによって，$\mathbb{F}_q$ 上で平方自由部分を計算するアルゴリズムを導け．このアルゴリズムは $\mathbb{F}_q$ の演算を $O(\mathsf{M}(n) \log n + n \log(q/p))$ 回使うことを示せ．

(iv) $f = ab^2 c^2 d^6 e^8 \in \mathbb{F}_2[x]$ で，$a, b, c, d, e \in \mathbb{F}_2[x]$ は既約で互いに素とする．(iii) のアルゴリズムで平方自由部分を計算せよ．

14.28 モニック多項式の平方自由分解は一意的であることを証明せよ．

14.29 以下の多項式の平方自由分解を $\mathbb{Q}[x]$ 上と $\mathbb{F}_3[x]$ 上で計算せよ．
(i) $x^6 - x^5 - 4x^3 + 2x^3 + 5x^2 - x - 2$,
(ii) $x^6 - 3x^5 + 6x^3 - 3x^2 - 3x + 2$,
(iii) $x^5 - 2x^4 - 2x^3 + 4x^2 + x - 2$,
(iv) $x^6 - 2x^5 - 4x^4 + 6x^3 + 7x^2 - 4x - 4$,

(v) $x^6 - 6x^5 + 12x^4 - 6x^3 - 9x^2 + 12x - 4$.

14.30* $\mathbb{F}_q$ を標数 p の有限体, $f \in \mathbb{F}_q[x]$ をモニックな定数でない多項式で平方自由分解 $(g_1,\ldots,g_m)$ を持つものとする.

(i) Yun のアルゴリズム 14.21 は $m < p$ ならば正しい結果を返すことを示せ.

(ii) $m \geq p$ とすると, f にアルゴリズム 14.21 を適用すると $1 \leq i < p$ に対しては $h_i = \prod_{j \equiv i \bmod p} g_j$ を $i \geq p$ に対しては $h_i = 1$ と計算することを示せ.

(iii) アルゴリズム 14.21 を $m > p$ に対しても正しく動作するように修正せよ. ヒント: $f h_1^{-1} f_2^{-2} \cdots h_{p-1}^{-p+1}$ は p べきである. 修正したアルゴリズムの演算回数は $\mathbb{F}_q$ 上で $O(\mathsf{M}(n) \log n + n \log(q/p))$ 回かかることを示せ. 練習問題 14.27(iv) の多項式を例としてアルゴリズムをトレースせよ.

14.31 F を体, $f, g_1, \ldots, g_m \in F[x]$ を定数でないモニックな多項式とする. $f = g_1 g_2^2 \cdots g_m^m$ で各 g_i が平方自由で互いに素でかつ $g_m \neq 1$ のとき, $(g_1, \ldots, g_m)$ を平方自由分解といった.

(i) f の分解 $f = h_1 \cdots h_m$ で各 h_i は定数でないモニック平方自由多項式であり, $2 \leq i \leq m$ に対して $h_i | h_{i-1}$ を満たしかつ $h_m \neq 1$ となるものが一意的に存在することを示せ.

(ii) $f = x^4(x+1)^3$ について両方の分解を与えよ.

(iii) h_i を g_i を用いて表せ, また逆も表せ. また, どちらの変換も実行時間 $O(\mathsf{M}(n))$ で計算できることを示せ, ここで $n = \deg f$ である.

14.32 (Carlitz 1932) 素数のべき q と正の整数 $n \geq 2$ に対して, 次数 n の $\mathbb{F}_q[x]$ のランダム多項式が平方自由である確率は $1 - 1/q$ であることを示したい. s_n を $\mathbb{F}_q[x]$ のモニック平方自由 n 次多項式の個数とする. $s_0 = 1$ で $s_1 = q$ である.

(i) 漸化式 $\sum_{0 \leq 2k \leq n} q^k s_{n-2k} = q^n$ を示せ. ヒント: すべてのモニック多項式 $f \in \mathbb{F}_q[x]$ に対して, モニックな平方自由多項式 h が一意的に存在して $f = g^2 h$ と書ける.

(ii) 上の漸化式の $n - 2$ の場合を引き算して, 重複している部分を消去することにより $s_n = q^n - q^{n-1}$ を証明せよ.

14.33 F を正標数 p の体, $a \in F$ を F 内に p 乗根を持たないとする. $x^p - a \in F[x]$ は既約であることを示せ. ヒント: f の分解体 $F(a^{1/p})$ 上で $f = (x - a^{1/p})^p$ である. f の n 次の因子 $g \in F[x]$ の x^{n-1} の係数に注目せよ.

14.34 $\mathbb{F}_q$ を元の個数が q の有限体, $f \in \mathbb{F}_q[x]$ は定数でないとする. $\xi = x^q \bmod f \in R = \mathbb{F}_q[x]/\langle f \rangle$ とおく. 任意の $\alpha \in R$ に対して $\alpha^q = \check{\xi}(\alpha)$ を証明するかまたは反例をあげよ.

14.35* n と d が 2 のべきのとき, 反復 Frobenius アルゴリズム 14.26 の実行時間は高々 $(c_1 n/d + c_2)\mathsf{M}(d) \log_2 d + O(\mathsf{M}(d) + n \log d)$ 回の R の和と積であるような

「小さな」定数 $c_1, c_2 \in \mathbb{Q}$ を見つけよ．ヒント：練習問題 10.2.

14.36* q を素数のべき，$f \in \mathbb{F}_q[x]$ を次数 n とし，$R = \mathbb{F}_q[x]/\langle f \rangle$ とおく．

(i) $\alpha \in R$ と 2 のべき $d < n$ に対してノルム $N_d(\alpha) = \alpha \alpha^q \cdots \alpha^{q^{d-1}}$ を計算する以下のアルゴリズムを考察せよ．

アルゴリズム 14.55 ノルムの計算

入力：$f \in \mathbb{F}_q[x]$ 次数 n の多項式，$d \leq n$ を満たす 2 のべき $d \in \mathbb{N}$, $\xi^q \in R = \mathbb{F}_q[x]/\langle f \rangle$,
ただし $\xi = x \bmod f \in R$, $\alpha \in R$ とする．
出力：$N_d(\alpha) \in R$.

1. $\gamma_0 \longleftarrow \xi^q$, $\delta_0 \longleftarrow \xi$, $l \longleftarrow \log_2 d$
2. **for** $1 \leq i \leq l$ **do**
   call モジュラ合成アルゴリズム 12.3, $\gamma_i = \breve{\gamma}_{i-1}(\gamma_{i-1})$ と $\breve{\delta}_{i-1}(\gamma_{i-1})$ を計算
   $\delta_i \longleftarrow \delta_{i-1} \cdot \breve{\delta}_{i-1}(\gamma_{i-1})$
3. **return** δ_l

このアルゴリズムが正しく動作し，$\mathbb{F}_q$ の演算で $O((n^{(\omega+1)/2} + n^{1/2}\mathsf{M}(n))\log d)$ 回かかることを示せ．このアルゴリズムの計算時間と反復 Frobenius アルゴリズム 14.26 を使ったノルムを計算するアルゴリズムの計算時間を比較せよ．

(ii) アルゴリズムを d が 2 のべきではないときも動作するように修正せよ．

(iii) 同様にしてトレース $T_d(\alpha) = \alpha + \alpha^q + \cdots + \alpha^{q^{d-1}}$ を計算するアルゴリズムを設計せよ．

14.37 q を素数のべき，$f = f_1 \cdots f_r \in \mathbb{F}_q[x]$ を平方自由多項式，$f_1, \ldots, f_r \in \mathbb{F}_q[x]$ を既約で互いに素なモニック多項式とし，さらに $\mathcal{B} \subseteq \mathbb{F}_q[x]/\langle f \rangle$ を f の Berlekamp 代数とする．「Lagrange 補間」$l_1, \ldots, l_r \in \mathbb{F}_q[x]$, 次数は $\deg f$ より小さく $i \neq j$ のとき $l_i \equiv 0 \bmod f_j$ でかつ $l_i \equiv 1 \bmod f_i$, が $\mathcal{B}$ の基底であることを示せ．

14.38* 多項式 $f = f_1 \cdots f_r \in \mathbb{F}_2[x]$ を平方自由で次数が n とし，$f_1, \ldots, f_r \in \mathbb{F}_2[x]$ を既約で互いに素なモニック多項式とする．$\mathcal{B} \subseteq \mathbb{F}_2[x]/\langle f \rangle$ を Berlekamp 代数，$b_1 \bmod f, \ldots, b_r \bmod f$ を $\mathcal{B}$ の基底で各 b_i の次数は n より小さいとする．

(i) $1 \leq i \leq r$ に対して，添え字 j, k が存在して $f_i | b_j$ かつ $f_i \nmid b_k$ を満たすことを示せ．

(ii) $f = g_1 \cdots g_s$ を f の部分的因数分解で各 g_j はモニックで定数ではなく互いに素であるとする．$1 \leq i \leq r$ のとき，練習問題 11.4 を使って

$$\gcd(b_i, g_1), \frac{g_1}{\gcd(b_i, g_1)}, \ldots, \gcd(b_i, g_s), \frac{g_s}{\gcd(b_i, g_s)}$$

を $\mathbb{F}_2$ の演算 $O(\mathbf{M}(n)\log n)$ 回で計算できることを示せ (これを b_i による細分という).

(iii) f の自明な分解 $f = f$ から始めて, $b_1, \ldots, b_r$ による部分因数分解の細分を繰り返すと $O(r \cdot \mathbf{M}(n)\log n)$ 回ですべての既約因子が得られることを示せ.

14.39* $p \in \mathbb{N}$ を素数, ある正の $k \in \mathbb{N}$ について $q = p^k$, $f \in \mathbb{F}_q[x]$ を n 次モニック平方自由多項式, $R = \mathbb{F}_q[x]/\langle f \rangle$ とする. Berlekamp のアルゴリズム 14.31 において R の $\mathbb{F}_q$ 上の Frobenius 自己準同型, $\mathbb{F}_q$ 写像 $\alpha \longmapsto \alpha^q$, を R 上の**絶対 Frobenius 自己準同型**, つまり素体 $\mathbb{F}_p$ 上の Frobenius 自己準同型 $\mathbb{F}_p$ 写像 $\alpha \longmapsto \alpha^p$ におきかえる. この変形を解析し, もとのアルゴリズムと実行時間の期待値を比較せよ.

14.40* 多項式の根を見つけることは多項式の因数分解の特別な場合であることは明らかである. この問題では逆に有限体上の因数分解は素体上で根を探す問題に帰着可能であることを示す. 素数のべき $q = p^k$, $k \in \mathbb{N}$ を正の数, $f \in \mathbb{F}_q[x]$ を n 次のモニック平方自由とする. $R = \mathbb{F}_q[x]/\langle f \rangle$, $\mathcal{B} = \{a \bmod f \in R : a^p \equiv a \bmod f\} \subseteq R$ を絶対 Frobenius 部分代数 (練習問題 14.39 を参照) とおく.

(i) $b \in \mathbb{F}_q[x]$ を $b \bmod f \in \mathcal{B}$ とする. $f = \prod_{a \in \mathbb{F}_p} \gcd(f, b-a)$ を示せ.

(ii) y を新しい不定元, $r = \mathrm{res}_x(f, b-y) \in \mathbb{F}_q[y]$ とする. r は $\mathbb{F}_q$ 上で根を持つことを示し, もし $b \notin \mathbb{F}_q$ のとき, 任意の $\mathbb{F}_q$ 内の根から f の非自明な因子が得られることを示せ.

(iii) $\mathbb{F}_q[x]$ 上の因数分解の問題を多項式時間で決定的に $\mathbb{F}_q[x]$ の根を求める問題に帰着させよ.

14.41* これまで通りに q を素数のべき, $f \in \mathbb{F}_q[x]$ を n 次モニック平方自由多項式, $R = \mathbb{F}_q[x]/\langle f \rangle$ とする.

(i) f が r 個の既約因子に分解され, それらの次数が $d_1, \ldots, d_r$ ならば, $\mathrm{lcm}\{x^{d_i} - 1 : 1 \leq i \leq r\}$ は R 上の Frobenius 自己準同型 $\alpha \longmapsto \alpha^q$ の行列表現 Q の最小多項式であることを証明せよ. ヒント: $r = 1$ から始めて, f が既約であるための必要十分条件は Q の最小多項式が $x^n - 1$ であることを確かめよ.

(ii) (i) と練習問題 12.5 を使って, f の既約性判定をするモンテカルロアルゴリズムを設計せよ, q が「十分大きい」とき, その判定には $\mathbb{F}_q$ の演算で $O(n \cdot \mathbf{M}(n)\log q)$ 回かかる.

14.42** [訳注: 著者のホームページより訂正] この問題では線形代数を基本とした, Niederreiter による (注解 14.8 を参照), 別の因数分解のアルゴリズムの最も簡単な場合を議論する. p を素数とする.

(i) 任意の有理関数 $y = \mathbb{F}_p(x)$ に対して，$(p-1)$ 次導関数 $y^{(p-1)}$ は p べきであることを示せ．

(ii) 任意の 0 でない多項式 $f \in \mathbb{F}_q[x]$ に対して，有理関数 $h = f'/f$ は微分方程式

$$y^{(p-1)} + y^p = 0 \tag{14}$$

の解であることを示せ．ヒント：まず f の分解体上で練習問題 9.27 と Wilson の定理 (練習問題 14.1) を使って，f が平方自由のときを示す．一般の場合は f の平方自由分解と練習問題 9.27 を使う．

(iii) $h = g/f \in \mathbb{F}_p(x)$ が式 (14) を満たしていて，0 でない $f, g \in \mathbb{F}_q[x]$ が互いに素で f がモニックならば，$\deg g < \deg f$ が成り立つことと f が平方自由であることを示せ．

(iv) (iii) の f, g について，$\lambda_1, \ldots, \lambda_n \in E$ を f の $\mathbb{F}_p$ 上の分解体 E 内の (異なる) 根とする．部分分数分解により $d_1, \ldots, d_n \in E$ が存在して

$$\frac{g}{f} = \sum_{1 \leq i \leq n} \frac{d_i}{x - \lambda_i}$$

を満たす．$1 \leq i \leq n$ に対して $y = d_i(x - \lambda_i)$ は式 (14) の解であることを示せ (ヒント：部分分数分解は一意的である)．もし λ_i と λ_k が f の同じ既約因子の根ならば $d_i = d_k \in \mathbb{F}_p$ であることを示し，ある $c_1, \ldots, c_r \in \mathbb{F}_p$ が存在して

$$\frac{g}{f} = \sum_{1 \leq j \leq r} c_j \frac{f'_j}{f_j}$$

が成り立つことを証明せよ，ただし，$f_1, \ldots, f_r$ は f の異なるモニックな既約因子である．

(v) $f \in \mathbb{F}_p[x]$ をモニックで次数が n とし，

$$\mathcal{N} = \{g \in \mathbb{F}_p[x] : \deg g < n \text{ かつ } h = \frac{g}{f} \text{ は式 (14) の解である}\}$$

とする．$f = f_1^{e_1} \cdots f_r^{e_r}$ を f の既約因数分解とすると，$f'_1/f_1, \ldots, f'_r/f_r$ は $\mathcal{N}$ を $\mathbb{F}_p$ 上のベクトル空間とみなしたときの基底であることを示せ．

(vi) f を平方自由，$\mathcal{B} \subseteq \mathbb{F}_p[x]/\langle f \rangle$ を Berlekamp 代数とする．写像 $\varphi : \mathcal{N} \longrightarrow \mathcal{B}$ を $\varphi(g) = g \cdot (f')^{-1} \bmod f$ とすると，φ はベクトル空間の同型写像であることを示せ．ヒント：すべての j について $\varphi(g)$ を考えよ．

(vii) $p > 2$ と仮定する．(vi) のように f をとり，$g = \sum_{1 \leq j \leq r} c_j f'_j f / f_j \in \mathcal{N}$ とする，ここで $c_i \in \mathbb{F}_p$ である．さらに $S \subseteq \mathbb{F}_p^\times$ を平方集合とする．

$$\gcd(g^{(p-1)/2} - (f')^{(p-1)/2}, f) = \prod_{c_j \in S} f_j$$

を示し, $c_1, \ldots, c_r$ を $\mathbb{F}_p$ からランダムに選ぶと $\gcd(f,g) = 1$ のときこの gcd が非自明になる確率は少なくとも 1/2 であることを証明せよ.

14.43** この問題は $p = 2$ について, 練習問題 14.42 の理論をアルゴリズムにする. $f = \sum_{0 \le i \le n} f_i x^i \in \mathbb{F}_2[x]$ をモニックで平方自由な n 次多項式とする.

(i) $\mathcal{N} = \{g \in \mathbb{F}_2[x] : \deg g < n \text{ かつ } (fg)' = g^2\}$ を示せ.

(ii) $N \in \mathbb{F}_2^{n \times n}$ を $\mathbb{F}_2[x]$ 内の次数が n より小さい多項式のなすベクトル空間上の線形作用素 $g \longmapsto \big((fg)'\big)^{1/2}$ の多項式基底 $x^{n-1}, x^{n-2}, \ldots, x, 1$ に関する行列とする. つまり

$$\left(f \sum_{0 \le i < n} g_i x^i\right)' = \left(\sum_{0 \le i < n} h_i x^i\right)^2 \iff N \cdot \begin{pmatrix} g_{n-1} \\ \vdots \\ g_0 \end{pmatrix} = \begin{pmatrix} h_{n-1} \\ \vdots \\ h_0 \end{pmatrix}$$

$$N = \begin{pmatrix} f_n & 0 & 0 & 0 & 0 & 0 & \ldots \\ f_{n-2} & f_{n-1} & f_n & 0 & 0 & 0 & \ldots \\ f_{n-4} & f_{n-3} & f_{n-2} & f_{n-1} & f_n & 0 & \ldots \\ \vdots & & & & & & \vdots \end{pmatrix}$$

を証明せよ.

(iii) $\mathcal{N} - I$ の基底を決定し, 練習問題 14.38 と同じようにして f の因数分解のアルゴリズムを設計せよ, ただし, I は $n \times n$ 恒等行列とする. このアルゴリズムには $\mathbb{F}_2$ の演算で $O(n^\omega)$ 回かかることを示せ, これは Berlekamp のアルゴリズムと同じである.

14.44* q を素数のべき, $t \in \mathbb{N}$ を $q - 1$ の素数の約数, $a \in \mathbb{F}_q^\times$ とする.

(i) a が t べきのとき, $x^t - a \in \mathbb{F}_q[x]$ は 1 次因子に分解されることを示せ. ヒント: 補題 8.8 を利用せよ.

(ii) a が t べきではないとき, $x^t - a$ は既約であることを示せ. ヒント: $x^t - a$ の分解体で (i) を使い, $x^t - a$ の因子 $f \in \mathbb{F}_q[x]$ の定数項を考えよ.

(iii) 2 項式 $x^t - a$ (つまり, $a \in \mathbb{F}_q^\times$ をランダムに選ぶ) が既約になる確率の公式を導け, さらにそれと $\mathbb{F}_q[x]$ の t 次のランダム多項式が既約である確率を比較せよ.

14.45 補題 14.47 を証明せよ.

14.46 この問題では整数論の有用な道具, **Möbius の反転公式**, について議論する. Möbius の関数 μ を式 (11) のように定義する.

(i) μ は乗法的であることを示せ, つまり $m, n \in \mathbb{N}_{>0}$ が互いに素のとき, $\mu(mn) = \mu(m)\mu(n)$ である.

(ii) $n > 1$ のとき $\sum_{d|n} \mu(d) = 0$ を示せ, ただし和は n のすべての正の約数を動く.

(iii) R を任意の (可換で 1 を持つ) 環, 2 つの関数 $f, g: \mathbb{N}_{>0} \longrightarrow R$ は任意の $n \in \mathbb{N}$ に対して

$$f(n) = \sum_{d|n} g(d)$$

が成り立つとする. 任意の $n \in \mathbb{N}_{>0}$ に対して

$$g(n) = \sum_{d|n} \mu\left(\frac{u}{d}\right) f(d) = \sum_{d|n} \mu(d) f\left(\frac{n}{d}\right)$$

を示せ.

(iv) 任意の $n \in \mathbb{N}_{n>0}$ に対して

$$f(n) = \prod_{d|n} g(d)$$

が成り立つとする. g を f と μ で表す (iii) と同様の公式を与えよ.

(v) $d(n)$ を $n \in \mathbb{N}_{>0}$ の正の約数の個数とする. 任意の正の整数 n に対して $\sum_{e|n} \mu(n/e) d(e) = 1$ を示せ.

14.47* (Prange 1959) q を素数のべきで $n \in \mathbb{N}$ と互いに素とする. 同値関係 $\sim$ を式 (13) のように定義する. $\sim$ に関する $\mathbb{Z}_n$ の異なる同値類を $S_1, \ldots, S_r$ とし, $1 \leq i \leq r$ に対して $b_i = \sum_{j \in S_i} x^j \in \mathbb{F}_q[x]$ とおく.

(i) $x^n - 1$ に属する Berlekamp 代数 $\mathcal{B} \subseteq \mathbb{F}_q[x]/\langle x^n - 1 \rangle$ の基底は $b_1 \bmod x^n - 1, \ldots, b_r \bmod x^n - 1$ で与えられることを示せ.

(ii) $\mathbb{F}_q[x]$ 上で $x^n - 1$ のすべての既約因子を求めるアルゴリズムを与えよ, ただし, そのアルゴリズムには, $O(\log q \log n + n\mathsf{M}(\log n))$ 回の語演算と, 期待値 $O(\mathsf{M}(n) \log(qn) \log r)$ 回の $\mathbb{F}_q$ の演算が必要で, 全体として $O^\sim(n \log^2)$ 回の語演算が必要であるとする. ヒント: すでに見つかっている既約因子を分離するために練習問題 11.4 の方法を使い, 定理 14.11 の証明と同様の解析をせよ.

研究問題

14.48 $x^p - x$ を割り切る平方自由多項式 $f \in \mathbb{F}_p[x]$ の根を多項式時間で決定的に計算するアルゴリズムを見つけよ, ただし p が素数とする. (練習問題 14.40 よりこれは一般的な多項式の因数分解を決定的に多項式時間で解くことになる.)

> The operation of factoring [polynomials]
> must be performed by inspection.
> *Charles Davies (1867)*

> Tous les effets de la nature ne sont que les résultats
> mathématiques d'un petit nombre de lois immuables.
> *Pierre Simon Laplace (1812)*

15

Hensel 持ち上げと多項式の因数分解

　この章では，$\mathbb{Q}[x]$ 上と体 F に対して $F[x,y]$ 上の因数分解の 2 つのモジュラアルゴリズムを紹介する．最初のものは「大きな」素数を法とした因数分解を使い，概念的には比較的容易である．2 番目のものは「小さな」素数を法とした因数分解を使い，その素数のべきを法とした因数分解に「持ち上げる」．後者は高速に計算できるが，第 5 章で紹介した素数のべきの取り扱いを最も強力な道具として利用する．

15.1　$\mathbb{Z}[x]$ 上と $\mathbb{Q}[x]$ 上の因数分解：基本的アイデア

　最初の目標は「$\mathbb{Z}[x]$ 上の因数分解」と「整数係数の多項式の $\mathbb{Q}[x]$ 上の因数分解」の差を理解することである．基本的事実は後者は $\mathbb{Z}[x]$ の原始的多項式を因数分解に対応し，一方，前者はさらに整数すなわち多項式の内容の因数分解を必要とする．6.2 節で導入した以下の記号を使う．

　R を一意分解整域（大部分の主要な応用は，いつものように，$R = \mathbb{Z}$ と $R = F[y]$ の場合である）とする．多項式 $f \in R[x]$ の係数の最大公約数 (簡単のため gcd は $R = \mathbb{Z}$ のとき正の数，$R = F[y]$ のときモニックとする) を f の**内容** $\mathrm{cont}(f)$ という．$f/\mathrm{cont}(f) \in R[x]$ を f の**原始的部分** $\mathrm{pp}(f)$ といい，$\mathrm{cont}(f) = 1$ のとき f を**原始的多項式**という．Gauß の補題からの帰結である系 6.7 によると任意の $f, g \in R[x]$ について $\mathrm{cont}(fg) = \mathrm{cont}(f)\mathrm{cont}(g)$ と $\mathrm{pp}(fg) = \mathrm{pp}(f)\mathrm{pp}(g)$ が成り立つ．特に，f と g が原始的多項式のとき fg も原始的である．結論として，$R[x]$ は一意分解整域であり，その素元は R の素元と加えて $K[x]$ で既約な $R[x]$ の原始的多項式である，ただし K は R の商体である．

$\mathbb{Q}$ 上と $\mathbb{Z}$ 上の多項式の因数分解の関係は次のようになる．もし $f \in \mathbb{Z}[x]$ が原始的多項式ならば $\mathbb{Q}$ 上の既約多項式 $f_i \in \mathbb{Q}[x]$ による因数分解 $f = f_1 \cdots f_k$ から $\mathbb{Z}$ 上の既約多項式 $f_i^* \in \mathbb{Z}[x]$ による因数分解 $f = f_1^* \cdots f_k^*$ が各 f_i に分母を掛けて内容で割ることにより得られる．他方 $\mathbb{Z}[x]$ 上の既約因数分解は $\mathbb{Q}[x]$ 上でもそうである．任意の f の因数分解は f の内容の因数分解と f の原始的部分の因数分解を合わせたものである．したがって

$$\mathbb{Z}[x] \text{ 上の因数分解} \quad \longleftrightarrow \quad \mathbb{Q}[x] \text{ 上の因数分解と } \mathbb{Z} \text{ の因数分解}$$

既知の $\mathbb{Z}$ の因数分解 (第 19 章) の最良のアルゴリズムはこの章と次の章で紹介する $\mathbb{Q}[x]$ の因数分解のアルゴリズムに比べると非常に効率が悪い．今後は「$\mathbb{Z}[x]$ 上の因数分解」は原始的多項式用のものをさす，「$\mathbb{Z}$ の因数分解」は自明であるとする．

基本的アイデアは次のようになる．$f \in \mathbb{Z}[x]$ を因数分解したい原始的多項式とする．必要なら平方自由部分アルゴリズム 14.19 を使うことにより，f を平方自由と仮定してよい．f の主係数を割り切らない素数 $p \in \mathbb{Z}$ で $f \bmod p \in \mathbb{F}_p[x]$ は平方自由となるように「大きな」素数 p をとる (「大きな」の正確な意味は後で述べる)．第 14 章の (確率的) アルゴリズムの 1 つを使って f を p を法として因数分解する．$g \in \mathbb{Z}[x]$ が f の因子で，$g_1, \ldots, g_s$ が g の p を法とした既約因子ならば，g は $g_1, \ldots, g_s$ から再生できる．f が $\mathbb{Z}[x]$ で $f = f_1 \cdots f_k$ と因数分解されるとき，$\overline{f} = \overline{f_1} \cdots \overline{f_k}$ と $\mathbb{Z}[x]$ でも因数分解できる，ただし，オーバーラインは係数を p を法として考えることを意味する．しかし，f_1 が既約でも $\overline{f_1}$ は既約とは限らない，しかもすぐにはどれがどの因子なのかはわからない (図 15.2 を参照)．

この概略をアルゴリズムに直そうとしたとき，次のような問題が生じる．

○ どのくらい大きな p を選べば，p を法とした因子の係数を使って再生ができるだろうか？ この答えはすでに与えてある，6.6 節の Mignotte 上界 6.33 である．

○ どの範囲から p をランダムに選ぶと，$f \bmod p$ は十分高い確率で平方自由になるだろうか？ この問題の解答は第 6 章の**終結式理論**と第 18 章の**素数定理**によって与えられる．

○ 最後に最も複雑な問題, f の $\mathbb{Z}[x]$ における本当の因子に対応する $f \bmod p$ のモジュラ因子をどのようにして見つけるか？ 安易な解答，可能なすべての**因子の組み合わせ**で単純に試みる．残念ながらこれは最悪の場合指数時間のアルゴリズムである，たとえば 15.3 節の **Swinnerton–Dyer 多項式**である．第 16 章でこれを回避する方法を紹介する，**短い格子ベクトル**である．

我々のアルゴリズムは 2 つの段階からなる，モジュラ因数分解の段階，ここでは 1 つの大きな素数か素数のべきを法とする，第 2 段階ではモジュラ因子から本当の因子を探す，因子の組み合わせかまたは短い格子ベクトルを利用する．この様子を図 15.1 に表す，上の行の 2 つのアルゴリズムと下の行の 2 つを自由に組み合わせることができる．次の節では「大きな素数」と「因子の組み合わせ」のものを述べる，15.4 節と 15.5 節では「素数のべき」の方法を，第 16 章では「短いベクトル」を取り扱う．

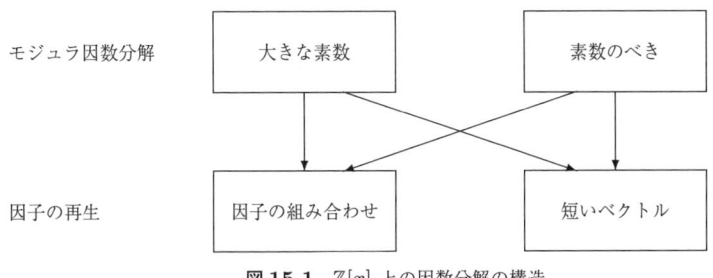

図 15.1 $\mathbb{Z}[x]$ 上の因数分解の構造

15.2 ある因数分解アルゴリズム

$f \in \mathbb{Z}[x]$ は 0 でない平方自由多項式とする．まず多項式 $\overline{f} = f \bmod p \in \mathbb{Z}_x$ が平方自由になるような素数 p を把握しなければならない，ただしオーバーラインは p を法として考えることを表す．f の判別式を $\mathrm{disc}(f) = \mathrm{res}(f, f')$ と略記する，ここで $'$ は形式的な微分である．(文献によっては，異なる判別式の定義をしている，それはここの判別式とは若干異なる．) 系 14.25 は $\overline{f}$ が平方自由

であることと $\mathrm{disc}(\overline{f}) \neq 0$ が同値であると主張している．補題 6.25 と $\overline{f'} = \overline{f}'$ (練習問題 9.23) という事実から，次を得る．

補題 15.1 $f \in \mathbb{Z}[x]$ を 0 でない平方自由多項式，$p \in \mathbb{N}$ を $\mathrm{lc}(f)$ を割り切らない素数，そしてオーバーラインを p を法とする剰余類への対応とする．$\overline{f}$ が平方自由であるための必要十分条件は $p \nmid \mathrm{disc}(f)$ である．

Sylvester 行列を詳しく調べると，$\mathrm{lc}(f)$ は $\mathrm{res}(f, f')$ を割り切ることがわかる (練習問題 6.41)．よって，もし p が $\mathrm{res}(f, f') \in \mathbb{Z} \setminus \{0\}$ を割り切らないならば $\overline{f}$ は平方自由である．f は平方自由なので終結式は 0 にはならない．

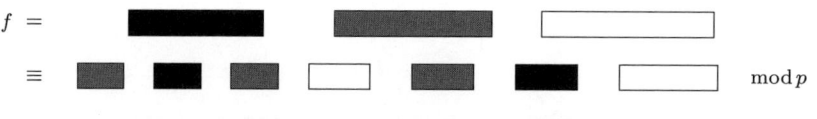

図 15.2 $\mathbb{Z}_x$ や $\mathbb{F}_p[x]$ の因数分解の型

いま，$f = f_1 \cdots f_k$ を f の因数分解，$f_1, \ldots, f_k$ を $\mathbb{Z}[x]$ の既約な (原始的) 多項式とする．$\mathbb{F}_p[x]$ において

$$\overline{f} = \overline{f_1} \cdots \overline{f_k} = \overline{\mathrm{lc}(f)} g_1 \cdots g_r$$

が成り立つ，ただし $g_1, \ldots, g_r$ は $\overline{f}$ の $\mathbb{F}_p[x]$ におけるモニックな既約因子である．図 15.2 は $k = 3$，$r = 7$ としてこの様子を表している．各長方形は既約因子を表し，その幅は次数に対応している，上の行の長方形は下の行の同じ濃さの長方形に p を法として分解される．f の p を法とした因数分解ですべての g_i を計算してあると仮定する．f_1 を f のある既約因子とする (たとえば図 15.2 の上の行の網かけの長方形)．$S \subseteq \{1, \ldots, r\}$ を $\overline{f_1}$ の既約因子になっている添え字の集合 (我々にはまだわからない) とする．このとき

$$\frac{\mathrm{lc}(f)}{\mathrm{lc}(f_1)} f_1 \equiv \mathrm{lc}(f) \prod_{i \in S} g_i \bmod p \tag{1}$$

もし $p/2$ が Mignotte 上界 $(n+1)^{1/2}2^n|\mathrm{lc}(f)|\cdot\|f\|_\infty$ よりも大きいならば，$\mathrm{lc}(f)f_1/\mathrm{lc}(f_1)$ の係数は整数であり絶対値が $p/2$ よりも小さい．系 6.33 より，(1) の多項式は $-(p-1)/2$ から $(p-1)/2$ の間の数で $\mathbb{F}_p$ の元を表す対称表現になっている．したがって，g_i と S で f_1 を構成できる．

残念ながら集合 S を見つけるのは簡単ではなさそうである．図 15.2 では，下の行の長方形しか我々には与えられない，同じ濃さを持っているものはわからない．次のアルゴリズムでは $\{1,\ldots,r\}$ のすべての部分集合で試す．後のアルゴリズムとの整合性を保つため，ステップ 4 は抜けている．多項式の最大値ノルムは $\|f\|_\infty = \max_i |f_i|$ で 1 ノルムは $\|f\|_1 = \sum_i |f_i|$ だったことを確認しておく．

アルゴリズム 15.2　$\mathbb{Z}[x]$ 上の因数分解（大きな素数版）

入力：次数 $n \geq 1$ の平方自由な原始的多項式 $f \in \mathbb{Z}[x]$，$\mathrm{lc}(f) > 0$ かつ最大値ノルム $\|f\|_\infty = A$ とする．

出力：f の既約因子 $\{f_1,\ldots,f_k\} \subseteq \mathbb{Z}[x]$．

1. **if** $n = 1$ **then return** $\{f\}$
   $b \longleftarrow \mathrm{lc}(f),\quad B \longleftarrow (n+1)^{1/2}2^n Ab$
2. **repeat**
      $2B < p < 4B$ を満たす奇素数 p をランダムに選ぶ
      $\overline{f} \longleftarrow f \bmod p$
   until $\mathbb{F}_p[x]$ で $\gcd(\overline{f}, \overline{f}') = 1$
3. { モジュラ因数分解 }
   最大値ノルムが $p/2$ より小さい定数でないモニック多項式 $g_1,\ldots,g_r \in \mathbb{Z}[x]$ で，p を法として既約でかつ $f \equiv bg_1\cdots g_r \bmod p$ を満たすものを計算する
5. { まだ使われていないモジュラ因子の添え字の集合 T，見つかった因子の集合 G，まだこれから因数分解すべき多項式 f^* を初期化する }
   $T \longleftarrow \{1,\ldots,r\},\quad s \longleftarrow 1,\quad G \longleftarrow \emptyset,\quad f^* \longleftarrow f$
6. { 因子の組み合わせ }

	while $2s \leq \sharp T$ **do**
7.	**for** 部分集合 $S \subseteq T$ で濃度 $\sharp S = s$ のものすべて **do**
8.	$g^* \equiv b \prod_{i \in S} g_i \bmod p$ と $h^* \equiv b \prod_{i \in T \setminus S} g_i \bmod p$ を満たし，最大値ノルムが $p/2$ より小さくなるように $g^*, h^* \in \mathbb{Z}[x]$ を計算する
9.	**if** $\|g^*\|_1 \|h^*\|_1 \leq B$ **then** $\quad T \longleftarrow T \setminus S, \quad G \longleftarrow G \cup \{\mathrm{pp}(g^*)\},$ $\quad f^* \longleftarrow \mathrm{pp}(h^*), \quad b \longleftarrow \mathrm{lc}(f^*)$ $\quad$ループ 7 を抜け出す，**goto** 6
10.	$s \longleftarrow s + 1$
11.	**return** $G \cup \{f^*\}$

乗算時間を $\mathbf{M}$ と記すことを確認しておく (見返しを参照).

定理 15.3 アルゴリズム 15.2 は正しく動作する．$\beta = \log B$ とすると，$\beta \in O(n + \log A)$，かつステップ 2 と 3 の計算時間の期待値は語演算で

$$O\left(\beta^2 \mathbf{M}(\beta) \log \beta + (\mathbf{M}(n^2) + \mathbf{M}(n)\beta) \log n \cdot \mathbf{M}(\beta) \log \beta\right)$$
$$\text{または} \quad O^\sim(n^3 + \log^3 A)$$

である．ステップ 8 と 9 では

$$O((\mathbf{M}(n) \log n + n \log \beta)\mathbf{M}(\beta)) \quad \text{または} \quad O^\sim(n^2 + n \log A)$$

回の語演算が必要であり，高々 2^{n+1} 回繰り返す．

証明 $p > B$ だから $p \nmid b$ であり，したがって補題 15.1 より，ステップ 3 において $f \bmod p$ は平方自由である．

まずステップ 9 の条件が真になる必要十分条件は $g^* h^* = b f^*$ であることを示す．もし後者が成り立つなら，系 6.33 より，$\|g^*\|_1 \|h^*\|_1 \leq B$ となる．逆

に, g^* と h^* がステップ 8 のようになっているとき, $g^*h^* \equiv bf^* \bmod p$ である. $\|g^*h^*\|_\infty \leq \|g^*h^*\|_1 \leq \|g^*\|_1\|h^*\|_1 \leq B < p/2$ だから両辺は合同で係数の絶対値は $p/2$ より小さい, つまり等しい.

f の因子 $u \in \mathbb{Z}[x]$ に対して, $u \bmod p$ のモニックな既約因子の個数を $\mu(u)$ と書く. $\mathbb{F}_p[x]$ は UFD だから, これらの因子は $\{g_1,\ldots,g_r\}$ の部分集合をなす. アルゴリズムがステップ 6 を通るとき常に

$$f^* \equiv b \prod_{i \in T} g_i \bmod p, \quad b = \mathrm{lc}(f^*), \quad f = f^* \prod_{g \in G} g$$
$$G \text{ に含まれる各多項式は既約である} \tag{2}$$
$$f^* \text{ は原始的でその各既約因子 } u \in \mathbb{Z}[x] \text{ は } \mu(u) \geq s \text{ を満たす}$$

を満たすことを数学的帰納法により証明する. 最初は明らか. そこでステップ 8 の前に満たしていて, 濃度 s のある部分集合 $S \subseteq T$ においてステップ 9 の条件が真になったと仮定する. すでに示したように $g^*h^* = bf^*$ であり, Gauß の補題より $\mathrm{pp}(g^*)$ は $\mathrm{pp}(bf^*) = f^*$ の因子である. $\mu(g^*) = s$ で f^* の各既約因子 u は $\mu(u) \geq s$ だから $\mathrm{pp}(g^*)$ は f の既約因子である. ステップ 9 の動作で次にステップ 6 を通るまで条件を満たすようになる. さて, すべての濃度 s の部分集合 $S \subseteq T$ についてステップ 9 の条件が偽であると仮定し, それでも f^* が $\mu(g) = s$ の既約因子 $g \in \mathbb{Z}[x]$ を持つと仮定する. $\mathbb{F}_p[x]$ は UFD だから, 濃度 s の部分集合 $S \subseteq T$ が存在して, $g \equiv \mathrm{lc}(g) \prod_{i \in S} g_i \bmod p$ を満たす. $h = f^*/g \in \mathbb{Z}[x]$ とおく. すると $\mathrm{lc}(g)\mathrm{lc}(h) = \mathrm{lc}(f^*) = b$,

$$\mathrm{lc}(h)g \equiv b\prod_{i \in S} g_i \equiv g^* \bmod p \quad \text{かつ} \quad \mathrm{lc}(g)h \equiv b\prod_{i \in T \setminus S} g_i \equiv h^* \bmod p$$

である. Mignotte 上界 6.33 より, $\mathrm{lc}(h)g$ と $\mathrm{lc}(g)h$ の係数の絶対値は高々 $B < p/2$ である. $\|g^*\|_\infty, \|h^*\|_\infty < p/2$ でもあるから, $\mathrm{lc}(h)g = g^*$, $\mathrm{lc}(g)h = h^*$, $g^*h^* = bf^*$ を得る, この T の部分集合 S に対してステップ 9 の条件が真になる. この矛盾は f^* が $\mu(g) = s$ となる既約因子 g を持たないことを示している. ステップ 10 が次のステップ 6 でまた条件を満たすことを保証する.

後はステップ 6 で $2s > \sharp T$ のとき f^* が既約であることを示せばよい. $g \in \mathbb{Z}[x]$ を f^* の既約因子, $h = f^*/g$ とする. 式 (2) より, h が定数でないなら, $s \leq \mu(g), \mu(h) < \sharp T$ が成り立つ. しかし $\mu(g) + \mu(h) = \sharp T$ かつ $s > \sharp T/2$ だ

から $h = \pm 1$ で $f^* = \pm g$ は既約である.

実行時間の評価のために,まず $b \leq \|f\|_\infty$ に注意すると,$\beta \in O(n + \log A)$ を得る.ステップ 2 で必要な素数を $O(\beta^2 \mathsf{M}(\beta) \log \beta)$ 回の語演算でランダムに見つけることができる確率的アルゴリズムを 18.4 節で提示し,$p \nmid \mathrm{disc}(f)$ である確率は少なくとも $1/2$ であることも示す (系 18.12).したがって,ステップ 2 の繰り返しの回数の期待値は高々 2 回である.この gcd は $\mathbb{F}_p$ の演算 $O(\mathsf{M}(n) \log n)$ 回または $O((\mathsf{M}(n) \log n \mathsf{M}(\beta)\beta)$ 回の語演算で計算できる.よってステップ 2 でのコストの期待値は $O((\beta^2 + \mathsf{M}(n) \log n)\mathsf{M}(\beta) \log \beta)$ 回の語演算である.系 14.30 より,$\mathbb{F}_p$ の演算 $O((\mathsf{M}(n^2) + \mathsf{M}(n)\beta) \log n)$ 回でステップ 3 は実行できる.系 11.10 より,各演算は $O(\mathsf{M}(\beta) \log \beta)$ 回の語演算が必要であり,ステップ 3 の語演算の回数の期待値は $O((\mathsf{M}(n^2) + \mathsf{M}(n)\beta) \log n \cdot \mathsf{M}(\beta) \log \beta)$ 回である.

ステップ 8 の g^* と h^* の計算は p を法とした足し算と掛け算を $O(\mathsf{M}(n) \log n)$ 回する,これは補題 10.4 より,$O(\mathsf{M}(n) \log n \mathsf{M}(\beta))$ 回の語演算である.ステップ 9 で原始的部分は高々 n 個の絶対値が B より小さい整数の gcd を計算することで求まる,これは $O(n\mathsf{M}(\beta) \log \beta)$ 回の語演算でできる.ステップ 9 の条件が真になるまで高々 $2^{\sharp T}$ 回ステップ 8 と 9 を実行する.もし条件が真なら $\sharp T$ は少なくとも 1 減少する,したがってステップ 8 と 9 は全体で高々

$$\sum_{1 \leq i \leq r} 2^i \leq 2^{r+1} \leq 2^{n+1}$$

回繰り返す.□

例 15.4 $f = 6x^4 + 5x^3 + 15x^2 + 5x + 4 \in \mathbb{Z}[x]$ とする.f は原始的で,$n = 4$,$A = 15$,$b = \mathrm{lc}(f) = 6$,であり,$f' = 24x^3 + 15x^2 + 30x + 5$ と $\mathrm{disc}(f) = 19\,250\,814$ を得る.したがって f は平方自由である.また $B = (n+1)^{1/2} 2^n Ab = 1440\sqrt{5} \approx 3219.9$ である.ステップ 2 で $p = 6473 > 2B$ を選んだと仮定する.$p \nmid b$ かつ f と f' は p を法として互いに素である.実際,f について,$p | \mathrm{lc}(f)$ または $f \bmod p$ が平方自由ではない,「アンラッキーな」素数は $\mathrm{disc}(f)$ の素数の約数 $2, 3, 11, 31, 97$ だけである.

15.2 ある因数分解アルゴリズム

ステップ 3 においてモジュラ因数分解

$$f \equiv bg_1g_2g_3g_4 = 6(x-819)(x+605)(x+2632)(x+2977) \bmod p$$

を得る．ここでは 2 つの部分集合 $S \subseteq \{1,\ldots,4\}$ に関してステップ 8 と 9 をトレースしよう．濃度 1 の部分集合 $S \subseteq \{1,\ldots,4\}$ はすべてステップ 9 の条件が偽になり，$f^* = f$ は 1 次因子を持たない．$s = 2$ で $S = \{1,2\}$ に対して，

$$g^* \equiv bg_1g_2 = 6(x-819)(x+605) \equiv 6x^2 - 1284x - 1863 \bmod p$$
$$h^* \equiv bg_3g_4 = 6(x+2632)(x+2977) \equiv 6x^2 + 1289x - 615 \bmod p$$

とステップ 8 で計算する．明らかにステップ 9 で $\|g^*\|_1 \|h^*\|_1 \geq \|g^*\|_\infty \|h^*\|_\infty = 1863 \cdot 1289 > B$，実際 $g^*h^* \neq bf^*$，これは定数項を比較するだけでわかる

$$g^*(0)h^*(0) = (-1863)(-615) \neq 24 = 6 \cdot 4 = bf^*(0)$$

一方，もし $S = \{1,4\}$ をとるとステップ 8 で

$$g^* \equiv bg_1g_2 = 6(x-819)(x+2977) \equiv 6x^2 + 2x + 2 \bmod p$$
$$h^* \equiv bg_3g_4 = 6(x+2632)(x+605) \equiv 6x^2 + 3x + 12 \bmod p$$

となり，ステップ 9 で $\|g^*\|_1 \|h^*\|_1 = 10 \cdot 21 < B$，実際 $g^*h^* = bf^*$ であり，$\mathrm{pp}(g^*) = 3x^2 + x + 1$ と $\mathrm{pp}(h^*) = 2x^2 x + 4$ は f の $\mathbb{Z}[x]$ 上の既約因子である．◇

ステップ 8 で g^* と h^* を計算する前に，例 15.4 のように，g^*h^* と bf^* の ($f(0) = 0$ でなければ，これはあらかじめ排除できる) 定数係数が等しいかを最初に調べることも考えられる．これは高々 r 個の絶対値が高々 B の整数の掛け算であり，$O(r \cdot \mathbf{M}(n + \log A))$ 回の語演算である．これは定理のステップ 8 と 9 の最悪の場合の上界よりかなり高速である．特に，多くの成功しない g^* と h^* はこの簡単な判定ですでに偽とわかる．b を掛けるかわりに，有理数の復元 (5.10 節) によって g^* や h^* に付随するモニック多項式を計算するかもしれない．もし f の定数項の係数が b よりも小さいならば，主係数と定数項の係数の役割を入れかえると必要な p のサイズが減少する．これらの指摘は後で述べる

素数のべきのアルゴリズム 15.19 と 15.22 や第 16 章の対応するアルゴリズムにも応用できる．

任意の多項式 $f \in \mathbb{Z}[x]$ の因数分解をするためには，アルゴリズム 15.2 を $h = \mathrm{pp}(f)$ の平方自由部分 $h/\gcd(f, f') \in \mathbb{Z}[x]$ に適用し，その後重複度を決定する方法も考えられるが，h の平方自由分解 (14.6 節) を利用した別の手法を採用する．ここでは任意の整数係数の多項式を $\mathbb{Q}[x]$ 上で因数分解するアルゴリズムをあげておく．

アルゴリズム 15.5 $\mathbb{Q}[x]$ 上の多項式の因数分解

入力：次数 $\deg f = n \geq 1$ の多項式 $f \in \mathbb{Z}[x]$ と最大値ノルム $\|f\|_\infty = A$.
出力：定数 $c \in \mathbb{Z}$ と集合 $\{(f_1, e_1), \ldots, (f_k, e_k)\}$，ただし，$f_i \in \mathbb{Z}[x]$ は互いに素な既約多項式，$e^i \in \mathbb{N}$ は正の数で $f = c f_1^{e_1} \cdots f_k^{e_k}$ を満たす．

1. $c \longleftarrow \mathrm{cont}(f), \quad g \longleftarrow \mathrm{pp}(f)$
   if $\mathrm{lc}(f) < 0$ **then** $c \longleftarrow -c, \quad g \longleftarrow -g$
2. **call** Yun のアルゴリズム 14.21，平方自由分解 $g = \prod_{1 \leq i \leq s} g_i^i$ を計算する，ただし $g_1, \ldots, g_s$ は $\mathbb{Z}[x]$ 上互いに素ですべての i について各 $\mathrm{lc}(g_i) > 0$ であり，g_s は定数ではない
3. $G \longleftarrow \emptyset$
   for $1 \leq i \leq s$ **do**
4.   **call** アルゴリズム 15.2, g_i のすべての既約因子 $h_1, \ldots, h_t \in \mathbb{Z}[x]$ を計算する
       $G \longleftarrow G \cup \{(h_1, i), \ldots (h_t, i)\}$
5. **return** c と G

もしアルゴリズム 14.21 のステップ 2 を文字通り使うと，有理数係数のモニック多項式を出力する．公分母を掛けることにより $\mathbb{Z}[x]$ の原始的多項式による平方自由分解を得ることができる，アルゴリズム 14.21 の gcd の計算を $\mathbb{Q}[x]$ ではなく $\mathbb{Z}[x]$ で実行するか，モジュラ手法 (練習問題 15.26 と 15.27) を使ってもよい．

計算時間の解析は差し控える，というのはアルゴリズム 15.2 と 15.5 は最悪の場合指数時間かかる．これは定理 15.3 の上界からの直接的帰結ではないが，15.3 節でアルゴリズムが指数回のステップを必要とする多項式が存在することを示す．第 16 章では $\mathbb{Q}[x]$ 上の多項式時間の因数分解アルゴリズムを紹介し解析する．

F の代数拡大上の 1 変数多項式の因数分解の方法がわかれば，アルゴリズム 15.2 は容易に体 F 上の 2 変数多項式に応用できる．有限体に関してはすでにこの問題を解いてある，しかし後に 15.6 節で述べる素数のべきのアルゴリズムはそれ自身 F 上の 1 変数の多項式の因数分解しか必要としない，だから $F = \mathbb{Q}$ でも通用する．こうした理由により上で述べた改造について詳しく述べることは控えておく．

15.3　Frobenius と Chebotarev の密度定理

$f \in \mathbb{Z}[x]$ の因数分解とさまざまな素数 $p \in \mathbb{Z}$ についての $f \bmod p \in \mathbb{F}_p[x]$ の因数分解の関係について簡単に説明しよう．この章では Galois 理論の基礎を必要とする．後の議論には必要がないので最初はとばしてもよい．

f を原始的多項式，$p \nmid \mathrm{lc}(f)$ とし，因数分解を $f = f_1 \cdots f_k$，各 $f_1, \ldots, f_k \in \mathbb{Z}[x]$ は既約であるとする．もちろん，$\mathbb{F}_p[x]$ では

$$f \bmod p = (f_1 \bmod p) \cdots (f_k \bmod p)$$

である．計算の難しさは $f_i \bmod p$ は $\mathbb{F}_p[x]$ で既約とは限らないことであり，因子の組み合わせ段階では p を法とした計算で求めた既約因子の組み合わせを指数回試みなければならない．

「最悪の」多項式の例として i 次 Swinnerton–Dyer 多項式がある

$$f = \prod (x \pm \sqrt{2} \pm \sqrt{3} \pm \sqrt{5} \pm \cdots \pm \sqrt{p_i}) \in \mathbb{Z}[x]$$

ただし，p_i は i 番目の素数であり，積はすべての $+$，$-$ の組み合わせを動く．Galois 理論によると f は $\mathbb{Z}[x]$ 上の 2^i 次既約多項式である．ところが任意の素数 p に対して，$\mathbb{F}_{p^2}$ はすべての平方根 $\sqrt{2} \bmod p, \ldots, \sqrt{p_i} \bmod p$ を含み，

p が f の判別式を割り切らなければ, $\mathbb{F}_{p^2}$ 上では p を法として f は 1 次因子に分解される. よって $\mathbb{F}_p$ では $f \bmod p$ を因数分解すると, 1 次式 (つまり, $2, 3, \ldots, p_i$ は p を法として平方数である) または 2 次式の因子 (練習問題 15.8) に分解される, f の次数を $n = 2^i$ とすると, 因子は少なくとも $2^{i-1} = n/2$ 個ある. 因数分解アルゴリズム 15.2 では最終的に f が既約だとわかるまでおおよそ $2^{n/4}$ 個の集合 S を走査する.「最悪」の多項式の他の例としては円分多項式 $\varPhi_n$ がある, これは $\mathbb{Q}$ 上では既約だが大抵の n について素数を法として分解できる (練習問題 15.7).

Swinnerton–Dyer 多項式や円分多項式では因子の組み合わせ段階は非常に困難なものになる. しかしこれは典型的なのだろうか? たとえば,「普通の」平方自由な多項式は素数を法として平方自由であるという事実をこれまで利用してきた.「普通の」$\mathbb{Z}[x]$ 上既約な多項式が素数を法として既約であることが期待できるだろうか? 答えは否定的である, Frobenius(1896) と Chebotarev (1926) による強力な定理が正確な情報を提供する. これらの解説にはこの本の他の部分では使わないいくつかの概念が必要である, 背景や証明は Stevenhagen & Lenstra (1996) に見られる.

n 次原始的多項式 $f \in \mathbb{Z}[x]$ が $\mathbb{Q}$ 上既約とする. f の $\mathbb{Q}$ 上の分解体の Galois 群を G とする. G に含まれる各自己同型写像は f の n 個の根の置換であり, 互いに交わらない巡回に一意的に分解できる, それらの長さを $\lambda_1, \ldots, \lambda_r$ とする. すると $\lambda_1 + \cdots + \lambda_r = n$ であり, $\lambda = (\lambda_1, \ldots, \lambda_r)$ は n の分割である. 任意の n の分割 λ に対して, $H_\lambda \subseteq G$ をその巡回分解が λ になる自己同型全体の集合とおく. G において巡回の型が λ になる相対的確率を $\mu(\lambda) = \sharp H_\lambda / \sharp G$ とする.

例 15.6 3 つの 4 次の $\mathbb{Q}[x]$ 既約多項式を考える

$$f_1 = x^4 - 6x^3 - 5x^2 + 8$$
$$f_2 = x^4 + x^3 + x^2 + x + 1$$
$$f_3 = x^4 - 10x^2 + 1 = \prod(x \pm \sqrt{2} \pm \sqrt{3})$$

最初の f_1 は係数の絶対値が 10 より小さいものからランダムに選んだモニックな多項式であり, $f_2 = \varPhi_5$ は 5 次の円分多項式, f_3 は Swinnerton–Dyer 多項式で

15.3 Frobenius と Chebotarev の密度定理

表 15.3 f_1, f_2, f_3 の Galois 群の巡回型とその相対頻度

巡回型	f_1		f_2		f_3	
$(1,1,1,1)$	id	$\dfrac{\mathbf{1}}{\mathbf{24}}$	id	$\dfrac{\mathbf{1}}{\mathbf{4}}$	id	$\dfrac{\mathbf{1}}{\mathbf{4}}$
$(2,1,1)$	$(12),(13),(14),$ $(23),(24),(34)$	$\dfrac{\mathbf{6}}{\mathbf{24}}$				
$(2,2)$	$(12)(34),(13)(24),$ $(14)(23)$	$\dfrac{\mathbf{3}}{\mathbf{24}}$	$(13)(24)$	$\dfrac{\mathbf{1}}{\mathbf{4}}$	$(12)(34),(13)(24),$ $(14)(23)$	$\dfrac{\mathbf{3}}{\mathbf{4}}$
$(3,1)$	$(123),(124),(132),$ $(134),(142),(143),$ $(234),(243)$	$\dfrac{\mathbf{8}}{\mathbf{24}}$				
(4)	$(1234),(1243),(1324),$ $(1342),(1423),(1432)$	$\dfrac{\mathbf{6}}{\mathbf{24}}$	$(1234),$ (1432)	$\dfrac{\mathbf{2}}{\mathbf{4}}$		

ある．f_1, f_2, f_3 の根に適当に番号をつけると，これらの Galois 群は $\mathrm{Gal}(f_1) = S_4$，4つの文字の対称群全体，$\mathrm{Gal}(f_2) = \langle (1234) \rangle \cong \mathbb{Z}_4$，4つの元を持つ巡回群，$\mathrm{Gal}(f_3)$ は Klein 群 $V_4 \cong \mathbb{Z}_2 \times \mathbb{Z}_2$ である．4の分割は $(1,1,1,1), (2,1,1)$, $(2,2), (3,1), (4)$ である，これは f_1, f_2, f_3 の自己同型の可能な巡回型でもある．3つの多項式と巡回型 λ に対して，Galois 群の中の自己同型の型 λ を表 15.3 に列挙してある．太字で書かれた分数は相対頻度である．$\diamondsuit$

もし $\mathrm{res}(f, f')$ を割り切らない素数 p を法として f を因数分解すると，その既約因子の次数 $\lambda_1, \ldots, \lambda_r$ は n の分割になる，これを f の p を法とした**因数分解の型** $\lambda = (\lambda_1, \ldots, \lambda_r)$ という．任意の分割 λ に対して λ が因数分解の型になるような素数全体の集合 P_λ を考えよう．Frobenius 密度定理は P_λ は密度 $\mu(\lambda)$ であることを主張している，つまりランダムに素数を選ぶと P_λ に入る確率は $\mu(\lambda)$ である．Chebotarev はこの結果のより強い定理を証明している，**Chebotarev の密度定理**は Frobenius の定理よりも多くのことを教えてくれる．現実的な問題として，アルゴリズムの素数の評価にこの定理を使うことを考える．残念ながら，あまり多くの結果は得られない，Chebotarev の定理の最良の形 (Lagrarias & Odlyzko 1977, Oesterlé 1979) でさえもすでにかなり小さな素数に対して適応した後の漸近的な P_λ に関しては (または実際のアルゴリズムの入力のサイズに関して漸近的な) 結論を得られない．しかしながら例 15.6 のような事例研究は現在証明されているよりも多くのことが成り立ちそう

表 15.4 判別式を割り切らない最初の 10 000 個の素数を法とした f_1, f_2, f_3 の因数分解の型

型	f_1	f_2	f_3
$(1,1,1,1)$	3.96%	24.84%	24.78%
$(2,1,1)$	25.30%		
$(2,2)$	12.70%	24.91%	75.22%
$(3,1)$	33.18%		
(4)	24.86%	50.25%	

な希望を与える.

例 15.6 (続き) 例 15.6 の各 f_1, f_2, f_3 において,表 15.4 はこれらの多項式が平方自由になる最初の 10 000 個の素数を法とした因数分解の型の頻度である.これらが共役類の頻度によって近似できることがわかる.たとえば,因数分解の型 $(2,2)$ は 2 つの 2 次の既約因子に分解されることに対応するが,f_1 において全体の 12.70% の割合で起こるが,これは $\mathrm{Gal}(f_1)$ の中の巡回型 $(2,2)$ の頻度 12.5% に非常に近い.f_2 においてはこの因数分解の型は約 2 倍,全体の 24.91%,の確率で起こるが,Galois 群の元は 4 つの中で巡回型 $(2,2)$ は 25% である. ◇

f が p を法として既約であるための必要十分条件は $p \in P_{(n)}$ であることである.次数が $n = 2^i$ の Swinnerton–Dyer 多項式において,その Galois 群は $\mathbb{Z}_2^i$ と同型であり,$\mu((n)) = 0$ である.もし $G = S_n$ なら(これは次数 n のランダム多項式のほとんどがこの場合にあたる),$\mu((n)) = 1/n$ であるので,f が p を法としてもまだ既約になるのは全体の素数の中でわずか $1/n$ である.さらに,S_n の中のランダムな置換の巡回の個数の平均値は $O(\log n)$ であり(注解 15.3 を参照),Chebotarev の定理によるとこれはランダムに素数 p を選んだときの因子の個数の平均に等しい.

モジュラアルゴリズムの手法に熟練した読者の中にはいくつかの小さい素数で因数分解し,中国剰余の手法を使う方法を考慮しないことを疑問に思うだろう.その理由は,Frobenius の法則によると,$\mathbb{Z}[x]$ の既約因子が異なる素数を法とすると独立に分離してしまい,それらを調整することは 1 つの素数の因数分解の因子の組み合わせを考えるよりも困難であることによる.より現実的な

手法はいくつかの素数を法として因数分解し，そのうちの1つ p を選んで因子の組み合わせの段階に入り，可能な組み合わせ $S \subseteq \{1, \ldots, r\}$ について次数 $\deg \prod_{i \in S} g_i$ が他の素数を法とした因数分解に適合するかを調べることかもしれない．

例 15.7 $f \in \mathbb{Z}[x]$ の次数が 8 で 2, 3, 5 を法として平方自由多項式であり，因数分解の型は 2 を法として $(3, 3, 2)$，3 を法として $(5, 2, 1)$，5 を法として $(4, 3, 1)$ であると仮定する．2 を法とした因数分解から $\mathbb{Z}[x]$ の因子の可能な次数は $D_2 = \{2, 3, 5, 6, 8\}$ である．同様に 3 と 5 を法とした因数分解から，$D_3 = \{1, 2, 3, 5, 6, 7, 8\}$ と $D_5 = \{1, 3, 4, 5, 7, 8\}$ を得る．これらの共通部分をとると $D_1 \cap D_2 \cap D_3 = \{3, 5, 8\}$ であり，$f \in \mathbb{Z}[x]$ の定数でない因子の次数は 3, 5 または 8 であり，f は既約であるかまたは次数が 3 と 5 の 2 つの既約因子に分解されると結論できる．◇

15.4 Hensel 持ち上げ

第 9 章で環 R について，$p \in R$ を法とした初期解が与えられているとき，p^l を法として多項式を解いたり逆数を計算するのに Newton 反復法を採用した．Hensel (1918) は p^l を法として多項式を因数分解を計算する同様の方法を開発し，Zassenhaus (1969) が現代の因数分解のアルゴリズムとして紹介したが，— 驚くべきことではないが — Gauß にとって既知のことだった．

これは第 5 章の冒頭で述べた第三のモジュラアルゴリズムである．大きな素数版では，十分に大きな素数をとり，小さな素数版では，$m_1 \cdots m_l$ が十分大きくなるように小さな素数たち $m_1, \ldots, m_l$ をとる．ここでは 1 つの小さな素数 p をとり，p^l が十分大きくなるように整数 l をとる．

最も単純なアイデアから始めて技術的な詳細を加えていく．R を環（いつものように，可換で 1 を持つ，重要なのは $R = \mathbb{Z}$ と $R = F[x]$ である，ここで F は体とする），$f, g, h \in R[x]$，$m \in R$ で $f \equiv gh \bmod m$ とする．これを「持ち上げ」たい，つまり $f \equiv \hat{g}\hat{h} \bmod m^2$ と分解したい．$sg + th \equiv 1 \bmod m$ となる $s, t \in R[x]$ を知っていて，g と h は m を法として互いに素であると仮定す

る．$R/\langle m \rangle$ が体のとき，$(R/\langle m \rangle)[x]$ における拡張された Euclid のアルゴリズムを使ってこれらを求めることができる．さて計算を始めよう．

$$e = f - gh, \quad \hat{g} = g + te, \quad \hat{h} = h + se \tag{3}$$

であり，$e \equiv 0 \bmod m$ と $1 - sg - th \equiv 0 \bmod m$ だから

$$f - \hat{g}\hat{h} = f - gh - gse - hte - ste^2 = f - gh - (st + th)e - ste^2$$
$$= (1 - sh - th)e - ste^2 \equiv 0 \bmod m^2$$

とわかる．したがって $f \equiv \hat{g}\hat{h} \bmod m^2$ であり，$\hat{g}\hat{h}$ は m^2 を法とした f の分解である．m の初期値として素元 p から始めて帰納的に繰り返し（同時に合同式 $sg + gh \equiv 1$ も持ち上げる），p の任意のべきの分解に持ち上げることができる．

例 15.8 例 9.24 では，Newton 反復を使って $x^4 - 1 \equiv 0 \bmod 625$ の非自明解を 5 を法とした非自明解 $x = 2$ から始めて求めた．同じようにこれを因数分解

$$x^4 - 1 \equiv (x - 2)(x^3 + 2x^2 - x - 2) \bmod 5$$

を 625 の因数分解に持ち上げることができる．上の設定では，$f = x^4 - 1$, $p = 5$, $g = x^3 + 2x^2 - x - 2$, $h = x - 2$ である．多項式 g と h は 5 を法として互いに素であり，$\mathbb{F}_5[x]$ において拡張された Euclid のアルゴリズムを使うと，$sg + th \equiv 1 \bmod 5$ となる $s = -2$ と $t = 2x^2 - 2x - 1$ を得る．$m = p$ のとき

$$e = f - gh = 5x^2 - 5$$
$$\hat{g} = g + te = 10x^4 - 9x^3 - 13x^2 + 9x + 3$$
$$\hat{h} = h + se = -10x^2 + x + 8$$

であり，実際

$$f - \hat{g}\hat{h} = 25 \cdot (4x^6 - 4x^5 - 8x^4 + 7x^3 + 5x^2 - 3x - 1) \equiv 0 \bmod 25$$

となり，$f \equiv \hat{g}\hat{h} \bmod 25$ である．◇

上の例は我々の最初の手法の欠点を示している．$\hat{g}$ と $\hat{h}$ の次数は g と h の次

数よりも高くなっている，特にそれらの次数の和は f の次数を超えている．この理由は m の倍数は m^2 を法として零因子であることにある，つまり 2 つの多項式の主係数が積によって消滅してしまうことが原因である．

この問題を克服するために，$R[x]$ における割り算の剰余を利用する．R は体ではないので，これはいつも可能ではない．次の補題はモニック多項式の場合はいつもうまくいくことを主張している．

補題 15.9 (i) $f, g \in R[x]$ で，g は 0 でないモニック多項式とする．$f = qg + r$ と $\deg r < \deg g$ を満たす，多項式 $q, r \in R[x]$ が一意的に存在する．

(ii) (i) の f, g, q, r に対して，ある $m \in R$ において $f \equiv 0 \bmod m$ ならば，$q \equiv r \equiv 0 \bmod m$ である．

補題の (i) は 2.4 節で証明してある，(ii) の証明は練習問題 15.12 である．新しい多項式の係数は m^2 を法として求めるだけでよく，完全に求める必要はない．このことは Euclid 整域 R 上では簡約でき，多項式のサイズを小さく抑えることができることを意味している．この点，公式は機能している．

アルゴリズム 15.10　Hensel ステップ

入力：(可換) 環 R の元 m と次の条件を満たす多項式 $f, g, h, s, t \in R[x]$,

$$f \equiv gh \bmod m \quad \text{かつ} \quad sg + th \equiv 1 \bmod m$$

h はモニックで，$\mathrm{lc}(f)$ は m を法として非零因子であり，$\deg f = \deg g + \deg h$, $\deg s < \deg h$ かつ $\deg t < \deg g$ である．

出力：次の条件を満たす多項式 $g^*, h^*, s^*, t^* \in R[x]$,

$$f \equiv g^* h^* \bmod m^2 \quad \text{かつ} \quad s^* g^* + t^* h^* \equiv 1 \bmod m^2$$

h^* はモニックで，$g^* \equiv g \bmod m$, $h^* \equiv h \bmod m$, $s^* \equiv s \bmod m$, $t^* \equiv t \bmod m$, $\deg g^* = \deg g$, $\deg h^* = \deg h$, $\deg s^* < \deg h^*$ かつ $\deg t^* < \deg g^*$ である．

1. 次の条件を満たす多項式 $e, q, r, g^*, h^* \in R[x]$ を計算する．$\deg r < \deg h$ かつ

$$\begin{aligned} e &\equiv f - gh \bmod m^2, & se &\equiv qh + r \bmod m^2 \\ g^* &\equiv g + te + qg \bmod m^2, & h^* &\equiv h + r \bmod m^2 \end{aligned} \quad (4)$$

2. 次の条件を満たす多項式 $b, c, d, s^*, t^* \in R[x]$ を計算する．$\deg d < \deg h^*$ かつ

$$\begin{aligned} b &\equiv sg^* + th^* - 1 \bmod m^2, & sb &\equiv ch^* + d \bmod m^2 \\ s^* &\equiv s - d \bmod m^2, & t^* &\equiv t - tb - cg^* \bmod m^2 \end{aligned} \quad (5)$$

3. **return** g^*, h^*, s^*, t^*

例 15.8 (続き) 例 15.8 と同じように $m = 5$，$f, g, s, t, e \in \mathbb{Z}[x]$ とする．se を h で割ると商は $q = -10x + 5$ であり，余りは $r = -5$ である，つまり $se = qh + r \bmod 25$ である．さらに計算して

$$g^* \equiv g + te + qg \equiv x^3 + 7x^2 - x - 7 \bmod 25, \quad h^* \equiv h + r \equiv x - 7 \bmod 25$$

となる．このとき $f \equiv g^* h^* \bmod 25$ で，g^*, h^* の次数は g, h のものと等しい，これらは前に計算した $\hat{g}, \hat{h}$ より簡単である．例 9.24 のように，7 が $x^4 - 1 \equiv 0 \bmod 25$ の解であることがわかる，この解は 5 を法とした初期解 2 と合同である．

s^*, t^* を得るためにはさらに計算する必要がある，

$$b \equiv sg^* + th^* - 1 \equiv 5x^3 + 10x^2 + 5x \bmod 25$$

多項式の割り算をすると $sb \equiv ch^* + d \bmod 25$ で $c = -5$，$d = -10x^3 + 10x + 10$ を得る．ここで

$$s^* \equiv s - d \equiv 8 \bmod 25, \quad t^* \equiv t - tb - cg^* \equiv -8x^2 - 12x - 1 \bmod 25$$

実際 $s^* g^* + t^* h^* \equiv 1 \bmod 25$ であり，s^*, t^* の次数は s, t と同じ条件を満たしている． ◇

定理 15.11 アルゴリズム 15.10 は仕様通りに正しく動作する．$R = \mathbb{Z}$ で入力の最大値ノルムがすべて m^2 より小さいならば，アルゴリズムの動作には語演算で $O(\mathsf{M}(n)\mathsf{M}(\log m))$ 回かかる．F が体で $R = F[y]$，入力の y に関する次数がすべて $2\deg_y m$ より小さいならば，アルゴリズムの動作には F の演算で $O(\mathsf{M}(n)\mathsf{M}(\deg_y m))$ 回かかる．

証明 動作の正確さについては g^*, h^* についてのみ示す，s^*, t^* については練習問題 15.17 に残しておく．

$$\begin{aligned}
f - g^* h^* &\equiv f - (g + te + qg)(h + se - qh) \\
&= f - gh - (sg + th)e - ste^2 - (sg - th)qe + ghq^2 \\
&\equiv (1 - sg - th)e - ste^2 - (sg - th)qe + ghq^2 \equiv 0 \bmod m^2
\end{aligned}$$

である，なぜなら仮定から $1 - sg - th \equiv e \equiv 0 \bmod m$ であり，補題 15.9 より $q \equiv 0 \bmod m$ だからである．これらのことは $g \equiv g^* \bmod m$，$h \equiv h^* \bmod m$ も示している．r の構成から $\deg r < \deg h$ であり，h^* はモニックで h と同じ次数である．最後に $f = g^* h^* \bmod m^2$ かつ h^* はモニックだから $\deg g^* = \deg f - \deg h^* = \deg f - \deg h = \deg g$ である．

アルゴリズムの中で起こる多項式の演算 (和，積，余りを伴う割り算) において，それらの次数は高々 $2n$ であり，それらの係数は m^4 より，長さでは $O(\log m)$ より小さい．よって $\mathbb{Z}$ の算術演算の計算量は語演算で $O(\mathsf{M}(\log m))$ 回である．モニック多項式の和，積，余りを伴う割り算 1 回で $O(\mathsf{M}(n))$ 回の $\mathbb{Z}$ の算術演算が必要である．この評価が $R = F[y]$ でも同様にできる．□

定理 15.12 Hensel の補題 与えられた零でない $p \in R$ と $l \in \mathbb{N}_{>0}$ についてアルゴリズム 15.10 の $m = p$ における入力に対して m^2 を p^l におきかえて同様の出力を計算できる．

証明 Hensel ステップを $m = p, p^2, p^4, \ldots$ とおきかえて帰納的に適応すれば

よい．□

例 15.8（続き）　例 15.8 と同様に $p = 5$ とし，f も同様とする．$\mathbb{Z}[x]$ において $g_1 = g^*, h_1^*, s_1 = s^*, t_1 = t^*$ とおく．$f \equiv g_1 h_1 \bmod 25$ と $s_1 g_1 + t_1 h_1 \equiv 1 \bmod 25$ に，もう一度アルゴリズム 15.10 を実行すると次を得る．

$$e_2 \equiv 50x^2 - 50 \bmod 625$$
$$q_2 \equiv -225x + 300 \bmod 625, \quad r_2 \equiv -175 \bmod 625$$
$$g_2 \equiv x^3 + 182x^2 - x - 182 \bmod 625, \quad h_2 \equiv x - 182 \bmod 625$$
$$b_2 \equiv -225x^2 + 300x - 25 \bmod 625$$
$$c_2 \equiv 75x - 200 \bmod 625, \quad d_2 \equiv 275 \bmod 625$$
$$s_2 \equiv -267 \bmod 625, \quad t_2 \equiv 267x^2 - 312x - 176 \bmod 625$$

さらに $s_2 g_2 + t_2 h_2 \equiv 1 \bmod 625$ である．p^4 を法とした因数分解だけに興味がある場合はこれは必要ではない．$f \equiv g_2 h_2 \bmod 625$ であり，例 9.24 と同じように 182 が 625 を法とした 1 の 4 乗根であることがわかる．これは初期解の 2 と 5 を法として合同である．◇

例 15.13　例 15.8 と同様に，$p = 5, f = x^4 - 1$ とする．すると f は 5 を法として $1, 2, -2, -1$ を根に持つので

$$f \equiv (x-1)(x-2)(x+2)(x+1) \equiv (x^2 + 2x + 2)(x^2 - 2x + 2) \bmod 5$$

である．$g_0 = x^2 + 2x + 2, h_0 = x^2 - 2x + 2$ とおき，$s_0 g_0 + t_0 h_0 \equiv 1 \bmod 5$ となるように $\mathbb{F}_5[x]$ における拡張された Euclid のアルゴリズムで $s_0 = -2x - 1, t_0 = 2x - 1$ を計算する．2 度 Hensel ステップをして

$$e_1 \equiv -5 \bmod 25$$
$$q_1 \equiv 0 \bmod 25, \quad r_1 \equiv 10x + 5 \bmod 25$$
$$g_1 \equiv x^2 - 8x + 7 \bmod 25, \quad h_1 \equiv x^2 + 8x + 7 \bmod 25$$
$$b_1 \equiv 5x^2 + 10 \bmod 25$$
$$c_1 \equiv -10x \bmod 25, \quad d_1 \equiv -10 \bmod 25$$

$$s_1 \equiv -2x + 9 \bmod 25, \quad t_1 \equiv 2 + 9 \bmod 25$$
$$e_2 \equiv 50x^2 - 50 \bmod 625$$
$$q_2 \equiv -100x \bmod 625, \quad r_2 \equiv 175x + 175 \bmod 625$$
$$g_2 \equiv x^2 - 183x + 182 \bmod 625, \quad h_2 \equiv x^2 + 183x + 182 \bmod 625$$
$$b_2 \equiv 125x^2 + 150 \bmod 625$$
$$c_2 \equiv -250x \bmod 625, \quad d_2 \equiv 200x + 100 \bmod 625$$
$$s_2 \equiv -202x - 91 \bmod 625, \quad t_2 \equiv 202x - 91 \bmod 625 \diamond$$

次の結果は Newton 反復法 (定理 9.27) の一意性に対応する結果である. p を法として同じ因数分解を p^l を法とするように持ち上げると, p^l を法として本質的に同じ分解に持ち上がるということを示している.

定理 15.14 Hensel 持ち上げの一意性 R を (可換で 1 を持つ) 環, $p \in R$ を零因子ではなく, $l \in \mathbb{N}_{\geq 1}$ とする. 零ではない多項式 $g, h, g^*, h^*, s, t \in R[x]$ が $sg + th \equiv 1 \bmod p$ で, 主係数 $\mathrm{lc}(g), \mathrm{lc}(h)$ は p を法として零因子ではなく, 多項式 g と g^* の主係数と次数は等しく p を法として一致している, また, h と h^* も同様であるとする. もし, $gh \equiv g^* h^* \bmod p^l$ ならば, $g \equiv g^* \bmod p^l$ かつ $h \equiv h^* \bmod p^l$ である.

証明 背理法により証明する. $g \not\equiv g^* \bmod p^l$ または $h \not\equiv h^* \bmod p^l$ と仮定し, $1 \leq i < l$ を $g^* - g$ と $h^* - h$ の両方を割り切る最大の p^i とする. したがって, ある $u, v \in R[x]$ が存在して $g^* - g = up^i$, $h^* - h = vp^i$ であり, $p \nmid u$ または $p \nmid v$ となる. $p \nmid u$ と仮定してもよい. すると

$$0 \equiv g^* h^* - gh = g^*(h^* - h) + h(g^* - g) = (g^* v + hu)p^i \bmod p^l$$

p は零因子ではないので, $p | p^{l-i} | (g^* v + hu)$ を得る. p を法とした剰余をオーバーラインで表すと, $\overline{sg} + \overline{th} = 1$, $\overline{g^*} = \overline{g}$ と $\overline{g^* v} + \overline{hu} = 0$ となる. よって

$$0 = \overline{t}(\overline{g^* v} + \overline{hu}) = \overline{tgv} + (1 - \overline{sg})\overline{u} = (\overline{tv} - \overline{su})\overline{g} + \overline{u}$$

より, $\overline{g}|\overline{u}$ である. $\text{lc}(g) = \text{lc}(g^*)$ かつ $\deg g = \deg g^*$ だから $\deg \overline{u} < \deg \overline{g}$ を得る. $\text{lc}(\overline{g}) = \overline{\text{lc}(g)}$ は零因子ではないので, $\overline{g}$ は零因子ではなく, 多項式 $\overline{u}$ は零である. これは $m \nmid u$ という仮定に矛盾している. したがって証明された. □

次の結果は 16.5 節で使われるだろう.

系 15.15 R を Euclid 整域とし, $p \in R$ を素元, $l \in \mathbb{N}_{>0}$ とする. 零でない多項式 $f, g, u \in R[x]$ が $p \nmid \text{lc}(f)$ で, $f \bmod p$ が平方自由, $R[x]$ において g が f を割り切り, u は定数ではないモニック多項式で p^l を法として f を割り切り, p を法として g を割り切るとする. そのとき, u は p^l を法として g を割り切る.

証明 $h, v, w \in R[x]$ を $f = gh \equiv uw \bmod p^l$ かつ, $g \equiv uv \bmod p$ とおく. $f \bmod p$ は平方自由なので, $g \bmod p$ もそうであり, $\mathbb{F}_p[x]$ において $\gcd(u \bmod p, v \bmod p) = 1$ である. Hensel の補題 15.12 より $u^* \equiv u \bmod p$, $v^* \equiv v \bmod p$ で $g \equiv u^* v^* \bmod p^l$ を満たす $u^*, v^* \in R[x]$ が存在する. いま, $uvh \equiv gh \equiv uw \bmod p$ だから $vh \equiv w \bmod p$ である. よって $v^* h \equiv vh \equiv w \bmod p$ であり, $u^* \cdot (v^* h) \equiv gh = f \equiv uw \bmod p^l$ である. u と v が p を法として互いに素であることと定理 15.14 により, $u \equiv u^* \bmod p^l$ であり, 最終的に $g \equiv uv^* \bmod p^l$ を得る. □

Hensel の補題の無限回版も紹介しよう. $p \in R$ を素元, $R_{(p)}$ を R の **p 進完備化** (9.6 節) とする. もし, $R = \mathbb{Z}$ なら環 $\mathbb{Z}_{(p)}$ は **p 進整数**であり, この環の元は $\sum_{i \geq 0} a_i p^i$ の形の「p のべき数列」である, ただし, すべての $i \in \mathbb{N}$ に対して $0 \leq a_i < p$ とする. もし, ある体 F について $R = F[y]$ で $p = y$ ならば $R_{(p)} = F[[y]]$ は F の元を係数に持つ y の形式的べき数列のつくる環である.

定理 15.16 Hensel の補題, 無限回版 アルゴリズム 15.10 の入力において $m = p \in R$ が素元と仮定する. アルゴリズムの出力を m^2 を法とする合同類を

すべて $R_{(p)}$ の元におきかえた多項式が存在する．

一般の多変数 Newton 反復法は以下のように動作する．n 個の n 変数 $y_1,\ldots,y_n$ の関数 $\varphi=(\varphi_1,\ldots,\varphi_n)$ が与えられたとき，$\varphi_1,\ldots,\varphi_n$ の共通根の近似値 $a \in R^n$ からよりよい近似値 a^* が

$$a^* = a - J^{-1}(a)\varphi(a)$$

で得られる，ただし，$J=(\partial \varphi_i/\partial y_j)_{1\le i,j\le n} \in R[y_1,\ldots,y_n]^{n\times n}$ は φ の **Jacobian** である［訳注：f を φ に修正］．

すでに例 15.8 において Hensel 持ち上げが Newton 反復法の一般化になっていることを述べた．しかし，以下で述べるように，Hensel 持ち上げは多変数 Newton 反復法の特別の場合とみなすこともできる．因数分解 $f=gh$ において g と h の係数を不定元とみなす．両辺の $x^{n-1},\ldots,x,1$ の係数を比較し，n 個の未知係数から n 個の方程式を得る．これらの方程式の共通解が f の因数分解に対応する．g と h が互いに素であることと J の可逆性が同値である（練習問題 15.21）．

15.5 多因子の Hensel 持ち上げ

この節では，任意の個数の因子の因数分解の持ち上げに Hensel ステップアルゴリズム 15.10 を利用する．R を環，$p \in R$ とし $g,h \in R[x]$ とする．$sg+th \equiv 1 \bmod p$ を満たす $s,t \in R[x]$ が存在するとき，g と h は **p を法として Bézout–互いに素**であるという．$R/\langle p \rangle$ が体のとき，$g \bmod p$ と $h \bmod p$ が普通の意味で互いに素と同じになる．

アルゴリズム 15.17　多因子の Hensel 持ち上げ

入力：(可換で 1 を持つ) 環 R の元 p，次数 $n \ge 1$ で $\mathrm{lc}(f)$ が p を法として単元である多項式 $f \in R[x]$，p を法として Bézout–互いに素な多項式 $f_1,\ldots,f_r \in R[x]$ で $f \equiv \mathrm{lc}(f) f_1 \cdots f_r \bmod p$ を満たすもの，$l \in \mathbb{N}$．

出力：モニック多項式 $f_1^*, \ldots, f_r^* \in R[x]$ で $f \equiv \mathrm{lc}(f) f_1^* \cdots f_r^* \bmod p^l$ と $f_i^* \equiv f_i \bmod p$ をすべての i で満たすもの.

1. **if** $r = 1$ **then** $f \equiv \mathrm{lc}(f) f_1^* \bmod p^l$ を満たす f_1^* を計算する．**return** f_1^*
2. $k \longleftarrow \lfloor r/2 \rfloor, \quad d \longleftarrow \lceil \log_2 l \rceil$
3. $g_0 \equiv \mathrm{lc}(f) f_1 \cdots f_k \bmod p$ と $h_0 \equiv f_{k+1} \cdots f_r \bmod p$ を満たす $g_0, h_0 \in R[x]$ を計算する
4. $R/\langle p \rangle$ が体なら拡張 Euclid アルゴリズムを用いて，そうでなければ練習問題 15.29 を用いて $s_0 g_0 + t_0 h_0 \equiv 1 \bmod p$, $\deg s_0 < \deg h_0$, $\deg t_0 < \deg g_0$ を満たす $s_0, t_0 \in R[x]$ を計算する
5. **for** $j = 1, \ldots, d$ **do**
6.   **call** Hensel ステップアルゴリズム 15.10，ただし $m = p^{2^{j-1}}$ として，$p^{2^{j-1}}$ を法とした合同式 $f \equiv g_{j-1} h_{j-1}$ と $s_{j-1} g_{j-1} + t_{j-1} h_{j-1} \equiv 1$ を p^{2^j} を法とした合同式 $f \equiv g_j h_j$ と $s_j g_j + t_j h_j \equiv 1$ に持ち上げる
7. $g \longleftarrow g_d, \quad h \longleftarrow h_d$
8. **call** このアルゴリズムを再帰呼び出す．$g \equiv \mathrm{lc}(g) f_1^* \cdots f_k^* \bmod p^l$ と $1 \le i \le k$ に対して $f_i^* \equiv f_i \bmod p$ を満たす $f_1^*, \ldots, f_k^* \in R[x]$ を計算する
9. **call** このアルゴリズムを再帰呼び出す．$h \equiv f_{k+1}^* \cdots f_r^* \bmod p^l$ と $k < i \le r$ に対して $f_i^* \equiv f_i \bmod p$ を満たす $f_{k+1}^*, \ldots, f_r^* \in R[x]$ を計算する
10. **return** $f_1^*, \ldots, f_r^*$

定理 15.18 アルゴリズム 15.17 は仕様通りに正しく動作する．
(i) $R = \mathbb{Z}$, $p \in \mathbb{N}$ が素数，$\|f\|_\infty < p^l$, すべての i について $\|f_i\|_\infty < p$ のとき，アルゴリズムの実行には

$$O\left((\mathsf{M}(n)\mathsf{M}(l\mu) + \mathsf{M}(n)\log n \cdot \mathsf{M}(\mu) + n\mathsf{M}(\mu)\log \mu)\log r\right)$$

または $O^\sim(nl\mu)$ 回の語演算が必要である．ただし，$\mu = \log p$ である．

(ii) F が体で $R = F[y]$，p が既約で，$\deg_y f < l \deg_y p$，すべての i について $\deg_y f_i < \deg_y p$ のとき，アルゴリズムの実行には

$$O\left(({\sf M}(n){\sf M}(l\mu) + {\sf M}(n)\log n \cdot {\sf M}(\mu) + n{\sf M}(\mu)\log\mu)\log r\right)$$

または $O^\sim(nl\mu)$ 回の F の算術演算が必要である．ただし，$\mu = \deg_y p$ である．

証明 動作の正当性は定理 15.11 から r と j に関する帰納法により示される．ここでは実行時間の評価を (i) の場合に行う，(ii) も同様に証明されるが練習問題 15.22 に残しておく．$1 \leq i \leq r$ について $n_i = \deg f_i$ とおく，$T(n_1, \ldots, n_r)$ を必要な語演算の回数とする．$r = 1$ のとき最初にステップ1では拡張された Euclid のアルゴリズムを用いて $\mathrm{lc}(f)^{-1} \bmod p$ を計算する，系 11.8 により $O({\sf M}(\mu)\log\mu)$ 回の語演算が必要である．定理 9.12 より，Newton 反復法アルゴリズム 9.10 を用いて $O({\sf M}(l\mu))$ で逆元を p^l を法としたものに持ち上げることができる．f のすべての係数に $\mathrm{lc}(f)^{-1} \bmod p^l$ を掛けるのに $O(n{\sf M}(l\mu))$ 回の語演算が必要である．結論として $T(n) \in O(n{\sf M}(l\mu) + {\sf M}(\mu)\log\mu)$ である．

さて，$r \geq 2$ のとき，補題 10.4 よりステップ3において $O({\sf M}(n)\log r)$ 回の $\mathbb{F}_p$ の足し算と掛け算が必要である．系 11.6 より，ステップ4では $O({\sf M}(n)\log n)$ 回の $\mathbb{F}_p$ の足し算，掛け算と $O(n)$ 回の割り算が必要である．したがって，系 11.8 からステップ3と4のコストは $O({\sf M}(n)\log n \cdot {\sf M}(n) + n{\sf M}(\mu)\log\mu)$ 回の語演算である．

練習問題 9.7 により f のすべての係数は $O(n{\sf M}(l\mu))$ 回の語演算で $p, p^2, \ldots, p^{2^{d-1}}$ を法としたものに直せる．定理 15.11 からステップ6の実行にかかるコストは $O({\sf M}(n){\sf M}(2^j\mu))$ 回の語演算である．j に関する合計を求める，${\sf M}$ の劣線形性 (8.3節) と幾何級数の和 $\sum_{1 \leq j \leq d} 2^j \leq 4l$ を利用すると，ステップ5にかかる総コストは $O({\sf M}(n){\sf M}(2^j \log m))$ 回の語演算である．

r を2のべきとしてよい．ステップ8と9のコストはそれぞれ $T(n_1, \ldots, n_k)$，$T(n_{k+1}, \ldots, n_r)$ 回の語演算である．コストの総和は再帰的な不等式

$$T(n) \le c(n\mathsf{M}(l\mu) + M(\mu)\log\mu)$$
$$T(n_1,\ldots,n_r) \le T(n_1,\ldots,n_k) + T(n_{k+1},\ldots,n_r)$$
$$+ c\left(\mathsf{M}(n)\mathsf{M}(l\mu) + \mathsf{M}(n)\log n \cdot \mathsf{M}(\mu) + n\mathsf{M}(\mu)\log\mu\right)$$

を満たす．ただし，c は適当な正の定数である．r に関する帰納法によって，$n = n_1 + \cdots + n_r$ のとき，M の劣線形性 (8.3 節) から

$$T(n_1,\ldots,n_r) \le \left(\mathsf{M}(n)\mathsf{M}(l\mu) + \mathsf{M}(n)\log n \cdot \mathsf{M}(\mu) + n\mathsf{M}(\mu)\log\mu\right)(1 + \log r)$$

が示される．□

10.1 節の議論と同様にステップ 2 の次数の平衡を保つと，上の実行時間の評価の $\log r$ をエントロピー $H(n_1/n,\ldots,n_r/n)$ におきかえることができる．ただし，$1 \le i \le r$ について $n_i = \deg f_i$ である．

例 15.13 (続き) $l = 4$ とおく．$f = x^4 - 1$ の 5 を法としてモニックな既約多項式に因数分解すると

$$x^4 - 1 \equiv f_1 f_2 f_3 f_4 = (x-1)(x-2)(x+2)(x+1) \bmod 5$$

となる．アルゴリズム 15.17 のステップ 2 において $k = 2, d = 2$ を計算し，ステップ 3 では

$$g \equiv f_1 f_2 \equiv x^2 + 2x + 2 \bmod 5, \quad h \equiv f_3 f_4 \equiv x^2 - 2x + 2 \bmod 5$$

を得る．$\mathbb{F}_5$ で拡張された Euclid のアルゴリズムを使うことによりステップ 4 で $s = -2x - 1, t = 2x - 1$ を得る．例 15.13 ですでにステップ 5 と 6 の計算を行っている，ステップ 7 で $g = x^2 - 183x + 182, h = x^2 + 183x + 182$ を求める．ステップ 8 と 9 でそれぞれの因数分解

$$g \equiv f_1 f_2 = (x-1)(x-2) \bmod 5, \quad h \equiv f_3 f_4 = (x+2)(x+1) \bmod 5$$

を持ち上げて

$$g \equiv f_1^* f_2^* = (x-1)(x-182) \bmod 625$$

$$h \equiv f_3 f_4 = (x+182)(x+1) \bmod 625$$

を得る．よって $f \equiv (x-1)(x-182)(x+182)(x+1) \bmod 625$ であり，1 の 625 を法とした 4 乗根は ± 1 と ± 182 である．◇

15.6　Hensel 持ち上げを用いた因数分解：Zassenhaus のアルゴリズム

$R = \mathbb{Z}$, $f \in \mathbb{Z}[x]$ を次数が n の平方自由な原始的多項式とする．大きな素数のアルゴリズム 15.2 のステップ 3 を「小さな」素数 $p \in \mathbb{N}$ を法とした因数分解とその後の Hensel 持ち上げにおきかえてみよう．アルゴリズム 15.2 と同じように，$f \bmod p$ が平方自由で f と同じ次数になるように p を選ばなければならないのだが，それは p が $\mathrm{res}(f, f')$ を割り切らなければよい．定理 6.23 の終結式 の上界からこれは容易な計算である．詳しくは後に系 18.12 で与える．

アルゴリズム 15.19 $\mathbb{Z}[x]$ における因数分解（素数のべき版）
入力：平方自由で原始的な多項式 $f \in \mathbb{Z}[x]$ と最大値ノルム $\|f\|_\infty = A$, ただし次数 $n \geq 1$ で $\mathrm{lc}(f) > 0$ とする．
出力：f の既約因子 $\{f_1, \ldots, f_k\} \subset \mathbb{Z}[x]$.

1. **if** $n = 1$ **then return** $\{f\}$
   $b \longleftarrow \mathrm{lc}(f)$, $\quad B \longleftarrow (n+1)^{1/2} 2^n A b$,
   $C \longleftarrow (n+1)^{2n} A^{2n-1}$, $\quad \gamma \longleftarrow \lceil 2 \log_2 C \rceil$
2. **repeat** 素数 $p \leq 2\gamma \ln \gamma$ を選ぶ，$\overline{f} \longleftarrow f \bmod p$
   until $p \nmid b$ かつ $\mathbb{F}_p[x]$ において $\gcd(\overline{f}, \overline{f}') = 1$
   $l \longleftarrow \lceil \log_p(2B+1) \rceil$
3. ｛ モジュラ因数分解 ｝
   $f \equiv b h_1 \cdots h_r \bmod p$ を計算する．ただし，各 $h_1, \ldots, h_r$ は定数でなくモニックでその最大値ノルムは高々 $p/2$ であるようにする
4. ｛ Hensel 持ち上げ ｝
   call アルゴリズム 15.17，因数分解 $f \equiv b g_1 \cdots g_r \bmod p^l$ を計算する．ただし $g_1, \ldots, g_r \in \mathbb{Z}[x]$ の最大値ノルムは $p^l/2$ はであり，$1 \leq i \leq r$ に

対して $g_i \equiv h_i \bmod p^l$ となるように計算する

5. { これから処理すべき添え字集合 T と見つかった因子の集合 G とこれから分解する多項式 f^* を初期化する }
   $T \longleftarrow \{1, \ldots, r\}$,　　$s \longleftarrow 1$,　　$G \longleftarrow \emptyset$,　　$f^* \longleftarrow f$

6. { 因子の組み合わせ }
   while $2s \le \sharp T$ **do**

7. 　　　　**for** 濃度が $\sharp S = s$ のすべての部分集合 $S \subset T$ **do**

8. 　　　　　　　　最大値ノルムが高々 $p^l/2$ で $g^* \equiv b \prod_{i \in S} g_i \bmod p^l$ と $h^* \equiv b \prod_{i \in T \setminus S} g_i \bmod p^l$ を満たす $g^*, h^* \in \mathbb{Z}[x]$ を計算する

9. 　　　　　　　　**if** $\|g^*\|_1 \|h^*\|_1 \le B$ **then**
   　　　　　　　　　　$T \longleftarrow T \setminus S$,　　$G \longleftarrow G \cup \{\mathrm{pp}(g^*)\}$,
   　　　　　　　　　　$f^* \longleftarrow \mathrm{pp}(h^*)$,　　$b \longleftarrow \mathrm{lc}(f^*)$
   　　　　　　　　　　ループ 7 を抜け出す **goto** 6

10. 　　　　$s \longleftarrow s + 1$

11. **return** $G \cup \{f^*\}$

ステップ 2 において条件を満たす素数を発見する方法はいくつかある．小さい素数 $2, 3, 5, \ldots$ を順番に試すかもしれない，または事前に計算した単精度素数つまりプロセッサの語長以下の桁数の素数のリストを使うかもしれない．どちらの方法も実用上有効に機能する．しかし，一般に理論的に確かな結果は得られない，なぜなら任意の固定されたリストのすべての素数が割り切るような判別式を持つような特殊な入力多項式がとれるかもしれない．可能性のある他の方法は p をランダムに選ぶことである，この方法のために必要な整数論的な考察は 18.4 節で議論する．

定理 15.20　アルゴリズム 15.19 は正しく動作する．$\gamma \in O(n \log(nA))$ が存在し，ステップ 2 と 3 のコストの期待値は

15.6 Hensel 持ち上げを用いた因数分解：Zassenhaus のアルゴリズム

$$O\Big(\gamma \log^2 \gamma \log \log \gamma + n\mathsf{M}(\log A)$$
$$+ (\mathsf{M}(n^2) + \mathsf{M}(n) \log \gamma) \log n \cdot \mathsf{M}(\log \gamma) \log \log \gamma\Big)$$

または，$O^\sim(n^2 + \log A)$ 回の語演算である．ステップ 4 では，語演算で $O(\mathsf{M}(n)\mathsf{M}(n + \log A) \log n)$ または $O^\sim(n^2 + n \log A)$ 回かかる．ステップ 8 と 9 を 1 回実行するのにかかるコストは

$$O((\mathsf{M}(n) \log n + n \log(n + \log A))\mathsf{M}(n + \log A)) \text{ または } O^\sim(n^2 + n \log A)$$

回の語演算であり，このステップは高々 2^{n+1} 回の繰り返しである．

証明 正確性は定理 15.3 の正確性の証明を次のように変更すれば確かめられる．式 (2) の合同式を $f^* \equiv b \prod_{i \in T} g_i \bmod p^l$ とおきかえる．証明のある部分ではステップ 9 の条件がすべての濃度 s の部分集合 $S \subset T$ において偽であると仮定し，しかも，f^* は $\mu(g) = s$ となる既約因子 $g \in \mathbb{Z}[x]$ を持つと仮定している．そして $\mathbb{F}_q[x]$ は UFD であるという事実からある濃度 s の部分集合 $S \subset T$ に対してステップ 9 は真になることを示している．ここでは $\mathbb{Z}_{p^l}[x]$ は一般に UFD ではない (零でない零因子を持っている)．$\mathbb{F}_p[x]$ における因数分解の一意性による議論をやめて，Hensel 持ち上げの一意性 (定理 15.14) による主張を加えなければならない．つまり，$h = f^*/g$ とおき，$S \subset T$ を $\mathrm{lc}(h)g \equiv b \prod_{i \in S} h_i \bmod p$ と $\mathrm{lc}(g)h \equiv b \prod_{i \in T \setminus S} h_i \bmod p$ を満たす部分集合とする．同じ部分集合 S に対して $g^* \equiv b \prod_{i \in S} h_i \bmod p^l$，$h^* \equiv b \prod_{i \in T \setminus S} h_i \bmod p^l$ とおく．すると $bf^* \equiv \mathrm{lc}(h)g \cdot \mathrm{lc}(g)h \bmod p^l$ と $bf^* \equiv g^*h^* \bmod p^l$ はどちらも p を法とした同じ分解 bf^* の持ち上げであり，Hensel 持ち上げの一意性 (定理 15.14) から $\mathrm{lc}(h)g \equiv g^* \bmod p^l$ と $\mathrm{lc}(g)h \equiv h^* \bmod p^l$ を得る．いま，l の選び方から $B < p^l/2$ であり，定理 15.3 の証明と同じように矛盾を導き，ステップ 9 において $\|g^*\|_1 \|h^*\|_1 \leq B$ が成り立つ．

系 18.12 によると $O(\gamma \log^2 \gamma \log \log \gamma)$ 回の語演算でステップ 2 においてランダムな p が見つかり，p が $\mathrm{disc}(f)$ を割り切る確率は高々 $1/2$ である．ここで，練習問題 6.41 により $b|\mathrm{disc}(f)$ であり，補題 15.1 よりステップ 2 の反復回

数の期待値は高々 2 である．p の長さは $O(\log \gamma)$ に含まれ，p を法とした f の係数を求めるコストは $O(n\mathsf{M}(\log A))$ 回の語演算であり，gcd を計算するのに語演算が $O(\mathsf{M}(n) \log n \cdot \mathsf{M}(\log \gamma) \log \log \gamma)$ 回かかる．ステップ 4 のコストの評価は定理 15.18 による．$\mu = \log P \in O(\log \gamma)$ とおき，$\log n \log \gamma \in O(n + \log A)$，$\log \gamma \log \log \gamma \in O(n + \log A)$ を用いる．残りの評価は定理 15.3 の証明と同様である．□

例 15.4 (続き) 例 15.4 と同様に $f = 6x^4 + 5x^3 + 15x^2 + 5x + 4 \in \mathbb{Z}[x]$ とし，ステップ 2 で $p = 5$ を選んだとすると，p は f の主係数も判別式も割り切らない．このとき $l = \lceil \log_2(2B+1) \rceil = 6$ である．ステップ 3 において，モジュラ因数分解

$$f \equiv bh_1 h_2 h_3 h_4 = 1 \cdot (x-1)(x+1)(x-2)(x+2) \bmod 5$$

を得る．ステップ 4 において，アルゴリズム 15.17 がモジュラ因数分解を持ち上げる

$$f \equiv bg_1 g_2 g_3 g_4 = 6 \cdot (x-5136)(x-984)(x-72)(x-6828) \bmod 5^6$$

部分集合 $S \subset \{1, 2, 3, 4\}$ のうちで濃度が $s = 1$ のものは因数分解を導かない．ステップ 8 において $S = \{1, 3\}$ のとき

$$g^* \equiv bg_1 g_3 = 6(x-5136)(x-72) \equiv 6x^2 + 2x + 2 \bmod 5^6$$
$$h^* \equiv bg_2 g_4 = 6(x-984)(x-6828) \equiv 6x^2 + 3x + 12 \bmod 5^6$$

を計算し，ステップ 9 で $\|g^*\|_1 \|h^*\|_1 \leq B$ と $g^* h^* = bf^*$ を得る．よって例 15.4 のように $\mathrm{pp}(g^*) = 3x^2 + x + 1$ と $\mathrm{pp}(h^*) = 2x^2 + x + 4$ は f の $\mathbb{Z}[x]$ における既約因子である．◇

大きな素数のアルゴリズム 15.2 のステップ 2 と 3 は，おおよそ $O^\sim(n^3 + \log^3 A)$ 回の語演算が必要である．一方，素数のべきのアルゴリズム 15.19 でそれに対応するのはステップ 2 から 4 までであり，おおよそ $O^\sim(n^2 + n \log A)$ 回の語演算しかかからない．もし $n \approx \log A$ ならば，前者はおおむね n の立方

15.6 Hensel持ち上げを用いた因数分解：Zassenhausのアルゴリズム

であり，後者はわずかに平方である．アルゴリズム15.2と同様に，Zassenhausアルゴリズムは最悪の場合指数時間かかる．それにもかかわらずこのアルゴリズムは実用上効率的に動作するし，完全な因数分解アルゴリズム15.5で採用するべきである．15.7節では実験による検証をする．Collins(1979)は立証されていないが，もっともらしい仮定の下でアルゴリズムが「平均的には」多項式時間しか必要としないことを証明している．Zassenhausアルゴリズムが大きな素数を使うものよりすぐれている理由はもう1つあり，そちらの方が重要である．lを定めるMignotte上界は多くの場合非常に大きすぎるので，以下に述べるようにHensel持ち上げと因子の組み合わせを挟み込むことができる．ある$l^* < l$について，まず因数分解をp^{l^*}に持ち上げ，モジュラ因子が本当に$\mathbb{Z}[x]$の因子になっているかどうかを調べ，fから取り除く，そして残りのモジュラ因子をより高いpのべきに持ち上げる．この操作をfのすべての因子が見つかるまで繰り返す．もし運がよければp^lに到達する前に終了する．このようなl^*の自然な選択は2のべきを順番に採用することであり，$\|f\|_\infty$を超える最小のものから始める．

与えられた多項式$f \in \mathbb{Z}[x]$の整数根または有理数根を計算することだけに興味があるのなら，Zassenhausアルゴリズム15.19はかなり簡略化できる．すでに14.5節で大きな素数の因数分解を利用した方法を考察した．素数のべきを利用した方法において，アルゴリズム15.19を変更する際の注意点を述べる．最初に，1次因子だけに注目すればよいので，上界$2B$と$2nb(A^2 + A)$を比較し後者の方が小さければ上界を後者におきかえる．次にステップ3では1次因子だけを計算すればよい（異なる次数の因数分解と等しい次数の因数分解の次数が1の場合だけを実行する）．そして最後にすべての因子の組み合わせを調べる段階を，単にp^lを法とした1次因子が$\mathbb{Z}[x]$の1次因子かどうかだけを判別するように変更する，これが最も重要である．

定理 15.21 定数でない平方自由な原始的多項式$f \in \mathbb{Z}[x]$が与えられたとき，その有理数根のすべてを期待値

$$O\left(n\log(nA)(\log^2 n \log\log n + (\log\log A)^2 \log\log\log A) + n^2\mathsf{M}(\log(nA))\right)$$

または $O^\sim(n^2 \log A)$ 回の語演算で計算できる．

証明 $\gamma = \log C \in O(n \log(nA))$ とする．定理 15.20 の証明のように，アルゴリズム 15.19 のステップ 2 におけるコストの期待値は上で述べた変更で，

$$O(\gamma \log^2 \gamma \log \log \gamma + n \log A \cdot \log \gamma + \mathsf{M}(n) \log n \cdot \mathsf{M}(\log \gamma) \log \log \gamma)$$

回の語演算になる．系 14.16 より，ステップ 3 において $f \bmod p$ の（モニックな）1 次因子をすべて計算するためのコストの期待値は $\mathbb{F}_p$ の算術演算で $O(\mathsf{M}(n) \log n \log(n\gamma))$ 回または語演算で

$$O(\mathsf{M}(n) \log n \log(n\gamma) \mathsf{M}(\log \gamma) \log \log \gamma)$$

回である．ステップ 4 において，すべての $f \bmod p$ のモニックな 1 次因子と残った $f \bmod p$ のモニックな余因子を加えたものを入力として Hensel 持ち上げをする．ステップ 4 のコストは定理 15.20 と同様に $\mu = \log p \in O(\log \gamma)$ を用いて

$$O((\mathsf{M}(n)\mathsf{M}(\log nA) + \mathsf{M}(n) \log n \cdot \mathsf{M}(\log \gamma) + n\mathsf{M}(\log \gamma) \log \log \gamma) \log n)$$

回の語演算である．$b = \mathrm{lc}(f)$ としたとき $f \bmod p^l$ を割り切る各 1 次因子 $bx - c \in \mathbb{Z}[x]$ に対して，ステップ 8 で $(bx-c)\nu \equiv bf \bmod p^l$ を満たすその余因子 $\nu \in \mathbb{Z}[x]$ を計算する，定理 14.18 の証明と同じようにコストは $O(n\mathsf{M}(\log(nA)))$ 回の語演算である．高々 n 個のモジュラ因子があり，だからそれらのすべてを調べるコストは $O(n^2 \mathsf{M}(\log(nA)))$ 回の語演算である．全体のコストは

$$O(\gamma \log^2 \gamma \log \log \gamma + \mathsf{M}(n) \log n \log(n\gamma) \mathsf{M}(\log \gamma) \log \log \gamma + n^2 \mathsf{M}(\log(nA)))$$

回の語演算であり，定理の主張が得られる．□

最後のステップを調べることにより，素数のべきアルゴリズムによる根の探索全体の漸近的実行時間はおおよそ大きな素数を利用するもの（アルゴリズム 14.17）と同じになる．しかし，モジュラ因数分解の段階では前に述べたアルゴリズムではおおよそ $O^\sim(n \log^2 A)$ 回の語演算なのに対して，素数のべきアル

ゴリズムの場合の Hensel を含めたモジュラ因数分解はおおよそ $O\tilde{\ }(n \log A)$ 回しかかからない．現実には，多くの「偽の」根は係数の追跡による絶対値の評価を超えてしまうことが期待でき，さらに，残った根の候補を他の小さな素数で先にテストすることもできる，この操作で $\mathbb{Q}$ では根でないものをほとんど除外すべきである．偽の根はほとんど残らないことが期待できる．

少しの変更で Zassenhaus アルゴリズムを**有効 1 変数多項式因数分解**を持つ体 F 上の 2 変数多項式の因数分解に応用できる，このとき F (たとえば，$F = \mathbb{Q}$ または素数のべき q の $F = \mathbb{F}_q$ のように) 上の 1 変数多項式の因数分解の方法はわかっていることを意味する．多項式 $f \in F[x, y]$ の y に関する次数は最大値ノルムの役割を担う，f の可能な因子の上界は整数の場合よりかなり簡単である．f の因子の次数は f のそれより決して大きくならない．「原始的」はここでは変数 x に関して考える，つまり $\text{cont}_x(f) = 1$ を意味する．さらに，f は x に関して微分と自明な gcd を持つ必要がある．これで f が平方自由であることになる．逆は標数が 0 のときは真である，正の標数の場合の反例は練習問題 15.25 を見よ．

アルゴリズム 15.22　2 変数多項式の因数分解 (素数のべき版)

入力：原始的多項式 $f \in R[x] = F[x, y]$，ただし，$\deg_x f = n \geq 1$，$\deg_y f = d$ かつ $F(y)[x]$ で $\gcd(f, \partial f/\partial x) = 1$ であり，F は体，$R = F[x]$ であり，少なくとも $4nd$ 個の要素を含み，有効 1 変数因数分解を持つとする．
出力：f の既約因子 $\{f_1, \ldots, f_k\} \subset F[x, y]$．

1. **if** $n = 1$ **then return** $\{f\}$
   $b \longleftarrow \text{lc}_x f$
   濃度 $\sharp U \geq 4nd$ である $U \subset F$ を選ぶ
2. **repeat** 要素 $u \in U$ をランダムに選ぶ，$\overline{f} \longleftarrow f(x, u)$
   until $b(u) \neq 0$ かつ $F[x]$ において $\gcd(\overline{f}, \overline{f}') = 1$
   $l \longleftarrow d + 1 + \deg b$
3. { モジュラ因数分解 }
   1 変数の因数分解アルゴリズムを使い $(F[y]/\langle y - u \rangle)[x] \cong F[x]$ で因数分

解 $f \equiv bh_1 \cdots h_r \mod (y-u)$ を計算する，ここで，$h_1, \ldots, h_r \in F[x]$ は異なるモニックな既約多項式である

4. { Hensel 持ち上げ }
   call アルゴリズム 15.17，因数分解 $f \equiv bg_1 \cdots g_r \mod (y-u)^l$ を計算する．ただし，$1 \le i \le r$ に対して多項式 $g_1, \ldots, g_r \in F[x,y]$ は $\deg_y g_i < l$ と $g_i(x,u) = h_i$ を満たす x に関してモニックな多項式である
5. { これから処理すべき添え字集合 T と見つかった因子の集合 G とこれから分解する多項式 f^* を初期化する }
   $T \longleftarrow \{1, \ldots, r\}, \quad s \longleftarrow 1, \quad G \longleftarrow \emptyset, \quad f^* \longleftarrow f$
6. { 因子の組み合わせ }
   while $2s \le \sharp T$ **do**
7.   **for** 濃度が $\sharp S = s$ のすべての部分集合 $S \subset T$ **do**
8. y に関する次数が l より小さくて $g^* \equiv b \prod_{i \in S} g_i \mod (y-u)^l$ と $h^* \equiv b \prod_{i \in T \setminus S} g_i \mod (y-u)^l$ を満たす $g^*, h^* \in F[x,y]$ を計算する
9.   **if** $\deg(g^* h^*) = \deg(bf^*)$ **then**
   $T \longleftarrow T \setminus S, \quad G \longleftarrow G \cup \{\mathrm{pp}_x(g^*)\},$
   $f^* \longleftarrow \mathrm{pp}_x(h^*), \quad b \longleftarrow \mathrm{lc}_x(f^*)$
   ループ 7 を抜け出す **goto** 6
10. $s \longleftarrow s+1$
11. **return** $G \cup \{f^*\}$

次のアルゴリズムの解析は練習問題 15.24 で行う．

定理 15.23 アルゴリズム 15.22 は正しく動作する．ステップ 2 のコストの期待値は F の算術演算で $O(nd + \mathsf{M}(n) \log n)$ または $O^\sim(nd)$ 回であり，ステップ 4 では $O(\mathsf{M}(n) \log n (\log n + \mathsf{M}(d)))$ または $O^\sim(nd)$ 回である．ステップ 8 と 9 を 1 度実行するのに必要な体の演算の回数は $O((n \log d + \mathsf{M}(n) \log n) \mathsf{M}(d))$ または $O^\sim(nd)$ 回である．高々 2^{n+1} 度繰り返す．もし $F = \mathbb{F}_q$ が要素の個数が q

の有限体なら, ステップ3のための $\mathbb{F}_q$ の演算回数の期待値は $O(\mathsf{M}(n^2)\log n + \mathsf{M}(n)\log n \log q)$ または $O^\sim(n^2 + n\log q)$ 回である.

$F = \mathbb{F}_q$ が「小さな」有限体のとき, ステップ1で問題が起こる. 問題を回避する方法はいくつかある. 大きな素数のアルゴリズムを採用してもよいが, モジュラ因数分解の段階のコストの評価が悪くなる. あるいは, $y-u$ のかわりに f を1次ではない次数 $O(\log(nd))$ の既約多項式 $m \in \mathbb{F}_q[y]$ で因数分解し, ステップ4で十分に高いべきの因数分解まで持ち上げてもよい. このためステップ2と3の時間が高々 $O^\sim(\log^2(nd))$ 程度増加する. または拡大次数 $O(\log(nd))$ の体の拡大をし, 大きな体でアルゴリズムを実行する, それによりすべてにかかる時間が $O^\sim(\log^2(nd))$ 倍程度になる. しかし, f の $\mathbb{F}_q[x,y]$ 上の既約因子が大きな体上で分解されてしまう可能性がある. ある種の問題では, このようなより細かい因数分解が都合がよいかもしれない, しかし, もし $\mathbb{F}_q$ 上の因数分解が必要なら, 必要に応じて別に処理しなければならない. たとえば, $g \in \mathbb{F}_{q^t}[x,y]$ が大きな体 $\mathbb{F}_{q^t}$ 上の f の既約因子なら, $g^{(q^t-1)/(q-1)} \in \mathbb{F}_q[x,y]$ (g のノルム) が f の $\mathbb{F}_q$ 上のある既約因子のべきになる.

任意の多項式 $f \in F[x,y]$ を因数分解するためには, アルゴリズム15.2の後に述べたのと同様の処理を行えばよいが, 1つ注目すべき違いがある. もし $F = \mathbb{F}_q$ が有限体ならば, $\mathbb{F}_q(y)$ は完全体ではなく, 14.6節の平方自由因数分解のアルゴリズムが全く使えない. たとえば, もし $p = \operatorname{char}\mathbb{F}_q$ ならば, $f = x^p - y$ は既約であるが, 微分すると $\partial f/\partial x = 0$ である. x と y の役割を入れかえると, $\partial f/\partial y = -1$ で $\mathbb{F}_q(y)[y]$ 上で $\gcd(f, \partial f/\partial y) = 1$ となる. するとアルゴリズムを適応できる. もし微分 $\partial f/\partial x$ と $\partial f/\partial y$ の両方が消滅しているとする. $f = x^p - y^p$ に関していえば, 1変数の場合と同様に f は p 乗であり (ここでは $f = (x-y)^p$ である), $f^{1/p}$ を因数分解すればよい. これはアルゴリズム15.5と同様である. 正確な証明は練習問題15.25を参照せよ.

アルゴリズム 15.24 2変数多項式の因数分解

入力:定数でない多項式 $f \in F[x,y]$, ただし, $\deg_x f = n$, $\deg_y f = d$ で, F

は有効 1 変数多項式因数分解を持つ体とする．

出力：定数 $a \in F$ と組の集合 $\{(f_1, e_1), \ldots, (f_k, e_k)\}$，ただし，$f_i \in F[x, y]$ は異なる既約多項式で，$e_i \in \mathbb{N}$ は正の数であり，$f = a f_1^{e_1} \cdots f_k^{e_k}$ を満たす．

1. $G \longleftarrow \emptyset$, $\quad c_x \longleftarrow \mathrm{cont}_x(f)$, $\quad c_y \longleftarrow \mathrm{cont}_y(f)$, $\quad g \longleftarrow \dfrac{f}{c_x c_y}$

2. c_x, c_y をそれぞれ $F[y], F[x]$ 上で因数分解し，それらを G に加える

3. $g_x \longleftarrow \partial g/\partial x$, $\quad u \longleftarrow \dfrac{g}{\gcd(g, g_x)}$
   $g_y \longleftarrow \partial g/\partial y$, $\quad v \longleftarrow \dfrac{g}{\gcd(g, g_y)}$, $\quad w \longleftarrow \dfrac{u}{\gcd(u, v)}$
   { gcd は $F[x, y]$ 上の最大公約数を表す }

4. **call** アルゴリズム 15.22，x と y の役割を入れかえて，v のすべての既約因子 $V \subseteq F[x, y]$ を計算する
   call アルゴリズム 15.22，w のすべての既約因子 $W \subseteq F[x, y]$ を計算する

5. **for** すべての $v \in V \cup W$ **do**
   　　試験的に割り算をして e の重複度を決定する
   　　$G \longleftarrow G \cup \{(v, e)\}$, $\quad g \longleftarrow \dfrac{g}{v^e}$

6. **if** F の標数 p の有限体かつ $g \notin F$ **then**
   　　call このアルゴリズムを再帰的に呼び出す．ただし，入力は $g^{1/p}$ とし，$a \in F$ と組の集合 H が得られるとする
   　　$a \longleftarrow a^p$
   　　for 組 $(g, e) \in H$ **do** $G \longleftarrow G \cup \{(g, ep)\}$
   else $a \longleftarrow g$

7. **return** a と G

この節の最後に，3 つのモジュラ計算の仕組みのどれかで使われるこれまでに考察したアルゴリズムをまとめておく．3 つのモジュラ計算とは大きな素数と小さな素数と素数のべきのモジュラアルゴリズムである．使われるアルゴリズムは表 15.5 の通りである．

リストにあげたすべての問題に対して，大きな素数のアルゴリズムが存在する．そして，すべてを述べたわけではないが，多くの場合小さな素数と素数の

表 15.5 モジュラアルゴリズム

計算問題	大きな素数	小さな素数	素数のべき
判別式	5.5 節	アルゴリズム 5.10 練習問題 5.32	
1次連立方程式の解	練習問題 5.33		
多項式 gcd	アルゴリズム 6.28, 6.34	アルゴリズム 6.36, 6.38	EZ–GCD (注意 15.6)
多項式 EEA		アルゴリズム 6.57, 6.59	
整数の積	練習問題 8.36	アルゴリズム 8.25	
多項式の積		アルゴリズム 8.16, 8.20 練習問題 5.34	
多項式の商	練習問題 9.14	練習問題 10.21	アルゴリズム 9.3
整数解			9.5 節
平方自由因数分解		練習問題 15.26	練習問題 15.27
多項式の因数分解	アルゴリズム 15.2		アルゴリズム 15.19, 15.22, 16.22

べきのアルゴリズムも存在する．通常，理論的にも実用上でも大きな素数のものや直接計算するよりも小さな素数版や素数のべき版の方が有効である．素数のべきを利用する方法のためには，計算問題を「方程式」の言葉で記述し，それを持ち上げる必要がある．多項式の因数分解のように，いくつかの問題は小さな素数を利用する方法には向かない．

15.7 実　　装

この節では，9.7 節に続いて NTL と BIPOLAR の説明をする，今度は多項式の因数分解に焦点を当てる．すべての実験は NTL のバージョン 1.5 で行った．

BIPOLAR は $\mathbb{F}_2[x]$ 上の多項式の因数分解のための C++ のライブラリである．平方自由因数分解 (14.6 節)，異なる次数の因数分解 (14.2 節)，等しい次数の因数分解 (14.3 節) を含んでいる．実験ではランダムに選んだ多項式に対して，異なる次数の因数分解が計算全体のほとんどすべてを占めている．

理論的にも実用上も，gcd の計算は掛け算や余りを伴う割り算とその余りの計算よりも時間がかかる．次数 n の多項式は次数が 1 から n までのすべての次数の既約因子を持つわけではないので (平均的には既約因子の個数は $O(\log n)$ である，注解 15.7 参照)，異なる次数の因数分解アルゴリズム 14.3 においてた

いていの gcd は 1 に等しい．BiPolAr は gcd の回数を減らすために分割戦略を用いる，その分モジュラ積の回数が増える — しかし全体として節約になる —．f の既約因子の可能な次数の範囲 $\{1,\ldots,n\}$ は異なる区間に分割される．各区間 I について，— 次数が小さい方から大きい方へ動いていく — 次数が I に含まれる既約因子すべての積が $\gcd(f, \prod_{i\in I}(x^{q^i} - x))$ で得られる，そして f から取り除く (練習問題 14.6)．運がよければこれらの多項式はすでに既約である，そうでなければ，例の異なる次数の因数分解アルゴリズム 14.3 を実行する．ランダム多項式を使った実験によると，平均的には小さな次数しか必要ではない．BiPolAr では区間のサイズの増加は 1 次である．これはランダム多項式は多くの小さい因子と少しの大きな因子を持つ傾向があることを考慮して

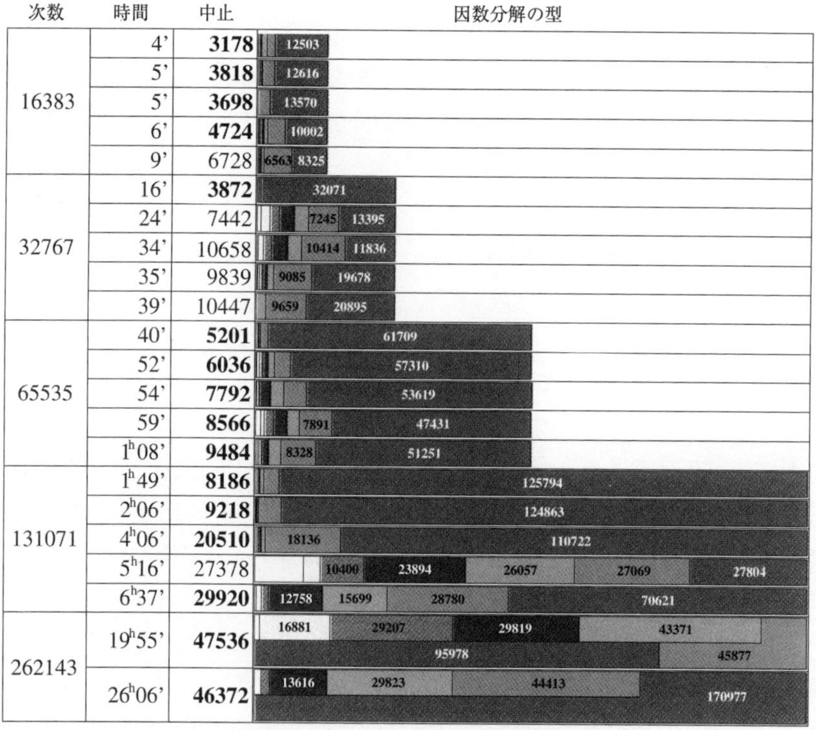

次数	時間	中止	因数分解の型
16383	4'	3178	12503
	5'	3818	12616
	5'	3698	13570
	6'	4724	10002
	9'	6728	6563 8325
32767	16'	3872	32071
	24'	7442	7245 13395
	34'	10658	10414 11836
	35'	9839	9085 19678
	39'	10447	9659 20895
65535	40'	5201	61709
	52'	6036	57310
	54'	7792	53619
	59'	8566	7891 47431
	1^{h}08'	9484	8328 51251
131071	1^{h}49'	8186	125794
	2^{h}06'	9218	124863
	4^{h}06'	20510	18136 110722
	5^{h}16'	27378	10400 23894 26057 27069 27804
	6^{h}37'	29920	12758 15699 28780 70621
262143	19^{h}55'	47536	16881 29207 29819 43371 95978 45877
	26^{h}06'	46372	13616 29823 44413 170977

図 15.6 BiPolAr による $\mathbb{F}_2[x]$ 上の多項式の因数分解

である．

例外なく因子が分離され，2 つめのプロセッサが残った多項式の既約性判定 (アルゴリズム 14.36 と同様に) を始める．この判定に必要な多くのデータが異なる次数の因子分解のプロセスですでに計算されている．

167 MHz の Sun Sparc Ultra 1 計算機 2 台を使って BIPOLAR を実行したときの時間を図 15.6 で表している．1 台は上で述べた異なる次数の因数分解を実行し，もう 1 台が並列に既約性判定を行う．時間は両方のマシンの CPU タイムの最大値としている．並列処理マシンによる実装により $\mathbb{F}_2[x]$ の次数 100 万の多項式の因数分解が計算できる (Bonorden, von zur Gathen, Gerhard, Müller & Nöcker 2001).

中止次数は計算が終わったときに異なる次数の因数分解が調べていた次数である．太字で書かれているのは既約判定が勝ったときである．それ以外のとき，異なる次数の因数分解はおおよそ $\max\{m_1/2, m_2\}$ に達したときに終了する．ただし，m_1, m_2 はそれぞれ入力多項式の最大の因子と 2 番目の因子である．

素数 p について $\mathbb{F}_p[x]$ 上の因数分解でも，$\mathbb{Q}[x]$ 上の因数分解でも，NTL はまず平方自由分解を計算する．有限体上では Berlekamp のアルゴリズム (1967,1970) と Shoup のアルゴリズム (これも異なる次数と等しい次数の因

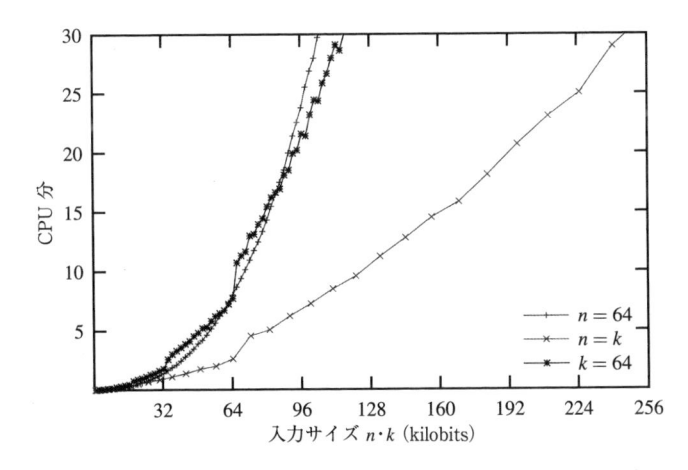

図 15.7 NTL による $n-1$ 次多項式の k ビット素数を法とした因数分解

数分解を行う)の両方を実行した.効率をよくするために,機械の語長にあわせて「小さい」素数 p に対する特別な因数分解ルーチンを持っている.図 15.7 にはさまざまな素数や次数で NTL を走らせたときの実行時間が図示されている.時間は 10 個の擬似ランダムに選んだ多項式についての平均時間で計測した.

整数係数の平方自由多項式を $\mathbb{Q}[x]$ 上で因数分解するために,NTL はまず — 多項式の内容を取り出した後に — いくつかの「小さな」素数を法として既約因数分解をし,15.3 節の終わりに議論した方法で (うまくいけば) $\mathbb{Q}[x]$ の因数分解のパターンに関する情報を得ようとする.その後これらの素数から 1 つを選び,アルゴリズム 15.17 を使って因数分解を持ち上げる.因子の組み合わせの途中の多項式に対して,その次数が他の素数を法とした因数分解のパターンと適合するかを調べた後に,既約性の判定を実行し,それから定数係数のテストをする.図 15.8 から 15.10 はさまざまな次数,係数のサイズ,因数分解のパターンを持つ擬似ランダム多項式に対して,NTL を実行したときの実行時間を与え

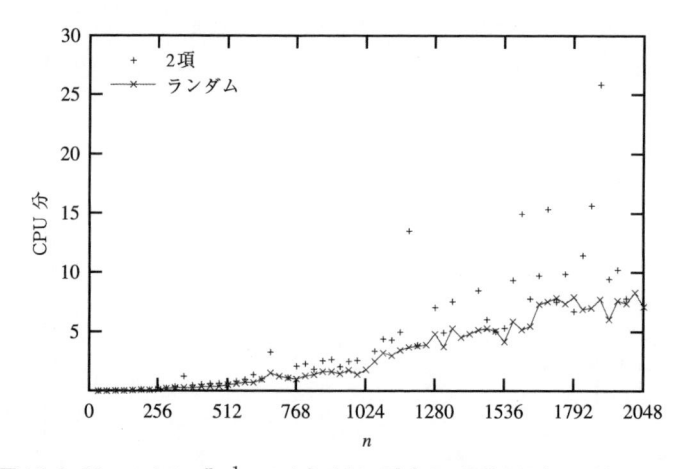

図 15.8 NTL による $x^{n-1}-1$ 次多項式の $\mathbb{Z}[x]$ 上の因数分解 (+ の点).時間は $n-1$ の因数分解に強く依存している.試行は $n = 32, 64, 96, \ldots, 2048$ という数列で行った.$n = 704, 1024, 1248, 1376, 1408, 2016, 2048$ の 7 つは 1 時間を超える時間がかかった,このうち 5 つは 1 日以上かかった.比較のため,次数が $n-1$ で係数が $\{-1, 0, 1\}$ の擬似ランダム多項式 10 個の平均実行時間をグラフに含めた (× の曲線).

ている．計測時間は10個の擬似ランダムに選んだ入力の平均である．ランダム多項式は高い確率で既約になる (注解 15.3 を見よ) ので，同じ次数のランダム多項式を因子に持つ分解を持つ多項式を使っている．実際，これらの分解はほとんどの場合既約分解になっている．

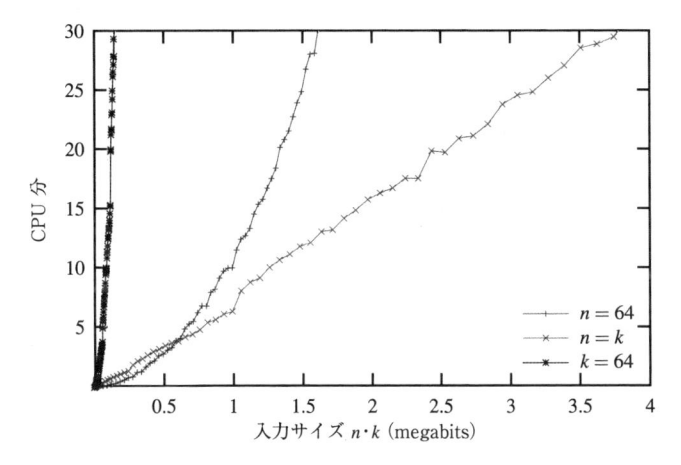

図 15.9 NTL による次数が $(n/2) - 1$，係数が約 $k/2$ ビット整数の擬似ランダム多項式 2 つの積の因数分解

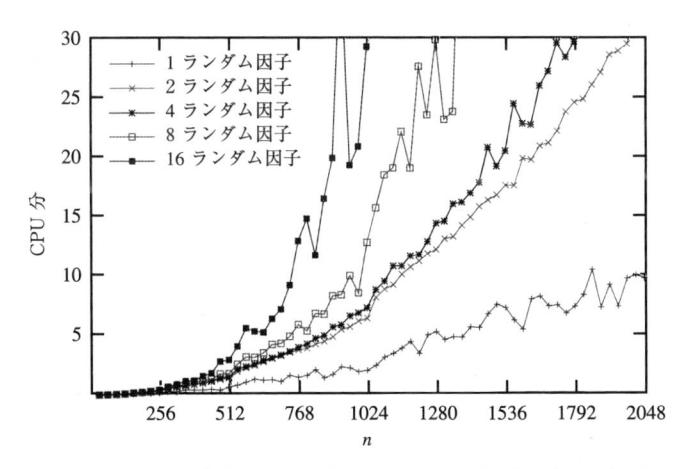

図 15.10 NTL による次数が約 n，係数が約 n ビット整数の多項式の因数分解．+ の曲線が擬似ランダム多項式，× が 2 つの次数が $(n/2) - 1$，係数が約 $n/2$ ビット擬似ランダム多項式の積，などである．

期待通りに，因子が多くなるほどアルゴリズムの実行に時間がかかることが図 15.10 から示唆される．図 15.9 によると，入力のサイズ $n \cdot k$ を固定すると実行に最も都合がよいのは $n = k$ の場合である．図 15.7 の比較によると，ソフトウェアにとって k ビット係数のランダム多項式を整数上で因数分解するのは，k ビット素数を法として因数分解するよりかなりやさしい．(2 つの因数分解の問題の主な違いは，次数 n のランダム多項式は $\mathbb{Q}$ 上で高確率で既約になるのに対して，素数を法とすると約 $1/n$ の確率でしかないことである．) 思うに，モジュラ因数分解の過程はおおよそ $O\tilde{\ }(n^2 \log p + n \log^2 p)$ 回の語演算がかかるが，$\mathbb{Z}$ 上で因数分解するときの Hensel 持ち上げで因数分解するときに使う小さな素数は，おおよそ $\log_2 k$ ビットであることがこの理由である．

注解

15.1 最初の $\mathbb{Z}[x]$ の因数分解のアルゴリズムは von Schubert (1793) と Kronecker (1882, 1883) による．我々の用語でいえば，彼らは「小さな素数の方法」をとり，小さな整数 u_i について 1 次のモジュライ $x - u_i$ を用いて因子の組み合わせを使っている．これは大きな整数の因数分解を必然的に含み，現実的ではない．

15.2 アルゴリズム 15.2 は Musser(1971) に載っている．入力をモニックに制限するといくぶん簡単になる．$f \in \mathbb{Z}[x]$ を $\mathrm{lc}(f)^{n-1} f(x/\mathrm{lc}(f))$ に変換すると，一般の多項式の因数分解をモニックな場合に簡約化できるが，しかし，この方法は計算量的には損失になる．我々の方法では，互いに素な既約モジュラ因子の個数にしたがって選択している．モジュラ因子の次数にしたがって選択することを考えるかもしれないが，Collins (1979) はこれがすぐれていないことを述べている．Collins & Encarnaución (1996) と Abbott, Shoup & Zimmermann (2000) は因子の組み合わせ過程における発見的な手法を提案している．

Lenstra (1984, 1987) は代数的数体上の多項式の因数分解のアルゴリズムを与えている．

15.3 Swinnerton–Dyer 多項式は Berlekamp (1970) が書いているように H.P.F. Swinnerton–Dyer によって提案された．Kaltofen, Musser & Saunders (1983) は一般形を研究し，その係数のサイズの上界を与えた．

Frobenius (1896) は彼の定理を 1880 年に発見した，Chebotarev (1926) は Frobenius が予想したように，これを一般化した．対称群 S_n 全体では同じ巡回の型が同じ置換全体は共役類をなすが，他の Galois 群では成り立たない．たとえば，表 15.3 の f_2 の Galois 群には 2 つの 4 サイクルがあるがこれらはこの群の中では共役ではない．

しかし，同じ巡回の型を持つ置換のなす集合は共役類の和になっている．Frobenius の定理では巡回の型 (とその因数分解のパターンを持つ素数) に関するものであるのに対して，Chebotarev の結果ではより細かく共役類の密度の評価 (と Frobenius 自己同型が共役類を保存するような素数の密度の評価が) 対応することを証明している．van der Waerden (1933/34) はランダム整数多項式は確率 1 でその Galois 群が置換群全体になることを証明した．特に，十中八九は既約である．Dörge (1926) も参考にするとよい．定量的な評価が Gallagher (1973) にある．Wilf (1994) の §4.1 には，n 文字の無作為置換の巡回の個数の平均値は $H_n \in \ln n + O(1)$ であることが示されている，ただし，$H_n = 1 + \frac{1}{2} + \cdots + \frac{1}{n}$ は n 番目の調和数 (23.2 節) である．

15.4 Legendre (1785) はある整係数多項式を p 進数を使う方法で因数分解している，彼の例の 1 つは練習問題 15.11 である．もう 1 つの例は 2 つの 3 次因子を持つ次数 6 の多項式である．しかし，彼は一般的方法に言及してはいない，むしろ読者の注意を喚起している (506/507) : *Ces méthodes sont fort imparfaites, mais l'utilité de leur objet nous a engagés à les insérer ici, quelque petit que soit le nombre des cas où on peut s'en servir avec succès.*[*1)]

Hensel (1918) は p 進数を導入した，彼の因数分解の方法である Hensel 持ち上げは Zassenhaus (1969) によって初めて計算機代数の舞台で使われた．Kempfert (1969) も参考にせよ．この本に書いてある多くの事柄は Gauß の予期した範囲にある．彼の Nachlass (Gauß 1863a, 1863b, 483 ページ参照) の論文 373 と 374 には素数のべきの持ち上げの過程が明白に書かれている，Gauß いわく *si functio X aequales non habeat divisores secundum modulum p, eam secundum modulum p^k similiter in factores discerpi posse, uti secundum modulum p. At si X divisores aequales habeat, res fit multo magis complicata neque adeo ex principiis praecedentibus prorsus exhauriri potest*[*2)]．彼は p を法として多重因子が起こる場合すら考えている，しかし彼の原稿の計算は方程式の途中で劇的に終わっている．

実際，素数 p を法として平方自由な整数係数多項式 f はべき p^k を法とした因数分解を一意的に持つ，これは Hensel 持ち上げの一意性によって簡単に計算できる．しかし，p を法として f が平方自由ではないとき，その因数分解は全く不可思議である．Hensel 持ち上げの問題は f が p を法とした既約多項式のべきの場合に帰着できる．それは ($\deg f$ の) 指数個の既約因子も持つかもしれないが，p^k を法とした判別式が零で

[*1)] これらの方法は全く不完全である，しかし目的の重要性が高いので，うまくいく場合はまれかもしれないがここに挿入した．

[*2)] もし多項式 X が p を法として平方自由ならば，p^k を法とした因数分解は p を法とした因数分解と同じようになっている．しかし，X が多重因子を持っているとき，問題は非常に複雑になり，前述の原理でさえ直接的には解くこともできない．

ないならば，まだ $(\deg f, \deg p \succeq k$ の) 多項式時間で因数分解を表現できる (von zur Gathen & Harlieb 1998). これには Chistov (1990) や Cantor & Gordon (2000) にある p 進整数 $\mathbb{Z}_{(p)}$ 上の多項式時間因数分解アルゴリズムをもとにしている．練習問題 15.18 から，ありきたりな多項式 x を合成数を法として因数分解するのは自明な問題ではないことがわかる．

15.5 Shoup は NTL にアルゴリズム 15.17 よりいくぶん効率的なものを実装した．それはこの本の 1999 年版には掲載されている．因子を同時に持ち上げる別の方法が von zur Gathen (1984a) にある．

15.6 Hensel 持ち上げに基づく因数分解アルゴリズム (素数のべき版) 15.19 は本質的には Zassenhaus(1969) による．Loos (1983) は Hensel 持ち上げに基づく整数係数多項式のすべての有理数根を計算するアルゴリズムを与えている．

小さな有限体上の 2 変数多項式の因数分解の概念的に簡単な方法は，拡大次数が $\deg(g)$ より大きい素数の拡大体を構成することである．すると拡大体上のすべての因子は実際に下の体上の因子である (von zur Gathen 1985)．ところが，この方法は他のところで紹介した解法より計算量的に劣っている．

$F \subset E$ が Galois 拡大体で $f \in F[x]$ が既約, $g \in E[x]$ が f の既約因子ならば, g のノルムは f のべきになることを Trager (1976) が証明した．

Moses & Yun(1973) は $\mathbb{Z}[x]$ の gcd の計算と Hensel 持ち上げを経由して多変数多項式環のそれの計算をするための EZ–GCD アルゴリズムを提案した．Lauer (2000) も参考にするとよい．Yun (1976) は多変数多項式の平方自由分解を計算する同じようなアルゴリズムを与えた．

15.7 分割戦略は von zur Gathen & Shoup (1992) によって紹介された．有限体に係数を持つランダム多項式の既約因子の個数の平均は Berlekamp (1984) の練習問題 3.6 にある (すでに 1968 年版にある)．

図 15.6 は von zur Gathen & Gerhard (1996) からとった．実行時間は因数分解のパターンに強く依存し，次数には全く依存していない．同じ現象が我々の $\mathbb{Z}[x]$ の因数分解にも起こる．図 15.8 から 15.10 までのデータは 10 個の入力から導かれる．この中の標準からのずれは平均値と同じ程度である．

我々の $\mathbb{Z}[x]$ の擬似ランダム多項式の積を使った因数分解の実験において，擬似ランダム因子はほとんどの場合既約であった，例外は係数が 7 ビットで次数が 7 までのときと係数が $\{-1, 0, 1\}$ で高い次数のときに例外が起きた．

練習問題

15.1 (i) Eisenstein の定理を証明せよ．$f \in \mathbb{Z}[x]$ で $p \in \mathbb{N}$ は素数であるとする．

$p \nmid \mathrm{lc}(f)$, p は f の他のすべての係数を割り切り, $p^2 \nmid f(0)$ ならば f は $\mathbb{Q}[x]$ 上既約である.

(ii) 任意の $n \in \mathbb{N}$ に対して多項式 $x^n - p$ は $\mathbb{Q}[x]$ 上既約であることを示せ.

15.2 アルゴリズム 15.2 をトレースし, $f = 30x^5 + 39x^4 + 35x^3 + 25x^2 + 9x + 2 \in \mathbb{Z}[x]$ を因数分解せよ. ステップ 2 において素数 $p = 5003$ を選ぶものとする.

15.3 次数 8 のモニック多項式 $f \in \mathbb{Z}[x]$ の既約因数分解をしたい. 小さな素数を法として,

$$f = (x+1)^2 \cdot (x^2+x+1) \cdot (x^4+x^3+x^2+x+1) \in \mathbb{F}_2[x]$$
$$f = (x+3) \cdot (x^3+3) \cdot (x^4+4x^3+2x^2+x+4) \in \mathbb{F}_7[x]$$
$$f = (x+9) \cdot (x^2+2x+4) \cdot (x^5+5) \in \mathbb{F}_{11}[x]$$

となっているとき, $f \in \mathbb{Z}[x]$ 上の既約因子の次数について何がいえるか答えよ.

15.4⇁ Swinnerton–Dyer 多項式

$$f = (x+\sqrt{-1}+\sqrt{2})(x+\sqrt{-1}-\sqrt{2})(x-\sqrt{-1}+\sqrt{2})(x+\sqrt{-1}-\sqrt{2})$$

の係数を計算し, $p = 2, 3, 5$ を法として因数分解せよ. f が既約であることを示せ.

15.5 大きな素数や素数のべきを利用して $\mathbb{Z}[x]$ 上の因数分解をする方法を論じてきたが, 小さな素数を利用する方法が有望ではない利用を Chebotarev の定理を使って説明せよ.

15.6 素数 $2, 3, 5$ を法として例 15.7 と同じ因数分解のパターンを持っている多項式で, $\mathbb{Z}[x]$ 上で既約な多項式と次数が 3 と 5 の既約因子に分解されるものの 2 つを構成せよ.

15.7* 異なる奇素数 $p_1, p_2 \in \mathbb{N}$ について, $n = p_1 p_2$ とおく. n 次円分多項式 Φ_n は $\mathbb{Z}[x]$ 上既約であるが, 任意の素数 p を法として少なくとも 2 つの因子に分解されることを示せ. ヒント: 補題 14.50. $(p_1 - 1) | (p_2 - 1)$ のとき因子の個数は少なくとも $p_1 - 1$ であることを証明せよ.

15.8** $p \in \mathbb{N}$ を素数とする. 任意の Swinnerton–Dyer 多項式の p を法とした既約因子はすべて高々 2 次であることを証明せよ. さらにその判別式を割り切らないなら p を法としてすべてに 1 次の因子に分解されるかまたはすべてに 2 次の因子に分解されることを証明せよ.

15.9** 奇素数のべき q に対して $\mathbb{F}_q$ を要素の個数が q の有限体とし, x, y を $\mathbb{F}_q$ 上の不定元とし,

$$f = (x+\sqrt{y}+\sqrt{y+1})(x+\sqrt{y}-\sqrt{y+1})(x-\sqrt{y}+\sqrt{y+1})$$
$$\times (x-\sqrt{y}-\sqrt{y+1})$$

とおく. $f \in \mathbb{F}_q[x,y]$ で f は既約だが, すべての $u \in \mathbb{F}_q$ に対して $f(x,u) \in \mathbb{F}_q[x]$ は少なくとも2つの因子に分解できることを証明せよ.

15.10* 正整数 n についての $\lambda_1 \geq \cdots \geq \lambda_r$ と $n = \lambda_1 + \cdots + \lambda_r$ を満たす正整数の列 $\lambda = (\lambda_1, \ldots, \lambda_r)$ を n の**分割**という, r は分割の長さである. たとえば F が体, $f \in F[x]$ の次数が n のとき, f の因数分解の型を因子の次数を降順に並べたものは n の分割である. n の 2 つの分割 $\lambda = (\lambda_1, \ldots, \lambda_r)$, $\mu = (\mu_1, \ldots, \mu_s)$ に対して, 全射 $\sigma : \{1, \ldots, r\} \longrightarrow \{1, \ldots, s\}$ が存在してすべての $i \leq s$ について $\mu_i = \sum_{\sigma(j)=i} \lambda_j$ を満たすとき, λ は μ より細かいといい, $\lambda \preccurlyeq \mu$ と書く. たとえば, $\lambda = (4,2,1,1)$ は $\mu = (5,3)$ より細かい, というのは $\sigma(1) = \sigma(3) = 1$ $\sigma(2) = \sigma(4) = 2$ とすればよい (関数 σ は一意的である必要はない). 特に, (n) は最も粗く, $(1,1,\ldots,1)$ は最も細かい n の分割である.

(i) n 次多項式 $f \in \mathbb{Z}[x]$ と素数 $p \in \mathbb{N}$ に対して, μ を f の $\mathbb{Q}[x]$ 上の因数分解型, λ を $f \bmod p$ の $\mathbb{F}_p[x]$ 上の因数分解型とすると $\mu \succcurlyeq \lambda$ が成り立つことを示せ.

(ii) n の任意の分割 λ, μ, ν に対して, $\lambda \preccurlyeq \lambda$, $\lambda \preccurlyeq \mu \Longrightarrow \neg(\mu \preccurlyeq \lambda)$ [訳注:$\lambda \neq \mu$ という仮定が必要] と $\lambda \preccurlyeq \mu \preccurlyeq \nu \Longrightarrow \lambda \preccurlyeq \nu$ を示せ, つまり $\preccurlyeq$ は n の分割全体の集合の半順序になる.

(iii) $n = 8$ の分割をすべてあげ, $\preccurlyeq$ に関して λ が μ の直接の後者になっているとき λ から μ に向かう辺をつけて有効グラフを描け, ただし, $\lambda \preccurlyeq \mu$, $\lambda \neq \mu$ かつ $\lambda \preccurlyeq \nu \preccurlyeq \mu \Longrightarrow \lambda = \nu$ または $\nu = \mu$ が成り立つとき直接の後者という.

(iv) 半順序 $\preccurlyeq$ に関して上限を持たないような 8 の分割 λ, μ が存在することを (iii) を用いて示せ. (これにより分割は順序理論の意味で "lattice (束)" ではない), 第 16 章の $\mathbb{Z}$ 加群の "lattice (格子)" と混乱しないこと.)

(v) 長さ r の n の分割の個数を $a_{n,r}$ とおく. $a_{n,1} = a_{n,n} = 1$ であり, $1 \leq n < r$ に対して $a_{n,r} = 0$ [訳注:原文は $a_{nr} = 0$] である. $1 \leq r < n$ のとき, 漸化式 $a_{n,r} = \sum_{1 \leq j \leq r} a_{n-r,j}$ を示せ. $1 \leq r \leq n \leq 8$ [訳注:k を r に修正] に対して $a_{n,r}$ を求め, 読者の (iii) の結果と比較せよ.

15.11 (Legendre 1785, p.490) $f = x^3 - 292x^2 - 2\,170\,221x + 6\,656\,000 \in \mathbb{Z}[x]$ とおく. $i = 0, 1, 2$ について $a_0 = 0$ から始めて $f \operatorname{rem} x \equiv 0 \bmod 13^{2^i}$ を満たす 13 進の 1 次因子 $x - a_i$ を見つけよ.

15.12 補題 15.9 の (ii) を証明せよ.

15.13 $f \in \mathbb{Z}[x]$ を次数 8 のモニック多項式, p を素数とする. 既約因数分解 $f \bmod p = g_1 g_2 g_3$ において $g_1, g_2, g_3 \in \mathbb{F}_p[x]$ は互いに素で, $\deg g_1 = 1$, $\deg g_2 = 2$, $\deg g_3 = 5$ とする.

(i) $f \bmod p^{100}$ の可能な因数分解について何がいえるか.

(ii) f の $\mathbb{Q}[x]$ 上の可能な因数分解について何がいえるか.

(iii) 他の素数 q において $f \bmod q = h_1 h_2$ であり, $h_1, h_2 \in \mathbb{F}_q[x]$ は既約で $\deg h_1 = \deg h_2 = 4$ であると仮定する. すべての条件を使うと, f の $\mathbb{Q}[x]$ 上の可能な因数分解について何がいえるか.

15.14 $f = x^{15} - 1 \in \mathbb{Z}[x]$ とする. 非自明な因数分解 $f \equiv gh \bmod 2$ で $g, h \in \mathbb{Z}[x]$ はモニックで次数が 2 以上となる因数分解を見つけよ.

$$f \equiv g^* h^* \bmod 16, \quad \deg g^* = \deg g, \quad g^* \equiv g \bmod 2$$

を満たす $g^*, h^* \in \mathbb{Z}[x]$ を計算せよ. 計算の経過を示せ. f の $\mathbb{Z}[x]$ 上の因子を推定できるか.

15.15 $f = 14x^4 + 15x^3 + 42x^2 + 3x + 1 \in \mathbb{Z}[x]$ とする.

(i) $f \bmod p$ が平方自由で次数が 4 となるような素数 $p \in \mathbb{N}$ を探せ.

(ii) $f \bmod p$ の $\mathbb{F}_p[x]$ 上の既約因数分解を計算せよ. p を法として互いに素な因子 $g, h \in \mathbb{Z}[x]$ を選べ, ただし, h はモニックで p を法として既約であり, $f \equiv gh \bmod p$ とする. $sg + th \equiv 1 \bmod p$ となる $s, t \in \mathbb{Z}[x]$ を決定せよ.

(iii) Hensel ステップ ($m = p$ と $m = p^2$ としてアルゴリズム 15.10) を続けて 2 回実行し, 因数分解 $f \equiv g^* h^* \bmod p^4$ を求めよ, ただし, $g \equiv g^* \bmod p$ かつ $h \equiv h^* \bmod p$ とする. これから f の $\mathbb{Q}[x]$ の因数分解を推理できるか.

15.16 次の多項式を考える.

$$\begin{aligned}f = {}& x^5 + (3y^3 + 39y^2 + 50y + 28)x^4 \\ & + (36y^5 + 2y^4 + 47y^3 + 63y^2 + 49y + 58)x^3 \\ & + (91y^6 + 18y^5 + 81y^4 + 37y^3 + 36y^2 + 53y + 64)x^2 \\ & + (74y^7 + 54y^6 + 24y^5 + 39y^4 + 71y^3 + 18y^2 + 93y + 53)x \\ & + (62y^6 + 72y^5 + 87y^4 + 27y^3 + 19y^2 + 61y) \in \mathbb{F}_{97}[x, y]\end{aligned}$$

(i) 互いに素な非定数多項式 $g, h \in \mathbb{F}_{97}[x]$ で因数分解 $f \equiv gh \bmod y$ を計算し, $sg + th = 1$ となる多項式 $s, t \in \mathbb{F}_{97}[x]$ を求めよ.

(ii) Hensel ステップ ($m = y$ と $m = y^2$ としてアルゴリズム 15.10) を続けて 2 回実行し, 因数分解 $f \equiv g^* h^* \bmod y^4$ を与える多項式 $g^*, h^* \in \mathbb{F}_{97}[x, y]$ を求めよ. ただし, $g \equiv g^* \bmod y$ かつ $h \equiv h^* \bmod y$ とする.

15.17 定理 15.11 の証明を完成させよ.

15.18 (Shamir 1993) 積 $N = pq$ で p, q を 2 つの異なる素数とする.

(i) $u = p^2 + q^2$ は $\mathbb{Z}_N^\times$ において単元であることを示せ.

(ii) 因数分解 $x \equiv u^{-1}(px + q)(qx + p) \bmod N$ を確認せよ.

(iii) (ii) における 2 つの 1 次因子は $\mathbb{Z}_N[x]$ 上で既約であることを示せ．ヒント：CRT．

15.19* $N = p_1 \cdots p_s$ を異なる s 個の素数の積，$f \in \mathbb{Z}_N[x]$ を平方自由なモニック多項式とする．

(i) $g_1 \in \mathbb{Z}_{p_1}[x]$ は既約で，$g \in \mathbb{Z}_N[x]$ は $g \equiv g_1 \bmod p_1, i \geq 2$ について $g \equiv 1 \bmod p_i$ を満たすとする．g は $\mathbb{Z}_N[x]$ 上で既約であることを示せ．

(ii) 各 p_i を法として f の因数分解ができたとする．f を $\mathbb{Z}_N[x]$ で既約因数分解し，各 p_i の既約因数の個数を用いてその既約因数の個数を求めよ．

(iii) $x^3 - x$ は 105 を法としていくつの既約因子を持つか．そのうち 4 つを求めよ．

15.20 この問題では Hensel 持ち上げの変形で 1 次収束するようなものについて議論する．

(i) 1 つのステップは以下のようになる．アルゴリズム 15.10 において，入力に $p \in R$ を加え，合同式を m ではなく p を法として $sg + th \equiv 1$ とする．ステップ 1 ではすべての計算を m^2 を法とするかわりに mp を法とする，ステップ 2 は完全に省く．アルゴリズム 15.10 の出力において，f, g^*, h^* は m^2 のかわりに mp とすれば条件をすべて満たすことを証明せよ．

(ii) $m = p$ について，アルゴリズム 15.10 の仕様通りの f の因数分解に多項式 s, t をあわせたものから始め，ある $l \in \mathbb{N}$ に対して p^l を法とした因数分解を計算したい．以下を示せ．$R = \mathbb{Z}$ において $m = p, p^2, p^4, p^8, \ldots$ に対して 2 乗持ち上げアルゴリズム 15.10 では $O(\mathsf{M}(n)\mathsf{M}(l \log p) \log l)$ 回の語演算がかかり，$m = p, p^2, p^3, p^4, \ldots$ に対して (i) の線形持ち上げアルゴリズムを使うと，$O(\mathsf{M}(n)\mathsf{M}(l \log p)l)$ 回の語演算がかかる．

実際，高速怠惰乗法 (van der Hoeven 1997) の技法を使って，線形 Hensel 持ち上げは $O^\sim(nl \log p)$ まで改良できる (Bernardin 1998，私的話し合い)．

15.21 R を (可換で 1 を持つ) 環とし，$f \in R[x]$, 多項式 $g = \sum_{0 \leq i \leq m} g_i x^i$ と $h = \sum_{0 \leq i \leq k} h_i x^i$ は $n = \deg f = m + k$ と $\mathrm{lc}(f) = g_m h_k$ を満たすとする．n 個の係数 $g_0, \ldots, g_{m-1}, h_0, \ldots, h_{k-1}$ を不定元とみなし，$0 \leq i < n$ に対して，これら不定元の n 個の多項式 $\varphi_0, \ldots, \varphi_{n-1}$ を $gh - f$ の x^i の係数を φ_i と定義する．

(i) Jacobian $J \in R[g_0, \ldots, g_{m-1}, h_0, \ldots, h_{m-1}]^{n \times n}$ の第 i 行は偏微分 $\partial \varphi_i / \partial h_j$ と $\partial \varphi_i / \partial g_j$ からなるが，J はまさに g と h の Sylvester 行列になることを示せ．

(ii) 与えられた g と h の係数の値と $\mathrm{lc}(f)$ が p を法として単元になるような $p \in R$ に対して，$sg + th \equiv 1 \bmod p$ を満たす $s, t \in R[x]$ が存在することと J が p を法として可逆であることが同値であることを証明せよ．ヒント：練習問題 6.15．

15.22 $R = F[y]$ の場合に，定理 15.18 の実行時間の評価を示せ．

15.23 $f = 6x^5 + 23x^4 + 51x^3 + 65x^2 + 65x + 42 \in \mathbb{Z}[x]$, $p = 11$ とする.

(i) f の p を法とした既約因数分解を計算せよ.

(ii) アルゴリズム 15.17 を使って上の因数分解を持ち上げて f の p^4 を法とした因数分解を求めよ.

(iii) 因子の組み合わせで f の $\mathbb{Z}[x]$ 上の非自明な因子を見つけることを試みよ.

15.24* 定理 15.23 を証明せよ.

15.25* (i) F が標数 0 の体のとき,2 変数多項式の因数分解アルゴリズム 15.24 は正しく動作することを証明せよ.まず $u = v$ は g の平方自由部分であることを確認せよ.

(ii) $\mathbb{F}_q$ を標数 p の有限体,$h \in \mathbb{F}_q[x,y]$ とする.h が p べきであるための必要十分条件は $\partial h/\partial x = \partial h/\partial y = 0$ であることを証明せよ.

(iii) h が $\partial h/\partial x$ または $\partial h/\partial y$ の一方と互いに素ならば平方自由であることを示せ. ヒント:練習問題 14.22.

(iv) アルゴリズム 15.24 のステップ 3 において $\mathbb{F}_q(y)[x]$ で $\gcd(u, \partial u/\partial x) = \gcd(w, \partial w/\partial x) = 1$ と $\mathbb{F}_q(x)[y]$ で $\gcd(v, \partial v/\partial y) = 1$ を示し,u, v, w が平方自由であることを証明せよ.

(v) アルゴリズム 15.24 のステップ 3 において h が g の重複度 e の既約因子であると仮定する.上記のことから $p \nmid e$ ならば,ステップ 3 で $h | vw$ であること,ステップ 8 で $h \nmid g$ であること,そしてもし $p | e$ ならステップ 8 で h^e はまだ g を割り切ることを証明せよ [訳注:アルゴリズム 15.24 にはステップ 8 はない].

(vi) $F = \mathbb{F}_q$ のときアルゴリズム 15.24 は正しく動作することを証明せよ.

15.26* (Gerhard 1999) この問題では小さな素数のモジュラアルゴリズムで原始多項式 $f \in \mathbb{Z}[x]$ の平方自由分解を計算するアルゴリズムについて議論する.

(i) R を UFD,$f \in R[x]$ を非定数の原始的多項式とする.平方自由で互いに素な原始的多項式 $g_1, \ldots, g_m \in R[x]$ が存在して,g_m は非定数で,$f = g_1 g_2^2 \cdots g_m^m$ を満たすことを示せ.m は一意的で g_i は $R^\times$ の単元の積を除いて一意的であることを証明せよ.

$R = \mathbb{Z}$ または $R = F[y]$ の特別な場合では,それぞれ $\mathrm{lc}(f)$ が正の整数またはモニック多項式であると仮定し,$\mathrm{lc}(g_i) \in R$ が正の整数またはモニック多項式のもとで上の分解の一意性が保証される.ただし,F は体である.列 $(g_1, \ldots, g_m)$ を **原始的平方自由分解** と呼ぶ.

(ii) いま $R = \mathbb{Z}$,p を $\mathrm{lc}(f)$ を割り切らない素数,$f \equiv \mathrm{lc}(f) h_1 h_2^2 \cdots h_k^k \bmod p$ を f の p を法とした平方自由分解とする.ここで,$h_1, \ldots, h_k \in \mathbb{Z}[x]$ はモニックで p を法として平方自由で互いに素であり,さらに $h_k \neq 1$ とする.$k \geq m$ とモジュラ平方

自由部分 $h_1\cdots h_k$ は p を法として f の平方自由部分 $g=g_1\cdots g_m$ を割り切ることを示せ．もし p が g の（零でない）判別式 $\operatorname{res}(g,g')\in\mathbb{Z}$ を割り切らないならば，$k=m$ かつすべての i に対して $g_i\equiv \operatorname{lc}(g_i)h_i \bmod p$ が成り立つことを示せ．

(iii) 次の Mignotte 上界（系 6.33）の一般化を示せ．$f, g_1,\ldots,g_m\in\mathbb{Z}[x]$ は零でない多項式で，$f=g_1\cdots g_m$ を満たし $n=\deg f$ とする．このとき

$$\prod_{1\le i\le m}\|g_i\|_1 \le (n+1)^{1/2}2^n\|f\|_\infty$$

が成り立つ．

(iv) 小さな素数のモジュラ gcd アルゴリズム 6.38 を参考にして，f の原始的平方自由分解を計算するための小さな素数のモジュラアルゴリズムを設計せよ．そのアルゴリズムは結果を検証するべきなのでラスベガスアルゴリズムである．また，アルゴリズムは語演算が $O^\sim(n^2+n\log A)$ 回かかる，ここで $n=\deg f$, $A=\|f\|_\infty$ である．

15.27* 練習問題 15.26 を用いて，原始的多項式 $f\in\mathbb{Z}[x]$ の平方自由分解を計算する素数のべきのモジュラアルゴリズムを設計せよ．そのアルゴリズムは結果を検証するべきなのでラスベガスアルゴリズムである．また，アルゴリズムには語演算が $O^\sim(n^2+n\log A)$ 回かかる，ここで $n=\deg f$, $A=\|f\|_\infty$ である．

15.28 15.7 節で見たように，係数が k ビットであるランダム多項式を整数上で因数分解するのは，同じ多項式を k ビット素数を法として因数分解するよりも計算量的には速い．このことは有限素体上の因数分解アルゴリズムでは入力多項式をまず整数上で因数分解し，それから（$\mathbb{Z}[x]$ 上の）既約因数を有限素体上の因数分解アルゴリズムに入力するアルゴリズムが考えられる．ランダム多項式に対してこの方法はあまり役に立たないことを説明せよ．

15.29 R を環，$1\le k<r$, $f_1,\ldots,f_r\in R[x]$ をモニック，非定数の多項式で互いに Bézout-互いに素とし，$b\in R^\times$, $g=bf_1\cdots f_k$, $h=f_{k+1}\cdots f_r$ とする．g と h は Bézout-互いに素であることを証明せよ．（ヒント：練習問題 10.13 の解と同様にせよ．）より正確には多項式 $s,t\in R[x]$ が存在して，$sg+th=1$, $\deg s<\deg h$, $\deg t<\deg g$ を満たすことを証明せよ．

15.30 この問題の目標は古典的な計算を使った場合の定理 15.18 の実行時間の評価から $\log r$ の項を削り落とすことである．アルゴリズム 15.17 で述べた入力の条件に加えて，f_i は次数でソートされているとする．つまり $n_1=\deg f_1\le n_2=\deg f_2\le\cdots\le n_r=\deg f_r$ を仮定する．各 i について $l_i=\lfloor\log n_i\rfloor$ とおき，$e=e(n_1,\ldots,n_k)=\lceil\sum_{1\le i\le r}2^{l_i}\rceil$ とする．（いつものように $\log$ の底は 2 である．）

(i) $r\ge 2$ を仮定し，$\sum_{k<i\le r}2^{l_i}\le 2^{e-1}$ を満たす最大の $1\le k<r$ とする．このような k が存在することを示し，実は等号を満たし，$e(n_1,\ldots,n_k)\le e-1$ と $e(n_{k+1},\ldots,$

$n_r) \leq e-1$ が成り立つことを証明せよ．

(ii) アルゴリズム 15.17 のステップ 2 の k を (i) で定義したものと取り替える古典的計算のコストを $T(n_1, \ldots, n_r)$ と表す．ある正の定数 c が存在し

$$T(n) \leq c 2^e l^2 \mu^2, \quad T(n_1, \ldots, n_r) \leq T(n_1, \ldots, n_k) + T(n_{k+1}, \ldots, n_r) + c 2^{2e} l^2 \mu^2$$

を満たすことを示せ．ただし，μ は定理 15.18 で述べたものであり，$n = n_1 + \cdots + n_r$, $e = e(n_1, \ldots, n_r)$ である．結論として $T(n_1, \ldots, n_r) \leq \frac{4}{3} c 2^{2e} l^2 \mu^2 \in O(n^2 l^2 \mu^2)$ を得る．

15.31* 2変数多項式の平方自由分解を小さな素数を法として計算するアルゴリズムを設計しよう．簡単のため，F を標数 0 の体とし，$f \in F[x,y]$ を x について $n = \deg f$ で原始的多項式であり，$\mathrm{lc}_x(f) \in F[y]$ はモニックであるとする．

(i) $u \in F$ を $\deg_x f(x,u) = \deg_x f$ を満たすものとし，$f = g_1 g_2^2 \cdots g_m^m$ を練習問題 15.26 の (i) で定義した f の x に関する原始的平方自由分解とする．ただし，$g_1, \ldots, g_m \in F[x,y]$ は平方自由で互いに素な多項式で x について原始的で，主係数はモニックで $\deg_x g_m > 0$ である．さらに $h_1, \ldots, h_k \in F[x]$ を $f(x,u)/\mathrm{lc}_x(f(x,u))$ の平方自由分解とする．u が (零でない) x に関する判別式 $\mathrm{res}_x(f, \partial f/\partial x) \in F[y]$ の根ではないならば $k=m$ と $1 \leq i \leq m$ について $g_i(x,u) = \mathrm{lc}_x(g_i)(u) \cdot h_i$ を示せ．ヒント：練習問題 15.26 と同様に議論を進めよ．

(ii) 小さい素数を法とした gcd アルゴリズム 6.36 から類推することによって，小さい素数を法として f の原始的平方自由分解を計算するアルゴリズムを設計せよ．そのアルゴリズムはラスベガス型であり計算結果が正しいかどうかを検算する必要がある．$\deg_y f = d$ のとき，計算には $O^\sim(nd)$ 回の語演算を行う．

研究問題

15.32 $f \in \mathbb{Z}[x]$, p を素数，$k \in \mathbb{N}$ とする．f の p^k を法とした既約因数分解を $\deg f$ と $k \log p$ の多項式時間で見つけることができるか．どうも，判別式 $\mathrm{res}(f, f')$ が零のときが難しい．

La clarté est, en effet, d'autant plus nécessaire,
qu'on a dessein d'entraîner le lecteur plus loin
des routes battues et dans des contrées plus arides.
Joseph Liouville (1846)

Mathematics was orderly and it made sense. The answers were always there if you worked carefully enough, or that's what she said.
Sue Grafton (1982)

A good idea, but not as simple in life as it is in theory.
Philip Friedman (1992)

16

格子上の短いベクトル

　この章では，整数係数1変数多項式の多項式時間因数分解アルゴリズムを提示する．そのアルゴリズムをどのように変更すれば，$\mathbb{Q}$ や有限体のように1変数多項式因数分解を持つ体上の2変数多項式に対しても同じように動作するかを示す．主な技術的要素は格子点上の短いベクトルであり，これがこの章の中心的テーマである．

16.1　格　　　子

　この章で議論するのは**数の幾何学**の計算機科学的取り扱いの方法であり，数学的理論は1890年代に Minkowski によって創始された．この理論は Diophantine 近似，凸体，代数的数体の $\mathbb{C}$ への埋め込み，有理線形計画法の楕円法に関して多くの結果をもたらした．

　$f = (f_1, \ldots, f_n) \in \mathbb{R}^n$ とする．この章では，f の**ノルム** (2ノルム，または Euclid ノルム) を

$$\|f\| = \|f\|_2 = \left(\sum_{1 \leq i \leq n} f_i^2 \right)^{1/2} = (f \star f)^{1/2} \in \mathbb{R}$$

で与える．ただし，2つのベクトル $f = (f_1, \ldots, f_n)$ と $g = (g_1, \ldots, g_n)$ の通常の**内積**を $f \star g = \sum_{1 \leq i \leq n} f_i g_i \in \mathbb{R}$ とする (普通は (f, g) または $\langle f, g \rangle$ または $f \cdot g^T$ と書く)．ベクトル f, g が $f \star g = 0$ なら**直交**している．

定義 16.1　$n \in \mathbb{N}$, $f_1, \ldots, f_n \in \mathbb{R}$, $f_i = (f_{i1}, \ldots, f_{in})$ とする．

$$L = \sum_{1 \leq i \leq n} \mathbb{Z} f_i = \{ \sum_{1 \leq i \leq n} r_i f_i ; r_1, \ldots, r_n \in \mathbb{Z} \}$$

を $f_1, \ldots, f_n$ によって生成される**格子**または $\mathbb{Z}$ 加群という．ベクトル $f_1, \ldots, f_n$ が1次独立ならこれらを L の**基底**という．***L* のノルム**は $|L| = |\det(f_{ij})_{1 \leq i \leq n}| \in \mathbb{R}$ である．次の補題 16.2 によると定義可能である，いいかえれば，ノルムは L の生成元の選び方によらない．

補題 16.2 $N \subseteq M \subseteq \mathbb{R}^n$ をそれぞれ $g_1, \ldots, g_n$ と $f_1, \ldots, f_m$ で生成される格子とし，$f_i = (f_{i1}, \ldots, f_{in}), g_i = (g_{i1}, \ldots, g_{in})$ とおく．すると $\det(f_{ij})_{1 \leq i,j \leq n}$ は $\det(g_{ij})_{1 \leq i,j \leq n}$ を割り切る．

証明 $1 \leq i, j \leq n$ に対して，$a_{ij} \in \mathbb{Z}$ が存在して $g_{ij} = \sum_{1 \leq j \leq n} a_{ij} f_j$ が成り立つ．よって $|\det(g_{ij})| = |\det(a_{ij})| \cdot |\det(f_{ij})|$ であり，補題が成り立つ．□

上の補題において $N = M$ のとき，$f_1, \ldots, f_n$ と $g_1, \ldots, g_n$ はともに同じ格子を生成し，$|\det(f_{ij})| = |\det(g_{ij})|$ が成り立つ．したがって，ノルムは本当に L の基底の選び方によらない．幾何学的には $|L|$ は $f_1, \ldots, f_n$ の張る平行6面体の体積になり，Hadamard 不等式 (定理 16.6) から $|L| \leq \|f_1\| \cdots \|f_n\|$ が成り立つ．

例 16.3 $n = 2$, $f_1 = (12, 1)$, $f_2 = (13, 4)$ で $L = \mathbb{Z} f_1 + \mathbb{Z} f_2$ とする．図 16.1 では平面 $\mathbb{R}^2$ の原点の近くの L の格子点を表示している．L のノルムは

$$|L| = \left| \det \begin{pmatrix} 12 & 2 \\ 13 & 4 \end{pmatrix} \right| = 22$$

となり，図 16.1 の網かけ部の平行四辺形の面積に等しい．L の別の基底は $g_1 = (1, 2)$ と $g_2 = (11, 0)$ であり，g_1 は L の Euclid ノルム $\|\cdot\|$ に関して最短のベクトルである．◇

与えられた格子の最短のベクトルを計算することは自然な問題である．この

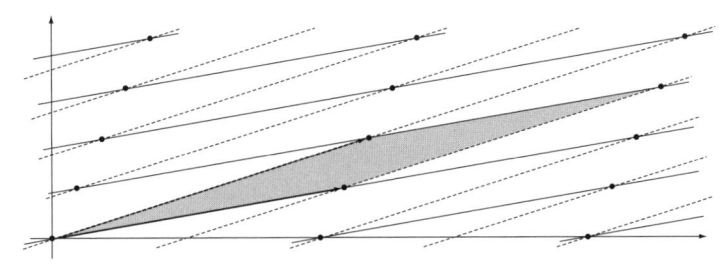

図 16.1 点 $(12,2)$ (実線) と $(13,4)$ (破線) の生成する $\mathbb{R}^2$ の格子

問題は「$\mathcal{NP}$ 困難」であり，有効なアルゴリズムは存在する望みはない．しかし，我々の現在の応用である整数係数多項式の因数分解に関しては，「比較的短い」ベクトルで十分であり，Lenstra, Lenstra & Lovász (1982) が最初にこの問題の多項式時間アルゴリズムを与えた．「短いベクトル」は少なくとも 1 つの特定の因子を取り除くことを保証し，これは次元に依存して格子それ自体には依存しない．

16.2　Lenstra, Lenstra & Lovász の基底簡約アルゴリズム

線形代数の Gram–Schmidt の正規直交化の手続を簡単に復習する．任意の $\mathbb{R}^n$ の基底 $(f_1, \ldots, f_n)$ が与えられ，それから $\mathbb{R}^n$ の正規直交基底 $(f_1^*, \ldots, f_n^*)$ を計算するのだが，本質的には **Gram 行列** $(f_i \star f_j)_{1 \leq i,j \leq n} \in \mathbb{R}^{n \times n}$ に Gauß の消去法を行う (25.5 節)．f_i^* は帰納的に次の式で定義される．

$$f_i^* = f_i - \sum_{1 \leq i < j} \mu_{ij} f_j^*,$$
$$\text{ただし } 1 \leq j < i \text{ に対して} \mu_{ij} = \frac{f_i \star f_j^*}{f_j^* \star f_j^*} = \frac{f_i \star f_j^*}{\|f_j^*\|^2} \quad (1)$$

特に，$f_1^* = f_1$ である．$(f_1^*, \ldots, f_n^*)$ は $(f_1, \ldots, f_n)$ の **Gram–Schmidt の正規直交基底** といい，f_i^* と μ_{ij} をあわせて $(f_1, \ldots, f_n)$ の **Gram–Schmidt の正規直交化** (略して GSO) という．$(f_1, \ldots, f_n)$ が有理成分のとき，GSO は有理成分であり，GSO の計算コストは $\mathbb{Q}$ の算術演算で $O(n^3)$ 回である．

f_i と f_i^* を $\mathbb{R}^n$ の行ベクトルとみなして，$n \times n$ の行列 $F, F^*, M \in \mathbb{R}^{n \times n}$ を

$$F = \begin{pmatrix} f_1 \\ \vdots \\ f_n \end{pmatrix}, \quad F^* = \begin{pmatrix} f_1^* \\ \vdots \\ f_n^* \end{pmatrix}, \quad M = (\mu_{ij})_{1 \le i,j \le n}$$

と定める. ただし, $i \le n$ のとき $\mu_{ii} = 1$, $1 \le i < j \le n$ のとき $\mu_{ij} = 0$ とする. すると M は対角成分が 1 の下三角行列であり, 式 (1) から

$$F = \begin{pmatrix} f_1 \\ \vdots \\ f_n \end{pmatrix} = \begin{pmatrix} 1 & & 0 \\ \vdots & \ddots & \\ \mu_{n1} & \cdots & 1 \end{pmatrix} \begin{pmatrix} f_1^* \\ \vdots \\ f_n^* \end{pmatrix} = M \cdot F^* \qquad (2)$$

を得る.

例 16.4 $n = 3$, $f_1 = (1, 1, 0)$, $f_2 = (1, 0, 1)$, $f_3 = (0, 1, 1)$ として計算する. $f_1^* = f_1 = (1, 1, 0)$,

$$\mu_{21} = \frac{f_2 \star f_1^*}{f_1^* \star f_1^*} = \frac{1}{2}, \quad f_2^* = f_2 - \mu_{21} f_1^* = \left(\frac{1}{2}, -\frac{1}{2}, 1\right)$$

$$\mu_{31} = \frac{f_3 \star f_1^*}{f_1^* \star f_1^*} = \frac{1}{2}, \quad \mu_{32} = \frac{f_3 \star f_2^*}{f_2^* \star f_2^*} = \frac{1}{3}$$

$$f_3^* = f_3 - \mu_{31} f_1^* - \mu_{32} f_2^* = \left(-\frac{2}{3}, \frac{2}{3}, \frac{2}{3}\right)$$

$$F = \begin{pmatrix} 1 & 1 & 0 \\ 1 & 0 & 1 \\ 0 & 1 & 1 \end{pmatrix} = \begin{pmatrix} 1 & 0 & 0 \\ \frac{1}{2} & 1 & 0 \\ \frac{1}{2} & \frac{1}{3} & 1 \end{pmatrix} \cdot \begin{pmatrix} 1 & 1 & 0 \\ \frac{1}{2} & -\frac{1}{2} & 1 \\ -\frac{2}{3} & \frac{2}{3} & \frac{2}{3} \end{pmatrix} = M \cdot F^*$$

このとき $\|f_1\|^2 = \|f_2\|^2 = \|f_3\|^2 = 2$ であり $\|f_1^*\| = 2$, $\|f_2^*\|^2 = 3/2$, $\|f_3^*\|^2 = 4/3$ である. ◇

次の定理にこれからの議論に必要な Gram–Schmidt の正規直交化の性質をまとめておく. 証明は練習問題 16.2 に残しておく.

定理 16.5 $f_1, \ldots, f_n \in \mathbb{R}^n$ を 1 次独立, $f_1^*, \ldots, f_n^*$ をその Gram–Schmidt の

正規直交基底とする. $0 \leq k \leq n$ に対して, $U_k = \sum_{1 \leq i \leq k} \mathbb{R} f_i \subseteq \mathbb{R}^n$ を $f_1, \ldots, f_k$ の張る $\mathbb{R}$ 部分空間とする.

(i) $\sum_{1 \leq i \leq k} \mathbb{R} f_i^* = U_k$.

(ii) f_k^* は U_{k-1} の直交補空間

$$U_{k-1}^\perp = \{f \in \mathbb{R}^n : \text{すべての } u \in U_{k-1} \text{ に対して } f \star u = 0\}$$

上への f_k の射影である, よって $\|f_k^*\| \leq \|f_k\|$ である.

(iii) $f_1^*, \ldots, f_n^*$ は互いに直交している, つまり, $i \neq j$ のとき $f_i^* \star f_j^* = 0$ である.

(iv) $\det \begin{pmatrix} f_1 \\ \vdots \\ f_n \end{pmatrix} = \det \begin{pmatrix} f_1^* \\ \vdots \\ f_n^* \end{pmatrix}$.

例 16.3 (続き) $f_1^* = f_1 = (12, 2)$,

$$\mu_{21} = \frac{f_2 \star f_1^*}{f_1^* \star f_1^*} = \frac{41}{37}, \quad f_2^* = f_2 - \mu_{21} f_1^* = \left(-\frac{11}{37}, \frac{66}{37}\right)$$

を得る. この様子が図 16.2 に示されている. ベクトル f_2^* は f_2 の f_1 の直交補空間への射影である. ◇

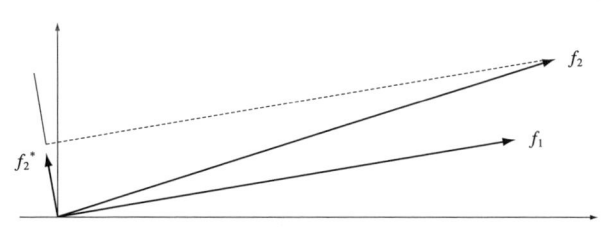

図 16.2 点 $(12, 2)$ と $(13, 4)$ の Gram–Schmidt の正規直交基底

定理 16.5 の直接的な帰結が次の有名な不等式である.

定理 16.6　Hadamard の不等式　行列 $A \in \mathbb{R}^{n \times n}$ とその行ベクトル $f_1, \ldots, f_n \in \mathbb{R}^{1 \times n}$ において，A のすべての成分の絶対値が高々 B であるような B をとる．すると

$$|\det A| \leq \|f_1\| \cdots \|f_n\| \leq n^{n/2} B^n$$

証明　A は正則であり，f_i は1次独立であるとしてよい．$(f_1^*, \ldots, f_n^*)$ をその Gram–Schmidt の正規直交基底とする，すると定理 16.5 より

$$\left|\det \begin{pmatrix} f_1 \\ \vdots \\ f_n \end{pmatrix}\right| = \left|\det \begin{pmatrix} f_1^* \\ \vdots \\ f_n^* \end{pmatrix}\right| = \|f_1^*\| \cdots \|f_n^*\| \leq \|f_1\| \cdots \|f_n\|$$

2つめの不等式はすべての i について $\|f_i\| \leq n^{1/2} B$ であることからわかる．□

もちろん，A の列ベクトルについても定理が成り立つ．

次の補題は Gram–Schmidt の正規直交基底と短いベクトルの関係を表している．

補題 16.7　$L \subseteq \mathbb{R}^n$ を基底 $(f_1, \ldots, f_n)$ を持つ格子，$(f_1^*, \ldots, f_n^*)$ をその Gram–Schmidt の正規直交基底とする．任意の $f \in L \setminus \{0\}$ について

$$\|f\| \geq \min\{\|f_1^*\|, \ldots, \|f_n^*\|\}$$

が成り立つ．

証明　任意の $f = \sum_{1 \leq i \leq n} \lambda_i f_i \in L \setminus \{0\}$ をとり，すべての $\lambda_i \in \mathbb{Z}$ とする．$\lambda_k \neq 0$ となる最大の添え字を k とする．f_i に $\sum_{1 \leq j \leq i} \mu_{ij} f_j^*$ を代入すると適当な $v_i \in \mathbb{R}$ が存在して

$$f = \sum_{1 \leq i \leq k} \lambda_i \sum_{1 \leq j \leq i} \mu_{ij} f_j^* = \lambda_k f_k^* + \sum_{1 \leq i < k} v_i f_i^*$$

となる. すると, f_i^* が互いに直交していることと, $\lambda_k \in \mathbb{Z} \setminus \{0\}$ から

$$\|f\|^2 = f \star f = \left(\lambda_k f_k^* + \sum_{1 \leq i < k} v_i f_i^*\right) \star \left(\lambda_k f_k^* + \sum_{1 \leq i < k} v_i f_i^*\right)$$
$$= \lambda_k^2 (f_k^* \star f_k^*) + \sum_{1 \leq i < k} v_i^2 (f_i^* \star f_i^*) \geq \lambda_k^2 \|f_k^*\|^2$$
$$\geq \|f_k\|^2 \geq \min\{\|f_1^*\|^2, \ldots, \|f_n^*\|^2\}$$

となる. □

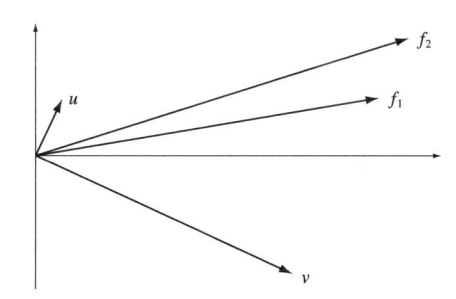

図 16.3 例 16.3 の束からアルゴリズム 16.10 で基底の簡約をして得られたベクトル

我々の目標は L の短いベクトルを計算することである. もし $(f_1, \ldots, f_n)$ の Gram–Schmidt 正規直交基底が $f_1, \ldots, f_n$ の生成する格子 L の基底ならば, 補題から f_i^* の 1 つが最短ベクトルである. しかし, 通常, 例 16.4 のように f_i^* は L に含まれてさえいない. 補題 16.7 により GSO を用いて, L に含まれる零でないベクトルの長さの下界が与えられる. 次の定義によりもとの基底を用いていくぶん弱いが同様の下界を得る.

定義 16.8　$f_1, \ldots, f_n \in \mathbb{R}^n$ を 1 次独立, $(f_1^*, \ldots, f_n^*)$ を対応する Gram–Schmidt 正規直交基底とする. $1 \leq i < n$ に対して $\|f_i^*\|^2 \leq 2\|f_{i+1}^*\|^2$ ならば $(f_1, \ldots, f_n)$ を**既約**という.

定理 16.9 格子 $L \subseteq \mathbb{R}^n$ の既約基底を $(f_1,\ldots,f_n)$, $f \in L \setminus \{0\}$ とする.このとき $\|f_1\| \leq 2^{(n-1)/2} \cdot \|f\|$ である.

証明 $\|f_1\|^2 = \|f_1^*\|^2 \leq 2\|f_2^*\|^2 \leq 2^2\|f_2^*\|^2 \leq \cdots \leq 2^{n-1}\|f_n^*\|^2$ だから,補題 16.7 から $\|f\| \geq \min\{\|f_1^*\|,\ldots,\|f_n^*\|\} \geq 2^{-(n-1)/2}\|f_1\|$ である.□

ここで格子 $L \subseteq \mathbb{Z}^n$ の任意の基底から既約基底を計算するアルゴリズムを提示する.与えられた基底の公分母を掛けることによって,$\mathbb{Q}^n$ 内の格子の既約基底を求めることもできる.$\mu \in \mathbb{R}$ に対して μ に最も近い整数を $\lceil \mu \rfloor = \lfloor \mu + 1/2 \rfloor$ と書く.

アルゴリズム 16.10 基底の簡約

入力:1 次独立な行ベクトル $f_1,\ldots,f_n \in \mathbb{Z}^n$.
出力:格子 $L = \sum_{1 \leq i \leq n} \mathbb{Z}f_i \subseteq \mathbb{Z}^n$ の既約基底 $(g_1,\ldots,g_n)$.

1. **for** $i = 1,\ldots,n$ **do** $g_i \longleftarrow f_i$
   (1) と (2) のように,GSO G^*, M を計算する,$i \longleftarrow 2$
2. **while** $i \leq n$ **do**
3.   **for** $j = i-1, i-2, \ldots, 1$ **do**
4. $g_i \longleftarrow g_i - \lceil \mu_{ij} \rfloor g_j$,GSO を更新する　{ 交換段階 }
5.   **if** $i > 1$ かつ $\|g_{i-1}^*\|^2 > 2\|g_i^*\|^2$
       then g_{i-1} と g_i を交換し GSO を更新する,$i \longleftarrow i-1$
       else $i \longleftarrow i+1$
6. **return** $g_1,\ldots,g_n$

実際にはアルゴリズム 16.10 は必要以上の計算をしている.後の補題 16.12 (iii) によると既約基底 $(g_1,\ldots,g_n)$ の GSO は $|\mu_{ij}| \leq 1/2$ を満たす.この条件を付け加えた既約基底を「ほとんど直交」という.

表16.4 例16.3の格子をアルゴリズム16.10で基底を簡約した場合のトレース

ステップ	$\begin{pmatrix} g_1 \\ g_2 \end{pmatrix}$	M	$\begin{pmatrix} g_1^* \\ g_2^* \end{pmatrix}$	作動
4	$\begin{pmatrix} 12 & 2 \\ 13 & 4 \end{pmatrix}$	$\begin{pmatrix} 1 & 0 \\ \frac{41}{37} & 1 \end{pmatrix}$	$\begin{pmatrix} 12 & 2 \\ -\frac{11}{37} & \frac{66}{37} \end{pmatrix}$	第2行 ← 第2行 − 第1行
5	$\begin{pmatrix} 12 & 2 \\ 1 & 2 \end{pmatrix}$	$\begin{pmatrix} 1 & 0 \\ \frac{4}{37} & 1 \end{pmatrix}$	$\begin{pmatrix} 12 & 2 \\ -\frac{11}{37} & \frac{66}{37} \end{pmatrix}$	第1行と第2行を交換
4	$\begin{pmatrix} 1 & 2 \\ 12 & 2 \end{pmatrix}$	$\begin{pmatrix} 1 & 0 \\ \frac{16}{5} & 1 \end{pmatrix}$	$\begin{pmatrix} 1 & 2 \\ -\frac{44}{5} & -\frac{22}{5} \end{pmatrix}$	第2行 ← 第2行 −3第1行
6	$\begin{pmatrix} 1 & 2 \\ 9 & -4 \end{pmatrix}$	$\begin{pmatrix} 1 & 0 \\ \frac{1}{5} & 1 \end{pmatrix}$	$\begin{pmatrix} 1 & 2 \\ \frac{44}{5} & -\frac{22}{5} \end{pmatrix}$	

例16.3(続き) 表16.4は例16.3の格子をアルゴリズムに入力した場合の追跡である．図16.3は計算中のベクトル g_i を描いている．$g_1 = f_1 = (12, 2)$ と $g_2 = f_2 = (13, 4)$ から始まる．表16.4の2行目では，g_2 は $u = g_2 - \lceil 41/37 \rceil g_1 = (1, 2)$ にかわる．そして，3行目で g_1 と g_2 を交換する．最後の行で $v = g_2 - \lceil 16/5 \rceil g_1 = f_1 - 3u = (9, -4)$ が計算され，アルゴリズムは既約基底 $u = (1, 2)$ と $v = (9, -4)$ を返す．図16.3ではっきりとわかるように，最後の $g_1 = u$ は入力の2つのベクトル f_1, f_2 よりはすごく短い，計算された基底 u, v は正規直交基底に近い．◇

上の例では最後の g_1 は実際に最短のベクトルである．このようなことはたびたび起こるようである，しかし定理16.9はただ計算された基底の最初のベクトルのノルムが最短のベクトルのノルムの $2^{(n-1)/2}$ 倍以下であることを保証している，ここで，n は格子の次元である．

16.3 基底の簡約のコストの評価

定理16.11 アルゴリズム16.10は，L の既約基底を多項式時間で正しく計算する．$A = \max_{1 \leq i \leq n} \|f_i\|$ のとき，長さ $O(n \log A)$ の整数の算術演算を $O(n^4 \log A)$ 回行う．

演算回数の評価のアイデアは以下のようになる．ステップ4と5を1回実行するのは多項式コストであり，ステップ5を通過する際に交換をする回数の上界を求めれば十分である．実際，一見アルゴリズムが停止することも明らかではない，なぜなら，ステップ5で i が減少と増加を永久に繰り返すかもしれない．重要なのは次のような条件を満たす値 D の存在を示すことである．それは常に正の整数であり，最初からほどよく小さく，アルゴリズムの中で交換が起こるときを除いて変化しないが，そのときは (少なくとも) 3/4 に減少する．したがって，交換はわずかしか起きない．

いくらか長い証明を構築するために，まずステップ4と5において $(g_1, \ldots, g_n)$ の GSO がどのように変化するかを次の2つの補題で調べる．

補題 16.12 (i) ステップ4の実行を考える，簡単のため $\lambda = \lceil \mu_{ij} \rfloor$ とおく．$\mathbb{Q}^{n \times n}$ の元 G, G^*, M と H, H^*, N をそれぞれ行列 g_k, g_k^*, μ_{kl} のおきかえ前と後の行列とする．行列 $E = (e_{kl}) \in \mathbb{Z}^{n \times n}$ を，すべての k について $e_{kk} = 1$, $e_{ij} = -\lambda$, それ以外のとき $e_{kl} = 0$ とする．このとき

$$H = EG, \quad N = EM, \quad H^* = G^*$$

(ii) 各ステップ4の実行の前には次の不変式が成り立つ．

$$1 \leq l < i \text{ において} \quad |\mu_{il}| \leq \frac{1}{2}$$

(iii) Gram–Schmidt 正規直交基底 $g_1^*, \ldots, g_n^*$ はステップ4では変化しない，さらにステップ3のループの後では，$1 \leq l < i$ に対して $|\mu_{il}| \leq 1/2$ が成り立つ．

証明 (i) 等式 $H = EG$ は，他の g_k を変えずに g_i を $g_i - \lambda g_j$ におきかえることの単なるいいかえである．$j < i$ だから，任意の $k \leq n$ について $g_1, \ldots, g_k$ が張る空間は変化しない．よって，正規直交ベクトル $g_1^*, \ldots, g_n^*$ は変わらない，これは $G^* = H^*$ を意味する．3番目の主張は等式 (2) と同じような等式

$$EMG^* = EG = H = NH^* = NG^*$$

と G^* が可逆であることからわかる.

(ii) ループの初めには不変式が成り立つことは明らかである. ステップ 4 の前には成り立っていると仮定する. いま, E を掛けることは M の第 i 行から第 j 行の λ 倍を引くことであり, $j < l$ のとき μ_{il} に影響を与えない. 最後に, μ_{ij} が $\mu_{ij} - \lambda \mu_{jj}$ におきかわり, λ の選び方からその絶対値は高々 $1/2$ である. こうして次のステップ 4 の実行の前にまた不変式が成り立つ.

(iii) これは (i) と (ii) からすぐにわかる. □

1 回のステップ 4 のおきかえの影響が図 16.5 に表されている, $n=8$, $i=6$, $j=3$ の場合である. 各 · は絶対値が $1/2$ より小さい数を表している, これらはループ 3 の現在とその後のおきかえでは変更されない. 各 ○ はステップ 4 で変更される数を表現している, そして ● は μ_{63} であり, これが $1/2$ を超えないように変更される. (これは E の対角成分を除いてただ 1 つの零でない成分でもある.) ∗ の表す値は, ループ 3 においていまは変更されないが後に変更されるものである.

$$\begin{pmatrix} 1 & 0 & \cdots & \cdots & \cdots & \cdots & \cdots & 0 \\ \cdot & 1 & \ddots & & & & & \vdots \\ \cdot & \cdot & 1 & \ddots & & & & \vdots \\ \cdot & \cdot & \cdot & 1 & \ddots & & & \vdots \\ \cdot & \cdot & \cdot & \cdot & 1 & \ddots & & \vdots \\ \circ & \circ & \bullet & \cdot & \cdot & 1 & \ddots & \vdots \\ * & * & * & * & * & * & 1 & 0 \\ * & * & * & * & * & * & * & 1 \end{pmatrix}$$

図 16.5 1 回のおきかえが μ_{ij} に及ぼす影響

補題 16.13 ステップ 5 において g_{i-1} と g_i が交換されると仮定する. h_k と h_k^* をそれぞれ交換した後のベクトルと, その Gram–Schmidt 正規直交基底とする.

(i) $k \in \{1,\ldots,n\} \setminus \{i-1, i\}$ において $h_k^* = g_k^*$,
(ii) $\|h_{i-1}^*\|^2 < \frac{3}{4}\|g_{i-1}^*\|$,
(iii) $\|h_i^*\| \le \|g_{i-1}^*\|$.

証明 (i) 条件の k について, $g_k = h_k$ であり, $\sum_{1 \le l < k} \mathbb{R}g_l = \sum_{1 \le l < k} \mathbb{R}h_l$ が成り立ち, 定理 16.5 の (ii) より $h_k^* = g_k^*$ である.

(ii) ベクトル h_{i-1}^* は g_i の $\sum_{1 \le l < i-1} \mathbb{R}g_l$ に直交する成分である. $g_i = g_i^* + \sum_{1 \le l < i-1} \mu_{i,l} g_l^*$ だから $h_{i-1}^* = g_i^* + \mu_{i,i-1} g_{i-1}^*$ となる. 交換が行われる条件と g_i^* と g_{i-1}^* の直交性, さらに前の補題から $|\mu_{i,i-1}| \le 1/2$ だから

$$\|h_{i-1}^*\|^2 = \|g_i^*\|^2 + \mu_{i,i-1}^2 \|g_{i-1}^*\|^2 \le \frac{1}{2}\|g_{i-1}^*\|^2 + \frac{1}{4}\|g_{i-1}^*\|^2 = \frac{3}{4}\|g_{i-1}^*\|^2$$

である.

(iii) 簡単のため $u = \sum_{1 \le l < i-1} \mu_{i-1,l} g_l^*$, $U = \sum_{1 \le l < i-1} \mathbb{R}g_l$ とおく. ベクトル h_i^* は $g_{i-1} = g_{i-1}^* + u$ の $U + \mathbb{R}g_i$ に直交する成分である. 定理 16.5 から $u \in U \subseteq U + \mathbb{R}g_i$ である. よって, h_i^* は g_{i-1}^* の $U + \mathbb{R}g_i$ に直交する成分であり, $\|h_i^*\| \le \|g_{i-1}^*\|$ を得る. □

補題 16.14 ステップ 2 のループの各繰り返しの最初で, 次の不変式が成り立つ.

$$|\mu_{kl}| \le \frac{1}{2} \text{ ただし } 1 \le l < k < i, \quad \|g_{k-1}^*\| \le 2\|g_k^*\| \text{ ただし } 1 < k < i$$

証明 アルゴリズムの最初では主張が成り立つことは自明である. そこで不変式がステップ 3 の前に成り立つことを仮定して, ステップ 5 の後にまた成り立つことを証明する. 補題 16.12 からステップ 5 の直前では最初の不変式は $k = i$ の場合も含めて成り立つ. ベクトルの交換は $k < i-1$ を満たす μ_{kl} には影響を与えないので, 最初の不変式はいずれの場合もステップ 5 の後も成り立つ. また, 補題 16.12 より, g_k^* はステップ 3 と 4 では変化しない, 後の不変式もステップ 5 の直前では成り立つ. 補題 16.13 によりステップ 5 の交換は $k \notin \{i-1, i\}$ を満たす g_k^* には影響を与えない, どちらの場合もステップ 5 の後で後の

不変式が成り立つ．□

特に，上の補題からアルゴリズムが終了したときには $g_1,\ldots,g_n$ は既約である．残っているのはステップ 2 のループの繰り返しの回数の有界性である．アルゴリズムのすべての段階において，$1 \le k \le n$ に対して最初の k 個のベクトルからなる行列

$$G_k = \begin{pmatrix} g_1 \\ \vdots \\ g_k \end{pmatrix} \in \mathbb{Z}^{k \times n}$$

と，その Gram 行列 $G_k \cdot G_k^T = (g_j \star g_l)_{1 \le j,l \le k} \in \mathbb{Z}^{k \times k}$，そして Gram 行列式 $d_k = \det(G_k \cdot G_k^T) \in \mathbb{Z}$ を考える．便宜上 $d_0 = 1$ とおく．

補題 16.15 $1 \le k \le n$ に対して，$d_k = \prod_{1 \le l \le k} \|g_l^*\|^2 > 0$ が成り立つ．

証明 $1 \le k \le n$ に対して，M_k を推移行列 M の左上の $k \times k$ 部分行列,

$$G_k^* = \begin{pmatrix} g_1^* \\ \vdots \\ g_k^* \end{pmatrix} \in \mathbb{R}^{k \times n}$$

とする．$\det M_k = 1$ であり，$G_k^* \cdot (G_k^*)^T \in \mathbb{R}^{k \times k}$ は対角成分が $\|g_1^*\|^2, \ldots, \|g_k^*\|^2$ の対角行列である．$G_k = M_k G_k^*$ だから

$$d_k = \det(G_k G_k^T) = \det(M_k G_k^* (G_k^*)^T (M_k)^T)$$
$$= \det(M_k) \cdot \det(G_k^* (G_k^*)^T) \cdot (M_k^T) = \prod_{1 \le l \le k} \|g_l^*\|^2 \square$$

補題 16.16 (i) ステップ 3 と 4 において d_k はどれも変化しない．
(ii) g_{i-1} と g_i がステップ 5 で交換されるとき，任意の k について d_k^* を d_k の新しい値とすると，$k \ne i-1$ なら $d_k^* = d_k$ であり，$d_{i-1}^* \le \frac{3}{4} d_{i-1}$ で

ある．

証明 (i) 補題 16.12 と 16.15 より成り立つことがわかる．

(ii) $k \neq i-1$ のとき交換の影響は G_k に $k \times k$ 置換行列を掛けることになる，その行列式は 1 か -1 である．よって $d_k^* = d_k$ を得る．補題 16.15 から $d_{i-1}^* = \prod_{1 \leq l < i} \|g_l^*\|^2$ がわかり，補題 16.13 により $d_{i-1}^* \leq \frac{3}{4} d_{i-1}$ を得る． □

ここで $D = \prod_{1 \leq k < n} d_k$ が我々の求めていたループの変量であり，算術演算の回数を上から評価できる．ステップ 1 は $\mathbb{Z}$ の演算で $O(n^3)$ 回かかり，補題 16.12 の記号を使うと，ステップ 4 を 1 回実行するのは行列の積 EG と EM を計算するのと同じであり，コストは $O(n)$ 回の演算である．よって，ステップ 3 のループで使う $\mathbb{Z}$ の演算回数は $O(n^2)$ 回である．ステップ 5 において交換が起こるとき，g_{i-1}^* と g_i^*，それに推移行列 M の $i-1$ 番目と i 番目の行と列を変更するだけであり，$O(n)$ 回の演算で更新できる．これはループ 3 のコストに支配される．常に $1 \leq D \in \mathbb{Z}$ であり，そのアルゴリズムの最初における初期値 D_0 はすべての i について f_i^* は f_i の射影だから

$$D_0 = \|f_1^*\|^{n-1} \|f_2^*\|^{n-2} \cdots \|f_{n-1}^*\| \leq \|f_1\|^{n-1} \|f_2\|^{n-2} \cdots \|f_{n-1}\|$$
$$\leq A^{n(n-1)}$$

を満たす．補題 16.16 によると，D はステップ 3 と 4 では変化しない，ステップ 5 で交換が起こるときには少なくとも 3/4 倍に減少する，したがって，このような交換の回数は $\log_{4/3} D_0 \in O(n^2 \log A)$ で抑えられる．アルゴリズムの任意の段階で，これまでに実行した交換の回数を $e \in \mathbb{N}$ で表し，ステップ 5 で **else** 分岐をとった回数を e^* で表す．i は交換をすると 1 だけ減少し，それ以外のとき 1 増加するので，ステップ 2 のループを通じて $i + e - e^*$ は定数値である．最初は 2 であり，終了時にも $n + 1 + e + e^* = 2$ である．ステップ 2 のループの繰り返しの回数は $e + e^* = 2e + n - 1 \in O(n^2 \log A)$ であり，定理 16.11 の主張通りに，全体では $O(n^4 \log A)$ 回の $\mathbb{Z}$ の演算を行う．

表 16.6 は 3 次元格子についてアルゴリズム 16.10 と Gram 行列式 d_k とその積 D をトレースしている，

16.3 基底の簡約のコストの評価

表 16.6 格子 $L = \mathbb{Z}(1,1,1) + \mathbb{Z}(-1,0,2) + \mathbb{Z}(3,5,6)$ をアルゴリズム 16.10 で基底を簡約する場合のトレースである. $d_1 = \|g_1^*\|^2$, $d_2 = \|g_1^*\|^2\|g_2^*\|^2$, $D = d_1 d_2$ であり, アルゴリズムを通じて $(\det L)^2 = d_3 = \|g_1^*\|^2\|g_2^*\|^2\|g_3^*\|^2 = 9$ である. 関係のある値 μ_{ij} と g_i^* のノルムの平方が与えられている.「動作」の列で, おきかえ $g_i \longleftarrow \lceil \mu_{ij} \rfloor g_j$ を rep(i,j) で, g_i と g_j の交換を ex$(i,i-1)$ で略記している.

ステップ	$\begin{pmatrix} g_1 \\ g_2 \\ g_3 \end{pmatrix}$	$\begin{pmatrix} \mu_{21} & \\ \mu_{31} & \mu_{32} \end{pmatrix}$	$\begin{pmatrix}\|g_1^*\|^2 \\ \|g_2^*\|^2 \\ \|g_3^*\|^2\end{pmatrix}$	d_1, d_2 D	動作
4	$\begin{pmatrix} 1 & 1 & 1 \\ -1 & 0 & 2 \\ 3 & 5 & 6 \end{pmatrix}$	$\begin{pmatrix} \frac{1}{3} & \\ \frac{14}{3} & \frac{13}{14} \end{pmatrix}$	$\begin{pmatrix} 3 \\ \frac{14}{3} \\ \frac{9}{14} \end{pmatrix}$	3, 14 42	rep(3,2)
4	$\begin{pmatrix} 1 & 1 & 1 \\ -1 & 0 & 2 \\ 4 & 5 & 4 \end{pmatrix}$	$\begin{pmatrix} \frac{1}{3} & \\ \frac{14}{3} & \frac{-1}{14} \end{pmatrix}$	$\begin{pmatrix} 3 \\ \frac{14}{3} \\ \frac{9}{14} \end{pmatrix}$	3, 14 42	rep(3,1)
5	$\begin{pmatrix} 1 & 1 & 1 \\ -1 & 0 & 2 \\ 0 & 1 & 0 \end{pmatrix}$	$\begin{pmatrix} \frac{1}{3} & \\ \frac{1}{3} & \frac{-1}{14} \end{pmatrix}$	$\begin{pmatrix} 3 \\ \frac{14}{3} \\ \frac{9}{14} \end{pmatrix}$	3, 14 42	ex(3,2)
5	$\begin{pmatrix} 1 & 1 & 1 \\ 0 & 1 & 0 \\ -1 & 0 & 2 \end{pmatrix}$	$\begin{pmatrix} \frac{1}{3} & \\ \frac{1}{3} & \frac{-1}{2} \end{pmatrix}$	$\begin{pmatrix} 3 \\ \frac{2}{3} \\ \frac{9}{2} \end{pmatrix}$	3, 2 6	ex(2,1)
4	$\begin{pmatrix} 0 & 1 & 0 \\ 1 & 1 & 1 \\ -1 & 0 & 2 \end{pmatrix}$	$\begin{pmatrix} 1 & \\ 0 & \frac{1}{2} \end{pmatrix}$	$\begin{pmatrix} 1 \\ 2 \\ \frac{9}{2} \end{pmatrix}$	1, 2 2	rep(2,1)
6	$\begin{pmatrix} 0 & 1 & 0 \\ 1 & 0 & 1 \\ -1 & 0 & 2 \end{pmatrix}$	$\begin{pmatrix} 0 & \\ 0 & \frac{1}{2} \end{pmatrix}$	$\begin{pmatrix} 1 \\ 2 \\ \frac{9}{2} \end{pmatrix}$	1, 2 2	

アルゴリズムで現れる有理数 (分子と分母の) サイズを評価する問題がまだ残っている. 次の補題は Gram–Schmidt 正規直交化アルゴリズムのすべての段階で一般的上界を与えている.

補題 16.17 $g_1, \ldots, g_n \in \mathbb{Z}^n$, G^* と M を Gram–Schmidt 正規直交化とする. $1 \leq l < k \leq n$ に対して,

(i) $d_{k-1} g_k^* \in \mathbb{Z}^n$,

(ii) $d_l \mu_{kl} \in \mathbb{Z}$,

(iii) $|\mu_{kl}| \leq d_{l-1}^{1/2} \|g_k\|$.

証明 (i) ある $\lambda_{kl} \in \mathbb{R}$ が存在して $g_k^* = g_k - \sum_{1 \leq l < k} \lambda_{kl} g_l$ (実際, λ_{kl} は M^{-1} の対角線の下の係数である.) と書ける. ある $j < k$ との内積をとる. $g_k^* \star g_j = 0$ だから

$$g_k \star g_j = \sum_{1 \leq l < k} \lambda_{kl}(g_l \star g_j)$$

よって, $\lambda_{k1}, \ldots, \lambda_{k,k-1}$ は $(k-1) \times (k-1)$ 1 次連立方程式の解である. 係数行列は $G_{k-1} \cdot G_{k-1}^T$ であり, その行列式は d_{k-1} である. Cramer の法則 (定理 25.7) より, 各 l について $d_{k-1} \lambda_{kl} \in \mathbb{Z}$ であり, $d_{k-1} g_k^* \in \mathbb{Z}^n$ を得る.

(ii) (i) より

$$d_l \mu_{kl} = d_l \frac{g_k \star g_l^*}{\|g_l^*\|^2} = d_l \frac{g_k \star g_l^*}{d_l/d_{l-1}} = d_{l-1}(g_k \star g_l^*) = g_k \star (d_{l-1} g_l^*) \in \mathbb{Z}$$

(iii) 補題 16.15 より, $\|g_l^*\|^2 = d_l/d_{l-1} \geq 1/d_{l-1}$ を得る. Cauchy の不等式 (練習問題 16.10) より

$$|\mu_{kl}| = \frac{|g_k \star g_l^*|}{\|g_l^*\|^2} \leq \frac{\|g_k\| \|g_l^*\|}{\|g_l^*\|^2} = \frac{\|g_k\|}{\|g_l^*\|} \leq d_{l-1}^{1/2} \|g_k\|$$

がわかる. □

すべての k について $\|f_k\| \leq A$ であると仮定する. このとき, A は最初の Gram–Schmidt 正規直交基底の上界でもある. すべての k について $\|f_k^*\| \leq A$ が成り立つ. 補題 16.12 と 16.13 は値 $\max\{\|g_k^*\| : 1 \leq k \leq n\}$ はアルゴリズムを通じて決して増加しないことを保証する. つまり, 任意の段階とすべての k について

$$\|g_k^*\| \leq A \quad \text{かつ} \quad d_k = \prod_{1 \leq l \leq k} \|g_l^*\|^2 \leq A^{2k} \tag{3}$$

補題 16.18 $1 \leq k \leq n$ のとき

(i) アルゴリズムのすべての段階で, ステップ 3 と 4 で $k = i$ のときを除い

16.3 基底の簡約のコストの評価

て，$\|g_k\| \leq n^{1/2}A$ が成り立つ．

(ii) 各ステップ4の実行中は，$\|g_i\| \leq n(2A)^n$ が成り立つ．

証明 最初，すべての k について $\|g_k\| \leq A$ である．ステップ5では $\|g_k\|$ は変化しない，ステップ3と4で起こっていることを調べれば十分である．そこでステップ3の直前では主張が真であると仮定する．ステップ4において $k \neq i$ のときベクトル g_k は変化しない．M の第 i 行の絶対値の最大値を $m_i = \max\{|\mu_{il}| : 1 \leq l \leq i\}$ とおく．$g_i = \sum_{1 \leq l \leq i} \mu_{il} g_l^*$ と g_l^* の直交性から

$$\|g_i\|^2 = \sum_{1 \leq l \leq i} \mu_{il}^2 \|g_l^*\|^2 \leq n m_i^2 A^2 \quad \text{かつ} \quad \|g_i\| \leq n^{1/2} m_i A \tag{4}$$

がわかる．ループ3の終わりでは，補題16.12より $m_i = 1$ である．これにより (i) が示せる．

補題16.17と (i) からループ3の初めには

$$m_i \leq \max\{d_{l-1}^{1/2} : 1 \leq l < i\} \cdot \|g_i\| \leq A^{n-2} \cdot n^{1/2} A = n^{1/2} A^{n-1} \tag{5}$$

が成り立つ．ここでステップ4のおきかえを考える．補題16.14より $1 \leq l < j$ のとき $m_i \geq 1$ と $|\mu_{jl}| \leq 1/2$ だから，$1 \leq l < j$ のとき

$$|\mu_{il} - \lceil \mu_{ij} \rceil \mu_{jl}| \leq |mu_{il}| + |\lceil \mu_{ij} \rceil| \cdot |\mu_{jl}| \leq m_i + \left(m_i + \frac{1}{2}\right) \cdot \frac{1}{2}$$
$$= \frac{3}{2} m_i + \frac{1}{4} \leq 2 m_i$$

を得る．補題16.12より，$l = j$ のとき，μ_{ij} の新しい値はその構成から絶対値が高々 $1/2$ であり，$l > j$ のときも μ_{il} の値も同様である．各 j の値について m_i は高々2倍にしかならないので，ループ3の中で m_i の値は高々 $2^{i-1} \leq 2^{n-1}$ 倍に増加する．これに式(5)をあわせると，常に $m_i \leq n^{1/2}(2A)^{n-1}$ が成り立つ．式(4)を使うと

$$\|g_i\| \leq n^{1/2} m_i A \leq n(2A)^n$$

がわかる．□

これまでの考察をあわせて最終的結果を得る．

定理 16.11 の証明 すでにアルゴリズムが正しく動作することと，$\mathbb{Z}$ の算術演算の回数が $O(n^4 \log A)$ であることを示した．アルゴリズムの中で計算される有理数の分母 d_l は高々 A^{2n} であり，その長さは $O(n \log A)$ である．分子の絶対値は高々

- g_k について $\|g_k\|_\infty \leq \|g_k\| \leq n(2A)^n$，補題 16.18 から，
- g_k^* について $\|d_{k-l} g_k^*\|_\infty \leq \|d_{k-l} g_k^*\| \leq A^{2k-2} A \leq A^{2n}$，補題 16.17 と式 (3) から，
- μ_{kl} について $|d_l \mu_{kl}| \leq d_l d_{l-1}^{1/2} \|g_l\| \leq A^{2l} A^{l-1} n(2A)^n \leq n(2A^4)^n$，補題 16.17 と 16.18 から，

であり，したがって，これらの長さも $O(n \log A)$ である． □

系 16.19 与えられた 1 次独立なベクトル $f_1, \ldots, f_n \in \mathbb{Z}^n$ で $\max_{1 \leq i \leq n} \|f_i\| = A$ を満たすとする．「短い」零でないベクトル $u \in L = \sum_{1 \leq i \leq n} \mathbb{Z} f_i$ で

$$\|u\| \leq 2^{(n-1)/2} \min\{\|f\| : 0 \neq f \in L\}$$

を満たすものを $O((n^4 \log A) \mathsf{M}(n \log A) \log(n \log A))$ または $O^\sim(n^5 \log^2 A)$ 回の語演算で計算できる．

証明 1 つの $\mathbb{Z}$ の算術演算 (足し算，引き算，掛け算，割り算，または gcd) は整数の長さが m のとき $O(\mathsf{M}(m) \log m)$ または $O^\sim(m)$ 回の語演算でできることに注意すると，定理 16.11 からすぐに得られる． □

B が f_i の係数の絶対値の上界のとき，$A \leq n^{1/2} B$ であることに注意すると，$n^5 \log^2 A \in O^\sim(n^5 \log^2 B)$ だから，本当に入力サイズがおよそ $n^2 \log_{2^{64}} B$ 語の多項式である．

16.4 短いベクトルから因数分解へ

次数 n の多項式 $f \in \mathbb{Z}[x]$ を $\mathbb{Z}^{n+1}$ の係数ベクトルと同一視し，この係数ベクトルの Euclid ノルムを $\|f\|$ と記す．

次の補題は，ある $m \in \mathbb{N}$ について2つの $\mathbb{Z}[x]$ の多項式が m を法として非定数の共通因子を持っていて，m がそれらの終結式よりも大きければ，$\mathbb{Z}[x]$ で非定数の共通因子を持っていることを示している．m が素数のとき，これは補題 6.25 の帰結である．

補題 16.20 $f, g \in \mathbb{Z}[x]$ がそれぞれ正の次数 n, k を持っているとする．モニック多項式 $u \in \mathbb{Z}[x]$ が非定数で，ある $\|f\|^k \|g\|^n < m$ を満たす $m \in \mathbb{N}$ について m を法として f と g の両方を割り切ると仮定する．このとき $\gcd(f, g) \in \mathbb{Z}[x]$ は非定数である．

証明 $\mathbb{Q}[x]$ において $\gcd(f, g) = 1$ と仮定する．系 6.21 より，$s, t \in \mathbb{Z}[x]$ が存在して $sf + tg \equiv \operatorname{res}(f, g) \bmod m$ となる．u は f と g の両方を m を法として割り切るので，m を法として $\operatorname{res}(f, g)$ を割り切る．u はモニックで非定数だから，$\operatorname{res}(f, g) \equiv 0 \bmod m$ である．定理 6.23 より $|\operatorname{res}(f, g)| \leq \|f\|^k \|g\|^n < m$ だから，$\operatorname{res}(f, g)$ は零である．系 6.10 より，f と g の $\mathbb{Z}[x]$ における gcd も非定数になる．□

因数分解アルゴリズムのアイデアは次のようになる．平方自由で原始的な n 次多項式 $f \in \mathbb{Z}[x]$ が与えられたとする．ある $m \in \mathbb{N}$ について次数が $d < n$ のモニック多項式 $u \in \mathbb{Z}[x]$ で，m を法として f を割り切るものが計算されたとする．$\|g\|^n < m \|f\|^{-\deg g}$ という意味で「短い」多項式 $g \in \mathbb{Z}[x]$ で m を法として f を割り切るものを見つける．すると上の補題が $\mathbb{Z}[x]$ における f の非自明な因子を与えてくれる．

次数がある上界 j よりも小さい g を見つけるために，(係数ベクトル)

$$\{ux^i : 0 \le i < j - d\} \cup \{mx^i : 0 \le i < d\}$$

で生成される格子 $L \subseteq \mathbb{Z}^j$ を考える．L の元 g は

$$g = qu + rm \text{ ただし } q, r \in \mathbb{Z}[x], \quad \deg q < j - d, \quad \deg r < d \qquad (6)$$

と表され，次数は j より小さい．特に，u は g を m を法として割り切る．一方，もしある $g \in \mathbb{Z}[x]$ が次数が j より小さくて，m を法として u で割り切れるならば，ある $q^*, r^* \in \mathbb{Z}[x]$ が存在して $g = q^* u + r^* m$ となる．モニック多項式 u で割った商と余り $q^{**}, r^{**} \in \mathbb{Z}[x]$ は，$r^* = q^{**} u + r^{**}$ と $\deg r^{**} < \deg u$ を満たす［訳注：著者のホームページより $q^* = q^{**} u + r^{**}$ を $r^* = q^{**} u + r^{**}$ に訂正］．$q = q^* u + m q^{**}$, $r = r^{**}$ とおくと，g は式 (6) の形になり，結論として

$$g \in L \iff \deg g < j \text{ かつ } u \text{ は } m \text{ を法として } g \text{ を割り切る} \qquad (7)$$

を得る．このように必要な条件を満たす「短い」ベクトル $g \in L$ を見つけるために基底の簡約を使うことができる．

例 16.21 $f = x^3 - 1 \in \mathbb{Z}[x]$, $m = 7^6 = 117\,649$ とおく．有限体上の因数分解と Hensel 持ち上げを使って，$f \equiv (x-1)(x-2)(x+3) \bmod 7$ と $f \equiv (x-1)(x-34\,967)(x+34\,968) \bmod 7^6$ を見つける．$u = x - 34\,967$, $j = 3$ として，係数ベクトル $ux = x^2 - 34\,967 x$ と u と m つまり

$$(1, -34\,967, 0), \quad (0, 1, -34\,967), \quad (0, 0, 117\,649)$$

で生成される格子 $L \subseteq \mathbb{Z}^3$ を考える．この格子は m を法として u で割り切れる次数が高々 2 のすべての $\mathbb{Z}[x]$ の多項式の係数ベクトルを含んでいる．したがって，特に $\deg f_1 < 3$ であれば m を法として u で割り切れる f の既約因子 f_1 を含んでいる．Mignotte 上界 6.33 により，$\|f_1\| \le 2^{\deg f} \|f\| = 8\sqrt{2}$ であり，定理 16.9 から基底の簡約アルゴリズム 16.10 は高々 2 次の多項式 $g \in \mathbb{Z}[x]$ で $\|g\| \le 2^{(3-1)/2} \|f_1\| \le 16\sqrt{2}$ を満たすものを見つける．このとき

$$\|f\|^{\deg g} \|g\|^{\deg f} \le \sqrt{2}^2 (16\sqrt{2})^3 = 16\,384\sqrt{2} < m$$

と補題 16.20 から f と g は $\mathbb{Z}[x]$ で共通因子を持つ．実際，アルゴリズム 16.10 は L の既約基底をなす 3 つのベクトル

$$(1,1,1), \quad (132, 95, -228), \quad (228, -132, -95)$$

を見つける．最初のベクトルに対応する $g = x^2 + x + 1$ をとると $\gcd(f, g) = g$ である．◇

16.5 $\mathbb{Z}[x]$ 上の多項式時間因数分解アルゴリズム

ここまでで，$\mathbb{Z}[x]$ 上の多項式時間因数分解アルゴリズムを述べる準備ができた．最初の4つのステップは Zassenhaus のアルゴリズム 15.19 と同じだが，ステップ 1 の B と，ステップ 2 の l の値が異なる．因子の組み合わせが短いベクトルの計算におきかわる．

アルゴリズム 16.22 $\mathbb{Z}[x]$ 上の多項式時間因数分解

入力：次数が $n \geq 1$ の平方自由原始的多項式 $f \in \mathbb{Z}[x]$ で $\mathrm{lc}(f) > 0$ を満たすものと最大ノルム $\|f\|_\infty = A$．
出力：f の既約因子 $\{f_1, \ldots, f_k\} \subseteq \mathbb{Z}[x]$．

1. **if** $n = 1$ **then return** $\{f\}$
    $b \longleftarrow \mathrm{lc}(f), \quad B \longleftarrow (n+1)^{1/2} 2^n A$
    $C \longleftarrow (n+1)^{2n} A^{2n-1}, \quad \gamma \longleftarrow \lceil 2 \log_2 C \rceil$

2. **repeat** 素数 $p \leq 2\gamma \ln \gamma$ を選ぶ，$\overline{f} \longleftarrow f \bmod p$
    until $p \nmid b$ かつ $\gcd(f, \overline{f}) = 1$ in $\mathbb{F}_p[x]$
    $l \longleftarrow \lceil \log_p(2^{n^2} B^{2n}) \rceil$

3. { モジュラ因数分解 }
    $f \equiv b h_1 \cdots h_r \bmod p$ を満たす多項式 $h_1, \ldots, h_r \in \mathbb{Z}[x]$ を計算する，ただし，最大ノルムが高々 $p/2$ で非定数，モニック，p を法として既約であるとする

4. { Hensel 持ち上げ }

   call アルゴリズム 15.17, 因数分解 $f \equiv bg_1 \cdots g_r \bmod p^l$ を計算する, ただし, $g_1, \ldots, g_r \in \mathbb{Z}[x]$ はモニックで最大ノルムが高々 $p^l/2$, $1 \leq i \leq r$ に対して $g_i \equiv h_i \bmod p$ を満たす

5. { まだ処理されていないモジュラ因子の添え字の集合 T, 見つかった因子の集合 G, まだ因数分解されていない多項式 f^* を初期化する }
  $T \longleftarrow \{1, \ldots, r\}, \quad G \longleftarrow \emptyset, \quad f^* \longleftarrow f$

6. **while** $T \neq \emptyset$ **do**

7. $\{g_t : t \in T\}$ の中で最大の次数のもの u を選ぶ
   $d \longleftarrow \deg u, \quad n^* \longleftarrow \deg f^*$
   { p を法として u で割り切れる f^* の既約因子を探す }
   for $j = d+1, \ldots, n^*$ **do**

8.   { 短いベクトルの計算 }
    call アルゴリズム 16.10, 係数ベクトル
     $\{ux^i : 0 \leq i < j-d\} \cup \{p^l x^i : 0 \leq i < d\}$
    で生成される格子 $L \subseteq \mathbb{Z}^j$ の「短い」ベクトル g^* を計算する. 対応する多項式も g^* で表す

9.   試験割り算を使って p を法として g^* を割り切る h_i の添え字の集合 $S \subseteq T$ を決定する
    $h^* \equiv b \prod_{i \in T \setminus S} g_i \bmod p$ を満足し最大ノルムが高々 $p^l/2$ の $h^* \in \mathbb{Z}[x]$ を計算する
    if $\|\mathrm{pp}(g^*)\|_1 \|\mathrm{pp}(h^*)\|_1 \leq B$ **then**
     { $\mathrm{pp}(g^*)$ は p を法として u で割り切れる f^* の既約因子である }
     $T \longleftarrow T \setminus S, \quad G \longleftarrow G \cup \{\mathrm{pp}(g^*)\},$
     $f^* \longleftarrow \mathrm{pp}(h^*), \quad b \longleftarrow \mathrm{lc}(f^*)$
     ループ 7 を中断する, **goto** 6

10. $T \longleftarrow \emptyset, \quad G \longleftarrow G \cup \{f^*\}$

11. **return** G

16.5 $\mathbb{Z}[x]$ 上の多項式時間因数分解アルゴリズム

ステップ 7 において u がすでに本当に因子かどうかを調べるために, ステップ 7 でステップ 8 の短いベクトルの計算をする前に, $u^* \equiv bu \bmod p^l$ と $\|u^*\|_\infty \le p^l/2$ を満たす u^* で $u^*|bf$ が成り立つかを調べることも考えられる.

定理 16.23 アルゴリズムは正しく動作し, そのコストは語演算の回数で

$$O\left(n^6(n+\log A)\mathsf{M}(n^2(n+\log A))(\log n + \log\log A)\right)$$
$$\text{または } O\tilde{\ }(n^{10}+n^8\log^2 A)$$

と期待できる.

証明 正しさを証明するために, アルゴリズムでステップ 6 を通るたびに成り立つ不変的性質

$$\begin{aligned}&f^* \equiv b\prod_{i\in T} g_i \bmod p^l, \quad b=\mathrm{lc}(f), \quad f = \pm f^* \prod_{g\in G} g\\ &G \text{ に含まれる各多項式は既約である}\end{aligned} \tag{8}$$

を示す. 最初は明らかである, ステップ 7 の前にそれらが成り立っていると仮定してよい. $g \in \mathbb{Z}[x]$ を, p を法として u で割り切れる f^* の既約因子とする. 系 15.15 と式 (8) から u は p^l を法としても g を割り切る. 逆に, もし $v \in \mathbb{Z}[x]$ が f の約数で p を法として u で割り切れるならば, $\mathbb{Z}[x]$ で g は v を割り切る. 定理 15.3 の証明と同じように, ステップ 9 の条件を満たすための必要十分条件は $\mathrm{pp}(g^*)\mathrm{pp}(h^*) = \pm f$ である. ステップ 8 において $\deg g^* < j$ なので, 条件が偽になるのは $j \le \deg g$ のときだけであるとわかる. 特に, 不変式 (8) は $\sharp T = 1$ かつ $g = f^*$ が既約ならばアルゴリズムの最後に成り立っていることがステップ 10 により保証される.

いま $\deg g < n^*$ と仮定してよい. $j = 1 + \deg g$ とおく. g の L における係数ベクトルは, 式 (7) と定理 16.9 と Mignotte 上界 6.33 により, $\|g^*\| \le 2^{(j-1)/2}\|g\| < 2^n B$ が成り立つ. l の選び方から

$$\|g^*\|^{j-1}\|g\|^{\deg g^*} < (2^n B)^n B^n \le p^l$$

であり,補題 16.20 より $\gcd(g, g^*)$ は $\mathbb{Z}[x]$ において非定数である.g は既約で $g^* \leq j - 1 = \deg g$ だから $g = \pm \mathrm{pp}(g^*)$ を得る.

$h = f^*/g$ とおき,$S \subseteq T$ をステップ 9 のようにおく.定理 15.20 の証明と同じように,Hensel 持ち上げの一意性 (定理 15.14) からステップ 9 で $\mathrm{lc}(g)h \equiv h^* \bmod p^l$ がわかる.$p^l/2$ は $\|bh\|_\infty$ の Mignotte 上界 bB よりも大きいので,$\mathrm{lc}(g)h = h^*$,$h = \mathrm{pp}(h^*)$,$f^* = \pm \mathrm{pp}(g^*)\mathrm{pp}(h^*)$ を得る.系 6.33 よりステップ 9 において条件は真になる.**then** 節の動作が採用され,ステップ 6 の次の段階で不変式 (8) が確かなものとなる.これにより,アルゴリズムが f の因子 g を本当に返すことが示された.

アルゴリズムのコストはステップ 7 の短いベクトルの計算に支配される.ステップ 7 において,すべての L の生成元 v に対して $\|v\| \leq j^{1/2}\|v\|_\infty \leq n^{1/2}p^l$ が成り立つ.$\delta = \log(n^{1/2}p^l) \in O(n^2 + n \log B) = O(n^2 + n \log A)$ とおくことにより,系 16.19 より 1 度の短いベクトルの計算に $O(j^4 \delta \mathsf{M}(j\delta) \log(j\delta))$ 回の語演算がかかる.$f_1, \ldots, f_k \in \mathbb{Z}[x]$ を f の既約因子とする.上で示したことにより,ステップ 7 の j の値は各既約因子 f_i において $j = 2, \ldots, 1 + \deg f_i$ を動く.$\sum_{1 \leq i \leq k}(1 + \deg f_i) = k + n \leq 2n$ であり,したがって M の劣加法性 (8.3 節) により

$$\sum_{1 \leq i \leq k} \sum_{2 \leq j \leq 1 + \deg f_i} j^4 \delta \mathsf{M}(j\delta) \log(j\delta)$$
$$\leq \sum_{1 \leq i \leq k}(1 + \log f_i)^5 \delta \mathsf{M}((1 + \log f_i)\delta) \log((1 + \deg f_i)\delta)$$
$$\in O(n^5 \delta \mathsf{M}(n\delta) \log(n\delta))$$

これにより時間の評価を得る.□

アルゴリズム 16.22 のステップ 1 から 4 までを大きな素数のアルゴリズム 15.2 の最初の 3 つのステップにおきかえてもよいが,できたアルゴリズムは漸近的には同じ時間の上界を持つ.

例 16.24 例 15.4 と同様に $f = 6x^4 + 5x^3 + 15x^2 + 5x + 4 \in \mathbb{Z}[x]$ とおく.アルゴリズム 16.22 のステップ 2 で $p = 5$ を選び,$l = 39$ を見つける.アルゴリズ

16.5 $\mathbb{Z}[x]$ 上の多項式時間因数分解アルゴリズム

ムにおいてこの l の値では係数がかなり大きくなるので, 例では $l = 6$ とする. ステップ 3 と 4 はとばす. というのは, 例 15.4 ですでに $f \equiv 6g_1g_2g_3g_4 \bmod 5^6$,

$$g_1 = x - 5136, \quad g_1 = x - 984, \quad g_3 = x - 72, \quad g_4 = x - 6828$$

を計算してある. よって $r = 4$ である. ステップ 7 で $u = g_1 = x - 5136$ を選ぶと, $d = \deg u = 1$ と $n^* = \deg f^* = 4$ となる. ステップ 7 のループは $j = 2$ から始まる. ステップ 8 の格子は 2 つの多項式 u と p^l の係数ベクトル $(1, -5136)$ と $(0, 15625)$ で生成される. アルゴリズム 16.10 が 2 つのベクトル $(73, 72)$ と $(-143, 73)$ からなる既約基底を見つける. ステップ 8 の多項式は $g^* = 73x + 72$ になる. ステップ 9 では $g_1 \bmod = x - 1$ だけが $g^* \bmod 5$ を割り切ると見つける, それから $S = \{1\}$ であり,

$$h^* \equiv 6g_2g_3g_4 \equiv 6x^3 - 420x^2 - 840x - 1728 \bmod 5^6$$

ここで g^*, h^* ともに原始的で, $\|\mathrm{pp}(g^*)\|_1 \|\mathrm{pp}(h^*)\|_1 \geq \|\mathrm{pp}(g^*)\|_1 \|\mathrm{pp}(h^*)\|_1 > B \approx 3219.9$ であり, 実際に $f \neq \pm \mathrm{pp}(g^*)\mathrm{pp}(h^*)$ である, これは主係数を比べるとわかる. ループ 7 を続けて $j = 3$ になる.

そこでベクトル

$$(1, -5136, 0), \quad (0, 1, -5136), \quad (0, 0, 51625)$$

で生成される格子を考える. 練習問題 16.6 でこの格子の「短い」ベクトルは $(3, 1, 1) \in \mathbb{Z}^3$ であることを示す. よってステップ 8 において $g^* = 3x^2 + x + 1$ である. $g_1 \bmod 5 = x - 1$ と $g_2 \bmod 5 = x - 2$ の 2 つが $g^* \bmod 5$ を割り切るので, ステップ 9 で $S = \{1, 3\}$, $h^* \equiv 6g_2g_4 = 6x^2 + 3x + 12 \bmod 5^6$, $\mathrm{pp}(g^*) = g^*$, $\mathrm{pp}(h^*) = 2x^2 + x + 4$ である. 実際, $f = \mathrm{pp}(g^*)\mathrm{pp}(h^*)$ であり, g^* が f の既約因子であること (必要とされる l よりも小さい値で始めたにもかかわらず) がわかる. **if** 節で $T = \{2, 4\}$, $G = \{x - 984, x - 6828\}$, $f^* = 2x^2 + x + 4$, $b = 2$ が割り当てられる. **while** ループ 6 の次の繰り返しでは, f^* が既約であることが例 15.4 ですでに述べたように明らかになる. ◇

Hensel 持ち上げの後, 因子の組み合わせと短いベクトルのアルゴリズムを (1

つの,より効果的なのは 2 つのプロセッサで) 並列に走らせ,最初に終わった方の結果を採用する.この混成アルゴリズムはすべての入力に対して合理的な速さを持っていて,全体の実行時間は高々倍になる.

系 16.25 多項式 $f \in \mathbb{Z}[x]$ の次数が $n \geq 1$ で最大ノルムが $\|f\|_\infty = A$ のとき, $\mathbb{Q}[x]$ の完全な因数分解を期待値

$$O\left(n^6(n + \log A)\mathsf{M}(n^2(n + \log A))(\log n + \log \log A)\right)$$
$$\text{または } O^\sim(n^{10} + n^8 \log^2 A)$$

回の語演算でできる.

証明 完全な因数分解アルゴリズム 15.5 のステップ 4 において,アルゴリズム 15.19 (因子の組み合わせを使ったもの) を呼び出すかわりにアルゴリズム 16.22 (基底の簡約を使ったもの) を呼び出す.ステップ 4 のアルゴリズム 16.22 の呼び出しのコストを支配するのは,ステップ 4 で $\mathrm{pp}(f)$ の平方自由分解に含まれる多項式 $g_1, \ldots, g_s$ に対するアルゴリズム 16.22 の呼び出しである.$1 \leq i \leq s$ について,Mignotte 上界 6.33 の性質に注意して,$n_i = \deg g_i$,$A_i = \|g_i\|_\infty \leq (n_i+1)^{1/2} 2^{n_i}$ とおくと,$\log A_i \in O(n_i + \log A)$ である.定理 16.23 を i 番目の呼出しに適応するとコストは語演算の回数は

$$O(n_i^6(n_i + \log A)\mathsf{M}(n_i^2(n_i + \log A))(\log n_i + \log \log A))$$

である.$n_1 + \cdots + n_s \leq n$ と M の劣加法性により補題を得る. □

$F[x,y]$ 上の多項式時間因数分解 アルゴリズム 16.22 は $F[x,y]$ 上の多項式の因数分解にも適応できる,ただし F を有効 1 変数因数多項式分解を持つ体とする.たとえば F が有限体 (第 14 章) の場合や上で述べたように $F = \mathbb{Q}$ の場合である.アルゴリズム 16.22 の変更は,単に (決定的に) 多項式時間で 2 変数多項式の因数分解を 1 変数多項式の因数分解に還元するだけである.

主な違いは基底の簡約は $\mathbb{Z}$ 上より $F[y]$ 上の方がはるかに容易であること

である.ベクトル $f = (f_1, \ldots, f_n) \in F[y]^n$ に対して最大ノルム $\|f\|_\infty = \max_{1 \leq i \leq n} \deg f_i$ がふさわしいノルムである.この場合,多項式時間で $F[y]^n$ 上の n 次元格子の最短のベクトルを見つけることができる (練習問題 16.12).

16.6 多変数多項式の因数分解

有限体や有理数上の 1 変数多項式の因数分解について詳細に論じてきた,また 2 変数多項式のための方法も手短に示した.より多くの変数ではどうだろう.この節ではこの興味深い問題について述べよう.アルゴリズムや関連する定理の詳細な解説は本書の範囲を超えている.

1 変数や 2 変数の場合とはっきりと区別される最初の問題は,適切な「データ構造」あるいは「表現」の問題である.多項式 $f \in F[x_1, \ldots, x_t]$ の総次数を n と仮定する.**稠密表現**では,総次数が高々 n 次のすべての項を書く.Fermat 多項式

$$f = x^3 + y^3 - z^3 \in \mathbb{Q}[x, y, z] \tag{9}$$

に対して

$$\begin{aligned} f = {} & 1 \cdot x^3 + 0 \cdot x^2 y + 0 \cdot x^2 z + 0 \cdot x^2 + 0 \cdot xy^2 + 0 \cdot xyz \\ & + 0 \cdot xz^2 + 0 \cdot xy + 0 \cdot xz + 0 \cdot x + 1 \cdot y^3 + 0 \cdot y^2 z + 0 \cdot y^2 \\ & + 0 \cdot yz^2 + 0 \cdot yz + 0 \cdot y + (-1) \cdot z^3 + 0 \cdot z^2 + 0 \cdot z + 0 \cdot 1 \end{aligned} \tag{10}$$

になる.

本書を通じて,アルゴリズムに入力する 1 変数や 2 変数の多項式は (少なくとも暗黙のうちに) この表現を仮定する.たとえば,gcd の計算や因数分解などである.(例の中では,式 (9) のような書き方を使用する.) 有限体や有理数体やそれらの代数的および超越的拡大体のような計算機代数的に適当な通常の体上で,多変数多項式は確率的に稠密表現の長さの多項式時間で因数分解することができる.実際に,第 6 章の gcd アルゴリズムや前の節の 2 変数多項式の因数分解をこの問題に適合するようにすることは難しくない.問題は完全に解決したか? 明らかにそうではない,というのはこの表現の欠点は上の簡単な例

(10) ですでに明らかである，あまりに大きすぎることである．項が

$$\alpha_{t,n} = \begin{pmatrix} t+n \\ n \end{pmatrix}$$

個ある，たとえば $\alpha_{3,3} = 20$ である．この値は t と n について指数的に増大する，このオブジェクトは妥当な t と n の値に対してさえ収拾がつかないようになる．**Kronecker 置換**に基づく因数分解アルゴリズムは，練習問題 16.16 で記述する．

どうすべきかは明らかに思える．式 (9) のような**散在表現**の方が式 (10) よりもはるかに簡潔で可読性も高い．一般に係数と指数のリスト $(a_k, i_{k1}, \ldots, i_{kt})$ からなり，

$$f = \sum_k a_k \cdot x_1^{i_{k1}} \cdots a_t^{i_{kt}}$$

を満たす．リストが s 個の成分があれば，長さが少なくとも s であることは明らかである．これでは不十分である，次数を考慮しなければならない，さもないといくらでも大きな次数が現れる．リストの成分 $(a_k, i_{k1}, \ldots, i_{kt})$ の長さを $1 + i_{k1} + \cdots + i_{kt}$ と考える．$\mathbb{Q}$ についてではなく語演算で数えるときは和の 1 を a_k の長さでおきかえる．この長さの約束は各次数 $i_{k1}, \ldots$ を 1 進数を用いて符号化するといいかえることができる．指数の符号化に 2 進数を用いるのが自然だと思うかもしれない．しかし，次数が長さの指数になり，1 変数多項式でさえ取り扱えなくなる．この極端に簡潔な符号化に対しては，本当に簡単な問題でさえ多項式時間の解答が知られていない，たとえば，この表現で与えられた 2 つの多項式で最初のものが後のものを割り切るかを判定する問題である．

この散在表現は数学的に自然な表現であり，計算機代数システムのユーザーが入力や出力をこの書式で見たいと望むことだろう．「ランダム」多項式 (変数の個数と次数を固定する) に対しては，ほとんどすべての可能な係数が零ではない，散在と稠密表現の差は大きくはないだろう．しかしながら計算機代数システムに与えられる自然界の問題では散在する傾向にある，24.4 節のシクロヘキサンの例を見よ．

残念ながら，散在表現の長さに対して多項式時間で動作する因数分解アルゴ

リズムは知られていない．入力サイズに対して多項式サイズを超える出力を持つような例さえある．入力と出力のサイズを合わせたものに対して多項式時間を許してさえも，「散在表現」から直接計算する解答は知られていない．しかし，これから述べる計算回路表現やブラックボックス表現については解答が得られている．

この障害を乗り越えるための秘訣はさらに簡潔な表現を考えることである．一見，（同じ多項式に対して）入力サイズは小さくなるかもしれないので，問題は難しくなるように見える．しかし，利点は出力も小さくなりうるということであり，結局，新しい計算方法は使えるかもしれない．

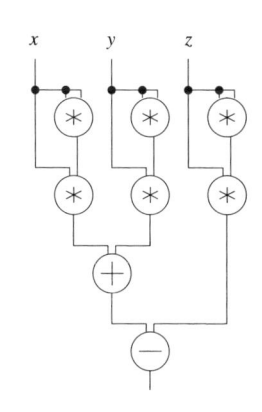

図 16.7 $x^3 + y^3 - z^3$ の計算回路

最初の新しいアイデアは**計算回路表現**である．多項式は第2章と第8章で図示したような計算回路として表現される，$x_1, \ldots, x_t$ と F の定数を入力とし，足し算と掛け算のゲートで f を計算する．（もし割り算ゲートがあったとしても取り除く方法がある．）図 16.7 は式 (9) を表している．同じように，計算回路は**直線プログラム**で表される．たとえば次のようになる．

$$g_1 \longrightarrow x * x$$
$$g_2 \longrightarrow g_1 * x$$
$$g_3 \longrightarrow y * y$$

$$g_4 \longrightarrow g_3 * y$$
$$g_5 \longrightarrow z * z$$
$$g_6 \longrightarrow g_5 * z$$
$$g_7 \longrightarrow g_2 + g_4$$
$$g_8 \longrightarrow g_7 - g_6$$

この手法は計算回路表現に対して確率的多項式時間で因数分解をできるという Kaltofen(1989) の有名な結果となって実を結んだ. (実は, この状況でも, 標数 p のときに f^p の計算回路から f の計算回路を求める問題はいまだに未解決ではある.)

技術的に重要な要素は Hilbert 既約性定理を有効に変形したものである. Hilbert (1892) によると既約多項式 $f \in \mathbb{Q}[x,y]$ は通常 y に整数 a を代入することにより既約多項式 $f(x,a) \in \mathbb{Q}[x]$ を引き起こす. (これは有限体や複素数上の多項式では成り立たない.) これには多くの一般化や発展的研究があるが, それらのどれも (確率的) 多項式時間アルゴリズムを構成するほどには強力ではない.

いくつかの変数を取り除くと状況が好転する. より一般的に変数に $ax_1 + bx_2 + c$ を代入することを考える. ここで a,b,c は下の体の (十分大きい) 有限部分集合からランダムに選ばれる. すると, $F[x_1,\ldots,x_n]$ 上の既約多項式に対して, ほとんどすべてのランダム抽出で代入した $F[x_1,x_2]$ 上の多項式は既約になる. 任意の多項式がこの代入により2変数多項式に写像され, 2変数多項式の因数分解の技術が応用できる. 最後にもとの多変数の状態に戻すために Hensel 持ち上げを行う. 有効な Hilbert 既約性定理の役割は, 代入することにより既約多項式が可約になる可能性を排除することである. 代入操作 $\mathbb{Z}[x] \longrightarrow \mathbb{Z}_p[x]$ または $F[x,y] \longrightarrow F[x]$ に起因するこの現象により, 因子の組み合わせや短いベクトルの計算が必要になる. このような方法では, 多変数の場合の多項式時間の手法を導くことはできそうにない.

さらに強力な技術は**ブラックボックス表現**である. 多項式 $f \in F[x_1,\ldots,x_n]$ は入力 $a_1,\ldots,a_n \in F$ について $f(a_1,\ldots,a_n) \in F$ の値を返す「ブラックボックス」サブルーチンとして与えられる. 12.4節では行列のこのタイプの表現に

ついて論じた．最初には，多くの場合多項式は散在表現などの別の表現で与えられるだろう．そのブラックボックスをつくることは簡単である．この方法の利点は，現在ではこれらのブラックボックスを効率的に取り扱うことができることである．Kaltofen & Trager (1990) は，因数分解を含むいくつかの問題を解く確率的多項式時間アルゴリズムを与えた．最後にブラックボックス表現を人間が把握できる出力に加工しなければならない．これを実現する補間アルゴリズムがいくつかある．100 以上の項を持つ出力多項式は人間にはあまり役に立たない (しかし他の手続きの入力として役立てることは可能)．ある補間法は見栄えのよい特性を持っていて，若干の (100 ほどの) 項だけを出力する (もしあれば他の項があることを示す) ように指定できる．

ブラックボックスの技術を他の問題に応用することにも成功している，たとえば 2 つの多変数多項式の gcd を求めることなどである．

注解

16.1 「数の幾何学」は Minkowski (1910) により発明され，紹介された．Grötschel, Lovász & Schrijver (1993) はこの分野のよい教科書であり，Kannan (1987) は基底の簡約やいくつかの応用などこの理論の計算機関係の概観を与えている．Ajtai (1997) は最短のベクトルを求めることが「$\mathcal{NP}$ 困難」であることを証明した．これは通常 $\mathcal{NP}$ 困難を示すのに使われる決定的な多項式帰着ではなく，確率的多項式帰着の基で示されている．$\mathcal{BPP} \neq \mathcal{NP}$ が $\mathcal{P} \neq \mathcal{NP}$ と同じくらい確かであれば，この違いは大きくはない．

16.2 と 16.3 Gram–Schmidt 正規直交化は Schmidt (1907)，§3 に始まるが，彼は Gram (1883) に本質的に同じ公式が与えられていると述べている．Hadamard (1893) は定理 16.6 を証明した．$f_1, \ldots, f_n \in \mathbb{R}$ の張る多包体の体積 $|\det A|$ はそれらのベクトルが互いに直交するとき最大になり，このとき $\|f_1\| \cdots \|f_n\|$ に等しいということが幾何学的なアイデアである．

基底の簡約 (LLL アルゴリズムとも呼ばれる) は Lenstra, Lenstra & Lovász (1982) の重要な論文で導入された．彼らはそれを整数多項式の多項式時間因数分解に使った．彼らの既約基底の定義は我々のものとは少し違っている．出版されていない講義ノートを使うことを快諾した Victor Shoup に感謝する．

Odlyzko (1990) は基底の簡約を現実問題としては速く，多くの場合 [定理 16.9 で] 保証されているよりもかなり短い最初のベクトルを含む既約基底が見つかることを明

らかにした．(低い次元では，このアルゴリズムは格子の零でない最短のベクトルを見つけることが経験的に観察されていた．)

アルゴリズムと解析の両方の発展が Kaltofen (1983), Schönhage (1984) にある．既約基底の表記が若干異なるがアルゴリズムには $O^\sim(n^4 \log^2 A)$ 回の語演算がかかる．Schnorr (1987, 1988) は彼のアルゴリズムが $O^\sim(n^5 \log A + n^4 \log^2 A)$ 回の語演算で上から抑えられることを示し，浮動小数点演算を使うと定理16.9において任意の $\varepsilon > 0$ に対して近似的品質が $(1+\varepsilon)^n \|f\|$ であることを示した．Schnorr & Euchner (1991) も有効な実装を与えた．Storjohann (1996) はモジュラ手法と高速行列掛け算を採用して語演算の回数を $O^\sim(n^{3.381} \log^2 A)$ に到達した．現在の記録は Koy & Schnorr (2001a) によるものである．彼らの「部分簡約」は $O(n^3 \log n)$ 回の語演算で各ベクトルの係数が高々 2^n の n 次元束を処理する．Koy & Schnorr (2001b) は1000以上の次元でも取り扱うことのできる浮動小数点を用いた実装を与えた．de Weger (1989) と Storjohann (1996) はアルゴリズム 16.10 の分数自由な変形を与えた．Gauß (1801), 論文171は2次元の基底の簡約を記述した．

16.5 von zur Gathen (1984a) では $\mathbb{Z}$ 上と $F[y]$ 上の因数分解アルゴリズムを統一して議論している．アルゴリズム 16.22 のステップ7で線形検索するかわりに f^* の次数に関する2分検索をすることにより，Lenstra, Lenstra & Lovász (1982) は語演算の時間上界 $O^\sim(n^9 + n^7 \log^2 A)$ に到達した．

Schönhage (1984) は語演算で $O^\sim(n^6 + n^4 \log^2 A)$ 回しかかからないアルゴリズムを与えた．彼の方法は数値的である．モジュラ因数分解と Hensel 持ち上げのかわりに，十分に高い精度の f の複素数根の計算と基底の簡約に基づく Diophantine 近似 (17.3 節を見よ) をその根を持つ f の既約因子を見つけるのに使う．

van Hoeij (2002) は Zassenhaus のアルゴリズム 15.19 の因子の組み合わせ段階に束の簡約を応用し，*The result is a practical algorithm that can factor polynomials that are far out of reach for any previou algorthm* で報告した．彼の方法は Shoup のバージョン 5.2 以降から NTL で実現されている．800 MHz の Pentium III プロセッサを用いて次数 128 の 7 番目の Swinnerton–Dyer 多項式を因数分解するのにバージョン 5.2 以降では約 5 秒かかる．一方，バージョン 5.1 では同じ計算機を用いて 2 週間では終了しない．

16.6 稠密表示の多変数多項式の因数分解の多項式時間の解法は Kaltofen (1985a) で与えられた．散在多項式のアルゴリズムは von zur Gathen & Kaltofen (1985) にある．この論文には非常に大きい因子を持つ例も与えられている．(指数的に大きな次数の) 割り算問題のような未解決問題が von zur Gathen (1991a) の中で議論されている．回路表示における解はまた Kaltofen (1989) による．von zur Gathen (1985)

には同じデータ構造の既約性判定がある．後者の論文ではこの表示を初めて因数分解の分野に使った．しかし，起源は Strassen (1972, 1973a, 1973b) にある．Heintz & Sieveking(1981) も参照せよ．

$n \times n$ 行列の一般的判別多項式は散在表示の長さ，本質的に $n!$, が算術回路表現の長さの指数になる例である．というのは，Gauß の消去をすると (割り算を含む) 算術回路表現のサイズは $O(n^3)$ である．

Lang (1983) の第 9 章には Hilbert 既約性定理とその定理が成り立つ「Hilbert 体」の理論が書かれている．既約性を保存する特定の代入に関する結果は Sprindžuk (1981, 1983) と Débes にある．Hilbert 既約性定理の有効な確率的解釈が Kaltofen (1985b)，von zur Gathen (1985) や Kaltofen (1995a) にある，それは任意の体で有効だが，たった 2 つの変数しか減らせない．Huang & Wong (1998) はより一般の多項式イデアルに対して同様の結果を与えている．

Kaltofen & Trager (1990) の重要な論文ではブラックボックスの方法が導入され，上で議論したいくつかのアルゴリズムが与えられている．散在補間に関する将来性のあるアイデアは Zippel (1979) による，補間のさまざまな側面を取り扱っている論文，Ben–Or & Tiwari (1988), Kaltofen & Lakshman (1988), Borodin & Tiwari (1990), Grigoryev, Karpinski & Singer (1990), Clausen, Dress, Grabmeier & Karpinski (1991), Grigoryev, Karpinski & Singer (1994). Freeman, Imirzian, Kaltofen & Lakshman (1988), Díaz & Kaltofen (1998) は，それぞれ直線プログラムとブラックボックス表現技法の実装を記述している．

練習問題

16.1 $F \in \mathbb{R}^{n \times n}$ を正則とする．F の GSO M, F^* は条件 $F = MF^*$, M は対角成分が 1 の下三角行列かつ $F^*(F^*)^T$ は対角行列で一意的に定まることを示せ．

16.2* 定理 16.5 を証明せよ．

16.3 実数の区間 $[-1, 1]$ を定義域とする連続時数値関数のつくるベクトル空間の内積 $\star$ を $f \star g = \int_{-1}^{1} f(y)g(y)\sqrt{1-y^2}dy$ と定義する．

(i) $\star$ が本当に内積であることを確認せよ．

(ii) f_0, f_1, f_2, f_3 の Gram–Schmidt 正規直交基底を計算せよ，ただし $-1 \leq x \leq 1$ に対して $f_i(x) = x^i$ とする．(結果の多項式はモニックで最初の 4 つの**第 2 種の Chebotarev 多項式**と関連がある．).

16.4* $g_1, \ldots, g_n \in \mathbb{R}^n$ を 1 次独立とし，それらで生成される格子を $L = \sum_{1 \leq i \leq n} \mathbb{Z}g_i$ とする．各ベクトル $x \in \mathbb{R}^n$ に対して $g \in L$ が存在して

$$\|x-g\|^2 \leq \frac{1}{4}(\|g_1\|^2 + \cdots + \|g_n\|^2)$$

となることを証明せよ．ヒント：n に関する数学的帰納法．$g_1, \ldots, g_{n-1}$ の張る超平面とベクトル $x - \lambda g_n$ の距離が最小になるように $\lambda \in \mathbb{R}$ を定める．

16.5 (i) $(22, 11, 5), (13, 6, 3), (-5, -2, -1) \in \mathbb{R}^3$ の GSO を計算せよ．

(ii) アルゴリズム 16.10 をトレースし，(i) のベクトルが張る $\mathbb{Z}^3$ 内の格子の既約基底を計算せよ．d_i と D の値もトレースし，交換ステップの回数と 16.3 節の理論的上界を比較せよ．

16.6⟶ $(1, -5136, 0), (0, 1, -5136), (0, 0, 15\,625)$ の張る $\mathbb{Z}^3$ 内の格子の「短い」ベクトルを計算せよ．

16.7* 次のアルゴリズムは任意の非特異な行列 $A \in \mathbb{Z}^{n \times n}$ を受け取り，A の **Hermite 標準形** H を計算する (注解 4.5)．つまり，$\det U = \pm 1$ となるユニモジュラ行列 $U \in \mathbb{Z}^{n \times n}$ が存在し $H = UA$ となることである．

アルゴリズム 16.26 Hermite 標準形

入力：$\det A \neq 0$ を満たす行列 $A \in \mathbb{Z}^{n \times n}$．
出力：Hermite 標準形 $A \in \mathbb{Z}^{n \times n}$，つまりユニモジュラな行列 U について $H = UA$ を満たす H．

1. $H \longleftarrow A$
    for $m = n, \ldots, 1$ **do**
2. $|h_{km}| = \min\{|h_{im}| : 1 \leq i \leq m$ かつ $h_{im} \neq 0\}$ を満たす k を $1 \leq k \leq m$ から選び，H の第 k 行と m 行を交換する
3. **if** $1 \leq l \leq m$ に対して $h_{mm} | h_{lm}$ **then goto** 5
4. $1 \leq l \leq m$ から $h_{mm} \nmid h_{lm}$ となる l を選び，余りを伴う割り算をして $|h_{lm} - qh_{mm}| \leq |h_{mm}|/2$ となる q を求め，第 l 行から m 行の q 倍を引く
     goto 2
5. **if** $h_{mm} < 0$ **then** H の第 m 行を -1 倍する
     for $l = 1, \ldots, m-1, m+1, \ldots, n$ **do**
6.   余りを伴う割り算をして $0 \leq h_{lm} - qh_{mm} < h_{mm}$ を満たす q を求め，H の第 l 行から m 行の q 倍を引く
7. **return** H

(i) 次の入力においてアルゴリズムをトレースせよ．

$$V = \begin{pmatrix} 5 & 2 & -4 & 7 \\ 3 & 6 & 0 & -3 \\ 1 & 2 & -2 & 4 \\ 7 & 1 & 5 & 6 \end{pmatrix} \in \mathbb{Z}^{n \times n}$$

(ii) ステップ1のループにおいて以下が成り立つことを証明せよ．ユニモジュラ行列 U が存在して $H = UA$ となり，$m < j \leq n$ である第 j 行について，対角成分 h_{jj} は正の数であり，対角成分より上の成分は 0 であり，下の成分は非負で h_{jj} よりも小さい．この事実と $\deg A \neq 0$ [訳注：deg は det の間違い] であることからステップ2の最小値が存在することを確認せよ．

(iii) 以下を示せ．ステップ3の条件はステップ4を高々 $\log_2 d$ 回実行すると真になる．ただし，ステップ1のループのその時点の繰り返しの最初では $d = \min\{|h_{mm}| : 1 \leq i \leq m \text{ かつ } h_{lm} \neq 0\}$ である．アルゴリズムは終了することを確認せよ．

(iv) $f_1, \ldots, f_n \in \mathbb{Q}^n$ を1次独立とし，これが生成する格子を $L = \sum_{1 \leq i \leq n} \mathbb{Z} f_i$ とおく．$g_1, \ldots, g_n \in L$ も1次独立とする．すると $M = \sum_{1 \leq i \leq n} \mathbb{Z} g_i \subseteq L$ は L の**部分格子**である．M には次の形の基底 $c_1, \ldots, c_n$ が存在することを示せ．

$$\begin{aligned} c_1 &= h_{11} f_1 \\ c_2 &= h_{21} f_1 + h_{22} f_2 \\ &\vdots \\ c_n &= h_{n1} f_1 + h_{n2} f_2 + \cdots + h_{nn} f_n \end{aligned} \tag{11}$$

ここで $1 \leq j \leq i \leq n$ に対して $h_{ij} \in \mathbb{Z}$ かつ $h_{ii} \neq 0$ である．

16.8 基底の簡約アルゴリズム 16.10 を修正して，任意の $m \in \mathbb{Z}$ に対して1次独立ではないかもしれない任意の入力 $f_1, \ldots, f_m \in \mathbb{Z}^n$ に対して動作するようにせよ．

16.9 補題 16.13 と同じ記号を用いて，

$$h_i^* = \frac{\|g_i^*\|^2 g_{i-1} - \mu_{i,i-1} \|g_{i-1}^*\|^2 g_i^*}{\|h_{i-1}^*\|^2}$$

を示せ．ヒント：h_i^* は h_i の $(\mathbb{R} h_1 + \cdots + \mathbb{R} h_{i-1})^\perp$ への射影である．

16.10 $x, y \in \mathbb{C}^n$ とする．

(i) **Cauchy–Schwarz 不等式** $|x \star y| \leq \|x\|_2 \|y\|_2$ を示せ．ヒント：内積 $(\|y\|_2 x + \|x\|_2 y) \star (\|y\|_2 x + \|x\|_2 y)$ を考えよ．

(ii) (i) を使って三角不等式 $\|x + y\|_2 \leq \|x\|_2 + \|y\|_2$ を証明せよ．

16.11* 補題 16.17 によると基底の簡約アルゴリズム 16.10 のすべての段階で $1 \leq$

$l < k \leq n$ に対して $d_l \mu_{kl}$ と $d_{k-1} g_k^*$ は整数係数を持っている．GSO に適当な d_l たちを掛けることにより（そして可能なら割る），アルゴリズム 16.10 を分数自由，つまり途中の係数がすべて $\mathbb{Z}$ に含まれるように変更せよ．

16.12** この問題では多項式に関する基底の簡約を議論する．F を体，$R = F[y]$，$n \in \mathbb{N}_{>0}$ とする．ベクトル $f = (f_1, \ldots, f_n) \in R^n$ の**最大ノルム**とは $\|f\| = \|f\|_\infty = \max\{\deg f_i : 1 \leq i \leq n\}$ である．R の分数体 $F(y)$ 上 1 次独立なベクトル $f_1, \ldots, f_m \in R$ に対して，$f_1, \ldots, f_m$ の張る $\boldsymbol{R}$ **加群**は $M = \sum_{1 \leq i \leq m} R f_i$ であり，$(f_1, \ldots, f_m)$ は M の**基底**である．

(i) $f_1, \ldots, f_m \in R^n$ を $(F(y)$ 上) 1 次独立とし，$1 \leq i \leq m$ に対して $f_i = (f_{i1}, \ldots, f_{in})$ とおく．次の条件を満たす列 $(f_1, \ldots, f_m)$ を**被約**であるという．
- $\|f_1\| \leq \|f_2\| \leq \cdots \leq \|f_m\|$，
- $1 \leq i \leq m$ に対して，$1 \leq j \leq n$ のとき $\deg f_{ij} \leq \deg f_{ii}$ であり $j < i$ のとき等号は成立しない．

特に，$1 \leq i \leq m$ のとき $\|f_i\| = \deg f_{ii}$ である．f_1 は R 加群 $M = \sum_{1 \leq i \leq m} R f_i$ の**最短のベクトル**であることを示せ，つまりすべての零でない $f \in M$ に対して $\|f_1\| \leq \|f\|$ である．

(ii) 次の von zur Gathen (1984a) のアルゴリズムを考えよ．

アルゴリズム 16.27 多項式の基底の簡約

入力：$(F(y)$ 上) 1 次独立な行ベクトル $f_1, \ldots, f_m \in R^n$，ただし F は体で，$R = F[y]$ であり，$1 \leq i \leq m$ に対して $\|f_i\| \leq d$ とする．

出力：行ベクトル $g_1, \ldots, g_m \in R^n$ と置換行列 $A \in R^{n \times n}$，ただし，$(g_1, \ldots, g_m)$ は被約な列であり，$(g_1 A, \ldots, g_m A)$ は $M = \sum_{1 \leq i \leq m} R f_i$ の基底である．

1. $g_1, \ldots, g_m$ を $\{g_1, \ldots, g_m\} = \{f_1, \ldots, f_m\}$ かつ $1 \leq i < m$ に対して $\|g_i\| \leq \|g_{i+1}\|$ を満たすようにする．
   $A \longleftarrow \mathrm{id}, \quad k \longleftarrow 1$
2. **while** $k \leq m$ **do**
3. $\{(g_1, \ldots, g_{k-1})$ は被約で $1 \leq i \leq m$ に対して $\|g_i\| \leq \|g_{i+1}\|$ を満たす$\}$
   $u \longleftarrow \|g_k\|$
4.   **for** $i = 1, \ldots, k-1$ **do**
5. $q \longleftarrow g_{ki} \mathrm{\ quo\ } g_{ii}, \quad g_k \longleftarrow g_k - q g_i$
6.   **if** $\|g_k\| < u$ **then**
            $r \longleftarrow \min\{i : i = k$ または $(1 \leq i < k$ かつ $\|g_i\| > \|g_k\|)\}$
            $g_r, \ldots, g_{k-1}, g_k$ を $g_k, g_r, \ldots, g_{k-1}$ に交換する

	$k \longleftarrow r$, **goto** 2
7.	$l \longleftarrow \min\{k \leq j \leq n : \det g_{kl} = u\}$
	$B \in R^{n \times n}$ を第 k 列と第 l 列を交換する置換行列とする
	for $i = 1, \ldots, m$ **do** $g_i \longleftarrow g_i B$
	$A \longleftarrow BA, \quad k \longleftarrow k+1$
8.	**return** $g_1, \ldots, g_m$ と A

アルゴリズムを通じて $M = \sum_{1 \leq l \leq m} R \cdot g_i A$ が成り立つことを示し，g_i が常に零ではないベクトルになることを確認せよ．

(iii) ステップ 3 の中括弧が成り立つと仮定せよ．$k \geq 2$ のときステップ 4 と 5 で $\|g_{k-1}\| \leq u$ が成り立つことを確信せよ．$k \geq 2$ のときステップ 5 で $g_{ii} \neq 0$ であり，余りを伴う割り算が実行できることを示せ．また，ループ 4 において $\|g_k\| \leq u$ であり，$1 \leq j < i$ について $\deg g_{kj} < u$ であることを示せ．

(iv) アルゴリズムがステップ 3 を通過するたびに $(g_1, \ldots, g_{k-1})$ は被約であり，$1 \leq i < m$ について $\|g_i\| \leq \|g_{i+1}\|$ が成り立つことを証明せよ．アルゴリズムはステップ 8 で停止しさえすれば正しく動作することを確認せよ．

(v) アルゴリズムを通じて $1 \leq i \leq m$ に対して $\|g_i\| < d$ であることを証明せよ．ステップ 3 から 7 までを実行するのに R の算術演算（足し算，掛け算，余りを伴う割り算）を $O(nm)$ 回または F の演算を $O(nm\mathbf{M}(d))$ 回行うことを証明せよ．

(vi) 関数 $s(g_1, \ldots, g_m) = \sum_{1 \leq i \leq m} \|g_i\|$ はアルゴリズムの中で決して増加しない，そしてステップ 6 の条件が真のとき本当に減少することを証明せよ．後者が起こる回数は高々 md 回であり，ループ 2 は高々 $(m-1)(md+1)$ 回繰り返すことを確認せよ．

(vii) これまでのことを総合し，アルゴリズムは $O(nm^3 d\mathbf{M}(d))$ または $O^\sim(nm^3 d^2)$ 回の F の算術演算をすることを証明せよ．

(viii) アルゴリズムをトレースせよ，ただし

$$(5y^3 + 44y^2 + 37y + 91, 8y^3 + 86y^2 + 91y + 89, 16y^3 + 65y^2 + 20y + 76)$$
$$(8y^3 + 70y + 37, 16y^3 + 7y^2 + 54y + 38, 32y^3 + 23y^2 + 80y + 77)$$
$$(16y^2 + 84y + 63, 32y^2 + 15y + 19, 64y^2 + 48y + 51) \in \mathbb{F}_{97}[y]^3$$

で生成される $\mathbb{F}_{97}[y]$ 加群を入力とせよ．Mulders & Storjohann (2000) はわずか $O(nm^2 d^2)$ 回の F の算術演算で被約規定を計算するアルゴリズムを与えた．

16.13 体 F において $F[x, y]$ に関して補題 16.20 と同様の命題を述べ，それを証明せよ．ただし，$\|\cdot\|_2$ は $\|f\|_\infty = \deg_y f$ におきかえる．

16.14* 練習問題 16.12 と 16.13 を用いてアルゴリズム 16.22 を体上の 2 変数多項

式に適合させよ．使ったアルゴリズムが正しく動作することを示し，実行時間を解析せよ．F は有効な 1 変数多項式因数分解を持ち，モジュラス p は 1 次で選べる程度に「十分に大きい」と仮定してよい．

16.15 F を体，$n \in \mathbb{N}$ とする．多項式 $\prod_{0 \leq i < n}(x + y^{2^i}) \in F[x, y]$ の散在表現のサイズを求めよ．サイズが $3n - 2$ の算術回路表現を見つけよ．

16.16* 有効な 1 変数多項式因数分解を持つ体 F 上の多変数多項式の因数分解アルゴリズムを設計しよう．$f \in F[x_1, \ldots, x_t]$ を各変数の次数が n より小さいと仮定する．$1 \leq i \leq t$ に対して x_i を $x^{n^{i-1}}$ に移す **Kronecker 代入** $\sigma: F[x_1, \ldots, x_t] \longrightarrow F[x]$ を考えよう．これは環準同型である．

(i) 各変数の次数が n より小さい多項式は σ の像から一意的に復元できる．より正確に，$U \subseteq F[x_1, \ldots, x_t]$ をそのような多項式全体のベクトル空間，$V = \{g \in F[x] : \deg g < n^t\}$ とおく．σ は U から V へのベクトル空間の同型写像を与えることを示せ．

(ii) 次の手続きは f を正しく因数分解することを示せ．$\sigma(f)$ を既約因子 $g_1, \ldots, g_r \in F[x]$ に因数分解する．各因子の組み合わせ h について (i) の意味の逆像 $\sigma^{-1}(h)$ が f を割り切るかをテストする．

(iii) (ii) のアルゴリズムのコストを解析せよ．最初に多変数多項式の積のコストを評価しなければならないだろう（練習問題 8.38）．この解析において 1 変数多項式の因数分解の時間は無視してよい．

(iv) 例 $f = -x^4 y + x^3 z + xz^2 + y^2 z \in \mathbb{F}_3[x, y, z]$ についてアルゴリズムをトレースせよ．

研究問題

16.17 散在表現の長さと次数の和に関する確率的多項式時間で，2 つの多変数多項式の gcd を計算できるか．入力の長さに対して出力の長さは常に多項式で抑えられるか．16.6 節で述べたように，算術回路やブラックボックス表現では確率的多項式時間で因数分解できる．

Il faut bien distinguer entre la géométrie utile et la géométrie curieuse.
L'utile est le compas de proportion inventé par Galilée [...]
Presque tous les autres problèmes peuvent éclairer l'esprit et le
fortifier; bien peu seront d'une utilité sensible au genre humain.
Voltaire (1771)

Partager une nuit entre une jolie femme et un beau ciel,
le jour à rapprocher ses observations et les calculs,
me paraît être le bonheur sur la terre.
Napoléon I. (1812)

But yet one commoditie moare [...] I can not omitte. That is the filyng, sharpenyng, and quickenyng of the witte, that by practice of *Arithmetike* doeth insue. It teacheth menne and accustometh them, so certainly to remember thynges paste: So circumspectly to consider thynges presente: And so prouidently to forsee thynges that followe: that it maie truelie bee called the *File of witte*.
Robert Recorde (1557)

17
基底の簡約の応用

この章では基底の簡約の4つの応用を紹介する．ある種の暗号の破れと線形合同擬似乱数発生器の破れ，連立 Diophantine 近似の探索，Mertens 予想の反証．基本的なアイデアの紹介だけをする．技術的な詳細は注解にある参考文献に見つかる．最初の2つの節は第20章で説明する暗号の基本に通じていることを仮定する．

17.1 ナップザック型暗号系の破れ

部分集合和問題とは以下の解を求める問題である．

$$a_1,\ldots,a_n, s \in \mathbb{N} \text{ が与えられたとき,} \atop \sum_{1\leq i\leq n} a_i x_i = s \text{ を満たす } x_1,\ldots,x_n \in \{0,1\} \text{ が存在するか} \quad (1)$$

たとえば，$366x_1 + 385x_2 + 392x_3 + 401x_4 + 422x_5 + 437x_6 = 1215$ を満たす $x_1,\ldots,x_6 \in \{0,1\}$ が存在するかという問いがインスタンスである．この問題は少し一般化すると $\mathcal{NP}$ 完全問題であり，**ナップザック問題**と呼ばれる．Diffie & Hellman (1976) が公開鍵暗号を発明した後，Merkle & Hellman (1978) は部分集合和問題をもとにした公開鍵暗号系を提案した．このシステムの計算は RSA (20.2 節) のような他のシステムよりも少ない量であった，高いスループットは明るい未来を約束しているようだった．ナップザック問題に基づく他のいくつかのシステムが提案された．しかし，Shamir (1984) が Merkle & Hellman システムを破り，それらは崩れ去った，後から提案された改良計画もほとんどが同じ運命をたどった．基底の簡約がこれらの暗号解読に重要な役割を果たし

ている．

20.1 節の記号を用いて，Alice は**ナップザック暗号系**の公開鍵 $a_1, \ldots, a_n$ を公開する．Bob が n ビット $x_1, \ldots, x_n$ を秘密に送りたいとき，$s = \sum_{1 \leq i \leq n} a_i x_i$ と暗号化し s を送る．一般にこのような問題の復号化は $\mathcal{NP}$ 完全であり，実行不可能である．ところがここでは秘密の知識を使うと復号化が容易に，知らないと難しくなりそうな特別のタイプの問題が使われている．この特別な部分集合和問題は加数として「超増加」$b_1 \ll b_2 \ll \cdots \ll b_n$ から始める．簡単な例は $b_i = 2^{i-1}$ であり，解 $(x_1, \ldots, x_n)$ は s の 2 進数表現である．より一般に，すべての i について $b_i > \sum_{1 \leq j < i} b_j$ であれば十分である．解は一意的で容易に計算できる．「容易さ」は b_i に乱数 m を法として別の乱数 c を乗じて a_i を求めることで隠される．Alice は秘密鍵 c, m を用いて s に m を法とした c^{-1} を乗じてから簡単な部分集合和問題を解く．暗号解読者はこの隠し方は機能しないことをつきとめた．もちろん，この計画の失敗は大きなインスタンスの $\mathcal{NP}$ 完全問題を機械的に解くことができることを意味しているのではない．「超増加」部分集合和問題が特殊すぎただけである．

部分集合和問題と短いベクトルの関係は式 (1) の解が行列

$$\begin{pmatrix} 1 & 0 & \cdots & 0 & -a_1 \\ 0 & 1 & \cdots & 0 & -a_2 \\ \vdots & \vdots & \ddots & \vdots & \vdots \\ 0 & 0 & \cdots & 1 & -a_n \\ 0 & 0 & \cdots & 0 & s \end{pmatrix} \in \mathbb{Z}^{(n+1) \times (n+1)}$$

の行 $r_1, \ldots, r_{n+1} \in \mathbb{Z}^{n+1}$ で生成される格子 $L \subseteq \mathbb{Z}^{n+1}$ の短いベクトルになるということである．これを確かめるために $(x_1, \ldots, x_n) \in \{0,1\}^n$ を式 (1) の解とする．ベクトル

$$v = \sum_{1 \leq i \leq n} x_i r_i + r_{n+1} = (x_1, \ldots, x_n, 0) \in L$$

は $\|v\|_2 \leq \sqrt{n}$ を満たす．a_i は概して大きな数なのでこれは非常に短いことになる．このような暗号系の破り方は L の既約基底を計算し，得られた短いベク

トルが (本質的に) v になっていることを期待することである．もちろんこれは一般の部分集合和問題ではうまくいかない．しかし，**低密度の部分集合和**，情報ビットと伝播ビットの比 $n/(\max_i \log_2 a_i)$ が小さいときにはうまくいく．この値は Merkle & Hellman のもとの体系では約 $1/n$ であり，これがまさに攻撃を成功させている．例では，密度は $6/\log_2 437 \approx 0.684$ と高い．

たとえば，最初の $a_1, \ldots, a_6$ について行列

$$\begin{pmatrix} 1 & 0 & 0 & 0 & 0 & 0 & -366 \\ 0 & 1 & 0 & 0 & 0 & 0 & -385 \\ 0 & 0 & 1 & 0 & 0 & 0 & -392 \\ 0 & 0 & 0 & 1 & 0 & 0 & -401 \\ 0 & 0 & 0 & 0 & 1 & 0 & -422 \\ 0 & 0 & 0 & 0 & 0 & 1 & -437 \\ 0 & 0 & 0 & 0 & 0 & 0 & 1215 \end{pmatrix} \in \mathbb{Z}^{7 \times 7}$$

の行によって生成される格子 $L \subseteq \mathbb{Z}^7$ を考える．アルゴリズム 16.10 の計算で短いベクトル $v = (0, 0, 1, 1, 1, 0, 0) \in L$ を得る．実際 $1215 = 366 \cdot 0 + 385 \cdot 0 + 392 \cdot 1 + 401 \cdot 1 + 422 \cdot 1 + 437 \cdot 0$ である．

17.2 擬 似 乱 数

線形合同擬似乱数発生器の最も簡単なものは 3 つのパラメータ $a, b, m \in \mathbb{N}$ で与えられ，任意の種子 $x_0 \in \{0, \ldots, m-1\}$ において $i \in \mathbb{N}$ に対して $x_{i+1} \equiv ax_i + b \bmod m$ で定義される $x_i \in \{0, \ldots, m-1\}$ を順次計算する．擬似乱数は多くの場面で利用される．たいていの計算機システムの rand 関数はこのような形の発生器に基づいている．モジュラアルゴリズムや多項式や整数の因数分解などの計算機代数アプリケーションでこれらはうまく機能している．暗号作成において，鍵の生成にこれらを利用したい．そのためには，x_i が (ほとんど) 一様に分布しているだけではなく，特に $x_0, \ldots, x_{i-1}$ から x_i を推論することが不可能あるいは計算量的に困難であることが必要であるが，擬似乱数発生器の破れとは，まさにこれが手頃な時間でできることを意味している．

Boyar (1989) はこのような単純な発生器を破った.

$$x_{n+1} - x_n \equiv a(x_n - x_{n-1}) \bmod m, \quad x_{n+2} - x_{n+1} \equiv a(x_{n+1} - x_n) \bmod m$$

から a と m が互いに素であることに注意すると m は $(x_{n+1} - x_n)^2 - (x_n - x_{n-1})(x_{n+2} - x_{n+1})$ を割り切ることがわかる.これにより m, a, b を推測できる.彼女はこれらの推論を数列の予測に使った.もしこの予測が外れた場合は,新しい予測がなされ推論が向上する.彼女はこれが多項式時間で永久に正しい予測に到達することを証明した.

Frieze, Håstad, Kannan, Lagrarias & Shamir (1988) は x_i のすべてではなく x_i の上の半分のビットを使う発生器を考えた,彼らによると,これは Knuth(1998) の 1981 年版で考案されている.生成元 m, a, b がわかっていて,種子 x_0 がわからないと仮定して,彼らは基底の簡約を使ってこれを破った.

Boyar や Frieze らの方法は,ここで説明したよりもはるかに一般的な発生器に適応できる,これらの発生器が暗号用には役に立たない.

17.3 連立 Diophantine 近似

実数 $\alpha_1, \ldots, \alpha_n$ が与えられ,すべての i に対してそれほど大きくない q で $|\alpha_i - (p_i/q)|$ が「小さく」なるような $p_1, \ldots, p_n, q \in \mathbb{Z}$ を見つけたい.単純には q を 10 のべきにとり p_i を α_i の 10 進数表示の最初の部分とする.ところが,我々は q が近似の誤差 (の逆数) よりはるかに小さいようなもっとよい解を探している,

$n = 1$ の場合,これは古典的な Diophantine 近似問題であり,4.6 節で議論した.拡張された Euclid のアルゴリズムを用いて「最良」の近似を計算でき,$|\alpha_1 - p_1/q| < 5^{-1/2} q^{-2}$ を満たす.

一般の n に対して,Dirichlet (1842) はすべての i に対して $|\alpha_i - p_i/q| \le q^{-(1+1/n)}$ を満たす近似が無限個存在することを証明した.Lenstra, Lenstra & Lovász (1982) はこれを短いベクトルの問題に以下のように帰着させた.$1 \le i \le n$ に対して個々の有理数近似 $\alpha_i \approx \beta_i = u_i / v_i$ (しかし,連立近似で要求されているように同じ分母である必要はない) となる整数 $u_i, v_i \in \mathbb{Z}$ と有理数 $0 <$

17.3 連立 Diophantine 近似

$\varepsilon < 1$ が与えられているとせよ．分母 q の近似の上界として $Q = \varepsilon^{-n}$ をとる．$w = 2^{-n(n+1)/4}\varepsilon^{n+1}$ とおき，格子 $L \subseteq \mathbb{Q}^{n+1}$ を行列

$$\begin{pmatrix} w & \beta_1 & \beta_2 & \cdots & \beta_n \\ 0 & -1 & 0 & \cdots & 0 \\ 0 & 0 & -1 & \cdots & 0 \\ \vdots & \vdots & \vdots & \ddots & \vdots \\ 0 & 0 & 0 & \cdots & -1 \end{pmatrix} \in \mathbb{Q}^{(n+1)\times(n+1)}$$

の行 $f_0, \ldots, f_n \in \mathbb{Q}^{n+1}$ の生成する格子とする．これまでの議論では，格子を生成するベクトルは整数係数を持っていることを仮定していたが，このような有理数係数でも基底の簡約は機能する．$L = \sum_{0 \leq i \leq n} \mathbb{Z}f_i$ に対して既約基底を多項式時間で生成する．定理 16.9 の証明の $n+1$ 個の不等式を掛け算することにより，その最初のベクトル g は

$$\|g\|^{2(n+1)} \leq \|f_0^*\|^2 \cdot 2\|f_1^*\|^2 \cdots 2^n\|f_n^*\|^2 = 2^{n(n+1)/2}\|f_0^*\|^2 \cdots \|f_n^*\|^2$$

を満たすことがわかる．$f_0^*, \ldots, f_n^*$ は直交しているから，定理 16.5 (iv) より

$$\|g\| \leq 2^{n/4}(\|f_0^*\| \cdots \|f_n^*\|)^{1/(n+1)} = 2^{n/4} \left| \det \begin{pmatrix} f_0^* \\ \vdots \\ f_n^* \end{pmatrix} \right|^{1/(n+1)}$$

$$= 2^{n/4} \left| \det \begin{pmatrix} f_0 \\ \vdots \\ f_n \end{pmatrix} \right|^{1/(n+1)} = \varepsilon < 1$$

を得る．$g \in L$ だから，$q, p_1, \ldots, p_n \in \mathbb{Z}$ が存在して

$$g = qf_0 + \sum_{1 \leq i \leq n} p_i f_i = (qw, q\beta_1 - p_i, \ldots, q\beta_n - p_n)$$

となる．もし $q \leq 0$ なら g を $-g$ に取り替えて，$q \geq 0$ としてよい．$\|g\| \leq 1$ より $q \geq 1$ である．すべての i について $|\beta_i - p_i/q| \leq \|g\|/q \leq \varepsilon/q = q^{-1}Q^{-1/n}$ であり，$1 \leq q \leq \varepsilon/w = 2^{n(n+1)/4}\varepsilon^{-n} = 2^{n(n+1)/4}Q$．これは $2^{n(n+1)/4}$ を除

いて，Dirichlet の定理で保証されているものと同じぐらいである．この差は β_i のサイズには依存せず，その個数に依存している．

Lagrarias (1985) は以下のようなすべて整数の計算の変形アルゴリズムを与えた．入力はベクトル

$$\beta = (u_1/v_1, \ldots, u_n/v_n) \in \mathbb{Q}^n$$

である．任意の零でない $q \in \mathbb{Q}$ に対して，分母を q にしたときの最良の近似の質を

$$\{\{\beta q\}\} = \min_{q_1, \ldots, q_n \in \mathbb{Z}} \max_{1 \leq i \leq n} \left\{ \left| \frac{u_i}{v_i} - \frac{p_i}{q} \right| \right\}$$

と表す．p_i に対して単純に $u_i q/v_i$ に最も近い整数をとればよい．もう1つの入力は分母の上限 Q である．もし $1 \leq q^* \leq Q$ と $\varepsilon = \{\{\beta q^*\}\}$ を満たす分母が q^* の連立近似が存在するとするならば，たとえば Dirichlet の定理から存在が保証されているが，わからない場合，アルゴリズムはほとんど同程度の近似 q を生成する．

$$1 \leq q \leq 2^{n/2} QV \quad かつ \quad \{\{\beta q\}\} \leq \sqrt{5n} 2^{(n-1)/2} \varepsilon \tag{2}$$

$V = v_1, \ldots, v_n$ とおき，$\varepsilon > 0$ と仮定する．$j \in \{0, \ldots, n + \log_2(QV)\}$ に対して，行列

$$\begin{pmatrix} 2^j & QV\dfrac{u_1}{v_1} & QV\dfrac{u_2}{v_2} & \cdots & QV\dfrac{u_n}{v_n} \\ 0 & QV & 0 & \cdots & 0 \\ 0 & 0 & QV & \cdots & 0 \\ \vdots & \vdots & \vdots & & \vdots \\ 0 & 0 & 0 & \cdots & QV \end{pmatrix} \in \mathbb{Z}^{(n+1) \times (n+1)}$$

の行で生成される格子 $L \subseteq \mathbb{Z}^{n+1}$ を考える．下の n 個のベクトルは1つしか零でない成分を持たない．この基底に基底の簡約アルゴリズム 16.10 を走らせる，$x^{(j)} = (x_0^{(j)}, \ldots, x_n^{(j)}) \in \mathbb{Z}^{n+1}$ を返された短いベクトルとする．Lagrarias はある j について分母を $q = x_0^{(j)}$ とすると式 (2) を満たす近似を得られる．このアルゴリズムは全体として多項式時間である．

例17.1 Lagrarias の方法を 4.8 節の音楽的間隔 $2, 3/2, 4/3, 5/4, 6/5, 9/8$ の 2 を底とした対数に対して試してみよう．$\log_2 2 = 1$ と $\log_2(3/2) + \log_2(4/3) = 1$ だから，$\alpha_1 = \log_2(4/3) \approx 0.42$, $\alpha_2 = \log_2(5/4) \approx 0.32$, $\alpha_3 = \log_2(6/5) \approx 0.26$ と $\alpha_4 = \log_2(9/8) \approx 0.17$ に対して連立 Diophantine 近似を探せば十分である．初期近似 u_i/v_i を α_i の 10 進数展開を 2 桁で丸めたものとし，初期の連立 Diophantine 近似の共通分母を (上のアルゴリズムで必要な値のかわりに) $V = 100$ で始める．$Q = 1$, $j = 0$ とおいて，行列

$$\begin{pmatrix} 1 & 42 & 32 & 26 & 17 \\ 0 & 100 & 0 & 0 & 0 \\ 0 & 0 & 100 & 0 & 0 \\ 0 & 0 & 0 & 100 & 0 \\ 0 & 0 & 0 & 0 & 100 \end{pmatrix}$$

の行で生成される格子 $L \subseteq \mathbb{Z}^5$ を得る．アルゴリズム 16.10 で

$$\begin{pmatrix} 12 & 4 & -16 & 12 & 4 \\ -19 & 2 & -8 & 6 & -23 \\ 1 & 42 & 32 & 26 & 17 \\ 16 & -28 & 12 & 16 & -28 \\ 22 & 24 & 4 & -28 & -26 \end{pmatrix}$$

を計算する．これの行は L の既約基底をつくる．最初の 2 つの行の左端の成分が慣れ親しんだ共通分母 12 と次に最良の選択 19 をもたらす．◇

17.4 Mertens の反証

14.9 節において **Möbius の関数**を式 (11) で定義した．和 $M : \mathbb{N} \longrightarrow \mathbb{N}$ を $M(x) = \sum_{m \leq x} \mu(x)$ で与える．表 17.1 に最初の 15 の μ と M をあげておく．

Mertens (1987) には 10 000 までの値の表が含まれている，彼は任意の $x \in \mathbb{N}$ に対して $|M(x)| \leq \sqrt{x}$ であろうと予想した．同様の予想が 1985 年に Stieltjes によってなされている．

この予想は出し抜けに現れたように思えるが，解析的数論において Jacobi

表 17.1 $n \leq 15$ のときの $\mu(n)$ と $M(n)$ の値

n	1	2	3	4	5	6	7	8	9	10	11	12	13	14	15
$\mu(n)$	1	-1	-1	0	-1	1	-1	0	0	1	-1	0	-1	1	1
$M(n)$	1	0	-1	-1	-2	-1	-2	-2	-2	-1	-2	-2	-3	-2	-1

(18.6 節) 記号のようにとりうる値が $0, 1, -1$ (または絶対値が 0 か 1 の複素数値) の関数が研究され，その x までの和が $O(\sqrt{x})$ を絶対的上界に持つことが示されている．無作為な 1 と -1 の数列の和の絶対値に対しても同じことが成り立つ (練習問題 19.17；和自体の平均は 0 である)．実際，商 $M(x)/x$ は 0 に近づくことと μ が大雑把に同じ頻度で 1 と -1 を値にとることが同値である．この概念は楕円曲線の大きさの上界 (Hasse の定理 19.20) に動機づけられている．

Mertens は彼の予想が有名な Riemann 予想を含んでいることを証明した (注解 18.4)．さらに前の節のようなある種の (非同次) 連立 Diophantine 近似問題の非可解性に応用できることが知られていて，Riemann ゼータ関数の根に関係がある．ところが，Odlyzko & Riele (1985) は $\mathbb{R}^{70}$ の中の格子の基底の簡約を使ってこの近似問題が解を持つことを証明した．こうして Mertens 予想が反証された．彼らの計算は専門以外の人にもとても読みやすい．彼らの方法によると $\exp(10^{65})$ 程度の大きさに反例の x が存在すると予想される，現在のアルゴリズムではこのように大きな数の M は計算できない．我々にわかるのは $M(x) > 1.065\sqrt{x}$ を満たす x が存在することまでであり，そのような x は全くわからない．

注解

17.1 部分集合和問題が $\mathcal{NP}$ 完全であることは Karp (1972) により示された．Garey & Johnson (1979) の問題 SP13 を参照．Merkle & Hellman システムの攻撃に最初に成功したのは Shamir (1984) である．Lagrarias & Odlyzko (1985) は短いベクトル攻撃を記述し，Odlyzko (1990) はこの問題のすばらしい概観を与えた．他の部分集合和暗号システムが Graham & Shamir(説明は Shamir & Zippel (1980) を見よ), Lu & Lee (1979), Niederreiter (1986), Goodman & McAuley (1984), Ong, Schnorr & Shamir (1984) により提案されている．それらのほとんどが Adleman (1983), Birckell (1984, 1985) などにより 1980 年代に基底の簡約を利用して破られている．現在まですべてのアタックに耐えているナップザック型の暗号系は Chor

& Rivest (1988) の構成したものだけである．基底の簡約の暗号へのさらなる応用が Nguyen & Stern (2001) に述べられている．

17.2 Lagrarias (1984), §8 は暗号に関する擬似乱数発生器の概説である．

17.3 Dirichlet (1842) は誤差の上界が $q^{-(1+1/n)}$ の連立 Diophantine 近似の存在を証明した．Lagrarias (1982a, 1982b) は最良の近似に関する多くの結果を著した．Lagrarias (1985) はこの種のさまざまな問題の，仕様に依存した，多項式時間から $\mathcal{NP}$ 完全までの計算量を議論した．たとえば，次は $\mathcal{NP}$ 完全である．17.3 節のように $\beta \in \mathbb{Q}^n$ と整数 Q, s, t が与えられたとき分母が q の近似で $1 \leq q \leq Q$ かつ $\{\{\beta q\}\} \leq s/t$ を満たすものが存在するか．

練習問題

17.1 次のナップザック暗号系を考える．2 文字のペア $AA, AB, \ldots, AZ, BA, BB, \ldots, BZ, \ldots, ZA, ZB, \ldots, ZZ$ を数 $0, \ldots, 26^2 - 1 = 675$ の 10 ビットの 2 進数表現と同一視する．たとえば，ペア AL はビット列 $x_9 \cdots x_0 = 0000001011$ に対応する．長いメッセージは 2 文字のブロックに分割し，別々に処理する．

1. 秘密鍵は $c_9, \ldots, c_0, m, w \in \mathbb{N}$ で $0 \leq i \leq 8$ に対して $c_{i+1} \geq 2c_i$, $m > \sum_{0 \leq i \leq 9} c_i$ と $\gcd(w, m) = 1$ を満たす．
2. 公開鍵は $i = 0, \ldots, 9$ に対して $a_i = (wc_i \text{ rem } m) \in \mathbb{N}$ である．
3. ビット列 $x = x_9 x_8 \cdots x_0$ は $s = \sum_{0 \leq i \leq 9} x_i a_i$ で暗号化される．
4. 暗号文 s を復号化するために，$0 \leq t < m$ で $t \equiv w^{-1} s \bmod m$ を満たす $t \in \mathbb{N}$ を計算する．すると $t = \sum_{0 \leq i \leq 9} x_i c_i \in \mathbb{N}$ であり t から $x_9, \ldots, x_0$ を再構成できる．

(i) 暗号化と復号化の手続きを書け，鍵を $c_0 = 1$, $0 \leq i \leq 8$ のとき $c_{i+1} = 2c_i + 1$, $m = 9973$, $w = 2001$ としてメッセージ ALGEBRAISFUN を用いてそれらをチェックせよ．

(ii) ステップ 4 で $t = \sum_{0 \leq i \leq 9} x_i c_i$ が本当に成り立つことを示せ．

(iii) 読者は公開鍵

i	9	8	7	6	5	4	3	2	1	0
a_i	3208	8694	3335	1964	5982	2991	6199	5741	1698	8194

を知っている盗聴者であるとし，8 ブロックからなる次の (10 進数で表現される) 暗号文を傍受したとする．基底の簡約を用いてもとのメッセージを見つけることを試みよ．これにはすべてのブロックは必要ない．

25 323,   11 402,   18 182,   25 330,   24 037,   11 105,   30 405,   34 024

第 IV 部

Fermat

Pierre Fermat (1601–1665) は最も偉大なアマチュア数学者といわれている. Fermat は, Gascony の Beaumont–de–Lomagne で幼少時代を過ごし, 彼の生家は現在では博物館[*1)]になっている. 彼は, Orléans と Toulous で学び, 1631 年に参事官となり, その後, 地方議会の *conseiller du roi* (勅撰議員) の地位についた. それは王へのすべての請願が経由する立場でもあった. 彼は, ユグノー派新教徒を迫害から保護するなどの任務を帯びた *Édit de Nantes* としての職務を全うするため赴いていた Castres で没した. Fermat は, 生涯この分野で研究を続けていたにもかかわらず論文を書くことがなかった. それでも, 彼が生きた 17 世紀を通して (Newton についで) 第 2 位の数学者となった. Fermat は, 彼の数学的な発見を膨大な手紙で同時代の数学者に伝えた. そして, たいていは証明がなく, またときには, 問題形式になっていた. (Fermat が手紙をやり取りした数学者の中には René Descartes が含まれていた. Descartes は, 今日の Pál Erdös のように一所に定住することなく, 長年オランダのどこかに住んでおり, 空飛ぶオランダ人と呼ばれるほどだったため, パリの Marin Mersenne を通して Descartes と交信するしかなかった.)

Fermat はさまざまな分野のパイオニアであった. Fermat の平面曲線の接線を描く方法は, 後に Newton と Leibniz よりもたらされた解析学への一歩で

[*1)] worth de detour.

あった．彼は，Blaise Pascal と頻繁にやり取りをすることにより，1654 年頃確率論を創始した．導関数の零点としての関数の極値を決定し，これを用いて「最短時間の原理」に基づき異なる物質を通過する光の経路を計算した．この解析幾何の発見に関して，Fermat と Descartes の間には論争もあったが，間違いなく Fermat はそれを 3 次元で用いた最初の人物である．

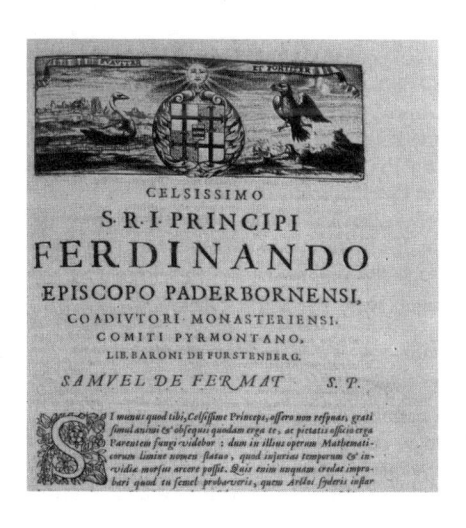

Fermat の最大の貢献は，そして，計算機代数に対する貢献というと，数論におけるものである．彼は，完全数や友愛数，そして，Pell–Fermat の方程式 $x^2 - ny^2 = 1$ に魅入られていた．Fermat は $4n+1$ の形の素数は 2 つの平方数の和としてただ 1 通りに表せることを発見した．たとえば，29 は $5^2 + 2^2$ と表すことができる．($4n-1$ の形をした自然数は 2 つの平方数の和にはならないことが簡単に示せる．練習問題 18.1 を見よ．) Fermat が発見した「無限降下法」を用いることにより，多くの Diophantine 方程式の (非) 可解性を決定できる．Fermat は 1640 年の 8 月頃に Bernard Frénicle de Bessy に宛てた手紙の中に $2^{2^0}+1=3$, $2^{2^1}+1=5$, $2^{2^2}+1=17$, $2^{2^3}+1=257$, $2^{2^4}+1=65\,537$ が素数であると書いた．彼は **Fermat 数** $F_n = 2^{2^n}+1$ はすべて素数であると予想した．実際には，彼の予想は間違っていた．彼が手紙に書いた数以降，少なくとも $n=23$ までの Fermat 数 F_n はすべて素数ではない (4.3 節を見よ)．だが，それはたいした問題ではない．なぜなら，Fermat はこの予想の

証明をしていないと手紙に書いていたからである．Fermat 数については，整数フーリエ変換で使われることなどが第8章で紹介され，また，第18章でも扱う．Fermat の業績については Weil (1984) に詳しく紹介されている．

Fermat を我々のささやかな殿堂に入れることになる定理とは，任意の素数 p と整数 a に対して，$a^{p-1}-1$ は p で割り切れるというものである．この定理は1640年10月18日付けの Frénicle に宛てた手紙に書かれていた：*Tout nombre premier mesure infailliblement une des puissance -1 de quelque progression que ce soit, et l'exposant de la dite puissance est sous-multiple du nombre premier donné -1*[*2)]. 彼は p が a を割り切る場合の等比級数 $a, a^2, a^3, \ldots$ を除かなければならないことを忘れていた．この本では，この定理とそのさまざまな一般化を「Fermat の小定理」と呼ぶことにする．これらは素数判定法や多項式や整数の因数分解で大変重要な役割を果たす（第14章，第18章，第19章）．Leibniz はこの結果を再発見し，1680年からの未発表のノートにその証明を残している（注解 4.4 を見よ）．Euler (1732/33, 1747/48) はその証明を初めて出版した．彼は Fermat 数の因数条件も導き，これにより F_5 の因数 641 を見つけることになった．

いよいよ，"Diophantus's *Arithmetic*" の Bachet による翻訳の Book II の 8 番目の問題，その問題は方程式 $x^2+y^2=z^2$ の有理数解を扱ったものだが，その問題脇の余白に書かれた Fermat の (悪) 名高い注意書きについて述べる：*Cubum autem in duos cubos, aut quadratoquadratum in duos eiusdem nominis fas est dividere; cuius rei demonstrationem mirabilem sane detexi. Hanc marginis exiguitas non caperet*[*3)]. この証明は 300 年以上も多くの数学者のアタックをかわし続け，Kummer のイデアル理論や「代数幾何」という大建築物の大部分の構築に息吹を与え，Taniyama–Weil 予想の特別な場合として「Fermat の最終定理」の Wiles による証明というクライマックスにつながった．(Wiles 1995, Taylor & Wiles 1995, 数学者向けの van der Poorten

---

[*2)] 任意の素数は常に任意の等比級数のあるべき乗から1引いた数を割り切り，このべき乗の指数はその素数から1引いた数の約数になっている．

[*3)] しかし，3乗は2つの3乗に分割することができないし，4乗は2つの4乗に分割することはできないし，一般に2乗よりも大きい任意のべき乗は2つの同じ指数のべき乗に分割することはできない．私はこの事実の真に驚くべき証明を発見した．余白はこれを書くには狭すぎる．

1996 と一般向けの Singh 1997 を参照せよ). Fermat が主張したことは後にすべて証明されたが,これだけは最後の1つとして未解決のまま残っていた.

彼の息子 Samuel de Fermat は, Fermat の注釈つきの "Diophant's *Arithmetic*" を出版し,また,1679年には "the *Varia opera methematica D. Petri de Fermat, Senatoris Tolosani*" を出版した. 663ページの図にある Ferdinand II. von Fürstenberg に献じた詞を要約すると次のようになる. 「Paderborn の司教, Coadiutor of Münster, Pyrmont の公爵にして Fürstenberg の自由男爵であらせられる Ferdinand 王子閣下に奉ります. Samuel de Fermat S.P. Motto より. 柔和にそして強靭に.」 Ferdinand II. (1626–1683) は Paderborn (ドイツ中北西部の都市) の科学の傑物で,1644年から1646年まで Paderborn 大学で学び,地域の歴史に関する書籍 "*Monumenta Paderbornensia*" を著し,当時の哲学者や科学者と交流し芸術家や建築家のスポンサーでもあった. 彼の邸宅は図 13.4 に示されている. Samuel de Fermat がこのような献辞をしたことから Ferdinand II. が *Varia opera* を財政的に支援したのではと思われる.

Samuel de Fermat は詩も掲載している. そのタイトルと最初の行は次のようである.

> *De Principis eiusdem præclaro*
> *Monumentorum Paderbornensium opere.*
>
> *Dum Paderæfontes æterno carmine Princeps*
> *Aonij celebrat spes columenque chori,*
> *Ut superat quæsic ponit monumenta, suisque*
> *Altius ipse aliud tollit ad astra modis!*[*4)]

[*4)] プリンスの高名な業績 *Monumenta Paderbornensia* について. プリンスは Muses のコーラスの希望であり柱であり, Pader 川の源流はプリンスの永遠の歌声とともに. プリンスはなんと高い記念塔を建立したことか, プリンスは (彼の寛容を通して) 彼の手で他の業績 (Fermat の *Opera*) を星まで高めた.

Il est remarquable qu'on déduise ainsi du calcul intégral une propriété essentielle des nombres premiers; mais toutes les vérités mathématiques sont liées les unes aux autres, et tous les moyens de les découvrir sont également admissibles.
Adrien-Marie Legendre (1830)

Can I get a witness
The Rolling Stones (1964)

No mathematician can now write on demand a prime with, say, 10 million digits, although one surely exists.
Stanisław Marcin Ulam (1964)

Such sentiments [half-credence in the supernatural] are seldom thoroughly stifled unless by reference to the doctrine of chance, or, as it is technically termed, the Calculus of Probabilities. Now this Calculus is, in its essence, purely mathematical; and thus we have the anomaly of the most rigidly exact in science applied to the shadow and spirituality of the most intangible in speculation.
Edgar Allan Poe (1842)

"Du har sagt det där förut", sa Kollberg torrt.
"Det är rena gissningen."—"Sannolikhetsprincipen."
Maj Sjöwall and Per Wahlöö (1967)

18
素 数 判 定

　ある整数が素数であるかどうかを知りたいとする．もちろん，素因数分解することによって知ることができる．読者の皆さんはほかによい方法が思いつくだろうか．実際に，よい方法は存在する．現在我々が知る限りにおいて，素因数分解よりずっと容易に素数判定ができるということは，この分野における重大な発見の 1 つである．たった 300 桁の整数を素因数分解することでさえ一般には実行不可能であるのに対して，何千桁の整数の素数判定は実行可能である．

　この章では効率的な素数判定確率アルゴリズムを紹介し，次の章では因数分解に関する話題を扱う．この素数判定確率アルゴリズムを応用すると，モジュラアルゴリズムや現代暗号において必要となる大きな素数の生成が容易にできる．他の素数判定法についても簡単な議論を行う．

　Mersenne 数 $M_n = 2^n - 1$ のような特殊な形式の数については，19 世紀から効率的な素数判定法が知られてきた．実際，そのときどきにおいて知られている最大の素数は，たいてい Mersenne 素数であった．2001 年 11 月 14 日，Michael Cameron は 39 番目の Mersenne 素数 $M_{13\,466\,917}$ を発見した．その素数は 4 053 946 桁である．この (執筆時の) 世界記録は George Woltman と Scott Kurowski によるソフトウェアに基づく G.I.M.P.S (Great Internet Mersenne Prime Search) の成果でもある．このプロジェクトは，世界中の 2 万台ものコンピュータの余っている計算資源をかき集めて，1 秒間に約 720 億回の計算を実行する．「インターネットコンピューティング」という新しいパラダイムは素因数分解の分野で始まり，そして，将来このような容易に分散可能な問題の非常に大きなインスタンスを見つけることになるかもしれない．

18.1 整数の乗法位数

整数 $N \in \mathbb{N}_{\geq 2}$ が**素数**であるとは,任意の $a, b \in \mathbb{Z}$ に対して,$N|ab$ ならば $N|a$ あるいは $N|b$ となるときをいう.あるいは,任意の $a, b \in \mathbb{Z}$ に対して,$ab = N$ ならば $a \in \{1, -1\}$ あるいは $b \in \{1, -1\}$ となるときともいえる (25.2 節).それ以外の整数 $N \geq 2$ は**合成数**という.(1 は,素数でも合成数でもなく,単位元である.環 $\mathbb{Z}$ において -5 は 5 と同様に素数である.3.1 節の同伴の議論を見よ.) 次の基礎的な事実により,素数はすべての整数に対する「構成要素」となる.

算術の基本定理 (Fundamental theorem of arithmetic)
任意の正整数は正の素因数の積として書き表すことができる.この表現は,素因数の順序を除き一意である.いいかえれば,$\mathbb{Z}$ は一意分解整域である.

素数の概念は,Pythagorous 学派 (紀元前 500 年頃) に知られており,Euclid の『原論』の IX 巻には,素数が無限に存在することの有名な証明が記述されている.

この章では,主に,与えられた整数 N が素数であるかどうかの判定法を扱う.紀元前 3 世紀に,すでに Eratosthenes により知られていた $\sqrt{N}$ までのすべての整数で割るという方法よりもよい方法があるだろうか? 答えはイエスであり,実際に素数と合成関数を識別する効率的な確率的アルゴリズムが存在し,結果として,素数の集合は確率的多項式時間で認識可能である.より正確にいえば,これは計算量クラス $\mathcal{ZPP}$ に属する.

次の事実を確認しておく.$\mathbb{Z}_N^\times = \{a \bmod N \in \mathbb{Z}_N : \gcd(a, N) = 1\}$ は $\mathbb{Z}_N = \mathbb{Z}/N\mathbb{Z}$ における単元の乗法群である.環の単元とは,その環において逆元を持つ要素のことである.$\mathbb{Z}_N^\times$ の元は,要素数 $\varphi(N) = \sharp \mathbb{Z}_N^\times$ の乗法群を形成する.φ は **Euler の関数**である.$p_1, \cdots, p_r$ は異なる正の素数,$e_1, \cdots, e_r$ は正整数で,N の素因数分解が $N = p_1^{e_1} \cdots p_r^{e_r}$ となっているとき,中国剰余定理 5.3 より $\mathbb{Z}_N \cong \mathbb{Z}_{p_1^{e_1}} \times \cdots \times \mathbb{Z}_{p_r^{e_r}}$ (環同型) かつ,$\mathbb{Z}_N^\times \cong \mathbb{Z}_{p_1^{e_1}}^\times \times \cdots \times \mathbb{Z}_{p_r^{e_r}}^\times$ (群同

18.1 整数の乗法位数

型) が成り立つ. N が素数ならば, $\mathbb{Z}_N$ は体であり, $\mathbb{Z}_N^\times$ は位数 $\varphi(N) = N - 1$ の群である. $N = p^e$ が素数のべき乗ならば $\varphi(N) = p^{e-1}(p-1)$ であり, 一般に, 系 5.6 により, $\varphi(N) = p_1^{e_1-1} \cdot (p_1 - 1) \cdots p_r^{e_r-1} \cdot (p_r - 1)$ である.

素数 N と N と互いに素な任意の $a \in \mathbb{Z}$ に対して, $a^{N-1} \equiv 1 \bmod N$ が成り立つという **Fermat の小定理** 4.9 が中心的な役割を果たす. 互いに素な a, N に対して, N を法とした a の**位数** $\mathrm{ord}_N(a)$ を $a^k \equiv 1 \bmod N$ となる最小の整数 $k \geq 1$ と定義する. Fermat の小定理を一般化した **Euler の定理** は $a^{\varphi(N)} \equiv 1 \bmod N$ が成り立つというものであり, これは, Lagrange の定理 (25.1 節) から導かれる. このような位数の「上界」のほかに, 下界も必要である.

補題 18.1 $N \in \mathbb{N}_{\geq 2}$ とする.

(i) $a \in \mathbb{Z}$ は N と互いに素で $k \in \mathbb{N}$ が $a^k \equiv 1 \bmod N$ を満たすならば, $\mathrm{ord}_N(a)$ は k を割り切る. 特に, $\mathrm{ord}_N(a)$ は $\varphi(N)$ を割り切る.

(ii) p は素数で, $e \in \mathbb{N}_{\geq 2}$, $N = p^e$, $a = 1 + p^{e-1}$ が成り立つとすると, $\mathrm{ord}_N(a) = p$ である.

証明 (i) $e = \mathrm{ord}_N(a)$ とし, k を e で割った余りを r とする. つまり, $k = qe + r$ ($0 \leq r < e$) とする. このとき, $a^r = a^{k-qe} = a^k \cdot (a^e)^{-q} \equiv 1 \bmod N$ となり, よって, $r = 0$ となる. Euler の定理より, $a^{\varphi(N)} \equiv 1 \bmod N$ となり, (i) を得る.

(ii) まず
$$a^p \equiv \sum_{0 \leq i \leq p} \binom{p}{i} p^{(e-1)i} \equiv 1 \bmod p^e$$
が成り立つ. (i) より, $\mathrm{ord}_N(a)$ は 1 か p となり, $a \not\equiv 1 \bmod N$ から証明される. □

もし p が素数ならば, 8.2 節の言葉を用いると, $\mathbb{F}_p$ において $a \bmod N \in \mathbb{Z}_n$ が単位元の原始 k 乗根となるのは, $p \nmid a$ かつ $\mathrm{ord}_p(a) = k$ となるとき, かつそのときに限る.

18.2 Fermat テスト

偶数の素数性判定はとても容易であるので，ここからは，$N \in \mathbb{N}_{\geq 3}$ を奇数とする．$a \operatorname{rem} N \in \mathbb{N}$ は a を N で割ったときの余りであり，$0 \leq a \operatorname{rem} N < N$ である．$a \bmod N \in \mathbb{N}$ と表すのに $a \operatorname{rem} N$ を用いることがあるが，この2つの対象は異なる領域で息づいている．Fermat の小定理を利用して素数性を判定する **Fermat テスト**を紹介する．

アルゴリズム 18.2　Fermat テスト

入力：奇数である整数 $N \geq 3$．
出力：「合成数」か「おそらく素数」．
1. $a \in \{2, \ldots, N-2\}$ を一様ランダムに選ぶ
2. **call** 平方を繰り返すアルゴリズム 4.8，$b = a^{N-1} \operatorname{rem} N$ を計算
3. **if** $b \neq 1$ **then return**「合成数」**else return**「おそらく素数」

---

a と N が互いに素でなければ b と N も互いに素ではないので，アルゴリズムは必ず正しく「合成数」と返す．よって，$\gcd(a, N) = 1$ と仮定する．すると，Fermat の小定理より，Fermat テストの結果が「合成数」の場合は，その答えは必ず正しい．「おそらく素数」の場合は，正しいこともあれば間違ってることもある．間違いがどのような場合にどのような理由によって起こるのかを理解する必要がある．この目的のために，次の $\mathbb{Z}_N^\times$ の部分群

$$L_N = \{u \in \mathbb{Z}_N^\times : u^{N-1} = 1\}$$

を考える．明らかに L_N は群であり，Fermat の小定理から N が素数ならば，$L_N = \mathbb{Z}_N^\times$ である．$L_N \neq \mathbb{Z}_N^\times$ ならば，$\sharp L_N \leq \frac{1}{2} \sharp \mathbb{Z}_N^\times$ である．なぜならば，有限群のサイズは，Lagrange の定理 (25.1 節) より，その任意の部分群のサイズの整数倍だからである．ステップ 1 で N を法として選択された a が $\mathbb{Z}_N^\times \setminus L_N$ に属していれば，Fermat テストは「合成関数」を返す．このような a や剰余類

$a \bmod N$ のことを，N が合成数であることの **Fermat witness** と呼ぶ．同様に，$a \bmod N \in L_N$ ならば a を（そして，$a \bmod N$ も）N の **Fermat liar** と呼ぶ．

ある Fermat witness を見つけることができれば，たとえ N の素因数を知らなくても N が合成数であることが保証できる．必要とされる計算はかなり簡単なものである．すでに 663 ページで歴史に名高い例を紹介した．最初の 5 つの **Fermat 数**，$n = 0, 1, 2, 3, 4$ に対する $F_n = 2^{2^n} + 1$ は素数である．Pierre Fermat は 1640 年 8 月にこのような数はすべて素数であると予想した．一方，彼が手紙の中で有名な小定理について書いたのは，1640 年 10 月 18 日のことであった．しかしながら，$3^{2^{32}} \equiv 1\,461\,798\,105 \neq 1 \bmod 2^{32} + 1$ である．したがって，Fermat の小定理より Fermat の予想は誤りである．必要な計算は，10 桁の数 $2^{32} + 1$ を法とした掛け算を 32 回行うことである（この計算はワークステーションで数ミリ秒で終わる）．4.3 節において，Euler が F_5 の因数 641 をいかにして見つけたかを紹介した．「ほとんどの」合成数 N に対して，ほとんどの a は Fermat witness である．Fermat 数の因数分解における印象的な最近の進歩を 19.1 節で紹介する．

このテストが十分なものであるとよいのだが，N が合成数でかつ $L_N = \mathbb{Z}_N^\times$ ならば，明らかにうまくいかない．では，そのような数が存在するのであろうか．実際にそのような数は存在し，**Carmichael 数**を合成数 N で $L_N = \mathbb{Z}_N^\times$ となるものと定義する．いいかえると，Carmichael 数は Fermat witness を 1 つも持たない合成数である．

計算の手間を解析するため，長さ n の 2 つの整数を掛け算するのに必要な時間 $\mathsf{M}(n)$（定義 8.26）について思い出してほしい．$\mathsf{M}(n) \in O(n \log n \log \log n)$ を使うが，読者は $\mathsf{M}(n) \in O(n^2)$ である古典的な掛け算を考えてもよい（見返しを参照）．

定理 18.3 N が素数であれば Fermat テスト 18.2 は「おそらく素数」を返す．N が合成数で Carmichael 数でないならば，少なくとも $1/2$ の確率で「合成数」を返す．このアルゴリズムは $O(\log N \cdot \mathsf{M}(\log N))$ 回の語演算で実行できる．

証明 $\gcd(a, N) > 1$ ならば，$\gcd(b, N) > 1$ でもあり，Fermat テストは「合成数」を返すので，a と N が互いに素の場合だけを考えればよい．N が合成数でかつ Carmichael 数でないならば，上述したように $\sharp L_N \leq \varphi(N)/2$ であるので，ステップ 1 において選択した a が Fermat witness である確率は少なくとも $1/2$ である．ステップ 2 での繰り返し平方は $O(\log N)$ 回の N を法とした掛け算，あるいは，$O(\log N \mathsf{M}(\log N))$ 回の語演算で実行可能であるので，実行時間の上界が得られる．□

N が Carmichael 数の場合には Fermat テストは「おそらく素数」と「合成数」のいずれも返す可能性がある．また，「合成数」を返すのは $\gcd(a, N) > 1$ の場合のみである．

18.3　強擬素数性判定テスト

Carmichael 数が提起した難題に対してどのように対処すればよいだろうか．Pomerance (1990b) は「Fermat 合同を使うのはあまりにも単純すぎて，反例が少なすぎるので残念ながらあきらめるしかなさそうに思える．」と嘆いている．

さあ，劇的な方法で Fermat テストの欠点を克服しよう．新しいテストは素数と Carmichael 数を区別するばかりでなく，これらの一見難しそうな数を確率的多項式時間で因数分解する．一般に整数の因数分解は素数性の判定よりもずっと難しく，結局これらの数は全く無害になる．

補題 18.4　任意の Carmichael 数は平方自由である．

証明 p を素数とし，p が Carmichael 数 N をちょうど e (≥ 2) 回割れるものと仮定する．中国剰余定理より，$a \in \mathbb{Z}$ が存在して，$a \equiv 1 + p^{e-1} \bmod p^e$ かつ $a \equiv 1 \bmod N/p^e$ となる．すると，系 18.1 より a は p^e を法として位数 p となり，N を法としても同様のことがいえる．$a^{N-1} \equiv 1 \bmod N$ であるので，同じ系より p は $N-1$ を割り切ることが導かれる．p は N も割り切るので，矛盾と

なり，よって証明される．□

練習問題 18.9 は，N が Carmichael 数であることと N が平方数の因数を持たず，任意の N の素因数 p に対して $p-1$ は $N-1$ を割り切ることとは必要十分であることと，Carmichael 数は少なくとも 3 つの素因数を持つこととを示している．最初の 3 つの Carmichael 数は $561 = 3 \cdot 11 \cdot 17$, $1105 = 5 \cdot 13 \cdot 17$, $1729 = 7 \cdot 13 \cdot 19$ である．

次のアルゴリズムは Fermat テストを改善するもので，Fermat テストのように必ず間違った出力を返す入力は存在しない．Carmichael 数に対して実行すると，それを高い確率で合成数と判定するばかりでなくその真の因数を見つける．

アルゴリズム 18.5 強擬素数性判定テスト

入力：奇数 $N \geq 3$.
出力：「合成数」か「おそらく素数」か「N の真の因数」．

1. $a \in \{2, \ldots N-2\}$ を一様ランダムに選ぶ
2. $g \longleftarrow \gcd(a, N)$
   if $g > 1$ **then return** g
3. $N-1$ を $2^v m$ で書き表す，ただし，$v, m \in \mathbb{N}$, $v \geq 1$, m は奇数
   call 繰り返し平方するアルゴリズム 4.8, $b_0 = a^m \operatorname{rem} N$ を計算する
   if $b_0 = 1$ **then return** 「おそらく素数」
4. **for** $i = 1, \ldots, v$ **do** $b_i \longleftarrow b_{i-1}^2 \operatorname{rem} N$
5. **if** $b_v = 1$ **then** $j \longleftarrow \min\{0 \leq i < v : b_{i+1} = 1\}$
   else return 「合成数」
6. $g \longleftarrow \gcd(b_j + 1, N)$
   if $g = 1$ または $g = N$ **then return** 「おそらく素数」**else return** g

---

定理 18.6 N が素数ならばアルゴリズム 18.5 は「おそらく素数」を返す．N が

合成数で Carmichael 数でないならばアルゴリズム 18.5 は少なくとも 1/2 の確率で「合成数」を返す．N が Carmichael 数ならばアルゴリズム 18.5 は少なくとも 1/2 の確率で N の真の因数を返す．このアルゴリズムは $O(\log N \mathsf{M}(\log N))$ の語演算で実行できる．

証明 帰納法により，任意の $0 \leq i \leq v$ に対して，$b_i \equiv a^{2^i m} \bmod N$ を得る．特に，$b_v \equiv a^{N-1} \bmod N$ である．任意の i に対して，$b_{i-1} = 1$ ならば $b_i = 1$ である．N が合成数で Carmichael 数でないならば，少なくとも 1/2 の確率で，a は N の Fermat witness となるので，$b_v \neq 1$ となり，アルゴリズムはステップ 5 で「合成数」を返す．次に，N が素数であると仮定する．すると $b_v = 1$ となる．$b_0 = 1$ ならばアルゴリズムはステップ 3 で正しく「おそらく素数」を返す．そうでなければ，ステップ 6 において $b_j \neq 1$ かつ $b_j^2 \equiv b_{j+1} = 1 \bmod N$ を得る．補題 25.4 より，多項式 $x^2 - 1 \in \mathbb{Z}_N[x]$ は高々 2 つの零を持つ．よって，N を法とした 1 の平方根は 1 と -1 だけであり，$b_j = N - 1$ かつ $g = N$ となり，ステップ 6 で正しい結果が返される．

最後の場合は N が Carmichael 数のときである．P を N の素因数の集合とする．N は平方自由なので，$N = \prod_{p \in P} p$ とおける．集合

$$I = \{i : 0 \leq i \leq v \text{ かつ } \forall u \in \mathbb{Z}_N^\times \ u^{2^i m} = 1\}$$

を考える．すると，Carmichael 数の定義より，$v \in I$ となり，$i \in I$ かつ $i < v$ となる任意の i に対して $i + 1 \in I$ となる．m は奇数なので，$(-1)^m = -1 \neq 1$ であり，$0 \notin I$ を得る．よって，ある $l < v$ が存在して $l \notin I$ かつ $l + 1 \in I$ となる．(つまり，$0, \ldots, l \notin I$ かつ $l + 1, \ldots, v \in I$ となる．) さて，

$$G = \{u \in \mathbb{Z}_N^\times : u^{2^l m} = \pm 1\} \subseteq \mathbb{Z}_N^\times$$

とおく．これは $\mathbb{Z}_N^\times$ の部分群であるが，これから $G \neq \mathbb{Z}_N^\times$ を示す．ある $p \in P$ と p に素な $b \in \mathbb{Z}$ で $b^{2^l m} \not\equiv 1 \bmod p$ となるものが存在する．なぜならば，もし存在しないなら $l \in I$ となるからである．このような p と b をとる．中国剰余定理より，$c \equiv b \bmod p$ かつ $c \equiv 1 \bmod N/p$ となる $c \in \mathbb{Z}$ が存在する．よっ

て $c \bmod N \in \mathbb{Z}_N^\times \backslash G$ となる. 真の部分群であることから, G の要素数は高々 $\sharp \mathbb{Z}_N^\times / 2 = \varphi(N)/2$ である.

ステップ 1 で選ばれた a が $a \bmod N \in \mathbb{Z}_N^\times \backslash G$ を満たすならば, アルゴリズムは N の真の因数を見つけることを示す. $b_{l+1} \equiv a^{2^{l+1}m} \equiv 1 \bmod N$ という事実から任意の $p \in P$ に対しても $b_{l+1} \equiv 1 \bmod p$ となる. 再び, p を法として 1 の平方根は 1 と -1 だけであることより, それぞれの p に対して $a^{2^l m} \bmod p$ は 1 か -1 となる. $b_l \bmod N = a^{2^l m} \bmod N$ は 1 でも -1 でもないので, 両方の可能性はいずれも実際に起き, ステップ 5 において $j = l$ であり,

$$g = \gcd(b_l + 1, N) = \prod_{\substack{p \in P \\ a^{2^l m} \equiv -1 \bmod p}} p$$

は N の真の因数となる. $\sharp(\mathbb{Z}_N^\times \backslash G) \geq \varphi(N)/2$ から確率の下界を得る.

11.1 節の終わりの議論と同様に, ステップ 2 とステップ 6 の語演算回数は $O(\mathbf{M}(\log N) \log \log N)$ であり, ステップ 3 とステップ 4 のコストは N を法とした乗算で $O(\log N)$, あるいは, $O(\log N \mathbf{M}(\log N))$ 回の語演算となり, 時間評価を得る. □

N が合成数なら, アルゴリズム 18.5 が「合成数」か N の真の因数を出力するような N と素な数 $a \in \{1, \ldots, N-1\}$ は N が合成数であることの**強 witness** と呼ばれ, 「おそらく素数」が出力されるときは**強 liar** と呼ばれる. 我々はこれら 2 つの用語を $a \bmod N$ の剰余類に対しても用いる. すべての Fermat witness は強 witness である.

誤り確率を与えられた正数 ε 以下にするためには, このテストを独立に $\lceil \log_2 \varepsilon^{-1} \rceil$ 回実行し, すべての試行で「おそらく素数」なら「おそらく素数」を出力し, そうでなければ「合成数」かその因数を出力すればよい.

入力 N に対して, 素数性テストが「おそらく素数」を出力したとすると, それはどのような意味であろうか. N は「おそらく素数」というものなのであろうか. もちろん違う. N は素数であるか, そうでないかのいずれかである.「おそらく」というのはアルゴリズムの中で確率的な選択をしたことに関連している. (このことと入力に確率分布を仮定する「平均解析」という弱い概念と混同

してはならない.）もし 1001 回このテストを実行したとすると，N が素数でないならば「おそらく素数」という事象が観察される確率は高々 2^{-1001} という意味になる．もしあなたがこのような工業用強度の素数性判定に安全性が依存する航空機に搭乗したとすると，他の原因で事故が発生する確率の方が高いので，素数性テストが確率的であることを過度に心配する必要はない；-)

練習問題 18.6 では，少し変更を加えると Fermat テストも強擬素数性判定テストも $N = p^e$ が素数のべきのときに素因数 p を発見することを示す．練習問題 18.12 では，このアルゴリズムをどのように変更すれば Carmicahel 数のすべての素因数を見つけるようにできるかを示す．一般に Carmichael 数の因数は Carmichael 数となるわけではない．

18.4 素 数 発 見

この本の中でも紹介したモジュラアルゴリズムや暗号において，ある仕様を満たす素数が必要となる．たとえば，ある整数 n が与えられ，n ビットの素数が必要ということである．この節では，このようなさまざまなタスクをこなすための道具や素数を使うアルゴリズムのコストを評価するための系を与える．すべてではないが多くの場合，このコストはアルゴリズム全体で使う時間に比べて無視できるほど小さい．

解析数論における有名な**素数定理**は，自然数の 1 からの区間にいくつの素数が存在するかを近似する．この定理は 2 つの関数

$$\pi(x) = \sharp\{p \in \mathbb{N} : p \leq x, p \text{ は素数}\}, \quad p_n = n \text{ 番目の素数}$$

を使って等価な 2 通りの方法で記述されることがある．ただし，$x \in \mathbb{R}_{>0}$ かつ $n \in \mathbb{N}_{>0}$（したがって $p_1 = 2$）である．この証明は本書が扱う範囲から外れている．

定理 18.7 素数定理 $\ln$ を底が e の対数とする．すると，

$$\pi(x) \approx \frac{x}{\ln x}, \quad p_n \approx n \ln n$$

という近似を得る．もう少し正確に記述すると

$$\frac{x}{\ln x}\left(1+\frac{1}{2\ln x}\right) < \pi(x) < \frac{x}{\ln x}\left(1+\frac{3}{2\ln x}\right) \quad \text{if } x \geq 59$$

$$n\left(\ln n+\ln\ln n-\frac{3}{2}\right) < p_n < n\left(\ln n+\ln\ln n-\frac{1}{2}\right) \quad \text{if } n \geq 20$$

となる．

最初の主張は，x に近い整数をランダムに選ぶとおおよそ $(\ln x)^{-1}$ の確率で素数になるといっている．もし n ビット整数をランダムに選び素数性をテストすると，おおよそ $n \cdot \ln 2$ 回の試行で素数を見つけることが期待できる．この節を通して，"ln" は素数論にしたがい「自然」対数であるが，実行時間を見積もる際の "O" 記法の中では，ちぐはぐにはなるが "log" を使い続ける．

ある大きな素数 p を，たとえば，B が与えられたとき $B<p<2B$ なる大きな素数 p を見つけるために，単純に与えられた範囲から一様ランダムに整数 p を選びテストをし，与えられた k に対して，k 回テストをパスした最初の数を返すものとする．任意の合成数に対して，このテストが「おそらく素数」を返す確率は高々 2^{-k} である．出力が素数である確率は少なくとも $1-2^{-k}$ であると結論づけたくなるかもしれない．しかし，この考えは当てにならない．B と $2B$ の間にほとんど素数がないような状況，たとえば，ちょうど1個しかないような状況を想像してほしい．そうすると小さな k に対しては，素数よりも合成数を受け取ることが多いかもしれない．こうして素数の密度が次の結果には入る．

定理 18.8 任意の正整数 B, k に対して，上述の手続きの出力は少なくとも $1-2^{-k+1}\ln B$ の確率で素数となる．この手続きの実行に要する語演算数の期待値は $O(k(\log^2 B)\mathsf{M}(\log B))$ である．

証明 ここでの確率空間は，手続き中のランダムな選択すべての集合である．

素数定理より，ここで考えている素数の集合 P の要素数は，$B \geq 6$ のとき，

$$\sharp P = \pi(2B) - \pi(B) \geq \frac{B}{\ln B}\left(1 - \frac{3}{\ln B}\right) \geq \frac{B}{2\ln B} \tag{1}$$

となる (練習問題 18.18). したがって，$B+1$ と $2B$ の間からランダムに選択した整数は，少なくとも

$$\frac{\sharp P}{B} \geq \frac{1}{2\ln B}$$

の確率で素数となる. ランダムに選択した整数が合成数となる事象を C で，k 回のテストすべてで「おそらく素数」となる事象を T で表すことにする. すると $\text{prob}(p\,\text{が素数}) \leq \text{prob}(T)$ となり，条件つき確率 $q = \text{prob}(C \cap T)/\text{prob}(T)$ (25.6 節) を考えると，

$$\begin{aligned} (2\ln B)^{-1} \cdot q &\leq \text{prob}(p\,\text{が素数}) \cdot q \leq \text{prob}(T) \cdot q \\ &= \text{prob}(C \cap T) \leq \text{prob}(C \cap T)/\text{prob}(C) \leq 2^{-k} \end{aligned}$$

となり，このことから確率を見積もることができる. 整数を選択する回数の期待値は高々 $2\ln B$ となる. 定理 18.6 より，それぞれの選択におけるコストは $O(k \log B \cdot \mathsf{M}(\log B))$ 回の語演算であり，$B \geq 6$ の場合が証明される. $B \in \{1, \ldots, 5\}$ の場合は，$2, 3, 5, 7$ の 1 つを選ぶように手続きを変更すればよい. □

この手続きは，ある整数とそれを 2 倍した整数の間には必ず素数があるという **Bertrand の公準** の効率的な計算バージョンと見ることもできる. 式 (1) の評価は B の値が大きな場合にはあまりにも悲観的である. $\sharp P \approx B/\ln B$ とするのがより現実的な仮定である.

6.9 節において，零でない多項式はランダムに点を選ぶとおそらく非零となることを証明した. ここで，モジュラアルゴリズムに対するこの重要な道具の整数バージョンを与える. ある点で多項式を評価し，ある素数の余りを得るのは似たような操作である. $n = 1$ の場合に "$f \equiv 0 \bmod x - u$" を $f(u) = 0$ と書くことにすると，次は，補題 6.44 の整数版である.

補題 18.9 $P \subseteq \mathbb{N}$ を素数の空でない有限集合とし，$a = \min P$, $M \in \mathbb{Z}$ を $0 \neq$

$|M| \leq C$ を満たす整数とする．p は P から一様ランダムに選択されたとすると

$$\operatorname{prob}\{M \equiv 0 \bmod p : p \in P\} \leq \frac{\log_a C}{\sharp P} \tag{2}$$

となる．

証明 M を割り切る P の素数は高々 $\log_a |P| \leq \log_a C$ 個しか存在しない． □

さて，行列式に対するモジュラアルゴリズム (5.5 節)，最大公約数アルゴリズムや拡張 Euclid アルゴリズム (第 6 章)，根発見 (14.5 節と 15.6 節)，$\mathbb{Z}[x]$ における因数分解 (第 15 章と第 16 章)，そして，暗号系の構成要素を提供するときがきた．そう，適切な素数を見つける方法である．表 18.1 はコストと要求とをまとめたものである．最後から 2 番目のアルゴリズムは 16.5 節で明確に扱ったわけでない．基本的に，アルゴリズム 16.22 の最初の 4 ステップを大きな素数アルゴリズム 15.2 の最初の 3 ステップにおきかえたものである．表の 4 列目を見ると，ほとんどのアルゴリズムにおいて，1 つあるいはわずかの小さな素数を見つける時間は，大きな素数を見つける時間に比べてとても短いことがわ

表 18.1 次数 (や次元) が n で最大ノルムが高々 A の入力に対するさまざまなモジュラアルゴリズムのコストと素数が満たすべき要求．小さな素数と素数のべきに対するすべてのアルゴリズムについて，$r \in O(n \log (nA))$ である．ある大きな素数に対するアルゴリズムについて，p は語長が $O(n \log(nA))$ のある中間結果を割り切らないという要求が追加される．最後の列は素数を発見するステージ以外の実行時間である．この表のコストはすべて高速な算術演算を用い，対数の項は無視している．

	モジュラアルゴリズム	素数が満たすべき要求	コスト 素数発見	アルゴリズム
行列式	大きな素数 §5.5	$p > 2n^{n/2}A^n$	$n^3 \log^3 A$	$n^4 \log A$
	小さな素数 5.10	$p_1, \ldots, p_r < 2r \ln r$	$n \log A$	$n^4 \log A$
gcd	大きな素数 6.34	$p > \sqrt{n+1} \cdot 2^{n+1} A^2$	$n^3 + \log^3 A$	$n^2 + n \log A$
	小さな素数 6.38	$p_1, \ldots, p_r < 2r \ln r$	$n \log A$	$n^2 + n \log A$
EEA	小さな素数 6.57	$p_1, \ldots, p_r < 2r \ln r$	$n \log A$	$n^3 \log A$
根発見	大きな素数 14.17	$p > 2n(A^2 + A)$	$\log^3 A$	$n^2 \log A + n \log^2 A$
	素数のべき §15.6	$p < 2r \ln r$	$n \log A$	$n^2 \log A$
因数分解	大きな素数 16.22	$p > \sqrt{n+1} \cdot 2^{n+1} A^2$	$n^3 + \log^3 A$	$n^10 + n^8 \log^2 A$
	素数のべき 16.22	$p < 2r \ln r$	$n \log A$	$n^10 + n^8 \log^2 A$

かる．後で議論するように，実際的には，小さな素数のリストを前もって作成することがある．しかしながら，小さな素数や素数のべきに対するアルゴリズムの残りのステージにおいても大きな素数に対するアルゴリズムの対応するステージよりも高速である．理論的にはわずかに対数の項でしか違いがなく，表 18.1 最後の列では明らかにもなっていないが，実際にははっきりと目に見える違いがある (6.13 節を見よ)．

定理 18.10

(i) 語長 β の任意の正整数 $B \in \mathbb{N}$ に対して，$B+1$ と $2B$ の間の素数を少なくとも 3/4 の確率で出力する確率アルゴリズムが存在する．さらに，$M \in \mathbb{Z}$ が $6\ln|M| \leq B$ となる 0 でない数であるならば，少なくとも 1/2 の確率で p は素数でかつ M を割り切らない．そのアルゴリズムの実行時間は語演算で $O(\beta^2 \cdot \mathsf{M}(\beta) \log \beta)$ 回となる．

(ii) $r \in \mathbb{N}$ に対して，最初の r 個の素数 $p_1 = 2, \ldots, p_r \in \mathbb{N}$ を $O(r \log^2 r \log \log r)$ 回の語演算で決定的に計算でき，$r \geq 2$ ならばそれぞれの素数は $2r \ln r$ より小さい．

証明 (i) $B \geq 6$ ならば，定理 18.8 で $k = 2 + \lceil \log_2 \ln B \rceil$ とすると最初の主張が得られる．補題 18.9 と式 (1) から見つけた素数 p が M を割り切る確率は高々

$$\frac{\log_B C}{\sharp P} \leq \frac{\ln C \cdot 2 \ln B}{\ln B \cdot B} \leq \frac{1}{3}$$

となる．それゆえ，p が要求される性質を持つ確率は少なくとも $\frac{3}{4}(1 - \frac{1}{3}) = \frac{1}{2}$ である．$B \in \{1, \ldots, 5\}$ ならば，$|M| \leq \lceil e^{B/6} \rceil \leq B$ となり，$B+1$ と $2B$ の間の素数が M を割り切ることはなく，p として $2, 3, 5, 7$ のいずれかをとればよい．

(ii) 素数定理 18.7 から，$r \geq 20$ に対して $p_r < r(\ln r + \ln \ln r - 1/2) \leq 2r \ln r$ を得る．実際，任意の $r \geq 2$ に対して $p_r < 2r \ln r$ である．次のように **Eratosthenes の篩い**により素数を見つけることができる．$x = 2r \ln r$ 以下のすべての整数のリストを書く．そして，(2 以外の) すべての偶数を線で消し，

すべての 3 の倍数を線で消し，すべての 5 の倍数を線で消しと，$\sqrt{x}$ 以下のすべての素数に対して同じことを行う．残った整数は $\sqrt{x}$ 以下の素数で割り切れないので，それらは素数である．コストは，それぞれの素数 $p \leq \sqrt{x}$ に対して $\lfloor x/p \rfloor$ ステップとなり，合計は Rosser & Schoenfeld (1962) の式 (3.20) から高々

$$x \sum_{\substack{p < \sqrt{x} \\ p \text{ は素数}}} \frac{1}{p} \in O(x \log \log x)$$

となる．「線で消す」のはフラグをたてたり p のカウンターをインクリメントすることにより，各ステップは $O(\log x)$ 回の語演算で実現できる．よってコストの合計は $O(x \log x \log \log x)$ 回の語演算となり，$x \in O(\log r)$ から証明される．□

最初の応用は大きな素数に対するモジュラ gcd アルゴリズム 6.34 である．

系 18.11 $n \in \mathbb{N}_{\geq 2}$ とし，$f, g \in \mathbb{Z}[x]$ を次数が高々 n で最大ノルムが高々 A の原始的多項式とし，$h = \gcd(f, g)$，$b = \gcd(\mathrm{lc}(f), \mathrm{lc}(g))$，$B = \lceil (n+1)^{1/2} 2^{n+1} bA \rceil$，$\beta = \log B$ とする．$n \geq 5$ か $A \geq 5$ ならば $B < p \leq 2B$ となる整数 p で，p は素数かつ $\mathrm{res}(f/h, g/h)$ を割り切らないものを少なくとも $1/2$ の確率で見つけることができる．このアルゴリズムの実行には $O(\beta^2 \mathsf{M}(\beta) \log \beta)$ 回あるいは $O^\sim(n^3 + \log^3 A)$ 回の語演算を要する．

証明 $\sigma = \mathrm{res}(f/h, g/h)$ とすると，定理 6.35 から $|\sigma| \leq (n+1)^n A^{2n}$ となり，それゆえ，$6 \ln |\sigma| \leq 12 n \ln((n+1)A)$ となる．$n \geq 5$ ならば $12n < 2^{n+1}$ かつ $\ln((n+1)A) < (n+1)^{1/2} A$ となり，$n = 2, 3, 4$ ならば

$$12 n \ln((n+1)A) < (n+1)^{1/2} 2^{n+1} A \leq B$$

となるので，任意の $A \geq 5$ に対して，すべての場合で $6 \ln |\sigma| \leq B$ となり，定理 18.10(i) と $\beta \in O(n + \log A)$ から証明される．□

素数生成のコストの最悪の場合の保証ができ，概念的には単純であるにもかかわらず，大きな素数に対するモジュラアルゴリズムが実用的でない別の理由を見ることができた．図 6.4 にあるように，大きな素数に対するアルゴリズムの実行時間は芳しいものではないが，素数生成のコストが抑えられると状況はよくなる．小さな素数や素数のべきに対するモジュラアルゴリズムにおいては，素数を得るコストは無視できる．

$\mathbb{Z}[x]$ 上の因数分解アルゴリズム 15.2 (大きな素数版)，15.19, 16.22 (素数のべき版) における素数を見つけるステップはそれほどかからない．

系 18.12 $f \in \mathbb{Z}[x]$ を次数 $n \geq 2$ で最大ノルム $\|f\|_\infty = A$ の平方自由な多項式とし，$\gamma = 2n \ln((n+1)A)$ とし，$n \leq 4$ ならば $A \geq 5$ と仮定する．

(i) $B+1$ から $2B$ の間の素数 p で $\mathrm{res}(f, f')$ を割り切らない素数を少なくとも $1/2$ の確率で出力する確率アルゴリズムが存在する．ただし，$B = \lceil (n+1)^{1/2} 2^{n+1} |\mathrm{lc}(f)| A \rceil$ である．また，$\beta = \log B \in O(n + \log A)$ とすると，このアルゴリズムが実行に費やす語演算の回数の期待値は $O(\beta^2 \mathsf{M}(\beta) \log \beta)$ あるいは $O^\sim(n^3 + \log^3 A)$ である．

(ii) $O(\gamma \log^2 \gamma \log \log \gamma)$ あるいは $O^\sim(n \log A)$ 回の語演算で語長が $O(\log \gamma)$ の素数 p で $p \nmid \mathrm{res}(f, f')$ となるものを少なくとも $1/2$ の確率で見つけることができる．

証明 (i) $\sigma = \mathrm{res}(f, f')$ とし $C = (n+1)^{2n} A^{2n-1}$ とする．系 18.11 の証明と同様に，$6 \ln C \leq 6\gamma \leq B$ を得る．定理 6.23 から $\|f'\|_\infty \leq nA$ かつ $0 < |\sigma| \leq C$ となるので，定理 18.10 (i) から証明される．

(ii) σ と C を (i) の証明と同様にとる．すると，定理 18.10 (ii) の r を $\lceil 2 \log_2 C \rceil \in O(\gamma)$ とすると，それぞれが $2r \ln r$ 未満の最初の r 個の素数を得ることができる．r の選び方より，これらの素数の高々半分が σ を割り切るので，これらの中から一様ランダムに 1 つを選べばよい．□

あと少し素数定理を使った計算をすると，(ii) の対数項を下げることができる

(練習問題 18.21). 同様の改善は小さな素数に対するモジュラ行列式計算 (アルゴリズム 5.10) や小さな素数に対するモジュラ gcd 計算 (アルゴリズム 6.38) や小さな素数に対するモジュラ EEA (アルゴリズム 6.57) でも可能である.

小さな素数や素数のべきに対するモジュラアルゴリズムのソフトウェア実装においては, 小さな素数のテーブルを前もって作成しておくべきである. そうすれば, 多くの場合テーブルを参照するだけですむ. 最初の方の素数のテーブルをつくるよりも, 単精度の (1 語で表せる) 整数の中で最も桁数が大きな素数までのテーブルをつくっておくと効果的である. 第 5 章の最初や 8.3 節で議論したように, $p_1, \ldots, p_r$ が Fourier 素数となるように, つまり, すべての i に対して, ある 2 の大きなべき 2^t で $p_i - 1$ が割り切れるように選択することは, 小さな素数モジュラアプローチにおいて有用である. 等差数列の中の素数における Dirichlet の有名な定理の定量版があり, それが漸近的な評価を与えるが, 最もよいもの (Alford, Granville & Pomerance 1994, Bach & Sorenson 1996) でさえ素数定理 18.7 よりも相当精度が悪い. しかしながら, 現実的な目的に対しては, x に近いランダムな数 $p \equiv 1 \bmod 2^t$ はおおよそ確率 $2/\ln x$ で素数になると仮定するのは合理的である. このような素数を十分な個数見つけるには, r 個の素数が見つかるまで $2^t + 1, 2 \cdot 2^t + 1, 3 \cdot 2^t + 1, \ldots$ と連続して素数性をテストする. これは前処理のステージになるだろう. 練習問題 18.19 で, 32 ビットと 64 ビットのプロセッサに対して単精度 Fourier 素数の個数を見積もる.

大きな素数に対する最大公約数を計算するアルゴリズムや因数分解アルゴリズムにおいて, 定理 18.10 により得られる整数 p が素数でないということが起こるかもしれない. 計算の過程で逆数を持たない非零要素に遭遇してしまったら, p を合成数だと認識し新しい p でやり直す. しかしながら, p が合成数の場合でもすべての計算がうまくいくこともある. 最大公約数を求める場合ではその出力が正しいかどうか確かめられるが, 多項式の因数分解の場合は既約でない多項式を間違って既約であると宣言してしまうかもしれない. しかし, 定理 18.10 よりこのようなことが起こるのは高々 $1/2$ であり, アルゴリズム全体を独立に何度か単純に繰り返せば, 誤り確率を任意に小さくできる. または, こちらの方が好ましいが, 素数のべき因数分解アルゴリズムを使う. このアルゴリズムは速くて, どのような場合にも正しい因数分解を返す.

18.5 Solovay と Strassen のテスト

ここからの 2 つの節はその後で参照しないので，最初に読むときはスキップしてもよい．証明も与えない．

最初の素数性を判定する確率多項式時間テストは Solovay & Strassen (1974, 出版されたのは 1977) による．**Legendre の記号**は $a \in \mathbb{Z}$ と素数 N に対して

$$\left(\frac{a}{N}\right) = \begin{cases} 1 & \gcd(a,N) = 1 \text{ かつ } a \text{ が } N \text{ を法として平方であるとき} \\ -1 & \gcd(a,N) = 1 \text{ かつ } a \text{ が } N \text{ を法として平方でないとき} \\ 0 & \gcd(a,N) \neq 1 \text{ のとき} \end{cases}$$

と定義する．有名な数論の定理 Gauß の**平方剰余の相互法則**から，異なる奇素数 a, N に対して，

$$\left(\frac{a}{N}\right) \text{ と } \left(\frac{N}{a}\right)$$

が等しくなるのは，a と N のいずれもが 4 を法として 3 と合同にならないとき，かつ，そうならないときに限る．**Jacobi 記号**は任意の奇数 N の一般化である．$N = p_1^{e_1} \cdots p_r^{e_r}$ が N の因数分解であるならば，それは

$$\left(\frac{a}{N}\right) = \left(\frac{a}{p_1}\right)^{e_1} \cdots \left(\frac{a}{p_r}\right)^{e_r}$$

と定義される．これは，Euclid のアルゴリズムと似た効率的な方法で N を実際に因数分解することなく計算できる (注解 18.4 と練習問題 18.23)．

N が素数の場合，補題 14.7 から，任意の $a \in \mathbb{Z}$ に対して

$$\left(\frac{a}{N}\right) \equiv a^{(N-1)/2} \bmod N \tag{3}$$

となる．Solovay & Strassen (1977) は，N が合成数で素数のべきでなければ，$\{1,\ldots,N-1\}$ のすべての a のうちの少なくとも半分に対して式 (3) が成り立たないことを示した．彼らのアルゴリズムは，ランダムに選択した a に対して式 (3) が成り立つかテストするというもので，それぞれのテストは $O(\log N \cdot \mathsf{M}(\log N))$ 回の語演算で実行できる．

Berlekamp (1970) の多項式因数分解 (14.8節) に対する確率アルゴリズムがしばらく使われていたにもかかわらず，確率アルゴリズムの力に対する幅広い興味を喚起したのは Solovay & Starassen (1977) の整数への結果である．(整数の方が多項式よりもコンピュータサイエンティストの直観に訴えるのであろうか．読者の皆さんはこれから，そして，第19章を読めばさらに，多項式が整数よりもずっと扱いやすい対象だと確信するであろう．) 注解 6.5 を見よ．

18.6 素数判定の計算量

$(\log N)^{O(\log \log \log N)}$ 回の語演算で実行できる Adleman, Pomerance & Rumely (1983) による **Jacobi sum テスト**が，完全に証明されている決定性の素数性テストの現在の世界記録である．Lenstra (1982) のレポートも見よ．これは多項式時間にとても近い．なぜなら，$\ln \ln \ln N$ はとてもゆっくりと大きくなるからである．$N \geq 10^{10^{23}}$ に対して高々 4 である．

25.8 節の計算量クラス

$$\mathcal{P} \subseteq \mathcal{ZPP} = \mathcal{RP} \cap \text{co-}\mathcal{RP} \begin{matrix} \subseteq \mathcal{RP} \begin{matrix} \subseteq \mathcal{NP} \\ \cap \\ \subseteq \mathcal{BPP} \end{matrix} \\ \subseteq \text{co-}\mathcal{RP} \subseteq \text{co-}\mathcal{NP} \end{matrix}$$

を確認してほしい．(大きな入力に対して) 実際的に解ける問題の範囲は，この図においては $\mathcal{BPP}$ の内側であると一般に考えられている．COMPOSITES $\in \mathcal{NP}$ は明らかであり，Pratt (1975) は PRIME $\in \mathcal{NP} \cap \text{co-}\mathcal{NP}$ を証明した (練習問題 18.27)．そして，Lehmann のアルゴリズム (練習問題 18.24) から PRIME $\in \mathcal{BPP}$ が証明される．Solovay & Strassen のアルゴリズムと強擬素数性判定テストから PRIME $\in$ co-$\mathcal{RP}$ となり，Adleman & Huang (1992) の本当に複雑なアルゴリズムから PRIME $\in \mathcal{RP}$ が証明され，よって，PRIME $\in \mathcal{ZPP}$ となる．PRIME $\in \mathcal{P}$ であるかどうか大きなオープンプロブレムである．実際，PRIME は $\mathcal{ZPP}$ の問題で $\mathcal{P}$ に入ることがわかっていない唯一の問題のように思える

(そして，次の定理 18.14 から拡張 Reimann 予想のもとで，$\mathcal{P}$ に入るというのは間違いとなる．)

乱雑さ vs. ERH　強擬素数性判定テスト 18.5 や Solovay–Strassen テストのような確率テストは，今日の計算機で使うことのできる本当の乱数を効率的に生成する方法は知られていないので，完全には実装できない．しかし，擬乱数生成器を使えば実際にはうまく動く．最もよく知られているものは線形合同生成器である (17.2 節と 20.1 節を見よ)．Knuth (1998) の第 3 章では，この話題について広範に議論されている．Ankeny (1952) による次の定理に基づき，乱雑さに関する仮定を拡張 Riemann 予想 (ERH) におきかえることができる．

定理 18.13　$N \in \mathbb{N}$ とし q を $N-1$ を割り切る素数とする．ERH のもと，N を法とした q **次の非剰余** $a \in \mathbb{N}$ (すなわち，a は N を法として q 乗根を持たない) で，$a \in O(\log^2 N)$ となるものが存在する．

Miller (1976) はこの結果を示すのに $q = 2$ に対する Ankeny の定理を用いた．

定理 18.14　ERH を仮定すると，任意の合成数 N に対して強 witness a で $a \in O(\log^2 N)$ となるものが存在する．

この定理は ERH の仮定のもとで素数性を判定する決定性多項式時間アルゴリズムが存在することを証明したことになる．しかし，このようなアルゴリズムの明確な記述を与えたわけではない．O の中に隠されている定数が特定されないので，witness を探すのをいつやめればよいかわからない．Bach (1985) は，ERH の仮定のもとで強 witness a が $a \leq 2\ln^2 N$ であることを示すことにより，この奇妙な状況を解消した．こうして，ERH は多項式時間 $O(\log^3 N \mathsf{M}(\log N))$ で動作する素数性判定に対する決定性アルゴリズムをつくり出した．

特殊な数に対する素数性テスト 整数論において興味を持たれる特別な整数に対して効率的な素数性判定テストが設計されてきた．Pepin (1877) は Fermat 数 $F_n = 2^{2^n} + 1$ (663 ページと 18.2 節を見よ) に対する次の素数性判定テストを考えた．

$$F_n \text{ が素数} \iff 3^{(F_n-1)/2} \equiv -1 \bmod F_n$$

実際，これは Solovay–Strassen テストの $a = 3$ の場合である (練習問題 18.25).

Mersenne 数は $n > 1$ に対して $M_n = 2^n - 1$ で定義される．$a, b \in \mathbb{N}$ に対して整数 M_a は M_{ab} の非自明な因数となり，それゆえ，M_n が素数なら n も素数である．これらの素数には Lucas–Lehmer テスト (Lucas 1978, Lehmer 1930, 1935) という特別なテストがある．このテストから $2^n - 1$ が素数であるのは，$l_{n-1} \equiv 0 \bmod 2^n - 1$ のとき，かつ，そのときに限る．ただし，l_i は $l_1 = 4$ と $i > 1$ に対して $l_i = l_{i-1}^2 - 2$ から再帰的に定義される．

現在のところ，無数の Fermat 素数が存在するのか，無数の Mersenne 素数が存在するのか不明である．Fermat の時代以降新しい Fermat 素数は見つかっていない．一方，この章の冒頭で紹介したように最近 39 番目の Mersenne 素数が見つかった．

Willams & Dubner (1986) は次の**レプユニット** (同一の整数が並んだ整数) が素数であることの証明に Lucas–Lehmery 型のテストを使った．

$$\frac{10^{1031} - 1}{9} =$$

11111111111111111111111111111111111111111111111111111111
11111111111111111111111111111111111111111111111111111111
11111111111111111111111111111111111111111111111111111111
11111111111111111111111111111111111111111111111111111111
11111111111111111111111111111111111111111111111111111111
11111111111111111111111111111111111111111111111111111111
11111111111111111111111111111111111111111111111111111111
11111111111111111111111111111111111111111111111111111111
11111111111111111111111111111111111111111111111111111111
11111111111111111111111111111111111111111111111111111111

111111111111111111111111111111111111111111111111111111
111111111111111111111111111111111111111111111111111111
111111111111111111111111111111111111111111111111111111
111111111111111111111111111111111111111111111111111111
111111111111111111111111111111111111111111111111111111
111111111111111111111111111111111111111111111111111111
111111111111111111111111111111111111111111111111111111
11111111111

注解

　この章で扱った題材に関するよい参考文献として，Knuth (1998) の 4.5.4 節，Koblitz (1987a)，Bach (1990)，Lenstra & Lenstra (1990)，Lenstra (1990)，Adleman (1994)，Bach & Shallit (1996) などがある．

　素数という言葉 (πρῶτος ἀριθμος) は，Iamblichus によると，Eratosthenes の篩い (18.4 節) において，素数は取り除かれることになる素数の倍数の数列の先頭に現れることに由来している．

　整数 [訳注：厳密には自然数] が**完全**であるとは，その整数がその真の約数の和になっているときをいう．$6 = 1 + 2 + 3$ はその例である．Euclid は『原論』の 9 巻の命題 36 で，任意の Mersenne 素数 M_n に対して $2^{n-1} M_n$ が完全であることを証明している (練習問題 18.11)．$n = 2, 3$ に対しては，6 と 28 になる．39 番目の Mersenne 素数に対してこうして得られた数は (執筆時点で) 知られている最大の完全数である．

　インターネットコンピューティングという概念は整数の因数分解という分野において Silverman によって開拓され (Caron & Silverman (1988) を見よ)，Lenstra & Mannasse (1990) の論文で有名になった．Mersenne 素数の記録すべてが http://www.mersenne.org で見ることができる．

　18.2　Carmichael 数は Carmichael (1909/10, 1912) の業績に由来して名づけられた．Mahnke (1912/13) は Fermat の小定理の Leibniz による証明 (注解 4.4 を見よ) と彼の収斂に対する試みを議論している．Leibniz はしばらくの間 $2^{N-1} \equiv 1 \bmod N$ なら N は素数だと考えていた．この議論において，Mahnke は Carmichael 数のはっきりとした性質を与え，素数のべきでもなく 2 つの素数の積でもなければ Carmichael 数であることを証明し，さらに，561 を含めて 5 つの例をあげている．彼は同様の結果を含む Bachmann の手紙にも言及している．実際，Ball & Coxeter (1974) によると，最初に出版されたのは 1892 年であるが，Leibniz の素数の基準に関する誤り

は中国人に由来し，Tarry (1898) は，19世紀版のsci.mathで，その基準は正しいか尋ねている．Korselt (1899) は，彼の11行の返信の中で (671ページでしたような) Carmichael数の定義を与え，練習問題18.9 (ii) の特徴づけ，すなわち，平方自由で，すべての $p-1$ の最小公倍数が $N-1$ を割り切ることを証明したと述べている．Korselt を Carmichael数の発見者と考えてもよく，この特徴づけは **Korseltの規範** として知られている．編集者は Korselt の返信の後にこの質問に対する返信がほかに5通来たと記している．*toutes á peu prés dans le même sens*[*1)].

Lenstra (1979b) はすべての素数 $a < \ln^2 N$ に対して $a^{N-1} \equiv 1 \bmod N$ ならば，N は平方自由であることを証明した．

18.3 Miller (1976) は強擬素数性判定テスト 18.5 の決定性版を提案し，ERH の仮定のもとで多項式時間で実行できることを示し (定理 18.6)，Rabin (1976, 1980a) は確率版を提案した．いずれのアルゴリズムも Carmichael 数を見つけることはできない．このテストの初期版は Dubois (1971) と Selfridge (1974 まで公表されなかった) により与えられたが，多数の興味を集めるには至らなかった．Dubois は $a = 2, 3, 5$ に対する強擬素数性判定テストを提案した．彼は，この方法がそのままでは一般にうまくいかないことに気づいており，$a = 7$ の場合も同様に提案した．この注解の最後に，この方法の変形が失敗する最小の N に関する記述がある．

Bach, Miller & Shallit (1986) は，Carmichael 数への応用に言及することなく定理 18.5 の整数の因数分解に対する一般化を記している．Carmichael 数が確率的多項式時間で因数分解できるという事実はフォークロアのようである．Alford, Granville & Pomerance (1994) は Carmichael 数が無限に存在することを証明することにより，長い間の未解決問題を解決した．

ある合成数 N に対して，ランダムに選択した $\gcd(a, N) = 1$ となる $a \in \{1, \ldots, N-1\}$ が強 liar になる確率は，定理 18.6 より，高々 $1/2$ である．Rabin (1980a), Monier (1980), Atkin & Larson (1982) はその確率はより小さく，高々 $1/4$ であることを示した．ランダムに素数を生成するためには，n と k を固定すると，n ビットの奇数を一様ランダムに選び，k 回の強擬素数性判定テストを施し，k 回のテストすべてをパスした最初の数を返す．$p_{n,k}$ で合成数が返される確率を表すものとする．Damgård, Landrock & Pomerance (1993) は定理 18.8 の前で述べたように $p_{n,k}$ の評価を細かくいろいろと行っており，たとえば，

$$p_{600,1} \leq 2^{-75}, \quad p_{n,k} < \frac{1}{7} n^{15/4} 2^{-n/2 - 2k} \text{ if } 4k > n \geq 21$$

ある程度小さな数はすべて小さな強 witness を持っている．Pomerance, Selfridge &

[*1)] すべて同じような意味だった．

Wagstaff (1980) は $N = 3\,215\,031\,751$ を除くすべての合成数 $N \leq 25 \times 10^9$ に対して，少なくとも $2, 3, 5, 7$ が強 witness であることを証明した．Pinch (1993) はある計算機代数システム上で実装された素数性テストの間違った結果を記述している．

Solovay–Strassen のテストと強擬素数性判定テストのいずれも，すべての素数からなる集合 PRIMES が co-$\mathcal{RP}$ に入り，その (0 と 1 を除いた) 補集合 COMPOSITES が $\mathcal{BPP}$ (25.8 節) の (おそらく真の) 部分集合である $\mathcal{RP}$ に入ることを示しているので，**合成数性テスト** と呼ぶべきであるが，間違った術語がまかり通っている．

18.4 素数定理は数論における中心的な結果であり，長く際立った歴史を持っている．定理 18.7 の最初に記述した漸近的バージョンの証明は多くのテキストに見られる．たとえば，Hardy & Wright (1985) がある．定理 18.7 の厳密バージョンは Rosser & Schoenfeld (1962) による．

素数定理に対する初期の試みが Legendre (1798 (An VI)) によりなされ，Gauß (1849) は彼が 1792 年頃にこの概算を発見したと述べている．Chebyshev (1849, 1852) は $\pi(x)$ が漸近的に $x/\ln x$ の定数倍と一致することを証明し，de la Vallée Poussin (1896) と Hadamard (1896) は $\pi(x) = x/\ln x + o(x/\ln x)$ であることを証明した．よりよい近似は**対数積分** $\pi(x) \approx \mathrm{Li}(x) = \int_2^x dt/\ln t$ により与えられる．

現代素数理論においてきわめて重要な道具とツールといえば，複素平面上の有理型関数 **Riemann ゼータ関数**である．Riemann ゼータ関数は $\Re_s > 1$ のとき定義される

$$\zeta(s) = \prod_{p\text{ は素数}} (1 - p^{-s})^{-1} = \sum_{n \geq 1} n^{-s}$$

の解析接続により与えられ，すでに Euler により使われている．Riemann は **Riemann 予想**と呼ばれる，ζ のすべての零点は **critical line** $\Re = 1/2$ 上にのみあるという有名な予想をした．[...] *und es ist sehr wahrscheinlich, dass alle Wurzeln [von $\zeta'\frac{1}{2} + it$] reell sind. Hiervon wäre allerdings ein strenger Beweis zu wünschen; ich habe indess die Aufsuchung desselben nach eingen flüchtigen vergeblichen Versuchen vorläufig bei Seite gelassen, da er für den nächsten Zweck meiner Untersuchung entbehrlich schien.*[*2)] いまだにとらえどころのないままであるこの予想の証明は，素数定理の誤差の評価において劇的な進歩をもたらすであろう．巧みな技法により何十億というゼータ関数の根が計算されている (van de Lune, te Riele & Winter 1986, Odlyzko & Schoönhage 1988, Odlyzko 1995c)．このようなハイパフォーマンス計

[*2)] [...] そして，すべての $[\zeta(\frac{1}{2} + it)]$ の根が実数というのは確からしい．この厳密な証明が望まれる．しかしながら，これは私の研究の当面の目的にとっては重要でないと思われるので，成功に至らなかった簡単な試みの後，この問題をそのまま手をつけないことにした．

算には高速な算法が必要である．

すでに Legendre (1798 (An VI)) は対数積分を使っていたが，彼の（正しくない）公式を証明できていないということを十分認識していた．彼はこの章で解決した問題を設定した．*Il serait à désirer, pour la perfection de la théorie des nombres, qu'on trouvât une méthode praticable au moyen de laquelle on pût décider assez promptement si un nombre donn'e est premier ou s'il ne l'est pas.*[*3)] 彼はすでに素数性判定と因数分解との間に計算量の違いを感じていたのであろうか．

ゼータ関数は整数から代数的数体に一般化されている．このようなすべての一般化においても零点が特異線上にあるという予想は**拡張 Riemann 予想**と呼ばれている．いくつかのアルゴリズムは，それらの計算時間の評価（や正当性の証明）が ERH に依存している．注解 14.9 と 18.6 節を見よ．

Prichard (1983, 1987) と Sorenson (1998) は Eratosthenes の篩いのより効率的なバージョンを提案している．

18.5 Lenstra から「そうでないとき，かつ，そうでないときに限る (unless and only unless)」と聞いた．"iff" は Halmos の造語であり (Halmos 1985 の 403 ページを見よ)，Conway はそれを真似て "unlesss" というちょっと滑稽な言葉をつくった．

Monier (1980) は Solvay & Strassen (1977) によるテストと Miller と Rabin によるテストを比較している．Eisenstein (1844) と Lebesgue (1847) は Jacobi 記号に対するアルゴリズムを示している．それらは Shallit (1990) で解析され，Bach & Shallit (1996), §5.9, Meyer & Sorenson (1998) で効率的な方法が与えられている．

18.6 Cohen & Hendrik Lenstra (1984) と Cohen & Arjen Lenstra (1987) は Jacobi 和テストを実装した．Pepin のテストの詳細については Bach & Shallit (1996) を見よ．また，F_5 に関する例については Hardy & Wright (1985), §2.5 を見よ．実際，Pepin は 3 ではなく 5 を witness として用いた．$F_n > F_4$ は素数ではないと広く予想されているが，Wagstaff (1983) は

$$\sharp\{p < x | M_p \text{ が素数}\} \approx \frac{e^\gamma}{\ln 2} \ln \ln x \approx 2.57 \ln \ln x$$

という予想をたてている．ただし，ここで $\gamma = 0.5772156649\ldots$ は Euler 定数である．特に，この予想から無限の Mersenne 素数が存在することが導かれる．「Mersenne 素数」という術語は 1892 年に Rouse Ball によりつくられたようであり (Ball & Coxeter 1947, 65 ページ：Mersenne's Numbers を見よ)，「レプユニット」は Beiler (1964), 83 ページによる．

[*3)] 数論の完成のためには，与えられた数が素数かどうかをすばやく判定できる実際的な方法の発見が望まれる．

より進んだ注解

Hendrik Lenstra (1982, 1984) の**円分法素数性テスト**は Jacobi 和と円分環拡大における Lucas–Lehmer テストの一般化とを組み合わせたものである．この手法の実装と改善が Bosma & van der Hulst (1990) の彼ら 2 人の論文の中で，また，Mihăilescu (1989, 1997) の彼 1 人の論文で行われている．Mihăilescu (1998) ではさまざまなテストの比較がなされ，彼のソフトウェアがその当時の記録 $2^{10\,000}+177$ が素数であることを証明したことが記述されている．この方法は近い将来重要になると思われる．

この章で議論した合成数性テストは N を法とした単元の乗法群におけるある計算においても有用である．**楕円曲線テスト**の基本的なアイデアは異なるタイプの群に用いられている．Lenstra (1987) は整数の因数分解に対する楕円曲線法を提案した (19.7 節)．Goldwasser & Kilian (1986) (Kilian 1990 も見よ) は，PRIMES $\in \mathcal{NP}$ を証明した Pratt (1975) のアプローチとこの新しい技法を組み合わせた．このすぐれた点は $\mathbb{Z}_N^\times$ のような 1 つの群に関連づけるのではなく，その配置において複数の群に関連づけたことである．Goldwasser & Kilian の素数性テストは，Cramér 予想と呼ばれている小さな区間に素数の数に関する証明されていない予想を仮定すると，その実行時間は多項式時間となる．(Granville (1995) は，誰もが驚くことに，Cramér モデルが間違いであるということが他のいくつかの予想を導くということを述べている．) Atkin は "complex multiplication" と呼ばれる付加構造とともに楕円曲線を用いることによりこのアプローチを改善した．Atkin & Morain (1993) と Morain (1988) は手法とその実装を議論している．興味深い性質として，それはアルゴリズムをすべて再実行するよりも容易にチェックできる素数性の witness を生成する．

執筆時に知られている最も大きな双子素数は 10 進数で 29 603 桁の $1\,807\,318\,575 \cdot 2^{98305} \pm 1$ であり，Underbakke, Carmody, Gallot により発見された．Caldwell の素数リスト http://www.utm.edu/research/primes はこの記録や他の素数に関する記録を常に更新している．これらの数は特殊な形をしており，同じサイズの一般的な数に対しては，とても遅い決定性の方法で素数であることを証明できる．

練習問題

18.1 すべての $a, b \in \mathbb{Z}$ に対して，4 を法として $a^2 + b^2 \equiv 0, 1$，または 2 を示せ．

18.2 $2^{1\,000\,005} \bmod 55$ を計算せよ．ヒント：実質的に計算する必要はない．

18.3 $10^{100}+349$ と $10^{200}+357$ のどちらが「おそらく素数」でどちらが間違いなく合成数か？ この判定に計算機代数システムを利用してもよいが，isprime や ifactor のような関数は利用してはならない．警告：すべてのべき乗関数がこの問題を解くのに適しているわけではない．

18.4* 特殊な場合の Fermat テストの誤り確率を正確に決定せよ. $p \neq q$ を, $p \equiv q \equiv 3 \bmod 4$ かつ $\gcd(p-1, q-1) = 2$ で, さらに, $N = pq$ である素数とする.

(i) $\gcd(N-1, p-1) = 2$ であり, 結果として, $\{u^{N-1} : u \in \mathbb{Z}_p^\times\}$ かつ一様ランダムに選択した $a \in \{1, \ldots, p-1\}$ に対して $\mathrm{prob}(a^{N-1} \equiv 1 \bmod p) = 2/(p-1)$ となることを証明せよ. ヒント: 練習問題 14.11.

(ii) Fermat テストが「おそらく素数」を返す確率を, ステップ 1 で a が $\{1 \leq c < N : \gcd(c, N) = 1\}$ から一様ランダムに選択されると仮定して, 計算せよ. $p = 79$ と $q = 83$ に対して, あなたの計算結果と定理 18.3 から得られる評価とを比較せよ.

18.5* (i) $N = 15$ に対するすべての Fermat liar を見つけよ.

(ii) p と $2p-1$ がともに素数で $N = p(2p-1)$ ならば, $\mathbb{Z}_n^\times$ の要素のうち 50% が Fermat liar であること, すなわち, それらはすべて $2p-1$ を法として平方であることを証明せよ.

18.6 (Lenstra, Lenstra, Manasse & Pollard 1993) N を合成数とする.

(i) $\gcd(a, N) = 1$ なる $a \in \{1, \ldots, N-1\}$ は Fermat witness で $g = \gcd(a^{N-1} - 1, N)$ とする. $g = 1$ なら N は素数のべきではないことを証明せよ.

(ii) a が強 witness であるときと同様の規準を記述し, それを証明せよ.

18.7 $N = 3\,215\,031\,751$ に対する最小の strong witness は 11 であることを証明せよ.

18.8 10 進数で 20 桁の素数を見つけよ. どのようにそれを見つけたか, また, どうしてそれが素数であると信じられるかを説明せよ. MAPLE の `isprime` のような関数が有用かもしれない.

18.9 $N \in \mathbb{N}_{>3}$ とする. 次を証明せよ.

(i) N が Carmichael 数であるならば, すべての N の素因数 p に対して $p-1$ は $N-1$ を割り切る. ヒント: CRT と練習問題 8.16.

(ii) N が素数か Carmichael 数のいずれかであることと平方自由かつ (i) の性質を持つことは必要十分である.

(iii) Carmichael 数は奇数で, かつ, 少なくとも 3 つの異なる素因数を持つ.

(iv) 次の整数のうち Carmichael 数であるのはどれか. 561, 663, 867, 935, 1105, 1482, 1547, 1729, 2077, 2465, 2647, 2821, 172 081. 整数を因数分解するのに, あなたが普段使っている計算機代数システムを使ってもよい.

18.10* (i) p と q を異なる素数とする. このとき $3pq$ の形をしたすべての Carmichael 数を求めよ.

(ii) p と q を異なる素数とする. このとき $5pq$ の形をしたすべての Carmichael 数を求めよ.

(iii) 任意の固定した素数 r に対して，p と q を異なる素数とすると，rpq の形をした Carmichael 数は有限個しか存在しないことを証明せよ．

18.11* $N \in \mathbb{N}_{\geq 2}$ に対して，$D(N) = \{1 \leq d < N : d|N\}$ で N の真の約数の集合とする．

(i) $n \in \mathbb{N}$ を $M_n = 2^n - 1$ が Mersenne 素数となるような数とする．$P_n = 2^{n-1}M_n$ が**完全数**であること，すなわち，

$$\sum_{d \in D(P_n)} d = P_n$$

となることを証明せよ．(これらはすべて偶数の完全数であり，奇数の完全数が存在するかどうかは不明である．)

(ii) ある $m \in \mathbb{N}_{\geq 1}$ に対して，$p_1 = 6m+1, p_2 = 12m+1, p_3 = 18m+1$ はいずれも素数であるとする．このとき，$p_1 p_2 p_3$ は Carmichael 数であることを証明せよ．(最小の例は $m = 1$ のときの $1729 = (6+1)(12+1)(18+1)$ である．他の例を見つけることができるか．$1729 = 1 + 12^3 = 9^3 + 10^3$ は Hardy と Ramanujan の有名な**タクシー数**であり，異なる2つの方法で立法の和となる最小の正整数である．Hardy 1937, 147 ページを見よ．)

(iii) $D(P_n) = \{d_1, d_2, \ldots, d_{2n-1}\}, m \in \mathbb{N}_{\geq 1}, 1 \leq i < 2n$ に対して $p_i = d_i P_n m + 1, N = p_1 \cdots p_{2n-1}$ とする．$1 \leq i < 2n$ に対して $p_1 - 1$ は $N - 1$ を割り切ることを，さらに，$p_1, \ldots, p_{2n-1}$ が素数ならば N は Carmichael 数となることを証明せよ．(小問 (ii) は $n = 2$ の場合である．)

18.12* (i) Carmichael 数 N のすべての素因数を発見するようアルゴリズム 18.5 を変形せよ．作成するアルゴリズムは信頼性のパラメータ $k \in \mathbb{N}$ を追加入力として受け取るものとし，それぞれの因数が少なくとも $1 - 2^{-k}$ の確率で素数であることと実行に必要な語演算の期待値が $O((k + \log N) \log N \cdot \mathbf{M}(\log N))$ であることが要求される．

(ii) 小問 (i) で作成したアルゴリズムを $\lambda(N)$ (練習問題 18.13 を見よ) の積 L がわかっているならば平方自由な整数 N を因数分解できるように一般化せよ．$\log L \in O(\log N)$ ならば小問 (i) と同様の計算時間の上界を持つことを証明せよ．(Bach, Miller & Shallit (1986) により一般的なアルゴリズムが見られる．)

18.13 $N > 1$ を素因数分解が $N = p_1^{e_1} \cdot p_r^{e_r}$ となる奇数の整数とする．**Carmichael 関数** $\lambda(N)$ を $\varphi(p_1^{e_1}), \ldots, \varphi(p_r^{e_r})$ の最小公倍数と定義する．ただし，φ は Euler 関数である．

(i) 任意の $a \in \mathbb{Z}_N^\times$ に対して $a^{\lambda(N)} = 1$ を証明せよ．

(ii) 任意の $a \in \mathbb{Z}_N^\times$ に対して $a^{N-1} = 1$ であることと $\lambda(N)|N-1$ とは必要十分で

あることを証明せよ．ヒント：練習問題 18.9.

18.14* $N > 1$ を奇数の整数とし，$\lambda(N)$ を練習問題 18.13 と同様に定義し，$C_n = \{a \in \mathbb{Z}_n^\times : a^{\lambda(N)/2} = \pm 1\}$ とする．

(i) C_N が $\mathbb{Z}_N^\times$ の乗法部分群であることを証明せよ．

(ii) ある $e \geq 1$ に対して $N = p^e$ であるならば，$C_N = \mathbb{Z}_N^\times$ であることを証明せよ．ヒント：練習問題 9.40.

(iii) 小問 (ii) の逆を証明せよ．ヒント：CRT.

(iv) ある整数 $m, l > 1$ に対して $N = m^l$ となるとき，N が完全べきであることを確認してほしい．次はよい素数性判定アルゴリズムかどうかを議論せよ．まず N が完全べきかどうかをチェックする．そうでなければ，ランダムに選択した $a \in \mathbb{Z}_N^\times$ に対して $a^{\lambda(N)/2} = \pm 1$ の場合は「おそらく素数」を返し，それ以外の場合は「合成数」を返す．

18.15 $p \in \mathbb{N}$ を奇素数とする．

(i) $\mathbb{F}_p^\times$ の平方数はこの群の生成元にならないことを証明せよ．

(ii) ある $n \in \mathbb{N}$ に対して $p = 2^{2^n} + 1$ が Fermat 素数であるならば，$\mathbb{F}_p^\times$ の平方数以外の元はすべてこの群の生成元となることを証明せよ．ヒント：練習問題 8.16.

18.16 $r, s \in \mathbb{N}_{\geq 1}$ と $p = r2^s + 1$ が素数となる数とする．

(i) $a \in \mathbb{N}$ を p を法として平方数ではないとする．$a^r \bmod p$ は $\mathbb{F}_p^\times$ における単位元の原始 2^s 乗根であることを証明せよ．ヒント：練習問題 8.15.

(ii) 入力 r, s に対して $\mathbb{F}_p^\times$ における単位元の原始 2^s 乗根を計算する確率アルゴリズム (p が素数であるかどうかをチェックする必要はない) を設計し，そのアルゴリズムが使う語演算回数の期待値が $O(\log p \cdot \mathsf{M}(\log p))$ であることを証明せよ．

(iii) 計算機代数システムを使って，2^{31} から 2^{32} の間の素数 p で $p-1$ が 2^{27} で割り切れるものをすべて発見し，これらの素数それぞれを法とした単位元の原始 2^{27} 乗根を発見せよ．27 はこのような素数が 3 つ存在する最大の指数であることを証明せよ．

18.17 任意の正整数 n に対して，正整数 a で $a, a+1, a+2, \ldots, a+n$ がすべて合成数となるものが存在することを証明せよ．

18.18 (i) $x \geq e^6$ ならば $\pi(2x) - \pi(x) > x/(2 \ln x)$ であることを証明せよ．ヒント：素数定理．

(ii) 小問 (i) の主張は実は $x \geq 6$ で正しいことを確認するプログラムを書け．

(iii) $k = 32$ と $k = 64$ に対して，2^{k-1} から 2^k の間にいくつ素数があるか？

(iv) 小さな素数を法とする行列式アルゴリズム 5.10 において $n \approx \log_2 b$ であると仮定して，$k = 32$ と $k = 64$ に対して，k ビット素数が十分である値 n はいずれか．

18.19 k と s を $0 < s < k$ となる整数とする．**単精度 Fourier 素数**とは $2^{k-1} < p < 2^k$ かつ $p \equiv 1 \bmod 2^s$ となる素数 p のことである．簡単のために，18.4 節の最後で議論したように，2^{k-1} から 2^k の間の $1 + q2^s$ という形をした整数をランダムに選択したときに素数となる確率は $2/(k-1)\ln 2$ と仮定してもよい．

(i) $k = 32$ と $k = 64$ に対して，$0 < s < k$ としたときの単精度 Fourier 素数の数を評価し，表にまとめよ．また，$k-8 < s < k$ に対して，この表とこのような素数の実際の数とを比較せよ．

(ii) 8.4 節より，小さな素数を法をした乗算アルゴリズムを考える．小問 (i) のあなたの評価を用いて，語長が $k = 32$ と $k = 64$ のプロセッサのそれぞれの場合に対して次の問いに答えよ．単精度 Fourier 素数を用いた方法により次数が 2^{s-1} 未満で係数が 2^{s-1} ビットである多項式の乗算を行いたいとき，s として適する最大値はいくつか．

18.20* 次の方法は，最初に小さな素因数をテストすることにより，定理 18.8 のコストを対数項だけ改善する．y 以下の素因数を持たない x 以下の整数の数は漸近的に高々 $x/\ln y$ となるという事実を用いる (Tenenbaum (1995), 定理 III.6.3 を見よ).

定理 18.8 と同様に B と k が与えられるとき，$\beta = \lceil \ln B \rceil$ とし，$r \in \mathbb{N}$ をパラメータとする．整数 $p \in \{B+1, \ldots, 2B\}$ を一様ランダムに選び，Pollard と Strassen のアルゴリズム 19.2 を用いて p が r 以下の素因数を持つかどうかチェックした後に，p に対して k 回の強擬素数性判定テストを実行する．k 回のテストすべてで「おそらく素数」となった最初の p を返す．次を証明せよ．

(i) すべてのスムーズ性判定のコストの期待値は $O(\beta \mathsf{M}(r^{1/2})\mathsf{M}(\beta)(\log r + \log \beta))$ である．

(ii) 出力が素数となる確率は (すべてのランダムな選択を考えて) 少なくとも $1 - 2^{-k+1}\beta/\ln r$ となる．

(iii) $\mathsf{M}(\beta) \in O(\beta^2/\log^2 \beta)$ で $r = \beta$ を選択したならば，成功確率は少なくとも $1 - 2^{-k+1}\beta/\ln \beta$ とコストが $O(k\beta - 2\mathsf{M}(\beta)/\log \beta)$ とで定理 18.8 と同様のことが成り立つ．

18.21* $\mathbb{Z}$ 上の小さな素数や素数のべきを法とした行列式アルゴリズムに対する評価を対数項分改善せよ．関数 $\vartheta(x) = \sum_{p \leq x} \ln p$ (ただし，p は素数を動く) は有用である．$\vartheta(x) \approx x$ であるが，Rosser & Schoenfeld (1962) は $x \geq 41$ ならば

$$x\left(1 - \frac{1}{\ln x}\right) < \vartheta(x) < x\left(1 + \frac{1}{2\ln x}\right)$$

というより正確な評価を与えている．

(i) 小さな素数を法とした行列式アルゴリズム 5.10 と小さな素数を法とした EEA

6.57 は，素数の集合 $p_1, \ldots, p_r \leq x$ でそれらの積が与えられた境界 $C \in \mathbb{R}_{>0}$ を超えるものを発見することだけを要求し，簡単のために最初の $r \approx \log_2 C$ 個の素数をとる (定理 5.12 と定理 6.58) と，$x = p_r \approx (\log_2 C) \ln \log_2 C$ となる．しかし実際には，$\vartheta(x) \geq \ln C$ で十分であり，上記より $x \approx \ln C$ をとると $r = \pi(x) \approx \ln C / \ln \ln C$ となる．アルゴリズム 5.10 とアルゴリズム 6.57 のコストが，それぞれ語演算数で $O(n^4 \log (nB) \log \log (nB) + n^3 \log^2 (nB))$ と $O(n^3 m \log^2 (nA))$ とに落ちることの詳細を示せ．

(ii) 系 18.12 (ii) において要求が少し異なる．r 個の素数でそれらのうちのどの $r/2$ 個の積も境界 C を超えるものが必要である．このようなとき，$x \approx \ln C$ とし $r = 2\pi(x) \approx 2 \ln C / \ln \ln C$ とすることができる．これを用いて，系 18.12 (ii) のコストの概算を $O(\gamma \log \gamma \log \log \gamma)$ 回の語演算まで改善せよ．

18.22 $p \in \mathbb{N}$ を奇素数とする．

(i) -1 が p を法として平方ならば 4 が $p-1$ を割り切ることを証明せよ．ヒント：Lagrange の定理．

(ii) 小問 (i) の逆を証明せよ．ヒント：非平方 $a \in \mathbb{F}_p^\times$ に対して $a^{(p-1)/4}$ を考えよ．

(iii) Legendre 記号 $\left(\frac{-1}{p}\right)$ が 1 であることと $p \equiv 1 \bmod 4$ とが必要十分であることを示せ．

18.23* (i) Jacobi 記号が次の 2 つの意味で乗法的であることを示せ．M, N が 3 以上の奇数であるとき，任意の $a, b, M, N \in \mathbb{N}_{>0}$ に対して

$$\left(\frac{ab}{N}\right) = \left(\frac{a}{N}\right)\left(\frac{b}{N}\right), \quad \left(\frac{a}{MN}\right) = \left(\frac{a}{M}\right)\left(\frac{a}{N}\right)$$

である．

(ii) Jacobi 記号に対して平方剰余の相互法則が成り立つことを示せ．$a, N \in \mathbb{N}$ が互いに素な奇数ならば，$\left(\frac{a}{N}\right)$ と $\left(\frac{N}{a}\right)$ とが等しいのは $a \equiv N \equiv 3 \bmod 4$ でないとき，かつ，そうでないときに限る．

(iii) $\left(\frac{2}{N}\right) = 1$ とある奇素数 $N \in \mathbb{N}$ に対して $N \equiv \pm 1 \bmod 8$ とは必要十分条件であることは quadratic reciprocity の法則の特別な場合である．このことが任意の奇数 $N \geq 3$ に対して成り立つことを証明せよ．

(iv) N が 3 以上の奇数であるとき，任意の $a, N \in \mathbb{N}_{\geq 1}$ に対して $\left(\frac{a}{N}\right) = \left(\frac{a \operatorname{rem} N}{N}\right)$ であることを示せ．

(v) 奇数 $N > 1$ と $a \in \{1, \ldots, N-1\}$ が与えられたとき，Jacobi 記号 $\left(\frac{a}{N}\right)$ を計算するアルゴリズムを書き，そのコストを解析せよ．

18.24* (Lehmann 1982) $N \in \mathbb{N}_{\geq 3}$ を奇数とし，$\sigma(a) = a^{(N-1)/2}$ とし，$T = \operatorname{im}(\sigma) \subseteq \mathbb{Z}_N^\times$ とする．

(i) N が素数ならば $T = \{1, -1\}$ となることを示せ.

(ii) N が素数のべきでないならば $T \neq \{1, -1\}$ となることを証明せよ. ヒント：$-1 \in T$ と仮定して中国剰余定理を適用せよ.

(iii) ある素数 $p \in \mathbb{N}$ と $e \in \mathbb{N}_{\geq 2}$ に対して $N = p^e$ となるならば $T \neq \{1, -1\}$ となることを示せ.

(iv) $T = \{1\}$ ならば N は Carmichael 数であることを証明せよ.

(v) 次のアルゴリズムを考える.

アルゴリズム 18.15 Lehmann の素数性判定テスト

入力：奇数である整数 $N \leq 3$ とパラメータ $k \in \mathbb{N}$.
出力：「おそらく合成数」か「おそらく素数」.
1. **for** $i = 1, \ldots, k$ **do**
2. $a_i \in \{1, \ldots, N-1\}$ を一様ランダムに選ぶ
3.   **call** 反復平方アルゴリズム 4.8, $b_i = a_i^{(N-1)/2} \operatorname{rem} N$ を計算
4. **if** $\{b_1, \ldots, b_k\} \neq \{1, -1\}$
    then return 「おそらく合成数」
    else return 「おそらく素数」

このアルゴリズムは N が素数のときは少なくとも $1 - 2^{1-k}$ の確率で「おそらく素数」を返し, N が合成数のときは少なくとも $1 - 2^k$ の確率で「おそらく合成数」を返すことを証明せよ.

(vi) Lehmann のアルゴリズムが $O(k \log N \cdot \mathbf{M}(\log N))$ 回の語演算で実行できることを証明せよ.

(vii) ステップ 4 の次のような変形を議論せよ. もし $1 \leq i \leq k$ に対して $b_i = -1$ ならば「おそらく素数」を返す.

(viii) 合成数 $N = 343, 561, 667, 841$ それぞれに対して, T を計算し, $k = 10$ の場合の Lehmann のアルゴリズムのエラー確率を正確に決定せよ. あなたの結果と小問 (v) の評価とを比較せよ.

18.25* $n \in \mathbb{N}$ とし, $F_n = 2^{2^n}$ を n 番目の Fermat 数とする.

(i) F_n が素数であると仮定する. $n \geq 1$ に対して, 3 と 7 は F_n を法として平方数ではなく, $n \geq 2$ に対して, 5 は F_n を法として平方数ではないことを証明せよ. ヒント：練習問題 18.23.

(ii) F_n が素数であることと $3^{(F_n-1)/2} \equiv -1 \bmod F_n$ であることとは必要十分条件

であるという Pepin (1877) のテストは，$n \geq 1$ に対して，正しく動作することを導け．

(iii) Pepin のテストは $O(2^n \mathbf{M}(2^n))$ 回の語演算で実行できることを証明せよ．

18.26* $n \in \mathbb{N}_{\geq 2}, F_n = 2^{2^n} + 1$ を n 番目の Fermat 数，$p \in \mathbb{N}$ を F_n の素因数とする．$2^{n+2}|p-1$ であることを証明せよ．ヒント：Lagrange の定理と練習問題 18.23.

18.27* (Pratt 1975) $N \in \mathbb{N}_{\geq 2}$ とする．

(i) 任意の $u \in \mathbb{Z}_N$ に対して，次の 2 つが同値であることを証明せよ．
  ○ $u \in \mathbb{Z}_N^\times$ かつ $\mathrm{ord}(u) = N - 1$.
  ○ $N - 1$ のすべての素因数 p に対して $u^{N-1} = 1$ かつ $u^{(N-1)/p} \neq 1$.

ヒント：練習問題 8.16 のように行え．これらの性質を持つ $u \in \mathbb{Z}_N$ を N (の素数性) に対する **Pratt witness** と呼ぶ．

(ii) N が素数であることと Pratt witness を持つことが必要十分であることを証明せよ．

ここで，N を素数とする．N の素数性に対する **Pratt の証明書** C を次のように定義する．
  ○ $N = 2$ に対して，$C = (\mathbf{2}, 1)$.
  ○ $N \geq 3$ に対して，次を満たす $C = (N, u; p_1, e_1, \ldots, p_r, e_r; C_1, \ldots, C_r)$.
  – u は N に対する Pratt witness.
  – $p_1 < \cdots < p_r \in \mathbb{N}_{\geq 2}$ は素数で，$e_1, \ldots, e_r \in \mathbb{N}_{\geq 0}$ で，かつ，$N - 1 = p_1^{e_1} \cdots p_r^{e_r}$ は $N - 1$ の素因数分解．
  – すべての i に対して，C_i は p_i の素数性に対する Pratt の証明書．

たとえば，次は 7 のすべての Pratt の証明書である．

$$(\mathbf{7}, \mathit{3}; 2, 1, 3, 1; (\mathbf{2}, \mathit{1}), (\mathbf{3}, \mathit{2}; 2, 1; (\mathbf{2}, \mathit{1})))$$
$$(\mathbf{7}, \mathit{5}; 2, 1, 3, 1; (\mathbf{2}, \mathit{1}), (\mathbf{3}, \mathit{2}; 2, 1; (\mathbf{2}, \mathit{1})))$$

(iii) $19, 23, 31$ の 3 つの素数それぞれに対して，Pratt の証明書を 1 つ計算せよ．証明書の再帰構造を木を用いて表せ．これら 3 つの素数それぞれについて，証明書の合計を求めよ．

(iv) N に対する Pratt の証明書を $(\log N)^{O(1)}$ 時間でチェックできることを証明せよ．これを用いて PRIMES $\in \mathcal{NP} \cap \text{co-}\mathcal{NP}$ を証明せよ．

研究問題

18.28 素数を認識する決定性の多項式時間アルゴリズムが存在するかどうかを決定せよ．(Miller 結果から，EHR を証明すれば十分である；–).)

校正中に追加した注解. この研究問題は 2002 年 8 月に Manindra Agrawal, Neeraj Kayal, Nitin Saxena の 3 人により証明された. 素数性は多項式時間で判定できる. http://www.cse.iitk.ac.in/news/primality.pdf を見よ.

Problema, numeros primos a compositis dignoscendi,
hosque in factores suos primos resolvendi, ad gravissima
ac utilissima totius arithmeticae pertinere [...] tam notum est,
ut de hac re copiose loqui superfluum foret. [...] Praetereaque
scientiae dignitas requirere videtur, ut omnia subsidia ad solutionem
problematis tam elegantis ac celebris sedulo excolantur.

Carl Friedrich Gauß (1801)

ANTON FELKEL hatte [die Faktorentafel ...] bis zu zwei Millionen
in der Handschrift vollendet [...] ; allein was davon in Wien auf
öffentliche Kosten bereits gedruckt war, wurde, weil sich keine Käufer
fanden, im Türkenkriege zu Patronen verbraucht!

Carl Friedrich Gauß (1812)

Factoring is the resolving of a composite number into its factors,
and is performed by division.

Daniel W. Fish (1874)

L'équation $x^2 - y^2 = N$, est de la plus grande importance
dans les questions de factorisation.

Maurice Kraïtchik (1926)

They made another calculation: how long it would take
to complete the job. The answer: Seven years.
They persuaded the professor to set the project aside.

Richard Phillips Feynman (1984)

19
整数の因数分解

　この章では，表 19.1 にまとめられた長さ n の整数 N をその素因数に分解するアルゴリズムのいくつかを紹介する．Lenstra のアルゴリズムの実行時間は，厳密には n に依存しておらず，主に N の 2 番目に大きな素因数のサイズに依存している．時間計算量の解析の一部は，経験的なもので厳密に証明されているわけではない．入力サイズは，$n \approx \log_2 N/64$ 語であることを注意しておく．

表 19.1 n 桁素数の因数分解アルゴリズム

方法	年	時間
素朴な方法	$-\infty$	$O\tilde{\ }(2^{n/2})$
Pollard の $p-1$ 法	1974	$O\tilde{\ }(2^{n/4})$
Pollard の ρ 法	1975	$O\tilde{\ }(2^{n/4})$
Pollard と Strassen の方法	1976	$O\tilde{\ }(2^{n/4})$
Morrison と Brillhart の continued fractions 法	1976	$\exp(O\tilde{\ }(n^{1/2}))$
Dixon のランダム平方法	1981	$\exp(O\tilde{\ }(n^{1/2}))$
Lenstra の楕円曲線法	1987	$\exp(O\tilde{\ }(n^{1/2}))$
数体篩い	1990	$\exp(O\tilde{\ }(n^{1/3}))$

　読者の皆さんは，この問題に注がれた数学的な工夫がいかに多いかを，そして，現在の手法がアタックしている数が驚くべき大きさであることを確信するようになるだろう．しかし，多項式の因数分解の著しい成功 ($\mathbb{F}_2$ 上で 1 000 000 桁) と比べると，わずか 200 桁強の整数というのは残念なほど小さい．このことは，多項式時間という尺度の実際的な適切さを示している．

　第 20 章で，この失望が他の分野の重大な発展をもたらすことになるのがわかるだろう．因数分解の困難さを仮定することがある種の暗号系の安全性にとっ

て重要なのである．

19.1 因数分解の挑戦

Cunningham プロジェクトは整数の因数分解アルゴリズムの開発の推進力の1つであり，ベンチマークでもある．Cunningham & Woodall (1925) は平方数でない $2 \leq b \leq 12$ なる b に対して，$b^n \pm 1$ の因数分解の表を出版した．Brillhart, Lehmer, Selfridge, Tuckerman & Wagstaff (1988) の本にはこれらの表を大いに拡張したものが収録されており，Sam Wagstaff は，進展や「指名手配中」の因数分解対象などをニュースレターで更新し続けている．[*1]

もし大きな整数の因数分解が容易であれば，RSA (20.2 節) のような暗号系は安全ではなくなる．このようなセキュリティ製品を扱っているある会社は，大きな整数の因数分解を *RSA challenge* として提起している．World Wide Web 上で配布された数体篩いのある実装が，1996 年に 130 桁の RSA challenge を 10 進数で 65 桁の 2 つの素因数に分解した (Cowie, Dodson, Elkenbracht–Huizing, Lenstra, Montgomery & Zayer 1996)．

新しいアルゴリズムや実装のもう1つの目標が Cunningham 数の因数分解である．数体篩いが，9 番目の Fermat 数 $F_9 = 2^{2^9} + 1$ (18.2 節) の因数分解に使われたことにより，数体篩いは一躍名声を得た．

楕円曲線法は Cunningham プロジェクトで「指名手配中」の因数分解対象のいくつかの素因数を見つけるのに成功している．表 19.2 は Fermat 数 F_n の因数分解の年表である．p_k は 10 進数で k 桁の素数という意味である．Richard Brent (1999) は彼が計算した 2 つの因数分解について報告している．

$$F_{10} = 45\,592\,577 \cdot 6\,487\,031\,809 \cdot$$
$$4\,659\,775\,785\,220\,018\,543\,264\,560\,743\,076\,778\,192\,897 \cdot p_{252}$$

$$F_{11} = 319\,489 \cdot 974\,849 \cdot 167\,988\,556\,341\,760\,475\,137 \cdot$$
$$3\,560\,841\,906\,445\,833\,920\,513 \cdot p_{564}$$

[*1] http://www.cerias.purdue.edu/homes/ssw/cun/index.html

19.1 因数分解の挑戦

表 19.2 Fermat 数 F_n の因数分解

n	因数分解	手法	発見者
5	$p_3 \cdot p_7$		Euler(1732/33, 1747/48)
6	$p_6 \cdot p_{14}$	不明	Landry (1880); Williams (1993) を参照
7	$p_{17} \cdot p_{22}$	cont. fractions	Morrison & Brillhart (1971)
8	$p_{16} \cdot p_{62}$	Pollard の ρ 法	Brent & Pollard (1981)
9	$p_7 \cdot p_{49} \cdot p_{99}$	数体篩い	Lenstra et al. (1990)
10	$p_8 \cdot p_{10} \cdot p_{40} \cdot p_{252}$	楕円曲線法	Brent (1995)
11	$p_6 \cdot p_6' \cdot p_{21} \cdot p_{22} \cdot p_{564}$	楕円曲線法	Brent (1998)

彼は 1988 年に 617 桁の数 F_{11} を,1995 年に 309 桁の数 F_{10} を因数分解した.2 番目に大きな素因数は F_{10} が 40 桁であるのに対して F_{11} が 22 桁であるので,彼の楕円曲線ソフトウェアにとって F_{11} の方が容易であった.この 2 番目に大きな素因数が楕円曲線アルゴリズムの実行時間を左右するのである.このサイズは現在の因数分解ソフトウェアの能力の及ばないところである.次の Fermat 数は

$$F_{12} = 114\,689 \cdot 26\,017\,793 \cdot 63\,766\,529 \cdot 190\,274\,191\,361 \cdot 1\,256\,132\,134\,125\,569 \cdot c$$

と因数分解されるが,c は 1187 桁の合成数である.これらを因数分解するには,この分野で活躍している人々が考案した知見や技法をすばやく見つけて注意深く実装する必要がある.$5 \leq n \leq 30$ なるすべての n について,F_n が合成数であることが知られている.F_{24} が合成数であることを決定するのに必要とされた計算機の演算回数は,Pixar–Disney の長編アニメ *A Bug's Life* のレンダリングに劣らないものであった.

1998 年 2 月 9 日付けの Wagstaff の Cunningham リストの「指名手配」のトップは $2^{599} - 1$ をその 23 桁の素因数で割った商 N である.

$$2^{599} - 1 = 16\,659\,379\,034\,607\,403\,556\,537 \cdot N \tag{1}$$

N は 10 進数で 159 桁である.嗚呼,これらの挑戦問題はときにして短命である.1998 年 3 月のリストでは,楕円曲線法を使った Paul Zimmermann が N を 45 桁と 114 桁の素因数に分解したことが報告されていた.

整数 N を因数分解するのに「小さな」素因数を,たとえば 10^6 以下の素因数を,それらのいくつかの積との最大公約数をとることにより取り除ける.練習

問題 19.5 も見よ．よって，N は奇数で，確率的な素数性テスト (第 18 章) で確認することができるので，合成数であると仮定できる．また，あるアルゴリズムはさらに N はある数の完全べきでないことも仮定している．というのも 9.5 節のアルゴリズムを用いて最初に N がある整数 r の r 乗であるかどうかをチェックし，このような一番大きな r に対して，N をその r 乗根でおきかえればよいからである (練習問題 9.44)．練習問題 18.6 は強擬素数テスト 18.5 をどのように変形すれば，同じように素数のべきを認識するようになるかについて述べている．多くのアルゴリズムでは，うまく N の非自明な因数 d を発見すると，N を完全に因数分解するために素数性テストや完全べきテストを含めてすべての処理を d と N/d に対して再帰的に行う．図 19.3 は処理全体を表している．アルゴリズムが返す因数は高い確率で素数だという点を確認しておく．応用によってはそれらの厳密な素数性が必要な場合もある．18.6 節で簡単に述べた方法の 1 つにより，このような保証が得られるかもしれない．

19.2 素朴な方法

アルゴリズム 19.1 素朴な方法

入力：素数でもなく完全べきでもない $N \in \mathbb{N}_{\geq 3}$ と $b \in \mathbb{N}$．
出力：b 以下の因数を持つならば最小の素因数，そうでなければ「失敗」．
 1.　**for** $p = 2, 3, \ldots, b$ **do**
 2.　　　**if** $p \mid N$ **then return** p
 3.　**return**「失敗」

すべての素因数を見つけるため，図 19.3 にあるように因数 p を割れるだけ割ってから繰り返す．アルゴリズムが再び (「失敗」の場合はより大きな b で) 呼ばれる場合は，もちろん，入力は p 以下の因数を持っていないということを利用できる．この処理は p が 2 番目に大きな素因数のとき停止する．

$N \in \mathbb{N}$ に対して，$S_1(N)$ で N の最大の素因数を，$S_2(N)$ で N の 2 番目に大きな素因数を表すものとする．$S_2(N) < N^{1/2}$ である．素朴な方法のステッ

19.3 Pollard と Strassen の方法

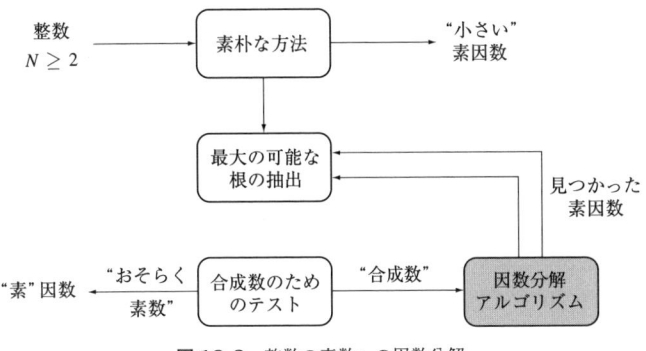

図 19.3 整数の素数への因数分解

プ数は $S_2(N)(\log N)^{O(1)}$ である．ランダムに選んだ整数 N に対して，

$$\text{prob}(S_1(N) > N^{0.85}) \approx 0.20, \quad \text{prob}(S_2(N) > N^{0.30}) \approx 0.20$$

となる．このように，素朴な方法に必要なステップ数はたいてい $O^\sim(N^{0.30})$ となる．

19.3 Pollard と Strassen の方法

$a \longmapsto \overline{a}$ で N を法とした整数の既約化とする．$1 \le c \le \sqrt{N}$, $F = (x+1)(x+2)\cdots(x+c) \in \mathbb{Z}[x]$, $f = \overline{F} \in \mathbb{Z}_N[x]$ とする．すると，

$$\overline{c^2!} = \prod_{0 \le i < c} f(\overline{ic})$$

となる．次のアルゴリズムは「赤ちゃんステップ/巨人ステップ」戦略を用いている．

アルゴリズム 19.2　Pollard と Strassen の因数分解アルゴリズム

入力：素数でもなく完全べきでもない $N \in \mathbb{N}_{\ge 3}$ と $b \in \mathbb{N}$.
出力：b 以下の因数を持つならば最小の素因数，そうでなければ「失敗」．
　　1.　$c \longleftarrow \lceil b^{1/2} \rceil$

call アルゴリズム 10.3, $f = \prod_{i \leq j \leq c}(x+\overline{j}) \in \mathbb{Z}_N[x]$ の係数を計算
2. **call** 高速多数点評価アルゴリズム 10.7, $0 \leq i < c$ に対して, $g_i \bmod N = f(\overline{ic})$ となる $g_i \in \{0, \ldots N-1\}$ を計算
3. **if** すべての $0 \leq i < c$ に対して $\gcd(g_i, N) = 1$ **then return** 「失敗」
   $k \longleftarrow \min\{0 \leq i < c : \gcd(g_i, N) > 1\}$
4. **return** $\min\{kc+1 \leq d \leq kc+c : d|N\}$

乗算の計算時間 **M** を確認すること (見返しを見よ).

定理 19.3 アルゴリズム 19.2 は正しく動作し, $O(\mathsf{M}(b^{1/2})\mathsf{M}(\log N)(\log b + \log\log N))$ 語演算と $O(b^{1/2}\log N)$ 語分の領域で動作する.

証明 $0 \leq i < c$ に対して, N の素因数 p は $F(ic)$ を割り切り, それゆえ, $\gcd(g_i, N) = \gcd(F(ic)\operatorname{rem} N, N)$ となることと, p が区間 $\{ic+1, \ldots, ic+c\}$ のある整数を割り切ることが必要十分であるので, アルゴリズムの正当性が導かれる.
補題 10.4 と系 10.8 からステップ 1 とステップ 2 のコストは $O(\mathsf{M}(c)\log c)$ 回の $\mathbb{Z}_N$ における足し算と掛け算である. 11.1 節の終わりに記したようにステップ 3 は $O(c\mathsf{M}(\log N)\log\log N)$ 回の語演算で, 定理 9.8 からステップ 4 は $O(c\mathsf{M}(\log N))$ 回の語演算で実行できる. 系 9.9 から $\mathbb{Z}_N$ における足し算あるいは掛け算のコストは $O(\mathsf{M}(\log N))$ で, 合計のコスト $O(\mathsf{M}(b^{1/2})\mathsf{M}(\log N)(\log b + \log\log N))$ を得る. 長さ $O(\log N)$ の整数を $O(b^{1/2})$ 個記憶すればよい. □

$b = 2^i$ $(i = 1, 2, \ldots)$ に対してアルゴリズム 19.2 を実行すると, $b > S_2(N)$ になるとただちに N を完全に因数分解できる. このことは次の結果を導く.

系 19.4 アルゴリズム 19.2 を用いると

$$\left(\mathbf{M}(S_2(N)^{1/2})\mathbf{M}(\log N)\log N\right) \text{ あるいは } O^\sim(N^{1/4})$$

語演算と $O^\sim(N^{1/4})$ 領域で N を完全に因数分解できる．

19.4 Pollard の ρ 法

この確率的な方法は Pollard (1975) による．このアルゴリズムの計算時間の上界は「経験的なもの (ヒューリスティクス)」であり，厳密な評価はなされていない．アイデアは次のようなものである．ある関数 $f : \mathbb{Z}_N \longrightarrow \mathbb{Z}_N$ と最初の値 $x_0 \in \mathbb{Z}_N$ を選び，任意の $i > 0$ に対して $x_i = f(x_{i-1})$ により再帰的に $x_i \in \mathbb{Z}_N$ を定義する．$x_0, x_1, x_2, \ldots$ が $\mathbb{Z}_N$ から独立にランダムに選んだ要素のようになることが望ましい．p が N の (未知の) 素因数とすると，$l > 0$ かつ $x_t \equiv x_{t+l} \bmod p$ となる 2 つの整数 t, l が存在するなら p を法として衝突が発生する．N が素数のべきでなく q を別の N の素因数とし，$x_0, x_1, x_2, \ldots, x_i, \ldots$ が N を法としたランダムな剰余ならば，中国剰余定理より $x_i \bmod p$ と $x_i \bmod q$ は独立な確率変数になる．このように $x_t \not\equiv x_{t+l} \bmod q$ とならないことはまれで，$\gcd(x_t - x_{t+l}, N)$ は N の非自明な因数となる．

ここでの最初の疑問は，t と l をどのくらい小さく見積もることができるのかということである．$t + l \leq p$ であることは確かめることができ，次の解析からランダムな列 $(x_i)_{i \in \mathbb{N}}$ に対しては期待値がわずか $O(\sqrt{p})$ になることが示せる．その問題は**誕生日問題**として知られている．人々の誕生日がランダムだと仮定すると，少なくとも 2 人が同じ誕生日になる確率が少なくとも $1/2$ になるには何人の人を集めないとならないであろうか．驚くべきことにその答えは，わずか 23 人で十分というものである．実際，23 人以上の人が集まるパーティで同じ誕生日の人がいる確率は少なくとも 50.7% である．

定理 19.5　誕生日問題　p 個のラベルづけされたボールを戻しながらランダムに選択する試行を考える．衝突が発生するまでの選択回数の期待値は $O(\sqrt{p})$ である．

証明 s を衝突が起こる，つまり，同じボールが 2 回選択されるまでの選択の回数とする．これは確率変数となる．$j \geq 2$ に対して，$1 - x \leq e^{-x}$ を用いて，

$$\mathrm{prob}(s \geq j) = \frac{1}{p^{j-1}} \prod_{1 \leq i < j} (p - (i-1)) = \prod_{1 \leq i < j} \left(1 - \frac{i-1}{p}\right)$$
$$\leq \prod_{1 \leq i < j} e^{-(i-1)/p} = e^{-(j-1)(j-2)/2p} \leq e^{-(j-2)^2/2p}$$

を得る．

すると，

$$\mathcal{E}(s) = \sum_{j \geq 1} \mathrm{prob}(s \geq j) \leq 1 + \sum_{j \geq 0} e^{-j^2/2p} \leq 2 + \int_0^\infty e^{-x^2/2p} dx$$
$$\leq 2 + \sqrt{2p} \int_0^\infty e^{-x^2} dx = 2 + \sqrt{\frac{p\pi}{2}}$$

となる．なぜなら，練習問題 19.6 から $\int_0^\infty e^{-x^2} dx = \sqrt{\pi}/2$ となるからである．□

Floyd の周期を発見する技法　　整数 $x_0 \in \{0, \ldots, p-1\}$ と関数 $f : \{0, \ldots, p-1\} \longrightarrow \{0, \ldots, p-1\}$ が与えられたとき，$i \geq 0$ に対して $x_{i+1} = f(x_i)$ で定義される数列 $x_0, x_1, \ldots$ を調べる．これは有限集合の元の無限列であるので，ある時点から同じパターンが繰り返される．つまり，ある $t \in \mathbb{N}$ が存在して，すべての $i \geq t$ に対して $x_i = x_{i+l}$ となるような長さ $l > 0$ の周期を持つ．図 19.4 は $t = 3, l = 7$ の場合の例である．

$x_i = x_j$ となる $i \neq j$ を見つける素朴な方法は繰り返される値が見つかるまで数列を記録していくことであるが，この方法は $O(t + l)$ 領域を必要とする．次のアルゴリズムは定数領域のみを使用する．Floyd の 1 ステップ/2 ステップ周期発見法のアイデアは，f を 2 倍のスピードで繰り返す，つまり，すべての i に対して，$y_i = x_{2i}$ となる 2 つめの数列 $(y_i)_{i \in \mathbb{N}}$ を用いることと，x_i と y_i の現在の値だけを記憶することである．直観的には，「速い」数列はある i で遅い数列を「周回遅れ」にし，よって $x_{2i} = y_i = x_i$ となる．

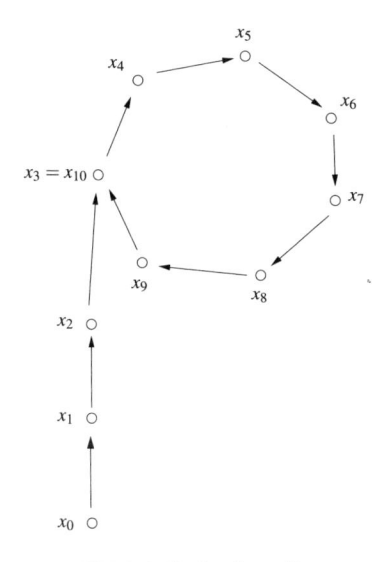

図 19.4 Pollard の ρ 法

アルゴリズム 19.6　Floyd の周期発見技法

入力：上記のような $x_0 \in \{0,\ldots,p-1\}$ と $f: \{0,\ldots,p-1\} \longrightarrow \{0,\ldots,p-1\}$.

出力：$x_i = x_{2i}$ となるインデックス $i > 0$.

1. $y_0 \longleftarrow x_0, \; i \longleftarrow 0$
2. **repeat** $i \longleftarrow i+1, \; x_i \longleftarrow f(x_{i-1}), \; y_i \longleftarrow f(f(y_{i-1}))$
   until $x_i = y_i$
3. **return** i

次の補題は Floyd の方法で最初に $x_i = y_i$ という衝突が発生するまでのステップ数は，高々 $i < j$ なる i, j に対して最初に $x_i = x_j$ という衝突が発生するまでのステップ数以下であるということをいっている．

補題 19.7　上記の t と l に対して，アルゴリズム 19.6 は高々 $t+l$ ステップで

停止する．

証明 すべての i に対して $y_i = x_{2i}$ なので $x_i = y_i$ となることと $i \geq t$ かつ $l|(2i-i)=i$ となることとは必要十分であり，このような最小のインデックスは $t>0$ なら $i=t+(-t \operatorname{rem} l)<t+l$ となり，$t=0$ なら $i=l$ となる．□

さて，N を因数分解する Pollard の ρ 法を説明しよう．数列 $x_0, x_1, \cdots \in \{0, \ldots, N-1\}$ を次のように生成する．まず x_0 をランダムに選択し，$x_{i+1} = f(x_i) = x_i^2 + 1 \operatorname{rem} N$ により $x_{i+1} \in \{0, \ldots, N-1\}$ を定義する．この反復関数をどのようにして決めたかは黒魔術であるが，線形関数ではうまくいかず高次数の多項式では評価にコストがかかりすぎ，x^2+1 よりも適当なものは見つかっていない．

p を N を割り切る最小の素数とする．すると，$i \geq 0$ に対して $x_{i+1} \equiv x_i^2 + 1 \bmod p$ となる．誕生日定理と $(x_i)_{i \in \mathbb{N}}$ が乱数列のように「見える」という経験則から，$O(\sqrt{p})$ ステップ後には p を法とした衝突が発生していると期待できる．この重複は Floyd の周期発見技法を用いて発見される．

アルゴリズム 19.8 Pollard の ρ 法
入力：素数でもなく完全べきでもない $N \in \mathbb{N}_{\geq 3}$ と $b \in \mathbb{N}$．
出力：N の真の約数か「失敗」．
1. $x_0 \in \{0, \ldots, N-1\}$ をランダムに選択，$y_0 \longleftarrow x_0$, $i \longleftarrow 0$
2. **repeat**
3. 　　$i \longleftarrow i+1$
　　　$x_i \longleftarrow x_{i-1}^2 + 1 \operatorname{rem} N$, $y_i \longleftarrow (y_{i-1}^2+1)^2 + 1 \operatorname{rem} N$
4. 　　$g \longleftarrow \gcd(x_i - y_i, N)$
　　　if $1 < g < N$ **then return** g
　　　else if $g = N$ **then return** 「失敗」

定理 19.9 $N \in \mathbb{N}$ を合成数, p を N の最小の素因数, $f(x) = x^2 + 1$ とする．数列 $(f^i(x_0))_{i \in \mathbb{N}}$ が p を法とした乱数列のように振る舞うという仮定のもとでの，N の最小の素因数 p を見つける Pollard のアルゴリズムの実行時間の期待値は $O(\sqrt{p}\mathsf{M}(\log N) \log \log N)$ である．このアルゴリズムを再帰的に適用することにより N を完全に因数分解する実行時間の期待値は $S_2(N)^{1/2} O\tilde{\ }(\log^2 N)$ あるいは $O\tilde{\ }(N^{1/4})$ である．

例 19.10 $N = 82\,123$ を因数分解したいとする．$x_0 = 631$ から始めると次のような数列を見つける．

i	$x_i \bmod N$	$x_i \bmod 41$	i	$x_i \bmod N$	$x_i \bmod 41$
0	631	16	6	40 816	21
1	69 670	11	7	80 802	32
2	28 986	40	8	20 459	0
3	69 907	2	9	71 874	1
4	13 166	5	10	6 685	2
5	64 027	26			

41 を法とした反復の様子は図 19.4 に示した．このアルゴリズムの名前はギリシャ文字 ρ に似ていることに由来する．これは因数 $\gcd(x_3 - x_{10}, N) = 41$ を導く．

このアルゴリズムを実行したとき N を法とした値だけがわかる．41 を法とした値も我々の理解の範疇にある．アルゴリズムは x_i と $y_i = x_{2i}$ を並列して計算していき，毎回最大公約数テストを実行する．$t = 3, l = 7, t + (-t \operatorname{rem} l)$ となり，実際に 7 回 2 歩ずつ進むと 1 歩ずつに追いつく．

i	$x_i \bmod N$	$x_i \bmod 41$	$y_i \bmod N$	$y_i \bmod 41$	$\gcd(x_i - y_i, N)$
0	631	16	631	16	1
1	69670	11	28986	40	1
2	28986	40	13166	5	1
3	69907	2	40816	21	1
4	13166	5	20459	0	1
5	64027	26	6685	2	1
6	40816	21	75835	26	1
7	80802	32	17539	32	41

$N = 41 \cdot 2003$ の因数分解は $\gcd(x_7 - y_7, N) = 41$ として見つかる．もちろん，2003 を法としても繰り返し行い，実際，$x_{38} \equiv 4430 \equiv x_{143} \bmod N$ を得る．この反復の結果得たものが 41 を法として得たものと同じになった場合は，ある因数を見つけられないかもしれない．「アンラッキー」な x_0 である．◇

19.5 Dixon のランダム平方法

この節では，ランダムな平方数を用いて素数のべきではない奇数 N を因数分解する Dixon (1981) の方法を紹介する．これは任意の $\varepsilon > 0$ に対して $\exp(\varepsilon \cdot \log N)$ よりも速いことが証明された最初の方法である．ここでの Dixon の方法の説明は 4 つのステージからなる．最初に例とあわせてアイデアを紹介し，次に未定義のパラメータ B を用いてアルゴリズムを記述する．要点はアルゴリズム実行中に計算する十分に多くの数がスムーズ，すなわち，B 以下の素因数しか持たないことを示すことである．このことから B として最良の値を決定し，解析を終える．

まず N の因数分解と N を 2 つの平方の差として表した表現との間の全単射を表す等式

$$N = s^2 - t^2 = (s+t)(s-t)$$
$$N = a \cdot b = \left(\frac{a+b}{2}\right)^2 - \left(\frac{a-b}{2}\right)^2$$

を観察することから始める.このことからただちに素朴な因数分解アルゴリズムを構成することができる. $t = \lceil\sqrt{N}\rceil, \lceil\sqrt{N}\rceil+1, \ldots,$ に対して $t^2 - N$ が完全平方かどうかをチェックする.このような平方が見つかれば N を因数分解することができる.このアルゴリズムは $N = ab$ に対して $|a-b|$ が小さい場合にはうまく動作する.なぜなら,この実行時間は $|a-b|$ に依存するからである.このことはすでに Fermat には明らかだった.彼は $N = 2\,027\,651\,281$ ととり,そうすると $\sqrt{N} \approx 45\,029$ になるのだが,

$$N = 45\,041^2 - 1020^2 = 46\,061 \cdot 44\,021$$

を発見した.この変形として $k \ll N$ を選び,$t = \lceil\sqrt{kN}\rceil, \lceil\sqrt{kN}\rceil+1, \ldots,$ として $t^2 - kN$ が完全平方かどうかをチェックするアルゴリズムが考えられる. $t^2 - kN = s^2$ ならば $\gcd(s+t, N)$ は N の因数になるが,真の因数であることが望ましく,そのためには $s \not\equiv \pm t \bmod N$ であってほしい.

実際には,このような方法で $s^2 \equiv t^2$ という関係を発見するのは大きな N に対しては望むべくもない.ランダム平方法の基本的なアイデアを次の例で説明する.

例 19.11 $N = 2183$ とする.

$$453^2 \equiv 7 \bmod N, \quad 1014^2 \equiv 3 \bmod N, \quad 209^2 \equiv 21 \bmod N$$

という連立合同式を得ているものとする.すると $(453 \cdot 1014 \cdot 209)^2 \equiv 21^2 \bmod N$ または $687^2 \equiv 21^2 \bmod N$ を得る.このことから $37 = \gcd(687 - 21, N)$ と $59 = \gcd(687 + 21, N)$ という因数がわかる.実際に $N = 37 \cdot 59$ は N の素因数分解になっている. ◇

上の例は,体系的なアプローチを示唆している. b をランダムに選び, $b^2 \operatorname{rem} N$ が小さな素数の積になることを期待している.十分な数を見つけたならば合同式 $s^2 \equiv t^2 \bmod N$ を得ることができる.ここからこのアプローチの詳細を述べる.

あるパラメータ $B \in \mathbb{R}_{>0}$ に対して,**素因数基底**として B 以下の素数 $p_1,$

$p_2, \ldots, p_h$ をとる. 数 b が **B 数**であるとは, 整数 $b^2 \operatorname{rem} N$ (b^2 を N で割った余り) がこれらの素数のいくつかの積になっているときをいう. このように例 19.11 では $B \geq 7$ と $N = 2183$ に対して $453, 1014, 209$ が B 数になっている. このアルゴリズムのある変形では素因数基底として $p_0 = -1$ を許し, $b \equiv a \bmod N$ かつ $-N/2 < a \leq N/2$ で定義される $b \in \mathbb{Z}$ の絶対値が小さい方の剰余 a を考える. ここではこのことについてこれ以上触れない.

任意の B 数 b に対して, $\alpha_1, \ldots, \alpha_h \in \mathbb{N}$ を使って $b^2 \equiv p_1^{\alpha_1} p_2^{\alpha_2} \cdots p_h^{\alpha_h} \bmod N$ と書くことにし, b を 2 値ベクトル

$$\varepsilon = (\alpha_1 \bmod 2, \quad \alpha_2 \bmod 2, \quad \ldots, \quad \alpha_h \bmod 2) \in \mathbb{F}_2^h \tag{2}$$

と関連づける. ここで, $b_1, b_2, \ldots, b_l$ が $\mathbb{F}_2^h$ において $\varepsilon_1 + \varepsilon_2 + \cdots + \varepsilon_l = 0$ であると仮定する. $b_i^2 \equiv \prod_{1 \leq j \leq h} p_j^{\alpha_{ij}} \bmod N$ と書くと,

$$\left(\prod_{1 \leq i \leq l} b_i \right)^2 \equiv \prod_{1 \leq j \leq h} p_j^{\sum_{1 \leq i \leq l} \alpha_{ij}} = \prod_{1 \leq j \leq h} p_j^{2\gamma_j} = \left(\prod_{1 \leq j \leq h} p_j^{\gamma_j} \right)^2 \bmod N$$

となる. ただし, すべての j に対して $\gamma_j = \frac{1}{2} \sum_{1 \leq i \leq l} \alpha_{ij} \in \mathbb{N}$ である. これは所望の合同式 $s^2 \equiv t^2 \bmod N$ を与える. ただし,

$$s = \prod_{1 \leq i \leq l} b_i, \quad t = \prod_{1 \leq j \leq h} p_j^{\gamma_j} \tag{3}$$

である. $\mathbb{F}_2^h$ における任意の $h+1$ 個のベクトルは $\mathbb{F}_2$ 上で線形従属なので, $h+1$ よりも多くの B 数を生成する必要はなく, そのため, 常に $l \leq h+1$ としていることに注意.

$s^2 \equiv t^2 \bmod N$ を得たならば, $s \not\equiv \pm t \bmod N$ であってほしい. N が素数のべきではなく $r \geq 2$ 個の異なる素因数を持つならば, 中国剰余定理 5.3 から $\mathbb{Z}_N^\times$ の任意の平方は $\mathbb{Z}_N$ においてちょうど 2^r 個の平方根を持つことがわかる. それゆえ, t^2 の平方根からランダムに s を選んだとすると

$$\operatorname{prob}\{s \equiv \pm t \bmod N\} = \frac{2}{2^r} \leq \frac{1}{2}$$

となる. 例 19.11 では $B = \{2, 3, 5, 7\}$ であり, $\varepsilon_1 = (0, 0, 0, 1), \varepsilon_2 = (0, 1, 0, 0),$

$\varepsilon_3 = (0,1,0,1)$, かつ $\mathbb{F}_2^4$ において $\varepsilon_1 + \varepsilon_2 + \varepsilon_3 = 0$ である．また，$\gamma_1 = \gamma_3 = 0$, $\gamma_2 = \gamma_4 = 1$, $s = 453 \cdot 1014 \cdot 209$, $t = 2^0 \cdot 3^1 \cdot 5^0 \cdot 7^1$ である．

結果として次のアルゴリズムになる．

アルゴリズム 19.12 Dixon のランダム平方法

入力：素数でもなく完全べき乗でもない奇整数 $N \in \mathbb{N}_{\geq 3}$ と $B \in \mathbb{R}_{>0}$.
出力：N の真の約数か，そうでなければ「失敗」．

1. B 以下のすべての素数 $p_1, p_2, \ldots, p_h$ を計算
 if ある $i \in \{1, \ldots, h\}$ に対して p_i が N を割り切る **then return** p_i
2. $A \longleftarrow \emptyset$ {B 数の集合の初期化}
 repeat
3. $b \in \{2, \ldots, N-2\}$ を一様ランダムに選択
     $g \longleftarrow \gcd(b, N)$, **if** $g > 1$ **then return** g
4. $a \longleftarrow b^2 \operatorname{rem} N$
     {a を $\{p_1, \ldots, p_h\}$ 上で因数分解する}
     for $i = 1, \ldots, h$ **do**
5.   {a 中の p_i の重複度を決定}
       $\alpha_i \longleftarrow 0$
       while p_i が a を割り切る **do** $a \longleftarrow \frac{a}{p_i}$, $\alpha_i \longleftarrow \alpha_i + 1$
6.   **if** $a = 1$ **then** $\alpha \longleftarrow (\alpha_1, \ldots, \alpha_h)$, $A \longleftarrow A \cup \{(b, \alpha)\}$
7. **until** $\sharp A = h + 1$
8. $\mathbb{F}_2$ 上の $(h+1) \times h$ 連立方程式を解き，ある $l \geq 1$ に対して，$\mathbb{F}_2^h$ において $\alpha^{(1)} + \cdots + \alpha^{(l)} \equiv 0 \bmod 2$ となる異なる組 $(b_1, \alpha^{(1)}), \ldots, (b_l, \alpha^{(l)}) \in A$ を発見する
9. $(\gamma_1, \ldots, \gamma_h) \longleftarrow \frac{1}{2}(\alpha^{(1)} + \cdots + \alpha^{(l)})$
 $s \longleftarrow \prod_{1 \leq i \leq l} b_i$, $t \longleftarrow \prod_{1 \leq j \leq h} b_j p_j^{\gamma_j}$, $g \longleftarrow \gcd(s+t, N)$
 if $g < N$ **then return** g **else return**「失敗」

$n = \log N$ とする.ステップ 1 において Eratosthenes の篩いを用いて素因数基底を用意するコストは定理 18.10 より $O(h \log^2 h \log \log h)$ 回の語演算であり,割り切れるかどうかをチェックするコストは $O(h \cdot \mathsf{M}(n))$ である.ループ 2 を 1 回繰り返すコストは,gcd に $O(\mathsf{M}(n) \log n)$ 回の語演算,$b^2 \operatorname{rem} N$ を計算するのに $O(\mathsf{M}(n))$ 回の語演算,スムーズかどうかをチェックするために素数 $p_1, \ldots, p_h$ すべてで試し割りするのに $O((h+n)\mathsf{M}(n))$ 語演算である.(実際には,Pollard と Strassen のアルゴリズム 19.2 を変更することによりチェックは高速化できる.)k をループ 2 の反復回数とすると,ループの総コストは $O(k(h+n)\mathsf{M}(n))$ の語演算となる.ステップ 8 において $\mathbb{F}_2$ 上の連立 1 次方程式を解くコストは $O(h^3)$ 回の語演算である.残りのステップのコストはこれら 3 つの見積もりに吸収されるので総コストとして

$$O(h^3 + k(h+n)\mathsf{M}(n)) \tag{4}$$

回の語演算を得る.

実用的には,-1 を B に含め,数 b を $\sqrt{N}$ 近辺から一様ランダムに選択する.なぜなら,N を法として b^2 の剰余で絶対値が最小のものはせいぜい $O(\sqrt{N})$ 程度であり,N 以下の任意の数というよりすべての素因数が B よりも小さいという方が望ましいからである.しかしながら,以下の議論には b を 1 から $N-1$ の範囲から一様ランダムに選択するという仮定が必要になる.

ここでの目標は反復回数の期待値 k を評価し,N だけが与えられたとき適切な B の値を決定することである.任意の $x, y \in \mathbb{R}_{>2}$ に対して,

$$\begin{aligned}\Psi(x,y) &= \{a \in \mathbb{N} : 1 \leq a \leq x, \forall p \text{ 素数 } p|a \Longrightarrow p \leq y\} \\ \psi(x,y) &= \sharp \Psi(x,y)\end{aligned} \tag{5}$$

とする.$\Psi(x,y)$ に属する数,つまり,そのすべての素因数が y よりも大きくない数は **y スムーズ** と呼ばれる.

$$b \text{ が } B \text{ 数である} \iff b^2 \operatorname{rem} N \in \Psi(N, B)$$

である.いうまでもなく,この問題の要は B をうまく選ぶことである.B が小さすぎると B 数は少なくなり見つけるのに時間がかかりすぎ,B が大きすぎる

と見込みのある B 数をテストするのに時間がかかり,また,連立方程式が大きくなる.

肩慣らしの練習問題として,$y=B$ のとき,ランダムに選択した整数 $a \in \{1,\ldots,x\}$ が y スムーズである確率を大雑把に評価する.$u=\ln(x)/\ln(y)$ とすると $y=x^{1/u}$ となる.また,$v=\lfloor u \rfloor$ とすると $(a_1,a_2,\ldots,a_v) \in \{p_1,\ldots,p_h\}^v$ とおけ,$a=a_1 a_2 \cdots a_v$ とする.(ln は自然対数である.) すると,$a \leq B^v \leq y^v = x$ となり,$a \in \Psi(x,y)$ となる.それぞれの a は $\{p_1,\ldots,p_h\}^v$ の高々 $v!$ 個のベクトルから選ばれ,よって,素数定理 18.7 から $h \approx y/\ln y$ となるので,近似不等式

$$\psi(x,y) \geq \frac{h^v}{v!} \geq \left(\frac{h}{v}\right)^v \gtrsim \left(\frac{y}{\ln y}\right)^v \cdot v^{-v} \approx \left(\frac{y}{\ln y}\right)^u \cdot u^{-u} = x(u \ln y)^{-u}$$

を得る.それゆえ,ランダムに選んだ正整数 $a \leq x$ に対して,

$$\text{prob}\{a \text{ は } y \text{ スムーズ}\} = \frac{\psi(x,y)}{x} \gtrsim (u \ln y)^{-u}$$

となる.

ある程度小さな u に対しては,**Dickman の ρ 関数**と呼ばれているこの確率の本当のオーダは,十分に大きな y に対して u^{-u} となることを証明なしに述べておく.我々はこの事実を使わないが,評価の粗さがまったく使い物にならないほどではないのは幸いなことである.

定理 19.13 $u: \mathbb{N} \longrightarrow \mathbb{R}_{>1}$ を $u(x) \in O(\log x / \log \log x)$ となる増加関数とする.すると $\{1,\ldots,\lfloor x \rfloor\}$ からランダムに選んだ整数が $x^{1/u}$ スムーズとなる確率は

$$\frac{\psi(x, x^{1/u})}{x} = u^{-u(1+o(a))}$$

を満たす.

ここで $o(1)$ は u を大きくするとゼロに近づく関数の略記法である.上記の評価はランダムな値 a にも適用できる.ランダムな値 b に対して $b^2 \text{ rem } N$ に

関する同様の結果を証明する．B 数を 1 つ見つけるのに必要な試行回数の期待値は高々 $(u \ln y)^u$ (あるいは，それどころか，高々 u^u) である．別な議論が練習問題 19.10 にある．

補題 19.14 N は $p_1, \ldots, p_h$ のいずれでも割り切れず，$r \in \mathbb{N}$ は $p_h^{2r} \leq N$ を満たすものとする．すると，

$$\sharp\{b \in \mathbb{N} : 1 \leq b < N \text{ かつ } b^2 \operatorname{rem} N \in \Psi(N, p_h)\} \geq \frac{h^{2r}}{(2r)!} \tag{6}$$

となる．

証明 証明のアイデアは肩慣らしの練習問題をこの状況に適合させることである．ちょうど r 個の因数を持つ $p_1, \ldots, p_h$ のべきの積 b を考える．このような b の平方はスムーズであり，明らかに b は式 (6) の左辺の集合 S の元である．しかし，このような数だけではまだ不足している．b の平方ばかりでなく任意の 2 つの b の積が N を法として平方となるならば十分である．このようなことが成り立つとは最初は信じられそうもない．しかし，N の素因数 q を考えてみよう．q を法とすると，半分の数は平方数となり (補題 14.7)，「平方数×平方数＝平方数」となるばかりでなく，「非平方数×非平方数＝平方数」となる (練習問題 14.8)．同じことが q のべきに対しても実際に成り立つ．この証明は，すべての b を N のすべての素因数を法として平方かそれとも平方ではないという特性により分割することにより S の元を十分たくさん生成することになる．このように異なる 2 つの b が同じ特性を持っていると，すべての q を法として平方となり，よって N を法としても平方となる．以下の証明はこれを正確に書いたものである．最初に理解するときは，N は異なる 2 つの素数の積 $q_1 q_2$ であると仮定してもよい．

証明を始めるにあたり，$N = q_1^{l_1} \cdots q_t^{l_t}$ を N の素因数分解とする．**平方特性関数** $\mathbb{Z}_{q_i^{l_i}}^\times$ 上の $\chi_i = \chi_{q_i^{l_i}}$ を次のように定義する．

$$\chi_i(a \bmod q_i^{l_i}) = \begin{cases} 1 & \exists b \in \mathbb{N}\, a \equiv b^2 \bmod q_i^{l_i} \text{ の場合} \\ -1 & \text{その他の場合} \end{cases}$$

19.5 Dixon のランダム平方法

この特性関数と同じようなものが等しい次数の因数分解 (14.3 節) や，素数性判定テスト (第 18 章) においては Jacobi 記号と呼ばれ，暗黙のうちに役割を果たした．写像 χ_i は群準同型写像である．これらの特性関数をすべて 1 つにまとめると

$$\chi : \mathbb{Z}_N^\times \longrightarrow \{1, -1\}^t = G$$
$$a \bmod N \longmapsto (\chi_1(a \bmod q_1^{l_1}), \ldots, \chi_t(a \bmod q_t^{l_t}))$$

を得る．

ここで，

$$Q = \{a \in \mathbb{N} : 1 \leq a < N,\ \gcd(a, N) = 1\ \text{かつ}\ \exists b \in \mathbb{N}\ a \equiv b^2 \bmod N\}$$

を N を法とした (可逆な) 平方数の集合とする．中国剰余定理 5.3 より，ある数が N を法として平方数であることと，それぞれの $q_i^{l_i}$ を法として平方数であることとは必要かつ十分となるので，$1 \leq a < N$ なる a に対して

$$a \in Q \iff \chi(a \bmod N) = (1, \ldots, 1)$$

を得る．さらに，$q_i^{l_i}$ を法として可逆な平方数はちょうど 2 つの平方根を持つので，再び中国剰余定理より，任意の $a \in Q$ は正確に N を法としてちょうど 2^t 個の平方根を持つ (練習問題 9.40)．

式 (6) の集合を S で表すことにする．$x \in \mathbb{R}$ と $s \in \mathbb{N}$ に対して

$$T_s(x) = \{a \in \mathbb{N} : a \leq x\ \text{かつ}$$
$$\exists e_1, \ldots, e_h \in \mathbb{N}\ \ a = p_1^{e_1} \cdots p_h^{e_h}\ \text{かつ}\ e_1 + \cdots + e_h = s\}$$

を (必ずしも異なっている必要はないが) ちょうど s 個の素因数を持つ x 以下の p_h スムーズな整数の集合とする．仮定より，任意の $a \in T_s(x)$ に対して，$a \bmod N \in \mathbb{Z}_n^\times$ を得る．さて，$T_r(\sqrt{N})$ を 2^t 個の集合 U_g $(g \in G)$

$$U_g = \{a \in T_r(\sqrt{N}) : \chi(a \bmod N) = g\}$$

に分割する．V で乗法写像

$$\mu : \bigcup_{g \in G}(U_g \times U_g) \longrightarrow \mathbb{N}$$

の像を表す．ただし，$\mu(b,c) = bc \operatorname{rem} N$ とする．任意の $b,c \in U_g$ に対して $\chi(bc \bmod N) = (1,\ldots,1)$ であり，また，$g \in G$ であることから，$V \subseteq Q$ を得る．さらに，$V \subseteq T_{2r}(N)$ であるので $V \subseteq T_{2r}(N) \cap Q$ となる．

$T_{2r}(N) \cap Q$ のすべての元はちょうど 2^t 個の平方根を持っており，これらはすべて S に属するので，$\sharp S \geq 2^t \cdot \sharp(T_{2r}(N) \cap Q)$ となる．では，どのくらいの $(b,c) \in \bigcup_{g \in G} U_g \times U_g$ が μ により同じ $a \in V$ に写されるのであろうか．$b,c \leq \sqrt{N}$ かつ $bc \equiv a \bmod N$ であるので，$bc = a$ を得る．このように a の $2r$ 個の素因数を b,c を構成するように 2 つに分ける．このような分け方は高々 $\binom{2r}{r} = (2r)!/(r!)^2$ 通りである．よって

$$\sharp V \cdot (2r)!/(r!)^2 \geq \sharp(\bigcup_{g \in G} U_g \times U_g) = \sum_{g \in G}(\sharp U_g)^2$$

となる．これらを合わせると

$$\sharp S \geq 2^t \cdot \sharp(T_{2r}(N) \cap Q) \geq 2^t \cdot \sharp V \geq 2^t \sum_{g \in G}(\sharp U_g)^2 \frac{(r!)^2}{(2r)!}$$

を得る．

Cauchy-Schwarz の不等式 (練習問題 16.10) から任意の 2 つのベクトル $x = (x_1, \ldots, x_n), y = (y_1, \ldots, y_n) \in \mathbb{R}^n$ に対して

$$\sum_{1 \leq i \leq n} x_i^2 \cdot \sum_{1 \leq i \leq n} y_i^2 = \|x\|_2^2 \cdot \|y\|_2^2 \geq x \star y^2 = \left(\sum_{1 \leq i \leq n} x_i y_i\right)^2$$

となる．これを $n = 2^t = \sharp G, x_g = 1, y_g = \sharp U_g \ (g \in G)$ に適用すると

$$2^t \cdot \sum_{g \in G}(\sharp U_g)^2 \geq \left(\sum_{g \in G} \sharp U_g\right)^2 = \left(\sharp T_r(\sqrt{N})\right)^2$$

を得る．

$p_h^r \leq \sqrt{N}$ なので，$T_r(\sqrt{N})$ の元は p_h までの素数をちょうど r 個選ぶ選び方に対応する．よって，

19.5 Dixon のランダム平方法

$$\sharp T_r(\sqrt{N}) = \begin{pmatrix} h+r-1 \\ r \end{pmatrix} \geq \frac{h^r}{r!}$$

となる．最終的に，

$$\sharp S \geq \frac{2^t(r!)^2}{(2r)!} \sum_{g \in G} (\sharp U_g)^2 \geq \frac{(r!)^2}{(2r)!} \left(\sharp T_r(\sqrt{N})\right)^2 \geq \frac{h^{2r}}{(2r)!}$$

を得る．□

アルゴリズム 19.12 のステップ 1 は N が素数 $p_1, \ldots, p_h$ のいずれでも割り切れないことを保証している．補題 19.14 より $p_h^{2r} \leq N$ となる任意の r に対して，B 数を 1 つ見つけるまでの試行回数の期待値は

$$\left(\frac{\sharp\{B\,\text{数}\}}{N}\right)^{-1} = \left(\frac{N}{\sharp\{B\,\text{数}\}}\right) \leq \frac{N(2r)!}{h^{2r}}$$

となる．素数定理 18.7 から，$B \geq 59$ なら $h = \pi(B) > B/\ln B$ を得る．$(2r)! \leq (2r)^{2r}$ という粗い評価を用いると，試行回数の期待値は高々

$$\frac{N}{h^{2r}}(2r)! < \frac{N(\ln B)^{2r}}{B^{2r}}(2r)^{2r} = n^{2r}$$

となる．

$h+1$ 個の B 数が必要であり，また，ループの繰り返し回数の期待値 k は $k \leq n^{2r}(h+1)$ を満たす．これを式 (4) にあてはめて $n < h < B$ とすると，総コストは

$$O(B^3 + B^2 n^{2r} \mathsf{M}(n)) \tag{7}$$

回の語演算となる．$\mathsf{M}(n)$ の項を無視して，$B^2 = e^{n/r}$ と $n^{2r} = e^{2r\ln}$ の 2 つの項の対数を等しくなるようにすると，$r^2 \approx n/(2\ln n)$ となり，

$$r = \left\lceil \sqrt{\frac{n}{2\ln n}} \right\rceil \tag{8}$$

とおく．すると $B \leq e^{\sqrt{n(\ln n)/2}}$ となり，

$$L(N) = e^{\sqrt{\ln N \ln \ln N}} \tag{9}$$

を用いると，式 (7) に式 (8) を代入することにより次の結果を得る．

定理 19.15 Dixon のランダム平方法は整数 N を平均で $O\tilde{\ }(L(N)^{2\sqrt{2}})$ 回の語演算で因数分解する．

このアルゴリズムの変形は大きな整数の因数分解に用いられており，多くの実用的な改善がなされてきた．ここではその中の 2 つについてのみ言及する．1 つめは，N 以下の整数は高々 $\log_2 N$ 個の因数しか持たないので，式 (2) のベクトルは零でない要素を高々 $\log_2 N$ 個しか持たず，ステップ 8 の連立方程式の行列は疎になり，Wiedemann のアルゴリズム (12.4 節) の変形を用いると $O\tilde{\ }(h^2)$ ステップでそれを解くことができるというものである．実際, Wiedemann (1986) はこのアプローチのために彼のアルゴリズムを考案した．しかしながら，この方法は定理 19.15 のコストの評価を減少させるものではない．

2 つめの実用的に重要な改善は Pomerance (1982, 1985) によるもので，篩い法 — それは素数を生成する Eratosthenes の篩いを思い出させるが — を用い，上述の方法のように個々の数 b に対してテストをするのではなく，B 数全体を生成するようなものである．個々のスムーズかどうかの判定テストのコストは約 $4\log_2 \log_2 B$ 回の $\log_2 B$ までの数の足し算に減ずることができる．これは **2 次篩い** と呼ばれている．

これらのアルゴリズムが必要とする領域は，素因数基底を記憶するのに $h\log_2 h$ ビットで，線形代数については行列は h 個の疎な行を持つので大雑把にいうと同様ですみ，Wiedemann のアルゴリズムは同じ領域で実行できる．

19.6　Pollard の $p-1$ 法

このアルゴリズムは次の節の楕円曲線法の入門として役立つ．整数 N を因数分解したいとし，N は $p-1$ がスムーズであるような素因数 p を持つ．特に，$p-1$ を割り切るすべての素数のべき l^e は適切に選んだパラメータ B に対して $l^e \leq B$ となると仮定する．アルゴリズムは次のようになる．

アルゴリズム 19.16　Pollard の $p-1$ 法

入力：正整数 $N \geq 3$ と B.
出力：N の真の約数か「失敗」.
1. $k \longleftarrow \text{lcm}\{i : 2 \leq i \leq B\}$
2. $a \in \{2, \ldots, N-2\}$ を一様ランダムに選択
3. $b \longleftarrow a^k \bmod N, \quad d \longleftarrow \gcd(b-1, N)$
4. **if** $1 < d < N$ **then return** d **else return**「失敗」

d が N の非自明な約数であってほしい. 上記の仮定のもとで $p-1 | k$ なので確かに $a^k \equiv 1 \bmod p$ である. このことは $d > 1$ を保証する. $d < N$ を得るためには N が $a^k \not\equiv 1 \bmod q$ となる他の素因数 q を持てば十分である.

上記の方法を他の見方をすると次のようになる. ある群 G を選ぶ (この場合は $G = \mathbb{Z}_N^\times$) ことから始めて, 群「$G \bmod p$」のサイズがスムーズとなることを期待する. k を $G \bmod p$ の位数とし, $a \in G$ をランダムに選ぶと, a^k は p を法とした単位元となり, これは q を法とした単位元とはならないことを期待する. 次の節では, $G \bmod p$ が $\mathbb{F}_q$ 上の楕円曲線となる.

19.7　Lenstra の楕円曲線法

この節では, 楕円曲線を用いて整数を因数分解する Lenstra (1987) の方法を紹介する. その実行時間はランダム平方法に用いたのと同じ関数 L を用いて表すが, $L(N)$ のかわりに $L(p)$ を用いる. ここで, p は N の 2 番目に大きな素因数である. $N = pq$ が, たとえば 50 桁と 100 桁のように, 本質的にサイズの異なる 2 つの素数の積になっているときなどは Dixon の方法より速い. 19.1 節で, この方法の成功にハイライトをあてた.

楕円曲線　　N を因数分解する楕円曲線法における基本的なアプローチは次のようなものである. N を法とした計算のある列を規定する. この列における $w \in \mathbb{Z}$ による割り算は $\gcd(w, N) = 1$ の場合にのみ実行される. このようにお

のおのの割り算ステップにおいて，計算を継続するのか，運よく $\gcd(w, N)$ が非自明で N の約数を見つけることができるかのいずれかである．これはしばしば**架空の体技法**と呼ばれる．ランダムな楕円曲線上のランダムな点の掛け算の計算はこのような計算の列を導く．このようなことは，幸運なことにある程度大きな確率で発生する．

楕円曲線法は楕円曲線群の集合から群 G をランダムに選択するのに対応する．Lenstra (1987) は十分大きな確率で少なくとも1つの楕円曲線がスムーズな位数を持つことを示した．

楕円曲線を定義し，それらの性質をいくつか述べることから始める．それらは，数学の中で最も豊かで深い分野の1つ「代数幾何」王国の住人である．本書では，その美しい理論の核心に触れることは到底できない．

定義 19.17 F を標数が2でも3でもない体とし，$x^3 + ax + b \in F[x]$ を平方自由とする．このとき

$$E = \{(u, v) \in F^2 : v^2 = u^3 + au + b\} \cup \{\mathcal{O}\} \subseteq F^2 \cup \{\mathcal{O}\}$$

を F 上の**楕円曲線**という．ここで，$\mathcal{O}$ は E 上の「無限遠点」を表す．

他にも同値な楕円曲線の定義方法・表現方法がある．この方法は E に対する **Weierstraß の方程式**と呼ばれ，a と b は **Weierstraß の係数**と呼ばれている．多項式 $x^3 + ax + b$ が平方自由であるのは $4a^3 + 27b^2 \neq 0$ のとき，かつ，そのときに限る (練習問題 19.13)．

例 19.18 $x^3 - x = x(x-1)(x+1)$ は $\operatorname{char} F \neq 2$ ならば平方自由である．$F = \mathbb{R}$ の場合の対応する楕円曲線が他の例と一緒に図 19.5 に描かれている．◇

読者の皆さんは $\mathcal{O}$ が y 軸方向の (上「と」下の) 地平線の彼方にあり，2つの鉛直な直線は $\mathcal{O}$ で「交差する」と想像するとよいかもしれない．射影幾何はこれらの概念に対する厳密な枠組みを与えている．

以下のように，楕円曲線 E が幾何的な意味で**非特異** (あるいは，スムーズ)

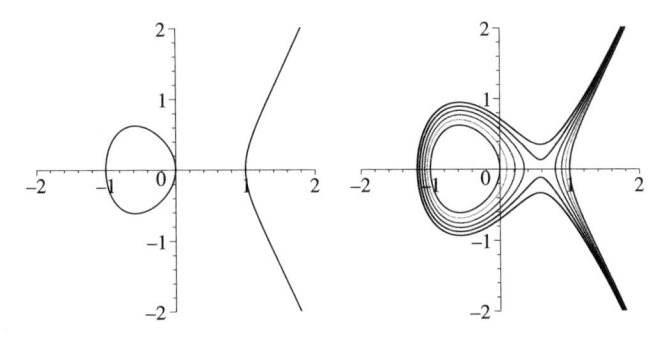

図 19.5 実数上の楕円曲線 $y^2 = x^3 - x$ (左図) と $b = 0, 1/10, 2/10, 3/10,$ $4/10, 5/10$ に対する楕円曲線 $y^2 = x^3 - x + b$.

である. $f = y^2 - (x^3 + ax + b) \in F[x, y]$ とする. このとき, $E = \{f = 0\} \cup \{\mathcal{O}\}$ である. $(u, v) \in E \setminus \{\mathcal{O}\}$ に対して,

$$\left(\frac{\partial f}{\partial x}(u, v), \frac{\partial f}{\partial y}(u, v) \right) = (-3u^2 - a, 2v)$$

が $(0, 0)$ となる (つまり (u, v) が E の特異点となる) のは, $u = (-a/3)^{1/2}$ かつ $v = 0$ のとき, かつ, そのときに限る. しかし, $u^3 + au + b = v^2$ から $4a^3 + 27b^2 = 0$ となり, E の選び方と矛盾する.

$F = \mathbb{C}$ に対して, E と交わる任意の直線は, 重複を正確に数えるとちょうど 3 点で交わる. これは Bézout の定理 (6.4 節) の特別な場合になっている. ある $r, s \in F$ に対して, $L = \{(u, v) \in F^2 : v = ru + s\}$ をある直線とする. すると

$$L \cap E = \{(u, v) \in F^2 : (ru + s)^2 = u^3 + au + b \text{ and } v = ru + s\}$$

となる. a, b, r, s はいずれも固定されているので, これは u に関する 3 次方程式である. 垂直な直線 $L = \{(u, v) : v \in F\}$ ($u \in F$ は固定) の場合は, 点の 1 つは $\mathcal{O}$ である.

群構造 楕円曲線を因数分解に対して興味深いものにしている基本的な性質は, 自然な方法で群構造を導入できることである. 次のように群演算を定義す

る. 点 $P = (u,v) \in E$ の負点を，その点を x 軸を軸に対称に写した鏡像 $-P = (u, -v)$ とし，$-\mathcal{O} = \mathcal{O}$ とする．E 上の点 P と Q を通る直線は E と3点で交わり，その3点を $\{P, Q, S\}$ とする．このとき，

$$R = P + Q = -S$$

とする (図 19.6).

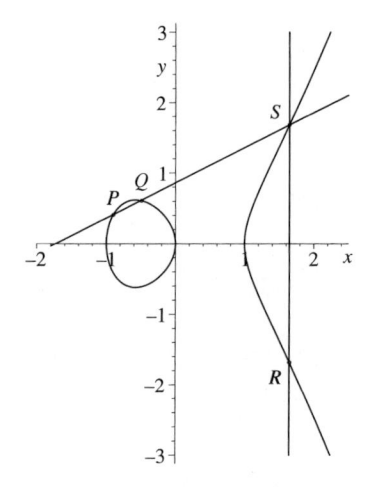

図 19.6 楕円曲線 $y^2 = x^3 - x$ 上に2点 $x = -0.9$ である P と $x = -0.5$ である Q をとる．点 $R = P + Q$ は交点 S の負点である.

特別な場合を紹介する．

(i) $Q = P$. P の接線を考える．E はスムーズなので接線は常にうまく定義できる．

(ii) $Q = \mathcal{O}$. P を通る垂直な直線を考える．

$$P + \mathcal{O} = -(-\mathcal{P}) = \mathcal{P}$$

(iii) $Q = -P$. ここでも P と Q を通る垂直な直線を考え

$$P + (-P) = -\mathcal{O} = \mathcal{O}$$

を得る.

これらの定義は E を可換群にする．上の 2 つめの特別な場合は $\mathcal{O}$ が単位元であることを示しており，3 つめの場合は点 P の逆元はその負点 $-P$ であることを示している．通常，$k \in \mathbb{Z}$ と $P \in E$ に対して，P（$k<0$ ならば $-P$）を k 回（$k<0$ ならば $-k$ 回）足し合わせることを kP と書くことにし，$0P = \mathcal{O}$ とする．

では，楕円曲線 E 上の足し算に対する有理式を導こう．$P = (x_1, y_1)$，$Q = (x_2, y_2)$ で $x_1 \neq x_2$ とする．すると，$R = (x_3, y_3) = P + Q \in E\setminus\{\mathcal{O}\}$ となる．P と Q を通る直線は方程式 $y = \alpha x + \beta$ と表せる．ただし，$\alpha = (y_2 - y_1)/(x_2 - x_1)$ で $\beta = y_1 - \alpha x_1$ である．$S = (x_3, -y_3)$ をこの直線と楕円曲線の 3 つめの交点とする．すると，$(\alpha x_3 + \beta)^2 = x_3^3 + ax_3 + b$ となる．x_1, x_2 は 3 次方程式 $(u^3 + au + b) - (\alpha u + \beta)^2 = 0$ の 2 つの根であるので，$x_1 + x_2 + x_3 = \alpha^2$ となる．このことから

$$x_3 = \left(\frac{y_2 - y_1}{x_2 - x_1}\right)^2 - x_1 - x_2, \quad y_3 = -y_1 + \frac{y_2 - y_1}{x_2 - x_1} \cdot (x_1 - x_3) \quad (10)$$

を得る．このように 2 つの異なる点の和の係数は入力係数の有理関数で与えられる．これらの式は明示的には E の Weierstraß 係数を使っていないが，実際には楕円曲線上の 2 点から決定されることに注意．同様の式が 2 倍点（$R = 2P$，$x_1 = x_2, y_1 = y_2$，練習問題 19.14 を見よ）に対しても成り立つ．$y_1 \neq 0$ のとき

$$x_3 = \left(\frac{3x_1^2 + a}{2y_1}\right)^2 - 2x_1, \quad y_3 = -y_1 + \frac{3x_1^2 + a}{2y_1} \cdot (x_1 - x_3) \quad (11)$$

が得られ，$y_1 = 0$ のとき $2P = \mathcal{O}$ となる．

この演算を伴う曲線 E は可換群となる．結合律以外の必要な条件はすでに確認した．結合律も計算機代数システムを用いて確認すれば難しくはない（練習問題 19.16）

楕円曲線のサイズ　これまでは我々の直観は実数に基づいていた．しかし，目的とする応用では有限体上の楕円曲線を考えなければならない．最初にやる

べきことはこのような楕円曲線のサイズを決める，つまり，楕円曲線上の点の数を見積もることである．次の評価は簡単で素朴なものである．

定理 19.19 E を標数が 3 以上の有限体 $\mathbb{F}_q$ 上の楕円曲線とする．このとき，$\sharp E \leq 2q+1$ となる．

証明 u として考えうる q 個の値それぞれに対して，$v^2 = u^3 + au + b$ となる v がとりうる値は高々 2 つで，それらは $u^3 + au + b$ の 2 つの平方根に対応している．無限遠点を加えて所望の評価を得る．□

これを素朴な評価と考える 1 つの理由は $\mathbb{F}_q$ 上を u が変化するのに応じて $u^3 + au + b$ の値も変化するので，u のおおよそ半分に対しては 2 つの方程式の解 v が存在し，残りの半分に対しては解は存在しないと思われるからである．いいかえると，$u^3 + au + b$ はおおよそ半分が平方である．補題 14.7 よりランダムな要素はこの性質を持つ．より形式的には，**平方特性関数** $\chi: \mathbb{F}_q^\times \longrightarrow \{1, 0, -1\}$ を

$$\chi(c) = \begin{cases} 1 & c \text{ が平方の場合} \\ 0 & c = 0 \text{ の場合} \\ -1 & \text{その他の場合} \end{cases}$$

で定義する．q が素数の場合は $\chi(c) = \left(\dfrac{c}{q}\right)$ は Legendre の記号 (18.5 節) となり，任意の $c \in \mathbb{F}_q$ に対して，

$$\sharp\{v \in \mathbb{F}_q : v^2 = c\} = 1 + \chi(c)$$

となる．このことから

$$\sharp E = 1 + \sum_{u \in \mathbb{F}_q} (1 + \chi(u^3 + au + b)) = q + 1 + \sum_{u \in \mathbb{F}_q} (\chi(u^3 + au + b))$$

を得る．$\chi(u^3 + au + b)$ が一様分布における確率変数だとすると，その和は直線上のランダムウォークのように振る舞う．このような q ステップのランダム

ウォークの後，原点からの何ステップ離れているかの期待値は $\sqrt{q}$ ステップである (練習問題 19.17). もちろん, これは完全な確率過程ではないが, この類似は次の結果の直観的な動機づけを与える.

定理 19.20　Hasse の境界　E を有限体 $\mathbb{F}_q$ 上の楕円曲線とすると, $|\sharp E - (q+1)| \leq 2\sqrt{q}$ となる.

例 19.21　$q = 7$ とする. Hasse の境界より, $\mathbb{F}_7$ 上の楕円曲線 E は $|\sharp E - 8| \leq 2\sqrt{7}$ となり, よって $3 \leq \sharp E \leq 13$ となる. 表 19.7 は $\mathbb{F}_7$ 上の 42 個の楕円曲線すべての位数である.

表 19.7　$\mathbb{F}_7$ 上のすべての楕円曲線 E の位数の頻度

n	3	4	5	6	7	8	9	10	11	12	13
$\sharp\{E : \sharp E = n\}$	1	4	3	6	4	6	4	6	3	4	1

例 19.18 の $y^2 = x^3 - x$ で定まる $\mathbb{F}_7$ 上の楕円曲線 E を考えることにすると, 手計算で点を数え上げ, 8 個の点

$$(0,0), (1,0), (4,2), (4,5), (5,1), (5,6), (6,0), \mathcal{O}$$

を含むことを決定できる. この群は, 位数 4 の $(4,2)$ と位数 2 の $(0,0)$ の 2 つの要素から生成され, よって, $\mathbb{Z}_4 \times \mathbb{Z}_2$ と同型である.

他の例として $y^2 = x^3 + x$ で定まる楕円曲線 E^* を考える. この楕円曲線は 8 点

$$(0,0), (1,3), (1,4), (3,3), (3,4), (5,2), (5,5), \mathcal{O}$$

からなる. E^* は巡回群で, たとえば, $(3,3)$ から生成される. 図 19.8 は E と E^* の群構造を示している. ◇

任意の有限群と同様に, Lagrange の定理より, 任意の $P \in E$ に対して $(\sharp E) \cdot$

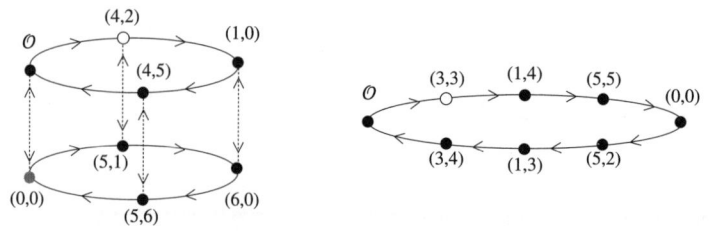

図 19.8 例 19.21 の楕円曲線群 E と E^* の構造．E は $(4,2)$（白丸）と $(0,0)$（灰色の丸）から，E^* は $(3,3)$（白丸）から生成される．$Q-P$ が生成元のとき，その生成元と同じ線種の矢印が点 P から Q に出ている．[$(4,2)$ と $(3,3)$ からは実線，$(0,0)$ からは点線の矢印]

$P=\mathcal{O}$ である．P の位数 d は $dP=\mathcal{O}$ となる最小の正整数であり，d は $\sharp E$ の約数である．

楕円曲線アルゴリズム まず最初に N を因数分解する Lenstra のアルゴリズムを記述し，その後にそのアルゴリズムのいくつかの性質を証明する．

アルゴリズム 19.22 Lenstra の楕円曲線因数分解法

入力：ある整数の完全べきでもなく 2 や 3 の倍数でもない合成数 $N\in\mathbb{N}$ と，基底中の素数の上界 B と N の最小の素因数に対する上界の推定値 C．
出力：N の非自明な約数か，「失敗」．

1. ランダムに $(a,u,v)\in\{0,\ldots,N-1\}^3$ を選択
   $b\longleftarrow v^2-u^3-au,\ \ g\longleftarrow \gcd(4a^3+27b^2,N)$
   if $1<g<N$ **then return** g **else if** $g=N$ **then return** 「失敗」
2. E を Weierstraß 係数が a,b である $\mathbb{Z}_N$ 上の「楕円曲線」とする
   B 以下のすべての素数 $p_1=2<\cdots<p_h$ を計算
   $P\longleftarrow (u,v),\ \ Q\longleftarrow P,\ \ t\longleftarrow 1$
3. **for** $i=1,\ldots,h$ **do**
   $\quad e_i\longleftarrow \lfloor\log_{p_i}(C+2\sqrt{C}+1)\rfloor$
   $\quad$ **for** $j=0,\ldots,e_i-1$ **do**

$\{$ ループ不変量 $: t = p_i^j \prod_{1 \leq r < i} p_r^{e_r}$ と $Q = tP$ $\}$

4. 式 (10) と式 (11) と「繰り返し，倍にする」を用いて，E において $p_i Q$ を計算しようとする
   if 計算途中において，ある除数 $w \in \{1, \ldots, N-1\}$ で N を法として逆元を持たないものが現れる
   then return $\gcd(w, N)$
   else $Q \longleftarrow p_i Q$, $t \longleftarrow p_i t$

5. **return**「失敗」

ステップ 2 の「楕円曲線」は，合成数 N に対するその厳密な定義はもっと複雑なので引用符に入れてある．ここで必要なことは N のすべての素因数 p に対して，厳密な意味で $E \bmod p$ が楕円曲線となることである．特に，等式 (10) と (11) が E を群にするわけでは「ない」．ある除数が零ではないが逆元を持たないかもしれず，表現が N を法としてうまく定義できないかもしれないので，このことは妥当と思われる．約数が見つかるまでは，N の任意の素因数 p を法とした簡約 E_p 上で群構造を与える点がポイントである．

これから N が C 以下の素因数を持てば，最終的に成功して停止することを証明する．(小さな素数から大きな素数という順序は，アルゴリズムの正当性に関して本質的でないが，以下の証明で必要となる．)

p を N の素因数とする．p は $4a^3 + 27b^2$ を割り切らない．なぜなら，そうでないものは (成功にしろ不成功にしろ) ステップ 1 ではじかれるからである．E_p で p を法とした E の簡約，すなわち，p を法とした a, b を Weierstraß 係数として持つ $\mathbb{Z}_p$ 上の楕円曲線のことを表すものとする．p を法として係数を簡約することで $P_p \in E_p$ を $P \in E$ に対応させる．さらに，E_p の無限遠点 $\mathcal{O}_p$ を E の $\mathcal{O}$ に対応させる．すると，任意の $P \in E \backslash \{0\}$ に対して，$P_p \neq \mathcal{O}_p$ となり，よって，

$$P_p = \mathcal{O}_p \text{ のとき，かつ，そのときに限り } P = \mathcal{O} \qquad (12)$$

となる．

すると，約数 p が見つかる (つまり，ステップ 4 で $p \mid \gcd(w, N)$ となる) まで，それぞれの E 上の部分解である $Q = tP$ が E_p 上の部分解である $Q_p = tP_p$ を与えるという意味，つまり，$tP_p = (tP)_p$ という意味で，アルゴリズムの計算は E_p の演算を実現しているとみなすことができる．因数分解を与えるという幸運は，N の 2 つの素因数 p, q に対して，E_p 上の P_p の位数の倍数で，E_q 上の P_q の位数の倍数にならないものにたどり着いたときに起こる．Pollard の $p-1$ 法において楕円曲線が単元の群がおきかわった同様の状況があった．

補題 19.23 (E, P) が選択され，p と q は異なる N の素因数で，l は群 E_p の元 P_p の位数の最大の素因数で，$p \leq C$ で，$\sharp E_p$ は B スムーズで，$l \nmid \sharp E_q$ と仮定する．このとき，アルゴリズムは N の因数を見つける．

証明 $1 \leq r \leq h$ に対して，ステップ 3 の e_r を用いて $k = \prod_{1 \leq r \leq h} p_r^{e_r}$ とする．ループ不変量は i と j に関する帰納法で容易に確かめられる．$\sharp E_p$ は B スムーズで $p \leq C$ なので，Hasse の境界より $\sharp E_p \mid k$ となる．d を E_p における P_p の位数とする．すると $d \mid \sharp E_p$ となり，よって，$l \leq B$ かつ $d \mid k$ となる．$p_i = l$ とし，e を d における l の指数とすると，$1 \leq e \leq e_j$ となる．$j = e - 1$ のとき，

$$t = l^{e-1} \prod_{1 \leq r < i} p_r^{e_r} \text{ かつ } Q = tP$$

がステップ 4 の前で成り立ち，$t \not\equiv 0 \bmod d$ かつ $lt \equiv 0 \bmod d$ となる．このことから，$Q_p = tP_p \neq \mathcal{O}_p$ となり，また，$lQ_p = ltP_p = \mathcal{O}_p$ となる．それゆえ，もしアルゴリズムが lQ の計算に成功したならば，結果は $\mathcal{O}$ のみである．実際にこの状況になる前に約数を見つけて終了することを示す．

逆にアルゴリズムによりステップ 4 で $lQ = \mathcal{O}$ が計算されたと仮定する．この計算は E_q 上の計算も行うので，$lQ_q = (ltP)_q = \mathcal{O}_q$ を得たことになる．しかし，l は $\sharp E_q$ か P_q の位数を割り切らないので，点 $Q_q = tP_q$ はすでに $\mathcal{O}_q$ になっている．このことから式 (12) により $Q = \mathcal{O}$ となり，それゆえ $Q_p = \mathcal{O}_p$ となり矛盾．□

次にこの補題の仮定が満たされる確率を解析する．$\mathrm{prob}(l \nmid \sharp E_q)$ はほぼ 1 である（注解 19.7 を見よ）ので，ランダムに選んだパラメータにより $\sharp E_p$ が B スムーズとなる楕円曲線 E_p が生成される確率だけを考えればよい．これは Lenstra による次の結果から基本的に導かれるが，その証明は本書の扱う範囲ではない．

定理 19.24 次の性質を満たす $c \in \mathbb{R}_{>0}$ が存在する．p を素数，$S \subseteq \mathbb{N}$ を $S \subseteq (p+1-\sqrt{p}, p+1+\sqrt{p})$ かつ $\sharp S \geq 3$ を満たす集合，$a, b \in \mathbb{F}_p$ はランダムに選ばれたものとする．

$$E_p = \{(u,v) : v^2 = u^3 + au + b\} \cup \{\mathcal{O}\}$$

を $\mathbb{F}_p$ 上の楕円曲線とする．このとき

$$\mathrm{prob}\{\sharp E_p \in S\} \geq \frac{c \cdot \sharp S}{\sqrt{p} \log p}$$

となる．

S は Hasse の境界より与えられた範囲の中央の半数からとられる．$p = 7$ に対しては $S = \{6, 7, 8, 9, 10\}$ となる．このように楕円曲線のサイズは乱暴にいうとこの中央の半数の中に分布している．S に対する B スムーズな集合をとり，補題 19.23 を用いることにより，次の結論を得られる．

系 19.25 次の性質を満たす $c \in \mathbb{R}_{>0}$ が存在する．$p \leq C$ を N の素因数とし，

$$\sigma = \sharp\{(p+1-\sqrt{p}, p+1+\sqrt{p}) \text{ 中の } B \text{ スムーズな数}\}$$
$$= \psi(p+1+\sqrt{p}, B) - \psi(p+1-\sqrt{p}, B)$$

とする．ただし，ψ は式 (5) で定義した「スムーズな数の個数」関数である．もし $\sigma \geq 3$ ならば，アルゴリズムが N を因数分解する 3 項組 $(a, u, v) \in \{0, \ldots, N-1\}^3$ の個数 M は

$$\frac{M}{N^3} \geq \frac{c\sigma}{\sqrt{p}\log p}$$

を満たす.

高い確率で因数分解に成功するのに必要なアルゴリズムの試行回数は何回くらいであろうか. $s = \sigma/(2\sqrt{p})$ で区間 $(p+1-\sqrt{p}, p+1+\sqrt{p})$ からランダムに選んだ数が B スムーズとなる確率を表すものとする. アルゴリズムを m 回繰り返し実行したとすると, 失敗の確率は高々

$$\left(1 - \frac{M}{N^3}\right)^m \leq \left(1 - \frac{sc}{\ln p}\right)^m \leq \left(1 - \frac{sc}{\ln C}\right)^m \leq e^{-msc/\ln C} \leq \varepsilon$$

となる. ただし, c は前の系と同様である.

式 (10) や (11) による足し算や 2 倍は N を法とした定数回の算術演算で計算でき, ステップ 4 の 1 回の実行に対しては $O(\log p_i)$ 回の演算となる. (おもしろいことに, この表現では, N を法とした掛け算で 2 回対 3 回と, 足し算の公式の方が 2 倍の公式よりも少ないコストですむ.) このようにアルゴリズムの総コストは N を法とした演算で $O(\sum_{i \leq h} e_i \log p_i)$ あるいは $O(B \log C)$ 回となり, m 回実行するための算術演算の回数は

$$O(m \cdot B \log C) \text{ または } O(m \cdot B \log N) \tag{13}$$

となる.

B を増加させると σ と s とも大きくなり, よって, m が小さくなるので, この時間の解析にはトレードオフが存在する. B を最適に選択するのに, 定理 19.13 のようなスムーズであることに関する結果を使いたいのだが, 狭い区間からランダムに数を選ぶ場合のものではない. 残念ながら次の予想に対する証明は知られていない.

予想 19.26 正の実数 x, u と区間 $(x - \sqrt{x}, x + \sqrt{x})$ からランダムに選択された整数 d に対して,

$$\text{prob}\{d \text{ は } x^{1/u} \text{ スムーズである }\} = u^{-u(1+o(1))}$$

19.7 Lenstra の楕円曲線法

である.

コストの大雑把な評価のために $u = \ln p / \ln B$ とする.このとき $B = p^{1/u}$ となる.項 $o(1)$ を無視すると,s がだいたい u^{-u} となり m はだいたい $\ln C \cdot u^u$ であると予想はいっている.式 (13) の mB という項を最小化したい.その対数はおおよそ

$$\ln(u^u) + \ln B = \frac{\ln p}{\ln B} \cdot \ln\left(\frac{\ln p}{\ln B}\right) + \ln B \tag{14}$$

となる.式 (9) で定義した関数 L を用いて

$$B = e^{\sqrt{(\ln p \cdot \ln \ln p)/2}} = L(p)^{1/\sqrt{2}} \tag{15}$$

とおくと,

$$\frac{\ln p}{\ln B} = \frac{\sqrt{2} \ln p}{(\ln p \cdot \ln \ln p)^{1/2}} = \left(\frac{2 \ln p}{\ln \ln p}\right)^{1/2}$$

を得る.式 (14) の右辺は,$\ln \ln p \geq 2$ のとき,高々

$$\left(\frac{2 \ln p}{\ln \ln p}\right)^{1/2} \cdot \frac{1}{2} \ln \ln p + \ln B = \sqrt{2} \, (\ln p \cdot \ln \ln p)^{1/2}$$

である.このように語演算の回数は,予想を仮定すると,$e^{(\sqrt{2} + o(1))\sqrt{\ln p \cdot \ln \ln p}}$ あるいは

$$L(p)^{\sqrt{2} + o(1)}$$

となる.任意の $p \leq N^{1/2}$ に対して $L(p)^{\sqrt{2}} \leq L(N)$ となることに注意.実装においては,p はわからないし,B や C のよい推定値を得る必要がある.漸近的に式 (15) が成り立つ素因数 $p \leq C$ が存在するときアルゴリズムはうまく動作する.通常は,C の「小さな」初期値を適当に選び,式 (15) の p を C におきかえて B を決定し,アルゴリズムが因数を見つけられなかった場合は,C の値を 2 倍にして繰り返す.N の完全な因数分解においては,通常は苦労の大半を 2 番目に大きな素数 p に費やされる.楕円曲線法が特に頑強な点は,$N^{1/2}$ よりもずっと小さな素因数が存在することから利益を得られることである.19.1 節

でこの成功物語の一部を述べた.

注解

19.1 表 19.2 は Brent (1999) による.

19.2 ランダムに選んだ素数に関する見積もりは Knuth & Trabb Pardo (1976) による.

19.3 アルゴリズム 19.2 は Strassen (1976) による. 同様の手法を用いたアルゴリズムが Pollard (1974) にも見られる. この方法も漸近的には同じ性質を持つが, 少し複雑である.

19.4 Pollard の ρ 法の x^2+1 がランダムという仮定は悩ましいが, 厳密な解析を行おうとするとさらに面倒なことになる. 今日までの最もよい結果は Bach (1991) を見よ. Brent (1980) は Pollard の方法を改善している. Brent & Pollard (1981) ではそれを F_8 を因数分解するのに用いた. Knuth (1998) によるとサイクルの検出法は Floyd によるらしい.

19.5 $s^2-t^2=(s+t)(s-t)$ という単純な観察から $x^2+y^2=z^2$ となる **Pythagoras の 3 項組** $(x,y,z) \in \mathbb{N}^3$ が導かれる. 練習問題 19.8 を見よ. 合同平方に基づいた整数を因数分解する方法が Kraïtchik (1926), 第 16 章で設計されている. 定理 19.13 は Canfield, Erdős & Pomerance (1983) による. 補題 19.14 に至るアプローチは Schnorr (1982) に見られる. Charlie Rackoff は変形を提案した (練習問題 19.10). Pomerance (1982) は $O\sim\left(L(N)^{\sqrt{5/2}}\right)$ 回の語演算で動作するよう Dixon の方法を改善した.

2 次篩いの重要な変形である複多項式 2 次篩いはワークステーションのネットワーク上の分散計算に実際に有効である (Caron & Silverman 1988). 概要については Silverman (1987) と Pomerance (1990b) を見よ.

19.6 $\rho-1$ 法は Pollard (1974) による.

19.7 楕円曲線と「無限遠点」の役割は射影幾何の枠組みの中で最もよく理解できる. F 上の**射影平面** $\mathbb{P}^2$ は $u,v,w \in F^3$ からなるすべての要素が零ではない 3 項組 $(u:v:w)$ すべてからなる. ただし, このような 3 項組とその倍数は同一視する. $(u:v:w)$ を F^3 において (u,v,w) と原点を通る直線とみなしてもよい. $y^2=x^3+ax+b$ で定まる楕円曲線 E に対応する $\mathbb{P}^2$ における射影曲線は

$$\tilde{E}=\{(U:V:W) \in \mathbb{P}^2 : V^2W=U^3+aUW^2+bW^3\}$$

であり, $E \cap F^2$ は $u=U/W, v=V/W$ という代入を行うことにより**アフィン部** $\tilde{E} \cap \{W \neq 0\} = \tilde{E} \cap \{W=1\}$ に対応する部分に入る. **無限遠の直線**との交点は

$$\tilde{E} \cap \{W = 0\} = \{(U:V:W) \in \mathbb{P}^2 : W = U = 0\} = \{(0:1:0)\} = \{\mathcal{O}\}$$

となる．2つめの座標に1を選択したのは任意である．

必要な代数幾何の感覚をもう少しつかむには Lenstra (1987) の論文と代数幾何のテキストの1つを読むとよいだろう．たとえば，Hartshorne (1977) の第1章と第4章や Fulton (1969) や Brieskorn & Knörrer (1986) や Koblitz (1987a) の VI.1 節や Silverman (1986) や Cox (1989) の詳細な本などである．

複素数上では楕円曲線は1次元の曲線であり，それゆえトーラスのような2次元の実曲面である．実像を (4次元の中での) このようなトーラスと平面の交わりであると考えてもよい．

一般的に，**種数** g は複素曲線の不変量の1つである．実曲面表現において g は「穴」の数である．$E \subseteq \mathbb{C}^2$ が次数 d の既約多項式により定義される非特異な平面曲線である (そして，無限遠でも非特異である) ならば，$g = (d-1)(d-2)/2$ となる．ある楕円曲線に対して $d = 3$ かつ $g = 1$ となる．また，$g = 0$ となるのは，その曲線が射影平面と同様に定義される射影直線 $\mathbb{P}^1$ に同型であるとき，かつ，そのときに限る．($y = x^2$ で定義される放物線はその一例である．)

種数が2以上の曲線は有理演算を伴う群にはならない．もちろん，任意の曲線 (そして任意の集合) は群にすることができる．なぜなら，同じ要素数の群が存在すれば群の演算を同型写像で写した先で考えればよいからである．しかしながら，ここでいいたいことは，楕円曲線に対して 19.7 節で行ったように座標の有理関数で群演算を定義したいとすると，種数が2以上なら不可能であるということである．

Manin (1956) と Chahal (1995) は Hasse (1933) の境界 19.20 の証明を「初等的な」方法だけで与えている．この境界は 1923 年に Emil Artin により予想された．これは，種数が g の $\mathbb{F}_q$ 上の非特異な射影代数曲線 X に対して $|\sharp X - (q+1)| \leq 2g\sqrt{q}$ という有名な **Weil の境界** の特別な場合になっている．Weil の境界の変形は特異曲線に対しても有効であることが，Bach (1996) により与えられた．

有限体上の楕円曲線群は，図 19.8 で例示したように，巡回群になるか，2つの巡回群の直積になるかのいずれかである (Silverman 1986 を見よ)．

固定された素数 ℓ がランダムに選んだ数を割り切る確率は $1/\ell$ である．定理 19.24 の視点で見ると，E を有限素体 $\mathbb{F}_q$ 上の楕円曲線からランダムに選んだものとすると，同様に $1/\ell$ の確率で ℓ が $\sharp E$ を割り切ると考えるかもしれない．しかしながら，これは間違っている．Lenstra (1987) は，その確率が p を $p \not\equiv 1 \bmod \ell$ となる素数の中で無限に大きくしていくと $1/(\ell-1)$ に近づいていくことを，$p \equiv 1 \bmod \ell$ ならば $\ell/(\ell^2-1)$ に近づいていくことを示した．

より進んだ注解

他の整数の因数分解アルゴリズムをあげる．Guy (1975) と Williams (1982) による $p+1$ 法と Pollard (1975) の $p-1$ 法を一般化した Bach & Shallit (1988) による $\varPhi_k(p)$ 法である．($\varPhi_k \in \mathbb{Z}[x]$ は k 番目の円分多項式である．14.10 節を見よ．) これらの方法は N が $\varPhi_k(p)$ がスムーズとなる素因数 p を持つときうまく動作する．

Morrison & Brillhart (1971, 1975) による**連分数法**は B 数を生成する別のアプローチである．ここでは $\sqrt{N}$ の連分数展開 (4.6 節) が b を得るのに用いられている．ヒューリスティックな議論により，彼らのアルゴリズムは $L(N)^{O(1)}$ ステップかかる．これは Dixon の結果に先んずるものであるが，厳密に証明されたわけではない．(彼らは F_7 を因数分解し，平方を見つけるのに因数基底と 2 を法とした線形代数を用いるなどの重要なアイデアを導入した．) すでに Lehmer & Powers (1931) は N を法として合同な 2 つの平方を見つけるためにこの展開を用いている．Pomerance (1982) はある証明されていない仮説のもとで，$L(N)^{\sqrt{3/2}+o(1)}$ 語演算を使う変形を提案している．Pomerance & Wagstaff (1983) と Williams & Wunderlich (1987) でさらなる議論がなされている．この手法の起源を Legendere (1975)，§XV に見つけることができる．(我々が調べた Berkley の図書館所蔵の複写に，D.H. Lehmer が Legendre の計算間違いを訂正していた．)

Lenstra, Lenstra, Manasse & Pollard (1990) による**数体篩い法**は $\exp(O(\sqrt[3]{\log N(\log\log N)^2}))$ 時間で動作する．これは Dixon (1981) のランダム平方法以降で，(指数のオーダの項において) 漸近的な性質を改善した最初である．Lenstra & Lenstra (1993) により現状報告がなされている．基礎になったアプローチは (Cunninghan プロジェクトで生じた) 特別な形の数のために設計されたが，新しいバージョンでは任意の数に適用できる．それらの効率については，Dodson & Lenstra (1995) と Cowie, Dodson, Elkenbrancht–Huizing, Lenstra, Montgomery & Zayer (1996) を見よ．それは，1999 年には 211 桁のレプユニット $(10^{211}-1)/9$ を 93 桁と 118 桁の 2 つの素因数に分解するのに用いられた．

これまで見てきたように，いくつかの因数分解アルゴリズムの解析は証明されていない予想に基づいている．「厳密に」証明されている因数分解アルゴリズムの実行時間の上界の世界記録は，決定的な方法では Pollard と Strassen の $\tilde{O}(N^{1/4})$ というもので，確率的アルゴリズムでは Lenstra & Pomerance (1992) の $L(N)^{1+o(1)}$ というものである．

練習問題

19.1 ─ 式 (1) で定義した $2^{599}-1$ の 128 桁の素因数 N は合成数であることを

示せ.

19.2* (Lenstra 1990) 次の多項式の因数分解の特別な場合を考えよ. 入力は素数 p と次数が n で $x^p - x$ を割り切る $f \in \mathbb{F}_p[x]$ の場合, つまり, $\mathbb{F}_p[x]$ の元 f のモニックで非冗長な因数がすべて線形で異なっている場合. Pollard と Strassen の方法を応用して, $p^2 > n$ のとき $O^{\sim}(n\sqrt{p})$ 回の $\mathbb{F}_p$ の演算で f を因数分解する決定性のアルゴリズムを発見せよ.

19.3 Pollard の ρ 法で $N = 23\,802\,996\,783\,967$ を因数分解せよ. また, Pollard と Strassen の方法でも行え.

19.4 p を素数とする. 数列 $u = (u_i)_{i \in \mathbb{N}} \in \mathbb{Z}_p^{\mathbb{N}}$ に対して, $S(u) = \min\{i \in \mathbb{N} : \exists j < i\ u_j = u_i\}$ を衝突する最小のインデックスとする.

(i) 任意の $u_0 \in \mathbb{Z}_p$ に対して, Pollard のアルゴリズム 19.8 のように $i \geq 1$ のとき $u_i = u_{i-1}^2 + 1$ により数列 $u = (u_i)_{i \in \mathbb{N}} \in \mathbb{Z}_p^{\mathbb{N}}$ を定義する. $p = 167$ と $p = 179$ に対して, 可能なすべての初期値 u_0 を試すことにより $S(u)$ の (すべての u_0 に関する) 平均値を求めよ. あなたの計算結果と定理 19.5 の証明にランダムな数列に対する $S(u)$ の期待値とを比較せよ.

(ii) 小問 (i) の u と p に対して, 可能なすべての初期値 u_0 に関する $T(u) = \min\{i \in \mathbb{N}_{>0} : u_i = u_{2i}\}$ の平均値を求めよ.

19.5 (Guy 1975) $x_0 = 2$ とし $i \geq 1$ に対して $x_i = x_{i-1}^2 + 1$ とする. また, $p \in \mathbb{N}$ に対して, $e(p) = \min\{i \in \mathbb{N}_{\geq 1} : x_i \equiv x_{2i} \bmod p\}$ とする.

(i) 素数 $p \leq 11$ に対して $e(p)$ を計算せよ.

(ii) 素数 $p \leq 10^6$ に対して $e(p)$ を計算せよ. このようなすべての p に対して, $e(p) \leq 3680$ となるものを発見せよ. (Guy (1975) は $e(p)$ が $(p \ln p)^{1/2}$ のように増加するように思えると記している.)

(iii) N を因数分解すべき数とし, N に初期値 $x_0 = 2$ で Pollard の ρ 法を実行するものとし, $1 \leq i \leq k$ に対して $\gcd(x_i - x_{2i}, N) = 1$ と仮定する. N のすべての素因数 p に対して $p(e) > k$ であることを証明せよ.

(iv) 小問 (iii) において 3680 ステップの最大公約数が自明ならば N が 10^6 以下の因数を持たないことを示せ.

19.6
$$\left(\int_{-\infty}^{\infty} e^{-x^2} dx\right)^2 = \pi \tag{16}$$

を証明せよ. ヒント: 式 (16) を 2 重積分として書き, $(x, y) = (r \cos \varphi, r \sin \varphi)$ を代入せよ.

19.7⟶ 練習問題 19.3 の N を, $B = 40$ 未満のすべての素数を因数基底として

Dixon のランダム平方法を用いて因数分解せよ．

19.8 3つの正整数 $(x,y,z) \in \mathbb{N}^3$ が **Pythagoras の 3 項組**をなすとは $x^2 + y^2 = z^2$ のときをいい，さらに $\gcd(x,y,z) = 1$ のときに**原始的 Pythagoras の 3 項組**という．

(i) 任意の Pythagoras の 3 項組は，ある原始的 Pythagoras の 3 項組とある $\lambda \in \mathbb{N}$ に対して，$(\lambda x, \lambda y, \lambda z)$ の形をしていることを示せ．

(ii) 互いに素な $s, t \in \mathbb{N}$ が $s > t$ かつ st が偶数であるとする．$(s^2 - t^2, 2st, s^2 + t^2)$ が原始的 Pythagoras の 3 項組であることを示せ．

(iii) (x,y,z) を原始的 Pythagoras の 3 項組とする．z は奇数で，x と y のいずれかは奇数だが，両方ともが奇数になることはないことを示せ．（ヒント：4 を法として計算せよ．） $(z+x)/2$ と $(z-x)/2$ は互いに素な平方数であり，両者ともに奇数とはならないことを証明し，(x,y,z) は小問 (ii) の形をしていることを導け．

(iv) 小問 (ii) と小問 (iii) を用いて $z \leq 100$ なるすべての原始的 Pythagoras の 3 項組を列挙せよ．

19.9 $n^{1+o(1)}$ と $O^\sim(n)$ の間の関係を述べよ．

19.10** 補題 19.14 において，ランダムに選んだ a に対して，十分多くの $a^2 \operatorname{rem} N$ がスムーズになることを証明した．Charlie Rackoff が提案した次の Dixon のランダム平方アルゴリズム 19.12 の変形によりこの補題を使うのを避けることができる．

- ステップ 1 において：$u \longleftarrow (\ln N)/\ln p_h$
  $\tau \longleftarrow \lambda u^u$ （λ は小さな定数，たとえば，$\lambda = 10$）
  $y \in \{1, \ldots, N-1\}$ をランダムに選択，$g \longleftarrow \gcd(y, N)$
  if $1 < g < N$ **thern return** g
- ステップ 4 において：$a \longleftarrow b^2 y \operatorname{rem} N$
- ステップ 7 において：**until** $\sharp A = \tau$
- ステップ 8 において：l は偶数でなくてはならない
- ステップ 9 において：$s \longleftarrow y^{1/2} \sum_{1 \leq i \leq l} b_i$

$\sigma = \psi(N, p_h)/\psi(N)$ により，$\gcd(x, N) = 1$ なる $x \in \{1, \ldots N-1\}$ が B スムーズになる確率を表すことにする．このように $\sigma = \tau^{-1}$ である．$N = q_1^{l_1} \cdots q_t^{l_t}$ を $q_1, \ldots, q_t$ が異なる N の素因数分解とする．任意の $i \leq t$ に対して，$q_i^{l_i}$ を法とした平方がちょうど $(q_i - 1)q_i^{l_i - 1}$ 個存在し，非平方も同じ数だけ存在する．いくぶん乱暴な記法だか，平方の集合を $+S_i \subset \mathbb{Z}_{q^{l_i}}^\times$ と，非平方の集合を $-S_i \subset \mathbb{Z}_{q^{l_i}}^\times$ と書くことにする．

すると中国剰余定理は $\mathbb{Z}_N^\times$ の同じサイズの 2^t 個の部分集合 T_ε への分解

$$\mathbb{Z}_N^\times \cong \bigcup_{\varepsilon_1,\ldots,\varepsilon_t \in \pm} \varepsilon_1 S_1 \times \varepsilon_2 S_2 \times \cdots \times \varepsilon_t S_t = \bigcup_{\varepsilon \in \pm^t} T_\varepsilon$$

を与える.

もし $y \in T_\varepsilon$ ならばステップ 4 で計算されたすべての a もまた T_ε に属する. もし T_ε が B スムーズな数, すなわち, $\sigma \cdot \sharp T_\varepsilon$ くらいの B スムーズな数を含んでいれば, y の選択によってはアルゴリズムはうまく動作するだろう. しかしながら, B スムーズな数が 2^t 個の集合 T_ε 上で等しく分布しているかどうかわからない. そこで, 最初の質問はすべての y のうちの妥当な割合は十分よいということを示すことである.

(i) $A = \cup_{i \in I} B_i$ を有限集合 A の同じサイズ $k = \sharp A/\sharp I$ の互いに素な部分集合への分割とし, $C \subseteq A$ とし, $s = \sharp C/\sharp A$ とする. すると, 少なくとも $s \cdot \sharp I/2$ 個のインデックス $i \in I$ に対して, $\sharp(B_i \cap C) \geq sk/2$ となることを示せ.

(ii) $\varepsilon \in \pm^t$ の少なくとも $\sigma/2$ の部分に対して, T_ε は少なくとも $\sigma/2$ 個の B スムーズな数を含んでいることを示せ. ヒント：小問 (i) を $A = \mathbb{Z}_N^\times$ と B スムーズな C に適用せよ. すると $s = \sigma$ となり, 部分集合 T_ε への分割となる.

(iii) 上述のアルゴリズムの成功する確率と実行時間を解析せよ.

19.11 $\mathbb{F}_7$ 上の曲線 $E = \{(x,y) \in \mathbb{F}_7^2 : y^2 = x^3 + x + 3\}$ が非特異であることを確認せよ. その曲線上のすべての点を計算し, それは巡回群で $(4,1)$ により生成されることを検証せよ.

19.12 E をある楕円曲線とし $P, Q \in E$ とする. S を P と Q を結ぶ線上の 3 つめの交点とすると, $P + Q = S$ が群の演算とならない理由を説明せよ.

19.13 F を体とし $f = x^3 + ax + b \in F[x]$ とする.

(i) $r = \text{res}(f, f') = 4a^3 + 27b^2$ を確認せよ.

(ii) f が平方自由であるならば $r \neq 0$ であり, かつ, そのときに限ることを導け.

(iii) $y^2 = x^3 - x + b$ が $F = \mathbb{R}$ 上の楕円曲線を定義しないのは b がどのようなときか. このようなすべての値に対して曲線をプロットせよ.

19.14 $E = \{(x,y) \in F^2 : y^2 = x^3 + ax + b\}$ を体 F 上の楕円曲線とし, $P = (x_1, y_1)$ とする. P を通り E に接する接線の方程式を ($y_1 = 0$ の場合と $y_1 \neq 0$ の場合に分けて) 決定し, 2 倍にする式 (11) が接線を用いた幾何学的な記述を実現することを証明せよ.

19.15 楕円曲線 E は $P \neq \mathcal{O}$ かつ $2P = \mathcal{O}$ となる位数 2 の点 P を高々 3 点しか持たないことを示せ.

19.16 ある楕円曲線 E 上で定義した足し算の結合律を確認する.

(i) 式 (10) を用いて 2 つの異なる点の和を計算する手続き add を書け.

(ii) 3 点 P, Q, R に対して

$$\text{ass} = \text{add}(\text{add}(P, Q), R) - \text{add}(P, \text{add}(Q, R))$$

が零とならないことを確認せよ．

(iii) 小問 (ii) において何が悪かったのであろうか．同一曲線上の3点を用いたわけではなかった．$R = (x_3, y_3)$ とし，$f = y_3^2 - (x_3^3 + ax_3 + b)$ としたときの Weierstraß 係数 a, b を P, Q から計算し，また，$\text{ass} \equiv 0 \bmod f$ となることを確認せよ．(適当な箇所で単純化し分子を取り除けるかもしれない．)

(iv)「一般」の 3 点 P, Q, R の結合律は得られた．では，それらのうちの 1 つが $\mathcal{O}$ の場合の結合律を確認せよ．

(v) 同時に 2 つの点が $\mathcal{O}$ の場合，つまり，$P = Q$ または $P + Q = R$ の場合が残っているので，式 (10) が適応できない．やり方は 2 つある．これらの場合に対応するちょっとしたプログラムを書くことと，連続性により議論をすることである．後者は，ある種の代数幾何を必要とする．

19.17** (i) 任意の正整数 n に対して，$\sum_{0 \leq k < n} \binom{2n}{k} = \left(4^n - \binom{2n}{n}\right)/2$ かつ $\sum_{0 \leq k < n} \binom{2n-1}{k} = 4^{n-1}$ となることを証明せよ．

(ii) $n \in \mathbb{N}_{>0}$ とし，$1 \leq i \leq 2n$ に対して X_i を確率 $1/2$ で 1 か -1 のいずれかの値をとる独立な確率変数の集合とし，$X = \sum_{1 \leq i \leq 2n} X_i$ を長さ $2n$ のランダムウォークとする．$0 \leq k \leq n$ に対して，$\text{prob}(X = 2(n-k)) = \text{prob}(X = -2(n-k)) = \binom{2n}{k} 4^{-n}$ となることを証明せよ．

(iii) $\mathcal{E}(X) = 0$ かつ $\mathcal{E}(|X|) = 2n\binom{2n}{n} 4^{-n}$ であることを示せ．

(iv) Stirling の公式 $n! \in \sqrt{2\pi n}(n/e)^n(1 + O(n^{-1}))$ (Graham, Knuth & Patashnik 1994 を見よ) を用いて $\mathcal{E}(|X|) \in 2\pi^{-1/2} n^{1/2} + O(n^{-1/2})$ であることを示せ．

(v) $2n$ 個の確率変数のかわりに $2n-1$ 個の確率変数を用いた場合の小問 (iii) と同様の等式を証明せよ．

19.18→ Lenstra のアルゴリズム 19.22 をプログラムし，これを用いて $B = 40$ かつ $C = 12\,000$ として練習問題 19.3 の数 N を因数分解せよ．

Real mathematics has no effects on war. No one has yet discovered any warlike purpose to be served by the theory of numbers or relativity; and it seems very unlikely that anyone will do so for many years.
Godfrey Harold Hardy (1940)

Die reine Zahlentheorie ist dasjenige Gebiet der Mathematik, das bisher noch nie Anwendung gefunden hat.
David Hilbert (1930)

It would not be an exaggeration to state that *abstract* cryptography is *identical* with abstract mathematics.
Abraham Adrian Albert (1941)

Give me problems, give me work, give me the most abstruse cryptogram, or the most intricate analysis, and I am in my own proper atmosphere.
Sir Arthur Conan Doyle (1890)

"Right. So I have a translation key and you have a signature key and all the communication from you to me needs both those keys to encode and decode it properly. But if I want to send a message back, I can't use those same keys— I need *my* signature key and *your* translation key."
"And Joe has a different translation key and when I send him a message I have to use *his* key. And that's how everybody is approaching this, and doing it that way has the kinds of problems we're sitting here to solve."
Philip Friedman (1996)

The KGB, more than other foreign-intelligence agencies, still depended on one-time-pad cipher systems. These were unbreakable, even in a theoretical sense, unless the code sequence itself were compromised.
Tom Clancy (1988)

20
応用：公開鍵暗号系

この章では，計算量理論とアルゴリズム論からのアイデアと計算機代数からのアイデアの最も興味深い応用の 1 つである**現代暗号**を概観する．問題を紹介した後，あの RSA 暗号，Diffie–Hellman の鍵交換，ElGamal の暗号系，Rabin の暗号系，楕円曲線に基づいた暗号系，束の短いベクトルに基づく暗号系の 6 つの暗号アルゴリズム［訳注：この第 2 版では束の短いベクトルに基づく暗号以外の 5 つが紹介されている］を紹介する．

この本で議論してきた計算機代数の手法のいかに多くが，考案時にはこのような応用を意図されずに設計されたにもかかわらず，暗号に有用であるかを理解していただけると幸いである．

20.1 暗 号 系

この章のシナリオは次のようなものである．Bob は，通信チャネルを盗聴している Eve が理解できないように，Alice[*1)] にメッセージを送りたい．これは，正しい**鍵**を持っている Alice だけが復号化でき，**鍵**を知りえない Eve はメッセージを復元できないようにメッセージを暗号化することにより実現される．

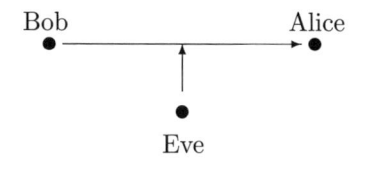

[*1)] Alice, Bob, Eve は現代暗号の主役である．

以下は，歴史上使用された暗号の一部である．

- **Caesar 暗号** この暗号は，単純にアルファベットを置換するものである．古典的な Caesar 暗号は，$A \mapsto D, B \mapsto E, C \mapsto F, \ldots Y \mapsto B, Z \mapsto C$ と 3 文字分巡回的にずらす．たとえば，"CAESAR" という語は "FDHVDU" という語に暗号化される．この暗号系は簡単に破ることができる．すべてを試すにしても 26 通りの可能性しかない．もう少し一般化して，$26! \approx 4 \cdot 10^{26}$ 通りある 26 文字のアルファベットの順列すべての中から任意の 1 つを使えるものとする．この暗号系の鍵は置換であり，その逆置換が暗号文を復号する際に使われる．しかし，盗聴者がもとのメッセージが何語で書かれたかを知っていて，個々の文字が平均的な文章に現れる確率 (の近似値) を知っていると，やりとりしたメッセージが十分長ければ，頻度の解析をすることにより鍵に関する情報を持ち合わせていなくても簡単にもとのメッセージを復元できることもある．このように，この暗号は簡便だが非常に安全性が低い方法である．

- **one–time pad** この暗号は次のようなものである．通常の 26 文字のアルファベットを用いた長さ n のメッセージを暗号化する場合，鍵として長さ n の文字列をランダムに選び，もとのメッセージとこの文字列を文字ごとに 26 を法として和をとる．受信者は，文字ごとに暗号文から鍵を引き復号化する．たとえば，もとのメッセージが "CAESAR" で，鍵が "DOHXLG" の場合は，文字 $A, \ldots, Z$ を数 $0, \ldots, 25$ とみなし，暗号文は "FOLPLX" となる．

  この one–time pad は，知られている唯一のおそらく (情報理論的な意味で) 安全な暗号系であるが，しかし，もとのメッセージと同じ長さの鍵が必要である (ことや，安全性を損なわないためには鍵の再利用ができない) などの欠点を持ち合わせている．

実際的な暗号では，**擬似乱数発生アルゴリズム**が鍵をつくるのに使われる．Alice と Bob が**種**を設定できる同じ種類の擬似乱数発生アルゴリズムを利用できるとすると，同じ種を使えば 2 人は同じ乱数列を共有できる．よく知られているこのような発生アルゴリズムの例は線形合同法である．

しかしながら，17.2 節で見たように，線形合同法は，いわゆる「短いベクト

20.1 暗号系

ル」アタックに対して脆弱で，それゆえ，暗号などへの利用には向かない．今日，このようなアタック法が知られていない擬似乱数発生アルゴリズムが提案されている．実際，これから述べる暗号系のいくつかは，擬似乱数発生アルゴリズムとして動作するよう変形することができる．擬似乱数発生アルゴリズムを利用した one–time pad の変形は，おそらく安全ではないであろう．その安全性は種を知ることなく擬似乱数列の要素を決定する問題の難しさにとても依存している．

第 2 次世界大戦でドイツの Wehrmacht[*2) と Marine[*3) は ENIGUMA と呼ばれていた暗号を使っていた．シリンダーで鍵を構成するような機械であった．原理自体は Caesar 暗号などと似たようなものであるが，それをとてつもなく複雑にしたものである．あの著名なコンピュータサイエンティスト Alan Mathison Turing に率いられた Bletchley Park にあったイギリスの諜報部隊がこの暗号を解読したことは，北大西洋における潜水艦戦での連合国側の勝利に大きな役割を果たした．

かつては，暗号の利用者といえば軍や諜報機関と相場が決まっていた．しかし，今日では，暗号システムはパスワードや時点販売管理端末 (POS) や銀行の ATM や電子マネーやインターネットコマースなど，安全なデータ処理や通信に不可欠なものとなっている．

古典的な暗号系は，同じ鍵が暗号化と復号化の両方に用いられるか，さもなくば，暗号化鍵から容易に (ここでいう容易とは多項式時間という意味である) 復号化鍵が推測できるという意味で，いずれも**対称**であった．このようなアプローチの問題点は，グループのメンバーがお互いに通信する必要があるような状況では必要な鍵の数はメンバー数の 2 乗で増加することである．

昔の暗号では，「破る」のが「困難」の意味の数学的理解が明確になることは決してなかった．「私が知っている方法ではそれを破ることはできない」という意味にしかならない．暗号系の安全性は，盗み聞きする側の暗号分析の技術と彼女 (彼) のシステムに対する知識に依存する．Caesar の時代，暗号解析者の利用できる計算パワーは限られたもので，暗号化の秘密は彼女 (彼) に知られ

[*2) 陸軍.
[*3) 海軍.

ていないと仮定しても合理的だったかもしれない．しかし20世紀においては，古典的であろうが公開鍵であろうが，暗号系の設計者は，暗号解析者が高度な数学的知識を持ち，スーパーコンピュータを利用でき，鍵以外の暗号化方法の完全な知識を持っているか，あるいは，彼らは現在の鍵で暗号化された平文と暗号文の多くの組を手に入れており，自由に任意の平文の一部を当てはめることができるということを考慮しないとならない．

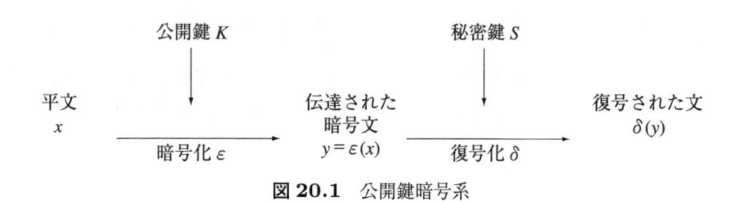

```
        公開鍵 K            秘密鍵 S
            ↓                  ↓
  平文              伝達された            復号された文
   x      ─────→   暗号文     ─────→    δ(y)
          暗号化 ε   y = ε(x)   復号化 δ
```

図 20.1 公開鍵暗号系

Diffie & Hellman (1976) は，それ以来**公開鍵暗号系**として知られることになる革新的な提案をした．そのアイデアは暗号化用の鍵 K と復号化用の鍵 S の2つの異なる鍵を用意し，暗号化も復号化も「容易」であるが，S についての知識がなければ復号化は「困難」というものである．ここで，「容易」とは多項式時間という意味で，メッセージの長さの線形に近い時間や自乗時間が望ましい．図 20.1 は状況を説明したものである．「公開鍵暗号系」という名前は暗号化鍵 K を公開可能であるという事実からきている．$x = \delta(y) = \delta(\varepsilon(x))$ であってほしいので，δ は ε の逆関数ということになる．公開鍵暗号系の暗号化関数のように，その関数の計算が「容易」であるのに対して，特別な情報がなければその逆関数の計算が「困難」である関数を**落とし戸関数**という．K を公開鍵と，S を秘密鍵ともいう．このような**非対称**暗号系では，n パーティのどの2組の間においても安全に通信するのに n 個の公開鍵と秘密鍵の組で十分である．

秘密鍵が容易に見つかれば暗号は破られるであろう．しかし，暗号を破ることの適切な概念はもっと芳醇なものである．あるシステムが破られたとみなすのは，たとえば x が整数のときのパリティのようなある Boole 述語 $B(x)$ と，$y = \varepsilon(x)$ を入力とするランダムに推測するよりも少しでもよく $B(x)$ を予測できる確率多項式時間アルゴリズムとが存在する場合である．そうでない場合は，

システムは**意味論上安全**である．これは確率的な暗号スキームに対してのみ考えることができ，正確な定義は少々技巧的である．

明確に「困難」の意味を規定する方法がいくつかある．次はそれらのいくつかのリストであり，望ましさが増加するように並べてある．

- 暗号の設計者は多項式時間アルゴリズムを知らない．
- 誰も多項式時間アルゴリズムを知らない．
- そのシステムを破るということはよく研究されている「困難な」問題を解くことになると思われる．
- そのシステムを破るということはよく研究されている「困難な」問題を解くことになる．
- そのシステムを破るということは $\mathcal{NP}$ 完全問題 (25.8 節) を解くことになる．
- 上で明確にしたように (確率的) 多項式時間アルゴリズムが存在しないことを証明できる．

現在，最後の 3 つの要求を満たす暗号系は知られていない．しかしながら，「破るのが困難な暗号」という，これまではとらえがたかった概念を計算量理論という確立した枠組みの中で研究できるようにした Diffie & Hellman の提案は大きなブレークスルーであった．

現代暗号系として提案されたいくつかはすでに破られている．Merkle & Hellman (1978) は**部分集合和問題**に基づいた暗号系を提案した．この暗号系とそのいくつかの亜種は基底簡約アルゴリズム (17.1 節) を使って破られた．Cade が 1985 年に提案した暗号 (Cade 1987 を見よ) は，多項式の関数分解問題の困難さの仮定に基づいたものである．体 F 上の次数 n の多項式 f が与えられると次数 2 以上の多項式 $g, h \in F[x]$ で $f = g \circ h = g(h)$ となるものが存在するか決定せよ．また，存在するならそのような g と h を計算せよ．この暗号系は Kozen & Landau (1989) により破られた．彼らは $O(n^3)$ 時間でこの問題を解くアルゴリズムを考えた．本書の全く簡素なシナリオを越えて現代暗号のさまざまな応用が考えられている．電子署名，メッセージ認証，マルチパーティ通信，電子マネーなどである．

では，いくつかの現代公開鍵暗号系を紹介していこう．

20.2 RSA 暗号

発案者の Rivest, Shamir & Adleman (1978) の頭文字から名づけられた因数分解の困難さに安全性の拠り所をおくこの有名な暗号系は，すでに 1.2 節で紹介している．そのアイデアは Alice がランダムに 2 つの異なる大きな (たとえば 150 桁の) 素数 p, q を選択し，$N = pq$ とする．N を因数分解できる者はこの暗号系を破ることができる．10 進数で 160 桁以上の整数 N は現在の因数分解ソフトウェア (注解と第 19 章を見よ) が解ける範囲外なので，理論的にいえば逆は真だと思われる．メッセージは $\mathbb{Z}_N = \{0, \ldots, N-1\}$ の要素の列に符号化される．たとえば，要素数 26 の標準的なアルファベット $\Sigma = \{A, \ldots, Z\}$ を使うとすると，$212 = \lfloor \log_{26} 10^{300} \rfloor$ 文字までのメッセージは 26 進数表現を用いると $\mathbb{Z}_N$ の元 1 つで一意に表すことができる．たとえば，メッセージ "CAESAR" は

$$2 \cdot 26^0 + 0 \cdot 26^1 + 4 \cdot 26^2 + 18 \cdot 26^3 + 0 \cdot 26^4 + 17 \cdot 26^5 = 202\,302\,466 \in \mathbb{Z}_N$$

と符号化される．

Alice が Bob からメッセージを受け取りたいとすると，彼女は $\gcd(e, \varphi(N)) = 1$ となる $e \in \{2, \ldots, \varphi(N) - 2\}$ をランダムに選択する．ここで，φ は Euler 関数 (4.2 節) で，$\varphi(N) = \sharp \mathbb{Z}_N^\times = (p-1)(q-1)$ となる．(彼女は e を固定することもできる．たとえば $e = 3$ と．) そして拡張 Euclid アルゴリズム (定理 4.1) を用いて $de \equiv 1 \bmod \varphi(N)$ となる $d \in \{2, \ldots, \varphi(N) - 2\}$ を計算し，$K = (N, e)$ を公開鍵として公開し，$S = (N, d)$ を秘密鍵として秘匿し，p, q も同様に秘匿する (q は破棄してもよい)．暗号化と復号化の関数 $\varepsilon, \delta : \mathbb{Z}^\times \longrightarrow \mathbb{Z}^\times$ は $\varepsilon(x) = x^e$ と $\delta(y) = y^d$ で定義される．Alice にメッセージ $x \in \mathbb{Z}_N^\times$ を送るには，Bob は彼女の公開鍵を調べて $y = \varepsilon(x)$ を計算し，これを Alice に送る．彼女は，彼女の秘密鍵を使って $\delta(y)$ を計算する．すると，$de - 1 = u \cdot \varphi(N)$ となる $u \in \mathbb{Z}$ をとると，Euler の定理 (18.1 節) より $x^{\varphi(N)} = 1$ なので，

$$(\delta \circ \varepsilon)(x) = \delta(x^e) = x^{de} = x^{1+u \cdot \varphi(N)} = x(x^{\varphi(N)})^u \equiv x \bmod N$$

となる．$x^{\varphi(N)} = 1$ となるのは $\gcd(x, N) = 1$ のときだけであるが，実際に，すべての x に対して $(\delta \circ \varepsilon)(x) = x$ となる (練習問題 20.5)．しかしながら，x の値が N と互いに素でないならば N の因数分解ができ暗号が破られることになる．幸いなことに，p と q が大きければほとんどの，あるいは，すべてのメッセージ x が N と素であると仮定でき，実際にはそういうことは起きないであろう．

ある問題 X から他の問題 Y への**多項式時間帰着**とは，Y に対するアルゴリズムをサブルーチンとして呼び出す X に対する多項式時間アルゴリズムであることを思い起こしてほしい．双方向の多項式時間帰着が存在するなら X と Y は**多項式時間同値** (25.8 節を見よ) という．次の定理は練習問題 20.6 で証明される．

定理 20.1 次の 3 つの問題は，多項式時間同値である．
(i) N を因数分解する，
(ii) $\varphi(N)$ を計算する，
(iii) $K = (N, e)$ から $de \equiv 1 \bmod \varphi(N)$ となる $d \in \mathbb{N}$ を計算する．

残念なことに，この定理は RSA 暗号を破ることが効率的に整数を因数分解できることを意味するとはいえない．なぜならば，秘密鍵を計算することなく攻撃に成功するかもしれないからである．

RSA 暗号系は認証にも使える．ここで認証とはメッセージの送り主が，彼が本当の発信元であることを証明することである．**電子署名**とも呼ばれる．Bob が署名したメッセージを Alice に送りたいとすると，彼自身の秘密鍵を使って $\delta(x)$ を計算し，これを Alice に送る．Alice は彼の公開鍵を使って $x = \varepsilon(x)$ を復元する．Bob だけが彼の秘密鍵を知っていると仮定しているので，偽造者は y をつくることができず，Alice は発信元が Bob だと信じることができる．Bob は x 全体に署名するかわりに，暗号的なハッシュ関数を用いて得られる x の短いダイジェストに署名してもよい．

認証スキームは秘密保持をより確かなものにするため，暗号化スキームとあ

わせて使われることもある．ε_A, δ_B と ε_A, δ_B を Alice と Bob はそれぞれの暗号化と復号化の関数とし，Bob が Alice に他人に復号化されることなく署名つきのメッセージを送りたいとすると，Bob は $y = \varepsilon_A(\delta_B(x))$ を計算して，これを Alice に送る．まず，Alice は y を復号化し $\delta(y) = \delta_B(x)$ を得る．次に，$x = \varepsilon_B(\delta_A(y))$ を計算し，同時に，Bob が発信元のメッセージであることを自分で確認できる．

20.3 Diffie–Hellman の鍵交換プロトコル

Diffie & Hellman (1976) は，公開鍵暗号系というより，むしろ，2 人が対称暗号系を用いて後に通信するための鍵を第 3 者に漏洩しないように共有するための手順である．たとえば，one–time pad の鍵を擬似乱数生成アルゴリズムを使って生成するとき，その種を共有するのに使うという具合である．$q \in \mathbb{N}$ を "大きな" (1000 ビット程度の) 素数のべきとし，g を有限体 $\mathbb{F}_q$ の乗法群 $\mathbb{F}_q^\times$ の生成元とする (25.4 節)．$g^i \longleftrightarrow i$ により $\mathbb{F}_q^\times$ は巡回 (加法) 群 $\mathbb{Z}_{q-1}$ と同型である．このプロトコルは次のように動作する．

1. Alice と Bob は q と g を合意する．これらは公開してもよい．
2. Alice は $a \in \mathbb{Z}_{q-1}$ をランダムに選び秘密にし，$u = g^a \in \mathbb{F}_q^\times$ を計算して u を Bob に送る．
3. Bob はランダムに $b \in \mathbb{Z}_{q-1}$ を選び秘密にし，$v = g^b \in \mathbb{F}_q^\times$ を計算して v を Alice に送る．
4. Alice は $g^{ab} = v^a$ を計算する．
5. Bob は $g^{ab} = u^b$ を計算する．

このように，対称暗号系を使用して通信するための共通鍵として g^{ab} を使うことができる．この文脈では，次の 2 つの問題が中心的な役割を果たす．

問題 20.2 (Diffie–Hellman 問題，DH)　$g^a, g^b \in \mathbb{F}_q^\times$ が与えられたとき，g^{ab} を計算せよ．

問題 20.3 (離散対数 (Discrete Logarithm) 問題, DL)　$g^a \in \mathbb{F}_q^\times$ が与えられたとき, a を計算せよ.

DL は「困難な」問題と予想されている. DL に対する最速のアルゴリズムの実行時間は, 整数の因数分解と同様に準指数時間かかり, DL は $\mathcal{NP}$ 完全ではないと思われる. q, g と通信チャネルを流れた u, v を知っているが a, b は知らない盗聴者が, g^{ab} を見つけるには DH を解く必要があり, この問題は DL に多項式時間帰着可能である. しかしながら, DL が DH に多項式時間帰着可能であるかどうかは不明である.

現在 $\mathbb{F}_q^\times$ における離散対数を計算する最も速いもので $\exp(O(\sqrt[3]{n \log^2 n}))$ 回の語演算を要する. ただし, ここでは $n \approx \log_2 q$ は $\mathbb{F}_q$ の元の 2 進数表記の長さである (Gordon 1983). $q = 2^{1013}$ を用いた暗号が売り出されたことがあり, $\exp(\sqrt[3]{1013 \log_2^2 1013}) > 1.6 \cdot 10^{20}$ である. ナノ秒に 1 回計算できるコンピュータで約 500 年かかることになる.

20.4　ElGamal 暗号系

前節と同様に, $\mathbb{F}_q^\times$ を要素数が q の「大きな」有限体とし, g を $\mathbb{F}_q^\times$ の生成元とする. Bob からメッセージを受け取るため, Alice は秘密鍵として $S = b \in \mathbb{Z}_{q-1}$ をランダムに選び, $K = (q, g, g^b)$ を公開する. もし Bob が Alice にメッセージ x を送りたい場合は, 彼女の公開鍵を参照して $k \in \mathbb{Z}_{q-1}$ をランダムに選び, g^k と xg^{kb} を計算し $y = (u, v) = (g^k, xg^{kb})$ を Alice に送る. Alice はもとのメッセージとして $x = v/u^b$ を計算する. S を知ることなく y から x を計算することは, Diffie–Hellman 問題と多項式時間同値である.

Diffie–Hellman のプロトコルや ElGamal 暗号系を実装する場合の問題は, $\mathbb{F}_q^\times$ におけるべき乗の計算であり, それは理論的には容易である (古典的な方法を使っても $q = 2^n$ の場合には $O(n^3)$ 回の語演算で可能である) が, 十分な速さには達していない. しかしながら, $O^\sim(n^2)$ 時間は達成している.

20.5 Rabin の暗号系

この暗号系は，RSA 暗号と同様に 2 つの「大きな」素数 p, q に対して，$N = pq$ の平方剰余を計算することの困難さに基づいている．N の因数分解は次のように平方根を求める問題に帰着できる．$x \in \mathbb{Z}_N$ を選び $y = \sqrt{x^2}$ を計算する．すると，$x^2 \equiv y^2 \mod N$ あるいは $pq = N | (x+y)(x-y)$ となる．もし，$x \not\equiv \pm y \mod N$ ならば，これは N の因数分解を与えたことになる．これは，19.5 節の Dixon のランダム平方アルゴリズムの中心アイデアである．

このようにメッセージ x を Alice に送るのに，Bob は彼女の公開鍵 N を使い $y \equiv x^2 \mod N$ を送る．Alice は等しい次数の因数分解 (14.3 節) を用いて，p を法とした場合と q を法とした場合それぞれの y 平方根を計算でき，中国剰余定理からそれらを結合する．Alice が計算した 4 つの異なる答えからどれを選ぶかについては，さまざまな技法を用いないとならない．

しかし，署名スキームとしてこのシステムを用いると **active attack** に対して脆弱である．もし Eve が x をランダムに選び，Alice に $y \equiv x^2 \mod N$ を署名させ N を法とした y の平方根 z が返ると，$1/2$ の確率で $\gcd(x-z, N)$ が N の素因数になってしまう．このような理由でこのシステムは安全とは思われていない．

20.6 楕円曲線暗号

これらの成果は，乗法群 $\mathbb{F}_q^\times$ が $\mathbb{F}_q$ 上の楕円曲線 E の加法群におきかわった以外は ElGamal 暗号系と同様である (19.7 節を参照せよ)．曲線は公開されており，E 上の点 P も同様である．n は E における P の位数である．Alice はランダムに $a \in \{2, \ldots, n-2\}$ を選び，aP を公開する．$m_1, m_2 \in \mathbb{F}_q$ とし，Bob がメッセージ $(m_1, m_2) \in \mathbb{F}_q^2$ を彼女に送りたいとき，Bob はランダムに k を選び $kP = (r_1, r_2)$ と $k \cdot aP = (s_1, s_2) \in \mathbb{F}_q^2$ を計算し，$(y_1, y_2, y_3, y_4) = (r_1, r_2, s_1 m_1, s_2 m_2) \in \mathbb{F}_q^4$ を Alice に送る．彼女は，$a \cdot (r_1, r_2) = a \cdot kP = (s_1, s_2)$ を計算し，Bob のメッセージ $(m_1, m_2) = (s_1^{-1} y_3, s_2^{-1} y_4)$ を得る．

$\mathbb{F}_{2^{155}}$ 上のこの暗号系を実装したものが販売されている (Agnew, Mullin & Vanstone 1993). 40 MHz の VLSI を用いて 60 kbits/sec の暗号化速度を達成している.

注解

20.1 Koblits (1987a) と Stinson (1995) は代数的な公開鍵暗号系へのよい入門書である. 1990 年時点での最先端技術は Pomerance (1990a) に記述されている. 一般的な暗号に対しては, Denning (1982) や Stinson (1995) や Menezes, von Oorschot & Vanstone (1997) を, また, 公開鍵の初期の歴史は Diffie (1988) を見よ.

Vernam (1926) に one–time pad は見られる. 予測が計算論的に困難と考えられている暗号の見地からの強擬似乱数生成器は Lagarias (1990) で議論されている. functional decomposition に対する $O^\sim(n)$ 時間アルゴリズムは von zur Gathen (1990a, 1990b) にある. 練習問題 20.3 を見よ.

20.2 RSA 暗号における個々のビットの安全性について何人かの研究者により議論されている. Näslund (1998) と Håstad & Näslund (1998) は研究者や最新の成果を知りたい人向けの文献である. 一般に予測することは難しく, 特に, 未来を予測するのは難しい. そうではあるが, Odlyzko (1995b) は過去の進歩を基礎として因数分解の試みに対して暗号系に使う数の長さは 1500 から 10 000 ビットになると推測している. RSA の小規模な実装や他の暗号アプリケーションに対する基底変換による攻撃が Nguyen & Stern (2001) で議論されている.

20.3 McCurley (1990) は離散対数アルゴリズムのあらましである. Maurer & Wolf (1999) はある特別な場合において DL を DH へ帰着した.

20.4 ElGamal (1985) は彼の暗号系を提案した. Gauß 周期, 正規基底, 高速な算術演算を用いることにより, 有限体 $\mathbb{F}_{2^n}$ における高速なべき乗計算を実現した (von zur Gathen & Nöcker 1997, Gao, von zur Gathen & Panario 1998, Gao, von zur Gathen Panario & Shoup 2000).

20.6 楕円曲線に基づいた公開鍵暗号系は Miller (1986) と Koblitz (1987b) により発明された. Menezes (1993) と Blake, Seroussi & Smart (1999) はわかりやすく扱っている.

練習問題

20.1 20.1 節のように, A, B, C, ..., Z を $\mathbb{Z}_{26}$ の元 $0, 1, 2, \ldots, 25$ と同一視する.
(i) 語 "OAYBGFQD" が任意の文字 $x \in \mathbb{Z}_{26}$ を $x+k$ に写す Caesar 暗号で暗号化した結果である. ただし, $k \in \mathbb{Z}_{26}$ は鍵である. 平文と鍵を見つけよ.

(ii) 語 "MLSELVY" は鍵 "IAMAKEY" を用いて one–time pad で暗号化した結果である．復号化せよ．

20.2 この練習問題は，公開鍵暗号が出現する (Diffie & Hellman 1976) 以前に Purdy (1974) により提案された，次のパスワード暗号化の亜種に関する問題である．$p = 2^{64} - 59$ とする．この数は，我々が想定しているプロセッサの語長 2^{64} 以下で最大の素数である．26 文字のアルファベット $\{A, B, \ldots, Z\}$ 上の長さ 13 のパスワード w^* は 26 進数を使って w と符号化するものとし，$w \in \mathbb{F}_p$ とする．$26^{13} < p$ なので，この符号化は問題はない．そこで，w を $f(w) \in \mathbb{F}_p$ で暗号化する，ただし，ある特別な値 $a_1, \ldots, a_5 \in \mathbb{F}_p$ に対して，

$$f = x^{2^{24}+17} + a_1 x^{2^{24}+3} + a_2 x^3 + a_3 x^2 + a_4 x + a_5 \in \mathbb{F}_p[x]$$

である．(ログイン名, f(パスワード)) という組は誰もが読み取り可能なファイルに記憶されている．あるユーザがログインしようとし，彼女 (彼) のパスワード w^* をタイプすると，$f(w)$ が計算され，そのファイルのエントリをチェックする．

(i) $a_1 = 2, a_2 = 37, a_3 = -42, a_4 = 15, a_5 = 7$ とし，$w^* = $ RUMPELSTILTZK とする．w と $f(w)$ を計算せよ．

(ii) w から $f(w)$ を計算するのに使われる $\mathbb{F}_p$ の算術演算は個数はいくつか？

(iii) $v \in \mathbb{F}_p$ とする．$\{w \in \mathbb{F}_p : f(w) = v\}$ を計算する練習問題 14.20 のアルゴリズムの $x^p \text{ rem } f$ の計算である．図 9.10 から実行時間を推定せよ．1 回の f を法とした乗算は約 1 時間で実行できると仮定してもよい．f は疎なので，f の既約化のコストはたいしたことはない．$x^p \text{ rem } f$ の計算におおよそどのくらいの時間がかかるか．(今日のコンピュータにおいて) このシステムの安全性をどのように判定するか．

20.3* (Kozen & Landau 1989, von zur Gathen 1990a) F を体とし，$f \in F[x]$ を次数 n の多項式とする．f の**関数分解**とは少なくとも次数 2 の 2 つの多項式 $g, h \in F[x]$ で $f = g \circ h = g(h)$ となるもののことをいう．このような f が存在しないとき**分解不能**という．明らかに，n が合成数であることは分解が存在することの必要条件である．

(i) $f = g \circ h$ をある関数分解とし，$c, d \in F$ で $c \neq 0$ とする．$f = g(cx + d) \circ (h - d)/c$ もまた関数分解となることを示せ．関数分解 $f/\text{lc}(f) = g^* \circ h^*$ で $f^*, g^* \in F[x]$ は g, h と同じ次数を持つモニック多項式で $h(0) = 0$ となるものを見つけよ．このような分解を**正規**であるという．

(ii) $f = g \circ h$ を正規分解とし，$r = \deg g, s = \deg h$ とし，f と h の reversal をそれぞれ $f^* = \text{rev}(f) = x^n f(x^{-1}), h^* = \text{rev}(h) = x^s h(x^{-1})$ とする．$f^* \equiv (h^*)^r \mod x^s$ を証明せよ．

(iii) $f = g_1 \circ h_1$ を $r = \deg g_1$, $s = \deg h_1$ である別の正規分解とし, r を $\operatorname{char} F$ と互いに素であると仮定する. $h = h_1$ かつ $g = g_1$ であることを証明せよ. ヒント: Newton 反復法の一意性 (定理 9.27).

(iv) 環上でも動作する次のアルゴリズムを考える.

アルゴリズム 20.4 多項式の関数分解

入力: 次数 $n > 3$ のモニック多項式 $f \in R[x]$ と n の非自明な除数 r, ここで R は r と標数に素な (可換で 1 を持つ) 環.

出力: 正規分解 $f = g \circ h$ ($g, h \in R[x]$ かつ $\deg g = r$) か, 「そのような分解は存在しない」.

1. $f^* \longleftarrow \operatorname{rev}(f)$, $s \longleftarrow n/r$
   {Newton 反復法を用いて f^* の r 乗根を計算 }
   call Newton 反復法 9.22, 次数が s よりも低い $h^* \in R[x]$ で $h^*(0) = 1$ かつ $(h^*)^r \equiv f^* \mod x^s$ となるものを計算
   $h \longleftarrow x^s h^*(x^{-1})$
2. **call** アルゴリズム 9.14, 次数が s より低く $g_{r-1}, \ldots, g_0 \in R[x]$ なる f の h 次展開 $f = h^r + g_{r-1} h^{r-1} + \cdots + g_1 h + g_0$ を計算
3. **if** すべての i に対して $g_i \in R$
   then return $g = x^r + \sum_{0 \le i < r} g_i x^i$ と h
   else return 「そのような分解は存在しない」

このアルゴリズムが正しく動作することを証明し, $O(\mathsf{M}(n) \log r)$ 回の R における加法と乗法とで計算できることを示せ. $\gcd(r, \operatorname{char} R) > 1$ なら何がよくないのであろうか.

20.4 $N = 8051 = 97 \cdot 83$ とする.

(i) RSA 暗号の公開鍵を $K = (N, e) = (8051, 3149)$ とする. 対応する秘密鍵 $S = (N, d)$ を見つけよ.

(ii) K を使って暗号化されるメッセージ x とし, その結果の暗号文を 694 とする. x は何か.

20.5 $p, q \in \mathbb{N}$ を異なる素数とし, $N = pq$ とし, RSA 暗号の $K = (N, e)$ を公開鍵, $S = (N, d)$ を秘密鍵とする. ただし, $d, e \in \mathbb{N}$ は $de \equiv 1 \mod \varphi(N)$ を満たすものとする.

(i) 20.2 節において, 暗号化されるメッセージ x は N と互いに素であることを仮定

した．この仮定がなくても RSA 暗号は正しく機能することを証明せよ．ヒント：中国剰余定理．

(ii) 暗号文 $\varepsilon(x)$ を傍受しているが秘密鍵を知らない Eve が，x と N が互いに素でないならばこの暗号システムを容易に破ることができることを示せ．

20.6* この問題で，定理 20.1 を証明する．異なる 2 つの素数 p, q に対して，$N = pq$ とする．

(i) N と $\varphi(N)$ からどのように p, q を計算するか示せ．ヒント：2 次の多項式 $(x-p)(x-q) \in \mathbb{Z}[x]$ を考えよ．

(ii) $e \in \mathbb{N}$ を入力すると，それが $\varphi(N)$ と素であるか判定できる，それゆえ，$de \equiv 1 \bmod \varphi(N)$ となる $d \in \{1, \ldots, \varphi(N) - 1\}$ を返すブラックボックスが与えられていると仮定する．このブラックボックスを使って $(\log N)^{O(1)}$ 時間で $\varphi(N)$ を計算するアルゴリズムを設計せよ．ヒント：$\varphi(N)$ と互いに素である小さな e を見つけよ．

20.7⟶ (i) 以下のように RSA 暗号系の鍵の組 (K, S) を生成する `key_generate` をプログラムせよ．$K = (N, e)$ は公開鍵，$S = (N, d)$ は秘密鍵，N はランダムに選択した 2 つの 100 ビットの素数の積，e は $\{2, \ldots, \varphi(N) - 2\}$ から一様ランダムに選択した数，$d \in \{2, \ldots, \varphi(N) - 2\}$ は $de \equiv 1 \bmod \varphi(N)$．

(ii) 句読点，丸括弧，空白，0 から $N - 1$ までの整数を含む高々 30 文字からなる英単語からなる短い文字列の符号化法を設計し，それに対応する手続き `encode` と `decode` を書け．

(iii) RSA 暗号系で暗号化や復号化する手続き `crypt` を書け．その引数は $\mathbb{Z}_N$ の整数と鍵である．

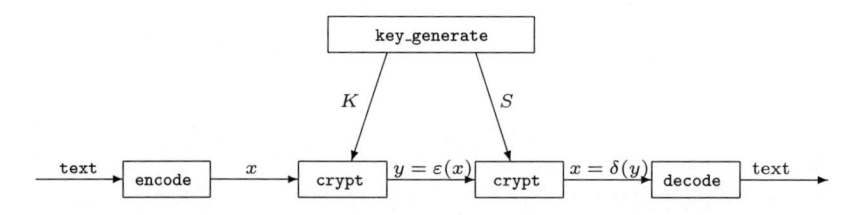

(iv) あなたが選んだサンプルメッセージであなたのプログラムをチェックし，実行時間を計測せよ．

研究問題

20.8 (確率的多項式時間で) 整数の因数分解を RSA (または，他の暗号系) を破る問題に帰着せよ．

20.9 多項式時間で DL を DH に帰着せよ．

第 V 部

Hilbert

David Hilbert (1862 – 1943) はケーニヒスブルグで生まれ育った．かつては，そこは東プロシアの首都で現在はロシア領でカーニングラードと呼ばれている．彼の実家は中流階級の上の方で，父親は裁判官であった．またその街の出身者として，哲学者の Immanuel Kant, Leonard Euler がいる．Euler は C. G. J. Jacobi に，プレゲル川にかかる 7 つのすべての橋を 2 度通ることなく渡る方法についての問題の解答を与え，そのことによりグラフ理論とトポロジーが始まった．

在学中はたいした業績もないままに，彼は 1885 年不変式に関する博士論文で学位を得，大学を卒業した．1893 年までこの分野を研究し，その中で「Hilbert の基底定理」と呼ばれるものを証明した．それは，(体上の有限個の変数を持つ) 多項式環のイデアルは有限生成である (定理 21.23)，という定理である．また，代数多様体に「Hilbert 関数」と呼ばれるものを導入した．

彼の「多変数多項式の研究」からのさらなる 2 つの結果は，この本での話題と関係がある．1 つめは *Hilbert's Nullstellensatz*[*1] (1890) で，それは，$\mathbb{C}$ 上の多項式 $f_1, \ldots, f_s$ の共通零点の集合上零になるような多項式 g について，あるべき g^e がイデアル $\langle f_1, \ldots, f_s \rangle$ に含まれることを主張している．2 つめは「Hilbert の既約性定理」(1892) で，既約な多項式 $f \in \mathbb{Q}[x, y]$ が与えられたとき，「ものすごく多くの」$a \in \mathbb{Z}$ に対し，$f(x, a)$ は既約であることを主張している．このことは，2 変数の因数分解を 1 変数のそれに還元するのに利用できるように思われる．残念なことに，その「ものすごく多くの」ものの中で効率的なものがわかってなく，その一方で幸運にも，多変数から 2 変数の場合に還元するものはわかっている (16.6 節)．

1895 年，Hilbert はゲッチンゲン大学の教授になった．ゲッチンゲンは Gauß によって創設され，彼と Klein の指導のもと，その名声は数学の中心として大きくなり続けた．彼らの同僚の中から有名な数学者をあげると，Hermann Minkowski, Ernst Zermelo, Constantin Cathéodory, Emmy Noether, Hermann Weyl, Carl Runge, Richard Courant, Edmund Landau, Alexander Ostrowski, Carl Ludwig Siegel, Bartel van der Waerden がいて，van der Waerden は Noether のゲッチンゲンでの講義をもとに，『現代代数学』(1930b,

---

[*1] Hilbert の零点定理．

1931) を著した.

Mathematiker-Vereinigung[*2)]に委託された数論に関する Hilbert のレポート "*Zahlbericht*"[*3)] の中で, 代数的整数論の命題の概観が豊富に盛り込まれ, その結果, Gauß の平方剰余の相互法則を非常に広くまた上品に一般化がなされ, さらに「Hilbert の類体論」へと導いている.

彼の次の仕事はついに "*Grundlagen der Geometrie*"[*4)] に達した. その中で彼は「よい」公理系が持つべき基本的性質として, 健全であること, 完全であること, 独立であることをあげている.

そして, 後に最も影響を残した彼の「仕事」がなされた. 1900 年 8 月 8 日, パリでの国際数学者会議 (ICM) での彼の講演 (Hilbert 1900) がそれである. 彼はこのように講演を始めた. *Wer von uns würde nicht gern den Schleier lüften, unter dem die Zukunft verborgen liegt, um einen Blick zu werfen auf die bevorstehenden Fortschritte unserer Wissenschaft und in die Geheimnisse ihrer Entwicklung während der künftigen Jahrhunderte!*[*5)] そして「23 個の Hilbert の問題」を示して講演を終えた. 彼の意図した通り, これらの問題は次の世紀, すなわち 20 世紀の数学を形づくり, その答えを与えた人たちは, 数学者として名誉を与えられた.

Hilbert は講義をすることを好み, またそれにたけていた. 彼はいつも講義のアウトラインだけ準備して, 詳細は学生たちの前で埋めていた. したがって, よくいきづまり, ときどき皆を困らせた. しかし彼の講義の 3 分の 1 は素晴らしかった. 彼は「博士の父」である. 69 人もの博士をだし, この数はすごい数だが, この「Hilbert 学校」が世界中に彼の数学のアプローチを広げた.

Hilbert は陽気で, 社交的であり, ダンスを愛し, ずっと女性に人気があった. 彼は偏見がなく, 自由な考え方をしていたので, 第 1 次世界大戦のときにドイツ皇帝とその政府を支持する宣誓書にサインをすることを断り, その結果ドイツの当局と衝突した. 次のドイツの大惨事, すなわち第 2 次世界大戦の始ま

[*2)] ドイツ数学会.
[*3)] 『数論に関する報告』
[*4)] 幾何学の基礎.
[*5)] 我々の中で, その後に未来が隠されているベールをはらうことを喜ばないものがいるだろうか. 次の世紀の我々の科学の進歩と発展の秘訣に目を向けることを喜ばないものがいるだろうか.

りのとき，1933年にナチスがユダヤ人の教授のほとんどすべての人をその地位からはずした(さらに暴力的なことが起こった)．Constance Reid (1970) のすばらしい伝記によれば，ナチの教育大臣が1933年，宴会の席でHilbertにゲッチンゲンでの数学の命はたぶんユダヤ人の影響から逃れることで傷つくことはないといった．それに対してHilbertはこう答えた．*Jelitten? Das hat nicht jelitten, das jibt es nicht mehr*[*6)].

Hilbertは，Dirichlet原理，Waring問題，eとπの超越性，Hilbert空間(スペクトル理論)，変分の計算を研究し，現在物理の基礎も少し研究して，その後，1920年代には，論理と数学基礎論の研究に戻った．19世紀の哲学者 Emil du Bois–Reimond は人間が自然に理解できるものの限界を *ignoramus et ignorabimus*[*7)] という言葉で指摘した．Hilbertはこの懐疑的な考え方に強く反発した．(*in der Mathematik gibt es kein ignorabimus*[*8)])(1900年の講義からの引用)．) そして，Gottlob Frege, Bertrant Russell, Alfred North Whitehead によって始められた数学を記号的に形式化することへと彼の研究は向かった．残

[*6)] 傷つく？ 傷ついたのではない，もはや存在していない．
[*7)] 知らないし，知りえない．
[*8)] 数学では知りえないことなど存在しない．

念なことに，彼のプログラムは実行不可能であることが，Kurt Gödel, Alan Turing によって証明されてしまった．14.6 節を見よ．そこにはおもしろいことに，その Hilbert の信条と van der Waerden による多項式の因数分解に関する早熟な非決定性の結果が同じところに並んで書かれている．Hilbert が特に目指した結果には到達できないことがわかったが，彼が証明論，記号論理学にもたらした考え方は，今日も生きていてちゃんとしている．ちょっとした例が 24.1 節にあるので，そこを見よ．実際，現代のプログラミング言語は，ある意味で，数学と科学を形式化する Hilbert のプログラミングを実現しているといえる．

Hilbert の人生の最後の 10 年間は，精神的なものも含めて，彼の健康状態は悪く，隠遁生活をしていた．そして，1943 年の 2 月に転倒の後遺症で亡くなった．そのとき，彼の母国，ドイツは戦争にとりつかれていて，たった 12 人のみすぼらしい行列だけが，偉大な数学者の最後の旅立ちに伴った．

Tant que l'Algèbre et la Géométrie ont été séparées, leurs progrès
ont été lents et leurs usages bornés; mais lorsque ces deux sciences
se sont réunies, elles se sont prêté des forces mutuelles
et ont marché ensemble d'un pas rapide vers la perfection.
Joseph Louis Lagrange (1795)

À la vérité le travail qu'il faudra faire pour trouver
ce diviseur, sera de nature, dans plusieurs cas,
à rebuter le Calculateur le plus intrépide. [...] Dans un travail
aussi long que l'est souvent celui de l'élimination,
il n'est pas inutile de multiplier les méthodes
sur lesquelles les Calculateurs peuvent porter leur choix.
Étienne Bézout (1764)

The theory of modular systems is very incomplete and offers
a wide field for research. The object of the algebraic theory is
to discover those general properties of a module [polynomial ideal]
which will afford a means of answering the question
whether a given polynomial is a member of a given module or not.
Such a question in its simpler aspect is of importance in Geometry
and in its general aspect is of importance in Algebra.
Francis Sowerby Macaulay (1916)

21

Gröbner 基底

　この章では，多変数の多項式を取り扱うために重要なアルゴリズムを紹介する．Hironaka (1964) は，複素数体上の特異点の解消に関する彼の仕事の中で，これによって数学の「Nobel 賞」である Fields 賞を受け取ったのであるが，"standard basis" (標準基底) という多項式のイデアルの特別なタイプの生成系を定義した．Bruno Buchberger (1965) は彼の博士論文の中で，Hironaka とは独立して同じものを発見し，それを彼の助言者である Wolfgang Gröbner にちなんで，**Gröbner 基底**と名づけた．これは，現代の計算機代数幾何学において不可欠な道具となった．

　この章ではまず 2 つの例を紹介する．1 つは，ロボット工学からのもので，もう 1 つは，幾何学における定理の「自動」証明を表すものである．次に，単項式の順序づけや多変数の多項式の割り算に関する定義を行う．その次に，2 つの重要な定理を紹介する．それらはイデアルの生成系の有限性に関するもので，1 つは Dickson によって，もう 1 つは Hilbert によって証明されたものである．そして，Gröbner 基底とそれを計算する Buchberger のアルゴリズムの定義を行う．

　この章の最後で，2 つの「幾何」への応用，すなわち代数多様体の陰関数表示と連立方程式の解法を与える．これらのことは単なる多項式の計算ではあるが，思わぬ結果を与えている．たとえば，24.1, 24.2 節の論理的証明システム，並行処理の解析がそうである．それ以外へのいろいろな応用，たとえばタイル張り問題，項の並べ替え問題，については述べることはできない．Gröbner 基底のコストについての事実だけを，証明なしに紹介し，この章を終える．

21.1 多項式イデアル

まず,Gröbner 基底を使うことによって解くことのできる 2 つの例から始めよう.

例 21.1 図 21.1 は,1 つのアームと 2 つのジョイントからなるとてもシンプルなロボットの例である.アームの片端は,1 つのジョイントで固定され (固定された点を座標平面の原点とする),もう一方は,アームの中ほどにある.2 つのジョイントの距離は 2 で,2 つのアームをつなぐ他のジョイントの座標を (x, y) とする.またもう一方のジョイントからアームの端までの距離は 1 で,一番端の点の座標を (z, w) とおく.さらに,直線 $L = \{(u, \lambda u + \mu) \mid u \in \mathbb{R}\}$ が与えられているとする,ここで $\lambda, \mu \in \mathbb{R}$ は固定された値とする.次の問題を考える.このロボットはその直線に届くことができるだろうか? ロボットの位置に関する変数の組 (x, y, z, w) は,代数方程式

$$x^2 + y^2 = 4, \quad (z-x)^2 + (w-y)^2 = 1 \tag{1}$$

を満たし,また問題の答えは,式 (1) と $w = \lambda z + \mu$ をともに満たす (x, y, z, w) が存在すればそれが答えで,存在しない場合はその証明が答えになる. ◇

図 **21.1** 2 つのジョイントからなるロボット

21.1 多項式イデアル

例 21.2 よく知られた幾何の定理として，三角形の 3 つの中線は 1 点，重心で交わり，重心はそれぞれの中線を 3 等分する点の 1 つであることが知られている (図 21.2)．そこで，この問題を多変数多項式の問題として見てみよう．定理の仮定と結論は，平行移動，回転，相似変換について不変なので，三角形の 2 点は $A = (0,0)$, $B = (1,0)$ としてよい．また，もう 1 点を $C = (x,y)$ とする．ただし，x, y は任意の実数値をとる．このとき，3 辺 BC, AC, AB の中点はそれぞれ $P = ((x+1)/2, y/2)$, $Q = (x/2, y/2)$, $R = (1/2, 0)$ である．$S = (u, v)$ を中線 AP, BQ の交点とする．(もし，$y = 0$ ならば 2 つの直線は同じ直線であることに注意.) S が直線 AP 上にあることと，AS と AP は傾きが等しいことは同値であり，

$$\frac{u}{v} = \frac{x+1}{y}$$

が成り立ち，分母をはらうと

$$f_1 = uy - v(x+1) = 0$$

が成り立つ．同様に，S が BQ 上にあるということから，

$$f_2 = (u-1)y - v(x-2) = 0$$

を得る．示したいのは，S が中線 CR 上にあること，すなわち，

$$g_1 = -2(u-x)y - (v-y)(1-2x) = -2uy - (v-y) + 2vx = 0$$

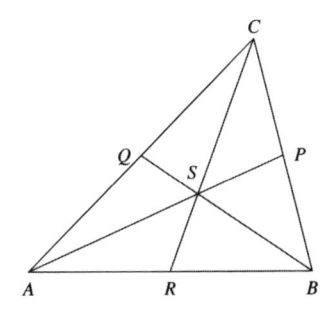

図 21.2 三角形 ABC の中線 AP, BQ, CR は重心 S で交わる

が成り立つことと，S が3つの中線の3等分点であること，

$$(u,v) = AS = 2SP = (x+1-2u, y-2v)$$
$$(u-1,v) = BS = 2SQ = (x-2u, y-2v)$$
$$(u-x, v-y) = CS = 2SR = (-2u+1, -2v)$$

が成り立つことである．これを整理すると，

$$g_2 = 3u - x - 1 = 0, \quad g_3 = 3v - y = 0$$

となる．少し計算すると，$g_1 = -f_1 - f_2$ を得，$f_1 = f_2 = 0$ より $g_1 = 0$ を得る．すなわち，S の中線は1点で交わることが証明できた．続きは，21.6節の例で扱う．◇

F を体とし，$R = F[x_1, \ldots, x_n]$ を F 上の n 変数多項式環とする．多項式 $f_1, \ldots, f_s \in R$ について，イデアル I を次のように定義する．

$$I = \langle f_1, \ldots, f_s \rangle = \left\{ \sum_{1 \leq i \leq s} q_i f_i \,\middle|\, q_i \in R \right\}$$

(多項式の列 $(f_1, \ldots, f_s)$ とは異なることに注意せよ．) このとき，$f_1, \ldots, f_s$ は I を**生成する**といい，また，$f_1, \ldots, f_s$ は I の**基底**という．また，

$$V(I) = \{u \in F^n \mid f(u) = 0, f \in I\} = \{u \in F^n \mid f_1(u) = \cdots = f_s(u) = 0\}$$

を I で定義される**多様体**という．$V(\langle f_1, \ldots, f_s \rangle)$ を省略して，$V(f_1, \ldots, f_s)$ と表す．I に関して興味深い問題として，以下の問題がある．

○ $V(I) \neq \phi$ か？
○ $V(I)$ はどのくらいの大きさか？
○ イデアルの元の判定問題：$f \in R$ が与えられたとき，$f \in I$ か？
○ 自明性：$I = R$ か？

例 21.2 (続き) 例 21.2 において，

$$f_3 = -f_1 - f_2 \in \langle f_1, f_2 \rangle \subseteq \mathbb{R}[u, v, x, y]$$

が成り立つことを見たが、これを用いて $V(f_1, f_2) \subseteq V(f_3)$ を証明する. $g_2, g_3 \in V(f_1, f_2)$ を示せば，定理の証明が完成する. $\diamondsuit$

例 21.3 (i) $R = \mathbb{R}[x, y]$ とし，$f_1 = x^2 + y^2 - 1$, $f_2 = y - 2$, $I = \langle f_1, f_2 \rangle$ とする．このとき，

$$V(I) = \{(u, v) \in \mathbb{R}^2 \mid u^2 + v^2 - 1 = v - 2 = 0\} = \{(u, 2) \in \mathbb{R}^2 \mid u^2 = -3\} = \phi$$

である．この集合は，円 $V(x^2+y^2-1)$ と直線 $V(y-2)$ の交わりで，$\mathbb{R}$ では空集合である (図 21.3). f_1, f_2 を $\mathbb{C}[x, y]$ の多項式と見て，複素数体上の多様体を考えると，

$$V(I) = \{(u, 2) \in \mathbb{C}^2 \mid u^2 = -3\} = \{(\sqrt{3}\, i, 2), (-\sqrt{3}\, i, 2)\}$$

は 2 点からなる．ただし $i = \sqrt{-1} \in \mathbb{C}$.

(ii) $\mathbb{C}[x, y]$ において，$f = (y^2+6)(x-1) - y(x^2+1)$, $g = (x^2+6)(y-1) - x(y^2+1)$, $h = (x-5/2)^2 + (y-5/2)^2 - 1/2$ とおき，$I = \langle f, g \rangle$ とする．例 6.41 より，2 つの平面曲線 $V(f), V(g)$ の交わりである $V(I)$ は，6 点

$$V(I) = \left\{ (2,2), (2,3), (3,2), (3,3), \left(\frac{1 \pm \sqrt{15}i}{2}, \frac{1 \mp \sqrt{15}i}{2} \right) \right\} \subset \mathbb{C}^2 \quad (2)$$

からなる．$h = -f - g \in I$ より，h は $V(I)$ のすべての点で 0 となる．図 6.3 は，3 つの曲線 $V(f), V(g), V(h)$ が実数上交点が 4 つあることを示している．

$h^* = x^2 + y^2 - 5x - 5y + 11 \in \mathbb{C}[x, y]$ とおく．$V(h^*) \cap \mathbb{R}$ は中心が $(5/2, 5/2)$ で半径が $V(h)$ より大きい円で，$V(I)$ の点を 1 つも含まない．ゆえに，

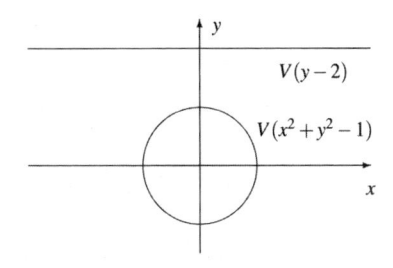

図 21.3 $\mathbb{R}^2$ の円と線

h^* は I に含まれない．実際，$\mathbb{C}[x,y]$ において，$-f-g-h^*=1$ が成り立ち，$\langle f,g,h^*\rangle = \mathbb{C}[x,y]$, $V(f,g,h^*) = \phi$ である．もちろん，f, g, h^* の共通根は，多項式 1 の根である．有名な Hilbert の**零点定理** (21.7 節参照) はそのようなことが成り立つための条件を与えている．すなわち，イデアル J に関して $V(J) = \phi$ のとき $1 \in J$ が成り立つための条件を与えている．それは，複素数体上や一般に代数閉体上では正しいが，(i) より，$\mathbb{R}$ 上では正しくない．◇

これらの多様体の構造を調べることが，代数幾何学の目的で，数学において奥行きの深い理論である．最近では，その研究により，350 年前の Fermat の問題 (664 ページ) の解決に成功した．この章の終わりで，「計算機代数幾何学」の分野の最近の興味深い結果をいくつか紹介する．I の **Gröbner 基底**は，特別な「基底」(生成系) であり，それによって前にあげた問題を簡単に解くことができる．$n=1$ のときは，すべてが簡単である．$F[x]$ は Euclid 整域 (第 3 章) なので，

$$\langle f_1, \ldots, f_s\rangle = \langle \gcd(f_1, \ldots, f_s)\rangle \tag{3}$$

が成り立ち (練習問題 21.3)，常に $s=1$ としてよい．そこで，$f, g \in F[x]$ とし，f を g で割る，すなわち，$f = qg + r$, $\deg r < \deg g$ を満たす $q, r \in F[x]$ を求める．このとき，

$$f \in \langle g\rangle \iff r = 0 \tag{4}$$

が成り立ち，$x-u_1, \ldots, x-u_s$ を $F[x]$ における g の互いに異なる 1 次の因数とすると，$V(g) = \{u_1, \ldots, u_s\}$ である．等式 (3) は 2 変数以上の場合には正しくない．たとえば，$F[x,y]$ において，$\gcd(x,y) = 1$ だが，イデアル $\langle x, y\rangle$ は $\langle 1\rangle = F[x,y]$ とは異なる (練習問題 21.1)．たとえば余りを伴う割り算のような，一見，多変数にすることによってなくなったように思えるものを再び使えるようにすることが Gröbner 基底の大きな目的である．

21.2 単項式順序と多変数多項式の余りを伴う割り算

ここでは，1 変数の多項式の余りを伴う割り算の類似物を多変数の多項式の場合に定義する．そのためには，一般の場合に，多項式の「最高次の項」とは何かを決めなければならない．

集合 S 上の反射的でなく，推移的な関係を**半順序**という．すなわち，$<$ が S 上の半順序であるとは，

$$\alpha \not< \alpha \quad \text{かつ} \quad \alpha < \beta < \gamma \Longrightarrow \alpha < \gamma \quad (\alpha, \beta, \gamma \in S)$$

が成り立つことである．条件より，$<$ は対称的でない．すなわち，命題 $((\alpha < \beta)$ かつ $(\beta < \alpha))$ は常に偽である (練習問題 21.7)．半順序 $<$ が，任意の $\alpha, \beta \in S$ に対して，$\alpha = \beta, \alpha < \beta, \beta < \alpha$ のいずれか 1 つを満たすとき，**全順序** (または単に順序) という．また，全順序 $<$ に関して，S の空でない部分集合が常に最小元を持つとき，**整列順序**という．また記号として，$\alpha < \beta$ または $\alpha = \beta$ が成り立つとき $\alpha \leq \beta$，また $\beta < \alpha$ のとき $\alpha > \beta$，さらに $\alpha > \beta$ または $\alpha = \beta$ が成り立つとき $\alpha \geq \beta$ と表す．たとえば，$\mathbb{N}, \mathbb{Z}, \mathbb{Q}, \mathbb{R}$ 上の通常の順序 $<$ は全順序だが，$\mathbb{N}$ の場合を除いて整列順序ではない．$\mathbb{N}$ の部分集合からなる集合 $2^\mathbb{N}$ 上の包含関係 $\subseteq$ は，半順序だが，全順序ではない．

以下，ベクトル $\alpha = (\alpha_1, \ldots, \alpha_n) \in \mathbb{N}^n$ と単項式

$$\boldsymbol{x}^\alpha = x_1^{\alpha_1} \cdots x_n^{\alpha_n} \in R$$

を同一視する．

定義 21.4 $\mathbb{N}^n$ 上の関係 $\prec$ が次の条件を満たすとき，$R = F[x_1, \ldots, x_n]$ 上の**単項式順序** という．

(i) $\prec$ は全順序，
(ii) $\alpha, \beta, \gamma \in \mathbb{N}^n$ のとき，$\alpha \prec \beta$ ならば $\alpha + \gamma \prec \beta + \gamma$,
(iii) $\prec$ は整列順序．

$\mathbb{N}^n$ のベクトルと R の単項式を同一視することにより，R の単項式に順序が入る．たとえば，$n=1$ のとき，$\mathbb{N} = \mathbb{N}^1$ 上の自然な順序は単項式順序で，それに対応する 1 変数の単項式はその次数によって順序づけられている．

条件 (i) が成り立つとき，条件 (iii) は，$\mathbb{N}^n$ には無限列 $\alpha_1 \succ \alpha_2 \succ \alpha_3 \succ \cdots$ が存在しないことと同値である．

例 21.5 3 つの標準的な単項式順序の例をあげる．

(i) **辞書式順序**

$$\alpha \prec_{\text{lex}} \beta \iff \text{ベクトル } \alpha - \beta \text{ の左から始めて最初の零でない成分が負}$$

たとえば，$n=3$ で $\alpha_1 = (0,4,0)$，$\alpha_2 = (1,1,2)$，$\alpha_3 = (1,2,1)$，$\alpha_4 = (3,0,0)$ のとき，$\alpha_1 \prec_{\text{lex}} \alpha_2 \prec_{\text{lex}} \alpha_3 \prec_{\text{lex}} \alpha_4$ である．

(ii) **次数付辞書式順序** $\alpha = (\alpha_1, \ldots, \alpha_n)$，$\beta = (\beta_1, \ldots, \beta_n) \in \mathbb{N}^n$ のとき，

$$\alpha \prec_{\text{grlex}} \beta \iff \begin{cases} \displaystyle\sum_{1 \leq i \leq n} \alpha_i < \sum_{1 \leq i \leq n} \beta_i \text{ または} \\ \left(\displaystyle\sum_{1 \leq i \leq n} \alpha_i = \sum_{1 \leq i \leq n} \beta_i \text{ かつ } \alpha \prec_{\text{lex}} \beta\right) \end{cases}$$

$\alpha_1, \alpha_2, \alpha_3, \alpha_4$ が (i) と同じとき，$\alpha_4 \prec_{\text{grlex}} \alpha_1 \prec_{\text{grlex}} \alpha_2 \prec_{\text{grlex}} \alpha_3$ である．

(iii) **次数付逆辞書式順序**

$$\alpha \prec_{\text{grevlex}} \beta \iff \begin{cases} \displaystyle\sum_{1 \leq i \leq n} \alpha_i < \sum_{1 \leq i \leq n} \beta_i \text{ または} \\ \left(\displaystyle\sum_{1 \leq i \leq n} \alpha_i = \sum_{1 \leq i \leq n} \beta_i \text{ かつベクトル } \alpha - \beta \right. \\ \left. \text{の右から始めて最初の零でない成分が正}\right) \end{cases}$$

$\alpha_1, \alpha_2, \alpha_3, \alpha_4$ が (i) と同じとき，$\alpha_4 \prec_{\text{grevlex}} \alpha_2 \prec_{\text{grevlex}} \alpha_3 \prec_{\text{grevlex}} \alpha_1$ である．◇

3 つの例ではすべて変数 (次数 1 の単項式) の順序は，$x_1 \succ x_2 \succ \cdots \succ x_{n-1} \succ$

x_n である.「次数付」であるとは, 総次数 $\sum \alpha_i$ を主な順序の判定に使うことを意味する. $n = 1$ のときは, $\prec_{\text{lex}} = \prec_{\text{grlex}} = \prec_{\text{grevlex}}$ が成り立つ.

R 上に単項式順序 $\prec$ が定義されると, それにしたがって多項式の項を並べることができる.

例 21.5 (続き) $f = 4xyz^2 + 4x^3 - 5y^4 + 7xy^2z \in \mathbb{Q}[x, y, z]$ (x_1, x_2, x_3 を x, y, z と表した) とする. f を順序 $\prec_{\text{lex}}, \prec_{\text{grlex}}, \prec_{\text{grevlex}}$ に関して整理すると, それぞれ $4x^3 + 7xy^2z + 4xyz^2 - 5y^4$, $7xy^2z + 4xyz^2 - 5y^4 + 4x^3$, $-5y^4 + 7xy^2z + 4xyz^2 + 4x^3$ となる. ◇

定理 21.6 $\prec_{\text{lex}}, \prec_{\text{grlex}}, \prec_{\text{grevlex}}$ はすべて単項式順序である.

証明 証明は簡単なので, $\prec_{\text{grevlex}}$ の場合のみを扱う. $\prec_{\text{grevlex}}$ が半順序であることの証明は省略する. $\alpha, \beta \in \mathbb{N}^n$ のとき, $\sum_{1 \leq i \leq n} \alpha_i < \sum_{1 \leq i \leq n} \beta_i$, $\sum_{1 \leq i \leq n} \beta_i < \sum_{1 \leq i \leq n} \alpha_i$, $\sum_{1 \leq i \leq n} \alpha_i = \sum_{1 \leq i \leq n} \beta_i$ のいずれかが成立. 最後の場合, $\alpha - \beta$ の右から始めて零でない成分が正, $\beta - \alpha$ の右から始めて零でない成分が正, のいずれかが成立. よって $\prec_{\text{grevlex}}$ は全順序.

(ii) については,

$$\sum_{1 \leq i \leq n} \alpha_i < \sum_{1 \leq i \leq n} \beta_i \iff \sum_{1 \leq i \leq n} (\alpha_i + \gamma_i) < \sum_{1 \leq i \leq n} (\beta_i + \gamma_i)$$

が成り立ち, 上の値が等しい場合も, $\alpha - \beta = (\alpha + \gamma) - (\beta + \gamma)$ より同様に示される. (iii) について, $S \subseteq \mathbb{N}^n$ を空でない部分集合とし, $T \subseteq S$ を S の元で総次数が最小な単項式からなる集合とする. このとき, T は有限集合 (各 $m \in \mathbb{N}$ に対し, 総次数が m の単項式は有限個なので) $\min T = \min S$ が成り立つことに注意すればよい. □

$\mathbb{N}^2$ 上の反辞書式順序 $\prec_{\text{alex}}$ は $\alpha \prec_{\text{alex}} \beta \iff \beta \prec_{\text{lex}} \alpha$ で定義され, これは条件 (iii) を満たさない. なぜならば, $S = \mathbb{N} \times \{0\}$ は最小元を持たない. 実

際, $(0,0) \succ_{\text{alex}} (1,0) \succ_{\text{alex}} (2,0) \succ_{\text{alex}} \cdots$ である.

定義 21.7 $f = \sum_{\alpha \in \mathbb{N}^n} c_\alpha \boldsymbol{x}^\alpha \in R \ (c_\alpha \in F)$ を零でない多項式 (有限個を除いて $c_\alpha = 0$) とする. また, $\prec$ を単項式順序とする.
 (i) $c_\alpha \neq 0$ のとき, $c_\alpha \boldsymbol{x}^\alpha$ を f の**項**という.
 (ii) $\mathrm{mdeg}(f) = \max_\prec \{\alpha \in \mathbb{N}^n \mid c_\alpha \neq 0\}$ を f の**多重次数**という. ただし, $\max_\prec$ は $\prec$ に関して最大のものを表す.
 (iii) $\mathrm{lc}(f) = c_{\mathrm{mdeg}(f)} \in F \backslash \{0\}$ を f の**最高次の係数**という.
 (iv) $\mathrm{lm}(f) = \boldsymbol{x}^{\mathrm{mdeg}(f)} \in R$ を f の**最高次の単項式**という.
 (v) $\mathrm{lt}(f) = \mathrm{lc}(f) \cdot \mathrm{lm}(f) \in R$ を f の**最高次の項**という.

例 21.5 (続き) これらの定義を確認するため, 多項式 $f = 4xyz^2 + 4x^3 - 5y^4 + 7xy^2z \in \mathbb{Q}[x,y,z]$ と例 21.5 の 3 つの順序についてまとめる.

	$\prec_{\text{lex}}$	$\prec_{\text{grlex}}$	$\prec_{\text{grevlex}}$
$\mathrm{mdeg}(f)$	$(3,0,0)$	$(1,2,1)$	$(0,4,0)$
$\mathrm{lc}(f)$	4	7	-5
$\mathrm{lm}(f)$	x^3	xy^2z	y^4
$\mathrm{lt}(f)$	$4x^3$	$7xy^2z$	$-5y^4$

$\diamondsuit$

多項式 0 にもこれらの定義を行うには, 形式的に $\mathbb{N}$ に $-\infty$ をつけ加えて, $\mathrm{lt}(f) = \mathrm{lm}(f) = \mathrm{lc}(f) = 0, \mathrm{mdeg}(f) = -\infty$ と定める. また, $\alpha \prec \beta$ または $\alpha = \beta$ のとき, $\alpha \preccurlyeq \beta$ と表す.

次の補題は練習問題 21.11 で証明される.

補題 21.8 $\prec$ を R 上の単項式順序とし, $f, g \in R \backslash \{0\}$ とする.
 (i) $\mathrm{mdeg}(fg) = \mathrm{mdeg}(f) + \mathrm{mdeg}(g)$.
 (ii) $f + g \neq 0$ のとき, $\mathrm{mdeg}(f+g) \preccurlyeq \max\{\mathrm{mdeg}(f), \mathrm{mdeg}(g)\}$ が成り立ち, $\mathrm{mdeg}(f) \neq \mathrm{mdeg}(g)$ のときに等号が成立する.

次の目標は，R での余りを伴う割り算の計算方法である．すなわち $f, f_1, \ldots, f_s \in R$ が与えられたときに，$f = q_1 f_1 + \cdots + q_s f_s + r$, $q_1, \ldots, q_s, r \in R$ と表すことである．形式的な計算方法を述べる前に，例を示す．

例 21.9 $\prec = \prec_{\mathrm{lex}}, f = xy^2 + 1, f_1 = xy + 1, f_2 = y + 1$ とする．

	$xy+1$	$y+1$
xy^2+1	y	
$-(xy^2+y)$		
$-y+1$		-1
$-(-y-1)$		
2		

	$xy+1$	$y+1$
xy^2+1		xy
$-(xy^2+xy)$		
$-xy+1$		$-x$
$-(-xy-x)$		
$x+1$		

左側の表は，割る式が 1 つではなく 2 つではあるが，1 変数の場合と同じように割り算が行われている．各ステップにおいて，最高次で割った商は各式の下の列に記入されている．最後の行において 2 は f_1, f_2 の最高次の項では割れずに，そこで計算が終わっている．ゆえに，$f = y \cdot f_1 - 1 \cdot f_2 + 2$ である．ここで，この計算にはあいまいさがある．最初のステップにおいて f_1 のかわりに f_2 で割ると，右側の表の場合になり，$f = 0 \cdot f_1 + (xy - x) \cdot f_2 + (x + 1)$ となり，$x+1$ のすべての項は $\mathrm{lc}(f_1), \mathrm{lc}(f_2)$ では割れない．$\diamondsuit$

例 21.10 $\prec = \prec_{\mathrm{lex}}, f = x^2 y + xy^2 + y^2, f_1 = xy - 1, f_2 = y^2 - 1$ とする．

	$xy+1$	$y+1$	余り
$x^2y + xy^2 + y^2$	x		
$-(x^2y - x)$			
$xy^2 + x + y^2$		y	
$-(xy^2 - y)$			
$x + y^2 + y$			x
$-x$			
$y^2 + y$		1	
$-(y^2 - 1)$			
$y + 1$			

上の計算では，1変数の場合には起きないことが起こっている．3行目で，最高次の項 x が f_1, f_2 の最高次の項で割れなくなり，余りの行に移動している．その後に，さらに割り算ができ，$f = (x+y) \cdot f_1 + 1 \cdot f_2 + (x+y+1)$ を得る．◇

アルゴリズム 21.11 　多変数多項式の余りを伴う割り算

入力：零でない多項式 $f, f_1, \ldots, f_s \in R = F[x_1, \ldots, x_n]$（$F$ は体）と R 上の単項式順序 $\prec$．

出力：$f = q_1 f_1 + \cdots + q_s f_s + r$ を満たす $q_1, \ldots, q_s, r \in R$，ただし r の項は $\mathrm{lt}(f_1), \ldots, \mathrm{lt}(f_s)$ のいずれでも割れないものとする．

1. $r \longleftarrow 0, \quad p \longleftarrow f$
   for $i = 1, \ldots, s$ **do** $q_i \longleftarrow 0$
2. **while** $p \neq 0$ **do**
3. 　　**if** ある $\mathrm{lt}(f_i)$ $(i \in \{1, \ldots, s\})$ が $\mathrm{lt}(p)$ を割る
   　　then そのような i について $q_i \longleftarrow q_i + \dfrac{\mathrm{lt}(p)}{\mathrm{lt}(f_i)}, \ p \longleftarrow p - \dfrac{\mathrm{lt}(p)}{\mathrm{lt}(f_i)} f_i$
   　　else $r \longleftarrow r + \mathrm{lt}(p), \quad p \longleftarrow p - \mathrm{lt}(p)$
4. **return** $q_1, \ldots, q_s, r$

次の定理は，上のアルゴリズムが正しいことを保証し，練習問題 21.12 において証明される．

定理 21.12 アルゴリズムのステップ 3 において，次の性質は保たれる．
(i) $\mathrm{mdeg}(p) \preccurlyeq \mathrm{mdeg}(f)$ かつ $f = p + q_1 f_1 + \cdots + q_s f_s + r$,
(ii) $q_i \neq 0 \Longrightarrow \mathrm{mdeg}(q_i f_i) \preccurlyeq \mathrm{mdeg}(f) \ (1 \leq i \leq s)$,
(iii) r のどの項も $\mathrm{lt}(f_i)$ で割れない．

この種の余りを伴う割り算は一意的とは限らない．それは，ステップ 3 において，2 つ以上の $\mathrm{lt}(f_i)$ が f の最高次の項を割るとき，i の選び方によって結果が変わる可能性があるからである．すでに，例 21.9 でそれを見ている．また，別の例をあげる．

例 21.10 (続き)　例 21.10 において，2 番目の行で f_1 のかわりに f_2 で割ると，

	$xy+1$	y^2-1	余り
$x^2y + xy^2 + y^2$	x		
$-(x^2y - x)$			
$xy^2 + x + y^2$		x	
$-(xy^2 - x)$			
$2x + y^2$			$2x$
$-2x$			
y^2		1	
$-(y^2 - 1)$			
1			

よって，$f = x \cdot f_1 + (x+1) \cdot f_2 + (2x+1)$ である．◇

アルゴリズム 21.11 のステップ 3 において，常に条件を満たす i のうち最小のものを選ぶことにすると，$q_1, \ldots, q_s, r$ は一意的に決まる．このとき，$q_1, \ldots,$

q_s を**商**, r を**剰余** (余り) といい,

$$r = f \text{ rem } (f_1, \ldots, f_s) \tag{5}$$

と表す. $s=1$ のとき, 余りを伴う割り算によってイデアルの元の判定問題は解決する. すなわち, $f \in \langle f_1 \rangle$ のための必要十分条件は, 余りが零となることである. $s \geq 2$ のときは, 以下の例が示す通り一般には成り立たない.

例 21.13 $f = xy^2 - x$ を $f_1 = xy + 1$, $f_2 = y^2 - 1$ で割る.

	$xy+1$	y^2-1
$xy^2 - x$	y	
$-(xy^2 + y)$		
$-x - y$		

ゆえに, $f = y \cdot f_1 + 0 \cdot f_2 + (-x-y)$ である. しかし, $f = 0 \cdot f_1 + x \cdot f_2 + 0$ より $f \in \langle f_1, f_2 \rangle$. ◇

さてこれからの目標は, かってなイデアルに対し, それによる余りを伴う割り算が一意的で, $n=1$ の場合の式 (4) のようにイデアルの元の判定問題に正しい答えを与えるような特別な基底を見つけることである. 一見, その存在は全く明らかではないように思える.

21.3 単項式イデアルと Hilbert の基底定理

定義 21.14 R の単項式で生成されたイデアル $I \subseteq R$ を**単項式イデアル**という. すなわち, ある部分集合 $A \subseteq \mathbb{N}^n$ が存在して次のように I は表される.

$$I = \langle \boldsymbol{x}^A \rangle = \langle \{\boldsymbol{x}^\alpha \mid \alpha \in A\} \rangle$$

補題 21.15 $I = \langle \boldsymbol{x}^A \rangle \subseteq R$ を単項式イデアルとし, $\beta \in \mathbb{N}^n$ とする. このとき次が成り立つ.

$$\boldsymbol{x}^\beta \in I \iff \exists \alpha \in A \ \ \boldsymbol{x}^\alpha | \boldsymbol{x}^\beta$$

証明 "$\Longleftarrow$" は明らか．逆に，$\alpha_1,\ldots,\alpha_s \in A$, $q_1,\ldots,q_s \in R$ とし，$\boldsymbol{x}^\beta = \sum_i q_i \boldsymbol{x}^{\alpha_i}$ とする．少なくとも右辺にはその係数を除いた部分が $\boldsymbol{x}^\beta$ となるような項を含む $q_i \boldsymbol{x}^{\alpha_i}$ が存在し，よって $\boldsymbol{x}^{\alpha_i} | \boldsymbol{x}^\beta$ が成り立つ．□

補題 21.16 $I \subseteq R$ を単項式イデアルとし，$f \in R$ とする．次は同値．
 (i) $f \in I$，
 (ii) f の各項は I の元，
 (iii) f は I の単項式の F 係数の 1 次結合で表される．

証明 (i)$\Longrightarrow$(ii)：補題 21.15 の証明と同様に，$f = \sum_i q_i \boldsymbol{x}^{\alpha_i}$ と表したとき，f の各項は，ある $\boldsymbol{x}^\gamma \ (\gamma \in A)$ で割れる．また，(ii)$\Longrightarrow$(iii)$\Longrightarrow$(i) は自明．この部分は任意のイデアルについて成立．□

たとえば，$I = \langle x^3, x^2 y \rangle \subset \mathbb{Q}[x,y]$ のとき，補題により，$3x^4 + 5x^2 y^3 \in I$, $2x^4 y + 7x^2 \notin I$ である．後の例 21.21 で，(i)$\Longrightarrow$(ii) が成り立たないイデアルの例を見ることができる．

系 21.17 2 つの単項式イデアルが等しいための必要十分条件は，それらが同じ単項式を含むことである．

定理 21.18 Dickson の補題 すべての単項式イデアルは有限個の単項式で生成される．より正確には，$\langle \boldsymbol{x}^A \rangle = \langle \boldsymbol{x}^B \rangle$ を満たす有限部分集合 $B \subseteq A$ が存在する．

証明 最後の一文以外は証明はすべて代数的でなく組み合わせ論的である．$A = \phi$ のときは自明．そこで，A は空でないとしてよい．$\mathbb{N}^n$ に次のように関係 "$\leq$"

を定義する．

$$\alpha \leq \beta \iff \alpha_i \leq \beta_i \quad (1 \leq i \leq n)$$

ここで，$\alpha = (\alpha_1, \ldots, \alpha_n), \beta = (\beta_1, \ldots, \beta_n)$ はともに $\mathbb{N}^n$ の元．この順序の定義より，$\alpha \leq \beta$ の必要十分条件は，$\boldsymbol{x}^\alpha | \boldsymbol{x}^\beta$ である．$\alpha \leq \beta$ かつ $\alpha \neq \beta$ のとき，通常通り $\alpha < \beta$ と表すことにする．このとき，$<$ は $\mathbb{N}^n$ 上の半順序で，$n \geq 2$ のときは全順序でない $((1,0) < (0,1), (0,1) < (1,0)$ のいずれも成り立たない)．B を $\leq$ に関して A の極小元の集合とする．すなわち，$B = \{\alpha \in A \mid \forall \beta \in A \; \beta \not< \alpha\}$ である．以下，B が A の有限部分集合であることを示し，また次を示す．

$$\alpha \in A \text{ のときある } \beta \in B \text{ が存在し } \beta \leq \alpha \tag{6}$$

$\alpha \in \mathbb{N}^n$ のとき，$\beta \leq \alpha$ を満たす $\beta \in \mathbb{N}^n$ の個数は有限 (練習問題 21.13)，ゆえに $\mathbb{N}^n$ の降鎖列 $\alpha^{(1)} > \alpha^{(2)} > \alpha^{(3)} > \cdots$ は必ず止まる．特に，$\alpha \in A$ に対して，$\beta \leq \alpha$ を満たす極小元 $\beta \in B$ が存在する．

次に B が有限集合であることを n に関する帰納法で示す．$n = 1$ のときは，$<$ は全順序で B は A の唯一の最小元だけからなり明らか．$n \geq 2$ とする．$A^* = \{(\alpha_1, \ldots, \alpha_{n-1}) \in \mathbb{N}^{n-1} \mid \exists \alpha_n \in \mathbb{N} \; (\alpha_1, \ldots, \alpha_n) \in A\}$ とおく．帰納法の仮定より，A^* の極小元の集合 B^* は有限集合．各 $\beta = (\beta_1, \ldots, \beta_{n-1}) \in B^*$ に対し，$(\beta_1, \ldots, \beta_{n-1}, b_\beta) \in A$ となるような $b_\beta \in \mathbb{N}$ を選び，$b = \max\{b_\beta \mid \beta \in B^*\}$ とおく．$(\alpha_1, \ldots, \alpha_n) \in B$ ならば $\alpha_n \leq b$ を示す．$\alpha = (\alpha_1, \ldots, \alpha_n) \in B$ とする．ある $\beta = (\beta_1, \ldots, \beta_{n-1}) \in B^*$ が存在し，$\beta \leq (\alpha_1, \ldots, \alpha_{n-1})$ が成り立つ．$\alpha_n > b$ とすると，

$$(\beta_1, \ldots, \beta_{n-1}, b_\beta) \leq (\beta_1, \ldots, \beta_{n-1}, b) < \alpha$$

より，α は極小元でない．これによって，主張 $\alpha_n \leq b$ は示された．同様に極小元の各成分について上限があるので，その個数は有限である．

式 (6) と $\alpha \leq \beta \iff \boldsymbol{x}^\alpha | \boldsymbol{x}^\beta$ より，$\boldsymbol{x}^\alpha \in \langle \boldsymbol{x}^\beta \rangle, \langle \boldsymbol{x}^\alpha \rangle \subseteq \langle \boldsymbol{x}^\beta \rangle$ が成り立ち，逆の包含は $B \subseteq A$ より明らか．□

例 21.19 $n = 2, A = \{(\alpha_1, \alpha_2) \in \mathbb{N}^2 \mid 6\alpha_2 = \alpha_1^2 - 7\alpha_1 + 18\}$ とする．このと

き，図 21.4 からわかるように，極小元の集合は $B = \{(0,3), (1,2), (3,1)\}$ で，$\langle \boldsymbol{x}^\alpha \rangle = \langle y^3, xy^2, x^3 y \rangle$ である．◇

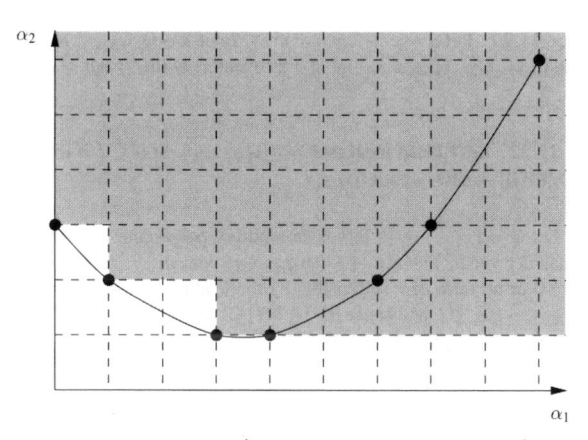

図 21.4 単項式イデアル $I = \langle \boldsymbol{x}^A \rangle$，ただし $A = \{(\alpha_1, \alpha_2) \in \mathbb{N}^2 \mid f(\alpha_1, \alpha_2) = 0\}$，$f(\alpha_1, \alpha_2) = 6\alpha_2 - \alpha_1^2 + 7\alpha_1 - 18$．● は A の元，黒線は $f(\alpha_1, \alpha_2) = 0$ を満たす実数点 (α_1, α_2) を表し，α が網かけの部分にあるとき，それは単項式 $\boldsymbol{x}^\alpha$ が I に含まれることを意味する．

系 21.20 $\prec$ を $\mathbb{N}^n$ 上の全順序とし，さらに次を満たすものとする．

$$\forall \alpha, \beta, \gamma \in \mathbb{N} \quad \alpha \prec \beta \Longrightarrow \alpha + \gamma \prec \beta + \gamma$$

このとき，$\prec$ が整列順序であるための必要十分条件は $\alpha \succcurlyeq 0$ がすべての $\alpha \in \mathbb{N}^n$ について成り立つことである．

証明 "$\Longleftarrow$" を示す．逆は練習問題 21.8 による．$A \subseteq \mathbb{N}^n$ を空でないとし，$I = \langle \boldsymbol{x}^A \rangle \subseteq R$ とおく．Dickson の補題より，I は有限生成，すなわち

$$\exists \alpha_1, \ldots, \alpha_s \in A \quad I = \langle \boldsymbol{x}^{\alpha_1}, \ldots, \boldsymbol{x}^{\alpha_s} \rangle$$

ここで $\alpha_1 \prec \alpha_2 \prec \cdots \prec \alpha_s$ と仮定してよい．このとき，$\min_\prec A = \alpha_1$ を示す．

$\alpha \in A$ とする. $\boldsymbol{x}^\alpha \in I$ より, 補題 21.15 からある $i \leq s$ とある $\gamma \in \mathbb{N}^n$ が存在し, $\alpha = \alpha_i + \gamma$ である. よって, $\alpha = \alpha_i + \gamma \succcurlyeq \alpha_1 + \gamma \succcurlyeq \alpha_1 + 0 = \alpha_1$ が成り立ち, $\alpha_1 = \min_\prec A$ である. □

よって, 単項式順序の定義の (iii) を次でおきかえてよい.
(iii)' $\forall \alpha \in \mathbb{N}^n \quad \alpha \succcurlyeq 0$.

R の ϕ でも $\{0\}$ でもない部分集合 G に対して, $\mathrm{lt}(G) = \{\mathrm{lt}(g) \mid g \in G\}$ と定義する. $I \subseteq R$ をイデアルとすると, Dickson の補題より, $\langle \mathrm{lt}(G) \rangle = \langle \mathrm{lt}(I) \rangle$ を満たす有限部分集合 $G \subseteq I$ が存在する. しかしながら, 次の例は G が I を生成しても, $\langle \mathrm{lt}(G) \rangle \subsetneq \langle \mathrm{lt}(I) \rangle$ である例を与えている.

例 21.21 $g = x^3 - 2xy, h = x^2 y - 2y^2 + x \in \mathbb{Q}[x, y]$, $\prec = \prec_{\mathrm{grlex}}$, $G = \{g, h\}$, $I = \langle G \rangle$ とする. このとき, $x^2 = -y \cdot g + x \cdot h$ で $x^2 \in \langle \mathrm{lt}(I) \rangle$ だが, $x^2 \notin \langle \mathrm{lt}(G) \rangle = \langle x^3, x^2 y \rangle$. ◇

補題 21.22 I を $R = F[x_1, \ldots, x_n]$ のイデアルとする. 有限部分集合 $G \subseteq I$ について $\langle \mathrm{lt}(G) \rangle = \langle \mathrm{lt}(I) \rangle$ ならば $\langle G \rangle = I$ である.

証明 $G = \{g_1, \ldots, g_s\}$ とし, f を I の多項式とする. このとき f の余りを伴う割り算より, $f = q_1 g_1 + \cdots + q_s g_s + r$, $q_1, \ldots, q_s, r \in R$, r のどの項も g_i の最高次の項で割れないようにできる. ここで $r = f - q_1 g_1 - \cdots - q_s g_s \in I$ より, $\mathrm{lt}(r) \in \mathrm{lt}(I) \subseteq \langle \mathrm{lt}(g_1), \ldots, \mathrm{lt}(g_s) \rangle$. 補題 21.15 より, $r = 0$. ゆえに $f \in \langle g_1, \ldots, g_s \rangle = \langle G \rangle$. □

零イデアル $\{0\}$ は 0 で生成されていることと Dickson の補題を $\mathrm{lt}(I)$ に適用することにより, 次の有名な結果を得る.

定理 21.23 Hilbert の基底定理 体 F 上の多項式環 $R = F[x_1, \ldots, x_n]$ のイデアルは有限生成. より正確には, $\langle G \rangle = I$ と $\langle \mathrm{lt}(G) \rangle = \langle \mathrm{lt}(I) \rangle$ を満たす有限部分集合 $G \subseteq I$ が存在する.

この定理よりただちに次の系を得る.

系 21.24 昇鎖列条件 $I_1 \subseteq I_2 \subseteq I_3 \subseteq \cdots$ を R のイデアルの昇鎖列とする. これは途中で止まる. すなわち, ある $n \in \mathbb{N}$ が存在し, $I_n = I_{n+1} = I_{n+2} = \cdots$ が成り立つ.

証明 $I = \bigcup_{j \geq 1} I_j$ とおく. I はイデアルで, よって Hilbert の基底定理より有限生成である. $I = \langle g_1, \ldots, g_s \rangle$ とし, $n = \min\{j \geq 1 \mid g_1, \ldots, g_s \in I_j\}$ とおけば, $I_n = I_{n+1} = I_{n+2} = \cdots = I$ である. □

一般に, 昇鎖列条件を満たす環を Emmy Noether にちなんで, **Noether 環** という. F が体のとき, $F[x_1, \ldots, x_n]$ は Noether 環である.

21.4 Gröbner 基底と S 多項式

Hilbert の基底定理によって, Gröbner 基底が定義される.

定義 21.25 $\prec$ を単項式順序とし, I を R のイデアルとする. 有限集合 $G \subseteq I$ が $\langle \mathrm{lt}(G) \rangle = \langle \mathrm{lt}(I) \rangle$ を満たすとき, $\prec$ に関する I の **Gröbner 基底**という.

補題 21.22 より, I の Gröbner 基底 G は, 実際環論的な意味で基底になっている. すなわち $\langle G \rangle = I$ が成り立つ. $\langle \rangle = \langle \phi \rangle = \{0\}$ と定めると, Hilbert の基底定理より, 次が成り立つ.

系 21.26 $R = F[x_1, \ldots, x_n]$ のイデアル I は常に Gröbner 基底を持つ.

例 21.21 において, G は I の Gröbner 基底ではないが, 後で見るように $\{g, h, x^2, 2xy, -2y^2 + x\}$ は Gröbner 基底である.

Gröbner 基底による余りを伴う割り算によって，イデアルの元の判定が可能であることを示す．この節を通して，常に何らかの単項式順序が定義されていると仮定する．

補題 21.27 G を R のイデアル I の Gröbner 基底とし，$f \in R$ とする．このとき，次の条件を満たす多項式 $r \in R$ がただ 1 つ存在する．

(i) $f - r \in I$,

(ii) r のどの項も $\mathrm{lt}(G)$ の元で割れない．

証明 r の存在は定理 21.12 による．一意性について考える．$f = h_1 + r_1 = h_2 + r_2, h_1, h_2 \in I, r_1, r_2$ のどの項も $\mathrm{lt}(G)$ の元で割れない，と仮定する．$r_1 - r_2 = h_2 - h_1 \in I$ より，補題 21.15 から $\mathrm{lt}(r_1 - r_2)$ を割るような $\mathrm{lt}(g)$ $(g \in G)$ が存在する．よって，$r_1 - r_2 = 0$．□

上の補題より，f の G による割り算の余り r は，G の元の割る順番に依存しないことがわかる．式 (5) の記号を拡張して，

$$f \text{ rem } G = r \in R$$

と表す．次の結果は上の補題よりただちに得られる．

定理 21.28 G を R のイデアル I の単項式順序 $\prec$ に関する Gröbner 基底とし，$f \in R$ とする．このとき，$f \in I$ と $f \text{ rem } G = 0$ は同値である．

この性質は G が Gröbner 基底であることと同値である (練習問題 21.17)．これにより，イデアルの元の判定問題は解決する．すなわち，f を G で割ることにより，$f \in I$ かどうか判定できる．

しかし，Hilbert の基底定理では具体的な基底が与えられていない．すなわち，イデアル I の与えられた基底から Gröbner 基底を求める方法をそれは示していない．そこで，これからその方法を与え，その結果 Hilbert の基底定理の実

用的な解釈を与える．Gröbner 基底を構成するためには，基底 G が Gröbner 基底にならないとき，その理由を明らかにしなければいけない．1 つの可能性として，G の 2 つの多項式 g, h の 1 次結合 $a\boldsymbol{x}^\alpha g + b\boldsymbol{x}^\beta h$ $(a, b \in F, \alpha, \beta \in \mathbb{N}^n)$ を考えるとき，互いに最高次の係数を消しあって，その 1 次結合の最高次の項が $\mathrm{lt}(G)$ のどの元でも割れなくなってしまうかもしれない．実際，例 21.21 ではそうなっている．すなわち $x^2 = (-y) \cdot g + x \cdot h$ だが，$\mathrm{lt}(x^2) = x^2$ は $\mathrm{lt}(G) = \{x^3, x^2 y\}$ のどの項でも割れない．

定義 21.29 g, h を R の零でない多項式とし，$\alpha = (\alpha_1, \ldots, \alpha_n) = \mathrm{mdeg}(g)$, $\beta = (\beta_1, \ldots, \beta_n) = \mathrm{mdeg}(h)$, $\gamma = (\max\{\alpha_1, \beta_1\}, \ldots, \max\{\alpha_n, \beta_n\})$ とする．

$$S(g, h) = \frac{\boldsymbol{x}^\gamma}{\mathrm{lt}(g)} g - \frac{\boldsymbol{x}^\gamma}{\mathrm{lt}(h)} h \in R \tag{7}$$

を g と h の **S 多項式**という．

$S(h, g) = -S(g, h)$ が成り立ち，$\boldsymbol{x}^\gamma / \mathrm{lt}(g), \boldsymbol{x}^\gamma / \mathrm{lt}(h) \in R$ より，$S(g, h) \in \langle g, h \rangle$ である．例 21.21 においては，$\alpha = (3, 0)$, $\beta = (2, 1)$, $\gamma = (3, 1)$ なので $S(g, h)$ は次のように計算される．

$$S(g, h) = \frac{x^3 y}{x^3} g - \frac{x^3 y}{x^2 y} h = -x^2$$

次の補題は，G の多項式の 1 次結合において，最高次の項の消しあいが起きたときは，その 1 次結合は必ず S 多項式で表されることを示している．

補題 21.30 $g_1, \ldots, g_s \in R, \alpha_1, \ldots, \alpha_s \in \mathbb{N}^n, c_1, \ldots, c_s \in F \backslash \{0\}$ とし，

$$f = \sum_{1 \leq i \leq s} c_i \boldsymbol{x}^{\alpha_i} g_i \in R \tag{8}$$

とする．また $\delta \in \mathbb{N}^n$ を $\alpha_i + \mathrm{mdeg}(g_i) = \delta$ $(1 \leq i \leq s)$ を満たす元とし，$\mathrm{mdeg}(f) \prec \delta$ と仮定する（このことは最高次の項が消しあっていることを意味する）．このとき，$\boldsymbol{x}^{\gamma_{ij}}$ は $\boldsymbol{x}^\delta$ を割る $(1 \leq i < j \leq s)$，ただし $\boldsymbol{x}^{\gamma_{ij}} = \mathrm{lcm}(\mathrm{lm}(g_i), \mathrm{lm}(g_j))$．さらに，

$$f = \sum_{1 \leq i \leq s} c_{ij} \boldsymbol{x}^{\delta - \gamma_{ij}} S(g_i, g_j) \tag{9}$$

を満たす $c_{ij} \in F$ が存在し, $\mathrm{mdeg}(\boldsymbol{x}^{\delta - \gamma_{ij}} S(g_i, g_j)) \prec \delta$ ($1 \leq i < j \leq s$) が成り立つ.

証明 必要ならば, 各 c_i を $\mathrm{lc}(g_i)$ 倍し, 各 i について, $\mathrm{lc}(g_i) = 1$, $\mathrm{lt}(g_i) = \mathrm{lm}(g_i) = \boldsymbol{x}^{\mathrm{mdeg}(g_i)}$ としてよい. $1 \leq i < j \leq s$ とする. $\boldsymbol{x}^\delta = \boldsymbol{x}^{\alpha_i} \mathrm{lm}(g_i) = \boldsymbol{x}^{\alpha_j} \mathrm{lm}(g_j)$ は $\mathrm{lm}(g_i)$ と $\mathrm{lm}(g_j)$ の公倍元で, よって $\boldsymbol{x}^{\gamma_{ij}} | \boldsymbol{x}^\delta$ である.

$$S(g_i, g_j) = \frac{\boldsymbol{x}^{\gamma_{ij}}}{\mathrm{lt}(g_i)} g_i - \frac{\boldsymbol{x}^{\gamma_{ij}}}{\mathrm{lt}(g_j)} g_j$$

より, 補題 21.8 から $\mathrm{mdeg}(S(g_i, g_j)) \prec \gamma_{ij}$ である. 式 (7) において, 最高次の係数は互いに消しあっているので, 次が成り立つ.

$$\mathrm{mdeg}(\boldsymbol{x}^{\delta - \gamma_{ij}} S(g_i, g_j)) = \delta - \gamma_{ij} + \mathrm{mdeg}(S(g_i, g_j)) \prec \delta - \gamma_{ij} + \gamma_{ij} = \delta$$

式 (9) を s に関する帰納法で示す. $s = 1$ のとき, 互いに最高次の項を消しあうことはないので, 主張は正しい. $s \geq 2$ のとき, $g = f - c_1 \boldsymbol{x}^{\delta - \gamma_{12}} S(g_1, g_2)$ とおくと,

$$g = f - c_1 \boldsymbol{x}^{\delta - \gamma_{12}} S(g_1, g_2)$$
$$= c_1 \boldsymbol{x}^{\alpha_1} g_1 + c_2 \boldsymbol{x}^{\alpha_2} g_2 + \sum_{3 \leq i \leq s} c_i \boldsymbol{x}^{\alpha_i} g_i - c_1 \boldsymbol{x}^{\delta - \gamma_{12}} \left(\frac{\boldsymbol{x}^{\gamma_{12}}}{\mathrm{lt}(g_1)} g_1 - \frac{\boldsymbol{x}^{\gamma_{12}}}{\mathrm{lt}(g_2)} g_2 \right)$$
$$= c_1 (\boldsymbol{x}^{\alpha_1} - \boldsymbol{x}^{\delta - \mathrm{mdeg}(g_1)}) g_1 + (c_2 \boldsymbol{x}^{\alpha_2} + c_1 \boldsymbol{x}^{\delta - \mathrm{mdeg}(g_2)}) g_2 + \sum_{3 \leq i \leq s} c_i \boldsymbol{x}^{\alpha_i} g_i$$
$$= (c_1 + c_2) \boldsymbol{x}^{\alpha_2} g_2 + \sum_{3 \leq i \leq s} c_i \boldsymbol{x}^{\alpha_i} g_i$$

である. ここで, $\alpha_1 + \mathrm{mdeg}(g_1) = \delta = \alpha_2 + \mathrm{mdeg}(g_2)$ を最後の変形で使った. 補題 21.8 より, $\mathrm{mdeg}(g) \prec \max_\prec \{\mathrm{mdeg}(f), \mathrm{mdeg}(\boldsymbol{x}^{\delta - \gamma_{12}} S(g_1, g_2))\} \prec \delta$, ゆえに g は再び補題の仮定を満たし, $c_1 + c_2 \neq 0$ のときは $s - 1$, $c_1 + c_2 = 0$ のときは $s - 2$ 個の多項式の 1 次結合で表される. 帰納法の仮定より, $c_{ij} \in F$ ($2 \leq i < j \leq s$) を用いて

$$g = \sum_{2 \leq i < j \leq s} c_{ij} \boldsymbol{x}^{\delta - \gamma_{ij}} S(g_i, g_j)$$

と表される.$s=2$ のときは $g=0$ である.$c_{12}=c_1$, $c_{1j}=0$ $(3 \leq j \leq s)$ とおけば,

$$f = g + c_1 \boldsymbol{x}^{\delta - \gamma_{12}} S(g_1, g_2) = \sum_{1 \leq i < j \leq s} c_{ij} \boldsymbol{x}^{\delta - \gamma_{ij}} S(g_i, g_j) \square$$

次の定理は簡単な Gröbner 基底の判定法を与えている.

定理 21.31 有限集合 $G = \{g_1, \ldots, g_s\} \subseteq R$ がイデアル $\langle G \rangle$ の Gröbner 基底であるための必要十分条件は以下が成り立つことである.

$$S(g_i, g_j) \text{ rem } (g_1, \ldots, g_s) = 0 \quad 1 \leq i < j \leq s \tag{10}$$

証明 任意の i, j に対し, $S(g_i, g_j) \in I = \langle G \rangle$ より, 必要性は定理 21.28 から導かれる.十分性を示すために, 式 (10) が成り立つとき, $f \in I \setminus \{0\}$ ならば $\text{lt}(f) \in \langle \text{lt}(G) \rangle$ を証明する.

$$f = \sum_{1 \leq i \leq s} q_i g_i, \quad \delta = \max_{\prec} \{\text{mdeg}(q_i g_i) \mid 1 \leq i \leq s\} \tag{11}$$

と表される, ただし $q_i \in R$ である.このとき, $\text{mdeg}(f) \preceq \delta$ が成り立つ.もし上の値が本当に δ より小さいとき, 式 (11) において, 最高次の項の消しあいが起こっており,

$$f^* = \sum_{\substack{1 \leq i \leq s \\ \text{mdeg}(q_i g_i) = \delta}} \text{lt}(q_i) g_i$$

は式 (8) の形をしている.そこで, 補題 21.30 より, f^* を $\boldsymbol{x}^{\alpha_{ij}} S(g_i, g_j)$ の F 係数の 1 次結合で表せる, ここで $\alpha_{ij} \in \mathbb{N}^n$, $\alpha_{ij} + \text{mdeg}(S(g_i, g_j)) \prec \delta$ である.仮定より $S(g_i, g_j)$ を $(g_1, \ldots, g_s)$ で割った余りは零であり, $f^* = \sum_{1 \leq i \leq s} q_i^* g_i$ と表せ, 定理 21.12 (ii) より, $\max_{\prec}\{\text{mdeg}(q_i^* g_i) \mid 1 \leq i \leq s\} \prec \delta$ が成り立つ.よっ

て，$f - f^*$ と f^* はともに式 (11) と同じ表現を持ち，しかもその多重次数は $\prec$ に関して δ より真に小さい．

そこで，もし必要ならば，このおきかえを続けることにより ($\prec$ は整列順序だからこのおきかえは有限回で終わる)，式 (11) において少なくともある番号 i が存在して，$\mathrm{mdeg}(f) = \delta = \mathrm{mdeg}(q_i g_i)$ が成り立つとしてよい．このとき，

$$\mathrm{lt}(f) = \sum_{\substack{1 \leq i \leq s \\ \mathrm{mdeg}(q_i g_i) = \delta}} \mathrm{lt}(q_i)\mathrm{lt}(g_i) \in \langle \mathrm{lt}(G) \rangle \quad \text{である．} \square$$

例 21.32 $G = \{y - x^2, z - x^3\}$ とし，F^3 の **3 次空間曲線** $C = V(G)$ を考える．このとき，$C = \{(a, a^2, a^3) \mid a \in F\} \subseteq F^3$ である．また，$\mathbb{R}^3$ では C は図 21.5 のように，2 つの柱面 $V(y - x^2)$，$V(z - x^3)$ の交わりである．定理 21.31 より，G は $I = \langle G \rangle$ の辞書式順序 $y \succ z \succ x$ に関する Gröbner 基底になっている．実際，

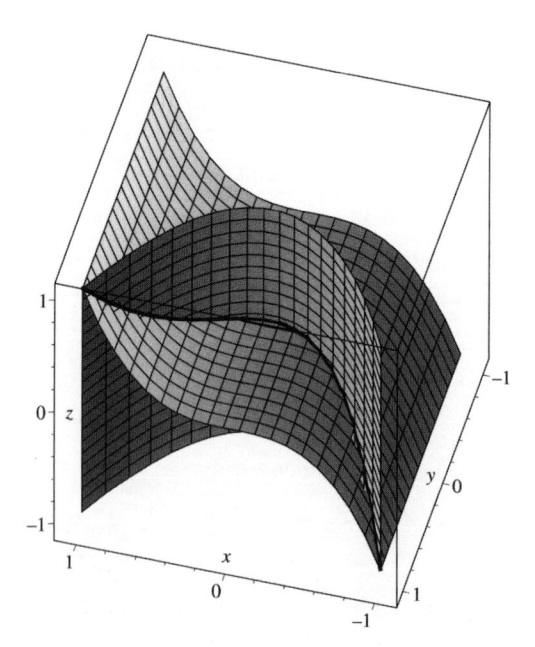

図 21.5 $\mathbb{R}^3$ の曲線

$$S(y-x^2, z-x^3) = z(y-x^2) - y(z-x^3) = yx^3 - zx^2$$
$$= x^3(y-x^2) + (-x^2)(z-x^3) + 0 \quad \text{である.} \diamondsuit$$

21.5　Buchberger のアルゴリズム

　この節では，Gröbner 基底を求める方法を与える．まず，例 21.21 について考える．基本的な考えとして，式 (10) が成り立たない場合に，それを阻害する S 多項式を基底に加えていく．$\prec = \prec_{\text{grlex}}$, $y \prec x$, $f_1 = x^3 - 2xy$, $f_2 = x^2y - 2y^2 + x \in \mathbb{Q}[x,y]$ とする．$G = \{f_1, f_2\}$ とおく．このとき，$S(f_1, f_2) = -x^2$, $\text{lt}(S(f_1,f_2)) = -x^2 \notin \langle x^3, x^2y \rangle = \langle \text{lt}(G) \rangle$ より，G は Gröbner 基底でない．そこで，$f_3 = S(f_1, f_2) \text{ rem } (f_1, f_2) = -x^2$ を G に加える．また，$S(f_1, f_2) \text{ rem } (f_1, f_2, f_3) = 0$ である．

　次に，

$$S(f_1, f_3) = 1 \cdot f_1 - (-x) \cdot f_3 = -2xy$$
$$S(f_1, f_3) \text{ rem } (f_1, f_2, f_3) = -2xy = f_4$$

を G に加える．$S(f_1, f_3) \text{ rem } (f_1, \ldots, f_4) = 0$ である．ここで，

$$S(f_1, f_4) = y \cdot f_1 - \left(-\frac{1}{2}x^2\right) \cdot f_4 = -2xy^2 = y \cdot f_4$$

より，$S(f_1, f_4) \text{ rem } (f_1, \ldots, f_4) = 0$ である．また，

$$S(f_2, f_3) = 1 \cdot f_2 - (-y) \cdot f_3 = -2y^2 + x$$

より，$f_5 = S(f_2, f_3) \text{ rem } (f_1, \ldots, f_4) = -2y^2 + x$ を G に加える．このとき，

$$S(f_i, f_j) \text{ rem } (f_1, \ldots, f_5) = 0 \quad (1 \leq i < j \leq 5)$$

が成り立つので，$\{f_1, \ldots, f_5\}$ が Gröbner 基底になる．

　ここで，Buchberger のアルゴリズム (1965) の簡単なバージョンを紹介する．

アルゴリズム 21.33 Gröbner 基底の計算

入力：多項式 $f_1, \ldots, f_s \in R = F[x_1, \ldots, x_n]$ と R 上の多項式順序 $\prec$.
出力：$f_1, \ldots, f_s$ を含むイデアル $I = \langle f_1, \ldots, f_s \rangle$ の $\prec$ に関する Gröbner 基底 $G \subseteq R$.

1. $G \longleftarrow \{f_1, \ldots, f_s\}$
2. **repeat**
3. $\mathcal{S} \longleftarrow \phi$
    G の元を $g_1, \ldots, g_t$ と並べる
    for $1 \le i < j \le t$ **do**
4. $r \longleftarrow S(g_i, g_j)$ rem $(g_1, \ldots, g_t)$
     if $r \ne 0$ **then** $\mathcal{S} \longleftarrow \mathcal{S} \cup \{r\}$
5.   **if** $\mathcal{S} = \phi$ **then return** G **else** $G \longleftarrow G \cup \mathcal{S}$

定理 21.34 アルゴリズム 21.33 は指定した通り正しく動作する.

証明 まず，プロセスが終わると仮定して，正しく出力されることを示す．アルゴリズムの各ステップで，ステップ 2 の集合 G は I の基底で，$f_1, \ldots, f_s \in G$ を満たす．なぜならば，最初のステップでその条件を満たし，$g_i, g_j \in I$ の S 多項式の I の元で割った余りは再び I の元で，それをアルゴリズムの中で加えていくだけだからである．もしアルゴリズムが終われば，すべての S 多項式の G による余りは零で，定理 21.31 より G は Gröbner 基底である．

そこで，アルゴリズムが終わることを示す．G^* を G がステップ 2 を通過した結果とする．このとき，$G^* \supseteq G$, $\langle \mathrm{lt}(G^*) \rangle \supseteq \langle \mathrm{lt}(G) \rangle$ が成り立つ．ゆえに，ステップ 2 を通過する G に対し $\langle \mathrm{lt}(G) \rangle$ を集めると，それらは昇鎖列をなし，系 21.24 の昇鎖列条件より，どこかでとまる．ゆえに，有限回ののち，$\langle \mathrm{lt}(G^*) \rangle = \langle \mathrm{lt}(G) \rangle$ が成り立つ．このとき，$G = G^*$ である．実際，$g, h \in G$, $r = S(g, h)$ rem G とすると，$r \in G^*$ より，$r = 0$ または $\mathrm{lt}(r) \in \langle \mathrm{lt}(G^*) \rangle \subseteq \langle \mathrm{lt}(G) \rangle$ が成り立ち，余りの定義より $r = 0$ である． $\square$

系 21.35 以下の問題は Gröbner 基底を用いて解くことができる.
 (i) 余りを伴う割り算によるイデアルの元の判定,
 (ii) イデアルの包含関係の判定,
 (iii) イデアルの相等関係の判定.

一般に，Buchberger のアルゴリズムを用いて計算される Gröbner 基底は, 極小でも一意的でもない．しかし，それらの条件を満たすようにつくり直すことができる．

補題 21.36 G が $I \subseteq R$ の Gröbner 基底で, $g \in G$ が条件 $\mathrm{lt}(g) \in \langle \mathrm{lt}(G\setminus\{g\}) \rangle$ を満たすとき, $G\setminus\{g\}$ は I の Gröbner 基底.

証明 練習問題 21.18. □

定義 21.37 R の部分集合 G が $I = \langle G \rangle$ の**極小** Gröbner 基底であるとは, G が I の Gröbner 基底で，任意の $g \in G$ に対し次が成り立つことである．
 (i) $\mathrm{lc}(g) = 1$,
 (ii) $\mathrm{lt}(g) \notin \langle \mathrm{lt}(G\setminus\{g\}) \rangle$.
 Gröbner 基底 G の元 g の各項が $\langle \mathrm{lt}(G\setminus\{g\}) \rangle$ に含まれないとき, g は G に関して**被約**という. $I \subseteq R$ の極小 Gröbner 基底 G のすべての元が G に関して被約のとき, G は**被約**であるという.

定理 21.38 すべてのイデアルはただ 1 つ被約 Gröbner 基底を持つ.

証明 まず，存在を示す．必要なら補題 21.36 を繰り返し使うことにより, Gröbner 基底 $G = \{g_1, \ldots, g_s\}$ は極小であるとしてよい．各 $1 \leq i \leq s$ に対し,

$$h_i = g_i \text{ rem } \{h_1, \ldots, h_{i-1}, g_{i+1}, \ldots, g_s\}$$

とおく. i に関する帰納法で, $0 \le j \le i \le s$ のとき $\text{lt}(g_j) = \text{lt}(h_j)$ かつ h_j が $G_i = \{h_1, \ldots, h_i, g_{i+1}, \ldots, g_s\}$ に関して被約となるようにでき, 最終的に被約 Gröbner 基底 $G_s = \{h_1, \ldots, h_s\}$ を得ることができる.

G, G^* を I の被約 Gröbner 基底とする. $\text{lt}(G) = \text{lt}(G^*)$ を示す. $g \in \text{lt}(G) \subseteq \langle \text{lt}(G) \rangle = \text{lt}(I) = \langle \text{lt}(G^*) \rangle$ のとき, 補題 21.15 より, ある $g^* \in G^*$ が存在し, $\text{lt}(g^*) | \text{lt}(g)$ が成り立つ. 同様に, ある $g^{**} \in G$ が存在し, $\text{lt}(g^{**}) | \text{lt}(g^*)$ が成り立つ. G は極小なので, $\text{lt}(g) = \text{lt}(g^{**}) = \text{lt}(g^*) \in \text{lt}(G^*)$ となり, $\text{lt}(G) \subseteq \text{lt}(G^*)$ が成り立つ. 同様に, $\text{lt}(G^*) \subseteq \text{lt}(G)$ が成り立つ. よって, 主張が示された.

$g \in G$ に対し, $\text{lt}(g) = \text{lt}(g^*)$ を満たす $g^* \in G^*$ を選ぶ. G と G^* はともに被約より, $g - g^* \in I$ のどの項も $\text{lt}(G) = \text{lt}(G^*)$ の元では割れない. ゆえに, $g - g^* \in G$ より $g - g^* = g - g^* \text{ rem } G = 0$. よって, $g \in G^*, G \subseteq G^*$. 同様に, $G^* \subseteq G$. □

この節の初めで Gröbner 基底をつくるためにどのようにして多項式を追加していくかを見た. ところで, いくつ必要か？ 21.7 節で, うんざりするような答えを得る. すなわち, 場合によっては (変数の個数の) 2 重指数個で, またその次数も 2 重指数になる場合がある. Buchberger のアルゴリズムで何度のステップが必要かという問題は簡単には答えを出せないが, このように非常に大きな出力には, 少なくとも指数領域が必要である.

Gauß の消去法と $F[x]$ の最大公約元を求める Euclid のアルゴリズムはともに Buchberger のアルゴリズムの特別な場合である (前者については練習問題 21.24 を見よ).

21.6 幾何への応用

代数は幅広い問題を表現する高性能の言語である. Gröbner 基底のような一般的な解法を用いて, このような問題を解くことができる. もちろん, 効率な

どの点では限界はある．ここでは，幾何への 2 つの応用を考える．第 24 章では，幾何的な組み立てが自明ではない (しかし，いったん手をつけると簡単な) コンピュータサイエンスの問題を考え，さらに化学からのより大きな問題を取り扱う．

幾何定理の自動証明　幾何における定理はしばしば方程式の言葉で表すことができる．例 21.2 の三角形の重心に関する定理において，すでにそれを見た．仮定は 2 つの多項式 $f_1, f_2 \in \mathbb{R}[u, v, x, y]$ で表され，結論は 3 つの多項式 $g_1, g_2, g_3 \in \mathbb{R}[u, v, x, y]$ で表されて，定理自体は "$f_1 = f_2 = 0 \Longrightarrow g_1 = g_2 = g_3 = 0$" と同値であった．一般に，仮定を表す $R = \mathbb{R}[x_1, \ldots, x_n]$ の多項式を $f_1, \ldots, f_s$，結論を表す多項式を $g \in R$ とすると，定理が正しいかどうかは $V(f_1, \ldots, f_s) \subseteq V(g)$ で判定できる．特に，$g \in \langle f_1, \ldots, f_s \rangle$ を示すことで定理を証明できる．

例 21.2 で，$g = g_1$ については証明ずみなので，g_2 と g_3 について Gröbner 基底を用いて証明を行う．まず，イデアル $I = \langle f_1, f_2 \rangle$ の $\prec = \prec_{\text{lex}}, u \succ v \succ x \succ y$ に関する Gröbner 基底を求める．この単項式順序で並べると

$$f_1 = uy - vx - v, \quad f_2 = uy - vx + 2v - y$$

より，

$$S(f_1, f_2) = f_1 - f_2 = -3v + y = -g_3, \quad -g_3 \text{ rem } (f_1, f_2) = -g_3$$

である．$f_3 = -g_3$ を基底に加えると，

$$S(f_1, f_3) \text{ rem } (f_1, f_2, f_3) = \frac{1}{3}uy^2 - v^2 x - v^2 \text{ rem } (f_1, f_2, f_3) = 0$$
$$S(f_2, f_3) \text{ rem } (f_1, f_2, f_3) = \frac{1}{3}uy^2 - v^2 x + 2v^2 - vy \text{ rem } (f_1, f_2, f_3) = 0$$

よって，$\{f_1, f_2, f_3\}$ が Gröbner 基底．補題 21.36 より，f_2 をこの中から除き，定理 21.38 の証明の中の計算を行うと，

$$f_4 = f_1 \text{ rem } f_3 = uy - \frac{1}{3}xy - \frac{1}{3}y, \quad f_3 \text{ rem } f_4 = f_3$$

となる．よって $G = \{f_4, f_3\} = \{uy - \frac{1}{3}xy - \frac{1}{3}y, v - \frac{1}{3}y\}$ が I の $\prec$ に関する唯一の被約 Gröbner 基底である．

すでに，$g_3 = -f_3 \in I$ であるが，g_2 について余りを伴う割り算を行うと，$g_2 \text{ rem } G = g_2 \neq 0$，定理 21.28 より $g_2 \notin I$. 一方，$f_4 = \frac{1}{3}yg_2$ は I の元なので，$y \neq 0$ ならば重心に関する定理は正しい ($y = 0$ の場合は注解 21.6 を見よ).

陰関数表示　$f_1, \ldots, f_n \in F[t_1, \ldots, t_m]$ とし，アフィン代数多様体 $V \subseteq F^n$ は次の式で与えられているとする．

$$x_1 = f_1(t_1, \ldots, t_m)$$
$$\vdots$$
$$x_n = f_n(t_1, \ldots, t_m)$$

すなわち V は間接的に $V = \{a \in F^n \mid \exists b \in F^m, a = (f_1(b), \ldots, f_n(b))\}$ と表される．問題は，陰関数表示 $V = V(I)$, $I = \langle g_1, \ldots, g_s \rangle$ を満たす多項式 $g_1, \ldots, g_s \in F[x_1, \ldots, x_n]$ を見つけることである．(より正確には，$V(I)$ が V の閉包と等しくなるものを見つける)

例 21.32 (続き)　例 21.32 の空間曲線 C は次のようにパラメータ表示がなされていた．

$$x = t, \quad y = t^2, \quad z = t^3$$

C の陰関数表示は $g_1 = y - x^2, g_2 = z - x^3$ である．曲線自身は 790 ページの図 21.5，797 ページの図 21.6 にある．後の図は，C の陽関数表示に対応している．(t を区間 $[-1, 1]$ で動かして描かれている) その一方で，最初の図は陰関数表示で，g_1, g_2 によって定義される 2 つの曲面の交わりで表され，こちらの方が情報が多い．◇

例 21.39　$V \subseteq F^3$ を $x = t^2, y = t^3, z = t^4$ と表される曲線とする．このとき，V は $g_1 = z - x^2, g_2 = y^2 - x^3$ で陰関数表示される．◇

陰関数表示の問題を解くには，まずイデアル $J = \langle x_1 - f_1, \ldots, x_n - f_n \rangle \subseteq F[t_1, \ldots, t_m, x_1, \ldots, x_n]$ と変数の順序 $t_1 \succ \cdots \succ t_m \succ x_1 \succ \cdots x_n$ を考え，

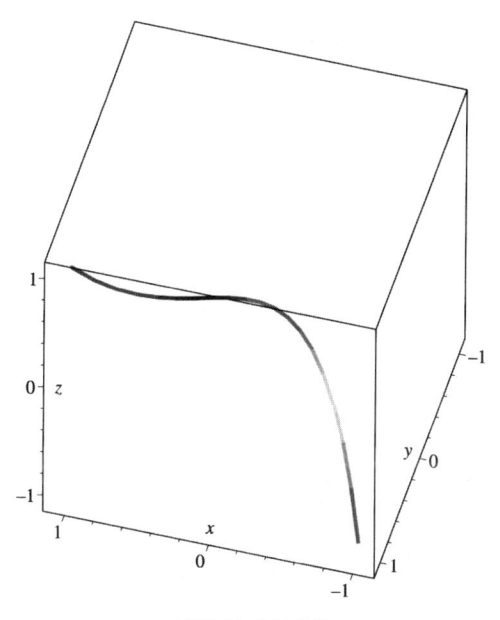

図 21.6 3次曲線

J の $\prec = \prec_{\text{lex}}$ に関する Gröbner 基底 G を求める. G の中で $x_1, \ldots, x_n$ だけの多項式を集めると, これらが V の候補である.

例 21.32 と例 21.39 では, J の $t \succ z \succ y \succ x$ に関する被約 Gröbner 基底はそれぞれ $\{t-x, z-x^3, y-x^2\}$, $\{t^2-x, ty-x^2, tx-y, z-x^2, y^2-x^3\}$ である.

無限体上では, $G \cap F[x_1, \ldots, x_n]$ の多項式で定義される F^n の多様体はそのパラメータ表示で表される図形を含む最小の多様体であるので, この議論は常にうまくいく (Cox, Little & O'Shea 1997, §3.3 を見よ).

連立方程式の解法 これが Gröbner 基底の応用として最も自然な応用で, もともとこのために Gröbner 基底は発見された. 一般に, 多項式 $f_1, \ldots, f_m \in F[x_1, \ldots, x_n]$ に対し, アフィン代数多様体 $V = \{a \in F^n \mid f_1(a) = \cdots = f_m(a) = 0\}$ についての質問に答えを与える. たとえば, $V \neq \phi$ か? もしそれが正しければ, それを満たす V の点を見つけよ. また, 別の多項式 $g \in F[x_1, \ldots, x_n]$

について，$a \in V$ のとき $g(a) = 0$ が成り立つか．

V が**零次元**，すなわち有限個の孤立点からなるときが，最も簡単な場合である．2つの平面曲線の交わりがその例である．6.8節で，この問題に対して終結式を用いる方法を考えた．まず，すべての交わりの点の x 座標の満たす1変数の多項式 $r \in F[x]$ を求め，r の根を求め，各根について与えられた2変数方程式 (またはその最大公約元) を解いた．すでに述べたように，この終結式を用いる方法は高次元へと一般化できる．

一方で，Gröbner 基底は別の方法を与えている．零次元の問題に対して，辞書式順序 $\prec = \prec_{\text{lex}}, x_1 \prec \cdots \prec x_n$ に関する Gröbner 基底は，よく x_1 だけ，x_1 と x_2 だけ，$\cdots$ の多項式を含む．このとき，最初は x_1，次に $x_2, \cdots$ と逆に代入していくことにより解くことができる．

ロボット運動学や運行計画などへの応用によって，おもしろい幾何の問題がたくさん与えられている．簡単な例である2つの平面曲線の交わりの例を見よう．24.4節では，より複雑な化学への応用を考える．

例 21.3 (ii) と同様に，$f = (y^2 + 6)(x - 1) - y(x^2 + 1)$, $g = (x^2 + 6)(y - 1) - x(y^2 + 1) = f(y, x) \in \mathbb{C}[x, y]$ とする．Gröbner 基底を使って，2つの平面曲線 $V(F), V(g)$ の交点，すなわち $f = g = 0$ の解をすべて求める．まず，$I = \langle f, g \rangle$ の辞書式順序 $\prec = \prec_{\text{lex}}, x \prec y$ に関する被約 Gröbner 基底 G を求める．G は f, g と次の3つの多項式からなる．

$$h = -f - g = x^2 - 5x + y^2 - 5y + 12$$
$$p = y^2 x - 5yx + 6x + y^3 - 6y^2 + 11y - 6$$
$$q = y^4 - 6y^3 + 15y^2 - 26y + 24$$

最後の多項式は y のみの多項式で，$\mathbb{Q}$ 上因数分解することにより，その根はすべて求まる．第 III 部のアルゴリズムを使えば，$q = (y-2)(y-3)(y^2 - y + 4)$ を得，よって，

$$V(q) = \left\{ 2, 3, \frac{1 \pm \sqrt{15}i}{2} \right\}$$

残りは，この部分解から $V(h, p, q) = V(I)$ の解を求めることである．$y = 2$ を h と p に代入すると，$p(x, 2) = 0$ で

$$h(x,2) = x^2 - 5x + 6 = (x-2)(x-3) = 0$$

より，f と g の $\mathbb{C}$ における共通零点 $(3,2), (3,3)$ を得る．ほかの4つの交点も $y=2$ または $y=(1\pm\sqrt{15})/2$ を h と p に代入し，それらを x について解くことにより同様に求めることができる．

21.7　Gröbner 基底の計算量

1965年に Gröbner 基底が発見されてから約30年以上の間，そのコストはわからないままである．この節では，Mayr とその周辺の研究者の結果を並べるだけにとどめる．まだ，解けていないものもある．紙面の都合上，詳細を述べることができない．

実装による実験はほとんどいつも，**中間表現の膨らみ**という恐ろしい状況に陥る．低次数の小さい係数からなる少しの多項式から始めても，次数の高いたくさんの係数を持つ巨大な数の多項式がつくられる．実際，少なくとも最悪の場合，そのような事態になることが必然的であることを解が物語っている．このことは，$\mathbb{Q}[x]$ の Euclid のアルゴリズムと対照的である．そこでは，中間表現の膨らみがあることは経験的に知られているが，部分終結式と賢い算法変動を使うことにより，コントロールできる（第6章）．

ここで，25.8節で説明される計算理論の用語が必要となる．$\mathcal{P}$ や $\mathcal{BPP}$ のような「実行可能」なクラスや，実行不可能な $\mathcal{NP}$ 完全問題（$\mathcal{P} \neq \mathcal{NP}$ と仮定している），より高いクラス $\mathcal{EXPSPACE}$ は指数領域を使って解くことができるクラスである．$\mathcal{EXPSPACE}$ 完全問題は大変に難しい．少なくともサイズ n の入力がなされたときには，往々にして，2重指数時間 $2^{2^{O(n)}}$ 必要である．

$\mathbb{Q}$ 上の多項式イデアルの元の判定問題を IM と表すことにする．すでに，Mayr & Meyer (1982) によって，一般のイデアルに対して IM は $\mathcal{EXPSPACE}$ 困難であることが示されている．Mayr (1989, 1992) はまた IM は $\mathcal{EXPSPACE}$ の問題であり，したがって $\mathcal{EXPSPACE}$ 完全であることを示した．定理 21.28 により，IM は Gröbner 基底の計算問題（決定問題のバージョン）に還元でき，よって Gröbner 基底の計算は $\mathcal{EXPSPACE}$ 困難である．Mayr (1989) と Kühnle &

Mayr (1996) によって, 問題は最終的に決着がついた. 彼らは (被約) Gröbner 基底を計算する指数領域のアルゴリズムを与えた.

定理 21.40 被約 Gröbner 基底を求める問題は $\mathcal{EXPSPACE}$ 完全である.

2 項式イデアル (2 項式 $x^\alpha - x^\beta$ で生成されたイデアル) についても, 同様の結果が得られている. また $\mathbb{Q}$ のかわりに別の体に対してもそうである. Bürgisser (1998) は, 無限体上イデアルの元の判定問題には並列指数時間必要であることを証明した. 斉次イデアル (すべての項の総次数が $\deg f$ と等しいような多項式 f で生成されたイデアル) については, Mayr (1995) によって, IM が $\mathcal{PSPACE}$ 完全であるが, その一方で Gröbner 基底の計算は $\mathcal{EXPSPACE}$ 完全であることが示されている.

前に述べた上限はある次数を評価するのに利用できる. イデアルの元の判定問題は, 最初に Hilbert (1890) によって決定可能であることが示された. Hermann (1926) によって任意の $f \in \langle f_1, \ldots, f_s \rangle$ を 1 次結合

$$f = \sum_{1 \leq i \leq s} q_i f_i \tag{12}$$

で表す具体的な方法が与えられた. また, これらの q_i の次数の上限は 2 重指数になることも示された. Mayr & Meyer (1982) を参照するとよい. $\langle f_1, \ldots, f_s \rangle \subseteq F[x_1, \ldots, x_n]$ の被約 Gröbner 基底の多項式の次数は高々

$$2 \left(\frac{d^2}{2} + d \right)^{2^{n-1}} \tag{13}$$

である. ただし, d は任意の i に対し $\deg f_i \leq d$ を満たす数である. この上限は, 多項式の個数にも, それらの係数にもよらず, 単にその次数だけによって決まり, 変数の個数の 2 重指数になっている. 一方で, すべての Gröbner 基底が, 少なくとも 2^{cn} 個の元を持ち, その中に次数 2^{cn} 以上の元を含むようなイデアルが存在する. ただし, $c \in \mathbb{R}$ は一定の値である.

もし被約 Gröbner 基底の次数が 2 重指数 (13) の値に近いイデアルを考える

と，出力は指数領域では書ききれなくなり，同様なことがイデアルの元であることを示す式 (12) についても起こるのではないかと思うであろう．しかし，領域限定な計算モデルにおいて，指数領域を使って，2重指数時間で，出力データに2重指数の長さの結果を書き出すことができる (25.8節)．

Hilbert の有名な**零点定理**により，F が代数閉体 (たとえば $F = \mathbb{C}$) のとき，$f, f_1, \ldots, f_s \in F[x_1, \ldots, x_n]$ で，$f_1(a) = \cdots = f_s(a) = 0$ を満たすすべての a に対して $f(a) = 0$ ならば，ある $e \in \mathbb{N}$ が存在して $f^e \in \langle f_1, \ldots, f_s \rangle$ が成り立つ．特に，多様体 V が空集合であることと $1 \in \langle f_1, \ldots, f_s \rangle$ が成り立つことは同値である．この場合，1は必ず $f_1, \ldots, f_s$ の Gröbner 基底に表れる．このことにより，$V(f_1, \ldots, f_s)$ が空集合になるか判定できる．この特別な入力に対する IM には，もっとよい結果がある．いつでも e と式 (12) の表現の次数を単指数になるように選ぶことができ，その結果，$\mathcal{PSPACE}$ に含まれる問題であることがわかる．

Buchberger のアルゴリズムの最悪の場合の手間は，いまだに知られていないが，定理 21.40 の重要な帰結として，Gröbner 基底を求める最もすぐれた計算の最悪の場合のコストを求める問題であることがわかった．Buchberger がアルゴリズムの下限を与えている．さらに，かなり小さい場合を除けば，多項式イデアルに対するこのような方法は実用的でないという悲観的な見方を引き起こす．

しかし，それで終りではない．そもそも下限を与えるような入力は組み合わせ論的なもので，自然な幾何学的なものではない．多くの人が解こうとしている問題の大半は，幾何学の仕事からきている．Kühnle & Mayr (1996) の計算方法は，本質的に，与えられた次数と変数の個数のすべての多項式に対して同じ時間がかかり，一様に実用的でない．その一方で，自然な幾何学の問題の方が組み合わせ論的な問題より簡単であろうと誰もが想像している．

注解

21.1 Eisenbud & Robbiano (1993) の論文によって，当時の研究の様子を見ることができる．この章のよい参考書として，Cox, Little & O'Shea (1997) をあげる．本文はこの本の内容に従った．Cox, Little & O'Shea (1998) にはより進んだ内容が

書かれている.

21.3 時間の経過にしたがって，Hilbert の基底定理の証明は簡単になった．しかし，1890 年の彼の記念すべき論文は，長い間解けなかった問題を解決し，さらにイデアルの Hilbert 関数を定義し，不変環が有限生成であることを示した.

21.5 Buchberger (1965, 1970, 1976, 1985, 1987) は，Gröbner 基底に関する研究をし，多くの参考文献を与え，さらに文法と言語表記システムについてのより一般的な問題を背景に持つことを示した．Buchberger のそれ以外の業績として，1985 年に *Journal of Symbolic Computation* の創刊とオーストリアのリンツに Research Institute for Symbolic Computation (RISC) を創立したことがあげられる.

21.6 Buchberger & Winkler (1998) には Gröbner 基底の応用についていろいろと個別に書かれている.

少し修正することによって，その本に書かれていることは幾何学の定理の豊潤なクラスでもうまくいく (Cox, Little & O'Shea 1997, §6.4, Wu 1994 参照).

本文中で，$g_2 \notin I, yg_2 \in I$ を導いた．それから，$(x,y) \in V(I)$ かつ $y \neq 0$ のとき，$g_2(x,y) = 0$ を得た．この部分は，「Rabinowitsch の方法」(1930)，すなわち z を新しい変数とし，$1-yz$ を付け加えることによって，証明される．これによって，y が零でないことが保証され，$g_2 = 3z \cdot f_3 + g_2 \cdot (1-yz) \in \langle f_3, f_4, 1-yz \rangle$ である.

多様体の陰関数表示から陽関数表示に書き直す問題は，一般的には解がない．種数零の実多様体に対しては解かれている．ところが，一般の場合でも「滑らかな点に近い」点では解くことができる．陰関数定理と同様に適当なべき級数を選べば，解くことができる．パラメータで表された多様体の計算についての研究は *Journal of Symbolic Computation* の特別号の中の 12 個の論文 (Hoffman, Sendra & Winkler 1997) に書かれている.

零次元イデアル $I \subseteq F[x_1,\ldots,x_n]$ すなわち $V(I)$ が有限個の点からなるとき，辞書式順序 $x_1 \prec x_2 \prec \cdots \prec x_n$ に関する Gröbner 基底は「三角形」集合 $g_1,\ldots,g_n$ を含むことが示されている．ここで，$g_1,\ldots,g_n$ は各 $1 \leq i \leq n$ に対し，$g_i \in F[x_1,\ldots,x_i]$ で $\mathrm{lm}(g_i)$ は x_i のべきになっているものである．(たとえば Becker & Weispfenning (1993), Theorem 6.54, Cox, Little & O'Shea (1997), §3.1, §3.2 参照)

21.7 Yap (1991) によって Mayr と Meyer の結果が拡張された．Brownawell (1987), Kollár (1988) は，零点定理のべきの e として単指数の範囲で常に選ぶことができることを証明した (Amoroso (1989) も参照). Caniglia, Galligo & Heintz (1989), Lakshman (1990), Berenstein & Yger (1990) らによって，零次元多様体や完全交叉などのある重要な場合には，式 (12) の q_i は単指数の次数しか持たないことが示されている.

Giusti (1984), Möller & Mora (1984), Bayer & Stillman (1988), Dubé (1990) らによって，被約 Gröbner 基底の元の個数と次数の上限について調べられた．式 (13) は最後にあげた論文の結果による．Huynh (1986) は Gröbner 基底の多項式の個数と次数に関する下限を調べた．Mayr (1997) によって，計算量に関する結果の概説と参考文献が与えられ，また 24.2 節のような応用が議論されている．

　Bayer & Stillman (1988) は，多変数多項式環のイデアルに対し，「Castelnuovo–Mumford 正規性」と呼ばれる不変量 m を考えた．この数は自然な幾何学の問題についてはかなり小さい量のように思えるが，Mayr & Meyer (1982) の組み合わせ論的な問題に対しては，変数の個数についての指数的な数になる．さらに，Bayer & Stillman は，一般的な座標変換を行うことによって，次数付逆辞書式順序 $\prec_{\text{grevlex}}$ に関する Gröbner 基底に含まれる多項式の次数は高々 m にできることを示した．この結果により，その方法は関心の高い幾何的な問題をうまく取り扱うことができるかもしれないという少しの希望と，$\prec_{\text{grevlex}}$ を選ぶ実際的な理由を生じさせた．

　ほとんどすべての計算機代数システムは Gröbner 基底の計算を含んでいる．Bayer の MACAULAY は特にこの問題に焦点を絞られている．また，SINGULAR はこの分野の別の強力なパッケージである．ヨーロッパ共同体の研究プロジェクト POSSO と FRISCO は実際のソフトウェアとして開発され，ベンチマーク問題のライブラリーを含んでいる．実用的なアルゴリズムとソフトウェアは非常に活発な研究分野である．(執筆時点での) 最も興味を持たれている 3 つの話題は，モジュラ計算 (Traverso 1988), S 多項式の選び方の問題 (Giovini, Mora, Niesi, Robbiano & Traverso 1991), 異なる順序に関する Gröbner 基底の変換問題 (Faugère, Gianni, Lazard & Mora 1993) である．

　最後に，幾何学の問題に対して別の方法で取り扱っている論文をあげる．円柱代数分解を基礎とする方法 (Collins 1975), 消去理論とデータ構造として代数回路を用いた方法 (Chistov & Grigor'ev 1984, Caniglia, Galligo & Heintz 1988, Fitchas, Galligo & Morgenstein 1990, Giusti & Heintz 1988), u 終結式を用いる方法 (Macaulay 1902, 1916, 1922, Canny 1987), 特性集合を用いる方法 (Ritt 1950, Wu 1994, Gallo & Mishra 1991) である．

　「計算実代数幾何学」の重要な議論は Tarski (1948) からである．それ以降の主要なものをあげると，Collins (1975), Ben–Or, Kozen & Reif (1986), Fitchas, Galligo & Morgenstein (1987), Grigor'ev (1988), Canny (1987), Renegar (1992a, 1992b, 1992c) などがある．参考文献と応用については，Heintz, Recio & Roy (1991) と Renegar (1991) にまとめられている．24.4 節のシクロヘキサンの例はその中にある．

練習問題

21.1 F を体，x,y を変数とする．$F[x,y]$ の2つのイデアル $\langle x,y \rangle$，$\langle \gcd(x,y) \rangle$ は異なることを示し，$F[x,y]$ は Euclid 整域でないことを確かめよ．ヒント：練習問題 3.17.

21.2 F を体とする．$F[x,y]$ のイデアル $\langle x+xy, y+xy, x^2, y^2 \rangle$ と $\langle x, y \rangle$ は等しいことを示せ．ただし，$\operatorname{char} F = 2$ の場合もうまくいくように証明せよ．ヒント：各イデアルの生成元がもう一方のイデアルに属することを示せば十分である．

21.3 式 (3) を証明せよ．ヒント：定理 4.11.

21.4* 座標平面の点をふだん使っている直交座標 (u,v) $(u,v \in \mathbb{R})$ ではなく，極座標 (r, φ) $(r \in \mathbb{R}, 0 \le \varphi < 2\pi)$ で表す．この表し方は一意的でない．たとえば，$\varphi < \pi$ のとき，(r, φ) と $(-r, \varphi + \pi)$ は同じ点である．直交座標から極座標を求めるには，公式 $u = r\cos\varphi, v = r\sin\varphi$ を用いる．$\mathbb{R}^2$ の曲線 $C = \{(r,\varphi) \mid 0 \le \varphi < 2\pi, r = \sin 2\varphi\}$ を考える．ここで，$I = \langle (x^2+y^2)^3 - 4x - 2y^2 \rangle \subseteq \mathbb{R}[x,y]$ とする．

(i) C を描け．

(ii) 三角関数の加法定理を用いて，$C \subseteq I$ を示せ．

(iii) 逆向きの包含 $V(I) \subseteq C$ を示せ（符号に注意せよ）．

21.5* F を体，$n \in \mathbb{N}$ とする．F^n の部分集合 M に対し，M の**イデアル**を次のように定義する．

$$\mathbf{I}(M) = \{f \in F[x_1, \ldots, x_n] \mid f(u) = 0, \forall u \in M\}$$

(i) 実際，$\mathbf{I}(M)$ はイデアルであることを示せ．

(ii) $M, N \subseteq F^n$ のとき $N \subseteq M$ ならば $\mathbf{I}(N) \supseteq \mathbf{I}(M)$，$V(\mathbf{I}(M)) \supseteq M$ が成り立つことを示せ．

(iii) $\mathbf{I}(M)$ が**根基イデアル**であることを示せ．ただし，I が根基イデアルであるとは，$m \in \mathbb{N}, f \in F[x_1, \ldots, x_n]$ について，$f^m \in I$ ならば $f \in I$ が成り立つことである．

(iv) $P = (u,v) \in F^2$ をかってな点とする．$\mathbf{I}(\{P\}) = \langle f_1, f_2 \rangle$ を満たす多項式 $f_1, f_2 \in F[x,y]$ を求めよ．また，$\mathbf{I}(M) = \langle x, y \rangle$ を満たす集合 $M \subseteq F^2$ を求めよ．

(v) $\mathbf{I}(\phi), \mathbf{I}(F^n)$ を求めよ．ヒント：まず，$n=1$ の場合を考えよ．

(vi) $M = \{(u, 0) \in \mathbb{R}^2 \mid 0 \le u \le 1\} \subseteq \mathbb{R}^2$ とする．$\mathbf{I}(M) = \langle f \rangle$ を満たす多項式 $f \in \mathbb{R}[x,y]$ を求めよ．

21.6 $f = 2x^4y^2z - 6x^4yz^2 + 4xy^4z^2 - 3xy^2z^4 + x^2y^4z - 5x^2yz^4 \in \mathbb{Q}[x,y,z]$ とする．

(i) 3つの単項式順序 $\prec_{\text{lex}}, \prec_{\text{grlex}}, \prec_{\text{grevlex}}$ に関してそれぞれ f の項を並べかえよ．

ただし，いずれの場合も $x \succ y \succ z$ とする．

(ii) (i) の 3 つの単項式順序に関して，それぞれ $\mathrm{mdeg}(f), \mathrm{lc}(f), \mathrm{lm}(f), \mathrm{lt}(f)$ を求めよ．

21.7 $<$ を集合 S 上の順序とする．$\alpha, \beta \in S$ について，$\alpha < \beta$ ならば $\beta \not< \alpha$ が成り立つことを示せ．

21.8 単項式順序 $\prec$ に関しての最小元は $0 = (0, \ldots, 0) \in \mathbb{N}$ であること，すなわち $0 = \min_{\prec} \mathbb{N}^n$ を示せ．

21.9 (i) $\prec_{\mathrm{lex}}$ が単項式順序であることを示せ．

(ii) $\prec$ を R の全順序とする．ただし整列順序とは限らない．

$$\alpha \prec_{\mathrm{gr}} \beta \iff \begin{cases} \sum_{1 \leq i \leq n} \alpha_i < \sum_{1 \leq i \leq n} \beta_i \text{ または} \\ \left(\sum_{1 \leq i \leq n} \alpha_i = \sum_{1 \leq i \leq n} \beta_i \text{ かつ } \alpha \prec \beta\right) \end{cases}$$

によって $\prec$ から次数付順序 $\prec_{\mathrm{gr}}$ を定義すると，この順序は単項式順序になることを証明し，$\prec_{\mathrm{grlex}}$ も単項式順序であることを確かめよ．

21.10 変数 $x_1, \ldots, x_n$ からなる次数 m の単項式はいくつあるか．

21.11 補題 21.8 を証明せよ．

21.12 定理 21.12 を証明せよ．

21.13 $n \in \mathbb{N}, \alpha = (\alpha_1, \ldots, \alpha_n) \in \mathbb{N}^n$ とする．任意の $1 \leq i \leq n$ について $\beta_i \leq \alpha_i$ を満たす $\beta = (\beta_1, \ldots, \beta_n)$ の個数を求めよ．

21.14 Dickson の補題の証明中の集合 B は，$\langle \boldsymbol{x}^B \rangle = \langle \boldsymbol{x}^A \rangle$ を満たす集合の中で，(包含関係に関して) 最小の集合であることを示せ．

21.15 各 $n \in \mathbb{N}$ に対して，すべての基底の元の個数が n 以上となる $\mathbb{Q}[x, y]$ の単項式イデアル I が存在することを示せ．

21.16 例 21.32 における集合 G は $\prec_{\mathrm{lex}}, x \succ y \succ z$ に関して Gröbner 基底でないことを示せ．

21.17 F を体，$R = F[x_1, \ldots, x_n]$, $f_1, \ldots, f_s \in R$ とする．任意の $f \in I = \langle f_1, \ldots, f_s \rangle$ について，$f \operatorname{rem} (f_1, \ldots, f_s) = 0$ が成り立つとき，集合 $\{f_1, \ldots, f_s\}$ は Gröbner 基底であることを示せ．

21.18 補題 21.36 を証明せよ．

21.19 F を体とし，G を $F[x_1, \ldots, x_n]$ のイデアル I の Gröbner 基底とする．$1 \in I$ と G が零でない F の元を含むことは同値であることを示せ．また，$1 \in I$ かつ G が被約 Gröbner 基底のとき，$G = \{1\}$ となることを確かめよ．

21.20 (i) Buchberger のアルゴリズムを用いて，イデアル $I = \langle x^2 + y - 1, xy - $

$x\rangle \in \mathbb{Q}[x,y]$ の $\prec=\prec_{\text{lex}}$, $x \succ y$ に関する Gröbner 基底を求めよ．もし，求めたものが最小でなければ，補題 21.18 を用いて最小のものを求めよ．

(ii) $f_1 = x^2 + y^2 - y$, $f_2 = 3xy^2 - 4xy + x + 1$ のうちどちらが I の元か？

21.21 次の $\mathbb{Q}[x,y,z]$ の部分集合のうち，どれが $\prec=\prec_{\text{lex}}$ に関する Gröbner 基底か？また，最小なもの，被約なものはどれか？

(i) $\{x+y, y^2-1\}$, $x \succ y$,

(ii) $\{y+x, y^2-1\}$, $y \succ x$,

(iii) $\{x^2+y^2-1, xy-1, x+y^3-y\}$, $x \succ y$,

(iv) $\{xyz-1, x-y, y^2z-1\}$, $x \succ y \succ z$.

21.22 F を体，$\{f_1, \ldots, f_s\}$, $\{g_1, \ldots, g_t\}$ をともに $R = F[x_1, \ldots, x_n]$ のイデアル I の最小 Gröbner 基底とする．ここで，$f_1 \prec \cdots \prec f_s$, $g_1 \prec \cdots \prec g_t$ と仮定する．このとき，$s = t$ かつすべての i に対して $\text{lt}(f_i) = \text{lt}(g_i)$ が成り立つことを証明せよ．

21.23→ イデアル

$$\langle f_1 = x^2y - 2yz + 1, f_2 = xy^2 - z^2 + 2x, f_3 = y^2z - x^2 + 5 \rangle \subseteq \mathbb{Q}[x,y,z]$$

の $\prec=\prec_{\text{grlex}}$, $x \succ y \succ z$ に関する Gröbner 基底を求めよ．その結果を MAPLE で計算した別の順序による結果と比較せよ．

21.24* F を体，$n \in \mathbb{N}$, $A = (a_{ij})_{1 \leq i,j \leq n} \in F^{n \times n}$ を正方行列とする．さらに A の行に対応する 1 次式の集合を $G_A = \{\sum_{1 \leq j \leq n} a_{ij} x_j \mid 1 \leq i \leq n\} \subseteq F[x_1, \ldots, x_n]$ とおき，$I_A = \langle G_A \rangle$ とする．このとき，$V(G_A) = V(I_A)$ は連立方程式 $Av = 0$ ($v \in F^n$) の解の集合 $\ker A$ に等しい．次を証明せよ．

(i) $L \in F^{n \times n}$ が正則行列のとき，$I_{LA} = I_A$ が成り立つ．

(ii) 以下の条件を満たす正則行列 $L \in F^{n \times n}$ が存在すると仮定する．

$$U = LA = \begin{pmatrix} I_r & V \\ 0 & 0 \end{pmatrix}$$

ただし，r は A の階数，I_r は r 次の単位行列，$V \in F^{r \times (n-r)}$ (これは A に Gauß の消去法を行うとき，ピボット検索の必要がないことを意味している)．G_U は任意の単項式順序 $\prec$, $x_1 \succ x_2 \succ \cdots \succ x_n$ に関する I_A の被約 Gröbner 基底であることを証明せよ．

(iii) A が正則な場合のかってな単項式順序に関する被約 Gröbner 基底は何か？

21.25* 以下の非線形最適化問題を考える．単位円 $S = \{(u,v) \mid g(u,v) = 0\}$ 上の多項式 $f = x^2y - 2xy + y + 1$ の最大値，最小値を求めよ，ただし $g = x^2 + y^2 - 1$ である．数値解析では，このような問題を解くのに **Lagrange の乗数**を用いる．すなわ

ち，f, g の Jacobi 行列をそれぞれ $\nabla f = (f_x, f_y, f_z)$, $\nabla g = (g_x, g_y, g_z)$ とする．ここで $f_x = \partial f/\partial x$ であり，f_y, f_z, g_x, g_y, g_z も同様．このとき，S 上の f の局所最大，局所最小において，ある $\lambda \in \mathbb{R}$ が存在し，$\nabla f = \lambda \nabla g$ が成り立つ．

(i) $$g = 0, \quad \nabla f - z \nabla g = 0 \tag{14}$$
から連立方程式をたてよ，ただし z は新しい変数．

(ii) I を式 (14) によって生成される $\mathbb{Q}[x, y, z]$ のイデアルとする．I の $\prec = \prec_{\mathrm{lex}}, z \succ x \succ y$ に関する Gröbner 基底 G を求めよ．

(iii) 上の G の多項式からなる連立方程式を解け，これは逆に代入することにより式 (14) と同値である．また，求めた値が式 (14) の解となっていることを確かめよ．どちらが，単位円上の最大，最小を与えるか．

(iv) S 上の f の値の図を描け．

21.26 Hilbert の零点定理が成り立たない $\mathbb{F}_5$ (これは代数閉体ではない) 上の例をつくれ．

21.27 $\mathbb{C}$ 上の多変数多項式に対して Hilbert の零点定理を証明せよ．

Schönheit, höre ich Sie da fragen; entfliehen nicht die Grazien,
wo Integrale ihre Hälse recken.
Ludwig Boltzmann (1887)

Es dürfte richtig sein, zu sagen, daß die Begriffe Differentialquotient
und Integral, deren Usprung jedenfalls bis auf Archimedes zurückgeht,
dem Wesen der Sache nach durch die Untersuchungen von Kepler,
Descartes, Cavalieri, Fermat und Wallis in die Wissenschaft
eingeführt worden sind. [...] Sie hatten noch nicht bemerkt,
daß Differentiation und Integration *inverse* Operationen sind.
Diese kapitale Entdeckung gehört Newton und Leibniz.
Marius Sophus Lie (1895)

Common integration is only the *memory of differentiation*
[...] the artifices by which it [integration] is effected, are changes,
not from the unknown to the known, but from the forms
in which memory will not serve us to those in which it will.
Augustus De Morgan (1844)

He who can digest a second or third Fluxion,
a second or third Difference, need not, methinks,
be squeamish about any Point in Divinity.
George Berkeley (1734)

The Integration of Quantities seems to merit farther labour and
research; and no doubt this important and abstruse branch will,
by and by, obtain due consideration,
and we shall have important simplifications of,
and additions to, our already large stock of knowledge.
William Shanks (1853)

22
記 号 的 積 分

　この章における基本的な作業は，「式」f，たとえば体 F 上の有理関数体 $F(x)$ の元 f，から不定積分 $\int f = \int f(x)dx$，すなわち $g' = f$ を満たす別の「式」g（g は f よりも広い領域に含まれる元でもよい）を計算することである．ただし，$'$ は x に関する微分を表す．「式」とは，有理関数や $\sin, \cos, \exp, \log$ などの初等関数から構成される．（この章では，通例にしたがって，e を底とする自然対数を $\ln$ ではなく $\log$ と表す．）いつでもそのような積分が存在するとは限らない．Liouville (1835) の定理によって，$\exp(x^2)$ の不定積分は，有理関数，$\sin, \cos, \exp, \log$ らによって表現できないことが知られている．

　記号的積分を実際に行うには，特殊関数の公式をたくさん使い，置換積分，部分積分のテクニックを使い，公式集を検索することが必要である．存在するすべての印刷された積分の公式を光学的文字認識法を用いて，計算機代数システムに読み込んで，現代の計算機代数システムを用いて，教科書にでているすべての積分の計算問題を解く計画がある．ここでは，体系的な計算方法について論じる．ただし，被積分関数が有理関数と「超指数」関数の場合に限定する．この方法はたくさんの新しいアイデアとテクニックを用いて，より一般の関数に拡張できるが，その話題はここでは取り扱わない．

22.1 微 分 代 数

　驚くべきことに，記号的積分の理論は，純粋に代数的で，極限をとる操作を行わない．この方法は第 9 章でも取り扱った．そこでは，形式的な Taylor 展開を Newton の反復法に対して用いた．

定義 22.1 R を標数 0 の整域とし,$D\colon R \longrightarrow R$ をすべての $f,g \in R$ に対して以下の条件が成り立つ写像とする.

(i) $D(f+g) = D(f) + D(g)$,

(ii) $D(fg) = D(f)g + fD(g)$ (Leibniz 律).

このとき,D を**微分作用素** (または微分,導関数) といい,(R,D) を**微分代数** (または R が体のとき,**微分体**) という.

集合 $R_0 = \{c \in R \mid D(c) = 0\}$ を (R,D) の**定数環**という.$f,g \in R$ が $D(f) = g$ を満たすとき,f を g の**積分**といい,$f = \int g$ と表す.

$f = \int g$ は単に f と g の関係を表しているだけで,f に R_0 の元 c をつけ加えても,それは g の積分になるので,$\int$ は関数ではない.

補題 22.2 微分代数 (R,D) において,すべての $f,g \in R$ について次が成り立つ.

(i) $D(1) = 0$,

(ii) D は R_0 線形,すなわち $D(af+bg) = aD(f) + bD(g)$ $(a,b \in R_0)$,

(iii) $D\left(\dfrac{f}{g}\right) = \dfrac{D(f)g - fD(g)}{g^2}$,ただし,$g$ は R の単元,

(iv) $D(f^n) = nf^{n-1}D(f)$,

(v) $\int (fD(g)) = fg - \int (D(f)g)$ (部分積分).

証明は練習問題 22.2 を見よ.

例 22.3 (i) すべての $a \in R$ に対して,$D(a) = 0$ と定めると,この D は微分作用素になる.これを R の**自明な微分**という.このとき,$R_0 = R$ が成り立つ.

(ii) $R = \mathbb{Q}(x), D(x) = 1, a \in \mathbb{Q}$ に対して $D(a) = 0$ と定めると,通常の微分が与えられる.ここで,$D(\sum_i f_i x^i) = \sum_i i f_i x^{i-1}$ が成り立つ.ただし,各 f_i は有理数である.また,$R_0 = \mathbb{Q}$ で (練習問題 22.4),R の多項式は次のように容易に積分できる.

22.1 微分代数

$$\int \sum_i f_i x^i = \sum_i \frac{f_i}{i+1} x^{i+1} \diamondsuit$$

以後，F が標数 0 の体で，$F(x)$ の通常の微分については，$D(f)$ のかわりに f' で表す．

補題 22.4 有理関数 $1/x \in \mathbb{Q}(x)$ は有理関数の積分を持たない．すなわち

$$\forall f \in \mathbb{Q}(x), \quad f' \neq \frac{1}{x}$$

証明は練習問題 22.5 を見よ．この補題により，積分を求めるときに考える関数の領域を広げる必要があることがわかる．また $\mathbb{Q}(x)$ の通常の微分は全射でなく，よって対数を考える必要がある．

定義 22.5 (L, D) を微分体とし，K を L の部分体，$f \in L, u \in K$ を $D(f) = D(u)/u$ を満たす元とする．このとき，$f = \log u$ と表し，f を F 上の**対数**という．

ここで，f に定数を加えても，それは $D(u)/u$ の積分を与えるので一般にはこの表し方は関係で関数ではない．

例 22.6 (i) $u = x \in K = \mathbb{Q}(x)$, f を新しい変数とし，$L = \mathbb{Q}(x, f)$, $f' = u'/u = 1/x$ とする．このとき，$f = \log x$ で，$\int \frac{1}{x} = \log x$ が成り立つ．

(ii) 同様に，微分体 $\mathbb{Q}(\sqrt{2})(x, \log(x - \sqrt{2}), \log(x + \sqrt{2}))$ において，$\int \frac{1}{x^2 - 2} = \frac{\sqrt{2}}{4} \log(x - \sqrt{2}) - \frac{\sqrt{2}}{4} \log(x + \sqrt{2})$ が成立．

(iii) $\displaystyle\int \frac{1}{x^3 + x} = \log x - \frac{1}{2}\log(x+i) - \frac{1}{2}\log(x-i)$
$= \log x - \frac{1}{2}\log((x+i)(x-i))$
$= \log x - \frac{1}{2}\log(x^2 + 1) \in \mathbb{Q}(x, \log x, \log(x^2 + 1)) \diamondsuit$

22.2　Hermite の方法

F を標数 0 の体とし, $f, g \in F[x]$ をともに零でなく互いに素な多項式とし, $\int (f/g)$ を求めたいとする. そのために, まず最初に $a, b, c, d \in F[x]$, $\deg a < \deg b$ かつ b は平方自由で次の式を満たすものを求める

$$\int \frac{f}{g} = \frac{c}{d} + \int \frac{a}{b} \tag{1}$$

有理関数 c/d を積分の**有理部分**, $\int a/b$ を**対数部分**という. うしろの部分については次の節で取り扱う.

まず, 余りを伴う割り算を行って, f/g から多項式の部分を分ける. すなわち, $f = qg + h$, $\deg h < \deg g$ を満たす $q, h \in F[x]$ を求めると, $f/g = q + h/g$ かつ h/g は真の有理関数である. 多項式 q を積分するのはもちろん容易である.

g の平方自由分解を計算する. すなわち, $g_1, \ldots, g_m \in F[x]$ は平方自由なモニック多項式で, 互いに素で, $g_m \neq 1$ かつ $g = g_1 g_2^2 \cdots g_m^m$ を満たすものとする (14.6 節参照). 次に部分分数分解

$$\frac{h}{g} = \sum_{1 \leq i \leq m} \sum_{1 \leq j \leq i} \frac{h_{ij}}{g_i^j} \tag{2}$$

を計算する. ここで, 各 $h_{ij} \in F[x]$ の次数は g_i の次数未満である (5.11 節参照).

ここで, Hermite の還元法を用いる. すなわち, 各 $i \in \{1, \ldots, m\}$ に対し, j が 2 以上のとき, $\int h_{ij}/g_i^j$ を有理関数と同じ形の積分の和に還元する, ただし j は 1 小さくなり $j = i$ から $j = 2$ まで下がる. g_i は平方自由なので, $\gcd(g_i, g_i') = 1$ が成り立ち, 定理 4.10 より, $sg_i + tg_i' = h_{ij}$, $\deg s, \deg t < \deg g_i$ を満たす $s, t \in F[x]$ が存在する. このとき, 部分積分を用いて

$$\int \frac{h_{ij}}{g_i^j} = \int \frac{s}{g_i^{j-1}} + \int \frac{t \cdot g_i'}{g_i^j}$$
$$= \int \frac{s}{g_i^{j-1}} + \int \frac{-t}{(j-1)g_i^{j-1}} + \int \frac{t'}{(j-1)g_i^{j-1}} \quad (3)$$
$$= \int \frac{s + t'/(j-1)}{g_i^{j-1}} + \frac{-t}{(j-1)g_i^{j-1}}$$

$s + t'/(j-1)$ を $h_{i,j-1}$ に加えて，再帰的に計算することにより次の定理を得る．見返しに書いたように **M** は乗法時間を表すものとする．

定理 22.7　Hermite の還元法　標数 0 の体 F 上の有理関数の積分の問題は，線形時間で平方自由な分母を持つ有理関数の積分の問題に還元できる．より正確にいえば，次数が高々 n の零でない多項式 $f, g \in F[x]$ に対し，多項式 $q, c, d,$ $a_1, \ldots, a_m \in F[x]$ と平方自由かつ互いに素な多項式 $g_1, \ldots, g_m \in F[x]$ を用いて

$$\frac{f}{g} = q + \left(\frac{c}{d}\right)' + \frac{a_1}{g_1} + \cdots + \frac{a_m}{g_m}$$

と表される．ただし，$\deg q \leq n$, $\deg c < \deg d < n$, 各 i について $\deg a_i <$ $\deg g_i$, $\sum_{1 \leq i \leq m} \deg g_i < n$ を満たす．これらは $O(\mathsf{M}(n) \log n)$ 回の F の演算で計算できる．

証明　多項式部分をはずすために多項式の余りを伴う割り算を 1 回行うが，これは $O(\mathsf{M}(n) \log n)$ 回の F の演算で終わる．g の平方自由分解は定理 14.23 より，$O(\mathsf{M}(n) \log n)$ 回の演算で終わる．高速中国剰余アルゴリズム (10.3 節) を用いると，部分分数分解 (2) は，$O(\mathsf{M}(n) \log n)$ 回の算術演算で可能である (練習問題 10.18)．各 i について $d_i = \deg g_i$ とおく．また，$1 \leq j \leq i \leq m$ とし，Hermite の還元法のコストを分析する．1 つの Hermite の還元法のステップ (3) において，s, t を求めるのに $O(\mathsf{M}(d_i) \log d_i)$ 回の演算とさらに $h_{i,j-1}$ を計算しなおすのに $O(d_i)$ 回の演算が必要なので，あわせて，各 g_i について $O(i\mathsf{M}(d_i) \log d_i)$ 回の演算が必要である．よって，$\sum_{1 \leq i \leq m} i d_i = \deg g \leq n$ よ

$$\sum_{1\leq i\leq m} i\mathsf{M}(d_i)\log d_i \leq (\log n)\mathsf{M}\left(\sum_{1\leq i\leq m} id_i\right) \leq \mathsf{M}(n)\log n$$

これより定理は示される．□

各 g_i について，一度だけ拡張された Euclid のアルゴリズムの高速版を用いて，$s^*g_i + t^*g'_i = 1$ を満たす $s^*, t^* \in F[x]$ を計算すれば十分で，そうすれば，4.5 節で述べたように，$O(\mathsf{M}(d_i))$ 回の数値演算だけで，各 j に対し，s^*, t^*, h_{ij} から s, t を計算できる．このことは，漸近時間の限界には影響を与えないが，実行上は改善になっている．

Horowitz (1971) によって，異なるアプローチがなされ，それは未定係数を用いる方法である．もし必要なら，多項式部分をはずして，$\deg f < \deg g$ と仮定してよい．式 (3) において，積分の外にある項の分母はすべて $g_2 g_3^2 \cdots g_m^{m-1}$ を割る．よって，式 (1) における分母 d も割る．そこで，$d = g_2 g_3^2 \cdots g_m^{m-1}$，$b$ を g の平方自由部分 (14.6 節参照) として，a に次数 $\deg b - 1$ の，c に次数 $\deg g - \deg b - 1$ の係数を不定元とする多項式を式 (1) に代入する．そして，a, c の係数に関する連立方程式をたてる．これは行，列の数が高々 n の行列で表され，Gauß の消去法を用いて $O(n^3)$ の時間で解くことができる．しかし，Hermite の還元法の方がほぼオーダ 2 の違いで漸近的に速い．

22.3　Lazard, Rioboo, Rothstein, Trager の方法

残りは，$\int (a/b)$ を計算することである．ここで，$a, b \in F[x]$ は互いに素な零でない多項式で，かつ b は平方自由とする．多くの教科書には，次のような答えが書かれている．K を F 上の b の最小分解体とする．すなわち，K は b のすべての根を含むような最小の F の代数的拡大体である．このとき，互いに異なる $\lambda_1, \ldots, \lambda_n \in K$ を用いて，$b = \prod_{1\leq k\leq n}(x - \lambda_k)$ と表される．ある a/b の部分分数分解 $a/b = \sum_{1\leq k\leq n} c_k/(x - \lambda_k)$ を与える $c_1, \ldots, c_n \in K$ が存在する．このとき，その積分は次のようになる．

$$\int \frac{a}{b} = \sum_{1 \leq k \leq n} c_k \log(x - \lambda_k) \in K(x, \log(x - \lambda_1), \ldots, \log(x - \lambda_n))$$

例 22.6 (続き)　(iii) の積分は定数体 $\mathbb{Q}$ を代数拡大せずに表現可能であったが，(ii) の積分はそのように表現できるかどうかは明らかでない．実際，これから示すことによって，それが有理数上では対数と有理関数の和として表せないことがわかる．$\diamondsuit$

この例は，部分分数分解を完全に行って，積分を計算することが賢いとはいえないことを表している．次は，できるだけ定数体の拡大を小さくして積分を計算する方法を与えている．

定理 22.8　Rothstein と Trager の積分計算法　$a, b \in F[x]$ を互いに素で，$\deg a < \deg b$, b はモニック多項式で平方自由とする．E を F の代数的拡大体とし，$c_1, \ldots, c_l \in E \setminus \{0\}$ を互いに異なる元，$v_1, \ldots, v_l \in E[x] \setminus E$ をモニック多項式で，それぞれ互いに素なものとする．このとき次は同値である．
 (i) $\int \dfrac{a}{b} = \sum_{1 \leq i \leq l} c_i \log v_i$,
 (ii) 多項式 $r = \operatorname{res}_x(b, a - yb') \in F[y]$ が E 上 1 次式の積に分解し，$c_1, \ldots, c_l$ が r の異なる根を与え，$v_i = \gcd(b, a - c_i b')$ $(1 \leq i \leq l)$ が成り立つ．ここで，res_x は変数 x に関する終結式を表す (第 6 章参照)．

証明　(i)$\Longrightarrow$(ii)：(i) を微分すると，

$$\frac{a}{b} = \sum_{1 \leq i \leq l} c_i \frac{v_i'}{v_i}$$

すなわち

$$a \cdot \prod_{1 \leq j \leq l} v_j = b \cdot \sum_{1 \leq j \leq l} c_i v_i v_i'$$

ここで，$u_i = \prod_{1 \leq j \leq l, j \neq i} v_j$ である．まず，$b = \prod_{1 \leq j \leq l} v_j, a = \sum_{1 \leq j \leq l} c_i v_i v_i'$ を示す．

a と b は互いに素だから，b は $\prod_{1 \leq j \leq l} v_j$ を割る．一方，v_j は $b \sum_{1 \leq j \leq l} c_i v_i v_i'$ を割り，$i \neq j$ のとき，$v_j | u_i$ より，$v_j | b \cdot c_j u_j v_j'$ を得る．ここで，$c_j \in E$ は零でなく，$\gcd(v_j, u_j) = 1, \gcd(v_j, v_j') = 1$ より，$v_j | b \; (1 \leq j \leq l)$ である．v_j はそれぞれ互いに素より，$\prod_j v_j | b$．よって，b, v_j はすべてモニック多項式であることをあわせて，$b = \prod_{1 \leq j \leq l} v_j, a = \sum_{1 \leq j \leq l} c_i v_i v_i'$ を得る．主張が示された．

補題 14.22 より，

$$\gcd(b, a - cb') = \begin{cases} v_j & \text{ある } j \in \{1, \ldots, l\} \text{ が存在して } c = c_j \text{ のとき} \\ 1 & \text{その他} \end{cases}$$

よって，$c \in E$ のとき，補題 6.25 より

$$c \in \{c_1, \ldots, c_l\} \Longleftrightarrow \gcd(b, a - cb') \neq 1$$
$$\Longleftrightarrow \operatorname{res}_x(b, a - cb') = 0 \Longleftrightarrow r(c) = 0$$

r は E 上分解するので，$\{c_1, \ldots, c_l\}$ が r の互いに異なる根である．

(ii)$\Longrightarrow$(i)：K を F 上の b の最小分解体とし，$\lambda_1, \ldots, \lambda_n \in K$ を互いに異なる元で，$b = \prod_{1 \leq k \leq n}(x - \lambda_k)$ を満たすとする．b は平方自由なので，$1 \leq k \leq n$ のとき $b'(\lambda_k) \neq 0$ が成り立つ．$c \in K$ のとき

$$r(c) = 0 \Longleftrightarrow \operatorname{res}_x(b, a - cb') = 0 \Longleftrightarrow \gcd(b, a - cb') \neq 1$$
$$\Longleftrightarrow \exists k \in \{1, \ldots n\} \quad (a - cb')(\lambda_k) = 0$$
$$\Longleftrightarrow \exists k \in \{1, \ldots n\} \quad c = \frac{a(\lambda_k)}{b'(\lambda_k)}$$

$d_k = a(\lambda_k)/b'(\lambda_k)$ とおく $(1 \leq k \leq n)$．r の根 c_j はある d_k と等しく，逆に d_k は r の根である．よって，$\{c_1, \ldots, c_l\} = \{d_1, \ldots, d_n\}$ が成り立つ．特に，$l \leq n$ である．$d_1, \ldots, d_n$ は必ず互いに異なるとは限らない．

v_j は $d_k = c_j$ を満たす k に関して λ_k を解に持つことを示す．$\sigma : \{1, \ldots, n\} \longrightarrow \{1, \ldots, l\}$ を各 k について $d_k = c_{\sigma(k)}$ で定義される写像とする．このとき，σ は全射で，$1 \leq k \leq n$ のとき

22.3 Lazard, Rioboo, Rothstein, Trager の方法

$$(a - c_{\sigma(k)}b')(\lambda_k) = (a - d_k b')(\lambda_k) = 0$$

$(x - \lambda_k)$ は $\gcd(b, a - c_{\sigma(k)}b') = v_{\sigma(k)}$ を割るので，$v_{\sigma(k)}(\lambda_k) = 0$ である．逆に，ある j が存在して $v_j(\lambda_k) = 0$ のとき，$(a - c_j b')(\lambda_k) = 0$，よって $c_j = d_k$，$j = \sigma(k)$ を得る．ゆえに

$$v_j = \prod_{1 \leq k \leq n, \sigma(k) = j} (x - \lambda_k)$$

で $b = \prod_{1 \leq j \leq l} v_j$ である．

前と同様に，$1 \leq i \leq l$ について $u_i = \prod_{1 \leq j \leq l, j \neq i} v_j$ とおく．$1 \leq k \leq n$ のとき，

$$\left(\sum_{1 \leq i \leq l} c_i u_i v_i'\right)(\lambda_k) = (c_{\sigma(k)} u_{\sigma(k)} v_{\sigma(k)}')(\lambda_k) = c_{\sigma(k)} \left(\sum_{1 \leq i \leq l} u_u v_i'\right)(\lambda_k)$$
$$= d_k b'(\lambda_k) = a(\lambda_k)$$

a と $\sum_{1 \leq i \leq l} c_i u_i v_i'$ はともに次数が n 未満で，異なる n 個の点 $\lambda_1, \ldots, \lambda_n$ で同じ値をとるので，等しい．ゆえに，

$$\left(\sum_{1 \leq i \leq l} c_i \log v_i\right)' = \sum_{1 \leq i \leq l} c_i \frac{v_i'}{v_i} = \frac{1}{b} \cdot \sum_{1 \leq i \leq l} c_i u_i v_i' = \frac{a}{b} \quad \Box$$

例 22.6 (続き) 例 22.6 (iii) と同様に $a = 1$, $b = x^3 + x$ とする．このとき，

$$r = \operatorname{res}_x(x^3 + x, 1 - y(3x^2 + 1))$$
$$= \det \begin{pmatrix} 1 & 0 & -3y & 0 & 0 \\ 0 & 1 & 0 & -3y & 0 \\ 1 & 0 & -y+1 & 0 & -3y \\ 0 & 1 & 0 & -y+1 & 0 \\ 0 & 0 & 0 & 0 & -y+1 \end{pmatrix}$$
$$= -4y^3 + 3y + 1 = -(2y+1)^2(y-1)$$

より，$c_1 = -1/2$, $c_2 = 1$ がその解である．ゆえに，

$$v_1 = \gcd\left(x^3+x, 1+\frac{1}{2}(3x^2+1)\right) = \gcd\left(x^3+x, \frac{3}{2}(x^2+1)\right) = x^2+1$$
$$v_2 = \gcd(x^3+x, 1-(3x^2+1)) = \gcd(x^3+x, -3x^2) = x$$

となる．ここで，$u_1 = b/v_1 = x$, $u_2 = b/v_2 = x^2+1$ かつ $v_1 v_2 = b$ が成り立ち，

$$c_1 u_1 v_1' + c_2 u_2 v_2' = -\frac{1}{2}x \cdot 2x + 1 \cdot (x^2+1) \cdot 1 = 1 = a$$

よって，例 22.6 においても $(-\frac{1}{2}\log(x^2+1) + \log x)' = 1/(x^3+x)$ が成り立つ．◇

定理 22.9　Lazard–Rioboo–Trager の公式　$a, b, c_1, \ldots, c_l, v_1, \ldots, v_l$ を定理 22.8 と同じ記号で表す．$i \in \{1, \ldots, l\}$ を選び，終結式 $r = \mathrm{res}_x(b, a-yb')$ の根 c_i の重複度を $e \geq 1$ で表す．

(i) $\deg v_i = e$.

(ii) $F(y)[x]$ においてモニック Euclid のアルゴリズムによる b と $a - yb'$ の次数 e の余りを $w(x, y) \in F(y)[x]$ とおくと，$v_i = w(x, c_i)$ が成り立つ．

証明　b のその分解体における根を $\lambda_1, \ldots, \lambda_n$ とおく．練習問題 6.12 より，

$$r = \mathrm{lc}_x(b)^{\deg_x(a-yb')} \prod_{1 \leq k \leq n}(a(\lambda_k) - yb'(\lambda_k))$$

と

$$e = \sharp\{k \in \mathbb{N} \mid 1 \leq k \leq n \text{ かつ } a(\lambda_k) - c_i b'(\lambda_k) = 0\}$$

が成り立つ．一方，λ_k は互いに異なるので，

$$v_i = \gcd(b, a-c_i b') = \gcd\left(\prod_{1 \leq k \leq n}(x-\lambda_k), a-c_i b'\right) = \prod_{\substack{1 \leq k \leq n \\ a(\lambda_k) - c_i b'(\lambda_k) = 0}}(x - \lambda_k)$$

である．これより (i) が示された．

次に (ii) を示す．b と $a-yb'$ の (x に関する) e 番目の部分終結式を $\sigma \in F[y]$ で表す．$e < n$ のとき，(i) が成り立つので，$R = F[y]$，$p = y - c_i$ とおいて定理 6.55 を適用すると，$\sigma(c_i) \neq 0$ で，$w(x, c_i)$ が定義でき，そして v_i に等しい．$e = n$ のとき，$w(x, c_i) = w(x, y) = b(x)/\mathrm{lc}(b)$ が成り立つので，(i) より同様に $v_i = b/\mathrm{lc}(b)$ が成り立つ．□

したがって，終結式 r の根をその重複度によって分ければ，いいかえると，r の平方自由分解を計算すれば十分である．r の完全既約分解は必要としない．ついに次の有理関数の積分の計算法にたどりついた．

アルゴリズム 22.10 有理関数の記号的積分

入力：互いに素な多項式 $f, g \in F[x]$ ここで，g は零でないモニック多項式とし，F は標数 0 の体とする．

出力：$\int \dfrac{f}{g}$．

1. $h \longleftarrow f \text{ rem } g, \quad \sum_i q_i x^i \longleftarrow f \text{ quo } g, \quad U \longleftarrow \sum_i \dfrac{q_i}{i+1} x^{i+1}$

2. **call** Yun のアルゴリズム 14.21，g の平方自由分解 $g = \displaystyle\prod_{1 \leq i \leq m} g_i^i$ を計算する

3. 部分分数分解 $\dfrac{h}{g} = \displaystyle\sum_{1 \leq i \leq m} \sum_{1 \leq j \leq i} \dfrac{h_{ij}}{g_i^j}$ を計算する，ただし $h_{ij} \in F[x]$ は $\deg h_{ij} < \deg g_i$ $(1 \leq j \leq i \leq m)$ である

4. {Hermite の還元法}
   $V \longleftarrow 0$
   for $i = 2, \ldots, m$ **do**
     for $j = i, i-1, \ldots, 2$ **do**
       定理 4.10 を用いて，$sg_i + tg_i' = h_{ij}$，$\deg s, \deg t < \deg g_i$ を満たす $s, t \in F[x]$ を求める
       $V \longleftarrow V - \dfrac{t}{(j-1)g_i^{j-1}}, \quad h_{i,j-1} \longleftarrow h_{i,j-1} + s + \dfrac{t'}{j-1}$

5. $W \longleftarrow 0$

   for $i=1,\ldots,m$ **do**
6.   { Lazard–Rioboo–Trager の方法 }
    $a \longleftarrow h_{i1}, \quad b \longleftarrow g_i, \quad r \longleftarrow \mathrm{res}_x(b, a-yb')$
    call Yun のアルゴリズム 14.21, r の平方自由分解
    $r = \mathrm{lc}(r) \prod_{1 \leq e \leq d} r_e^e$ を計算する
7.   **for** $e=1,\ldots,d, \deg r_e > 0$ のとき **do**
    $F(y)[x]$ で b と $a-yb'$ のモニック Euclid のアルゴリズム
    を用いて, 次数 e の余り $w_e(x,y) \in F(y)[x]$ を計算する
    $W \longleftarrow W + \sum_{r_e(\gamma)=0} \gamma \log w_e(x, \gamma)$
8. **return** $U + V + W$

ステップ 4 で, V を計算しなおす際に, $V - t/((j-1)g_i^{j-1})$ を共通分母でくくってもよい. しかし, 通常, 実際和を求めずに, 和の記号で連結する方がより望ましい. このことは, ステップ 7 で W を計算しなおす場合にもいえる. それにより, ステップ 7 で, 積分がいくつかの「小さな」有理関数と対数の形式和として得られる. 多くの計算機代数システムはそのように取り扱っており, ユーザは記号的積分のエンジンを呼び出した後で, 積分の共通分母をくくるようにはっきりとシステムに指示しなければいけない. 同じような注意がステップ 7 の $r_e(\gamma) = 0$ のすべての解 γ について和をとるときにもいえる. ここの部分は, それ以上の計算をせずにそのままにされている (たとえば, MAPLE では `RootOf` を用いて計算する).

例 22.6 (続き) 例 22.6 (ii) と同様に $f=1, g=x^2-2$ とする. このとき, $g = g_1$ は平方自由で, ステップ 1 からステップ 4 まで何も起こらない. したがって $U = V = 0$ である. ステップ 6 で, $m=1, a=f, b=g$ のとき

$$r = \mathrm{res}_x(x^2-2, 1-y\cdot 2x) = \det\begin{pmatrix} 1 & -2y & 0 \\ 0 & 1 & -2y \\ -2 & 0 & 1 \end{pmatrix} = -8y^2 + 1$$

この式は $\mathbb{Q}[x]$ 上既約で, $d = 1, r_1 = r/\mathrm{lc}(r) = y^2 - 1/8$ である. b と $a - yb' = -2yx + 1$ の $\mathbb{Q}(y)$ での Euclid のアルゴリズムによる次数 1 のモニック多項式の余りは $w_1 = x - 1/2y$ で, 単に $a - yb'$ をその最高次の係数で割ったものに等しい. よって,

$$W = \sum_{r_1(\gamma)=0} \gamma \log(x - 1/2\gamma)$$

を得, r_1 の $\mathbb{R}$ 上の零 $\pm 1/2\sqrt{2}$ を γ に代入することにより例 22.6 と同じ結果を得る. ◇

定理 22.11 アルゴリズム 22.10 は正確に動作する. f と g の次数が高々 n のとき, 動作時間は F の演算で $O(n\mathsf{M}(n)\log n)$ または $O^\sim(n^2)$ 回の演算に等しい.

証明 正確性は定理 22.7 の前の議論と定理 22.8, 定理 22.9 より示される.

定理 22.7 より, ステップ 1 からステップ 4 まで $O(\mathsf{M}(n)\log n)$ 回の演算が必要. $i \in \{1, \ldots, m\}, d_i = \deg g_i$ とする. 練習問題 6.12 より, $\deg r = d_i$ で, 系 11.18 より r を計算するのに $O(d_i \mathsf{M}(d_i) \log d_i)$ 回の演算が必要である. 練習問題 11.9 より,

$$\sum_{\substack{1 \leq e \leq d \\ \deg r_e > 0}} e \leq \sum_{1 \leq e \leq d} e \deg r_e = \deg r = d_i$$

が成り立つので, 同じ時間内にステップ 7 において, $\deg r_e > 0$ を満たすすべての e について w_e を計算できる. $\sum_{1 \leq i \leq m} d_i \leq n$ より, ステップ 5 のループでのすべての手間は $O(n\mathsf{M}(n)\log n)$ 回の F の演算である. この計算の手間が他のステップにおける手間を凌駕しているので, 主張はいえた. □

22.4 超指数積分：Almkvist と Zeilberger のアルゴリズム

いままでの節で, 有理関数の記号的積分の完全なアルゴリズムを与えた. こ

の節では，超指数関数からなるより広いクラスに対してのアルゴリズムを与える．しかし有理関数に対する方法とは対照的に，このアルゴリズムではいつも記号積分を返してくるとは限らない．しかし積分が再び超指数関数のときに限っては必ずそれを返す．

定義 22.12 (L, D) を微分体，K を L の部分体とする．$f \in L$ の**対数微分** $D(f)/f$ が K の元のとき，K 上**超指数的**という．

例 22.13 (i) すべての $\mathbb{Q}(x)$ の有理関数は通常の微分作用素 $Dx = 1$ に関して $\mathbb{Q}(x)$ 上超指数的である．

(ii) $L = \mathbb{Q}(x, \exp(x^2))$ とおき，$Dx = 1$, $D(\exp(x^2)) = 2x \cdot \exp(x^2)$ と定める．このとき，$\exp(x^2)$ は $\mathbb{Q}(x)$ 上超指数的である．

(iii) 平方根関数 $f = x^{1/2} \in L = \mathbb{Q}(x, x^{1/2})$ は $\mathbb{Q}(x)$ 上超指数的である．ここで，その対数微分は $D(x^{1/2})/x^{1/2} = 1/2x$ である．$\diamondsuit$

この章の残りでは，F は標数 0 の体，$D = '$ は $F(x)$ 上の通常の微分と仮定し，「超指数的」は常に「$K = F(x)$ 上超指数的」を意味する．**超指数積分問題**とは，$F(x)$ の拡大体の零でない超指数的な元 g の超指数積分が存在するかどうかを決定し，もし存在すればそれを計算する問題である．

g' は零でないと仮定し，g の対数微分を $\sigma = g'/g \in F(x)$ とおく．f をその対数微分が，$\rho = f'/f \in F(x)$ で，$g = f' = \rho f$ を満たす別な超指数的な元とすると，$f = g/\rho$ なので，f は g に有理関数を掛けたものに等しい．($g' \neq 0$ ならば $f' \neq 0$ より，$\rho \neq 0$ である．) よって，もし g の超指数積分が存在すれば，それは g と同じ微分体の中に存在することになる．

$f = \tau g$ とする．ただし，$\tau \in F(x)$ である．

$$f' = (\tau g)' = \tau' g + \tau g' = (\tau' + \sigma \tau) g$$

が成り立ち，これが g と等しいための必要十分条件は 1 階微分方程式

$$\tau' + \sigma \tau = 1 \tag{4}$$

が成り立つことである．

式 (4) では有理関数しか現れていないことを注意する．したがって，超指数的な元をすべて取り除くことができ，もとの問題を純粋に有理関数の問題に還元できた．これからは微分方程式 (4) をどのように解くかを議論する．

零でない多項式 a, b, u, v を用いて $\sigma = a/b, \tau = u/v$ と表す，ここで b と v はモニック多項式で，$\gcd(a,b) = \gcd(u,v) = 1$ が成り立つとする．式 (4) は

$$\tau' + \sigma\tau = \frac{u'v - uv'}{v^2} + \frac{au}{bv} = 1$$

と表される．bv^2 を掛けると，多項式からなる同値な微分方程式

$$bu'v - buv' + auv = bv^2 \tag{5}$$

を得る．逆に，$a, b \in F[x]$ が与えられたとき，微分方程式 (5) の解 $u, v \in F[x]$ を用いて $f = gu/v$ とおけば，超指数積分問題の解を与える．

アルゴリズムは 2 つのステップからなる．最初のステップは，可能な分母 v のすべての倍元 V を求めることである．一度 v (またはその倍元) を見つけると，式 (5) は u の係数に関する連立 1 次方程式になる．u の次数の上限がわかれば，これは簡単に解ける．その上限は後の補題 22.18 で計算される．

最初のステップで，v の適当な倍元を見つけたい．$v_0, v_1 \in F[x]$ を $v = v_0 \cdot \gcd(v, v')$, $v' = v_1 \cdot \gcd(v, v')$ を満たす多項式とする．式 (5) を $\gcd(v, v')$ で割ると，

$$bu'v_0 - buv_1 + auv_0 = bvv_0 \tag{6}$$

を得る．これより，v_0 は buv_1 を割り，$\gcd(u,v) = 1 = \gcd(v_0, v_1)$ より，v_0 は b を割る．そこで，式 (6) を v_0 で割り，

$$bu' + \left(a - \frac{b}{v_0}v_1\right)u = bv$$

を得る．再び，v_0 は b を割り，u と互いに素より，v_0 は $a - (b/v_0)v_1$ を割ることがわかる．

さて，$(h_1, \ldots, h_m)$ を 14.6 節で定義した v の平方自由分解とする，すなわち，$m \in \mathbb{N}_{\geq 1}$ で，$h_1, \ldots, h_m \in F[x]$ は $v = h_1 h_2^2 \cdots h_m^m$ と $h_m \neq 1$ を満たす

平方自由で，互いに素なモニック多項式である．練習問題 14.26 より，$v_0 = h_1 \cdots h_m, v_1 = \sum_{1 \leq i \leq m} i h_i' v_0 / h_i$ が成り立つ．$1 \leq i \leq m$ とし，h_i を法として計算すると次の式を得る．

$$\frac{b}{v_0} v_1 \equiv \frac{b}{v_0} \cdot i h_i' \frac{v_0}{h_i} = i \frac{b}{h_i} h_i' \equiv i \left(\frac{b}{h_i} h_i' + \left(\frac{b}{h_i} \right)' h_i \right) = i b' \bmod h_i$$

いま，上の議論より，h_i は b を割り，

$$\left(a - \frac{b}{v_0} v_1 \right) + \left(\frac{b}{v_0} v_1 - i b' \right) = a - i b'$$

の左辺の多項式をそれぞれ割り，したがって，$1 \leq i \leq m$ のとき h_i は $\gcd(b, a - ib')$ を割る．これより，v の倍元を計算する次のアルゴリズムを得る．

アルゴリズム 22.14　積分分母の倍元

入力：互いに素な多項式 $a, b \in F[x]$，b は零でないモニック多項式とする．
出力：任意の式 (5) を満たす互いに素な多項式 $u, v \in F[x]$ について，必ず v の倍元になっているようなモニック多項式 $V \in F[x]$．

1. $R \longleftarrow \mathrm{res}_x(b, a - y b'), \quad d \longleftarrow \max\{i \in \mathbb{N} \mid i = 0 \text{ または } R(i) = 0\}$
   if $d = 0$ **then return** 1
2. **for** $i = 1, \ldots, d$ **do** $H_i \longleftarrow \gcd(b, a - ib')$
3. **return** $H_1 H_2^2 \cdots H_d^d$

ステップ 1 の終結式はアルゴリズム 22.10 のものと同じである．しかし，ここでは因数分解を完全に行う必要はなく，ただ正の整数解が必要なだけである．

定理 22.15　アルゴリズム 22.14 は正確に動作する．より正確には，多項式 u と零でないモニック多項式 v が互いに素で，式 (5) を満たし，$(h_1, \ldots, h_m)$ が v の平方自由分解のとき，$m \leq d$ が成り立ち，各 $1 \leq i \leq m$ について h_i は H_i を割る．

証明 $\deg v \geq 1$ と仮定してよい．平方自由分解の定義より，$\deg h_m > 0$ である．定理の前の議論より，任意の i について h_i は $\gcd(b, a - ib')$ を割る．特に，これより $\gcd(b, a - mb')$ は定数でなく，$R(m) = \mathrm{res}_x(b, a - mb') = 0$ が成り立つ．したがって，$m \leq d$ が成り立ち，$1 \leq i \leq m$ のとき，h_i は H_i を割る．最後に，$v = h_1 h_2^2 \cdots h_m^m$ は $H_1 H_2^2 \cdots H_m^m H_{m+1}^{m+1} \cdots H_d^d = V$ を割る．□

ステップ 2 のループは終結式 R の根となるような i についてのみ行えば十分であることを注意する．さらに，ステップ 2 で，b と $a - ib'$ から H_i を取り除いた方が少し効率的である．練習問題 22.11 を参照せよ．

例 22.16 $g = (x^3 + x^2) \exp(x) \in \mathbb{Q}(x, \exp(x)) = L$ とする．g の対数微分は，

$$\frac{g'}{g} = \frac{(3x^2 + 2x) \exp(x) + (x^3 + x^2) \exp(x)}{(x^3 + x^2) \exp(x)} = \frac{x^4 + 4x + 2}{x^2 + x}$$

なので，g は $K = \mathbb{Q}(x)$ 上超指数的で，$a = x^4 + 4x + 2$, $b = x^2 + x$ である．アルゴリズム 22.14 を用いると，

$$R = \mathrm{res}_x(x^2 + x, x^4 + 4x + 2 - y(2x + 1)) = \det \begin{pmatrix} 1 & 0 & 1 & 0 \\ 1 & 1 & 4 - 2y & 1 \\ 0 & 1 & 2 - y & 4 - 2y \\ 0 & 0 & 0 & 2 - y \end{pmatrix}$$

$$= -y^2 + 3y - 2 = -(y - 1)(y - 2)$$

と計算でき，$d = 2$ を得る．アルゴリズム 22.14 のステップ 2 において，

$$H_1 = \gcd(b, a - b') = \gcd(x^2 + x, x^2 + 2x + 1) = x + 1$$
$$H_2 = \gcd(b, a - 2b') = \gcd(x^2 + x, x^2) = x$$

と計算でき，最後にステップ 3 で $V = H_1 H_2^2 = x^3 + x^2$ を得る．◇

次の例は，d が入力サイズに対して指数的に大きくなるかもしれないことを示している．

例 22.17 $n \in \mathbb{N}$ をパラメータとし, $g = x^n \exp(x) \in \mathbb{Q}(x, \exp(x))$ とする. このとき, g の対数微分は

$$\frac{g'}{g} = \frac{x+n}{x}$$

で, g は $\mathbb{Q}(x)$ 上超指数的である. よって, アルゴリズム 22.14 で $a = x+n$, $b = x$ を入力する. $\gcd(b, a-ib') = \gcd(x, x+n-i)$ は $i = n$ のとき定数にはならないので, ステップ 1 で $d = n$ となり, $1 \le i < n$ のとき $H_i = 1$, $H_n = x$ を得る. したがって, $V = x^n$ である. V の次数は a, b の大きさの指数で表され, それは約 $\log_{2^{64}} n$ 語である. しかし, V は x に関して g と同じ「次数」の多項式である. $\diamondsuit$

さて, 分母 v の倍元であるモニック多項式 V を見つけたので, 残りは

$$bVU' - (bV' - aV)U = bV^2 \tag{7}$$

を満たす適当な分子 $U \in F[x]$ を求めることである. U, V が式 (7) を満たすとき $\tau = U/V \in F(x)$ は式 (4) の解で, $f = gU/V$ は g の超指数積分である. 逆に, u は多項式, v は零でないモニック多項式で, それらは互いに素で, $\tau = u/v$ が式 (4) の解のとき, $U = uV/v$ が式 (7) の解である.

式 (7) を $h = \gcd(bV, bV' - aV) \in F[x]$ で割ると, 同値な微分方程式

$$rU' - sU = t \tag{8}$$

を得る. ただし $r = bV/h$ は零でないモニック多項式, $s = (bV' - aV)/h$ と $t = rV$ は零でない多項式である. (実際には $t = V$ である, 練習問題 22.12 を参照せよ.) U の次数またはその上限がわかっていると仮定する. U の係数を未定係数として, 式 (8) に代入して, それによって得られた U の係数に関する連立 1 次方程式を解くことができる. 次の補題は, U の次数の上限を与えている.

補題 22.18 $r, s, t, U \in F[x]$ は式 (8) を満たすとする, ただし r は零でないモニック多項式かつ $U \ne 0$ とする. $m = \max\{\deg r - 1, \deg s\}$, $\delta \in F$ を s の x^m の係数とおく. (通常通り, $m < 0$ または $\deg s < m$ のときは $\delta = 0$ と定め

22.4 超指数積分：Almkvist と Zeilberger のアルゴリズム

る) さらに,

$$e = \begin{cases} \deg t - m & \deg r - 1 \deg s \text{ または } \delta \notin \mathbb{N} \setminus \{0, 1, \ldots, \deg t - m\} \\ \delta & \text{それ以外} \end{cases}$$

と定める．このとき次が成り立つ．

(i) $\deg U = \deg t - m$ が成り立つか，そうでないときは $\deg U = \delta > \deg t - m$ と $\deg r - 1 \geq \deg s$ の両方が成り立つ．特に，$\deg U \leq e$ である．

(ii) $\deg r - 1 \geq \deg s$ のとき，$\deg t - m \neq \delta$ である．

(iii) $t = 0$ のとき，$\deg r - 1 \geq \deg s$ かつ $\deg U = \delta \in \mathbb{N}$ である．

(iv) $\deg r - 1 < \deg s$ または $\delta \notin \mathbb{N}$ のとき，式 (8) を満たす $U \in F[x]$ がただ 1 つ存在する．

多項式 0 の次数は $-\infty$ であることを思い出すと，$t = 0$ のとき $\deg t - m$ は $-\infty$ と解釈できる．$\mathbb{N} \subseteq \mathbb{Q} \subseteq F$ より，任意の整数は F の元である．

証明 式 (8) の次数と最高次の係数を比較する．まず，

$$\deg t \leq \max\{\deg(rU'), \deg(sU)\}$$
$$\leq \max\{\deg r + \deg U - 1, \deg s + \deg U\} = m + \deg U$$

である．r の x^{m+1} の係数を $\gamma \in F$ で表すと，rU' の $x^{m+\deg U}$ の係数は $\gamma \mathrm{lc}(U) \deg U$ で，sU の $x^{m+\deg U}$ の係数は $\delta \mathrm{lc}(U) \deg U$ である．したがって，t の $x^{m+\deg U}$ の係数は $(\gamma \deg U - \delta) \mathrm{lc}(U)$ で，$\deg t < m + \deg U$ が成り立つための必要十分条件はこの係数が消えることである．

$\deg r - 1 < \deg s$ のとき，$\gamma = 0$ かつ $\delta = \mathrm{lc}(s) \neq 0$ なので，$\deg U = \deg t - m$ が成り立つ．もしそうでないとすると，$\gamma = \mathrm{lc}(r) = 1$ となって矛盾する．したがって，$\deg U \geq \deg t - m$ が成り立ち，真に左辺が右辺より大きいための必要十分条件は $\deg r - 1 \geq \deg s$ かつ $\deg U = \delta$ が成立することである．このことにより，(i), (ii), (iii) がすべて示された．

(iv) を示すために，U^* を式 (8) の別の解とする．このとき，差 $U - U^*$ は同次微分方程式 $r(U - U^*)' - s(U - U^*) = 0$ を満たし，(iii) から (iv) が示され

る．□

　これより，わかっている多項式 $r, s, t = rV$ から $\deg U$ を（ほぼ）決定できた．すなわち，$\deg r - 1 < \deg s$ のときは $\deg U = e = \deg t - m$, $\deg r - 1 \geq \deg s$ のときは $\deg U \leq e = \max(\{\deg t - m, \delta\} \cap \mathbb{Z})$ である．もし，上限 e が非負で，$\deg r - 1 < \deg s$ または $\deg t - m \neq \delta$ のいずれかが成り立つとき，式 (8) と同値な U の未定係数に関する連立 1 次方程式をたて，それを解く．その方程式が解を持てば，$\tau = U/V$ が式 (4) を満たし，gU/V が g の超指数積分である．もしそうでない場合，すなわち $e < 0$ の場合，$\deg r - 1 \geq \deg s$ かつ $\deg t - m = \delta$ の場合のいずれかの場合，式 (4) には有理解 $\tau \in F(x)$ が存在しないことになり，g には超指数積分が存在しないことになる．

アルゴリズム 22.19　超指数積分

入力：零でなく互いに素な多項式 $a, b \in F[x]$, ここで b は零でないモニック多項式とし，F は標数 0 の体とする．

出力：解が存在する場合は互いに素な式 (5) を満たす $u, v \in F[x]$ で v はモニック多項式，そうでない場合は，「解答不能」．

1. **call** アルゴリズム 22.14，a, b を入力し，可能な分母のモニック多項式の倍元 $V \in F[x]$ を出力
2. $h \longleftarrow \gcd(bV, bV' - aV)$, $\quad r \longleftarrow \dfrac{bV}{h}$, $\quad s \longleftarrow \dfrac{bV' - aV}{h}$, $\quad t \longleftarrow r \cdot V$
3. $m \longleftarrow \max\{\deg r - 1, \deg(s - r)\}$
   δ を s の x^m の係数とする
   if $\deg r - 1 < \deg s$ または $\delta \notin \mathbb{N}$ **then** $e \longleftarrow \deg t - m$
   else if $\deg t - m = \delta$ **then return** 「解答不能」
   else $e \longleftarrow \max\{\deg t - m, \delta\}$
   if $e < 0$ **then return** 「解答不能」
4. 式 (8) に対応する高々次数が e の多項式 U の未定係数 $U_0, \ldots, U_e$ に関する連立方程式を解く
   if その方程式が解なし **then return** 「解答不能」

22.4 超指数積分：Almkvist と Zeilberger のアルゴリズム

$$\textbf{else } U \longleftarrow U_e x^e + \cdots + U_1 x + U_0$$

5. **return** $\dfrac{U}{\gcd(U,V)}, \dfrac{V}{\gcd(U,V)}$

ステップ 4 の連立方程式の解空間は，空集合か，たった 1 つの要素からなるか，1 次元かのいずれかである (練習問題 22.13)．後者の場合，分子 U の次数が最小となるように解を選ぶ．連立方程式の係数行列は三角行列で，Gauß の消去法を用いずに，逆代入していくだけで簡単に解くことができ，その計算は $O(e^2)$ の F の演算ですむ．補題 22.18 (iii) より，多くても 1 つの対角成分しか零にならず，それは $\deg r - 1 \geq \deg s$ かつ $\delta \in \mathbb{N}$ の場合にだけ起こる．

練習問題 22.12 を見ると，ステップ 2 で，t を $\gcd(t,r)$ で割って，$\gcd(t,r) = 1$ として，ステップ 3 からステップ 5 まで行い，U の約元を得ることができることがわかる．さらにこれにより，ステップ 4 の連立方程式の大きさを小さくすることができる．

例をいくつか与える．

例 22.17 (続き)　$n \in \mathbb{N}$ はパラメータで，$a = x+n$, $b = x$, $V = x^n$ であった．よって，$bV = x^{n+1}$, $bV' - aV = -x^{n+1}$ より，アルゴリズム 22.19 のステップ 2 において，$h = x^{n+1}$, $r = 1$, $s = -1$, $t = x^n$ である．微分方程式 (8) は

$$U' + U = x^n \tag{9}$$

となる．$m = \max\{\deg r - 1, \deg s\} = 0 > \deg r - 1$ より，補題 22.18 の最初の場合になり，ステップ 3 の次数の上限は $e = \deg t - m = n$ である．ステップ 4 で，U を未定係数 $U_n, \ldots U_0$ を持つ多項式 $U = U_n x^n + \cdots + U_1 x + U_0$ とおき，式 (9) に代入すると，連立 1 次方程式

$$U_n = 1, \quad nU_n + U_{n-1} = 0, \quad \ldots, \quad 2U_2 + U_1 = 0, \quad U_1 + U_0$$

を得る．この方程式の解はただ 1 つで，$U_0 \neq 0$ である．最後に，ステップ 5 で，$u = U$, $v = V$ が返ってくる．

たとえば，$n = 2$ のとき，解は $U_2 = 1$, $U_1 = -2$, $U_0 = 2$ なので，$u = U =$

$x^2 - 2x - 2$ である．gu/v が $g = x^2 \exp(x)$ の積分であることは次のように確かめられる．

$$\left(g\frac{u}{v}\right)' = \left((x^2 - 2x - 2)\exp(x)\right)'$$
$$= (2x - 2)\exp(x) + (x^2 - 2x + 2)\exp(x) = g \diamondsuit$$

例 22.20 $g = 1/x \in F(x)$ とする．このとき，$\sigma = g'/g = -1/x$ より，$a = -1$，$b = x$ である．アルゴリズム 22.14 のステップ 1 において，$R = \text{res}_x(x, -y - 1) = -(y+1)$ が計算され，$d = 0, V = 1$ を得る．式 (8) にこれを代入すると，

$$xU' - U = x$$

を得る．$r = t = x$, $s = 1$, $m = \deg s = \deg r - 1 = 0$, $\deg t - m = 1 = \delta$ なので，補題 22.18 (ii) より，上の方程式には解 $U \in F[x]$ が存在しない．したがって，$\int (1/x)$ は超指数的ではない．このことは直接確かめることができる．実際，$\log x = \int (1/x)$ の対数微分は $1/x \log x$ で，有理関数にならない．$\diamondsuit$

例 22.21 この例では，$\deg U = \delta$ となる場合があることを見る．$g = (x^2 + 1)^{-3/2} \in \mathbb{Q}(x, \sqrt{x^2+1})$ とする．g の対数微分は

$$\frac{g'}{g} = \frac{-3x}{x^2 + 1}$$

より，g は $\mathbb{Q}(x)$ 上超指数的で，$a = -3x$, $b = x^2 + 1$ である．アルゴリズム 22.14 のステップ 1 において，

$$R = \text{res}_x(x^2 + 1, -3x - y \cdot 2x)$$
$$= \det \begin{pmatrix} 1 & -3-2y & 0 \\ 0 & 0 & -3-2y \\ 1 & 0 & 0 \end{pmatrix} = (2y+3)^2$$

が計算され，$d = 0, V = 1$ である．この場合，微分方程式 (8) は

$$(x^2 + 1)U' - 3xU = x^2 + 1 \tag{10}$$

となる．よって，$r = t = b = x^2 + 1$, $s = -a = 3x$, $m = \max\{\deg r - 1, \deg s\}$

$= 1$ を得,これは補題 22.18 の 2 番目の場合である.いま,$1 = \deg t - m \neq \delta = 3$ と補題から $\deg U = \delta = 3$ である.$U_3, \ldots, U_0$ を未定係数とし,$U = U_3 x^3 + U_2 x^2 + U_1 x + U_0$ とおく.これを式 (10) に代入すると,x^4 の係数は消え,$x^3, x^2, x, 1$ の係数を比較すると,連立 1 次方程式

$$-U_2 = 0, \quad 3U_3 - 2U_1 = 1, \quad 2U_2 - 3U_0 = 0, \quad U_1 = 1$$

を得る.これの解はただ 1 つで,$U_3 = U_1 = 1, U_2 = U_0 = 0$ である.したがって,ステップ 4 において $U = x^3 + x$ で,ステップ 5 において $u = U, v = 1$ が返される.gu/v が g の積分であることは次のように確かめられる.

$$\begin{aligned}\left(g\frac{u}{v}\right)' &= \left(x \cdot (x^2+1)^{-1/2}\right)' = (x^2+1)^{-1/2} - \frac{1}{2}x \cdot (x^2+1)^{-3/2} \cdot 2x \\ &= (x^2+1)^{-3/2}(x^2+1-x^2) = g \diamond\end{aligned}$$

注解

歴史的には,Joseph Liouville (1833a, 1833b, 1835) によって,記号的積分の基礎がなされた.Ritt (1948) は微分代数を定義し,それは積分に関する問題に対してふさわしい枠組みを与えている.より一般的な方法が Risch (1969, 1970) によって与えられ,彼のアルゴリズムを変形したものが今日ほとんどすべての計算機代数システムの中で使われている.それらのシステムには,Hermite の方法,Rothstein の方法,Trager の方法をシステムにあわせて変形したものが採用されている.

Richardson (1968) と Caviness (1970) は,満足するほど広い意味では積分の問題は計算不可能であることを示した.定数 1 と四則演算,sin から構成される 1 変数実関数を考えただけで,すでにその ($-\infty$ から ∞ までの) 定積分が同様の式で表されるかも決定不能である.この章で考えた不定積分についても同様なことがいえる (Matiyasevich 1993, 9.4 節参照).

このような根本的な制約はあるが,記号的積分,より一般に,記号的な常微分方程式の解法の研究は大変活発な分野である.それらの研究の目標には,より多くの問題に適応できるアルゴリズム,特別なタイプの問題に対するよりよいアルゴリズムなどである.Bronstein (1997) によってよい概説が与えられている.

22.1 積分表を OCR で読む計画は Berman & Fateman (1994) の中に述べられている.

22.2 たいていの微積分の教科書には,有理関数の分母を複素数体上の 1 次式 (ま

たは実数体上の高々 2 次式) の積に分解して，部分分数分解を完全に行って，その積分を求めるように書かれている．1 位の極しか持たない有理関数に対してこの方法を最初に行ったのは Johann Bernoulli (1703) である．記号計算においては，このアプローチは有効ではない．というのは，多項式の因数分解と代数的数の計算がその方法の中に含まれているからである．たいていの計算機代数システムはこの章で取り扱ったアルゴリズムを実装している．

実は，前の Bernoulli の文献とちょうど同じ時期に Leibniz (1703) はさらにその先まで進んでいた．彼もまた，分母が 1 次式の積で表されるとき，部分分数分解を用いて有理関数の積分を求めた．しかし，彼は分母が平方自由でない場合の分解もいくつか取り上げており，たとえば，

$$\frac{1}{h^4 l} = \frac{1}{\omega h^4} - \frac{1}{\omega^2 h^2} + \frac{1}{\omega^3 h^2} - \frac{1}{\omega^4 h} + \frac{1}{\omega^4 l}$$

がそうである，ここで $h = x + a$, $l = x + b$, $\omega = b - a$ である．同様に $1/h^4 l^3$ の場合も取り上げ，$1/h^t l^s$ の一般的な公式も与えた．x^{-2}, x^{-3}, x^{-4} などの分数関数の通常の方法で計算できる積分の中にこれらの積分がさらに加えられた．このことは，Hermite が登場する 170 年前に，Hermite の方法の本質的な部分がすでに存在していたことが示している．

Ostrogradsky (1845) は，$\deg f < \deg g$ を満たす互いに素な $f, g \in F[x]$ に対し，式 (1) と，$\deg a < \deg b$, $\deg c < \deg d$ を満たす $a, c \in F[x]$ が一意的に存在することを示した，ここで b は g の平方自由部分で，$d = g/b$ である．また a と c を計算するアルゴリズムも与えた．22.2 節の方法は，Hermite (1872) による．定理 22.7 は Yun (1977a) の中にある．Gerhard (2001a) は Hermite の還元法の早いモジュラアルゴリズムを与えている．

22.3 定理 22.8 は, Rothstein (1976, 1977), Trager (1976) による．定理 22.9 は, Lazard & Rioboo (1990) による．それとは独立に，Trager は SCRATCHPAD にそのアルゴリズムを実装したが，それは出版はされなかった．Mulders (1997) は Lazard–Rioboo–Trager の方法を実装したソフトウェアのエラーについて記述した．

Gerhard (2001b) はアルゴリズム 22.10 のモジュラ計算の変種を与えた．$f, g \in \mathbb{Z}[x]$ とし，それらの係数が $A \in \mathbb{N}$ で抑えられているとき，このアルゴリズムの手間は $O^\sim(n^5 + n^4 \log A)$ である．

22.4 アルゴリズム 22.19 の出典は Almkvist & Zeilberger (1990) である．これは，23.4 節で取り扱う超幾何和の問題に対する Gosper (1978) のアルゴリズムの類似である．練習問題 22.11 に，分母の倍元を決める Almkvist & Zeilberger の方法がある．

微分方程式 (4) は，「Risch 微分方程式」の特別な場合である．Risch 微分方程式と

は，微分体 K の元 σ, ρ が与えられたとき，$D\tau+\sigma\tau=\rho$ を満たす $\tau\in K$ を求める問題である．微分方程式 (4) は，$K=F(x), \rho=1, D=\ '$ の場合である．Risch のアルゴリズム (1969, 1970) においては，より一般な微分方程式が重要な役割を果たす．それとは別の Risch 微分方程式を解くアルゴリズムは，Rothstein (1976, 1977), Kaltofen (1984), Davenport (1986), Bronstein (1990, 1991, 1997) たちによって与えられている．Abramov (1989a, 1989b), Abramov & Kvashenko (1991), Bronstein (1992), Abramov, Bronstein & Petkovšek (1995), Bronstein & Fredet (1992) たちによって，高階線形微分方程式の有理関数解を求めるアルゴリズムが与えられている．たとえば，Singer (1991), Petkovšek & Salvy (1993), Pflügel (1997) のアルゴリズムは，高階微分方程式のより一般的な解を求めている．

線形微分方程式の多項式解を求めるのに，まず次数の上限を求め，連立 1 次方程式を解く方法を「未定係数法」といい，Newton (1691/92) までさかのぼることができる．Gerhard (2001b) の第 9 章には，1 階微分方程式に対して漸近的に早いいくつかの方法がある．

実際に，アルゴリズム 22.14 のステップ 1 で，系 11.18 と定理 15.12 を利用して，終結式 R のすべての整数解を求め，そこに現れる解 i だけステップ 2 のループをとればよい．Gerhard (2001b) の 8.1 節と第 10 章には，アルゴリズム 22.14 と 22.19 のそれぞれのモジュラ計算の変種についてのコストの分析が，語演算の言葉でなされている．

アルゴリズム 22.14 の出力のサイズが入力のサイズの指数になるかどうかという問題は入力をどのように見るかに依存している．たとえば，$r_1, r_2 \in \mathbb{Q}(x)$ に対し，超指数関数 $g=r_1\exp(r_2)$ を考えると，アルゴリズム 22.14 によって，(Gerhard (2001b) の定理 10.16 より) r_1, r_2 の分子，分母の次数以下の多項式が返される．このアルゴリズムを積分計算のステップ 1 のアルゴリズムとして考えたとき，その対数微分 g'/g でなく g 自身をその入力とみるのが自然である．有理関数 r_1, r_2 を多項式の商として稠密なフォーマットで保存し，それによって g を表すと，アルゴリズム 22.14 の出力は入力サイズの多項式で表される．しかし，たとえば，「演算木」などを用いて，g をまばらなフォーマットで表すと，または，その対数微分 g'/g を入力と考えると，例 22.17 より，出力サイズはこの入力サイズの指数で表される可能性がある．一方，アルゴリズム 22.14 を線形微分方程式 (4) を解くためのステップ 1 と考えると，この場合 $\sigma=g'/g$ を入力と考えるのは自然である．実際，有理関数を係数に持つような高階線形微分方程式に対しては，有理関数解の次数は一般には微分方程式の係数のサイズの指数になる．同様の注意が，アルゴリズム 22.19 の分母の次数についてもいえる．

練習問題

22.1 (R, D) を微分代数とする．R_0 が R の部分環であることを示し，さらに R が体のとき R_0 は R の部分体であることを示せ．

22.2 補題 22.2 を証明せよ．

22.3 $\mathbb{Q}$ には自明な微分しか存在しないことを示せ．

22.4 $\mathbb{Q}(x)$ 上の通常の導関数を $'$ で表すものとする．$f \in \mathbb{Q}(x)$ のとき $f' = 0 \Longrightarrow f \in \mathbb{Q}$ を微積分の手法を「使わずに」，証明せよ．ヒント：まず最初に多項式 $f \in \mathbb{Q}[x]$ の場合を考えよ．

22.5* F を標数 0 の体とし，$a, b, c, d \in F[x]$ を零でない多項式で，$(c/d)' = (a/b)$ を満たすものとする．

(i) $\deg a - \deg b \leq \deg c - \deg d - 1$ が成り立ち，等号成立のための必要十分条件は，$\deg c \neq \deg d$ であることを示せ．また，等号が成立しない例をあげよ．それより，$\deg a - \deg b = -1$ とはならないことをいえ．

(ii) p を既約多項式とし，$v_p(a) = e \in \mathbb{N}$ を $p^e \mid a$, $p^{e+1} \nmid a$ を満たす値とおく．(この値は例 9.31 (iii) の a の p 進値の負の対数に等しい) 同様に $v_p(b), v_p(c), v_p(d)$ を定義する．$v_p(a) - v_p(b) \geq v_p(c) - v_p(d) - 1$ が成り立つことを示し，等号成立のための必要十分条件は $v_p(c) \neq v_p(d)$ であることを証明せよ．また，等号が成立しない例をあげよ．それより，$v_p(a) - v_p(b) = -1$ とはならないことと $\gcd(a, b) = 1$ ならば b のすべての既約因子 p に関して $v_p(b) \geq 2$ が成り立つことを示せ．さらに，b が定数でなく，a と互いに素のとき，b は平方自由であることを示せ．

22.6* e^{x^2} の積分は，有理関数 g を用いて $g \cdot e^{x^2}$ とは表せないことを示す．

(i) 逆にそのような g が存在したと仮定する．g に関する 1 階微分方程式 $g' + sg = t$ を導け．ただし $s, t \in \mathbb{R}[x]$ である．

(ii) $g = u/v$ とおく．ここで u, v は互いに素，v はモニック多項式であるとする．$v = 1$ を示せ．

(iii) 方程式 $u' + su = t$ の両辺の次数を比べて，この式を満たす $u \in \mathbb{R}[x]$ が存在しないことを示せ．

22.7* F を標数 0 の体とし，$f, g \in F[x]$ を零でない多項式で，g はモニック多項式とする．

(i) b が g の平方自由部分で，$d = f/b$, $\deg a < \deg b$ のとき，式 (1) の分解は $(c/d$ に定数を加えることを除いて) 一意的であることを示せ．ヒント：練習問題 22.5 (ii) を使え．

(ii) もし $g = bd$, $b \mid d$, d の既約因子は必ず b を割り，かつ $\deg a < \deg b$ を満たすモニック多項式 $b, d \in F[x]$ が存在するとき，式 (1) の分解は一意的に存在することを示

せ. d の既約因子は必ず b を割るという条件が抜けた場合にそのような分解が存在しない例をあげよ.

22.8* この問は, Mack (1975) による Hermite の還元法の改良である (Bronstein 1977, §2.2 も参照). F を標数 0 の体とし, $g, h \in F[x]$ を零でない多項式で, $n = \deg g > \deg h$, g はモニック多項式とする.

(i) $g = g_1 g_2^2 \cdots g_m^m$ を g の平方自由分解とする, ただし $g_i \in F[x]$ はモニック多項式で, それぞれ互いに素で $g_m \neq 1$ とする. さらに, $g^* = g/g_1$, $b = g_2 \cdots g_m$ を g^* の平方自由部分とし, $d = g_2 g_3^2 \cdots g_m^{m-1} = g^*/b$ とおく. このとき, $\gcd(g_1, g^*) = 1$ で, 部分分数分解

$$\frac{h}{g} = \frac{h_1}{g_1} + \frac{h^*}{g^*}$$

が存在する, ただし $h_1, h^* \in F[x]$, $\deg h_1 < \deg g_1$, $\deg h^* < \deg g^*$ を満たすもので, それらは一意的に存在する. 最初の分数は分母が平方自由なので, $\int (h/g)$ の対数部分になる.

d は bd' を割ることを示し, $\gcd(bd'/d, b) = 1$ を証明せよ. よって, b より次数の小さい多項式 $s, t \in F[x]$ が存在し, $s(bd'/d) + tb = h^*$ を満たす. これより, d より次数の小さい多項式 $u, v \in F[x]$ を用いて

$$\frac{h^*}{g^*} = \left(\frac{u}{d}\right)' + \frac{v}{d}$$

と表せる. このような u, v を求めよ.

(ii) (i) を繰り返し使って $\int (h/g)$ を有理関数部分と対数部分に分けよ. またこの操作は $O(m\mathbf{M}(n) \log n)$ 回の F の演算が必要なことを示せ.

(iii) 22.2 節で述べた Hermite の還元法と古典的な多項式の計算を使ったときの Mack の改良版とを分析し, 結果を比べよ.

22.9 定理 22.8 の終結式 r の最高次の係数は何か. ヒント: $\mathrm{res}_x(ay - b', b)$ の定数係数であることを示す.

22.10 以下の f の積分の計算でアルゴリズム 22.9 をトレースせよ.

$$f = \frac{x^9}{x^7 + 3x^6 - 5x^5 - 23x^4 - 8x^3 + 40x^2 + 48x + 16} \in \mathbb{Q}(x)$$

22.11 F を標数 0 の体とし, $a, b \in F[x]$ を零でない互いに素なモニック多項式とする.

(i) $\gamma \in F$ とし, $p \in F[x]$ を $\gcd(b, a - \gamma b')$ の因子とする. $p^2 \nmid b$ を示し, 最大公約元は平方自由であることを示せ.

(ii) $\gamma_1, \gamma_2 \in F$ が異なるとき, $\gcd(b, a - \gamma_1 b')$ と $\gcd(b, a - \gamma_2 b')$ は互いに素であ

ることを示せ.

(iii) 次のアルゴリズム 22.14 の変種を考える.

アルゴリズム 22.22　Almkvist と Zeilberger の積分分母の倍元
入力：互いに素な多項式 a と零でないモニック多項式 b.
出力：任意の (5) を満たす互いに素な多項式 $u, v \in F[x]$ について，必ず v の倍元になっているようなモニック多項式 $V \in F[x]$.

1. $R \longleftarrow \text{res}_x(b, a - yb')$, $\quad d \longleftarrow \max\{i \in \mathbb{N} \mid i = 0 \text{ または } R(i) = 0\}$
   if $d = 0$ **then return** 1
2. $a_0 \longleftarrow a, \quad b_0 \longleftarrow b$
   for $i = 1, \ldots, d$ **do**
   $$H_i \longleftarrow \gcd(b_{i-1}, a_{i-1} - ib'_{i-1}), \quad a_i \longleftarrow \frac{a_{i-1} - b'_{i-1}}{H_i},$$
   $$b_i \longleftarrow \frac{b_{i-1}}{H_i}$$
3. **return** $H_1 H_2^2 \cdots H_d^d$

任意の i について $H_i = \gcd(b, a - ib')$ が成り立ち，アルゴリズム 22.14 と同じ結果を返すことを証明せよ.

(iv) 例 22.16 と同じ入力をしてアルゴリズム 22.22 をトレースせよ.

22.12 F を標数 0 の体とし, $r, s, t, U \in F[x]$ を $rU' - sU = t$, $\gcd(r, s) = 1$ を満たす多項式とする. $\deg \gcd(r, t) \geq 1$ と仮定し，この U に関する微分方程式を $r, s, t^* = t/\gcd(r, t)$ を係数に持つ U の真の因子 U^* に関する微分方程式に還元せよ.

22.13 F を標数 0 の体とし, $r, s, t \in F[x]$ とする, ただし r は零でないモニック多項式とする.

(i) $S = \{H \in F[x] \mid rH' - sH = 0\}$ とおき, $H_1, H_2 \in S \setminus \{0\}$ とする. $H_1 = cH_2$ を満たすある零でない定数 $c \in F$ が存在することを証明せよ. ヒント：補題 22.18.

(ii) $S = \{0\}$ またはある次数 δ のモニック多項式 $H_0 \in S$ が存在し, $S = \{cH_0 \mid c \in F\}$ と表されることを証明せよ, ただし, δ は補題 22.18 と同じとする.

(iii) 微分方程式 (8) が非同次解 $U \in F[x]$ を持つと仮定する. この方程式のすべての解からなる集合は $\{U + H \mid H \in S\}$ と表されることを証明せよ.

Summa cum laude.

A sum to trick th' arithmetic.
Rudyard Kipling (1893)

Some merely took refuge in the mathematics, chains of difficult calculations using symbols as stepping stones on a march through fog.
James Gleick (1992)

As an algorist Euler has never been surpassed, and probably never even closely approached, unless perhaps by Jacobi. An algorist is a mathematician who devises "algorithms" (or "algorisms") for the solution of problems of special kinds [...] There is no uniform mode of procedure—algorists, like facile rhymesters, are born, not made. It is fashionable today to despise the 'mere algorist'; yet, when a truly great one like the Hindu Ramanujan arrives unexpectedly out of nowhere, even expert analysts hail him as a gift from Heaven [...] An algorist is a 'formalist' who loves beautiful formulas for their own sake.
Eric Temple Bell (1937)

Sometimes when studying his work I have wondered how much Ramanujan could have done if he had had MACSYMA or SCRATCHPAD or some other symbolic algebra package. More often I get the feeling that he was such a brilliant, clever, and intuitive computer himself that he really did not need them.
George E. Andrews (1986)

23
記 号 的 和

この章での目標は，n に依存する「式」$g(n)$ が与えられたとき，

$$f(n) = \sum_{0 \leq k < n} g(k)$$

を満たす「式」$f(n)$ を見つけること，より一般に，かってな非負の整数 $a \leq b$ に対し，和 $\sum_{a \leq k < b} g(k)$ の閉式を求めることである．後でどのような種類の式を考えるかについては述べるが，さしあたり，標数 0 の体上の 1 変数の有理関数を思い浮かべてほしい．

最初に，多項式の和の問題を解き，後で使われる多くの記号を導入する．調和数の話で話題に寄り道をして，そののち超幾何項とその和について議論する．24.3 節では，さらなる拡張について少し触れる．そこでは，計算機代数システムが一見難しく見える問題の短い証明を与えたという顕著な成功例について述べる．この本の他の部分と違って，ここではコストの分析は行わない．

23.1 多項式の和

多くの計算機代数システムは和を次のように扱うことができる．

$$\sum_{0 \leq k < n} k = \frac{n(n-1)}{2}$$

$$\sum_{0 \leq k < n} k^2 = \frac{n(n-1)(2n-1)}{6}$$

$$\sum_{0\leq k<n} k^3 = \frac{n^2(n-1)^2}{4}$$

$$\sum_{0\leq k<n} k^4 = \frac{n(n-1)(2n-1)(3n^2-3n-1)}{30}$$

$$\sum_{0\leq k<n} c^k = \frac{c^n-1}{c-1} \text{ if } c \neq 1$$

$$\sum_{0\leq k<n} \binom{n}{k} = (1+1)^n = 2^n \tag{1}$$

$$\sum_{0\leq k<n} (-1)^k \binom{n}{k} = (1-1)^n = 0 \text{ if } n > 0 \tag{2}$$

最後の2つの式は他の式とタイプが異なり，上限 n が和の中に現れている．この章では，このような場合以外の和を取り扱う，これを**不定和**という．

差分作用素 Δ は記号的和において，有効な道具である．Δ は式 f を式 Δf にうつす，ここで $(\Delta f)(n) = f(n+1) - f(n)$ で定義される．次の性質が成り立つ．

- 線形性：$\Delta(af + bg) = a\Delta f + b\Delta g$，ここで，$f, g$ は式，$a, b \in F$ は定数，
- 積の法則：$\Delta(fg) = f\Delta g + g\Delta f + \Delta f \cdot \Delta g$，ここで，$f, g$ は式．

特に，f が有理関数のとき，Δf もそうである．しかし，後で見るように，逆は一般には正しくない．差分作用素に関連して，$(Ef)(n) = f(n+1)$ で定義される**シフト作用素** E とそのべき $(E^k f)(n) = f(n+k)$ を考える，ただし $k \in \mathbb{Z}$．このとき作用素の関係式 $\Delta = E - I$ が成り立つ，ここで $I = E^0$ は恒等作用素である．

次の補題は，差分作用素と記号的和の間の関係を表している．

補題 23.1 f, g を $g = \Delta f$ を満たす式とする．このとき，

$$\sum_{a\leq k<b} g(k) = f(b) - f(a) \tag{3}$$

が成り立つ，ただし a, b は $a \leq b$ を満たす自然数である．

証明

$$\sum_{a\leq k<b} g(k) = \sum_{a\leq k<b}(f(k+1)-f(k)) = \sum_{a\leq k<b} f(k+1) - \sum_{a\leq k<b} f(k)$$
$$= \sum_{a<k\leq b} f(k) - \sum_{a\leq k<b} f(k) = f(b)-f(a) \square$$

この連続した和で互いに消しあうことを**たたみ込み**という．この補題より，**記号的和問題** は次のように整理される．与えられた式 g に対し，$\Delta f = g$ を満たす別の式 f を求めよ．このとき，$f = \Sigma g$ と表す，ここで Σ は関数ではなく，2項関係である．というのは，たとえば定数 $c \in F$ のように，$\Delta c = 0$ を満たす任意の c に対し，$\Delta f = g$ ならば，$\Delta(f+c) = \Delta f + \Delta c = \Delta f = g$ となるからである．よって，Δ は Σ の左逆元である，すなわち任意の式 f に対し，$\Delta(\Sigma f) = f$ が成り立つ．考える式のクラスによっては，$\sin(2n\pi)$ のような Δ をとると消えるような定数でない周期関数が存在する場合がある．後の補題 22.3 より，有理関数 c で $\Delta c = 0$ を満たすものは定数以外に存在しないことがわかる．

記号的和は，記号的積分の離散的な類似物である．(形式的) 微分 $D = d/dx$ のかわりを差分作用素 Δ が果たし，またこれは極限

$$(Df)(x) = \lim_{h\to 0} \frac{f(x+h)-f(x)}{h}$$

において，h を正の整数に制限したときのある種の類似物である．式 Σg は不定積分 $\int g(x)dx$ に対応し，補題 23.1 は次の微積分の基本定理の類似物である．

$$g = Df = \frac{d}{dx}f \Longrightarrow \int_a^b g(x)dx = f(b)-f(a)$$

すでに見たように，積の法則は Leibniz 律とは少し異なる．$m \in \mathbb{N}$ に対し，

$$D(x^m) = mx^{m-1} \tag{4}$$

の類似物は何だろう？ たとえば，$m = 3$ のとき，

$$\Delta(n^3) = (n+1)^3 - n^3 = 3n^2 + 3n + 1$$

で，式 (4) で，D を Δ でおきかえたものは成り立たない．次の記法によって，式 (4) を差分作用素の言葉におきかえることができる．

定義 23.2 多項式 $f \in F[x]$ と自然数 $m \in \mathbb{N}$ に対し, m 次**降下階乗**を次のように定義する.

$$f^{\underline{m}} = f(x)f(x-1)\cdots f(x-m+1) = f \cdot E^{-1}f \cdot E^{-2}f \cdots E^{-m+1}f$$

特に,

$$x^{\underline{m}} = x(x-1)\cdots(x-m+1)$$

が成り立ち, これは次数 m のモニック多項式である. 同様に, m 次**上昇階乗**を次のように定義する.

$$f^{\overline{m}} = f(x)f(x+1)\cdots f(x+m-1) = E^{m-1}f^{\underline{m}}$$

$m=0$ のとき, $f^{\underline{0}} = f^{\overline{0}} = 1$ と定める.

$m! = m(m-1)(m-2)\cdots 1$ の定義と似ているので, 階乗という名前が使われており, 実際 $m! = x^{\underline{m}}(m) = x^{\overline{m}}(1)$ が成り立つ. m を負の値に拡張することも可能である. これについては練習問題 23.10 を見よ.

補題 23.3 シフト作用素 E^k ($k \in \mathbb{Z}$) は F の元を固定し, E^{-k} を逆写像として持つ, $F(x)$ 上の自己同型写像である. 次の関係式が, すべての $\rho, \sigma \in F(x)$, $f, g \in F[x]$, $m \in \mathbb{N}$ に対して成り立つ.

(i) $E^k(\rho \pm \sigma) = E^k \rho \pm E^k \sigma$, $E^k(\rho \cdot \sigma) = E^k \rho \cdot E^k \sigma$, $E^k(\rho/\sigma) = E^k \rho / E^k \sigma$,

(ii) $E^k(f^{\underline{m}}) = (E^k f)^{\underline{m}}$, $E^k(f^{\overline{m}}) = (E^k f)^{\overline{m}}$,

(iii) $\gcd(E^k f, E^k g) = E^k \gcd(f, g)$,

(iv) f が既約 $\iff E^k f$ が既約,

(v) $\deg(E^k f) = \deg f$,

(vi) $\rho = E\rho \iff \rho \in F$.

証明 (i) から (v) と (vi) "$\Longleftarrow$" は自明. (vi) "$\Longrightarrow$" をまず示す. $\rho = \sum_{0 \leq i \leq n} f_i x^i \in F[x]$ を多項式とする, ただし $f_n \neq 0$, $n > 0$ とする. このとき, $E\rho = f_n(x+1)^n + f_{n-1}(x+1)^{n-1} + \sum_{0 \leq i \leq n-2} f_i(x+1)^i$ の x^{n-1} の

係数は $nf_n + f_{n-1}$ で，ρ のそれは f_{n-1} である．F は標数 0 なので，$nf_n \neq 0$, $E\rho \neq \rho$ を得る．

次に，$\rho = f/g$, f, g は互いに素で，$f, g \in F[x]$, $\deg g > 1$ とする．さらに $E\rho = \rho$, すなわち $g \cdot Ef = f \cdot Eg$ と仮定する．f と g は互いに素より，$g \mid Eg$ である．g と Eg は次数が等しく，その最高次の係数は等しいので，$g = Eg$ となり，すでに示したことから，$g \in F$ である．これは $\deg g > 1$ に反し，証明が完成する．□

上の補題の (ii) より，表現 $E^k f^{\underline{m}}$, $E^k f^{\overline{m}}$ と表しても問題がないことがわかる．自然数 $m \in \mathbb{N}$ に対し，

$\Delta(x^{\underline{m}})$
$= Ex^{\underline{m}} - x^{\underline{m}} = (x+1)^{\underline{m}} - x^{\underline{m}}$
$= (x+1)x(x-1)\cdots(x-m+2) - x(x-1)\cdots(x-m+2)(x-m+1)$
$= ((x+1) - (x-m+1))\, x^{\underline{m-1}} = mx^{\underline{m-1}}$

が成り立ち，これは式 (4) の離散的な場合の類似物である．よって，$\Sigma x^{\underline{m}} = x^{\underline{m+1}}/(m+1)$ が成り立ち，補題 23.1 より，すべての自然数 $m, n \in \mathbb{N}$ に対し，

$$\sum_{0 \leq k < n} k^{\underline{m}} = \frac{n^{\underline{m+1}}}{m+1}$$

が成り立つ．ここで，$k \in \mathbb{N}$ に対し，$x^{\underline{m}}(k)$ のかわりに，$k^{\underline{m}}$ と表した．

通常のべき x^m を降下階乗の 1 次結合で表すことによって，次の例のように，かってな多項式の和の問題を解くことができる．

例 23.4

$$\sum_{0 \leq k < n} k = \sum_{0 \leq k < n} k^{\underline{1}} = \frac{n^{\underline{2}}}{2} = \frac{n(n-1)}{2}$$

$$\sum_{0 \leq k < n} k^2 = \sum_{0 \leq k < n} (k^{\underline{2}} + k^{\underline{1}}) = \frac{n^{\underline{3}}}{3} + \frac{n^{\underline{2}}}{2} = \frac{n(n-1)(n-2)}{3} + \frac{n(n-1)}{2}$$

$$= \frac{n(n-1)(2n-1)}{6}$$

$$\sum_{0\le k<n} k^3 = \sum_{0\le k<n}(k^{\underline{3}}+3k^{\underline{2}}+k^{\underline{1}}) = \frac{n^{\underline{4}}}{4}+n^{\underline{3}}+\frac{n^{\underline{2}}}{2}=\frac{n^2(n-1)^2}{4}$$

これらの結果は，この章の初めの 3 つの例と一致する．◇

各 $m\in\mathbb{N}$ に対し，$x^m,\ldots,x^2,x,1$ と $x^{\underline{m}},\ldots,x^{\underline{2}},x,1$ はともに $\mathbb{Q}[x]$ の高々次数が n となる多項式のなすベクトル空間の $\mathbb{Q}$ 上の基底をなし，次の式を得る．

$$x^m = \sum_{0\le i<m}\begin{Bmatrix}m\\i\end{Bmatrix}x^{\underline{i}} \tag{5}$$

ここで，$0\le i\le m$，$\begin{Bmatrix}m\\i\end{Bmatrix}$ は有理数である．また $m>1$ のとき，

$$x^m = x\cdot x^{m-1} = \sum_{0\le i<m}\begin{Bmatrix}m-1\\i\end{Bmatrix}x\cdot x^{\underline{i}}$$

$$= \sum_{0\le i<m}\begin{Bmatrix}m-1\\i\end{Bmatrix}x^{\underline{i+1}}+\sum_{0\le i<m}\begin{Bmatrix}m-1\\i\end{Bmatrix}i\cdot x^{\underline{i}}$$

$$= x^{\underline{m}}+\sum_{1\le i<m}\left(\begin{Bmatrix}m-1\\i-1\end{Bmatrix}+i\begin{Bmatrix}m-1\\i\end{Bmatrix}\right)x^{\underline{i}}$$

ここで，2 行目の変形で $x^{\underline{i+1}}=x^{\underline{i}}(x-i)$ を用いた．最後の行と式 (5) の $x^{\underline{i}}$ の係数を比べて，$\begin{Bmatrix}m\\i\end{Bmatrix}$ の漸化式

$$\begin{Bmatrix}m\\i\end{Bmatrix}=\begin{Bmatrix}m-1\\i-1\end{Bmatrix}+i\begin{Bmatrix}m-1\\i\end{Bmatrix} \tag{6}$$

を得る，ここで $m\ge i>0$ で境界条件は以下の通り．

$$\begin{Bmatrix}m\\i\end{Bmatrix}=0\;(i>m),\quad \begin{Bmatrix}m\\0\end{Bmatrix}=0\;(m\ge 1),\quad \begin{Bmatrix}0\\0\end{Bmatrix}=1$$

特に，$0\le i\le m$ のとき，$\begin{Bmatrix}m\\i\end{Bmatrix}$ は非負の整数．

$\begin{Bmatrix}m\\i\end{Bmatrix}$ は次のような組み合わせ論的解釈ができる．それらは集合 $\{1,\ldots,m\}$ を i 個の空でない部分集合への分割の個数で，**第 2 種 Stirling 数**として知られ

ている．たとえば，$\{1,\ldots,4\}$ の2つの空でない部分集合への分割は，

$$\{1\}\{2,3,4\}, \quad \{2\}\{1,3,4\}, \quad \{3\}\{1,2,4\}, \quad \{4\}\{1,2,3\},$$
$$\{1,2\}\{3,4\}, \quad \{1,3\}\{2,4\}, \quad \{1,4\}\{2,3\}$$

よって，$\left\{{4 \atop 2}\right\}=7$ を得る．明らかに，$m\geq 1$ のとき $\left\{{m \atop 1}\right\}=\left\{{m \atop m}\right\}=1$ が成立．漸化式 (6) を組み合わせ論的にいいかえると，数 m をそれ自身 1 つの集合に持つ分割の場合の数が $\left\{{m-1 \atop i-1}\right\}$ 個あり，数 m を集合 $\{1,\ldots,m-1\}$ の i 個の空でない部分集合への分割へ加える場合の数が $i\cdot\left\{{m-1 \atop i}\right\}$ である．

$m=1,\ldots,5$ のとき，(5) の式を具体的に書くと，

$$x^1 = x^{\underline{1}}$$
$$x^2 = x^{\underline{2}} + x^{\underline{1}}$$
$$x^3 = x^{\underline{3}} + 3x^{\underline{2}} + x^{\underline{1}}$$
$$x^4 = x^{\underline{4}} + 6x^{\underline{3}} + 7x^{\underline{2}} + x^{\underline{1}}$$
$$x^5 = x^{\underline{5}} + 10x^{\underline{4}} + 25x^{\underline{3}} + 15x^{\underline{2}} + x^{\underline{1}}$$

$g=\sum_{0\leq m<d}g_m x^m \in F[x]$ をかってな次数 d の多項式とすると，

$$\Sigma g = \Sigma\left(\sum_{0\leq m<d}g_m \sum_{0\leq i<m}\left\{{m \atop i}\right\}x^{\underline{i}}\right) = \sum_{0\leq i\leq m<d}g_m\left\{{m \atop i}\right\}\Sigma x^{\underline{i}} \qquad (7)$$
$$= \sum_{0\leq i\leq m<d}g_m\left\{{m \atop i}\right\}\frac{x^{\underline{i+1}}}{i+1}$$

よって，

$$\sum_{0\leq k<n}g(k) = \sum_{0\leq i\leq m<d}g_m\left\{{m \atop i}\right\}\frac{n^{\underline{i+1}}}{i+1}$$

を得る．特に，Σg は次数 $d+1$ の多項式で，これは記号的積分の類似である．このことによって，多項式に関する和の問題は完全に解決された．Bernoulli 数を用いた別のアプローチについては，練習問題 23.8 を見よ．

23.2 調　和　数

記号的積分の場合に，$F(x)$ の有理関数 $1/x$ の積分は有理関数でないことを見た．同様なことが $1/x$ の和についてもいえる．

$$\sum_{1 \leq k \leq n} \frac{1}{k} = 1 + \frac{1}{2} + \cdots + \frac{1}{n} = H_n$$

この有理数 H_n を n 番目の**調和数**という．この名前は，(発散する) 調和級数 $\sum_{k \geq 1} 1/k$ の n 番目までの部分和にちなんでいる．次の補題は調和数は有理関数で表せないことを示している．

補題 23.5　$\Delta \rho = 1/x$ を満たす $\rho \in F(x)$ は存在しない．

証明　補題が成り立たないと仮定する．すなわちある互いに素なそれぞれ次数が m, n の多項式 $f, g \in F[x]$ が存在し，$F(x)$ で次の式を満たすとする．

$$\frac{1}{x} = \Delta \left(\frac{f}{g} \right) = \frac{Ef}{Eg} - \frac{f}{g} = \frac{g \cdot Ef - f \cdot Eg}{g \cdot Eg}$$

これは $F[x]$ で以下と同値である．

$$g \cdot Eg = x(g \cdot Ef - f \cdot Eg) \tag{8}$$

g は定数でないことは明らかで，よって $m + n \geq 1$ である．$g \cdot Ef - f \cdot Eg = g\Delta f - f \Delta g$ の x^{m+n} の係数は零で，x^{m+n-1} の係数は $(m-n)\mathrm{lc}(f)$ である．式 (8) の両辺の次数を比べると，

$$\begin{aligned} m = n &\iff \deg(g \cdot Eg) = m + n \\ &\iff \deg(x(g \cdot Ef - f \cdot Eg)) = m + n \\ &\iff m \neq n \end{aligned}$$

これは矛盾．よって主張は示された．□

23.2 調和数

表 23.1 H_n と $\ln n$ の差

n	H_n	$\ln n$	$H_n - \ln n$	$n(H_n - \ln n - \gamma)$
10	2.9289682540	2.3025850930	0.6263831610	0.4916749607
100	5.1873775176	4.6051701860	0.5822073316	0.4991666750
1000	7.4854708606	6.9077552790	0.5777155816	0.4999166667
10 000	9.7876060360	9.2103403720	0.5772656640	0.4999916667
100 000	12.0901461299	11.5129254650	0.5772206649	0.4999991667
1 000 000	14.3927267229	13.8155105579	0.5772161650	0.4999999167

この補題の一般化については，練習問題 23.12 と 23.28 にある．調和数は，自然対数 $\ln x$ の離散的な類似物で，実際，

$$H_n \in \ln n + \gamma + \frac{1}{2n} + O\left(\frac{1}{n^2}\right)$$

ここで，$\gamma = \lim_{n\to\infty}(H_n - \ln n) = 0.5772156649\ldots$ は **Euler 定数**．表 23.1 は $H_n, \ln n$ の値と，n が増加したときのその差を表している．

また $j = 2, 3, \ldots$ に対して，和

$$\sum_{1 \leq k \leq n} \frac{1}{k^j}$$

を表す有理関数が存在しないことが証明できる (練習問題 23.28)．これに対応する無限級数は有名な **Riemann ゼータ関数** $\zeta(j) = \sum_{k \geq 1} k^{-j}$ で，$j \geq 2$ のとき収束する (実は，$\Re j > 1$ を満たす $j \in \mathbb{C}$ のとき収束する)．この関数は，解析数論において基本的な役割を演じる (注解 18.4)．$j = 2$ のときその値は

$$\zeta(2) = \sum_{k \geq 1} \frac{1}{k^2} = \frac{\pi^2}{6}$$

この数は第 3 章で触れた．そこでは，その逆数が 2 つのランダムな整数が自明でない最大公約数を持つ確率に等しいことを見た．

次の例は，調和数の物理的な解釈である．すべて大きさ，重さが等しく，重心が中心にある本を何冊かあり，それらが崩れないようにテーブルの端から積み上げて，できるだけ先端が水平的にその端から離れるようにしたい (図 23.2 を見よ)．簡単のために，各本の長さは 2 とし，(上から数えて) 本 1 の右端と本 i の右端との距離を d_i と表す．一番上の本はその重心が 2 番目の本の上にあ

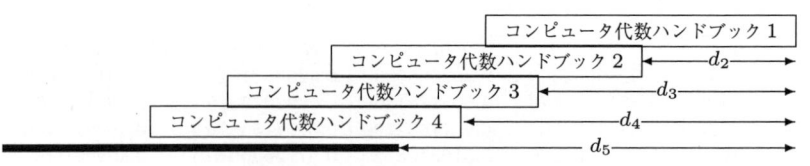

```
                    ┌──────────────────────────┐
                    │  コンピュータ代数ハンドブック 1 │
              ┌─────┴──────────────────────┐───┤←─d₂─→
              │  コンピュータ代数ハンドブック 2 │
         ┌────┴──────────────────────┐─────┘←──d₃──→
         │  コンピュータ代数ハンドブック 3 │
   ┌─────┴──────────────────────┐────┘←────d₄────→
   │  コンピュータ代数ハンドブック 4 │
═══╧════════════════════════════╧═══════════════
                              ←──────d₅──────→
```

図 23.2 テーブルでの本の積み上げ

れば落ちないので, d_2 の最大値は 1 である. 次に, 2 番目の本で考えると, 上の 1 番目の本とあわせた重心が本 3 の上にあればよく, 以下同様である. 一般に, d_i の値は, 本 1 から本 $i-1$ まであわせた重心と本 1 の右端の距離に等しく, 次の漸化式を得る.

$$(i-1)d_i = (d_1+1) + \cdots + (d_{i-1}+1) \tag{9}$$

なぜならば, 位置が $p_1, \ldots, p_k$ で重さが等しい k 個の物体の重心は $(p_1 + \cdots + p_k)/k$ にあるので. 式 (9) から (9) で $i-1$ を代入した式を引いて次の式を得る.

$$(i-1)d_i - (i-2)d_{i-1} = d_{i-1} + 1$$

移項して整理し, 書き直すと, $d_1 = 0$ より, $i \geq 2$ のとき

$$d_i = d_{i-1} + \frac{1}{i-1} = d_1 + 1 + \frac{1}{2} + \cdots + \frac{1}{i-1} = H_{i-1}$$

最初の方の値は, $d_2 = 1, d_3 = 3/2, d_4 = 11/6, d_5 = 25/12$ より, 本を 4 冊積めば, 一番上の本はテーブルの端から完全に水平方向にはずれてしまう (家でやってみよう). H_n には上限がないので, 原則的にはテーブルからいくら水平方向に離れたところでも届くことになるが, H_n は対数的にしか増えないので, そうするには指数的な数の本が必要である. たとえば, 約 14.39 離れるには 100 万冊の本が必要である (これは家では試さないでください).

さて, 対数関数の離散的な類似物は見た. では指数関数の類似物は何だろう. それを特徴づける微分方程式は $De^x = e^x$ である. 対応する式は, $\Delta f = f$ で, これより $f(x+1) = 2f(x)$, よって $f = 2^x$ がそれにあたる. より一般に, 定数 $c \in F$ に対し,

$$\Delta c^x = c^{x+1} - c^x = (c-1)c^x$$

よって $c \neq 1$ のとき $\Sigma c^x = c^x/(c-1)$ が成り立つ．これは幾何級数

$$\sum_{0 \leq k < n} c^k = \frac{c^n}{c-1} - \frac{c^0}{c-1} = \frac{c^n - 1}{c-1}$$

に似た公式として考えられる．

ここで，積分と和の類似な対応についてまとめておく．

$$\begin{array}{ll} g = Df & g = \Delta f \\ f = \int g & f = \Sigma g \\ f(b) - f(a) = \displaystyle\int_a^b g(x)dx & f(b) - f(a) = \displaystyle\sum_{a \leq k < b} g(k) \\ Dx^m = mx^{m-1} & \Delta x^{\underline{m}} = mx^{\underline{m-1}} \quad \text{for } m \in \mathbb{Z} \\ \displaystyle\int x^m dx = \frac{x^{m+1}}{m+1} & \Sigma x^{\underline{m}} = \frac{x^{\underline{m+1}}}{m+1} \quad \text{for } m \in \mathbb{Z}\setminus\{-1\} \\ \displaystyle\int_1^n x^{-1} = \ln x & \displaystyle\sum_{1 \leq k \leq n} k^{-1} = H_n \\ \displaystyle\int c^x dx = \frac{c^x}{\ln c} & \Sigma c^x = \frac{c^x}{c-1} \quad \text{for } c \neq 1 \end{array}$$

23.3 最大階乗分解

この節では，14.6節での平方自由分解に関連した多項式の表現について議論する．記号的積分においてその分解が果たした重要な役割を，23.4節における記号的和においてこの**最大階乗分解**が果たすのである．その目標は，モニック多項式 $f \in F[x]$ を多項式 $f_1, \ldots, f_m \in F[x]$ を用いて一意的に積 $f = f_1^{\underline{1}} f_2^{\underline{2}} \cdots f_m^{\underline{m}}$ と表すことである．

例 23.6

$$f = x^5 + 2x^4 - x^3 - 2x^2 = (x-1)x^2(x+1)(x+2) \in \mathbb{Q}[x]$$

を降下階乗の積として表すには，次の場合が考えられる．

$$f = x^{\underline{1}}(x+2)^{\underline{4}} = x^{\underline{2}}(x+2)^{\underline{3}} = (x^2+2x)^{\underline{1}}(x+1)^{\underline{3}} = f^{\underline{1}} \diamondsuit$$

直感的には，上の例の最初の分解はできるだけ「大きな」降下階乗をくくりだしたという意味で，「最大」である．単純にいえば，$g^{\underline{m}} \mid f$ となる最大の $m \in \mathbb{N}$ と $g \in F[x]$ を見つけ，$g^{\underline{m}}$ で割って，帰納的に計算をすればよい．

定義 23.7 $f, f_1, \ldots, f_m \in F[x]$ とし，f をモニック多項式とする．$(f_1, \ldots, f_m)$ が f の**最大階乗分解** (gff) であるとは，以下の条件を満たすことである．
 (F_1) $f = f_1^{\underline{1}} \cdots f_m^{\underline{m}}$,
 (F_2) $f_1, \ldots, f_m$ はモニック多項式で，$f_m \neq 1$,
 (F_3) $\gcd(f_i^{\underline{i}}, E f_j) = 1$ $(1 \leq i \leq j \leq m)$,
 (F_4) $\gcd(f_i^{\underline{i}}, E^{-j} f_j) = 1$ $(1 \leq i \leq j \leq m)$.

この定義は上に述べた極大条件を定式化している．(F_3) は降下階乗 $f_j^{\underline{j}} = f_j \cdot E^{-1} f_j \cdots E^{-j+1} f_j$ が左にはのびないことを保証している．(もし，$g = \gcd(f_i^{\underline{i}}, E f_j) \neq 1$ ならば，$g^{\underline{j+1}}$ が f を割る長さ $j+1$ の降下階乗になる) また (F_4) は右にのびないことを保証している．

例において，最初の列 $(x, 1, 1, x+2)$ のみが最大階乗分解である．$(1, x, x+2)$ は $\gcd(x^{\underline{2}}, E^{-3}(x+2)) = x-1$ より (F_4) を満たしてなく，よって $(x+2)^{\underline{3}}$ 右側の $(x-1)$ にのび，$(x+2)^{\underline{4}}$ を得る．$(x^2+2x, 1, x+1)$ は $i=1, j=3$ のとき (F_3) を満たしてなく，$(x+1)^{\underline{3}}$ は x^2+2x の因子 $x+2$ によって左側にのびることができる．(f) は $i = j = 1$ のとき $(F_3), (F_4)$ をともに満たさない．

例 23.8 多項式

$$f = x(x-1)^3(x-2)^2(x-4)^2(x-5) \in F[x]$$

のモニック多項式の既約因子はすべて x の整数値によるシフトである．図 23.3 は f のシフトの様子を表している．$(i, j) \in \mathbb{N}^2$ が黒点であるとは，$E^{-i} x^j$ が f を割ることを表している．f の最大階乗分解をこの図から読み取ることができる．実際，水平方向に連続したもので最大になるものを集め，その長さごとに入

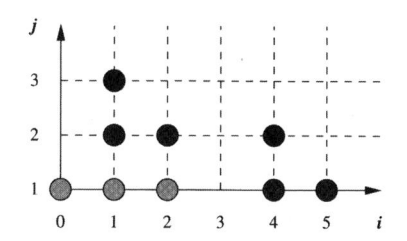

図 23.3 $x(x-1)^3(x-2)^2(x-4)^2(x-5)$ のシフトの構造

れていけばよい (図 23.3 において等しいものは同じ濃さで表されている). よって,f の最大階乗分解は $(x^2-5x+4, x^2-5x+4, x) = ((x-1)(x-4), (x-1)(x-4), x)$ である. ◇

この例は,平方自由分解とは異なって,$f_1, \ldots, f_m$ がそれぞれ互いに素である必要はないことを示している.

例 23.9

$$f = x(x-1)(x-2)(x-3)(x-5)\left(x-\frac{1}{3}\right)\left(x-\frac{7}{3}\right)\left(x-\frac{10}{3}\right)\left(x-\frac{2}{3}\right)\left(x-\frac{5}{3}\right)$$
$$\in F[x]$$

とする.f は平方自由で,そのモニック多項式の既約因子はすべて 3 つの多項式 $p_1 = x$, $p_2 = x - 1/3$, $p_3 = x - 2/3$ のいずれかの多項式のシフトである. 図 23.4 は f のシフトの構造を表している. 黒点 $(i, k) \in \mathbb{N}^2$ は,$E^{-i} p_k$ が f を

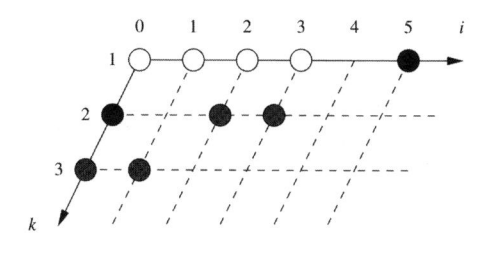

図 23.4 例 23.9 の f のシフトの構造

割ることを表している．この場合も，水平方向に連続したもので最大になるものを集めることによって，f の最大階乗分解を読み取ることができる．実際，次のようになる．

$$\left(x^2 - \frac{16}{3}x + \frac{5}{3}, x^2 - 3x + \frac{14}{9}, 1, x\right)$$
$$= \left(\left(x - \frac{1}{3}\right)(x-5), \left(x - \frac{7}{3}\right)\left(x - \frac{2}{3}\right), 1, x\right) \diamond$$

例 23.8 と 23.9 はともに極端な例である．一般的な場合は 3 次元である．すなわち多項式 $f \in F[x]$ のモニック多項式からなる既約因子を**シフト同値類** $\Pi_1, \ldots, \Pi_l$ に分けて，各 k について他の Π_k の元を $E^{-i}p_k$ ($i \in \mathbb{N}$) と表せるように代表元 $p_k \in \Pi_k$ を決めると，f のシフトの構造はすべて 3 つの自然数の順序対の集合 $S = \{(i,j,k) \in \mathbb{N}^3 : E^{-i}p_k^j | f\}$ から読み取ることができる．例 23.8 では，シフト同値類は $\Pi = \{x, x-1, x-2, x-4, x-5\}$ の 1 つしかなく，$p_1 = x$ である．例 23.9 では，3 つの同値類 $\Pi_1 = \{x, x-1, x-2, x-3, x-5\}$, $\Pi_2 = \{x-1/3, x-7/3, x-10/3\}$, $\Pi_3 = \{x-2/3, x-5/3\}$ があり，重複度はすべて 1 である．S がわかれば f の最大階乗分解はわかる．前の例と同様に，i 方向への最大列を見つけ同じ長さのものをあわせればよい．

例より，最大階乗分解は一意的であるように思える．次の補題はそれを保証している．

補題 23.10 零でないモニック多項式 $f \in F[x]$ は高々 1 つしか最大階乗分解を持たない．

証明 $f = 1$ のとき，(F_1) より空集合からなる列がその唯一の最大階乗分解だから，$\deg f > 0$ と仮定してよい．$(f_1, \ldots, f_m)$ と $(g_1, \ldots, g_n)$ がともに f の最大階乗分解であると仮定して，$\deg f$ に関する帰納法でそれらが等しいことを示す．$p \in F[x]$ を f_m の既約因子とする．$p | g_m$ を示す．$k \in \{1, \ldots n\}$ を $\gcd(p^m, g_k^{\frac{k}{k}}) \neq 1$ を満たす k のうち最大のものとする．ある $i \in \{-m+1, \ldots, k-1\}$ が存在して，$p | E^{-i}g_k$ が成り立つ．

$i > 0$ とすると, $Ep \mid E^{-i+1}g_k \mid f$ より, $(f_1, \ldots, f_m)$ について (F_3) を満たさなくなりこの場合は起きず, $i \leq 0$ である. $i < 0$ とすると, $E^{i+1}p$ が f を割り, k の極大性より, ある $j \in \{1, \ldots, k\}$ が存在し $E^{i+1}p \mid g_j^j$ である. よって, $E^{i+1}p \mid \gcd(g_j^j, Eg_k)$, これは $(g_1, \ldots, g_n)$ について (F_3) を満たすことに反する. よって, $i = 0$ で, $p \mid g_k$. 式 (10) と式 (11) はそれぞれ $i > 0, i < 0$ の場合を表している, 矢印は割ることを表している.

$$\begin{array}{ccccccccc} & & & & p & E^{-1}p & E^{-2}p & \cdots & \\ & & & & \downarrow & \downarrow & \downarrow & & (10) \\ g_k & E^{-1}g_k & \cdots & E^{-i+1}g_k & E^{-i}g_k & E^{-i-1}g_k & E^{-i-2}g_k & \cdots & \end{array}$$

$$\begin{array}{ccccccccc} p & E^{-1}p & \cdots & E^{i+1}p & E^ip & E^{i-1}p & E^{i-2}p & \cdots & \\ & & & \downarrow & \downarrow & \downarrow & & & (11) \\ & & & & g_k & E^{-1}g_k & E^{-2}g_k & \cdots & \end{array}$$

$k < m$ のとき, $E^{-k}p$ は f を割り, k の極大性より, ある $j \in \{1, \ldots, k\}$ が存在し式 (12) のように $E^{-k}p \mid \gcd(g_j^j, E^{-k}g_k)$ が成り立つ.

$$\begin{array}{ccccccc} p & E^{-1}p & \cdots & E^{-k+1}p & E^{-k}p & \cdots & E^{-m+1}p \\ \downarrow & \downarrow & & \downarrow & & & (12) \\ g_k & E^{-1}g_k & \cdots & E^{-k+1}g_k & & & \end{array}$$

これは $(g_1, \ldots, g_n)$ が (F_4) を満たすことに反し, よって $m \leq k \leq n$ である. m と n の対称性より, $n \geq m$ が成り立ち, $m = k = n$, $p \mid g_m$ を得る. 必要なら最後尾を取り除いたのち, $(f_1, \ldots, f_m/p)$ と $(g_1, \ldots, g_m/p)$ はともに f/p^m の最大階乗分解を与え, f の次数に関する帰納法により, $1 \leq i \leq m$ のとき $f_i = g_i$ を得る. □

$(f_1, \ldots, f_m)$ が f の最大階乗分解のとき, $\mathrm{gff}(f) = (f_1, \ldots, f_m)$ と表す. $f = 1$ のとき, $\mathrm{gff}(f) = ()$ とする, $()$ は空の列である.

定義 23.11 f の**シフト最大公約数**とは $\gcd\mathrm{E}(f) = \gcd(f, Ef)$ をいう.

次の定理は最大階乗分解が常に存在することを示しているだけでなく，平方自由分解の計算のアルゴリズム (14.6 節) と同じようなその計算のアルゴリズムを導き出す．

定理 23.12　最大階乗分解に関する基本的定理　零でないモニック多項式 $f \in F[x]$ にはただ 1 つの最大階乗分解が存在する．またそれは，f が定数でないとき，$\mathrm{gff}(f) = (f_1, f_2, \ldots, f_m)$ は

$$\mathrm{gff}(\mathrm{gcdE}(f)) = (f_2, \ldots, f_m) \text{ かつ } f_1 = \frac{f}{f_2^2 \cdots f_m^m} \tag{13}$$

から帰納的に計算できる．

証明　一意性はすでに補題 23.10 で証明した．存在について，$\deg f$ に関する帰納法で示す．$f = 1$ ならば，定義より，$\mathrm{gff}(f) = ()$ なので，$\deg f > 0$ と仮定してよい．このとき，補題 23.3 より，$f = Ef$ が成り立つための必要十分条件は f が定数となることだったので，$g = \mathrm{gcdE}(f)$ の次数は f より真に小さい．$g = 1$ のとき，$\mathrm{gff}(f) = (f)$ が成立 ((F_1) から (F_4) までが成り立つことは容易にチェックできる).

g は定数でないと仮定する．帰納法の仮定より，ある $m \in \mathbb{N}_{\geq 2}$ と定数でないモニック多項式 $g_1, \ldots, g_{m-1}$ が存在し，

$$\mathrm{gff}(g) = (g_1, \ldots, g_{m-1}) \text{ かつ } \mathrm{gff}(\mathrm{gcdE}(g)) = (g_2, \ldots, g_{m-1})$$

を満たす．このとき，

$$(E^{-1}g_1) \cdots (E^{-m+1}g_{m-1}) = E^{-1}\frac{g}{\mathrm{gcdE}(g)}$$
$$= \frac{E^{-1}g}{\gcd(g, E^{-1}g)} = \frac{\mathrm{lcm}(g, E^{-1}g)}{g}$$

gcdE の定義より，g と $E^{-1}g$ はともに f を割るので，次の式を得る．

$$(E^{-1}g_1) \cdots (E^{-m+1}g_{m-1}) = \frac{\mathrm{lcm}(g, E^{-1}g)}{g} \Big| \frac{f}{g} \tag{14}$$

23.3 最大階乗分解

そこで，$1 \leq i < m$ に対し $f_{i+1} = g_i$ とおけば，式 (14) より，式 (13) の f_1 が多項式であることがわかる．さらに，$(f_1, \ldots, f_m)$ が $(F_1), (F_2)$ を満たすことがわかる．

$(f_1, \ldots, f_m)$ が (F_3) を満たすことを示す．$1 \leq i \leq j \leq m$ とする．$i \geq 2$ のとき，$(g_1, \ldots, g_{m-1})$ について (F_3) が成り立つので，$\gcd(f_i^{i-1}, Ef_j) = \gcd(g_{i-1}^{i-1}, Eg_{j-1}) = 1$ である．式 (14) より，$E^{-i+1}f_i = E^{-i+1}g_{i-1}$ は f/g を割り，さらに Ef_j は $E(f_1 \cdots f_m) = (Ef)/g$ を割って，f/g と $(Ef)/g$ は互いに素より，$E^{-i+1}f_i$ と Ef_j も互いに素．よって，$i \geq 2$ のとき (F_3) は成り立つ．$i = 1$ のとき，$f_1 \mid f/g$, $Ef_j \mid (Ef)/g$ より，再び $\gcd(f/g, (Ef)/g) = 1$ から，$\gcd(f_1, Ef_j) = 1$ を得る．よって (F_3) は示された．

(F_4) についても同様である．練習問題 23.16 参照． □

例 23.6 において，$Ef = x(x+1)^2(x+2)(x+3)$,

$$\gcd E(f) = x(x+1)(x+2) = (x+2)^{\underline{3}}$$

より，前の定理にしたがって，$\mathrm{gff}(\gcd E(f)) = (1, 1, x+2)$ である．

$f = g_1^1 g_2^2 \cdots g_m^m$ を f の平方自由分解とすると，$\gcd(f, f') = g_2^1 \cdots g_k^{k-1}$ であった，ここで $g_1, \ldots, g_k \in F[x]$ はそれぞれ互いに素なモニック多項式である (14.6 節)．$\gcd(f, Ef) = \gcd(f, (Ef) - f) = \gcd(f, \Delta f)$ より，この基本定理は，上に述べたことの離散的な類似物である．平方自由分解の場合と同様に，多項式 f の最大階乗分解は f を完全に因数分解せずに，本質的には最大公約元を計算することによって求めることができる．

アルゴリズム 23.13 gff の計算

入力：モニック多項式 $f \in F[x]$.
出力：$\mathrm{gff}(f)$.

1. **if** $f = 1$ **then return** ()
2. **call** このアルゴリズムの再帰呼び出し，$(g_1, \ldots, g_{m-1}) = \mathrm{gff}(\gcd E(f))$ を計算する

3. **for** $i = 1, \ldots, m-1$ **do** $f_{i+1} \longleftarrow g_i$,
$$f_1 \longleftarrow \frac{f}{\text{gcdE}(f) \cdot (E^{-1}g_1) \cdots (E^{-m+1}g_{m-1})}$$
4. **return** $(f_1, \ldots, f_m)$

定理 23.14 アルゴリズム 23.13 は指定された通り正確に動作し, $O(n \cdot \mathsf{M}(n) \log n)$ の F の演算を要す, ここで $n = \deg f$ である.

証明 正確に動作することは基本定理からわかる. アルゴリズムの再帰呼び出しの深さは高々 n である. 1 回の反復にかかる手間は $O(\mathsf{M}(n) \log n)$ で, 主張は示された. $\square$

23.4 超幾何和: Gosper のアルゴリズム

23.1 節において, 多項式に関する和の問題を解決した. これから, 有理関数, 指数関数, 階乗関数, 2 項係数を含むようなより大きな数式のクラスについて和の問題を解く. 前と同様に, ずっと F は標数 0 の体とする. また, 対応するアルゴリズムは超指数積分のアルゴリズム 22.19 に類似し, この節は 22.4 節と緊密に関係している.

定義 23.15 体 K とその自己同型写像 E の組を **差分体** という. E の固定体 $C_K = \{f \in K \mid Ef = f\}$ を **定数体** という.

差分体の最も重要な例は, 有理関数体 $F(x)$ とシフト作用素 $Ef = f(x+1)$ の組で, 補題 23.3 より, $C_{F(x)} = F$ が成り立つ. また, $\mathbb{Q}(2^x)$ と $E(2^x) = 2^{x+1} = 2 \cdot 2^x$ の組も差分体をなす.

定義 23.16 L を自己同型写像 E を持つ差分体とし, K をその部分体とする. $f \in L \setminus \{0\}$ について, **項比** Ef/f が K の元のとき, f を K 上 **超幾何的** という.

例 23.17 (i) $F(x)$ の零でない有理関数は，シフト作用素 $Ex = x+1$ に関して $F(x)$ 上超幾何的である．

(ii) 差分体 $\mathbb{Q}(x, 2^x)$, $Ex = x+1$, $E(2^x) = 2 \cdot 2^x$ について，その元 $f = 2^x$ は，項比が $Ef/f = 2$ より，$F(x)$ 上（さらに F 上）超幾何的である．

(iii) $L = \mathbb{R}(x, \Gamma)$ とする，ただし Γ は**ガンマ関数**（注解 23.1 と練習問題 23.5 を見よ）．この関数は，$\mathbb{R}_{>0}$ 上連続で，$\Gamma(1) = 1$, $\Gamma(x+1) = x\Gamma(x)$ を満たす．よって $n \in \mathbb{N}$ のとき，$\Gamma(n) = n!$ が成り立ち，Γ は階乗を実数値で「補間」している．E をシフト作用素として Γ に作用させると，すなわち $E\Gamma = \Gamma(x+1)$ とすると，Γ は $\mathbb{R}(x)$ 上超幾何的で，項比は $E\Gamma/\Gamma = x \in \mathbb{R}(x)$ である．

(iv) $L = \mathbb{R}(x, f)$ とする，ただし

$$f = \binom{n}{x} = \frac{\Gamma(n+1)}{\Gamma(x+1)\Gamma(n-x+1)}$$

で，これは 2 項係数 $\binom{n}{k}$ $(n, k \in \mathbb{N})$ を下の引数に関して実数に拡張したものである．（ガンマ関数は零以下の整数で 1 位の極を持ち，$-x \in \mathbb{N}$ に対して，$1/\Gamma(x) = 0$ と定めると，x が $\{0, \ldots, n\}$ 以外の数のときその値は零となり，当然ではあるが 2 項係数の場合と一致する．）項比を計算すると，

$$\frac{Ef}{f} = \frac{\binom{n}{x+1}}{\binom{n}{x}} = \frac{\Gamma(n+1)\Gamma(x+1)\Gamma(n-x+1)}{\Gamma(x+2)\Gamma(n-x)\Gamma(n)} = \frac{-x+n}{x+1} \in \mathbb{R}(x)$$

ゆえに 2 項係数は下の変数に関して $\mathbb{R}(x)$ 上超幾何的である．（n をさらに不定元と思ったときに，2 項係数は $\mathbb{R}(x, n)$ 上超幾何的．）同様の計算によって，2 項係数は上の変数に関しても $\mathbb{R}(x)$ 上超幾何的である．◇

これからは，「$F(x)$ 上超幾何的」を省略して単に「超幾何的」といい，E は常に $F(x)$ 上のシフト作用素とする．また，収束や極については問題にせずに，ガンマ関数と 2 項係数を単に形式的に（純粋に代数的な）性質 $E\Gamma = x\Gamma$, $E(\binom{n}{x}) = (-x+n)/(x+1) \cdot \binom{n}{x}$ だけを持つものとして考え，有理関数の場合と同様に，それらが定義されているところだけで値を求めたり，和をとったりすることに

注意する．

超幾何的和の問題とは，与えられた零でない超幾何項 g に対し，$\Delta f = Ef - f = g$ を満たす他の超幾何項 f を決定すること，ここで $\Delta = E - I$ は差分作用素，または，(正確に) それを満たすような項が存在しないことを示すことである．g が有理関数のとき超幾何的なので，特に超幾何的和の問題が解けると有理関数の和の解決がなされる．しかし，例 23.17 で見たように，超幾何的な範囲で問題を考えることはかなり大きすぎる．

g を零でない超幾何項とし，$\sigma = Eg/g \in F(x)$ をその項比とする．また f を項比 $\rho = Ef/f \in F(x)$ を持つ超幾何項とし，$g = \Delta f$ と仮定すると，$g = Ef - f = (\rho - 1)f$ で，$\tau = 1/(\rho - 1) \in F(x)$ とおくと，$f = \tau g$ である ($\rho \neq 1$，もしそうでないなら $g = 0$)．いいかえると，$f = \Sigma g$ が超幾何的ならば，f は g に有理関数を掛けたもので，g が含まれる差分体と同じ差分体に含まれる．

そこで，$f = \tau g, \tau \in F(x)$ と仮定する．このとき，

$$\Delta f = Ef - f = E\tau \cdot Eg - \tau g = (E\tau \cdot \sigma - \tau)g$$

これが g と等しいための必要十分条件は τ が $F(x)$ で差分方程式

$$E\tau \cdot \sigma - \tau = 1 \tag{15}$$

の解となることである．

式 (15) において，有理関数しか現れていないことに注意する．すなわち，超幾何項を取り除き，超幾何的和の問題を純粋に有理関数の問題に還元できた．

$\sigma = a/b, a, b \in F[x]$ は互いに素な多項式で，$b \neq 0$ はモニック多項式とする．同様に，$\tau = u/v, u, v \in F[x]$ を互いに素な多項式で，$v \neq 0$ をモニック多項式とすると，式 (15) の分母をはらって，次の同値な多項式による条件を得る．

$$a \cdot v \cdot Eu - b \cdot u \cdot Ev = b \cdot v \cdot Ev \tag{16}$$

逆に，与えられた $a, b \in F[x]$ に対し，多項式 $u, v \in F[x]$ を上の方程式の解とすると，いま扱っている超幾何的な和の問題は次のようにおくことによって解が得られる．

23.4 超幾何和：Gosper のアルゴリズム

$$f = \frac{u}{v}g \tag{17}$$

式 (16) を解くには，適当な分母を与える多項式 v またはその倍元を見つけなければいけない．$v_0, v_1 \in F[x]$ を $v = v_0 \cdot \mathrm{gcdE}(v)$, $Ev = v_1 \cdot \mathrm{gcdE}(v)$ と定める．このとき，v_0 と v_1 は互いに素．式 (16) を $\mathrm{gcdE}(v)$ で割って，

$$a \cdot v_0 \cdot Eu - b \cdot u \cdot v_1 = b \cdot v_0 \cdot v_1 \cdot \mathrm{gcdE}(v) \tag{18}$$

v_0 は $a \cdot v_0 \cdot Eu$ と (18) の右辺を割るので，$b \cdot u \cdot v_1$ を割る．ここで，$\gcd(u, v_0)$ が $\gcd(u, v) = 1 = \gcd(v_1, v_0)$ を割るので，$v_0 \,|\, b$ を得る．同様に，$v_1 \,|\, a$ である．

$\mathrm{gff}(v) = (h_1, \ldots, h_m)$ を v の最大階乗分解とする．このとき，基本定理 23.12 より

$$\begin{aligned} v_0 &= \frac{h_1^1 h_2^2 \cdots h_m^{\frac{m}{m}}}{h_2^1 \cdots h_m^{\frac{m-1}{m}}} = h_1 \cdot (E^{-1} h_2) \cdots (E^{-m+1} h_m) \,|\, b \\ v_1 &= \frac{(Eh_1)^1 (Eh_2)^2 \cdots (Eh_m)^m}{h_2^1 \cdots h_m^{\frac{m-1}{m}}} = (Eh_1)(Eh_2) \cdots (Eh_m) \,|\, a \end{aligned} \tag{19}$$

ゆえに，$1 \leq i \leq m$ のとき，h_i は $E^{-1}a$ と $E^{i-1}b$ を割る．$v \neq 1$ のとき，$1 \neq h_m \,|\, \gcd(E^{-1}a, E^{m-1}b) = E^{-1}\gcd(a(x), b(x+m))$．したがって，$\gcd(a(x), b(x+m)) \neq 1$. いいかえると補題 6.25 より $R(m) = 0$, ここで $R = \mathrm{res}_x(a(x), b(x+y)) \in F[y]$ である．これより，次の v の倍元を計算するアルゴリズムを得る．

アルゴリズム 23.18 和の分母の倍元

入力：互いに素な多項式 $a, b \in F[x]$, $b \neq 0$ はモニック多項式．
出力：方程式 (16) を満たす u, v について $v \,|\, V$ であるモニック多項式 $V \in F[x]$.

1. $R \longleftarrow \mathrm{res}_x(a(x), b(x+y))$,
   $d \longleftarrow \max\{k \in \mathbb{N} \,|\, k = 0 \text{ または } R(k) = 0\}$
   if $d = 0$ **then return** 1

2. **for** $i = 1, \ldots, d$ **do** $H_i \longleftarrow \gcd(E^{-1}a, E^{i-1}b)$
3. **return** $H_1^{\frac{1}{1}} \cdots H_d^{\frac{d}{d}}$

定理 23.19 アルゴリズム 23.19 は指定したように正しく動作する．特に，$u, v \in F[x]$ が互いに素で，v は零でないモニック多項式で，それらは式 (16) の解の条件を満たし，さらに $\mathrm{gff}(v) = (h_1, \ldots, h_m)$ であるとき，$m \leq d$ かつ $1 \leq i \leq m$ において $h_i \mid H_i$ が成り立つ．

証明 $v = 1$ のとき何も証明することはないので，$\deg v \geq 1$ と仮定してよい．アルゴリズムの前の議論から，$m \geq 1$ はステップ 1 の終結式 R の零点で，よって $d \geq m$ である．また $1 \leq i \leq m$ のとき $h_i \mid H_i$ が成り立つ．最終的に，
$$v = h_1^{\frac{1}{1}} \cdots h_m^{\frac{m}{m}} \mid H_1^{\frac{1}{1}} \cdots H_m^{\frac{m}{m}} H_{m+1}^{\frac{m+1}{m+1}} \cdots h_d^{\frac{d}{d}} \mid V \text{ を得る．} \square$$

Gosper (1978) のアルゴリズムも v の倍元を計算する．こちらの方が前のものより次数が小さいことがある．さらに，後の例 23.31 で示されるように，アルゴリズム 23.18 よりたいていの場合早く動作する．

アルゴリズム 23.20 和の分母の Gosper 倍元

入力：互いに素な多項式 $a, b \in F[x]$，$b \neq 0$ はモニック多項式．
出力：方程式 (16) の互いに素な解 u, v について $v \mid V$ であるモニック多項式 $V \in F[x]$.

1. $R \longleftarrow \mathrm{res}_x(a(x), b(x+y))$,
   $d \longleftarrow \max\{k \in \mathbb{N} \mid k = 0 \text{ または } R(k) = 0\}$
   if $d = 0$ **then return** 1
2. $a_0 \longleftarrow a, \quad b_0 \longleftarrow b$
   for $i = 1, \ldots, d$ **do**
   $H_i \longleftarrow \gcd(E^{-1}a_{i-1}, E^{i-1}b_{i-1}), \, a_i \longleftarrow \dfrac{a_{i-1}}{EH_i}, \, b_i \longleftarrow \dfrac{a_{i-1}}{E^{-i+1}H_i}$

3. **return** $H_1^{\frac{1}{d}}\cdots H_d^{\frac{d}{d}}$

実用上,ある $i < d$ について $a_i = 0$ または $b_i = 0$ となったとき,アルゴリズムをとめることができる.というのは,$i < j \leq d$ のとき,$H_j = 1$ だからである.さらに,ステップ 2 のループの計算は,終結式 R の根と等しい i だけで行えば十分である.

例 23.21 $F[x]$ において $a = x + 2$,$b = x(x+1) = x^2 + x$ とする.アルゴリズム 23.18, 23.20 の両方で次を計算する.

$$R = \mathrm{res}_x(x+2, x^2+2xy+y^2+x+y) = \det\begin{pmatrix} 1 & 0 & 1 \\ 2 & 1 & 2y+1 \\ 0 & 2 & y^2+y \end{pmatrix}$$
$$= (y^2+y) - 2(2y+1) + 4 = (y-1)(y-2)$$

よって,$d = 2$ である.アルゴリズム 23.18 のステップ 2 では,

$$H_1 = \gcd(E^{-1}a, b) = \gcd(x+1, x^2+x) = x+1$$
$$H_2 = \gcd(E^{-1}a, Eb) = \gcd(x+1, x^2+3x+2) = x+1$$

よってステップ 3 で $V = H_1^1 H_2^2 = x(x+1)^2$ を得る.

一方,アルゴリズム 23.20 のステップ 2 では,

$$a_0 = a = x+2, \quad b_0 = b = x^2+x$$
$$H_1 = \gcd(E^{-1}a_0, b_0) = \gcd(x+1, x^2+x) = x+1$$
$$a_1 = \frac{a_0}{EH_1} = 1, \quad b_1 = \frac{b_0}{H_1} = x$$

ここでアルゴリズムがとまって,ステップ 3 で $V = H_1^1 = x+1$ を返す.$\diamondsuit$

$a, b \in F[x]$ を零でないモニック多項式とし,ある F の拡大体 K でそれぞれを 1 次式の積 $a = \prod_{1 \leq i \leq m}(x - \alpha_i)$,$b = \prod_{1 \leq j \leq n}(x - \beta_j)$ に分解し,$R = \mathrm{res}_x(a(x), b(x+y)) \in F[y]$ をアルゴリズム 23.18, 23.20 のステップ 1 の R と

する．任意の $\gamma \in K$ に対して，

$$\begin{aligned}
R(\gamma) = 0 &\iff K \text{ で } \mathrm{res}_x(a(x), b(x+\gamma)) = 0 \\
&\iff K[x] \text{ で } \gcd(a(x), b(x+\gamma)) \neq 1 \\
&\iff a(x) \text{ と } b(x+\gamma) = \prod_{1 \leq j \leq n}(x - \beta_j + \gamma) \text{ が共通零点を持つ} \\
&\iff \text{ある } i \in \{1, \ldots, m\} \text{ とある } j \in \{1, \ldots, n\} \text{ が存在して} \\
&\quad \gamma = \beta_j - \alpha_i
\end{aligned}$$

よって，R の根はまさに a と b の根の間の距離である．このことは，6.8 節において，2 つの代数的数の和の最小多項式を求めるときに使った．特に，アルゴリズム 23.18, 23.20 のステップ 1 において，d が零でないとき，その値は，a の根と b の根の間の距離のうち，最大の整数値に等しい．よって，d を求めるとき，a, b を平方自由部分におきかえてもよい．

例 23.22 $g = x \cdot \Gamma(x+1)$ とする．このとき，$k \in \mathbb{N}$ に対して $g(k) = k \cdot k!$ で，項比は

$$\sigma = \frac{(x+1)\Gamma(x+2)}{x\Gamma(x+1)} = \frac{(x+1)^2}{x} \in F(x)$$

であり，$a = (x+1)^2, b = x$ を得る．アルゴリズム 23.18, 23.20 のステップ 1 の計算で，

$$R = \mathrm{res}_x(x^2 + 2x + 1, x + y) = \det \begin{pmatrix} 1 & 1 & 0 \\ 2 & y & 1 \\ 1 & 0 & y \end{pmatrix} = y^2 - 2y + 1 = (y-1)^2$$

よって $d = 1$ である．これより a の零点から b の零点までの距離で正の整数で最大のものは 1 である．この例では直接見ることによってもわかる．実際，a をその平方因数を持たない部分 $a^* = x + 1$ でおきかえて，より小さな終結式

$$\mathrm{res}_x(a^*(x), b(x+y)) = \mathrm{res}_x(x+1, x+y) = \det \begin{pmatrix} 1 & 1 \\ 1 & y \end{pmatrix} = y - 1$$

からも同じ値 $d = 1$ を得る．

23.4 超幾何和：Gosper のアルゴリズム

アルゴリズム 23.18 のステップ 2 で，

$$H_1 = \gcd(E^{-1}a, b) = \gcd(x^2, x) = x$$

（アルゴリズム 23.20 でも同じ値を得る）を計算し，式 (16) における解 u/v の分母 v は $V = H_1^1 = x$ を割る．もちろん解が存在する場合であるが． ◇

練習問題 23.27 で d の上限を与えている．また次の例は，その値がほとんどぎりぎりで，d の値は入力した長さに対して指数的に大きくなるかもしれない．

例 23.23 $n \in \mathbb{N}_{\geq 1}$ をパラメータとして持つ $g = (x^2 + nx)^{-1} \in \mathbb{Q}(x)$ を考える．項比は，

$$\frac{Eg}{g} = \frac{x(x+n)}{(x+1)(x+n+1)}$$

よって，アルゴリズム 23.18 において $a = x(x+n)$, $b = (x+1)(x+n+1)$ である．このとき，ステップ 1 において $d = n-1$, $1 \leq i < n-1$ のとき $H_i = \gcd(a(x-1), b(x+i-1)) = 1$, かつ $H_{n-1} = \gcd(a(x-1), b(x+n-2)) = (x+n-1)$ である．よって $V = (x+n-1)^{n-1} = (x+1)^{n-1}$ である．（アルゴリズム 23.20 でも同じ結果を得る．）その次数は，a と b のサイズに対して指数的で，約 $\log_{2^{64}} n$ 桁である． ◇

これまで，v のモニック多項式な倍元 V を計算してきた．

$$a \cdot V \cdot EU - b \cdot EV \cdot U = b \cdot V \cdot EV \tag{20}$$

を満たす $U \in F[x]$ が見つかったら，$\tau = U/V \in F(x)$ が式 (15) の解で，$f = Ug/V$ によって超幾何的和の問題が解決する．逆に，$\tau = u/v$ が式 (15) を満たすとき，$U = uV/v$ が式 (20) の解である．ただしここで u, v は互いに素，$v \neq 0$ はモニック多項式である．

両辺を $h = \gcd(a \cdot V, b \cdot EV)$ で割って，同値な方程式

$$r \cdot EU - s \cdot U = t \tag{21}$$

を与える．ここで，$r = a \cdot v/h, s = b \cdot EV/h$ はモニック多項式，$t = s \cdot V$ である（実際には，右辺の因子 s を取り除くことができる．練習問題 23.26 を見よ．）
例 23.22 においては式 (20) は

$$x(x+1)^2 \cdot EU - x(x+1) \cdot U = x^2(x+1)$$

となり，$h = x(x+1)$ で割って，$(x+1)EU - U = x$ を得る．よって，$r = x+1, s = 1$ である．

式 (21) を U について解くために，U の次数の上限がわかればよい．というのは，式 (21) は U の係数についての連立方程式と同値であるからである．次の補題によって，その上限は与えられる．

補題 23.24 $r, s, t, U \in F[x]$ は方程式 (21) を満たすとする．ここで，r は零でないモニック多項式，$U \neq 0$ とする．$m = \max\{\deg r - 1, \deg(s-r)\}, \delta \in F$ を $s-r$ の x^m の係数とおく．（通常通り，$m < 0$ または $\deg(s-r) < m$ のとき $\delta = 0$ と定める．）

$$e = \begin{cases} \deg t - m & \deg r - 1 < \deg(s-r) \text{ または} \\ & \delta \notin \mathbb{N} \setminus \{0, 1, \ldots, \deg t - m\} \text{ のとき} \\ \delta & \text{（それ以外）} \end{cases}$$

このとき以下が成立．
(i) $\deg U = \deg t - m$ またはこの式が不成立のときは $\deg U = \delta > \deg t - m$ と $\deg r - 1 \geq \deg(s-r)$ の両方の式が成立．特に，$\deg U \leq e$ である．
(ii) $\deg r - 1 \geq \deg(s-r)$ のとき，$\deg t - m \neq \delta$ である．
(iii) $t = 0$ のとき，$\deg r - 1 \geq \deg(s-r)$ かつ $\deg U = \delta \in \mathbb{N}$ である．
(iv) $\deg r - 1 < \deg(s-r)$ または $\delta \notin \mathbb{N}$ のとき，式 (21) は高々 1 つしか多項式の解を持たない．

補題 22.18 と同様に証明でき，その証明は練習問題 23.31 に残しておく．多項式 0 の次数が $-\infty$ であったことを思い出すと，$t = 0$ のとき $\deg t - m = -\infty$

と解釈できる．$\mathbb{N} \subseteq \mathbb{Q} \subseteq F$ より，任意の整数は F の元である．

いかなる場合も，既知の多項式 $r, s, t = s \cdot V$ から $\deg U$ を（ほぼ）決定できる．補題 23.24 の e の値が零以上の整数で，$\deg r - 1 < \deg(s-r)$ または $\deg t - m \neq \delta$ のいずれかが成り立つとき，式 (21) と同値な連立方程式をたて，それを解いて U の未定係数を決める．このとき $\tau = U/V \in F(x)$ が式 (15) を満たし，超幾何的和の問題を式 (17) のように解くことができる．しかし，e が負であったり，$\deg r - 1 \geq \deg(s-r)$ と $\deg t - m = \delta$ の両方が成り立つ場合だったり，または連立方程式の解が存在しなかった場合は，式 (15) を満たす有理関数 $\tau \in F(x)$ が存在しないことになり，$\Delta f = g$ を満たす超幾何項 f が存在しないことになる．ここに完全なアルゴリズムを与える．

アルゴリズム 23.25 　超幾何和に対する Gosper のアルゴリズム

入力：零でない互いに素な多項式 $a, b \in F[x]$，b はモニック多項式，F は標数 0 の体．

出力：解が存在する場合は互いに素な式 (16) を満たす $u, v \in F[x]$ で v はモニック多項式，そうでない場合は，「解なし」．

1. **call** アルゴリズム 23.20，a, b を入力し，分母のモニック多項式の倍元 $V \in F[x]$ を出力

2. $g \longleftarrow \gcd(a \cdot V, b \cdot EV)$, $\quad r \longleftarrow \dfrac{a \cdot V}{g}$, $\quad s \longleftarrow \dfrac{b \cdot EV}{g}$, $\quad t \longleftarrow s \cdot V$

3. $m \longleftarrow \max\{\deg r - 1, \deg(s-r)\}$
   δ を $s-r$ の x^m の係数とする
   if $\deg r - 1 < \deg(s-r)$ または $\delta \notin \mathbb{N}$ **then** $e \longleftarrow \deg t - m$
   else if $\deg t - m = \delta$ **then return** 「解なし」
   else $e \longleftarrow \max\{\deg t - m, \delta\}$
   if $e < 0$ **then return** 「解なし」

4. 式 (21) に対応する高々次数が e の多項式 U の未定係数 $U_0, \ldots, U_e$ に関する連立方程式を解く
   if その方程式が解なし **then return** 「解なし」
   else $U \longleftarrow U_e x^e + \cdots + U_1 x + U_0$

5. **return** $\dfrac{U}{\gcd(U,V)}, \dfrac{V}{\gcd(U,V)}$

ステップ4の連立方程式の解空間は，空集合か，たった1つの要素からなるか，1次元かのいずれかである．後者の場合，分子 U の次数が最小となるように解を選ぶ．連立方程式の係数行列は三角行列で，Gauß の消去法を用いずに，逆代入していくだけで簡単に解くことができ，その手間は $O(e^2)$ の F の演算ですむ．多くても1つの対角成分しか零にならず，それは $\deg r - 1 \geq \deg(s-r)$ の場合にだけ起こる．

練習問題 23.26 によって，適当な共通因数で割ることにより，ステップ2で $\gcd(r,t) = \gcd(s,t) = 1$ にでき，U の因子についてステップ3からステップ5まで行えばよい．このようにして，ステップ4の連立方程式の大きさをかなり小さくできる．

この節を終わるにあたって，いくつかの例をあげる．

例 23.22 (続き) 方程式 $(x+1)EU - U = x$ を得る．よって，$r = x+1, s = 1, t = x, \deg r - 1 = 0 < \deg(-x) = \deg(s-r)$ が成り立ち，$\deg U = \deg t - m = 0$ である．ゆえに，もし方程式が解 U を持てば，$U = U_0 \in F$ は定数で，両辺の係数を比べると，$U = 1$ が条件を満たすことがわかる．$f = Ug/V = \Gamma(x+1)$ が和の問題 $\Delta f = g$ を満たす超幾何的な解である ($\Gamma(x+2) - \Gamma(x+1) = x \cdot \Gamma(x+1)$ に注意)．よって次の式を得る．

$$\sum_{0 \leq k < n} k \cdot k! = \sum_{0 \leq k < n} g(k) = f(n) - f(0) = n! - 1 \diamond$$

例 23.23 (続き) $h = \gcd(a \cdot V, b \cdot EV) = (x+1)^{\overline{n}}$ で，(21) より，

$$x \cdot EU - (x+n+1) \cdot U = (x+n+1)(x+1)^{\overline{n-1}} \tag{22}$$

よって，$r = x, s = x+n-1, t = (x+n+1)(x+1)^{\overline{n-1}}$ である．また，$\deg r - 1 = 0 = \deg(n+1) = \deg(s-r)$ かつ $\delta = n+1 \in \mathbb{N}$ である．よって，アルゴリ

ズム 23.25 のステップ 3 において $e = \max\{n, n+1\} = n+1$ である．たとえば $n = 2$ のとき，U_3, U_2, U_1, U_0 を不定係数として，$U = U_3 x^3 + U_2 x^2 + U_1 x + U_0$ とおく．これらを式 (22) に代入すると，期待した通り，x^4 と x^3 の係数は消え，両辺の $x^2, x, 1$ の係数を比較すると，連立方程式

$$3U_3 - U_2 = 1, \quad U_3 + U_2 - 2U_1 = 4, \quad 3U_0 = 3$$

を得る．これを解くと，$U_3 = \lambda, U_2 = 3\lambda - 1, U_1 = 2\lambda - 5/2, U_0 = 1$ である，ただし $\lambda \in F$ はかってな元である．$\lambda = 0$ のときが U の次数は最小で，そのとき $U = -(x^2 + \frac{5}{2}x + 1)$．さらに，

$$f = \frac{U}{V} g = -\frac{x^2 + \frac{5}{2}x + 1}{(x^2 + 2x)(x+1)} = -\frac{x + \frac{1}{2}}{x(x+1)}$$

が $\Delta f = g$ を満たす．練習問題 23.13 より，かってな正の整数 n に対して，$U = -\frac{1}{n}(x+n)(x^{\overline{n}})'$ が式 (22) の解，ここで $'$ は形式的な微分を表す．ゆえに，$\Delta(-(x^{\overline{n}})'/nx^{\overline{n}}) = 1/(x^2 + nx)$ が成り立つ．◇

例 23.26 $g = 1/x \in F(x)$ とする．このとき $\sigma = Eg/g = x/(x+1)$，$a = x$，$b = x+1$ を得る．また，アルゴリズム 23.18, 23.20 のステップ 1 において，$R = \mathrm{res}_x(x, x+y+1) = y+1$ が求まり，$d = 0, V = 1$ である．式 (21) にこれを代入して，

$$x \cdot EU - (x+1)U = (x+1)$$

を得る．ゆえに，$r = x, s = t = x+1, \deg r - 1 = 0 < 1 = \deg(s-r), \deg t - m = 1 = \delta$．補題 23.24 (ii) より，方程式 (21) は解 U を持たない．したがって，$\Sigma(1/x)$ は超幾何的でない．これは補題 23.5 の一般化である．◇

次の例は，補題 23.24 (i) で $\deg r - 1 \geq \deg(s-r)$ が成り立つときに，e の 2 通りの選び方が両方とも超幾何的和の解を導いていることを表している．

例 23.27 計算可能な有理関数でない超幾何的和の例をもう 1 つ取り扱う．$n \in$

$\mathbb{N}_{\geq 1}$ を固定して,

$$\sum_{0 \leq k < m} (-1)^k \binom{n}{k} \tag{23}$$

を求めよう. もちろん, $m > n$ のときは 2 項定理よりこの和は零である. しかし和の上限が n より小さいことも起こりうる. $g = (-1)^x \binom{n}{x}$ の項比は,

$$\sigma = \frac{Eg}{g} = \frac{(-1)^{x+1} \binom{n}{x+1}}{(-1)^x \binom{n}{x}} = \frac{x-n}{x+1}$$

よって, $a = x - n, b = x + 1$ である. ($x \notin \mathbb{Z}$ に対して, $(-1)^x$ は何か気になっている読者は, それを $e^{i\pi x}$ とおきかえて考えてもよい.) アルゴリズム 23.18 と 23.20 のステップ 1 で,

$$R = \operatorname{res}_x(x - n, x + y + 1) = y + n + 1$$

よって $d = 0, V = 1$ を得る. このとき方程式 (21) は次のようになる.

$$(x-n)EU - (x+1)U = x+1 \tag{24}$$

ゆえに $r = x - n$, $s = t = x + 1$, $\deg r - 1 = 0 < 1 = \deg(s - r)$, $\delta = n + 1$ である. これは, 補題 23.24 より, $\deg U = \deg t - m = 1$ または $\deg U = \delta = n + 1$ である. 補題からはどちらの値がよいのかわからない. そこで簡単そうに見える $\deg U = 1$ の場合を最初にやってみる. $U = U_1 x + U_0$ とすると, 式 (24) は

$$x + 1 = (x-n)(U_1(x+1) + U_0) - (x+1)(U_1 x + U_0)$$
$$= (-n)U_1 x + (-nU_1 - (n+1)U_0)$$

よって連立方程式は

$$1 = -nU_1, \quad 1 = -nU_1 - (n+1)U_0$$

となり, その解は $U_1 = -1/n, U_0 = 0$ である. よって, $\tau = U/V = -x/n$,

$$\Sigma(-1)^x \binom{n}{x} = \tau \cdot (-1)^x \binom{n}{x} = -\frac{x}{n}(-1)^x \binom{n}{x} = (-1)^{x-1}\binom{n-1}{x-1}$$

したがって，任意の $m \in \mathbb{N}$ に対して

$$\sum_{0 \le k < m}(-1)^k \binom{n}{k} = 1 + \sum_{1 \le k < m}(-1)^k \binom{n}{k}$$

$$= 1 + (-1)^{m-1}\binom{n-1}{m-1} - (-1)^0\binom{n-1}{0}$$

$$= (-1)^{m-1}\binom{n-1}{m-1}$$

特に，当然だが，$m > n$ のとき和は零である．

次に $\deg U = \delta = n+1$ の場合を考える．もし，式 (24) が次数 $n+1$ の解 U^* を持てば，差 $\overline{U} = U^* - U$ は同次式

$$(x-n)E\overline{U} - (x+1)\overline{U} = 0$$

の解で，逆も同様である．調べると，$\overline{U} = x^{n+1}$ がその同次式の解で，ゆえに $U^* = U + \overline{U} = x^{n+1} - x/n$ が次数 $n+1$ の式 (24) の解である．$\overline{U} = \Gamma(x+1)/\Gamma(x-n)$ なので，

$$E(\overline{U}g) = E\overline{U} \cdot Eg = \frac{(x+1)\Gamma(x+1)}{(x-n)\Gamma(x-n)} \cdot \sigma g = \overline{U}g$$

すなわち $\Delta(\overline{U}g) = 0$ である．これは，$\overline{U}g$ が新しい「定数」であることを意味している．特に，$\overline{U}g$ は零で消えるので，すべての整数で零となる．ゆえに x として整数値しか考えないときは，これを無視できる．

上式は，n を不定元と見ても，すなわち係数を F に持つ n に関する有理関数体 $F(n)$ 上の和の問題として見た場合も，本質的に正しい．違う点は，$\delta = n+1 \notin \mathbb{N}$ となり，$\deg U = \delta$ の場合を全く考えなくてよいところである．さらに，$(-1)^{m-1}\binom{n-1}{m-1}$ は n の多項式として，すべての $m \ge 1$ なる整数に対して零でないが，$n = 0, \ldots, m-2$ のとき零になる．

練習問題 23.21 は，和の問題 (23) で $(-1)^x$ がないときには，超幾何的な解を持たないことを示している．$\diamond$

注解

この章のすぐれた参考文献として，Graham, Knuth & Patashnik (1994) をあげておく．本の積み上げの例は，この本からである．また，この本には2項係数，Bernoulli 数，Euler 数，Stirling 数について有益な情報があり，これらを含めてたくさんの美しい和の式が書かれている．

記号的な差分，和，差分方程式 (漸化式) の統括的理論はすでに Boole (1860), Jordan (1965, 初版は 1939) などの古典で取り扱われている．打ち切りによる微分方程式の離散化による解法は，必然的に差分の計算をすることになり，数値的にそれらを解くことを必要とした．

23.1 Archimedes はその著書『螺旋について』の中の命題 10 で，本質的に $\sum_{0 \leq k < n} k^2$ の公式を与えている．Fermat は 1636 年の 9 月または 10 月の Mersenne への書簡で，これは de Sainte–Croix へも転送されたのだが，彼は任意の m に対し，$\sum_{0 \leq k < n} k^m$ の計算法を見つけたと記してある．$m = 4$ の場合 (実際は $n = 5$ に対して) 次のように彼は解を与えている．

$$\sum_{0 \leq k < n} k^4 = \frac{1}{5} \left((4(n-1) + 2) \cdot \left(\sum_{0 \leq k < n} k \right)^2 - \sum_{0 \leq k < n} k^2 \right)$$

von zur Gathen & Gerhard (1997) には，多項式 $f \in \mathbb{Z}[x]$ について $Ef = f(x+1)$ を計算するいくつかのアルゴリズムが書かれている．

2 つの等式 $Dx^n = nx^{n-1}$, $\Delta x^{\underline{n}} = nx^{\underline{n-1}}$ の類似性を含むような共通の議論として，"umbral calculus" と呼ばれるものがある．体 F 上の多項式のなす線形空間 $F[x]$ 上の線形作用素について研究している．T を微分作用素 D と可換で，0 でない多項式 $f \in F[x]$ に対し，$\deg(Tf) = \deg f - 1$ が成り立つような線形作用素とすると，多項式 $f_0 = 1, f_1, f_2, \cdots \in F[x]$ で，$\deg f_n = n$, $Tf_n = nf_{n-1}$, $f_n(0) = 0$ を満たすものが一意的に存在する．これらを T に**随伴した列**という．よって，$f_n = x^n$ は D に随伴しており，$f_n = x^{\underline{n}}$ は Δ に随伴している．随伴した列は常に 2 項定理

$$f_n(x+y) = \sum_{0 \leq k \leq n} \binom{n}{k} f_k(x) f_{n-k}(y)$$

を満たす．($f_n = x^n$ のときは明らか．練習問題 23.9 で，降下階乗の場合も示される．) 実際，この性質は，これらが随伴した列であることと同値である．umbral calculus の起源は 19 世紀の中頃までさかのぼることができ，1970 年代に Gian–Carlo Rota がそれを厳格に定式化した．参考文献としては，Roman (1984) がよい．

ガンマ関数はすべての $x \in \mathbb{R}_{\geq 0}$ に対して，$\Gamma(x) = \int_0^\infty e^{-t} t^{x-1} dt$ で定義される．$x \geq 1$ のとき，$\Gamma(x+1) = x\Gamma(x)$ を満たし，$\Gamma(1) = 1$ より，$n \in \mathbb{N}$ のとき $\Gamma(n) = n!$ が

成り立つ (練習問題 23.5). 解析接続により, ガンマ関数は正でない整数 $0, -1, -2, \ldots$ に極を持つ複素平面上の有理関数に拡張される. これによって, $x + n \notin \mathbb{N}$ を満たすかってな複素数 x, n について $x^{\overline{n}} = \Gamma(x+n)/\Gamma(x)$ と定義することにより, (降下または上昇) 階乗, 2 項係数を一般的に定義できる.

上昇階乗は Pochhammer 記号とも呼ばれ, $(x)_m$ と表されることもある.

多項式の和の公式は Stirling (1730) までさかのぼり, そのとき (両方の種の) Stirling 数が定義された. 1772 年, Vandermonde によって, $x^{\underline{n}}$ が導入された. Knuth (1993) はべきの和に関する Johann Faulhaber (1631) の方法を解説している. それはここで述べたものよりずっと美しい式を与えている. 真に彼はルネサンスの人である.

23.3 最大階乗分解の定義は定理 23.12, アルゴリズム 23.13 と同様に, Paule (1995) による. シフトの構造の表現は Pirastu (1992) の表現を使った.

23.4 超幾何項はその名前の通り, **超幾何級数**からきている. ここで, 超幾何級数とは, 定義 23.16 の意味で超幾何的な係数を持つ $\mathbb{C}$ 上のべき級数である. 級数 $f = \sum_{k \geq 0} f_k z^k / k! \in \mathbb{C}[[z]]$ が超幾何的とはすべての $k \in \mathbb{N}$ について

$$f_k = \frac{a_1^{\overline{k}} \cdots a_m^{\overline{k}}}{b_1^{\overline{k}} \cdots b_n^{\overline{k}}}$$

が成り立つことである, ここで $a_1, \ldots, a_m \in \mathbb{C}$ はかってな複素数で, $b_1, \ldots, b_n \in \mathbb{C}$ は $-\mathbb{N}$ に含まれない複素数である. 超幾何級数は歴史的には微積分の中で認識された. 次のようなよく知られている級数は超幾何級数で,

$$\exp(z) = \sum_{k \geq 0} \frac{z^k}{k!}, \quad \frac{1}{(1-z)^a} = \sum_{k \geq 0} a^{\overline{k}} \frac{z^k}{k!}, \quad \ln \frac{1}{1-z} = z \sum_{k \geq 0} \frac{1^{\overline{k}} 1^{\overline{k}}}{2^{\overline{k}}} \frac{z^k}{k!}$$

2 番目の例は $a = 1$ の幾何級数の場合も含んでいる. 分子に 2 つのパラメータを持ち分母に 1 つのパラメータを持つ超幾何級数が最初に Euler, Gauß, Pfaff らによって研究された.

アルゴリズム 23.20, 補題 23.24, アルゴリズム 23.25 はすべて Gosper (1978) による. Graham, Knuth & Patashnik (1994), §5.7, Koepf (1998) も参照するとよい. この本の表し方は, Paule (1995) による.

例 23.23, 練習問題 23.24 で見たように, d や δ の値が入力したサイズに比べて指数的に大きくなることを考えると, どのような漸近的に早い方法がこれを達成しうるかを知ることは興味深い. これについての第一歩は, von zur Gathen & Gerhard (1977), Gerhard (2001b) にある.

Gosper のアルゴリズムを, 有理関数 $g = p/q$ に適用したとき, 補題 23.24 において, $\deg r - 1 \geq \deg(s - r)$ であった, ただし $p, q \in F[x]$ は 0 でない多項式である.

Lisoněk, Paule & Strehl (1993) は，この場合，$\deg U = \delta$ となるための必要十分条件は，g が真に有理関数になること，すなわち $\deg p < \deg q$ が成り立つことである，という命題を証明した．さらに，Σg が存在するならば，式 (21) は次数 $\deg t - m$ の解 $U \in F[x]$ が一意的に存在し，補題 23.24 (i) を考える必要がないことも証明している．

さらなる注解

Abramov (1971)，Moenck (1977b)，Gosper (1978)，Karr (1981, 1985) の初期の仕事が記号的和に対して重要な役割を果たした．Lafon (1983) によって，1980 年代初期の状況を見ることができる．有理和，超幾何和，Gosper のアルゴリズムの拡張についての最近の結果は Lisoněk, Paule & Strehl (1993)，Man (1993)，Petkovšek (1994)，Pirastu & Strehl (1995)，Koepf (1995)，Paule (1995)，Paule & Strehl (1995)，Pirastu (1996)，Bauer & Petkovšek (1999) を見よ．

Zeilberger (1990a, 1990b, 1991) が，超幾何的定和の問題 ((1), (2) がそのタイプである) を解決し，めざましく発展した．それによって，Rogers–Ramanujan の公式，Pfaff–Saalschütz の等式，Dixon の定理，Apéry の公式や類似の新しい等式の証明など，よく知られた恒等式を計算機の助けを借りて検算することが可能になったのは驚くべきことである．このことは，24.3 節で簡単に取り扱う．また注解 24.3 も参照せよ．Almkvist & Zeilberger (1990) は，超指数定積分に対するアルゴリズムの議論を同様に行った．これらのアルゴリズムの一般化は Wilf & Zeilberger (1992)，Chyzak (1998a, 1998b, 2000)，Chyzak & Salvy (1998)，Abramov & van Hoeij (1999) によってなされた．

方程式 (15) は有理係数の 1 階線形差分方程式の特別な場合である．高階線形差分方程式を解くアルゴリズムはすでにある．たとえば，Abramov (1989a, 1989b, 1995)，Petkovšek (1992)，van Hoeij (1998, 1999)，Hendriks & Singer (1999)，Bronstein (2000) が与えている．

練習問題

23.1 $f, g : \mathbb{R} \longrightarrow \mathbb{R}$ で，$f(k+1) - f(k) = g(k)$ $(k \in \mathbb{Z})$ だが，$\Delta f \neq g$ となる関数の例をあげよ．

23.2 ∇ を「逆」差分作用素，すなわち $\nabla f = f - E^{-1} f = \Delta E^{-1} f$ とする．$m \in \mathbb{N}$ のとき次の等式を示せ．
 (i) $x^{\overline{m}} = (x + m - 1)^{\underline{m}} = (-1)^m (-x)^{\underline{m}}$,
 (ii) $\Delta x^{\overline{m}} = m \cdot E x^{\overline{m-1}}$,

(iii) $\nabla x^{\overline{m}} = mx^{\overline{m-1}}$.

23.3 (i) $\Delta f \cdot g - f \cdot \Delta g = Ef \cdot g - f \cdot Eg$ を示せ.

(ii) 差分作用素 Δ に関する積の法則は次のように表せる.

$$\Delta(f \cdot g) = f \cdot \Delta g + Eg \cdot \Delta f = Ef \cdot \Delta g + g \cdot \Delta f$$

$\Delta(f/g)$ を $f, \Delta f, g, \Delta g, Eg$ で表し, Δ に関する商の法則を与えよ.

(iii) $\Delta f^{\underline{m}} = (Ef - E^{1-m}f) \cdot f^{\underline{m-1}}$ $(m \in \mathbb{N})$ を証明せよ.

23.4* F を標数 0 の体とし, $h \in F$ に対し, **h シフト作用素** E^h を $E^h f = f(x+h)$ で定義する. ($h \in \mathbb{Z}$ のときは E の h 乗と一致する.) また, $\Delta_h = E^h - I$ とする.

(i) $\Delta_h f = g$ のとき, $\sum_{0 \le k < n} g(a + kh) = f(a + nh) - f(a)$ $(n \in \mathbb{N}, a \in F)$ が成り立つことを示せ.

(ii) $k \in \mathbb{N}$ のとき, $\Delta_h^k = \sum_{0 \le i \le k} (-1)^{k-i} \binom{k}{i} E^{ih}$ と $\Delta_k = \Delta \sum_{0 \le i < k} E^i$ が成り立つことを示せ.

(iii) $f \in F[x]$ を次数 n 未満の多項式とする. f は次のように **Newton 展開**されることを示せ.

$$f = \sum_{0 \le i < n} \frac{(\Delta_h^i f)(0)}{h^i i!} x(x-h) \cdots (x - ih + h)$$

またこの式を零のまわりの Taylor 展開, 等間隔な点 $u_j = jh$ $(0 \le i < n)$ での Newton の補間法 (練習問題 5.11) の関係を述べよ.

(iv) $0 \le i \le m$ のとき, $i! \begin{Bmatrix} m \\ i \end{Bmatrix} = (\Delta^i x^m)(0)$ が成り立つことを証明せよ.

23.5 (i) $x \in \mathbb{R}_{>0}$ のとき, $\Gamma(x) = \int_0^\infty e^{-t} t^{x-1} dt$ は収束することを示せ.

(ii) $x \in \mathbb{R}_{\ge 1}$ のとき, $\Gamma(x+1) = x\Gamma(x)$ が成り立つことを示せ.

ヒント: 部分積分.

(iii) $\Gamma(1) = 1$ を示し, $n \in \mathbb{N}$ のとき, $\Gamma(n) = n!$ となることを証明せよ.

23.6 $m \ge 1$ のとき, $\begin{Bmatrix} m \\ m-1 \end{Bmatrix} = \binom{m}{2}$, $\begin{Bmatrix} m \\ 2 \end{Bmatrix} = 2^{m-1} - 1$ を示せ.

23.7* 零以上の整数 n に対し, $\{1, \ldots, n\}$ の長さ k のサイクルを持つ置換の個数を $\begin{bmatrix} n \\ k \end{bmatrix}$ で表す. この数を **第 1 種 Stirling 数** という. 境界条件 $\begin{bmatrix} 0 \\ 0 \end{bmatrix} = 1$, $n > 0$ のとき $\begin{bmatrix} n \\ 0 \end{bmatrix} = 0$, $k > n$ のとき $\begin{bmatrix} n \\ k \end{bmatrix} = 0$ が成り立つ.

(i) $1 \le k \le n \le 4$ のとき, 長さ k のサイクルを持つ置換をすべてあげよ.

(ii) $n \in \mathbb{N}_{>0}$ のとき, $\begin{bmatrix} n \\ n \end{bmatrix} = 1$, $\begin{bmatrix} n \\ n-1 \end{bmatrix} = \binom{n}{2}$, $\begin{bmatrix} n \\ 1 \end{bmatrix} = (n-1)!$ を示せ.

(iii) $1 \le k \le n$ のとき, $\begin{bmatrix} n \\ k \end{bmatrix}$ の漸化式を求めよ. ヒント: n が固定点 (長さ 1 のサイクル) の場合とそうでない場合とに分けよ.

(iv) $m \in \mathbb{N}$ のとき $x^{\underline{m}} = \sum_{0 \le i \le m} (-1)^{m-i} \begin{bmatrix} m \\ i \end{bmatrix} x^i$ を証明せよ. $x^{\overline{m}}$ に対応する公式は何か.

(v) $i, n \in \mathbb{N}$, $i \leq n$ のとき,

$$\sum_{i \leq m \leq n} (-1)^{m-i} \begin{bmatrix} m \\ i \end{bmatrix} \begin{Bmatrix} n \\ m \end{Bmatrix} = \delta_{n-i} = \sum_{i \leq m \leq n} (-1)^{n-m} \begin{Bmatrix} m \\ i \end{Bmatrix} \begin{bmatrix} n \\ m \end{bmatrix}$$

が成り立つことを証明せよ. ただし δ_{n-i} は $n=i$ のとき 1, それ以外のとき零を表す.

23.8* 自然数 m に対し m 番目の **Bernoulli 数** $B_m \in \mathbb{Q}$ は次のように帰納的に定義される. $B_0 = 1$, $m \in \mathbb{N}_{\geq 1}$ のとき,

$$\sum_{0 \leq i \leq m} \binom{m+1}{i} B_i = 0$$

また自然数 m に対し次の多項式を定義する.

$$S_m = \frac{1}{m+1} \sum_{1 \leq k \leq m+1} \binom{m+1}{k} B_{m+1-k} x^k \in \mathbb{Q}[x]$$

(i) $0 \leq m \leq 4$ のとき, B_m と S_m を求めよ.
(ii) 零以上の整数 $c \leq b \leq a$ に対し, 次を示せ.

$$\binom{a}{b}\binom{b}{c} = \binom{a}{c}\binom{a-c}{b-c}$$

(iii) $m \in \mathbb{N}$ のとき, $\Delta S_m = x^m$ を示せ. ヒント: (ii) を使え. $m \in \mathbb{N}$ のとき $\sum_{0 \leq k < n} k^m = S_m(n)$ を証明せよ.
(iv) 練習問題 23.7 と式 (7) を使って, $1 \leq k \leq m+1$ を満たす自然数 k, m に対し次を証明せよ.

$$\frac{B_{m+1-k}}{m+1} \binom{m+1}{k} = \sum_{k-1 \leq i \leq m+1} \frac{(-1)^{i+1-k}}{i+1} \begin{Bmatrix} m \\ i \end{Bmatrix} \begin{bmatrix} i+1 \\ k \end{bmatrix}$$

23.9* (i) r, s, m を $1 \leq m \leq r+s$ を満たす整数とするとき, r 人の女性と s 人の男性から m 人の人を選ぶ場合の数を 2 通り考えることによって, 次の **Vandermonde のたたみ込み**の組み合わせ論的な証明を与えよ.

$$\sum_{0 \leq i \leq m} \binom{r}{i}\binom{s}{m-i} = \binom{r+s}{m} \tag{25}$$

(ii) 次の式の $\mathbb{Q}[[z]]$ における (形式的) べき級数の両辺の z^m の係数を比較して, 式 (25) の別証明を与えよ.

$$\frac{1}{(1-z)^r} \cdot \frac{1}{(1-z)^s} = \frac{1}{(1-z)^{r+s}}$$

(iii) $m \in \mathbb{N}_{\geq 1}$ のとき, r, s を不定元 x, y でおきかえたとき, 式 (25) は多項式環 $\mathbb{Z}[x, y]$ の恒等式になることを示せ. ヒント：補題 6.44.

(iv) 降下階乗は次の 2 項定理を満たすことを証明せよ.

$$\sum_{0 \leq i \leq m} \binom{m}{i} x^{\underline{i}} y^{\underline{m-i}} = (x+y)^{\underline{m}}$$

上昇階乗の場合はどうなるか.

23.10 (i) $m, n \in \mathbb{N}$ のとき, 降下階乗は次の等式を満たすことを示せ.

$$x^{\underline{m+n}} = x^{\underline{m}} (x-m)^{\underline{n}} = x^{\underline{m}} E^{-m} x^{\underline{n}} \tag{26}$$

(この式は, 通常の指数法則 $x^{m+n} = x^m x^n$ に対応している.)

(ii) 式 (26) によって, $m = -n$ が負のときに $x^{\underline{m}}$ の定義をする. このとき, 式 (26) と $\Delta x^{\underline{m}} = m x^{\underline{m+1}}$ がすべての整数 $m, n \in \mathbb{Z}$ について成り立つことを証明せよ.

23.11 次の和を閉式で表し, $n = 1, 2$ のとき確かめよ.
(i) $\displaystyle\sum_{0 \leq k < n} (k^3 - 3k^2 + 2k + 5)$
(ii) $\displaystyle\sum_{0 \leq k < n} k 2^k$. ヒント：部分積分を考えよ.

23.12 この問は補題 23.5 の一般化である. F を体とする. $f, g \in F[x]$ を 0 でないとし, $F(x)$ の有理関数 $\rho = f/g$ に対して, $\deg(\rho) = \deg f - \deg g$ と定義する. $\Delta \rho \neq 0$ を満たすすべての $\rho \in F(x)$ について, $\deg(\Delta \rho) \leq \deg \rho - 1$ が成り立ち, 等号が成り立つための必要十分条件は $\deg \rho \neq 0$ であることを証明せよ. もし, $\sigma \in F(x)$ について $\deg \sigma = -1$ ならば, $\Delta \rho = \sigma$ を満たす $\rho \in F(x)$ が存在しないことを示せ.

23.13 F を標数 0 の体とする.

(i) $F(x)$ 上通常の微分作用素 D と差分作用素 Δ は可換, すなわち $\rho \in F(x)$ に対して $D(\Delta \rho) = \Delta(D \rho)$ が成り立つことを示せ.

(ii) $m \in \mathbb{N}$ に対し, m 番目の**ポリガンマ関数**を $\Psi_m(x) = D^m \ln \Gamma(x)$ $(x \in \mathbb{C})$ で定義する. ここで Γ は練習問題 23.5 のガンマ関数である. $m \in \mathbb{N}$ が零でないとき, $\Sigma x^{-m} = (-1)^{m-1} \Psi_m / (m-1)!$ を示せ.

(iii) (ii) を使って, $d \in \mathbb{N}_{>0}$ のとき, $\sum (x^2 + dx)^{-1} = -D(x^{\overline{d}})/dx^{\overline{d}}$ を証明せよ. ヒント：部分分数分解.

23.14 F を体とする. 次で定義される多項式環 $F[x]$ 上の関係 $\sim$ は同値関係であることを示せ.

$$f \sim g \iff \exists i \in \mathbb{Z}; f = E^i g$$

23.15 次の多項式の最大階乗分解は何か．
(i) $x^2(x+1)(x+2)^3(x+3)^4$, (ii) $x^3(x+1)^2(x+2)^4$.

23.16 定理 23.12 の証明を完成させよ．

23.17* この問題では，最大階乗分解を用いて，Hermite の還元法の類似物を考える．F を標数 0 の体とし，$f, g \in F[x]$ を 0 でない多項式，$\mathrm{gff}(g) = g_1^1 \cdots g_m^m$ とする，ただし $g_1, \ldots, g_m$ はモニック多項式で，$g_m \neq 1$ とする．簡単のために，$\deg f < \deg g$ とし，g は**飽和**，すなわち，すべての $1 \leq i, j \leq m$ と $k \in \mathbb{Z}$ に対し $\gcd(g_i, E^k g_j) \neq 1$ が成り立つ，と仮定する．次の Hermite の還元法の類似物は Moenck (1977b)，Pirastu (1992) による．

(i) $1 \leq j \leq i \leq m$ に対して，次数が $j \deg g_i$ より小さい多項式 $h_{ij} \in F[x]$ が存在し，次の「部分分数分解」を満たすことを示せ．

$$\frac{f}{g} = \sum_{1 \leq j \leq i \leq m} \frac{h_{ij}}{g_i^j}$$

(ii) 次数が $\deg g_i$ より小さい多項式 $s, t \in F[x]$ が存在して，$sE^{-j+1}g_i + t \cdot (g_i - E^{-j+1}g_i) = h_{ij}$ を満たすことを示せ．積の法則を使って，次を証明せよ．

$$\frac{h_{ij}}{g_i^j} = \Delta\left(\frac{t}{g_i^{j-1}}\right) + \frac{s - Et}{g_i^{j-1}}$$

(iii) $b = g_1 \cdots g_m$, $d = E^{-1}(g/b)$ とおく．$\deg a < \deg b$, $\deg c < \deg d$ かつ次の式を満たす多項式 $a, c \in F[x]$ が存在することを証明せよ．

$$\frac{f}{g} = \Delta\left(\frac{c}{d}\right) + \frac{a}{b}$$

23.18 次を超幾何的なものとそうでないものに分けよ．また，項比はいくらか．
(i) $\binom{(x+1)^2}{3}$, (ii) $(x+1)2^{x^2}$, (iii) $(-1)^{x^2}\Gamma(x+1)$.

23.19 超幾何項全体の集合は乗法と除法に関して閉じているが，加法に関しては閉じていないことを証明せよ．

23.20 アルゴリズム 23.25 を $\Sigma x^{\overline{2}}$ の計算によってトレースせよ．その結果を 23.1 節で得られたものと比較せよ．

23.21 $n \in \mathbb{N}_{\geq 1}$ とする．$\Delta f = \binom{n}{x}$ を満たす超幾何的な式 f は存在しないことを示せ．

23.22 次の超幾何的な式は超幾何的な和を持つか判定せよ．持つ場合には，それを求めよ．

(i) $\dfrac{3x+1}{x+1}\dbinom{2x}{x}$, (ii) $(2x+1)2^x\,\Gamma(x+1)$, (iii) $2^x\dbinom{100}{x}$.

23.23 $n\in\mathbb{N}$ を固定する．不定和 $\Sigma(-1)^x\dbinom{n}{x}^2$ と $\Sigma\dbinom{n}{x}^2$ のうちどちらが超幾何的か．

23.24⟶ (Gerhard 1998) $n\in\mathbb{N}_{\geq 2}$ とし，g を次のように定義する．
$$g=\frac{2^{4x}}{\dbinom{n+x}{x}^2\dbinom{2n+2x}{n+x}^2}$$

(i) g の項比は次のようになることを示せ．
$$\sigma=\frac{Eg}{g}=\frac{(x+1)^2}{\left(x+\dfrac{2n+1}{2}\right)^2}=\frac{x^2+2x+1}{x^2+(2n+1)x+\dfrac{(2n+1)^2}{4}} \tag{27}$$

(ii) (i) の分子，分母をそれぞれ $a=x^2+2x+1$, $b=x^2+(2n+1)x+(2n+1)^2/4$ とおく．アルゴリズム 23.18, 23.20 でともに $V=1$ が出力されることを示せ．

(iii) いまの場合，式 (20) は，$a\cdot EU-b\cdot u=b$ となる．もし解 $U\in\mathbb{Q}[x]$ が存在するならば，その次数は $\delta=2n-1$ であることを示せ．

(iv) 線形作用素 $L=aE-b\colon \mathbb{Q}[x]\to\mathbb{Q}[x]$, $Lf=a\cdot Ef-b\cdot f$ は次数が $2n$ 未満の多項式からなる $2n$ 次元ベクトル空間 $W\subseteq \mathbb{Q}[x]$ からそれ自身への写像であることを示し，$LU=a\cdot EU-b\cdot U$ を満たす $U\in\mathbb{Q}[x]$ が一意的に存在することを示せ．

(v) $n=6$ のとき U を求めよ．

23.25 K を自己同型写像 E を持つ差分体とし，y を不定元，$a,b,c,d\in K$ を $ad\neq bc$ を満たす元，$\sigma=(ay+b)/(cy+d)\in K(y)$ とする．このとき，$E^*y=\sigma$ を満たす E の $K(y)$ への拡張 E^* が一意的に存在することを示せ．y が K 上超幾何的になるためには a,b,c,d をどのように選べばよいか．

23.26 F を標数 0 の体とし，$r,s,t,U\in F[x]$ を $r\cdot EU-s\cdot U=t$, $\gcd(r,s)=1$ を満たす元とする．$\deg\gcd(r,t)\geq 1$ と仮定し，この U に関する差分方程式を U の真に小さい因子 U^* に関する差分方程式で，その係数 r^*,s^*,t^* の次数はそれぞれ r,s,t のものよりも大きくないものに還元せよ．同じ問題を $\deg\gcd(s,t)\geq 1$ のときも考えよ．

23.27 $a,b\in\mathbb{Z}[x]$ を零でなく，最大ノルムについて $||a||_\infty, ||b||_\infty\leq B\in\mathbb{N}$ を満たす元とする．d をアルゴリズム 23.18, 23.20 のステップ 1 で与えられるものとするとき，$d\leq 4B$ を証明せよ．ヒント：練習問題 6.23．

23.28* (Abramov 1971) F を標数 0 の体とし，$f,g\in F[x]$ を互いに素な多項式で $\deg g>0$ とし，有理関数 $\rho=f/g\in F(x)$ とおく．ρ の **分散** を次の式で定義する．

$$\mathrm{dis}(\rho) = \max\{k \in \mathbb{N} \mid \gcd(g, E^k g) \neq 1\}$$

(i) $\mathrm{dis}(\Delta\rho) = \mathrm{dis}(\rho) + 1$ を示せ.

(ii) $m \in \mathbb{N}_{\geq 1}$ のとき, $\Delta\rho = x^{-m}$ を満たす有理関数 $\rho \in F(x)$ は存在しないことを証明せよ. (練習問題 23.13 より, Σx^{-m} の「閉式」が与えられる.)

23.29* F を標数 0 の体とし, $a, b \in F[x]$, $b \neq 0$ をモニック多項式とする.

(i) アルゴリズム 23.20 を使って, 次の式を満たす多項式 $r, s, v \in F[x]$ で, s, v は零でないモニック多項式なものが存在することを示せ.

$$\frac{a}{b} = \frac{r}{Es} \cdot \frac{Ev}{v}, \quad \gcd(r, E^i s) = 1 \ (i \in \mathbb{N}_{>0}) \tag{28}$$

(ii) (28) を満たす r, s, t からそれらを取り直して, さらに $\gcd(r, v) = \gcd(s, v) = 1$ を満たすようにできることを示せ. (ヒント:練習問題 23.26) また, このような表現は一意的であることを示せ. これを, 発見者である Gosper (1978) と Petkovšek (1992) にちなんで, a/b の **Gosper–Petkovšek 表現**という.

(iii) r は多項式, s, u, v が定数でないモニック多項式で, $\gcd(r, Eu) = \gcd(r, v) = \gcd(s, u) = \gcd(s, Ev) = \gcd(u, v) = 1$ かつ次の条件を満たすものが存在する.

$$\frac{a}{b} = \frac{r}{s} \cdot \frac{u}{Eu} \cdot \frac{Ev}{v}, \quad \gcd(r, E^i s) = 1 \ (i \in \mathbb{Z}) \tag{29}$$

これを a/b の **拡張された Gosper–Petkovšek 表現**という.

(iv) $a = x(x+2)$, $b = (x-1)(x+1)^2(x+3)$ とする. 異なる a/b の拡張された Gosper–Petkovšek 表現を少なくとも 2 つあげよ.

(v) $d \neq 0$, $\Delta(c/d) = a/b$ を満たす有理関数 $c/d \in F(x)$ が存在するための必要十分条件はすべての拡張された Gosper–Petkovšek 表現において $r = s = 1$ が成り立つことを証明せよ.

(vi) 次の有理関数の拡張された Gosper–Petkovšek 表現を計算せよ.

$$\frac{x^4 + 4x^3 + 3x^2}{x^6 + 7x^4 + 5x^5 + x^3 - 2x^2 - 4x - 8} \in \mathbb{Q}(x)$$

(iv) の例は Abramov & Petkovšek (2001) から抜き出した. また, (v) の場合に Gosper–Petkovšek 表現は一意的であることも示している.

23.30 F を標数 0 の体, $f \in F[x]$ を定数でない多項式, $k \in \mathbb{N}$ とする. 次の式を証明せよ.

$$\underbrace{\mathrm{gcdE}(\mathrm{gcdE}(\cdots \mathrm{gcdE}(f)\cdots))}_{k \text{ 回}} = \gcd(f, Ef, \ldots, E^k f)$$

23.31 補題 23.24 を証明せよ. ヒント:式 (21) を差分作用素の言葉で書き直せ.

It is no paradox to say that in our most theoretical moods
we may be nearest to our most practical applications.
Alfred North Whitehead (1911)

L'algèbre est généreuse, elle donne souvent plus qu'on lui demande.
Jean le Rond D'Alembert ()

I will, however, mention an unexpected circumstance,
as it illustrates, in a striking manner, the connection between
remote inquiries in mathematics, and as it may furnish a lesson
to those who are rashly inclined to undervalue the more
recondite speculations of pure analysis, from an erroneous idea
of their inapplicability to practical matters.
Charles Babbage (1822)

Many identities in combinatorics are still out of the range of
computers, but even if one day they would all be computerizable,
that would by no means render them obsolete,
since the *ideas* behind the human proofs are often
much more important than the theorems that are being proved.
Marko Petkovšek, Herbert S. Wilf, and Doron Zeilberger (1996)

24

応　　用

24.1　Gröbner 証明システム

　ここでの応用は，数理論理学からのもので，一般的な問題を多項式イデアルにコード化する方法である．さらに，いままでのテクニックをこれらに応用する．

　論理学における**証明システム**とは，**公理**と**推論規則**からなるものである．公理から始めて，この規則を繰り返し使うことによって，この証明システムで証明可能な**定理**を得る．これらの定理をすべて集めた集合をこのシステムの**理論**という．例としては，公理として，$0, 1, +, *, =, <$ を用いて表現可能な実数についての基本的なこと，たとえば

$$\forall x \ \exists y \ \ y < x$$

をとり，推論規則として，通常のものをとる．たとえば

$$\frac{x<y, z<w}{x+z<y+w}$$

これは次のように解釈する．「$x<y$ と $z<w$ が証明可能ならば $x+z<y+w$ も証明可能である」．これらによって，実数の理論の証明可能な定理を得ることになる．

　ここでは，**命題計算**のみを取り扱う．これはとても単純な対象で，変数としては，値として，**真** (true) と**偽** (false)，論理結合として，¬ (否定)，∨ (または)，∧ (かつ)，⟶ (ならば) だけからなる．限定記号は含まれない．公理の例

としては,

$$x \vee \neg x$$

推論規則の例としては,

$$\frac{x, x \longrightarrow y}{y}, \quad \frac{x, \neg x}{\textbf{false}} \tag{1}$$

命題証明システムの典型的な構成の中で,たとえば次のような式からなる集合

$$S = \{x_1, x_1 \longrightarrow x_2, x_2 \longrightarrow x_3, x_3 \longrightarrow x_4, \neg x_4\} \tag{2}$$

が**充足不可能な**こと,すなわち,各変数にどのように **true** または **false** の値を入れても,S のすべての式を同時に **true** にできない.

　S の**反駁**とは,S の式,公式,推論規則を繰り返し使って,最も単純な矛盾 **false** を導き出すことである.式 (2) において,$x_1, x_1 \longrightarrow x_2$ と式 (1) の最初の規則を用いて,x_2 を導き出し,同様に x_3, x_4 を得,最後には,$x_4, \neg x_4$ と式 (1) の 2 番目の規則から **false** を得る.

　命題証明システムにはいろいろある.タブロー,分解,Horn の条項分解,Davis–Putnam の方法,Frege–Hilbert の証明,Gentzen システムなどがそうである.そのようなシステムについての次の 2 つのものさしは興味深いものである.与えられた式の集合が充足不可能なとき,その最も短い反駁はどのくらいの長さか? もし反駁が存在するとき,その中で「短いもの」を見つけることはどのくらい難しいか?

　部屋割り論法によれば,自然数 $n \in \mathbb{N}$ に対し,$n+1$ 匹のハトが n 個のハトの巣に重複なく入ることはできない [訳注:部屋割り論法は英語で pigeonhole principle という.直訳するとハトの巣の原理である].(動物愛護団体の人は,ハトが暗い穴の中に詰め込まれていることが彼らにとって幸福かどうか心配なので,この言葉を使わずにドイツ語の "Dirichlets Schbfachprinzip"[*1] を用いる.) これを命題式として表すために,「ハト i が巣 j にいること」を x_{ij} で表すことにする.$n = 2$ のときは,

---

[*1] Dirichlets の引きだし原理.英語の pigeonhole は実際は郵便箱を意味する.

24.1 Gröbner 証明システム

$$PHP_2 = \{x_{11} \vee x_{12}, x_{21} \vee x_{22}, x_{31} \vee x_{32}, \neg x_{11} \vee \neg x_{21},$$
$$\neg x_{11} \vee \neg x_{31}, \neg x_{21} \vee \neg x_{31}, \neg x_{12} \vee \neg x_{22}, \neg x_{12} \vee \neg x_{32}, \neg x_{22} \vee \neg x_{32}\}$$

が充足不可能なことを意味する．PHP_n の長さは一般には約 $n^3 \log_2 n$ である．Haken (1985) の有名な結果として，ある正の定数 $c \in \mathbb{R}$ が存在して PHP_n のどんな分解証明も少なくとも 2^{cn} の長さであることが証明されている．この分野は研究が活発で，深いところには触れることはできない．

命題証明システムはコンピュータサイエンスのいろいろな分野に現れる．たとえば，バックトラッキングアルゴリズムはそのようなシステムとして形式化されていて，人工知能の分野では，Prolog のような論理プログラミング言語を，計算方法や，また知識の表現方法として採用している．

代数とは，たくさんのことを表現できる強力な道具である．命題証明システムを築き上げるのにどのように代数が使われるかをこれから説明しよう．F を体とする．通常は $F = \mathbb{F}_2$ とする．各 Boole 変数 x に対し，F 上の変数 $\widetilde{x}$ を対応させる．次のような Boole 値と体の元の対応 (ちょっと普通ではないが) を用いる．

$$\textbf{true} \longleftrightarrow 0, \quad \textbf{false} \longleftrightarrow 1$$

多項式 $\widetilde{x}^2 - \widetilde{x}$ は $\widetilde{x}$ の値が $0, 1$ のいずれか一方の値しかとれないことを表している．Boole 結合記号は次のように翻訳される．φ, ψ が式のとき，対応する多項式をそれぞれ $\widetilde{\varphi}, \widetilde{\psi}$ とすると，

$$\neg \varphi \longleftrightarrow 1 - \widetilde{\varphi}; \quad \varphi \vee \psi \longleftrightarrow \widetilde{\varphi}\widetilde{\psi}; \quad \varphi \wedge \psi \longleftrightarrow 1 - (1 - \widetilde{\varphi})(1 - \widetilde{\psi})$$

このようにして，変数 $x_1, \ldots, x_n$ を持つ命題式 φ は多項式 $\widetilde{\varphi} \in F[\widetilde{x}_1, \ldots, \widetilde{x}_n] = R$ に対応する．たとえば，φ として $x \longrightarrow y$ とすると，これは論理的に $\neg x \vee y$ と同値なので，$\widetilde{\varphi} = (1 - \widetilde{x})\widetilde{y}$ となる．代数を用いると，公理は

$$\widetilde{x}_1^2 - \widetilde{x}_1, \ldots \widetilde{x}_n^2 - \widetilde{x}_n \in R \tag{3}$$

で，推論規則は $f, g \in R$ がすでに与えられているとき，$a, b \in F$, $1 \le i \le n$ に対し，

$$af + bg \quad \text{かつ} \quad \widetilde{x}_i f$$

を導きだすことである.

式からなる集合 $S = \{\varphi_1, \ldots, \varphi_s\}$ から式 ψ を導くために,代数ではこれらの規則を公理と $\widetilde{\varphi}_1, \ldots, \widetilde{\varphi}_s \in R$ に応用して,$\widetilde{\psi} \in R$ を得ることを目指す.いいかえると,次のイデアルを考えることと同じである.

$$I = \langle \widetilde{x}_1^2 - \widetilde{x}_1, \ldots \widetilde{x}_n^2 - \widetilde{x}_n, \widetilde{\varphi}_1, \ldots, \widetilde{\varphi}_s \rangle \subseteq R$$

零点定理証明システムは,反駁を得るために,これらの規則にしたがって,1 を導きだすこと,すなわち $1 \in I$ を証明できるかを尋ねている.式 (2) に対応したものを考えると,

$$\begin{aligned} I = \langle &\widetilde{x}_1^2 - \widetilde{x}_1, \widetilde{x}_2^2 - \widetilde{x}_2, \widetilde{x}_3^2 - \widetilde{x}_3, \widetilde{x}_4^2 - \widetilde{x}_4, \\ &\widetilde{x}_1, (1-\widetilde{x}_1)\widetilde{x}_2, (1-\widetilde{x}_2)\widetilde{x}_3, (1-\widetilde{x}_3)\widetilde{x}_4, 1-\widetilde{x}_4 \rangle \subseteq F[\widetilde{x}_1, \widetilde{x}_2, \widetilde{x}_3, \widetilde{x}_4] \end{aligned} \quad (4)$$

S の反駁は次のように示される.

$$\widetilde{x}_2 = (1-\widetilde{x}_1)\widetilde{x}_2 + \widetilde{x}_2 \cdot \widetilde{x}_1, \quad \widetilde{x}_3 = (1-\widetilde{x}_2)\widetilde{x}_3 + \widetilde{x}_3 \cdot \widetilde{x}_2$$
$$\widetilde{x}_4 = (1-\widetilde{x}_3)\widetilde{x}_4 + \widetilde{x}_4 \cdot \widetilde{x}_3, \quad 1 = \widetilde{x}_4 + (1-\widetilde{x}_4) \in I$$

Gröbner 証明システムは Clegg, Edmonds & Impagliazzo (1996) によって導入され,I の被約 Gröbner 基底 G を計算し,$G = \{1\}$ が成り立つか,いいかえると $1 \in I$ を調べる問題に帰着された (練習問題 21.19).式 (4) のイデアルの場合は,MAPLE のコマンド gbasis によって,$G = \{1\}$ を得,それからただちに $1 \in I$ が示される.彼らの Gröbner 証明システムは Horn の条項分解などのほかのシステムを十分に再現でき,少なくともそれらより悪くないといってさしつかえがないことを Clegg らは示した.ある場合では,他のシステムよりよいことも彼らは証明している.詳細は極端に難しいことはないが,この本の範囲を越えている.

24.2 Petri 網

この章では,代数的な方法が,ここでは Gröbner 基底であるが,一見それとは

24.2 Petri 網

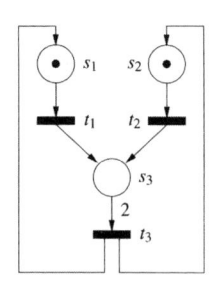

図 24.1 マーク付けされた Petri 網

無関係の別の問題にどのように利用可能かということを示す．それは並列処理の問題であり，広く使われるモデルは Petri (1962) によって導入された **Petri 網**である．形式的な定義を与えるよりもむしろ，例だけで十分であろう．図 24.1 は Petri 網を表している．それは，重みつき有向 2 部グラフで，**座** s_1, s_2, s_3, **推移** t_1, t_2, t_3 を持ち，各辺には重みがついている．重みは，s_3 から t_3 が 2 で，それ以外は 1 である．さらに，Petri 網の**マーク付け** M とは，各座 s_i に零以上の整数値 $M(s_i)$ を与えることをいい，その値は各頂点における**トークン**の個数である．そのようなマーク付けされた Petri 網はプロセスのシステムの状態を述べるのに使われる．

そのシステムの中の動きは，Petri 網の推移の**点火**に対応する．中にある推移はそれぞれ入力側の座からトークンを受け取り，それを出力側の座に送るのである．トークンの個数は辺の重みと等しい．図 24.1 の Petri 網の連続した 3 つの点火が図 24.2 で与えられている．最初の 2 つは交換可能で，1 つの点火にま

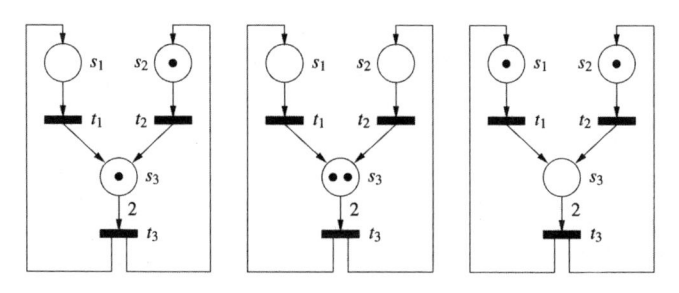

図 24.2 図 24.1 の Petri 網からそれぞれ 1, 2, 3 回点火した後の Petri 網

とめることもできる．点火において，マーク付けの位置が変わるだけである．

Petri 網が**可逆**であるとは，各点火に対し，それと逆の状態をなすような点火の列が存在することをいう．図 24.2 では，後の 2 つの点火が最初のものの逆になっている．(可逆) Petri 網の**到達問題**とは，同じ Petri 網の 2 つのマーク付け M と M^* が与えられたとき，M^* が M から点火の列によって得られるかどうかという問題である．Petri 網が可逆のとき，M^* が M から到達可能であることと M が M^* から到達可能であることは同値である．

これを代数で考えるにはどうしたらよいか？ 体 F と各座に対応する変数 $x_1, \ldots, x_n$ を選び，m 個の推移に対応する多項式 $f_1, \ldots, f_m \in F[x_1, \ldots, x_n]$ で生成されるイデアルを考える．図 24.1 では，

$$f_1 = x_3 - x_1, \quad f_2 = x_3 - x_2, \quad f_3 = x_1 x_2 - x_3^2 \tag{5}$$

となる．そのようなイデアルは，2 項式で生成されているので，**2 項式イデアル**という．興味深いことに，その被約 Gröbner 基底も再び 2 項式からなる．可逆 Petri 網の到達問題を Gröbner 基底の方法で解決することができる．すなわち，M と M^* をマーク付けとする．2 項式

$$x_1^{M^*(s_1)} \cdots x_n^{M^*(s_n)} - x_1^{M(s_1)} \cdots x_n^{M(s_n)}$$

が $f_1, \ldots, f_m$ で生成されたイデアルに入るための必要十分条件は，M と M^* が互いに到達可能であることである．

この本の例では，それぞれ図 24.1 と図 24.2 の一番左に対応したマーク付け $M(s_1) = M(s_2) = 1, M(s_3) = 0$ と $M^*(s_1) = 0, M^*(s_2) = M^*(s_3) = 1$ は互いに到達可能である．実際，多項式

$$x_2 x_3 - x_1 x_2 = x_2 \cdot f_1$$

はイデアル $\langle f_1, f_2, f_3 \rangle \subseteq F[x_1, x_2, x_3]$ に含まれる．

24.3 等式証明とアルゴリズムの分析

第 23 章の記号的和のアルゴリズムがどのように組み合わせ論的等式の証明

24.3 等式証明とアルゴリズムの分析

に使われるかを簡単に触れておく．例として，モジュラ最大公約数アルゴリズム 6.36 の変種の分析に現れる和の問題を取り扱う．アイデアをスケッチするだけにとどめるので，詳しくは文献を参考せよ（注解 24.3 も見よ）．

F を十分大きな体において，$a, b \in F[x, y]$ を x に関して原始的とする．アルゴリズム 6.36 において，評価点からなる集合 $S \subseteq F$ が選ばれ，すべての $u \in S$ に対して $v_u = \gcd(a(x, u), b(y, u))$ を計算し，補間法を用いて $c = \gcd(a, b)$ を求めた．すでに見た通り，ある評価点 u ではアンラッキーなことが起こっているかもしれない．すなわち，$\gcd(\mathrm{lc}_x(a), \mathrm{lc}_x(b))$ が $y = u$ で零になっていたり，$\deg_x v_u > \deg_x c$ となっているかもしれない．これは u が a と b のある部分終結式 $\sigma \in F[y]$ の根になっているときに限って起こる．よって，そのアンラッキーな点の個数は高々 $\deg_y \sigma$ である．補間法によって最大公約数を求めるのに必要なラッキーな点の個数は，$s = 2 \max\{\deg_y a, \deg_y b\} + 1$ で，一般には $\deg_y \sigma$ によりもずっと小さい．定理 6.37 でこのアルゴリズムを分析した．

しかし，実際，ある固定された（十分に大きな）濃度 n を持つ集合 $U \subseteq F$ から一様にランダムに点を選び，ちょうど s 個のラッキーな点を手にするまで，アンラッキーな点を捨てつづけるのである．このアルゴリズムを分析するには，s 個のラッキーな点を手にするまでの選択回数の期待値を知りたい．これは次のようなランダム実験でモデル化できる．つぼの中に w 個の白いボールと $n - w$ 個の黒いボールが入っている．ただし，w, n は $0 < w \leq n$ を満たす整数である．白いボールと黒いボールはそれぞれ U のラッキーな点とアンラッキーな点を表している．ボールは常につぼの中に戻さないで，繰り返しボールを取り出して，確率変数 T は最初に s 個の白いボールを取り出すまでの試行回数を表すものとする．ただし $0 \leq s \leq w$ とする．さらに，確率変数 $X_1, X_2, \ldots, X_n$ を考える．ここで確率変数 X_k は k 回の試行の後取り出された白いボールの個数を表すものとする．このとき，X_k は超幾何分布で，

$$\mathrm{prob}(X_k = s) = \frac{\binom{w}{s}\binom{n-w}{k-s}}{\binom{n}{k}}$$

である. なぜならば, s 個の白いボールの選び方は $\binom{w}{s}$ 通りあり, $k-s$ 個の黒いボールの選び方は $\binom{n-w}{k-s}$ 通りあって, 全体の選び方は $\binom{n}{k}$ 通りである. $k<s$ のとき, $\mathrm{prob}(X_k=s)=0$ である. 条件つき確率を用いると,

$$p_k = \mathrm{prob}(T=k) = \mathrm{prob}(X_k=s, X_{k-1}=s-1)$$
$$= \mathrm{prob}_{X_{k-1}=s-1}(X_k=s)\cdot\mathrm{prob}(X_{k-1}=s-1)$$
$$= \frac{w-s+1}{n-k+1}\frac{\binom{w}{s-1}\binom{n-w}{k-s}}{\binom{n}{k-1}}$$

$$kp_k = \frac{(w-s+1)\binom{w}{s-1}\binom{n-w}{k-s}}{\frac{n-k+1}{k}\binom{n}{k-1}} = s\frac{\binom{w}{s}\binom{n-w}{k-s}}{\binom{n}{k}} = s\frac{\binom{k}{s}\binom{n-k}{w-s}}{\binom{n}{w}}$$

試行回数の期待値 $\mathcal{E}(T) = \sum_{0\le k\le n} kp_k$ は

$$\sum_{0\le k\le n} kp_k = \frac{(n+1)s}{w+1} \tag{6}$$

(この値はボールをつぼへ戻した場合の期待値 ns/w と大変近い値である) であることを示す. $0\le k\le n$ に対し,

$$g(n,k) = \frac{kp_k(w+1)}{(n+1)s} = \frac{\binom{k}{s}\binom{n-k}{w-s}}{\frac{n+1}{w+1}\binom{n}{w}} = \frac{\binom{k}{s}\binom{n-k}{w-s}}{\binom{n+1}{w+1}} \tag{7}$$

とおく. $S(n) = \sum_{0\le k\le n} g(n,k) = \sum_{k\in\mathbb{Z}} g(n,k)$ と定義したとき, 式 (6) と $n\ge w$ を満たすすべての自然数 n に対して $S(n)=1$ は同値である.

$$f(n,k) = \frac{(k-n-1)(k-s)}{(n+2)(k-n-1+w-s)}g(n,k) \tag{8}$$

で定義される超幾何項 $f(n,k)$ は $n\ge w, k\in\mathbb{Z}$ のとき

$$f(n,k+1) - f(n,k) = g(n+1,k) - g(n,k) \tag{9}$$

24.3 等式証明とアルゴリズムの分析

を満たすことが簡単にわかる (式 (9) の両辺を $g(n,k)$ で割ると, n と k に関する有理関数だけが残る). ゆえに, $n \geq w$ のとき

$$S(n+1) - S(n) = \sum_{k \in \mathbb{Z}} g(n+1,k) - \sum_{k \in \mathbb{Z}} g(n,k) = \sum_{k \in \mathbb{Z}} (f(n,k+1) - f(n,k)) = 0$$

よって, $S(n) = S(n-1) = \cdots = S(w) = 1$ (式 (7) より, $S(w) = \sum_{0 \leq k \leq w} g(w,k)$ において零でないのは $g(w,s) = 1$ のところだけである). したがって主張が示された.

しかし, 式 (8) の魔法の項 f はどこからきたのであろうか? s, w を変数とし, x, y を $\mathbb{Q}$ 上の別の変数とする. 式 (9) で n と k をそれぞれ y と x でおきかえると, s, w, y の有理関数体 $\mathbb{Q}(s, w, y)$ 上の x に関しての「不定」和の問題になる. すなわち, $f^*(x) = f(y,x)$, $g^*(x) = g(y+1,x) - g(y,x)$ とおくと $\Delta f^* = g^*$ となる f^* を求める問題で, 超幾何和のアルゴリズム 23.25 を適応できる. 上の例では,

$$g(y+1,x) - g(y,x) = \binom{x}{s} \left(\frac{\binom{y-x+1}{w-s}}{\binom{y+2}{w+1}} - \frac{\binom{y-x}{w-s}}{\binom{y+1}{w+1}} \right)$$

$$= \left(\frac{(y+1-w)(x-y-1)}{(y+2)(x-y+w-s-1)} - 1 \right) \frac{\binom{x}{s}\binom{y-x}{w-s}}{\binom{y+1}{w+1}}$$

$$= -\frac{(w+1)x - (s+1)y + w - 2s - 1}{(y+2)(x-y+w-s-1)} g(y,x) \qquad (10)$$

これは x について超幾何的である. その項比は,

$$\sigma = \frac{g(y+1,x+1) - g(y,x+1)}{g(y+1,x) - g(y,x)}$$
$$= \frac{(x+1)(x-y+w-s-1)\left((w+1)x - (s+1)y + 2w - 2s\right)}{(x-s+1)(x-y)\left((w+1)x - (s+1)y - 2s - 1\right)}$$

$\mathbb{Q}(s, w, y)[x]$ の多項式

$$a = (x+1)(x-y+w-s-1)\left((w+1)x - (s+1)y + 2w - 2s\right)$$

$$b = (x-s+1)(x-y)((w+1)x-(s+1)y-2s-1)$$

をアルゴリズム 23.20 に入力する．それによって，$V = (w+1)x-(s+1)y+w-2s-1$ と差分方程式の解の分子 $U = (x-y-1)(x-s)$ を得る．式 (10) より，

$$f(y,x) = \frac{U}{V}(g(y+1,x)-g(y,x)) = -\frac{(x-y-1)(x-s)}{(y+2)(x-y-1+w-s)}g(y,x)$$

を得るから，たしかに $f(n,k)$ は式 (8) と同じになり，証明できた．

これまでに述べたことによって，**証明書**が与えられた．すなわち，f より正確には有理関数

$$\frac{f(n,k)}{g(n,k)} = \frac{(2k-3n-3)k^2}{2(k-n-1)^2(2n+1)}$$

によって，上の計算とは独立して，単に式 (9) が正しいことをチェックすることから，式 (6) が正しいことが証明できる．例では，式 (6) を直接帰納法で証明する方が簡単である (練習問題 24.3)．上の議論を少し変えると，和 kp_k を与えるだけで，式 (6) の右辺を見つけることさえできる．

このようなアプローチは Herbert Wilf と Doron Zeilberger によるもので，2 重超幾何和のあるクラスに対しても有効である．このようにして，2 項係数上の和を含み，式 (6) は特別に簡単な場合として含む組み合わせ論の等式からなる大きな多様体は自動的に証明が与えられ，式 (9) における f のように $f(n,k)/g(n,k)$ が有理関数であるような証明書をつくることができる．先に和の閉式が知られていないならば，Zeilberger の方法によって，存在すればそれを与えられ，そうでなければ少なくとも漸化式が与えられる．たとえば，その方法によって，**Apéry 数**

$$a(n) = \sum_{0 \le k \le n} \binom{n}{k}^2 \binom{n+k}{k}^2 \quad (n \in \mathbb{N})$$

の 2 階漸化式

$$(n+2)^3 a(n+2) - (34n^3+153n^2+231n+117)a(n+1)+(n+1)^3 a(n) = 0$$

を求めることができる．ここで，Apéry 数は Roger Apéry が $\zeta(3)$ が無理数で

あるという衝撃的定理を示したときに重要な役割を果たした．その考え方は，2 変数以上の場合や入れ子になっている和，定積分，q 超幾何和の場合に拡張できる．機械によって証明された等式の有名な例は，

$$\sum_{0 \leq k \leq n} \frac{q^{k^2}}{(1-q)\cdots(1-q^k) \cdot (1-q)\cdots(1-q^{n-k})}$$
$$= \sum_{0 \leq k \leq n} \frac{(-1)^k q^{(5k^2-k)/2}}{(1-q)\cdots(1-q^{n-k}) \cdot (1-q)\cdots(1-q^{n+k})} \quad (11)$$

であり，$n \longrightarrow \infty$ のとき，極限が第 1 Rogers–Ramanujan 等式になる．

24.4 シクロヘキサン再考

この最後の節では，第 1 章でも取り上げたシクロヘキサンのすべての空間における分子配置の決定問題に戻る．そして，計算機代数がどのようにして 1.1 節で紹介した解を導くのに使われるのかを示す．そのために，この本でいままで議論してきた道具のいくつかを利用する．

炭素分子間の結合 (図 24.3) を表す 6 つのベクトル $a_1, \ldots, a_6 \in \mathbb{R}^3$ は次の条件を満たす．

$$\begin{aligned} a_1 \star a_1 = a_2 \star a_2 = \cdots = a_6 \star a_6 &= 1 \\ a_1 \star a_2 = a_2 \star a_3 = \cdots = a_6 \star a_1 &= \frac{1}{3} \\ a_1 + a_2 + \cdots + a_6 &= 0 \end{aligned} \quad (12)$$

ここで，$\star$ は内積を表す．各結合の長さは 1 で，(向きを考えて) 連続した結合

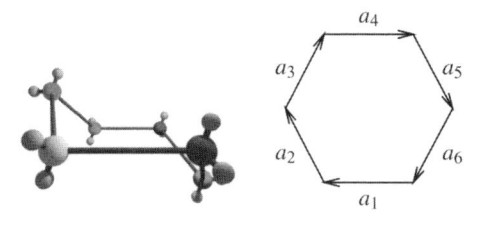

図 24.3 シクロヘキサンの「いす形」配置と結合 $a_1, \ldots, a_6$ に与えられた向き

のなす角 α はすべて $\cos\alpha = 1/3$ を満たし，分子が輪状になっているという事実を表現している．$1 \le i, j \le 6$ に対し，$S_{ij} = a_i \star a_j$ とおく．式 (12) のもとでは，S_{ij} は a_i と a_j のなす角の余弦に等しい．

$$S_{i1} + \cdots + S_{i6} = a_i \star a_1 + \cdots + a_i \star a_6 = a_i(a_1 + \cdots + a_6) \qquad (13)$$

が各 i について成り立つので，

$$\begin{aligned}
& S_{ij} = S_{ji} \quad (1 \le i < j \le 6) \\
& S_{11} = S_{22} = \cdots = S_{66} = 1 \\
& S_{12} = S_{23} = \cdots = S_{61} = \frac{1}{3} \\
& S_{i1} + \cdots + S_{i6} = 0 \qquad (1 \le i \le 6)
\end{aligned} \qquad (14)$$

式 (14) の方が式 (12) よりもすぐれている点はすべての式が 1 次式であることである．36 変数の 33 = 15 + 6 + 6 + 6 個の式からなる連立方程式である．これらは 1 次独立で，解空間の次元は 36 − 33 = 3 である．手計算で，最初の 3 行の式からわかる値を最後の 6 つの式に代入して $i < j$ を満たす S_{ij} だけからなる式に整理する．これによって，すべての 36 個の変数は次の 9 つの未定変数の 1 次式で表現できる．

$$S_{13}, S_{14}, S_{15}, S_{24}, S_{25}, S_{26}, S_{35}, S_{36}, S_{46}$$

また，それらの変数に関する残った 6 つの式を書くと，

$$\begin{aligned}
& S_{13} + S_{14} + S_{15} = S_{14} + S_{24} + S_{46} = \\
& S_{13} + S_{35} + S_{36} = S_{26} + S_{36} + S_{46} = \\
& S_{15} + S_{25} + S_{35} = S_{24} + S_{25} + S_{26} = -\frac{5}{3}
\end{aligned} \qquad (15)$$

さらに同値変形をして，

$$\begin{aligned}
& S_{24} = S_{15}, \qquad S_{26} = S_{35}, \qquad S_{46} = S_{13} \\
& S_{14} = -S_{13} - S_{15} - \frac{5}{3}, \ S_{25} = -S_{15} - S_{35} - \frac{5}{3}, \ S_{36} = -S_{13} - S_{35} - \frac{5}{3}
\end{aligned} \qquad (16)$$

(たとえば，式 (15) の最初の 2 つの式を加えて，3 番目の式をそれから引くと，$2S_{13} = 2S_{46}$ を得る．) ゆえに，すべての S_{ij} は 3 つの未定変数 S_{13}, S_{35}, S_{15} の

24.4 シクロヘキサン再考

1次式か, (1または1/3の) 定数, 未定変数, または式 (16) の最後の行のように表されるもののいずれかである. この3つの未定変数は結合 a_2, a_4, a_6 のまわりの可能な回転に正確に対応している. では, a_i が実際にある通常の3次元空間から (実際には6つの a_i は $\mathbb{R}^{18}$ の点を表しているのだが), $(S_{13}, S_{35}, S_{15}) \in \mathbb{R}^3$ でパラメータづけられた配置空間へと移ろう.

計算機代数システム MAPLE V.5 では, 上の計算は次のように行われる.

```
with(linalg):
G :=matrix(['['S[i,j]' $ 'j'=1..6]' $ 'i'=1..6]);
for i from 1 to 6 do
  S[i,i] := 1:
od:
for i from 1 to 5 do
  S[i,i+1] := 1/3:
od:
S[1,6] := 1/3:
for i from 2 to 6 do
  for j from 1 to i-1 do
    S[i,j] := S[j,i]:
  od:
od:
eq :={'S[i,1]+S[i,2]+S[i,3]+S[i,4]+S[i,5]+S[i,6]=0' $
     'i'=1..6}:
sol :=solve(eq, {S[1,4],S[2,4],S[2,5],S[2,6],S[3,6],S[4,6]});
G :=matrix(['['subs(sol, S[i,j])' $ 'j'=1..6]' $ 'i'=1..6]);
```

$$G := \begin{bmatrix} S_{1,1} & S_{1,2} & S_{1,3} & S_{1,4} & S_{1,5} & S_{1,6} \\ S_{2,1} & S_{2,2} & S_{2,3} & S_{2,4} & S_{2,5} & S_{2,6} \\ S_{3,1} & S_{3,2} & S_{3,3} & S_{3,4} & S_{3,5} & S_{3,6} \\ S_{4,1} & S_{4,2} & S_{4,3} & S_{4,4} & S_{4,5} & S_{4,6} \\ S_{5,1} & S_{5,2} & S_{5,3} & S_{5,4} & S_{5,5} & S_{5,6} \\ S_{6,1} & S_{6,2} & S_{6,3} & S_{6,4} & S_{6,5} & S_{6,6} \end{bmatrix}$$

$$sol := \{S_{1,4} = -\frac{5}{3} - S_{1,3} - S_{1,5}, S_{2,5} = -S_{1,5} - S_{3,5} - \frac{5}{3},$$
$$S_{2,5} = -S_{1,3} - \frac{5}{3} - S_{3,5}, S_{4,6} = S_{1,3}, S_{2,6} = S_{3,5}, S_{2,4} = S_{1,5}\}$$

$$G := \begin{bmatrix} 1, \frac{1}{3}, S_{1,3}, -\frac{5}{3} - S_{1,3} - S_{1,5}, S_{1,5}, \frac{1}{3} \\ \frac{1}{3}, 1, \frac{1}{3}, S_{1,5}, -S_{1,5} - S_{3,5} - \frac{5}{3}, S_{3,5} \\ S_{1,3}, \frac{1}{3}, 1, \frac{1}{3}, S_{3,5}, -S_{1,3} - \frac{5}{3} - S_{3,5} \\ -\frac{5}{3} - S_{1,3} - S_{1,5}, S_{1,5}, \frac{1}{3}, 1, \frac{1}{3}, S_{1,3} \\ S_{1,5}, -S_{1,5} - S_{3,5} - \frac{5}{3}, S_{3,5}, \frac{1}{3}, 1, \frac{1}{3} \\ \frac{1}{3}, S_{3,5}, -S_{1,3} - \frac{5}{3} - S_{3,5}, S_{1,3}, \frac{1}{3}, 1 \end{bmatrix}$$

この中には MAPLE の出力が含まれている．MAPLE のコードはこの本のホームページ http://www-math.uni-paderborne.de/mca/ からダウンロードできる．読者自らこのコードを走らせるか，もし MAPLE と異なる計算機代数システムを使っているのなら，自分のものに合うように修正することを勧める．

　ベクトル a_i から内積 S_{ij} へ議論を移したとき，重要な情報を1つ失っている．a_i が実際にある空間の次元である．数学的には (化学的ではないが) S_{ij} は $\mathbb{R}^{10}$ やその他の空間の中にある a_i の内積かもしれない．実際，SF のように 6次元 (またはそれ以上の次元) にあるシクロヘキサンを考えると，式 (14) によってすべての分子配置が与えられる．(実際には，いくつかの不等式が満たされなければいけない．これについては後で述べる．)

24.4 シクロヘキサン再考

現実に戻ろう．(数学やコンピュータサイエンスと違って) 化学は3次元の世界でしか生きられないので，そのことをあらためて考慮する．$\mathbb{R}^3$ では，任意の4つのベクトルは1次従属で，式 (14) の解が3次元で実現できるための必要十分条件は，$a_1, \ldots, a_6$ の任意の4つのベクトルが1次従属になることである．これを S_{ij} の言葉に直すために，$x = S_{13}, y = S_{35}, z = S_{15}$ とおきなおし，$a_1, \ldots, a_6$ の **Gram の行列** (25.5 節)

$$G = G_{a_1,\ldots,a_6} = (a_i \star a_j)_{1 \leq i,j \leq 6} = (S_{ij})_{1 \leq i,j \leq 6}$$

$$= \begin{pmatrix} 1 & \frac{1}{3} & x & v_y & z & \frac{1}{3} \\ \frac{1}{3} & 1 & \frac{1}{3} & z & v_x & y \\ x & \frac{1}{3} & 1 & \frac{1}{3} & y & v_z \\ \hline v_y & z & \frac{1}{3} & 1 & \frac{1}{3} & x \\ z & v_x & y & \frac{1}{3} & 1 & \frac{1}{3} \\ \frac{1}{3} & y & v_z & x & \frac{1}{3} & 1 \end{pmatrix} \in \mathbb{R}^6 \tag{17}$$

を考える，ここで v_x は $-y-z-5/3$ を表し v_y, v_z についても同様である．練習問題 24.4 より，これらのベクトルの Gram の行列は正則 (このとき行列式の値は零でない) であるための必要十分条件は，ベクトルが1次独立であることである．任意の4個の元からなる集合 $T \subseteq \{1, \ldots, 6\}$ に対し，$(a_i : i \in T)$ の Gram の行列 $G_{a_i : i \in T}$ は，G の4次の部分行列であるが，3次元であるという条件と $G_{a_i : i \in T}$ が正則でないという条件は同値である．すなわち，

$$\forall T \subseteq \{1, \ldots, 6\} \quad \sharp T = 4 \implies \det(G_{a_i : i \in T}) = 0 \tag{18}$$

と同値である．$\binom{6}{4} = 15$ 個のこのような部分行列の中で異なるものは9つしかない．なぜならば，1, 2, 3 の行，列を 4, 5, 6 の行，列と入れかえても行列 G は変わらず，このことは，式 (17) での 3×3 のブロックの行，列に関する掃き出しに対応している．

さて，x, y, z に関する9つの式からなる連立1次方程式にたどりついた．これらの式は，9つの部分集合 $\{1,2,3,4\}$, $\{1,2,3,5\}$, $\{1,2,3,6\}$, $\{1,2,4,5\}$, $\{1,2,4,6\}$, $\{1,2,5,6\}$, $\{1,3,4,6\}$, $\{1,3,5,6\}$, $\{2,3,5,6\}$ に対応する G の小行列式が零になることを表している．たとえば，$\{1,2,3,6\}$ に対応する G の小

行列式は

$$g_1 = \det G_{a_1,a_2,a_3,a_6} = \det \begin{pmatrix} 1 & \frac{1}{3} & x & \frac{1}{3} \\ \frac{1}{3} & 1 & \frac{1}{3} & y \\ x & \frac{1}{3} & 1 & -x-y-\frac{5}{3} \\ \frac{1}{3} & y & -x-y-\frac{5}{3} & 1 \end{pmatrix} \quad (19)$$

$$= \frac{1}{9}(9x^2y^2 + 6x^2y + 6xy^2 - 23x^2 - 20xy - 23y^2 - 34x - 34y - 15)$$

これらの9つの小行列式を x, y, z の多項式と見て，$F \subseteq \mathbb{Q}[x,y,z]$ をそれらからなる集合とし，F の多項式で生成される $\mathbb{Q}[x,y,z]$ のイデアルを $I = \langle F \rangle$ とおく．ここで F を求める MAPLE のコードを与えておく．

```
S[1,3] :=x:
S[3,5] :=y:
S[1,5] :=z:
A :={1,2,3,4,5,6}:
F :={}:
for i from 2 to 6 do
  for j from 1 to i-1 do
    T := convert(A minus {i,j}, list):
    F := F union {det(submatrix(G, T, T))}:
  od:
od:
```

コマンド **convert** は集合 $A \setminus \{i,j\}$ をリストに加え，**submatrix** コマンドの2番目と3番目の引数の形に合うような形にする．

すでに見た通り，3次元でのシクロヘキサン分子の分子配置から生じる内積 S_{ij} $(1 \le i, j \le 6)$ に実数値を与えることは，F の多項式の共通零点，いいかえると I のすべての多項式の共通零点を考えるのと同じである．より正確には次のような集合になる．

$$\{(S_{13}, S_{35}, S_{15}) \in \mathbb{R}^3 \mid \exists S_{11}, \ldots, S_{66} \text{ これらは式 } (14), (18) \text{ を満たす}\}$$

24.4 シクロヘキサン再考

最初に，この集合の2次元への射影を考える．幸運なことに，集合 F の中に x と y だけからなる多項式がただ1つある．それは式 (19) の g_1 である．その零点集合 $X = V(g_1)$ を図 24.4 に示している．またそれは $V(F)$ の xy 平面への射影になっており，2点を除いて X の各点の上には $V(F)$ の点がただ1つ存在する．

多項式 g_1 は x, y それぞれに関して2次式で，総次数は4で，$u \in \mathbb{R}$ が与えられたとき，$(u, v) \in V(g_1)$ を満たす $v \in \mathbb{R}$ は $g_1(u, v) = 0$ を解くことによって，

$$v = \frac{-3u^2 + 10u + 17 \pm \sqrt{8(27u^4 + 48u^3 - 24u^2 - 44u - 7)}}{9u^2 + 6u - 23} \tag{20}$$

である．これは次の MAPLE のコマンドで得られる．

```
g[1] := det(submatrix(G, [1,2,3,6], [1,2,3,6]))
solve(g[1], y)
```

式 (20) の分母が零でないとき，g_1 の判別式

$$\frac{32}{81}(27u^4 + 48u^3 - 24u^2 - 44u - 7)$$

が負，零，正かによって，この式を満たす $v \in \mathbb{R}$ は $0, 1, 2$ 個存在する．最後の場合は，

$$u < -1 - \frac{\sqrt{6}}{3} \text{ または } -\frac{7}{9} < u < -1 + \frac{\sqrt{6}}{3} \text{ または } 1 < u \tag{21}$$

のときで，ただ1つしかない場合は

$$u \in \{-1 \pm \frac{\sqrt{6}}{3}, -\frac{7}{9}, 1\} \approx \{-1.8165, -0.1835, -0.7778, 1\} \tag{22}$$

である (図 24.4 の ●)．これは次の MAPLE のコマンドで確かめることができる．

```
factor(discrim(g[1], y));
```

$u = (-1 \pm 2\sqrt{6})/3 \approx -0.3333 \pm 1.6330$ のとき (図 24.4 の ○)，g_1 の y^2 の係数，これは式 (20) の分母に等しいが，が零になり，$g_1(u, v) = 0$ を満たす $v \in \mathbb{R}$ はただ1つである．それを求めると，

898   24. 応　　用

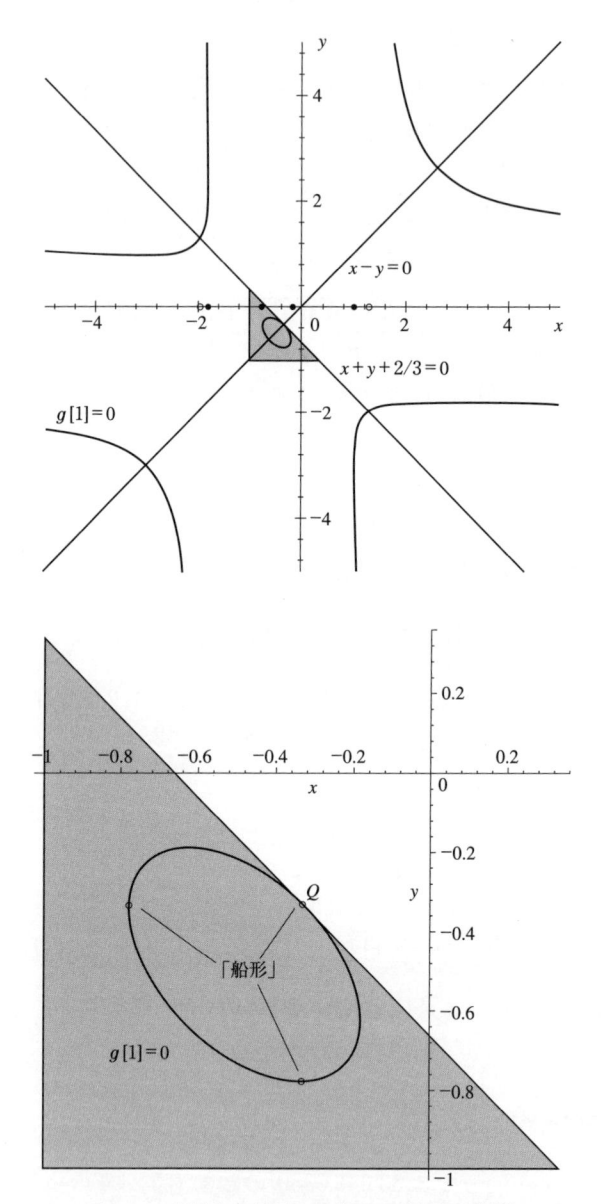

$x - y = 0$

$x + y + 2/3 = 0$

$g[1] = 0$

Q

「船形」

$g[1] = 0$

図 **24.4** $V(F)$ と $V(F) \cap A$ の xy 平面への射影

$$v = \frac{23u^2 + 34u + 15}{6u^2 - 20u - 34} = \frac{-1 \mp 2\sqrt{6}}{3} \tag{23}$$

図 24.4 では，X の点と X の中心部分の拡大が描かれている．この部分だけシクロヘキサンの問題に関連している（網かけの三角形については後で説明する）．図 24.4 下図で印がついている点 $(-1/3, -1/3)$, $(-1/3, -7/9)$, $(-7/9, -1/3)$ は 18 ページの図 1.5 の 3 つの「船形」配置を表す点の射影である．

X と $V(F)$ の正確な関連はなんだろう．$g_1 \in F$ なので，$(u, v, w) \in V(F)$ のとき，$g_1(u, v) = 0$ が成り立ち，$V(F)$ 全体の射影は X に含まれる．逆に，$(u, v) \in X$ のとき，(u, v, w) が F の他の 8 つの共通零点となるような $w \in \mathbb{R}$ が存在するであろうか．それらはすべて z に関して次数 2 で，z^2 の項を消去することができれば都合がよい．注意深くみると，次の 2 つの多項式は z に関して同じ最高次の係数 $(9x^2 + 18xy + 9y^2 + 30x + 30y + 16)/9$ を持つ．

$$\begin{aligned}
g_2(x, y, z) &= \det G_{a_2, a_3, a_5, a_6} \\
&= \frac{1}{9}(9x^2y^2 + 18x^2yz + 9x^2z^2 + 18xy^2z + 18xyz^2 + 9y^2z^2 + 30x^2y \\
&\quad + 30x^2z + 60xy^2 + 120xyz + 30xz^2 + 60y^2z + 30yz^2 + 16x^2 \\
&\quad + 118xy + 98xz + 36y^2 + 118yz + 16z^2 + 50x + 60y + 50z + 21) \\
g_3(x, y, z) &= \det G_{a_1, a_3, a_4, a_6} = g_2(y, x, z)
\end{aligned}$$

また，

$$\begin{aligned}
g_4 &= g_3 - g_2 \\
&= \frac{10}{9}(3x^2y + 3x^2z - 3xy^2 - 3y^2z + 2x^2 + 2xz - 2y^2 - 2yz + x - y) \\
&= \frac{10}{9}(x - y)(3xy + 3xz + 3yz + 2x + 2y + 2z + 1)
\end{aligned}$$

は z に関して 1 次式で，F の 9 つの式の共通零点は g_4 の零点である．よって，$(u, v) \in X$, $u \neq v$ のとき，$g_4(u, v, w) = 0$ を満たす

$$w = -\frac{3uv + 2u + 2v + 1}{3u + 3v + 2} \in \mathbb{R} \tag{24}$$

がただ 1 つ存在する．残りは，すべての $g \in F$ について $g(u, v, w) = 0$ を確かめることである．多項式

$$(3x+3y+2)^2 \cdot g\left(x, y, -\frac{3xy+2x+2y+1}{3x+3y+2}\right)$$

が g_1 の倍元であることを示せば十分．このことは，次の MAPLE の計算で確かめられる．

```
g[2] :=det(submatrix(G, [2,3,5,6], [2,3,5,6]));
g[3] :=det(submatrix(G, [1,3,4,6], [1,3,4,6]));
g[4] :=factor(g[3] - g[2]);
w := solve(g[4], z);
'rem(numer(subs(z = w, F[i])), g[1], x)' $ 'i' =1..nops(F);
```

X には，$u=v$ となる次の 4 つの点 (u,v) が存在する．

$$(-3,-3), \quad Q=\left(-\frac{1}{3},-\frac{1}{3}\right), \quad \left(1\pm\frac{2}{3}\sqrt{6}, 1\pm\frac{2}{3}\sqrt{6}\right) \qquad (25)$$

これは次のコマンドで与えられる．

```
factor(subs(y = x, g[1]));
```

平面曲線 X は直線を含まず，次数は 4 であり，有名な **Bézout の定理** から，X は直線と重複を込めて高々 4 つの点でしか交わらない．6.8 節を参照するとよい．上のことは特別な直線 $x=y$ との 4 つの交点を求めただけである（図 24.4 を見よ）．F の別の多項式を使って，次の 6 つの点が $V(F)$ の点であることを別々に調べなければいけない．

$$(-3,-3,-3), (-3,-3,1), C=\left(-\frac{1}{3},-\frac{1}{3},-\frac{1}{3}\right), \left(-\frac{1}{3},-\frac{1}{3},-\frac{7}{9}\right),$$
$$\left(1+\frac{2}{3}\sqrt{6}, 1+\frac{2}{3}\sqrt{6}, -1-\frac{1}{3}\sqrt{6}\right), \left(1-\frac{2}{3}\sqrt{6}, 1-\frac{2}{3}\sqrt{6}, -1+\frac{1}{3}\sqrt{6}\right) \qquad (26)$$

ここで，点 C は孤立点である「いす形」分子配置と対応している．

あ，何か見逃している．零での割り算だ．式 (24) の分母が零になる場合，すなわち $3u+3v+2=0$ の場合を別に考えなければいけない．X の点のうち，どの点がこの式を満たすのか．

```
factor(subs(y = - x - 2/3, g[1]));
```

によって，3つの u の値を得る．$v=-u-2/3$ に代入して，次の3つの直線 $V(3x+3y+2)$ と X の交点を得る (図 24.4 を見よ).

$$\left(-\frac{1}{3},-\frac{1}{3}\right),\quad \left(\frac{-1+2\sqrt{6}}{3},\frac{-1-2\sqrt{6}}{3}\right),\quad \left(\frac{-1-2\sqrt{6}}{3},\frac{-1+2\sqrt{6}}{3}\right) \tag{27}$$

最初の点は，前に出てきた点 Q で，中央の部分にあり，実際は交わり方は「2重点」になっている．点 (u,v) での X の接線の傾きは，

$$\left(-\frac{\partial g_1/\partial x}{\partial g_1/\partial y}\right)(u,v) = -\frac{18uv^2+12uv+6v^2-46u-20v-34}{18u^2v+6u^2+12uv-20u-46v-34}$$

で，$Q=(-1/3,-1/3)$ でのその値は -1 である．ゆえに直線と傾きが等しく，X の Q における接線になっている．すでに見た通り，Q の上には $V(F)$ の点がちょうど 2 つある．他の 2 つの交点の近くでは，z 座標が無限に大きくなるので，それ上の $V(F)$ の点は存在しない．

まとめると次のようなことがわかる．式 (14) と (18) を満たす解 S_{11},S_{12}, $\ldots,S_{66}$ を決めるには，次のことを行えばよい．$V(F)$ の点 $P=(u,v,w)$ を取り出し，$S_{13}=u,S_{35}=v,S_{15}=w$ とおいて，式 (14) と (16) を使って残りの S_{ij} を求める．$V(F)$ の点 P を求めるには，式 (21) または (22) を満たす実数 u を取り出し，式 (20) または (23) を用いて ($(u,v)\in X$ となるように) v を決め，(u,v) が式 (25), (27) のどちらの点でもないときは，式 (24) を使って，w を求める．そうでないときは，式 (26) の 6 点のいずれかである．F の最初の 9 つの式に MAPLE のコマンド solve を直接利用したときも，3 つの座標を並べかえることによって，同様の結果を得る．

最後に，いままで無視していた別の制約を考慮に入れる．各 S_{ij} は角の余弦なので，-1 と 1 の間に値をとる．この不等式を S_{14},S_{25},S_{36} について考え，式 (16) を用いると，すべての実際に存在しうる解は次の凸多面体の中にある．

$$A = \left\{(u,v,w)\in[-1,1]^3 \mid u+v\leq -\frac{2}{3}, u+w\leq -\frac{2}{3}, v+w\leq -\frac{2}{3}\right\}$$

A を最初の 2 つの座標からなる平面に射影すると，図 24.4 の網かけの三角形に

なる．点 $(-3, -3, -3)$, X の外側の支線上の点はその解にはなりえない．しかし，$C = (-1/3, -1/3, -1/3)$ (「いす形」) と $-7/9 \leq u \leq -1 + \sqrt{6}/3$ はその解に関係し，たしかに $V(F) \cap A$ の点を導く．

計算機代数の視点からは，$S_{11}, S_{12}, \ldots, S_{66}$ から $a_1, \ldots, a_6$ を実際に求めることを除いては，これによって問題を完全に解いたことになる (練習問題 24.6).

Gröbner 基底を用いることによって，いままで見てきた特別なアプローチよりもいかに体系的にその問題を解くかを示していく．これは少し過剰な気もするが，(7 つの炭素原子からなる) シクロヘプタンに対して手計算を行うのは，もはや実行不可能であることを想像してほしい．その場合，未定係数 7 つの 35 個の式からなる連立方程式を解かなければならない．その場合でも Gröbner 基底の場合はうまくいく．

逆辞書式順序 $z \succ y \succ x$ を考える．MAPLE では，コマンド

```
with(Groebner):
B :=gbasis(F, plex(z, y, x));
```

である．これによって，$2,3$ 秒で次の 4 つの式からなる $V(F)$ の被約 Gröbner 基底 B を得る．

$$f_1 = 9g_1 = 9x^2y^2 + 6x^2y + 6xy^2 - 23x^2 - 20xy - 23y^2 - 34x - 34y - 15$$
$$f_2 = 27x^4y + 27x^4z + 18x^4 + 108x^3y + 108x^3z + 18x^2y + 18x^2z$$
$$\qquad - 284x^2 - 212xy - 212xz - 400x - 69y - 69z - 102$$
$$f_3 = -9x^3y - 9x^3z - 6x^3 - 9x^2y - 9x^2z + 18x^2 + 41xy + 41xz + 20yz$$
$$\qquad + 54x + 21y + 21z + 18$$
$$f_4 = 9x^2z^2 + 6x^2z + 6xz^2 - 23x^2 - 20xz - 23z^2 - 34x - 34z - 15$$

(MAPLE のバージョンの違いのために，多項式の順番が違ってでてくるかもしれない．この本の定義では被約 Gröbner 基底の多項式はすべてモニック多項式だが，MAPLE ではその倍元の整数係数の原始多項式を与えている．) この基底のどこがよいのか？ f_2 と f_3 では，変数 y, z についてそれぞれ 1 次式である．このことによって，それら (のうち少なくとも一方) を消去するのは簡単で，最

初に与えられた式では起こらなかったことである．(また，6.8 節の終結式の方法によって，高い次数の変数さえ消すことができる．) さらに，f_1 と f_4 には 2 つの変数しか現れていない．驚くことはない．なぜならば，それらは定数倍を無視すれば，式 (19) と $\det G_{a_1,a_2,a_3,a_4}$ にほかならない．

すべての G の 4 次の小行列式からなる集合 F，よってそれによって生成されるイデアル I が変数 x, y, z のかってな入れかえによって不変であることを示すのはさほど難しくはない．この対称性は，Gröbner 基底では部分的にしか反映されない．すなわち，f_4 は f_1 の y を z におきかえたもので，f_2 と f_3 は y, z に関して対称．よって，基底 B は y, z の入れかえに関して不変である．

B は I の基底なので，$V(f_1, f_2, f_3, f_4) = V(I)$ が成り立ち，$f_1 = f_2 = f_3 = f_4 = 0$ の解を見ればよい．MAPLE のコマンド

```
B := factor(B);
```

によって，f_1, f_3, f_4 は $\mathbb{Q}$ 上既約であることがわかる．たとえば，f_1 については，f_1 は x に関して原始的だから，$\mathbb{Q}[y]$ の定数以外の因子はなく，$f_1(x, 2) = 25(x^2 - 2x - 7)$ が既約であることからわかる．多項式 f_2 は $f_2 = (x+3)(3x+1)f_5$ と分解する．ただし，

$$f_5 = 9x^2y + 9x^2z + 6x^2 + 6xy + 6xz - 20x - 23y - 23z - 34$$

である．最初の 2 つの因子は y または z に関する内容を計算することにより求まり，f_5 については，x に関して原始的で，$\mathbb{Q}[y, z]$ の定数以外の因子はなく，$f_5(x, 0, 0) = 2(3x^2 - 10x - 17)$ は既約なので，f_5 も既約である．$\mathbb{R}^3$ の点が多項式 $f = gh$ の根であることと g の根または h の根 (または両方の根) であることは同値なので，$V(I) = V(I_1) \cup V(I_2) \cup V(I_3)$ が成り立つ，ここで

$$I_1 = \langle f_1, f_3, f_4, x+3 \rangle, \quad I_2 = \langle f_1, f_3, f_4, 3x+1 \rangle, \quad I_3 = \langle f_1, f_3, f_4, f_5 \rangle$$

である．MAPLE のコマンド

```
F1 := {B[1],B[3],B[4],op(1,B[2])}:
F2 := {B[1],B[3],B[4],op(2,B[2])}:
```

```
F3 := {B[1],B[3],B[4],op(3,B[2])}:
B1 := gbasis(F1, plex(z, y, x));
B2 := gbasis(F2, plex(z, y, x));
B3 := gbasis(F3, plex(z, y, x));
```

によって，3つの新たなイデアルの逆辞書式順序 $z \succ y \succ x$ に関する被約 Gröbner 基底が計算される．最初の行のコマンド op は 2 番目の引数 B[2] の最初のオペランド x+3 を抽出する．後の 2 行も同様である．

$$B_1 = \{z^2 + 2z - 3, yz + 3y + 3z + 9, y^2 + 2y - 3, x + 3\}$$
$$B_2 = \{27z^2 + 30z + 7, 9yz + 3y + 3z + 1, 27y^2 + 30y + 7, 3x + 1\}$$
$$B_3 = \{f_1, f_5, f_6\} \tag{28}$$

ただし，

$$f_6 = 3xy + 3xz + 3yz + 2x + 2y + 2z + 1$$

である．ここで，B_1 と B_2 のすべての多項式は 1 次式の積に分解する．たとえば，B_1 の 2 番目の多項式は，$yz + 3y + 3z + 9 = (y+3)(z+3)$ となる．B_1 と B_2 の解は次のように簡単に求まる．

$$V(I_1) = \{(-3, -3, -3), (-3, 1, -3), (-3, -3, 1)\}$$
$$V(I_2) = \left\{\left(-\frac{1}{3}, -\frac{1}{3}, -\frac{1}{3}\right), \left(-\frac{1}{3}, -\frac{7}{9}, -\frac{1}{3}\right), \left(-\frac{1}{3}, -\frac{1}{3}, -\frac{7}{9}\right)\right\}$$

これは次のように行われる．

```
V1 :=solve({op(B1)});
V2 :=solve({op(B2)});
```

次の 3 行の Maple のコマンドラインは $V(I_1)$, $V(I_2)$ の 6 点のうち $(-3, -3, -3)$, $(-1/3, -1/3, -1/3)$ 以外の点はすべて $V(I_3)$ に含まれることがわかる．

```
for v in V1 do
  subs(v, B3);
```

```
od;
for v in V2 do
  subs(v, B3);
od;
```

残りは，$V(I_3)$ である．次のコマンドの出力によって，式 (28) の 3 つの多項式は $\mathbb{Q}$ 上既約であることがわかる．

```
factor(B3);
```

$f_6 = 9g_4/(x-y)$ に気がつき，前の特別なアプローチを行ったときと同様に，$X = V(f_1)$ の各点の上に $V(I_3)$ の点がただ 1 つ存在して，$V(F)$ が $V(I_3)$ と 2 つの孤立点 $(-3, -3, -3)$, $C = (-1/3, -1/3, -1/3)$ の直和である．

18 ページの図 1.5 は $E = V(I_3) \cap A$ の 3 次元のプロットである．これをつくるのに，前に述べた方法でなく，図 24.4 の網かけの三角形の中では，$9u^2 + 6u - 23$ が零にならないので (練習問題 24.5)，$(u, v) \in X$ をとり，3 番目の座標として，

$$w = \frac{-9u^2v - 6u^2 - 6uv + 20u + 23v + 23}{9u^2 + 6u - 23} \tag{29}$$

を得るために $f_5(u, v, w) = 0$ を考えた．この方が式 (24) を使うよりも数値計算の安定性が得られるからである．E は代数曲線ではないが，代数曲線 $V(I_3)$ の連結成分の 1 つになっている．E は代数方程式と代数不等式で表されるので，**半代数的**である．E の点はまさにシクロヘキサンの分子配置の自由度を表している，すなわち，1 つの「船形」分子配置から結合のまわりで回転させることによって得られるものである．しかしこのことはここでは取り扱わない．

自分のシステムで MAPLE を使って図 1.5 をプロットするときは，それをクリックして回転させることができる．我々はこれを行っている．ある方向からは曲線はベクトル $(1, 1, 1)$ に直交する平面上にある円に近い図形に見えた．このことは正しくはないことは $u + v + w + 13/9$ の値を E の上にプロットすることにより知っている．またこの値は，常に -0.0051 と 0 の間にある．このことが化学的に重要であればその範囲を知ることは興味深い．

1.1 節の初めで示した 3 つのステップ，モデル化，モデルを解くこと，翻訳すること，は完成した．これらは，簡単ではなかった．またあるときは特別な手段を用いた．我々の戦略は次のようにまとめることができる．問題を多項式系の解として表現し，Gröbner 基底を計算し，可能なら因数分解を行う．因数分解によって問題はより小さな問題へと分解する．そのそれぞれは大きな問題よりもずっと取り扱いやすい．このアプローチの障害は概して Gröbner 基底の計算である．

注解

24.1 証明システムの分野の概説のすばらしい参考文献として，Krajíček (1995), Urquhart (1995), Pitassi (1997), Beame & Pitassi (1998) をあげておく．零点定理証明システムが導入されたのは，Beame, Impagliazzo, Krajíček, Pitassi & Pudlák (1996) においてである．Gröbner 証明システムは研究のさかんな分野である．Buss, Impagliazzo, Krajíček, Pudlák, Razborov & Sgall (1996/97), Razborov (1998) を見よ．彼らは多項式計算系とも呼んでいる．そのようなシステムの計算量を測るには，主に現れる多項式の次数が使われる．$n=100$ のときの部屋割り論法については，Schwenter (1636), 53 Auffgab に記述がある．

24.2 Peterson (1981), Reisig (1985) に Petri 網の一般の場合の紹介がある．この本における Petri 網の代数的な記述は，Mayr (1992) による．Petri 網の到達可能問題に関するさらなる結果，有限表示可換半群とベクトル加法システムについては Mayr (1995) の中にある．2 項式イデアルについては，Eisenbud & Sturmfels (1996) を参照した．

Mayr (1984) によって，長い間未解決であった，Petri 網の到達可能性が決定可能であることの証明がなされた．彼のアルゴリズムは原始的再帰でもなく，到達可能性について証明されている最も低い上限が $\mathcal{EXPSPACE}$ 困難である．実際，可逆 Petri 網の到達可能性は $\mathcal{EXPSPACE}$ 完全である．

24.3 注解 23.4 も見よ．Doron Zeilberger (1990a, 1990b, 1991) によって，超幾何等式を証明するために「たたみ込みを作成すること」が始められ，彼は，自分の計算機に論文を出版させた (Ekhad 1990, Ekhad & Tre 1990)．(あなたは自分のワークステーションにいくつ論文を書かせたか？) また Herbert Wilf と共同研究 (Wilf & Zeilberger 1990, 1992) を行い，数学の定理の価格についての議論を始めた (Zeilberger 1993, Andrews 1994)．Wilf と Zeilberger は Seminal Contribution to Research に対して，1998 年の Steele 賞を受賞した，このことは雑誌 *Notices of the AMS* の 1998

年の4月号に掲載されている．これらの方法についてさらに読み進めるにあたりよく書かれた参考文献として，Petkovšek, Wilf & Zeilberger (1996), Koepf (1998) をあげておく．

式 (6) の証明には，実際は WZ 対が使われている．これは，Wilf & Zeilberger (1990) によって発見された．Wilf (1994), §4.4 も参照するとよい．van der Poorten (1978) において，Apéry の証明の概観が与えられている．Paule (1994) による計算機で生成された式 (11) の証明は，高校範囲の代数で行うことができる．

アルゴリズムの分析に関しては，しばしば式 (6) のような和に対する漸近的な近似が存在しさえすればそれだけで十分である．特に，閉式が存在しない (ように思える) 場合はそうである．母関数は，一般的で強力な道具である．これと複素解析での特異点の解析の理論によって，そのような漸近的な展開を得ることができる (Flajolet & Odlyzko 1990, Vitter & Flajolet 1990, Flajolet, Salvy & Zimmermann 1991, Odlyzko 1995a). ソフトウェアパッケージ $\Delta\Upsilon\Omega$ (Flajolet, Salvy & Zimmermann 1989a, 1989b, Salvy 1991, Zimmermann 1991) はこのプロセスを自動化している．そのコードは INRIA で開発された MAPLE のライブラリー ALGOLIB の combstruct パッケージの中にまとめられ，http://algo.inria.fr/libraries/software.html からダウンロードできる．Sedgewick & Flajolet (1996) はこの分野のとても読みやすい教科書である．

24.4 たいていの有機化学についての入門書に，シクロヘキサンの分子配置の問題が書かれている．たとえば，Wade (1995) を見よ．Sachse (1890, 1892) の本では，最初にシクロヘキサンの無限個の柔軟な分子配置とただ1つの剛性な分子配置が存在することを主張している．Oosterhoff (1949), Hazebroek & Oosterhoff (1951) において，その目標はシクロヘキサンの分子配置のポテンシャルエネルギーを決めることで，この本で与えられている内積を基礎とするアプローチを最初に行った．Levelt (1997) は計算機代数をこの種の問題に，実際にはシクロヘキサンに応用した．この本の内容は Levelt の仕事による．Levelt は次のように注意した．「化学者にとってそれは重要なことか？ 答えはノーである．我々のモデルは，幾何的な法則にしたがっていて，「積み木 (基本構成)」の積み上げはきっちりしている．一方，化学ではエネルギーの法則にしたがっていて，何もきっちりしているものはない．炭素分子間の距離はさまざまで，分子結合のなす角もそうである．分子はさまざまな力が相互に作用しあって，一緒に保たれている原子の集合体と見ることができる．分子の配置はその力のバランスの結果である．化学者たちの考える変わりやすいモデルは，きっちりとしたモデルの反対側にある．」もちろん，その公式をポテンシャルエネルギーに使って，計算機代数の道具とともにそれを実行するかもしれない．しかし，その結果出てきたものが役に

立つかどうかは，我々の知るところではない．

Gō & Scheraga (1970) は，$n \geq 6$ 個の炭素原子からなるサイクルについて，可能な分子配置の解空間の次元は一般の場合 $(n-6)$ 次元であることを示した．この論文は重要である．これをシクロヘキサンの場合に当てはめることはできない．この場合は $n=6$ だが，前に見た通り，その解空間は 1 次元の部分を持つ．より最近の結果や参考文献については，Havel & Najfeld (1995), Emiris & Mourrain (1999) を見よ．シクロヘキサンの問題は，よく研究されているロボット工学の $6R$ 逆運動問題と密接に関係している．その参考と関連した問題の概観については，Parsons & Canny (1994) を見よ．

MORGEN は一般的な目的のためにつくられた化学への計算機システムである (Benecke, Grund, Hohberger, Kerber, Laue & Wieland 1995).

式 (24) と (29) は同値である．というのは，$\mathbb{Q}[x,y,z]$ で，
$$-(3xy+2x+2y+1)\cdot h = 27g_1 + (3x+3y+2)\cdot g$$
が成り立つ，ここで
$$g = -9x^2y - 6x^2 - 6xy + 20x + 23y + 34, \quad h = 9x^2 + 6x - 23$$
である．よって，$(u,v) \in X = V(g_1)$ が成り立ち，かつ両方の式が定義されているときは，w の値は等しい．

練習問題

24.1→ PHP_2 を零点定理証明システム，Gröbner 証明システムのそれぞれを使って反駁せよ．

24.2 図 24.1 の Petri 網は可逆でないことを示せ．ヒント：マーキング $M(s_1) = 2, M(s_2) = M(s_3) = 0$ を考えよ．

24.3* 式 (6) を w と n に関する 2 重帰納法ですべての $n \geq w \geq s$ について証明せよ．

24.4* V を体 F 上のベクトル空間とし，$\star : V \times V \longrightarrow F$ を V 上の内積とする．$a_1, \ldots, a_n \in V$ をベクトルとし，$G = (a_i \star a_j) \in F^n \times F^n$ を $a_1, \ldots, a_n$ の Gram 行列とする．

(i) $\det G = 0$ と $a_1, \ldots, a_n$ が 1 次従属であることは同値であることを示せ．

(ii) G の階数と $\{a_1, \ldots, a_n\}$ の階数は等しいことを証明せよ．

24.5　(i) 集合
$$B = \left\{ (u,v) \in [-1,1]^2 \mid u+v \leq -\frac{2}{3} \right\} \subseteq \mathbb{R}^2$$
(図 24.4 の網かけの三角形) は A の xy 平面への射影であることを示せ.

(ii) 式 (29) の分母は B では零にならないことを示せ.

24.6⟶　図 24.4 上のかってな点 (u,v) をとって，対応する分子配置 $a_1, a_2, \ldots, a_6$ を計算せよ．ただし，空間内における全構造の回転の可能性から生じる自由度を抑えるために，$a_1 = (1,0,0)$, a_2 の 3 番目の座標は零と仮定してよい．(注意：これは大変長い計算である．) u, v, w はそれぞれの角の余弦を表していて，角 α に対して $\cos\alpha = \cos(2\pi - \alpha)$ が成り立つので，各点 $(u, v, w) \in E$ に対し，互いに移りあう 4 つの鏡像の分子配置が対応している．

24.7⟶　金物屋に行って配管用の隅材を 6 つ買い，その角度 α を計測せよ．1/3 のかわりにその $\cos\alpha$ ですべての計算を行い，図 24.4 のような楕円のような曲線を描き，それ上の点を決め，その隅材に対応する分子配置を物理的に構成せよ．

24.8⟶　式 (17) で $x^* = 3x+1$, $y^* = 3y+1$, $z^* = 3z+1$ を代入して，シクロヘキサンの計算をやり直せ．

C'est icy un livre de bonne foy, lecteur.
Michel Eysquem Seigneur de Montaigne (1580)

Quis leget haec?
Aules Persius Flaccus (c. 62 AD)

Der Schreibende selbst weiß freilich nie so recht,
ob er ein bloßer Spinner ist oder ein exemplarischer Mensch.
Markus Werner (1984)

Non difficile nobis foret hoc Caput multis aliis observationibus locupletare, nisi limites, intra quos restringi oportet, vetarent. Iis qui ulterius progredi amant, haec principia viam saltem addigitare poterunt.
Carl Friedrich Gauß (1798)

付　　録

> Elementary, my dear Watson.
> *Sherlock Holmes (1929)*

> We may always depend upon it that algebra, which cannot be translated into good English and sound common sense, is bad algebra.
> *William Kingdon Clifford (1885)*

> Angling may be said to be so like the Mathematicks, that it can never be fully learnt.
> *Izaak Walton (1653)*

> At Kent he was curious about computer science but in just the introductory course Math 10 061 in Merrill Hall the math got to be too much for him.
> *John Updike (1981)*

> At the mathematical school, the proposition and demonstration were fairly written on a thin wafer, with ink composed of a cephalic tincture. This the student was to swallow upon a fasting stomach, and for three days following eat nothing but bread and water. As the wafer digested, the tincture mounted to his brain, bearing the proposition along with it.
> *Jonathan Swift (1726)*

25
基本的事項

　この補足では，この本を通じて読者が必要とする基本的事項を紹介する．どうしても，説明は短めで証明はできないが，それが書かれている参考文献を提示する．また，読者がそれらのことに既知でなければ積極的に勉強しなければならない．この補足は簡潔で，そのためその内容の学習には適さない．しかしながら，用語を整理し，また必要に応じて読者が復習するには十分である．

　はじめの5節では，群，環，多項式，体，有限体，線形代数といった代数の基本的事項を取り扱う．次に，離散確率空間を取り扱う．これらの数学を学んだ上で，O記法や簡単に計算量の理論などのコンピュータサイエンスの基本的事項を取り扱う．

25.1　群

　はじめの3節で取り扱うものは，代数学の基本的教科書にはどの本にも書いてあることである．たとえば，Hungerford (1990), van der Waerden の古典的名著『現代代数学』の最新版 (1930b, 1931) などがある．

定義 25.1　空でない集合 G が**群**であるとは，次の条件を満たす2項演算 $\cdot : G \times G \to G$ が定義されていることである．
- (結合律)　　　　$\forall a, b, c \in G$　　$(a \cdot b) \cdot c = a \cdot (b \cdot c)$,
- (単位元の存在)　$\exists 1 \in G \ \forall a \in G$　　$a \cdot 1 = 1 \cdot a = a,$
- (逆元の存在)　$\forall a \in G \ \exists a^{-1} \in G$　　$a \cdot a^{-1} = a^{-1} \cdot a = 1.$

群は $(G;\cdot,1,{}^{-1})$ と記述されるべきであるが，通常は単に G と表すだけで十分である．

乗法の記号・も省略されるのが一般的である．たとえば，$a\cdot b$ は ab と表される．また，群の演算を異なる記号で表す場合がある．すなわち，・を $+$ で，1 を 0 で，a^{-1} を $-a$ で表す．前者の演算が乗法の場合を**乗法群**，後者の加法の場合を**加法群**という，加法群は $(G;+,0,-)$ と表される．

身近な例として，加法群 $\mathbb{Z},\mathbb{Q},\mathbb{R},\mathbb{C}$，乗法群 $\mathbb{Q}\backslash\{0\},\mathbb{R}\backslash\{0\},\mathbb{C}\backslash\{0\}$，加法群 $\mathbb{Z}_n=\{0,1,2,\ldots,n-1\}$ (演算は n を法とする和)，乗法群 $\mathbb{Z}_n^\times=\{1\leq a<n\,|\,\gcd(a,n)=1\}$ (演算は n を法とする積) などがある．

群 G の空でない部分集合 H が乗法と逆元について閉じているとき，**部分群**であるという，すなわち，H が部分群であるとは，任意の $a,b\in H$ に対し，$ab\in H$ かつ $a^{-1}\in H$ が成り立つことである．G の部分集合 S について，その元と逆元の有限個の積で表される元の集合 $\langle S\rangle\subset G$ を S で**生成された**部分群という．$S=\{g_1,\ldots,g_s\}$ のとき，$\langle\{g_1,\ldots,g_s\}\rangle$ を $\langle g_1,\ldots,g_s\rangle$ と表す．$\langle S\rangle$ は，S を含む (包含関係に関して) 最小の部分群になっている．$G=\mathbb{Z}_{12}=\{0,1,2,3,4,5,6,7,8,9,10,11\}\bmod 12$ の加法群のとき，$S=\{3,8\}$ は G を生成する．実は，$\mathbb{Z}_{12}$ はただ 1 つの元からなる集合 $S=\{1\}$ で生成されている．$G=\langle g\rangle$ を満たす $g\in G$ が存在するとき，G は**巡回群**であるといい，また g をその**生成元**という．$\mathbb{Z}_{12}$ の生成元は，$1,5,7,11$ である．加法群 $\mathbb{R}$ は有限個からなる生成系を持たない．

有限集合 A に対し，その濃度，すなわち元の個数を $\sharp A$ で表す．有限群 G の元の個数 $\sharp G$ をその**位数**という．G を有限群とし，H をその部分群とすると，**Lagrange の定理**，$\sharp G=\sharp H\cdot\sharp(G:H)$ が成り立つ．ここで，$G:H=\{gH\,|\,g\in G\}$ は G の H による**右剰余類**からなる集合である．特に，$\sharp H$ は $\sharp G$ の約数である．

群 G の元 g に対し，g によって生成される巡回群 $\langle g\rangle$ の位数を，g の**位数**といい，$\mathrm{ord}(g)$ と表す．g の位数は，$g^n=1$ を満たす最小の自然数 n と等しい．またそれは，$g^k=1$ を満たす任意の整数 k を割る．Lagrange の定理よりすぐに，$\mathrm{ord}(g)$ は $\sharp G$ を割り切り，任意の $g\in G$ について，$g^{\sharp G}=1$ が成り立つことがわかる．その特別な場合として，Fermat の小定理 (定理 4.9)，Euler の定

理 (18.1 節) がある．

この本で取り扱う群はほとんどすべて**可換群** (**Abel 群**) である，すなわち次の性質も満たす．

 ○ (可換性) 　$\forall a, b \in G$ 　　$ab = ba$．

整数からなる集合は加法群として可換群であるが，$\mathbb{R}$ を係数として持つ n 次の正則行列全体からなる集合は，$n \geq 2$ のとき，非可換な乗法群である．巡回群は可換群であるが逆は正しくない．$\mathbb{Z}_{12}^\times$ は可換群だが巡回群ではない．

2 つの (乗法) 群 G, H の間の写像 $\varphi: G \to H$ が，任意の $g_1, g_2 \in G$ に対し，$\varphi(g_1 g_2) = \varphi(g_1)\varphi(g_2)$ を満たすとき，(群) **準同型写像**という．A, B を集合とし，$\varphi: A \to B$ をその間の写像とするとき，$a_1, a_2 \in A$ に対し，$\varphi(a_1) = \varphi(a_2)$ ならば $a_1 = a_2$ が成り立つとき，φ を**単射** (1 対 1 の写像) といい，また，任意の $b \in B$ に対し，$\varphi(a) = b$ を満たす $a \in A$ が存在するとき，φ を**全射** (上への写像) という．φ が単射かつ全射のとき，**全単射**という．全単射な準同型写像 $\varphi: G \to H$ を G と H の間の**同型写像**という．そのとき G と H は**同型**であるといい，$G \cong H$ と表す．またこのとき，G と H は群として同じものとして扱われる．準同型写像 $\varphi: G \to H$ が同型写像であるための必要十分条件は，準同型写像 $\psi: H \to G$ が存在して，$\varphi \circ \psi = \mathrm{id}_H, \psi \circ \varphi = \mathrm{id}_G$ が成り立つことである，ただし ○ は写像の合成を表す．

準同型写像 $\varphi: G \to H$ について，$\ker \varphi = \{g \in G \mid \varphi(g) = 1\}$ を φ の**核**，$\varphi(G) = \{\varphi(g) \mid g \in G\}$ を φ の**像**という．φ が単射であるための必要十分条件は，$\ker \varphi = \{1\}$ が成り立つことである．$K = \ker \varphi$ とおくと，G の K による右剰余類からなる集合 $G: K$ は，積 $(gK)(g^*K) = (gg^*)K$ $(g, g^* \in G)$ によって再び群になる．この群を G の K を法とする**剰余群**といい，G/K と表す．(群の) **準同型定理**とは，剰余群 $G/K = G/\ker \varphi$ は群 $\varphi(G)$ と同型であるという命題である．さらに，G が有限群のとき，$\sharp G = \sharp \ker \varphi \cdot \sharp \varphi(G)$ が成り立つ．

2 つの群 G, H が与えられたとき，新しい群 $G \times H$ を次のように定義する，またこの群を G と H の**直積**という．$G \times H = \{(g, h) \mid g \in G, h \in H\}$ とおき，積を $(g_1, h_1) \cdot (g_2, h_2) = (g_1 g_2, h_1 h_2)$ と定義する，ただし $g_1, g_2 \in G, h_1, h_2 \in H$ である．($G \times H$ の単位元は何か，また (g, h) の逆元は何になるか考えよ)

$n \in \mathbb{N}_{>1}$ とする．集合 $\{1, \ldots, n\}$ のすべての**置換**からなる群

$$S_n = \{\sigma : \{1,\ldots,n\} \to \{1,\ldots,n\} \mid \sigma \text{ は全単射}\}$$

を $(n$ 次$)$ **対称群**という．また演算は写像の合成で定義される．この群は，$\sharp S_n = n!$ 個の元を持ち，$n \geq 3$ のときは可換群でない．

25.2 環

環とは，2つの演算を持つ代数的な対象である．すなわち，

定義 25.2 集合 R が，2つの2項演算 $\cdot, + : R \times R \to R$ を持ち，以下の条件を満たすとき，**環**であるという．
- R は加法 $+$ に関して単位元 0 を持つ可換群，
- 乗法 $\cdot$ について結合律を満たす，
- 乗法に関する単位元 1 が存在する，
- (分配律) $\forall a,b,c \in R$ $a(b+c) = (ab) + (ac), (b+c)a = ba + ca$.

さらに，環 R が乗法に関して可換のとき，**可換環**という．環の定義のときに，単位元 1 の存在を仮定しない場合もある．

環の例としては，$\mathbb{Z}, \mathbb{Q}, \mathbb{R}, \mathbb{C}$ は通常の加法と乗法で環になる．また $n > 0$ のとき $\mathbb{Z}_n$ は n を法とする剰余の和と積で環になり，各成分が実数の n 次正方行列全体 $\mathbb{R}^{n \times n}$ は，行列の和と積に関して環になる．行列以外の例はすべて可換環である．行列環は第 12 章以外では必要ない．

> この本では，特に指定しない限りすべての環は **1 を持つ可換環**とする．

環 R から環 S への写像 φ が条件 $\varphi(r_1 + r_2) = \varphi(r_1) + \varphi(r_2)$, $\varphi(r_1 r_2) = \varphi(r_1)\varphi(r_2)$, $\varphi(1_R) = 1_S$ $(r_1, r_2 \in R)$ を満たすとき，φ を (環の) **準同型写像**という．φ が準同型写像のとき，$\varphi(0_R) = 0_S$ が成り立つ．準同型写像 φ が全単射のとき，**同型写像**という．またこのとき R と S は同型であるといい，$R \cong S$ と表す．(これらの記号には少しあいまいさがある．$\mathbb{R} \times \mathbb{R}$ と $\mathbb{C}$ のように，2つの環が，加法群としては同型だが，環としては同型でない場合がある．) 環の

準同型写像は，加法と乗法の両方の演算について準同型の性質を持つ．群の場合と同様に，同型な環は本質的に同じ環と考える．

環 R の部分集合 I が以下の条件を満たすとき**右イデアル**であるという．
- $a, b \in I$ ならば $a + b \in I$,
- $a \in I, r \in R$ ならば $ar \in I$.

R が可換環のとき，単に**イデアル**であるという．(問：すべてのイデアルは環か？) 環 $\mathbb{Z}$ で 12 で割り切れる数全体

$$I = \{\ldots, -24, -12, 0, 12, 24, \ldots\} = \{12r \mid r \in \mathbb{Z}\} = 12\mathbb{Z}$$

はイデアルである．一般に，$a_1, \ldots, a_s$ で**生成される**イデアルを

$$\langle a_1, \ldots, a_s \rangle = a_1 R + \cdots + a_s R = \{a_1 r_1 + \cdots + a_s r_s \mid r_1, \ldots, r_s \in R\}$$

と表し，このとき，$a_1, \ldots, a_s$ をこのイデアルの**基底**という．特に，1 つの元 $a \in R$ で生成されたイデアル $\langle a \rangle = aR = \{ar \mid r \in R\}$ を単項イデアルという．記号 $\langle a \rangle$ には注意を要する．たとえば，$12\mathbb{Z}, 12\mathbb{Q} = \mathbb{Q}$ はともに $\langle 12 \rangle$ と表されるが，これらは異なる．

I を R のイデアルとし，$r, s \in R$ とする．$r - s \in I$ のとき，r と s は I を**法として合同**という ($r \equiv s \bmod I$ と表す)．例としては，$R = \mathbb{Z}$ のとき，$14 \equiv 2 \bmod 12\mathbb{Z}$ である．またこれを $14 \equiv 2 \bmod 12$ とも表す．$a, b \in R$ について，$ar = b$ を満たす $r \in R$ が存在するとき，$a \mid b$ と表す (a が b を**割る**という)．また，そうでないときは，$a \nmid b$ と表す．

$r \in R$ に対して，集合 $r \bmod I = r + I = \{r + a \mid a \in I\} \subset R$ を **I を法とする剰余類**という．($14 \equiv 2 \bmod 12\mathbb{Z}$ のように $\equiv$ とともに同値関係を表す mod と，$2 \bmod 12\mathbb{Z}$ のような同値類を表す mod は区別して考えよ．) すべての $r, s \in R$ に対して，次は同値である．

$$r \bmod I = s \bmod I \iff r - s \in I \iff r \equiv s \bmod I$$

すべての剰余類の集合 $R/I = \{r \bmod I \mid r \in R\}$ に演算 $(r \bmod I) + (s \bmod I) = (r + s) \bmod I$, $(r \bmod I) \cdot (s \bmod I) = (rs) \bmod I$ と定義すると，再び環になる．この環を **I を法とする R の剰余環**という．このとき，R の元

r を $r \bmod I \in R/I$ に写す**標準的環準同型写像** $\varphi : R \to R/I$ が存在する．たとえば，$R = \mathbb{Z}$ で $I = 12\mathbb{Z}$ のとき，$R/I = \{0 \bmod 12\mathbb{Z}, 1 \bmod 12\mathbb{Z}, \ldots, 11 \bmod 12\mathbb{Z}\}$ となり，$\varphi(14) = 14 \bmod 12\mathbb{Z} = 2 \bmod 12\mathbb{Z}$ である．$2 \bmod 12\mathbb{Z}$ を $2 \bmod 12$ や，単に 2 と表すこともある．このように，剰余環 $\mathbb{Z}/12\mathbb{Z}$ を $\mathbb{Z}_{12} = \{0, 1, \ldots, 11\}$ と同一視することができる．

より一般に，R の部分集合 S について，任意の R の元 a に対し，$a \equiv b \bmod I$ を満たす S の元 b がただ 1 つ存在するとき，S を I についての**代表系**という．たとえば，$\{0, 1, \ldots, 11\}$ は $I = 12\mathbb{Z}$ についての代表系で，$\{-5, -4, \ldots, 4, 5, 6\}$ もそうである．代表系はほかにもたくさんある．代表系は，I を法とする加法，乗法によって再び環になり，$S \cong R/I$ が成り立つ．

群の場合と同様に，環についても**準同型定理**が成り立つ．すなわち，R, S を環とし，$\varphi : R \to S$ を準同型写像とするとき，φ の**核**を $I = \ker \varphi = \{r \in R \mid \varphi(r) = 0\} \subset R$ とおけば，I は R のイデアルになり，R/I は S の部分環である φ の**像** $\varphi(R) = \{\varphi(r) \mid r \in R\}$ に同型である．

R, S が環のとき，環 $R \times S = \{(r, s) \mid r \in R, s \in S\}$ を R と S の**直積**という．演算は成分ごとに行う．すなわち，$r_1, r_2 \in R, s_1, s_2 \in S$ に対して，$(r_1, s_1) + (r_2, s_2) = (r_1 + r_2, s_1 + s_2)$，$(r_1, s_1) \cdot (r_2, s_2) = (r_1 r_2, s_1 s_2)$ である．

環にさらなる条件を付け加えると，より興味深いことのできる対象が得られる．たとえば，最大公約数を計算したり，素因数分解などができるようになる．まず最初に，**整域**を定義する．整域とは，0 以外の零因子を持たない非自明な可換環をいう．ここで，環が非自明であるとは，1 と 0 が異なることであり，$a \in R$ が**零因子**であるとは，0 でない元 $b \in R$ が存在し，$ab = 0$ となることである．($\mathbb{Z}_{12}, \mathbb{Z}_7$ は整域か？) 0 は常にどんな環でも零因子である．整域では，**簡約律**つまり $a \neq 0$ かつ $ab = ac$ ならば $b = c$ が成り立つ．

整数環 $\mathbb{Z}$ ではさらに次の興味深い性質が成り立つ．

- (除法の原理) $\forall a, b \in \mathbb{Z}, b \neq 0, \exists! q, r \in \mathbb{Z} \quad a = qb + r$ かつ $0 \leq r < b$．
- (素因数分解の一意性) 1 以外の自然数は素数の積として一意的に表すことができる．

これらの性質を一般の環に拡張する．剰余定理を拡張するには，整数環の場合の絶対値にあたる特別な関数が必要である．整域 R について，次の除法の原

理を満たす **Euclid 関数** $d: R \to \mathbb{N} \cup \{-\infty\}$ が存在するとき，R を **Euclid 整域**という，ここで除法の原理とは，すべての $a, b \in R$ に対し，$b \neq 0$ のとき，$a = qb + r$ かつ $d(r) < d(q)$ を満たす $q, r \in R$ が存在することである (3.1 節)．このような q を**商**，r を**剰余**という．これらは一意的でなくてもよい．($\mathbb{Z} \times \mathbb{Z}$ には Euclid 関数があるか？)

a, b を整域 R の元とする．$c \in R$ が $c | a$ かつ $c | b$ を満たすとき，a と b の**公約元**という．$c \in R$ が a, b の公約元で，a, b の公約元は必ず c を割るとき，c を**最大公約元** (gcd) という．$\gcd(a, b) = 1$ のとき，a と b は**互いに素**であるという．最大公約元はただ 1 つとは限らない．たとえば，$R = \mathbb{Z}$ において -2 と 2 はともに 4 と 6 の最大公約元である．3.1 節において，少し技巧的な最大公約元の選び方について議論されている．最大公約元を計算する Euclid のアルゴリズム，中国剰余アルゴリズム (第 3 章，第 5 章) が Euclid 整域ではうまくいく．

素因数分解の一意性を拡張するためにさらなる定義が必要である．整域 R の元 u が乗法逆元を持つとき，すなわち $uv = 1$ を満たす $v \in R$ が存在するとき，u を**単元**という．R の単元全体の集合 $R^\times$ は乗法群になる．たとえば，$\mathbb{Z}^\times = \{-1, 1\}$ である．2 つの元 a, b に対して，$a = ub$ を満たす単元 u が存在するとき，a と b は**同伴である**という．a と b が同伴のとき $a \sim b$ と表す．関係 $\sim$ は**同値関係**．すなわち，すべての $a, b, c \in R$ に対し，$a \sim a$(反射律)，$a \sim b \Leftrightarrow b \sim a$(対称律)，$a \sim b \sim c \Rightarrow a \sim c$(推移律) が成り立つ．$\mathbb{Z}$ では $+4$ と -4 は同伴である．整域 R の 0 でも単元でもない元 p が単元ではない $a, b \in R$ を用いて $p = ab$ と表されるとき，p は**可約**であるといい，そうでないとき**既約** (元) であるという．単元は可約でも既約でもない．整域 R の 0 でも単元でもない元 p において，すべての $a, b \in R$ について $p | (ab)$ ならば $p | a$ または $p | b$ が成り立つとき，p を**素元**という．整域 R のすべての 0 でも単元でもない元 a が順序と単元の積を除いて一意的に (有限個の) 既約元の積で表されるときに，R を**一意分解整域** (UFD) という．たとえば，$R = \mathbb{Z}$ は UFD で，$12 = 2 \cdot 2 \cdot 3 = (-3) \cdot 2 \cdot (-2)$ はともに 12 の既約元分解である．($\mathbb{Z} \times \mathbb{Z}$ の単元は何か？ $\mathbb{Z} \times \mathbb{Z}$ において，同伴であるものも区別したとき，何通りの $(18, 27)$ の既約元分解が存在するか？)

一般の整域においては，最大公約元が存在するとは限らないが (以下の例を見よ)，UFD では常に存在する．同様に，整域では素元であることと既約元で

あることは同値でない (以下の例). 素元は常に既約元であるが, 逆は, 整域の任意の 2 つの元が必ず最大公約元を持つとき, 特に UFD のときには, 正しい.

代数的数体の中には, 環の性質を説明するのにふさわしい例がある. $d \in \mathbb{Z}$ を負の平方自由な元とし, 虚 2 次体 $\mathbb{Q}(\sqrt{d}) = \mathbb{Q} + \mathbb{Q}\sqrt{d} = \{b + c\sqrt{d} \mid b, c \in \mathbb{Q}\} \subseteq \mathbb{C}$ を考える. その**整数環** $R = \mathcal{O}_d$ は次に等しい,

$$\mathcal{O}_d = \begin{cases} \mathbb{Z}[\sqrt{d}\,] = \mathbb{Z} + \mathbb{Z}\sqrt{d} & \text{if } d \equiv 2, 3 \bmod 4 \\ \mathbb{Z}[\frac{1+\sqrt{d}}{2}] = \mathbb{Z} + \mathbb{Z}\frac{1+\sqrt{d}}{2} & \text{if } d \equiv 1 \bmod 4 \end{cases}$$

特に $d = -1$ のとき, $\mathbb{Z}[i]$ は **Gauß の整数環**と呼ばれる. $N(a) = a\bar{a} = |a|^2 = b^2 + c^2$ で定義される写像 $N : R \to \mathbb{Z}$ を**ノルム**という, ここで $a = b + ic$ $(b, c \in \mathbb{R})$ で, $\bar{a}$ は a の複素共役である. ノルムは零以上の値しかとらない. これが R 上の Euclid 関数になるための必要十分条件は, $d \in \{-1, -2, -3, -7, -11\}$ で, このときのみ R は Euclid 整域になる. さらに, R が UFD であるための必要十分条件は, R が Euclid 整域であるか, または $d \in \{-19, -43, -67, -163\}$ が成り立つことである.

UFD でない整域の例がある. そのような古典的な例として, $\mathbb{Q}(\sqrt{-5})$ の整数環である $R = \mathcal{O}_{-5} = \mathbb{Z} + \mathbb{Z}\sqrt{-5}$ が知られている (Dirichlet (1863) "Zahlentheorie", 451 ページ). この環では,

$$(1 + \sqrt{-5}) \cdot (1 - \sqrt{-5}) = 6 = 2 \cdot 3$$

が成り立ち, 2 つの本質的に異なる 6 の既約元分解が存在する. これを見るために, まず $2, 3, 1 \pm \sqrt{-5}$ が既約元であることを示す.

ある $b, c \in R$ が存在して $1 + \sqrt{-5} = bc$ と表されたと仮定する. ノルムの積は分解するので, $6 = N(1 + \sqrt{-5}) = N(b)N(c)$ が成り立つ. ここで, R の単元のノルムは 1 なので, 1 と -1 だけが R の単元である. 一方で, 任意の $\alpha, \beta \in \mathbb{Z}$ に対し, ノルム $N(\alpha + \beta\sqrt{-5}) = \alpha^2 + 5\beta^2$ の 5 を法とする剰余は, $0, 1, 4$ のいずれかになる. ゆえに, $N(b) \in \{2, 3\}$ は不可能であり, b, c のいずれかが単元になり, $1 + \sqrt{-5}$ は既約元であることが示された. $1 - \sqrt{-5}, 2, 3$ についても同様である.

$1 \pm \sqrt{-5}$ のいずれも $2, 3$ のいずれとも同伴でないことを示す. $N(2) = 4$,

$N(3) = 9$ は，ともに $N(1 \pm \sqrt{-5}) = 6$ と異なる．同伴な元のノルムは等しいので結果を得る．この例はまた，かってな整域では既約元は必ずしも素元になるとは限らないことを示している．R では 2 は既約元で，$(1+\sqrt{-5})(1-\sqrt{-5})$ を割るが，いずれの因子も割っていないので，2 は素元でない．また，$\mathcal{O}_{-5}$ では，6 と $2+2\sqrt{-5}$ は最大公約元を持たない．

次の定理で，整域が UFD になるための同値条件をまとめる．

定理 25.3 整域 R について次は同値．
(i) R は UFD．
(ii) R の 0 でも単元でない元は素元の積で表される．
(iii) R の 0 でも単元でない元は既約元の積で表され，R の既約元は素元である．
(iv) R の 0 でも単元でない元は既約元の積で表され，R の 0 でない 2 つの元は必ず最大公約元を持つ．

特に，Euclid 整域には最大公約元が存在するので (第 3 章)，Euclid 整域は UFD である．一般には逆は正しくない．たとえば，$\mathcal{O}_{-19}$ は UFD だが Euclid 整域ではない．練習問題 3.17, 21.1 に別の例がある．

25.3 多項式と体

R を環とする．R 上の (1 変数) **多項式環**とは，R の元のベクトル $(a_0, a_1, \ldots)$ で，有限個の a_i を除いて 0 となるものからなる集合 S である．ここで，加法，乗法は，$(a_0, a_1, \ldots) + (b_0, b_1, \ldots) = (a_0 + b_0, a_1 + b_1, \ldots)$, $(a_0, a_1, \ldots) \cdot (b_0, b_1, \ldots) = (c_0, c_1, \ldots)$ と定義される，ここで $c_n = \sum_{i=0}^{n} a_i b_{n-i}$ である．0 でない多項式 a について，$a_n \neq 0$ を満たす最大の整数 n を a の**次数**といい，$\deg a$ と表す．またこのとき，a_n を**主係数**または**最高次の係数**といい，$\mathrm{lc}(a)$ と表す．特に，$\mathrm{lc}(a) = 1$ が成り立つとき，a を**モニック多項式**という．多項式 0 の次数を $-\infty$ と定めておくと都合がよいことが多い．多項式 $(a_0, a_1, a_2, \ldots,)$

を, $k > n$ ならば $a_k = 0$ が成り立つとき, 普通 $a_n x^n + \cdots + a_2 x^2 + a_1 x + a_0$ と表す. ここで, **不定元** x は単なるプレースホルダーである. また, $S = R[x]$ と表す. **べき級数環**は, 有限個の項を除いて 0 という条件をはずして, 多項式環と同様に定義され, $R[[x]]$ と表される.

2 変数またはそれ以上の変数を持つ多項式も扱う. $R[x][y]$ は $R[x]$ の元を係数に持つ y の 1 変数多項式からなるが, x のべきで整理することにより, $R[y]$ の元を係数に持つ x の 1 変数多項式の集合とも考えられる. このように x, y について対称なので, この環を $R[x, y]$ と表す. より一般に, $R[x_1, \ldots, x_n]$ も同様である. **多変数多項式** $a \in R[x_1, \ldots, x_n]$ の変数 x_i に関する次数, 最高次の係数をそれぞれ $\deg_{x_i} a$, $\mathrm{lc}_{x_i}(a)$ と表す. 単項式 $x_1^{e_1} \cdots x_n^{e_n}$ の**総次数**とは, $e_1 + \cdots + e_n$ で, 0 でない多項式 a の総次数とは, それに含まれる単項式の次数の最大値である.

R が可換環や整域のとき, $R[x]$ も同様に可換環や整域で, Gauß の有名な定理 (定理 6.8) より, R が UFD ならば $R[x]$ もそうである. Euclid 整域についても同様なことがいえるとよいのだが, 除法の原理を持ち上げることはできない (たとえば, $\mathbb{Z}[x]$ で, $x^2 + 3$ を $3x + 1$ で割る場合を考えよ). 除法の原理は b の最高次の係数が単元の場合には成り立つ (2.4 節).

R が整域のとき, $R[x]$ の単元は R の単元だけである, ここで R を $R[x]$ の次数 0 の多項式と同一視した. 既約性については少し不思議である. たとえば, $x^2 + 1$ は $\mathbb{Z}[x]$ または $\mathbb{Z}_3[x]$ では既約だが, $\mathbb{Z}_5[x]$ では $x^2 + 1 = (x + 2)(x - 2)$ となる.

次の補題は整域上の多項式に関して重要な性質を述べている.

補題 25.4 R を (1 を持つ可換) 環とし, $f \in R[x]$ とする.

(i) $u \in R$ について, $f(u) = 0$ となるための必要十分条件は $(x - u) \mid f$ である.

(ii) R が整域で $f \neq 0$ のとき, f は高々 $\deg f$ 個の根しか持たない.

(ii) は一般の環では正しくない. $f = x^2 \in \mathbb{Z}_{16}[x]$ は 4 つの根 $0, 4, 8, 12$ を持つ.

25.3 多項式と体

$m \in \mathbb{Z}$ について自然な環準同型写像 $\varphi: \mathbb{Z} \to \mathbb{Z}_m$ を多項式の各変数に適用することにより，準同型写像 $\mathbb{Z}[x] \to \mathbb{Z}_m[x]$ を得る．またこれも普通 φ と表す．その核は，$m \cdot \mathbb{Z}[x]$，すなわち各係数が m で割り切れる多項式からなるイデアル，である．環 R の元 u に対し，$R[x]$ の多項式 f を R の元 $\varepsilon(u) = f(u)$ に写す準同型写像 ε が定義され，これを**代入**という．補題 25.4 (i) より，その核は $\langle x-u \rangle$ で，準同型定理より，$R[x]/\langle x-u \rangle \cong \operatorname{im} \varepsilon = R$ を得る．

より一般に，$R[x]$ の元 m に対して，標準的準同型写像 $R[x] \to R[x]/\langle m \rangle$ を得る．m が定値関数でなくモニック多項式のとき，次数が $\deg m$ 未満の多項式全体は $\langle m \rangle$ についての代表系をなし，m を法とする加法と乗法に関して剰余環 $R[x]/\langle m \rangle$ をなす．$R[x]/\langle m \rangle$ で計算を行う際には，通常この代表系で計算される．代入は，$m = x-u$ とおいた特別な場合である．

R, S を環とし，$\varphi: R \to S$ を準同型写像，$f \in R[x_1, \ldots, x_n]$ を n 変数多項式，$r_1, \ldots, r_n$ を R の元とするとき，

$$\varphi(f(r_1, \ldots, r_n)) = \varphi(f)(\varphi(r_1), \ldots, \varphi(r_n))$$

が成り立つ．ただし $\varphi(f) \in S[x_1, \ldots, x_n]$ は f の各係数に φ を適用することによって得られる多項式である．R, f を上と同じとし，I を R のイデアルとするとき，$r_1, \ldots, r_n, r_1^*, \ldots, r_n^*$ が R の元で，$r_i \equiv r_i^* \bmod I$ ($1 \leq i \leq n$) が成り立つとき，$f(r_1, \ldots, r_n) \equiv f(r_1^*, \ldots, r_n^*) \bmod I$ が成り立つ．(確かめよ) このことは，準同型写像と合同は多項式表現と**可換**であることを示している．これが**モジュラ計算**の基礎になっている (4.1 節)．

体とは，0 以外の元がすべて単元，すなわち逆元を持つような整域である．よく知られた例として，有理数体 $\mathbb{Q}$，実数体 $\mathbb{R}$，複素数体 $\mathbb{C}$ がある．また $\mathbb{Q} \subset \mathbb{R} \subset \mathbb{C}$ が成り立つ．体 F 上の多項式環 $F[x]$ は Euclid 整域である．

体や環の元の個数をその位数という．前の例はすべて無限位数だが，位数有限の体は存在する．その中には，$\mathbb{Z}_p$ がある．ただし p は素数である．$\mathbb{Z}_p$ の 0 でない元 a の逆元が存在することは，$1 \leq a < p$ のとき，拡張された Euclid のアルゴリズム (3.6) で，$1 = as + pt \equiv as \bmod p$ を満たす $s, t \in \mathbb{Z}$ を計算できることによる．有限体は次の節で扱われる．

位数 9 の環 $\mathbb{Z}_3 \times \mathbb{Z}_3$ において，乗法単位元は $(1, 1)$ で，$(1, 1) + (1, 1) + (1, 1) =$

0 が成り立つ．一般に，環または体 R について，単位元を何回か加えて 0 になるとき，その単位元の個数の最小値を R の**標数**といい，char R と表す．いくら単位元を加えても 0 にならない場合は，標数 0 という．$\mathbb{Q}, \mathbb{R}, \mathbb{C}$ はすべて標数 0 の体で，$\mathbb{Z}_p$ の標数は p である．

R が整域のとき，$K = \{a/b \mid a, b \in R, b \neq 0\}$ を R の**商体**という．たとえば，$\mathbb{Q}$ は $\mathbb{Z}$ の商体で，体 F の元を係数とする x の**有理関数**全体 $F(x)$ は多項式環 $F[x]$ の商体である．

体 F が別の体 E に含まれるとき，E を F の**拡大体**，F を E の**部分体**という．たとえば，$\mathbb{C}$ は $\mathbb{R}$ の拡大体で，$\mathbb{R}$ は $\mathbb{Q}$ の拡大体である．また，拡大体 E は F 上のベクトル空間になる (25.5 節参照)．$\alpha \in E$ が**代数的**であるとは，ある多項式 $f(x) \in F[x]$ が存在して α が f の根である，すなわち $f(\alpha) = 0$ となることである (これは，$1, \alpha, \alpha^2, \ldots$ によって生成される E の F 部分空間が有限次元となることと同じである)．F の元はすべて F 上代数的で，$i = \sqrt{-1} \in \mathbb{C}$ は $\mathbb{Q}$ 上また $\mathbb{R}$ 上代数的である ($f = x^2 + 1$ とせよ)．代数的でない元を**超越的**という．たとえば，π や e は $\mathbb{Q}$ 上超越的である (注解 4.6 参照)．E の元がすべて F 上代数的なとき，E を F の**代数的拡大体**という．たとえば，$\mathbb{C}$ は $\mathbb{R}$ の代数的拡大体であるが，$\mathbb{Q}$ の代数的拡大体ではない．E の F 上のベクトル空間としての次元が有限のとき，E を F の**有限次拡大体**という．またそのとき，その次元を $[E : F]$ と表し，E の F 上の**拡大次数**という．有限次拡大体は常に代数的拡大体である．$F \subset E \subset K$ が有限次拡大のとき，**次数公式** $[K : F] = [K : E] \cdot [E : F]$ が成り立つ．

$\alpha \in E$ が F 上代数的のとき，α を根に持つ F 係数の多項式全体 $I = \{f \in F[x] \mid f(\alpha) = 0\}$ は $F[x]$ のイデアルになる．$F[x]$ は Euclid 整域なので，$F[x]$ のすべてのイデアルは単項イデアルで，I はそれに含まれる 0 でない次数最小のモニック多項式 m_α 1 つで生成される，すなわち $I = \langle m_\alpha \rangle$ である．これを α の**最小多項式**という．最小多項式 m_α は既約である．もしそうでなければ，α を根として持つ m_α より次数の小さい m_α の因子が存在することになる．m_α は I を生成するので，α を根として持つ多項式はすべて α で割り切れ，そのような性質を持つモニック多項式は m_α のみである．$\deg m_\alpha$ を α の F 上の**次数**という．F と α を含む E の最小の部分体を $F(\alpha)$ と表すと，$\deg m_\alpha = [F(\alpha) :$

25.3 多項式と体

F] が成り立つ．たとえば，$E=\mathbb{C}, F=\mathbb{R}, \alpha=i$ のとき，$m_i=x^2+1, \mathbb{R}(i)=\mathbb{C}, [\mathbb{C}:\mathbb{R}]=2$ である．

F 上の既約多項式 f を用いて，$E=F[x]/\langle f\rangle$ とおくことにより，F の代数的拡大体を得る．$F[x]$ は Euclid 整域なので，拡張された Euclid のアルゴリズム (3.6) によって，0 でなく $\deg a<\deg f$ を満たす a について $1=as+ft\equiv as \bmod f$ を満たす $s,t\in F[x]$ が計算できる．これにより，E の 0 でない元はすべて可逆で，F の元を E の定値関数と見ることにより，F は E の拡大体であり，実際には代数的拡大体となる．多項式 $f\in F[x]$ は $\alpha=(x\bmod f)\in E$ を根として持ち (補題 4.4)，α の最小多項式となっている．$\deg f=n$ のとき，$\alpha^{n-1},\ldots,\alpha^2,\alpha,1\in E$ は F 上の E の基底になる．ゆえに，$E=F(\alpha)$ と $[E:F]=n$ が成り立つ．

一方で，E を F の拡大体，$\alpha\in E$ を F 上代数的な元，$f\in F[x]$ をその最小多項式とすると，$F(\alpha)$ は F と α を含む E の最小の部分体であり，$F[x]/\langle f\rangle$ と同型である．なぜならば，α の代入 $F[x]\to E$ の核は $\langle f\rangle$，像は $F(\alpha)$ であり，準同型定理より同型である．たとえば，体 $\mathbb{R}[x]/\langle x^2+1\rangle$ と体 $\mathbb{C}$ は $x\bmod x^2+1$ を i に送る写像によって，同型である．

体 F の代数的拡大体を E とする．定数でない多項式 $f\in F[x]$ が E 上 1 次

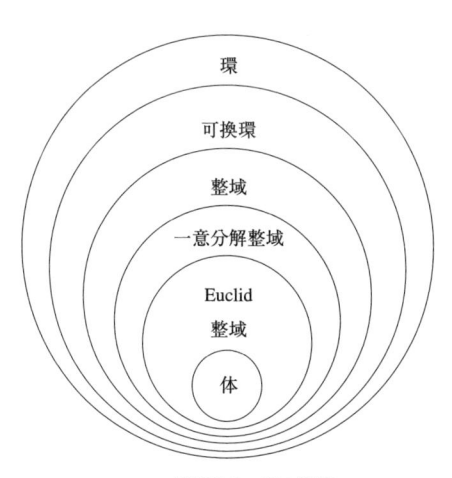

図 25.1 環の階層

式に分解するが，E のそれ以外の部分体では分解しないとき，f の **(最小) 分解体** という．体 F が**代数閉体**であるとは，任意の定数でない $f \in F[x]$ が F 上に根を持つことである．またこのとき，f は重複を含めて $\deg f$ 個の根を持つ．**代数学の基本定理**は，複素数体 $\mathbb{C}$ がこの条件を満たすことを意味している．

図 25.1 は，いままで述べてきた環の種類とその関係を表している．

25.4 有　限　体

有限体について，これから述べる事実とテクニックと，この話題について知りたいことは，「有限体のバイブル」と呼ばれる Lidl & Niederreiter の文献 (1997) を調べると答えが見つかるだろう．

すでに，p が素数のとき，有限体 $\mathbb{Z}_p = \mathbb{Z}/\langle p \rangle$ については取り扱った，ただし p は素数．これらと $\mathbb{Q}$ は**素体**である，すなわちすべての体はこの中のただ 1 つの (同型な) 体を含む．これら以外の有限体は何か？ $f \in \mathbb{Z}_p[y]$ を次数 n の既約多項式とすると，$\mathbb{Z}_p[y]/\langle f \rangle$ は $\mathbb{Z}_p$ の次数 n の代数的拡大体である．これはまた $\mathbb{Z}_p$ 上の次元 n のベクトル空間で，p^n 個の元からなる．$\mathbb{Z}_p[y]/\langle f \rangle$ の $\mathbb{Z}_p$ 上の基底は，$\{y^{n-1} \bmod f, \ldots, y \bmod f, 1 \bmod f\}$ である．

素数のべき $q = p^n$ に対し，q 個の元を持つ体が存在する．それらはすべて互いに同型で (自然な同型ではないが)，そこでそれ (の中の 1 つ) を $\mathbb{F}_q$ と表す．特に，p が素数のとき，$\mathbb{F}_p = \mathbb{Z}_p$ だが，$n \geq 2$ のときは $\mathbb{F}_{p^n} \not\cong \mathbb{Z}_{p^n}$ となることに注意せよ．他方，各有限体についてある素数 p と $n \geq 1$ が存在して，その元の個数は p^n 個である．またさらにある次数 n の既約多項式 $f \in \mathbb{Z}_p[y]$ が存在して，それは $\mathbb{Z}_p[y]/\langle f \rangle$ と同型になる．$\mathbb{F}_{p^n}$ の標数は p である．

Fermat の小定理 4.9 より，素数 p とすべての $a \in \mathbb{F}_p^\times$ に対し，$a^{p-1} = 1$ が成り立ち，ゆえにすべての $a \in \mathbb{F}_p$ に対し $a^p = a$ が成り立つ．これは一般の有限体に対しても成り立つ．

定理 25.5　Fermat の小定理　q を素数のべきとする．$a \in \mathbb{F}_q$ のとき，$a^q = a$ が成り立つ．特に，$a \neq 0$ のときは $a^{q-1} = 1$ で，また $\mathbb{F}_q[x]$ において次が成

り立つ．

$$x^q - x = \prod_{a \in \mathbb{F}_q}(x-a)$$

証明 Lagrange の定理より，m 個の元からなる群においてその群の元を g とすると $g^m = 1$ が成り立つ．単元群 $\mathbb{F}_q^\times = \mathbb{F}_q \backslash \{0\}$ は $q-1$ 個の元からなるので，$a \in \mathbb{F}_q$ かつ $a \neq 0$ のとき，$a^{q-1} = 1$ が成り立ち，すべての $a \in \mathbb{F}_q$ に対して $a^q = a$ が成り立つ．$a \in \mathbb{F}_q$ のとき，$x-a$ は $x^q - x$ を割り，$a \neq b$ のとき $\gcd(x-a, x-b) = 1$ なので，$\prod_{a \in \mathbb{F}_q}(x-a)$ は $x^q - x$ を割る．ここで2つの多項式はともにモニック多項式で次数が q なので等しい．□

有限体 $\mathbb{F}_{q^m}$ が別の有限体 $\mathbb{F}_{q^n}$ に含まれるとき，$\mathbb{F}_{q^m}$ は $\mathbb{F}_{q^n}$ 上のベクトル空間になり，$\mathbb{F}_{q^n}$ の元の個数 $\sharp \mathbb{F}_{q^n} = q^n$ は $\sharp \mathbb{F}_{q^m} = q^m$ のべきになる．すなわち $m \mid n$ である．逆に $m \mid n$ のとき，$\mathbb{F}_{q^n}$ は $\mathbb{F}_{q^m}$ (またはその同型な体) の拡大体である．すなわち，$\mathbb{F}_{q^m}$ は $\mathbb{F}_{q^n}$ の多項式 $x^{q^m} - x$ の根全体の集合に等しい．たとえば，$\mathbb{F}_4$ は $\mathbb{F}_{16}$ の部分体だが，$8 \mid 16$ であるにもかかわらず，$\mathbb{F}_8$ は $\mathbb{F}_{16}$ の部分体ではない．図 25.2 の束は，$\mathbb{F}_{q^{12}}$ のすべての部分体の関係を表している．これは，12 の約数の関係と対応していて，ある体が別の体を含んでいるとき前

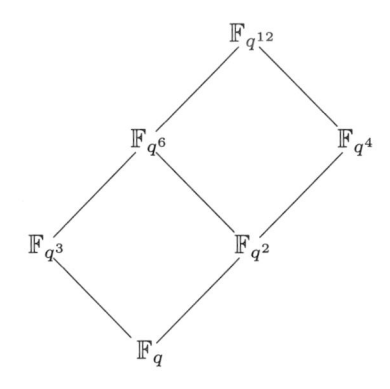

図 25.2 $\mathbb{F}_{q^{12}}$ の部分体の束

者から後者へ下に向かう線がある．(ここの束は第16章のものと意味が違う．)

乗法群 $\mathbb{F}_q^\times$ の位数は $q-1$ である．Fermat の小定理より，$a \in \mathbb{F}_q^\times$ のとき，$\mathrm{ord}(a)\,|\,q-1$ が成り立つ．$a \in \mathbb{F}_q^\times$ が群 $\mathbb{F}_q^\times$ を生成するとき，すなわちその位数が $q-1$ のとき，a は**原始的**であるという．$\mathbb{F}_q^\times$ には原始的な元が必ず存在する．ゆえに $\mathbb{F}_q^\times$ は巡回群 (練習問題 8.16)．より一般に，$n\,|\,q-1$ のときに限り，$\mathbb{F}_q^\times$ には位数 n の元が存在する (補題 8.8)．

環 R が $\mathbb{F}_p$ を含むとき，$\mathbb{F}_p$ **代数**という．R が可換な $\mathbb{F}_p$ 代数のとき，$a, b \in R$，$i \in \mathbb{N}$ のとき，基本的命題

$$(a+b)^{p^i} = a^{p^i} + b^{p^i}$$

が成り立つ．このことは，i に関する帰納法で示される．$i=1$ のときは，左辺を展開したとき，a^p, b^p 以外の2項係数はすべて p で割り切れ，R では 0 である．$\mathbb{F}_{q^n}$ を $\mathbb{F}_q$ の拡大体とする．写像

$$\varphi : \begin{cases} \mathbb{F}_{q^n} \to \mathbb{F}_{q^n} \\ \alpha \mapsto \alpha^q \end{cases}$$

は有限体 $\mathbb{F}_{q^n}$ 上の自己同型写像である．これを，**Frobenius 同型写像**という．$\alpha, \beta \in \mathbb{F}_{q^n}$ のとき，次が成り立つ．

$$\begin{aligned}(\alpha+\beta)^q = \alpha^q + \beta^q, \quad (\alpha\beta)^q = \alpha^q \beta^q, \\ \alpha^q = \alpha \Leftrightarrow \alpha \in \mathbb{F}_q\end{aligned} \tag{1}$$

最後の性質は，Fermat の小定理よりただちに導かれ，Galois 理論の言葉でいえば，φ の固定体が $\mathbb{F}_q$ である．

同様に，$\mathbb{F}_q$ 代数 R に対しても，**Frobenius 写像**

$$\varphi : \begin{cases} R \to R \\ \alpha \mapsto \alpha^q \end{cases} \tag{2}$$

が定義される．$R = \mathbb{F}_q[x]$ の場合が重要だが，この場合 φ は一般には全射でない．

$f \in \mathbb{F}_q[x]$ の次数が n で既約，$\alpha \in \mathbb{F}_{q^n} \cong \mathbb{F}_q[x]/\langle f \rangle$ が f の根のとき，$f(\alpha^q) = f(\alpha)^q = 0$ が成り立つ．すなわち，α^q も f の根である．より一般に，$\mathbb{F}_{q^n}$ にお

ける f の根は,α の n 個の**共役** $\alpha, \alpha^q, \alpha^{q^2}, \ldots, \alpha^{q^{n-1}}$ だけである.

有限体 F_{p^n} と有限可換環 $\mathbb{Z}_{p^n}$ は p^n 個の元を持ち,どちらもともに計算機代数において重要である.$n \geq 2$ のときは,これらは同型でない.なぜなら,F_{p^n} は体だが,$\mathbb{Z}_{p^n}$ は 0 でない零因子を持つ.また,char $\mathbb{F}_{p^n} = p$ で,F_{p^n} を加法群と見たときは $\mathbb{Z}_p^n$ と同型だが,一方で char $\mathbb{Z}_{p^n} = p^n$ で,Z_{p^n} を加法群と見たときは巡回群である.

25.5 線 形 代 数

線形代数の基本概念を紹介する.このテーマは,あまりに内容が濃くてこの節だけで理解するのは難しい.したがって,この本を読むためには,事前に線形代数について勉強しておくことが必要不可欠である.この分野におけるよい教科書として,Strang (1980) をあげておく.

線形代数の話題の中心は,体 F 上の**ベクトル空間**である.ベクトル空間とは,以下の条件を満たす F の元の**スカラー積** $\cdot$ が定義されている可換群 $(V, +)$ である.

- $\lambda \cdot (v + w) = \lambda \cdot v + \lambda \cdot w$,
- $(\lambda + \mu) \cdot v = \lambda \cdot v + \mu \cdot v$,
- $\lambda \cdot (\mu \cdot v) = (\lambda \mu) \cdot v$,

ただし,$\lambda, \mu \in F$, $v, w \in V$ である.$\lambda \cdot v$ を省略して λv と表す.V の元を**ベクトル**,F の元を**スカラー**という.ベクトル空間の最も有名な例は,$n \in \mathbb{N}$ に対し,F の n 個の元の組 $(a_1, \ldots, a_n)$ からなる集合 F^n である,ただし和とスカラー倍も各成分ごとに行う.

ベクトル空間 V の部分集合 U が加法とスカラー倍に関して閉じているとき**部分空間**という.すなわち,$u, v \in U$, $\lambda \in F$ のとき $u + v$, λv がともに U に含まれることである.$v_1, \ldots, v_n \in V$ をベクトルの有限列とする.もし,ある $\lambda_1, \ldots, \lambda_n \in F$ でその中に少なくとも1つは 0 でなく,$\lambda_1 v_1 + \cdots + \lambda_n v_n = 0$ を満たすものが存在するとき,$v_1, \ldots, v_n$ は **1 次従属**,そうでないときは,**1 次独立**という.$v_1, \ldots, v_n \in V$ によって**生成される**部分空間とは,1 次結合の集合 $\langle v_1, \ldots, v_n \rangle = \{\lambda_1 v_1 + \cdots + \lambda_n v_n \mid \lambda_1, \ldots, \lambda_n \in F\}$ である.ベクトル空

間 V が有限個のベクトルで生成されるとき,**有限次元**という.V の有限個の元 $v_1,\ldots,v_n$ が 1 次独立で $\langle v_1,\ldots,v_n\rangle = V$ が成り立つとき,それを V の**基底**という.線形代数で最も重要な定理は,有限生成ベクトル空間 V は有限個の元からなる基底を持ち (すなわちどんな生成系も基底を含む),そしてすべての基底の元の個数は等しいことである.基底の元の個数を V の**次元**といい,$\dim V$ と表す.たとえば,$\dim F^3 = 3$ で,3 つの単位ベクトル $(1,0,0),(0,1,0),(0,0,1)$ はその基底である.より一般に,$n \in \mathbb{N}_{>0}$ のとき,$\dim F^n = n$ が成り立つ.V の基底 $v_1,\ldots,v_n$ に関して,すべてのベクトル v は F の元 $\lambda_1,\ldots,\lambda_n$ を用いて基底の元の 1 次結合 $v = \lambda_1 v_1 + \cdots + \lambda_n v_n$ として一意的に表すことができる.この $\lambda_1,\ldots,\lambda_n$ を**座標**という.

同じ体 F 上の線形空間の間の写像 $f: V \to W$ が,$f(v_1+v_2) = f(v_1) + f(v_2)$,$f(\lambda v_1) = \lambda f(v_1)$ $(\lambda \in F, v_1, v_2 \in V)$ を満たすとき,**F 線形**または**準同型写像**という.群の場合と同様に,**自己準同型写像**,**同型写像**,**自己同型写像**が定義される.V と W の間に同型写像が存在するとき,それらは**同型**であるという.V と W が有限次元のとき,それらが同型であるための必要十分条件は $\dim V = \dim W$ が成り立つことである.準同型写像 $f: V \to W$ について,その**像** $\mathrm{im}\, f = \{f(v)\,|\,v \in V\}$ は W の部分空間で,その**核** $\ker f = \{v \in V\,|\,f(v) = 0\}$ は V の部分空間である.群の場合と同様に,f が単射であるための必要十分条件は $\ker f = 0$ で,f が全射であるための必要十分条件は $\mathrm{im}\, f = W$ である.Lagrange の定理にあたるものは,以下の準同型写像に対する**次元公式**である.

$$\dim \ker f + \dim \mathrm{im}\, f = \dim V \tag{3}$$

ただし V は有限生成であると仮定する.

V と W を F 上のベクトル空間とし,それらの基底をそれぞれ $v_1,\ldots,v_n$,$w_1,\ldots,w_m$ とする.このとき,準同型写像 $f: V \to W$ は

$$f(v_i) = a_{1i} w_1 + \cdots + a_{mi} w_m \tag{4}$$

のとき,$A = (a_{ij})_{\substack{1 \le i \le m \\ 1 \le j \le n}} \in F^{m \times n}$ で定義される $m \times n$ **行列**に対応している.また任意の $\lambda_i, \mu_j \in F$ に対して,

$$A\begin{pmatrix}\lambda_1\\ \vdots\\ \lambda_n\end{pmatrix}=\begin{pmatrix}\mu_1\\ \vdots\\ \mu_m\end{pmatrix}\iff f(\lambda_1 v_1+\cdots+\lambda_n v_n)=\mu_1 w_1+\cdots+\mu_m w_m$$

が成り立つ．逆に，行列 $A\in F^{m\times n}$ が与えられたとき，式 (4) によって準同型写像 $f:V\to W$ が定義され，A の核と像が，それぞれ f の核と像で定義される．A の**階数**は $\dim(\mathrm{im}\,A)$ であり，すなわち A の 1 次独立な列 (または行) の最大数に等しい．準同型写像の合成は行列の積に対応している．

正方行列 $A=(a_{ij})_{1\le i,j\le n}\in F^{n\times n}$ について，ある行列 $B\in F^{n\times n}$ が存在して $AB=I_n$ が成り立つとき，A を**正則 (可逆)** という，ここで I_n は n 次単位行列である．A が正則でないとき，**非正則**という．B を A^{-1} と表す．A が正則行列であるための必要十分条件は，F^n 上の自己準同型写像 $y\mapsto Ay$ が自己同型写像になることであり，それはまた A の階数が n と等しいことと同値である．n 次の正則行列全体は行列の積に関して群をなす．

n 次の正方行列 $A=(a_{ij})_{1\le i,j\le n}\in F^{n\times n}$ について，ある置換 $\sigma\in S_n$ が存在して，$j=\sigma(i)$ のとき $a_{ij}=1$，それ以外の成分はすべて 0 のとき，A を**置換行列**という．$\mathbb{R}^{n\times n}$ の置換行列全体は，n 次の正方行列全体からなる群の有限部分群で，S_n と同型である．

$a_{11},a_{12},\ldots,a_{mn},b_1,\ldots,b_m\in F$ に対し，F 上の**連立 1 次方程式**とは，

$$a_{11}y_1+a_{12}y_2+\cdots+a_{1n}y_n=b_1$$
$$a_{21}y_1+a_{22}y_2+\cdots+a_{2n}y_n=b_2$$
$$\vdots$$
$$a_{m1}y_1+a_{m2}y_2+\cdots+a_{mn}y_n=b_m$$

であり，これを同時に満たす $y_1,\ldots,y_n$ を求めたい．このとき，行列 $A=(a_{ij})\in F^{n\times n}$ を**係数行列**といい，ベクトル $b=(b_1,\ldots,b_m)^T\in F^m$ をその**右辺**という，ただし T は転置を表す．方程式は簡単に $Ay=b$ と表すことができる，ただし $y=(y_1,\ldots,y_n)^T$ は不定元からなるベクトルである．1 次方程式の**解空間** $\{y\in F^n\mid Ay=b\}$ は，空集合か，(加法群としての) $\ker A=\{y\in F^n\mid Ay=0\}$ の剰余類 $v+\ker A$ に等しい，ただし v は特殊解である．準同型写像の言葉

でいい直すと，$\{y \in F^n \mid Ay = b\}$ は準同型写像 $f: F^n \to F^m$, $f(y) = Ay$ に関する b の逆像である．

有名な **Gauß の消去法**によって，連立 1 次方程式 (そして線形代数の計算問題も) を解くことができる．行列 $A \in F^{m \times n}$ が与えられたとき，Gauß の消去法によって，ある可逆行列 $L \in F^{m \times m}$ とある置換行列 $P \in F^{n \times n}$ が求まり，$U = LAP$ は次の形の行列にできる，

$$U = \begin{pmatrix} I_r & V \\ 0 & 0 \end{pmatrix}$$

ただし，r は A の階数，I_r は r 次の単位行列，$V \in F^{r \times (n-r)}$ である．$m = n$ のとき，これを求めるには $O(n^3)$ 回の F の演算が必要である．v_i を行列 $\binom{-V}{I_{n-r}} \in F^{n \times (n-r)}$ の i 列とすると，$Pv_1, \ldots, Pv_{n-r}$ が $\ker A$ の基底になる．$b \in F^m$ のとき，$Ay = b$ が解を持つための必要十分条件は Lb の下の $m - r$ 個の係数がすべて 0 になることである．そのとき，$v \in F^n$ を上の r 個の係数が Lb のそれと等しくその他の成分は 0 のベクトルとおくと，Pv が方程式の特殊解になる．A が n 次可逆行列のときは，U は単位行列で，$A^{-1} = PL$ が成り立つ．

正方行列 $A = (a_{ij})_{1 \le i, j \le n} \in F^{n \times n}$ の**行列式**とは，

$$\det A = \sum_{\sigma \in S_n} (-1)^{\operatorname{sgn} \sigma} a_{1\sigma(1)} \cdots a_{n\sigma(n)} \in F$$

である，ただし $\operatorname{sgn} \sigma = \sharp\{1 \le i < j \le n \mid \sigma(i) > \sigma(j)\}$，すなわち $\{1, \ldots, n\}$ の置換 σ の逆転の個数である．行列式は乗法的である，すなわち $A, B \in F^{n \times n}$ において，$\det(AB) = \det A \cdot \det B$ が成り立つ．行列式は，2 つの行 (または列) を入れかえると符号がかわり，ある行 (または列) の定数倍を他の行 (または列) に加えても値は変わらない．さらに次が成り立つ．

$$\det A = 0 \iff A \text{ は非正則}$$

i, n を $1 \le i \le n$ を満たす自然数とし，A を F 係数の n 次正方行列，$a_1, \ldots, a_n \in F$ を A の i 行の成分とし，各 $1 \le j \le n$ に対し A_j を A から i 行と j 列を取り除いた $n - 1$ 次正方行列とする．このとき

$$\det A = \sum_{1 \leq j \leq n} (-1)^{i+j} a_j \det A_j$$

が成り立つ．これを i 行に関する **Laplace 展開** (または小行列式への展開) という．もちろん，行のかわりに列としても同じことが成り立つ．

行列式を計算するにはこの方法は便利でない．より有効な方法は Gauß の消去法と似た手法である．Gauß の消去法のように，$U = LAP$ が上三角行列になるように $\det L = 1$ の行列 $L \in F^{n \times n}$ と置換行列 $P \in F^{n \times n}$ を求める ($\det P = \pm 1$ に注意)．そのとき，$\det A = \det L^{-1} \det U \det P^{-1} = \pm \det U$ が成り立つ，すなわち符号の違いを無視すれば，U の対角成分の積に等しい．このことは，Laplace 展開を繰り返し使うことにより得られる．

$A \in F^{n \times n}$ が正則のとき，任意の $b \in F^n$ に対し，連立方程式 $Ay = b$ はただ 1 つの解 $y = A^{-1}b$ を持つ．次の定理は，重要な行列式の応用例であるが，実際に連立 1 次方程式を解くには実用的でない．

定理 25.6　Cramer の公式　A を F 係数の n 次正則行列とし，$b \in F^n$ とする．連立方程式 $Ay = b$ のただ 1 つの解 $y = (y_1, \ldots, y_n)^T \in F^n$ の成分 y_i は次の式で与えられる．

$$y_i = \frac{\det A_i}{\det A}$$

ただし A_i は A の i 行を b でおきかえた n 次正方行列である．

F 係数の n 次正方行列 A に対し，多項式 $\chi_A = \det(A - xI) \in F[x]$ を A の**特性多項式**という．その次数は n で，(F の代数閉包における) 零元を A の**固有値**という．すなわちスカラー $\lambda \in F$ が固有値であるとは，ある 0 でない $v \in F^n$ が存在して $Av = \lambda v$ が成り立つことである．$\det A = \chi_A(0)$ が成り立つ．多項式 $f = \sum_{0 \leq i \leq m} f_i x^i \in F[x]$ に対し，x に A を代入することにより，$f(A) = \sum_{0 \leq i \leq m} f_i A^i \in F^{n \times n}$ を得る．集合 $\mathrm{Ann}(A) = \{f \in F[x] \mid f(A) = 0\}$ は $F[x]$ のイデアルで，0 でないモニック多項式 $m_A \in F[x]$ で生成される，またこのような m_A はただ 1 つである．この m_A を A の**最小多項式**という．

Cayley–Hamilton の定理により，$\chi_A(A) = 0$ が成り立ち，m_A は χ_A を割り切る．

実数 $q > 0$ に対し，ベクトル空間 $\mathbb{C}^n$ 上に **qノルム** $\|\cdot\|_q$ を次のように定義する．$a = (a_1, \ldots, a_n) \in \mathbb{C}^n$ に対し，

$$\|a\|_q = \left(\sum_{1 \leq i \leq n} |a_i|^q\right)^{1/q}$$

同様に**極大ノルム**（または ∞ ノルム）を次のように定義する．

$$\|a\|_\infty = \max_{1 \leq i \leq n} |a_i| = \lim_{q \to \infty} \|a\|_q$$

$q > 0$（$q = \infty$ も含む）のとき，$a, b \in \mathbb{C}^n$, $\lambda \in \mathbb{C}$ に対し，次が成り立つ．

- $\|a\|_q \geq 0$, 等しいのは $a = 0$ の場合のみ (正値性),
- $\|a + b\|_q \leq \|a\|_q + \|b\|_q$ (三角不等式),
- $\|\lambda a\| = |\lambda| \|a\|$ (同次性).

$a \in \mathbb{C}^n$, $p > q$ のとき，次のようなノルム間の関係がある，

$$\|a\|_p \leq \|a\|_q \leq n^{1/q} \|a\|_p$$

極大ノルム以外では，1 ノルム $\|a\|_1 = \sum_{1 \leq i \leq n} |a_i|$, 2 ノルム (**Euclid ノルム**) $\|a\|_2 = (\sum_{1 \leq i \leq n} |a_i|^2)^{1/2}$ が重要である．これらのノルムの間には次の関係式が成り立つ，

$$\|a\|_\infty \leq \|a\|_2 \leq \sqrt{n} \|a\|_\infty, \quad \|a\|_2 \leq \|a\|_1 \leq n \|a\|_\infty \tag{5}$$

これらのノルムは自然に複素係数の1変数多項式に拡張できる．すなわち，$f = \sum_{0 \leq i \leq n} f_i x^i \in \mathbb{C}[x]$ に対し，係数ベクトル $(f_0, \ldots, f_n) \in \mathbb{C}^{n+1}$ の q ノルムを考え，それを $\|f\|_q$ と表す．

体 F 上のベクトル空間を V とする．写像 $\star : V \times V \to F$ が次の条件を満たすとき，**内積**という．

- $v \star v = 0 \iff v = 0$,
- $u \star v = v \star u$,
- $(\lambda u + \mu v) \star w = \lambda(u \star w) + \mu(v \star w)$,

ただし，$u,v,w \in V, \lambda, \mu \in F$ である．(すべてのベクトル空間が内積を持つとは限らない．たとえば $\mathbb{F}_2^2$ は持たない．) 2つのベクトル $v, w \in V$ が $v \star w = 0$ を満たすとき，それらは (⋆に関して) **直交する**という．$\mathbb{R}^n$ の内積 $(x_1, \ldots, x_n) \star (y_1, \ldots, y_n) = x_1 y_1 + \cdots + x_n y_n$ は最も重要な例である．またこのとき，$v \star v = \|v\|_2^2\ v \in \mathbb{R}^2$ が成り立つ．ベクトル $v_1, \ldots, v_n \in V$ に対し，行列 $G = (v_i \star v_j)_{1 \leq i,j \leq n} \in F^{n \times n}$ を $v_1, \ldots, v_n$ の **Gram の行列**，また $\det G$ を **Gram の行列式**という．ベクトル $v_1, \ldots, v_n \in V$ が1次従属となるための必要十分条件は，Gram の行列式が 0 となることである (練習問題 24.4)．

ベクトル空間 V の基底 $v_1, \ldots, v_n$ について，相異なるベクトルが直交するとき，すなわち Gram の行列が対角行列のとき，この基底は内積⋆に関して**直交する**という．第 16 章にある **Gram–Schmidt の直交化法**によって，かってな基底から直交基底をつくることができる．

25.6 有限確率空間

Graham, Knuth & Patashnik (1994) の第 8 章にこの分野が紹介されているほか，Feller (1971) はこの分野の古典的文献である．

有限集合 U に $\sum_{u \in U} P(u) = 1$ を満たす**確率関数** $P: U \longrightarrow [0, 1]$ が定義されているとき U を**有限確率空間**という．たとえば，公正に転がるサイコロを考えたとき，$U = \{1, 2, 3, 4, 5, 6\}$ とし，すべての $u \in U$ について $P(u) = 1/6$ とおくと有限確率空間が得られ，サイコロの出た目という試行の確率を記述できる．この例のように，すべての $u \in U$ において $P(u) = 1/\sharp U$ であるとき，P を**一様確率関数**という．

事象とは部分集合 $A \subset U$ であり，A の確率は $P(A) = \sum_{u \in A} P(u)$ である．上の例で，「奇数の出る」事象 $A = \{1, 3, 5\}$ の確率は $1/2$ である．$P(\emptyset) = 0$ であり，すべての $A, B \subset U$ に対して $P(U \setminus A) = 1 - P(A), P(A \cup B) = P(A) + P(B) - P(A \cap B)$ が成り立つ．特に，A と B が互いに素ならば，$P(A \cup B) = P(A) + P(B)$ である．通例，$P(A)$ を $\mathrm{prob}(A)$ とも書く．

2つの事象 A, B について B が起きたという条件のもとで A の起こる確率は $P_B(A) = P(A \cap B)/P(B)$ であり，これを**条件つき確率**という．ただし，

$P(B) \neq 0$ とする．このとき (B, P_B) は有限確率空間をつくる．事象 A, B が $P(A \cap B) = P(A)P(B)$ を満たすとき，**独立事象**であるという．このとき，$P(B) \neq 0$ であれば，$P_B(A) = P(A)$ である．上の例では，2 つの事象 $A = \{u \in U : u \text{ は奇数}\} = \{1, 3, 5\}$ と $B = \{u \in U : u \leq 2\} = \{1, 2\}$ は独立だが，A と $B = \{u \in U : u \leq 3\} = \{1, 2, 3\}$ はそうではない．直感的には，2 つの事象が独立であるとは，一方が起こるかどうかが他方が起こる確率に影響を与えないことである．

有限確率空間 (U, P) の関数 $X : U \longrightarrow \mathbb{R}$ を**確率変数**と呼ぶ．X の**期待値** (または平均値) を次の式で定める．

$$\mathcal{E}(X) = \sum_{u \in U} X(u) \cdot P(u) = \sum_{x \in X(U)} x \cdot P(X = x)$$

ここで $X = x$ は事象 $X^{-1}(x) = \{u \in U : X(u) = x\}$ の略記である．いままで取り上げてきた例において $X(u) = u$ とおくと，X の期待値は

$$\mathcal{E}(X) = \sum_{1 \leq i \leq 6} i \cdot \frac{1}{6} = \frac{21}{6} = 3.5$$

である．もう 1 つの確率変数 $Y : U \longrightarrow \mathbb{R}$ と $a, b \in \mathbb{R}$ について $\mathcal{E}(aX + bY) = a\mathcal{E}(X) + b\mathcal{E}(Y)$ が成り立つので期待値は線形である．確率変数 X の**分散**は $\mathrm{var}(X) = \mathcal{E}((X - \mathcal{E}(X))^2)$ であり，X の**標準偏差**は $\sigma(X) = \mathrm{var}(X)^{1/2}$ である．これは各 X の値がその平均値からおおむねどのくらい離れているかを表現している．確率変数 X に対して，$P_X(x) = P(X = x) = P(\{u \in U : X(u) = x\})$ で定義される関数 $P_X : \mathbb{R} \longrightarrow [0, 1]$ を確率変数 X の**確率分布**と呼ぶ．$(X(U), P_X)$ はまた有限確率空間になる．任意の $x, y \in \mathbb{R}$ について $P((X = x) \cap (Y = y)) = P(X = x)P(Y = y)$ (つまり事象 $X = x$ と $Y = y$ が独立) のとき 2 つの確率変数 X と Y は**独立**であるという．同様に，n 個の確率変数 $X_1, \ldots, X_n$ が独立であるとは任意の $x_1, \ldots, x_n \in \mathbb{R}$ と $I \subseteq \{1, \ldots, n\}$ に対してすべての $i \in I$ に関して $X_i = x_i$ である確率が $\prod_{i \in I} P(X_i = x_i)$ に等しいことをいう．

2 つの有限確率空間 (U_1, P_1) と (U_2, P_2) が与えられたとき，$(P_1 \cdot P_2(u_1, u_2) = P_1(u_1) \cdot P_2(u_2)$ とおくことにより $(U_1 \times U_2, P_1 \cdot P_2)$ は有限確率空間をなす．

これを**直積**という. $i=1,2$ について,X_i が U_i 上の確率変数,π_i が $U_1 \times U_2$ から U_i への射影のとき,$X_1 \circ \pi_1$ と $X_2 \circ \pi_2$ は独立な確率変数である. (U,P) において $P^n(u_1, \ldots, u_n) = P(u_1) \cdots P(u_n)$ とおくと n 乗 (U^n, P^n) が得られる,X が U 上の確率変数ならば

$$X_i(u_1, \ldots, u_n) = X(u_i) \tag{6}$$

で定まる n 個の確率変数 $X_i = X \circ \pi_i$ は独立であり,同じ確率分布を持つ.

たとえば,「サイコロを転がす」試行において 3 乗 (U^3, P^3) を考えよう. すると たとえば $P^3(1,2,3) = 6^{-3}$ である. X を 1 つのサイコロをふって出た目の値をとる確率変数とする. 3 個ふって出た目の合計の平均値は

$$\mathcal{E}(Y) = \mathcal{E}(X_1) + \mathcal{E}(X_2) + \mathcal{E}(X_3) = 3\mathcal{E}(X) = 10.5$$

である. ただし,$Y = X_1 + X_2 + X_3$ であり,$i = 1, 2, 3$ において X_i は i 番目のサイコロの出た目である. より一般に式 (6) の $X_1, \ldots, X_n$ について $\mathcal{E}(X_1 + \cdots + X_n) = n\mathcal{E}(X)$ が成り立つ.

(U, P) を有限確率空間,$A \subseteq U$ を事象とし,$p = P(A) > 0$,$q = 1 - P(A)$ とおく,X を A が起こるかどうかを示す確率変数,つまり $u \in A$ のとき $X(u) = 1$,それ以外のとき $X(u) = 0$ となる確率変数であるとする. このような X を **Bernoulli 確率変数**という. 無作為な試行において結果が A に含まれるか否かにしか興味ない. 潜在的には無限に(たとえばサイコロを転がす)試行を繰り返し,最初に $X = 1$(たとえば 6 の目が出るまで)になるまでの試行の回数の期待値を知りたいとしよう. 各新しい試行はそれまでの試行とは独立であり,直感的にはおおよそ $1/p$ 回(つまり 6 回)の試行が予想される. この場合には事実であることを確かめよう.

無限の確率空間を回避するため,ある $n \in \mathbb{N}$ について確率空間 (U^n, P^n) を考えることによりこの問題を定式化しよう(後で n を無限大に近づける). $1 \leq i \leq n$ について確率変数 X_i を式 (6) のようにおく. このとき各 $i \in \mathbb{N}$ において $P(X_i = 1) = p$, $P(X_i = 0) = q$ であり,$X_1, \ldots, X_n$ は独立である. 確率変数 $Y^{(n)}$ を最初に $X_i = 1$ が起きたときの試行の回数とする. つまり $1 \leq i \leq n$ に対して $Y^{(n)} = i$ は $X_1 = X_2 = \cdots = X_{i-1} = 0$ かつ $X_i = 1$ と同値である.

$X_i = 1$ が起きなかったとき，いいかえると $X_1 = X_2 = \cdots = X_n = 0$ のとき $Y^{(n)} = n+1$ としよう．すると，$1 \leq i \leq n$ において

$$P(Y^{(n)} = i) = P(X_1 = 0)P(X_2 = 0) \cdots P(X_{i-1} = 0)P(X_i = 1) = q^{i-1}p$$

であり（これを**幾何分布**という）．

$$P(Y^{(n)} = n+1) = P(X_1 = 0)P(X_2 = 0) \cdots P(X_n = 0) = q^n$$

である．よって，

$$\mathcal{E}(Y^{(n)}) = \sum_{1 \leq i \leq n+1} i \cdot P(Y^{(n)} = i) = (n+1)q^n + \sum_{1 \leq i \leq n} iq^{i-1}n$$

となるが，幾何学和の公式より

$$p \sum_{1 \leq i \leq n} iq^{i-1} = (1-q) \sum_{1 \leq i \leq n} iq^{i-1} = -nq^n + \sum_{0 \leq i < n} q^i = -nq^n + \frac{1-q^n}{1-q}$$

から

$$\mathcal{E}(Y^{(n)}) = (n+1)q^n - nq^n + \frac{1-q^n}{1-q} = \frac{q^{n+1}}{1-q} + \frac{1}{p}$$

を得る．結局，$|q| < 1$ だから $\lim_{n \to \infty} q^{n+1} = 0$ より，期待通りに $\lim_{n \to \infty} \mathcal{E}(Y^n) = 1/p$ である．例では，公正なサイコロを転がして 6 の目が出るまで待つ回数は $1/(1/6) = 6$ に近づく．正確には，$p = 1/6$ のとき $\mathcal{E}(Y^{(n)})$ の値は n 回サイコロを転がしてその間に 6 が出たときはそれが出るまでの回数，全く出なかったときは $n+1$ としたときの期待値である．この値は n を大きくしたとき 6 に近づき，その差は $q^{n+1}/(1-q)$ である．たとえば $n = 20$ のとき差はおよそ 0.13，$n = 100$ のときはおよそ $0.6 \cdot 10^{-7}$ である．

最初に A が起こるまでに少なくとも $k \leq n$ 回必要な確率は

$$P(Y^{(n)} \geq k) = P(X_1 = 0) \cdots P(X_{k-1} = 0) = q^{k-1}$$

は n に依存しない，ここで $k \geq 1$ とする．これは k に関して指数的に減少する．たとえば，6 の目が出るまで少なくとも 10 回転がす必要がある確率は $(5/6)^9 \approx 19.38\%$ である．

25.7 「大きい O」記号

ここでは簡潔に紹介だけするが，Graham, Knuth & Patashnik (1994) の第 9 章や Brassard & Bratley (1996) の第 2 章に広範囲に及ぶ解説がある．

アルゴリズムの計算量を表現するのに「定数倍を除いて」表すのが多くの場合便利である．我々が求めているのは入力のサイズが増加したときの計算量の厳密な増分ではなく，「増大の割合」だけである．たとえば体上の $n \times n$ 行列の積のアルゴリズムの計算量が「n^3 のアルゴリズム」といった具合である．これは $n \times n$ 行列の積に必要な体の演算回数 $f(n)$ がすべての $n \in \mathbb{N}$ について $c \cdot n^3$ より小さいことを意味している．ここで，c は実数の定数であるが，あまり大きな意味はない．このような「ずさんさ」は「大きな O」記号で定式化されている．

定義 25.7 (i) 部分関数 $f: \mathbb{N} \longrightarrow \mathbb{R}$ つまりすべての $n \in \mathbb{N}$ で定義されているとは限らない関数に対して，ある定数 $N \in \mathbb{N}$ が存在して $n \geq N$ ならば $f(n)$ は定義されていて正の数のとき f を**いずれ正**［訳注：原著の "eventually" にあたる日本語の用語はないと思われる．正しくは「十分大きいところで正」というべきであろう］であるという．

(ii) $g: \mathbb{N} \longrightarrow \mathbb{R}$ をいずれ正の部分関数とする．$O(g)$ を以下の条件を満たすいずれ正の部分関数 $f: \mathbb{N} \longrightarrow \mathbb{R}$ 全体の集合とする．$N, c \in \mathbb{N}$ が存在してすべての $n \geq N$ について $f(n)$ と $g(n)$ が定義されていて，$f(n) \leq cg(n)$ を満たす．

f を上の行列の積の計算量，$g(n) = n^3$ としたとき，$f \in O(g)$ と書ける．文献中で，このことをしばしば $f = O(g)$ とか $f = O(n^3)$ と表しているのを見かける．この等号は通常とは異なる意味を持つ．なぜなら $g(n) = n^3$, $h(n) = n^4$ のとき $g = O(h)$ かつ $h = O(h)$ だが $g = h$ ではないからである．

各 $n \in \mathbb{N}$ において n^3 はただの数であり，記号 O は数に対して用いるものではないのだが，$n^3 \in O(n^4)$ のように少しばかり記号の乱用をする．これは上の

g, h について $g \in O(h)$ の意味である．同じように $f(n) \in O(n^3)$ や $f \in O(n^3)$ などの記法も用いる．このような乱用を避けるために λ 計算と呼ばれる記法があるのだが，扱いにくい点もあるのでここでは用いない．

たとえば $f: \mathbb{N} \longrightarrow \mathbb{R}$ を $f(n) = 3n^4 - 300n + 1$ としたとき，$f(n) \in O(n^4)$ でも $f(n) \in O(n^5)$ でもある ("O" は厳密な評価を与えるわけではない)．しかし，$f \notin O(n^3)$ ではある．いずれ正の関数 h が $h(n) \in O(1)$ を満たすことと h が上に有界であることは同値である．すべてのいずれ正の関数 f, g, h について，$f \in O(f)$ と $f \in O(g)$ かつ $g \in O(h)$ ならば $f \in O(h)$ が成り立つ．

しばしば O はもっと汎用的に用いられ，式の右辺のあちこちに現れるかもしれない．たとえば $f(n) \in g(n) + O(h(n))$ はある $k \in O(h)$ について $f(n) = g(n) + k(n)$ であること，あるいはもう少し単純に $f - g \in O(h)$ であることの省略形である．同様に $f(n) \in g(n) \cdot O(h(n))$ は $(f/g) \in O(h)$ の略記であり，$f(n) \in g(n)^{O(h(n))}$ はある $k \in O(h)$ について $f(n) = g(n)^{k(n)}$ を意味している．さらに一般的にある $k \in O(h)$ について $f(n) = g(n, k(n))$ のとき $f(n) \in g(n, O(h(n)))$ と表す．$f, g: \mathbb{N} \longrightarrow \mathbb{R}$ のとき次が成り立つ．

- 任意の $c \in \mathbb{R}_{>0}$ に対して $c \cdot O(f) = O(f)$,
- $O(f) + O(g) = O(f + g) = O(\max(f, g))$, ただし，$\max$ は点ごとの最大値である,
- $O(f) \cdot O(g) = O(f \cdot g) = f \cdot O(g)$,
- 任意の $m \in \mathbb{R}_{>0}$ に対して $O(f)^m = O(f^m)$, ただし，f^m は関数 $f^m(n) = f(n)^m$ であり $(f(f(\cdots(f(n)\cdots))$ ではない),
- $f(n) \in g(n)^{O(1)} \iff f$ は g の多項式で上から抑えられている．

すべての等号は集合が等しいことを表している．つまり，たとえば $O(f) + O(g)$ は集合 $\{h + k : h \in O(f)$ かつ $k \in O(g)\}$ の略記である．

底を明記せずに対数関数が O の式に含まれているとき，2 や e のようなものに固定して考えてよい．

指数を含んだ式には注意が必要である！ $e^{O(f)} = O(e^f)$ と誤解しがちだが，$e^{2n} \in e^{O(n)}$ にもかかわらず $e^{2n} = (e^n)^2 \notin O(e^n)$ である．記号 "O" が定数を隠してしまうことが指数の場合には増大の割合に影響を与える．

2 あるいは 3 変数の関数 g についても次に述べる意味で記号 "O" を使うこ

とがある．部分関数 $g : \mathbb{N} \times \mathbb{N} \longrightarrow \mathbb{R}$ がいずれ正であるをある定数 $N \in \mathbb{N}$ が存在し $m, n \geq N$ ならば g が定義されていて正であると定義する．その g に対して $O(g)$ をある $N, c \in \mathbb{N}$ が存在して $m, n \geq N$ ならば $f(m, n), g(m, n)$ が定義されていて $f(m, n) \leq cg(m, n)$ を満たすいずれ正の部分関数 f 全体の集合と定める．3 変数でも同様に定める．

ある場合には記号 "O" でも精密すぎることもある．たとえば長さ n の 2 つの整数の積を計算するアルゴリズムの計算量は $O(n \log n \log \log n)$ 語演算だが (8.3 節)，和のアルゴリズムと同様に本質的には対数倍を除いて 1 次である．

定義 25.8 $f, g : \mathbb{N} \longrightarrow \mathbb{R}$ をいずれ正の関数とする．$f(n) \in g(n)(\log_2(3 + g(n)))^{O(1)}$ のとき，$f \in O^\sim(g)$ と書く（「f はソフト Og に含まれる」という）．これは $N, c \in \mathbb{N}$ が存在して $n \geq N$ ならば $f(n) \leq g(n)(\log_2(3 + g(n)))^c$ が成り立つことと同値である (3 を加えることにより $\log_2$ がいずれ 1 より大きくなるようにしている)．

このとき $n \log n \log \log n \in O^\sim(n)$ であり，面倒な log の因子が「ソフト O」に吸収される．$O(n^2)$ を「2 乗時間」や，$O^\sim(n)$ を「ソフト 1 次時間」のような表現を使用する．

25.8 計 算 量 理 論

Sipser (1997), Papadimitriou (1993), Wegener (1987) はこの実り豊かな理論のよい入門書である．最も一般的に理論を展開するとそれらの概念は本当に複雑である．簡単に取り扱うにしても複雑さを暴露することになりかねないので要約することさえ難しい．代数的計算量の理論については 12.1 節で簡潔に述べた．

インスタンスの集合 I の部分集合 $X \subseteq I$ を**決定問題**という．たとえば $X = $ PRIME $ = \{x \in \mathbb{N} : x$ は素数 $\} \subseteq I = \mathbb{N}$ は決定問題である．計算量のクラス $\mathcal{P}$ （「多項式時間」）を定義しよう．X に対して Turing マシン (特定のプログラムに対するバイナリコンピュータ「ハードウェア」の理論的モデル) が存在して

すべての $x \in X$ において正確に ($x \in X$ のとき) 受理するか，または ($x \notin X$ のとき) 拒否し，しかもそれが入力の長さ $\lambda(x)$ の多項式ステップで計算されるような X 全体からなる計算量のクラスを $\mathcal{P}$ で表す．このような Turing マシンを多項式時間 Turing マシンという．たとえば 0 でない整数 $x \in \mathbb{N}$ の 2 進数表現の長さは $\lambda(x) = 1 + \lfloor \log_2 x \rfloor$ である．

決定問題 X に対して与えられたインスタンス $x \in I$ と $\lambda(x)$ の多項式の長さのランダムビット列に対して以下のように動作するような多項式時間 Turing マシンが存在する X 全体からなる計算量のクラスを $\mathcal{BPP}$ (「誤り確率有界多項式時間」) で表す．$x \in X$ のとき少なくとも 2/3 の確率で x を受理し，$x \notin X$ のとき少なくとも 2/3 の確率で x を拒否する．このような Turing マシンを**両側モンテカルロ Turing マシン**という．奇整数 k について，このようなアルゴリズムを k 回実行し，多くの回で受理したときにだけ受理する標準的な技法がある．すると X の元は少なくとも

$$1 - 3^{-k} \sum_{0 \leq i < k/2} \binom{k}{i} 2^i > 1 - 3^{-k} 2^{k/2} \sum_{0 \leq i < k/2} \binom{k}{i} > 1 - \left(\frac{2\sqrt{2}}{3}\right)^k$$

の確率で受理され，$x \in I \setminus X$ が拒否される確率も同じ限界を持つ．さらに $X \in \mathcal{BPP}$ であるための必要十分条件は補集合 $I \setminus X$ が $\mathcal{BPP}$ に含まれることである．

与えられたインスタンス $x \in I$ と $\lambda(x)$ の多項式長のランダムビット列に対して次のように動作する多項式時間 Turing マシンが存在するような決定問題 X 全体のなす計算量のクラスを $\mathcal{RP}$ (「ランダム多項式時間」) で表す．$x \in X$ のとき少なくとも 1/2 の確率で受理する，一方，$x \notin X$ のとき常に拒否する．$\mathcal{BPP}$ マシンは X に含まれないインスタンスを受理することも X に含まれるインスタンスを拒否することも両方許されるのに対し，X に含まれないインスタンスを受理することは許されない．これが $\mathcal{BPP}$ との違いである．このアルゴリズムを k 回実行し，1 回でも受理したら受理する標準的技法がある．X の元は少なくとも $1 - 2^{-k}$ の確率で受理される．さらに，補集合 $I \setminus X$ が $\mathcal{RP}$ に含まれるような X 全体からなるクラスを co-$\mathcal{RP}$ と定義する．$\mathcal{RP}$ Turing マシンをまた**片側モンテカルロ Turing マシン**という．

25.8 計算量理論

クラス $\mathcal{ZPP}$ (「誤り確率 0 多項式時間」) は常に正しい答えを出す確率的多項式時間アルゴリズムが存在する問題からなるクラスであり，$\mathcal{ZPP} = \mathcal{RP} \cap \text{co-}\mathcal{RP}$ であることが知られている．このマシンの実行時間は確率変数となり，その平均値 t は入力の長さの多項式で上から抑えられ，その確率は平均時間から離れるにしたがい指数的に減衰する，$\text{prob}(\text{実行時間} \geq at) \leq 2^{-a}$．$\mathcal{P}$ に含まれることがまだ知られていないが，このクラスに含まれる問題でこのテキストの中で広範囲に扱われているものが 2 つだけある．PRIME と有限体上の多項式の因数分解 (決定問題版) である．$\mathcal{ZPP}$ Turing マシンをまた**ラスベガス Turing マシン**という．すべての決定性アルゴリズムは (全くランダムビットを使わない) 確率的アルゴリズムでもあるから $\mathcal{P} \subseteq \mathcal{ZPP}$ を得る．

Cook (1971) と Karp (1972) が導入したクラス $\mathcal{NP}$ (「非決定性多項式時間」) は非決定性多項式時間解法を持つ決定問題からなるクラスである．非決定性多項式時間解法を持つとは決定性多項式時間 Turing マシン M が存在して，すべての $x \in I$ について $x \in X$ であることと $\lambda(x)$ の多項式長のあるビット列 y で M が (x, y) を受理することが同値になることである．(「非決定性」は「決定できない」という意味ではない．空ビット列を y とすることにより $\mathcal{P} \subseteq \mathcal{NP}$ が示される．) M を実際の計算機で模倣する既知の唯一の方法は指数個ある y の可能性のすべてで試すことであり，Cook の予想 $\mathcal{P} \neq \mathcal{NP}$ を証明することは理論的コンピュータサイエンスの最も重要な未解決問題である．クラス $\text{co-}\mathcal{NP}$ は $I \setminus X \in \mathcal{NP}$ を満たす X 全体からなる．

問題 X から問題 Y への **(Turing) 帰着**とは X に関する決定性多項式時間アルゴリズム (Turing) で Y に含まれるかどうかを決定するサブルーチン (手順は明示されなくてもよい) を利用するマシンである．このような帰着が存在するとき，X は Y に **(多項式時間) 帰着可能**であるという．これは X は Y を解くことよりは (多項式時間の意味では) 難しくないことを意味する．もし，Y が X に帰着可能ならば，それらは **(多項式時間) 同値**である．

計算量のクラス $\mathcal{C}$ において $\mathcal{C}$ に含まれるすべての問題が決定問題 X に帰着可能のとき X を **$\mathcal{C}$ 困難**であるという，さらに $X \in \mathcal{C}$ のとき **$\mathcal{C}$ 完全**であるという．$\mathcal{C}$ 完全問題は $\mathcal{C}$ の中で「最も難しい」問題である．Cook の予想が正しければ **$\mathcal{NP}$ 完全問題**は多項式時間では解けない．論理式の充足可能性が彼の証明

した最初の例であり (24.1 節を見よ)，17.1 節の部分集合和問題もまた $\mathcal{NP}$ 完全問題である．Garey & Johnson (1979) が著した古典には 1000 以上のこのような問題があげられている．

指数時間または 2 重指数時間つまりそれぞれ入力の長さ n について

$$2^{n^{O(1)}}, \qquad 2^{2^{n^{O(1)}}}$$

かかるアルゴリズムを許すクラスをそれぞれ $\mathcal{EXPTIME}, \mathcal{EXPEXPTIME}$ で表す．このようなアルゴリズムは現実には比較的小さい n でしか実行できない．

領域限定計算量では，アルゴリズムが使えるメモリセルの個数を制限する．読むことしかできない入力セルと書くことしかできない出力セルは勘定に入れないで，本質的な作業セルだけを数える．作業セルを多項式あるいは指数に限定したクラスをそれぞれ $\mathcal{PSPACE}, \mathcal{EXPSPACE}$ と表す．

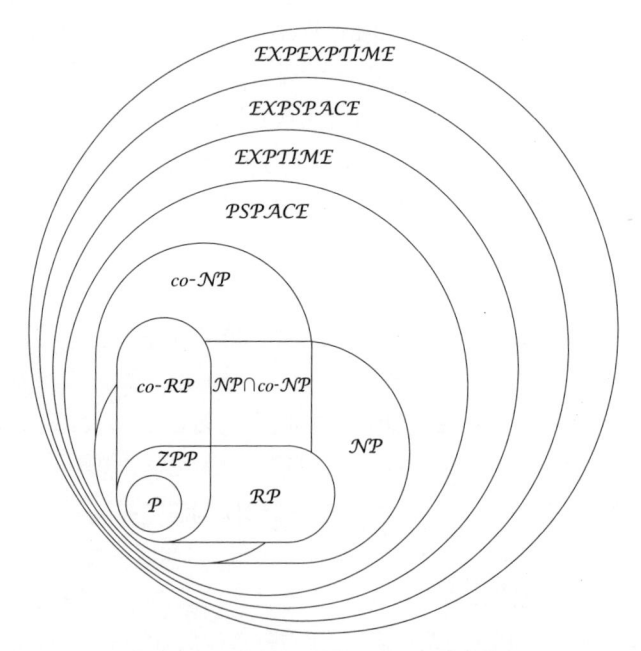

図 25.3 さまざまな計算量クラスの包含関係

これまで述べてきた計算量のクラスの間の関係を図示したのが図 25.3 の「計算量のたまねぎ」である．明らかに $\mathcal{RP} \subseteq \mathcal{BPP} \cap \mathcal{NP}$ と co–$\mathcal{RP} \subseteq \mathcal{BPP} \cap$ co–$\mathcal{NP}$ が成り立つ．しかし，$\mathcal{BPP} \subseteq \mathcal{PSPACE}$ 以外に $\mathcal{BPP}$ を含むこれら既知のクラスによる「よい」包含関係はない．「かなり」大きな入力でも扱えるアルゴリズムが存在する実行可能な問題は $\mathcal{BPP}$ かまたはそれより小さいクラスの問題である．(この文を額面通りに受け取ってはならない．) この本の最初の 3 分の 2 (第 18 章まで) はこのような問題を扱っている．ときにはそれらの問題が $\mathcal{ZPP}$ (PRIME と有限体上の多項式の因数分解) に含まれることや，$\mathcal{P}$ ($\mathbb{Q}$ 上の Gauß 消去) に含まれることを示すのは多少の努力を要する．またときには明らかに $\mathcal{P}$ に属すのだが，$O(n^2)$ から $O^\sim(n)$ (積や余りのある商など) に改良するのに努力を要する．後半の章では $\mathcal{BPP}$ に含まれることが知られていない問題を扱っている．これらの問題では知られているどんな方法を用いてもかなり小さな入力 (たとえば，10 進数で 400 桁の数の因数分解) でさえ実用に耐えられないほどの時間がかかる．それでもなお，いまのところ経験ではアルゴリズム (とハードウェア) の進歩が解ける問題の範囲を次から次へと広がる望みがある．

注解

25.2 Euclid の『原論』の 7 巻の命題 30 では素数が既約であることを示している．Gauß (1863c) は $\mathbb{Q}[i]$ と $\mathbb{Q}[\sqrt{3}]$ が Euclid 整域であることを示した．Lenstra(1979a, 1980a, 1980b) は Euclid 数体の詳しい研究を行い，Lemmermeyer (1995) が網羅的な考察を与えた．

25.3 Gauß (1863a), 論文 243 は $R = \mathbb{Z}_p$ のときの補題 25.4 の (ii) を与えた．ただし，p は素数である．

25.4 Galois (1830) は有限体の理論の基礎をつくった．それらはしばしば Galois 体と呼ばれ，$\mathbb{F}_q$ を記号 GF(q) で表すことも多い．

25.5 Gauß の消去法についての注解 5.5 を見よ．Laplace (1772) の IV 章で行列式の展開が述べられている．Bézout (1764) の 293 ページ以下にも述べられていて，Cramer (1750) 付録 No I, 658 ページには彼の法則が記されている．

25.7 「大きい O」記号は Bachmann と Landau によって 19 世紀の終わりに数論の中で導入され，Knuth (1970) がコンピュータサイエンスの世界に広めた．von zur Gathen (1985) と Babai, Luks & Sereuss (1988) が「ソフト O」記号を発明した．

25.8 Ulam はカードゲームのソリティアの成功の確率を評価するために確率的手法を用い,モンテカルロという用語をつくり出したようである.Levin (1973) もクラス $\mathcal{NP}$ を導入した.Babai (1979) がラスベガスアルゴリズムを設計することを発明した,注解 6.5 を見よ.$\mathcal{BPP}$ の知られている上界で最もよいものは $\mathcal{BPP} \subseteq \mathcal{MA} \subseteq \Sigma_2^{\mathcal{P}} \cap \Pi_2^{\mathcal{P}}$ である.Johnson (1990) に計算量のクラスに関するより詳しい記述がある.この節の練習問題はこの本の web ページで見つかる.

図版の出典

p.16：von zur Gathen によるシクロヘキサンのプラスティック模型.
p.27：ベニスで Erhard Ratdolt により 1482 年に印刷された Euclid の原論の第1ページ，Basel 大学図書館の寛大な許可による.
p.30：6 世紀の Agrimensorum on Roman land surveyors の写本の肖像画．Euclid かもしれない．Herzog–August–Bibliothek, manuscript 2403, Wolfenbüttel の好意による．
p.283：Sir Godfrey Kneller による Isaac Newton の肖像画，1689. the Trustees of the Portsmouth Estates の好意による．
p.286：Isaac Newton が描かれている英国の1ポンド札 (1988 年まで流通). Bank of England の寛大な許可で複製したもの.
p.475 (図 13.4 左)：Paderborn の Schloß Neuhaus. Ferdinand von Fürstenberg 主教の邸 (p.663 を見よ).
p.481：Carl Friedrich Gauß の肖像画. 1840 年に Christian Albrecht Jensen (1792–1870) により作成された肖像画の Gottlieb Biermann (1824–1908) により 1887 年に複製された油彩画. Lecture Hall in the Sternwarte (observatory), Göttingen. Universitäts–Sternwarte Göttingen の寛大な許可で複製したもの.
p.484：p.481 の肖像画の鏡像を用いたドイツの 10DM 札. Reinhold Gerstetter のデザインによる．1991 年 4 月 16 日から 2001 年 12 月 31 日まで流通. Deutsche Bundesbank の寛大な許可で複製したもの.
p.661：Théophile Barrau による Pierre Fermat のミューズと一緒の大理石の像，1898 年．碑文：Fermat. Inventeur du calcul différentiel. 1585[原文のまま]–1665. Salle des illustres, Capitole, Toulouse.
p.662：François Poilly による Pierre Fermat の版画. Varia Opera, Toulouse, 1679 から.
p.663：the Varia Opera, Toulouse 1679 の中の Samuel Fermat による Paderborn の教主 Ferdinand von Fürstenberg への献辞.
p.761：David Hilbert の肖像画. Lecture Hall in the Mathematisches Institute, Universität Göttingen. Mathematisches Institut der Georg–August–Universität, Göttingen の寛大な許可で複製したもの.
p.764：David Hilbert の署名入りの写真. 写真家 August Schmidt により撮ったらしい．これは，popular postcards Portraits Göttingen Professoren. Hrsg. von der Göttinger Freien Studentenschaft. Nr. 13 の 1 枚である．1915 年図書館により手に入れられたもの. Niedersächsische Staats– und Universitätsbibliothek, Göttingen の好意による.
p.30, 283, 764 を除くすべての写真 ⓒ1999 by Joachim von zur Gathen.

引用句の出典

はじめに　　　**William Shakespeare** (1564–1616), *King Henry VIII*, 1.1.123. *The Works*, Jacob Tonson, London, 1709, vol. 4, p. 1725. **Lord Francis Bacon** (1561–1626), *Essays*, Of Studies, 1597. Reprinted by Henry Altemus Company, Philadelphia PA, c. 1900, p. 201. **Anonymous referee**, *Bulletin des sciences mathématiques Férussac* **3** (1825), p. 77. **Isaac Newton** (1642–1727), *Universal Arithmetick: or, A Treatise of Arithmetical Composition and Resolution*, translated by the late Mr. Raphson and revised and corrected by Mr. Cunn, London, 1728, Preface *To The Reader*. Translation of *Arithmetica Universalis, sive de compositione et resolutione arithmetica liber*, 1707. Reprinted in: Derek T. Whiteside, *The mathematical works of Isaac Newton*, vol. 2, Johnson Reprint Co, New York, 1967, pp. 4–5. **Ghiyāth al-Dīn Jamshīd bin Mas'ūd bin Maḥmūd al-Kāshī** (c. 1390–c. 1448), مفتاح الحساب (*miftāḥ al-ḥisāb, The key to computing*), written in 1427. Manuscript copied in 1645, now in the Preußische Staatsbibliothek, Berlin, edited by Luckey (1951), p. 128, lines 15–17.

第1章　　　**Arthur C. Clarke** (*1917). An article by Jeremy Bernstein in the *New Yorker* of 9 August 1969 mentions Clarke's Third Law as being *most recently formulated and which he made use of in writing the enigmatic ending of "2001"*. **Napoléon I. Bonaparte** (1769–1821). *Correspondance de Napoléon*, t. 24, p. 131, letter 19 028, 1 August 1812, Vitebsk, to Laplace. Imprimerie Royale, Paris, 1868. **Augusta Ada Lovelace** (1815–1852), Sketch of the Analytical Engine Invented by Charles Babbage, Esq., by L. F. Menabrea (translated and with notes by "A. A. L."). *Taylor's Scientific Memoirs* 3 (1843), Article XXIX, 666–731. Reprinted in *Babbage's Calculating Engines*, E. and F. N. Spon, London, 1889, 4–50, p. 23. Reprinted in The Charles Babbage Institute Reprint Series for the History of Computing, vol. II, Tomash Publishers, Los Angeles/San Francisco CA, 1982. **Robert Ludlum** (*1927), *Apocalypse Watch*, Bantam paperback, 1996, ch. 8, p. 135. Reprinted with kind permission of Bantam Books, a divison of Bantam, Doubleday, Dell Publishing Group, Inc., New York. **Eric Temple Bell** (1883–1960), *Men of Mathematics I*, ch. 1: Introduction, Penguin Books, 1937, p. 2.

第2章　　　**Leopold Kronecker** (1823–1891), Vortrag bei der Berliner Naturforscher-Versammlung, 1886. Quoted by H. Weber, *Leopold Kronecker*, Jahresberichte der Deutschen Mathematiker Vereinigung **2** (1891/92), p. 19. Also quoted by David Hilbert, Neubegründung der Mathematik, *Abhandlungen aus dem*

Mathematischen Seminar der Hamburger Universität **1** (1922), p. 161. **Lewis Carroll** (Rev. Charles Lutwidge Dodgson) (1832–1898), *Alice's Adventures in Wonderland*, Macmillan and Co., London, 1865, Ch. 9: The mock turtle's story. Reprinted by Avon, The Heritage Press, 1969. **Isaac Newton** (1642–1727), *Universal Arithmetick: or, A Treatise of Arithmetical Composition and Resolution*, translated by the late Mr. Raphson and revised and corrected by Mr. Cunn, London, 1728, p. 1. Translation of *Arithmetica Universalis, sive de compositione et resolutione arithmetica liber*, 1707. Reprinted in: Derek T. Whiteside, *The mathematical works of Isaac Newton*, vol. 2, Johnson Reprint Co, New York, 1967, pp. 6–7. **Stanisław Marcin Ulam** (1909–1984), Computers, *Scientific American*, September 1964, 203–216. Reprinted with kind permission. Also reprinted in *Science, Computers, and People*, Birkhäuser, Boston, 1986, p. 43. **Marcus Tullius Cicero** (106–43 BC), *Tusculanae Disputationes*, Liber primus, II.5. *Opera Omnia*, Lugdunus, Sumptibus Sybillæ à Porta, 1588, vol. 4, p. 165. **Robert Louis Stevenson** (1850–1894), *The Master of Ballantrae*, Collins, London and Glasgow, 1889, p. 51. **State of California**, Instructions for Form 540 NR, California Nonresident or Part-Year Resident Income Tax Return, 1996, p. 3.

第 3 章　　　　　**Godfrey Harold Hardy** (1877–1947), *A Mathematician's Apology*, Cambridge University Press, 1940, ch. 8, p. 21. **Robert Recorde** (c. 1510–1558), *The Whetstone of Witte*, The seconde parte of Arithmetike, London, 1557. **Murray Gell-Mann** (*1929), *The Quark and the Jaguar*, Abacus, London, 1994, ch. 9: What is fundamental, p. 109. Reprinted with kind permission from Little, Brown, London and Murray Gell-Mann, Santa Fe NM. **Robert Boyle** (1627–1691), *Some Considerations touching the Usefulness of Experimental Natural Philosophy*, vol. 2, *The Usefulness of Mathematicks to Natural Philosophy*; Oxford, 1671. *The Works*, ed. by Thomas Birch, vol. 3, London, 1772, p. 426. **Augustus De Morgan** (1806–1871), *Smith's Dictionary of Greek and Roman Biography and Mythology*, London, c. 1844, Article "Eucleides", 63–75, p. 63.

第 4 章　　　　　**Novalis** (Friedrich Leopold Freiherr von Hardenberg) (1772–1801), *Materialien zur Encyclopädie*. In: *Schriften*, hrsg. Ernst Heilbronn, Teil 2, Georg Reimer, Berlin, 1901, p. 549. **Karl Theodor Wilhelm Weierstraß** (1815–1897), letter to Sonja Kowalevski, 27 August 1883. See Gustav Magnus Mittag-Leffler: Une page de la vie de Weierstrass, *Compte rendu du deuxième congrès international des mathématiciens* (Paris, 1900), Gauthiers-Villars, Paris, 1902, p. 149. **David Hume** (1711–1776), *A Treatise of Human Nature*, John Noon, London, 1739, Part III: Of Knowledge and Probability, Sect. I: Of Knowledge. **Augustus De Morgan** (1806–1871), *Elements of Algebra*, London, 1837, Preface. **Abū Jaʿfar Muḥammad bin Mūsā al-Khwārizmī** (c. 780–c. 850), الكتاب المختصر في حساب الجبر و المقابلة (*al-kitāb al-mukhtaṣar fī ḥisāb al-jabr wa-l-muqābala, The concise book on computing by moving and reducing terms*), often called *Algebra*, c. 825, marginal note to p. ٥١(51) and pp. 299–300 of Rosen's (1831) edition. Manuscript in the Bodleian Library at Oxford, UK, transcribed in 1342, edited by Frederic Rosen.

第 5 章　　　　　**Eric Temple Bell** (1883–1960), *Men of Mathematics I*, ch. 2: Modern minds in ancient bodies, Penguin Books, 1937, p. 33. **James Joseph Sylvester** (1814–1897), Proof of the Fundamental Theorem of Invariants, *Philosophical Magazine* (1878), p. 186. *Collected Mathematical Papers*, vol. 3, p. 126. **Gottfried Wilhelm Freiherr von Leibniz** (1646–1716), Untitled and unpublished manuscript, Hannover Library. From: *Gottfried Wilhelm Leibniz, Opera philosophica*, ed. Johann Eduard Erdmann, 1840, XI. De scientia universali seu calculo philosophico (title by Erdmann). Reprint Scientia Verlag, Aalen, 1974, p. 84. **Augustus De Morgan** (1806–1871), *Study and Difficulties of Mathematics*, Society for the Diffusion of Useful Knowledge, 1831, chap. 12, On the Study of Algebra. Fourth Reprint Edition, Open Court Publishing Company, La Salle IL, 1943, p. 176.

第 6 章　　　　　**Godfrey Harold Hardy** (1877–1947), *A Mathematician's Apology*, Cambridge University Press, 1940, ch. 10, p. 25. **David Hilbert** (1862–1943), Mathematische Probleme, *Nachrichten von der Königlichen Gesellschaft der Wissenschaften zu Göttingen* (1900), 253–297. *Archiv für Mathematik und Physik*, 3. Reihe **1** (1901), 44–63 and 213–237. *Gesammelte Abhandlungen*, Springer Verlag, 1970, 290–329, p. 294. Reprinted with kind permission. **Johann Wolfgang von Goethe** (1749–1832), *Wilhelm Meisters Wanderjahre*, Zweites Buch; Betrachtungen im Sinne der Wanderer: Kunst, Ethisches, Natur. **Thomas Edward Lawrence** (1888–1935), *Seven Pillars of Wisdom*, George Doran Publishing Co., 1926. Book III: A railway diversion, ch. XXXIII. Reprint by Anchor Books, Doubleday, New York, 1991, p. 192.

第 7 章　　　　　**Oliver Cromwell** (1599–1658), Letter C (= 100), to Richard Mayor, father of Cromwell's daughter-in-law, written off Milford Haven, 13th August 1649. In: Thomas Carlyle, *Oliver Cromwell's Letters and Speeches*, vol. II, Chapman and Hall, London, 1845, p. 41. **John Locke** (1632–1704), *An Essay concerning Humane Understanding: in Four Books*, Thomas Basset, London, 1690, Bk. 4: Of Knowledge and Opinion, chap. 3: Of the extent of human knowledge, sect. 18. **John Cougar Mellencamp** (*1951), CD *Big Daddy*, J. M.'s Question, Mercury Records, Copyright © Full Keel Music Co. Rights for Germany, Austria, Switzerland and Eastern Europe except Lithuania, Latvia, and Estonia by Heinz Funke Musikverlag GmbH, Berlin. Reprinted with kind permission of Heinz Funke Musikverlag GmbH, Berlin. **Michael Crichton** (*1942), *The Lost World*. Ballantine Books, Random House, Inc., New York, 1996, ch. *Raptor*, pp. 82–83. Reprinted with kind permission of Alfred A. Knopf Incorporated, New York, and Random House, Inc., New York. **Immanuel Kant** (1724–1804), *Über Pädagogik* (A. Von der physischen Erziehung). Notes on his lectures on pedagogy between 1776 and 1787, published 1803 by Friedrich Theodor Rink. *Werke*, hrsg. Karl Rosenkranz und Friedrich Wilhelm Schubert, Band 9, Leopold Voss, Leipzig, 1838, 367–439, p. 409.

引用句の出典　　　949

第8章　　　　　Richard Phillips **Feynman** (1918–1988), *Surely You're Joking, Mr. Feynman. Adventures of a Curious Character*. With Ralph Leighton. W. W. Norton Inc., 1984. Paperback: Vintage, 1992, p. 100. Reprinted with kind permission of W. W. Norton & Company. Inc., New York and Random House UK Limited, London. **John le Carré** (David John Moore Cornwell) (*1931), *The Russia House*, Hodder & Stoughton, 1989, ch. 8, p. 160. Reprinted by kind permission of David Higham Associates Limited, London. **Arnold Schönhage** (*1934), Andreas F. W. Grotefeld, Ekkehard Vetter, *Fast Algorithms: A Multitape Turing Machine Implementation*, BI-Wissenschaftsverlag, Mannheim, 1994, p. 284. ⓒ Spektrum Akademischer Verlag, Heidelberg. Reprinted with kind permission. **Ernst Mach** (1836–1916), *Populär-wissenschaftliche Vorlesungen*. Barth, Leipzig, 1896. 13. Vorlesung: Die ökonomische Natur der physikalischen Forschung, 217–244, pp. 228–229. Reprinted by Böhlau Verlag Wien, Köln, Graz 1987. English translation by McCormack, *Popular Scientific Lectures*, Open Court Publishing Company, La Salle IL, 1895.

第9章　　　　　Isaac **Newton** (1642–1727), Saying attributed to Newton. **Robert Edler von Musil** (1880–1942), *Der mathematische Mensch*, 1913. *Gesammelte Werke*, Band II, hrsg. Adolf Frisé, Rowohlt, 1978, p. 1006. Copyright ⓒ 1978 by Rowohlt Verlag GmbH, Reinbek. Reprinted with kind permission. **Carl Friedrich Gauß** (1777–1855), Announcement of *Theoria residuorum biquadraticorum, Commentatio secunda*; *Göttingische Gelehrte Anzeigen* (1831). *Werke* II, Königliche Gesellschaft der Wissenschaften, Göttingen, 1863, 169–178, pp. 177–178. Reprinted by Georg Olms Verlag, Hildesheim New York, 1973. **Alfred North Whitehead** (1861–1947), *An Introduction to Mathematics*, Ch. 5: The Symbolism of Mathematics, Oxford University Press, 1911, pp. 39–40. Reprinted by kind permission of Oxford University Press, New York. **Abū Ja'far Muḥammad bin Mūsā al-Khwārizmī** (c. 780–c. 850), *Algorithmi de numero Indorum*, often called *Arithmetic*, c. 830. 13th century Latin manuscript from the library of the Hispanic Society of America, New York. It is probably a copy of a 12th century Latin translation of al-Khwārizmī's book on arithmetic whose original is lost. It was written after his *Algebra*. The recently discovered manuscript was edited by Folkerts (1997). Quote from end of Chapter 7, Plate 8 (f. 20v) and p. 70. Crossley & Henry (1990) translate the Latin text of another surviving manuscript, at Cambridge.

第10章　　　　James William **Cooley** (*1926), The Re-Discovery of the Fast Fourier Transform Algorithm, *Mikrochimica Acta* (Wien) **3** (1987), 33–45. Reprinted with kind permission of Springer-Verlag, Wien. **Voltaire** (François-Marie Arouet) (1694–1778), *Questions sur l'Encyclopédie*, Article "Imagination", 1771. Reprinted in *Dictionnaire de la pensée de Voltaire par lui-même*, Éditions Complexe, 1994, p. 604. **Pierre Simon Laplace** (1749–1827), *Théorie analytique des probabilités*, Courcier, Paris, 1812. *Œuvres*, Paris, 1847, t. 7, p. 131. **James Joseph Sylvester** (1814–1897), On the explicit values of Sturm's quotients, *Philosophical Magazine* **6** (1853), 293–296. *Mathematical Papers*, vol. 1, p. 637–640.

第11章　　　　Leslie Gabriel **Valiant** (*1949), *Circuits of the Mind*, Oxford University Press, 1994, p. ix. Copyright ⓒ 1994 by Oxford University Press. Reprinted with kind permission of Oxford University Press, Inc. **Charles Babbage** (1792–1871), *Passages from the Life of a Philosopher*, Chapter VIII: Of the Analytical Engine. Reprinted in *Babbage's Calculating Engines*, E. and F. N. Spon, London, 1889, 154–283, p. 167. Reprinted in The Charles Babbage Institute Reprint Series for the History of Computing, vol. II, Tomash Publishers, Los Angeles/San Francisco CA, 1982. **Plato** (c. 428–c. 347 BC), Πολιτεια (*Republic*), Book 7, chap. 8.

第12章　　　　Иосиф Семенович **Иохвидов**, *Ганкелевы и теплицевы матрицы и формы*, §18. Обращение теплицевых и ганкелевых матриц, Наука, 1974, p. 171. English translation by G. Philipp A. Thijsse: I. S. Iohvidov, *Hankel and Toeplitz Matrices and Forms*, §18. Inversion of Toeplitz and Hankel matrices, Birkhäuser, Basel, 1982, p. 147. Reprinted with kind permission of Birkhäuser Verlag AG, Basel, Switzerland. **James Joseph Sylvester** (1814–1897), On the relation between the minor determinants of linearly equivalent quadratic functions, *Philosophical Magazine* **1** (1851), 295–305, p. 300. *Collected Mathematical Papers* **1**, 241–250, pp. 246–247. **René Descartes** (1596–1650), *Discours de la Méthode*, troisième partie, 1637.

第13章　　　　Emil **Luckhardt**, German version of the *Internationale*. Original French version 1871 by Eugène Pottier (Paris, 1816–1887), music 1888 by Pierre-Chrétien Degeyter (or de Geyter, Lille, 1848–1932). **Jean Baptiste Joseph Fourier** (1768–1830), *Théorie Analytique de la Chaleur*, Firmin Didot Frères, Paris, 1822. Discours Préliminaire, p. xxii. **Felix Klein** (1849–1925), *Elementarmathematik vom höheren Standpunkte aus*, Band II, Springer, Leipzig, 1909. Also: Grundlehren der Mathematik **15**, 1925, Springer, Berlin, p. 206. ⓒ Springer-Verlag, Heidelberg. Reprinted with kind permission. **Johann Wolfgang von Goethe** (1749–1832), *Maximen und Reflexionen*, aus dem Nachlass, Sechste Abtheilung, No. 1279. **Mark Twain** (Samuel Longhorne Clemens) (1835–1910), *A Tramp Abroad*, Vol. 2, Appendix D: The awful German language. Harper & Brothers Publishers, New York and London, 1897.

第14章　　　　Zhuojun **Liu** and **Paul Shyh-Horng Wang**, Height as a Coefficient Bound for Univariate Polynomial Factors, Part I, *SIGSAM Bulletin* **28**(2) (1994), ACM Press, 20–27. Reprinted with kind permission of ACM Publications. **Maurice Borisovitch Kraïtchik** (1882–1957), *Théorie des Nombres*, Tome II, Gauthier-Villars et Cie., Paris, 1926, Avant-propos, pp. iii–iv. **Évariste Galois** (1811–1832), Sur la théorie des nombres, *Bulletin des sciences mathématiques Férussac* **13** (1830), 428–435. See Galois (1830). **Hermann Hankel** (1839–1873), *Die Entwicklung der Mathematik in den letzten Jahrhunderten*, 2. Auflage, Fues'sche

Sortiment Buchhandlung Tübingen, 1885, p. 25. **Tom Clancy** (*1947), *Debt of Honor*, G. P. Putnam's Sons, New York, 1994, ch. 44 ... from one who knows the score ..., p. 687.

第15章 **Charles Davies**, *University Algebra*, Barnes & Co., New York, 1867, p. 41. **Pierre Simon Laplace** (1749–1827), *Théorie analytique des probabilités*, Courcier, Paris, 1812. *Œuvres*, Paris, 1847, t. 7, p. 156.

第16章 **Joseph Liouville** (1809–1882), Œuvres mathématiques d'Évariste Galois, *Journal de mathématiques pures et appliquées* **9** (1846), 381–444, p. 382. **Sue Taylor Grafton** (*1940), *"A" is for Alibi*, Bantam Books, 1987, ch. 9, p. 71. Holt, Rinehart & Winston 1982. **Philip Friedman**, *Inadmissible Evidence*, Ivy Books, published by Ballantine Books, 1992, ch. 22, p. 224. ⓒ Random House, Inc., New York. Reprinted with kind permission.

第17章 **Voltaire** (François-Marie Arouet) (1694–1778), Questions sur l'Encyclopédie, Article "Géométrie", 1771. Reprinted in *Dictionnaire de la pensée de Voltaire par lui-même*, Éditions Complexe, 1994, p. 479. **Napoléon I. Bonaparte** (1769–1821). *Correspondance de Napoléon*, t. 2, letter 1231, 15 frimaire 5 = 5 December 1796, to Lalande. Imprimerie Royale, Paris, 1868. **Robert Recorde** (c. 1510–1558), *The Whetstone of Witte*, London, 1557.

第18章 **Adrien-Marie Legendre** (1752–1833), *Théorie des nombres*, Firmin Didot Frères, Paris, 1830. 4e édition, Hermann, Paris, 1900, p. 70. **The Rolling Stones**, UK: LP *The Rolling Stones*, 26 April 1964; USA: LP *England's Newest Hit Makers*, 1964. Composers: Eddie Holland/Lamont Dozier/Brian Holland. **Stanisław Marcin Ulam** (1909–1984), Computers, *Scientific American*, September 1964, 203–216, p. 207. Reprinted with kind permission. Also reprinted in *Science, Computers, and People*, Birkhäuser, Boston, 1986, p. 48. **Edgar Allan Poe** (1809–1849), The Mystery of Marie Rogêt. Snowden's *Ladies' Companion*, November and December 1842 and February 1843, pp. 15–20, 93–99, 162–167. *Collected Works*, ed. Thomas Ollive Mabbott, Harvard University Press, Cambridge MA, 1978, 723–774. **Maj Sjöwall** (*1935) and **Per Wahlöö** (1926–1975), *Mannen på balkongen*, ch. 24, P. A. Norstedt & Söner, 1967. English translation: *The Man On The Balcony*, Random House, New York, 1968. Reprinted with kind permission of Norstedts Förlag AB, Stockholm.

第19章 **Carl Friedrich Gauß** (1777–1855), Disquisitiones Arithmeticae, Duae methodi numerorum factores investigandi. Article 329, p. 401. **Carl Friedrich Gauß,** Review of Ladislaus Chernac, *Cribrum Arithmeticum*, 1811, in *Göttingische Gelehrte Anzeigen* (1812). *Werke* II, Königliche Gesellschaft der Wissenschaften, Göttingen, 1863, p. 182. Reprinted by Georg Olms Verlag, Hildesheim New York, 1973. **Daniel W. Fish**, *The Complete Arithmetic*, ch. Factoring, §162. Ivison, Blakeman, Taylor & Co, New York and Chicago, 1874, p. 81. **Maurice Borisovitch Kraïtchik** (1882–1957), *Théorie des nombres*, Tome II, Gauthier-Villars et Cie., Paris, 1926, chap. XII, p. 144. **Richard Phillips Feynman** (1918–1988), *Surely You're Joking, Mr. Feynman. Adventures of a Curious Character*. With Ralph Leighton. W. W. Norton Inc., 1984. Paperback: Vintage, 1992, p. 77. Reprinted with kind permission of W. W. Norton & Company. Inc., New York and Random House UK Limited, London.

第20章 **Godfrey Harold Hardy** (1877–1947), *A Mathematician's Apology*, Cambridge University Press, 1940, ch. 28, p. 80. **David Hilbert** (1862–1943), Naturerkennen und Logik, *Naturwissenschaften* (1930), 959–963. *Gesammelte Abhandlungen*, Springer-Verlag 1970, Teil 3, 378–387, p. 386. ⓒ Springer-Verlag, Heidelberg. Reprinted with kind permission. **Abraham Adrian Albert** (1905–1972), Some Mathematical Aspects of Cryptography, Invited address, AMS Meeting in Manhattan KS on 22 November 1941. *Collected Mathematical Papers* **2**, AMS, Providence RI, 1993, 903–920. Reprinted with kind permission of American Mathematical Society. **Sir Arthur Conan Doyle** (1859–1930), The Sign of the Four; or, The Problem of the Sholtos, *Lippincott's Magazine*, February 1890. Also *The Sign of Four*, Chapter 1, Spencer Blackett, London, 1890. **Philip Friedman**, *Grand Jury*, ch. 14, Ivy Books, Random House, Inc., New York, 1996. **Tom Clancy** (*1947), *The Cardinal of the Kremlin*, ch. 18: Advantages, Harper Collins Publisher, London, 1988.

第21章 **Joseph Louis Lagrange** (1736–1813), *Leçons élémentaires sur les Mathématiques*, Leçon Cinquième: Sur l'usage des courbes dans la solution des Problèmes, École Polytechnique, Paris, 1795. *Journal de l'École Polytechnique*, VIIe et VIIIe cahiers, tome 2, 1812. *Œuvres*, publiées par J.-A. Serret, Gauthiers-Villars, Paris, 1877, t. 7, 183–288, p. 271. **Étienne Bézout** (1739–1783), Recherches sur le degré des équations résultantes de l'évanouissement des inconnues, *Histoire de l'académie royale des sciences*, 1764, 288–338, pp. 290–291. **Francis Sowerby Macaulay** (1862–1937), *The Algebraic Theory of Modular Systems*, Introduction, Cambridge University Press, 1916, p. 2.

第22章 **Ludwig Boltzmann** (1844–1906), *Gustav Robert Kirchhoff*, Festrede, Graz, 15.11. 1887. Reprinted in: Ludwig Boltzmann, *Populäre Schriften*, eingeleitet und ausgewählt von Engelbert Broda, Friedr. Vieweg & Sohn, Braunschweig/Wiesbaden, 1979, 47–53, p. 50. Reprinted with kind permission of Friedr. Vieweg & Sohn, Wiesbaden. **Marius Sophus Lie** (1842–1899), Zur allgemeinen Theorie der partiellen Differentialgleichungen beliebiger Ordnung, *Leipzigr Berichte* **47** (1895), Math.-phys. Classe, 53–128, p. 53. *Gesammelte Abhandlungen*, herausgegeben durch Friedrich Engel und Poul Heegaard, B. G. Teubner, Leipzig, 1929, vol. 4, p. 320. **Augustus De Morgan** (1806–1871), On Divergent Series, and various Points of Analysis connected with them. *Transactions of the Cambridge Philosophical Society* **8** (1844), 182–203, p. 188. **George Berkeley** (1684–1753), *The Analyst*, J. Tonson, London, 1734, sect. 7. **William Shanks** (1812–1882), Contributions to Mathematics, comprising chiefly the Rectification of the Circle to 607 places of decimals, G. Bell, London, 1853, p. vi. Excerpt reprinted in Berggren, Borwein & Borwein (1997), 147–161.

第23章　　　　　Joseph Rudyard Kipling (1865–1936), To the True Romance, In *Many Inventions*, MacMillan, London, 1893. **James Gleick** (*1954), *Genius: The life and science of Richard Feynman*, Vintage Books, Random House, Inc., New York, 1992, Prologue, p. 7. © Random House, Inc., New York. Reprinted with kind permission. **Eric Temple Bell** (1883–1960), *Men of Mathematics I*, ch. 9: Analysis incarnate (Euler), Penguin Books, 1937, p. 152. **George Eyre Andrews** (*1938), *q-series: Their Development and Application in Analysis, Number Theory, Combinatorics, Physics, and Computer Algebra*, AMS Regional Conference Series in Mathematics **66**, American Mathematical Society, 1986, p. 87. Reprinted with kind permission of the American Mathematical Society.

第24章　　　　　Alfred North Whitehead (1861–1947), *An Introduction to Mathematics*, Oxford University Press, 1911, p. 71. Reprinted with kind permission. **Jean le Rond D'Alembert** (1717–1783), Quoted in Edward Kasner, The present problems of geometry, *Bulletin of the American Mathematical Society* **11** (1905), 283–314, p. 285. **Charles Babbage** (1792–1871), On the Theoretical Principles of the Machinery for Calculating Tables, Letter to Dr. Brewster, 6 November, 1822. Appeared in *Brewster's Journal of Science*. Reprinted in *Babbage's Calculating Engines*, E. and F. N. Spon, London, 1889, 216–219, p. 218. Reprinted in The Charles Babbage Institute Reprint Series for the History of Computing, vol. II, Tomash Publishers, Los Angeles/San Francisco CA, 1982. **Marko Petkovšek, Herbert Saul Wilf**, and *Doron Zeilberger*, *A=B*, A K Peters, Natick MA, 1996, ch. 9, p. 193. Reprinted with kind permission.

第24章末　　　　Michel Eysquem Seigneur de Montaigne (1533–1592), *Essais*, Au Lecteur, Bordeaux, 1580. **Aules Persius Flaccus** (34–62 AD), *Satura prima*, line 2. Published posthumously. **Markus Werner**, *Zündels Abgang*, Residenz Verlag, 1984, p. 30. © 1984 Residenz Verlag, Salzburg und Wien. Reprinted with kind permission. **Carl Friedrich Gauß** (1777–1855), Disquisitiones generales de congruentiis. Analysis residuorum caput octavum. Article 367. *Werke* II, Handschriftlicher Nachlass, Königliche Gesellschaft der Wissenschaften, Göttingen, 1863, 212–242. Reprinted by Georg Olms Verlag, Hildesheim New York, 1973. Published posthumously, see page 362.

第25章　　　　　Sherlock Holmes' most famous words do not occur in the writing of Sir Arthur Conan Doyle (1859–1930). The actor Clifford Hardman (Clive) Brook (1887–1974) said them in his title role in the first talking film *The Return of Sherlock Holmes* about the famous sleuth. Garrett Ford (1898–1945) and Basil Dean wrote the screenplay, Basil Dean directed the movie of 79 minutes' length, Paramount Famous Players Lasky Corporation produced it, and it was released on 18 October 1929. **William Kingdon Clifford** (1845–1879), *The Common Sense of the Exact Sciences*, London, 1885 (appeared posthumously), chap. 1, sect. 7, p. 20. **Izaak Walton** (1593–1683), *The Compleat Angler*, Richard Marriot, London, 1653. Dedication to all readers. p. xvii. **John Updike** (*1932), *Rabbit is Rich*, Fawcett Crest, New York, published by Ballantine Books, Random House, Inc., 1982, ch. IV, p. 301. © Random House, Inc., New York. Reprinted with kind permission. **Jonathan Swift** (1667–1745), *Lemuel Gulliver, Travels into Several Remote Nations of the World*, Part III: A voyage to Laputa, Balribarbi, Glubbdubdrib, Luggnag, and Japan, Ch. V: The grand academy of Lagado, London, 1726.

参考文献　　　　Novalis (Friedrich Leopold Freiherr von Hardenberg) (1772–1801), Mathematische Fragmente. In *Schriften*, hrsg. Richard Samuel, vol. 3, Verlag W. Kohlhammer, Stuttgart, 1983, Handschrift Nr. 241, p. 29. **Eugenio Beltrami** (1835–1900), Foreword to A. Clebsch's *Commemorazione di Giulio Plücker*, *Giornale di matematiche* **11** (1873), Napoli, 153–179, p. 153. **Bartel Leendert van der Waerden** (1903–1996), *Ontwakende wetenschap*, Een woord vooraf. P. Noordhoff N.V., Groningen, 1950, English translation by Arnold Dresden: *Science awakening*, Oxford University Press, 1961. **Raymond Chandler** (1888–1959), *The Simple Art of Murder, An Essay*, Houghton Mifflin, 1950. Copyright © 1950 by Raymond Chandler, © renewed 1978 by Helga Greene. Reprinted by kind permission of Houghton Mifflin Co. All rights reserved.

索引末　　　　　Al-Qur'ān, Sūra 27 al-naml (The ants), 76. Joseph Liouville (1809–1882), Œuvres mathématiques d'Évariste Galois, *Journal de mathématiques pures et appliquées* **9** (1846), 381–444, p. 381. **René Descartes** (1596–1650), *Principia philosophiæ*, Elzevier, Amsterdam, 1644. *Œuvres de Descartes*, tome VIII-1, publiées par Charles Adam et Paul Tannery, 1905, p. 329. Reprinted by Librairie Philosophique J. Vrin, Paris, 1973. **Francis Sowerby Macaulay** (1862–1937), *The Algebraic Theory of Modular Systems*, Preface, Cambridge University Press, 1916, p. xiv. **Robert Recorde** (c. 1510–1558), *The Whetstone of Witte*, The preface. London, 1557. **Douglas Noël Adams** (1952–2001), *The Restaurant at the End of the Universe*, Pan Books, London, 1980. UK and Commonwealth copyright © Serious Productions Ltd 1980. Copyright for the rest of the universe © Completely Unexpected Productions 1980. Reprinted with kind permission of The Crown Publishing Group, New York, of Macmillan Publishers, London, and of Ed Victor Ltd, London.

Moritz' (1914) compilation is a rich source of mathematical quotations.

参 考 文 献

JOHN ABBOTT, VICTOR SHOUP, and PAUL ZIMMERMANN (2000), Factorization in $\mathbb{Z}[x]$: The Searching Phase. In *Proceedings of the 2000 International Symposium on Symbolic and Algebraic Computation ISSAC2000*, St. Andrews, Scotland, ed. CARLO TRAVERSO, 1–7.

С. А. АБРАМОВ (1971), О суммировании рациональных функций. *Журнал вычислительной Математики и математической Физики* **11**(4), 1071–1075. S. A. ABRAMOV, On the summation of rational functions, *U.S.S.R. Computational Mathematics and Mathematical Physics* **11**(4), 324–330.

С. А. АБРАМОВ (1975), Рациональная компонента решения линейного рекуррентного соотношения первого порядка с рациональной правой частью. *Журнал вычислительной Математики и математической Физики* **15**(4), 1035–1039. S. A. ABRAMOV, The rational component of the solution of a first-order linear recurrence relation with rational right side, *U.S.S.R. Computational Mathematics and Mathematical Physics* **15**(4), 216–221.

С. А. АБРАМОВ (1989a), Задачи компьютерной алгебры, связанные с поиском полиномиальных решений линейных дифференциальных и разностных уравнений. *Вестник Московского Университета. Серия 15. Вычислительная Математика и Кибернетика* **3**, 56–60. S. A. ABRAMOV, Problems of computer algebra involved in the search for polynomial solutions of linear differential and difference equations, *Moscow University Computational Mathematics and Cybernetics* **3**, 63–68.

С. А. АБРАМОВ (1989b), Рациональные решения линейных дифференциальных и разностных уравнений с полиномиальными коэффициентами. *Журнал вычислительной Математики и математической Физики* **29**(11), 1611–1620. S. A. ABRAMOV, Rational solutions of linear differential and difference equations with polynomial coefficients, *U.S.S.R. Computational Mathematics and Mathematical Physics* **29**(6), 7–12.

Wer ein mathematisches Buch nicht mit Andacht ergreift
und es, wie Gottes Wort, ließt, der versteht es nicht.
Novalis (1799)

I giovani [...] imparino [...] ad educarsi di buon'ora
sui capolavori dei grandi maestri, anzichè isterilire
l'ingegno in perpetue esercitazioni da scuola.
Eugenio Beltrami (1873)

Het is niet alleen veel leerrijker, het geeft ook veel meer genot de
klassieke schrijvers zelf te lezen. [...] Daarom zeg ik mijn lezers
met nadruk: geloof niets op mijn woord, maar kijk alles na!
Bartel Leendert van der Waerden (1950)

Even Einstein couldn't get very far if three hundred treatises
of the higher physics were published every year.
Raymond Chandler (1950)

S. A. ABRAMOV (1995), Rational solutions of linear difference and q-difference equations with polynomial coefficients. In *Proceedings of the 1995 International Symposium on Symbolic and Algebraic Computation ISSAC '95*, Montreal, Canada, ed. A. H. M. LEVELT, ACM Press, 285–289.

SERGEI A. ABRAMOV, MANUEL BRONSTEIN, and MARKO PETKOVŠEK (1995), On Polynomial Solutions of Linear Operator Equations. In *Proceedings of the 1995 International Symposium on Symbolic and Algebraic Computation ISSAC '95*, Montreal, Canada, ed. A. H. M. LEVELT, ACM Press, 290–296.

SERGEI A. ABRAMOV and MARK VAN HOEIJ (1999), Integration of solutions of linear functional equations. *Integral Transforms and Special Functions* **8**(1–2), 3–12.

S. A. ABRAMOV and K. YU. KVANSENKO [K. YU. KVASHENKO] (1991), Fast Algorithms to Search for the Rational Solutions of Linear Differential Equations with Polynomial Coefficients. In *Proceedings of the 1991 International Symposium on Symbolic and Algebraic Computation ISSAC '91*, Bonn, Germany, ed. STEPHEN M. WATT, ACM Press, 267–270.

S. A. ABRAMOV and M. PETKOVŠEK (2001), Canonical Representations of Hypergeometric Terms. In *Formal Power Series and Algebraic Combinatorics (FPSAC01)*, Tempe AZ. To appear.

L. M. ADLEMAN (1983), On breaking generalized knapsack public key cryptosystems. In *Proceedings of the Fifteenth Annual ACM Symposium on the Theory of Computing*, Boston MA, ACM Press, 402–412.

LEONARD M. ADLEMAN (1994), Algorithmic Number Theory—The Complexity Contribution. In *Proceedings of the 35th Annual IEEE Symposium on Foundations of Computer Science*, Santa Fe NM, ed. SHAFI GOLDWASSER, IEEE Computer Society Press, Los Alamitos CA, 88–113.

LEONARD M. ADLEMAN and MING-DEH A. HUANG (1992), *Primality Testing and Abelian Varieties Over Finite Fields*. Lecture Notes in Mathematics **1512**, Springer-Verlag, Berlin.

LEONARD M. ADLEMAN and HENDRIK W. LENSTRA, JR. (1986), Finding Irreducible Polynomials over Finite Fields. In *Proceedings of the Eighteenth Annual ACM Symposium on the Theory of Computing*, Berkeley CA, ACM Press, 350–355.

LEONARD M. ADLEMAN, CARL POMERANCE, and ROBERT S. RUMELY (1983), On distinguishing prime numbers from composite numbers. *Annals of Mathematics* **117**, 173–206.

G. B. AGNEW, R. C. MULLIN, and S. A. VANSTONE (1993), An Implementation of Elliptic Curve Cryptosystems Over $F_{2^{155}}$. *IEEE Journal on Selected Areas in Communications* **11**(5), 804–813.

ALFRED V. AHO, JOHN E. HOPCROFT, and JEFFREY D. ULLMAN (1974), *The Design and Analysis of Computer Algorithms*. Addison-Wesley, Reading MA.

A. V. AHO, K. STEIGLITZ, and J. D. ULLMAN (1975), Evaluating polynomials at fixed sets of points. *SIAM Journal on Computing* **4**, 533–539.

M. AJTAI (1997), The Shortest Vector Problem in L_2 is $\mathcal{NP}$-hard for Randomized Reductions. *Electronic Colloquium on Computational Complexity* TR97-047. 33 pages.

ANDRES ALBANESE, JOHANNES BLÖMER, JEFF EDMONDS, MICHAEL LUBY, and MADHU SUDAN (1994), Priority Encoding Transmission. In *Proceedings of the 35th Annual IEEE Symposium on Foundations of Computer Science*, Santa Fe NM, ed. SHAFI GOLDWASSER, IEEE Computer Society Press, Los Alamitos CA, 604–612.

W. R. ALFORD, ANDREW GRANVILLE, and CARL POMERANCE (1994), There are infinitely many Carmichael numbers. *Annals of Mathematics* **140**, 703–722.

GERT ALMKVIST and DORON ZEILBERGER (1990), The Method of Differentiating under the Integral Sign. *Journal of Symbolic Computation* **10**, 571–591.

NOGA ALON, JEFF EDMONDS, and MICHAEL LUBY (1995), Linear Time Erasure Codes With Nearly Optimal Recovery. In *Proceedings of the 36th Annual IEEE Symposium on Foundations of Computer Science*, Milwaukee WI, IEEE Computer Society Press, Los Alamitos CA, 512–519.

FRANCESCO AMOROSO (1989), Tests d'appartenance d'après un théorème de Kollár. *Comptes Rendus de l'Académie des Sciences Paris, série I* **309**, 691–694.

GEORGE E. ANDREWS (1994), The Death of Proof? Semi-Rigorous Mathematics? You've Got to Be Kidding! *The Mathematical Intelligencer* **16**(4), 16–18.

N. C. ANKENY (1952), The least quadratic non residue. *Annals of Mathematics* **55**(1), 65–72.

ANONYMOUS (1835), Wie sich die Division mit Zahlen erleichtern und zugleich sicherer ausführen läßt, als auf die gewöhnliche Weise. *Journal für die reine und angewandte Mathematik* **13**(3), 209–218.

ANDREAS ANTONIOU (1979), *Digital filters: analysis and design*. McGraw-Hill electrical engineering series: Communications and information theory section, McGraw-Hill, New York.

TOM M. APOSTOL (1983), A Proof that Euler Missed: Evaluating $\zeta(2)$ the Easy Way. *The Mathematical Intelligencer* **5**(3), 59–60. Reprinted in Berggren, Borwein & Borwein (1997), 456–457.

ARCHIMEDES (c. 250 BC), Κύκλου μέτρησις (Measurement of a circle). In *Opera Omnia*, vol. I, ed. I. L. HEIBERG, 231–243. B. G. Teubner, Stuttgart, Germany, 1910. Reprinted 1972.

A. ARWIN (1918), Über Kongruenzen von dem fünften und höheren Graden nach einem Primzahlmodulus. *Arkiv för matematik, astronomi och fysik* **14**(7), 1–46.

C. A. ASMUTH and G. R. BLAKLEY (1982), Pooling, splitting and restituting information to overcome total failure of some channels of communication. In *Proceedings 1982 Symposium on Security and Privacy*, IEEE Computer Society Press, Los Alamitos CA, 156–159.

A. O. L. ATKIN and R. G. LARSON (1982), On a primality test of Solovay and Strassen. *SIAM Journal on Computing* **11**(4), 789–791.

A. O. L. ATKIN and F. MORAIN (1993), Elliptic curves and primality proving. *Mathematics of Computation* **61**(203), 29–68.

L. BABAI (1979), *Monte Carlo algorithms in graph isomorphism testing*. Technical Report 79-10, Département de Mathématique et Statistique, Université de Montréal.

LÁSZLÓ BABAI, EUGENE M. LUKS, and ÁKOS SERESS (1988), Fast Management of Permutation Groups. In *Proceedings of the 29th Annual IEEE Symposium on Foundations of Computer Science*, White Plains NY, IEEE Computer Society Press, Washington DC, 272–282.

E. BACH (1985), *Analytic Methods in the Analysis and Design of Number Theoretic Algorithms*. MIT Press.

ERIC BACH (1990), Number-theoretic algorithms. *Annual Review of Computer Science* **4**, 119–172.

ERIC BACH (1991), Toward a Theory of Pollard's Rho-Method. *Information and Computation* **90**(2), 139–155.

ERIC BACH (1996), Weil Bounds for Singular Curves. *Applicable Algebra in Engineering, Communication and Computing* **7**, 289–298.

ERIC BACH, JOACHIM VON ZUR GATHEN, and HENDRIK W. LENSTRA, JR. (2001), Factoring Polynomials over Special Finite Fields. *Finite Fields and Their Applications* **7**, 5–28.

ERIC BACH, GARY MILLER, and JEFFREY SHALLIT (1986), Sums of divisors, perfect numbers and factoring. *SIAM Journal on Computing* **15**(4), 1143–1154.

ERIC BACH and JEFFREY SHALLIT (1988), Factoring with cyclotomic polynomials. *Mathematics of Computation* **52**(185), 201–219.

ERIC BACH and JEFFREY SHALLIT (1996), *Algorithmic Number Theory, Vol.1: Efficient Algorithms*. MIT Press, Cambridge MA.

ERIC BACH and JONATHAN SORENSON (1993), Sieve algorithms for perfect power testing. *Algorithmica* **9**, 313–328.

ERIC BACH and JONATHAN SORENSON (1996), Explicit bounds for primes in residue classes. *Mathematics of Computation* **65**(216), 1717–1735.

JOHANN SEBASTIAN BACH (1722), *Das Wohltemperierte Klavier*. BWV 846–893, Part I appeared in 1722, Part II in 1738.

CLAUDE GASPAR BACHET DE MÉZIRIAC (1612), *Problèmes plaisans et délectables, qui se font par les nombres*. Pierre Rigaud, Lyon.

DAVID H. BAILEY, KING LEE, and HORST D. SIMON (1990), Using Strassen's Algorithm to Accelerate the Solution of Linear Systems. *The Journal of Supercomputing* **4**(4), 357–371.

GEORGE A. BAKER, JR. and PETER GRAVES-MORRIS (1996), *Padé Approximants*. Encyclopedia of Mathematics and its Applications **59**, Cambridge University Press, Cambridge, UK, 2nd edition. First edition published in two volumes by Addison-Wesley, Reading MA, 1982.

W. W. ROUSE BALL and H. S. M. COXETER (1947), *Mathematical Recreations & Essays*. The Macmillan Company, New York, American edition. First edition 1892.

J. M. BARBOUR (1948), Music and ternary continued fractions. *The American Mathematical Monthly* **55**, 545–555.

ERWIN H. BAREISS (1968), Sylvester's Identity and Multistep Integer-Preserving Gaussian Elimination. *Mathematics of Computation* **22**(101–104), 565–578.

ANDREJ BAUER and MARKO PETKOVŠEK (1999), Multibasic and Mixed Hypergeometric Gosper-Type Algorithms. *Journal of Symbolic Computation* **28**, 711–736.

WALTER BAUR and VOLKER STRASSEN (1983), The complexity of partial derivatives. *Theoretical Computer Science* **22**, 317–330.

DAVID BAYER and MICHAEL STILLMAN (1988), On the complexity of computing syzygies. *Journal of Symbolic Computation* **6**, 135–147.

PAUL W. BEAME, RUSSELL IMPAGLIAZZO, JAN KRAJÍČEK, TONIANN PITASSI, and PAVEL PUDLÁK (1996), Lower bounds on Hilbert's Nullstellensatz and propositional proofs. *Proceedings of the London Mathematical Society* **3**, 1–26.

PAUL BEAME and TONIANN PITASSI (1998), Propositional Proof Complexity: Past, Present, and Future. *Bulletin of the European Association for Theoretical Computer Science* **65**, 66–89.

THOMAS BECKER and VOLKER WEISPFENNING (1993), *Gröbner Bases—A Computational Approach to Commutative Algebra*. Graduate Texts in Mathematics **141**, Springer-Verlag, New York.

ALBERT H. BEILER (1964), *Recreations in the Theory of Numbers: The Queen of Mathematics Entertains*. Dover Publications, Inc., New York.

ERIC TEMPLE BELL (1937), *Men of Mathematics*. Penguin Books Ltd., Harmondsworth, Middlesex.

CHRISTOF BENECKE, ROLAND GRUND, REINHARD HOHBERGER, ADALBERT KERBER, REINHARD LAUE, and THOMAS WIELAND (1995), MOLGEN, a computer algebra system for the generation of molecular graphs. In *Computer Algebra in Science and Engineering*, Bielefeld, Germany, August 1994, eds. J. FLEISCHER, J. GRABMEIER, F. W. HEHL, and W. KÜCHLIN, World Scientific, Singapore, 260–272.

M. BEN-OR (1981), Probabilistic algorithms in finite fields. In *Proceedings of the 22nd Annual IEEE Symposium on Foundations of Computer Science*, Nashville TN, 394–398.

M. BEN-OR, D. KOZEN, and J. REIF (1986), The complexity of elementary algebra and geometry. *Journal of Computer and System Sciences* **32**, 251–264.

MICHAEL BEN-OR and PRASOON TIWARI (1988), A Deterministic Algorithm For Sparse Multivariate Polynomial Interpolation. In *Proceedings of the Twentieth Annual ACM Symposium on the Theory of Computing*, Chicago IL, ACM Press, 301–309.

CARLOS A. BERENSTEIN and ALAIN YGER (1990), Bounds for the Degrees in the Division Problem. *Michigan Mathematical Journal* **37**, 25–43.

LENNART BERGGREN, JONATHAN BORWEIN, and PETER BORWEIN, eds. (1997), *Pi: A Source Book*. Springer-Verlag, New York.

E. R. BERLEKAMP (1967), Factoring polynomials over finite fields. *Bell System Technical Journal* **46**, 1853–1859.

E. R. BERLEKAMP (1970), Factoring Polynomials Over Large Finite Fields. *Mathematics of Computation* **24**(11), 713–735.

ELWYN R. BERLEKAMP (1984), *Algebraic Coding Theory*. Aegean Park Press. First edition McGraw Hill, New York, 1968.

ELWYN R. BERLEKAMP, ROBERT J. MCELIECE, and HENK C. A. VAN TILBORG (1978), On the Inherent Intractability of Certain Coding Problems. *IEEE Transactions on Information Theory* **IT-24**(3), 384–386.

BENJAMIN P. BERMAN and RICHARD J. FATEMAN (1994), Optical character recognition for typeset mathematics. In *Proceedings of the 1994 International Symposium on Symbolic and Algebraic Computation ISSAC '94*, Oxford, UK, eds. J. VON ZUR GATHEN and M. GIESBRECHT, ACM Press, 348–353.

JOANNES BERNOULLIUS [JOHANN BERNOULLI] (1703), Problema exhibitum. *Acta eruditorum*, 26–31.

DANIEL J. BERNSTEIN (1998a), Composing Power Series Over a Finite Ring in Essentially Linear Time. *Journal of Symbolic Computation* **26**(3), 339–341.

DANIEL J. BERNSTEIN (1998b), Detecting perfect powers in essentially linear time. *Mathematics of Computation* **67**(223), 1253–1283.

DANIEL J. BERNSTEIN (2001), Multidigit multiplication for mathematicians. *Advances in Applied Mathematics*. To appear.

P. BÉZIER (1970), *Emploi des Machines à Commande Numérique*. Masson & Cie, Paris. English translation: *Numerical Control*, John Wiley & Sons, 1972.

ÉTIENNE BÉZOUT (1764), Recherches sur le degré des Équations résultantes de l'évanouissement des inconnues, Et sur les moyens qu'il convient d'employer pour trouver ces Équations. *Histoire de l'académie royale des sciences*, 288–338. Summary 88–91.

J. BINET (1841), Recherches sur la théorie des nombres entiers et sur la résolution de l'équation indéterminée du premier degré qui n'admet que des solutions entières. *Journal de Mathématiques Pures et Appliquées* **6**, 449–494.

IAN BLAKE, GADIEL SEROUSSI, and NIGEL SMART (1999), *Elliptic Curves in Cryptography*. London Mathematical Society Lecture Note Series **265**, Cambridge University Press.

ENRICO BOMBIERI and ALFRED J. VAN DER POORTEN (1995), Continued fractions of algebraic numbers. In *Computational Algebra and Number Theory*, eds. WIEB BOSMA and ALF VAN DER POORTEN, Kluwer Academic Publishers, 137–155.

OLAF BONORDEN, JOACHIM VON ZUR GATHEN, JÜRGEN GERHARD, OLAF MÜLLER, and MICHAEL NÖCKER (2001), Factoring a binary polynomial of degree over one million. *ACM SIGSAM Bulletin* **35**(1), 16–18.

GEORGE BOOLE (1860), *Calculus of finite differences*. Chelsea Publishing Co., New York. 5th edition 1970.

A. BORODIN and R. MOENCK (1974), Fast Modular Transforms. *Journal of Computer and System Sciences* **8**(3), 366–386.

A. BORODIN and I. MUNRO (1975), *The Computational Complexity of Algebraic and Numeric Problems*. Theory of computation series **1**, American Elsevier Publishing Company, New York.

ALLAN BORODIN and PRASOON TIWARI (1990), On the Decidability of Sparse Univariate Polynomial Interpolation. In *Proceedings of the Twenty-second Annual ACM Symposium on the Theory of Computing*, Baltimore MD, ACM Press, 535–545.

J. M. BORWEIN, P. B. BORWEIN, and D. H. BAILEY (1989), Ramanujan, Modular Equations, and Approximations to Pi or How to Compute One Billion Digits of Pi. *The American Mathematical Monthly* **96**(3), 201–219. Reprinted in Berggren, Borwein & Borwein (1997), 623–641.

R. C. BOSE and D. K. RAY-CHAUDHURI (1960), On A Class of Error Correcting Binary Group Codes. *Information and Control* **3**, 68–79.

WIEB BOSMA and MARC-PAUL VAN DER HULST (1990), Faster primality testing. In *Advances in Cryptology: Proceedings of EUROCRYPT 1989*, Houthalen, Belgium, eds. J. J. QUISQUATER and J. VANDEWALLE. Lecture Notes in Computer Science **434**, Springer-Verlag, 652–656.

JOAN BOYAR (1989), Inferring Sequences Produced by Pseudo-Random Number Generators. *Journal of the ACM* **36**(1), 129–141.

GILLES BRASSARD and PAUL BRATLEY (1996), *Fundamentals of Algorithmics*. Prentice-Hall, Inc., Englewood Cliffs NJ. First published as *Algorithmics - Theory & Practice*, 1988.

A. BRAUER (1939), On addition chains. *Bulletin of the American Mathematical Society* **45**, 736–739.

RICHARD P. BRENT (1976), Analysis of the binary Euclidean algorithm. In *Algorithms and Complexity*, ed. J. F. TRAUB, 321–355. Academic Press, New York.

RICHARD P. BRENT (1980), An improved Monte Carlo factorization algorithm. *BIT* **20**, 176–184.

R. P. BRENT (1989), Factorization of the eleventh Fermat number (preliminary report). *AMS Abstracts* **10**, 89T-11-73.

RICHARD P. BRENT (1999), Factorization of the tenth Fermat number. *Mathematics of Computation* **68**(225), 429–451.

RICHARD P. BRENT, FRED G. GUSTAVSON, and DAVID Y. Y. YUN (1980), Fast Solution of Toeplitz Systems of Equations and Computation of Padé Approximants. *Journal of Algorithms* **1**, 259–295.

R. P. BRENT and H. T. KUNG (1978), Fast Algorithms for Manipulating Formal Power Series. *Journal of the ACM* **25**(4), 581–595.

RICHARD P. BRENT and JOHN M. POLLARD (1981), Factorization of the Eighth Fermat Number. *Mathematics of Computation* **36**(154), 627–630. Preliminary announcement in *AMS Abstracts* **1** (1980), 565.

ERNEST F. BRICKELL (1984), Solving low density knapsacks. In *Advances in Cryptology: Proceedings of CRYPTO '83*, Plenum Press, New York, 25–37.

ERNEST F. BRICKELL (1985), Breaking iterated knapsacks. In *Advances in Cryptology: Proceedings of CRYPTO '84*, Santa Barbara CA. Lecture Notes in Computer Science **196**, Springer-Verlag, 342–358.

EGBERT BRIESKORN and HORST KNÖRRER (1986), *Plane Algebraic Curves*. Birkhäuser Verlag, Basel.

JOHN BRILLHART, D. H. LEHMER, J. L. SELFRIDGE, BRYANT TUCKERMAN, and S. S. WAGSTAFF, JR. (1988), *Factorizations of $b^n \pm 1$, $b = 2, 3, 5, 6, 7, 10, 11, 12$ up to high powers*. Contemporary Mathematics **22**, American Mathematical Society, Providence RI, 2nd edition.

MANUEL BRONSTEIN (1990), The Transcendental Risch Differential Equation. *Journal of Symbolic Computation* **9**, 49–60.

MANUEL BRONSTEIN (1991), The Risch Differential Equation on an Algebraic Curve. In *Proceedings of the 1991 International Symposium on Symbolic and Algebraic Computation ISSAC '91*, Bonn, Germany, ed. STEPHEN M. WATT, ACM Press, 241–246.

MANUEL BRONSTEIN (1992), On solutions of linear ordinary differential equations in their coefficient field. *Journal of Symbolic Computation* **13**, 413–439.

MANUEL BRONSTEIN (1997), *Symbolic Integration I—Transcendental Functions*. Algorithms and Computation in Mathematics **1**, Springer-Verlag, Berlin Heidelberg.

MANUEL BRONSTEIN (2000), On Solutions of Linear Ordinary Difference Equations in their Coefficient Field. *Journal of Symbolic Computation* **29**, 841–877.

MANUEL BRONSTEIN and ANNE FREDET (1999), Solving Linear Ordinary Differential Equations over $C(x, e^{\int f(x)dx})$. In *Proceedings of the 1999 International Symposium on Symbolic and Algebraic Computation ISSAC '99*, Vancouver, Canada, ed. SAM DOOLEY, ACM Press, 173–180.

W. S. BROWN (1971), On Euclid's Algorithm and the Computation of Polynomial Greatest Common Divisors. *Journal of the ACM* **18**(4), 478–504.

W. S. BROWN (1978), The Subresultant PRS Algorithm. *ACM Transactions on Mathematical Software* **4**(3), 237–249.

W. S. BROWN and J. F. TRAUB (1971), On Euclid's Algorithm and the Theory of Subresultants. *Journal of the ACM* **18**(4), 505–514.

W. DALE BROWNAWELL (1987), Bounds for the degrees in the Nullstellensatz. *Annals of Mathematics* **126**, 577–591.

BRUNO BUCHBERGER (1965), *Ein Algorithmus zum Auffinden der Basiselemente des Restklassenringes nach einem nulldimensionalen Polynomideal*. PhD thesis, Philosophische Fakultät an der Leopold-Franzens-Universität, Innsbruck, Austria.

B. BUCHBERGER (1970), Ein algorithmisches Kriterium für die Lösbarkeit eines algebraischen Gleichungssystems. *aequationes mathematicae* **4**(3), 271–272 and 374–383. English translation by Michael Abramson and Robert Lumbert in Buchberger & Winkler (1998), 535–545.

B. BUCHBERGER (1976), A theoretical basis for the reduction of polynomials to canonical forms. *ACM SIGSAM Bulletin* **10**(3), 19–29.

B. BUCHBERGER (1985), Gröbner Bases: An Algorithmic Method in Polynomial Ideal Theory. In *Multidimensional Systems Theory*, ed. N. K. BOSE, Mathematics and Its Applications, chapter 6, 184–232. D. Reidel Publishing Company, Dordrecht.

BRUNO BUCHBERGER (1987), History and basic features of the critical–pair/completion procedure. *Journal of Symbolic Computation* **3**, 3–38.

BRUNO BUCHBERGER and FRANZ WINKLER, eds. (1998), *Gröbner Bases and Applications*. London Mathematical Society Lecture Note Series **251**, Cambridge University Press, Cambridge, UK.

JAMES R. BUNCH and JOHN E. HOPCROFT (1974), Triangular Factorization and Inversion by Fast Matrix Multiplication. *Mathematics of Computation* **28**(125), 231–236.

PETER BÜRGISSER (1998), On the Parallel Complexity of the Polynomial Ideal Membership Problem. *Journal of Complexity* **14**, 176–189.

P. BÜRGISSER, M. CLAUSEN, and M. A. SHOKROLLAHI (1997), *Algebraic Complexity Theory*. Grundlehren der mathematischen Wissenschaften **315**, Springer-Verlag.

CHRISTOPH BURNIKEL and JOACHIM ZIEGLER (1998), Fast Recursive Division. Research Report MPI-I-98-1-022, Max-Planck-Institut für Informatik, Saarbrücken, Germany. http://data.mpi-sb.mpg.de/internet/reports.nsf/NumberView/1998-1-022, iv + 27 pages.

S. BUSS, R. IMPAGLIAZZO, J. KRAJÍČEK, P. PUDLÁK, A. A. RAZBOROV, and J. SGALL (1996/97), Proof complexity in algebraic systems and bounded depth Frege systems with modular counting. *computational complexity* **6**(3), 256–298.

M. C. R. BUTLER (1954), On the reducibility of polynomials over a finite field. *Quarterly Journal of Mathematics Oxford* **5**(2), 102–107.

JOHN J. CADE (1987), A modification of a broken public-key cipher. In *Advances in Cryptology: Proceedings of CRYPTO '86*, Santa Barbara CA, ed. A. M. ODLYZKO. Lecture Notes in Computer Science **263**, Springer-Verlag, 64–83.

PAUL CAMION (1980), Un algorithme de construction des idempotents primitifs d'idéaux d'algèbres sur $\mathbb{F}_q$. *Comptes Rendus de l'Académie des Sciences Paris* **291**, 479–482.

PAUL CAMION (1981), Factorisation des polynômes de $\mathbb{F}_q$. *Revue du CETHEDEC* **18**, 1–17.

PAUL CAMION (1982), Un algorithme de construction des idempotents primitifs d'idéaux d'algèbres sur $\mathbb{F}_q$. *Annals of Discrete Mathematics* **12**, 55–63.

PAUL F. CAMION (1983), Improving an Algorithm for Factoring Polynomials over a Finite Field and Constructing Large Irreducible Polynomials. *IEEE Transactions on Information Theory* **IT-29**(3), 378–385.

E. R. CANFIELD, PAUL ERDŐS, and CARL POMERANCE (1983), On a problem of Oppenheim concerning 'Factorisatio Numerorum'. *Journal of Number Theory* **17**, 1–28.

LÉANDRO CANIGLIA, ANDRÉ GALLIGO, and JOOS HEINTZ (1988), Borne simple exponentielle pour les degrés dans le théorème des zéros sur un corps de caractéristique quelconque. *Comptes Rendus de l'Académie des Sciences Paris, série I* **307**, 255–258.

LÉANDRO CANIGLIA, ANDRÉ GALLIGO, and JOOS HEINTZ (1989), Some new effectivity bounds in computational geometry. In *Algebraic Algorithms and Error-Correcting Codes: AAECC-6*, Rome, Italy, 1988, ed. T. MORA, Lecture Notes in Computer Science **357**, 131–152. Springer-Verlag.

JOHN CANNY (1987), A New Algebraic Method for Robot Motion Planning and Real Geometry. In *Proceedings of the 28th Annual IEEE Symposium on Foundations of Computer Science*, Los Angeles CA, IEEE Computer Society Press, Washington DC, 39–48.

JOHN F. CANNY (1988), *The Complexity of Robot Motion Planning*. ACM Doctoral Dissertation Award 1987, MIT Press, Cambridge MA.

DAVID G. CANTOR (1989), On Arithmetical Algorithms over Finite Fields. *Journal of Combinatorial Theory, Series A* **50**, 285–300.

DAVID G. CANTOR and DANIEL M. GORDON (2000), Factoring Polynomials over p-Adic Fields. In *Algorithmic Number Theory, Proceedings ANTS-IV*, Leiden, The Netherlands, ed. WIEB BOSMA, Springer-Verlag, 185–208.

DAVID G. CANTOR and ERICH KALTOFEN (1991), On fast multiplication of polynomials over arbitrary algebras. *Acta Informatica* **28**, 693–701.

DAVID G. CANTOR and HANS ZASSENHAUS (1981), A New Algorithm for Factoring Polynomials Over Finite Fields. *Mathematics of Computation* **36**(154), 587–592.

LEONARD CARLITZ (1932), The arithmetic of polynomials in a Galois field. *American Journal of Mathematics* **54**, 39–50.

R. D. CARMICHAEL (1909/10), Note on a new number theory function. *Bulletin of the American Mathematical Society* **16**, 232–238.

R. D. CARMICHAEL (1912), On composite numbers P which satisfy the Fermat congruence $a^{P-1} \equiv 1 \bmod P$. *The American Mathematical Monthly* **19**, 22–27.

THOMAS R. CARON and ROBERT D. SILVERMAN (1988), Parallel implementation of the quadratic sieve. *The Journal of Supercomputing* **1**, 273–290.

PAUL DE FAGET DE CASTELJAU (1985), *Shape mathematics and CAD*. Hermes Publishing, Paris.

PIETRO ANTONIO CATALDI (1513), *Trattato del modo brevissimo di trouare la radice quadra delli numeri*. Bartolomeo Cochi, Bologna.

AUGUSTIN CAUCHY (1821), Sur la formule de Lagrange relative à l'interpolation. In *Cours d'analyse de l'École Royale Polytechnique (Analyse algébrique)*, Note V. Imprimerie royale Debure frères, Paris. *Œuvres Complètes*, IIe série, tome III, Gauthier-Villars, Paris, 1897, 429–433.

AUGUSTIN CAUCHY (1840), Mémoire sur l'élimination d'une variable entre deux équations algébriques. In *Exercices d'analyse et de physique mathématique, tome Ier*. Bachelier, Paris. *Œuvres Complètes*, IIe série, tome 11. Gauthier-Villars, Paris, 1913, 466–509.

AUGUSTIN CAUCHY (1841), Mémoire sur diverses formules relatives à l'Algèbre et à la théorie des nombres. *Comptes Rendus de l'Académie des Sciences Paris* **12**, p. 813 ff. *Œuvres Complètes*, Ire série, tome 6, Gauthier-Villars, Paris, 1888, 113–146.

AUGUSTIN CAUCHY (1847), Mémoire sur les racines des équivalences correspondantes à des modules quelconques premiers ou non premiers, et sur les avantages que présente l'emploi de ces racines dans la théorie des nombres. *Comptes Rendus de l'Académie des Sciences Paris* **25**, p. 37 ff. *Œuvres Complètes*, Ire série, tome 10, Gauthier-Villars, Paris, 1897, 324–333.

B. F. CAVINESS (1970), On Canonical Forms and Simplification. *Journal of the Association for Computing Machinery* **17**(2), 385–396.

ARTHUR CAYLEY (1848), On the theory of elimination. *The Cambridge and Dublin Mathematical Journal* **3**, 116–120. Also *Cambridge Mathematical Journal* **7**.

MIGUEL DE CERVANTES SAAVEDRA (1615), *El ingenioso cavallero Don Quixote de la Mancha, segunda parte*. Francisco de Robles, Madrid.

JASBIR S. CHAHAL (1995), Manin's Proof of the Hasse Inequality Revisited. *Nieuw Archief voor Wiskunde, Vierde serie* **13**(2), 219–232.

BRUCE W. CHAR, KEITH O. GEDDES, and GASTON H. GONNET (1989), GCDHEU: Heuristic Polynomial GCD Algorithm Based On Integer GCD Computation. *Journal of Symbolic Computation* **7**, 31–48. Extended Abstract in *Proceedings of EUROSAM '84*, ed. JOHN FITCH, Lecture Notes in Computer Science **174**, Springer-Verlag, 285–296.

N. TSCHEBOTAREFF [N. CHEBOTAREV] (1926), Die Bestimmung der Dichtigkeit einer Menge von Primzahlen, welche zu einer gegebenen Substitutionsklasse gehören. *Mathematische Annalen* **95**, 191–228.

П. Л. ЧЕБЫШЕВ (1849), Объ опредѣленіи числа простыхъ чиселъ не превосходящихъ данной величины. *Mémoires présentés à l'Académie Impériale des sciences de St.-Pétersbourg par divers savants* **6**, 141–157. P. L. CHEBYSHEV, Sur la fonction qui détermine la totalité des nombres premiers inférieurs à une limite donnée. *Journal de Mathématiques Pures et Appliquées, I série* **17** (1852), 341–365. *Œuvres I*, eds. A. MARKOFF and N. SONIN, 1899, reprint by Chelsea Publishing Co., New York, 26–48.

P. L. CHEBYSHEV (1852), Mémoire sur les nombres premiers. *Journal de Mathématiques Pures et Appliquées, I série* **17**, 366–390. *Mémoires présentées à l'Académie Impériale des sciences de St.-Pétersbourg par divers savants* **6** (1854), 17–33. *Œuvres I*, eds. A. MARKOFF and N. SONIN, 1899, reprint by Chelsea Publishing Co., New York, 49–70.

ZHI-ZHONG CHEN and MING-YANG KAO (1997), Reducing Randomness via Irrational Numbers. In *Proceedings of the Twenty-ninth Annual ACM Symposium on the Theory of Computing*, El Paso TX, ACM Press, 200–209.

ZHI-ZHONG CHEN and MING-YANG KAO (2000), Reducing randomness via irrational numbers. *SIAM Journal on Computing* **29**(4), 1247–1256.

ALEXANDRE L. CHISTOV (1990), Efficient Factoring Polynomials over Local Fields and Its Applications. In *Proceedings of the International Congress of Mathematicians 1990*, Kyoto, Japan, vol. II, 1509–1519. Springer-Verlag.

A. L. CHISTOV and D. YU. GRIGOR'EV (1984), Complexity of quantifier elimination in the theory of algebraically closed fields. In *Proceedings of the 11th International Symposium Mathematical*

Foundations of Computer Science 1984, Praha, Czechoslovakia. Lecture Notes in Computer Science **176**, Springer-Verlag, Berlin, 17–31.

BENNY CHOR and RONALD L. RIVEST (1988), A knapsack–type public key cryptosystem based on arithmetic in finite fields. *IEEE Transactions on Information Theory* **IT-34**(5), 901–909. *Advances in Cryptology: Proceedings of CRYPTO 1984*, Santa Barbara CA, Lecture Notes in Computer Science **196**, Springer-Verlag, New York, 1985, 54–65.

C.-C. CHOU, Y.-F. DENG, G. LI, and Y. WANG (1995), Parallelizing Strassen's Method for Matrix Multiplication on Distributed-Memory MIMD Architectures. *Computers and Mathematics with Applications* **30**(2), 49–69.

FRÉDÉRIC CHYZAK (1998a), *Fonctions holonomes en calcul formel*. PhD thesis, École Polytechnique, Paris.

FRÉDÉRIC CHYZAK (1998b), Gröbner Bases, Symbolic Summation and Symbolic Integration. In *Gröbner Bases and Applications*, eds. BRUNO BUCHBERGER and FRANZ WINKLER. London Mathematical Society Lecture Note Series **251**, Cambridge University Press, Cambridge, UK, 32–60.

FRÉDÉRIC CHYZAK (2000), An extension of Zeilberger's fast algorithm to general holonomic functions. *Discrete Mathematics* **217**, 115–134.

FRÉDÉRIC CHYZAK and BRUNO SALVY (1998), Non-commutative Elimination in Ore Algebras Proves Multivariate Identities. *Journal of Symbolic Computation* **26**(2), 187–227.

MICHAEL CLAUSEN, ANDREAS DRESS, JOHANNES GRABMEIER, and MAREK KARPINSKI (1991), On Zero–Testing and Interpolation of k-Sparse Multivariate Polynomials over Finite Fields. *Theoretical Computer Science* **84**, 151–164.

MATTHEW CLEGG, JEFFREY EDMONDS, and RUSSELL IMPAGLIAZZO (1996), Using the Groebner basis algorithm to find proofs of unsatisfiability. In *Proceedings of the Twenty-eighth Annual ACM Symposium on the Theory of Computing*, Philadelphia PA, ACM Press, 174–183.

H. COHEN and A. K. LENSTRA (1987), Implementation of a New Primality Test. *Mathematics of Computation* **48**(177), 103–121.

H. COHEN and H. W. LENSTRA, JR. (1984), Primality Testing and Jacobi Sums. *Mathematics of Computation* **42**(165), 297–330.

G. E. COLLINS (1966), Polynomial remainder sequences and determinants. *The American Mathematical Monthly* **73**, 708–712.

GEORGE E. COLLINS (1967), Subresultants and Reduced Polynomial Remainder Sequences. *Journal of the ACM* **14**(1), 128–142.

G. E. COLLINS (1971), The Calculation of Multivariate Polynomial Resultants. *Journal of the ACM* **18**(4), 515–532.

G. E. COLLINS (1973), Computer algebra of polynomials and rational functions. *The American Mathematical Monthly* **80**, 725–55.

G. E. COLLINS (1975), *Quantifier elimination for real closed fields by cylindrical algebraic decomposition*. Lecture Notes in Computer Science **33**, Springer-Verlag.

G. E. COLLINS (1979), Factoring univariate integral polynomials in polynomial average time. In *Proceedings of EUROSAM '79*, Marseille, France. Lecture Notes in Computer Science **72**, 317–329.

GEORGE E. COLLINS and MARK J. ENCARNACIÓN (1996), Improved Techniques for Factoring Univariate Polynomials. *Journal of Symbolic Computation* **21**, 313–327.

S. A. COOK (1966), *On the minimum computation time of functions*. Doctoral Thesis, Harvard University, Cambridge MA.

STEPHEN A. COOK (1971), The Complexity of Theorem–Proving Procedures. In *Proceedings of the Third Annual ACM Symposium on the Theory of Computing*, Shaker Heights OH, ACM Press, 151–158.

JAMES W. COOLEY (1987), The Re–Discovery of the Fast Fourier Transform Algorithm. *Mikrochimica Acta* **3**, 33–45.

JAMES W. COOLEY (1990), How the FFT Gained Acceptance. In *A History of Scientific Computing*, ed. STEPHEN G. NASH, ACM Press, New York, and Addison-Wesley, Reading MA, 133–140.

JAMES W. COOLEY and JOHN W. TUKEY (1965), An Algorithm for the Machine Calculation of Complex Fourier Series. *Mathematics of Computation* **19**, 297–301.

GENE COOPERMAN, SANDRA FEISEL, JOACHIM VON ZUR GATHEN, and GEORGE HAVAS (1999), GCD of Many Integers. In *COCOON '99*, eds. T. ASANO, H. IMAI, D. T. LEE, S. NAKANO, and T. TOKUYAMA. Lecture Notes in Computer Science **1627**, Springer-Verlag, 310–317.

D. COPPERSMITH (1993), Solving Linear Equations Over $GF(2)$: Block Lanczos Algorithm. *Linear Algebra and its Applications* **192**, 33–60.

DON COPPERSMITH (1994), Solving homogeneous linear equations over GF(2) via block Wiedemann algorithm. *Mathematics of Computation* **62**(205), 333–350.

DON COPPERSMITH and SHMUEL WINOGRAD (1990), Matrix Multiplication via Arithmetic Progressions. *Journal of Symbolic Computation* **9**, 251–280.

ROBERT M. CORLESS, STEPHEN M. WATT, and ERICH KALTOFEN (2002), Symbolic / Numeric Algorithms. In *Handbook of Computer Algebra*, eds. JOHANNES GRABMEIER, ERICH KALTOFEN, and VOLKER WEISPFENNING. Springer-Verlag. To appear.

THOMAS H. CORMEN, CHARLES E. LEISERSON, and RONALD L. RIVEST (1990), *Introduction to Algorithms*. MIT Press, Cambridge MA.

JAMES COWIE, BRUCE DODSON, R. MARIJE ELKENBRACHT-HUIZING, ARJEN K. LENSTRA, PETER L. MONTGOMERY, and JÖRG ZAYER (1996), A World Wide Number Field Sieve Factoring Record: On to 512 Bits. In *Advances in Cryptology—ASIACRYPT '96*. Lecture Notes in Computer Science **1163**, Springer-Verlag, 382–394.

DAVID A. COX (1989), *Primes of the Form $x^2 + ny^2$ — Fermat, Class Field Theory, and Complex Multiplication*. John Wiley & Sons, New York.

DAVID COX, JOHN LITTLE, and DONAL O'SHEA (1997), *Ideals, Varieties, and Algorithms: An Introduction to Computational Algebraic Geometry and Commutative Algebra*. Undergraduate Texts in Mathematics, Springer-Verlag, New York, 2nd edition. First edition 1992.

DAVID COX, JOHN LITTLE, and DONAL O'SHEA (1998), *Using Algebraic Geometry*. Graduate Texts in Mathematics **185**, Springer-Verlag, New York.

GABRIEL CRAMER (1750), *Introduction a l'analyse des lignes courbes algébriques*. Frères Cramer & Cl. Philibert, Genève.

JOHN N. CROSSLEY and ALAN S. HENRY (1990), Thus Spake al-Khwārizmī: A Translation of the Text of Cambridge University Library Ms. Ii.vi.5. *Historia Mathematica* **17**, 103–131.

ALLAN J. C. CUNNINGHAM and H. J. WOODALL (1925), Factorization of $(y^n \mp 1)$, $y = 2, 3, 5, 6, 7, 10, 11, 12$ up to high powers (n). Francis Hodgson, London.

IVAN DAMGÅRD, PETER LANDROCK, and CARL POMERANCE (1993), Average case error estimates for the strong probable prime test. *Mathematics of Computation* **61**(203), 177–194.

J. H. DAVENPORT (1986), The Risch differential equation problem. *SIAM Journal on Computing* **15**(4), 903–918.

PIERRE DÈBES (1996), Hilbert subsets and s-integral points. *Manuscripta Mathematica* **89**, 107–137.

RICHARD A. DEMILLO and RICHARD J. LIPTON (1978), A probabilistic remark on algebraic program testing. *Information Processing Letters* **7**(4), 193–195.

DOROTHY ELIZABETH ROBLING DENNING (1982), *Cryptography and Data Security*. Addison-Wesley, Reading MA. Reprinted with corrections, January 1983.

ANGEL DÍAZ and ERICH KALTOFEN (1995), On Computing Greatest Common Divisors with Polynomials Given By Black Boxes for Their Evaluations. In *Proceedings of the 1995 International Symposium on Symbolic and Algebraic Computation ISSAC '95*, Montreal, Canada, ed. A. H. M. LEVELT, ACM Press, 232–239.

ANGEL DÍAZ and ERICH KALTOFEN (1998), FOXBOX: A System for Manipulating Symbolic Objects in Black Box Representation. In *Proceedings of the 1998 International Symposium on Symbolic and Algebraic Computation ISSAC '98*, Rostock, Germany, ed. OLIVER GLOOR, ACM Press, 30–37.

LEONARD EUGENE DICKSON (1919), *History of the Theory of Numbers*, vol. 1. Carnegie Institute of Washington. Published in 1919, 1920, and 1923 as publication **256**. Reprinted by Chelsea Publishing Company, New York, N.Y., 1971.

WHITFIELD DIFFIE (1988), The First Ten Years of Public-Key Cryptography. *Proceedings of the IEEE* **76**(5), 560–577.

WHITFIELD DIFFIE and MARTIN E. HELLMAN (1976), New directions in cryptography. *IEEE Transactions on Information Theory* **IT-22**(6), 644–654.

G. LEJEUNE DIRICHLET (1837), Beweis des Satzes, dass jede unbegrenzte arithmetische Progression, deren erstes Glied und Differenz ganze Zahlen ohne gemeinschaftlichen Factor sind, unendlich viele Primzahlen enthält. *Abhandlungen der Königlich Preussischen Akademie der Wissenschaften*, 45–81. *Werke*, Erster Band, ed. L. KRONECKER, 1889, 315–342. Reprint by Chelsea Publishing Co., 1969.

G. LEJEUNE DIRICHLET (1842), Verallgemeinerung eines Satzes aus der Lehre von den Kettenbrüchen nebst einigen Anwendungen auf die Theorie der Zahlen. *Bericht über die Verhandlungen der Königlich Preussischen Akademie der Wissenschaften*, 93–95. *Werke*, Erster Band, ed. L. KRONECKER, 1889, 635–638. Reprint by Chelsea Publishing Co., 1969.

G. LEJEUNE DIRICHLET (1849), Über die Bestimmung der mittleren Werthe in der Zahlentheorie. *Abhandlungen der Königlich Preussischen Akademie der Wissenschaften*, 69–83. *Werke*, Zweiter Band, ed. L. KRONECKER, 1897, 51–66. Reprint by Chelsea Publishing Co., 1969.

P. G. LEJEUNE DIRICHLET (1893), *Vorlesungen über Zahlentheorie*, herausgegeben von R. DEDEKIND. Friedrich Vieweg & Sohn, Braunschweig, 4th edition. Corrected reprint, Chelsea Publishing Co., New York, 1968. First edition 1863.

JOHN D. DIXON (1970), The Number of Steps in the Euclidean Algorithm. *Journal of Number Theory* **2**, 414–422.

JOHN D. DIXON (1981), Asymptotically Fast Factorization of Integers. *Mathematics of Computation* **36**(153), 255–260.

BRUCE DODSON and ARJEN K. LENSTRA (1995), NFS with Four Large Primes: An Explosive Experiment. In *Advances in Cryptology: Proceedings of CRYPTO '95*, Santa Barbara CA, ed. DON COPPERSMITH. Lecture Notes in Computer Science **963**, Springer-Verlag, 372–385.

KARL DÖRGE (1926), Über die Seltenheit der reduziblen Polynome und der Normalgleichungen. *Mathematische Annalen* **95**, 247–256.

JEAN LOUIS DORNSTETTER (1987), On the Equivalence Between Berlekamp's and Euclid's Algorithms. *IEEE Transactions on Information Theory* **IT-33**(3), 428–431.

M. W. DROBISCH (1855), Über musikalische Tonbestimmung und Temperatur. *Abhandlungen der Mathematisch-Physischen Classe der Königlich-Sächsischen Gesellschaft der Wissenschaften* **4**, 1–120.

THOMAS W. DUBÉ (1990), The structure of polynomial ideals and Gröbner bases. *SIAM Journal on Computing* **19**(4), 750–773.

RAYMOND DUBOIS (1971), *Utilisation d'un théorème de Fermat à la découverte des nombres premiers et notes sur les nombres de Fibonacci*. Albert Blanchard, Paris.

LIONEL DUCOS (2000), Optimizations of the subresultant algorithm. *Journal of Pure and Applied Algebra* **145**, 149–163.

ATHANASE DUPRÉ (1846), Sur le nombre des divisions a effectuer pour obtenir le plus grand commun diviseur entre deux nombres entiers. *Journal de Mathématiques Pures et Appliquées* **11**, 41–64.

WAYNE EBERLY and ERICH KALTOFEN (1997), On Randomized Lanczos Algorithms. In *Proceedings of the 1997 International Symposium on Symbolic and Algebraic Computation ISSAC '97*, Maui HI, ed. WOLFGANG W. KÜCHLIN, ACM Press, 176–183.

JACK EDMONDS (1967), Systems of Distinct Representatives and Linear Algebra. *Journal of Research of the National Bureau of Standards* **71B**(4), 241–245.

D. EISENBUD and L. ROBBIANO, eds. (1993), *Computational algebraic geometry and commutative algebra*. Symposia Mathematica **34**, Cambridge University Press, Cambridge, UK.

D. EISENBUD and B. STURMFELS (1996), Binomial ideals. *Duke Mathematical Journal* **84**(1), 1–45.

G. EISENSTEIN (1844), Einfacher Algorithmus zur Bestimmung des Werthes von $\left(\frac{a}{b}\right)$. *Journal für die reine und angewandte Mathematik* **27**(4), 317–318.

SHALOSH B. EKHAD (1990), A Very Short Proof of Dixon's Theorem. *Journal of Combinatorial Theory, Series A* **54**, 141–142.

SHALOSH B. EKHAD and SOL TRE (1990), A Purely Verification Proof of the First Rogers–Ramanujan Identity. *Journal of Combinatorial Theory, Series A* **54**, 309–311.

I. Z. EMIRIS and B. MOURRAIN (1999), Computer Algebra Methods for Studying and Computing Molecular Conformations. *Algorithmica* **25**(2/3), 372–402. Special Issue on Algorithms for Computational Biology.

LEONHARD EULER (1732/33), Observationes de theoremate quodam Fermatiano aliisque ad numeros primos spectantibus. *Commentarii Academiae Scientiarum Imperalis Petropolitanae* **6**, 103–107. Eneström 26. *Opera Omnia*, ser. 1, vol. 2, B. G. Teubner, Leipzig, 1915, 1–5.

LEONHARD EULER (1734/35a), Solutio problematis arithmetici de inveniendo numero qui per datos numeros divisus relinquat data residua. *Commentarii Academiae Scientiarum Imperalis Petropolitanae* **7**, 46–66. Eneström 36. *Opera Omnia*, ser. 1, vol. 2, B. G. Teubner, Leipzig, 1915, 18–32.

LEONHARD EULER (1734/35b), De summis serierum reciprocarum. *Commentarii Academiae Scientiarum Petropolitanae* **7**, 123–134. Eneström 41. *Opera Omnia*, ser. 1, vol. 14, B. G. Teubner, Leipzig, 1925, 73–86.

LEONHARD EULER (1736a), *Mechanica sive motus scientia analytice exposita, Tomus I*. Typographia Academia Scientiarum, Petropolis. *Opera Omnia*, ser. 2, vol. 1, B. G. Teubner, Leipzig, 1912.

LEONHARD EULER (1736b), Theorematum quorundam ad numeros primos spectantium demonstratio. *Commentarii Academiae Scientiarum Imperalis Petropolitanae* **8**, 1741, 141–146. Eneström 54. *Opera Omnia*, ser. 1, vol. 2, B. G. Teubner, Leipzig, 1915, 33–37.

LEONHARD EULER (1737), De fractionibus continuis dissertatio. *Commentarii Academiae Scientiarum Imperalis Petropolitanae* **9**, 1744, 98–137. Eneström 71. *Opera Omnia*, ser. 1, vol. 14, B. G. Teubner, Leipzig, 1925, 187–215.

LEONHARD EULER (1743), Démonstration de la somme de cette suite $1 + \frac{1}{4} + \frac{1}{9} + \frac{1}{16} + \frac{1}{25} + \frac{1}{36} +$ etc. *Journal littéraire d'Allemagne, de Suisse et du Nord (La Haye)* **2**, 115–127. *Bibliotheca Mathematica, Serie 3*, **8** 1907–1908, 54–60. Eneström 63. *Opera Omnia*, ser. 1, vol. 14, 177–186.

LEONHARD EULER (1747/48), Theoremata circa divisores numerorum. *Novi Commentarii Academiae Scientiarum Imperalis Petropolitanae* **1**, 20–48. Summarium ibidem, 35–37. Eneström 134. *Opera Omnia*, ser. 1, vol. 2, B. G. Teubner, Leipzig, 1915, 62–85.

LEONHARD EULER (1748a), *Introductio in analysin infinitorum, tomus primus et secundus*. M.-M. Bousquet, Lausanne. *Opera Omnia*, ser. 1, vol. 8 and 9. Teubner, Leipzig, 1922/1945.

参 考 文 献

LEONHARD EULER (1748b), Sur une contradiction apparente dans la doctrine des lignes courbes. *Mémoires de l'Académie des Sciences de Berlin* **4**, 1750, 219–233. Eneström 147. *Opera Omnia*, ser. 1, vol. 26, Orell Füssli, Zürich, 1953, 34–45.
LEONHARD EULER (1748c), Démonstration sur le nombre des points où deux lignes des ordres quelconques peuvent se couper. *Mémoires de l'Académie des Sciences de Berlin* **4**, 1750, 234–248. Eneström 148. *Opera Omnia*, ser. 1, vol. 26, Orell Füssli, Zürich, 1953, 46–59.
LEONHARD EULER (1754/55), Demonstratio theorematis Fermatiani omnem numerum sive integrum sive fractum esse summam quatuor pauciorumve quadratorum. *Novi Commentarii Academiae Scientiarum Imperalis Petropolitanae* **5**, 13–58. Summarium ibidem 6–7. Eneström 242. *Opera Omnia*, ser. 1, vol. 1, B. G. Teubner, Leipzig, 1915, 339–372.
LEONHARD EULER (1758/59), Theoremata circa residua ex divisione potestatum relicta. *Novi Commentarii Academiae Scientiarum Imperalis Petropolitanae* **7**, 49–82. Eneström 262. *Opera Omnia*, ser. 1, vol. 2, B. G. Teubner, Leipzig, 1915, 493–518.
LEONHARD EULER (1760/61), Theoremata arithmetica nova methodo demonstrata. *Novi Commentarii Academiae Scientiarum Imperalis Petropolitanae* **8**, 74–104. Summarium ibidem 15–18. Eneström 271. *Opera Omnia*, ser. 1, vol. 2, B. G. Teubner, Leipzig, 1915, 531–555.
LEONHARD EULER (1762/63), Specimen algorithmi singularis. *Novi Commentarii Academiae Scientiarum Imperalis Petropolitanae* **9**, 1764, 53–69. Summarium ibidem 10–13. Eneström 281. *Opera Omnia*, ser. 1, vol. 15, B. G. Teubner, Leipzig, 1927, 31–49.
LEONHARD EULER (1764), Nouvelle méthode d'éliminer les quantités inconnues des équations. *Mémoires de l'Académie des Sciences de Berlin* **20**, 1766, 91–104. Eneström 310. *Opera Omnia*, ser. 1, vol. 6, B. G. Teubner, Leipzig, 1921, 197–211.
LEONHARD EULER (1783), De eximio methodi interpolationum in serierum doctrina. *Opuscula analytica* **1**, 157–210. Eneström 555. *Opera Omnia*, ser. 1, vol. 15, Teubner, Leipzig, 1927, 435–497.
SERGEI EVDOKIMOV (1994), Factorization of Polynomials over Finite Fields in Subexponential Time under GRH. In *Proceedings of the First International ANTS Symposium*. Lecture Notes in Computer Science **877**, 209–219.
D. K. FADDEEV and V. N. FADDEEVA (1963), *Computational methods of linear algebra*. Freeman, San Francisco, London. Translated by Robert C. Williams.
ROBERT M. FANO (1949), *The transmission of information*. Technical Report 65, M.I.T., Research Laboratory of Electronics.
ROBERT M. FANO (1961), *Transmission of information*. MIT Press.
J. C. FAUGÈRE, P. GIANNI, D. LAZARD, and T. MORA (1993), Efficient computation of zero-dimensional Gröbner bases by change of ordering. *Journal of Symbolic Computation* **16**, 329–344.
W. FELLER (1971), *An Introduction to Probability Theory and its Applications*. John Wiley & Sons, 2nd edition.
PIERRE FERMAT (1636), Letter to Mersenne. In *Œuvres de Fermat*, vol. 2, Correspondance, eds. PAUL TANNERY and CHARLES HENRY, 63–71. Gauthier-Villars, Paris, 1894. French translation in volume 3, 1894, 286–293.
CHARLES M. FIDUCCIA (1972a), Polynomial evaluation via the division algorithm: the fast Fourier transform revisited. In *Proceedings of the Fourth Annual ACM Symposium on the Theory of Computing*, Denver CO, ACM Press, 88–93.
CHARLES M. FIDUCCIA (1972b), On obtaining upper bounds on the complexity of matrix multiplication. In *Complexity of Computer Computations*, eds. RAYMOND E. MILLER and JAMES W. THATCHER, 31–40. Plenum Press, New York.
CHARLES M. FIDUCCIA (1973), *On the Algebraic Complexity of Matrix Multiplication*. PhD thesis, Brown University, Providence RI.
P.-J. E. FINCK (1841), *Traité élémentaire d'arithmétique à l'usage des candidats aux écoles spéciales*. Derivaux, Strasbourg.
NOAÏ FITCHAS, ANDRÉ GALLIGO, and JACQUES MORGENSTERN (1987), *Algorithmes rapides en séquentiel et en parallèle pour l'élimination de quantificateurs en géométrie élémentaire*. Séminaire Structures Ordonnées, U. E. R. de Mathématiques, Université de Paris VII.
NOAÏ FITCHAS, ANDRÉ GALLIGO, and JACQUES MORGENSTERN (1990), Precise sequential and parallel complexity bounds for quantifier elimination over algebraically closed fields. *Journal of Pure and Applied Algebra* **67**, 1–14.
P. FLAJOLET, X. GOURDON, and D. PANARIO (2001), The Complete Analysis of a Polynomial Factorization Algorithm over Finite Fields. *Journal of Algorithms* **40**(1), 37–81. Extended Abstract in *Proceedings of the 23rd International Colloquium on Automata, Languages and Programming ICALP 1996*, Paderborn, Germany, ed. F. MEYER AUF DER HEIDE and B. MONIEN, Lecture Notes in Computer Science **1099**, Springer-Verlag, 1996, 232–243.
PHILIPPE FLAJOLET and ANDREW ODLYZKO (1990), Singularity analysis of generating functions. *SIAM Journal on Discrete Mathematics* **3**(2), 216–240.

P. FLAJOLET, B. SALVY, and P. ZIMMERMANN (1989a), Lambda–Upsilon–Omega: An Assistant Algorithms Analyzer. In *Algebraic Algorithms and Error-Correcting Codes: AAECC-6*, Rome, Italy, 1988, ed. T. MORA. Lecture Notes in Computer Science **357**, Springer-Verlag, 201–212.

PHILIPPE FLAJOLET, BRUNO SALVY, and PAUL ZIMMERMANN (1989b), *Lambda–Upsilon–Omega—The 1989 CookBook*. Rapport de Recherche 1073, INRIA. 116 pages, ftp://ftp.inria.fr/INRIA/publication/publi-ps-gz/RR/RR-1073.ps.gz.

PHILIPPE FLAJOLET, BRUNO SALVY, and PAUL ZIMMERMANN (1991), Automatic average-case analysis of algorithms. *Theoretical Computer Science* **79**, 37–109.

MENSO FOLKERTS (1997), *Die älteste lateinische Schrift über das indische Rechnen nach al-Hwārizmī*. Abhandlungen der Bayerischen Akademie der Wissenschaften, Philosophisch-historische Klasse, neue Folge 113, Verlag der Bayerischen Akademie der Wissenschaften, München. C. H. Beck'sche Verlagsbuchhandlung, München.

JEAN BAPTISTE JOSEPH FOURIER (1822), *Théorie Analytique de la Chaleur*. Firmin Didot, Paris.

TIMOTHY S. FREEMAN, GREGORY M. IMIRZIAN, ERICH KALTOFEN, and LAKSHMAN YAGATI (1988), Dagwood: A System for Manipulating Polynomials Given by Straight-Line Programs. *ACM Transactions on Mathematical Software* **14**(3), 218–240.

RŪSIŅŠ FREIVALDS (1977), Probabilistic machines can use less running time. In *Information Processing 77—Proceedings of IFIP Congress 77*, ed. B. GILCHRIST, North-Holland, Amsterdam, 839–842.

ALAN M. FRIEZE, JOHAN HASTAD, RAVI KANNAN, JEFFREY C. LAGARIAS, and ADI SHAMIR (1988), Reconstructing truncated integer variables satisfying linear congruences. *SIAM Journal on Computing* **17**(2), 262–280.

FERDINAND GEORG FROBENIUS (1881), Über Relationen zwischen den Näherungsbrüchen von Potenzreihen. *Journal für die reine und angewandte Mathematik* **90**, 1–17. *Gesammelte Abhandlungen*, Band 2, herausgegeben von J.-P. SERRE, Springer-Verlag, Berlin, 1968, 47–63.

G. FROBENIUS (1896), Über Beziehungen zwischen den Primidealen eines algebraischen Körpers und den Substitutionen seiner Gruppe. *Sitzungsberichte der Königlich Preussischen Akademie der Wissenschaften, Berlin*, 689–702.

A. FRÖHLICH and J. C. SHEPHERDSON (1955–56), Effective procedures in field theory. *Philosophical Transactions of the Royal Society of London* **248**, 407–432.

W. FULTON (1969), *Algebraic Curves*. W. A. Benjamin, Inc., New York.

P. X. GALLAGHER (1973), The large sieve and probabilistic Galois theory. In *Analytic Number Theory*, ed. HAROLD G. DIAMOND. Proceedings of Symposia in Pure Mathematics **24**, American Mathematical Society, Providence RI, 91–101.

G. GALLO and B. MISHRA (1991), Wu-Ritt Characteristic sets and Their Complexity. In *Discrete and Computational Geometry: Papers from the DIMACS Special Year*, eds. JACOB E. GOODMAN, RICHARD POLLACK, and WILLIAM STEIGER. DIMACS Series in Discrete Mathematics and Theoretical Computer Science **6**, American Mathematical Society and ACM, 111–136.

É. GALOIS (1830), Sur la théorie des nombres. *Bulletin des sciences mathématiques Férussac* **13**, 428–435. See also *Journal de Mathématiques Pures et Appliquées* **11** (1846), 398–407, and *Écrits et mémoires d'Évariste Galois*, eds. ROBERT BOURGNE and J.-P. AZRA, Gauthier-Villars, Paris, 1962, 112–128.

T. ELGAMAL (1985), A Public Key Cryptosystem and a Signature Scheme Based on Discrete Logarithms. *IEEE Transactions on Information Theory* **IT-31**(4), 469–472.

SHUHONG GAO (2001), Factoring multivariate polynomials via partial differential equations. Preprint, http://www.math.clemson.edu/faculty/Gao/papers/fac_bipoly.ps.

SHUHONG GAO and JOACHIM VON ZUR GATHEN (1994), Berlekamp's and Niederreiter's Polynomial Factorization Algorithms. In *Finite Fields: Theory, Applications and Algorithms*, eds. G. L. MULLEN and P. J.-S. SHIUE. Contemporary Mathematics **168**, American Mathematical Society, 101–115.

SHUHONG GAO, JOACHIM VON ZUR GATHEN, and DANIEL PANARIO (1998), Gauss periods: orders and cryptographical applications. *Mathematics of Computation* **67**(221), 343–352. With microfiche supplement.

SHUHONG GAO, JOACHIM VON ZUR GATHEN, DANIEL PANARIO, and VICTOR SHOUP (2000), Algorithms for Exponentiation in Finite Fields. *Journal of Symbolic Computation* **29**(6), 879–889.

SHUHONG GAO and DANIEL PANARIO (1997), Tests and Constructions of Irreducible Polynomials over Finite Fields. In *Foundations of Computational Mathematics*, eds. FELIPE CUCKER and MICHAEL SHUB, 346–361. Springer Verlag.

MICHAEL R. GAREY and DAVID S. JOHNSON (1979), *Computers and intractability: A Guide to the Theory of NP-Completeness*. W. H. Freeman and Co., San Francisco CA.

HARVEY L. GARNER (1959), The Residue Number System. *IRE Transactions on Electronic Computers*, 140–147.

JOACHIM VON ZUR GATHEN (1984a), Hensel and Newton methods in valuation rings. *Mathematics of Computation* **42**(166), 637–661.
JOACHIM VON ZUR GATHEN (1984b), Parallel algorithms for algebraic problems. *SIAM Journal on Computing* **13**(4), 802–824.
JOACHIM VON ZUR GATHEN (1985), Irreducibility of Multivariate Polynomials. *Journal of Computer and System Sciences* **31**(2), 225–264.
JOACHIM VON ZUR GATHEN (1986), Representations and parallel computations for rational functions. *SIAM Journal on Computing* **15**(2), 432–452.
JOACHIM VON ZUR GATHEN (1987), Factoring polynomials and primitive elements for special primes. *Theoretical Computer Science* **52**, 77–89.
JOACHIM VON ZUR GATHEN (1988), Algebraic complexity theory. *Annual Review of Computer Science* **3**, 317–347.
JOACHIM VON ZUR GATHEN (1990a), Functional Decomposition of Polynomials: the Tame Case. *Journal of Symbolic Computation* **9**, 281–299.
JOACHIM VON ZUR GATHEN (1990b), Functional Decomposition of Polynomials: the Wild Case. *Journal of Symbolic Computation* **10**, 437–452.
JOACHIM VON ZUR GATHEN (1991a), Tests for permutation polynomials. *SIAM Journal on Computing* **20**(3), 591–602.
JOACHIM VON ZUR GATHEN (1991b), Values of polynomials over finite fields. *Bulletin of the Australian Mathematical Society* **43**, 141–146.
JOACHIM VON ZUR GATHEN and JÜRGEN GERHARD (1996), Arithmetic and Factorization of Polynomials over $\mathbb{F}_2$. In *Proceedings of the 1996 International Symposium on Symbolic and Algebraic Computation ISSAC '96*, Zürich, Switzerland, ed. LAKSHMAN Y. N., ACM Press, 1–9. Technical report tr-rsfb-96-018, University of Paderborn, Germany, 1996, 43 pages. Final version in Mathematics of Computation. http://www-math.upb.de/~aggathen/Publications/polyfactTR.ps.
JOACHIM VON ZUR GATHEN and JÜRGEN GERHARD (1997), Fast Algorithms for Taylor Shifts and Certain Difference Equations. In *Proceedings of the 1997 International Symposium on Symbolic and Algebraic Computation ISSAC '97*, Maui HI, ed. WOLFGANG W. KÜCHLIN, ACM Press, 40–47.
JOACHIM VON ZUR GATHEN and SILKE HARTLIEB (1998), Factoring Modular Polynomials. *Journal of Symbolic Computation* **26**(5), 583–606.
JOACHIM VON ZUR GATHEN and ERICH KALTOFEN (1985), Factoring Sparse Multivariate Polynomials. *Journal of Computer and System Sciences* **31**(2), 265–287.
JOACHIM VON ZUR GATHEN, MAREK KARPINSKI, and IGOR E. SHPARLINSKI (1996), Counting curves and their projections. *computational complexity* **6**, 64–99.
JOACHIM VON ZUR GATHEN and THOMAS LÜCKING (2000), Subresultants revisited. In *Proceedings of LATIN 2000*, Punta del Este, Uruguay, eds. GASTÓN H. GONNET, DANIEL PANARIO, and ALFREDO VIOLA. Lecture Notes in Computer Science **1776**, Springer-Verlag, 318–342.
JOACHIM VON ZUR GATHEN and MICHAEL NÖCKER (1997), Exponentiation in Finite Fields: Theory and Practice. In *Applied Algebra, Algebraic Algorithms and Error-Correcting Codes: AAECC-12*, Toulouse, France, eds. TEO MORA and HAROLD MATTSON. Lecture Notes in Computer Science **1255**, Springer-Verlag, 88–113.
JOACHIM VON ZUR GATHEN and MICHAEL NÖCKER (1999), Computing Special Powers in Finite Fields: Extended Abstract. In *Proceedings of the 1999 International Symposium on Symbolic and Algebraic Computation ISSAC '99*, Vancouver, Canada, ed. SAM DOOLEY, ACM Press, 83–90.
JOACHIM VON ZUR GATHEN and DANIEL PANARIO (2001), Factoring Polynomials Over Finite Fields: A Survey. *Journal of Symbolic Computation* **31**(1–2), 3–17.
JOACHIM VON ZUR GATHEN and VICTOR SHOUP (1992), Computing Frobenius maps and factoring polynomials. *computational complexity* **2**, 187–224.
CARL FRIEDRICH GAUSS (1801), *Disquisitiones Arithmeticae*. Gerh. Fleischer Iun., Leipzig. English translation by ARTHUR A. CLARKE, Springer-Verlag, New York, 1986.
CARL FRIEDRICH GAUSS (1809), *Theoria motus corporum coelestium in sectionibus conicis solem ambientum*. Perthes und Besser, Hamburg. *Werke* VII, Königliche Gesellschaft der Wissenschaften, Göttingen, 1906, 1–288. Reprinted by Georg Olms Verlag, Hildesheim New York, 1973.
CARL FRIEDRICH GAUSS (1810), Disquisitio de elementis ellipticis Palladis ex oppositionibus annorum 1803, 1804, 1805, 1807, 1808, 1809. *Commentationes societatis regiae scientarium Gottingensis recentiores* **1** (1811), 3–24. *Werke* VI, Königliche Gesellschaft der Wissenschaften, Göttingen, 1874, 3–24. Reprinted by Georg Olms Verlag, Hildesheim New York, 1973. Announcement in *Göttingische gelehrte Anzeigen* (1810), *Werke* VI, 1874, 61–64.
CARL FRIEDRICH GAUSS (1831), Theoria residuorum biquadraticorum, commentatio secunda. *Commentationes societatis regiae scientiarum Gottingensis recentiores* **7** (1832). *Werke* II, Königliche Gesellschaft der Wissenschaften, Göttingen, 1863, 93–148. Reprinted by Georg Olms Verlag, Hildesheim

New York, 1973. Announcement in *Göttingische gelehrte Anzeigen* (1831), *Werke* II, 1863, 169–178.

CARL FRIEDRICH GAUSS (1849), Brief an Encke, 24. Dezember 1849. In *Werke* II, Handschriftlicher Nachlass, 444–447. Königliche Gesellschaft der Wissenschaften, Göttingen, 1863. Reprinted by Georg Olms Verlag, Hildesheim New York, 1973.

CARL FRIEDRICH GAUSS (1863a), Solutio congruentiae $X^m - 1 \equiv 0$. Analysis residuorum. Caput sextum. Pars prior. In *Werke* II, Handschriftlicher Nachlass, ed. R. DEDEKIND, 199–211. Königliche Gesellschaft der Wissenschaften, Göttingen. Reprinted by Georg Olms Verlag, Hildesheim New York, 1973.

CARL FRIEDRICH GAUSS (1863b), Disquisitiones generales de congruentiis. Analysis residuorum caput octavum. In *Werke* II, Handschriftlicher Nachlass, ed. R. DEDEKIND, 212–240. Königliche Gesellschaft der Wissenschaften, Göttingen. Reprinted by Georg Olms Verlag, Hildesheim New York, 1973.

CARL FRIEDRICH GAUSS (1863c), Zur Theorie der complexen Zahlen. In *Werke* II, Handschriftlicher Nachlass, 387–398. Königliche Gesellschaft der Wissenschaften, Göttingen. Reprinted by Georg Olms Verlag, Hildesheim New York, 1973.

CARL FRIEDRICH GAUSS (1866), Theoria interpolationis methodo nova tractata. In *Werke* III, Nachlass, 265–330. Königliche Gesellschaft der Wissenschaften, Göttingen. Reprinted by Georg Olms Verlag, Hildesheim New York, 1973.

LEOPOLD GEGENBAUER (1884), Asymptotische Gesetze der Zahlentheorie. *Denkschriften der kaiserlichen Akademie der Wissenschaften Wien* **49**, 37–80.

W. M. GENTLEMAN and G. SANDE (1966), Fast Fourier transforms—for fun and profit. In *Proceedings of the Fall Joint Computer Conference*, San Francisco CA. AFIPS Conference Proceedings **29**, Spartan books, Washington DC, 563–578.

FRANÇOIS GENUYS (1958), Dix mille décimales de π. *Chiffres* **1**, 17–22.

GERGONNE (1822), De la recherche des facteurs rationnels des polynomes. *Annales de mathématiques pures et appliquées* **12**, 309–316.

JÜRGEN GERHARD (1998), High degree solutions of low degree equations. In *Proceedings of the 1998 International Symposium on Symbolic and Algebraic Computation ISSAC '98*, Rostock, Germany, ed. OLIVER GLOOR, ACM Press, 284–289.

JÜRGEN GERHARD (2001a), Fast Modular Algorithms for Squarefree Factorization and Hermite Integration. *Applicable Algebra in Engineering, Communication and Computing* **11**(3), 203–226.

JÜRGEN GERHARD (2001b), *Modular algorithms in symbolic summation and symbolic integration*. Doktorarbeit, Universität Paderborn, Germany.

M. GIESBRECHT, A. LOBO, and B. D. SAUNDERS (1998), Certifying Inconsistency of Sparse Linear Systems. In *Proceedings of the 1998 International Symposium on Symbolic and Algebraic Computation ISSAC '98*, Rostock, Germany, ed. OLIVER GLOOR, ACM Press, 113–119.

MARK GIESBRECHT, ARNE STORJOHANN, and GILLES VILLARD (2002), Algorithms for matrix canonical forms. In *Handbook of Computer Algebra*, eds. JOHANNES GRABMEIER, ERICH KALTOFEN, and VOLKER WEISPFENNING. Springer-Verlag. To appear.

JOHN GILL (1977), Computational complexity of probabilistic Turing machines. *SIAM Journal on Computing* **6**(4), 675–695.

ALESSANDRO GIOVINI, TEO MORA, GIANFRANCO NIESI, LORENZO ROBBIANO, and CARLO TRAVERSO (1991), "One sugar cube, please" or Selection strategies in the Buchberger algorithm. In *Proceedings of the 1991 International Symposium on Symbolic and Algebraic Computation ISSAC '91*, Bonn, Germany, ed. STEPHEN M. WATT, ACM Press, 49–54.

M. GIUSTI (1984), Some effectivity problems in polynomial ideal theory. In *Proceedings of EUROSAM '84*, Cambridge, UK, ed. JOHN FITCH, Lecture Notes in Computer Science **174**, 159–171. Springer-Verlag, Berlin.

MARC GIUSTI and JOOS HEINTZ (1991), Algorithmes – disons rapides – pour la décomposition d'une variété algébrique en composantes irréductibles et équidimensionnelles. In *Proceedings of Effective Methods in Algebraic Geometry MEGA '90*, eds. TEO MORA and CARLO TRAVERSO. Progress in Mathematics **94**, Birkhäuser Verlag, Basel, 169–193.

NOBUHIRO GŌ and HAROLD A. SCHERAGA (1970), Ring Closure and Local Conformational Deformations of Chain Molecules. *Macromolecules* **3**(2), 178–187.

HERMANN H. GOLDSTINE (1977), *A History of Numerical Analysis from the 16th through the 19th Century*. Studies in the History of Mathematics and Physical Sciences **2**, Springer-Verlag, New York.

S. GOLDWASSER and J. KILIAN (1986), Almost All Primes Can be Quickly Certified. In *Proceedings of the Eighteenth Annual ACM Symposium on the Theory of Computing*, Berkeley CA, ACM Press, 316–329.

R. M. F. GOODMAN and A. J. MCAULEY (1984), A New Trapdoor Knapsack Public Key Cryptosystem. In *Advances in Cryptology: Proceedings of EUROCRYPT 1984*, Paris, France, eds. T. BETH, N. COT, and I. INGEMARSSON. Lecture Notes in Computer Science **209**, Springer-Verlag, Berlin, 150–158.

PAUL GORDAN (1885), *Vorlesungen über Invariantentheorie. Erster Band: Determinanten.* B. G. Teubner, Leipzig. Herausgegeben von GEORG KERSCHENSTEINER.

P. GORDAN (1893), Transcendenz von e und π. *Mathematische Annalen* **43**, 222–224.

R. WILLIAM GOSPER, JR. (1978), Decision procedure for indefinite hypergeometric summation. *Proceedings of the National Academy of Sciences of the USA* **75**(1), 40–42.

R. GÖTTFERT (1994), An acceleration of the Niederreiter factorization algorithm in characteristic 2. *Mathematics of Computation* **62**(206), 831–839.

XAVIER GOURDON (1996), *Combinatoire, Algorithmique et Géométrie des Polynômes*. PhD thesis, École Polytechnique, Paris.

R. L. GRAHAM, D. E. KNUTH, and O. PATASHNIK (1994), *Concrete Mathematics*. Addison-Wesley, Reading MA, 2nd edition. First edition 1989.

J. P. GRAM (1883), Ueber die Entwickelung reeller Functionen in Reihen mittelst der Methode der kleinsten Quadrate. *Journal für die reine und angewandte Mathematik* **94**, 41–73.

ANDREW GRANVILLE (1990), Bounding the Coefficients of a Divisor of a Given Polynomial. *Monatshefte für Mathematik* **109**, 271–277.

ANDREW GRANVILLE (1995), Harald Cramér and the Distribution of Prime Numbers. *Scandinavian Actuarial Journal* **1**, 12–28.

D. YU. GRIGOR'EV (1988), Complexity of deciding Tarski algebra. *Journal of Symbolic Computation* **4**(1/2).

DIMA YU. GRIGORIEV, MAREK KARPINSKI, and MICHAEL F. SINGER (1990), Fast parallel algorithms for sparse multivariate polynomial interpolation over finite fields. *SIAM Journal on Computing* **19**(6), 1059–1063.

DIMA GRIGORIEV, MAREK KARPINSKI, and MICHAEL F. SINGER (1994), Computational complexity of sparse rational interpolation. *SIAM Journal on Computing* **23**(1), 1–11.

H. F. DE GROOTE (1987), *Lectures on the Complexity of Bilinear Problems*. Lecture Notes in Computer Science **245**, Springer-Verlag.

MARTIN GRÖTSCHEL, LÁSZLÓ LOVÁSZ, and ALEXANDER SCHRIJVER (1993), *Geometric Algorithms and Combinatorial Optimization*. Algorithms and Combinatorics **2**, Springer-Verlag, Berlin, Heidelberg, 2nd edition. First edition 1988.

L. J. GUIBAS and A. M. ODLYZKO (1980), Long Repetitive Patterns in Random Sequences. *Zeitschrift für Wahrscheinlichkeitstheorie und verwandte Gebiete* **53**, 241–262.

RICHARD K. GUY (1975), How to factor a number. In *Proceedings of the Fifth Manitoba Conference on Numerical Mathematics*, 49–89.

WALTER HABICHT (1948), Eine Verallgemeinerung des Sturmschen Wurzelzählverfahrens. *Commentarii Mathematici Helvetici* **21**, 99–116.

J. HADAMARD (1893), Résolution d'une question relative aux déterminants. *Bulletin des Sciences Mathématiques* **17**, 240–246.

J. HADAMARD (1896), Sur la distribution des zéros de la fonction $\zeta(s)$ et ses conséquences arithmétiques. *Bulletin de la Société mathématique de France* **24**, 199–220.

ARMIN HAKEN (1985), The intractability of resolution. *Theoretical Computer Science* **39**, 297–308.

PAUL R. HALMOS (1985), *I want to be a mathematician*. Springer-Verlag.

JOHN H. HALTON (1970), A retrospective and prospective survey of the Monte Carlo method. *SIAM Review* **12**(1), 1–63.

RICHARD W. HAMMING (1986), *Coding and Information Theory*. Prentice-Hall, Inc., Englewood Cliffs NJ, 2nd edition. First edition 1980.

G. H. HARDY (1937), The Indian Mathematician Ramanujan. *The American Mathematical Monthly* **44**, 137–155. Collected Papers, volume VII, Clarendon Press, Oxford, 1979, 612–630.

GODFREY HAROLD HARDY (1940), *A mathematician's apology*. Cambridge University Press, Cambridge, UK.

G. H. HARDY and E. M. WRIGHT (1985), *An introduction to the theory of numbers*. Clarendon Press, Oxford, 5th edition. First edition 1938.

ROBIN HARTSHORNE (1977), *Algebraic Geometry*. Graduate Texts in Mathematics **52**, Springer-Verlag, New York.

M. W. HASKELL (1891/92), Note on resultants. *Bulletin of the New York Mathematical Society* **1**, 223–224.

HELMUT HASSE (1933), Beweis des Analogons der Riemannschen Vermutung für die Artinschen und F. K. Schmidtschen Kongruenzzetafunktionen in gewissen elliptischen Fällen. Vorläufige Mitteilung. *Nachrichten von der Gesellschaft der Wissenschaften zu Göttingen, Mathematisch-Physikalische Klasse* **42**, 253–262.

JOHAN HÅSTAD and MATS NÄSLUND (1998), The Security of Individual RSA Bits. In *Proceedings of the 39th Annual IEEE Symposium on Foundations of Computer Science*, Palo Alto CA, IEEE Computer Society Press, Los Alamitos CA, 510–519.

TIMOTHY F. HAVEL and IGOR NAJFELD (1995), A new system of equations, based on geometric algebra, for the ring closure in cyclic molecules. In *Computer Algebra in Science and Engineering*, Bielefeld, Germany, August 1994, eds. J. FLEISCHER, J. GRABMEIER, F. W. HEHL, and W. KÜCHLIN, World Scientific, Singapore, 243–259.

P. HAZEBROEK and L. J. OOSTERHOFF (1951), The isomers of cyclohexane. *Discussions of the Faraday Society* **10**, 88–93.

THOMAS L. HEATH (1925), *The thirteen books of Euclid's elements*, vol. 1. Dover Publications, Inc., New York, Second edition. First edition 1908.

MICHAEL T. HEIDEMAN, DON H. JOHNSON, and C. SIDNEY BURRUS (1984), Gauss and the history of the Fast Fourier Transform. *IEEE ASSP Magazine*, 14–21.

H. HEILBRONN (1968), On the average length of a class of finite continued fractions. In *Abhandlungen aus Zahlentheorie und Analysis. Zur Erinnerung an Edmund Landau (1877–1938)*, ed. PAUL TÚRAN, 87–96. VEB Deutscher Verlag der Wissenschaften, Berlin. Also in *Number Theory and Analysis, a Collection of Papers in Honor of Edmund Landau (1877–1938)*, Plenum Press, New York, 1969.

JOOS HEINTZ, TOMAS RECIO, and MARIE-FRANÇOISE ROY (1991), Algorithms in Real Algebraic Geometry and Applications to Computational Geometry. In *Discrete and Computational Geometry: Papers from the DIMACS Special Year*, eds. JACOB E. GOODMAN, RICHARD POLLACK, and WILLIAM STEIGER. DIMACS Series in Discrete Mathematics and Theoretical Computer Science **6**, American Mathematical Society and ACM, 137–163.

JOOS HEINTZ and MALTE SIEVEKING (1981), Absolute Primality of Polynomials is Decidable in Random Polynomial Time in the Number of Variables. In *Proceedings of the 8th International Colloquium on Automata, Languages and Programming ICALP 1981*, Acre ('Akko), Israel. Lecture Notes in Computer Science **115**, Springer-Verlag, 16–27.

PETER A. HENDRIKS and MICHAEL F. SINGER (1999), Solving Difference Equations in Finite Terms. *Journal of Symbolic Computation* **27**, 239–259.

KURT HENSEL (1918), Eine neue Theorie der algebraischen Zahlen. *Mathematische Zeitschrift* **2**, 433–452.

GRETE HERMANN (1926), Die Frage der endlich vielen Schritte in der Theorie der Polynomideale. *Mathematische Annalen* **95**, 736–788.

C. HERMITE (1872), Sur l'intégration des fractions rationnelles. *Annales de Mathématiques, $2^{\grave{e}me}$ série* **11**, 145–148.

NICHOLAS J. HIGHAM (1990), Exploiting Fast Matrix Multiplication Within the Level 3 BLAS. *ACM Transactions on Mathematical Software* **16**(4), 352–368.

DAVID HILBERT (1890), Ueber die Theorie der algebraischen Formen. *Mathematische Annalen* **36**, 473–534.

DAVID HILBERT (1892), Ueber die Irreducibilität ganzer rationaler Functionen mit ganzzahligen Coefficienten. *Journal für die reine und angewandte Mathematik* **110**, 104–129.

DAVID HILBERT (1893), Ueber die Transcendenz der Zahlen e und π. *Mathematische Annalen* **43**, 216–219. *Nachrichten von der Königlichen Gesellschaft der Wissenschaften und der Georg-Augusts-Universität zu Göttingen* **2** (1893), 113–116. Reprinted in Berggren, Borwein & Borwein (1997), 226–229.

DAVID HILBERT (1900), Mathematische Probleme. *Nachrichten von der Königlichen Gesellschaft der Wissenschaften zu Göttingen*, 253–297. *Archiv für Mathematik und Physik, 3. Reihe* **1** (1901), 44–63 and 213–237. English translation: Mathematical Problems, *Bulletin of the American Mathematical Society* **8** (1902), 437–479.

DAVID HILBERT (1930), Probleme der Grundlegung der Mathematik. *Mathematische Annalen* **102**, 1–9.

HEISUKE HIRONAKA (1964), Resolution of singularities of an algebraic variety over a field of characteristic zero. *Annals of Mathematics* **79**(1), I: 109–203, II: 205–326.

A. HOCQUENGHEM (1959), Codes correcteurs d'erreurs. *Chiffres* **2**, 147–156.

MARK VAN HOEIJ (1998), Rational Solutions of Linear Difference Equations. In *Proceedings of the 1998 International Symposium on Symbolic and Algebraic Computation ISSAC '98*, Rostock, Germany, ed. OLIVER GLOOR, ACM Press, 120–123.

MARK VAN HOEIJ (1999), Finite singularities and hypergeometric solutions of linear recurrence equations. *Journal of Pure and Applied Algebra* **139**, 109–131.

MARK VAN HOEIJ (2002), Factoring polynomials and the knapsack problem. *Journal of Number Theory*. To appear.

JORIS VAN DER HOEVEN (1997), Lazy Multiplication of Formal Power Series. In *Proceedings of the 1997 International Symposium on Symbolic and Algebraic Computation ISSAC '97*, Maui HI, ed. WOLFGANG W. KÜCHLIN, ACM Press, 17–20.

C. M. HOFFMAN, J. R. SENDRA, and F. WINKLER, eds. (1997), Parametric Algebraic Curves and Applications. Special Issue of the *Journal of Symbolic Computation* **23**(2/3).

D. G. HOFFMAN, D. A. LEONARD, C. C. LINDNER, K. T. PHELPS, C. A. RODGER, and J. R. WALL (1991), *Coding Theory: The Essentials*. Marcel Dekker, Inc., New York.

ELLIS HOROWITZ (1971), Algorithms for partial fraction decomposition and rational function integration. In *Proceedings 2nd ACM Symposium on Symbolic and Algebraic Manipulation*, Los Angeles CA, ed. S. R. PETRICK, ACM Press, 441–457.

ELLIS HOROWITZ (1972), A fast method for interpolation using preconditioning. *Information Processing Letters* **1**, 157–163.

MING-DEH A. HUANG (1985), Riemann Hypothesis and Finding Roots over Finite Fields. In *Proceedings of the Seventeenth Annual ACM Symposium on the Theory of Computing*, Providence RI, ACM Press, 121–130.

MING-DEH HUANG and YIU-CHUNG WONG (1998), Extended Hilbert Irreducibility and its Applications. In *Proceedings of the 9th Annual ACM-SIAM Symposium on Discrete Algorithms SODA '98*, 50–58.

XIAOHAN HUANG and VICTOR Y. PAN (1998), Fast Rectangular Matrix Multiplication and Applications. *Journal of Complexity* **14**, 257–299.

DAVID A. HUFFMAN (1952), A Method for the Construction of Minimum-Redundancy Codes. *Proceedings of the I.R.E.* **40**(9), 1098–1101.

CHRISTIANUS HUGENIUS [CHRISTIAAN HUYGENS] (1703), Descriptio Automati Planetarii. In *Opuscula postuma, quae continent: Dioptricam. Commentarios de vitris figurandis. Dissertationem de corona & parheliis. Tractatum de motu/de vi centrifuga. Descriptionem automati planetarii*. Cornelius Boutesteyn, Leyden.

THOMAS W. HUNGERFORD (1990), *Abstract Algebra: An Introduction*. Saunders College Publishing, Philadelphia PA.

A. HURWITZ (1891), Ueber die angenäherte Darstellung der Irrationalzahlen durch rationale Brüche. *Mathematische Annalen* **39**, 279–284.

DUNG T. HUYNH (1986), A Superexponential Lower Bound for Gröbner Bases and Church-Rosser Commutative Thue Systems. *Information and Control* **68**(1–3), 196–206.

C. G. J. JACOBI (1836), De eliminatione variabilis e duabus aequationibus algebraicis. *Journal für die reine und angewandte Mathematik* **15**, 101–124.

C. G. J. JACOBI (1846), Über die Darstellung einer Reihe gegebner Werthe durch eine gebrochne rationale Function. *Journal für die reine und angewandte Mathematik* **30**, 127–156.

C. G. J. JACOBI (1868), Allgemeine Theorie der kettenbruchähnlichen Algorithmen, in welchen jede Zahl aus drei vorhergehenden gebildet wird. *Journal für die reine und angewandte Mathematik* **69**, 29–64.

TUDOR JEBELEAN (1997), Practical Integer Division with Karatsuba Complexity. In *Proceedings of the 1997 International Symposium on Symbolic and Algebraic Computation ISSAC '97*, Maui HI, ed. WOLFGANG W. KÜCHLIN, ACM Press, 339–341.

DAVID S. JOHNSON (1990), A Catalog of Complexity Classes. In *Handbook of Theoretical Computer Science*, vol. A, ed. J. VAN LEEUWEN, 67–161. Elsevier Science Publishers B.V., Amsterdam, and The MIT Press, Cambridge MA.

WILLIAM JONES (1706), *Synopsis Palmariorum Matheseos: or, a New Introduction to the Mathematics*, London.

CHARLES JORDAN (1965), *Calculus of finite differences*. Chelsea Publishing Co., New York. First edition Röttig and Romwalter, Sopron, Hungary, 1939.

NORBERT KAJLER and NEIL SOIFFER (1998), A Survey of User Interfaces for Computer Algebra Systems. *Journal of Symbolic Computation* **25**, 127–159.

K. KALORKOTI (1993), Inverting polynomials and formal power series. *SIAM Journal on Computing* **22**(3), 552–559.

E. KALTOFEN (1982), Factorization of Polynomials. In *Computer Algebra, Symbolic and Algebraic Computation*, eds. B. BUCHBERGER, G. E. COLLINS, and R. LOOS, 95–113. Springer-Verlag, New York, 2nd edition.

ERICH KALTOFEN (1983), On the Complexity of Finding Short Vectors in Integer Lattices. In *Proceedings of EUROCAL 1983*, London, UK. Lecture Notes in Computer Science **162**, Springer-Verlag, Berlin/New York, 236–244.

ERICH KALTOFEN (1984), A Note on the Risch Differential Equation. In *Proceedings of EUROSAM '84*, Cambridge, UK, ed. JOHN FITCH. Lecture Notes in Computer Science **174**, Springer-Verlag, Berlin, 359–366.

ERICH KALTOFEN (1985a), Polynomial-time reductions from multivariate to bi- and univariate integral polynomial factorization. *SIAM Journal on Computing* **14**(2), 469–489.

ERICH KALTOFEN (1985b), Effective Hilbert Irreducibility. *Journal of Computer and System Sciences* **66**, 123–137.

E. KALTOFEN (1989), Factorization of Polynomials Given by Straight-Line Programs. In *Randomness and Computation*, ed. S. MICALI, JAI Press, Greenwich CT, 375–412.

E. KALTOFEN (1990), Polynomial factorization 1982–1986. In *Computers in Mathematics*, eds. D. V. CHUDNOVSKY and R. D. JENKS, Marcel Dekker, Inc., New York, 285–309.

E. KALTOFEN (1992), Polynomial Factorization 1987–1991. In *Proceedings of LATIN '92*, São Paulo, Brazil, ed. I. SIMON. Lecture Notes in Computer Science **583**, Springer-Verlag, 294–313.

ERICH KALTOFEN (1995a), Effective Noether Irreducibility Forms and Applications. *Journal of Computer and System Sciences* **50**(2), 274–295.

ERICH KALTOFEN (1995b), Analysis of Coppersmith's block Wiedemann algorithm for the parallel solution of sparse linear systems. *Mathematics of Computation* **64**(210), 777–806.

ERICH KALTOFEN (2000), Challenges of Symbolic Computation: My Favourite Open Problems. *Journal of Symbolic Computation* **29**(6), 891–919. With an Additional Open Problem By ROBERT M. CORLESS and DAVID J. JEFFREY.

ERICH KALTOFEN and LAKSHMAN YAGATI (1988), Improved Sparse Multivariate Polynomial Interpolation Algorithms. In *Proceedings of the 1988 International Symposium on Symbolic and Algebraic Computation ISSAC '88*, Rome, Italy, ed. P. GIANNI. Lecture Notes in Computer Science **358**, Springer-Verlag, 467–474.

E. KALTOFEN and A. LOBO (1994), Factoring High-Degree Polynomials by the Black Box Berlekamp Algorithm. In *Proceedings of the 1994 International Symposium on Symbolic and Algebraic Computation ISSAC '94*, Oxford, UK, eds. J. VON ZUR GATHEN and M. GIESBRECHT, ACM Press, 90–98.

ERICH KALTOFEN, DAVID R. MUSSER, and B. DAVID SAUNDERS (1983), A generalized class of polynomials that are hard to factor. *SIAM Journal on Computing* **12**(3), 473–483.

ERICH KALTOFEN and HEINRICH ROLLETSCHEK (1989), Computing greatest common divisors and factorizations in quadratic number fields. *Mathematics of Computation* **53**(188), 697–720.

ERICH KALTOFEN and B. DAVID SAUNDERS (1991), On Wiedemann's Method of Solving Sparse Linear Systems. In *Algebraic Algorithms and Error-Correcting Codes: AAECC-10*, San Juan de Puerto Rico. Lecture Notes in Computer Science **539**, Springer-Verlag, 29–38.

ERICH KALTOFEN and VICTOR SHOUP (1997), Fast Polynomial Factorization Over High Algebraic Extensions of Finite Fields. In *Proceedings of the 1997 International Symposium on Symbolic and Algebraic Computation ISSAC '97*, Maui HI, ed. WOLFGANG W. KÜCHLIN, ACM Press, 184–188.

ERICH KALTOFEN and VICTOR SHOUP (1998), Subquadratic-Time Factoring of Polynomials over Finite Fields. *Mathematics of Computation* **67**(223), 1179–1197. Extended Abstract in *Proceedings of the Twenty-seventh Annual ACM Symposium on the Theory of Computing*, Las Vegas NV, ACM Press, 1995, 398–406.

ERICH KALTOFEN and BARRY M. TRAGER (1990), Computing with Polynomials Given By Black Boxes for Their Evaluations: Greatest Common Divisors, Factorization, Separation of Numerators and Denominators. *Journal of Symbolic Computation* **9**, 301–320.

MICHAEL KAMINSKI, DAVID G. KIRKPATRICK, and NADER H. BSHOUTY (1988), Addition Requirements for Matrix and Transposed Matrix Products. *Journal of Algorithms* **9**, 354–364.

YASUMASA KANADA (1988), Vectorization of Multiple-Precision Arithmetic Program and 201,326,000 Decimal Digits of π Calculation. In *Supercomputing '88, Volume II: Science and Applications*, 117–128. Reprinted in Berggren, Borwein & Borwein (1997), 576–587.

RAVI KANNAN (1987), Algorithmic geometry of numbers. *Annual Review of Computer Science* **2**, 231–267.

A. A. KARATSUBA (1995), The Complexity of Computations. *Proceedings of the Steklov Institute of Mathematics* **211**, 169–183. Translated from Труды Математического Института имени В. А. Стеклова **211** (1995), 186–202.

А. КАРАЦУБА и Ю. ОФМАН (1962), Умножение многозначных чисел на автоматах. *Доклады Академий Наук СССР* **145**, 293–294. A. KARATSUBA and YU. OFMAN, Multiplication of multidigit numbers on automata, Soviet Physics–Doklady **7** (1963), 595–596.

ALAN H. KARP and PETER MARKSTEIN (1997), High-Precision Division and Square Root. *ACM Transactions on Mathematical Software* **23**(4), 561–589.

RICHARD M. KARP (1972), Reducibility among combinatorial problems. In *Complexity of computer computations*, eds. RAYMOND E. MILLER and JAMES W. THATCHER, 85–103. Plenum Press, New York.

MICHAEL KARR (1981), Summation in Finite Terms. *Journal of the ACM* **28**(2), 305–350.

MICHAEL KARR (1985), Theory of Summation in Finite Terms. *Journal of Symbolic Computation* **1**, 303–315.

WALTER KELLER-GEHRIG (1985), Fast algorithms for the characteristic polynomial. *Theoretical Computer Science* **36**, 309–317.

H. KEMPFERT (1969), On the Factorization of Polynomials. *Journal of Number Theory* **1**, 116–120.

JOE KILIAN (1990), *Uses of Randomness in Algorithms and Protocols*. An ACM Distinguished Doctoral Dissertation, MIT Press, Cambridge MA.
ARNOLD KNOPFMACHER (1995), Enumerating basic properties of polynomials over a finite field. *South African Journal of Science* **91**, 10–11.
ARNOLD KNOPFMACHER and JOHN KNOPFMACHER (1993), Counting irreducible factors of polynomials over a finite field. *Discrete Mathematics* **112**, 103–118.
ARNOLD KNOPFMACHER and RICHARD WARLIMONT (1995), Distinct degree factorizations for polynomials over a finite field. *Transactions of the American Mathematical Society* **347**(6), 2235–2243.
DONALD E. KNUTH (1970), The analysis of algorithms. In *Proceedings of the International Congress of Mathematicians 1970*, Nice, France, vol. 3, 269–274.
DONALD E. KNUTH (1993), Johann Faulhaber and sums of powers. *Mathematics of Computation* **61**(203), 277–294.
DONALD E. KNUTH (1997), *The Art of Computer Programming, vol. 1, Fundamental Algorithms*. Addison-Wesley, Reading MA, 3rd edition. First edition 1969.
DONALD E. KNUTH (1998), *The Art of Computer Programming, vol. 2, Seminumerical Algorithms*. Addison-Wesley, Reading MA, 3rd edition. First edition 1969.
DONALD E. KNUTH and LUIS TRABB PARDO (1976), Analysis of a simple factorization algorithm. *Theoretical Computer Science* **3**, 321–348.
NEAL KOBLITZ (1987a), *A Course in Number Theory and Cryptography*. Graduate Texts in Mathematics **114**, Springer-Verlag, New York.
NEAL KOBLITZ (1987b), Elliptic Curve Cryptosystems. *Mathematics of Computation* **48**(177), 203–209.
HELGE VON KOCH (1904), Sur une courbe continue sans tangente obtenue par une construction géométrique élémentaire. *Arkiv för matematik, astronomi och fysik* **1**, 681–702.
WOLFRAM KOEPF (1995), Algorithms for m-fold Hypergeometric Summation. *Journal of Symbolic Computation* **20**, 399–417.
WOLFRAM KOEPF (1998), *Hypergeometric Summation*. Advanced Lectures in Mathematics, Friedrich Vieweg & Sohn, Braunschweig / Wiesbaden.
JÁNOS KOLLÁR (1988), Sharp effective Nullstellensatz. *Journal of the American Mathematical Society* **1**(4), 963–975.
A. KORSELT (1899), Problème chinois. *L'Intermédiaire des Mathématiciens* **6**, p. 143.
HENRIK KOY and CLAUS PETER SCHNORR (2001a), Segment LLL-Reduction of Lattice Bases. In *Cryptography and Lattices, International Conference (CaLC 2001)*, Providence RI, ed. JOSEPH H. SILVERMAN. Lecture Notes in Computer Science **2146**, Springer-Verlag, 67–80.
HENRIK KOY and CLAUS PETER SCHNORR (2001b), Segment LLL-Reduction with Floating Point Orthogonalization. In *Cryptography and Lattices, International Conference (CaLC 2001)*, Providence RI, ed. JOSEPH H. SILVERMAN. Lecture Notes in Computer Science **2146**, Springer-Verlag, 81–96.
DEXTER KOZEN and SUSAN LANDAU (1989), Polynomial Decomposition Algorithms. *Journal of Symbolic Computation* **7**, 445–456.
LEON G. KRAFT, JR. (1949), *A Device for Quantizing, Grouping, and Coding Amplitude Modulated Pulses*. M.Sc. thesis, Electrical Engineering Department, M.I.T.
M. KRAÏTCHIK (1926), *Théorie des Nombres*, vol. II. Gauthier-Villars, Paris.
J. KRAJÍČEK (1995), *Bounded arithmetic, propositional logic and complexity theory*. Encyclopedia of Mathematics and its Applications **60**, Cambridge University Press, Cambridge, UK.
L. KRONECKER (1873), Die verschiedenen Sturmschen Reihen und ihre gegenseitigen Beziehungen. *Monatsberichte der Königlich Preussischen Akademie der Wissenschaften, Berlin*, 117–154.
L. KRONECKER (1878), Über Sturmsche Functionen. *Monatsberichte der Königlich Preussischen Akademie der Wissenschaften, Berlin*, 95–121. *Werke*, Zweiter Band, ed. K. HENSEL, Leipzig, 1897, 37–70. Reprint by Chelsea Publishing Co., New York, 1968.
L. KRONECKER (1881a), Zur Theorie der Elimination einer Variabeln aus zwei algebraischen Gleichungen. *Monatsberichte der Königlich Preussischen Akademie der Wissenschaften, Berlin*, 535–600. *Werke*, Zweiter Band, ed. K. HENSEL, Leipzig, 1897, 113–192. Reprint by Chelsea Publishing Co., New York, 1968.
L. KRONECKER (1881b), Auszug aus einem Briefe des Herrn Kronecker an E. Schering. *Nachrichten der Akademie der Wissenschaften, Göttingen*, 271–279.
L. KRONECKER (1882), Grundzüge einer arithmetischen Theorie der algebraischen Grössen. *Journal für die reine und angewandte Mathematik* **92**, 1–122. *Werke*, Zweiter Band, ed. K. HENSEL, Leipzig, 1897, 237–387. Reprint by Chelsea Publishing Co., New York, 1968.
LEOPOLD KRONECKER (1883), Die Zerlegung der ganzen Grössen eines natürlichen Rationalitäts-Bereichs in ihre irreductibeln Factoren. *Journal für die reine und angewandte Mathematik* **94**, 344–348. *Werke*, Zweiter Band, ed. K. HENSEL, Leipzig, 1897, 409–416. Reprint by Chelsea Publishing Co., New York, 1968.

А. Н. Крылов [A. N. Krylov] (1931), О численном решении уравнения, которым в технических вопросах определяются частоты малых колебаний материальных систем (On numerical solutions which determine the frequencies of small oscillations of material systems in technical problems). *Известия Академии Наук СССР, Отделение Математических и естественных наук* (Bulletin de l'académie des sciences de l'URSS, Classe des sciences mathématiques et naturelles) **4**, 491–539.

Y. H. KU and XIAOGUANG SUN (1992), The Chinese Remainder Theorem. *Journal of the Franklin Institute* **329**, 93–97.

KLAUS KÜHNLE and ERNST W. MAYR (1996), Exponential Space Computation of Gröbner Bases. In *Proceedings of the 1996 International Symposium on Symbolic and Algebraic Computation ISSAC '96*, Zürich, Switzerland, ed. LAKSHMAN Y. N., ACM Press, 63–71.

H. T. KUNG (1974), On Computing Reciprocals of Power Series. *Numerische Mathematik* **22**, 341–348.

J. C. LAFON (1983), Summation in Finite Terms. In *Computer Algebra, Symbolic and Algebraic Computation*, eds. B. BUCHBERGER, G. E. COLLINS, and R. LOOS, 71–77. Springer-Verlag, New York, 2nd edition.

J. C. LAGARIAS (1982a), Best simultaneous Diophantine approximations. I. Growth rates of best approximation denominators. *Transactions of the American Mathematical Society* **272**(2), 545–554.

J. C. LAGARIAS (1982b), Best simultaneous Diophantine approximations. II. Behavior of consecutive best approximations. *Pacific Journal of Mathematics* **102**(1), 61–88.

J. C. LAGARIAS (1985), The computational complexity of simultaneous Diophantine approximation problems. *SIAM Journal on Computing* **14**(1), 196–209.

J. C. LAGARIAS (1990), Pseudorandom Number Generators in Cryptography and Number Theory. In *Cryptology and Computational Number Theory*, ed. CARL POMERANCE. Proceedings of Symposia in Applied Mathematics **42**, American Mathematical Society, 115–143.

J. C. LAGARIAS and A. M. ODLYZKO (1977), Effective Versions of the Chebotarev Density Theorem. In *Algebraic Number Fields*, ed. A. FRÖHLICH, 409–464. Academic Press, London.

J. C. LAGARIAS and A. M. ODLYZKO (1985), Solving Low-Density Subset Sum Problems. *Journal of the ACM* **32**(1), 229–246.

JOSEPH LOUIS DE LAGRANGE (1759), Recherches sur la méthode de maximis et minimis. *Miscellanea Taurinensia* **1**. *Œuvres*, publiées par J.-A. SERRET, vol. 1, 1867, Gauthier-Villars, Paris, 1–20.

JOSEPH LOUIS DE LAGRANGE (1769), Sur la résolution des équations numériques. *Mémoires de l'Académie des Sciences et Belles-Lettres de Berlin* **23**. *Œuvres*, publiées par J.-A. SERRET, vol. 2, 1868, Gauthier-Villars, Paris, 539–578.

JOSEPH LOUIS DE LAGRANGE (1770a), Additions au mémoire sur la résolution des équations numériques. *Mémoires de l'Académie des Sciences et Belles-Lettres de Berlin* **24**. *Œuvres*, publiées par J.-A. SERRET, vol. 2, 1868, Gauthier-Villars, Paris, 581–652.

JOSEPH LOUIS DE LAGRANGE (1770b), Nouvelle méthode pour résoudre les problèmes indéterminés en nombres entiers. *Mémoires de l'Académie des Sciences et Belles-Lettres de Berlin* **24**. *Œuvres*, publiées par J.-A. SERRET, vol. 2, 1868, Gauthier-Villars, Paris, 655–726.

JOSEPH LOUIS DE LAGRANGE (1795), Sur l'usage des courbes dans la solution des Problèmes. In *Leçons élémentaires sur les mathématiques*, Leçon cinquième. École Polytechnique, Paris. *Œuvres*, publiées par J.-A. SERRET, vol. 7, 1877, Gauthier-Villars, Paris, 271–287.

JOSEPH LOUIS DE LAGRANGE (1798), Additions aux éléments d'algèbre d'Euler. Analyse indéterminée. In LEONHARD EULER, *Éléments d'algèbre*, St. Petersburg. *Œuvres*, publiées par J.-A. SERRET, vol. 7, 1877, Gauthier-Villars, Paris, 5–180.

LAKSHMAN Y. N. (1990), On the Complexity of Computing a Gröbner Basis for the Radical of a Zero Dimensional Ideal. In *Proceedings of the Twenty-second Annual ACM Symposium on the Theory of Computing*, Baltimore MD, ACM Press, 555–563.

B. A. LAMACCHIA and A. M. ODLYZKO (1990), Solving large sparse linear systems over finite fields. In *Advances in Cryptology: Proceedings of CRYPTO '90*, Santa Barbara CA. Lecture Notes in Computer Science **537**, Springer-Verlag, Berlin and New York, 109–133.

LARRY A. LAMBE, ed. (1997), Special Issue on Applications of Symbolic Computation to Research and Education. *Journal of Symbolic Computation* **23**(5/6).

LARRY A. LAMBE and DAVID E. RADFORD (1997), *Introduction to the Quantum Yang-Baxter Equation and Quantum Groups: An Algebraic Approach*. Mathematics and Its Applications **423**, Kluwer Academic Publishers, Dordrecht.

LAMBERT (1761), Mémoire sur quelques propriétés remarquables des quantités transcendentes circulaires et logarithmiques. *Histoire de l'Académie Royale des Sciences et des Belles-Lettres de Berlin* **17**, 265–322. Reprint of pages 265–276 in Berggren, Borwein & Borwein (1997), 129–140.

GABRIEL LAMÉ (1844), Note sur la limite du nombre des divisions dans la recherche du plus grand commun diviseur entre deux nombres entiers. *Comptes Rendus de l'Académie des Sciences Paris* **19**, 867–870.

C. LANCZOS (1952), Solutions of systems of linear equations by minimized iterations. *Journal of Research of the National Bureau of Standards* **49**, 33–53.

E. LANDAU (1905), Sur quelques théorèmes de M. Petrovitch relatifs aux zéros des fonctions analytiques. *Bulletin de la Société Mathématique de France* **33**, 251–261.

F. LANDRY (1880), Note sur la décomposition du nombre $2^{64} + 1$ (Extrait). *Comptes Rendus de l'Académie des Sciences Paris* **91**, p. 138.

SERGE LANG (1983), *Fundamentals of Diophantine Geometry*. Springer-Verlag, New York.

TANJA LANGE and ARNE WINTERHOF (2000), Factoring polynomials over arbitrary finite fields. *Theoretical Computer Science* **234**, 301–308.

DE LA PLACE (1772), Recherches sur le calcul intégral et sur le système du monde. *Mémoires de l'Académie Royale des Sciences* **II**. *Œuvres complètes de Laplace*, vol. 8. Gauthier-Villars, Paris, 1891, 367–501.

DANIEL LAUER (2000), *Effiziente Algorithmen zur Berechnung von Resultanten und Subresultanten*. Berichte aus der Informatik, Shaker Verlag, Aachen. PhD thesis, University of Bonn, Germany.

D. LAZARD and R. RIOBOO (1990), Integration of Rational Functions: Rational Computation of the Logarithmic Part. *Journal of Symbolic Computation* **9**, 113–115.

V.-A. LEBESGUE (1847), Sur le symbole $\left(\frac{a}{b}\right)$ et quelques-unes de ses applications. *Journal de Mathématiques Pures et Appliquées* **12**, 497–517.

A. M. LEGENDRE (1785), Recherches d'analyse indéterminée. *Mémoires de l'Académie Royale des Sciences*, 465–559.

A. M. LE GENDRE (1798 (An VI)), *Essai sur la théorie des nombres*. Duprat, Paris.

D. J. LEHMANN (1982), On primality tests. *SIAM Journal on Computing* **11**, 374–375.

D. H. LEHMER (1930), An extended theory of Lucas' functions. *Annals of Mathematics, Series II* **31**, 419–448.

D. H. LEHMER (1935), On Lucas's test for the primality of Mersenne's numbers. *Journal of the London Mathematical Society* **10**, 162–165.

D. H. LEHMER (1938), Euclid's algorithm for large numbers. *The American Mathematical Monthly* **45**, 227–233.

D. H. LEHMER and R. E. POWERS (1931), On factoring large numbers. *Bulletin of the American Mathematical Society* **37**, 770–776.

GOTTFRIED WILHELM LEIBNIZ (1683), Draft letter to Tschirnhaus. In *Der Briefwechsel von Gottfried Wilhelm Leibniz mit Mathematikern, Erster Band*, ed. C. I. GERHARDT, 446–450. Mayer & Müller, Berlin, 1899. Reprinted by Georg Olms Verlag, Hildesheim, 1987.

GOTTFRIED WILHELM LEIBNIZ (1697), Nova algebrae promotio. Undated manuscript, c. 1697. In *Mathematische Schriften*, vol. 7, ed. C. I. GERHARDT, 154–189. Halle, 1863. In: *Gesammelte Werke aus den Handschriften der Königlichen Bibliothek zu Hannover*, Band VII, Kapitel XV, reprinted by Georg Olms Verlag, Hildesheim, 1971.

GOTTFRIED WILHELM LEIBNIZ (1701), Initia mathematica. De ratione et proportione. Undated manuscript, c. 1701. In *Mathematische Schriften*, vol. 7, ed. C. I. GERHARDT, 1863, 40–49. Reprinted by Georg Olms Verlag, Hildesheim, 1971.

GOTHOFREDUS WILHELMUS LEIBNITZ [GOTTFRIED WILHELM LEIBNIZ] (1703), Continuatio Analyseos Quadraturarum Rationalium. *Acta eruditorum*, 19–26.

FRANZ LEMMERMEYER (1995), The Euclidean algorithm in algebraic number fields. *Expositiones Mathematicae* **13**, 385–416.

ARJEN K. LENSTRA (1984), Factoring Polynomials over Algebraic Number Fields. In *Proceedings of the 11th International Symposium Mathematical Foundations of Computer Science 1984, Praha, Czechoslovakia*. Lecture Notes in Computer Science **176**, 389–396.

ARJEN K. LENSTRA (1987), Factoring multivariate polynomials over algebraic number fields. *SIAM Journal on Computing* **16**, 591–598.

ARJEN K. LENSTRA (1990), Primality Testing. In *Cryptology and Computational Number Theory*, ed. CARL POMERANCE. Proceedings of Symposia in Applied Mathematics **42**, American Mathematical Society, 13–25.

ARJEN K. LENSTRA and HENDRIK W. LENSTRA, JR. (1990), Algorithms in Number Theory. In *Handbook of Theoretical Computer Science*, vol. A, ed. J. VAN LEEUWEN, 673–715. Elsevier Science Publishers B.V., Amsterdam, and The MIT Press, Cambridge MA.

ARJEN K. LENSTRA and HENDRIK W. LENSTRA, JR., eds. (1993), *The development of the number field sieve*. Lecture Notes in Mathematics **1554**, Springer-Verlag, Berlin.

ARJEN K. LENSTRA, HENDRIK W. LENSTRA, JR., and L. LOVÁSZ (1982), Factoring Polynomials with Rational Coefficients. *Mathematische Annalen* **261**, 515–534.

ARJEN K. LENSTRA, HENDRIK W. LENSTRA, JR., M. S. MANASSE, and J. M. POLLARD (1990), The number field sieve. In *Proceedings of the Twenty-second Annual ACM Symposium on the Theory of Computing*, Baltimore MD, ACM Press, 564–572.

ARJEN K. LENSTRA, HENDRIK W. LENSTRA, JR., M. S. MANASSE, and J. M. POLLARD (1993), The factorization of the ninth Fermat number. *Mathematics of Computation* **61**(203), 319–349.

A. K. LENSTRA and M. S. MANASSE (1990), Factoring by electronic mail. In *Advances in Cryptology: Proceedings of EUROCRYPT 1989, Houthalen, Belgium*. Lecture Notes in Computer Science **434**, Springer-Verlag, Berlin, 355–371.

HENDRIK W. LENSTRA, JR. (1979a), Euclidean Number Fields 1. *The Mathematical Intelligencer* **2**(1), 6–15.

HENDRIK W. LENSTRA, JR. (1979b), Miller's primality test. *Information Processing Letters* **8**(2), 86–88.

HENDRIK W. LENSTRA, JR. (1980a), Euclidean Number Fields 2. *The Mathematical Intelligencer* **2**(2), 73–77.

HENDRIK W. LENSTRA, JR. (1980b), Euclidean Number Fields 3. *The Mathematical Intelligencer* **2**(2), 99–103.

H. W. LENSTRA, JR. (1982), Primality testing. In *Computational Methods in Number Theory*, Part 1, eds. H. W. LENSTRA, JR. and R. TIJDEMAN, Mathematical Centre Tracts **154**, 55–77. Mathematisch Centrum, Amsterdam.

H. W. LENSTRA, JR. (1984), Galois theory and primality testing. In *Orders and their Applications*, eds. I. REINER and K. W. ROGGENKAMP, Lecture Notes in Mathematics **1142**, 169–189. Springer-Verlag.

H. W. LENSTRA, JR. (1987), Factoring integers with elliptic curves. *Annals of Mathematics* **126**, 649–673.

H. W. LENSTRA, JR. (1990), Algorithms for finite fields. In *Number theory and cryptography*, ed. J. H. LOXTON, London Mathematical Society Lecture Note Series **154**, 76–85. Cambridge University Press, Cambridge, UK.

H. W. LENSTRA, JR. (1991), Finding isomorphisms between finite fields. *Mathematics of Computation* **56**(193), 329–347.

H. W. LENSTRA, JR. and CARL POMERANCE (1992), A rigorous time bound for factoring integers. *Journal of the American Mathematical Society* **5**(3), 483–516.

A. H. M. LEVELT (1997), The cycloheptane molecule – a challenge to computer algebra. Invited lecture given at the 1997 International Symposium on Symbolic and Algebraic Computation ISSAC '97, Maui HI.

L. A. LEVIN (1973), Universal sequential search problems. *Problems of Information Transmission* **9**, 265–266. Translated from *Problemy Peredachi Informatsii* **9**(3) (1973), 115–116.

DANIEL LEWIN and SALIL VADHAN (1998), Checking Polynomial Identities over any Field: Towards a Derandomization? In *Proceedings of the Thirtieth Annual ACM Symposium on the Theory of Computing*, Dallas TX, ACM Press, 438–447.

T. LICKTEIG (1987), The computational complexity of division in quadratic extension fields. *SIAM Journal on Computing* **16**, 278–311.

THOMAS LICKTEIG and MARIE-FRANÇOISE ROY (1996), Cauchy Index Computation. *Calcolo* **33**, 331–357.

THOMAS LICKTEIG and MARIE-FRANÇOISE ROY (2001), Sylvester-Habicht Sequences and Fast Cauchy Index Computation. *Journal of Symbolic Computation* **31**, 315–341.

RUDOLF LIDL and HARALD NIEDERREITER (1997), *Finite Fields*. Encyclopedia of Mathematics and its Applications **20**, Cambridge University Press, Cambridge, UK, 2nd edition. First published by Addison-Wesley, Reading MA, 1983.

F. LINDEMANN (1882), Über die Zahl π. *Mathematische Annalen* **20**, 213–225.

J. H. VAN LINT (1982), *Introduction to Coding Theory*. Graduate Texts in Mathematics **86**, Springer-Verlag, New York.

JOSEPH LIOUVILLE (1833a), Sur la détermination des Intégrales dont la valeur est algébrique. *Journal de l'École Polytechnique* **14**, Premier Mémoire: 124–148, Second Mémoire: 149–193.

JOSEPH LIOUVILLE (1833b), Note sur la détermination des intégrales dont la valeur est algébrique. *Journal für die reine und angewandte Mathematik* **10**, 347–359. Errata **11** (1834), 406.

JOSEPH LIOUVILLE (1835), Mémoire sur l'intégration d'une classe de fonctions transcendantes. *Journal für die reine und angewandte Mathematik* **13**(2), 93–118.

JOHN D. LIPSON (1971), Chinese remainder and interpolation algorithms. In *Proceedings 2nd ACM Symposium on Symbolic and Algebraic Manipulation*, Los Angeles CA, ed. S. R. PETRICK, ACM Press, 372–391.

JOHN D. LIPSON (1981), *Elements of Algebra and Algebraic Computing*. Addison-Wesley, Reading MA.

PETR LISONĚK, PETER PAULE, and VOLKER STREHL (1993), Improvement of the degree setting in Gosper's algorithm. *Journal of Symbolic Computation* **16**, 243–258.

DANIEL B. LLOYD (1964), Factorization of the general polynomial by means of its homomorphic congruential functions. *The American Mathematical Monthly* **71**, 863–870.

DANIEL B. LLOYD and HARRY REMMERS (1966), Polynomial factor tables over finite fields. *Mathematical Algorithms* **1**, 85–99.

HENRI LOMBARDI, MARIE-FRANÇOISE ROY, and MOHAB SAFEY EL DIN (2000), New Structure Theorem for Subresultants. *Journal of Symbolic Computation* **29**, 663–689.

RÜDIGER LOOS (1983), Computing rational zeroes of integral polynomials by p-adic expansion. *SIAM Journal on Computing* **12**(2), 286–293.

S. C. LU and L. N. LEE (1979), A simple and effective public-key cryptosystem. *COMSAT Technical Review* **9**(1), 15–24.

EDOUARD LUCAS (1878), Théorie des fonctions numériques simplement périodiques. *American Journal of Mathematics* **1**, I: 184–240, II: 289–321.

PAUL LUCKEY (1951), *Die Rechenkunst bei Ğamšīd b. Mas'ūd al-Kāšī*. Abhandlungen für die Kunde des Morgenlandes, XXXI,1, Kommissionsverlag Franz Steiner GmbH, Wiesbaden. Herausgegeben von der Deutschen Morgenländischen Gesellschaft.

P. LUCKEY (1953), *Der Lehrbrief über den Kreisumfang (Ar-risāla al-muḥīṭīya) von Ğamšīd B. Mas'ūd Al-Kāšī*. Abhandlungen der Deutschen Akademie der Wissenschaften zu Berlin, Klasse für Mathematik und allgemeine Naturwissenschaften **6**, Akademie-Verlag, Berlin.

J. VAN DE LUNE, H. J. J. TE RIELE, and D. T. WINTER (1986), On the Zeros of the Riemann Zeta Function in the Critical Strip. IV. *Mathematics of Computation* **46**(174), 667–681.

KEJU MA and JOACHIM VON ZUR GATHEN (1990), Analysis of Euclidean Algorithms for Polynomials over Finite Fields. *Journal of Symbolic Computation* **9**, 429–455.

F. S. MACAULAY (1902), Some formulæ in elimination. *Proceedings of the London Mathematical Society* **35**, 3–27.

F. S. MACAULAY (1916), *The algebraic theory of modular systems*. Cambridge University Press, Cambridge, UK. Reissued 1994.

F. S. MACAULAY (1922), Note on the resultant of a number of polynomials of the same degree. *Proceedings of the London Mathematical Society, Second Series* **21**, 14–21.

D. MACK (1975), *On rational integration*. Technical Report UCP-38, Department of Computer Science, University of Utah.

COLIN MACLAURIN (1742), *A treatise of fluxions*. 2 volumes, Edinburgh. 2nd ed., London, 1801; French translation Paris, 1749.

F. J. MACWILLIAMS and N. J. A. SLOANE (1977), *The Theory of Error-Correcting Codes*. Mathematical Library **16**, North-Holland, Amsterdam.

DIETRICH MAHNKE (1912/13), Leibniz auf der Suche nach einer allgemeinen Primzahlgleichung. *Bibliotheca Mathematica, Serie 3*, **13**, 29–61.

YIU-KWONG MAN (1993), On Computing Closed Forms for Indefinite Summations. *Journal of Symbolic Computation* **16**, 355–376.

BENOÎT B. MANDELBROT (1977), *The fractal geometry of nature*. Freeman.

Ю. И. МАНИН (1956), О сравнениях третьей степени по простому модулю. *Известия Академий Наук СССР, Серия Математическая* **20**, 673–678. YU. I. MANIN, On cubic congruences to a prime modulus, *American Mathematical Society Translations, Series 2*, **13** (1960), 1–7.

J. L. MASSEY (1965), Step by step decoding of the Bose-Chaudhuri-Hocquenghem codes. *IEEE Transactions on Information Theory* **IT-11**, 580–585.

Ю. В. МАТИЯСЕВИЧ (1970), Диофантовость перечислимих множеств. *Доклады Академий Наук СССР* **191**(2), 279–282. YU. V. MATIYASEVICH, Enumerable sets are Diophantine, *Soviet Mathematics Doklady* **11**(2), 354–358.

ЮРИЙ В. МАТИЯСЕВИЧ (1993), *Десятая проблема Гильберта*. Наука, Moscow. YURI V. MATIYASEVICH, Hilbert's Tenth Problem, Foundations of Computing Series, The MIT Press, Cambridge MA, 1993.

UELI M. MAURER and STEFAN WOLF (1999), The relationship between breaking the Diffie-Hellman protocol and computing discrete logarithms. *SIAM Journal on Computing* **28**(5), 1689–1721.

ERNST W. MAYR (1984), An algorithm for the general Petri net reachability problem. *SIAM Journal on Computing* **13**(3), 441–460.

ERNST MAYR (1989), Membership in Polynomial Ideals over Q Is Exponential Space Complete. In *Proceedings of the 6th Annual Symposium on Theoretical Aspects of Computer Science STACS '89*, Paderborn, Germany, eds. B. MONIEN and R. CORI. Lecture Notes in Computer Science **349**, Springer-Verlag, 400–406.

ERNST W. MAYR (1992), Polynomial ideals and applications. *Mitteilungen der Mathematischen Gesellschaft in Hamburg* **12**(4), 1207–1215. Festschrift zum 300jährigen Bestehen der Gesellschaft.

ERNST W. MAYR (1995), On Polynomial Ideals, Their Complexity, and Applications. In *Proceedings of the 10th International Conference on Fundamentals of Computation Theory FCT '95*, Dresden, Germany, ed. HORST REICHEL. Lecture Notes in Computer Science **965**, Springer-Verlag, 89–105.

ERNST W. MAYR (1997), Some complexity results for polynomial ideals. *Journal of Complexity* **13**, 303–325.
ERNST W. MAYR and ALBERT R. MEYER (1982), The Complexity of the Word Problems for Commutative Semigroups and Polynomial Ideals. *Advances in Mathematics* **46**, 305–329.
KEVIN S. MCCURLEY (1990), The Discrete Logarithm Problem. In *Cryptology and Computational Number Theory*, ed. CARL POMERANCE. Proceedings of Symposia in Applied Mathematics **42**, American Mathematical Society, 49–74.
ROBERT J. MCELIECE (1969), Factorization of Polynomials over Finite Fields. *Mathematics of Computation* **23**, 861–867.
ALFRED MENEZES (1993), *Elliptic curve public key cryptosystems*. Kluwer Academic Publishers, Boston MA.
ALFRED J. MENEZES, PAUL C. VAN OORSCHOT, and SCOTT A. VANSTONE (1997), *Handbook of Applied Cryptography*. CRC Press, Boca Raton FL.
RALPH C. MERKLE and MARTIN E. HELLMAN (1978), Hiding information and signatures in trapdoor knapsacks. *IEEE Transactions on Information Theory* **IT-24**(5), 525–530.
MARIN MERSENNE (1636), *Harmonie universelle contenant la théorie et la pratique de la musique*. Sebastien Cramoisy, Paris. Reprinted by Centre National de la Recherche Scientifique, Paris, 1975.
F. MERTENS (1897), Über eine zahlentheoretische Function. *Sitzungsberichte der Akademie der Wissenschaften, Wien, Mathematisch-Naturwissenschaftliche Classe* **106**, 761–830.
NICHOLAS METROPOLIS and S. ULAM (1949), The Monte Carlo Method. *Journal of the American Statistical Association* **44**, 335–341.
SHAWNA MEYER EIKENBERRY and JONATHAN P. SORENSON (1998), Efficient algorithms for computing the Jacobi symbol. *Journal of Symbolic Computation* **26**(4), 509–523.
M. MIGNOTTE (1974), An Inequality About Factors of Polynomials. *Mathematics of Computation* **28**(128), 1153–1157.
M. MIGNOTTE (1982), Some Useful Bounds. In *Computer Algebra, Symbolic and Algebraic Computation*, eds. B. BUCHBERGER, G. E. COLLINS, and R. LOOS, 259–263. Springer-Verlag, New York, 2nd edition.
MAURICE MIGNOTTE (1988), An Inequality about Irreducible Factors of Integer Polynomials. *Journal of Number Theory* **30**, 156–166.
MAURICE MIGNOTTE (1989), *Mathématiques pour le calcul formel*. Presses Universitaires de France, Paris. English translation: *Mathematics for Computer Algebra*, Springer-Verlag, New York, 1992.
MAURICE MIGNOTTE and PHILIPPE GLESSER (1994), On the Smallest Divisor of a Polynomial. *Journal of Symbolic Computation* **17**, 277–282.
MAURICE MIGNOTTE and C. SCHNORR (1988), Calcul des racines d-ièmes dans un corps fini. *Comptes Rendus de l'Académie des Sciences Paris* **290**, 205–206.
PREDA MIHĂILESCU (1989), A Primality Test using Cyclotomic Extensions. In *Algebraic Algorithms and Error-Correcting Codes: AAECC-6*, Rome, Italy, 1988, ed. T. MORA. Lecture Notes in Computer Science **357**, Springer-Verlag, 310–323.
PREDA MIHĂILESCU (1997), *Cyclotomy of Rings & Primality Testing*. PhD thesis, Swiss Federal Institute of Technology, Zürich, Switzerland.
PREDA MIHĂILESCU (1998), Cyclotomy Primality Proving—Recent Developments. In *Algorithmic Number Theory, Proceedings ANTS-III*, Portland OR, ed. J. P. BUHLER. Lecture Notes in Computer Science **1423**, Springer-Verlag, 95–110.
Ш. Е. МИКЕЛАДЗЕ [SH. E. MIKELADZE] (1948), О разложении определителя, элементами которого служат полиномы (On the expansion of a determinant whose entries are polynomials). *Прикладная математика и механика* (*Prikladnaya matematika i mekhanika*) **12**, 219–222.
GARY L. MILLER (1976), Riemann's Hypothesis and Tests for Primality. *Journal of Computer and System Sciences* **13**, 300–317.
VICTOR S. MILLER (1986), Use of Elliptic Curves in Cryptography. In *Advances in Cryptology: Proceedings of CRYPTO '85*, Santa Barbara CA, ed. HUGH C. WILLIAMS. Lecture Notes in Computer Science **218**, Springer-Verlag, Berlin, 417–426.
H. MINKOWSKI (1910), *Geometrie der Zahlen*. B. G. Teubner, Leipzig.
R. T. MOENCK (1973), Fast computation of gcd's. In *Proceedings of the Fifth Annual ACM Symposium on the Theory of Computing*, Austin TX, ACM Press, 142–151.
ROBERT T. MOENCK (1976), Practical Fast Polynomial Multiplication. In *Proceedings of the 1976 ACM Symposium on Symbolic and Algebraic Computation SYMSAC '76*, Yorktown Heights NY, ed. R. D. JENKS, ACM Press, 136–148.
ROBERT T. MOENCK (1977a), On the Efficiency of Algorithms for Polynomial Factoring. *Mathematics of Computation* **31**(137), 235–250.

ROBERT MOENCK (1977b), On computing closed forms for summation. In *Proceedings of the 1977 MACSYMA Users Conference*, Berkeley CA, NASA, Washington DC, 225–236.

R. MOENCK and A. BORODIN (1972), Fast modular transform via division. In *Proceedings of the 13th Annual IEEE Symposium on Switching and Automata Theory*, Yorktown Heights NY, IEEE Press, New York, 90–96.

MICHAEL MOELLER (1999), Good non-zeros of polynomials. *ACM SIGSAM Bulletin* **33**(3), 10–11.

H. MICHAEL MÖLLER and FERDINANDO MORA (1984), Upper and lower bounds for the degree of Gröbner bases. In *Proceedings of EUROSAM '84*, Cambridge, UK, ed. JOHN FITCH. Lecture Notes in Computer Science **174**, Springer-Verlag, New York, 172–183.

LOUIS MONIER (1980), Evaluation and comparison of two efficient probabilistic primality testing algorithms. *Theoretical Computer Science* **12**, 97–108.

PETER L. MONTGOMERY (1985), Modular Multiplication Without Trial Division. *Mathematics of Computation* **44**(170), 519–521.

PETER L. MONTGOMERY (1991), Factorization of $X^{216091} + X + 1$ mod 2—A problem of Herb Doughty. Manuscript.

PETER LAWRENCE MONTGOMERY (1992), *An FFT Extension of the Elliptic Curve Method of Factorization*. PhD thesis, University of California, Los Angeles CA.
ftp://ftp.cwi.nl/pub/pmontgom/ucladissertation.psl.gz.

PETER L. MONTGOMERY (1995), A Block Lanczos Algorithm for Finding Dependencies over GF(2). In *Advances in Cryptology: Proceedings of EUROCRYPT 1995*, Saint-Malo, France, eds. LOUIS C. GUILLOU and JEAN-JACQUES QUISQUATER. Lecture Notes in Computer Science **921**, Springer-Verlag, 106–120.

ELIAKIM HASTINGS MOORE (1896), A doubly-infinite system of simple groups. In *Mathematical papers read at the International Mathematical Congress: held in connection with the World's Columbian exposition*, Chicago, 1893, Macmillan, New York, 208–242.

F. MORAIN (1998), Primality Proving Using Elliptic Curves: An Update. In *Algorithmic Number Theory, Proceedings ANTS-III*, Portland OR, ed. J. P. BUHLER. Lecture Notes in Computer Science **1423**, Springer-Verlag, 111–127.

ROBERT EDOUARD MORITZ (1914), *Memorabilia Mathematica*. The Mathematical Association of America.

MICHAEL A. MORRISON and JOHN BRILLHART (1971), The factorization of F_7. *Bulletin of the American Mathematical Society* **77**(2), p. 264.

MICHAEL A. MORRISON and JOHN BRILLHART (1975), A Method of Factoring and the Factorization of F_7. *Mathematics of Computation* **29**(129), 183–205.

JOEL MOSES and DAVID Y. Y. YUN (1973), The EZGCD Algorithm. In *Proceedings of the ACM National Conference*, Atlanta GA, 159–166.

RAJEEV MOTWANI and PRABHAKAR RAGHAVAN (1995), *Randomized Algorithms*. Cambridge University Press, Cambridge, UK.

THOM MULDERS (1997), A note on subresultants and the Lazard/Rioboo/Trager formula in rational function integration. *Journal of Symbolic Computation* **24**(1), 45–50.

T. MULDERS and A. STORJOHANN (2000), *On Lattice Reduction for Polynomial Matrices*. Technical Report 356, Department of Computer Science, ETH Zürich. 26 pages,
ftp://ftp.inf.ethz.ch/pub/publications/tech-reports/3xx/356.ps.gz.

R. C. MULLIN, I. M. ONYSZCHUK, S. A. VANSTONE, and R. M. WILSON (1989), Optimal normal bases in $GF(p^n)$. *Discrete Applied Mathematics* **22**, 149–161.

DAVID R. MUSSER (1971), *Algorithms for Polynomial Factorization*. PhD thesis, Computer Science Department, University of Wisconsin. Technical Report #134, 174 pages.

MATS NÄSLUND (1998), *Bit Extraction, Hard-Core Predicates, and the Bit Security of RSA*. PhD thesis, Department of Numerical Analysis and Computing Science, Kungl Tekniska Högskolan (Royal Institute of Technology), Stockholm.

ISAAC NEWTON (1691/92), De quadratura Curvarum. The revised and augmented treatise. Unpublished manuscript. In: DEREK T. WHITESIDE, *The mathematical papers of Isaac Newton* vol. VII, Cambridge University Press, Cambridge, UK, 1976, pp. 48–128.

ISAAC NEWTON (1707), *Arithmetica Universalis, sive de compositione et resolutione arithmetica liber*. J. Senex, London. English translation as *Universal Arithmetick: or, A Treatise on Arithmetical composition and Resolution*, translated by the late Mr. Raphson and revised and corrected by Mr. Cunn, London, 1728. Reprinted in: DEREK T. WHITESIDE, *The mathematical works of Isaac Newton*, Johnson Reprint Co, New York, 1967, p. 4 ff.

ISAAC NEWTON (1710), Quadrature of Curves. In *Lexicon Technicum. Or, an Universal Dictionary of Arts and Sciences*, vol. 2, John Harris. Reprinted in: DEREK T. WHITESIDE, *The mathematical works of Isaac Newton*, vol. 1, Johnson Reprint Co, New York, 1967.

PHONG Q. NGUYEN and JACQUES STERN (2001), The Two Faces of Lattices in Cryptology. In *Cryptography and Lattices, International Conference (CaLC 2001)*, Providence RI, ed. JOSEPH H. SILVERMAN. Lecture Notes in Computer Science **2146**, Springer-Verlag, 146–180.

THOMAS R. NICELY (1996), Enumeration to 10^{14} of the Twin Primes and Brun's Constant. *Virginia Journal of Science* **46**(3), 195–204.

H. NIEDERREITER (1986), Knapsack-type cryptosystems and algebraic coding theory. *Problems of Control and Information Theory* **15**, 159–166.

HARALD NIEDERREITER (1993a), A New Efficient Factorization Algorithm for Polynomials over Small Finite Fields. *Applicable Algebra in Engineering, Communication and Computing* **4**, 81–87.

H. NIEDERREITER (1993b), Factorization of Polynomials and Some Linear Algebra Problems over Finite Fields. *Linear Algebra and its Applications* **192**, 301–328.

HARALD NIEDERREITER (1994a), Factoring polynomials over finite fields using differential equations and normal bases. *Mathematics of Computation* **62**(206), 819–830.

HARALD NIEDERREITER (1994b), New deterministic factorization algorithms for polynomials over finite fields. In *Finite fields: theory, applications and algorithms*, eds. G. L. MULLEN and P. J.-S. SHIUE. Contemporary Mathematics **168**, American Mathematical Society, 251–268.

HARALD NIEDERREITER and RAINER GÖTTFERT (1993), Factorization of Polynomials over Finite Fields and Characteristic Sequences. *Journal of Symbolic Computation* **16**, 401–412.

HARALD NIEDERREITER and RAINER GÖTTFERT (1995), On a new factorization algorithm for polynomials over finite fields. *Mathematics of Computation* **64**(209), 347–353.

PEDRO NUÑEZ (1567), *Libro de algebra en arithmetica y geometrica*. Iuan Stelfio, widow and heirs, Anvers.

A. M. ODLYZKO (1990), The Rise and Fall of Knapsack Cryptosystems. In *Cryptology and Computational Number Theory*, ed. CARL POMERANCE. Proceedings of Symposia in Applied Mathematics **42**, American Mathematical Society, 75–88.

A. M. ODLYZKO (1995a), Asymptotic Enumeration Methods. In *Handbook of Combinatorics*, eds. R. GRAHAM, M. GRÖTSCHEL, and L. LOVÁSZ. Elsevier Science Publishers B.V., Amsterdam, and The MIT Press, Cambridge MA.

ANDREW M. ODLYZKO (1995b), The Future of Integer Factorization. *CryptoBytes* **1**(2), 5–12.

ANDREW M. ODLYZKO (1995c), Analytic computations in number theory. In *Mathematics of Computation 1943–1993: A Half-Century of Computational Mathematics*, ed. WALTER GAUTSCHI. Proceedings of Symposia in Applied Mathematics **48**, American Mathematical Society, 451–463.

A. M. ODLYZKO and H. J. J. TE RIELE (1985), Disproof of the Mertens conjecture. *Journal für die reine und angewandte Mathematik* **357**, 138–160.

A. M. ODLYZKO and A. SCHÖNHAGE (1988), Fast algorithms for multiple evaluations of the Riemann zeta function. *Transactions of the American Mathematical Society* **309**(2), 797–809.

JOSEPH OESTERLÉ (1979), Versions effectives du théorème de Chebotarev sous l'hypothèse de Riemann généralisée. *Société Mathématique de France, Astérisque* **61**, 165–167.

H. ONG, C. P. SCHNORR, and A. SHAMIR (1984), An efficient signature scheme based on quadratic equations. In *Proceedings of the Sixteenth Annual ACM Symposium on the Theory of Computing*, Washington DC, ACM Press, 208–216.

LUITZEN JOHANNES OOSTERHOFF (1949), *Restricted free rotation and cyclic molecules*. PhD thesis, Rijksuniversiteit te Leiden.

ALAN V. OPPENHEIM and RONALD W. SCHAFER (1975), *Digital Signal Processing*. Prentice-Hall, Inc., Englewood Cliffs NJ.

ALAN V. OPPENHEIM, ALAN S. WILLSKY, and IAN T. YOUNG (1983), *Signals and Systems*. Prentice-Hall signal processing series, Prentice-Hall, Inc., Englewood Cliffs NJ.

M. OSTROGRADSKY (1845), De l'intégration des fractions rationnelles. *Bulletin de la classe physico-mathématique de l'Académie Impériale des Sciences de Saint-Pétersbourg* **4**(82/83), 145–167.

H. PADÉ (1892), Sur la représentation approchée d'une fonction par des fractions rationnelles. *Annales Scientifiques de l'Ecole Normale Supérieure, 3ᵉ série* **9**, Supplément S3-S93.

В. Я. ПАН (1966), О способах вычисления значении многочленов. *Успехи Математических Наук* **21**(1(127)), 103–134. V. YA. PAN, Methods of computing values of polynomials, *Russian Mathematical Surveys* **21** (1966), 105–136.

V. YA. PAN (1984), *How to multiply matrices faster*. Lecture Notes in Computer Science **179**, Springer-Verlag, New York.

VICTOR Y. PAN (1997), Faster Solution of the Key Equation for Decoding BCH Error-Correcting Codes. In *Proceedings of the Twenty-ninth Annual ACM Symposium on the Theory of Computing*, El Paso TX, ACM Press, 168–175.

DANIEL NELSON PANARIO RODRIGUEZ (1997), *Combinatorial and Algebraic Aspects of Polynomials over Finite Fields*. PhD thesis, Department of Computer Science, University of Toronto. Technical Report 306/97, 154 pages.

DANIEL PANARIO, XAVIER GOURDON, and PHILIPPE FLAJOLET (1998), An Analytic Approach to Smooth Polynomials over Finite Fields. In *Algorithmic Number Theory, Proceedings ANTS-III*, Portland OR, ed. J. P. BUHLER. Lecture Notes in Computer Science **1423**, Springer-Verlag, 226–236.

DANIEL PANARIO and BRUCE RICHMOND (1998), Analysis of Ben-Or's Polynomial Irreducibility Test. *Random Structures and Algorithms* **13**(3/4), 439–456.

DANIEL PANARIO and ALFREDO VIOLA (1998), Analysis of Rabin's polynomial irreducibility test. In *Proceedings of LATIN '98*, Campinas, Brazil, eds. CLÁUDIO L. LUCCHESI and ARNALDO V. MOURA. Lecture Notes in Computer Science **1380**, Springer-Verlag, 1–10.

CHRISTOS H. PAPADIMITRIOU (1993), *Computational complexity*. Addison-Wesley, Reading MA.

DAVID PARSONS and JOHN CANNY (1994), Geometric Problems in Molecular Biology and Robotics. In *Proceedings 2nd International Conference on Intelligent Systems for Molecular Biology*, Palo Alto CA, 322–330.

PETER PAULE (1994), Short and Easy Computer Proofs of the Rogers-Ramanujan Identities and of Identities of Similar Type. *The Electronic Journal of Combinatorics* **1**(# R10). 9 pages.

PETER PAULE (1995), Greatest Factorial Factorization and Symbolic Summation. *Journal of Symbolic Computation* **20**, 235–268.

PETER PAULE and VOLKER STREHL (1995), Symbolic summation — some recent developments. In *Computer Algebra in Science and Engineering*, Bielefeld, Germany, August 1994, eds. J. FLEISCHER, J. GRABMEIER, F. W. HEHL, and W. KÜCHLIN, World Scientific, Singapore, 138–162.

HEINZ-OTTO PEITGEN, HARTMUT JÜRGENS, and DIETMAR SAUPE (1992), *Chaos and Fractals: New Frontiers of Sience*. Springer-Verlag, New York.

WILLIAM B. PENNEBAKER and JOAN C. MITCHELL (1993), *JPEG still image data compression standard*. Van Nostrand Reinhold, New York.

PEPIN (1877), Sur la formule $2^{2^n} + 1$. *Comptes Rendus des Séances de l'Académie des Sciences, Paris* **85**, 329–331.

OSKAR PERRON (1929), *Die Lehre von den Kettenbrüchen*. B. G. Teubner, Leipzig, 2nd edition. Reprinted by Chelsea Publishing Co., New York. First edition 1913.

JAMES L. PETERSON (1981), *Petri net theory and the modeling of systems*. Prentice-Hall, Inc., Englewood Cliffs NJ.

MARKO PETKOVŠEK (1992), Hypergeometric solutions of linear recurrences with polynomial coefficients. *Journal of Symbolic Computation* **14**, 243–264.

MARKO PETKOVŠEK (1994), A generalization of Gosper's algorithm. *Discrete Mathematics* **134**, 125–131.

MARKO PETKOVŠEK and BRUNO SALVY (1993), Finding All Hypergeometric Solutions of Linear Differential Equations. In *Proceedings of the 1993 International Symposium on Symbolic and Algebraic Computation ISSAC '93*, Kiev, ed. MANUEL BRONSTEIN, ACM Press, 27–33.

MARKO PETKOVŠEK, HERBERT S. WILF, and DORON ZEILBERGER (1996), *A=B*. A K Peters, Wellesley MA.

KAREL PETR (1937), Über die Reduzibilität eines Polynoms mit ganzzahligen Koeffizienten nach einem Primzahlmodul. *Časopis pro pěstování matematiky a fysiky* **66**, 85–94.

C. A. PETRI (1962), *Kommunikation mit Automaten*. PhD thesis, Universität Bonn.

ECKHARD PFLÜGEL (1997), An Algorithm for Computing Exponential Solutions of First Order Linear Differential Systems. In *Proceedings of the 1997 International Symposium on Symbolic and Algebraic Computation ISSAC '97*, Maui HI, ed. WOLFGANG W. KÜCHLIN, ACM Press, 164–171.

R. G. E. PINCH (1993), Some Primality Testing Algorithms. *Notices of the American Mathematical Society* **40**(9), 1203–1210.

R. PIRASTU (1992), *Algorithmen zur Summation rationaler Funktionen*. Diplomarbeit, Universität Erlangen-Nürnberg, Germany.

ROBERTO PIRASTU (1996), *On Combinatorial Identities: Symbolic Summation and Umbral Calculus*. PhD thesis, Johannes Kepler Universität, Linz.

R. PIRASTU and V. STREHL (1995), Rational Summation and Gosper-Petkovšek Representation. *Journal of Symbolic Computation* **20**, 617–635.

TONIANN PITASSI (1997), Algebraic Propositional Proof Systems. In *Descriptive Complexity and Finite Models: Proceedings of a DIMACS Workshop, January 14–17, 1996*, Princeton NJ, eds. NEIL IMMERMAN and PHOKION G. KOLAITIS. DIMACS Series in Discrete Mathematics and Theoretical Computer Science **31**, American Mathematical Society, Providence RI, 215–244.

H. C. POCKLINGTON (1917), The Direct Solution of the Quadratic and Cubic Binomial Congruences with Prime Moduli. *Proceedings of the Cambridge Philosophical Society* **19**, 57–59.

J. M. POLLARD (1971), The Fast Fourier Transform in a Finite Field. *Mathematics of Computation* **25**(114), 365–374.

J. M. POLLARD (1974), Theorems on factorization and primality testing. *Proceedings of the Cambridge Philosophical Society* **76**, 521–528.

J. M. POLLARD (1975), A Monte Carlo method for factorization. *BIT* **15**, 331–334.
C. POMERANCE (1982), Analysis and comparison of some integer factoring algorithms. In *Computational Methods in Number Theory*, Part 1, eds. H. W. LENSTRA, JR. and R. TIJDEMAN, Mathematical Centre Tracts **154**, 89–139. Mathematisch Centrum, Amsterdam.
CARL POMERANCE (1985), The quadratic sieve factoring algorithm. In *Advances in Cryptology: Proceedings of EUROCRYPT 1984*, Paris, France, eds. T. BETH, N. COT, and I. INGEMARSSON. Lecture Notes in Computer Science **209**, Springer-Verlag, Berlin, 169–182.
CARL POMERANCE, ed. (1990a), *Cryptology and Computational Number Theory*. Proceedings of Symposia in Applied Mathematics **42**, American Mathematical Society.
CARL POMERANCE (1990b), Factoring. In *Cryptology and Computational Number Theory*, ed. CARL POMERANCE. Proceedings of Symposia in Applied Mathematics **42**, American Mathematical Society, 27–47.
C. POMERANCE, J. L. SELFRIDGE, and S. S. WAGSTAFF, JR. (1980), The pseudoprimes to $25 \cdot 10^9$. *Mathematics of Computation* **35**, 1003–1025.
CARL POMERANCE and S. S. WAGSTAFF, JR. (1983), Implementation of the continued fraction integer factoring algorithm. *Congressus Numerantium* **37**, 99–118.
ALFRED VAN DER POORTEN (1978), A proof that Euler missed ... Apéry's proof of the irrationality of $\zeta(3)$. *The Mathematical Intelligencer* **1**, 195–203.
ALF VAN DER POORTEN (1996), *Notes on Fermat's Last Theorem*. Canadian Mathematical Society series of monographs and advanced texts, John Wiley & Sons, New York.
EUGENE PRANGE (1959), *An algorism for factoring $X^n - 1$ over a finite field*. Technical Report AFCRC-TN-59-775, Air Force Cambridge Research Center, Bedford MA.
VAUGHAN R. PRATT (1975), Every prime has a succinct certificate. *SIAM Journal on Computing* **4**(3), 214–220.
PAUL PRITCHARD (1983), Fast Compact Prime Number Sieves (among Others). *Journal of Algorithms* **4**, 332–344.
PAUL PRITCHARD (1987), Linear prime-number sieves: a family tree. *Science of Computer Programming* **9**, 17–35.
GEORGE B. PURDY (1974), A high-security log-in procedure. *Communications of the ACM* **17**(8), 442–445.
MICHAEL O. RABIN (1976), Probabilistic algorithms. In *Algorithms and Complexity*, ed. J. F. TRAUB, Academic Press, New York, 21–39.
MICHAEL O. RABIN (1980a), Probabilistic Algorithms for Testing Primality. *Journal of Number Theory* **12**, 128–138.
MICHAEL O. RABIN (1980b), Probabilistic algorithms in finite fields. *SIAM Journal on Computing* **9**(2), 273–280.
MICHAEL O. RABIN (1989), Efficient Dispersal of Information for Security, Load Balancing, and Fault Tolerance. *Journal of the Association for Computing Machinery* **36**(2), 335–348.
J. L. RABINOWITSCH (1930), Zum Hilbertschen Nullstellensatz. *Mathematische Annalen* **102**, p. 520.
BARTOLOMÉ RAMOS (1482), *De musica tractatus*. Bologna.
JOSEPH RAPHSON (1690), *Analysis Æquationum Universalis seu Ad Æquationes Algebraicas Resolvendas Methodus Generalis, et Expedita, Ex nova Infinitarum serierum Doctrina Deducta ac Demonstrata*. Abel Swalle, London.
ALEXANDER A. RAZBOROV (1998), Lower bounds for the polynomial calculus. *computational complexity* **7**(4), 291–324.
CONSTANCE REID (1970), *Hilbert*. Springer-Verlag, Heidelberg, 1st edition. Third Printing 1978.
DANIEL REISCHERT (1995), *Schnelle Multiplikation von Polynomen über GF(2) und Anwendungen*. Diplomarbeit, Institut für Informatik II, Rheinische Friedrich-Wilhelm-Universität Bonn, Germany.
DANIEL REISCHERT (1997), Asymptotically Fast Computation of Subresultants. In *Proceedings of the 1997 International Symposium on Symbolic and Algebraic Computation ISSAC '97*, Maui HI, ed. WOLFGANG W. KÜCHLIN, ACM Press, 233–240.
WOLFGANG REISIG (1985), *Petri Nets: An Introduction*. EATCS Monographs on Theoretical Computer Science **4**, Springer-Verlag, Berlin. Translation of the German edition *Petrinetze: eine Einführung*, Springer-Verlag, 1982.
GEORGE W. REITWIESNER (1950), An ENIAC Determination of π and e to more than 2000 Decimal Places. *Mathematical Tables and other Aids to Computation* **4**, 11–15. Reprinted in Berggren, Borwein & Borwein (1997), 277–281.
JAMES RENEGAR (1991), Recent Progress on the Complexity of the Decision Problem for the Reals. In *Discrete and Computational Geometry: Papers from the DIMACS Special Year*, eds. JACOB E. GOODMAN, RICHARD POLLACK, and WILLIAM STEIGER. DIMACS Series in Discrete Mathematics and Theoretical Computer Science **6**, American Mathematical Society and ACM, 287–308.

JAMES RENEGAR (1992a), On the Computational Complexity of the First-order Theory of the Reals. Part I: Introduction. Preliminaries. The Geometry of Semi-algebraic Sets. The Decision Problem for the Existential Theory of the Reals. *Journal of Symbolic Computation* **13**(3), 255–299.

JAMES RENEGAR (1992b), On the Computational Complexity of the First-order Theory of the Reals. Part II: The General Decision Problem. Preliminaries for Quantifier Elimination. *Journal of Symbolic Computation* **13**(3), 301–327.

JAMES RENEGAR (1992c), On the Computational Complexity of the First-order Theory of the Reals. Part III: Quantifier Elimination. *Journal of Symbolic Computation* **13**(3), 329–352.

REYNAUD (1824), *Traité d'arithmétique à l'usage des élèves qui se destinent à l'école royale polytechnique à l'école spéciale militaire et à l'école de marine*. Courcier, Paris, 12th edition.

DANIEL RICHARDSON (1968), Some undecidable problems involving elementary functions of a real variable. *Journal of Symbolic Logic* **33**(4), 514–520.

GEORG FRIEDRICH BERNHARD RIEMANN (1859), Ueber die Anzahl der Primzahlen unter einer gegebenen Grösse. *Monatsberichte der Berliner Akademie*, 145–153. Gesammelte Mathematische Werke, ed. HEINRICH WEBER, Teubner Verlag, Leipzig, 1892, 177-185.

ROBERT H. RISCH (1969), The problem of integration in finite terms. *Transactions of the American Mathematical Society* **139**, 167–189.

ROBERT H. RISCH (1970), The solution of the problem of integration in finite terms. *Bulletin of the American Mathematical Society* **76**(3), 605–608.

J. F. RITT (1948), *Integration in Finite Terms*. Columbia University Press, New York.

JOSEPH FELS RITT (1950), *Differential Algebra*. AMS Colloquium Publications **XXXIII**, American Mathematical Society, Providence RI. Reprint by Dover Publications, Inc., New York, 1966.

R. L. RIVEST, A. SHAMIR, and L. M. ADLEMAN (1978), A Method for Obtaining Digital Signatures and Public-Key Cryptosystems. *Communications of the ACM* **21**(2), 120–126.

STEVEN ROMAN (1984), *The umbral calculus*. Pure and applied mathematics **111**, Academic Press, Orlando FL.

LAJOS RÓNYAI (1988), Factoring Polynomials over Finite Fields. *Journal of Algorithms* **9**, 391–400.

LAJOS RÓNYAI (1989), Galois groups and factoring over finite fields. In *Proceedings of the 30th Annual IEEE Symposium on Foundations of Computer Science*, Research Triangle Park NC, IEEE Computer Society Press, Los Alamitos CA, 99–104.

FREDERIC ROSEN (1831), *The Algebra of Mohammed ben Musa*. Oriental Translation Fund, London. Reprint by Georg Olms Verlag, Hildesheim, 1986.

J. BARKLEY ROSSER and LOWELL SCHOENFELD (1962), Approximate formulas for some functions of prime numbers. *Illinois Journal of Mathematics* **6**, 64–94.

MICHAEL ROTHSTEIN (1976), *Aspects of symbolic integration and simplification of exponential and primitive functions*. PhD thesis, University of Wisconsin-Madison.

MICHAEL ROTHSTEIN (1977), A new algorithm for the integration of exponential and logarithmic functions. In *Proceedings of the 1977 MACSYMA Users Conference*, Berkeley CA, NASA, Washington DC, 263–274.

JOHN H. ROWLAND and JOHN R. COWLES (1986), Small Sample Algorithms for the Identification of Polynomials. *Journal of the ACM* **33**(4), 822–829.

H. SACHSE (1890), Ueber die geometrischen Isomerien der Hexamethylenderivate. *Berichte der Deutschen Chemischen Gesellschaft* **23**, 1363–1370.

H. SACHSE (1892), Über die Konfigurationen der Polymethylenringe. *Zeitschrift für physikalische Chemie* **10**, 203–241.

BRUNO SALVY (1991), *Asymptotique automatique et fonctions génératrices*. PhD thesis, École Polytechnique, Paris.

ERHARD SCHMIDT (1907), Zur Theorie der linearen und nichtlinearen Integralgleichungen, I. Teil: Entwicklung willkürlicher Funktionen nach Systemen vorgeschriebener. *Mathematische Annalen* **63**, 433–476. Reprint of Erhard Schmidt's Dissertation, Göttingen, 1905.

C. P. SCHNORR (1982), Refined Analysis and Improvements on Some Factoring Algorithms. *Journal of Algorithms* **3**, 101–127.

C. P. SCHNORR (1987), A hierarchy of polynomial time lattice basis reduction algorithms. *Theoretical Computer Science* **53**, 201–224.

C. P. SCHNORR (1988), A More Efficient Algorithm for Lattice Basis Reduction. *Journal of Algorithms* **9**, 47–62.

C. P. SCHNORR and M. EUCHNER (1991), Lattice Basis Reduction: Improved Practical Algorithms and Solving Subset Sum Problems. In *Proceedings of the 8th International Conference on Fundamentals of Computation Theory 1991*, Gosen, Germany, ed. LOTHAR BUDACH. Lecture Notes in Computer Science **529**, Springer-Verlag, 68–85.

A. SCHÖNHAGE (1966), Multiplikation großer Zahlen. *Computing* **1**, 182–196.

A. SCHÖNHAGE (1971), Schnelle Berechnung von Kettenbruchentwicklungen. *Acta Informatica* **1**, 139–144.
A. SCHÖNHAGE (1977), Schnelle Multiplikation von Polynomen über Körpern der Charakteristik 2. *Acta Informatica* **7**, 395–398.
ARNOLD SCHÖNHAGE (1984), Factorization of univariate integer polynomials by Diophantine approximation and an improved basis reduction algorithm. In *Proceedings of the 11th International Colloquium on Automata, Languages and Programming ICALP 1984*, Antwerp, Belgium. Lecture Notes in Computer Science **172**, Springer-Verlag, 436–447.
ARNOLD SCHÖNHAGE (1985), Quasi-GCD Computations. *Journal of Complexity* **1**, 118–137.
A. SCHÖNHAGE (1988), Probabilistic Computation of Integer Polynomial GCDs. *Journal of Algorithms* **9**, 365–371.
ARNOLD SCHÖNHAGE, ANDREAS F. W. GROTEFELD, and EKKEHART VETTER (1994), *Fast Algorithms – A Multitape Turing Machine Implementation*. BI Wissenschaftsverlag, Mannheim.
A. SCHÖNHAGE and V. STRASSEN (1971), Schnelle Multiplikation großer Zahlen. *Computing* **7**, 281–292.
FRIEDRICH THEODOR VON SCHUBERT (1793), De inventione divisorum. *Nova Acta Academiae Scientiarum Imperialis Petropolitanae* **11**, 172–186.
J. T. SCHWARTZ (1980), Fast Probabilistic Algorithms for Verification of Polynomial Identities. *Journal of the ACM* **27**(4), 701–717.
ŠTEFAN SCHWARZ (1939), Contribution à la réductibilité des polynômes dans la théorie des congruences. *Věstník Královské České Společnosti Nauk, Třída Matemat.-Př Ročník Praha*, 1–7.
ŠTEFAN SCHWARZ (1940), Sur le nombre des racines et des facteurs irréductibles d'une congruence donnée. *Časopis pro pěstování matematiky a fysiky* **69**, 128–145.
ŠTEFAN SCHWARZ (1956), On the reducibility of polynomials over a finite field. *Quarterly Journal of Mathematics Oxford* **7**(2), 110–124.
ШТЕФАН ШВАРЦ [ŠTEFAN SCHWARZ] (1960), Об одном классе многочленов над конечным телом (On a class of polynomials over a finite field). *Matematicko-Fyzikálny Časopis* **10**, 68–80.
ШТЕФАН ШВАРЦ [ŠTEFAN SCHWARZ] (1961), О числе неприводимых факторов данного многочлена над конечным полем (On the number of irreducible factors of a polynomial over a finite field). *Чехословацкий математический журнал (Czechoslovak Mathematical Journal)* **11**(86), 213–225.
DANIEL SCHWENTER (1636), *Deliciæ Physico-Mathematiæ*. Jeremias Dümler, Nürnberg. Reprint by Keip Verlag, Frankfurt am Main, 1991.
ROBERT SEDGEWICK and PHILIPPE FLAJOLET (1996), *An Introduction to the Analysis of Algorithms*. Addison-Wesley, Reading MA.
J.-A. SERRET (1866), *Cours d'algèbre supérieure*. Gauthier-Villars, Paris, 3rd edition.
JEFFREY SHALLIT (1990), On the Worst Case of Three Algorithms for Computing the Jacobi Symbol. *Journal of Symbolic Computation* **10**, 593–610.
JEFFREY SHALLIT (1994), Origins of the Analysis of the Euclidean Algorithm. *Historia Mathematica* **21**, 401–419.
ADI SHAMIR (1979), How to Share a Secret. *Communications of the ACM* **22**(11), 612–613.
ADI SHAMIR (1984), A polynomial-time algorithm for breaking the basic Merkle-Hellman cryptosystem. *IEEE Transactions on Information Theory* **IT-30**(5), 699–704.
A. SHAMIR (1993), On the Generation of Polynomials which are Hard to Factor. In *Proceedings of the Twenty-fifth Annual ACM Symposium on the Theory of Computing*, San Diego CA, ACM Press, 796–804.
ADI SHAMIR and RICHARD E. ZIPPEL (1980), On the Security of the Merkle-Hellman Cryptographic Scheme. *IEEE Transactions on Information Theory* **IT-26**(3), 339–340.
DANIEL SHANKS and JOHN W. WRENCH, JR. (1962), Calculation of π to 100,000 Decimals. *Mathematics of Computation* **16**, 76–99.
WILLIAM SHANKS (1853), *Contributions to Mathematics Comprising Chiefly the Rectification of the Circle to 607 Places of Decimals*. G. Bell, London. Excerpt reprinted in Berggren, Borwein & Borwein (1997), 147–161.
C. E. SHANNON (1948), A Mathematical Theory of Communication. *Bell System Technical Journal* **27**, 379–423 and 623–656. Reprinted in CLAUDE E. SHANNON and WARREN WEAVER, *The Mathematical Theory Of Communication*, University of Illinois Press, Urbana IL, 1949.
SHEN KANGSHENG (1988), Historical Development of the Chinese Remainder Theorem. *Archive of the History of Exact Sciences* **38**, 285–305.
L. A. SHEPP and S. P. LLOYD (1966), Ordered cycle lengths in a random permutation. *Transactions of the American Mathematical Society* **121**, 340–357.
VICTOR SHOUP (1990), On the deterministic complexity of factoring polynomials over finite fields. *Information Processing Letters* **33**, 261–267.

VICTOR SHOUP (1991), *Topics in the theory of computation*. Lecture Notes for CSC 2429, Spring term, Department of Computer Science, University of Toronto.
VICTOR SHOUP (1994), Fast Construction of Irreducible Polynomials over Finite Fields. *Journal of Symbolic Computation* **17**, 371–391.
VICTOR SHOUP (1995), A New Polynomial Factorization Algorithm and its Implementation. *Journal of Symbolic Computation* **20**, 363–397.
VICTOR SHOUP (1999), Efficient Computation of Minimal Polynomials in Algebraic Extensions of Finite Fields. In *Proceedings of the 1999 International Symposium on Symbolic and Algebraic Computation ISSAC '99*, Vancouver, Canada, ed. SAM DOOLEY, ACM Press, 53–58.
IGOR E. SHPARLINSKI (1992), *Computational and Algorithmic Problems in Finite Fields*. Mathematics and Its Applications **88**, Kluwer Academic Publishers.
IGOR E. SHPARLINSKI (1999), *Finite Fields: Theory and Computation*. Mathematics and Its Applications, Kluwer Academic Publishers, Dordrecht/Boston/London.
M. SIEVEKING (1972), An Algorithm for Division of Powerseries. *Computing* **10**, 153–156.
JOSEPH H. SILVERMAN (1986), *The Arithmetic of Elliptic Curves*. Graduate Texts in Mathematics **106**, Springer-Verlag, New York.
ROBERT D. SILVERMAN (1987), The Multiple Polynomial Quadratic Sieve. *Mathematics of Computation* **48**(177), 329–339.
MICHAEL F. SINGER (1991), Liouvillian Solutions of Linear Differential Equations with Liouvillian Coefficients. *Journal of Symbolic Computation* **11**, 251–273.
SIMON SINGH (1997), *Fermat's Enigma: The epic quest to solve the world's greatest mathematical problem*. Anchor Books, New York.
MICHAEL SIPSER (1997), *Introduction to the Theory of Computation*. PWS Publishing Company, Boston MA.
A. O. SLISENKO (1981), Complexity problems in computational theory. *Успехи Математически Наук (Uspekhi Matematicheski Nauk)* **36**(6), 21–103. *Russian Mathematical Surveys* **36** (1981), 23–125.
R. SOLOVAY and V. STRASSEN (1977), A fast Monte-Carlo test for primality. *SIAM Journal on Computing* **6**(1), 84–85. Erratum in **7** (1978), p. 118.
JONATHAN P. SORENSON (1998), Trading Time for Space in Prime Number Sieves. In *Algorithmic Number Theory, Proceedings ANTS-III*, Portland OR, ed. J. P. BUHLER. Lecture Notes in Computer Science **1423**, Springer-Verlag, 179–195.
В. Г. СПРИНДЖУК (1981), Диофантовы уравнения с неизвестными простыми числами. *Труды Математического института АН СССР* **158**, 180–196. V. G. SPRINDZHUK, Diophantine equations with unknown prime numbers, Proc. Steklov Institute of Mathematics **158** (1983), 197–214.
V. G. SPRINDŽUK (1983), Arithmetic specializations in polynomials. *Journal für die reine und angewandte Mathematik* **340**, 26–52.
J. STEIN (1967), Computational Problems Associated with Racah Algebra. *Journal of Computational Physics* **1**, 397–405.
P. STEVENHAGEN and H. W. LENSTRA, JR. (1996), Chebotarëv and his density theorem. *The Mathematical Intelligencer* **18**(2), 26–37.
SIMON STEVIN (1585), *De Thiende*. Christoffel Plantijn, Leyden. Übersetzt und erläutert von HELMUTH GERICKE und KURT VOGEL, Akademische Verlagsgesellschaft, Frankfurt am Main, 1965.
DOUGLAS R. STINSON (1995), *Cryptography, Theory and Practice*. CRC Press Inc., Boca Raton FL.
JACOBUS (JAMES) STIRLING (1730), *Methodus Differentialis: sive Tractatus de Summatione et Interpolatione Serierum Infinitarum*. Gul. Bowyer, London. Translated into English with the Author's Approbation By FRANCIS HOLLIDAY, Master of the Grammar Free-School at Haughton-Park near Retford, Nottinghamshire, London, 1749.
ARNE STORJOHANN (1996), *Faster Algorithms for Integer Lattice Basis Reduction*. Technical Report 249, Eidgenössische Technische Hochschule Zürich. 24 pp.
http://www.scg.uwaterloo.ca/~astorjoh/TR249.ps.
ARNE STORJOHANN (2000), *Algorithms for Matrix Canonical Forms*. PhD thesis, Swiss Federal Institute of Technology Zürich.
GILBERT STRANG (1980), *Linear Algebra and Its Applications*. Academic Press, New York, second edition.
VOLKER STRASSEN (1969), Gaussian Elimination is not Optimal. *Numerische Mathematik* **13**, 354–356.
V. STRASSEN (1972), Berechnung und Programm. I. *Acta Informatica* **1**, 320–335.
VOLKER STRASSEN (1973a), Vermeidung von Divisionen. *Journal für die reine und angewandte Mathematik* **264**, 182–202.
V. STRASSEN (1973b), Berechnung und Programm. II. *Acta Informatica* **2**, 64–79.

VOLKER STRASSEN (1976), Einige Resultate über Berechnungskomplexität. *Jahresberichte der DMV* **78**, 1–8.
V. STRASSEN (1983), The computational complexity of continued fractions. *SIAM Journal on Computing* **12**(1), 1–27.
VOLKER STRASSEN (1984), Algebraische Berechnungskomplexität. In *Perspectives in Mathematics, Anniversary of Oberwolfach 1984*, 509–550. Birkhäuser Verlag, Basel.
VOLKER STRASSEN (1990), Algebraic Complexity Theory. In *Handbook of Theoretical Computer Science*, vol. A, ed. J. VAN LEEUWEN, 633–672. Elsevier Science Publishers B.V., Amsterdam, and The MIT Press, Cambridge MA.
C. STURM (1835), Mémoire sur la résolution des équations numériques. *Mémoires présentés par divers savants à l'Acadèmie des Sciences de l'Institut de France* **6**, 273–318.
ANTONÍN SVOBODA (1957), Rational numerical system of residual classes. *Stroje na Zpracování Informací, Sborník V, Nakl. ČSAV* **5**, 9–37.
ANTONÍN SVOBODA and MIROSLAV VALACH (1955), Operátorové obvody (Operational Circuits). With summaries in Russian and English. *Stroje na Zpracování Informací* **3**, 247–295.
RICHARD G. SWAN (1962), Factorization of polynomials over finite fields. *Pacific Journal of Mathematics* **12**, 1099–1106.
J. J. SYLVESTER (1840), A method of determining by mere inspection the derivatives from two equations of any degree. *Philosophical Magazine* **16**, 132–135. *Mathematical Papers* **1**, Chelsea Publishing Co., New York, 1973, 54–57.
J. J. SYLVESTER (1853), On the explicit values of Sturm's quotients. *Philosophical Magazine* **VI**, 293–296. *Mathematical Papers* **1**, Chelsea Publishing Co., New York, 1973, 637–640.
J. J. SYLVESTER (1881), On the resultant of two congruences. *Johns Hopkins University Circulars* **1**, p. 131. *Mathematical Papers* **3**, Chelsea Publishing Co., New York, 1973, p. 475.
NICHOLAS S. SZABÓ and RICHARD I. TANAKA (1967), *Residue arithmetic and its applications to computer technology*. McGraw-Hill, New York.
G. TARRY (1898), Question 1401. Le problème chinois. *L'Intermédiaire des Mathématiciens* **5**, 266–267. Solution by Korselt.
ALFRED TARSKI (1948), *A decision method for elementary algebra and geometry*. The Rand Corporation, Santa Monica CA, 2nd edition. Project Rand, R-109.
BROOK TAYLOR (1715), *Methodus Incrementorum Directa & Inversa*. Gul. Innys, London.
RICHARD TAYLOR and ANDREW WILES (1995), Ring-theoretic properties of certain Hecke algebras. *Annals of Mathematics* **141**, 553–572.
GÉRALD TENENBAUM (1995), *Introduction to analytic and probabilistic number theory*. Cambridge studies in advanced mathematics **46**, Cambridge University Press, Cambridge, UK.
A. THUE (1902), Et par andytdninger til en talteoretisk methode. *Videnskabers Selskab Forhandlinger Christiana* **7**.
А. Л. ТООМ (1963), О сложности схемы из функциональных элементов, реализирующей умножение целых чисел. *Доклады Академий Наук СССР* **150**(3), 496–498. A. L. TOOM, The complexity of a scheme of functional elements realizing the multiplication of integers, *Soviet Mathematics Doklady* **4** (1963), 714–716.
BARRY M. TRAGER (1976), Algebraic Factoring and Rational Function Integration. In *Proceedings of the 1976 ACM Symposium on Symbolic and Algebraic Computation SYMSAC '76*, Yorktown Heights NY, ed. R. D. JENKS, ACM Press, 219–226.
CARLO TRAVERSO (1988), Gröbner trace algorithms. In *Proceedings of the 1988 International Symposium on Symbolic and Algebraic Computation ISSAC '88*, Rome, Italy, ed. P. GIANNI. Lecture Notes in Computer Science **358**, Springer-Verlag, Berlin, 125–138.
JOHANNES TROPFKE (1902), *Geschichte der Elementar-Mathematik*, vol. 1. Veit & Comp., Leipzig.
NICOLA TRUDI (1862), *Teoria de' determinanti e loro applicazioni*. Libreria Scientifica e Industriale de B. Pellerano, Napoli.
A. M. TURING (1937), On computable numbers, with an application to the Entscheidungsproblem. *Proceedings of the London Mathematical Society, Second Series*, **42**, 230–265, and **43**, 544–546.
ALASDAIR URQUHART (1995), The complexity of propositional proofs. *The Bulletin of Symbolic Logic* **1**(4), 425–467.
GIOVANNI VACCA (1894), Intorno alla prima dimostrazione di un teorema di Fermat. *Bibliotheca Mathematica*, Serie 2, **8**, 46–48.
BRIGITTE VALLÉE (2002), Dynamical Analysis of a Class of Euclidean Algorithms. *Theoretical Computer Science*. To appear.
CH.-J. DE LA VALLÉE POUSSIN (1896), Recherches analytiques sur la théorie des nombres premiers. *Annales de la Société Scientifique de Bruxelles* **20**, 183–256 and 281–397.
R. C. VAUGHAN (1974), Bounds for the coefficients of cyclotomic polynomials. *Michigan Mathematical Journal* **21**, 289–295.

G. S. VERNAM (1926), Cipher Printing Telegraph Systems. *Journal of the American Institute of Electrical Engineers* **45**, 109–115.
G. VILLARD (1997), Further Analysis of Coppersmith's Block Wiedemann Algorithm for the Solution of Sparse Linear Systems. In *Proceedings of the 1997 International Symposium on Symbolic and Algebraic Computation ISSAC '97*, Maui HI, ed. WOLFGANG W. KÜCHLIN, ACM Press, 32–39.
JEFFREY SCOTT VITTER and PHILIPPE FLAJOLET (1990), Average-Case Analysis of Algorithms and Data Structures. In *Handbook of Theoretical Computer Science*, vol. A, ed. J. VAN LEEUWEN, 431–524. Elsevier Science Publishers B.V., Amsterdam, and The MIT Press, Cambridge MA.
L. G. WADE, JR. (1995), *Organic Chemistry*. Prentice-Hall, Inc., Englewood Cliffs NJ, 3rd edition.
BARTEL L. VAN DER WAERDEN (1930a), Eine Bemerkung über die Unzerlegbarkeit von Polynomen. *Mathematische Annalen* **102**, 738–739.
B. L. VAN DER WAERDEN (1930b), *Moderne Algebra, Erster Teil*. Die Grundlehren der mathematischen Wissenschaften in Einzeldarstellungen **33**, Julius Springer, Berlin. English translation: *Algebra, Volume I.*, Springer Verlag, 1991.
B. L. VAN DER WAERDEN (1931), *Moderne Algebra, Zweiter Teil*. Die Grundlehren der mathematischen Wissenschaften in Einzeldarstellungen **34**, Julius Springer, Berlin. English translation: *Algebra, Volume II.*, Springer Verlag, 1991.
B. L. VAN DER WAERDEN (1933/34), Die Seltenheit der Gleichungen mit Affekt. *Mathematische Annalen* **109**, 13–16.
B. L. VAN DER WAERDEN (1938), Eine Bemerkung zur numerischen Berechnung von Determinanten und Inversen von Matrizen. *Jahresberichte der DMV* **48**, 29–30.
SAMUEL S. WAGSTAFF, JR. (1983), Divisors of Mersenne numbers. *Mathematics of Computation* **40**(161), 385–397.
GREGORY K. WALLACE (1991), The JPEG Still Picture Compression Standard. *Communications of the ACM* **34**(4), 30–44.
D. WAN (1993), A p-adic lifting lemma and its applications to permutation polynomials. In *Proceedings 1992 Conference on Finite Fields, Coding Theory, and Advances in Communications and Computing*, eds. G. L. MULLEN and P. J.-S. SHIUE. Lecture Notes in Pure and Applied Mathematics **141**, Marcel Dekker, Inc., 209–216.
EDWARD WARING (1770), *Meditationes Algebraicæ*. J. Woodyer, Cambridge, England, second edition. English translation by DENNIS WEEKS, American Mathematical Society, 1991.
EDWARD WARING (1779), Problems concerning Interpolations. *Philosophical Transactions of the Royal Society of London* **69**(7), 59–67.
STEPHEN M. WATT and HANS J. STETTER, eds. (1998), Symbolic-Numeric Algebra for Polynomials. Special Issue of the *Journal of Symbolic Computation* **26**(6).
INGO WEGENER (1987), *The Complexity of Boolean Functions*. Wiley-Teubner Series in Computer Science, B. G. Teubner, Stuttgart, and John Wiley & Sons.
B. M. M. DE WEGER (1989), *Algorithms for Diophantine equations*. CWI Tract no. 65, Centrum voor Wiskunde en Informatica, Amsterdam. 212 pages.
ANDRÉ WEIL (1984), *Number theory: An approach through history; From Hammurapi to Legendre*. Birkhäuser Verlag. xxi+375 pages.
ANDRÉ WEILERT (2000), $(1+i)$-ary GCD Computation in $Z[i]$ as an Analogue to the Binary GCD Algorithm. *Journal of Symbolic Computation* **30**(5), 605–617.
ANDREAS WERCKMEISTER (1691), *Musicalische Temperatur*. Theodorus Philippus Calvisius, Franckfurt und Leipzig. First edition 1686/87. Reprint edited by GUIDO BIMBERG and RÜDIGER PFEIFFER, Denkmäler der Musik in Mitteldeutschland: Ser. 2., Documenta theoretica musicae; Bd. 1: Werckmeister-Studien. Verlag Die Blaue Eule, Essen, 1996.
DOUGLAS H. WIEDEMANN (1986), Solving Sparse Linear Equations Over Finite Fields. *IEEE Transactions on Information Theory* **IT-32**(1), 54–62.
ANDREW WILES (1995), Modular elliptic curves and Fermat's Last Theorem. *Annals of Mathematics* **142**, 443–551.
HERBERT S. WILF (1994), *generatingfunctionology*. Academic Press, 2nd edition. First edition 1990.
HERBERT S. WILF and DORON ZEILBERGER (1990), Rational functions certify combinatorial identities. *Journal of the American Mathematical Society* **3**(1), 147–158.
HERBERT S. WILF and DORON ZEILBERGER (1992), An algorithmic proof theory for hypergeometric (ordinary and "q") multisum/integral identities. *Inventiones Mathematicæ* **108**, 575–633.
MICHAEL WILLETT (1978), Factoring polynomials over a finite field. *SIAM Journal on Applied Mathematics* **35**, 333–337.
H. C. WILLIAMS (1982), A $p+1$ Method of Factoring. *Mathematics of Computation* **39**(159), 225–234.
H. C. WILLIAMS (1993), How was F_6 factored? *Mathematics of Computation* **61**(203), 463–474.

H. C. WILLIAMS and HARVEY DUBNER (1986), The primality of $R1031$. *Mathematics of Computation* **47**(176), 703–711.

H. C. WILLIAMS and M. C. WUNDERLICH (1987), On the Parallel Generation of the Residues for the Continued Fraction Factoring Algorithm. *Mathematics of Computation* **48**(177), 405–423.

LELAND H. WILLIAMS (1961), Algebra of Polynomials in Several Variables for a Digital Computer. *Journal of the ACM* **8**, 29–40.

S. WINOGRAD (1971), On Multiplication of 2×2 matrices. *Linear Algebra and its Applications* **4**, 381–388.

WEN-TSÜN WU (1994), *Mechanical Theorem Proving in Geometries: Basic Principles*. Texts and Monographs in Symbolic Computation, Springer-Verlag, Wien and New York. English translation by XIAOFAN JIN and DONGMING WANG. Originally published as "Basic Principles of Mechanical Theorem Proving in Geometry" in Chinese language by Science Press, Beijing, 1984, XIV and 288 pp.

CHEE K. YAP (1991), A New Lower Bound Construction for Commutative Thue Systems with Applications. *Journal of Symbolic Computation* **12**, 1–27.

DAVID Y. Y. YUN (1976), On Square-free Decomposition Algorithms. In *Proceedings of the 1976 ACM Symposium on Symbolic and Algebraic Computation SYMSAC '76*, Yorktown Heights NY, ed. R. D. JENKS, ACM Press, 26–35.

DAVID Y. Y. YUN (1977a), Fast algorithm for rational function integration. In *Information Processing 77—Proceedings of the IFIP Congress 77*, ed. B. GILCHRIST, North-Holland, Amsterdam, 493–498.

DAVID Y. Y. YUN (1977b), On the equivalence of polynomial gcd and squarefree factorization problems. In *Proceedings of the 1977 MACSYMA Users Conference*, Berkeley CA, NASA, Washington DC, 65–70.

HANS ZASSENHAUS (1969), On Hensel Factorization, I. *Journal of Number Theory* **1**, 291–311.

DORON ZEILBERGER (1990a), A holonomic systems approach to special function identities. *Journal of Computational and Applied Mathematics* **32**, 321–368.

DORON ZEILBERGER (1990b), A fast algorithm for proving terminating hypergeometric identities. *Discrete Mathematics* **80**, 207–211.

DORON ZEILBERGER (1991), The Method of Creative Telescoping. *Journal of Symbolic Computation* **11**, 195–204.

DORON ZEILBERGER (1993), Theorems for a Price: Tomorrow's Semi-Rigorous Mathematical Culture. *Notices of the American Mathematical Society* **40**(8), 978–981.

PAUL ZIMMERMANN (1991), *Séries génératrices et analyse automatique d'algorithmes*. PhD thesis, École Polytechnique, Paris.

PHILIP R. ZIMMERMANN (1996), *The Official PGP User's Guide*. MIT Press.

RICHARD ZIPPEL (1979), Probabilistic Algorithms for sparse Polynomials. In *Proceedings of EUROSAM '79*, Marseille, France. Lecture Notes in Computer Science **72**, Springer-Verlag, 216–226.

RICHARD ZIPPEL (1993), *Effective polynomial computation*. Kluwer Academic Publishers, Boston MA.

索　引

(用語の定義や主な解説が載っているページを太字で示した)

ア

アイゼンシュタイン (Eisenstein, Ferdinand Gotthold Max)
　〜定理　602
アキレス腱　208
アダマール (Hadamard, Jacques Salomon)
　〜不等式　**139**, 172, 202, 236, 237, 612, **616**
アナログ信号　**467**
アフィン部　738
アペリ (Apéry, Roger)
　〜数　**890**
アーベル (Abel, Niels Henrik)
　〜群　**915**
余り　44, 47, 48, **54**, 55, 63, 69, 70, 72, 76, 255
　Euclid アルゴリズムの〜　256, 258
　伝統的 Euclid アルゴリズムの〜　57
　〜を伴う Euclid アルゴリズム　76
　〜を伴う割り算　3, 30, **44**, 45, 48, 54, 61, 72–74, 125, 165, 777, 780, 784, 786
余り → 剰余
誤り位置多項式　278
誤り訂正符号　**22**, 273
アルゴリズム
　中国剰余〜　3, 22, **124**, 125, 129, 132, 220, 221, 245, 247, 919
　〜の分析　886, 907
　補間〜　247
暗号　4, 13, 44, 273, 651–653, 658
　〜化　19
　〜解読　651, 652

公開鍵〜　4, **19**, 651
暗号系　**19**, 651, 652
　RSA〜　**19**, 21, 651
　公開鍵〜　**750**
　対称〜　**19**
　ナップザック〜　**651**, 652, 659
　〜の鍵　21, 653, 659, **747**
　部分集合和〜　658

イ

位数　**669**, 914, 923
いす形　14, 19
　〜配座　14
いずれ正　**939**
一意分解
　〜整域　487, 559, 668, **919**, 925
　多項式の〜　189
1次結合　**195**
　〜写像　**196**
1次従属　**929**
1次独立　**929**
1次方程式　4, 82, 162, 226
　連立〜　1, 151, 165, 173, 237, 279, **931**
1のn乗根　**297**, 532
1の原始n乗根　209, **297**, 532
1ノルム　**213**
一様確率関数　**935**
イデアル　**804**, 917
　多項式〜　643
　単項〜　**917**
　2項式〜　**800**, 886, 906
　〜の基底　770, 780, 791, **917**
　右〜　**917**
因子の組み合わせ　561, 570, 586, 589,

592, 598, 600, 631, 635, 640
因数分解　3–5, 23, 24, 44, 124
　既約～　487, 509, 513, 522, 535, 541, 545, 560, 562, 569, 585, 598, 605
　異なる次数の～　483, 487, **492**, 506, 595
　散在多項式の～　642
　整数の～　653
　多項式の～　2, 5, **17**, 483, 487, 629, 653
　　$\mathbb{Q}$ 上の～　483, 559, 568, 611, 613
　　有限体上の～　487, **502**, 595, 630, 636, 945
　多変数多項式の～　**637**, 642, 648
　2 変数多項式の～　559, 591, **593**, 636, 637, 640, 642
　～の型　562, **571**, 573, 598
　等しい次数の～　487, **500**, 549, 595, 598
　平方自由～　487, 488, 502, 508, **510**, 514, 537, 551, 595
　有効 1 変数多項式～　**591**, 594, 611, 636, 648
インターネット　21, 103, 667

ウ

ヴィーデマン (Wiedemann, Douglas Henry)
　～アルゴリズム　543
ヴェイユ (Weil, André)
　～の境界　739
右辺　931
閏日　104

エ

エラトステネス (Eratosthenes)
　～の篩い　221
エルミート (Hermite, Charles)
　～の還元法　876
　～標準形　**111**, **644**
　～補間　**142**, 143, 144, 148, 174
演算

語～　**37**, 40, 48
算術～　36, 37, **40**
蝶～　**306**
ビット～　**37**
円周等分多項式　211, 262, **276**
エントロピー　**388**
円分多項式, Φ_n　**532**, 534, 537, 545, 570, 603

オ

オイラー (Euler, Leonhard)
　～関数, φ　**20**, **93**, 134, 166, 172, 533, **668**
　～数　870
　～定数　**847**
　～の定理　**20**, **669**
　～の補間公式　170
黄金比　82
黄金分割比　**65**
大きい O 記法, $O(\cdot)$　2, **35**, 37, 913, 932, 939
大きい素数　**121**, 142, 252
　～の方法　124
　～のモジュラ EEA　253
　～のモジュラ gcd　**208**, **214**, 253, 531, 595
　～のモジュラアルゴリズム　195, 207, 269, 270, 573, 593–595
大きい素数版　245, 247
重み　**51**
音階　**105**
　～の理論　106
音楽的間隔　657
音程　**105**
オンラインアルゴリズム　257

カ

解　166
解空間　**931**
階乗
　降下～　**842**

索引　　　　989

上昇〜　**842**
階数　**931**
解析
　　アルゴリズムの〜　33
解析 (的) 数論　657, 847
回路
　　計算〜　639
　　算術〜　43
ガウス (Gauß, Carl Friedrich)
　　〜鐘形曲線　482
　　〜周期　95, 483
　　〜整数　75, 80
　　〜整数環　54, **920**
　　〜の消去法　111, 136, 138, 140, 141, 166, 173, 247, 483, 519, 521, 613, **932**, 933, 945
　　〜の補題　179, 186, **189**, 201, 559, 565
可換　**923**
　　〜環　**916**, 922, 925, 929
　　〜群　**915**, 916, 929
鍵　**19**
　　暗号系の〜　21, 653, 659, **747**
　　公開〜　**19**, 651, 659
　　秘密〜　**19**, 652, 659
可逆　**886**
核, ker　130, **915**, **918**, **930**
　　準同型の〜　495, 519
架空の体技法　726
拡大次数　**924**
拡大体　92, 514, 527, 531, **924**
拡張
　　〜Euclid アルゴリズム　**20**, **56**, 66, **69**, 81, 241, 279, 525, 578, 582–584, 654
　　〜Riemann 仮説　545
　　〜伝統的 Euclid アルゴリズム　61, 63, 69, 80
確率, prob(·)　**936**
　　〜関数　**935**
　　　一様〜　**935**
　　　条件つき〜　888, **935**
　　〜分布　**936**
　　有限〜空間　**935**, 936, 938
　　〜論　4, 482, 935

確率的アルゴリズム　**207**, 216, 227, 228, 262, 266, 488, 544, 560, 943
確率的検査可能証明　110
確率的素数判定テスト　20, 253
確率変数　**936**, 937, 943
　　Bernoulli〜　**937**
加群　646
　　ℤ〜　612
賭け金　207
掛け算
　　行列の〜　51
　　多項式の〜　**41**, 43, 46
　　〜のアルゴリズム　126
　　モジュラの〜　90
カステルヌーボ (Castelnuovo, Guido)
　　〜–Mumford 正規性　803
画像圧縮　4, 13
可約　**919**
カラツバ (Karatsuba, Anatoliĭ Alekseevich)
　　〜の乗算アルゴリズム　251
　　〜の多項式乗算アルゴリズム　**292**, 366
カレンダー　13, 85, 104
ガロア (Galois, Évariste)
　　〜拡大　602
　　〜群　483, 514, 545, 570–572, 600, 601
　　〜体　602
　　〜理論　514, 535, 569
環　**38**, 168, **916**, 925
　　Noether〜　**785**
　　可換〜　**916**, 922, 925, 929
　　　1 をもつ〜　**916**
　　　非自明な〜　918
　　整数〜　**920**
　　多項式〜　3, **921**
　　定数〜　**810**
　　〜の準同型写像　130, 134, **916**
　　〜の準同型定理　132, **918**
　　〜の標数　509, 510, 513, 535, 593, 594
　　べき級数〜　**922**
環準同型
　　自然な〜　89
関数

落とし戸〜 **750**
ガンマ〜 **857, 870**
　初等〜 809
　ポリガンマ〜 **875**
完全 **943**
完全数 **694**
完全体 **513**
カンター (Cantor, David Geoffrey)
　〜と Zassenhaus アルゴリズム　494, 525
簡約律 **918**

キ

偽 **881**
幾何
　〜級数　82, 154
　非 Euclid〜　29, 484, 485
幾何学
　数の〜　611
　〜的消去理論　226
　〜和　938
記号的和問題 **841**
擬除算 **45**, 238, 247, **248**, 255, 259, 267, 269
擬似乱数発生器　651, 653, 659
基数表現　49
期待値　238, 530, **936**
基底
　Gröbner〜 **17**, 126, 226, **767**, 768, **772, 785**
　イデアルの〜 **770**, 780, 791, **917**
　既約〜　618, 619, 623, 631, 635, 641, 644, 652, 655, 657
　格子の〜 **612**, 616
　正規直交　613, 617, 621, 626, 643
　　Gram-Schmidt の〜 **613**, 614, 615, 620, 621, 626, 643
　線形空間の〜 **930**, 932, 935
　〜の簡約　613, **618**, 619, 625, 630, 636, 640, 641, 645, **646**, 651, 654
　〜の転換　344
　標準〜　767
　ベクトル空間の〜　613

帰納的可算集合　111
基本対称式　213
基本多項式
　Lagrange〜 **126**, 127, 131, 134, 165, 168
基本定理
　整数論の〜　487
　代数学の〜　482
既約 **190, 919**
　〜因子　492, 497, 500, 503, 506, 518, 523, 530, 537, 549
　〜因数分解　487, 509, 513, 522, 535, 541, 545, 560, 562, 569, 585, 598, 605
　〜基底　618, 619, 623, 631, 635, 641, 644, 652, 655, 657
　〜多項式 **91**, 487, 525, 535, 544
　　〜の余りの列　259
　　〜の構成　487, 525, 530
　〜分解　487
既約性
　Hilbert〜定理　640, 643
　〜判定　525, 527, 542, 598, 643
　　有限体上の〜 **526**
虚　920
強 liar **675**
強 witness **675**
共通部分
　曲線の〜　226
共役 **929**
共役類　601
行列 **930**
　Bézout〜　256, **261**
　Gram〜　613, 623, **895, 935**
　Petr–Berlekamp〜 **519**, 522, 554
　Sylvester〜 **198**, 203, 234, 258, 261, 266, 268, 562, 606
　Toeplitz〜　262
　可逆〜 **931**
　係数〜 **931**
　正則〜　111, 616, 643, **931**
　置換〜　624, **931**
　〜の掛け算　51
　〜の積　531, 939

非正則〜 **931**
ユニモジュラ〜 644
行列式 60, 136, 138, 142, 202, 216, 222, 256, 266, 268, 895, **932**
　Gram〜 623, 624, **935**
　〜の計算のモジュラアルゴリズム 142
　モジュラ〜 136, 166
行列乗算指数 **438**
曲線 223–225
　Bézier〜 **176**
　Gauß 鐘形〜 482
　3 次空間〜 790
　楕円〜 658, **726**
　平面〜 224, 258, 265, 771, 798

ク

組み合わせ論的等式 886
クライン (Klein, Felix)
　〜群 571
グラム (Gram, Jørgen Pedersen)
　〜–Schmidt
　　〜正規直交化 **613**, 614, 620, 625, 641, 643, 646
　　〜正規直交基底 **613**, 614, 615, 620, 621, 626, 643
　　〜の直交化法 **935**
　〜の行列 **613**, 623, 895, **935**
　〜の行列式 623, 624, **935**
クラメル (Cramer, Gabriel)
　〜の公式 146, 173, 201, 237, 242, 267, 268, 933
　〜の法則 626
繰り上がり先見 48
繰り上がりの印 35
繰り上がりのフラグ 49
繰り返し平方 **20**, **93**, 96, 110, 116, 492, 497, 503, 506, 520, 527, 549
グレゴリオ暦 **105**, 113
グレブナ (Gröbner, Wolfgang)
　〜基底 **17**, 126, 226, **767**, 768, **772**, **785**
　　極小〜 **793**

　　被約〜 **793**
　　〜証明システム 881, **884**, 906, 908
クロネッカー (Kronecker, Leopold)
　〜代入 **648**
　〜置換 **638**
群 **913**
　Abel〜 **915**
　Galois〜 483, 514, 545, 570–572, 600, 601
　Klein〜 571
　可換 **915**, 916, 929
　加法 **914**, 929
　巡回 546, **914**, 928, 929
　乗法 **914**
　剰余 **915**
　対称 571, 601, **916**
　単元の (なす)〜 77, **93**, 191
　〜の同型 131, **915**
　部分〜 483, **914**
群論
　計算〜 5

ケ

系
　代表元〜 **89**
係因数 **187**, **189**, 190, 194, 209, 250
計算
　〜回路 **639**
　　〜表現 **639**
　〜群論 5
　〜尺 2
　〜数論 5
　〜量 659
　　〜のクラス 941
　　〜理論 913, 941
　〜理論 799
計算機
　〜代数 1, 2
　〜幾何学 767, 772, 803
　〜システム 2, 5, 13, **23**, 24, 255, 638, 803, 809, 820, 831, 839
形式的微分 **347**

形式べき級数 154
係数 124
　最高次の〜 **776**, **921**
　〜の増大 (化) 179, 181
決定不能 542
決定問題 941, 943
　困難な〜 943
　〜のインスタンス **941**
ケーリー (Cayley, Arthur)
　〜–Hamilton の定理 **934**
ケレス 484
原始的 188, 248, 252, 253, 259, **928**
　〜Euclid アルゴリズム **248**, 249, 250, 255, 259, 269, 270
　〜Pythagoras の 3 項組 **742**
　〜多項式 191, 208, 214, 216, 219, 247, 258, 263, 269, **559**
　〜版 255
　〜部分, pp **188**, **189**, 194, 230, 248, 250, **559**, 560
　〜平方自由分解 **607**
ゲンチェン (Gentzen, Gerhard)
　〜システム 882
限定記号消去法 5
原論 (Euclid) 28, 29, 31, 945

コ

語 **33**, 49
　〜演算 **37**, 40, 48
項 **776**
公開鍵 **19**, 651, 659
　〜暗号 4, **19**, 651
　〜暗号系 **750**
交換
　行の〜 137
　列の〜 137
格子 561, **611**, 652, 655
　〜の基底 **612**, 616
　〜の次元 613, 619
　〜ノルム **612**
公式 882
合成数 **668**

剛性な 907
高速
　〜Euclid アルゴリズム 229
　〜Fourier 変換 **23**, 102, **305**, 483
　〜多重点評価 515
　〜たたみ込み積 **306**, **329**
　〜負包みたたみ込み積 312
　〜補間法 **393**
　〜モジュラ合成 **439**, 542
　〜累乗 483
剛的 17, 19
　〜な配座 **15**
交点
　2 つの代数曲線の〜 179
合同
　法として〜 **85**, **917**
項比 856
公約元 919
公理 28, 29, **881**, 884
　選択〜 78
コーシー (Cauchy, Augustin Louis)
　〜–Schwarz の不等式 626, **645**
　〜補間 148, 149, 152, 175, 246, 247
ゴスパー (Gosper, Ralph William Jr.)
　〜–Petkovšek 表現 **878**
　　拡張された〜 **878**
古典的 **42**
コード 13, 21
異なる次数
　〜の因数分解 483, 487, **492**, 506, 595
　〜の分解 492, 517, 545
固有値 **933**
暦 **104**
根
　1 のべき乗〜 483, 495
　　原始〜 532
　整数〜 507, 508, 595
　〜の探索 **506**, 589, 590, 602
　　有限体上の〜 487, **506**, 540, 554
　有理数〜 589, 602
根基 **804**
混合基数表現 **167**, 169
混成アルゴリズム **366**, 531, 636

困難な決定問題 943

サ

座 **885**
最高次
　～の係数 **776**, **921**
　～の項 **776**
　～の単項式 **776**
最小
　～Euclid 関数 **77**
　～距離 **274**, 276–278
　～公倍元 **54**
　～公倍数 69
　絶対値～ 89
　　～の余りをとる Euclid アルゴリズム 82
　～多項式 226, 265, 275, 523, 525, **924**, **933**
　　行列の～ 523
　　数列の～ 523, 525
　　代数的元の～ 536
最上位 **34**, 47
最大
　～階乗分解 **849**, **850**
　～公約元 **54**, 55, **919**
　～公約数, gcd 3, 53, 67, 69, 179
　　多変数多項式の～ 602, 641, 648
　～ノルム, $\|\cdot\|_\infty$ **202**, 214, 237, 249, 637, **646**
最短のベクトル 619, 637, 642, **646**
最尤復号 **274**
座標 **930**
差分
　～作用素 **840**, 841, 858, 873, 875
　～体 **856**, 858, 877
　～方程式 5, 858, 870, 877, 890
作用素
　差分～ **840**, 841, 858, 873, 875
　シフト～ **840**, 842, 856, 857, **873**
　微分～ **810**, 870, 875
三角形分割 257
散在 125

～多項式
　～の因数分解 642
　～の補間 643
～表現 **638**, 641, 642, 648
3 次のスプライン関数 **174**
算術 41
　～演算 36, 37, **40**
　～回路 43
　～表現 642, 648

シ

式
　基本対称～ 213
シクロヘキサン 13, 14, 17, 18, 638, 803, 891, 894, 896, 899, 905, 907–909
シクロヘプタン 902
次元 **274**, 276, 894, 926, **930**
　～公式 **930**
　格子の～ 613, 619
　ベクトル空間の～ 519
　有限～ **930**
試験割り算 502
自己準同型
　Frobenius～ **515**, 519, 522, 554
自己相反 **549**
自己同型 570
　Frobenius～ **514**, 542, 601
自己同型写像 **928**
事象 **935**
辞書式順序 **774**
次数 **38**, **921**, 922, **924**, 926
　拡大体の～ 496
　～関数 78, 117
　～公式 **924**
　全～ **202**, 222
　総～ 637, 775, 800, 897, **922**
　多重～ **776**
　～付逆辞書式順序 **774**
　～付辞書式順序 **774**
　～付値 113, 118, **358**
　～列 **116**, **180**, 230, 232–234, 246, 266
自然

～な環準同型　89
　～な環の準同型写像　130, 134, 168, 923
　～な準同型　138
実行可能行列乗算指数　**437**
10 進　102
10 進数　36, 47
10 進表現　44, 124, 654
10 進表示　87, 88, 115
シフト
　～最大公約数　**853**
　～作用素　840, 842, 856, 857, **873**
　～同値類　**852**
射影　224, 615, 624
　～平面　**738**
写像
　F 線形～　**930**
　1 次結合～　196
　1 対 1 の～　915
　上への～　915
周期　**469**
終結式, res　**17**, 179, 187, 195, **198**, 201, 234, 560, 562, 585
　部分～　3, 53, 181, 195, 211, 230, **234**, 258
重心　769, 795, 796
充足不可能な　**882**, 883
柔軟な　907
　～配座　**15**, 19
周波数　106, **469**
　～比　105
主係数　**38**, 45, **921**
種子　653
種数　**739**
主単元　**68**
主部分行列　266
巡回群　546, **914**, 928, 929
巡回たたみ込み積　**300**
順序
　辞書式～　**774**
　次数付逆辞書式～　**774**
　次数付辞書式～　**774**
　整列～　**773**
　全～　**773**

単項式～　**773**
半～　**773**
準同型
　～の核, ker　495, 519
準同型写像
　環の～　130, 134, **916**
　　自然な～　130, 134, 168, 923
　　標準的～　**918**
　群の～　**915**
　線形空間の～　**930**
　自己～　**930**
準同型定理
　環の～　132, **918**
　群の～　496, **915**
商　44, 47, 48, **54**, 55, 58, 63, 65, **70**, 72, 80, **780**, **919**
　伝統的 Euclid アルゴリズムの～　57
上界
　Hasse～　658
　Mignotte～　186, **213**, 215, 221, 239, 252, 253, 560, 563, 565, 589, 608, 630, 633, 634, 636
消去
　変数の～　222
　～法　166
衝撃応答点列　**453**
条件つき確率　888, **935**
昇鎖列条件　785, 792
消失誤り　281
　～コード　**22**
乗法群　116, 131, 167, 275, 276
乗法時間　813
証明システム　**881**, 906
　Gröbner～　881, **884**, 906, 908
　零点定理～　**884**, 906, 908
証明書　**890**
剰余, rem　**780**, **919**
　I を法とする R の～環　**917**
　I を法とする～類　**917**
　～環　88, 93, 210
　～類, mod　**89**, 515, 931
　～類環　115, 116
　割り算の～　525, 575

索引　　　995

初期解　576, 578
除算
　擬～　**45**, 238, 247, **248**, 255, 259, 267, 269
除法の原理　918, 919, 922
シルベスタ (Sylvester, James Joseph)
　～行列, Syl　**198**, 203, 234, 258, 261, 266, 268, 562, 606
真　**881**
信号
　アナログ～　**467**
　周期的～　469
　～処理　4
　ディジタル～　**467**
　離散的～　**467**
　連続的～　**467**
振幅　**469**

ス

推移　**885**
　～律　919
随伴　**870**
推論規則　**881**, 882
数
　～体
　　代数的～　488, 600, 611, 826, 920
　　～篩い法　**740**
　　～論　945
　　解析 (的)～　657, 847
スヴィナートン–ダイヤ
　　(Swinnerton–Dyer, Sir Henry Peter)
　～多項式　561, 569, 570, 572, 600, 603, 642
数値解析　1, 37
スカラー　**929**
　～積　**929**
スターリング (Stirling, James)
　～数　870, 871
　　第 1 種～　**873**
　　第 2 種～　**844**
スターン (Sturm, Jacques Charles François)

　～の定理　119
スーパーコンピュータ　1, 21, 103
スプライン
　Bézier～　**176**, 177
　3 次の～関数　**174**

セ

整域　**918**, 922, 923, 925
　Euclid～　**54**, 121, 130, 132, 172, 187, 203, 204, 241, 772, **919**, 925
　一意分解～　487, 559, 668, **919**, 925
正規　**116**
　～化　**61**, 69, 72, 184, 192, 194, 209, 215
　　～された gcd　194, 215
　～されている　**68**, **187**, **191**
　～拡大体　514
　～基底　95
　～形　**68**, 69, 72, 74, 77, 78, 80, 191, 248, 259, 260
　～直交　620
　　～基底　613, 617, 621, 626, 643
　　Gram–Schmidt の～　**613**, 614, 615, 620, 621, 626, 643
制御点　**176**
整除　341
聖書　29
整数
　p 進～　580, 602
　～環　**920**
　～根　507, 508, 595
　多倍精度～　**34**, 35, 37, 40, 43, 49
　多倍長～　102
　単精度～　36
　～の因数分解　653
　～の積　595
　～の素因数分解　**21**
　～の分割　570, 571, 604
　～の表現　34
　～論　4, 487
　　計算理論的～　5
生成

イデアルを〜 **770**, 917
群を〜 **914**
巡回群の〜元 **914**
〜多項式 **276**, 277, 282
　　BCH 符号の〜 280, 281, 537
部分空間を〜 **929**
正接関数 154
正則 128, 137, 146, 277
〜行列 111, 616, 643, **931**
整列順序 **773**
ゼータ関数, ζ 658
積
行列の〜 531, 939
〜時間 (**M**) 492
スカラー〜 **929**
整数の〜 595
多項式の〜 595
〜の部分群 496
モジュラ〜 595
積分 5, 23, 126, 258, 510, **810**
〜法
　　有理関数, 超指数関数の〜 4
設計距離 **277**, 278
接続多項式 **80**, 117
漸化式 1
漸近的な計算量 6
線形
〜Diophantine 方程式 85, **96**, 98, 110, 117
(F 上) 〜再帰的 **442**
〜計画法 611
〜合同疑似乱数発生器 651, **653**
〜時間 813
〜写像 128
ソフト〜 941
〜代数 4, 5, 25, 231, 483, 519, 542, 613
　　ブラックボックス〜 435, **441**, 449, 457, 522, 525
　　明示的〜 525
〜代数学 136
〜符号 **274**, 281
〜方程式 1
〜連立方程式 626

〜の解 595
全次数 202, 222
全射 **915**
全順序 **773**
全単射 **915**, 916
1000 年間のバグ 105

ソ

疎 **51**
〜線形代数 458
素 **190**
素因数基底 **715**
素因数分解 133, 166
整数の〜 21
〜の一意性 918
像 **915**, **918**, **930**
早期停止 **493**
総次数 637, 775, 800, 897, **922**
素元 **919**
〜分解環 189
素数 20, 30, 141, 256, 545, **668**
〜性テスト
　　円分法〜 692
単精度の〜 85, 142
〜定理 **123**, 483, 560, **676**
〜のべき **122**
〜のモジュラアルゴリズム 257, 559, 594, 595, 608
〜判定 4
〜テスト **20**, 95
ソート 257
ソフト1次 941
ソフトオー, $\tilde{O}$〜 945
ソロベイ (Solovay, Robert Martin)
〜と Strassen の素数テスト 207

タ

体 **38**, **923**, 925
Hilbert〜 643
拡大〜 92, 514, 527, 531, **924**
Galois〜 602

索引

正規〜 514
代数(的)〜 488, 496, 514, 527, 531, 637, **924**
　〜の次数 496
　有限次〜 **924**
完全〜 **513**
差分〜 **856**, 858, 877
商〜 50, 99, 187, 190, 192, 194, 201, 229, 241, 249, 259, 559, **924**
素〜 **926**
代数〜 226
定数〜 **856**
2次〜 920
微分〜 **810**, 811
部分〜 117, **924**
分解〜 229, 552, 556, 570
　(最小)〜 **926**
分数〜 646
有限〜 3, **21**, 24, 67, **91**, 95, 110, 506
ダイアトニック音階 106, 107
太陰太陽暦 104
太陰暦 **104**
対称
　〜暗号系 **19**
　〜群 571, 601, **916**
　〜系 138
　〜体系表現 563
　〜律 919
対数 **811**
　〜微分 **822**
　〜部分 **812**
代数 **928**
　〜回路 803
　〜学の基本定理 482, **926**
　〜幾何学 664, 772
　〜曲線 13, **905**
　〜計算のシステム 488
　微分〜 809, **810**, 831, 834
　〜多様体 223, 767, 796, 797
　〜不等式 905
　〜閉体 772, 801, 807, **926**
　〜閉包 933
　〜方程式 905

代数的 **924**
　〜拡大体 488, 496, 514, 527, 531, 637, **924**
　〜計算量理論 941
　〜数 265
　〜数体 488, 600, 611, 862, 920
　〜に閉じている **222**
　半〜 **905**
代入 **923**
代表系 **918**
代表元 138
　〜系 **89**
　〜の取り替え **301**
　標準的〜 515
太陽年 104
太陽暦 **104**, 105
多因子 Hensel 持ち上げ 581, 585
楕円
　〜曲線 658, **726**
　　〜テスト **692**
　〜法 611
互いに素 **55**, **919**
タクシー数 **694**
多項式
　Frobenius 写像の〜表現 515, 527
　〜G に関して被約 **793**
　S〜 787
　Swinnerton–Dyer〜 561, 569, 570, 572, 600, 603, 642
　〜イデアル 643
　円分〜, Φ_n **532**, 534, 537, 545, 570, 603
　〜環 3, **921**
　既約〜 **91**, 487, 525, 535, 544
　〜計算系 **906**
　原始的〜 191, 208, 214, 216, 219, 247, 258, 263, 269, **559**
　最小〜 226, 265, 275, 523, 525, **924**, **933**
　〜時間, $\mathcal{P}$ 941
　　〜帰着可能 **943**
　　〜同値 **943**
接続〜 **80**, 117

多変数〜 4, 5, 25, 74, 125, 248, 257, 263, 488, 637, **922**
置換〜 **550**
特性〜 **443**, 542, **933**
2変数〜 179, 208, 230, 237, 241, 264, 267, 269, 591, 611, 637
〜の余りの列 259
〜の因数分解 2, 5, **17**, 483, 487, 629, 653
〜の掛け算 **41**, 43, 46
〜の積 595
〜の部分 118
〜のブラックボックス表現 **640**
〜の和 4, 39
部分終結式〜 259
分離〜 **497**, 499, 513
平方自由〜 488, 514, 553, 585
〜方程式 1, 3, 5, 574
モニックな〜 68, 72, 73, **921**
ランダム〜 116, 259, 489, 530, 541, 552, 556, 595, 596
足し算
　モジュラの〜 90
　〜連鎖 110
多重次数 **776**
多重点評価 515, 525
たたみ込み **841**, 906
　〜積 **300**
多倍精度整数 **34**, 35, 37, 40, 43, 49
　〜の和 35
タブロー 882
多変数
　〜Newton反復法 581
　〜多項式 4, 5, 25, 74, 125, 248, 257, 263, 488, 637, **922**
　　gcd 247, 602, 641, 648
　〜の因数分解 **637**, 642, 648
多様体 **770**
　代数〜 223, 767, 796, 797
単元 45, **55**, 90, **919**
　〜の群 77
単項式
　〜イデアル **780**

最高次の〜 **776**
〜順序 **773**
単射 **915**
誕生日問題 **709**
単精度 **34**, 35, 42, 47, 49, 50
　〜Fourier素数 **696**
　〜整数
　　〜の和 36
　〜の素数 85, 142

チ

小さい素数 **121**, 122, 247, 252
　〜のモジュラEEA **243**, 247, 253, 595
　〜のモジュラgcd **216**, 219, 253, 595
　〜のモジュラアルゴリズム 124, 172, 573, 594, 595, 603, 607
　〜のモジュラ計算 140
チェボタレフ (Chebotarev, NikolaïGrigor'evich)
　〜定理 570–572, 601, 603
置換 570, **915**, 931
　〜行列 624, **931**
　〜多項式 **550**
　〜の巡回の型 601
中間表現
　〜の増大 **123**, **184**
　〜の膨らみ 799
中国剰余 165
　〜アルゴリズム 3, 22, **124**, 125, 129, 132, 220, 221, 245, 247, 919
　　高速〜 813
　〜定理 20, 93, **131**, 496, 548
　〜問題 135, 136, 141, 143
　有理〜 **175**
稠密 125
　〜表現 **301**, **637**
チューリング (Turing, Alan Mathison)
　〜マシン 37, 941, 943
　　片側モンテカルロ〜 **942**
　〜帰着 **943**
　　ラスベガス〜 **943**
　　両側モンテカルロ〜 **942**

索　引

調　106
超越的　**924**
蝶演算　**306**
超幾何
　〜級数　**871**
　〜数列　483
　〜和　4
超幾何的　**856**
　〜和の問題　858
超計量不等式　**359**
超指数関数積分法　4
超指数積分問題　**822**
超指数的　**822**
超増加列　652
重複　260
調和数, H_n　601, **846**
直積
　環の〜　**918**
　群の〜　**915**
　有限確率空間の〜　937
直線プログラム　**639**, 643
直交　**611**, 615, 616, 622, 627, 641, 655
　〜補空間　615
　〜する　**935**

ツ

ツァッゼンハウス (Zassenhaus, Hans Julius)
　〜アルゴリズム　585, 589, 591
通信経路　273

テ

ディオファンタス (Diophantine)
　〜近似　3, **99**, 100, 108, 611, 642, 654
　　連立〜　**108**, 651, **654**, 657
　〜方程式　663
　　線形〜　85, **96**, 98, 110, 117
ディクソン (Dickson, Leonard Eugene)
　〜の補題　781, 783, 784, 805
ディクソン (Dixon, John D.)
　〜の方法　714

ディジタル信号　**467**
定数積分　690
テイラー (Taylor, Brook)
　一般〜展開　344, 345
　〜係数　**143**
　〜多項式　155
　〜展開　124, 154, 346, 347, 350, 809
　　f の u のまわりでの〜　**142**
定理　**881**
デェイビス (Davis, Martin David)
　〜–Putnam の方法　882
データ構造　121, 637
データベースの整合性　44
テープリッツ (Toeplitz, Otto)
　〜行列　262
点火　**885**
天気予報　1
伝送　274
　〜経路　21
　〜誤差　273
　〜レート　275
伝達経路　19
伝統的 Euclid アルゴリズム　**56**, 65, 69, 79, 99, 118, 119, 123, 184, 240, 243, 255, 258
　拡張〜　72, 73, 100, 118, 138, 157, 238, 245, 268

ト

導関数　142, 143, 200, 810, 834
同型
　環の〜　916
　群の〜　131, **915**
　線形空間の〜　**930**
同型写像
　環の〜　916
　群の〜　**915**
　線形空間の〜　930
　自己〜　**930**, 931
等式　82
到達問題　**886**
同値関係　115, 557, **919**

同伴　**55**, **187**, **919**, 920
特異点　149, 167
特性集合　803
特性多項式　**443**, 542, **933**
　　行列の〜　542
独立
　　〜確率変数　**936**, 937
　　〜事象　**936**
トークン　**885**
閉じた式　1
凸体　611
凸包性　257
トレース　493, 542
ドンキホーテ　112

ナ

内積　15, 17, **611**, 626, 643, **934**
内容, cont(·)　**559**, 903
長さ　**34**, 180, **274**, 276
ナップザック
　　〜暗号系　**651**, 652, 659
　　〜問題　651
滑らかな　152
　　〜数　545

ニ

2項
　　〜係数　213, 870, 871, 890
　　〜式　800
　　　　〜イデアル　**800**, 886, 906
　　〜定理　95, 870, 875
2次の時間　**42**
2次篩い　**724**
2進 Euclid アルゴリズム　75, **81**
2進表現　94, 124, 527, 652
2進暦　**105**
2ノルム, $\|\cdot\|_2$　211, 611, 612, 619, 629
2変数
　　〜多項式　179, 208, 230, 237, 241, 264, 267, 269, 591, 611, 637
　　　　〜の因数分解　559, 591, **593**, 636,
637, 640, 642
　　〜の補間多項式　170
　　モジュラ〜EEA　246
ニュートン (Newton, Sir Isaac)
　　〜逆元計算　338, 341, 350
　　　　p進〜　342
　　〜展開　873
　　〜反復法　113, 124, 125, 335, 337, **338**, 342, 347, 349, **350**, 573, 574, 579, 581, 583
　　　　多変数〜　581
　　　　p進〜　**350**
　　〜補間　**128**, 169, 172, 873

ネ

ネーター (Noether, Emmy)
　　〜環　785

ノ

濃度　914
ノルム　541, **612**, **920**
　　Euclid〜, $\|\cdot\|_2$　**202**, **611**, 612, 619, 629, **934**
　　q〜　**934**
　　1〜　**213**
　　極大〜　**934**
　　格子の〜　612
　　最大〜, $\|\cdot\|_\infty$　**202**, 214, 237, 249, 637, **646**
　　2〜　211, 611, 612, 619, 629

ハ

倍音　470
配管
　　ひざ形〜　16, 17
配座　**15**, 17
　　いす形〜　14
　　剛的な〜　**15**
　　柔軟な〜　**15**, 19
　　船型〜　15, 17

索引 1001

倍精度の整数 33
バックトラッキングアルゴリズム 883
発見的 gcd 263
　〜アルゴリズム 254
発見的アルゴリズム 270
ハッシュ法 110, 257
ハッセ (Hasse, Helmut)
　〜上界 658
パデ (Padé, Henri Eugène)
　〜近似 101, 125, 148, **152**, 154–156, 166, 167, 175, 281
半音音階 **107**
反射律 919
半順序 **773**
バンデルモンド (Vandermonde, Alexandre Alexis Théophile)
　〜の行列 **128**, 278
　〜のたたみ込み **874**
反転, rev 265, **336**, 549
　〜公式
　　　Möbius〜 **529**, 534, **556**
反駁 **882**, 882
反復 Frobenius アルゴリズム 95, 514, **515**, 517, 523, 527, 542, 544, 552, 553
判別式, disc 200, 270, 561, 572, 586, 588, 601, 608, 897
　モジュラ〜
　　　大きい素数の〜 595
　　　小さい素数の〜 595

ヒ

ピアノ 108
非 Archimedes 的付値 **359**
非剰余 541
非正則 266
　〜行列 **931**
非対称 **19**
ピタゴラス (Pythagoras)
　〜音律 106
　〜学派 668
　〜の 3 項組 738, **742**
ビット演算 **37**

非特異 726
等しい次数
　〜の因数分解 487, **500**, 549, 595, 598
　〜の分離 **497**, 500, **549**
微分 154, 169, 279, 508, 810, 811, 841, 867
　〜作用素 **810**, 870, 875
　自明な〜 **810**, 834
　〜体 **810**, 811
　〜代数 809, **810**, 831, 834
　〜方程式 1, 5, 555, 831, 834, 848, 870
ピボット 137
　〜成分 138, 139
秘密鍵 **19**, 652, 659
秘密の共有 3, 13, 21, 22, **128**, 165
非 Euclid 幾何 29, 484, 485
評価
　多重点〜 515, 525
　　高速〜 515
表現
　r 進〜 38
　体系〜
　　対称〜 563
　標準〜 **34**, 35, 43, 64, 65, 92
標準形 146, **158**, 159
標準的
　〜代表元 515
標準表現 **34**, 35, 43, 64, 65, 92
標準偏差 253, **936**
標数, (char) 810, 813, 819, 828, 856, 865, **924**, 926
　環, 体の〜 509, 510, 513, 535, 593, 594
ヒルベルト (Hilbert, David)
　〜既約性定理 640, 643
　〜体 643
　〜の基底定理 780, 784–786, 802
　〜の第十問題 111

フ

フィボナッチ (Fibonacci, Leonardo Pisano)
　〜数 **65**, 75, 82, 112

～数列 81, **443**
フィンガープリント 114
フィンガープリント法 **86**, 109
フェルマー (Fermat, Pierre de)
　～liar **671**
　～witness **671**
　～数 **663**, 671
　～多項式 **637**
　～テスト **670**
　～の最終定理 664
　～の小定理 **96**, 110, **490**, 514, 664, 669
復号 19
複雑さの理論 4
複素共役 920
複多項式 2 次篩い 738
符号
　BCH～ 273, **276**, 487, 532, 537, 538
　誤り訂正～ **22**, 273
　～化写像 **274**
　～化率 **274**
　～語 280
　～理論 44, 273, 280, 537
　巡回～ 537
　線形～ **274**, 281
双子素数 103
付値 117, **357**
　p 進～ **358**
　x 進～ 113, 119, **358**
　次数～ 113, 118, **358**
　非 Archimedes 的～ **359**
ブッフベルガー (Buchberger, Bruno)
　～のアルゴリズム 767, 791–794, 801, 805
不定元 **922**
不定和 **840**
不等式
　Cauchy–Schwarz の～ 626, **645**
　Hadamard の～ 172, 612, 616
　Landau の～ **212**
浮動小数点
　～演算 102, 642
　～数 **37**
　～表現 124

浮動点多項式 23
船形 14, 18
　～配座 15, 17
負の包みたたみ込み積 **310**
部分
　～空間 **929**
　～群 **483**, **914**
　～終結式 3, 53, 181, 195, 211, 230, **234**, 258
　　～多項式の余りの列 259
　　～の理論 38
　～集合和
　　～暗号系 658
　　～問題 **651**, 652, 658
　～線形空間 274
　～体 117, **924**
　～分数展開 176
　～分数分解 124, 161, **162**, 164, 165, 167, 555
ブラックボックス 125, 442, 457, 640, 643
　～線形代数 435, **441**, 449, 457, 522, 525
　多項式の～表現 **640**
フーリエ (Fourier, Jean Baptiste Joseph)
　～級数 **469**
　～係数 **470**
　～素数 **123**, **317**, **696**
　～変換
　　高速～ **23**, 102, **305**, 483
　　離散～ **299**, 470
　　連続的～ 469
ブール (Boole, George)
　～変数 **883**
篩い
　Eratosthenes の～ 221
プレイボーイ誌 482
フレゲ (Frege, Friedrich Ludwig Gottlob)
　～–Hilbert の証明 882
プログラムのチェック 44
フロベニウス (Frobenius, Ferdinand Georg)
　～自己準同型 515, 519, 522, 554
　　～の多項式表現 515, 527

索　引　　　　　　　　　　　　　　　　　　　　　　　　　　　　　　　　　*1003*

～自己同型　**514**, 542, 601
～写像　**928**
～同型写像　**928**
反復～アルゴリズム　95, 514, **515**, 517, 523, 527, 542, 544, 552, 553
～密度定理　570–572, 601
分解　882
　一意～整域　487, 559, 668, **919**, 925
　～体　229, 552, 556, 570
分割戦略　546, 596
分散　**877**, **936**
　～計算　22
　～データ構造　21, **22**
分子配置　891, 894, 896, 900, 905, 907–909
分離
　～多項式　**497**, 499, 513
　等しい次数の～　**497**, 500, **549**

へ

平均値　936
平均の場合の多変量解析　76
平均律　**107**, 108
　19音～　109
並行　124, 140
閉式　839, 875, 907
平方　94
　～剰余の相互法則　482, **684**
　～と掛け算　93
平方自由　**66**, 542, 562, 920
　～因数分解　487, 488, 502, 508, **510**, 514, 537, 551, 595
　～多項式　488, 514, 553, 585
　～部分　**509**, 510, 535, 542, 551
　～分解　**510**, 552, 597, 608, 636
　　原始的～　**607**
平方特性関数　**720**
平面曲線　224, 258, 265, 771, 798
　～の共通部分　222
　～の交わり　**221**
並列計算　5, 22, 25, 531, 597
べき級数　82, 101, 119, 152, 166

～環　922
べき乗根
　1の～　23
べき数列　580
ベクトル　**929**
　～空間　519, **929**
　　～の次元　519
　最短の～　619, 637, 642, **646**
　短い～　4, 561, 611, 619, 637, 641, 652, 658
ベジェ (Bézier, Pierre Étienne)　176
　～曲線　**176**
　～スプライン　**176**, 177
ベズー (Bézout, Étienne)
　～行列　256, **261**
　～係数　**70**, 179, 256
　～互いに素　**581**, 608
　～の定理　202, **222**, 223, **900**
ペトリ (Petri, Carl Adam)
　～網　884, **885**, 886, 906, 908
ペトロ (Petr, Karel)
　～–Berlekamp 行列　**519**, 522, 554
部屋割り論法　**882**, 906
ベルカンプ (Berlekamp, Elwyn Ralph)
　～アルゴリズム　519, **520**, 522, 542, 543, 548, 554, 556
　～行列　519, 522, 554
　～代数　**519**, 521, 542, 548, 553, 555, 557
　～の多項式　207
ベルヌーイ (Bernoulli, Jakob)
　～確率変数　**937**
　～数　845, 870, **874**
偏差
　標準～　253, **936**
ヘンゼル (Hensel, Kurt Wilhelm Sebastian)
　～ステップ　**575**, 577, 578, 581, 582, 605
　～補題　**577**, **580**
　～持ち上げ　4, 124, 125, 483, 559, **573**, 579, **581**, 585, 587, 589–592, 600–602, 606, 630, 631, 634, 635, 640, 642

多因子～ 581, 585

ホ

方程式
　1次～　1, 4, 82, 162, 226
　差分～　5, 858, 870, 877, 890
　多項式～　1, 3, 5, 574
　微分～　1, 5, 555, 831, 834, 848, 870
法として合同　85, **917**
飽和　**876**
補間　21, 23, 121, **125**, 217, 218, 641, 643
　Cauchy～　**148, 149**, 152, 175, 246, 247
　Hermite～　**142, 143, 144**, 148, 174
　Lagrange～　127, 553
　Newton～　**128**, 169, 172, 873
　～アルゴリズム　247
　～公式
　　Euler～　170
　　Lagrange の～　21, 125, 148, 169
　散在多項式の～　643
　～多項式　21
　　Lagrange～　134
　　2変数の～　170
　～法　166
　有理～　149, 150, 166
母関数　907
補題　255
ポックハマー (Pochhammer, Leo)
　～記号　871
ホーナー (Horner, William George)
　～法　**126**, 168
ホルン (Horn, Alfred)
　～の条項分解　882, 884

マ

マーテンズ (Mertens, franz Carl Joseph)
　～予想　651, **657**, 658
マーク付け　**885**
交わり
　平面曲線の～　**221**

マシンサイクル　36, 50, 124
丸め誤差　**37**

ミ

右剰余類　**914**
ミグノット (Mignotte, Maurice)
　～の因子上界　179, 210
　～の上界　186, **213**, 215, 221, 239, 252, 253, 560, 563, 565, 589, 608, 630, 633, 634, 636
短いベクトル　4, 561, 611, 619, 637, 641, 652, 658

ム

無限遠の直線　738
無限降下法　663

メ

明示的線形代数　525
命題計算　**881**
メービウス (Möbius, August Ferdinand)
　～関数, μ　**529**, 556, **657**
　～反転公式　**529**, 534, **556**
メルセンヌ (Mersenne, Marin)
　～数　328, **667**

モ

モジュラ　186
　～gcd　186, 195, 216, 247, 257
　　大きい素数の～　**208, 214**, 253, 531, 595
　　小さい素数の～　**216, 219**, 253, 595
　　2変数の～　**208, 216**
　～gcd アルゴリズム　202, 206, 209, 210, 216, 263
　～gcd 計算　179
　～アルゴリズム　3, 22, **121**, 122, 194, 206, 250, 527, 559, 573, 653

索引　　　　　　　　　　　　　　　　1005

　　　大きい素数の〜　195, 207, 269, 270,
　　　　　573, 593–595
　　　行列式の計算の〜　142
　　　素数のべきの〜　257, 559, 594, 595,
　　　　　608
　　　小さい素数の〜　124, 172, 573, 594,
　　　　　595, 603, 607
　〜因数分解　563, 585, 591, 631
　　　大きい素数の〜　559, 561, 563, 603
　　　素数のべきの〜　561, 585, 591, 601,
　　　　　603
　〜拡張 Euclid アルゴリズム　237
　　　大きい素数の〜　253
　　　小さい素数の〜　243, 247, 253, 595
　　　2 変数の〜　246
　〜行列式　136, 166
　　　小さい素数の〜　245
　〜計算　923
　〜合成　439, 525, 526, 553
　　　高速〜　439, 542
　〜コンピュータ算術　166
　〜算術　85, 87
　〜積　595
　〜2 変数 EEA　246
　〜の掛け算　90
　〜の足し算　90
　〜判別式
　　　大きい素数の〜　595
　　　小さい素数の〜　595
　〜法
　　　小さい素数の〜　174, 216
　〜を使う類似アルゴリズム　237, 241
文字列照合　114
モニック　38, 42, 47, 69, 193, 249, 255
　〜な Euclid アルゴリズム　76
　〜な gcd　192, 200
　〜なアルゴリズム　250
　〜な余りを持つ Euclid のアルゴリズム
　　　243
　〜な拡張 Euclid アルゴリズム　241
　〜な多項式　68, 72, 73, **921**
　〜な定数でない gcd　186
モビール　**400**

　　推計的〜　**401**
モンテカルロ
　〜Turing マシン
　　　片側〜　**942**
　　　両側〜　**942**
　〜アルゴリズム　**207**, 257, 554, 946

ヤ

ヤコビ (Jacobi, Carl Gustav Jacob)
　〜記号　657, **684**

ユ

有限
　〜確率空間　**935**, 936, 938
　〜次元　**930**
　〜素体, $\mathbb{F}_p$　544, 554, 597, 608
　〜体　3, 21, 24, 67, 91, 95, 110, 506
　　　〜上の既約性判定　**526**
　　　〜上の根の探索　487, **506**, 540, 554
　〜体 $\mathbb{F}_p$, $\mathbb{F}_q$　**91**
　〜連分数　117
有効 1 変数多項式因数分解　**591**, 594,
　　611, 636, 648
有向グラフ　546, 604
有理 Hermite 補間　148
有理関数　148, 155, **924**
　〜積分法　4
　〜の標準形　146, 147, 150, 152, 153,
　　156, 158, 159
　　　〜の解　176
　〜の復元　**144**, 147, 148, 156
有理数
　〜根　589, 602
　〜の再構成　174, 186, 244, 245, 247
　〜の復元　156
　〜近似　101
　　π の〜　102
有理部分　**812**
有理補間　149, 150, 166
ユークリッド (Euclid)
　〜アルゴリズム　5, 30, 53, 90, 919

余りを伴う〜 76
拡張〜 **20**, **56**, 66, **69**, 81, 241, 279, 525, 578, 582–584, 654
原始的〜 **248**, 249, 250, 255, 259, 269, 270
高速〜 229
〜高速法 4
2 進〜 75, **81**
モニックな〜 76
〜関数 **54**, 56, 57, 74, 80, **919**
最小〜 **77**
〜数体 945
〜整域 **54**, 121, 130, 132, 172, 187, 203, 204, 241, 772, **919**, 925
〜ノルム 15, **202**, **611**, 612, 619, 629, **934**
〜表現 **79**
ユニモジュラ 111
〜行列 644
〜変形 111
ユリウス暦 **104**, 113
ユン (Yun, David Yuan Yee)
〜のアルゴリズム 510, 568, 819, 820

ヨ

余弦定理 15

ラ

ライプニッツ (Leibniz, Gottfried Wilhelm Freiherr von)
〜の法則 347, 550
ラグランジェ (Lagrange, Joseph Louis)
〜基本多項式 **126**, 127, 131, 134, 165, 168
〜の乗数 **806**
〜の定理 533, 535, **914**, 927, 930
〜の補間公式 **21**, 125, 148, 169
〜補間 127, 553
〜補間多項式 134
〜補間法 391, 396
ラスベガス

〜Turing マシン 943
〜アルゴリズム **207**, 257, 520, 608, 946
ラビノウィッチ (Rabinowitsch, J. L.)
〜の方法 802
ラプラス (Laplace, Pierre Simon)
〜展開 244, **933**
乱数
擬似〜発生器 651, 653, 659
ランダウ (Landau, Edmund Georg Hermann)
〜の不等式 **212**
ランダム 129
〜多項式 116, 259, 489, 530, 541, 552, 556, 595, 596
〜な元 228, 548
乱年 **104**

リ

リーマン (Riemann, Georg Friedrich Bernhard)
〜仮説 545
拡張〜予想 **691**
〜ゼータ関数, ζ 76, 658, **690**, 847
〜予想 658, **690**
離散 Fourier 変換 **299**, 470
離散的 (時間) 信号 **467**
離散余弦変換 **472**
率
符号化〜 274
立体視画像 14
立体配座 13, 14
領域限定計算量 944
量子群 24
理論 **881**

ル

ルジャンドル (Legendre, Adrian Marie)
〜の記号 **684**

索　引　　　　　　　　　　*1007*

レ

零因子　115, **297**, **918**
零次元　**798**
零点定理　**772**, **801**
　～証明システム　**884**, 906, 908
連続的信号　**467**
連分数　3, 85, **99**–101, 105, 112, 113, 117, 166
　～展開　**99**–101, 105, 108
　～表現　101
　～法　740
連立1次方程式　1, 151, 165, 173, 237, 279, **931**

ロ

ローカルエリアネットワーク　21
論理式　944

ワ

和　126
　多項式の～　4, 39
　多倍精度整数の～　35
　単精度整数の～　36
　超幾何～　4
　不定～　**840**
ワイエルシュトラス (Weierstraß, Karl Theodor Wilhelm)
　～の係数　**726**
　～の方程式　**726**
割り算　76
　余りを伴う～　3, 30, **44**, 45, 48, 54, 61, 72–74, 125, 165, 777, 780, 784, 786
　試験～　502
　多項式の～　46
　多変数多項式の～　773, 778
　～の剰余　525, 575
割る　**917**

A

AAECC　25
Abbott, John　600
Abel, Niels Henrik　484
　～群　**915**
Abramov, Sergeĭ Aleksandrovich　9, 833, 872, 877, 878
Adleman, Leonard Max　545, 658, 688
Agrawal, Manindra　700
Ajtai, Miklos　641
Alice　19–21, 652
Almkvist, Gert　832, 872
Alon, Noga　281
Amerbach, Bonifatius　29
Amoroso, Francesco　802
Andrews, George Eyre　906
Antoniszoon, Adrian　102
Apéry, Roger　872, 890, 907
　～数　**890**
Apollonius　258
Apostol, Tom Mike　76
Archimedes　28, 482, 484, 870
Aristotle　29
Arwin, Axel　540
Āryabhata　74, 112
Āryabhatīya　74
Asmuth, Charles A.　165
Axiom　23
aの係数　38

B

Babai, Lászeló　257, 945, 946
Bach, Carl Eric　8, 75, 544, 545, 688
Bach, Johann Sebastian　107
Bachet, Claude Gaspard　74
Bachmann, Paul Gustav Heinrich　945
Bailey, David Harold　2, 103
Baker, George Allen Jr.　166
Bareiss, Erwin Hans　166
Barnett, Michael　9

Bauer, Andrej 872
Bayer, David 803
BCH 符号 3, 273, 275, **276**, 277, 278, 281, 487, 532, **537**, 538
  〜の生成多項式 280, 281, 537
Beame, Paul William 8, 906
Becker, Thomas 802
Ben–Or, Michael 530, 531, 544, 643, 803
Benecke, Christof 908
Berenstein, Carlos Alberto 802
Berggren, Lennart 113
Berlekamp, Elwyn Ralph 257, 280, 281, 519, 522, 524, 539, 541, 544, 555, 597, 600, 602
  〜アルゴリズム 519, **520**, 522, 542, 543, 548, 554, 556
  〜行列 519, 522, 554
  〜代数 **519**, 521, 542, 548, 553, 555, 557
  〜の多項式 207
Berman, Benjamin P. 831
Bernardin, Laurent 606
Bernoulli, Jakob
  〜確率変数 **937**
  〜数 845, 870, **874**
Bernoulli, Johann 832
Bernstein, Daniel J. 322
Bert 170
Bertossi, Leopoldo 8
Beschorner, Andreas 9
Bessy, Bernard Frénicle de 663
Bézier, Pierre Étienne 176
  〜曲線 **176**
  〜スプライン **176**, 177
Bézout, Étienne 256, 258, 945
  〜行列 256, **261**
  〜係数 **70**, 179, 256
  〜互いに素 **581**, 608
  〜の定理 202, **222**, 223, **900**
Big–O, $O(\cdot)$ 940
Binet, Jacques Philippe Marie 75
BIPOLAR 4, 24, 595, 597
Birckell, Ernest F. 658

Blakley, George Robert (Bob) 165
Blau, Peter 8
Blömer, Johannes Friedrich 281
Bob 19, 20, 652
Bolyai de Bolya, Johann 484
Bolyai, Wolfgang 484
Bonnet, Ossian Pierre 485
Boole, George 870
  〜変数 883
Borodin, Allan Bertram 8, 643
Borwein, Jonathan Michael 103, 113
Borwein, Peter Benjamin 103, 113
Bose, Raj Chandra 281
Bosma, Wieb 8
Bouyer, Martine 103
Boyar, Joan 654
BPP 942
Brassard, Gilles 48, 939
Bratley, Paul 48, 939
Brent, Richard 75, 113, 705, 738
Brillhart, John David 704
Bronstein, Manuel 831, 833, 835, 872
Brown, William Stanley 76, 255, 257–259
Brownawell, Woodrow Dale 802
Bucciarelli, Louis 8
Buchberger, Bruno 25, 767, 801, 802
  〜のアルゴリズム 767, 791–794, 801, 805
Buchmann, Johannes 24
Buffon Georges Louis Leclerc, Comte de 257
Bürgisser, Peter 9, 110, 800
Burrus, C. Sidney 322
Buss, Samuel Rudolph 906
Butler, Michael Charles Richard 542
Büttner, J.G. 482
B 数 **716**

C

Caesar, Gaius Julius 104
Camion, Paul Frédéric Roger 541, 542

Caniglia, Leandro 802, 803
Canny, John Francis 803, 908
Cantor, David Geoffrey 322, 366, 524, 539, 540, 602
　〜と Zassenhaus アルゴリズム 494, 525
Carlitz, Leonard 552
Carmichael 関数 **694**
Carmichael 数 **671**
Caron, Thomas R. 688
Castelnuovo, Guido
　〜–Mumford 正規性 803
Cataldi, Pietro Antonio 111
de Casteljau, Paul de Faget 176
Cauchy, Augustin Louis 166, 256, 483
　〜–Schwarz の不等式 626, **645**
　〜補間 **148, 149**, 152, 175, 246, 247
Caviness, Bob Forrester 831
Cayley, Arthur 256
　〜–Hamilton の定理 **934**
Cervantes Saavedra, Miguel de 112
van Ceulen, Ludolph 113
Char, Bruce Walter 263
Chebotarev, Nikolaï Grigor'evich 569, 571, 600, 643
　〜定理 570–572, 601, 603
Chen, Zhi–Zhong 258
Chen, Pehong 10
Chistov, Aleksandr Leonidovich 602, 803
Chor, Ben–Zion (Bermy) 659
Ch'ung–chih, Tsu 103
Chyzak, Frédéric 872
Clausen, Michael Hermann 9, 110, 643
Clegg, Matthew 884
von Coburg, Simon Jacob 75
Cohen, Henri 24
Collins, George Edwin 23, 255, 257–259, 589, 600, 803
co–$\mathcal{NP}$ 943, 944
cont 188, 189, 192, 259
convergent 118
Conway, John Horton 691
Cook, Stephen Arthur 322, 943

Cook, Steve 8
Cookie Monster 170
Cooley, James W. 322
Cooperman, Gene David 258
Coppersmith, Don 543
Corless, Rob 9, 48
Cormen, Thomas H. 48
co–$\mathcal{RP}$ 942, 944
de Correa, Isabel 8
Cowles, John Richard 258
Cox, David A. 797, 801, 802
CRA 132
Cramer, Gabriel 258, 260, 945
　〜の公式 146, 173, 201, 237, 242, 267, 268, 933
　〜の法則 626
Creutzig, Christopher 9
CRT 131, 496, 548
Cunningham, Lt–Col. Allan Joseph Champneys 704

D

Das, Abhijit 9
Datta, Ruchira 9
Daubed, Katja 9
Davenport, James Harold 833
Davis, Martin David
　〜–Putnam の方法 882
de la Place, Pierre Simon, Marquis 945
de Weger, Benjamin M.M 642
Débes, Pierre 643
Decker, Wolfram 9
Dedekind, Julius Wilhelm Richard 484, 542
Delaunay, Charles Eugène 24
DeMillo, Richard Allan 110, 258
derivation 256
DERIVE 23
Descartes, René 662
det 60, 136
Díaz, Angel Luis 258, 643
Dickman の ρ 関数 **719**

Dickson, Leonard Eugene 110, 767
　～の補題　781, 783, 784, 805
Didymos 106
Diffie, Bailey Whitfield 651
Diophantine
　～近似　3, **99**, 100, 108, 611, 642, 654
　　連立～　**108**, 651, **654**, 657
　～方程式　663
　　線形～　85, **96**, 98, 110, 117
Lejeune Dirichlet, Johann Peter Gustav
　　76, 654, 656, 659
DISCO 25
Dixon, Alfred Cardew 872
Dixon, John D. 75
　～の方法　714
Dörge, Karl 601
Dornstetter, Jean Louis 281
Dress, Andreas 643
Drobisch, Moritz Wilhelm 113
Dubé, Thomas William 803
Ducos, Lionel 259
Dupré, Athanase 75
Durucan, Emrullah 9

E

Eberly, Wayne 8
Edmonds, Jack 166, 281
Edmonds, Jeffrey Allen 884
EEA 525, 578, 582–584
Eisenbrand, Friedrich 9
Eisenbud, David 801, 906
Eisenstein, Ferdinand Gotthold Max
　　484
　～定理　602
Ekhad, Shaloch B. 906
Eleatics 29
Emiris, Ioannis Zacharias 9, 908
Encarnaución, Mark James 600
Eratosthenes 28, 668
　～の篩い　221
Erdös, Pál 662
ERH 545

Ernie 170
Euchner, Martin 642
Euclid 3, 28–30, 74, 117, 580, 668, 945
　～アルゴリズム　5, 30, 53, 90, 919
　　余りを伴う～　76
　　拡張～　**20**, **56**, 66, **69**, 81, 241,
　　　279, 525, 578, 582–584, 654
　　原始的～　**248**, 249, 250, 255, 259,
　　　269, 270
　　高速～　229
　　～高速法　4
　　2進～　75, **81**
　　モニックな～　76
　～関数　**54**, 56, 57, 74, 80, **919**
　　最小～　**77**
　～数体　945
　～整域　**54**, 121, 130, 132, 172, 187,
　　203, 204, 241, 772, **919**, 925
　～ノルム　15, **202**, **611**, 612, 619, 629,
　　934
　～表現　**79**
Euclidean engine 257
Eudoxus 28
Euler, Leonhard 76, 94, 110, 112, 113,
　　166, 167, 256, 258, 327, 482, 540,
　　541, 664, 705, 871, 914
　～関数, φ **20**, **93**, 134, 166, 172, 533,
　　668
　～数　870
　～定数　**847**
　～の定理　**20**, **669**
　～の補間公式　170
Evdokimov, Sergeĭ Alekseevich 545
Eve 19
$\mathcal{EXPEXPTIME}$ 944
$\mathcal{EXPTIME}$ 944
EZ–GCD 595, 602

F

f 262, 268, 269
Faddeev, Dmitriĭ Konstatinovic 166,
　　541

索引　1011

Faddeeva, Vera Nikola'evna　166
Fahle, Torsten　9
Fateman, Richard J.　831
Faugère, Jean–Charles　803
Faulhaber, Johann　871
Feisel, Sandra　8, 258
Feller, William　935
Ferdinand, Duke　482
Fermat, Pierre de　4, 8, 28, 94, 95, 110,
　　117, 328, 662, 772, 870, 914, 926, 928
　〜liar　**671**
　〜witness　**671**
　〜数　**663**, 671
　〜多項式　637
　〜テスト　**670**
　〜の最終定理　664
　〜の小定理　**96**, 110, **490**, 514, 664, 669
Fermat, Samuel de　665
FFT　3, 4, 483
　〜を提供する　**307**
Fibonacci, Leonardo Pisano　65
　〜数　**65**, 75, 82, 112
　〜数列　81, **443**
Fich, Faith　8
Finck, Pierre Joseph Étienne　75
Fitchas, Noaï　803
Flajolet, Philippe Patrick Michel　541,
　　542, 907
F_n　110
FOCS　25
Fourier, Jean Baptiste Joseph　322
　〜級数　**469**
　〜係数　**470**
　〜素数　**123**, **317**, **696**
　〜変換
　　　高速〜　**23**, 102, **305**, 483
　　　離散〜　**299**, 470
　　　連続的〜　469
$\mathbb{F}_p$, 有限素体　**91**, 544, 554, 597, 608
$\mathbb{F}_q$, 有限体　91
Fredet, Anne　833
Freeman, Timothy Scott　643
Frege, Friedrich Ludwig Gottlob

〜-Hilbert の証明　882
Freivalds, Rūsiņs　109
Frénicle de Bessy, Bernard　664
Frieze, Alan Michael　654
Frobenius, Ferdinand Georg　166, 256,
　　569, 600
　〜自己準同型　515, 519, 522, 554
　　〜の多項式表現　515, 527
　〜自己同型　**514**, 542, 601
　〜写像　**928**
　〜同型写像　**928**
反復〜アルゴリズム　95, 514, **515**, 517,
　　523, 527, 542, 544, 552, 553
　〜密度定理　570–572, 601
Fröhlich, Albrecht　542
Fuchssteiner, Benno　9, 24

G

g　268, 269
Gallagher, Patric Ximenes　601
Galligo, André　802, 803
Gallo, Giovanni　803
Galois, Évariste　257, 540, 544, 928, 945
　〜拡大　602
　〜群　483, 514, 545, 570–572, 600, 601
　〜体　602
　〜理論　514, 535, 569
Gao, Shuhong　8, 110, 525, 541, 543, 544
Garey, Michael Randolph　658, 944
Garner, Harvey Louis　166
von zur Gathen, Désirée　8
von zur Gathen, Joachim Paul Rudo　76,
　　110, 165, 255, 258, 259, 365, 524,
　　525, 541–543, 545, 550, 597, 602, 642,
　　643, 646, 870, 871, 945
Gauß, Carl Friedrich　4, 28, 76, 113, 166,
　　189, 190, 247, 255, 322, 483, 485,
　　539, 540, 542, 544, 573, 601, 642,
　　871, 922, 945
　〜鐘形曲線　482
　〜周期　95, 483
　〜整数　75, 80

~整数環　54, **920**
~の消去法　111, 136, 138, 140, 141, 166, 173, 247, 483, 519, 521, 613, **932**, 933, 945
~の補題　179, 186, **189**, 201, 559, 565
gcd　28, 55, 58, 68, 74, 90, 194, 208, 209, 217, 227, 251, 252
多くの整数の~　258
多くの多項式の~　**228**
原始的多項式の~　**194**
正規化された~　194, 215
多項式の~　227
多変数多項式の~　247
モジュラ~　257
モニックな~　192, 200
モニックな定数でない~　186
$\gcd(f_1, \ldots, f_n)$　229
gcd アルゴリズム
発見的な~　254
モジュラ~　216
Geddes, Keith　8, 23, 263
Gentleman, W.M.　322
Gentzen, Gerhard
~システム　882
Genuys, François　103
Gergenbauer　76
Gerhard, Jürgen　365, 597, 602, 607, 832, 833, 870, 871, 877
GI　25
Gianni, Patrizia　803
Giesbrecht, Mark　8
Gill, John Thomas, III.　257
Giovini, Alessandro　803
Giusti, Marc François　803
Glesser, Philippe　257
Glover, Rod　8, 9
Gō, Nobuhiro　908
Goldbach, Christian　113
Goldberg, David　9
Gonnet Haas, Gaston Henry　263
Goodman, R. M.　658
Gordan, Paul Albert　258
Gordon, Daniel Martin　602

Gosper, Ralph William Jr.　832, 856, 860, 865, 871, 872, 878
~–Petkovšek 表現　**878**
拡張された~　**878**
Göttfert, Rainer　543
Gourdon, Xavier Richard　541, 542
Grabmeier, Johannes　643
Graham, Ronald Lewis　658, 870, 871, 935, 939
Gram, Jørgen Pedersen　641
~–Schmidt
~正規直交化　**613**, 614, 620, 625, 641, 643, 646
~正規直交基底　**613**, 614, 615, 620, 621, 626, 643
~の直交化法　**935**
~行列　**613**, 623, **895**, **935**
~行列式　623, 624, **935**
Graves–Morris, Peter　166
Gregory, 教皇　104
Grigor'ev, Dimitriĭ Yur'evich　803
Grigoryev, Dima　8
Grigoryev, Dimitriĭ Yur'evich　643
Gröbner, Wolfgang　4, 767
~基底　**17**, 126, 226, **767**, 768, **772**, **785**
極小~　**793**
被約~　**793**
~証明システム　881, **884**, 906, 908
Grotefeld, Andreas Friedrich Wilhelm　365
Grötschel, Maritin　641
Grund, Roland　908
Guibas, Leonidas Ioannis　268
Guilloud, Jean　103

H

Habicht, Walter　258
Hadamard, Jacques Salomon　641
~不等式　**139**, 172, 202, 236, 237, 612, **616**
Al–Hajjaj bin Yusuf bin Matar　29

Haken, Armin 883
Halmos, Paul Richard 691
Halton, John Henry 257
Hamilton, Sir William Rowan 484, 934
Hamming 重み **94**, **274**
Hardy, Godfrey Harold 30, 76, 544, 690
Harlieb, Silke 602
Harris, Mitch 9
Hartlieb, Silke 8
Harun al–Rashid 29
Hasse, Helmut
　〜上界 658
Håstad, Johan Torkel 8, 654
Havas, George 258
Havel, Timothy Franklin 908
Hazebroek, P. 907
Hearn, Tony 23
Heath, Sir Thomas Little 28, 29
Heideman, Michael T. 322
Heilbronn, Hans 75
Heintz, Joos 643, 802, 803
Hellman, Martin Edward 651, 653, 658
Hendriks, Peter Anne 872
Hensel, Kurt Wilhelm Sebastian 573, 601
　〜ステップ **575**, 577, 578, 581, 582, 605
　〜補題 **577**, **580**
　〜持ち上げ 4, 124, 125, 483, 559, **573**, 579, **581**, 585, 587, 589–592, 600–602, 606, 630, 631, 634, 635, 640, 642
　　多因子〜 581, 585
Hermann, Grete 800
Hermite, Charles 812–814, 819, 821, 831, 832, 835, 836
　〜の還元法 876
　〜標準形 **111**, **644**
　〜補間 **142**, 143, 144, 148, 174
Herzog, Dieter 8, 9
heuristic 252
heuristic gcd 253
Hilbert, David 4, 28, 29, 111, 483, 542, 640, 767, 772, 800, 801, 882
　〜既約性定理 640, 643
　〜体 643
　〜の基底定理 780, 784–786, 802
　〜の第十問題 111
Hirn, Andreas 9
Hironaka, 平祐 767
H_n, 調和数 601
Hocquenghem, Alexis 281
van Hoeij, Marinus (Mark) Hubertus Franciscus 9, 642
van der Hoeven, Joris 606
Hoffman, Christoph M. 281, 802
Hohberger, Reinhard 908
Hoover, Jim 8
Horn, Alfred
　〜の条項分解 882, 884
Horner, William George 110
　〜法 **126**, 168
Horowitz, Ellis 814
Huang, Ming–Deh Alfred 545, 643
Huang, Xiaohan 524, 542, 543
Huffman 樹 **402**
Hugenius, Christianus 112
Hungerford, Thomas W. 913
Hurwitz, Adolf 112
Huynh, Thiet–Dung 803

I

Iamblichus 688
IISAC 25
Imirzian, Gregory Manug 643
Impagliazzo, Russell Graham 884, 906
Intel 103

J

Jacobi, Carl Gustav Jacob 113, 166, 256, 484
　〜記号 657, **684**
Jacobian 581, 606
Jenks, Richard 23

Johnson, David Stifler 658, 944, 946
Johnson, Don H. 322
Jones, William 113
Jordan, Károly 870
Journal of Symbolic Computation 25
Journal of the ACM 25
Julia, Gaston 362
Jung, Dirk 9
Jürgens, Hartmut 362

K

Kajler, Norbert 24
Kalorkoti, Kyriakos 9
Kaltofen, Erich Leo 6, 9, 24, 48, 167, 258, 322, 518, 522–524, 541, 543, 600, 640–643, 833
Kanada, Yasumasa 103, 113, 322
Kannan, Ravindran 641, 654
Kao, Ming-Yang 258
Karatsuba, Anatoliĭ Alekseevich 289–296, 306, 312, 319, 322–324, 328, 329, 331, 332, 364
　〜の乗算アルゴリズム 251
　〜の多項式乗算アルゴリズム **292**, 366
Karp, Richard Manning 658, 943
Karpinski, Marek Mieczyslaw 8, 258, 643
Karr, Michael 872
al–Kāshī 103, 109, 112
Kayal, Neeraj 700
Keller, Carsten 8
Keller, Wilfrid 8
Kelley, Collin 10
Kempfert, Horst 539, 601
Kerber, Adalbert 8, 908
al–Khwārizmī 109, 112
Kiyek, Karl–Heinz 9
Klapper, Andrew 9
Klein, Felix 29
　〜群 571
Klinger, Les 8
Knopfmacher, Arnold 541

Knopfmacher, John Peter Louis 541
Knuth, Donald Ervin 9, 30, 48, 75, 76, 110, 112, 322, 539, 654, 688, 870, 871, 935, 939, 945
Koblitz, Neal 688
Koepf, Wolfram 871, 872, 907
Kollár, János 802
Kolmogorov, Andrei Nikolaevich 322
Kotsireas, Ilias 9
Koy, Henrik 642
Kozen, Dexter 803
Krajíček, Jan 906
Krandick, Werner 8, 9
Kronecker, Leopold 166, 174, 256, 323, 333, 600
　〜代入 **648**
　〜置換 **638**
Ku, Yu Hsui 166
Kühnle, Klaus 799, 801
Kummer, Ernst Eduard 664
Kvashenko, Kirill Yur'evich 833

L

Lafon, Jean–Claude 872
Lagally, Klaus 9
Lagrange (la Grange), Joseph Louis 112, 113, 165, 166, 276, 542
　〜基本多項式 **126**, 127, 131, 134, 165, 168
　〜の乗数 **806**
　〜の定理 533, 535, **914**, 927, 930
　〜の補間公式 **21**, 125, 148, 169
　〜補間 127, 553
　〜補間多項式 134
　〜補間法 391, 396
Lagrarias, Jeffrey Clarke 571, 654, 656–659
Lakshman, Marek Mieczyslaw 643
Lakshman, Yagati Narayama 802
λ 64, 180
Lambe, Larry Albert 24
Lambert, Johann Heinrich 102

Laméの定理 75
Lamoort, Leslie 9
Landau, Edmund Georg Hermann 212, 945
～の不等式 **212**
Landry, Fortuné 705
Lang, Serge 643
Laplace (la Place), Pierre Simon, Ma 945
～展開 204, **933**
Laue, Reinhard 908
Lauer, Daniel (Daniel Reischert) 9, 257, 602
Laurent 級数 113, 117
Lazard, Daniel 803, 814, 818, 820, 832
lc 38, 45
Lee, Lin-Nan 2, 658
Legendre (Le Gendre), Adrien Marie 257, 482, 540–542, 601, 604
～の記号 **684**
Lehmer, Derrick Henry 704
Leibniz, Gottfried Wilhelm, Freiherr von 31, 110, 112, 255, 662, 664, 832
～の法則 347, 550
Leiserson, Charles Eric 48
Lemmermeyer, Franz 945
Lenstra, Adjen Klaas 24, 600, 613, 641, 642, 654, 688, 703
Lenstra, Hendrik Willem, Jr. 541, 545, 570, 613, 641, 642, 654, 691, 945
Leonard, Douglas Alan 281
Levelt, Antonius Henricus Maria 907
Levelt, Ton 8
Levin, Leonid Anatol'evich 946
Lewin, Daniel 258
Lickteig, Thomas Michael 238, 259
Lidia 24
Lidl, Rudolf 544, 926
von Lindemann, Carl Louis Ferdinand 102
Lindner, Charles Curt 281
Liouville, Joseph 809, 831
Lipson, John 8, 322

Lipton, Richard Jay 110, 258
Lisoněk, Petr 872
Little, John B. 797, 801, 802
Lloyd, Daniel Bruce 9, 541
Lloyd, Stuart Phinney 544
Lobachevsky, Nikolas 484
Lobo, Austin 522, 523, 525
Lombardi, Henri 259
Loos, Rüdiger Georg Knorrad 602
Lotz, Martin 9
Lovász, Láazeló 613, 641, 642, 654
Lu, Shyue–Ching 658
Luby, Mike 8, 281
Lucas 数列 **83**
Luckey, Paul 112
Lücking, Thomas 8, 9, 255, 259
Luks, Eugene Michael 945
Lüneburg, Heinz 9

M

Ma, Keju 8, 76
Macaulay, Francis Sowerby 256, 803
Machin, John 103
Mack, Dieter 835
Maclaurin, Colin 256, 258
Macsyma 23
MacWilliams, Florence Jessie 280
Magma 23
Mahnke, Dietrich 110
Makowsky, János 8
Man, Yiu–Kwong 872
Manasse, Mark 24
Mandelbrot, Benoît Baruch 362
Mannasse, Mark Steven 688
Maple 10, 23, 25, 80, 102, 182, 224, 235, 250
Massey, James Lee 281
Mathematica 23
Mathematics Computation 25
Matiyasevich, YuriĭIvanovich 111, 831
Matooane, Mantsika 9
Mayr, Ernst Wilhelm 8, 799–803, 906

McAuley, A. J.   658
McEliece, Robert James   281, 541
McInnes, Jim   8
McKenzie, Pierre   8
MEGA   25
Meng, Sun   8
Merkle, Ralph Charles   651, 653, 658
Mersenne, Marin   107, 328, 662
　～数   328, **667**
Mertens, Franz Carl Joseph   657, 658
　予想   651, **657**, 658
Metropolis, Nicholas   257
Metzner, Torsten   9
Meyer, Albert Ronald da Silva   799, 800, 802, 803
Meyn, Helmut   8, 9
Mierendorff, Eva   9
Mignotte, Maurice   257, 545
　～の因子上界   179, 210
　～の上界   186, **213**, 215, 221, 239, 252, 253, 560, 563, 565, 589, 608, 630, 633, 634, 636
Mihăilescu, Preda   8
Mikeladze Sh. E   166
Miller, Gary Lee   689, 699
Minkowski, Hermann   611, 641
Mishra, Bhubaneswar   803
Möbius, August Ferdinand
　～関数, μ **529**, 556, **657**
　～反転公式   **529**, 534, **556**
Moeller   258
Moenck, Robert Thomas   322, 545, 872, 876
Möller, Hans Michael   803
Mora, Ferdinando Teo   803
Morain, François   8
Morenz, Rob   8
Morgenstein, Jacques   803
Moses, Joel   23, 257, 602
Motwani, Rajeev   110, 257
Mourrain, Bernard   908
μ, Möbius 関数   **529**, 556, **657**
Mulders, Thom   258, 647, 832

Müller, Daniel   9
Müller, Dirk   8
Müller, Eva   9
Müller, Olaf   8, 9, 597
Mullin, Ronald Cleveland   110
MuMath   23
Mumford, David Bryant   803
MuPAD   10, 23, 102
Musser, David Rea   600
Myerson, Gerry   8

N

NAG   23
Najafi, Seyed Hesameddin   9
Najfeld, Igor   908
Newton, Sir Isaac   3, 28, 75, 256, 264, 335, 482, 484, 662, 809, 833
　～逆元計算   338, 341, 350
　p 進～   342
　～展開   873
　～反復法   113, 124, 125, 335, 337, **338**, 342, 347, 349, **350**, 573, 574, 579, 581, 583
　p 進～   **350**
　多変数～   581
　～補間   **128**, 169, 172, 873
Nguyen, Phong Quang   659
Nicely, Thomas Ray   103
Niederreiter, Harald Günther   525, 542–544, 554, 658, 926
Niesi, Gianfranco   803
Nöcker, Michael   8, 9, 110, 597
Noether, Emmy   785
　～環   **785**
normal   78
$\mathcal{NP}$ 613, 651, 652, 658, **943**, 944
　co-～   943, 944
　～完全   281
NTL   4, 10, 24, 251, 252, 254, 595, 598, 602, 642
Nüsken, Michael   8, 9

索　引　　　　1017

O

O,「大きな O」　35, 939, 940
$O\sim$, "ソフトオー"　941, 945
Odlyzko, Andrew Michael　268, 571, 641, 658, 907
Oesterhelt, Andreas　9
Oesterlé, Joseph　571
Ofman, Yurii Pavlovich　322
$O(n)$　37
Ong, Heidrun　658
Onyszchuk, Ivan Matthew　110
Oosterhoff, Luitzen Johannes　907
O'Shea, Donal Bartholomew　797, 801, 802
Ostrogradsky, Mikhail Vasil'evich　832

P

$p+1$ 法　740
Padé, Henri Eugène　166
　〜近似　101, 125, 148, **152**, 154–156, 166, 167, 175, 281
Paderborn 大学　6, 24
Pan, Victor Yakovlevich　524, 542, 543
Panario Rodrïguez, Daniel Nelson　8, 9, 110, 541, 542, 544
Papadimitriou, Christos Harilaos　941
Papyrus, Rhind　102
PARI　24
Parsons, David　908
Pascal, Blaise　663
PASCO　25
Patashnik, Oren　10, 870, 871, 935, 939
Paule, Peter　8, 871, 872, 907
Peitgen, Heinz–Otto　362
Pengelly, David　8
Penk, Michael Alexander　75
Pentium　103
Perron, Oskar　112
Peterson, James Lyle　906
Petkovšek, Marko　833, 872, 878, 907

Petr, Karel　519, 542
　〜–Berlekamp 行列　**519**, 522, 554
Petri, Carl Adam　885
　〜網　884, **885**, 886, 906, 908
Pfaff, Johann Friedrich　871, 872
Pflügel, Eckhard　833
PGP　21
Phelps, Kevin Thomas　281
Φ　116, 533
$\Phi_k(p)$ 法　740
Φ_n, 円分多項式　532
Pickering, Bill　8
Pilote, Michel　8
Pirastu, Roberto Maria　871, 872, 876
Pitassi, Toniann　906
Pitt, François　8
Plato　28
PMS　23
Pochhammer, Leo
　〜記号　871
Pocklington, Henry Cabourn　110, 257
Pollard, J.M.　257, 322, 323
Pomerance, Carl　672
pp　188–190, 194, 208, 259, 559, 560
Prange, Eugene　541, 557
PRIMES　941, 945
Proclus　28
Pruschke, Thilo　9
$\mathcal{PSPACE}$　944
Ptolemy, Claudius　28
Pudlák, Pavel　906
Putnam, Hilary Whitehall　882
Pythagoras
　〜音律　106
　〜学派　668
　〜の 3 項組　738, **742**
p 進
　〜完備化　**580**
p 進数
　〜整数, $\mathbb{Z}_{(p)}$　**580**, 602
　〜持ち上げ　483, 559, 573, 630, 631, 634, 635, 640, 642
p 進展開　**163**, 167

p 進表現 163, 167
$\mathcal{P}$, 多項式時間 941

Q

quo 47, 58
q ノルム **934**

R

Rabin, Michael Oser 165, 281, 544, 548, 689
Rabinowitsch, J. L.
　〜の方法 802
Rackoff, Charlie 8
Radford, David Eugene 24
Raghavan, Prabhakar 110, 257
Ramanujan, Srinivasa Aiyangar 872, 891
Ramos, Bartolomé 107
Ray–Chaudhuri 281
Razborov, Aleksandr Aleksandrovich 906
Recio, Muñiz 803
Recio, Tomás 8
REDUCE 23
Reif, John Henry 803
Reischert, Daniel 365
Reisig, Wolfgang 906
Reitwiesner, George Walter 103
rem 47
Remmers, Harry 541
Renegar, James 803
Reynaud, Antoine André Louis 75
Richardson, Daniel 831
Richmond, Lawrence Bruce 541, 544
te Riele, Herman(us) Johannes Jose 658
Riemann, Georg Friedrich Bernhard 484
　拡張〜予想 **691**
　〜仮説 545
　〜ゼータ関数, ζ　76, 658, **690**, 847
　〜予想 658, **690**
Rioboo, Renaud 814, 818, 820, 832

Risch, Robert H. 831–833
Ritt, Joseph Fels 803, 831
Rivest, Ronald Linn 48, 659
Robbiano, Lorenzo 801, 803
Rodger, Christopher Andrew 281
Rogers, Leonard James 872, 891
Rolletschek, Heinrich Franz 167
Roman, Steven 870
Rónyai, Lajos 545
Rosser, John Barkley 690
Rota, Gian–Carlo 870
Rothstein, Michael 814, 815, 831–833
Rowland, John Hawley 258
Roy, Marie–Françoise 238, 259, 803
$\mathcal{RP}$ 942, 944
　co–〜 942, 944
RSA
　〜暗号系 **19**, 21, 651
$R[x]$ に対する乗算時間 **318**

S

Saalschütz, Louis 872
Sachse, Hermann 907
SACLIB 23
Safey El Din, Mohab 259
Salvy, Bruno 833, 872, 907
Sande, G. 322
Saunders, Benjamin David 600
Saupe, Dietmar 362
Saxena, Nitin 700
Scheraga, Harold Abraham 908
Schmidt, Erhard 613, 620, 621, 625, 626, 641, 643, 646, 935
Schnorr, Claus–Peter 545, 642, 658
Schoenfeld, Lowell 690
Schönhage, Arnold 9, 289, 290, 309, 316, 319, 322, 331, 333, 365, 370, 642
Schrijver, Alexander 641
von Schubert, Friedrich Theodor 600
Schwartz, Jacob Theodore 258
Schwarz, Hermann Amandus 626, 645
Schwarz (Švarc), Štefan 542

Schwenter, Daniel 75, 166, 906
SCRATCHPAD 23
Sedgewick, Robert 907
Selfridge, John Lewis 704
Sendra, Juan Rafael 802
Sereuss, Ákos 945
Serocka, Peter 9
Serret, Joseph Alfred 540
Sgall, Jiří 906
Shallit, Jefftey Outlaw 8, 9, 75, 544, 688
Shamir, Adi 165, 605, 651, 654, 658
Shanks, Daniel 103
Shanks, William 102, 103
Shannon, Claude Elwood, Jr. 273, 280
Shen, Kangsheng 166
Shepherdson, John Cedric 542
Shepp, Lawrence Alan 544
Shokrollahi, Mohammad Amin 110
Shoup, Victor John 4, 8, 10, 24, 110, 251, 268, 365, 518, 523, 524, 541–544, 597, 600, 602, 641, 642
Shparlinski, Igor'Evgen'ovich 8, 258, 541
Shparlinski, Irina 8
SIAM 25
Sieveking, Malte 643
SIGSAM 25
Silverman, Robert David 688
Simon, Horst Dieter 2
Singer, Michael F. 643, 833, 872
Sipser, Michael 111, 941
Skopin, Aleksandr Ivanovich 541
Slisenko, Anatol'Oles'cvich 541
Sloane, Neil James Alexander 280
Smith 標準形 **111**
Soft–O,$O^\sim$ 941
Soiffer, Neil 24
Solovay, Robert Martin 257
～と Strassen の素数テスト 207
Sosigenes 104
Sounders, Benjamin David 522
Sprindžuk, Vladimir Gennadievich 643
Steele, Leroy P. 906

Stein, Josef 75
Stern, Jacques 659
Stetter, Hans 9
Stevenhagen, Peter 570
Stevin, Simon 48, 75
Stieltjes, Thomas Johnnes 657
Stillman, Michael 803
Stirling, James 871
～数 870, 871
第1種～ **873**
第2種～ **844**
STOC 25
Storjohann, Arne 459, 642, 647
Stoutemyer, David 23
Strang, Gilbert 929
Strassen, Volker 6, 207, 257, 322, 333, 643
Strehl, Volker 8, 872
Sturm, Jacques Charles François 119, 256
～の定理 119
Sturmfels, Bernd 906
Sudan, Madhu 281
Sun, Xiaoguang 166
Sun–Tsŭ 165
Svoboda, Antonín 166
Swan, Richard Gordon 270
Swinnerton–Dyer, Sir Henry Peter 600
～多項式 561, 569, 570, 572, 600, 603, 642
Sylvester, James Joseph 256, 258
～行列, Syl **198**, 203, 234, 258, 261, 266, 268, 562, 606
Szabó, Nicholas Sigismund 166

T

Takahashi, Daisuke 103, 113
Tamura, Yoshiaki 103
Tanaka, Richard Isamu 166
Tarski, Alfred 803
Taylor, Brook
一般～展開 344, 345

～係数 **143**
～多項式 155
～展開 124, 154, 346, 347, 350, 809
　f の u のまわりでの～ **142**
Taylor, Richard 664
te Riele, Herman(us) Johames Jose 658
The Journal of Symbolic Computation 特別号 48
Theaitetus 28
Theiwes, David 9
Theoretical Computer Science 25
Thue, Axel 167
van Tilborg, Henricus Carolus Adrianus (Henk) 281
Tiwari, Prasoon 643
Toeplitz, Otto
　～行列 262
Toom, A. 322
Trager, Barry Marshall 602, 641, 643, 814, 815, 818, 820, 831, 832
Traub, Joseph Frederick 255, 258, 259
Traverso, Carlo 803
Tre, Sol 906
Tropfke, Johannes 110
Trudi, Nicola 258
Tschirnhaus, Ehrenfried Walther, Graf von 255
Tuckerman, Bryant 704
Tukey, John W. 322
Turing, Alan Mathison 111, 542, 749, 941, 942
　～マシン 37, 941, 943
　　片側モンテカルロ～ **942**
　　～帰着 **943**
　　ラスベガス～ **943**
　　両側モンテカルロ～ **942**

U

UFD 77, 187, 191, 192, 194, 201, 203, 248, 260, 262, 266, 269, 487, 559
Ulam, Stanislaw Marcin 257, 946
Ulugh Beg 112

Urquhart, Alasdair 906

V

Vacca, Giovanni 110
Vadhan, Salil 258
Valach, Miroslav 166
Vallée, Brigitte 75
van Ceulen, Ludolph (Ludolf) 103
van der Hoeven, Joris 606
van Hoeij, Marinus (Mark) Hubertus Franciscus 9, 642, 872
Vandermonde, Alexandre Alexis Théophile 871
　～の行列 **128**, 278
　～のたたみ込み **874**
van Lint, Jacobus Hendricus 280
Vanstone, Scott Alexander 110
Vaughan, Robert Charles 257, 262
Vetter, Herbert Dieter Ekkehart 365
Viehmann, Thomas 9
Viola Deambrosis, Alfredo (Tuba) 541, 544
Vitter, Jeffrey Scott 907
von Schubert, Friedrich Theodor 600
von zur Gathen, Joachim Paul Rudo 76, 110, 165, 255, 258, 259, 365, 524, 525, 541–543, 545, 550, 597, 602, 642, 643, 646, 870, 871, 945
van der Poorten, Alfred Jacobus 907
van der Waerden, Bartel Leendert 258, 542, 601, 913

W

Wade, Leroy Grover, Jr. 907
van der Waerden, Bartel Leendert 258, 542, 601, 913
Wagstaff, Sam 704
Wall, James Robert 281
Wan, Daqing 550
Waring, Edward 165
Warlimont, Richafd Clenwns 541

Watt, Stephen Michael 48
web page 4, 9, 21, 251, 946
Weber, Wilhelm Eduard 485
Wegener, Ingo Werner 941
de Weger, Benjamin M.M. 642
Wehry, Marianne 8, 9
Weierstraß, Karl Theodor Wilhelm 483
　〜の係数 **726**
　〜の方程式 **726**
Weil, André 664
　〜の境界 739
Weilert, André 75
Weispfenning, Volker Bernd 9, 802
Werckmeister, Andreas 107
Wiedemann, Douglas Henry
　〜アルゴリズム 543
Wieland, Thomas 908
Wiles, Andrew John 664
Wilf, Herbert Saul 601, 872, 890, 906, 907
Willett, Michael 541
Williams, Hugh Cowie 705
Williams, Leland Hendly 23
Wilson, Richard Michael 110
Wilson, Sir John 545, 555
Winkler, Franz 802
Winograd, Shmuel 543
Wolfram, Stephen 23
Wong, Yin–Chung 643
Woodall, H.J. 704
Wrench, John William Jr. 103
Wright, Edward Maitland 76, 544, 690
Wu, Wen–tsün 802, 803

WZ 対 907

X

x 進付値 113, 119

Y

Yagati Narayatna Lakshman 643
Yap, Chee Keng 802
Yger, Alain 802
Yoshino, S. 103
Yun, David Yuan Yee 257, 542, 551, 552, 602, 832
　〜のアルゴリズム 510, 568, 819, 820
y スムーズ 718

Z

Zassenhaus, Hans Julius 494, 524, 525, 539, 540, 573, 601, 602, 631, 642
　〜アルゴリズム 585, 589, 591
Zeilberger, Doron 821, 832, 836, 872, 890, 906, 907
Zima, Eugene 9
Zimmermann, Paul 8, 9, 600, 907
Zimmermann, Philip R. 21
Zippel, Richard Eliot 258, 265, 643, 658
$\mathbb{Z}_m$ 89
$\mathcal{ZPP}$ 943–945
$\mathbb{Z}_{(p)}, p$ 進整数 580
$\mathbb{Z}$ 加群 612
　〜に対する乗算時間 318

وَ مَا مِنْ غَآئِبَةٍ فِى السَّمَآءِ وَ الْأَرْضِ إِلَّا فِىْ كِتَبٍ مُّبِيْنٍ

The Holy Qur'ān (732)

Les bons élèves font la gloire du maître.

Joseph Liouville (1846)

Nihilque ab ullo credi velim,
nisi quod ipsi evidens & invicta ratio persuadebit.

René Descartes (1644)

The subject is full of pitfalls. I have pointed out
some mistakes made by others, but have no doubt
that I have made new ones. It may be expected that any errors
will be discovered and eliminated in due course.

Francis Sowerby Macaulay (1916)

Wherfore I trust thei that be learned, and happen to reade
this worke, wil beare the moare with me, if thei finde any thyng,
that thei doe mislike: Wherein if thei will use this curtesie,
either by writynge to admonishe me thereof, either
theim selfes to sette forthe a moare perfecter woorke,
I will thynke them praise worthie.

Robert Recorde (1557)

There is a theory which states that if ever anyone discovers exactly
what the Universe is for and why it is here, it will instantly disappear
and be replaced by something even more bizarre and inexplicable.
There is another theory which states that this has already happened.

Douglas Adams (1980)

訳者略歴 [ ]内は担当章

やまもと まこと
山 本　　 慎 [1〜7章]

1953年　東京都に生まれる
1982年　早稲田大学大学院理工学研究科
　　　　博士後期課程修了
現　在　中央大学理工学部数学科・教授
　　　　理学博士

はら まさお
原　　正　雄 [14〜17章, 25.6〜25.8節]

1961年　神奈川県に生まれる
1987年　早稲田大学大学院理工学研究科
　　　　博士後期課程修了
現　在　東海大学理学部情報数理学科・
　　　　助教授
　　　　博士（理学）

えとう かずふみ
衛 藤 和 文 [21〜24章, 25.1〜25.5節]

1965年　大分県に生まれる
1994年　早稲田大学大学院理工学研究科
　　　　博士後期課程単位取得満期退学
現　在　日本工業大学工学部・助教授
　　　　博士（理学）

みよししげあき
三 好 重 明 [8〜13章]

1954年　東京都に生まれる
1983年　早稲田大学大学院理工学研究科
　　　　博士後期課程修了
現　在　中央大学理工学部数学科・教授
　　　　理学博士

たに せいいち
谷　　聖　一 [18〜20章]

1963年　愛媛県に生まれる
1994年　早稲田大学大学院理工学研究科
　　　　博士後期課程単位取得退学
現　在　日本大学文理学部情報システム
　　　　解析学科・教授
　　　　博士（理学）

コンピュータ代数ハンドブック　　　定価は外函に表示

2006年5月30日　初版第1刷

訳　者　山　本　　　　慎
　　　　三　好　重　明
　　　　原　　　正　雄
　　　　谷　　　聖　一
　　　　衛　藤　和　文
発行者　朝　倉　邦　造
発行所　株式会社　朝倉書店
　　　　東京都新宿区新小川町6-29
　　　　郵便番号　162-8707
　　　　電　話　03(3260)0141
　　　　ＦＡＸ　03(3260)0180
　　　　http://www.asakura.co.jp

〈検印省略〉

ⓒ 2006〈無断複写・転載を禁ず〉　　東京書籍印刷・渡辺製本

ISBN 4-254-11106-1　C 3041　　　　Printed in Japan

理科大 戸川美郎著
シリーズ〈数学の世界〉1
ゼロからわかる数学
―数論とその応用―
11561-X C3341　　　　A5判 144頁 本体2500円

0, 1, 2, 3, …と四則演算だけを予備知識として数学における感性を会得させる数学入門書。集合・写像などは丁寧に説明して使える道具としてしまう。最終目的地はインターネット向きの暗号方式として最もエレガントなRSA公開鍵暗号

中大 山本　慎著
シリーズ〈数学の世界〉2
情　報　の　数　理
11562-8 C3341　　　　A5判 168頁 本体2800円

コンピュータ内部での数の扱い方から始めて，最大公約数や素数の見つけ方，方程式の解き方，さらに名前のデータの並べ替えや文字列の探索まで，コンピュータで問題を解く手順「アルゴリズム」を中心に情報処理の仕組みを解き明かす

早大 沢田　賢・早大 渡邊展也・学芸大 安原　晃著
シリーズ〈数学の世界〉3
社　会　科　学　の　数　学
―線形代数と微積分―
11563-6 C3341　　　　A5判 152頁 本体2500円

社会科学系の学部では数学を履修する時間が不十分であり，学生も高校であまり数学を学習していない。このことを十分考慮して，数学における文字の使い方などから始めて，線形代数と微積分の基礎概念が納得できるように工夫をこらした

早大 沢田　賢・早大 渡邊展也・学芸大 安原　晃著
シリーズ〈数学の世界〉4
社　会　科　学　の　数　学　演　習
―線形代数と微積分―
11564-4 C3341　　　　A5判 168頁 本体2500円

社会科学系の学生を対象に，線形代数と微積分の基礎が確実に身に付くように工夫された演習書。各章の冒頭で要点を解説し，定義，定理，例，例題と解答により理解を深め，その上で演習問題を与えて実力を養う。問題の解答を巻末に付す

専大 青木憲二著
シリーズ〈数学の世界〉5
経　済　と　金　融　の　数　理
―やさしい微分方程式入門―
11565-2 C3341　　　　A5判 160頁 本体2700円

微分方程式は経済や金融の分野でも広く使われるようになった。本書では微分積分の知識をいっさい前提とせずに，日常的な感覚から自然に微分方程式が理解できるように工夫されている。新しい概念や記号はていねいに繰り返し説明する

早大 鈴木晋一著
シリーズ〈数学の世界〉6
幾　何　の　世　界
11566-0 C3341　　　　A5判 152頁 本体2800円

ユークリッドの平面幾何を中心にして，図形を数学的に扱う楽しさを読者に伝える。多数の図と例題，練習問題を添え，談話室で興味深い話題を提供する。〔内容〕幾何学の歴史／基礎的な事項／3角形／円盤と円盤／比例と相似／多辺形と円周

数学オリンピック財団 野口　廣著
シリーズ〈数学の世界〉7
数学オリンピック教室
11567-9 C3341　　　　A5判 140頁 本体2700円

数学オリンピックに挑戦しようと思う読者は，第一歩として何をどう学べばよいのか。挑戦者に必要な数学を丁寧に解説しながら，問題を解くアイデアと道筋を具体的に示す。〔内容〕集合と写像／代数／数論／組み合せ論とグラフ／幾何

慶大 有澤　誠著
情報数学の世界1
パ　タ　ー　ン　の　発　見
―離散数学―
12761-8 C3341　　　　A5判 132頁 本体2700円

種々の現象の中からパターンを発見する過程を重視し，数式にモデル化したものの操作よりも，パターンの発見に数学の面白さを見いだす。抽象的な記号や数式の使用は最小限にとどめ，興味深い話題を満載して数学アレルギーの解消を目指す

慶大 有澤　誠著
情報数学の世界2
パラドックスの不思議
―論理と集合―
12762-6 C3341　　　　A5判 128頁 本体2500円

身近な興味深い例を多数取り上げて集合と論理をわかりやすく解説し，さまざまなパラドックスの世界へ読者を導く。〔内容〕集合／無限集合／推論と証明／論理と推論／世論調査および選挙のパラドックス／集合と確率のパラドックス／他

慶大 有澤　誠著
情報数学の世界3
コンピュータの思考法
―計算モデル―
12763-4 C3341　　　　A5判 160頁 本体2600円

コンピュータの「計算モデル」に関する興味深いテーマを，パズル的な発想を重視して選び，数式の使用は最小限にとどめわかりやすく解説。〔内容〕チューリング機械／セルオートマトンとライフゲイム／生成文法／再帰関数の話題／NP完全／他

上記価格（税別）は2006年4月現在

記号一覧

$\mathbb{N}, \mathbb{N}_{>n}$	非負整数の集合, $n \in \mathbb{N}$ より大きい整数の集合
$\mathbb{Z}$	整数環
$\mathbb{Q}, \mathbb{Q}_{>0}$	有理数体, 正の有理数の集合
$\mathbb{R}, \mathbb{R}_{>r}$	実数体, $r \in \mathbb{R}$ より大きい実数の集合
$\mathbb{C}$	複素数体
$\emptyset$	空集合
$A \bigcup B$	A と B との和集合
$A \bigcap B$	A と B との共通部分
$A \setminus B$	A と B と集合としての差
$A \times B$	A と B との直積
A^n	集合 A 上の長さ $n \in \mathbb{N}$ のベクトル
$A^{\mathbb{N}}$	集合 A 上の加算無限列, 442 ページ
$\sharp A$	集合 A の濃度 (要素の数)
$\langle A \rangle$	部分群, イデアル, A の要素で生成される空間, 914, 917, 929 ページ
$A \cong B$	A と B は同型な群または環, 915, 916 ページ
$R^{\times}$	環 R の単元の群, 919 ページ
$R[x]$	環 R 上の変数 x の多項式環, 921 ページ
$R[x_1, \ldots, x_n]$	環 R 上の n 変数の多項式環, 922 ページ
$R[[x]]$	環 R 上の変数 x のべき級数環, 922 ページ
$R^{n \times m}$	環 R の $n \times m$ 行列の環
R/I	環 R のイデアル $I \subset R$ を法とする剰余類環, 917 ページ
$F(x)$	体 F 上の変数 x の有理関数体, 924 ページ
$F((x))$	体 F 上の変数 x の Laurent 級数の体, 113 ページ
$\exp x$	指数関数, $x \in \mathbb{R}$ に対して e^x
$\ln x$	$x \in \mathbb{R}_{>0}$ の自然 (底 e の) 対数
$\log x$	$x \in \mathbb{R}_{>0}$ の常用 (底 2 の) 対数
$\Re a$	$a \in \mathbb{C}$ の実数部分
$\Im a$	$a \in \mathbb{C}$ の虚数部分
$|a|$	$a \in \mathbb{C}$ の絶対値
$\text{sign}(a)$	$a \in \mathbb{R}$ の符号
$\lfloor a \rfloor$	$a \in \mathbb{R}$ 以下で最大の整数
$\lceil a \rceil$	$a \in \mathbb{R}$ 以上で最小の整数
$\lceil a \rfloor$	$a \in \mathbb{R}$ に最も近い整数, $\lfloor a + \frac{1}{2} \rfloor$, 618 ページ
$\|a\|_1$	ベクトルまたは多項式 a の 1 ノルム, 934 ページ
$\|a\|_2$	ベクトルまたは多項式 a の Euclid ノルム, 934 ページ
$\|a\|_{\infty}$	ベクトルまたは多項式 a の最大ノルム, 934 ページ
$a \star b$	ベクトル a と b の内積, 934 ページ
$a \| b$	a は b を割り切る, $\exists c, b = ac$
$a \nmid b$	a は b を割り切らない
f'	多項式または有理関数 f の形式微分, 347 ページ
$\partial f / \partial x$	多変数多項式 f の x に関する形式微分
$f^{\overline{m}}$	$m \in \mathbb{Z}$ に対する m 次上昇階乗, $m \in \mathbb{N}$ のとき $f \cdot Ef \cdots E^{m-1}f$, 842 ページ
$f^{\underline{m}}$	$m \in \mathbb{Z}$ に対する m 次降下階乗, $m \in \mathbb{N}$ のとき $f \cdot E^{-1}f \cdots E^{1-m}f$, 842 ページ
$\binom{n}{k}$	$n, k \in \mathbb{N}$ の 2 項係数
$\left[\begin{smallmatrix} n \\ k \end{smallmatrix} \right]$	$n, k \in \mathbb{N}$ の第 1 種 Stirling 数
$\left\{ \begin{smallmatrix} n \\ k \end{smallmatrix} \right\}$	$n, k \in \mathbb{N}$ の第 2 種 Stirling 数
$[q_1, q_2, \ldots, q_n]$	連分数 $q_1 + 1/(q_2 + 1/(\cdots + 1/q_n)\cdots)$, 99 ページ
$\longleftarrow$	アルゴリズムにおける代入
$*, **, \longrightarrow$	練習問題の難易度, 中程度, 難, 時間がかかる (印なし = やさしい)
$\square$	証明終わり
$\diamondsuit$	例の終わり